Fundamentals of Heat and Mass Transfer

传热和传质
基本原理

（原著第六版）
(Sixth Edition)

[美]

弗兰克 P. 英克鲁佩勒　　大卫 P. 德维特
F.P.Incropera　　　　　D.P.DeWitt　　　　著

狄奥多尔 L. 伯格曼　　艾德丽安 S. 拉维恩
T.L.Bergman　　　　　A.S.Lavine

葛新石　叶宏　译

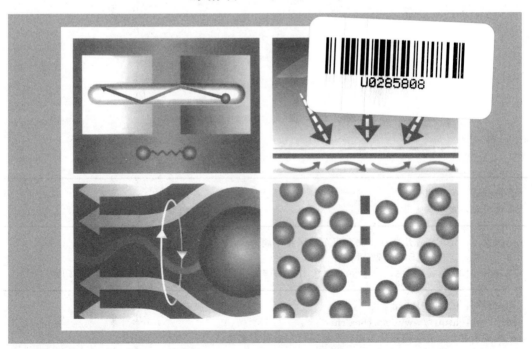

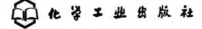

化学工业出版社

·北京·

图书在版编目(CIP)数据

传热和传质基本原理：第 6 版/[美] 英克鲁佩勒
(Incropera，F. P.) 等著；葛新石，叶宏译. —北京：
化学工业出版社，2007.4（2025.6重印）
书名原文：Fundamentals of Heat and Mass Transfer
ISBN 978-7-122-00200-6

Ⅰ. 传… Ⅱ.①英…②葛…③叶… Ⅲ. 传热传质学
Ⅳ. TK124

中国版本图书馆 CIP 数据核字（2007）第 042008 号

北京市版权局著作权合同登记号：01-2006-6464

责任编辑：徐雅妮　　　　　　　　　文字编辑：昝景岩
责任校对：陶燕华　　　　　　　　　装帧设计：史利平

出版发行：化学工业出版社（北京市东城区青年湖南街 13 号　邮政编码 100011）
印　　装：河北延风印务有限公司
787mm×1092mm　1/16　印张 39　字数 1028 千字　　2025 年 6 月北京第 1 版第 14 次印刷

购书咨询：010-64518888　　　　　　　售后服务：010-64518899
网　　址：http://www.cip.com.cn
凡购买本书，如有缺损质量问题，本社销售中心负责调换。

定　　价：98.00 元　　　　　　　　　　　　　版权所有　违者必究

译者前言

原书第一版自 1981 年问世以来，分别于 1985、1990、1995 和 2002 年修订了五次；本书据第六版译出。

作者在每次编写新版前，一方面基于使用此书的各院校同行的反馈信息进行内容的组织、各章篇幅大小及结构的调整；同时，也随科学技术的发展而不断增添了一些高新技术中与传热和传质过程密切相关的新内容。众所周知，传热和传质过程在国民经济的许多领域中起着重要的作用，这些领域有：发电（常规能源和核能）、化工、航空航天、冶金、蒸馏和精炼、建材和建筑、食品、制冷、机械制造等。第六版增添了在信息、生物、医疗、药物、纳米材料、射流、微尺度内部流动、芯片制造、环保、燃料电池及太阳能利用等领域涉及传热和传质的新内容。在当今的同类教科书中很难见到这么多新内容。

对学习基础性传热学课程的学生应达到什么样水平的问题，作者在第五版的序言中简明扼要地提出了四个目标：

1. 学生必须理解所论主题的有关术语的含义及其与物理原理之间的内在联系；

2. 学生必须能确切地描述涉及传热过程或系统中的输运现象；

3. 学生应能利用必需的输入数据计算传热速率和/或材料的温度；

4. 学生应能构建实际过程和系统的贴切的模型，并通过分析得出所论过程或系统性能的结论。

上述四个目标中，只有实现目标 1 后才能实现其余三个目标。因此，必须强调学好基本原理。基于以上考虑，本书特别重视术语的严格定义和重要基本物理概念的完整、清晰的表述。每章末尾，作者都专门列出一系列问题，让学生测试自己对有关术语、重要概念及基本结论的理解程度。

作者指出，目标 2 和目标 3 是顺序和相互耦合地进行传热分析的两种技能。在着手分析时，首先要确定相关的传热过程和能流，作合适的简化假设。随后，引入相关的速率方程、守恒定律、材料物性及有关系数，并完成计算。要求所有修传热课程的学生都达到前三个目标。

作者认为，达到目标 4 的水平，意味着在求解多种传热模式的复杂问题时已具有细致的判断和创造能力。求解方法包括综合和集成各种输入数据，以及建立模型和对结果作解释时的许多判断。获得由简单的、高度理想化的模型过渡到通常为复杂系统的能力，大概只是少数学生在课程学习的最后阶段才能达到。作者形象化地作了比喻：如果目标 1 为建造房屋提供了基石，目标 4 就是房屋的屋顶。

书中的大量习题都来自作者从事科研和咨询工作的丰富积累，以例题为"样本"，作者示范性地以规范化的格式演示了求解问题的全过程。这不仅是为了培养和锻炼学生解决实际问题的能力，也是为了使学生深刻理解所学的相关主题。作者还特意将有些例题扩展，作为习题让学生求解，这将使学生进一步强化对在例题中接触的概念的理解。

第六版共有 98 个例题和 1421 个习题，其中有许多是来自作者积累的科学研究和咨询活动的经验。有大量新颖的例题，如用于汽车的质子交换膜燃料电池在冬季的防冻问题；碳纳米管热导率的测定问题；涉及瞬态导热的利用纳米颗粒治疗恶性肿瘤的问题；用周期性加热法测定新颖纳米结构介电材料的热导率问题；血管中血液的流动和传热问题；微反应芯片中的流动和传热问题；抗生素生物膜的厚度设计问题；用贴片通过皮肤输入药物时确定在给定时间内的药物剂量问题等。这些传热和传质问题初看相当复杂，不知从何着手。但在规范化解题格式的引导下，遇到的一个个问题都迎刃而解，整个解题过程轻松自如。在大量习题中，作者收集了许多既有实用意义，又有很强趣味性和引人入胜的实际问题。相信读者在学习过程中会进一步认识到作为热物理学科分支的传热和传质学的十分强大的生命力，传热学将对高新技术的发展不断作出贡献。

作者归纳的许多设计中经常遇到的二维系统的导热形状因子、适用于一些常见几何形状的节点有限差分方程、一些常见几何形状在恒定表面温度和恒定热流密度情况下的精确解和近似分析解、常用的许多对流换热实验关系式以及附录中精选的各种重要常用物质的物性（输运性质和热力学性质）表，内容丰富且实用，使本教材兼有工具书的功能。因此，本书不仅是优秀的教科书，也是有关科研、设计单位及工业部门中从事涉及传热和传质问题的广大科技工作者的有实用价值的参考书。

限于篇幅，中译本只给出了原书约 1/3 的习题。带有求解过程的习题集将另外出版。

本书的翻译分工如下，第 1～5 章、第 12～14 章的正文及第 12～14 章的习题由葛新石翻译，原书序言、第 6～11 章的正文及第 12～14 章以外的习题及附录由叶宏翻译。

由于本书涉及的领域很广，限于译者水平，译文中难免会出现差错，恳请读者批评指正。

中译本的出版得到中国科学技术大学工程科学学院、研究生院和教务处的支持，在此表示感谢。

葛新石　叶宏
于中国科学技术大学
2007 年 1 月

PREFACE TO THE CHINESE TRANSLATION OF
FUNDAMENTALS OF HEAT AND MASS TRANSFER

6ᵀᴴ EDITION

By

Frank Incropera, David DeWitt, Theodore Bergman and Adrienne Lavine

Shortly after publication of the first edition of *Fundamentals of Heat and Mass Transfer* more than 25 years ago, my colleague, David DeWitt and I were pleased and honored to learn that our book would be translated into Chinese. At that time, little did we realize the impact that the book would have on heat transfer education in China and the United States. It has been used by hundreds of thousands of students in their study of the subject, as well as by countless practicing engineers in their development of thermal systems.

As net importers of primary energy needed to sustain their economies, both China and the United States are especially motivated to use energy as efficiently as possible. Whether it be in the use of nonrenewable fossil fuels for transportation and power production, or renewable fuels such as solar and geothermal energy for the production of electricity, thermal energy or hydrogen, heat and mass transfer processes are central to the development of efficient systems. In the 21st century, human kind will benefit from the work done by Chinese and U. S. engineers in using their knowledge of heat and mass transfer to develop such systems, as well as to develop innovative processes and systems in other important fields such as biomedicine, manufacturing and material processing.

Knowing the many ways in which heat and mass transfer principles will be used for advancing technology in the 21st century, I was again pleased and honored to learn that there would be a Chinese translation of the 6th edition of *Fundamentals of Heat and Mass Transfer*. I know that David DeWitt, who passed away in 2005, would have shared these feelings. On behalf of our new co-authors, Theodore Bergman and Adrienne Lavine, I would like to wish our Chinese colleagues success in using the book to enhance the learning of their students, and I hope the students will find the subject matter as fascinating and useful as we have found it to be in our careers.

Frank P. Incropera
University of Notre Dame
Notre Dame, Indiana, USA

中译本序言

传热和传质基本原理（第六版）

弗兰克·英克鲁佩勒，大卫·德维特，狄奥多尔·伯格曼 和 艾德丽安·拉维恩

二十五年前，在《传热和传质基本原理》第一版出版不久后，我的同事大卫·德维特和我就高兴且荣幸地得知我们的书将被译成中文。那个时候，我们一点都没期望这本书会在中国和美国对传热学的教学产生影响。目前，已有数十万学习传热学的学生和无数从事热系统研究和开发的工程师用了此书。

作为需要进口初级能源以维持经济持续发展的国家，中国和美国都特别需要致力于尽可能高效地利用能源。不论是在交通运输和发电中利用不可再生的矿物燃料，还是利用太阳能和地热等可再生能源生产电力、热能或氢，传热和传质过程对发展高效率的系统都具有举足轻重的作用。在 21 世纪，中国和美国的工程师将利用传热和传质知识在从事的开发研究工作中取得进展而使人类受益；除了热系统，这些进展还涉及生物医学、制造业和材料工艺等其他重要领域。

认识到传热和传质原理将应用于 21 世纪先进技术中的许多领域，我再次感到高兴且荣幸地获悉《传热和传质基本原理》第六版的中译本将出版，我知道，大卫·德维特（他于 2005 年离开了我们）会分享这种感受。我愿代表我们新的合著者，狄奥多尔·伯格曼和艾德丽安·拉维恩，以我的名义祝愿我们的中国同行在利用此书增加学生的知识时获得成功，我希望学生们将发现，就像我们在自己的职业生涯中感受的那样，这门学科既有引人入胜的魅力，又非常实用。

弗兰克 P. 英克鲁佩勒
圣母玛利亚大学
圣母玛利亚，印第安纳州
（葛新石　译）

纪　念

David P. DeWitt
1934 年 3 月 2 日—2005 年 5 月 17 日

　　2005 年，我们失去了 David P. DeWitt 博士，我们亲爱的朋友和同事，他四十五年的职业生涯为传热技术和教学做出了卓越贡献。David 接受的是机械工程师教育，他分别从 Duke 大学、MIT 和 Purdue 大学获得了学士、硕士和博士学位。在 Purdue 完成学业后，他对热物理和辐射计量领域产生了浓厚兴趣，一直从事这些领域的研究，直到疾病使他不能工作为止。在 Purdue 热物性研究中心，David 在建立辐射测量标准方面发挥了作用，最终成为这个中心的代理主管和 Technometrics 公司的主管，该公司主要从事光学和热仪器的设计。1973 年，他成为 Purdue 机械工程学院的教授，从事教学和科研，直到 2000 年退休。从 2000 年到 2004 年，他在国家标准和技术研究所的光学技术部门工作。

　　Dave 是一位出色且严格的教师，一位优秀的研究人员，并且是一个极好的工程师。在我们将近三十年的合作中，他具有的对我形成互补的技能为我们合作的那些著作的成功做出了重要贡献。然而，我对这位特别亲密的同事最美好的记忆更多的是私人，而不是职业方面。

　　作为合著者，Dave 和我在一起工作了数千小时，通常的时间段为 3～5 小时，内容涉及我们著作的方方面面。在这些时间里，我们常常放下手头的工作，稍作消遣，内容通常为有关我们个人生活的幽默或思考。

　　Dave 和我各有三个年龄相当的女儿，我们常常共享养育她们的欢乐和挑战。在回忆 Dave 时很难不想到他对他的女儿们（Karen、Amy 和 Debbie）的爱和为她们感到的骄傲。1990 年，Dave 的第一任妻子 Jody 因癌症而去世，在他帮助妻子与这个可怕的疾病作斗争的过程中，我直接见证了他的个性和坚强。我还感受了他与第二任妻子 Phyllis 交往中的快乐，他们于 1997 年喜结良缘。

　　Dave 是一个敏感而和蔼的人，我将永远记住 Dave 以及他的好脾气和慷慨。亲爱的朋友，我们非常地想念你，但我们也为你不再痛苦，为你在一个更美好的地方的存在而感到欣慰。

Frank P. Incropera
Notre Dame，Indiana

写在序言之前

在完成《传热和传质基本原理》及《传热学引论》的上一版本之后不久，Dave DeWitt 和我就意识到有必要为我们不再有能力为新的版本增加合适价值的时候做准备。我们特别关注两件事情。首先，我们年事已高，不能忽视健康的衰退或个人离世可能造成的中断。但是，更大程度上是为了保持这些教科书的新鲜和活力，我们还意识到我们正在远离该领域的前沿活动。

2002 年，我们决定主动建立一个后续计划，其中包括增加合著者。对于潜在候选人的特征，我们优先考虑以下几点：具有成功教授传热和传质的记录，积极参与该领域的研究，具有为传热界服务的历史，以及维持有效合作关系的能力。最后一个特征具有很大的权重，因为我们相信，正是这一点对 Dave DeWitt 和我在以前的版本中享受到的成功至关重要。

经过对很多优秀候选人长期和艰难的慎重考虑，Dave 和我邀请 Ted Bergman 和 Adrienne Lavine 成为我们的合著者，他们分别是 Connecticut 大学和 California 大学（洛杉矶）的机械工程教授。我们很感激他们接受了邀请。Ted 和 Adrienne 在本版本中列为第三和第四作者，他们在下一版中将成为第一和第二作者，此后会成为唯一的作者。

Ted 和 Adrienne 为本版本做了极其艰辛的工作，你会见到他们努力做出的大量改进，尤其是在与诸如纳米和生物技术学科有关的现代应用方面。因此，在随后的前言中让 Ted 和 Adrienne 讲述他们的思考是非常合适的。

Frank P. Incropera
Notre Dame，Indiana

序　言

自从上一版本出版以来，关于如何培训工程师，在美国乃至全球范围内均发生了根本性的变化，并提出了有关这种职业的前途问题。未来十年工程实践将如何发展？未来的工程师会因为是专家而被看重，还是会因为具有更宽广但不太深入的知识而获得更好的报酬？工程教育者如何应对变化的**市场力量**？普通学院或大学中工程学科之间的传统界限还会存在吗？

我们相信，由于技术为全人类生活水平的提高提供了基础，工程师职业的前途是光明的。但是，在**通才化的外部需求与专才化带来的智能满意度**之间的矛盾面前，传热学科如何保持适应性？这个学科未来的价值是什么？传热知识将应用于哪些新的问题？

在准备本版本时，我们尝试确定技术和科学发展中出现的这样一些问题：传热学对这些领域中新产品的实现具有**重要**作用，如信息技术、生物技术和药理学、替代能源以及纳米技术。这些新的应用以及在能量产生、能量利用和制造业中的传统应用表明，传热学科是充满活力的。此外，当应用于超越传统界限的那些问题时，传热学将是一门至关重要且具有**驱动性**的未来学科。

我们通过以下途径尽力遵循上一版本中的基本教学方法：保持严格且系统的问题求解方法；纳入可以展现本学科丰富和优美之处的例题和习题；给学生提供实现学习目标的机会。

方法和组织

根据我们的观点，传热学的任何初级课程要实现四个学习目标❶。

同上一版本一样，我们明确给出了每一章的学习目标，以增加实现它们的手段，并增强评估成绩的方法。各章的小结强调了相应章中阐述的关键术语和概念，并提出了一些问题，用于测试和深化学生的理解程度。

对于涉及复杂模型和/或**探索性、假设分析**及**参数敏感度分析**的习题，建议采用基于计算机的方程求解器进行处理。为此，对由 Intellipro 公司（New Brunswick，New Jersey）发展的在上一版本中已采用的 Interactive Heat Transfer（IHT）软件进行了升级。IHT 的技术内容基本上没有变化，但计算能力和界面已大大改观。具体地说，IHT 现在可以同时求解 300 个或更多的方程。用户界面已经升级，包括一个功能完整的工作空间编辑器，它可以控制文本格式、实现复制和粘贴功能；一个方程编辑器；一个新的画图子系统和一个增强的语法检查器。此外，该软件现在有能力对 Microsoft Excel 或以附件的形式输出 IHT 中的特殊函数（如物性和关系式）。第二个软件包 Finite Element Heat Transfer（FEHT）由 Middleton（Wisconsin）的 F-Chart Software 软件公司开发，它对求解二维导热问题具有很强的功能。

同上一版本一样，将很多涉及计算机求解的家庭作业以那些可以手算的习题的延伸部分的形式给出。这种方法已经过时间的考验，它使学生可以用手算的结果验证计算机的预测结果。这样，他们就可以进行参数分析，以探索相关的设计和运行条件。在这些习题中，我们

---

❶ 见"译者前言"——译者注。

用黑框将那些探索性的部分标出，如 (b) 、 (c) 、 (d) 。这种特征也可使那些希望限制作业中基于计算机求解的习题数的教师受益于这些丰富的习题。那些题号本身被突出标注的习题（如 (1.2) ）需要完全基于计算机求解。

我们知道一些使用本教材的教师没有在他们的课程中采用 IHT。我们鼓励同行们至少要用半个小时到一个小时的时间去演示将 IHT 作为一个工具同时求解多个方程和确定不同材料的热物性。我们已发现，一旦学生了解了它的能力和方便的使用方法，他们会积极主动地利用 IHT 的其他功能。这会使他们更快地求解习题，较少犯数值方面的错误，从而使他们可以关注习题中更为实质性的内容。

第六版中新增的内容

习题调整　本版中包含了相当多的新的或修订后的章后习题，编号已重排。很多新习题需要相对简单的分析，还有很多涉及非传统的科学和技术领域中的应用。

正文改进　正文内容已作了改进，少量材料放进了独立的补充章节中，可以通过相关的网站访问其电子版。如果教师要使用补充章节中的材料，可以很方便地通过 Wiley 网站（见下文）获取。也可以获得与补充章节有关的家庭作业的电子版。

各章内容的变化　为激发读者的兴趣，第 1 章中对**传热学的实用性**进行了广泛讨论。通过讨论包括燃料电池在内的**能量转化装置**、在**信息技术**以及**生物和生物医学工程**中的应用揭示了本学科的丰富性和相关性。**能量守恒要求**的表述形式已做了修订。

在第 2 章中增加了关于微米和纳米尺度导热的新材料。由于**深入讨论这些效应会使大多**数学生接受不了，我们通过描述包括**声子**和**电子**在内的**能量载流子**来引入并阐明了这些效应。根据物理边界处能量载流子的行为给出并解释了**薄膜有效热导率**的近似表达式。本章中给出了**纳米结构**材料与**传统**材料的热导率之间的比较，并用于说明近来纳米技术研究的实际应用。解释了**热扩散方程**与微尺度相关的**局限性**。第 3 章中引入了**生物热方程**，指出了它与适用于延伸表面的热方程的相似性，以方便其应用和求解。

在第 4 章中关于适用于多维稳态导热问题的**导热形状因子**的讨论中，增添了涉及**无量纲导热速率**的最新结果。虽然我们已将绘图求解方法放进了补充材料，但我们增强了关于二维**等温线和热流线分布**的讨论，以帮助学生建立关于导热过程的概念。无量纲导热速率的应用已扩展至第 5 章中的瞬态情况。在第 5 章中，我们给出了瞬态传热问题**统一化**的新求解方法；并增加了与一定范围内的几何形状和时间尺度有关的易于使用的**近似解**。最近，我们注意到很少有学生愿意使用一维瞬态导热解的图形表示（海斯勒图）；大多数学生宁愿求解近似的或严格的分析表达式。因此，我们已将图形表示放入了补充材料。由于现在的学生使用计算机求解很方便且非常频繁，涉及多维效应的分析解也已转入补充材料中。我们添加了一小节关于周期性加热的内容，并通过介绍一种用于测量纳米结构材料热物性的现代方法证明了其实用性。

第 6 章中关于对流基本原理的介绍已简化并作了改进。对**湍流和向湍流的过渡**的描述已作了更新。强调了**热物性对温度的依赖性**的合适处理方法。对流传递方程的推导过程现已放入补充材料中。

第 7 章中对**外部流动**的处理方法基本上没有变化。对第 8 章中适用于**内部流动入口区域**的关系式作了更新，关于传热强化的讨论已作了拓展，增加了适用于**弯管**中流动的关系式。给出了内部流动**对流关系式**与微尺度有关的**局限性**。对第 9 章中与腔体内的**自然对流**有关的有效热导率的关系式作了修订，以便更直接地将这些关系式与第 3 章中的导热结果相联系。

第 10 章中关于**沸腾传热**的介绍已作了修改，将沸腾现象的相关内容与前面章节中的受迫对流和自然对流的概念相联系，以增进学生对沸腾曲线的理解。已根据当前的文献对沸腾关系式中使用的常数的值作了修正。删去了对不再使用的制冷剂的引用，增加了替代制冷剂的物性。讨论了内部两相流动**关系式**与微尺度有关的**局限性**。并给出了凝结问题的非常简单的求解方法。

在第 11 章中保留了对数平均温差（LMTD）法，以用于建立同心管换热器的关系式，但是，由于有效度——NTU 法的适应性很强，基于 LMTD 的对其他类型换热器的分析已放入补充材料中。再次说明，可通过访问相关网站获得补充的章节。第 12 章和第 13 章中对辐射换热的处理基本上没有修订或改进。

我们对第 14 章中关于传质的介绍作了大量修订。我们对该章的内容进行了重组，以便教师既可以讲授所有内容，也可以在不破坏完整性的前提下将注意力集中于静止介质中的传质问题。如果时间有限和/或只对液体或固体中的传质问题感兴趣，则推荐采用后一种方法。第 14 章中的新例题反映了当前的应用。关于传质中不同边界条件的讨论已更加清晰和简单。

致　谢

我们非常感激 Frank Incropera 和 Dave DeWitt 允许我们成为他们的合著者。我们要特别感谢 Frank，为他在编写本版本过程中的耐心、建设性的建议、对我们工作的细致批评和亲切鼓励。

我们还要感谢我们在 Connecticut 大学和 UCLA 的同事，他们在文稿输入方面做了重要工作。还要感谢国家标准和技术研究所的 Eric W. Lemmon，他慷慨地提供了新型制冷剂的物性。

我们永远感激我们美好的妻子和孩子：Tricia、Nate、Tico、Greg、Elias 和 Jacob，为她们的爱、支持和无限的耐心。最后，我们俩都要对 Tricia Bergman 表示感谢，她尽管有很多事务，还是挤出时间熟练并耐心地求解了新的章后习题。

Theodore L. Bergman（tberg@engr. uconn. edu）

Storrs，Connecticut

Adrienne S. Lavine（lavine@seas. ucla. edu）

Los Angeles，California

补充和网站材料

本教材的相关网站为 www. wiley. com/college/incropera。点击"students companion site"链接，学生可以访问家庭作业的答案和本教材的补充章节。

只有教师可以获得的材料包括教师解答手册、用于教师授课的 Powerpoint 幻灯片以及教材中的图的电子版，教师可用它们准备自己的电子课件。教师解答手册是为那些使用本教材教学的教师准备的。在没有获得出版商允许的情况下以任何形式复制或散布整个或部分解答手册将违反版权法。

带有用户指导的 Interactive Heat Transfer v3.0/FEHT 可以通过 Wiley 网站 www. wiley. com 单独购买 CD 及说明手册。这个软件工具具有的建模和计算功能对求解本教材的很多习题很有用，并使学生可以对很多类型的传热问题进行**假设分析**和**探索性分析**。要了解详情，请联系当地的 Wiley 代理。

目　录

符　号　表

A	面积，m^2	g	重力加速度，m/s^2
A_b	主/基（无肋）表面的面积，m^2	g_c	重力常数，$1kg \cdot m/(N \cdot s^2)$ 或 $32.17 ft \cdot lb_m/(lb_f \cdot s^2)$
A_c	横截面积，m^2		
A_{ff}	紧凑式换热器芯的自由通流面积（通过芯流动的有效最小横截面积），m^2	H	喷管高度，m；亨利常数，bars
A_{fr}	换热器的迎风面积，m^2	h	对流换热系数，$W/(m^2 \cdot K)$；普朗克常数
A_p	肋片的纵截面积，m^2	h_{fg}	蒸发潜热，J/kg
A_r	相对喷嘴面积	h_{sf}	熔解潜热，J/kg
a	加速度，m/s^2	h_m	对流传质系数，m/s
Bi	毕渥数	h_{rad}	辐射换热系数，$W/(m^2 \cdot K)$
Bo	邦德数	I	电流，A；辐射强度，$W/(m^2 \cdot sr)$
C	摩尔浓度，$kmol/m^3$；热容量流率，W/K	i	电流密度，A/m^2；单位质量的焓，J/kg
C_D	阻力系数	J	有效辐射密度，W/m^2
C_f	摩擦系数	Ja	雅各布数
C_t	热容，J/K	J_i^*	组分 i 相对于混合物摩尔平均速度的扩散摩尔流密度，$kmol/(s \cdot m^2)$
Co	肯法因门特数		
c	比热容，$J/(kg \cdot K)$；光速，m/s	j_i	组分 i 相对于混合物质量平均速度的扩散质量流密度，$kg/(s \cdot m^2)$
c_p	比定压热容，$J/(kg \cdot K)$		
c_v	比定容热容，$J/(kg \cdot K)$	j_H	传热科尔伯恩 j 因子
D	直径，m	j_m	传质科尔伯恩 j 因子
D_{AB}	二元质量扩散系数，m^2/s	k	热导率，$W/(m \cdot K)$；波尔兹曼常数
D_b	气泡直径，m	k_0	零阶、均质化学反应速率常数，$kmol/(s \cdot m^3)$
D_h	水力直径，m		
E	热能与机械能之和，J；电势，V；单位面积发射功率，W/m^2	k_1, k_1''	一阶、均质化学反应速率常数，s^{-1}
		L	特征长度，m
E^{tot}	总能，J	Le	路易斯数
Ec	埃克特数	M	质量，kg；热流密度图中的传热通道数；有限差分求解中傅里叶数的倒数
$\dot{E}_g$	能量产生速率，W		
$\dot{E}_{in}$	能量传入控制容积的速率，W	$\dot{M}_i$	组分 i 的质量传递速率，kg/s
$\dot{E}_{out}$	能量传出控制容积的速率，W	$\dot{M}_{i,g}$	化学反应导致的组分 i 的质量增加速率，kg/s
$\dot{E}_{st}$	控制容积中贮存的能量的增加速率，W		
e	单位质量的热内能，J/kg；表面粗糙度，m	$\dot{M}_{in}$	进入控制容积的质量速率，kg/s
		$\dot{M}_{out}$	离开控制容积的质量速率，kg/s
F	力，N；换热器修正因子；黑体辐射在一个波段内的比例；视角系数	$\dot{M}_{st}$	控制容积中贮存质量的增加速率，kg/s
		$\mathcal{M}_i$	组分 i 的相对分子质量，$kg/kmol$
Fo	傅里叶数	m	质量，kg
Fr	弗鲁德数	$\dot{m}$	质量流率，kg/s
f	摩擦因子；相似变量	m_i	组分 i 的质量分数，ρ_i/ρ
G	辐照密度，W/m^2；单位面积质量速率，$kg/(s \cdot m^2)$	N	热流密度图中温度增量的数目；管簇中的总管数；封闭腔体中的表面数
		N_L, N_T	纵向和横向上的管数
Gr	格拉晓夫数	Nu	努塞尔数
Gz	格莱兹数	NTU	传热单元数

N_i	组分 i 相对于固定坐标系的摩尔传递速率，kmol/s	W	缝式喷管的宽度，m
N_i''	组分 i 相对于固定坐标系的摩尔流密度，kmol/(s·m²)	$\dot{W}$	做功的速率，W
		We	韦伯数
$\dot{N}_i$	化学反应导致的单位容积内组分 i 增加的摩尔速率，kmol/(s·m³)	X	蒸气干度

N_i 组分 i 相对于固定坐标系的摩尔传递速率，kmol/s

N_i'' 组分 i 相对于固定坐标系的摩尔流密度，kmol/(s·m²)

$\dot{N}_i$ 化学反应导致的单位容积内组分 i 增加的摩尔速率，kmol/(s·m³)

$\dot{N}_i''$ 组分 i 的表面反应速率，kmol/(s·m²)

n_i'' 组分 i 相对于固定坐标系的质量流密度，kg/(s·m²)

$\dot{n}_i$ 化学反应导致的单位容积内组分 i 增加的质量速率，kg/(s·m³)

P 周长，m；通用流体物性标记

P_L，P_T 管簇的无量纲纵向和横向节距

Pe 贝克来数（$RePr$）

Pr 普朗特数

p 压力，N/m²

Q 能量传递，J

q 传热速率，W

$\dot{q}$ 单位容积中能量产生的速率，W/m³

q' 单位长度上的传热速率，W/m

q'' 热流密度，W/m²

q^* 无量纲导热速率

R 圆柱半径，m

R 通用气体常数

Ra 瑞利数

Re 雷诺数

R_e 电阻，Ω

R_f 污垢系数，m²·K/W

R_m 传质阻值，s/m³

$R_{m,n}$ m，n 节点的余数

R_t 热阻，K/W

$R_{t,c}$ 接触热阻，K/W

$R_{t,f}$ 肋片热阻，K/W

$R_{t,o}$ 肋片阵列的热阻，K/W

r_o 圆柱或球的半径，m

r，ϕ，z 圆柱坐标

r，θ，ϕ 球坐标

S 溶解度，kmol/(m³·atm)；二维导热的形状因子，m；喷管节距，m；板间距，m

S_c 太阳常数

S_D，S_L，S_T 管簇的对角、纵向和横向节距，m

Sc 施密特数

Sh 舍伍德数

St 斯坦顿数

T 温度，K

t 时间，s

U 总传热系数，W/(m²·K)；内能，J

u，v，w 质量平均流体速度分量，m/s

u^*，v^*，w^* 摩尔平均速度分量，m/s

V 体积，m³；流体速度，m/s

v 比容，m³/kg

W 缝式喷管的宽度，m

$\dot{W}$ 做功的速率，W

We 韦伯数

X 蒸气干度

X，Y，Z 单位体积的物体力的分量，N/m³

x，y，z 直角坐标，m

x_c 向湍流过渡的临界位置，m

$x_{fd,c}$ 浓度入口长度，m

$x_{fd,h}$ 水力学入口长度，m

$x_{fd,t}$ 热入口长度，m

x_i 组分 i 的摩尔分数，C_i/C

希腊字母

α 热扩散系数，m²/s；单位体积换热器的表面积，m²/m³；吸收率

β 容积热膨胀系数，K^{-1}

Γ 膜状凝结中单位宽度上的质量流率，kg/(s·m)

δ 水力边界层厚度，m

δ_c 浓度边界层厚度，m

δ_p 热穿透深度，m

δ_t 热边界层厚度，m

ε 发射率；堆积床的空隙率；换热器有效度

ε_f 肋片有效度

η 相似变量

η_f 肋片效率

η_o 肋片阵列的总效率

θ 天顶角，rad；温差，K

κ 吸收系数，m^{-1}

λ 波长，μm

λ_{mfp} 平均自由路程，nm

μ 黏度，kg/(s·m)

ν 运动黏度，m²/s；辐射频率，s^{-1}

ρ 质量密度，kg/m³；反射率

σ 斯蒂芬-波尔兹曼常数；电导率，1/(Ω·m)；法向黏性应力，N/m²；表面张力，N/m；换热器的最小横截面积与迎风面积之比

Φ 黏性耗散函数，s^{-2}

ϕ 方位角，rad

ψ 流函数，m²/s

τ 切应力，N/m²；透过率

ω 立体角，sr；灌注速率，s^{-1}

下 标

A，B   二元混合物中的组分

abs   吸收的

am   算术平均

b   扩展表面的基部；黑体

c   横截面积；浓度；冷流体

cr   临界隔热厚度

cond   导热

conv	对流	ph	声子
CF	逆流	R	再辐射表面
D	直径；阻力	r，ref	反射的辐射
dif	扩散	rad	辐射
e	过余的；发射；电子	S	太阳条件
evap	蒸发	s	表面条件；固体物性
f	流体物性；肋片状态；饱和液体状态	sat	饱和状态
fc	受迫对流	sens	显能
fd	充分发展状态	sky	天空条件
g	饱和蒸气状态	ss	稳态
H	传热状态	sur	周围环境
h	流体动力学的，水力的；热流体；螺旋状的	t	热的
		tr	透过的
i	通用组分标记；环套的内表面；初始条件；管道进口条件；投射辐射	v	饱和蒸气状态
		x	表面上的局部位置
L	基于特征长度	λ	光谱的
l	饱和液体状态	∞	自由流状态
lat	潜能		
lm	对数平均		

上 标

'	脉动量
*	摩尔平均；无量纲量

M	动量传递状态	
m	管道横截面上的平均值	
max	最大流体速度	
mfp	平均自由路程	

上横杠

—	表面平均状态；对时间平均

o	中心或中心平面状态；管道出口状态；外部的

第1章 导 论

学习热力学时大家已经知道，一个系统通过与外界的相互作用可以进行能量传输。这种相互作用称为做功和传热。然而，热力学只论及这种相互作用发生过程的终态，并不给出有关这种相互作用的特性或作用过程的速率。本书的目的是通过研究各种传热**模式**和建立计算传热**速率**的各种关系式来扩展热力学的分析。

本章将为本书中要讨论的大部分内容打下基础。我们可以提出这样的一些问题：**何谓传热？热能是如何传输的？传热的重要性何在？**本章的目的有两个，一是培养学生去理解构成传热过程的一些基本概念和原理；二是说明利用传热学知识和结合热力学第一定律（**能量守恒**）解决相关的技术和社会问题的方法。

1.1 何谓传热及如何传热

下述简单但具有普适性的定义足可回答"何谓传热"的问题。

> **传热是因存在温差而发生的热能的转移。**

只要一个介质中或两个介质之间存在温差，就必然会发生传热。

如图 1.1 所示，我们把不同类型的传热过程称为不同的**传热模式**。当在静态介质中存在温度梯度时，不论介质是固体还是流体，介质中都会发生传热，我们称这种传热过程为**传导**。与此不同，当一个表面和一种运动的流体处于不同温度时，它们之间发生的传热称为**对流**。第三种传热模式称为**热辐射**。所有具有一定温度的表面都以电磁波的形式发射能量。因此，若两个温度不同的表面之间不存在参与传热的介质，则它们只通过热辐射进行传热。

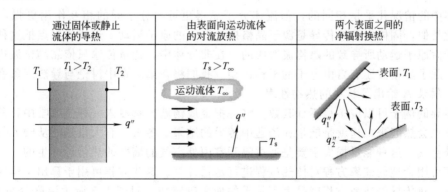

图 1.1 传导、对流和辐射传热模式

1.2 物理机理和速率方程

作为工程师，理解不同传热模式的物理机制，并学会使用速率方程定量地确定单位时间内所传输的能量是很重要的。

1.2.1　传导

在提及**传导**时，我们应立刻联系到**原子和分子活动**的概念，因为维持这种传热模式的就是原子和分子活动这一级运动形式。导热可看作是物质中质点之间的相互作用：能量较大的质点向能量较小的质点传输能量。

通过讨论气体的导热并利用大家熟悉的热力学的基本概念可以很容易地说明导热的物理机理。设想在一种气体中存在温度梯度，并假定气体**没有整体运动**。所论气体充满了保持在不同温度的两个表面之间的空间，如图 1.2 所示。我们把任何一点的温度与该点邻近的气体分子的能量联系起来。气体分子的能量与其随机的平移有关，也和内部旋转和振动运动有关。

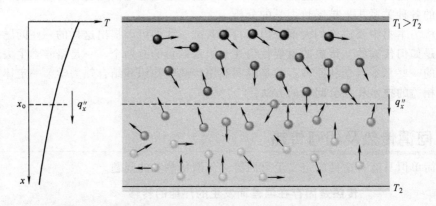

图 1.2　由分子活动导致的与能量扩散相联系的热传导

温度越高，分子的能量越大，当邻近的分子相互碰撞时（这总是在不断发生的），能量较大的分子必然会向能量较小的分子传输能量。当存在温度梯度时，通过导热的能量传输总是向温度降低的方向进行。这种传输可由图 1.2 看得很明显。由于分子的**随机运动**，不断地有分子从上面或下面越过 x_0 处的假想平面。由于 x_0 平面上方的温度比 x_0 平面下方的高，所以净的能量传输必然是沿正 x 方向。我们可把基于分子随机运动的净能量传输说成是能量的**扩散**。

流体中的情况几乎是相同的，但流体分子靠得更近，分子间的相互作用更强，也更频繁。与此类似，固体中的热传导是源于晶格振动形式的原子活动。近代的观点把这种能量传输归咎于由原子运动所导致的**晶格波**造成的。在非导体中，能量传输只依靠晶格波进行；在导体中，除了晶格波还有自由电子的平移运动。我们将在第 2 章中讨论与导热现象有关的重要物性，附录 A 给出了材料的热物性表。

热传导的例子可以说多得不计其数。将一把金属汤匙突然浸入一杯热咖啡中，其外露的一端最终也会热起来，这就是能量在汤匙中传导的结果。冬天，有大量热能从暖和的房间散失到室外空气。这种能量损失主要是通过隔开室内外空气的墙壁的热传导产生的。

我们可用合适的**速率方程**对传热过程进行定量计算。这些方程可用于算出单位时间内传输的能量。热传导的速率方程就是大家熟悉的**傅里叶定律**。对图 1.3 所示温度分布为 $T(x)$ 的一维平壁，速率方程的表达式为

$$q_x'' = -k\frac{\mathrm{d}T}{\mathrm{d}x} \tag{1.1}$$

热流密度 $q_x''(\mathrm{W/m^2})$ 是在与传输方向相垂直的单位面积上，在 x 方向上的传热速率。它与

该方向上的**温度梯度** $\mathrm{d}T/\mathrm{d}x$ 成正比。比例常数 k 是一个输运物性，称为热导率❶ $[\mathrm{W}/(\mathrm{m}\cdot\mathrm{K})]$，在这里它是墙壁材料的热导率。由于热能是向温度降低的方向传输的，所以方程中有负号。在图 1.3 所示的**稳态条件**和**线性温度分布**的情况下，温度梯度可表示为

$$\frac{\mathrm{d}T}{\mathrm{d}x}=\frac{T_2-T_1}{L}$$

于是，热流密度为

$$q''_x=-k\,\frac{T_2-T_1}{L}$$

或

$$q''_x=k\,\frac{T_1-T_2}{L}=k\,\frac{\Delta T}{L} \tag{1.2}$$

注意，上式给出的是**热流密度**，即**单位面积**的传热速率。通过面积为 A 的平壁的**导热速率** $q_x(\mathrm{W})$ 为热流密度与面积的乘积，$q_x=q''_x A$。

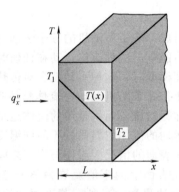

图 1.3 一维热传导（能量扩散）

【**例 1.1**】 一个工业炉的炉墙由 0.15m 厚的耐火砖筑成，耐火砖的热导率为 1.7 $\mathrm{W}/(\mathrm{m}\cdot\mathrm{K})$。在稳态运行时测得炉墙内外表面温度分别为 1400K 和 1150K。求通过一侧面积为 0.5m×1.2m 的炉墙的热损速率。

解析

已知：壁厚、面积、热导率和表面温度，稳态条件。

求：炉墙热损。

示意图：

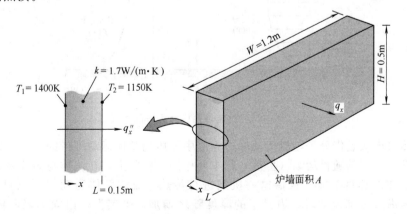

---

❶ 也称导热系数。——译者注

假定：1. 稳态。

2. 通过炉墙的一维导热。

3. 热导率是常数。

分析：由于通过炉墙的传热模式是导热，热流密度可由傅里叶定律确定。利用方程 (1.2)，有

$$q''_x = k\frac{\Delta T}{L} = 1.7\,\text{W/(m·K)} \times \frac{250\,\text{K}}{0.15\,\text{m}} = 2833\,\text{W/m}^2$$

这个热流密度是通过单位截面积的传热速率，并且均匀不变地通过炉墙横截面。由此可得通过面积 $A = HW$ 的热损为

$$q_x = (HW)q''_x = (0.5\,\text{m} \times 1.2\,\text{m}) \times 2833\,\text{W/m}^2 = 1700\,\text{W}$$

说明：注意热流方向及热流密度与传热速率之间的区别。

1.2.2 对流

对流传热**模式**由**两种机制**组成。除了由**随机的分子运动（扩散）**导致的能量传输外，流体的**整体**或者说**宏观运动**也传输能量。这种流体运动在任何时刻都有集合或者说聚集在一起的大量分子在运动。当存在温度梯度时，这种运动就会对传热起作用。由于聚集的大量分子保持着随机运动，所以总的传热是分子随机运动与流体整体运动所导致的能量传输的叠加。习惯上将这种叠加作用的传输称为**对流**，而将整体的流体运动导致的传输称为**平流**。在对流传热中，我们特别感兴趣的是运动的流体与界面处于不同温度时它们之间发生的传热。我们来讨论图 1.4 所示的流体流过热表面的情况。流体与表面之间的相互作用使流体中形成一个区，流体的速度在这个区中由表面上的零值发展为某一定值 u_∞，此值与流动情况有关。流体的这个区域称为**水力**或**速度边界层**。另外，若表面和流体的温度不同，就还会有一个区，在该区中温度从 $y=0$ 处的 T_s 变到外层流体的 T_∞。这个区称为**热边界层**，它可以小于、大于或等于速度边界层。不论何种情况，若 $T_s > T_\infty$，表面与外层流体之间就会发生对流传热。

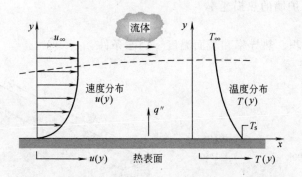

图 1.4 对流传热中边界层的发展

对流传热模式是借分子随机运动和边界层中流体的整体运动维持的。在邻近表面处，流体的速度低，分子的随机运动（扩散）起主要作用。实际上，在流体与固体表面的交界面上（$y=0$），流体的速度为零，仅借这一机制进行传热。流体整体运动之所以对传热起作用，是因为流体沿 x 方向流动时，边界层的厚度随之**增加**。事实上，由固体表面传入边界层中的热能被带至下游，并最终传给边界层外的流体。清晰认识边界层现象对理解对流传热非常重要。正因如此，流体力学在我们以后分析对流传热时起着重要作用。

　　根据流动的性质，可对对流传热进行分类。当流动由风机、泵或风力等外力作用形成时，我们称它为**受迫对流**。利用风扇提供受迫对流的空气去冷却一组印刷电路板上的发热电子元件就是一个例子［图 1.5(a)］。与此不同，在**自由或自然对流**中，流动是由浮升力引起的，这种浮升力是因流体中的温度变化而产生的密度差所导致的。一组竖直放置的电路板上的发热元件在静止空气中的散热就是自然对流传热的例子［图 1.5(b)］。与电子元件相接触的空气的温度会升高，从而密度减小。由于它比周围的空气轻，浮升力造成空气在垂直方向上的运动，离开电路板上升的热空气被流入的冷空气所取代。

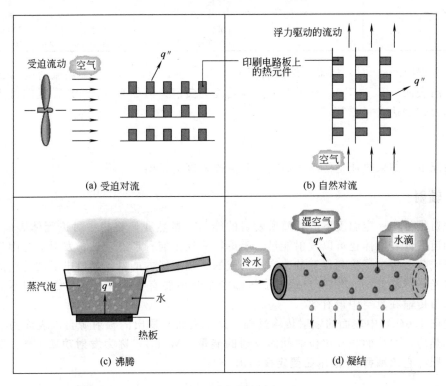

图 1.5　对流传热过程

　　虽然我们是基于**纯**受迫对流和**纯**自然对流来说明图 1.5(a) 和图 1.5(b) 的，但也可能存在受迫对流和自然对流同时起作用的**混合（联合）**模式。例如，若图 1.5(a) 中的空气流速较小和/或浮升力较大，则可能会产生与强加的受迫流相当的二次流。由浮升力产生的流动可与受迫流动相垂直，因而对元件的对流传热产生很大的影响。对于图 1.5(b)，若用风机强制空气穿过电路板向上流动，就有助于浮升流动；若风机强制空气向下流动，则阻挠浮升流。这些都是混合流。

　　我们已描述了在流体中发生的借传导和流体整体运动联合效应的基于对流传热模式的能量传输。一般地说，所传输的能量是流体的**显热**，或者说流体的内部热能。然而，有些对流过程除了显热，还发生**潜热**交换。潜热交换通常伴随着流体的液态与气态之间的相变。本书中要讨论的两种重要相变是**沸腾**和**凝结**。

　　不论对流传热过程的具体特性如何，其能量传输速率方程都具有下述形式

$$q'' = h(T_s - T_\infty) \tag{1.3a}$$

式中，对流热流密度 $q''(\mathrm{W/m^2})$ 和表面温度 T_s 与流体温度 T_∞ 之差成正比。上式称为**牛顿冷却公式**，比例常数 $h[\mathrm{W/(m^2 \cdot K)}]$ 称为**对流换热系数**。h 与边界层中的条件有关，后者又

取决于表面的几何形状、流体的运动特性及流体的众多热力学性质和输运性质。

任何关于对流的研究最终都归结为确定 h 的方法的研究。虽然这些方法要在第 6 章才讨论，但对流传热经常会在求解导热问题（第 2 章～第 5 章）时作为边界条件出现。在求解这些问题时，我们假定 h 是已知的，可采用表 1.1 中的典型值。

表 1.1　典型对流系数值的范围

过　　程	$h/\mathrm{W} \cdot \mathrm{m}^{-2} \cdot \mathrm{K}^{-1}$	过　　程	$h/\mathrm{W} \cdot \mathrm{m}^{-2} \cdot \mathrm{K}^{-1}$
自然对流		受迫对流	
气体	2～25	气体	25～250
液体	50～1000	液体	100～20000
		伴随相变的对流沸腾或凝结	2500～100000

在用方程(1.3a)时，如果热能由表面传出（$T_\mathrm{s} > T_\infty$），认为对流热流密度为**正值**；如果热能传向表面（$T_\infty > T_\mathrm{s}$），认为对流热流密度为**负值**。但如果 $T_\infty > T_\mathrm{s}$，我们可用如下的牛顿冷却公式表达式

$$q'' = h(T_\infty - T_\mathrm{s}) \tag{1.3b}$$

在这种情况下，如果热能是传给表面的，则热流密度为正值。

1.2.3　辐射

热辐射是处于一定温度下的物质所发射的能量。虽然我们将集中讨论固体表面的辐射，但应该知道液体和气体也可以发射能量。不论物质处于何种形态，这种发射都是因为组成物质的原子或分子中电子排列位置的改变所造成的。辐射场的能量是通过电磁波传输的（或者说，通过光子传输的）。依靠导热或对流传输能量时需要有物质媒介，而辐射却不需要。实际上，辐射传输在真空中最有效。

讨论图 1.6(a) 中表面的辐射传输过程。这个表面所**发出**的辐射源自以表面为界限的内部物质的热能，单位面积在单位时间内发射的能量（W/m²）称为**发射功率** E❶。发射功率有一个上限，它由**斯蒂芬-波尔兹曼定律**给出

$$E_\mathrm{b} = \sigma T_\mathrm{s}^4 \tag{1.4}$$

式中，T_s 为表面的**热力学温度**，K；σ 为**斯蒂芬-波尔兹曼常数**，$\sigma = 5.67 \times 10^{-8}$ W/(m² · K⁴)。这种表面称为理想辐射体或**黑体**。

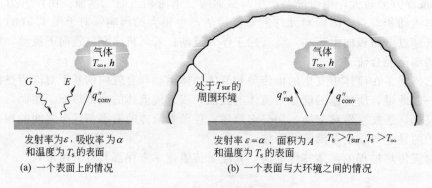

(a) 一个表面上的情况　　　　　(b) 一个表面与大环境之间的情况

图 1.6　辐射换热

---

❶　本书中的发射功率是指单位表面积发射的功率，W/m²。——译者注

在相同温度下，实际表面发射的热流密度比黑体的小，其值由下式给出

$$E = \varepsilon \sigma T_s^4 \tag{1.5}$$

式中，ε 为表面的辐射性质，称为**发射率**❶。发射率的值在 $0 \leqslant \varepsilon \leqslant 1$ 之间，由此值可知表面与黑体之间发射能力的差别程度。表面材料的粗糙度对发射率有很大的影响。附录 A 给出了一些有代表性的发射率数据。周围环境也对表面投射辐射。这种辐射可来自特殊的辐射源，如太阳，或来自所论表面所面向的其他一些表面。不论辐射源是什么，我们称单位时间内投射在单位面积上的辐射能为**辐照密度** G ［图 1.6(a)］。

投射在表面上的辐射可以被表面部分或全部吸收，从而增加材料的热能。单位表面积在单位时间内所吸收的辐射能可由已知的术语为**吸收率**的 α 确定❷，α 是表面的一个热辐射性质。也即

$$G_{abs} = \alpha G \tag{1.6}$$

式中，$0 \leqslant \alpha \leqslant 1$。若表面是**不透射**的，部分投射会被**反射**。若表面是**半透射**的，则部分投射可**穿过**。虽然吸收和发射的辐射会分别增加和减少物质的热能，但反射和透过的辐射对该能量没有影响。要注意的是，表面的吸收率 α 与投射辐射的特性以及表面本身有关。例如，表面对太阳辐射的吸收率可以不同于对炉墙发出的辐射的吸收率。

在很多工程问题中（那些涉及太阳辐射或来自温度很高的源的辐射的问题除外），可认为液体对辐射传热是不透明的，而气体则是透明的。固体可以是不透明的（如金属）或**半透明的**（如某些聚合物薄片及一些半导体材料）。

经常会遇到的一种特殊情况是一个温度为 T_s 的小表面与远大于它，并将它完全包围的等温表面之间的辐射换热 ［图 1.6(b)］。**周围环境**可以是房间或炉子的墙面，它们与被包围面积的温度是不同的（$T_{sur} \neq T_s$）。在第 12 章中我们会讨论可将投射辐射近似为由黑体所发出的辐射的情况，此时，$G = \sigma T_{sur}^4$。若假设表面的吸收率与发射率相等（**灰表面**），$\alpha = \varepsilon$，以单位表面积表示的**离开**表面的净辐射换热速率算式为

$$q_{rad}'' = \frac{q}{A} = \varepsilon E_b(T_s) - \alpha G = \varepsilon \sigma (T_s^4 - T_{sur}^4) \tag{1.7}$$

此式给出了表面因本身发出辐射而释放的热能与因吸收辐射而得到的热能之间的差值。

在许多应用场合，用下式计算净辐射换热很方便

$$q_{rad} = h_r A(T_s - T_{sur}) \tag{1.8}$$

式中，h_r 为**辐射换热系数**，由式(1.7) 可得其表达式为

$$h_r = \varepsilon \sigma (T_s + T_{sur})(T_s^2 + T_{sur}^2) \tag{1.9}$$

在这里，我们将辐射模式按照与对流模式相类似的方式来处理。这么做的含义是我们将辐射速率方程作了**线性化处理**，使热流速率正比于温差而不是两个温度的四次方之差。但要注意的是，温度对 h_r 的影响很大，而温度对对流换热系数 h 的影响一般较弱。

图 1.6 的表面也可以同时以对流方式向邻近的气体传热。对于图 1.6(b) 中的情况，表面向外的传热速率总和为

❶ 国内也称发射比。——译者注
❷ 国内也称吸收比。——译者注

$$q = q_{\text{conv}} + q_{\text{rad}} = hA(T_s - T_\infty) + \varepsilon A\sigma(T_s^4 - T_{\text{sur}}^4) \tag{1.10}$$

【例 1.2】　一根未隔热的蒸汽管穿过一个房间，房间中的空气和墙壁的温度均为 25℃。管的外径为 70mm，其表面温度和发射率分别为 200℃ 和 0.8。求表面的发射功率和辐照密度。若管子表面对空气的自然对流换热系数为 15W/(m²·K)，求单位管长表面上的热损速率。

解析

已知：具有给定直径、发射率和表面温度的未隔热蒸汽管处于一个墙壁和空气温度固定的房间中。

求：1. 表面的发射功率和辐照密度。

2. 单位管长上的热损速率 q'。

示意图：

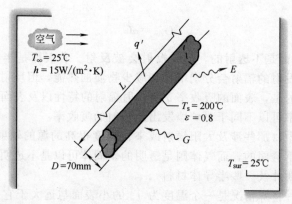

假定：1. 稳定状态。

2. 管子与房间之间的辐射换热是一个小表面与包围它的大面积腔体之间的辐射换热。

3. 表面的发射率和吸收率相等。

分析：1. 表面的发射功率可利用式(1.5)计算，而辐照密度可用 $G = \sigma T_{\text{sur}}^4$ 确定。因此

$$E = \varepsilon\sigma T_s^4 = 0.8 \times [5.67 \times 10^{-8}\,\text{W/(m}^2 \cdot \text{K}^4)] \times (473\text{K})^4 = 2270\,\text{W/m}^2$$
$$G = \sigma T_{\text{sur}}^4 = 5.67 \times 10^{-8}\,\text{W/(m}^2 \cdot \text{K}^4) \times (298\text{K})^4 = 447\,\text{W/m}^2$$

2. 管子的热损是通过对流传热至室内空气及与房间墙壁进行辐射换热造成的。因此 $q = q_{\text{conv}} + q_{\text{rad}}$，由式(1.10)及 $A = \pi DL$，有

$$q = h(\pi DL)(T_s - T_{\text{sur}}) + \varepsilon(\pi DL)\sigma(T_s^4 - T_{\text{sur}}^4)$$

由此可得单位管长上的热损速率为

$$q' = \frac{q}{L} = 15\,\text{W/(m}^2 \cdot \text{K}) \times (\pi \times 0.07\text{m}) \times (200 - 25)\text{℃} +$$
$$0.8 \times (\pi \times 0.07\text{m}) \times 5.67 \times 10^{-8}\,\text{W/(m}^2 \cdot \text{K}^4) \times (473^4 - 298^4)\text{K}^4$$
$$q' = 577\,\text{W/m} + 421\,\text{W/m} = 998\,\text{W/m}$$

说明：1. 对于对流（或传导）传热，在计算温差时用℃或K都可以。但对于辐射换热的计算，必须用热力学温度 K。

2. 单位长度管子的净辐射换热速率为

$$q'_{\text{rad}} = \pi D(E - \alpha G)$$
$$= \pi \times 0.07\text{m} \times (2270 - 0.8 \times 447)\,\text{W/m}^2 = 421\,\text{W/m}$$

3. 由于与 T_{sur} 相比 T_s 较大，且自然对流换热系数很小，因此在所论情况下，辐射换热速率和对流换热速率的差别不是很大。对于中等程度的 T_s 值和受迫对流情况下较大的 h 值，辐射热损常可不予考虑。辐射换热系数可用式(1.9) 计算，对本题的情况其值为 $h_r=11W/(m^2 \cdot K)$。

4. 在 IHT 软件中以指南会话的形式给出了这个例子。

1.2.4 与热力学的关系

现在是该说明传热学与热力学之间基本区别的时候了。虽然热力学涉及系统间相互作用时的热能传输，且该传输在第一和第二定律中极为重要，但热力学既不讨论传热的机理，也不讨论计算换热速率的方法。热力学所讨论的是物质的**平衡态**，而平衡态中必定不存在温度梯度。虽然热力学可以确定一个系统从一个平衡态到另一个平衡态所需要的热能，但热力学**不去理会传热在本质上就是非平衡过程**。所以传热这门学科就是去做热力学在本质上无能为力的事，即根据热力不平衡的程度定量地确定传热速率。这是通过如式(1.2)、式(1.3) 和式(1.7) 这样的三种传热模式的速率方程来完成的。

1.3 能量的守恒要求

热力学和传热学所研究的问题是高度互补的。例如，由于传热学研究热能的传输**速率**，所以可把它看成是热力学的一种**扩展**。另一方面，在许多传热问题的分析中，热力学第一定律（**能量守恒定律**）经常是极为重要的工具。为给学习以后的内容作准备，现给出第一定律的一般表述。

1.3.1 控制容积的能量守恒

实际上，热力学第一定律可简单地表述为一个系统的总能量是守恒的，所以，要使系统内的能量发生变化的唯一途径是必须有能量穿过系统的边界。第一定律也涉及可使能量穿过系统边界的方式。对于一个封闭系统（质量固定的域），只有两种方式：穿过边界的传热和对系统做功或系统向外界做功。这就导致对一个封闭系统的第一定律的如下表述，已学过热力学课程的读者对此是熟悉的：

$$\Delta E_{st}^{tot} = Q - W \tag{1.11a}$$

式中，ΔE_{st}^{tot} 是系统中所贮存的总能的变化；Q 是传给系统的净热能；W 是系统所做的净功。图 1.7(a) 是式(1.11a) 的图示。

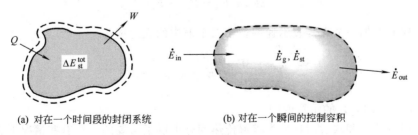

(a) 对在一个时间段的封闭系统　　　　(b) 对在一个瞬间的控制容积

图 1.7 能量的守恒

第一定律也可应用于**控制容积**（或**开口系统**），即一个由**控制表面**界限的空间区域，质量可以通过其控制表面。进入和离开控制容积的质量带有能量；这个称为能量平流的过程提供了可使能量穿过控制容积边界的第三种途径。作为总结，对于控制容积和封闭系统，热力学第一定律可非常简单地表述如下。

对一个时间段（Δt）的热力学第一定律

> 贮存在控制容积内的能量增大的值，必定等于进入控制容积的能量减去离开控制容积的能量。

在应用这个原理时，可认识到能量进入和离开控制容积，是由于穿过边界的传热、对控制容积做功或控制容积对外做功以及能量平流的结果。

热力学第一定律涉及由动能和势能（合称机械能）及内能组成的**总能**。内能可进一步细分为热能（以后将给出更精细的定义）及化学能和核能等其他形式的内能。对学习传热学科而言，我们集中注意的是热能和机械能。我们必须认识到热能与机械能之和是不守恒的，因为其他形式的能与热能之间是可以转换的。例如，若发生使系统中化学能减少的化学反应，就将导致系统热能的增加。因此，我们可以认为是能量转换导致了**热能产生**（它可正可负）。这样，能很好地适合于传热分析的第一定律的表述为：

对一个时间段（Δt）的热能和机械能方程

> 贮存在控制容积中的热能和机械能增大的值，必定等于进入控制容积的热能和机械能减去离开控制容积的热能和机械能，再加上控制容积内产生的热能。

这个表述适用于一个**时间段** Δt，所有能量项均以焦耳度量。由于在每一瞬间 t 必须满足第一定律，我们也可**基于速率**表述第一定律。就是说，在任一瞬间，必须保持以焦耳每秒（W）度量的所有**能量速率**之间的平衡。具体地说，可表述为

在一个瞬间（t）的热能和机械能方程

> 贮存在控制容积中的热能和机械能速率的增大，必定等于进入控制容积的热能和机械能速率，减去离开控制容积的热能和机械能速率，再加上在同一瞬间控制容积内生产热能的速率。

如果流入和产生的热能和机械能比流出的大，贮存在控制容积中的热能和机械能的值必定增大；如果情况相反，热能和机械能贮存将减少。如果流入和产生的与流出的等同，就必定是**稳定态**条件，在这种情况下，贮存在控制容积中的热能和机械能将不会改变。

现在我们来为每个能量项定义符号，以方程式来表示框中的表述。令 E 表示热能和机械能之和（以区别表示总能的 E^{tot}）。用下标 st 表示在控制容积中贮存的能量，在时间段 Δt 内贮存在控制容积中的热能和机械能的变化为 ΔE_{st}。下标 in 和 out 指进入和离开控制容积的能量。最后，以符号 E_{g} 表示产生的热能。于是，第一个框中的表述可写成

$$\Delta E_{\text{st}} \equiv E_{\text{in}} - E_{\text{out}} + E_{\text{g}} \tag{1.11b}$$

然后在能量项上方加一个点号表示速率，第二个框中的表述成为：

$$\dot{E}_{\text{st}} \equiv \frac{\mathrm{d}E_{\text{st}}}{\mathrm{d}t} = \dot{E}_{\text{in}} - \dot{E}_{\text{out}} + \dot{E}_{\text{g}} \tag{1.11c}$$

图 1.7(b) 是式(1.11c) 的示意说明。

方程式(1.11b) 和式(1.11c) 为求解传热问题提供了重要的，在有些情况下必不可少的工具。每次应用第一定律时，都必须首先确定一个合适的随后要对它进行分析的控制容积及其控制表面。第一步是以虚线表明控制表面。第二步是确定以一个时间段 Δt ［式(1.11b)］还是基于速率［式(1.11c)］进行分析。这种选择与解题的目的及待求问题所提供的信息有关。下一步是确定待求问题中相关的能量项。为使读者获得处理最后一步的自信，本节的余

下内容专门阐明下述能量项：

- 贮存的热能和机械能 E_{st}；
- 产生的热能 E_g；
- 热能和机械能穿过控制表面的输运，也即流入和流出项，E_{in} 和 E_{out}。

在第一定律［式(1.11a)］的表述中，总能 E^{tot} 由动能（KE$=1/2mV^2$，其中 m 和 V 分别为质量和速度）、势能（PE$=mgz$，其中 g 为重力加速度，z 为纵向高度）和**内能**（U）组成。机械能的定义是动能与势能之和。在一些传热问题中，常见情况是动能与势能的变化很小，可不予考虑。内能由**显能**、**潜能**、**化学能**和**核能**组成。显能与组成物质的分子/原子的平移、旋转和/或振动运动有关。潜能与影响固态、液态和气态之间相变的分子间的作用力有关。化学能与贮存在原子间化学键中的能量有关。核能代表的是核子内的结合力。

对于学习传热来说，我们把注意力集中于内能的显能和潜能（U_{sens} 和 U_{lat}），它们都是**热能** U_t。我们所关注的显能部分主要与温度变化有关（虽然也可与压力有关）。我们将潜能部分与相变相联系。例如，如果控制容积中的材料由固体变成液体（熔化）或由液体变成气体（**汽化、蒸发、沸腾**），潜能增大。反之，若相变是由气体变成液体（**凝结**）或由液体变成固体（**凝固、冻结**），潜能减小。显然，如果没发生相变，就不存在潜能变化，潜能项就可忽略。

基于以上讨论，贮存的热能和机械能可由 $E_{st}=$KE$+$PE$+U_t$ 给出，式中的 $U_t=U_{sens}+U_{lat}$。在许多问题中，唯一相关的能量项是显能，也即 $E_{st}=U_{sens}$。

能量产生项与由某种其他形式的内能（化学能、电能、电磁能或核能）转化成热能有关。这是一种**容积现象**。就是说，它是在容积内发生的，并且一般来说与容积的大小成正比。例如，发生的一个放热化学反应使化学能转化成热能。其净效应是使控制容积内物质的热能增大。当电流通过一个导体时，电阻发热使电能转化成热能，这是产生热能的另一个例子。也即，如果电流 I 流过控制容积中的一个电阻 R，电能消耗的速率为 I^2R，它相应于容积中产生（释放）热能的速率。在本书所有有意义的应用中，如果有化学能、电能和核能效应，都将它们作为产生热能的源（或**汇**，相当于负源）处理，因此计入式(1.11b)、式(1.11c)的能量产生项。

流入和流出项是**表面现象**。也即它们只和在控制表面上发生的过程有关，一般正比于表面积。前面已讨论过，能量流入和流出项包括传热（可通过导热、对流和/或辐射）和在系统边界发生功的相互作用（例如，由于边界位移、轴转动和/或电磁效应）。对于有质量通过边界的情况（例如，在涉及流体流动的情况中），借进入和离开控制容积的质量的携带，流入和流出项也含有热能和机械能。例如，通过边界进入的质量流率为 $\dot{m}$，则随流动进入的热能和机械能的速率为 $\dot{m}(u_t+\frac{1}{2}V^2+gz)$，式中，$u_t$ 为单位质量的热能。

当第一定律应用于伴有流体穿过边界的控制容积时，习惯上将功项分为两部分。第一部分称为**流动功**，它与借助压力推动流体穿过控制容积边界所做的功有关。对于**单位质量**，它等于流体的压力和比容的乘积（pv）。传统上符号 $\dot{W}$ 用于功项的其余部分（不包含流动功）。如果运行条件是稳定状态（$dE_{st}/dt=0$）且无热能产生，式(1.11c)就简化为下述稳定流动的能量方程（见图 1.8），学过热力学课程的读者是熟悉此方程式的：

$$\dot{m}(u_t+pv+1/2V^2+gz)_{in}-\dot{m}(u_t+pv+1/2V^2+gz)_{out}+q-\dot{W}=0 \qquad (1.11d)$$

在圆括号中给出了基于单位质量流体在进出口处的相关能量项。乘上质量流率 $\dot{m}$，就得到相应的进入和离开控制容积的能量项（热能、流动功、动能和势能）的速率。单位质量的热能与流动功之和可以用单位质量的焓替代，$i=u_t+pv$。

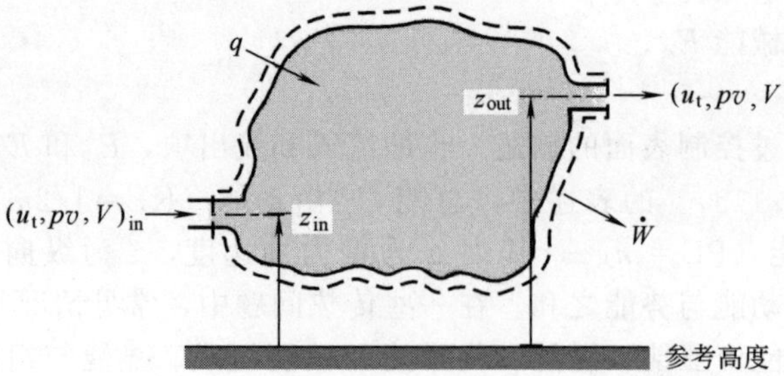

图 1.8 稳定流动的能量守恒，开口系统

在本书感兴趣的许多重要的开口系统的应用中，式（1.11d）的进出口条件之间的潜能变化可忽略不计，因此热能简化为显热部分。如果将流体近似为**比热容**是常数的**理想气体**，进出口流动之间的焓差（单位质量）可表示为$(i_{in}-i_{out})=c_p(T_{in}-T_{out})$，式中的$c_p$为比定压热容，$T_{in}$和$T_{out}$分别为进出口温度。如果液体是**不可压缩液体**，其比定压热容和比定容热容相同，$c_p=c_v\equiv c$，对式（1.11d），显能变化（单位质量）变为$(u_{t,in}-u_{t,out})=c(T_{in}-T_{out})$。除非压降非常大，流体的流动功项之差$(pv)_{in}-(pv)_{out}$可忽略不计。

在作了稳定态条件、无潜能变化和无热能产生等假定之后，至少可以对四种情况作进一步假定，使式（1.11d）转化为**简化的稳定态流动热能方程**：

$$q=\dot{m}c_p(T_{out}-T_{in}) \tag{1.11e}$$

式（1.11e）的右侧表示理想气体流出和流入焓（热能加流动功）的速率差或不可压缩液体流出和流入热能的速率差。

使式（1.11e）成立的前两种情况很容易通过式（1.11d）证实。它们是：

① 动能和势能变化可忽略的理想气体及功（非流动功）可以忽略的情况。

② 可忽略动能和势能变化的不可压缩流体及功（**包括**流动功）可以忽略的情况。在前面的讨论中已指出，若压力变化不是很大，可忽略不可压缩液体的流动功。

后两种情况不可能直接由式（1.11d）推得，而需要进一步了解机械能是如何转变成热能的。这些情况是：

③ 可忽略黏性耗散的理想气体和压力变化可忽略的情况。

④ 可忽略黏性耗散的不可压缩液体。

黏性耗散与流体中的黏性力有关，它使机械能转变为热能。黏性耗散只是在涉及高速流动和/或高黏度流体的情况才重要。由于许多工程应用满足上述四种条件之一或更多，式（1.11e）通常可用于运动流体的传热分析。在第8章学习内流中的对流传热时将用到它。

流体的**质量流速率**$\dot{m}$可表示为$\dot{m}=\rho VA_c$，式中，ρ为流体的密度，A_c为流体流道的横截面积。**体积流率**可简单地表示为$\dot{V}=VA_c=\dot{m}/\rho$。

【例 1.3】 一根导电长棒的直径为D，单位长度上的电阻为R'_e，初始时它与外界空气及周围环境处于热平衡状态。当电流I通过这根棒时平衡被破坏了。试推导能用以计算在电流通过期间棒的温度随时间变化的方程。

解析

已知：棒的直径、温度和单位长度上的电阻，以及棒的温度因有电流通过而随时间变化。

求：能确定棒的温度随时间变化的算式。

示意图：

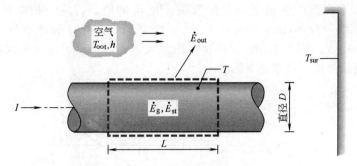

假定： 1. 在任何时刻 t，棒的温度是均匀的。

2. 物性为常数（ρ、c、$\varepsilon = \alpha$）。

3. 棒的外表面与周围环境之间的辐射换热是一个小表面与大腔体之间的辐射换热。

分析： 未知温度可用热力学第一定律来确定。对于本题，有关的各项包括表面的对流和辐射换热、导体内因欧姆电阻热产生的热能以及热能贮存项的变化。由于我们要确定的是温度变化速率，应利用适合于在瞬间 t 的第一定律表述。因此，对长为 L 的一段棒画出控制表面，对控制容积应用式(1.11a)，可得

$$\dot{E}_g - \dot{E}_{out} = \dot{E}_{st}$$

式中，源自电阻加热的能量产生项为

$$\dot{E}_g = I^2 R'_e L$$

控制容积中的加热是均匀的，可用单位体积的产热速率 $\dot{q}(\text{W/m}^3)$ 表示，于是整个控制容积的产热速率为 $\dot{E}_g = \dot{q}V$，式中 $\dot{q} = I^2 R'_e / (\pi D^2 / 4)$。能量的散失是由于表面的对流和净辐射。分别应用式(1.3a) 和式(1.7)，得

$$\dot{E}_{out} = h(\pi D L)(T - T_\infty) + \varepsilon \sigma (\pi D L)(T^4 - T^4_{sur})$$

能量贮存的变化是温度变化引起的

$$\dot{E}_{st} = \frac{dU_t}{dt} = \frac{d}{dt}(\rho V c T)$$

$\dot{E}_{st}$ 项与棒的内能变化的速率有关，式中，ρ 和 c 分别是棒材的质量密度和比热容，V 是长度为 L 的一段棒的体积，$V = (\pi D^2 / 4)L$。将速率方程代入能量守恒方程，得

$$I^2 R'_e L - h(\pi D L)(T - T_\infty) - \varepsilon \sigma (\pi D L)(T^4 - T^4_{sur}) = \rho c \left(\frac{\pi D^2}{4} \right) L \frac{dT}{dt}$$

因此

$$\frac{dT}{dt} = \frac{I^2 R'_e - \pi D h(T - T_\infty) - \pi D \varepsilon \sigma (T^4 - T^4_{sur})}{\rho c (\pi D^2 / 4)} \qquad \blacktriangleleft$$

说明： 1. 利用数值积分对上式求解，可得棒的温度随时间的变化。最终达到稳定态时，温度不再变化，$dT/dt = 0$。此时的棒温可由下面的代数方程求得

$$\pi D h(T - T_\infty) + \pi D \varepsilon \sigma (T^4 - T^4_{sur}) = I^2 R'_e$$

2. 对于恒定的环境条件（h、T_∞、T_{sur}）和几何形状（D）及物性（ε、R'_e）恒定的棒，

稳定态温度取决于热能产生速率，因此取决于电流的值。讨论一根在较大腔体（$T_{sur} = 300K$）内的裸铜线（$D = 1mm$，$\varepsilon = 0.8$，$R'_e = 0.4\Omega/m$），有一股冷空气不断地吹过铜线 [$h = 100W/(m^2 \cdot K)$、$T_\infty = 300K$]。将这些值代入上式后计算了电流范围在 $0 \leqslant I \leqslant 10A$ 之间的稳态时的铜线温度，结果见下图。

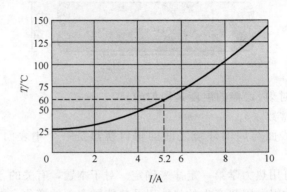

3. 若为了安全起见，预先规定最高运行温度为 $T = 60℃$，电流不得高于 5.2A。辐射换热（0.6W/m）远小于对流换热（10.4W/m）。因此，若在保持棒温在安全界限内的同时要求铜线在较大的电流下运行，就必须靠提高空气的流速来增大对流换热系数。当 $h = 250W/(m^2 \cdot K)$ 时，最大允许电流可增大到 8.1A。

4. IHT 软件对求解一些像说明 1 的能量守恒之类的方程及给出说明 2 的图示结果特别有用。为使用 IHT，可采用下述自由形式的符号格式将能量守恒方程键入 Workspace

$$pi^* D^* h^* (T-Tinf) + pi^* D^* eps^* sigma^* (T\char`^4-Tsur\char`^4) = I\char`^2^* Re'$$

随后，键入已知的输入参数，点击 solve，求 T。为确定工作电流范围 $0A \leqslant I \leqslant 10A$ 内的温度 T，利用 Explore 在变量 I 的范围内进行扫描。可以利用 Graph 作图功能画出 T 和 I 的关系图并在图上标注说明，使之看起来像专业性的图表一样。

【例 1.4】 图示为一个氢-空气质子交换膜（PEM）燃料电池。它由夹在多孔的阳极和阴极材料之间的**电解质膜**组成，形成了一个非常薄的三层**膜电极组合**（MEA）。质子和电子在阳极产生（$2H_2 \longrightarrow 4H^+ + 4e^-$），而在阴极质子和电子重新结合而形成水（$O_2 + 4e^- + 4H^+ \longrightarrow 2H_2O$）。因此总的反应是 $2H_2 + O_2 \longrightarrow 2H_2O$。电解质膜的双重作用为传输氢离子和作为阻挡层不让电子通过，迫使电子流向燃料电池的外部负荷。

为传导离子，膜必须在湿态条件下运行。但阴极材料上存在液态水会阻止氧气到达阴极反应处，导致燃料电池故障。因此，控制燃料电池的温度 T_c，使阴极侧含有饱和水蒸气是个关键性问题。

在 H_2 与空气的入口流率给定和采用一个 $50mm \times 50mm$ 的 MEA 的情况下，这个燃料电池产生 $P = IE_c = 9W$ 的电功率，相关的电池电压和电流分别为 $E_c = 0.6V$ 和 $I = 15A$。与电池中存在的饱和蒸汽状态所对应的温度为 $T_c = T_{sat} = 56.4℃$。总的电化学反应是放热的，相应的产热速率 $\dot{E}_g = 11.25W$ 必须通过对流和辐射从燃料电池中移走。环境空气和周围环境的温度为 $T_\infty = T_{sur} = 25℃$，冷却空气速度与对流换热系数 h 之间的关系为

$$h = 10.9W \cdot s^{0.8}/(m^{2.8} \cdot K) \times V^{0.8}$$

式中，V 的单位为 m/s。燃料电池外表面的发射率 $\varepsilon = 0.88$。确定为保持稳态运行条件所需的冷却空气的速度。假定燃料电池的侧面绝热。

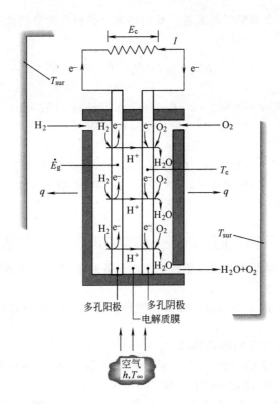

解析

已知： 环境空气和周围环境的温度，燃料输出的电压和电流，由总的电化学反应导致的热能产生的速率，以及要求的燃料电池的运行温度。

求： 为保持在 $T_c \approx 56.4\,℃$ 下稳态运行所需的冷却空气速度 V。

示意图：

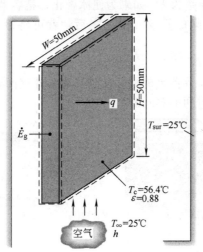

假定： 1. 稳定态条件。

2. 燃料电池内的温度变化可忽略。

3. 燃料电池位于大环境内。

4. 燃料电池的侧面绝热。

5. 由于气体和液体流动而进入或离开控制体的能量可忽略。

分析：为确定所需冷却空气的流速，我们必须对燃料电池进行能量平衡计算。由 $\dot{E}_{in}=0$ 和 $\dot{E}_{out}=\dot{E}_g$

$$q_{conv}+q_{rad}=\dot{E}_g=11.25W$$

式中

$$q_{rad}=\varepsilon A\sigma(T_s^4-T_{sur}^4)=0.88\times(2\times0.05m\times0.05m)\times5.67\times10^{-8}W/(m^2\cdot K^4)\times$$
$$(329.4^4-298^4)K^4=0.97W$$

因此，可求得

$$q_{conv}=11.25W-0.97W=10.28W=hA(T_c-T_\infty)$$
$$=10.9W\cdot s^{0.8}/(m^{2.8}\cdot K)\times V^{0.8}A(T_c-T_\infty)$$

对上式重新整理后可得

$$V=\left[\frac{10.28W}{10.9W\cdot s^{0.8}/(m^{2.8}\cdot K)\times(2\times0.05m\times0.05m)\times(56.4-25)℃}\right]^{1.25}=9.4m/s \quad\blacktriangleleft$$

说明：1. MEA 的温度和湿度在燃料电池内是各处不同的。预测燃料电池内的**局部**状态需要更详细的分析。

2. 所需的冷却空气速度相当高。如果在燃料电池的外表面设置传热强化部件，冷却空气速度可以降低。

3. 对流换热速率远大于辐射换热速率。

4. 氢气和氧气的化学能（20.25W）转换成了电能（9W）和热能（11.25W）。此燃料电池运行时的转换效率为 （9W）/（20.25W）×100%＝44%。

【**例 1.5**】 一些大的 PEM 燃料电池，如用于汽车的，为使其保持在所需的温度水平，常要用洁净液态水进行内部冷却（见例 1.4）。在寒冷的气候中，汽车停用时必须将冷却水从燃料电池中排至一个邻近的容器，以防止燃料电池内发生有害的冻结。考虑汽车停止运行时冻结了一块冰，质量为 M。这块冰处于熔点温度（$T_f=0℃$），位于边长为 W 的立方容器内。容器壁的厚度为 L，热导率为 k。如果为使冰融化，把容器外壁面加热到 $T_1>T_f$，试推导使整块冰完全融化所需时间的算式。融化之后，就可将冷却水放入燃料电池中并启动电池。

解析

已知：冰的质量和温度；容器壁的尺寸、热导率和外壁面温度。

求：使冰完全融化所需时间的算式。

示意图：

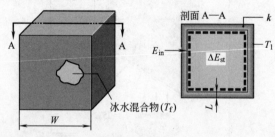

假定：1. 在全过程中容器壁的内表面温度恒为 T_f。

2. 物性为常数。

3. 稳定态，通过每个壁的传热都是一维导热。

4. 各壁的导热面积均可近似为 W^2（$L\ll W$）。

分析：由于我们要确定冰融化的时间 t_m，必须用适用于时间间隔 $\Delta t=t_m$ 的第一定律表达式，因此，对围绕冰-水混合物的控制容积应用方程式（1.11b），有

$$E_{in} = \Delta E_{st} = \Delta U_{lat}$$

式中，控制容积内能量贮存的增加完全是由固态转变为液态时潜热变化的结果。对冰的传热是通过容器壁的导热模式进行的，由于已假定容器壁两侧的温差 $(T_1 - T_f)$ 在整个熔融过程中保持不变，所以通过壁的导热速率是常量。

$$q_{cond} = k(6W^2)\frac{T_1 - T_f}{L}$$

输入的能量为

$$E_{in} = \left[k(6W^2)\frac{T_1 - T_f}{L}\right]t_m$$

使单位质量的固体由固态转变成液态所需的能量称为**熔化潜热** h_{sf}。因此，能量贮存的增量为

$$\Delta E_{st} = Mh_{sf}$$

代入第一定律表达式，得

$$t_m = \frac{Mh_{sf}L}{6W^2k(T_1 - T_f)} \qquad \blacktriangleleft$$

说明：1. 如果初始时冰处于过冷状态，复杂性会有所增加。能量贮存项中必须包含使冰从过冷升温到熔点所需的显热。在此过程中，冰内会形成温度梯度。

2. 讨论每侧边长均为 $W = 100$mm 的容器，容器壁厚为 $L = 5$mm，热导率为 $k = 0.05$ W/(m·K)。容器中冰的质量为

$$M = \rho_s(W - 2L)^3 = 920\text{kg/m}^3 \times (0.100 - 0.01)^3\text{m}^3 = 0.67\text{kg}$$

若外表面温度为 $T_1 = 30$℃，使冰融化所需的时间为

$$t_m = \frac{0.67\text{kg} \times 334000\text{J/kg} \times 0.005\text{m}}{6 \times (0.100\text{m})^2 \times 0.05\text{W/(m·K)} \times (30 - 0)℃} = 1243\text{s} = 20.7\text{min}$$

冰的密度和熔化潜热分别为 $\rho_s = 920$kg/m³，$h_{sf} = 334$kJ/kg。

3. 可注意到，在上述的 t_m 算式中删去了温度的单位 K 和℃。由于这两种单位是以**温差**出现的，在传热分析中常会发生可将其删去的情况。

1.3.2 表面的能量平衡

我们将经常会在介质的表面上应用能量守恒方程。在这种特定情况下，如图 1.9 所示，控制表面内既没有质量也没有体积。因此，能量守恒方程式(1.11a) 中的能量产生项和贮存项不存在了，我们只需讨论表面现象。在这种情况下，守恒方程变成为

$$\boxed{\dot{E}_{in} - \dot{E}_{out} = 0} \qquad (1.12)$$

即使介质内部可能会有热能产生的情况，这种过程也不会影响控制表面上的能量平衡。此外，这种守恒关系对**稳态**和**瞬态**过程都是成立的。

在图 1.9 中标出了控制表面上的三个传热项。基于控制表面的单位面积来讨论，它们分别是由介质向控制表面的导热 (q''_{cond})、表面向流体的对流 (q''_{conv}) 和表面向环境的净辐射换热 (q''_{rad})。因此，能量平衡式为

$$q''_{cond} - q''_{conv} - q''_{rad} = 0 \qquad (1.13)$$

我们可用相应的能量传输速率方程式(1.2)、式(1.3a) 和式(1.7) 得到式(1.13) 中各项的

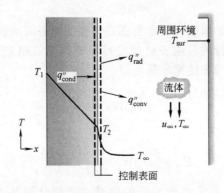

图 1.9　介质表面满足能量守恒的能量平衡

表达式。

【例 1.6】　人类能控制自身的产热速率和散热速率，使人体内部温度在大的环境差别情况下保持在几乎恒定的 $T_c=37℃$ 附近，这个过程称为**热调节**。从计算人体与其环境之间传热的角度，我们将重点放在皮肤和脂肪层，其外表面暴露于环境，而内表面处于比内部体温略低的 $T_i=35℃=308K$。讨论皮肤/脂肪层厚度为 $L=3mm$ 和有效热导率 $k=0.3\ W/(m·K)$ 的一个人。他的表面积 $A=1.8m^2$，穿了一件浴衣，皮肤的发射率为 $\varepsilon=0.95$。

1. 当此人在 $T_\infty=297K$ 的静止空气中时，其皮肤表面温度及对环境的散热速率是多少？至空气的对流传热可采用自然对流换热系数 $h=2W/(m^2·K)$ 计算。

2. 当此人在 $T_\infty=297K$ 的水中时，皮肤表面温度和散热速率各是多少？至水的传热可用对流换热系数 $h=200W/(m^2·K)$ 计算。

解析

已知： 厚度已知的皮肤/脂肪层的内表面温度、热导率、发射率和表面积；环境条件。

求： 此人在空气和水中时皮肤表面温度和散热速率。

示意图：

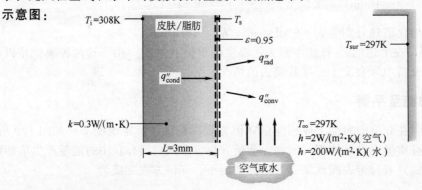

假定： 1. 稳定态条件。

2. 通过皮肤/脂肪层的一维导热。

3. 热导率均匀一致。

4. 皮肤表面和环境之间的辐射换热是在一个小表面与处于空气温度的大腔体之间进行。

5. 热辐射透不过液体水。

6. 浴衣对人体的散热没有影响。

7. 忽略太阳辐射。

8. 在第二个问题中人体全部浸没在水中。

分析： 1. 可通过计算皮肤的能量平衡确定皮肤表面温度。由式(1.12)

$$\dot{E}_{in} - \dot{E}_{out} = 0$$

基于单位面积，可写出

$$q''_{cond} - q''_{conv} - q''_{rad} = 0$$

或者重新整理，并以式(1.2)、式(1.3a) 和式(1.7) 代入

$$k\frac{T_i - T_s}{L} = h(T_s - T_\infty) + \varepsilon\sigma(T_s^4 - T_{sur}^4)$$

唯一的未知数是 T_s，由于辐射项是四次方关系，不可能直接解出。因此必须迭代求解，可以手算，或用 IHT 或某个其他的方程求解器。为简化手算，我们根据辐射换热系数写出辐射热流密度，利用式(1.8) 和式(1.9)：

$$k\frac{T_i - T_s}{L} = h(T_s - T_\infty) + h_r(T_s - T_{sur})$$

求解 T_s，利用 $T_{sur} = T_\infty$，我们有

$$T_s = \frac{kT_i/L + (h + h_r)T_\infty}{k/L + (h + h_r)}$$

利用式(1.9) 以试算值 $T_s = 305K$ 和 $T_\infty = 297K$ 估算 h_r，得 $h_r = 5.9W/(m^2 \cdot K)$。然后将相关数值代入上式，求得

$$T_s = \frac{\dfrac{0.3W/(m \cdot K) \times 308K}{3 \times 10^{-3}m} + (2 + 5.9)W/(m^2 \cdot K) \times 297K}{\dfrac{0.3W/(m \cdot K)}{3 \times 10^{-3}m} + (2 + 5.9)W/(m^2 \cdot K)} = 307.2K$$

利用这个新的 T_s 值，我们可再次计算 h_r 和 T_s，所得结果未发生变化。因此，皮肤温度为 $307.2K \approx 34\text{℃}$。 ◀

散热速率可通过计算通过皮肤/脂肪层的导热确定：

$$q_s = kA\frac{T_i - T_s}{L} = 0.3W/(m \cdot K) \times 1.8m^2 \times \frac{(308 - 307.2)K}{3 \times 10^{-3}m} = 144W$$ ◀

2. 由于热辐射透不过液体水，在水中，皮肤的散热只是靠对流进行。利用上述表达式，已知 $h_r = 0$，可得

$$T_s = \frac{\dfrac{0.3W/(m \cdot K) \times 308K}{3 \times 10^{-3}m} + 200W/(m^2 \cdot K) \times 297K}{\dfrac{0.3W/(m \cdot K)}{3 \times 10^{-3}m} + 200W/(m^2 \cdot K)} = 300.7K$$ ◀

及

$$q_s = kA\frac{T_i - T_s}{L} = 0.3W/(m \cdot K) \times 1.8m^2 \times \frac{(308 - 300.7)K}{3 \times 10^{-3}m} = 1314W$$ ◀

说明： 1. 当利用涉及辐射换热的能量平衡关系时，辐射项中的温度必须用热力学温度，为避免混淆，在所有项中都用热力学温度是个好习惯。

2. 在问题 1 中，对流和辐射散热分别是 37W 和 109W。因此，忽略辐射是不合理的。当换热系数很小时，像常见的对气体的自然对流，要注意考虑到辐射，即使在问题的叙述中并未给出其重要性的任何提示。

3. 典型的新陈代谢产热速率是 100W。如果这个人停留在水中的时间过长，其体温会开始下降。在水中散热速率大是换热系数大的缘故，而后者又是由于水的热导率远比空气的大

的关系。

4. 问题 1 中的皮肤温度 34℃是舒适的，但问题 2 中的皮肤温度为 28℃时就会感到冷而不舒服了。

5. 将能量平衡关系和相应的参数输入 IHT Workspace，就可建立一个计算 T_s 和 q_s 或系统任何其他参数的模型。利用此模型可进行**参数灵敏性**分析研究，例如，探讨改变 h 对 T_s 的影响。只要有可能，用已知的解来**验证**模型是个好习惯，对本题来说，已知解已在前述分析中给出。

1.3.3 守恒定律的应用方法要点

除了要熟悉 1.2 节中叙述的传输速率方程，从事传热分析的人还应学会正确应用能量守恒方程式（1.11）和式（1.12）。如果遵循下述的几个基本原则，这些方程的应用可以简化。

① 应确定合适的控制容积，并用虚线标出控制表面。

② 应确定合适的时间基准❶。

③ 应确认相关的能量传输过程，并在控制容积上用有合适标记的箭头说明每个过程。

④ 然后写出守恒方程，再将各项代入相应的能量传输速率方程。

必须指出的是，能量守恒方程可用于**有限**控制容积或**微元**（无穷小）控制容积。在第一种情况下，得到的表达式将控制系统的整体效应。在第二种情况下，得到的是微分方程，可用于求解系统中任一点的状态。我们将在第 2 章中介绍微元控制容积，在本书中将广泛应用这两种类型的控制容积。

1.4 传热问题的分析方法

本书的一个主要目的是使读者得到解决涉及传热过程的工程问题的训练。为此，在每章末尾都给出了大量习题。在做这些习题的过程中你将对本学科的基本原理有更深的理解，并将树立起自己有能力应用这些基本原理解决工程问题的信心。

在求解习题时，我们主张采用以给定格式为特征的系统的程式。在给出的例题中，我们始终采用这种程式，并要求学生在做习题时也采用这种程式。这套程式由下述步骤组成。

① 已知：在仔细阅读完习题后简明地写出所论习题的已知条件。不要复习题中的叙述。

② 求：简明地写出必须求解的是哪些量。

③ 示意图：画出物理系统的示意图。如果要应用守恒定律，在示意图上用虚线画出所需的控制表面。在示意图上用合适标记的箭头标明相应的各种传热过程。

④ 假定：列出全部适当的简化假定。

⑤ 物性参数：汇集随后计算所需的物理参数值，说明这些数据取自哪些文献资料。

⑥ 分析：用合适的守恒定律开始你对习题的分析，代入所需的能量传输速率方程。在代入数值之前，尽可能对分析作完整的推导。进行必要的计算以得到所需的结果。

⑦ 说明：对结果进行讨论。这种讨论可包括：关键结论的简要说明，对开始所作的一些假定的评论，基于附加进行的"如果……将怎样"和灵敏性计算结果的趋势的推理。

不要低估第 1 步到第 4 步的重要性。在着手求解前，它们能很好地引导你去思考要求解的习题。在第 7 步，我们希望读者主动利用计算的结果——可基于计算机的计算——得到另外的见解。IHT/FEHT 软件为完成这种计算提供了合适的工具。

---

❶ 指按瞬刻时间还是某个时间段计算。——译者注

【**例题 1.7**】　用能够提供均匀辐照度为 $2000\,W/m^2$ 的红外灯对平板上的涂层进行烘烤处理。此涂层对投射辐射的吸收率为 0.80，发射率为 0.50。此涂层表面还暴露于温度分别为 20℃和 30℃的空气流和大的周围环境。

　　1. 如果平板与空气之间的对流换热系数为 $15\,W/(m^2 \cdot K)$，平板的热处理温度是多少？

　　2. 已知涂层的最终性质（包括耐磨性和强度等）是与烘烤期间的温度有关的，借气流系统可控制空气流速，因而也可改变对流换热系数，但工艺工程师要知道温度与对流换热系数之间的关系。试通过计算并作图给出表面温度与 h 在 $2\,W/(m^2 \cdot K) \leqslant h \leqslant 200\,W/(m^2 \cdot K)$ 范围内的函数关系，以提供所需的信息。如果需要的热处理温度为 50℃，h 应为多大？

　　解析

　　已知：利用红外灯的辐照对辐射物性已知的涂层进行烘烤热处理。离开涂层表面的传热为向环境空气的对流和与大环境之间的辐射换热。

　　求：1. 在 $h = 15\,W/(m^2 \cdot K)$ 时的热处理温度。

　　2. 在 $2\,W/(m^2 \cdot K) \leqslant h \leqslant 200\,W/(m^2 \cdot K)$ 范围内空气流的流速对热处理温度的影响。热处理温度为 50℃时的 h 值。

　　示意图：

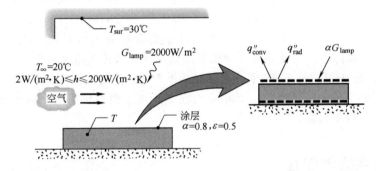

　　假定：1. 稳定态。

　　　　　　2. 平板背面的热损可忽略。

　　　　　　3. 平板是大环境中的小物体，涂层对来自环境的投射辐射的吸收率 $\alpha_{sur} = \varepsilon = 0.5$。

　　分析：1. 由于所论过程是稳定态，且平板背面不存在换热，平板应是等温体（$T_s = T$）。因此，将控制表面放在暴露面并利用公式(1.12)，或对整块板画控制表面和利用式(1.11c)，都可确定所需的温度。采用后者，考虑到在稳定态条件下 $\dot{E}_{st} = 0$，并注意到内部无能量产生（$\dot{E}_g = 0$），式(1.11c) 简化为

$$\dot{E}_{in} - \dot{E}_{out} = 0$$

能量输入项是涂层所吸收的来自红外灯的投射辐射，输出项为对流换热及与环境之间的净辐射换热，因此有

$$(\alpha G)_{lamp} - q''_{conv} - q''_{rad} = 0$$

将式(1.3a) 和式(1.7) 代入，可得

$$(\alpha G)_{lamp} - h(T - T_\infty) - \varepsilon\sigma(T^4 - T_{sur}^4) = 0$$

代入数值

$$0.8 \times 2000\,W/m^2 - 15\,W/(m^2 \cdot K) \times (T - 293)K - 0.5 \times 5.67 \times$$
$$10^{-8}\,W/(m^2 \cdot K^4) \times (T^4 - 303^4)K^4 = 0$$

利用逐次逼近法求解，可得

$$T = 377K = 104℃$$

　　2. 对给定范围内不同的 h 值利用上述能量平衡式求解并画出结果，可得下图。

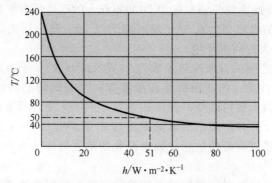

若要求热处理温度为 50℃，空气流必须提供的对流换热系数为

$$h(T=50℃)=51.0 W/(m^2 \cdot K)$$ ◀

说明：1. 涂层（平板）温度可以靠降低 $T_∞$ 和 T_{sur} 来降低，也可通过增大空气流速，从而增大对流换热系数来降低。

2. 对流和辐射对平板换热的相对贡献随 h 的不同有很大的变化。对于 $h=2$ W/($m^2 \cdot K$)、$T=204℃$ 的情况，辐射起主要作用（$q''_{rad} \approx 1232 W/m^2$，$q''_{conv} \approx 368 W/m^2$）；反之，对 $h=200 W/(m^2 \cdot K)$、$T=28℃$ 的情况，主要贡献将来自对流（$q''_{conv} \approx 1606 W/m^2$，$q''_{rad} \approx -6 W/m^2$）。实际上，在此条件下净辐射换热是由环境传输给平板的。

3. 这个例题是 IHT 软件中 15 个已准备好的模型之一，可通过工具栏中的 Examples 进行访问。在你开始学各章时，核对一下相应的模型。每个模型中都有 Exercises，可测试你对一些传热概念的理解程度。

1.5 传热学的重要性

我们将花很多时间去理解传热的作用和培养为预测在给定情况下形成的传热速率及温度所需的技能。这些知识有何价值，可应用于哪些问题？可用一些例子来说明传热起关键作用的宽广的应用范围。

传热几乎在每一种能量转换方式和器件的生产中都具有举足轻重的作用。举例来说，**燃气轮机**的效率随其运行温度而增高。当今，进入这些燃气轮机内的**已燃气**的温度远高于制造透平叶片的高温合金的熔点。一般通过三种方法来保证安全运行。第一，通过透平叶片前缘上的许多小孔喷入相对较冷的燃气（图 1.10）。在将这些气体顺流地输送过程中，它们紧贴

(a) 用于喷入冷燃气的小孔外视图　　　　(b) 内部冷却通道的 X 射线图

图 1.10 燃气透平叶片

（图片引用蒙 FarField Technology，Ltd.，Christchurch. New Zealand 许可）

叶片，帮助叶片隔离高温已燃气。第二，在动叶和静叶上采用热导率非常低的陶瓷**隔热涂层**，从而提供了额外的隔热层。这种涂层是利用温度极高的热源，如工作温度高于 10000K 的等离子体喷枪，将**熔融**的陶瓷粉末喷射在发动机的部件上制备成的。第三，传热工程师将动叶和静叶设计成带有结构异常复杂且精心定形布置的内部冷却通道，使燃气轮机能在极端条件下运行。

新颖的能量转换装置，如**燃料电池**，可利用氢这种对环境友好的燃料发电。影响燃料电池大规模应用的主要问题是体积、重量和有限的工作寿命。和燃气轮机一样，燃料电池的效率随温度而增高，但高的运行温度及温度梯度的加大会使燃料电池内易损的聚合物材料失效。氢燃料电池最终可能会用于汽车，但它是一个**电化学反应器**，如果其内部部件被杂质污染就将停止工作。在每个氢燃料电池内都有液相和气相水，但通常在内燃机中使用的防冻剂之类的物质不能用于燃料电池。当未来的一辆汽车在寒冷地区停车过夜时，为防止燃料电池中的洁净水冻结，必须控制的传热机制是什么？怎样将你学到的内部受迫对流、蒸发或凝结等传热知识应用于控制燃料电池的运行温度和增强其耐久性？

由于最近 20 年来**信息技术**的革命，工业生产率的强劲增长在全球范围内改善了人们的生活质量。许多信息技术革新得以实现是借助于能保证对系统的温度进行精确控制的传热工程的进展，这些系统的尺度可以从纳米**集成电路**到包括密集磁片的**贮存器**和更大的装满了产热设备的**数据中心**。当一些电子器件工作得更快和具有更强的功能时，它们将产生更多的热能。与此同时，这些器件正变得越来越小。不难预料，热流密度（W/m²）和容积能量产率（W/m³）会继续增大；但为保证可靠运行，必须使器件的工作温度保持较低的值。

对于个人计算机，冷却肋片（也称**热沉**）是用高热导率材料（通常为铝）制造的，这些肋片被固定在微处理器上以降低其工作温度，如图 1.11 所示。利用小风扇在肋片上产生受迫对流。全球每年仅为了使小风扇向肋片吹风和制造个人计算机的热沉所消耗的能量就达 10^9 kW·h[1]。你将如何利用自己的导热、对流和辐射知识避免使用风扇和将热沉尽可能做得更小？

分解图

图 1.11　带肋片的热沉和风扇组合（左）及微处理器（右）

微处理器技术的进步现今受到我们冷却这些微小器件的能力的限制。我们能否继续降低计算费用的能力，或就社会而言，我们能否保持最近 25 年来的生产率增长，对此，一些决策者表示担忧，他们特别指出**在电子系统冷却**中强化传热的必要性[2]。在保证工业生产率持续发展方面，你的传热知识能起些什么作用？

传热不仅在工程系统中重要，在自然界中也同样重要。在所有生命系统中，温度能调节和引起生物反应，并从根本上标志着患病与健康之间的界线。由人体过冷引起的**体温过低**以及在热和潮湿环境中引发的**热中风**就是两个常见的例子。两者都是致命性的，它们与人体最重要处的温度超过生理极限有关。这两种情况直接与发生在人体表面的对流、辐射和蒸发过程，人体的热输运，以及体内容积新陈代谢产热相关。

借助基本传热原理的成功应用，生物医学工程取得了一些最新进展，如**激光外科**[3,4]。虽然当接触灼热物体时导致的温升会造成**烧伤**，但却可有目的地用**人工发热治疗**技术破坏癌组织。与此类似，很低的温度会造成**冻伤**，然而在进行**低温外科**手术期间有意的局部冷却可选择性破坏患病组织。所以，许多医疗手术和设备可对患病组织进行破坏性的加热或冷却，但同时能使周围的健康组织不受影响。

许多医疗设备的设计和应用这些设备的治疗方案的制订能力，关键在于工程师预测和控制热治疗过程中的温度分布和**化学治疗**中化学组分分布的能力。由于组织形态的关系，如图1.12所示，描述哺乳动物的组织很复杂。热疗区的静脉和毛细结构中的血液流动会通过平流过程影响传热。遍及人体的较大的静脉和动脉通常成对存在，它们运载不同温度的血液且在不同的速率下输送热能。所以，静脉和动脉是以**逆流换热**方式的布置存在的，热的动脉血液和较冷的静脉血液经由处在它们之间的固体组织交换热能。由于整个热疗区**充满**血液，细小的毛细网络也会影响局部温度。

在后面的许多章中，许多例题和习题将涉及这些及其他**热系统**的分析。

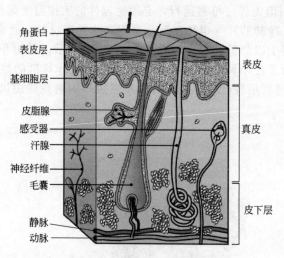

角蛋白
表皮层
基细胞层
表皮
皮脂腺
感受器
真皮
汗腺
神经纤维
毛囊
静脉
动脉
皮下层

图 1.12　人类皮肤的形态

1.6　单位和量纲

传热学中的物理量用**量纲**来表示，而这些量纲又用相应的单位来度量。传热学研究中需要四个**基本**量纲，分别为长度（L）、质量（M）、时间（T）和温度（Ⱨ）。所有其他重要的物理量都可以用上述的四个基本量纲来表示。

在美国，习惯用**英制单位**来度量量纲，其基本单位为：

量　纲		单　位
长度（L）	→	英尺（ft）
质量（M）	→	磅质（lbm）
时间（T）	→	秒（s）
温度（Ⱨ）	→	华氏度（°F）

表示其他物理量所需的单位可用此组单位导出。例如，通过牛顿第二运动定律可知力与质量之间的关系，由此导出力的量纲和单位

$$F = \frac{1}{g_c} Ma \tag{1.14}$$

式中，加速度 a 的单位为 ft/s^2，g_c 是比例常数。若任意地设定此常数为 1，并使其**无量纲**，则力的量纲为 ML/T^2，力的单位为

$$1 磅达 = 1lb_m \cdot ft/s^2$$

另一种方法是可以采用包括质量和力两者在内的基本量纲体系，但在这种情况下比例常数必须有量纲 $ML/(FT^2)$。此外，如果定义磅力（lb_f）为力的单位，它可使 1 磅质量产生 $32.17ft/s^2$ 的加速度，这样比例常数必须是

$$g_c = 32.17lb_m \cdot ft/(lb_f \cdot s^2)$$

功的定义是力和距离的乘积，由此可导出功的单位为 $ft \cdot lb_f$。功和能量的单位当然是相同的，但习惯上用英制热量单位（Btu）作为热量的单位。一个英制热量单位可使 $1lb_m$ 的 $68°F$ 的水升高 $1°F$，这相当于 $778.16ft \cdot lb_f$，这称为**热功当量**。

近年来，在全球采用一套标准单位已成为强劲的发展趋势。1960 年，第十一届国际度量衡大会规定了国际单位制（SI），并建议作为国际标准。为适应这种发展趋势，美国机械工程师学会（ASME）要求它的所有出版物从 1974 年 7 月 1 日起都采用 SI。为此，且因为 SI 在使用时比英制系统更方便，本书采用 SI 进行计算。然而，考虑到在未来的某些时候，有些工程师在工作中仍会与用英制表示的数据打交道，读者应该会将一种单位制转化到另一种单位制。为方便读者，本书在封底内页给出换算系数。

表 1.2 中汇集了本书要用到的 SI 基本单位。关于这些单位要注意，1mol 表示其原子或分子数等同于 12g 碳-12（^{12}C）的原子数，这是克摩尔。虽然在 SI 中推荐将摩尔作为物质的量的单位，但工作中采用千克摩尔（kmol，kg-mol）更为方便。1kmol 表示它的原子或分子数等同于 12kg 碳-12 的原子数。只要在所论的问题中保持一致，用 mol 还是用 kmol 都不会发生困难。物质的分子质量是和其 mol 或 kmol 质量有关的。例如，氧的分子质量（M）是 16g/mol 或 16kg/kmol。

表 1.2　SI 基本单位和补充单位

物理量和符号	单位和符号	物理量和符号	单位和符号
长度（L）	米（m）	电流（I）	安培（A）
质量（M）	千克（kg）	热力学温度（T）	热力学温度（K）
物质的量（N）	摩尔（mol）	平面角①（θ）	弧度（rad）
时间（t）	秒（s）	立体角①（ω）	立体弧度（sr）

① 补充单位。

虽然 SI 的温度单位为热力学温度，但摄氏温度仍然是广泛应用的。摄氏温度的零度（0℃）相当于热力学温度的 273.15K❶，因此

$$T(K) = T(℃) + 273.15$$

但这两种温度的温差是相同的，可记作℃或 K。还有，虽然 SI 的时间单位是秒，但其他时间单位（分、小时和天）一直在用，因此在 SI 中应用一般也是允许的。

SI 单位和公制有连贯一致的形式，即所有其他单位都可用公式从基本单位导出，不涉

---

❶　标记摄氏温度时保留了度的标记（℃），以免与电荷单位 C（库伦）相混淆。

及任何数值参数。表 1.3 列出了一些物理量的导出单位。注意，力是用牛顿来度量的，1 牛顿（N）的力可使 1kg 质量产生 $1m/s^2$ 的加速度。因此，$1N＝1kg \cdot m/s^2$。压强的单位（N/m^2）常称为帕斯卡（pascal）。在 SI 中，只有一种能量单位（不论是热能、机械能还是电能），称为焦耳（J），$1J＝1N \cdot m$。能量速率是单位时间的能量，即功率，其单位是 J/s，1 焦耳每秒为 1 瓦（$1J/s＝1W$）。由于经常要与很大或很小的数值打交道，为简化起见，采用了一组标准词头（表 1.4）。例如，1MW（兆瓦）$＝10^6W$，$1\mu m$（微米）$＝10^{-6}m$。

表 1.3 对一些物理量的 SI 导出单位

物 理 量	名称及符号	公 式	SI 基本单位表达式
力	牛顿（N）	$m \cdot kg/s^2$	$m \cdot kg/s^2$
压强和应力	帕斯卡（Pa）	N/m^2	$kg/(m \cdot s^2)$
能量	焦耳（J）	$N \cdot m$	$m^2 \cdot kg/s^2$
功率	瓦（W）	J/s	$m^2 \cdot kg/s^3$

表 1.4 倍增词头

词 头	缩 写	乘 数	词 头	缩 写	乘 数
皮（pico）	p	10^{-12}	百（hecto）	h	10^2
纳（nano）	n	10^{-9}	千（kilo）	k	10^3
微（micro）	μ	10^{-6}	兆（mega）	M	10^6
毫（milli）	m	10^{-3}	吉（giga）	G	10^9
分（centi）	c	10^{-2}	太（tera）	T	10^{12}

1.7 小结

虽然以后还将对本章中的大部分内容作更详细的讨论，但读者现在应该在整体上对传热学有了较好的认识。读者应知道传热的几种模式及它们的物理本质。而且，对于给定的物理条件，应能识别有关的传输现象，不应低估培养这种能力的重要性。读者将花许多时间去学会为计算传热现象所需的一些方法。但在你开始使用这些方法去解决实际问题前，应有直觉能力确定正在发生的现象的物理机制。简言之，你应能观察所论问题，并确认相关的传输现象。本章的例题和许多习题将有助于培养你的这种直觉判识能力。

读者还应认识到速率方程的重要意义，并能轻松自如地利用它们去计算传输速率。表 1.5 中汇集了这些方程，应**记住**这些方程。读者还得认识到守恒定律的重要性，要小心谨慎地确定控制容积。利用这些速率方程，就可基于守恒定律来解决大量的传热问题。

表 1.5 传热速率方程汇总

模式	机 理	速率方程	方程序号	输运物性或系数
传导	由分子随机运动造成的能量扩散	$q_x''(W/m^2)=-k\dfrac{dT}{dx}$	(1.1)	$k[W/(m \cdot K)]$
对流	由分子随机运动造成的能量扩散加上整体运动（平流）引起的能量传输	$q''(W/m^2)=h(T_s-T_\infty)$	(1.3a)	$h[W/(m^2 \cdot K)]$
辐射	借电磁波进行的能量传输	$q''(W/m^2)=\varepsilon\sigma(T_s^4-T_{sur}^4)$	(1.7)	ε
		或 $q(W)=h_rA(T_s-T_{sur})$	(1.8)	$h_r[W/(m^2 \cdot K)]$

读者现在应该已经熟悉了为传热学科打基础的术语和物理概念。通过回答下述问题测试一下大家对本章中介绍的一些重要术语和概念的理解程度。

- 基于**传导**、**对流**和**辐射**模式的传热的物理机理分别是什么？
- 传热的驱动势是什么？传热的驱动势和传输电荷的驱动势的类似性是什么？

- 热流密度与传热速率的差别是什么？它们的单位分别是什么？
- 何谓**温度梯度**？其单位是什么？热流与温度梯度有什么关系？
- 何谓**热导率**？其单位是什么？它在传热中起什么样的作用？
- 傅里叶定律是什么？能根据记忆写出它的方程式吗？
- 如果通过介质的导热是在稳定态条件下发生的，在一个特定瞬刻的温度是否随介质中的位置而变化？在一个特定位置处温度是否随时间而变化？
- 自然对流与受迫对流之间的差别是什么？
- 形成**水力边界层**的必要条件是什么？形成**热边界层**的必要条件是什么？穿过水力边界层什么会发生变化？穿过热边界层什么会发生变化？
- 如果液体或蒸汽流动时的对流换热不伴随相变，实现能量传输的本质是什么？如果存在相变，能量传输的本质又是什么？
- 何谓**牛顿冷却定律**？能根据记忆写出它的方程式吗？
- 对流换热系数在牛顿冷却定律中起什么作用？它的单位是什么？
- 以对流传热方式向一个表面传入或由表面传出热能，会对以此表面为界面的固体产生什么影响？
- 斯蒂芬-波尔兹曼定律可预测什么？利用此定律时必须用什么温度单位？能根据记忆写出此定律的方程式吗？
- 何谓辐照密度？其单位是什么？
- 哪两种效应可表示不透射表面对投射辐射反应的特征？哪种效应可影响以表面为界面的介质的热能，如何影响？什么物性表征此效应？
- 利用**辐射换热系数**要涉及什么条件？
- 考虑处于高温的一个固体的表面，此表面暴露在较冷的环境中。对于下述的四种条件，表面对外传热是以何种模式进行的？①表面与另一固体理想地紧密接触；②有液体流过表面；③有气体流过表面；④在真空室内。
- 在应用适用于一个**时间段**和适用于**瞬刻时间**的守恒方程时，它们之间本质性的差别是什么？
- 何谓**热能贮存**？它与**热能产生**有什么不同？在表面的能量守恒中这两项起什么作用？

【例 1.8】 房间内有一个充满热咖啡的封闭容器，房间的空气和墙的温度固定不变。说明所有对咖啡冷却起作用的传热过程。提出对设计优质保温容器有指导意义的意见。

解析

已知：热咖啡与冷环境之间用一个塑料瓶、一个空气隔层和一个塑料外壳隔开。

求：相关的传热过程。

示意图：

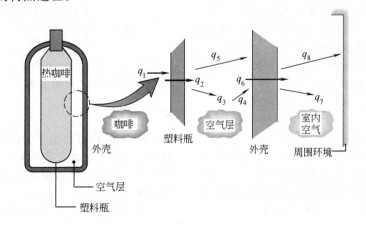

分析：能量从咖啡传出的途径为

q_1：从咖啡到瓶的自然对流

q_2：通过瓶的导热

q_3：从瓶到空气的自然对流

q_4：从空气到外壳的自然对流

q_5：瓶的外表面与外壳的内表面之间的净辐射换热

q_6：通过外壳的导热

q_7：从外壳到室内空气的自然对流

q_8：外壳外表面与环境之间的净辐射换热

说明：改进设计的意见为：①采用镀铝（低发射率）的瓶和外壳，以降低净辐射换热。②把空气隔层抽成真空，或用填料抑制自然对流。

参考文献

1. Bar-Cohen, A., and I. Madhusudan, *IEEE Trans. Components and Packaging Tech.*, **25**, 584, 2002.
2. Miller, R., *Business Week*, November 11, 2004.
3. Diller, K.R, and T.P. Ryan, *J. Heat Transfer*, **120**, 810, 1998.
4. Datta, A.K., *Biological and Bioenvironmental Heat and Mass Transfer*, Marcel Dekker, New York, 2002.

习 题

导 热

1.1 一间地下室的混凝土地面的长和宽分别为 11m 和 8m，厚为 0.20m。在冬季，上下表面的标称温度分别为 17℃ 和 10℃。如果混凝土的热导率为 1.4W/(m·K)，通过地面的热损速率是多少？如果采用效率为 $\eta_t = 0.90$ 的燃气炉对地下室供暖，且天然气的价格为 $C_g = \$0.01/MJ$，每天由热损造成的费用是多少？

1.2 一扇玻璃窗的宽和高分别为 $W = 1m$ 和 $H = 2m$，厚为 5mm，热导率为 $k_g = 1.4W/(m·K)$。如果在一个寒冷的冬天，玻璃的内外表面温度分别为 15℃ 和 −20℃，通过窗户的热损速率是多少？为减少通过窗户的热损，习惯上采用双层玻璃结构，其中相邻的玻璃由空气间隙隔开。如果间隙厚为 10mm，且与空气接触的玻璃表面的温度分别为 10℃ 和 −15℃，通过一个 $1m \times 2m$ 的窗户的热损速率是多少？空气的热导率为 $k_a = 0.024W/(m·K)$。

1.3 一个冷藏箱为立方体腔体，边长为 2m。假定底面隔热良好。为在内外表面温度分别为 −10℃ 和 35℃ 时使热负荷小于 500W，在顶面和侧壁上至少要采用多厚的聚苯乙烯泡沫塑料隔热层 $[k = 0.030W/(m·K)]$？

1.4 一个建筑墙体的热导率为 0.75 W/(m·K)，如果要求通过它的热损速率为通过热导率和厚度分别为 0.25W/(m·K) 和 100mm 的复合结构墙体的 80%，其厚度应为多少？两种墙体处于相同的表面温差。

1.5 一个正方形硅芯片 $[k = 150W/(m·K)]$ 一侧的宽为 $w = 5mm$，厚度为 $t = 1mm$。芯片安装在衬底上，其侧面和背面绝热，而正面则暴露于冷却剂。

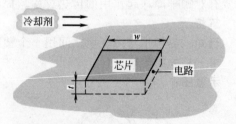

如果安装在芯片背面上的电路的功耗为 4W，则背面和正面的稳态温差是多少？

对 流

1.6 只要你曾经把手伸出正在行驶的汽车的窗外或伸入水流之中，你就已经经历过对流冷却了。在手的表面温度为 30℃ 时，确定以下情况下的对流热流密度：（a）汽车以 35 km/h 的速度在 −5℃ 的空气中行驶，对流系数为 40W/(m² · K)；（b）以 0.2m/s 的速度流动的 10℃ 的水流，对流系数为 900W/(m² · K)。哪一种情形**感觉上更冷**一些？把以上结果与在正常室内条件下约为 30W/m² 的热损速率进行比较。

1.7 在一根直径 30mm 的长圆柱体中埋设了电阻加热器。当温度为 25℃ 的水以 1m/s 的速度横向流过圆柱体时，为使表面处于 90℃ 的均匀温度所需单位长度功耗为 28kW/m。当同样处于 25℃ 的空气以 10m/s 的速度横向流动时，保持相同表面温度所需单位长度上的功耗为 400W/m。计算并比较水和空气流动的对流系数。

1.8 在一种测量空气流速度的常用方法中，要把一根电热丝（称为**热线风速仪**）插入空气流中，丝的轴向与流动方向垂直。假定丝中消耗的电能通过受迫对流传给了空气。因此，对于给定的电功率，丝的温度取决于对流系数，而后者又取决于空气的速度。考虑一根长度和直径分别为 $L=20$mm 和 $D=0.5$mm 的丝，通过标定已知 $V=6.25\times10^{-5}h^2$。速度 V 和对流系数 h 的单位分别为 m/s 和 W/(m² · K)。在一个应用中，空气温度为 $T_\infty=25$℃，风速仪的表面温度保持为 $T_s=75$℃，压降和电流分别为 5V 和 0.1A。空气的速度是多少？

1.9 一个正方形等温芯片侧面的宽度为 $w=5$mm，芯片安装在衬底上，周侧和背面隔热良好，而正面则暴露于 $T_\infty=15$℃ 的流动的冷却剂中。基于可靠性考虑，芯片的温度不能超过 $T=85$℃。

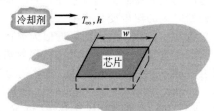

如果冷却剂是空气且相应的对流系数为 $h=200$W/(m² · K)，最大允许的功耗是多少？如果冷却剂是一种介电液体，$h=3000$ W/(m² · K)，则最大允许的功耗是多少？

1.10 可以通过观察平板冷却过程中温度随时间的变化来确定垂直悬挂在静止空气中的热的薄平板的自然对流换热系数。假定平板是等温的，且可以忽略它与环境之间的辐射换热。计算平板温度为 225℃，且平板温度随时间的变化（dT/dt）为 -0.022K/s 的时刻的对流系

数。环境空气温度为 25℃，平板的尺寸为 0.3m×0.3m，质量和比热容分别为 3.75kg 和 2770J/(kg · K)。

辐 射

1.11 在用采暖或制冷系统维持相同室内温度的情况下，常见情形是人在冬季感觉有点冷，但在夏季却比较舒适。通过讨论以下房间（通过计算）为这种情况做出合理的解释：空气温度在全年维持在 20℃，而房间的标称壁面温度在夏季和冬季则分别为 27℃ 和 14℃。可假定室内人体暴露表面的温度在全年均为 32℃，发射率为 0.90。与人体和室内空气之间自然对流换热相关的系数约为 2 W/(m² · K)。

1.12 一根没有隔热的高架工业蒸汽管的长度和直径分别为 25m 和 100mm，穿过一个壁面和空气均处于 25℃ 的建筑。加压蒸汽使管道表面温度维持在 150℃，与自然对流相关的系数为 $h=10$W/(m² · K)。表面发射率为 $\varepsilon=0.8$。

（a）蒸汽管的热损速率是多少？

（b）如果蒸汽是用运行效率为 $\eta_f=0.90$ 的燃气炉产生的，且天然气的价格为 $C_g=\$0.01$/MJ，管道热损造成的年费用是多少？

1.13 如果方程（1.9）中 $T_s\approx T_{sur}$，辐射换热系数可近似为

$$h_{r,a}=4\varepsilon\sigma\overline{T}^3$$

式中，$\overline{T}\equiv(T_s+T_{sur})/2$。我们希望通过比较以下情形中的 h_r 和 $h_{r,a}$ 的值来评估这个近似的有效性。在每种情况下用图表示你的结果，并说明该近似的有效性。

（a）考虑一个抛光的铝（$\varepsilon=0.05$）或黑漆（$\varepsilon=0.9$）表面，其温度可比环境温度（$T_{sur}=25$℃）高 10~100℃。同时把你的结果和与空气（$T_\infty=T_{sur}$）中自由对流相关的系数值进行比较，其中 h [W/(m² · K)]=$0.98\Delta T^{1/3}$。

（b）考虑与把一个处于 $T_s=25$℃ 的工件放在壁面温度可在 $100\leqslant T_{sur}\leqslant1000$℃ 范围内变化的大的炉子中相关的初始条件。根据表面漆或涂层的种类，其发射率值可为 0.05、0.2 和 0.9。对每一种发射率，画出相对误差（$h_r-h_{r,a}$）/h_r 与炉温的函数关系。

1.14 一些一侧边长为 $L=15$mm 的芯片安装在衬底上，后者放置在一个壁面和空气温度均为 $T_{sur}=T_\infty=25$℃ 的腔体中。芯片的发射

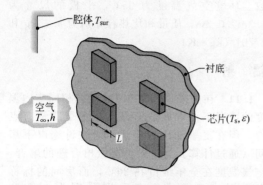

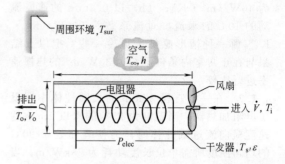

率为 $\varepsilon = 0.60$，最高允许的温度为 $T_s = 85℃$。

（a）如果热量以辐射和自然对流的形式从芯片排出，各芯片的最大运行功率是多少？对流系数与芯片-空气温差有关，可近似为 $h = C(T_s - T_\infty)^{1/4}$，其中 $C = 4.2 W/(m^2 \cdot K^{5/4})$。

（b）如果采用风扇使空气流过腔体，因而传热为受迫对流，$h = 250 W/(m^2 \cdot K)$，最大运行功率是多少？

能量平衡和多传热模式效应

1.15　一个电阻与一个电池相连，如图所示。在很短的瞬间之后，电阻具有大致均匀的稳态温度，95℃，而电池和导线仍然处于25℃的环境温度。忽略导线的电阻。

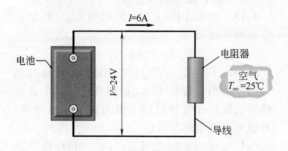

（a）把电阻作为一个系统并围绕其作控制表面，则可应用方程(1.11c)。确定 $\dot{E}_{in}(W)$、$\dot{E}_g$（W）、$\dot{E}_{out}(W)$ 和 $\dot{E}_{st}(W)$ 的相应值。如果对整个系统作控制表面，$\dot{E}_{in}$、$\dot{E}_g$、$\dot{E}_{out}$ 和 $\dot{E}_{st}$ 的值各是多少？

（b）如果电能在电阻中均匀地耗散，而电阻是一个圆柱体，直径和长度分别为 $D = 60 mm$ 和 $L = 250 mm$，容积产热速率 $\dot{q}(W/m^3)$ 是多少？

（c）忽略电阻的辐射，对流系数是多少？

1.16　一种电吹风干发器可理想化为一个圆形管道，环境空气由一个小风扇抽进管道，在流过电阻线圈时被加热。

（a）如果干发器的设计电功耗为 $P_{elec} = 500 W$，要把空气从环境温度 $T_i = 20℃$ 加热到排出温度 $T_o = 45℃$，风扇应以多大的体积流率 $\dot{V}$ 运行？可以忽略壳体向环境空气和周围环境的热损。如果管道直径为 $D = 70 mm$，空气的排出速度 V_o 是多少？空气的密度和比热容可分别近似为 $\rho = 1.10 kg/m^3$ 和 $c_p = 1007 J/(kg \cdot K)$。

（b）考虑一个长度为 $L = 150 mm$ 干发器管道，其表面发射率为 $\varepsilon = 0.8$。如果与从壳体向环境空气的自然对流相关的系数为 $h = 4 W/(m^2 \cdot K)$，且空气和周围环境的温度为 $T_\infty = T_{sur} = 20℃$，确认壳体的热损确实可以忽略。可假定壳体的平均表面温度为 $T_s = 40℃$。

1.17　退火是加工半导体材料的重要步骤，可以通过在短时间内把硅片迅速加热到高温来实现。在图示的方法中采用了一块在高温 T_h 下运行的热平板。初始温度为 $T_{w,i}$ 的硅片被突然放置在与热板间距为 L 的位置处。分析的目的是比较通过间隙中气体的导热和热板与冷的硅片之间的辐射换热的热流密度，同时也对硅片在初始时刻的温度变化速率 $(dT_w/dt)_i$ 感兴趣。热板和冷的硅片的表面可近似为黑体，且假定它们的直径 D 远大于间距 L，辐射热流密度可表示成 $q''_{rad} = \sigma(T_h^4 - T_w^4)$。硅片的厚度为 $d = 0.78 mm$，密度为 $2700 kg/m^3$，比热容为 $875 J/(kg \cdot K)$。间隙中气体的热导率为 $0.0436 W/(m \cdot K)$。

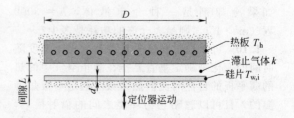

（a）对于 $T_h = 600℃$ 和 $T_{w,i} = 20℃$ 的情况，

计算辐射热流密度以及穿过 $L=0.2\text{mm}$ 的间隙的导热热流密度。同时确定由以上两种加热方式各自导致的 $(dT_w/dt)_i$ 的值。

（b）在间距为 0.2mm、0.5mm 和 1.0mm 时，在 $300{\leqslant}T_h{\leqslant}1300℃$ 范围内确定这些热流密度和温度随时间的变化速率与热板温度的函数关系。用图表示你的结果。说明两种传热模式的相对重要性以及间距对加热过程的影响。在什么情况下可以把硅片在 10s 以内加热到 900℃？

1.18 放射性废物存放在一个薄壁长圆柱形容器中。废物不均匀地产生热能，可用关系式 $\dot{q}=\dot{q}_o[1-(r/r_o)^2]$ 描述，其中 $\dot{q}$ 是单位容积的局部产能速率，$\dot{q}_o$ 是常数，r_o 是容器的半径。把容器浸没在 T_∞ 的液体中保持稳定状态，对流系数均匀，为 h。

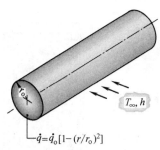

$$\dot{q}=\dot{q}_o[1-(r/r_o)^2]$$

推导单位长度容器内总的能量产生速率的表示式。利用该结果获得容器壁面温度 T_s 的表示式。

1.19 在稳态条件下考虑例题 1.3 中的导电棒。如同说明 3 中所建议的那样，可以通过改变流过棒的空气速度来控制棒的温度，而空气速度又会改变对流换热系数。为讨论对流系数的影响，在 $h=50\text{W}/(\text{m}^2 \cdot \text{K})$、$100\text{W}/(\text{m}^2 \cdot \text{K})$、$250\text{W}/(\text{m}^2 \cdot \text{K})$ 时画出 T 随 I 的变化。表面发射率的变化对棒的温度有显著影响吗？

1.20 我们以食物形式消耗的绝大部分能量在进行所有机体功能的过程中转化为热能，最终以热量的形式排出体外。考虑一个每天消耗 2100kcal 的人［注意，通常所说的食物卡路里实际上是千卡（kcal）］，其中 2000kcal 转化为热能，剩下的 100kcal 用于对环境做功。人的表面积为 1.8m^2，穿着浴衣。

（a）人处于 20℃ 的室内，对流换热系数为 $3\text{W}/(\text{m}^2 \cdot \text{K})$。在这个空气温度下，人不太出汗。计算人的皮肤的平均温度。

（b）如果环境温度为 33℃，为维持皮肤处于舒适的 33℃，出汗的速率应为多大？

1.21 可以将像例题 1.4 中那样的单个燃料电池组合成容量大的**燃料电池堆**。燃料电池堆中有多个夹在导电**双极板**之间的电解质膜。如图所示，空气和氢气通过各个双极板中的**流道**进入各个电解质膜。在这种堆结构中，独立的燃料电池是串联连接的；产生的堆电压为 $E_{\text{stack}}=NE_c$，其中 E_c 是单个膜产生的电压，N 是膜的个数。每个膜产生的电流相同。电池电压 E_c 以及电池效率都随温度而提高（向堆中提供的空气和氢气已被加湿，以允许在比例题 1.4 中高的温度下运行），但这些膜会在超过 $T\approx 85℃$ 的温度下失效。考虑 $L\times w$ 的膜，其中 $L=w=100\text{mm}$，膜的厚度为 $t_m=0.43\text{mm}$，在 $T=80℃$ 下运行时，各个膜产生 $E_c=0.6\text{V}$，$I=60\text{A}$，热能为 $\dot{E}_{c,g}=45\text{W}$。堆的外表面暴露于 $T_\infty=25℃$ 的空气和 $T_{\text{sur}}=30℃$ 的环境中，且有 $\varepsilon=0.88$ 和 $h=150\text{W}/(\text{m}^2 \cdot \text{K})$。

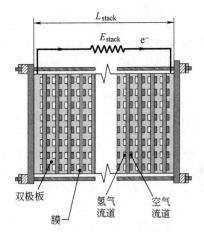

（a）对处于 $1\text{mm}<t_{bp}<10\text{mm}$ 范围内的双极板厚度，求一个长 $L_{\text{stack}}=200\text{mm}$ 的堆所产生的电功率。确定堆产生的总热能。

（b）对于不同的双极板厚度，计算表面温度，并解释是否需要对堆进行内部加热或冷却，以使其在 80℃ 的优化内部温度下运行。

（c）指出对于给定的双极板厚度，如何降低或提高堆的内部运行温度，并讨论作什么样的设计改变可以使堆中的温度分布更为均匀。外部空气和周围环境温度的变化对你的答案有什么影响？堆中哪个膜最可能因高的运行温度而失效？

1.22 如图所示的补偿型辐射计是通过测量把接受器加热到相同的温度所需的电功率来确定光束的光（辐射）功率的。在有一束光（如

光功率为 P_{opt} 的激光），投射到接受器上时，其温度 T_s 会高于室壁的温度，后者处于 $T_{sur} = 77K$ 的均匀温度。在光束被遮挡时，位于接受器背面的加热器接通，可测定达到相同的 T_s 值所需的电功率 P_{elec}。你的分析目的是通过考虑接受器所经历的传热过程来确定电功率与光功率之间的关系。

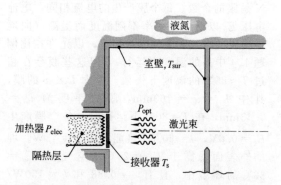

考虑这样一个辐射计，其直径为 15mm 的接受器有一个发黑表面，发射率为 0.95，对光束的吸收率为 0.98。当在光模式下运行时，可以忽略接受器背部的导热热损。在电模式下运行时，该损失占电功率的 5%。当指示电功率为 20.64mW 时，光束的光功率是多少？相应的接受器温度是多少？

1.23 辐射流密度为 700W/m^2 的太阳辐射投射在用于加热水的平板型太阳能集热器上。集热器的面积为 3m^2，90% 的太阳辐射穿过玻璃盖板并被吸热板吸收，剩余的 10% 被集热器反射出去。水在吸热板背部的管道中流过，从进口温度 T_i 加热到出口温度 T_o。工作温度为 30℃ 的玻璃盖板的发射率为 0.94，与处于 −10℃ 的天空之间进行辐射换热。玻璃盖板与 25℃ 的环境空气之间的对流系数为 10 W/(m^2 · K)。

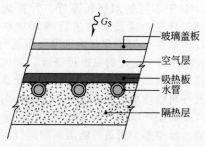

（a）对集热器进行总的能量平衡分析，以获得单位集热器面积收集有用热量的速率的表示式 q_u''。确定 q_u'' 的值。

（b）在流率为 0.01kg/s 时计算水的温升

$T_o - T_i$。假定水的比热容为 4179J/(kg · K)。

（c）集热器效率 η 定义为收集有用热量的速率与太阳能投射在集热器上的速率之比。η 的值是多少？

过程辨识

1.24 在考虑下述涉及自然环境（室外）中的传热问题时，应注意到太阳辐射是由长波和短波两部分组成的。当太阳辐射投射在诸如水或玻璃那样的**半透明介质**上时，没有被反射的那部分辐射将会发生两种物理现象。长波部分将在介质表面上被吸收，而短波部分将穿透表面。

（a）窗玻璃的层数对采暖房间向外部环境空气的热损有很大的影响。下图给出了单层和双层玻璃两种情况，通过确定各种情况下相关的传热过程对它们进行比较。

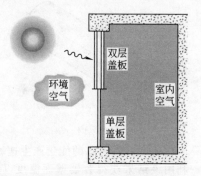

（b）在一个典型的平板太阳能集热器中，能量是由在管道中循环的工作流体收集的，这些管道与吸热板的背面接触良好。吸热板背面与环境隔热，它从正面接收太阳辐射，正面一般都盖有一层或多层透明盖板。确定相关的传热过程，先对没有盖板的吸热板，然后对有单层盖板的吸热板进行分析。

（c）下图是一种在农业上应用的太阳能集热器的设计。使空气通过一个截面为等边三角形的长通道。三角形的一边是双层半透明盖板，而另外两边是由铝板构成的，铝板的内侧涂有

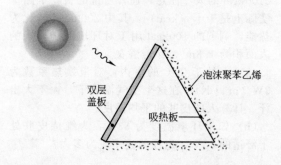

无光泽的黑漆，外侧则覆盖了一层泡沫聚苯乙烯隔热材料。在有太阳的时候，进入系统的空气被加热，然后再送往温室、谷物干燥装置或贮能系统。

确定与盖板、吸热板以及空气相关的所有传热过程。

（d）真空管太阳能集热器的性能要优于平板集热器。其设计为一根内管封装在一根对太阳辐射透明的外管之中。管子之间的环状空间抽成真空。内管的不透明外表面吸收太阳辐射，工作流体则在管内流过以收集太阳能。在这种集热器的设计中，通常是把一排这样的管子放

置在一块反射板的前面。确定与该装置性能相关的所有传热过程。

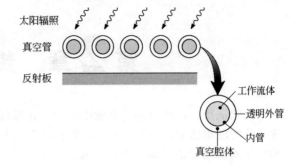

第 **2** 章 热传导引论

大家记得，热传导是指介质中由于存在温度梯度而产生的能量传输，其物理机理是原子或分子的随机活动。在第 1 章中，我们已知道导热是由**傅里叶定律**制约的，并且在用此定律确定热流密度时还要知道介质中温度的变化情况（**温度分布**）。作为导论，我们将注意力集中在一些简化了的条件（平壁中的一维和稳态），对这种情况，很易推得温度分布是线性的结果。但傅里叶定律也可用于复杂几何形体中的多维瞬态条件，对这种情况，温度分布的性质是不明显的。

本章的目的有两个。第一个是我们要对傅里叶定律有更深刻的理解。它是怎么得来的？对不同的几何形体它有怎样的表达式？比例常数（**热导率**）与介质的物理特性有何关系？第二个目的是从基本原理出发推导出决定介质中温度分布的通用方程，术语为**热传导方程**。正是这个方程的解可使我们知道温度分布，由此再用傅里叶定律确定热流密度。

2.1 传导速率方程

虽然已在 1.2 节中引出了传导速率方程，即傅里叶定律，但在此讨论它的来龙去脉仍然是有益的。傅里叶定律是**现象学**定律，就是说它是由观察到的现象得到的，并非由第一定律推得。因此，我们把传导速率方程看作是基于大量实验结果的归纳而得到的普遍规律。例如，讨论图 2.1 中的稳态导热实验。一根材料已知的圆棒，其周侧面绝热，两个端面处于不同温度，且 $T_1 > T_2$。此温差引起了正 x 方向上的导热。我们能够测定传热速率 q_x，我们想确定 q_x 如何随温差 ΔT、棒长 Δx 和棒的横截面积 A 而变化。

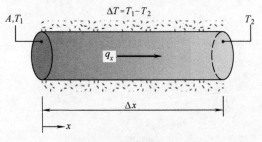

图 2.1　稳态热传导实验

我们可设想，首先保持 ΔT 与 Δx 为常量而变化 A，结果发现 q_x 是与 A 成正比的。类似地，若保持 ΔT 和 A 为常量，我们将发现 q_x 与 Δx 成反比。最后，保持 A 和 Δx 为常量，得到的结果是 q_x 正比于 ΔT。综合结果为

$$q_x \propto A \frac{\Delta T}{\Delta x}$$

在材料改变的情况下（例如棒材由金属改为塑料），我们发现上述比例关系仍然成立。但我们还会发现，对于相同的 A、Δx 和 ΔT 值，通过塑料棒的 q_x 要比通过金属棒的小。这

就使人想到可通过引入一个系数使上述比例转换成一个等式，而此系数是材料性质的一种度量，这样我们可写出

$$q_x = kA \frac{\Delta T}{\Delta x}$$

式中，k 为**热导率**，W/(m·K)，它是材料一个重要物性。求上式在 $\Delta x \to 0$ 时的极限，就得到如下的速率方程

$$q_x = -kA \frac{\mathrm{d}T}{\mathrm{d}x} \tag{2.1}$$

或**热流密度**的表达式

$$q_x'' = \frac{q_x}{A} = -k \frac{\mathrm{d}T}{\mathrm{d}x} \tag{2.2}$$

注意，由于热能总是向温度降低的方向传输，所以上式中必须有负号。

就如式（2.2）所表示的，傅里叶定律意味着热流是一个向量，特别是 q_x'' 的方向是**垂直于**横截面积 A 的。或者更一般地说，热流将总是与一个称为**等温表面**，即处处温度都相同的表面相垂直。图 2.2 说明了平板中热流密度的方向，**温度梯度**是负的。因此，由式（2.2）可知，q_x'' 是正的。

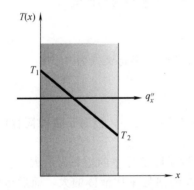

图 2.2　一维热传导中坐标系、热流
方向及温度梯度之间的关系

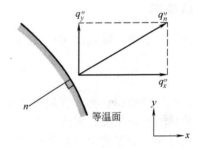

图 2.3　在二维坐标系中热流
密度与等温表面相垂直

明白了热流密度是一个向量，我们就可将热传导方程（傅里叶定律）写成下述更通用的表达式

$$q'' = -k \nabla T = -k \left(\boldsymbol{i} \frac{\partial T}{\partial x} + \boldsymbol{j} \frac{\partial T}{\partial y} + \boldsymbol{k} \frac{\partial T}{\partial z} \right) \tag{2.3}$$

式中，∇ 为三维倒三角算子；$T(x,y,z)$ 为标量温度场。式（2.3）已不言而喻地说明热流密度方向是垂直于等温面的。所以，傅里叶定律的另一种表达式是

$$q_n'' = -k \frac{\partial T}{\partial n} \tag{2.4}$$

式中，q_n'' 是在 n 方向上的热流密度，它垂直于**等温表面**。图 2.3 给出了二维坐标系的情况。传热过程是由沿 n 方向的温度梯度维持的，还要注意的是，可以将热流密度向量分解为几个分量，在直角坐标系中，q'' 的通用表达式为

$$q'' = \boldsymbol{i}q''_x + \boldsymbol{j}q''_y + \boldsymbol{k}q''_z \tag{2.5}$$

由式(2.3) 可得

$$q''_x = -k\frac{\partial T}{\partial x} \qquad q''_y = -k\frac{\partial T}{\partial y} \qquad q''_z = -k\frac{\partial T}{\partial z} \tag{2.6}$$

上式中的每个表达式都说明了**穿过一个表面的**热流密度与该表面法线方向上的温度梯度之间的关系。式(2.3) 也意味着发生热传导的介质是**各向同性的**。对于这种介质，热导率与坐标方向无关。

傅里叶定律是热传导的基础，其关键要点可总结如下：它**不是**可以由第一定律导出的一个表达式，而是基于实验结果的归纳。这是**定义**材料的一个重要物性——热导率的一个表达式。此外，傅里叶定律是一个向量表达式，它指出热流密度是垂直于等温面的，并且是沿温度降低的方向。最后要指出的是，傅里叶定律适用于所有物质，不管它处于什么状态（固体、液体或气体）。

2.2 材料的热物性

应用傅里叶定律时，必须知道热导率。这个物性归类于**输运物性**，表示基于扩散过程的能量传输的速率。它取决于物质原子和分子的物理结构，而这种结构与物质的状态有关。本节将讨论不同的物质形态，指出它们的一些重要特性并给出典型的物性值。

2.2.1 热导率

根据傅里叶定律，即式(2.6)，在 x 方向上热传导的热导率定义式为

$$k_x \equiv -\frac{q''_x}{(\partial T/\partial x)}$$

与此类似，可以给出在 y 和 z 方向热传导的热导率定义式(k_y, k_z)，但对于**各向同性**的材料，热导率与传导的方向无关，因此有 $k_x = k_y = k_z \equiv k$。

由上式可知，对于规定的温度梯度，传导热流密度是随热导率的增大而增大的。回忆一下导热的物理机理（1.2.1节）可知，一般来说，固体的热导率比液体的大，而后者的又比气体的大。如图 2.4 所表明的，固体的热导率可以比气体的大 4 个数量级以上。这种差异在很大程度上是由这两种状态分子间距的不同所导致的。

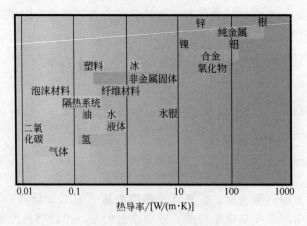

图 2.4　常温常压下物质各态热导率值的范围

2.2.1.1　固态

按对物质认识的近代观点，固体是由自由电子和原子组成的，原子被约束在规则排列的晶格中。相应地，热能的传输是由两种作用实现的：自由电子的迁移和晶格的振动波。当视为类粒子现象时，晶格振动子称为**声子**。在纯金属中，电子对导热的贡献最大，而在非导体和半导体中，声子的贡献起主要作用。

分子运动理论给出下述热导率表达式[1]：

$$k = \frac{1}{3} C \bar{c} \lambda_{\mathrm{mfp}} \tag{2.7}$$

对于像金属这样的导体，$C \equiv C_e$ 为基于体积的电子比热容，$\bar{c}$ 是电子平均速度，$\lambda_{\mathrm{mfp}} \equiv \lambda_e$ 是电子平均自由程，其定义是一个电子在与材料中的缺陷或声子碰撞前的行程平均距离。在非导体固体中，$C \equiv C_{\mathrm{ph}}$ 为声子比热容，$\bar{c}$ 为平均声速，$\lambda_{\mathrm{mfp}} = \lambda_{\mathrm{ph}}$ 为声子平均自由程，它也是按与缺陷或其他声子的碰撞来定义的。在所有情况下，热导率随**能量载流子**（电子或声子）平均自由程的增大而增大。

当电子和声子携带热能在固体中促成导热时，热导率可表示为

$$k = k_e + k_{\mathrm{ph}} \tag{2.8}$$

作为初步近似，认为 k_e 与电阻率 ρ_e 成反比。对于纯金属，ρ_e 很小，k_e 比 k_{ph} 大得多。反之，对于合金，ρ_e 相当大，k_{ph} 对于 k 的贡献不可忽略。对于非金属固体，k 主要由 k_{ph} 确定，当原子和晶格之间的相互作用的频率减小时，k_{ph} 增大。晶格排列的规则性对 k_{ph} 有重要影响，晶体（有序排列）材料（如石英）的热导率要比非晶体（如玻璃）材料的高。事实上，一些晶体非金属材料如金刚石和氧化铍，它们的 k_{ph} 相当大，可以超过像铝这样的良导体的 k 值。

图 2.5 给出了有代表性的金属和非金属固体的 k 随温度变化的关系。一些在工程技术上重要的材料的热导率在附录表 A.1（金属固体）和表 A.2、表 A.3（非金属固体）中列出。对固体热导率更详细的论述可参阅文献 [2]。

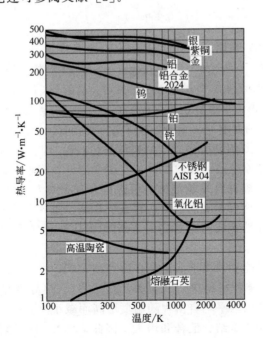

图 2.5　一些固体的热导率与温度的关系

固态：微尺度和纳米尺度效应

在以上的讨论中，说明了**整体**热导率，在表 A.1～表 A.3 中给出的热导率值用于感兴趣的材料的物理尺寸相对较大时是合适的。许多通常的工程问题都是这种情况。然而，在有些技术领域，如微电子技术，材料的特征尺寸可能是微米或纳米量级，就必须小心地考虑当物理尺寸变小时可能会发生的 k 的变化。

图 2.6 所示的是相同材料的厚度分别为 L_1 和 L_2 的**薄膜**横截面，也定性地画出了与导热有关的电子或声子。可注意到薄膜的物理边界对能量载流子的**散射**及**改变**其**传播方向**的作用。对于大的 L/λ_{mfp} ［图 2.6(a)］，边界对能量载流子平均行程距离的减小的影响较小，发生的导热与整体材料中的情况相同。但当薄膜变薄时，如图 2.6(b) 所示，材料的物理边界能减小能量载流子的平均**净**行程距离。并且，边界对在薄的 y 方向运动的电子和声子（表示 y 方向的导热）的影响程度要比对在 x 方向运动的能量载流子的大得多。因此，对于具有小的 L/λ_{mfp} 的薄膜，我们发现 $k_y < k_x < k$，此处 k 为薄膜材料的整体热导率。

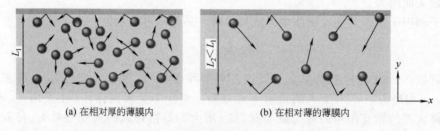

(a) 在相对厚的薄膜内　　　　　　　　(b) 在相对薄的薄膜内

图 2.6　在具有边界效应时在相对厚的薄膜和相对薄的薄膜内电子或声子的轨迹

对于 $L/\lambda_{mfp} \geqslant 1$ 的情况，k_x 和 k_y 的预测值按下述算式估算，误差可在 20% 以内[1]：

$$k_x/k = 1 - 2\lambda_{mfp}/(3\pi L) \tag{2.9a}$$

$$k_y/k = 1 - \lambda_{mfp}/(3L) \tag{2.9b}$$

式(2.9a) 和式(2.9b) 表明，若 $L/\lambda_{mfp} > 7$（对 k_y）和 $L/\lambda_{mfp} > 4.5$（对 k_x），k_x 和 k_y 的值与整体热导率之差约在 5% 以内。表 2.1 给出了一些材料的平均自由程和临界薄膜厚度 L_{crit} 的值，低于 L_{crit} 时就必须考虑微尺度效应。对于 $\lambda_{mfp} < L < L_{crit}$ 的薄膜，由式(2.9a) 和式 (2.9b) 可知，k_x 和 k_y 变得低于整体值 k。对于 $L/\lambda_{mfp} < 1$ 的情况，尚无预测热导率的通用指导原则。可以指出的是，在固体中，λ_{mfp} 值随温度的增高而减小。

除了由图 2.6(b) 所示的由物理边界导致散射的情况，埋在材料中的**化学掺杂物**或使原本均匀的物质分离为独立原子团的**颗粒边界**也会改变能量载流子的运动方向。**纳米结构材料**在化学上和与其对应的常规材料是相同的，但热处理使最终材料中形成了非常小的颗粒尺度，从传热的角度来说，这大大增强了能量载流子在晶粒边界上的散射和反射。

图 2.7 给出了整体和纳米结构的氧化钇-稳定的氧化锆热导率的测定值。这种特种陶瓷广泛应用于解决高温燃烧设备，如燃气轮机装置的隔热问题。声子传递在导热中起主要作用，由表 2.1 可知，声子能量载流子的平均自由程在 300K 时为 $\lambda_{mfp} = 25nm$。当晶格尺寸减小到小于 25nm 时（单位体积材料中引入更多晶粒边界），热导率显著降低。图 2.7 中的结果不能外推到高温，这是因为平均自由程随温度增高而减小（$T \approx 1525K$ 时 $\lambda_{mfp} \approx 4nm$），且在高温下材料的晶格可能会聚结、汇合和增大。因此，L/λ_{mfp} 在高温下变大，由纳米尺度效应导致的 k 的减小不再明显。

表 2.1　在 $T \approx 300\mathrm{K}$ 下一些不同材料的平均自由程和临界薄膜厚度[3,4]

材　　料	$\lambda_{\mathrm{mfp}}/\mathrm{nm}$	$L_{\mathrm{crit},y}/\mathrm{nm}$	$L_{\mathrm{crit},x}/\mathrm{nm}$
氧化铝	5.08	36	22
金刚石(Ⅱa)	315	2200	1400
砷化镓	23	160	100
金	31	220	140
硅	43	290	180
二氧化硅	0.6	4	3
氧化钇-稳定的氧化锆	25	170	110

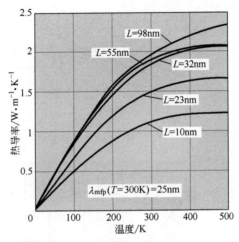

图 2.7　氧化钇-稳定的氧化锆的热导率随温度和晶格尺寸变化的测定值[3]

2.2.1.2　流态

流态包括液体和气体。由于与固态相比流态的分子间距要大得多，分子运动的随机性也更大，所以流体中基于导热的能量传输能力较差。因此气体和液体的热导率通常要比固体的低。

温度、压力和化学组分对气体热导率的影响可用气体分子运动理论解释[5]。根据这个理论可知，热导率正比于气体的密度、平均分子速度 $\bar{c}$ 及平均自由程 λ_{mfp}，后者是一个能量载流子（一个分子）经历一次碰撞之前的平均行程距离。

$$k = \frac{1}{3} c_v \rho \bar{c} \lambda_{\mathrm{mfp}} \qquad (2.10)$$

由于 $\bar{c}$ 随温度的升高和分子量的减少而增大，所以气体的热导率随温度的升高和分子量的减小而增大。图 2.8 给出了这些趋势。但由于 ρ 和 λ_{mfp} 分别正比和反比于气体压力，除非在极端情况下，如接近理想的真空状态，气体的热导率与压力无关。对于本教材感兴趣的压力范围，假定大容积气体的 k 与气体压力无关是合适的。因此，虽然表 A.4 给出的 k 的值是适用于大气压力或对应于给定温度下的饱和压力，但它们可用于更宽的压力范围。

描述与液态有关的分子状态更为困难，解释其热导率的物理机理还不太完善[6]。非金属液体的热导率通常随温度的升高而减小，如图 2.9 所示。明显的例外是甘油和水。除了在临界点附近，液体的热导率通常对压力并不敏感。另外，一般来说，热导率随分子量的增大而减小。饱和状态时液体的热导率值常作为温度的函数制成表。表 A.5 和表 A.6 给出了一些常用液体的热导率值。

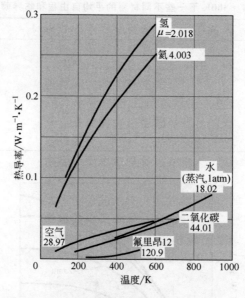

图 2.8　常压下某些气体的热导率与温度的关系

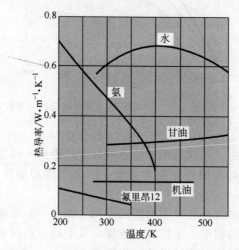

图 2.9　饱和状态下一些非金属液体的热导率与温度的关系

在高热流密度的应用场合，通常使用液态金属。表 A.7 中给出了这类液体的热导率。可注意到它们的热导率值远大于非金属液体的值[7]。

流态：微尺度和纳米尺度效应

和固态的情况一样，当系统的特征尺寸变小时，整体热导率有可能发生变化，特别是对小的 L/λ_{mfp} 值。如同图 2.6(b) 所示的情况，当流体被物理尺寸太小的容积封闭时，分子的平均自由程会受到限制。

2.2.1.3　隔热系统

将低热导率的材料加以组合，可得到热导率更低的隔热系统。在通常的**纤维状**、**粉末状**和**片状**隔热系统中，固体材料是精细地分散在整个空气间隙内的。可以用**有效热导率**表示这类系统的特性，其值与固体材料的热导率和表面辐射性质以及空气或空隙穴的性质和所占的体积分数有关。隔热系统的一个特有参数是它的体积密度（固体质量/总体积），它与固体材料之间相互结合的方式密切相关。

如果在粘接或熔化固体材料时形成了许多小的空隙或空穴,则会构成有一定刚性的联结体。若这些空穴是封闭和互不联通的,就称为**多孔**型隔热材料。**泡沫**系统就是这类刚性隔热材料的例子,它们是由塑料和玻璃材料制成的。**反射**隔热材料由多层平行放置的高反射率的薄片或箔组成,这些片或箔互不接触,将投射来的辐射能反射到辐射源。箔与箔之间的间距要设计得能抑制空气的运动,对于高性能的隔热系统,间隔中要抽成真空。在所有各种类型的隔热系统中,抽走空穴中的空气都可降低系统的有效热导率。

很重要的是应认识到通过任何一种隔热系统的传热均可包括几种方式:通过固体材料的导热;通过空穴中空气的导热或对流;以及在固相联结体的表面之间的辐射换热。有效热导率综合了所有这些过程,表 A.3 中汇总了一些隔热系统的有效热导率的值。更多的背景材料和数据可参阅文献 [8,9]。

和薄膜的情况一样,微尺度和纳米尺度会影响隔热材料的有效热导率。图 2.10 给出了一种纳米结构的二氧化硅气凝胶材料的 k 值,这种材料由约 5% 体积的固体材料和体积为 95% 的封闭在 $L \approx 20\text{nm}$ 的小孔中的空气组成。可指出的是,大气压下空气的平均自由程约为 80nm。当气体压力减小时,对不受约束的气体来说,λ_{mfp} 将增大,但封闭在小孔中的空气的分子运动受到小孔壁的限制,所以与图 2.4 中给出的通常材料的热导率相比,k 值减小到了非常低的值。

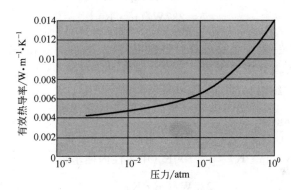

图 2.10 $T \approx 300\text{K}$ 时掺碳二氧化硅气凝胶的热导率随压力变化的测量值[10]

2.2.2 其他有关物性

我们在分析传热问题时需要用到物质的一些物性。这些物性通常称为**热物理**性质,它们有两大类型:**输运物性**和**热力学物性**。输运物性包括扩散速率系数,如热导率 k(对传热),以及运动黏度 ν(对动量传输)。而热力学性质则适用于系统的平衡状态。密度(ρ)和比热容(c_p)就是在热力学分析中经常要用到的两种热力学物性。乘积 ρc_p [J/(m³·K)] 常称为**体积比热容**,用于度量材料贮存热能的能力。由于密度大的物质一般来说具有比热容小的特性,许多贮能性能很好的固体和液体介质有着不相上下的体积比热容 [$\rho c_p > 1\text{MJ}/(\text{m}^3 \cdot \text{K})$]。但气体的贮热能力则很差 [$\rho c_p \approx 1\text{kJ}/(\text{m}^3 \cdot \text{K})$],这是因为它们的密度非常小。在附录 A 的一些表中,提供了范围很广的固体、液体和气体的密度及比热容的值。

在传热分析中,热导率与体积比热容之比是一个称为**热扩散系数** α 的重要物性,其单位为 m²/s:

$$\alpha = \frac{k}{\rho c_p}$$

α 是度量材料传导热能的能力与其贮存热能能力的相对大小的一个物性。α 大的材料对其热环境的改变反应很快，而 α 小的材料则反应缓慢，需很久才能到达新的平衡状态。

工程计算的准确性取决于已知热物性值的准确性[11~13]。有大量例子说明，造成设备和过程设计的不同缺陷或未能达到规定的性能要求，都是由于在初始的系统分析中所选择的一些关键的物性值不准确的结果。选择可靠的物性值，是任何一个细致的工程分析的组成部分，应避免随意从文献或手册上采用未经认真鉴定或评价的物性值。许多热物性的推荐值可从参考文献［14］得到。大多数院校的图书馆均有此文献，它是由普渡大学的热物性研究中心（TPRC）编著的。

【例 2.1】 热扩散系数 α 是瞬态导热的控制输运物性。利用附录 A 中合适的 k、ρ 和 c_p 值，计算下述材料在给定温度下的 α 值：纯铝，300K 和 700K；碳化硅，1000K；石蜡，300K。

解析

已知：热扩散系数 α 的定义。

求：选定材料在给定温度下的 α 值。

物性值：表 A.1，纯铝（300K）：

$$\left.\begin{array}{l} \rho = 2702\text{kg/m}^3 \\ c_p = 903\text{J/(kg} \cdot \text{K)} \\ k = 237\text{W/(m} \cdot \text{K)} \end{array}\right\}$$

$$\alpha = \frac{k}{\rho c_p} = \frac{237\text{W/(m} \cdot \text{K)}}{2702\text{kg/m}^3 \times 903\text{J/(kg} \cdot \text{K)}} = 97.1 \times 10^{-6}\text{m}^2/\text{s} \qquad \triangleleft$$

表 A.1，纯铝（700K）：

$$\rho = 2702\text{kg/m}^3 \qquad\qquad 300\text{K}$$
$$c_p = 1090\text{J/(kg} \cdot \text{K)} \qquad 700\text{K（用线性内插求得）}$$
$$k = 225\text{W/(m} \cdot \text{K)} \qquad\quad 700\text{K（用线性内插求得）}$$

$$\alpha = \frac{k}{\rho c_p} = \frac{225\text{W/(m} \cdot \text{K)}}{2702\text{kg/m}^3 \times 1090\text{J/(kg} \cdot \text{K)}} = 76 \times 10^{-6}\text{m}^2/\text{s} \qquad \triangleleft$$

表 A.2，碳化硅（1000K）：

$$\left.\begin{array}{ll} \rho = 3160\text{kg/m}^3 & 300\text{K} \\ c_p = 1195\text{J/(kg} \cdot \text{K)} & 1000\text{K} \\ k = 87\text{W/(m} \cdot \text{K)} & 1000\text{K} \end{array}\right\}$$

$$\alpha = \frac{k}{\rho c_p} = \frac{87\text{W/(m} \cdot \text{K)}}{3160\text{kg/m}^3 \times 1195\text{J/(kg} \cdot \text{K)}} = 23 \times 10^{-6}\text{m}^2/\text{s} \qquad \triangleleft$$

表 A.3，石蜡（300K）：

$$\left.\begin{array}{l} \rho = 900\text{kg/m}^3 \\ c_p = 2890\text{J/(kg} \cdot \text{K)} \\ k = 0.24\text{W/(m} \cdot \text{K)} \end{array}\right\}$$

$$\alpha = \frac{k}{\rho c_p} = \frac{0.24\text{W/(m} \cdot \text{K)}}{900\text{kg/m}^3 \times 2890\text{J/(kg} \cdot \text{K)}} = 9.2 \times 10^{-8}\text{m}^2/\text{s} \qquad \triangleleft$$

说明：1. 注意铝和碳化硅的热物性与温度的关系。例如，对碳化硅，$\alpha(1000\text{K}) \approx 0.1\alpha$

（300K），因此，温度对此材料有很强的影响。

2. α 的物理解释为：它提供了导热能力（k）相对于材料贮能能力（ρc_p）的度量。一般来说，金属固体具有较大的 α，而非金属固体（如石蜡）的 α 较小。

3. 在工程计算中，用线性内插法求物性值，一般是允许的。

4. 在较高温度下利用低温（300K）下的密度值，忽略了热膨胀的影响，但这在工程计算中也是可以接受的。

5. IHT 软件对一些固体、液体和气体提供了一个热物性数据库，可通过在工具栏上点击 Properties 进行访问。物性值以本征（固有）函数表示，例如对常压空气的热导率，有：

$$k = \text{k\_T}(\text{"Air"}, \text{T}) \quad //\text{Thermal conductivity}，\text{W/m} \cdot \text{K}$$

物性值是基于附录 A 中的物性表计算的，温度单位用 K。你可以利用 IHT 中 User-Defined Function 特征建立自己的表示物性值或其他输入数据的函数。在 Help 部分中有使用方法的说明。

2.3 热扩散方程

热传导分析的主要目的是确定在给定边界条件下介质内部形成的**温度场**。也就是说，我们想知道**温度分布**，它说明介质内的温度如何随位置而变化。一旦知道了温度分布，介质内任何点或物体表面的传导热流密度就可以通过傅里叶定律计算求出。也可以确定其他一些感兴趣的量。对于固体，知道了温度分布，就可通过确定热应力、热膨胀和热变形来查明结构的完整性。知道了温度分布，还可据此对隔热材料的厚度进行优化，或确定所用的特殊涂层或黏结剂与材料的相容性。

我们现在讨论确定温度分布的方法。所用的就是 1.3.3 节叙述的应用能量守恒要求的方法。既然是这样，我们就定义一个**微元控制体积**，确认相关的能量传输过程，并引入相应的能量传输速率方程。所得结果是一个微分方程，在边界条件给定的情况下，其解就给出了介质中的温度分布。

讨论一个内部无整体运动（平流）的均匀介质，温度分布 $T(x, y, z)$ 用直角坐标系表示。遵循应用能量守恒要求的方法（1.3.3 节），我们首先定义一个如图 2.11 所示的无限小的（微元）控制体积 $dx\,dy\,dz$，选用适用于瞬刻时间的第一定律表达式。第二步是讨论与这个控制体积有关的能量过程。如果存在温度梯度，热传导会通过控制体积的各个表面发生。垂直于坐标位置分别为 x、y 和 z 的各控制表面的导热速率分别记作 q_x、q_y 和 q_z。利用泰勒级数展开并忽略高次项，可得通过每个相对的控制表面的导热速率为

$$q_{x+dx} = q_x + \frac{\partial q_x}{\partial x}dx \tag{2.11a}$$

$$q_{y+dy} = q_y + \frac{\partial q_y}{\partial y}dy \tag{2.11b}$$

$$q_{z+dz} = q_z + \frac{\partial q_z}{\partial z}dz \tag{2.11c}$$

具体地说，方程式（2.11a）只是说明：在 $x+dx$ 处的 x 传热速率分量等于它在 x 处的分量加上它相对于 x 方向上的变化率乘上 dx。

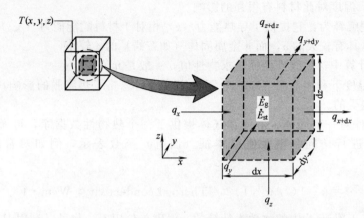

图 2.11 在直角坐标系中进行导热分析的微元控制体积 $dxdydz$

在介质内可能有与不断产生热能有关的**能源**项。此项由下式表示：

$$\dot{E}_g = \dot{q}\,dxdydz \tag{2.12}$$

式中，$\dot{q}$ 是单位体积介质的产能速率，W/m^3。另外，控制体积内物质所贮存的总的热能也可能发生变化。如果物质不发生相变，则不存在潜热的影响，能量贮存项可表示为

$$\dot{E}_{st} = \rho c_p \frac{\partial T}{\partial t}\,dxdydz \tag{2.13}$$

式中，$\rho c_p\,\partial T/\partial t$ 是单位体积介质的显热能的时间变化率。

要再次提请注意的是，$\dot{E}_g$ 和 $\dot{E}_{st}$ 这两项代表了不同的物理过程。产能项 $\dot{E}_g$ 是表示某种能量转换过程，涉及这种过程的一方是热能，另一方可以是化学能、电能或核能。如果在介质内靠消耗某种其他形式的能量而产生热能，此项为正（**源**）；如果消耗的是热能，此项为负（**汇**）。与此不同，贮能项 $\dot{E}_{st}$ 是指物质所贮存的热能的变化速率。

1.3.3 节中所概括的方法的最后一步是利用上述速率方程表示能量守恒。基于**速率**表示的能量守恒要求的通用形式为

$$\dot{E}_{in} + \dot{E}_g - \dot{E}_{out} = \dot{E}_{st} \tag{1.11c}$$

因此，注意到能量输入 $\dot{E}_{in}$ 和输出 $\dot{E}_{out}$ 是由导热速率项构成的，将式（2.12）和式（2.13）代入，可得

$$q_x + q_y + q_z + \dot{q}\,dxdydz - q_{x+dx} - q_{y+dy} - q_{z+dz} = \rho c_p \frac{\partial T}{\partial t}\,dxdydz \tag{2.14}$$

将式（2.11）代入，有

$$-\frac{\partial q_x}{\partial x}dx - \frac{\partial q_y}{\partial y}dy - \frac{\partial q_z}{\partial z}dz + \dot{q}\,dxdydz = \rho c_p \frac{\partial T}{\partial t}\,dxdydz \tag{2.15}$$

导热速率可据傅里叶定律计算

$$q_x = -k\,dydz\frac{\partial T}{\partial x} \tag{2.16a}$$

$$q_y = -k\mathrm{d}x\mathrm{d}z\,\frac{\partial T}{\partial y} \tag{2.16b}$$

$$q_z = -k\mathrm{d}x\mathrm{d}y\,\frac{\partial T}{\partial z} \tag{2.16c}$$

以上三式中将式(2.6)的每个热流密度分量乘上相应的控制表面（微元）面积，得到了导热速率。将式(2.16)代入式(2.15)，并除以控制体积（dxdydz），可得

$$\boxed{\frac{\partial}{\partial x}\left(k\,\frac{\partial T}{\partial x}\right)+\frac{\partial}{\partial y}\left(k\,\frac{\partial T}{\partial y}\right)+\frac{\partial}{\partial z}\left(k\,\frac{\partial T}{\partial z}\right)+\dot q=\rho c_p\frac{\partial T}{\partial t}} \tag{2.17}$$

式(2.17)是直角坐标系中**热扩散方程**的普通形式。这个方程通常称为**热方程❶**，它提供了分析导热过程的基本方法。由它的解，我们可得到作为时间函数的温度分布 $T(x, y, z)$。这个看似复杂的表达式其实不难理解，实际上它只是说明能量守恒这个重要的物理必要条件。读者应该清晰地理解方程式中出现的每一项的物理含义。例如，$\partial(k\,\partial T/\partial x)/\partial x$ 项是与在 x 坐标方向上**进入**控制体积的**净**导热热流密度有关的。也即乘以 dx 后有

$$\frac{\partial}{\partial x}\left(k\,\frac{\partial T}{\partial x}\right)\mathrm{d}x=q_x''-q_{x+\mathrm{d}x}'' \tag{2.18}$$

类似的表达式也可用于 y 和 z 方向上的热流密度。因此，用文字表达，热方程(2.17)表明，**在介质中任意一点处，由传导进入单位体积的净导热速率加上单位体积的热能产生速率必定等于单位体积内所贮存的能量变化速率。**

常常可采用式(2.17)的简化形式。例如，若热导率是常量，导热方程就可写成

$$\boxed{\frac{\partial^2 T}{\partial x^2}+\frac{\partial^2 T}{\partial y^2}+\frac{\partial^2 T}{\partial z^2}+\frac{\dot q}{k}=\frac{1}{\alpha}\times\frac{\partial T}{\partial t}} \tag{2.19}$$

式中，$\alpha=k/(\rho c_p)$，为**热扩散系数**。通用形式的导热方程常可作另外的简化。例如，在稳定状态下，贮存的能量不可能发生变化，所以式(2.17)可简化为

$$\boxed{\frac{\partial}{\partial x}\left(k\,\frac{\partial T}{\partial x}\right)+\frac{\partial}{\partial y}\left(k\,\frac{\partial T}{\partial y}\right)+\frac{\partial}{\partial z}\left(k\,\frac{\partial T}{\partial z}\right)+\dot q=0} \tag{2.20}$$

进一步，如果是一维导热（例如，在 x 方向），且没有能量产生，式(2.20)就简化成

$$\frac{\mathrm{d}}{\mathrm{d}x}\left(k\,\frac{\mathrm{d}T}{\mathrm{d}x}\right)=0 \tag{2.21}$$

上式的重要含义是：**在稳定态、无能量产生的一维导热情况下，热流密度在传输方向上是一个常数**（$\mathrm{d}q_x''/\mathrm{d}x=0$）。

导热方程也可以用圆柱坐标系和球坐标系来表示。相应于这两种坐标系的微元控制体积示于图 2.12 和图 2.13。

圆柱坐标系

当方程(2.3)中的算子 ∇ 用在圆柱坐标系时，热流密度矢量和傅里叶定律的通用表达式为

$$q''=-k\nabla T=-k\left(i\,\frac{\partial T}{\partial r}+j\,\frac{1}{r}\times\frac{\partial T}{\partial \phi}+k\,\frac{\partial T}{\partial z}\right) \tag{2.22}$$

❶　通常称导热方程或热传导方程。——译者注

$$q''_r = -k\frac{\partial T}{\partial r} \ , \ q''_\phi = -\frac{k}{r}\times\frac{\partial T}{\partial \phi} \ , \ q''_z = -k\frac{\partial T}{\partial z} \tag{2.23}$$

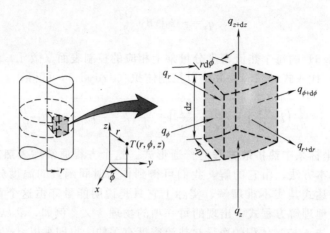

图 2.12　在圆柱坐标系（r，ϕ，z）中进行导热分析
的微元控制体积 $dr \cdot rd\phi \cdot dz$

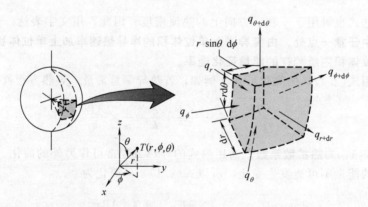

图 2.13　在球坐标系（r，ϕ，θ）中进行导热分析的
微元控制体积 $dr \cdot r\sin\theta d\phi \cdot rd\theta$

分别是热流密度在径向、圆周向和轴向上的分量。对图 2.12 中所示的微元控制体积应用能量守恒要求，可得下述导热方程的通用形式

$$\frac{1}{r}\times\frac{\partial}{\partial r}\left(kr\frac{\partial T}{\partial r}\right)+\frac{1}{r^2}\times\frac{\partial}{\partial \phi}\left(k\frac{\partial T}{\partial \phi}\right)+\frac{\partial}{\partial z}\left(k\frac{\partial T}{\partial z}\right)+\dot{q}=\rho c_p\frac{\partial T}{\partial t} \tag{2.24}$$

球坐标系

球坐标系中热流密度矢量和傅里叶定律的通用形式为

$$q''=-k\Delta T=-k\left(i\frac{\partial T}{\partial r}+j\frac{1}{r}\times\frac{\partial T}{\partial \theta}+k\frac{1}{r\sin\theta}\times\frac{\partial T}{\partial \phi}\right) \tag{2.25}$$

$$q''_r=-k\frac{\partial T}{\partial r} \ , \ q''_\theta=-\frac{k}{r}\times\frac{\partial T}{\partial \theta} \ , \ q''_\phi=-\frac{k}{r\sin\theta}\times\frac{\partial T}{\partial \phi} \tag{2.26}$$

分别为径向、极向和方位角向的热流密度分量。对图 2.13 中的微元控制体积应用能量守恒要求，可得

$$\frac{1}{r^2}\times\frac{\partial}{\partial r}\left(kr^2\frac{\partial T}{\partial r}\right)+\frac{1}{r^2\sin^2\theta}\times\frac{\partial}{\partial\phi}\left(k\,\frac{\partial T}{\partial\phi}\right)+\frac{1}{r^2\sin\theta}\times\frac{\partial}{\partial\theta}\left(k\sin\theta\,\frac{\partial T}{\partial\theta}\right)+\dot{q}=\rho c_p\frac{\partial T}{\partial t} \tag{2.27}$$

考虑到学会对微元控制体积应用守恒原理很重要，读者可以试着推导方程式(2.24)或式(2.27)（见习题 2.12 和 2.13）。要注意傅里叶定律中的温度梯度应有单位 K/m。因此，对于角坐标系，计算梯度时必须用弧长的微分来表示。例如，圆柱坐标系的圆周向热流密度的分量为 $q''_\phi=-(k/r)(\partial T/\partial\phi)$，而不是 $q''_\phi=-k(\partial T/\partial\phi)$。

【例 2.2】　在某一瞬刻，厚为 1m 的墙内的温度分布为

$$T(x)=a+bx+cx^2$$

式中，T 的单位为℃，x 的单位为 m，$a=900℃$，$b=-300℃/m$，$c=-50℃/m^2$。面积为 $10m^2$ 的墙内有均匀的产热源，$\dot{q}=1000W/m^3$。墙材的物性为 $\rho=1600kg/m^3$，$k=40W/(m\cdot K)$，$c_p=4kJ/(kg\cdot K)$。

1. 确定进入墙（$x=0$）和离开墙（$x=1$）的传热速率。

2. 确定墙内贮存能量的变化速率。

3. 确定在 $x=0m$、$0.25m$ 和 $0.5m$ 处温度随时间的变化率。

解析

已知：具有均匀产热源的一维墙内在瞬刻 t 时的温度分布 $T(x)$。

求：1. 进入墙（$x=0$）和离开墙（$x=1$）的传热速率，q_{in} 和 q_{out}。

2. 墙内贮存能量的变化速率，$\dot{E}_{st}$。

3. 在 $x=0m$、$0.25m$ 和 $0.5m$ 处温度随时间的变化率。

示意图：

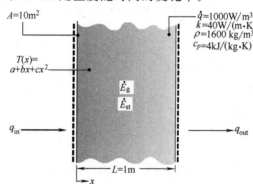

假定：1. x 方向的一维导热。

　　　　2. 物性为常数的各向同性介质。

　　　　3. 均匀的内热源，$\dot{q}$（W/m^3）。

分析：1. 前已述及，一旦知道了介质的温度分布，就很易利用傅里叶定律确定介质内任意一点或介质表面处的导热速率。因此，需要知道的热流速率可以用式(2.1)根据给定的温度分布确定。于是

$$q_{in}=q_x(0)=-kA\frac{\partial T}{\partial x}\bigg|_{x=0}=-kA(b+2cx)_{x=0}$$

$$=-bkA=300℃/m\times40W/(m\cdot K)\times10m^2=120kW$$

类似地

$$q_{out}=q_x(L)=-kA\frac{\partial T}{\partial x}\bigg|_{x=L}=-kA(b+2cx)_{x=L}$$

$$q_{out} = -(b+2cL)kA = -[-300℃/m + 2 \times (-50℃/m^2) \times 1m] \times$$
$$40W/(m \cdot K) \times 10m^2 = 160kW \quad \blacktriangleleft$$

2. 墙体内能量贮存的变化速率可对墙应用总的能量平衡来确定。以墙作为控制体积,利用式(1.11c),有

$$\dot{E}_{in} + \dot{E}_g - \dot{E}_{out} = \dot{E}_{st}$$

式中,$\dot{E}_g = \dot{q}AL$,于是有:

$$\dot{E}_{st} = \dot{E}_{in} + \dot{E}_g - \dot{E}_{out} = q_{in} + \dot{q}AL - q_{out}$$
$$= 120kW + 1000W/m^3 \times 10m^2 \times 1m - 160kW$$
$$= -30kW \quad \blacktriangleleft$$

3. 介质中任意一点处的温度随时间的变化速率可由导热方程式(2.19)确定,该式可改写为

$$\frac{\partial T}{\partial t} = \frac{k}{\rho c_p} \times \frac{\partial^2 T}{\partial x^2} + \frac{\dot{q}}{\rho c_p}$$

由给定的温度分布,可得:

$$\frac{\partial^2 T}{\partial x^2} = \frac{\partial}{\partial x}\left(\frac{\partial T}{\partial x}\right)$$
$$= \frac{\partial}{\partial x}(b+2cx) = 2c = 2 \times (-50℃/m^2)$$
$$= -100℃/m^2$$

注意,这个导数与介质中的位置无关。因此温度随时间的变化速率也与位置无关,由此得

$$\frac{\partial T}{\partial t} = \frac{40W/(m \cdot K)}{1600kg/m^3 \times 4kJ/(kg \cdot K)} \times (-100℃/m^2) + \frac{1000W/m^3}{1600kg/m^3 \times 4kJ/(kg \cdot K)}$$

$$\frac{\partial T}{\partial t} = -6.25 \times 10^{-4}℃/s + 1.56 \times 10^{-4}℃/s$$
$$= -4.69 \times 10^{-4}℃/s \quad \blacktriangleleft$$

说明:1. 以上结果显然表明,墙内每一点的温度都是随时间而降低的。

2. 只要知道了温度分布,总是可用傅里叶定律计算导热速率,即使是瞬态并具有内热源的情况。

微尺度效应

对于大多数实际情况,可确信无误地应用本书中给出的导热方程。但这些方程是基于傅里叶定律描述导热效应的,并未说明不同的能量载流子在介质中是以有限速度传播热信息的。如果所论导热过程是在相当长的时间段 Δt 内发生,以致有

$$\frac{\lambda_{mfp}}{c\Delta t} \ll 1 \qquad (2.28)$$

可以忽略有限速度传播结果的影响。对必须直接考虑边界散射的问题,本书的导热方程也无效。例如,应用前述导热方程不可能确定图 2.6(b) 的薄膜中的温度分布。文献 [1,

15] 中有更多的微尺度和纳米尺度传热应用和分析方法的讨论。

2.4　边界和初始条件

为确定介质中的温度分布，必须求解相应的导热方程。不过这种解与介质**边界**上存在的物理条件有关，而且如果所论的情况随时间变化，则还与某一初始时间介质内存在的条件有关。关于**边界条件**，有几种通常可能的情况，它们可用简单的数学式子表示。由于在空间坐标系导热方程是二阶的，为描述这个系统，对每个坐标必须有两个边界条件。导热方程对时间是一阶的，所以只需给定一个条件，称为**初始条件**。

表 2.2 汇总了传热过程中经常会遇到的三类边界条件。这些条件是在一维系统的表面（$x=0$）上给出的。传热是在有温度分布的正 x 方向，如果是随时间变化的，记作 $T(x, t)$。第一种条件是对应于表面保持固定温度 T_s 的情况，常称**狄里奇莉特条件**或**第一类边界条件**。这是相当精确的一种近似。例如，对于所述表面与正在熔化的固体或沸腾的液体相接触的情况。在这两种情况下，虽然表面保持在相变过程的温度，在表面上仍存在传热。第二种条件是在表面上有一个固定的或不变的热流密度 q_x''。据傅里叶定律［式(2.6)］，这个热流密度与温度梯度有关，可表示为

$$q_x''(0) = -k\frac{\partial T}{\partial x}\bigg|_{x=0} = q_s''$$

它称为**诺伊曼（Neumann）条件**，或**第二类边界条件**，在表面上粘贴薄膜电热器就可实现此条件。一个特殊情况是将表面理想隔热，即绝热，对这种表面，$\partial T/\partial x|_{x=0}=0$。**第三类边界条件**是对应于在表面上存在对流加热（或冷却）的情况，可由 1.3.2 节讨论过的表面上的能量平衡关系式得到。

表 2.2　热扩散方程在表面（$x=0$）上的边界条件

1. 定温表面 $\qquad T(0,t)=T_s \qquad\qquad (2.29)$	
2. 定热流密度表面 　（a）有限热流密度 $\qquad -k\dfrac{\partial T}{\partial x}\bigg|_{x=0}=q_s'' \qquad (2.30)$	
（b）绝热表面 $\qquad \dfrac{\partial T}{\partial x}\bigg|_{x=0}=0 \qquad\qquad (2.31)$	
3. 对流条件表面 $\qquad -k\dfrac{\partial T}{\partial x}\bigg|_{x=0}=h[T_\infty-T(0,t)] \quad (2.32)$	

【**例 2.3**】 一块矩形截面的长铜板，其宽度 w 比厚度 L 大得多，板的底面与一个热汇接触，整块铜板的温度近似等同于热汇的温度 T_o。突然间有电流通过铜板，同时有温度为 T_∞ 的气流吹过铜板的顶面。试写出能确定铜板中温度与位置及时间之间函数关系的微分方程及边界和初始条件。

解析

已知：初始时与一个热汇处于热平衡状态的铜板突然间因有电流通过而被加热。

求：确定铜板中温度与位置及时间之间函数关系所需的微分方程和边界及初始条件。

示意图：

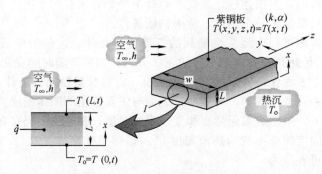

假定：1. 由于 $w \gg L$，可忽略侧边效应，认为铜板中主要是在 x 方向的一维传热。

2. 体积产热均匀，$\dot{q}$。

3. 物性为常数。

分析：温度分布是由导热方程式(2.17)决定的，对本题的一维和常物性条件，此式可简化为

$$\frac{\partial^2 T}{\partial x^2} + \frac{\dot{q}}{k} = \frac{1}{\alpha} \times \frac{\partial T}{\partial t} \qquad (1) \blacktriangleleft$$

式中，温度为位置和时间的函数，$T(x, t)$。由于这个方程对空间坐标 x 是二阶的，对时间 t 是一阶的，所以对 x 方向需两个边界条件，对时间需一个条件，即初始条件。铜板底面的边界条件相应于表2.2中的情况1。特别是因为底面温度保持为 T_o，不随时间改变，所以有

$$T(0, t) = T_o \qquad (2) \blacktriangleleft$$

与此不同，与顶面相应的是表2.2中的情况3，对流条件表面。因此有

$$-k \frac{\partial T}{\partial x}\bigg|_{x=L} = h[T(L, t) - T_\infty] \qquad (3) \blacktriangleleft$$

初始条件可据题意推出：在情况发生变化前，铜板处于均匀一致的温度 T_o。因此：

$$T(x, 0) = T_o \qquad (4) \blacktriangleleft$$

若 T_o、T_∞、$\dot{q}$ 和 h 是已知的，就能对式（1）～式（4）进行求解，得到通电流后铜板随时间变化的温度分布 $T(x, t)$。

说明：1. 将表面暴露于冰浴或使它与一块**冷板**接触，在 $x = 0$ 处的**热汇**是可以保持其热状态的。冷板内有许多冷却液槽道，是在热导率很大的固体（通常为铜）内加工制成的。使液体（常常用水）在槽道内循环，冷板以及和它接触的表面就可保持在近似于均匀的温度。

2. 顶面的温度 $T(L, t)$ 将随时间而变化。这个温度是未知值，可在求出 $T(x, t)$ 后知道。

3. 我们可对这个瞬态过程从开始到终了期间选择若干时间点，用物理直觉来大致了解铜板中温度分布的概貌。如果我们假设 $T_\infty > T_0$ 且电流足够大，可将板加热到温度高于 T_∞，下列温度分布将相应于初始状态（$t \leqslant 0$）、最终（稳定）状态（$t \to \infty$）和两个中间的时刻。

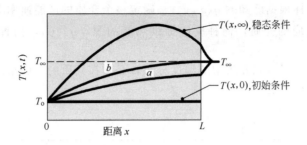

请注意这些温度分布是如何受初始和边界条件制约的。标记 b 的曲线的特点是什么？

4. 我们也可以靠直觉来讨论热流密度在板的两个表面（$x = 0, L$）处随时间变化的情况。在 $q_s''\text{-}t$ 坐标上瞬态变化如下图所示：

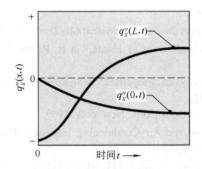

请说服自己相信上述变化是和说明 3 的温度分布一致的。对于 $t \to \infty$，$q_x''(0)$ 和 $q_x''(L)$ 与体积能量产率的关系是怎样的？

2.5　小结

本章的目的是使读者进一步加深理解导热速率方程（傅里叶定律）和熟悉导热方程（热扩散方程）。读者可通过回答下述问题来测试对有关概念的理解程度。

- 在傅里叶定律的一般表达式（适用于任意几何形状）中，哪些是矢量，哪些是标量？为何在方程式的右端有一负号？
- 什么是**等温表面**？关于在等温表面上任意位置处的热流密度你能说些什么？
- 对直角、圆柱和球坐标的每个正交方向傅里叶定律取什么形式？对每一种情况，温度梯度的单位是什么？能否据记忆写出每个方程式？
- 一个重要的物质性质是根据傅里叶定律定义的，它是什么物性？其物理意义是什么？它的单位是什么？
- 何谓**各向同性**材料？
- 为什么固体的热导率一般来说比液体的大？为什么液体的热导率比气体的大？
- 为什么导电固体的热导率一般来说比非导体的大？为什么氧化铍、金刚石和碳化硅等材料（见表 A.2）对这个规律来说是例外？
- 隔热系统的**有效热导率**是否真实体现基于导热方式通过系统的传热被抑制的功效？
- 为什么气体的热导率随温度升高而增大？为什么可近似地认为压力对它没有影响？

- **热扩散系数**的物理意义是什么？怎样定义它？它的单位是什么？
- 导热（热扩散）方程中各项的物理意义是什么？
- 能否举出一些**产生热能**的例子？如果单位体积产生的热能速率 $\dot{q}$ 在体积为 V 的介质中随位置而变化，怎样根据已知的 $\dot{q}(x,y,z)$ 确定整个介质的产能速率 $\dot{E}_g$？
- 对于有化学反应的介质，何种反应提供热能的源（$\dot{q}>0$），何种反应提供热能的汇（$\dot{q}<0$）？
- 为求解导热方程以得到介质中的温度分布，必须在介质的表面给定边界条件。哪些物理条件通常适用于这个目的？

参考文献

1. Flik, M. I., B.-I. Choi, and K. E. Goodson, *J. Heat Transfer*, **114**, 666, 1992.
2. Klemens, P. G., "Theory of the Thermal Conductivity of Solids," in R. P. Tye, Ed., *Thermal Conductivity*, Vol. 1, Academic Press, London, 1969.
3. Yang, H.-S., G.-R. Bai, L. J. Thompson, and J. A. Eastman, *Acta Materialia*, **50**, 2309, 2002.
4. Chen, G., *J. Heat Transfer*, **118**, 539, 1996.
5. Vincenti, W. G., and C. H. Kruger, Jr., *Introduction to Physical Gas Dynamics*, Wiley, New York, 1986.
6. McLaughlin, E., "Theory of the Thermal Conductivity of Fluids," in R. P. Tye, Ed., *Thermal Conductivity*, Vol. 2, Academic Press, London, 1969.
7. Foust, O. J., Ed., "Sodium Chemistry and Physical Properties," in *Sodium-NaK Engineering Handbook*, Vol. 1, Gordon & Breach, New York, 1972.
8. Mallory, J. F., *Thermal Insulation*, Reinhold Book Corp., New York, 1969.
9. American Society of Heating, Refrigeration and Air Conditioning Engineers, *Handbook of Fundamentals*, Chapters 23–25 and 31, ASHRAE, New York, 2001.
10. Zeng, S. Q., A. Hunt, and R. Greif, *J. Heat Transfer*, **117**, 1055, 1995.
11. Sengers, J. V., and M. Klein, Eds., *The Technical Importance of Accurate Thermophysical Property Information*, National Bureau of Standards Technical Note No. 590, 1980.
12. Najjar, M. S., K. J. Bell, and R. N. Maddox, *Heat Transfer Eng.*, **2**, 27, 1981.
13. Hanley, H. J. M., and M. E. Baltatu, *Mech. Eng.*, **105**, 68, 1983.
14. Touloukian, Y. S., and C. Y. Ho, Eds., *Thermophysical Properties of Matter, The TPRC Data Series* (13 volumes on thermophysical properties: thermal conductivity, specific heat, thermal radiative, thermal diffusivity, and thermal linear expansion), Plenum Press, New York, 1970 through 1977.
15. Cahill, D. G., W. K. Ford, K. E. Goodson, G. D. Mahan, A. Majumdar, H. J. Maris, R. Merlin, and S. R. Phillpot, *App. Phys. Rev.*, **93**, 793, 2003.

习　题

傅里叶定律

2.1　一个球壳的内外半径分别为 r_1 和 r_2，内外表面温度分别为 T_1 和 T_2，其中 $T_1>T_2$。作一维稳态导热及物性为常数的假定，在 T-r 坐标系中画出温度分布。简要说明曲线的形状。

2.2　考虑热导率和厚度分别为 $k=50\mathrm{W}/(\mathrm{m\cdot K})$ 和 $L=0.25\mathrm{m}$ 的平壁中的一维稳态导热，其中没有内热源。

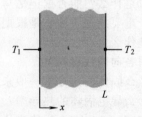

确定以下各种情形中的热流密度和未知量，并画出温度分布，指出热流密度的方向。

情形	$T_1/℃$	$T_2/℃$	$(\mathrm{d}T/\mathrm{d}x)/\mathrm{K}\cdot\mathrm{m}^{-1}$
1	50	−20	
2	−30	−10	
3	70		160
4		40	−80
5		30	200

2.3 在如图所示的棒中正在发生稳态一维导热，棒的热导率 k 为常数，具有变化的横截面积 $A_x(x)=A_0\mathrm{e}^{ax}$，其中 A_0 和 a 为常数。棒的侧面隔热良好。

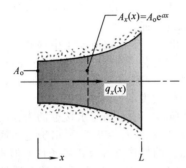

（a）写出导热速率 $q_x(x)$ 的表示式。利用该表示式确定温度分布 $T(x)$，并在 $T(0)>T(L)$ 的情况下定性地画出该分布。

（b）现在考虑以下情形：热能在棒中以体积速率 $\dot q=\dot q_0\exp(-ax)$ 产生，其中 $\dot q_0$ 是常数。在左面（$x=0$）良好隔热的情况下求 $q_x(x)$ 的表达式。

热物性

2.4 一家著名的隔热材料生产商在其电视广告中宣称：重要的不是隔热材料的厚度，而是 R 值。该广告演示为了获得等于 19 的 R 值，需要 18ft 厚的岩石，15in 厚的木材，但只需要 6in 该生产商的隔热材料。从技术上来说这个广告合理吗？如果你像多数观众那样不知道 R 值的定义，这里告诉你 R 值定义为 L/k，其中 $L(\mathrm{in})$ 是隔热材料的厚度，$k[\mathrm{Btu}\cdot\mathrm{in}/(\mathrm{hr}\cdot\mathrm{ft}^2\cdot ℉)]$ 是该材料的热导率。

2.5 在一个测量热导率的装置中，电加热器夹在两个相同的试样之间，试样的直径和长度分别为 30mm 和 60mm，试样压在两块平板之间，平板的温度由循环流体维持在 $T_0=77℃$。在所有的表面之间均填充了导热脂以确保良好的热接触。在试样中埋设了差分热电偶，间距为 15mm。试样的周侧绝热，以实现试样中的一维传热。

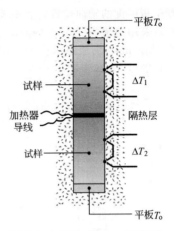

（a）在装置中有两个 SS316 试样时，加热器的电流和电压分别为 0.353A 和 100V，差分热电偶显示 $\Delta T_1=\Delta T_2=25.0℃$。不锈钢试样材料的热导率是多少？试样的平均温度是多少？把你的结果与表 A.1 中给出的这种材料的热导率值进行比较。

（b）由于失误，将一个阿姆科铁（工业纯铁）试样放在了装置的下部，而（a）中的 SS316 试样则处于装置的上部。在这种情形下，加热器的电流和电压分别为 0.601A 和 100V，差分热电偶显示 $\Delta T_1=\Delta T_2=15.0℃$。阿姆科铁试样的热导率和平均温度分别是多少？

（c）在装置中用两个相同的试样把加热器夹在中间，而不是采用单个加热器-试样组合，有什么好处？在什么情况下试样周侧表面的漏热变得显著？在什么情况下 $\Delta T_1\neq\Delta T_2$？

2.6 一个工程师想要测量一种气凝胶材料的热导率。预期这种气凝胶的热导率极小。

（a）解释为什么不能用习题 2.5 中的装置精确测定这种气凝胶材料的热导率。

（b）工程师为此设计了一种新的装置，在该装置中一个直径 $D=150\mathrm{mm}$ 的电加热器夹在两块薄铝板之间。采用热电偶测量 5mm 厚铝板的稳态温度 T_1 和 T_2。在铝板的外侧放置厚度 $t=5\mathrm{mm}$ 的气凝胶片，进口温度 $T_{c,i}=25℃$ 的冷却剂把气凝胶的外表面维持在一个较低的温度。圆形的气凝胶片将加热器和铝板封装在中间，其隔热性能使得加热器的轴向热损很小。在稳态条件下，$T_1=T_2=55℃$，加热器的电流和电压分别为 125mA 和 10V。确定这种气凝胶的热导率 k_a 的值。

（c）计算 5mm 厚铝板厚度方向上的温差。

说明测量铝板温度的轴向位置是否重要？

（d）如果采用总流率为 $\dot{m}=1\text{kg/min}$（每股流率为 0.5kg/min）的液态水作为冷却剂，计算水的出口温度 $T_{c,o}$。

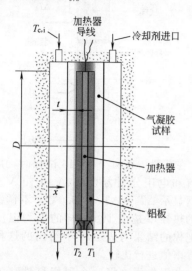

2.7　图中给出了一种测量材料的热导率 k 和比热容 c_p 的方法。初始时直径和厚度分别为 $D=60\text{mm}$ 和 $L=10\text{mm}$ 的两个相同的试样和薄加热器均处于均匀温度 $T_i=23.00℃$，它们周围包裹有隔热粉末。突然对加热器通电，这在其与试样的交界面上产生了均匀的热流密度 q_o''，该热流密度在时间段 Δt_o 内保持为常数。在突然加热后较短的时间内，交界面温度 T_o 与热流密度的关系为

$$T_o(t)-T_i=2q_o''\left(\frac{t}{\pi\rho c_p k}\right)^{1/2}$$

在一次测试中，电加热器在时间段 $\Delta t_o=120\text{s}$ 内的功耗为 15.0W，加热 30s 后交界面处的温度为 $T_o(30\text{s})=24.57℃$。在加热器断电很长时间后，$t\gg\Delta t_o$，试样达到均匀温度 $T_o(\infty)=33.50℃$。通过测量体积和质量确定试样材料的密度为 $\rho=3965\text{kg/m}^3$。

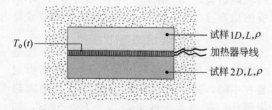

确定待测材料的比热容和热导率。查阅表 A.1 或表 A.2 中的热物性值，确认试样是什么材料。

导热方程

2.8　用一个放在炉子上的平底锅烧开水，热量以固定的速率 q_o 传给锅。该过程可分为两个阶段。在阶段 1 中，水从初始（室内）温度 T_i 加热到沸点，同时热量通过自然对流从锅传出。在这个阶段中，可假定对流系数 h 为常数，而水的整体温度随时间而升高，$T_\infty=T_\infty(t)$。在阶段 2 中，水开始沸腾，随着加热的持续，其温度保持在固定值 $T_\infty=T_b$。考虑一个厚度和直径分别为 L 和 D 的锅底，在所建坐标系中，$x=0$ 和 $x=L$ 分别对应于与炉子和水接触的表面。

（a）写出可用于确定阶段 1 中锅底温度随位置和时间的变化 $T(x,t)$ 的导热方程及边界/初始条件。用参数 q_o、D、L、h 和 T_∞ 以及锅材的合适性质表示你的结果。

（b）在阶段 2 中，锅与水接触的表面处于固定温度 $T(L,t)=T_L>T_b$。写出确定锅底温度分布 $T(x)$ 的导热方程及边界条件的形式。用参数 q_o、D、L 和 T_L 以及锅材的合适性质表示你的结果。

2.9　一个直径 50mm 的圆柱形核反应器燃料棒中有均匀的产热 $\dot{q}=5\times10^7\text{W/m}^3$，在稳态条件下温度分布的形式为 $T(r)=a+br^2$，其中 T 的单位是℃，r 的单位是 m，$a=800℃$，$b=-4.167\times10^5℃/\text{m}^2$。燃料棒的物性为 $k=30\text{W/(m·K)}$，$\rho=1100\text{kg/m}^3$，$c_p=800\text{J/(kg·K)}$。

（a）单位长度棒中在 $r=0$（中线）和 $r=25\text{mm}$（表面）处的传热速率分别是多少？

（b）如果反应器的功率突然增至 $\dot{q}_2=10^8\text{W/m}^3$，在 $r=0\text{mm}$ 和 $r=25\text{mm}$ 处温度变化的初始速率是多少？

2.10　在一个厚度为 50mm 的平壁内正在发生具有均匀内热源的一维稳态热传导，平壁的热导率恒定为 5W/(m·K)。在这些条件下温度分布的形式为 $T(x)=a+bx+cx^2$。$x=0$ 处表面的温度为 $T(0)\equiv T_o=120℃$，与 $T_\infty=20℃$ 的流体进行对流换热，$h=500\text{W/(m}^2\cdot\text{K)}$。$x=L$ 处的表面隔热良好。

（a）对平壁应用总的能量平衡关系，计算内部产热速率 $\dot{q}$。

（b）通过对给定的温度分布应用边界条件，确定系数 a、b 和 c。利用该结果计算并画出温度分布。

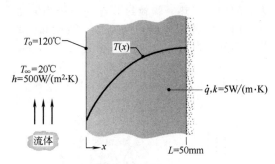

（c）考虑以下情形：对流系数减半，但内部能量产生速率保持不变。确定 a、b 和 c 的新值，并用结果画出温度分布。**提示**：注意 $T(0)$ 不再等于 120℃。

（d）在内部能量产生速率加倍，但对流系数保持不变 [$h = 500\text{W}/(\text{m}^2 \cdot \text{K})$] 的情况下，确定 a、b 和 c 的新值，并画出温度分布。将（b）、（c）和（d）的结果分别称为情况 1、2 和 3，比较这三种情况下的温度分布，并讨论 h 和 $\dot{q}$ 对分布的影响。

2.11 盐度梯度太阳池为一浅层水体，由三个不同的流体层构成，可用于收集太阳能。最上和最下两层混合良好，使中心层的上下表面处于均匀温度 T_1 和 T_2，这里 $T_2 > T_1$。虽然在混合层中有流体的整体运动，但在中心层中则不然。考虑以下情形：中心层中对太阳辐射的吸收使其中有不均匀的产热，形式为 $\dot{q} = A\mathrm{e}^{-ax}$，中心层的温度分布为

$$T(x) = -\frac{A}{ka^2}\mathrm{e}^{-ax} + Bx + C$$

$A(\text{W/m}^3)$、$a(1/\text{m})$、$B(\text{K/m})$ 和 $C(\text{K})$ 为已知常数，k 是热率，也是常数。

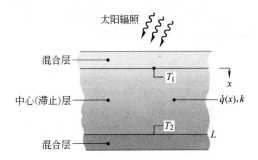

（a）求单位面积上从底部混合层向中心层以及从中心层向上部混合层的传热速率的表达式。

（b）确定该状态是稳态还是瞬态。

（c）求单位表面积上整个中心层中热能产生速率的表达式。

2.12 从图 2.12 所示的微元控制容积入手，推导圆柱坐标系下的导热方程式（2.24）。

2.13 从图 2.13 所示的微元控制容积入手，推导球坐标系下的导热方程式（2.27）。

2.14 在一根半径和热导率分别为 r_i 和 k_r 的长的导电长棒中通电流，产生速率为 $\dot{q}$ 的均匀体积产热。导电棒外包有电绝缘的包层材料，外半径为 r_o，热导率为 k_c，周围流体对其进行对流冷却。

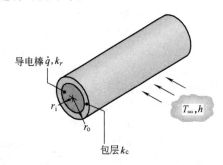

在稳态条件下，写出棒和包层的导热方程的合适形式。写出求解这些方程所需的适当的边界条件。

2.15 把正在发生化学反应的混合物贮存在一个半径 $r_1 = 200\text{mm}$ 的薄壁球形容器中，放热反应产生均匀的但随温度变化的体积产热速率 $\dot{q} = \dot{q}_o\exp(-A/T_o)$，其中 $\dot{q}_o = 5000\text{W}/\text{m}^3$，$A = 75\text{K}$，$T_o$ 是混合物的温度，单位为 K。容器外部封装有隔热材料，后者的外半径为 r_2，热导率为 k，发射率为 ε。隔热层的外表面与相邻空气和大的周围环境之间分别进行对流和辐射换热。

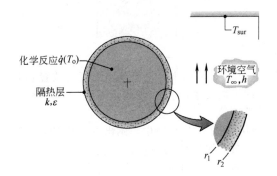

（a）写出隔热层的导热方程的稳态形式。确认以下温度分布可满足该方程：

$$T(r) = T_{s,1} - (T_{s,1} - T_{s,2})\left[\frac{1 - (r_1/r)}{1 - (r_1/r_2)}\right]$$

画出温度分布 $T(r)$，标出关键特征。

（b）应用傅里叶定律，证明通过隔热层的

导热速率可表示为

$$q_r = \frac{4\pi k(T_{s,1} - T_{s,2})}{(1/r_1) - (1/r_2)}$$

对围绕容器的控制表面应用能量平衡关系，求 q_r 的另一种表达式，用 $\dot{q}$ 和 r_1 表示你的结果。

(c) 对围绕隔热层外表面的控制表面应用能量平衡，求可用 $\dot{q}$、r_1、h、T_∞、ε 和 T_{sur} 确定 $T_{s,2}$ 的表达式。

(d) 过程工程师希望在 $k=0.05\text{W}/(\text{m}\cdot\text{K})$，$r_2=208\text{mm}$，$h=5\text{W}/(\text{m}^2\cdot\text{K})$，$\varepsilon=0.9$，$T_\infty=25℃$ 和 $T_{sur}=35℃$ 的情况下把反应器温度维持在 $T_o=T(r_1)=95℃$。反应器的实际温度和隔热层外表面的温度 $T_{s,2}$ 分别是多少？

(e) 在 $201\text{mm} \leqslant r_2 \leqslant 210\text{mm}$ 范围内计算并画出 $T_{s,2}$ 随 r_2 的变化。工程师当心有人在接触隔热层的暴露表面时会被烫伤，提高隔热层厚度是维持 $T_{s,2} \leqslant 45℃$ 的可行措施吗？为降低 $T_{s,2}$ 还可改变哪些其他参数？

用图说明

2.16 图中所示的具有常物性且没有内热源的平壁初始时处于均匀温度 T_i。突然 $x=L$ 处的表面受到温度为 T_∞ 的流体加热，对流换热系数为 h。$x=0$ 处的边界隔热极好。

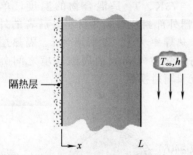

(a) 写出可用于确定平壁中温度与位置和时间的函数关系的微分方程，并确定边界和初始条件。

(b) 在 T-x 坐标系中，画出下述情况下的温度分布：初始状态（$t \leqslant 0$），稳态（$t \to \infty$），以及两个中间时刻。

(c) 在 q_x''-t 坐标系中，画出 $x=0$ 和 $x=L$ 处的热流密度。即定性地画出 $q_x''(0, t)$ 和 $q_x''(L, t)$ 如何随时间变化。

(d) 写出传入单位体积墙体的总能量（J/m^3）的表达式。

2.17 一个半径为 r_1 的球形颗粒中有速率为 $\dot{q}$ 的均匀产热。颗粒封装在外半径为 r_2 的球壳内，后者被环境空气冷却。颗粒和壳的热导率分别为 k_1 和 k_2，有 $k_1=2k_2$。

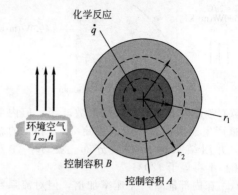

(a) 对位于球内任意位置处的球形控制容积 A 应用能量守恒定律，在 $0 \leqslant r \leqslant r_1$ 范围内确定温度梯度 dT/dr 与当地半径 r 之间的关系。

(b) 对位于球壳内任意位置处的球形控制容积 B 应用能量守恒定律，在 $r_1 \leqslant r \leqslant r_2$ 范围内确定温度梯度 dT/dr 与当地半径 r 之间的关系。

(c) 在 T-r 坐标系中画出 $0 \leqslant r \leqslant r_2$ 范围内的温度分布。

2.18 一块厚度 $L=0.1\text{m}$ 的平壁中具有速率为 $\dot{q}$ 的均匀容积产热。平壁的一个表面（$x=0$）绝热，另一个表面暴露于 $T_\infty=20℃$ 的流体中，对流换热系数为 $h=1000\text{W}/(\text{m}^2\cdot\text{K})$。初始时，平壁内的温度分布为 $T(x, 0)=a+bx^2$，其中 $a=300℃$，$b=-1.0\times10^4℃/\text{m}^2$，$x$ 的单位是 m。突然停止容积产热（$t \geqslant 0$ 时 $\dot{q}=0$），但在 $x=L$ 处继续进行对流换热。平壁的物性为 $\rho=7000\text{kg/m}^3$，$c_p=450\text{J}/(\text{kg}\cdot\text{K})$，$k=90\text{W}/(\text{m}\cdot\text{K})$。

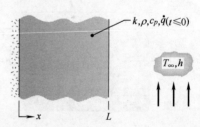

(a) 确定初始状态（$t<0$）时容积产热速率 $\dot{q}$ 的大小。

(b) 在 T-x 坐标系中，画出下述情况下的温度分布：初始状态（$t \leqslant 0$）、稳态（$t \to \infty$）以及两个中间时刻。

(c) 在 q_x''-t 坐标系中，画出暴露于对流过程的边界上热流密度随时间的变化 $q''_x(L,t)$。计算对应于 $t=0$ 时的热流密度值 $q''_x(L,0)$。

(d) 计算当墙体被流体从其初始状态冷却到稳定状态时单位面积墙体中散失的能量（J/m^2）。

2.19　一个功耗为 $4000W/m^2$ 的薄的电加热器夹在两块 25mm 厚的平板之间，平板的暴露表面与温度为 $T_\infty=20℃$ 的流体之间进行对流换热，$h=400W/(m^2 \cdot K)$。平板材料的热物性为 $\rho=2500kg/m^3$，$c=700J/(kg \cdot K)$，$k=5W/(m \cdot K)$。

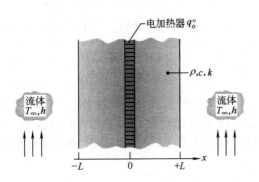

(a) 在 T-x 坐标系中，画出 $-L \leqslant x \leqslant +L$ 范围内的稳态温度分布。计算表面 $x=\pm L$ 及中点 $x=0$ 处的温度值。把这种分布标记为情形 1，说明其主要特征。

(b) 考虑以下情形：冷却剂突然消失，在 $x=L$ 表面上存在着接近绝热的条件。在（a）中所用的 T-x 坐标系中，画出相应的稳态温度分布并指出 $x=0$、$\pm L$ 处的温度。把这种分布标记为情形 2，说明其关键特征。

(c) 当系统按照（b）中所描述的那样运行时，表面 $x=-L$ 上也突然没了冷却剂。这种危险情况持续了 15min 才被发现，此后切断了加热器的电源。假定平板的两个表面上没有热损，平板中最终（$t \rightarrow \infty$）均匀的稳态温度分布是多少？把该分布作为情形 3 画在你的图中，并说明其关键特征。**提示**：应用基于时间段的能量守恒要求［式(1.11b)］，其中初始和最终状态分别对应于情形 2 和情形 3。

(d) 在 T-t 坐标系中，画出情形 2 和 3 的分布之间的瞬态过程中平板上 $x=0$、$\pm L$ 处的温度随时间的变化。系统中什么位置处的温度在什么时候会达到最高值？

第**3**章 一维、稳态热传导

本章将讨论在**一维、稳态条件**下由热扩散进行传热的情况。术语"一维"是指只需一个坐标描述应变量的空间变化。因此,在**一维**系统中,只是在一个坐标方向上存在温度梯度,传热只发生在这个方向上。如果系统中每个点的温度都不随时间变化,这个系统的特征就是**稳态**。虽然一维、稳态导热在本质上很简单,但其模型却可用来准确描述大量工程系统。

我们将从讨论无内热源的传热(3.1~3.4 节)开始研究一维、稳态导热,目的是确定普通几何形状(平板、圆柱和球)的温度分布和传热速率的表达式。对这些几何形状,另一个目的是引入**热阻**的概念,说明如何用**热回路**去模拟热流,就像是电路用于电流一样。内热源的效应将在 3.5 节中讨论,同样,我们的目的是得到确定温度分布和传热速率的表达式。在 3.6 节中,我们要讨论一维、稳态条件下针对**扩展表面**的特殊情况。最普通的方式是,采用称为**肋片**的扩展表面**强化**向邻近流体的对流传热。除了确定有关的温度分布和热流速率,我们的目的是引入用以确定**效果**的**性能参数**。最后,在 3.7 节中给出了与人体内传热有关的概念和方程,包括新**陈代谢热源和灌注**的影响。

3.1 平壁

对于平壁中的一维导热,温度只是 x 坐标的函数,也只是在这个方向上有传热。在图 3.1(a) 中,平壁将两股温度不同的流体隔开。温度为 $T_{\infty,1}$ 的热流体通过对流向温度为 $T_{s,1}$ 的平壁表面传热,并靠导热传过平壁,再通过对流从温度为 $T_{s,2}$ 的壁面传至温度为 $T_{\infty,2}$ 的冷流体。

我们先讨论壁内的情况。首先要确定温度的分布,据温度分布就可得到导热速率。

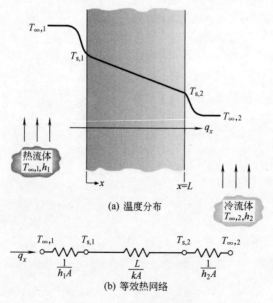

(a) 温度分布

(b) 等效热网络

图 3.1 通过平壁的传热

3.1.1　温度分布

平壁内的温度分布可通过求解带有正确边界条件的导热方程来确定。对稳态、壁内无分布的热源和热汇的情况，相应的导热方程为式(2.21)。

$$\frac{\mathrm{d}}{\mathrm{d}x}\left(k\,\frac{\mathrm{d}T}{\mathrm{d}x}\right)=0 \tag{3.1}$$

因此，由式(2.2) 可知，对于**一维、稳态和无内热源的平壁内的导热，热流密度是常数，与 x 无关**。如假设平壁材料的热导率为常数，对这个方程积分两次就可得到它的**通解**

$$T(x)=C_1 x+C_2 \tag{3.2}$$

引入边界条件就可解定积分常数 C_1 和 C_2。我们选用在 $x=0$ 和 $x=L$ 处的两个第一类边界条件，由图知

$$T(0)=T_{s,1} \quad \text{和} \quad T(L)=T_{s,2}$$

将 $x=0$ 处的条件代入通解，得

$$T_{s,1}=C_2$$

类似地，在 $x=L$ 处，有

$$T_{s,2}=C_1 L+C_2=C_1 L+T_{s,1}$$

由此知

$$\frac{T_{s,2}-T_{s,1}}{L}=C_1$$

代入通解，得温度分布为

$$T(x)=(T_{s,2}-T_{s,1})\frac{x}{L}+T_{s,1} \tag{3.3}$$

上述结果表明，**对于一维、稳态、无内热源和热导率为常数的平板中的导热，温度是随 x 线性变化的**。

知道了温度分布，我们可以用傅里叶定律［即式(2.1)］确定导热速率，即

$$q_x=-kA\,\frac{\mathrm{d}T}{\mathrm{d}x}=\frac{kA}{L}(T_{s,1}-T_{s,2}) \tag{3.4}$$

要注意式中的 A 是与热流方向相**垂直**的壁的面积，对于平壁，A 是与 x 无关的常数。因此，热流密度为

$$q_x''=\frac{q_x}{A}=\frac{k}{L}(T_{s,1}-T_{s,2}) \tag{3.5}$$

式(3.4) 和式(3.5) 表明，导热速率 q_x 和热流密度 q_x'' 都是常数，是不随 x 变化的。

在前面的段落中我们使用了**标准方法**求解导热问题。就是说，通过求解合适形式的导热方程得到温度分布的通解。然后利用边界条件得到特解，再利用特解基于傅里叶定律确定传热速率。要注意的是，我们挑选了 $x=0$ 和 $x=L$ 处的给定温度作为边界条件，虽然在典型

的情况下已知的是流体温度，而不是壁面温度。但由于邻近流体与壁面的温度很易通过能量平衡（见 1.3.2 节）联系起来，所以不用壁面温度而改用流体温度来表达式(3.3)～式(3.5)也是很容易的事。换言之，若直接以第三类边界条件用于壁面的能量平衡来确定式(3.2)的常数，可得到同样的结果（见习题 3.1）。

3.1.2 热阻

现在我们可注意到，在没有内热源和物性为常数的一维传热这种特殊情况下，由式(3.4)可引出一个非常重要的概念。具体地说，热扩散和电荷扩散之间存在着类比关系。正像电阻与导电之间有关系那样，热阻与导热之间也是这样的。热阻定义为驱动势与相应的传输速率的比值，由式(3.4)可知，平壁的 **导热热阻** 为

$$R_{t,cond} \equiv \frac{T_{s,1} - T_{s,2}}{q_x} = \frac{L}{kA} \tag{3.6}$$

类似地，对同样系统中的导电问题，欧姆定律给出的电阻的表达式为

$$R_e = \frac{E_{s,1} - E_{s,2}}{I} = \frac{L}{\sigma A} \tag{3.7}$$

式(3.6) 和式(3.7) 之间的相似性是很明显的。也可以将热阻的概念用于表面上的对流换热。由牛顿冷却定律可知

$$q = hA(T_s - T_\infty) \tag{3.8}$$

因此 **对流热阻** 为

$$R_{t,conv} \equiv \frac{T_s - T_\infty}{q} = \frac{1}{hA} \tag{3.9}$$

电路表示法对传热问题的概念化和量化计算都是有用的工具。伴有对流条件的平壁的等效热网络示于图 3.1(b)。传热速率可通过对网络中的每个元件作独立计算求出。由于 q_x 在整个网络中是常数，所以有

$$q_x = \frac{T_{\infty,1} - T_{s,1}}{1/(h_1 A)} = \frac{T_{s,1} - T_{s,2}}{L/(kA)} = \frac{T_{s,2} - T_{\infty,2}}{1/(h_2 A)} \tag{3.10}$$

根据 **总温差** $T_{\infty,1} - T_{\infty,2}$ 和 **总热阻** R_{tot}，传热速率也可以表示为

$$q_x = \frac{T_{\infty,1} - T_{\infty,2}}{R_{tot}} \tag{3.11}$$

由于导热热阻和对流热阻是串联的，可以相加，由此得

$$R_{tot} = \frac{1}{h_1 A} + \frac{L}{kA} + \frac{1}{h_2 A} \tag{3.12}$$

在对流换热系数很小的情况（气体中的自然对流常常是这样的）下，表面与周围环境之间的辐射换热就可能很重要。参考式(1.8)可定义 **辐射热阻** 为

$$R_{t,rad} \equiv \frac{T_s - T_{sur}}{q_{rad}} = \frac{1}{h_r A} \tag{3.13}$$

对于表面和**大的周围环境**之间的辐射换热，h_r由式(1.9)确定。表面的辐射热阻和对流热阻是并行地起作用的，并且如果$T_\infty = T_{sur}$，可将它们合并而得到单一的有效表面热阻。

3.1.3　复合壁

等效热网络也可以用于复杂的系统，例如**复合壁**。这类壁由多层不同材料构成，可以有任意多的串联和并联热阻。现讨论图 3.2 所示的串联复合壁。这个系统的一维传热速率可表示为

$$q_x = \frac{T_{\infty,1} - T_{\infty,4}}{\sum R_t} \qquad (3.14)$$

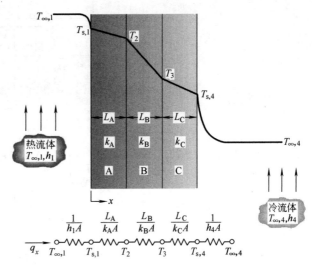

图 3.2　串联复合壁的等效热网络

式中，$T_{\infty,1} - T_{\infty,4}$为**总温差**，分母为**总热阻**。因此

$$q_x = \frac{T_{\infty,1} - T_{\infty,4}}{[1/(h_1 A) + L_A/(k_A A) + L_B/(k_B A) + L_C/(k_C A) + 1/(h_4 A)]} \qquad (3.15)$$

或者，用另一种方法，传热速率可表示为每层的温差与这层热阻的关系，例如

$$q_x = \frac{T_{\infty,1} - T_{s,1}}{1/(h_1 A)} = \frac{T_{s,1} - T_2}{L_A/(k_A A)} = \frac{T_2 - T_3}{L_B/(k_B A)} = \cdots \qquad (3.16)$$

对于复合系统，常可方便地利用**总传热系数** U 进行计算，U 是根据类似于牛顿冷却定律的表达式定义的，因此有

$$q_x \equiv UA\,\Delta T \qquad (3.17)$$

式中，ΔT 为总温差。总传热系数与总热阻有关，由式(3.14)和式(3.17)可知，$UA = 1/R_{tot}$。因此，对于图 3.2 所示的复合壁，有

$$U = \frac{1}{R_{tot} A} = \frac{1}{[(1/h_1) + (L_A/k_A) + (L_B/k_B) + (L_C/k_C) + (1/h_4)]} \qquad (3.18)$$

一般可写成

$$R_{tot} = \sum R_t = \frac{\Delta T}{q} = \frac{1}{UA} \qquad (3.19)$$

复合壁也可以用串联-并联的方式构成，如图 3.3 所示。虽然对这种情况来说热流是多维的，仍常常可以合理地把它假设为一维条件来处理。根据这个假设，可采用两种不同的热网络。情况（a）是姑且认为与 x 方向相垂直的表面都是等温表面；而情况（b）则是认为与 x 方向平行的表面是绝热表面。所得到的 R_{tot} 值是不同的，对应于不同 R_{tot} 的两个 q 值包含了真实的传热速率。如果多维效应愈来愈显著，上述差别随 $|k_F - k_G|$ 的增大而增大。

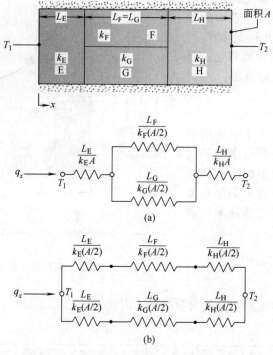

图 3.3 串联-并联复合壁的等效热网络

3.1.4 接触热阻

虽然到目前为止我们一直未提及复合系统中不同材料的交界面上的温度降，但必须认识到这种温度降有时是不可忽略的。这个温度降是交界面上存在**接触热阻** $R_{t,c}$ 的结果。其影响示于图 3.4，对于单位面积交界面，此热阻可定义为

$$R''_{t,c} = \frac{T_A - T_B}{q''_x} \tag{3.20}$$

交界面上接触热阻的存在主要是由于表面粗糙度的影响。接触部位之间散布着间隙，在多数情况下，间隙中充满空气。因此传热是借通过实际接触面积的传导和通过间隙的传导和/或辐射实现的。接触热阻可以看作是两个并联的热阻：一个由接触面积部位产生，另一个由间隙产生。接触面积通常很小，特别是粗糙表面，起主要作用的是由间隙所产生的热阻。

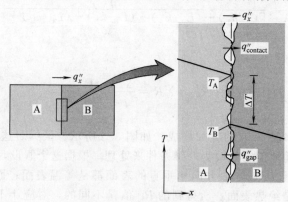

图 3.4 由接触热阻引起的温度降

如果固体的热导率比界面流体的大，可通过增大接触部分的面积来降低接触热阻。增大接合压力和/或减小结合面的粗糙度可以增大接触部位的面积。选择热导率大的界面流体也可降低接触热阻。就这一点来说，不存在流体（被抽成真空的界面）排除了通过间隙的导热，因此增大了接触热阻。同样，若间隙的特征宽度 L 变得很小（例如非常光滑的表面接触的情况），L/λ_{mfp} 可达到在 2.2 节中所讨论的由于微尺度效应而能够使界面气体热导率降低的值。

虽然已经发展了一些预测 $R''_{t,c}$ 的理论，但最可信的数据是基于实验得到的。对金属交界面加压的影响可见表 3.1(a)，此表提供了真空条件下接触热阻值的大致范围。铝-铝交界面间不同的流体对接触热阻的影响见表 3.1(b)。

表 3.1　真空条件下的某些金属交界面和交界面内有不同流体的铝-铝交界面

（表面粗糙度为 $10\mu m$，$10^5\,N/m^2$）的接触热阻

接触热阻 $R''_{t,c} \times 10^4 / m^2 \cdot K \cdot W^{-1}$				
(a)真空下的交界面			(b)交界面内的流体	
接触压力	$100kN/m^2$	$10000kN/m^2$	空气	2.75
不锈钢	$6 \sim 25$	$0.7 \sim 4.0$	氦气	1.05
铜	$1 \sim 10$	$0.1 \sim 0.5$	氢气	0.720
镁	$1.5 \sim 3.5$	$0.2 \sim 0.4$	硅油	0.525
铝	$1.5 \sim 5.0$	$0.2 \sim 0.4$	甘油	0.265

与表 3.1 中的结果相反，许多应用涉及不同材料之间的接合，所用的填隙材料（填充剂）也可以很广（表 3.2）。热导率大于空气的任何一种填塞接触表面之间间隙的填隙物质都可以降低接触热阻。两类很适用于此目的的材料是软金属和耐热润滑脂。这类材料，包括铟、铝、锡和银，可以做成薄箔嵌入，或作为两种原材料之一的薄涂层。最引人注意的是硅基耐热润滑脂，因为这类脂剂可以完全充满间隙，而其热导率为空气的 50 倍。

表 3.2　有代表性的固体/固体界面的热阻

界面	$R''_{t,c} \times 10^4 / m^2 \cdot K \cdot W^{-1}$	资料来源
在空气中的硅芯片/打磨过的铝（$27 \sim 500kN/m^2$）	$0.3 \sim 0.6$	[2]
以铟箔填塞的铝/铝（约 $100kN/m^2$）	约 0.07	[1,3]
以铟箔填塞的不锈钢/不锈钢（约 $3500kN/m^2$）	约 0.04	[1,3]
带金属（铅）涂层的铝/铝	$0.01 \sim 0.1$	[4]
带 Dow Corning 340 润滑脂的铝/铝（约 $100kN/m^2$）	约 0.07	[1,3]
带 Dow Corning 340 润滑脂的不锈钢/不锈钢（约 $3500kN/m^2$）	约 0.04	[1,3]
带 0.02mm 环氧树脂的硅芯片/铝	$0.2 \sim 0.9$	[5]
带 $15\mu m$ 锡焊剂的黄铜/黄铜	$0.025 \sim 0.14$	[6]

与上述非永久性的界面不同，许多界面涉及永久性的粘接部位。这种结合可以由环氧树脂、富铅的软焊剂或金/锡合金这样的硬焊剂形成。由于原材料和结合材料之间的界面热阻，连接部位的实际热阻大于按连接材料的厚度 L 和热导率 k 计算的理论值（L/k）。在加工制造或正常运行期间，由热循环造成的空隙和裂缝也会对环氧粘接和焊剂焊接处的热阻产生不利影响。

有关接触热阻数据和模型的全面性的综述可查阅参考文献 [3，7，8]。

【例 3.1】　在例题 1.6 中我们计算了人体在空气和水环境中的散热速率。现在我们考虑同样的情况，但环境（空气或水）温度为 10℃。为减小散热速率，此人穿了用纳米结构的二氧化硅气凝胶隔热材料［其热导率仅为 $0.014\,W/(m \cdot K)$］制的特制运动服（防雪和防湿装）。防雪和防湿装外表面的发射率为 0.95。为使散热速率减到 100W（典型的新陈代谢产

热速率），气凝胶隔热材料的厚度应是多少？

解析

已知：厚度已知的皮肤/脂肪层的内表面温度、热导率和表面积；风雪和防湿装的热导率和发射率；环境条件。

求：为使散热速率减少到 100W 所需的隔热材料厚度和相应的皮肤温度。

示意图：

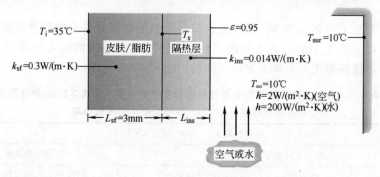

假定：1. 稳定态。

2. 通过皮肤/脂肪和隔热层的传热为一维导热。

3. 可忽略接触热阻。

4. 热导率均匀一致。

5. 皮肤表面与周围环境之间的辐射换热是在一个小表面与处于空气温度的大腔体之间进行的。

6. 热辐射透不过液体水。

7. 忽略太阳辐射。

8. 在第 2 问中人体全部浸没在水中。

分析：注意到热阻与通过皮肤/脂肪及隔热层的导热以及外表面的对流和辐射有关，就可构建热网络。因此，网络和热阻具有如下形式（对于水，$h_r = 0$）：

$$q \longrightarrow T_i \quad\frac{L_{sf}}{k_{sf}A}\quad\overset{\displaystyle T_s}{\quad}\quad\frac{L_{ins}}{k_{ins}A}\quad \begin{array}{c} \frac{1}{h_rA} \\ \\ \frac{1}{hA} \end{array} \begin{array}{l} T_{sur} \\ T_{sur}=T_\infty \\ T_\infty \end{array}$$

达到要求的散热速率必需的总热阻可由式（3.19）确定

$$R_{tot} = \frac{T_i - T_\infty}{q} = \frac{(35-10)\,\mathrm{K}}{100\,\mathrm{W}} = 0.25\,\mathrm{K/W}$$

皮肤/脂肪内侧与冷环境之间的总热阻包括皮肤/脂肪和隔热层的导热热阻及与对流和辐射有关的有效热阻，后者是并联的。因此

$$R_{tot} = \frac{L_{sf}}{k_{sf}A} + \frac{L_{ins}}{k_{ins}A} + \left[\frac{1}{1/(hA)} + \frac{1}{1/(h_rA)} \right]^{-1} = \frac{1}{A}\left(\frac{L_{sf}}{k_{sf}} + \frac{L_{ins}}{k_{ins}} + \frac{1}{h+h_r} \right)$$

求解上式可确定隔热层厚度。

空气

辐射换热系数可近似地取与例题 1.6 中相同的值：$h_r = 5.9\,\mathrm{W/(m^2 \cdot K)}$。

$$L_{ins} = k_{ins} \left(AR_{tot} - \frac{L_{sf}}{k_{sf}} - \frac{1}{h+h_r} \right)$$

$$= 0.014 \text{W/(m} \cdot \text{K)} \times \left[1.8 \text{m}^2 \times 0.25 \text{K/W} - \frac{3 \times 10^{-3} \text{m}}{0.3 \text{W/(m} \cdot \text{K)}} - \frac{1}{(2+5.9) \text{W/(m}^2 \cdot \text{K)}} \right]$$

$$= 0.0044 \text{m} = 4.4 \text{mm} \qquad \blacktriangleleft$$

水

$$L_{ins} = k_{ins} \left(AR_{tot} - \frac{L_{sf}}{k_{sf}} - \frac{1}{h} \right)$$

$$= 0.014 \text{W/(m} \cdot \text{K)} \times \left[1.8 \text{m}^2 \times 0.25 \text{K/W} - \frac{3 \times 10^{-3} \text{m}}{0.3 \text{W/(m} \cdot \text{K)}} - \frac{1}{200 \text{W/(m}^2 \cdot \text{K)}} \right]$$

$$= 0.0061 \text{m} = 6.1 \text{mm} \qquad \blacktriangleleft$$

所需厚度的隔热材料很易嵌入防雪和防湿装中。

基于讨论通过皮肤/脂肪层的导热可计算皮肤的温度：

$$q = \frac{k_{sf} A (T_i - T_s)}{L_{sf}}$$

或求解 T_s

$$T_s = T_i - \frac{qL_{sf}}{k_{sf}A} = 35℃ - \frac{100 \text{W} \times 3 \times 10^{-3} \text{m}}{0.3 \text{W/(m} \cdot \text{K)} \times 1.8 \text{m}^2} = 34.4℃ \qquad \blacktriangleleft$$

由于两种情况下的散热速率及皮肤/脂肪的物性都相同，所以皮肤温度是相同的。

说明：1. 纳米结构的二氧化硅气凝胶是一种空隙率极高的材料，其中固体含量仅约5%。其热导率比充满其小孔中的气体的还低。就如在 2.2 节说明了的，这个看来似乎不可能的结果的道理在于孔的尺寸只有 20nm 左右，它会减短气体的平均自由行程，从而降低了热导率。

2. 由于散热速率减到了 100W，人就能长期处在冷环境中而不会变冷。34.4℃的皮肤温度在感觉上是舒适的。

3. 在水环境中，隔热层的热阻起了决定性作用，所有其他热阻均可以忽略不计。

4. 与空气有关的对流换热系数取决于风的情况，可在很宽的范围内变化。由于它是变化的，所以隔热层的外表面温度也将变化。因为辐射换热系数也和这个温度有关，所以它也会变化。我们可以做一个考虑这个因素的更完整的分析。辐射换热系数由式(1.9) 计算。

$$h_r = \varepsilon\sigma(T_{s,o} + T_{sur})(T_{s,o}^2 + T_{sur}^2) \qquad (1)$$

式中，$T_{s,o}$ 是隔热层的外表面温度，可由下式计算

$$T_{s,o} = T_i - \frac{q}{\dfrac{L_{sf}}{k_{sf}A} + \dfrac{L_{ins}}{k_{ins}A}} \qquad (2)$$

由于它和隔热层的厚度有关，我们还需以前的 L_{ins} 算式：

$$L_{ins} = k_{ins} \left(AR_{tot} - \frac{L_{sf}}{k_{sf}} - \frac{1}{h+h_r} \right) \qquad (3)$$

有了所有已知的其他值，就可以对这个方程求解得到所需的隔热层厚度。利用以上所有的值，可在 $0 \leqslant h \leqslant 100 \text{W/(m}^2 \cdot \text{K)}$ 范围内求解这些方程，所得结果见下图。

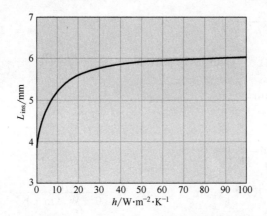

增大 h 会降低相应的对流热阻，为维持 100W 的散热速率就需要额外的热阻。一旦换热系数超过了约 60W/(m²·K)，对流热阻就非常小，进一步增大 h 对所需的隔热层厚度几乎不再有影响。

也可以计算外表面温度和辐射换热系数。当 h 由 0 增大到 100W/(m²·K) 时，$T_{s,o}$ 将由 294K 降到 284K，而 h_r 则由 5.2W/(m²·K) 减小到 4.9W/(m²·K)。初步估算的 $h_r =$ 5.9W/(m²·K) 不是很准确。利用更完整的辐射换热模型，在 $h = 2$W/(m²·K) 时，辐射换热系数为 5.1W/(m²·K)，所需的隔热层厚度为 4.2mm，与本例第一部分的计算值接近。

5. 在 IHT 中，本例是作为已经准备好的模型提供的，通过 menu bar 中的 Examples 可访问它。也可用热阻网络建立器 Models/Resistance Networks 进行求解。作为练习，可将说明 4 的式(1)～式(3) 输入 IHT 的工作空间，对空气换热系数为 20W/(m²·K) 的情况求出所需的隔热层厚度。所有其他条件与习题中的叙述一致。[答案，5.6mm]

【例 3.2】 利用 0.02mm 厚的环氧树脂粘接剂将一片薄的硅芯片和厚为 8mm 的铝材基板隔开。芯片和基板的边长都是 10mm，它们的暴露面由空气冷却，空气的温度为 25℃，对流换热系数为 100W/(m²·K)，如果在正常情况下芯片消耗的功率为 10^4 W/m²，它的工作温度是否低于最高的允许值 85℃？

解析

已知： 硅芯片的尺寸、散热速率及最高允许温度；铝材基板和环氧树脂粘接剂的厚度；芯片和基板的暴露表面的对流条件。

求： 是否超过允许的最高温度。

示意图：

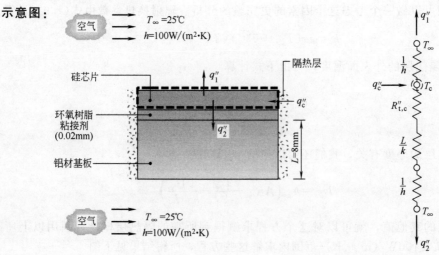

假定：1. 稳定态条件。

2. 一维导热（忽略复合体侧表面的传热）。

3. 忽略芯片的热阻（认为是等温芯片）。

4. 物性为常数。

5. 忽略与环境的辐射换热。

物性：由表 A.1，纯铝（$T \approx 350$K）：$k = 239$W/(m·K)。

分析：芯片是由暴露表面直接向空气和间接地通过粘接剂及基板散热。对芯片的控制表面应用能量平衡式，以单位面积计算，可得

$$q''_c = q''_1 + q''_2$$

或

$$q''_c = \frac{T_c - T_\infty}{(1/h)} + \frac{T_c - T_\infty}{R''_{t,c} + (L/k) + 1/h}$$

为保守地估算 T_c，从表 3.2 中取 $R''_{t,c}$ 的最大可能值，$R''_{t,c} = 0.9 \times 10^{-4}$ m²·K/W。因此

$$T_c = T_\infty + q''_c \left[h + \frac{1}{R''_{t,c} + (L/k) + (1/h)} \right]^{-1}$$

或

$$T_c = 25℃ + 10^4 \text{W/m}^2 \times \left[100 + \frac{1}{(0.9 + 0.33 + 100) \times 10^{-4}} \right]^{-1} \text{m}^2 \cdot \text{K/W}$$

$$= 25℃ + 50.3℃ = 75.3℃$$

因此，所论芯片的运行将低于允许的最高温度。

说明：1. 粘接剂和基板的热阻远小于对流热阻。即使粘接剂的热阻增大到实际上不可能的 50×10^{-4} m²·K/W，芯片的工作温度也不会超过允许的最高值。

2. 通过增大空气的流速和/或用更有效的传热流体替代空气以增大对流换热系数，可增大允许的工作功率。在 $T_c = 85℃$ 下考察对流换热系数在 100W/(m²·K) $\leq h \leq 2000$W/(m²·K) 范围内可选择的方案，所得结果见下图。

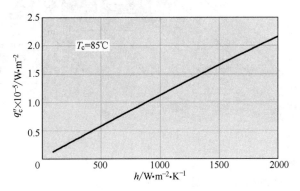

当 $h \rightarrow \infty$ 时，$q''_2 \rightarrow 0$，也即芯片产生的全部热能实际上直接传给流体了。

3. 正如所计算的，空气温度（$T_\infty = 25℃$）与芯片温度（$T_c = 75.3℃$）之差为 50.3K。要记住，这是温差，因此和 50.3℃ 是相同的。

4. 讨论下述情况：送风通道因发生阻塞之类事故而使芯片（顶面）或基板（底面）上无气流吹过。若两个表面上的传热都小得可以不计，对于 $q''_c = 10^4$ W/m² 的情况，芯片的最

终温度是多少？[答案：126℃或125℃]。

5. 对给定的气流条件及 $T_c=85℃$ 的情况，考虑利用 IHT 软件计算允许的功率消耗。画出结果并与说明 2 给出的进行比较。

【例 3.3】 用氮化硅晶片制作的一台仪器测定直径 $D=14nm$ 的碳纳米管在温度 $T_\infty=300K$ 时的热导率。长 $20\mu m$ 的纳米管安置在厚 $0.5\mu m$ 和面积 $10\mu m\times10\mu m$ 的两块方岛上，方岛之间的距离为 $s=5\mu m$。利用一薄层铂作为**热岛**（温度为 T_h）上的电阻，消耗 $q=11.3\mu W$ 的电功率。在**传感岛**上，用类似的一薄层铂测定其温度 T_s。铂的电阻 $R(T_s)=E/I$ 由测量通过薄层铂的电压降和电流来确定。再由铂电阻与温度之间的关系确定传感岛的温度 T_s。每个岛分别利用长 $L_{sn}=250\mu m$、宽 $w_{sn}=3\mu m$ 和厚 $t_{sn}=0.5\mu m$ 的氮化硅梁悬吊。在每根梁内沉积了一条宽 $w_{pt}=1\mu m$ 和厚 $t_{pt}=0.2\mu m$ 的铂线，用以对热岛提供热功率或探测为确定 T_s 所需的电压。整个实验是在 $T_{sur}=300K$ 的真空环境、稳定态和 $T_s=308.4K$ 的条件下进行的。估算碳纳米管的热导率。

解析

已知：热岛上的散热，传感岛上的温度，氮化硅晶片的环境，相关的几何尺寸。

求：碳纳米管的热导率。

示意图：

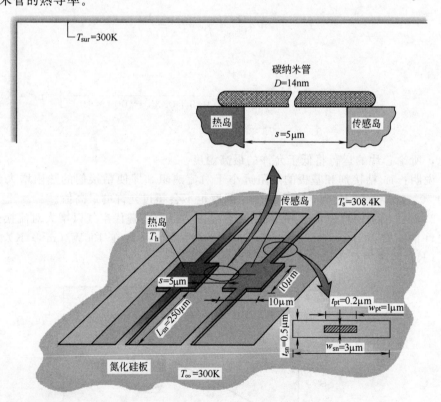

假定：1. 稳定态条件。

2. 一维导热。

3. 热岛和传感岛都处于等温。

4. 忽略表面与环境之间的辐射换热。

5. 对流散热可忽略不计。

6. 铂信号线中的欧姆热可忽略不计。

7. 物性为常数。

8. 忽略纳米管与岛之间的接触热阻。

物性：表 A.1，铂（假定 325K）：$k_{pt} = 71.6 W/(m \cdot K)$。表 A.2，氮化硅（假定 325K）：$k_{sn} = 15.5 W/(m \cdot K)$。

分析：热岛上的能量是通过其支承梁、碳纳米管及传感岛的支承梁消散的。因此，可构建如下的热网络图。

图中每个支承形成一个热阻 $R_{t,sup}$，它由氮化硅（sn）热阻和与它并联的铂线（pt）热阻组成。

支承梁内材料的截面积为

$$A_{pt} = w_{pt} t_{pt} = (1 \times 10^{-6} m) \times (0.2 \times 10^{-6} m) = 2 \times 10^{-13} m^2$$

$$A_{sn} = w_{sn} t_{sn} - A_{pt} = (3 \times 10^{-6} m) \times (0.5 \times 10^{-6} m) - 2 \times 10^{-13} m^2 = 1.3 \times 10^{-12} m^2$$

碳纳米管的截面积为

$$A_{cn} = \pi D^2/4 = \pi (14 \times 10^{-9} m)^2/4 = 1.54 \times 10^{-16} m^2$$

每个支承梁的热阻为

$$R_{t,sup} = \left(\frac{k_{pt} A_{pt}}{L_{pt}} + \frac{k_{sn} A_{sn}}{L_{sn}} \right)^{-1}$$

$$= \left[\frac{71.6 W/(m \cdot K) \times 2 \times 10^{-13} m^2}{250 \times 10^{-6} m} + \frac{15.5 W/(m \cdot K) \times 1.3 \times 10^{-12} m^2}{250 \times 10^{-6} m} \right]^{-1}$$

$$= 7.25 \times 10^6 K/W$$

通过传感岛的两个支承梁的总热损为

$$q_s = \frac{2(T_s - T_\infty)}{R_{t,sup}} = \frac{2 \times (308.4K - 300K)}{7.25 \times 10^6 K/W} = 2.32 \times 10^{-6} W = 2.32 \mu W$$

由此得

$$q_h = q - q_s = 11.3 \mu W - 2.32 \mu W = 8.98 \mu W$$

可得 T_h 的值为

$$T_h = T_\infty + \frac{1}{2} q_h R_{t,sup} = 300K + \frac{8.98 \times 10^{-6} W \times 7.25 \times 10^6 K/W}{2} = 332.6K$$

对于连接 T_h 和 T_s 的热网络部分

$$q_s = \frac{T_h - T_s}{s/(k_{cn} A_{cn})}$$

由此可得

$$k_{cn} = \frac{q_s s}{A_{cn}(T_h - T_s)} = \frac{2.32 \times 10^{-6}\,\text{W} \times 5 \times 10^{-6}\,\text{m}}{1.54 \times 10^{-16}\,\text{m}^2 \times (332.6\text{K} - 308.4\text{K})}$$

$$= 3113\,\text{W}/(\text{m} \cdot \text{K})$$

说明：1. 与图 2.4 中纯金属的热导率相比，可明显地发现，测得的热导率大得超常。碳纳米管可用于**掺杂**热导率低的材料以改善其传热。

2. 没有考虑碳纳米管与热岛及传感岛之间的接触热阻，因为几乎不了解这种纳米尺度的热阻。不过，**如果**在分析中包括接触热阻，碳纳米管的热导率测定值甚至会比预示值还要大。

3. 近似地将热岛作为黑体处理，计算其顶面及底面与温度为 T_{sur} 的环境之间的辐射换热，可估算辐射换热的作用。因此

$$q_{rad,b} \approx 5.67 \times 10^{-8}\,\text{W}/(\text{m}^2 \cdot \text{K}^4) \times 2 \times (10 \times 10^{-6}\,\text{m})^2 \times (332.6^4 - 300^4)\,\text{K}^4$$

$$= 4.7 \times 10^{-8}\,\text{W} = 0.047\,\mu\text{W}$$

可忽略辐射。

3.2 导热分析的另一种方法

3.1 节中的导热分析采用的是**标准方法**。也即先求解导热方程以得到温度分布式 (3.3)，再利用傅里叶定律确定传热速率 ［式(3.4)］。但对于现在感兴趣的一些条件，也可以用另外一种方法。我们来研究图 3.5 中的系统的导热问题，对于**不存在内热源和侧面无热损的稳定态条件**，传热速率必定是不随 x 变化的常量。就是说，对于任何微元 $\mathrm{d}x$，$q_x = q_{x+\mathrm{d}x}$ 成立。当然，这是能量守恒要求的结果，即使对于截面积 $A(x)$ 随位置变化和热导率 $k(T)$ 随温度变化的情况，此关系仍然成立。并且，虽然温度分布可能是二维的，随 x 和 y 变化，常可合理地忽略 y 方向的变化而假定为在 x 方向上的一维分布。

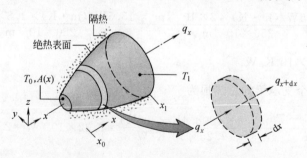

图 3.5 导热速率为常数的系统

对上述条件，在进行导热分析时只需利用傅里叶定律。特别是，由于导热速率是**常数**，所以即使传热速率和温度分布都不知道，也可对速率方程进行**积分**。将傅里叶定律，即式 (2.1) 用于图 3.5 中的系统。虽然我们并不知道 q_x 的值或 $T(x)$ 的形式，但我们确定 q_x 是一个常数。因此，我们可以将傅里叶定律写成积分形式

$$q_x \int_{x_0}^{x} \frac{\mathrm{d}x}{A(x)} = -\int_{T_0}^{T} k(T)\,\mathrm{d}T \qquad (3.21)$$

截面积可以是 x 的已知函数，材料的热导率随温度变化的方式也可以是已知的。如果从已知温度为 T_0 的点 x_0 处进行积分，所得的方程就可给出 $T(x)$ 的函数形式。并且，如果在某个 $x=x_1$ 处的温度 $T=T_1$ 也是知道的，则 x_0 与 x 之间的积分就给出了可用于计算 q_x 的表达式。应注意的是，如果面积 A 是不变的，且 k 也不随温度而变化，则式(3.21) 就简化为

$$\frac{q_x \Delta x}{A} = -k\Delta T \tag{3.22}$$

式中，$\Delta x = x_1 - x_0$，$\Delta T = T_1 - T_0$。

我们经常选用导热速率方程的积分形式来求解导热问题。但我们一定要牢记能这样做的限制条件：**稳定态**并且是**无热源的一维导热**。

【例 3.4】 下图所示的是一个用耐高温陶瓷制作的锥形部件，其圆形横截面的直径为 $D=ax$，式中 $a=0.25$。小端位于 $x_1=50\text{mm}$ 处，大端位于 $x_2=250\text{mm}$ 处。两端的温度分别为 $T_1=400\text{K}$ 和 $T_2=600\text{K}$，锥形部件的周侧面隔热良好。

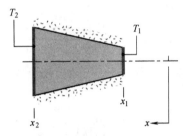

1. 作一维导热的假定，试推导以符号形式表示的温度分布 $T(x)$。画出温度分布的示意图。

2. 计算通过锥体的导热速率 q_x。

解析

已知： 横截面直径为 $D=ax$ 的圆锥部件中的导热，$a=0.25$。

求： 1. 温度分布 $T(x)$。

2. 热流速率 q_x。

示意图：

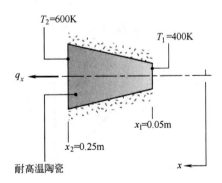

假定： 1. 稳定态条件。

2. 在 x 方向上的一维导热。

3. 不存在内热源。

4. 物性为常数。

物性： 由表 A.2，耐高温陶瓷（500K）：$k=3.46\text{W}/(\text{m}\cdot\text{K})$。

分析： 1. 由于导热是在稳定态和无内热源的一维条件下进行的，导热速率是不随 x 变化的常数。因此可用傅里叶定律，即式(2.1) 来确定温度分布

$$q_x = -kA\frac{\mathrm{d}T}{\mathrm{d}x}$$

式中 $A = \pi D^2/4 = \pi a^2 x^2/4$。分离变量，得

$$\frac{4q_x\,\mathrm{d}x}{\pi a^2 x^2} = -k\mathrm{d}T$$

在圆锥内对上式从 x_1 到任意 x 进行积分，并考虑到 q_x 和 k 为常数，可得

$$\frac{4q_x}{\pi a^2}\int_{x_1}^{x}\frac{\mathrm{d}x}{x^2} = -k\int_{T_1}^{T}\mathrm{d}T$$

因此

$$\frac{4q_x}{\pi a^2}\left(-\frac{1}{x}+\frac{1}{x_1}\right) = -k(T-T_1)$$

可得温度分布为

$$T(x) = T_1 - \frac{4q_x}{\pi a^2 k}\left(\frac{1}{x_1}-\frac{1}{x}\right)$$

虽然 q_x 为常数，但尚是一个未知量。不过，q_x 可通过用上式计算 $x = x_2$ 处的温度 $T(x_2) = T_2$ 来确定，即

$$T_2 = T_1 - \frac{4q_x}{\pi a^2 k}\left(\frac{1}{x_1}-\frac{1}{x_2}\right)$$

解出 q_x，得

$$q_x = \frac{\pi a^2 k(T_1-T_2)}{4\left[(1/x_1)-(1/x_2)\right]}$$

将 q_x 代入 $T(x)$ 的表达式，有

$$T(x) = T_1 + (T_1-T_2)\left[\frac{(1/x)-(1/x_1)}{(1/x_1)-(1/x_2)}\right]$$

据此函数关系可算出随 x 变化的温度值，温度分布示于下图。

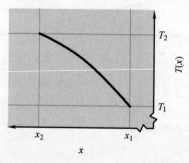

要提请注意的是，由于根据傅里叶定律有 $\mathrm{d}T/\mathrm{d}x = -4q_x/(k\pi a^2 x^2)$，因此温度梯度和热流速率是随 x 的增大而减小的。

2. 将数值代入上述导热速率 q_x 的表达式，可得

$$q_x = \frac{\pi(0.25)^2 \times 3.46\mathrm{W}/(\mathrm{m}\cdot\mathrm{K})\times(400-600)\mathrm{K}}{4\times(1/0.05\mathrm{m}-1/0.25\mathrm{m})} = -2.12\mathrm{W}$$

说明：当参数 a 增大时，一维假定就会偏离实际情况。也即横截面积随距离的变化显著时，这个假定就变得不太合适了。

3.3　径向系统

在圆柱和球形系统中，常常只是在径向存在温度梯度，所以可按一维系统处理。并且，在无内热源的稳定态条件下，可从合适的导热方程入手，用**标准的方法**对这些系统进行分析；或者从傅里叶定律的合适形式着手，用另一种方法分析。在本节中，圆柱系统用标准方法分析，而球形系统用另一种方法分析。

3.3.1　圆柱体

常用的一个例子是空心圆柱，其内外表面分别与不同温度的流体相接触（图 3.6）。对于不存在内热源的稳定态导热，相应的导热方程的形式［即式(2.24)］为

$$\frac{1}{r} \times \frac{\mathrm{d}}{\mathrm{d}r}\left(kr\frac{\mathrm{d}T}{\mathrm{d}r}\right) = 0 \tag{3.23}$$

此刻认为式中的 k 是变量。如果我们再讨论基于傅里叶定律的相应形式，上式的物理意义会更清楚。通过圆柱体内任意圆柱形表面的导热速率可表示为

$$q_r = -kA\frac{\mathrm{d}T}{\mathrm{d}r} = -k(2\pi rL)\frac{\mathrm{d}T}{\mathrm{d}r} \tag{3.24}$$

式中的 $A = 2\pi rL$ 为与导热方向相垂直的表面积。由于式(3.23)已确定 $kr(\mathrm{d}T/\mathrm{d}r)$ 是不随 r 变化的量，因此由式(3.24)可知，**导热速率** q_r（不是**热流密度** q_r''）在径向上是常量。

我们可以应用相应的边界条件求解式(3.23)来确定圆柱体中的温度分布。假定 k 为常数，对式(3.23)进行两次积分而得到通解

$$T(r) = C_1 \ln r + C_2 \tag{3.25}$$

为确定积分常数 C_1 和 C_2，我们引入下述边界条件：

$$T(r_1) = T_{s,1} \quad \text{和} \quad T(r_2) = T_{s,2}$$

将这些边界条件用于通解，可得

$$T_{s,1} = C_1 \ln r_1 + C_2 \quad \text{和} \quad T_{s,2} = C_1 \ln r_2 + C_2$$

解出 C_1 和 C_2 并将它们代入通解，有

$$T(r) = \frac{T_{s,1} - T_{s,2}}{\ln(r_1/r_2)} \ln\left(\frac{r}{r_2}\right) + T_{s,2} \tag{3.26}$$

要注意的是，在通过圆柱壁的径向导热中，温度是对数分布的，而在相同的条件下，在平板中的导热温度分布是线性的。对数分布的大致形状可见图 3.6。

如果结合应用温度分布式(3.26)和傅里叶定律表达式(3.24)，可得下述确定导热速率的表达式

$$q_r = \frac{2\pi L k(T_{s,1} - T_{s,2})}{\ln(r_2/r_1)} \tag{3.27}$$

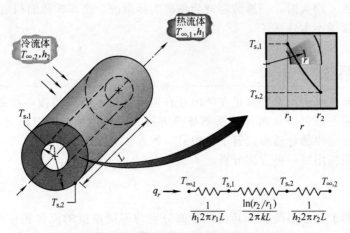

图 3.6 伴有对流表面条件的空心圆柱体

上式清楚地表明，对于圆柱壁中的径向导热，热阻的表达式为

$$R_{t,cond} = \frac{\ln(r_2/r_1)}{2\pi L k} \qquad (3.28)$$

图 3.6 中的串联网络中出现了上述热阻。应指出的是，由于 q_r 不随 r 变化，以上的结果可以用另外一种方法，也即式(3.24)进行积分得到。

现讨论图 3.7 中的复合系统。我们应记得在忽略交界面接触热阻情况下怎样对复合壁进行分析的方法，因此导热速率可表示为

$$q_r = \frac{T_{\infty,1} - T_{\infty,4}}{\dfrac{1}{2\pi r_1 L h_1} + \dfrac{\ln(r_2/r_1)}{2\pi k_A L} + \dfrac{\ln(r_3/r_2)}{2\pi k_B L} + \dfrac{\ln(r_4/r_3)}{2\pi k_C L} + \dfrac{1}{2\pi r_4 L h_4}} \qquad (3.29)$$

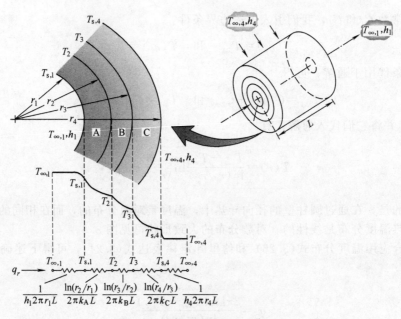

图 3.7 复合圆柱壁的温度分布

以上结果也可用总热阻来表示，即

$$q_r = \frac{T_{\infty,1} - T_{\infty,4}}{R_{tot}} = UA(T_{\infty,1} - T_{\infty,4}) \tag{3.30}$$

如果以内表面的面积定义 U，$A_1 = 2\pi r_1 L$，由式（3.29）和式（3.30）可得

$$U_1 = \cfrac{1}{\cfrac{1}{h_1} + \cfrac{r_1}{k_A}\ln\cfrac{r_2}{r_1} + \cfrac{r_1}{k_B}\ln\cfrac{r_3}{r_2} + \cfrac{r_1}{k_C}\ln\cfrac{r_4}{r_3} + \cfrac{r_1}{r_4}\cfrac{1}{h_4}} \tag{3.31}$$

这种定义是**任意的**，总传热系数可以用 A_4 或任何中间表面的面积定义。要指出的是

$$U_1 A_1 = U_2 A_2 = U_3 A_3 = U_4 A_4 = (\sum R_t)^{-1} \tag{3.32}$$

U_2、U_3 和 U_4 的具体表达式可由式（3.29）和式（3.30）推得。

【**例 3.5**】 由于同时出现与增加厚度有关的正负两种效果，就提出了对径向系统来说可能存在某一个最佳隔热层厚度的问题。实际上，虽然导热热阻随隔热层增厚而增大，但对流换热热阻却因外表面积的加大而减小了。因此，基于总热阻为最大的原则，会存在一个热损为最小的隔热层厚度。我们通过研究下述的系统来分析这个问题。

1. 用半径为 r_i 的薄壁紫铜管输送温度为 T_i 的低温制冷剂，T_i 低于管子周围的环境空气温度 T_∞。用于此铜管的隔热层是否存在一个最佳厚度？

2. 通过计算直径为 10mm 铜管单位管长上的总热损确证上述问题的结论，隔热层厚度为：0mm、2mm、5mm、10mm、20mm 和 40mm。隔热层材料为泡沫玻璃，外表面的对流换热系数为 5W/(m²·K)。

解析

已知：半径为 r_i 和温度为 T_i 的薄壁铜管，用隔热层将铜管与环境空气隔开。

求：1. 是否存在能使传热速率为最小的一个最佳隔热层厚度。

2. 相应于不同厚度泡沫玻璃隔热层的热阻。

示意图：

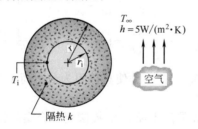

假定：1. 稳定态条件。

2. 圆柱体径向上的一维导热。

3. 可忽略管壁热阻。

4. 隔热材料物性为常数。

5. 忽略隔热层外表面与周围环境之间的辐射换热。

物性：由表 A.3，泡沫玻璃（假定为 285K）：$k = 0.055$W/(m·K)。

分析：1. 制冷剂与空气之间的传热热阻主要由隔热层中的导热热阻及隔热层外表面与空气之间的对流热阻决定。因此，热网络为

其中，单位长度导热热阻和对流热阻分别由式（3.28）和式（3.9）得出。于是，单位管长的总热阻为

$$R'_{tot} = \frac{\ln(r/r_i)}{2\pi k} + \frac{1}{2\pi r h}$$

由此可知单位管长的传热速率为

$$q' = \frac{T_\infty - T_i}{R'_{tot}}$$

最佳隔热层厚度应是使 q' 为最小，或 R'_{tot} 为最大的某个 r 的值。此值可据下述关系求得

$$\frac{\mathrm{d}R'_{tot}}{\mathrm{d}r} = 0$$

因此

$$\frac{1}{2\pi k r} - \frac{1}{2\pi r^2 h} = 0$$

或

$$r = \frac{k}{h}$$

为确定上述结果是使总热阻为最大还是最小，必须求出二阶导数。因此

$$\frac{\mathrm{d}^2 R'_{tot}}{\mathrm{d}r^2} = -\frac{1}{2\pi k r^2} + \frac{1}{\pi r^3 h}$$

或者，在 $r = k/h$ 时

$$\frac{\mathrm{d}^2 R'_{tot}}{\mathrm{d}r^2} = \frac{1}{\pi (k/h)^2}\left(\frac{1}{k} - \frac{1}{2k}\right) = \frac{1}{2\pi k^3/h^2} > 0$$

由于这个结果永远为正，可知 $r = k/h$ 是使总热阻为最小而不是最大的隔热层厚度值。因此，确实**并不存在最佳隔热层厚度**。

　　基于上述结论，采用**临界隔热半径** r_{cr} 的提法更切合实际情况，即

$$r_{cr} \equiv \frac{k}{h}$$

r 小于 r_{cr} 时，q' 随 r 增大而增大，而大于 r_{cr} 时，q' 随 r 增大而减小。

　　2. 在 $h = 5\,\mathrm{W/(m^2 \cdot K)}$ 和 $k = 0.055\,\mathrm{W/(m \cdot K)}$ 时，临界半径为

$$r_{cr} = \frac{0.055\,\mathrm{W/(m \cdot K)}}{5\,\mathrm{W/(m^2 \cdot K)}} = 0.011\,\mathrm{m}$$

因此 $r_{cr} > r_i$，在隔热层厚度达到（$r_{cr} - r_i$）之前，传热速率随隔热层增厚而增大，（$r_{cr} - r_i$）的值为

$$r_{cr} - r_i = (0.011 - 0.005)\,\mathrm{m} = 0.006\,\mathrm{m}$$

可以算出对应于给定的不同隔热层厚度的热阻值，结果示于下图。

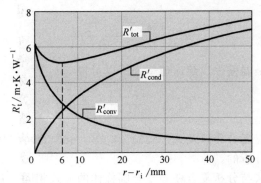

说明：1. 临界半径的影响可从以下事实看出：即使隔热层的厚度为 20mm，总热阻还不如无隔热层时那么大。

2. 如果 $r_i < r_{cr}$，就如我们讨论的这个情况，随着隔热层厚度增加，总热阻减少，因而热流速率增大。这种趋势一直会持续到隔热层的半径增大到相应的临界半径为止。对于通过导线的电流来说，这种趋向是有利的，因为增大电绝缘有利于导线向环境散热。反之若 $r_i > r_{cr}$，只要增加隔热层厚度就会增大热阻，因而也就减小热损。这种特性对输送蒸汽的管子是很有利的，因为增加隔热层厚度可减少对环境的散热热损。

3. 对于径向系统，由于应用隔热层而导致总热阻减小的问题只是对直径小的线或管及对流换热系数小的情况才存在，就如 $r_i < r_{cr}$ 的情况。对于典型的隔热材料 $[k \approx 0.03 \text{W}/(\text{m} \cdot \text{K})]$ 和空气中的自然对流 $[h \approx 10 \text{W}/(\text{m}^2 \cdot \text{K})]$，$r_{cr} = k/h \approx 0.003\text{m}$。如此小的值告诉我们，通常情况是 $r_i > r_{cr}$，因而不必考虑与临界半径的影响有关的问题。

4. 在传热方向上，传热面积发生变化时才可能存在临界半径的问题，如对于圆柱体（或球）中的导热。对平壁中的导热，其垂直于热流方向的面积是常数，不存在临界隔热层半径（总热阻总是随隔热层厚度的增加而增大）。

3.3.2　球体

我们现在用另一种方法来分析图 3.8 中空心球的导热问题。对于图中的微元控制体积，在稳定态、一维导热和不存在内热源的情况下，能量守恒关系要求 $q_r = q_{r+dr}$，相应的傅里叶定律的形式为

$$q_r = -kA \frac{dT}{dr} = -k(4\pi r^2)\frac{dT}{dr} \tag{3.33}$$

式中，$A = 4\pi r^2$ 为垂直于导热方向的面积。

考虑到 q_r 为不随 r 变化的常量，可以将式（3.33）表示为积分形式

$$\frac{q_r}{4\pi}\int_{r_1}^{r_2}\frac{dr}{r^2} = -\int_{T_{s,1}}^{T_{s,2}}k(T)dT \tag{3.34}$$

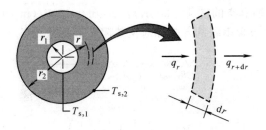

图 3.8　球形壳中的导热

假定 k 为常数，可得

$$q_r = \frac{4\pi k (T_{s,1} - T_{s,2})}{(1/r_1) - (1/r_2)} \tag{3.35}$$

我们已知道热阻的定义是温差除以热流速率，所以可得

$$R_{t,cond} = \frac{1}{4\pi k}\left(\frac{1}{r_1} - \frac{1}{r_2}\right) \tag{3.36}$$

可提醒注意的是，温度分布以及式(3.35) 和式(3.36) 也可以用标准方法推得，该法是从相应的导热方程着手分析的。

复合球体的分析方法与分析复合壁和复合圆柱体的大致相同，并由此确定总热阻和总传热系数的适当表达式。

【例 3.6】 一个用来贮存 77K 液氮的球形薄壁金属容器。此容器的直径为 0.5m，其外表面包有一个抽成真空的、用硅粉组成的反射隔热层。隔热层的厚度为 25mm，其外表面暴露于 300K 的环境空气。已知对流换热系数为 20W/(m² · K)，液氮的蒸发潜热和密度分别为 2×10^5 J/kg 和 804kg/m³。

1. 对液氮的传热速率是多少？
2. 液氮的蒸发速率是多少？

解析

已知： 处于环境空气中的有隔热层的一个球形容器内贮存了液氮。

求： 1. 对液氮的传热速率。

2. 液氮的质量蒸发速率。

示意图：

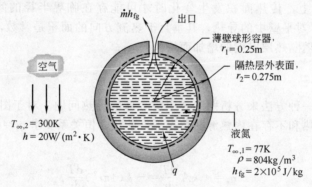

假定： 1. 稳定态条件。

2. 径向一维传热。

3. 忽略通过容器壁和由容器至液氮的传热热阻。

4. 物性为常数。

5. 忽略隔热层外表面与环境之间的辐射换热。

物性： 由表 A.3，抽真空的硅粉（300K）：$k = 0.0017$W/(m · K)。

分析： 1. 热网络中包含串联的导热和对流热阻，其形式为

由式(3.36)

$$R_{t,cond} = \frac{1}{4\pi k}\left(\frac{1}{r_1} - \frac{1}{r_2}\right)$$

由式(3.9)

$$R_{t,conv} = \frac{1}{h4\pi r_2^2}$$

于是，对液氮的传热速率为

$$q = \frac{T_{\infty,2} - T_{\infty,1}}{[1/(4\pi k)][(1/r_1) - (1/r_2)] + 1/(h4\pi r_2^2)}$$

因此

$$q = \frac{(300-77)\mathrm{K}}{\dfrac{1}{4\pi \times 0.0017\mathrm{W/(m \cdot K)}}\left(\dfrac{1}{0.25\mathrm{m}} - \dfrac{1}{0.275\mathrm{m}}\right) + \dfrac{1}{20\mathrm{W/(m^2 \cdot K)} \times 4\pi \times (0.275\mathrm{m})^2}}$$

$$= \frac{223}{17.02 + 0.05}\mathrm{W} = 13.06\mathrm{W}$$

◀

2. 对液氮的控制表面列出能量平衡式，由式(1.12) 可得

$$\dot{E}_{in} - \dot{E}_{out} = 0$$

上式中 $\dot{E}_{in} = q$，而 $\dot{E}_{out} = \dot{m}h_{fg}$，是因蒸发而导致的潜热损失。因此

$$q - \dot{m}h_{fg} = 0$$

蒸发速率 $\dot{m}$ 为

$$\dot{m} = \frac{q}{h_{fg}} = \frac{13.06\mathrm{J/s}}{2 \times 10^5\mathrm{J/kg}} = 6.53 \times 10^{-5}\mathrm{kg/s}$$

每天的损失为

$$\dot{m} = 6.53 \times 10^{-5}\mathrm{kg/s} \times 3600\mathrm{s/h} \times 24\mathrm{h/d} = 5.64\mathrm{kg/d}$$

◀

或者，以体积计算

$$\dot{V} = \frac{\dot{m}}{\rho} = \frac{5.64\mathrm{kg/d}}{804\mathrm{kg/m^3}} = 0.007\mathrm{m^3/d} = 7\mathrm{L/d}$$

说明：1. 由于 $R_{t,conv} \ll R_{t,cond}$，对总热阻起决定作用的是隔热层中的导热热阻。即使对流换热系数减小到原来的 $\frac{1}{10}$，从而使对流热阻增加到原来的 10 倍，对蒸发速率的影响也将是很小的。

2. 容器的容积为 $(4/3)(\pi r_1^3) = 0.065\mathrm{m^3} = 65\mathrm{L}$，每天蒸发损失的容积百分比为 $(7\mathrm{L}/65\mathrm{L})100\% = 10.8\%$。

3. 利用上述模型，计算了蒸发速率随隔热层厚度 $\Delta r = (r_2 - r_1)$ 变化的函数关系，取 $r_1 = 0.25\mathrm{m}$。

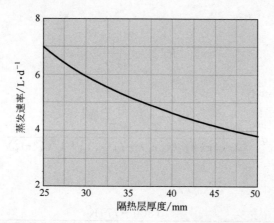

如图所示，将隔热层厚度从 25mm 加大到 50mm，可使蒸发速率减少 45％。

4. 已要求贮存容器的设计者将蒸发速率从 7L/d 减到 4L/d。所需的硅粉隔热层厚度是多少？另一种方案是采用厚度和热导率分别为 5mm 和 $0.00016W/(m \cdot K)$ 的应用于低温的真空箔盖垫。每天相应的蒸发速率是多少？［答案：47.5mm，3.1L/d］

3.4 一维导热结果汇总

没有内热源的平板、圆柱体和球体的一维、稳定态导热是许多重要问题具有的特点。表 3.3 汇总了这三种几何形状的主要结果，表中的 ΔT 为图 3.1、图 3.6 和图 3.8 中所示的内、外表面之间的温差，$T_{s,1} - T_{s,2}$。对每一种情况，从导热方程着手，你能推得温度分布、热流密度和热阻的相应表达式。

表 3.3 一维、稳定态条件下无热源的导热方程的解

项 目	平 壁	圆柱体壁①	球 体 壁①
导热方程	$\dfrac{d^2 T}{dx^2} = 0$	$\dfrac{1}{r} \times \dfrac{d}{dr}\left(r\dfrac{dT}{dr}\right) = 0$	$\dfrac{1}{r^2} \times \dfrac{d}{dr}\left(r^2\dfrac{dT}{dr}\right) = 0$
温度分布	$T_{s,1} - \Delta T \dfrac{x}{L}$	$T_{s,2} + \Delta T \dfrac{\ln(r/r_2)}{\ln(r_1/r_2)}$	$T_{s,1} - \Delta T\left[\dfrac{1-(r_1/r)}{1-(r_1/r_2)}\right]$
热流密度(q'')	$k\dfrac{\Delta T}{L}$	$\dfrac{k\Delta T}{r\ln(r_2/r_1)}$	$\dfrac{k\Delta T}{r^2\left[(1/r_1)-(1/r_2)\right]}$
热流速率(q)	$kA\dfrac{\Delta T}{L}$	$\dfrac{2\pi Lk\Delta T}{\ln(r_2/r_1)}$	$\dfrac{4\pi k\Delta T}{(1/r_1)-(1/r_2)}$
热阻($R_{t,cond}$)	$\dfrac{L}{kA}$	$\dfrac{\ln(r_2/r_1)}{2\pi Lk}$	$\dfrac{(1/r_1)-(1/r_2)}{4\pi k}$

① 隔热临界半径为：圆柱体 $r_{cr} = k/h$；球体 $r_{cr} = 2k/h$。

3.5 有内热源时的导热

在前一节中讨论的导热问题中，介质中的温度分布只由介质边界上的条件确定。现在我们要讨论在介质内部发生的一些过程对温度分布的附加影响，具体地说，我们要讨论介质内发生着其他形式的能量**转换**为热能的情况。

一种常见的内部热能产生过程是在带电流的介质中由**电能**转换为**热能**（欧姆、电阻或焦耳加热）。电流 I 通过电阻为 R_e 的介质时由电能转换为热能的速率为

$$\dot{E}_g = I^2 R_e \tag{3.37}$$

如果电功率（W）的转换在体积为 V 的介质中是均匀发生的，则单位体积的产能速率（W/m³）为

$$\dot{q} \equiv \frac{\dot{E}_{\mathrm{g}}}{V} = \frac{I^2 R_{\mathrm{e}}}{V} \tag{3.38}$$

在核反应堆的燃料元件中，由于中子的减速和吸收或介质内发生放热化学反应也可以放出能量。当然，吸热化学反应则有着将热能转换为化学能的相反作用（热汇）。最后，由于在介质内部吸收辐射，电磁能会转换为热能。核反应堆外部的部件（包壳、热屏蔽、压力容器等）对 γ 射线的吸收以及半透明介质对可见光辐射的吸收都是这种过程。要记住，不要将能量的产生与能量的贮存（1.3.1 节）相混淆。

3.5.1　平壁

讨论图 3.9(a) 中的平壁，壁中单位体积的产能速率是**均匀的**（$\dot{q}$ 为常数），表面温度保持为 $T_{\mathrm{s},1}$ 和 $T_{\mathrm{s},2}$。当热导率 k 为常数时，相应的导热方程［式(2.20)］为

$$\frac{\mathrm{d}^2 T}{\mathrm{d}x} + \frac{\dot{q}}{k} = 0 \tag{3.39}$$

上式的通解为

$$T = -\frac{\dot{q}}{2k}x^2 + C_1 x + C_2 \tag{3.40}$$

式中的 C_1 和 C_2 为积分常数。利用给定的边界条件

$$T(-L) = T_{\mathrm{s},1} \quad 和 \quad T(L) = T_{\mathrm{s},2}$$

可确定 C_1 和 C_2，其表达式为

$$C_1 = \frac{T_{\mathrm{s},2} - T_{\mathrm{s},1}}{2L} \quad 和 \quad C_2 = \frac{\dot{q}}{2k}L^2 + \frac{T_{\mathrm{s},1} + T_{\mathrm{s},2}}{2}$$

在所论情况下，温度分布为

$$T(x) = \frac{\dot{q}L^2}{2k}\left(1 - \frac{x^2}{L^2}\right) + \frac{T_{\mathrm{s},2} - T_{\mathrm{s},1}}{2}\frac{x}{L} + \frac{T_{\mathrm{s},1} + T_{\mathrm{s},2}}{2} \tag{3.41}$$

利用式(3.41) 和傅里叶定律就可确定壁中任意一点处的热流速率。但应注意，**在有热源的情况下，热流密度是随 x 变化的。**

当两个表面保持在相同的温度时，即 $T_{\mathrm{s},1} = T_{\mathrm{s},2} \equiv T_{\mathrm{s}}$，上面的结果可简化。于是，温度分布对中心平面将是对称的，见图 3.9(b)，它可表示为

$$T(x) = \frac{\dot{q}L^2}{2k}\left(1 - \frac{x^2}{L^2}\right) + T_{\mathrm{s}} \tag{3.42}$$

平壁中心平面的温度最高

$$T(0) \equiv T_0 = \frac{\dot{q}L^2}{2k} + T_{\mathrm{s}} \tag{3.43}$$

在这种情况下，式(3.42) 的温度分布可表示为

$$\frac{T(x) - T_0}{T_s - T_0} = \left(\frac{x}{L}\right)^2 \tag{3.44}$$

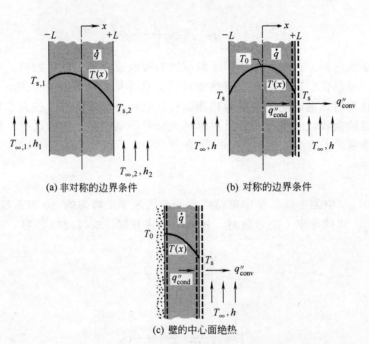

图 3.9　有均匀热源的平壁中的导热

需要重点指出的是，在图 3.9(b) 中的对称平面上，温度梯度为零，$(\mathrm{d}T/\mathrm{d}x)_{x=0} = 0$。因此，无热流通过这个平面，从而它相当于图 3.9(c) 中所示的**绝热**表面。这个结果意味着式(3.42) 也可用于一侧（$x=0$）理想绝热，而另一侧（$x=L$）保持为固定温度 T_s 的平壁。

为利用上述结果，必须知道表面温度 T_s。但通常只知道紧贴表面的流体温度 T_∞，并不知道 T_s。因此，必须建立 T_s 与 T_∞ 之间的关系。这个关系可通过对表面应用能量平衡式得到。讨论对称的平壁［图 3.9(b)］或隔热平壁［图 3.9(c)］在 $x=L$ 处的表面。忽略辐射，并代入相应的速率方程，由式(1.12) 给出的能量平衡方程就可写为

$$-k \left.\frac{\mathrm{d}T}{\mathrm{d}x}\right|_{x=L} = h(T_s - T_\infty) \tag{3.45}$$

将式(3.42) 代入以求得在 $x=L$ 处的温度梯度，有

$$T_s = T_\infty + \frac{\dot{q}L}{h} \tag{3.46}$$

因此 T_s 可由已知的 T_∞、$\dot{q}$、L 和 h 算得。

对图 3.9(b) 或图 3.9(c) 中的平板写出总的能量平衡式也可得到式(3.46)。例如，对于图 3.9(c) 中平壁的控制表面，平壁内的能量产生速率必定和在边界面上通过对流换热而离开的能流速率相平衡，因此式(1.11c) 简化为

$$\dot{E}_g = \dot{E}_{out} \tag{3.47}$$

或对于单位面积，有

$$\dot{q}L = h(T_s - T_\infty) \tag{3.48}$$

求 T_s，就可获得式(3.46)。

联合式(3.46)和式(3.42)以消去温度分布式中的 T_s，式(3.46)就可由已知的 $\dot{q}$、L、k、h 和 T_∞ 表示。相同的结果也可直接利用式(3.45)作为边界条件来确定式(3.40)中的两个积分常数得到。

【例 3.7】 一个复合壁由 A 和 B 两种材料组成。材料为 A 的壁中有均匀的内热源 $\dot{q}_A = 1.5 \times 10^6 \, \text{W/m}^3$，$k_A = 75 \, \text{W/(m·K)}$，厚度 $L_A = 50 \, \text{mm}$。材料为 B 的壁无内热源，$k_B = 150 \, \text{W/(m·K)}$，厚度 $L_B = 20 \, \text{mm}$。材料 A 的内表面隔热良好，而材料 B 的外表面则被温度 $T_\infty = 30 \, ℃$ 的水流冷却，$h = 1000 \, \text{W/(m}^2\text{·K)}$。

1. 画出稳定态条件下复合壁中温度分布的示意图。

2. 确定隔热表面的温度 T_0 和被冷却表面的温度 T_2。

解析

已知：材料为 A 的平壁中有内热源，其一侧被隔热，另一侧与材料为 B 的平壁邻接；B 壁无内热源，一侧存在对流而被冷却。

求：1. 画出复合壁中稳定态温度分布的示意图。

2. 复合壁内、外表面的温度。

示意图：

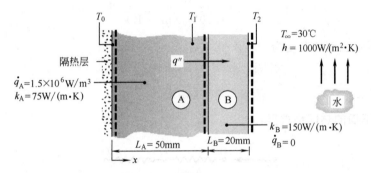

假定：1. 稳定态条件。

　　　2. 在 x 方向上的一维导热。

　　　3. 忽略两个壁之间的接触热阻。

　　　4. A 壁的内表面绝热。

　　　5. 材料 A 和 B 的物性为常数。

分析：1. 由给定的物理条件，可知复合壁中的温度分布有下图所示的一些特征：

（a）在材料 A 中为抛物线。

（b）在隔热边界上的斜率为零。

（c）在材料 B 中为直线。

（d）在 A 和 B 的交界面上斜率的变化为 $k_B/k_A = 2$。

（e）水中温度分布的特点是邻近表面处存在很大的温度梯度。

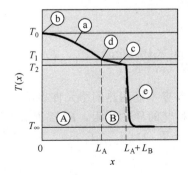

2. 可将材料 B 作为一个控制体积应用能量平衡式得到其外表面温度 T_2。由于材料 B 中不存在热源，因此，对于稳定态条件和一个单位面积来说，在 $x=L_A$ 处进入材料的热流速率必定等于在 $x=L_A+L_B$ 处的单位表面上以对流方式散失的热流速率。因此

$$q''=h(T_2-T_\infty) \tag{1}$$

热流密度（单位面积热流速率）q'' 可通过对材料 A 中的一个控制体积再次应用能量平衡式得到。特别是由于在 $x=0$ 处是绝热表面，单位时间产生的能量必定与流出的相等。因此，对于单位表面积，有

$$\dot{q}L_A=q'' \tag{2}$$

联合式(1) 和式(2)，可得外表面温度为

$$T_2=T_\infty+\frac{\dot{q}L_A}{h}$$

$$T_2=30\ ^\circ\text{C}+\frac{1.5\times10^6\,\text{W/m}^3\times0.05\text{m}}{1000\,\text{W/(m}^2\cdot\text{K)}}=105\text{℃} \qquad \blacktriangleleft$$

由式(3.43)，隔热表面的温度为

$$T_0=\frac{\dot{q}L_A}{2k_A}+T_1 \tag{3}$$

式中的 T_1 可由下面的热网络求得：

也即

$$T_1=T_\infty+(R''_{\text{cond,B}}+R''_{\text{conv}})q''$$

其中单位表面积的热阻为

$$R''_{\text{cond,B}}=\frac{L_B}{k_B} \qquad R''_{\text{conv}}=\frac{1}{h}$$

因此

$$T_1=30\text{℃}+\left[\frac{0.02\text{m}}{150\,\text{W/(m}\cdot\text{K)}}+\frac{1}{1000\,\text{W/(m}^2\cdot\text{K)}}\right]\times1.5\times10^6\,\text{W/m}^3\times0.05\text{m}$$

$$=30\text{℃}+85\text{℃}=115\text{℃}$$

代入式(3)

$$T_0=\frac{1.5\times10^6\,\text{W/m}^3\times(0.05\text{m})^2}{2\times75\,\text{W/(m}\cdot\text{K)}}+115\text{℃}=25\text{℃}+115\text{℃}=140\text{℃} \qquad \blacktriangleleft$$

说明：1. 有内热源的 A 材料壁不能用热网络元件表示。

2. 由于对流热阻大于 B 材料壁的导热热阻，$R''_{\text{conv}}/R''_{\text{cond}}=7.5$，表面至流体的温差要比 B 材料壁中的温差大得多，$(T_2-T_\infty)/(T_1-T_2)=7.5$。这个结果与本例第一部分中画出的温度分布图是一致的。

3. 外表面和交界面处的三个温度（T_0、T_1 和 T_2）与单位体积产热率 $\dot{q}$、热导率 k_A 和 k_B 及对流换热系数有关。每种材料都有其允许的最高工作温度，为避免系统的热破坏，工作温度应低于这个允许的最高温度。空气和液体冷却有代表性的对流换热系数分别为 $h = 200 W/(m^2 \cdot K)$ 和 $1000 W/(m^2 \cdot K)$，我们通过对温度分布的计算和作图来观察上述参数中 h 的影响。

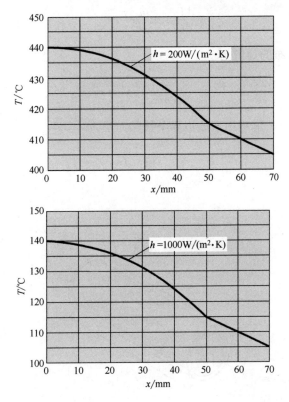

对于 $h = 200 W/(m^2 \cdot K)$ 的情况，整个系统温度都显著增高，是否会出现热破坏问题取决于所选用的材料。可注意到，在 $x = 50mm$ 处温度梯度出现稍许不连续性。这个不连续性的物理解释是什么？在我们所作的假定中认为在这个位置可忽略接触热阻。这个热阻对贯穿整个系统的温度分布会有什么影响？画出表示温度分布的草图。增大 $\dot{q}$、k_A 和 k_B 将怎样影响温度分布？定性地画出这些变化对温度分布的影响。

4. 在软件 IHT 中以两个准备好的模型的形式给出了本题，可以通过 menu bar 中的 Examples 进行访问。第一种方法利用建模器，Models/1-D, Steady-State Conduction，求解平壁、圆柱体和球体中的温度分布和热流速率。第二种方法演示如何将温度分布表示为 User Defined Functions，对本例的情况，它在材料 A（二次方程）和 B（线性方程）中给出了两段分布。

3.5.2　径向系统

在各种径向几何体中也可能有热源。讨论图 3.10 中的实心长圆柱，它可以是一根通电流的导线或核反应堆中的一个燃料元件。对于稳定态情况，圆柱中在单位时间内产生的热能必定等于圆柱表面通过对流传给运动流体的热流速率。这个条件能使表面的温度保持在固定的值 T_s。

为确定圆柱体中的温度分布，我们首先从相应形式的导热方程着手。对于热导率 k 为常

数的情况，式(2.24) 简化为

$$\frac{1}{r} \times \frac{\mathrm{d}}{\mathrm{d}r}\left(r\frac{\mathrm{d}T}{\mathrm{d}r}\right) + \frac{\dot{q}}{k} = 0 \tag{3.49}$$

假定热源是均匀分布的，进行分离变量，经积分后可得

$$r\frac{\mathrm{d}T}{\mathrm{d}r} = -\frac{\dot{q}}{2k}r^2 + C_1 \tag{3.50}$$

再积分一次，得温度分布的通解为

$$T(r) = -\frac{\dot{q}}{4k}r^2 + C_1\ln r + C_2 \tag{3.51}$$

为确定积分常数 C_1 和 C_2，可利用下述边界条件

$$\left.\frac{\mathrm{d}T}{\mathrm{d}r}\right|_{r=0} = 0 \quad 和 \quad T(r_\mathrm{o}) = T_\mathrm{s}$$

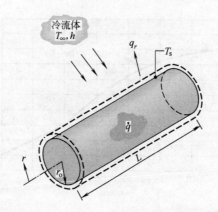

图 3.10　有均匀内热源的实心圆柱的导热

　　第一个条件是所论问题对称性的结果。就是说，对于实心圆柱，它的中心线就是温度分布的对称线，且温度梯度必定为零。我们应记得，对于具有对称边界条件的平壁的中心平面上也存在相似的条件［图 3.9(b)］。据在 $r=0$ 处的对称条件和式(3.50)，显然可知 $C_1 = 0$。利用 $r=r_\mathrm{o}$ 处的边界条件和式(3.51)，可得

$$C_2 = T_\mathrm{s} + \frac{\dot{q}}{4k}r_\mathrm{o}^2 \tag{3.52}$$

所以，温度分布为

$$T(r) = \frac{\dot{q}r_\mathrm{o}^2}{4k}\left(1 - \frac{r^2}{r_\mathrm{o}^2}\right) + T_\mathrm{s} \tag{3.53}$$

利用式(3.53)计算中心线上的温度，并以所得结果除式(3.53)，可得温度分布的无量纲表达式

$$\frac{T(r) - T_\mathrm{s}}{T_\mathrm{o} - T_\mathrm{s}} = 1 - \left(\frac{r}{r_\mathrm{o}}\right)^2 \tag{3.54}$$

式中，T_o 为中心线上的温度。当然，圆柱中半径上任意处的热流速率可利用式(3.53) 和傅里叶定律确定。

为建立表面温度 T_s 与冷流体温度 T_∞ 之间的关系，可利用表面上的能量平衡式或总的能量平衡式。现选择第二种方法，可得

$$\dot{q}(\pi r_o^2 L) = h(2\pi r_o L)(T_s - T_\infty)$$

或

$$T_s = T_\infty + \frac{\dot{q} r_o}{2h} \tag{3.55}$$

对于有均匀热源的一维几何形状（平壁、圆柱和球体），附录 C 提供了一个处理不同边界条件组合的方便而系统的方法。利用附录中表内列出的结果，对于第二类边界条件（均匀的表面热流密度）和第三类边界条件（正比于对流换热系数 h 或总传热系数 U 的表面热流密度），很易确定温度分布、热流密度和热流速率。建议读者能熟悉附录中的内容。

【**例 3.8**】　讨论一根长管，其半径为 r_2 的外表面隔热，半径为 r_1 的内表面被冷却，管壁内有均匀的热源 $\dot{q}(\text{W/m}^3)$。

1. 求管壁内温度分布的通解。

2. 在实际应用中，会对隔热表面($r = r_2$)所允许的最高温度设定一个限制。规定此限制温度为 $T_{s,2}$，给出可确定积分解中积分常数的合适的边界条件。求出这些常数及相应的温度分布。

3. 确定单位管长上的传热速率。

4. 若冷却液的温度为 T_∞，对给定的 $T_{s,2}$ 和 $\dot{q}$，试求为使这根管正常运行，其内壁应保持的对流换热系数的表达式。

解析

已知：管壁中有均匀内热源，管的外表面隔热，内表面通过对流换热冷却。

求：1. 温度分布 $T(r)$ 的通解。

2. 合适的边界条件和相应的温度分布式。

3. 传热速率。

4. 内表面处所需的对流换热系数。

示意图：

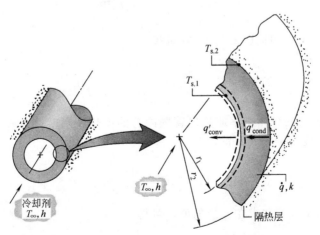

假定：1. 稳定态条件。

2. 一维径向导热。

    3. 物性为常数。

    4. 均匀的体积热源。

    5. 外表面绝热。

分析: 1. 为确定 $T(r)$，应求解适合于本例的导热方程，即式(2.24)。对于给定的条件，此式简化为式(3.49)，其通解的表达式为式(3.51)。因此，这个解可应用于空心圆柱体的壁及实心圆柱(图 3.10)。

    2. 为计算 C_1 和 C_2，需要给出边界条件，对本例，可以列出 r_2 表面上的两个条件。援引给定的温度限制:

$$T(r_2) = T_{s,2} \tag{1}$$

并在绝热外表面上应用傅里叶定律，即式(3.24)，有

$$\left.\frac{\mathrm{d}T}{\mathrm{d}r}\right|_{r_2} = 0 \tag{2}$$

于是，利用式(3.51) 和式(1)，可得

$$T_{s,2} = -\frac{\dot{q}}{4k}r_2^2 + C_1 \ln r_2 + C_2 \tag{3}$$

类似地，由式(3.50) 和式(2)，有

$$0 = -\frac{\dot{q}}{2k}r_2^2 + C_1 \tag{4}$$

因此，由式(4)

$$C_1 = \frac{\dot{q}}{2k}r_2^2 \tag{5}$$

而由式(3)

$$C_2 = T_{s,2} + \frac{\dot{q}}{4k}r_2^2 - \frac{\dot{q}}{2k}r_2^2 \ln r_2 \tag{6}$$

将式(5)和式(6)代入通解，即式(3.51)，就可得

$$T(r) = T_{s,2} + \frac{\dot{q}}{4k}(r_2^2 - r^2) - \frac{\dot{q}}{2k}r_2^2 \ln \frac{r_2}{r} \tag{7}$$

    3. 求得在 r_1 表面处的导热速率或算出管壁内总的产热速率就可以确定传热速率。据傅里叶定律，对单位长度管子的表面积，有

$$q_r' = -k2\pi r \frac{\mathrm{d}T}{\mathrm{d}r}$$

因此，将式(7) 代入上式，并求在 r_1 处的值，可得

$$q_r'(r_1) = -k2\pi r_1 \left(-\frac{\dot{q}}{2k}r_1 + \frac{\dot{q}}{2k} \times \frac{r_2^2}{r_1}\right) = -\pi\dot{q}(r_2^2 - r_1^2) \tag{8}$$

另一种方法是，由于在 r_2 处管的表面绝热，管壁中产生的热能速率必定与 r_1 处表面的传热速率相等。也即以整个管壁为一个控制体，要求能量守恒的关系式（1.11c）简化为 $\dot{E}_g - \dot{E}_{out} = 0$，式中 $\dot{E}_g = \dot{q}\pi(r_2^2 - r_1^2)L$ 和 $\dot{E}_{out} = q'_{cond}L = -q'_r(r_1)L$。因此

$$q'_r(r_1) = -\pi\dot{q}(r_2^2 - r_1^2) \tag{9}$$

4. 对内表面应用能量守恒关系式，即式（1.12），可得

$$q'_{cond} = q'_{conv}$$

或

$$\pi\dot{q}(r_2^2 - r_1^2) = h2\pi r_1(T_{s,1} - T_\infty)$$

因此得

$$h = \frac{\dot{q}(r_2^2 - r_1^2)}{2r_1(T_{s,1} - T_\infty)} \tag{10}$$

式中的 $T_{s,1}$ 可在计算式（7）时取 $r = r_1$ 得到。

说明： 1. 要注意，在本例题第 3 部分应用傅里叶定律后得到的 $q'_r(r_1)$ 的表达式（8），其值是负的，这意味着热流是传向 r 的负方向。但应用能量守恒式时，我们认定了热流是流出管壁的。因此我们将 q'_{cond} 表示为 $-q'_r(r_1)$，并用 $(T_{s,1} - T_\infty)$，而不是 $(T_\infty - T_{s,1})$ 来表示 q'_{conv}。

2. 以上分析结果可用来确定为保持管的最高外表面温度 $T_{s,2}$ 低于给定值所需的对流换热系数值。讨论热导率为 $k = 5W/(m \cdot K)$，内、外半径分别为 $r_1 = 20mm$ 和 $r_2 = 25mm$ 的管，允许的最高温度为 $T_{s,2} = 350℃$。管壁内单位体积的产热速率为 $\dot{q} = 5 \times 10^6 W/m^3$，冷却液的温度为 $T_\infty = 80℃$。由式（7）得 $T(r_1) = T_{s,1} = 336.5℃$，将此值代入式（10），求得所要求的对流换热系数为 $h = 110W/(m^2 \cdot K)$。利用软件 IHT 的 Workspace 可进行参数计算分析，以确定对流换热系数和产热速率对最高管温的影响，对三个 $\dot{q}$ 值，画出了最高管温 $T_{s,2}$（℃）与 h 的函数关系。

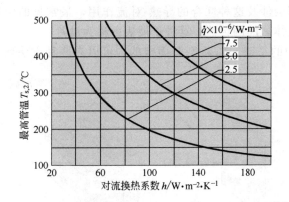

对每个 $\dot{q}$，为保持 $T_{s,2} \leqslant 350℃$ 所需的 h 的最小值可由上图确定。

3. 可利用附录 C 的结果得到温度分布式（7）。对 $r = r_1$ 处的表面应用能量平衡关系式，利用 $q(r_1) = -\dot{q}\pi(r_2^2 - r_1^2)L$，可由式（C.8）确定 $(T_{s,2} - T_{s,1})$，将此结果代入式（C.2）以消去 $T_{s,1}$，可得到所需的表达式。

3.5.3 热阻概念的应用

在结束内热源对导热影响的讨论时，我们要提醒读者倍加小心。具体地说，当存在内热源效应时，传热速率不再是不随空间坐标变化的常量。因此，利用在 3.1 节和 3.3 节中所详细论述的热阻概念和相关的传热速率方程将是**错误**的。

3.6 扩展表面的传热

术语**扩展表面**通常用于指涉及固体的内部导热和固体边界通过对流（和/或辐射）向周围环境传热的一种重要的特殊情况。至今，我们所讨论的固体边界面的向外传热，其方向是与固体内部的导热方向相同的。与此不同，对于一个扩展表面，离开边界面的传热方向是与固体中导热的主方向相垂直的。

讨论一个连接两个处于不同温度的壁的支柱，其表面上有流体流过（图 3.11）。由于 $T_1 > T_2$，在 x 方向上的温度梯度使支柱中持续进行着导热过程。但由于 $T_1 > T_2 > T_\infty$，同时存在着由支柱向流体的对流传热，使得 q_x 以及温度梯度的绝对值 $|dT/dx|$ 随 x 的增大而减小。

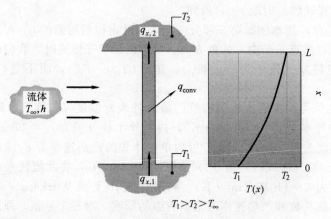

图 3.11 一个结构元件中同时存在的传导和对流

虽然有许多场合都会涉及这种联合的导热-对流作用，最常见的应用是专门利用扩展表面**强化**固体与其邻近流体之间的传热，这种扩展表面称为**肋片**。

分析图 3.12(a) 中的平壁。如果 T_s 是固定的，可以有两种方法增强传热速率。通过加

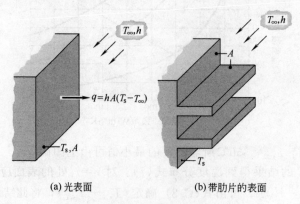

(a) 光表面　　　　　(b) 带肋片的表面

图 3.12 利用肋片增强平壁上的传热

大流体的流速以增大对流换热系数 h 和/或降低流体温度 T_∞。然而，在许多场合使 h 增大到可能的最大值或是仍不能达到所需的传热速率，或是花费过大。其费用与通过加大流体运动速度以增大 h 所需的风机或水泵的功率消耗有关。而第二个方案，即降低温度 T_∞，则常常是不现实的。然而，试分析图 3.12(b)，我们可发现存在第三个方案。那就是借助增大对流换热表面的面积来增大传热速率。

这个方案可通过利用从表面**扩展**到环境流体中的**肋片**来实现。肋片材料的热导率对沿肋片的温度分布有很大的影响，因而也影响传热速率增大的程度。理想的情况是，肋片材料应具有大的热导率，以使其由基面到末端的温度变化最小。在热导率为无限大的极限情况下，整个肋片将处于基面温度，从而达到最大可能的传热强化。

找肋片应用的例子是容易的，了解一下摩托车和割草机发动机的顶盖或变压器的冷却所采用的结构布置，再注意一下为增强空调器的工作流体与空气之间的热交换而采用的带有肋片的许多管子。图 3.13 是两种常见的肋片管的布置。

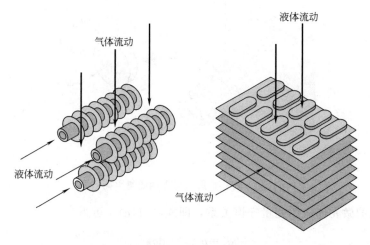

图 3.13　典型的带肋管换热器的示意图

图 3.14 画出了不同形式的肋片。与**平壁**连接的扩展面都是**直肋片**。它可以是等截面的，或截面积随离平壁的距离 x 而变化。与圆柱在圆周面接触的为**环肋片**，它的截面随离圆柱中心线的径向距离而变化。上述类型的肋片的截面为矩形，对直肋片，其横截面积为厚度 t 与宽度 w 的乘积，对环肋皮，截面积为 t 与 $2\pi r$ 的乘积。**针肋片**（也称柱肋片）则不同，它是横截面为圆形的扩展表面。**针肋片**可以是等截面的，也可以是变截面的。对于任何一种应用场合，选择某一种形式的肋片取决于空间、重量、制造和费用等因素，以及肋片使对流换热系数减少和由于流体流过肋片而导致压降增大的程度。

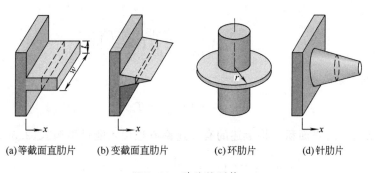

(a)等截面直肋片　　(b)变截面直肋片　　(c)环肋片　　(d)针肋片

图 3.14　肋片的形状

3.6.1　扩展表面导热的一般分析

作为工程师，我们首先关心的是要知道具体的扩展表面或肋片布置能对改善从表面到周围流体的传热产生多大效果。为确定与肋片有关的传热速率，我们必须得到沿肋片的温度分布。就像对以前的系统所做的那样，我们从对一个合适的微元体应用能量平衡式着手，讨论图 3.15 所示的扩展表面。如果作一些假设，就可使分析简化。我们假定在长度（x）方向上为一维导热，虽然肋片中的导热实际上是二维的。由肋片表面上任意一点处在单位时间内通过对流传给流体的能量应等于由导热从横向（y,z）传到该点的热流速率。但实际上肋片很薄，其长度方向上的温度变化要比横向上的变化大得多。所以我们可假定为 x 方向上的一维导热。我们将分析稳定态条件的情况，并假定热导率为常数，表面上的辐射可忽略，不存在内热源，还认为表面上的对流换热系数 h 是均匀的。

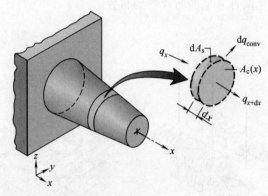

图 3.15　扩展表面上的能量平衡

对图 3.15 的微元体应用能量守恒关系，即式（1.11c），可得

$$q_x = q_{x+\mathrm{d}x} + \mathrm{d}q_{\mathrm{conv}} \tag{3.56}$$

由傅里叶定律知

$$q_x = -kA_c \frac{\mathrm{d}T}{\mathrm{d}x} \tag{3.57}$$

式中，A_c 为**截面面积**，可以随 x 变化。由于在 $x+\mathrm{d}x$ 处的导热速率可以下式表示

$$q_{x+\mathrm{d}x} = q_x + \frac{\mathrm{d}q_x}{\mathrm{d}x}\mathrm{d}x \tag{3.58}$$

所以可得

$$q_{x+\mathrm{d}x} = -kA_c \frac{\mathrm{d}T}{\mathrm{d}x} - k\frac{\mathrm{d}}{\mathrm{d}x}\left(A_c \frac{\mathrm{d}T}{\mathrm{d}x}\right)\mathrm{d}x \tag{3.59}$$

对流换热速率的表达式为

$$\mathrm{d}q_{\mathrm{conv}} = h\,\mathrm{d}A_s(T - T_\infty) \tag{3.60}$$

式中，$\mathrm{d}A_s$ 为微元体的**表面积**。将上述的有关速率方程代入能量平衡式（3.56），可得

$$\frac{\mathrm{d}}{\mathrm{d}x}\left(A_c \frac{\mathrm{d}T}{\mathrm{d}x}\right) - \frac{h}{k}\times\frac{\mathrm{d}A_s}{\mathrm{d}x}(T - T_\infty) = 0$$

或

$$\frac{\mathrm{d}^2 T}{\mathrm{d}x^2} + \left(\frac{1}{A_c} \times \frac{\mathrm{d}A_c}{\mathrm{d}x}\right)\frac{\mathrm{d}T}{\mathrm{d}x} - \left(\frac{1}{A_c} \times \frac{h}{k} \times \frac{\mathrm{d}A_s}{\mathrm{d}x}\right)(T - T_\infty) = 0 \tag{3.61}$$

上式是扩展表面能量方程的通用形式。对合适的边界条件，它的解给出温度分布，据此可利用式(3.57)计算任意 x 处的导热速率。

3.6.2　等截面肋片

为求解式(3.61)，必须知道更具体的几何特性。我们先讨论最简单的情况，即等截面的矩形肋片和针肋（图 3.16）。每个肋片都与温度为 $T(0) = T_b$ 的基面连接，并延伸到温度为 T_∞ 的流体中。

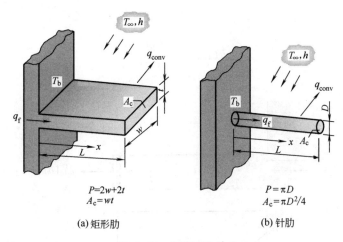

(a) 矩形肋　　　　　　　(b) 针肋

图 3.16　等截面直肋片

对给定的肋片，A_c 为常数，$A_s = Px$，此处的 A_s 是从肋基到 x 处的表面积，P 是肋片的周长。因此，由 $\mathrm{d}A_c/\mathrm{d}x = 0$ 和 $\mathrm{d}A_s/\mathrm{d}x = P$，式(3.61)简化为

$$\frac{\mathrm{d}^2 T}{\mathrm{d}x^2} - \frac{hP}{kA_c}(T - T_\infty) = 0 \tag{3.62}$$

为简化上式，定义一个**过余温度** θ 来替代因变量

$$\boxed{\theta(x) \equiv T(x) - T_\infty} \tag{3.63}$$

由于上式中的 T_∞ 是常数，所以 $\mathrm{d}\theta/\mathrm{d}x = \mathrm{d}T/\mathrm{d}x$。将式(3.63)代入式(3.62)，得

$$\frac{\mathrm{d}^2 \theta}{\mathrm{d}x^2} - m^2\theta = 0 \tag{3.64}$$

式中

$$\boxed{m^2 \equiv \frac{hP}{kA_c}} \tag{3.65}$$

式(3.64)为线性、齐次、常系数二阶微分方程，其通解的形式为

$$\theta(x) = C_1 e^{mx} + C_2 e^{-mx} \qquad (3.66)$$

将它代入式(3.64)，很容易证明它确实是式(3.64)的一个解。

为确定式(3.66)中的常数 C_1 和 C_2，必须具体地给出合适的边界条件。**肋基**（$x=0$）处的温度可作为一个边界条件

$$\theta(0) = T_b - T_\infty \equiv \theta_b \qquad (3.67)$$

第二个可以用肋端处（$x=L$）的条件，取相应于四种不同物理条件中的一个。

第一种情况，即情况 A，考虑肋端的对流换热。对肋端的控制表面（图 3.17）应用能量平衡关系，可得

$$hA_c[T(L) - T_\infty] = -kA_c \frac{dT}{dx}\bigg|_{x=L}$$

或

$$h\theta(L) = -k \frac{d\theta}{dx}\bigg|_{x=L} \qquad (3.68)$$

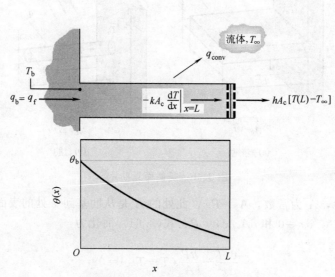

图 3.17 等截面肋的导热和对流

也即通过对流由肋端离开的热流速率必定与在肋片中通过导热到达肋端的热流速率相等。将式(3.66)代入（3.67）和式(3.68)，可分别得

$$\theta_b = C_1 + C_2 \qquad (3.69)$$

和

$$h(C_1 e^{mL} + C_2 e^{-mL}) = km(C_2 e^{-mL} - C_1 e^{mL})$$

解出 C_1 和 C_2，经过一些运算和整理，可得

$$\frac{\theta}{\theta_b} = \frac{\cosh m(L-x) + [h/(mk)] \sinh m(L-x)}{\cosh mL + [h/(mk)] \sinh mL} \qquad (3.70)$$

图 3.17 给出了温度分布的示意曲线。可注意到温度梯度的值是随 x 的增大而减小的。这种趋势是由于肋片表面上连续不断的对流热损导致导热热流 $q_x(x)$ 随 x 增大而减小的

结果。

我们特别关心的是整个肋片的总的传热速率。由图 3.17 可知，肋片的传热速率 q_f 可利用两种方法计算，这两种方法都要用到温度分布。我们打算用的较简单的方法是在肋基处应用傅里叶定律，即

$$q_f = q_b = -kA_c \frac{dT}{dx}\bigg|_{x=0} = -kA_c \frac{d\theta}{dx}\bigg|_{x=0} \tag{3.71}$$

所以，知道了温度分布 $\theta(x)$，就可算出 q_f：

$$q_f = \sqrt{hPkA_c}\,\theta_b \frac{\sinh mL + [h/(mk)]\cosh mL}{\cosh mL + [h/(mk)]\sinh mL} \tag{3.72}$$

另外，基于能量守恒原理，肋片表面的对流换热速率必定等于通过肋基的导热热流速率。因此，q_f 的另一种算式为

$$q_f = \int_{A_f} h[T(x) - T_\infty]dA_s$$

$$q_f = \int_{A_f} h\theta(x)dA_s \tag{3.73}$$

式中，A_f 是包含肋端在内的总的肋片表面积。将式（3.70）代入式（3.73）可以得到式（3.72）。

第二种肋片端条件，即情况 B，对应于假定肋端的对流热损可忽略不计，在这种情况下，可将肋端作为绝热条件处理，有

$$\frac{d\theta}{dx}\bigg|_{x=L} = 0 \tag{3.74}$$

将式（3.66）代入，并除以 m，可得

$$C_1 e^{mL} - C_2 e^{-mL} = 0$$

利用上式和式（3.69）解出 C_1 和 C_2，并将结果代入式（3.66），可得

$$\frac{\theta}{\theta_b} = \frac{\cosh m(L-x)}{\cosh mL} \tag{3.75}$$

利用这个温度分布和式（3.71），可得肋片的传热速率为

$$q_f = \sqrt{hPkA_c}\,\theta_b \tanh mL \tag{3.76}$$

用同样的方法，我们可得到情况 C，即肋端温度给定情况下肋片的温度分布和传热速率。就是已知第二类边界条件 $\theta(L) = \theta_L$，所得结果的表达式为

$$\frac{\theta}{\theta_b} = \frac{(\theta_L/\theta_b)\sinh mx + \sinh m(L-x)}{\sinh mL} \tag{3.77}$$

$$q_f = \sqrt{hPkA_c}\,\theta_b \frac{\cosh mL - \theta_L/\theta_b}{\sinh mL} \tag{3.78}$$

值得注意的是，对于非常长的肋片，即情况 D，其温度分布和传热速率可通过外延上述结果得到。实际上，当 $L \to \infty$，$\theta_L \to 0$，很易证明有

$$\frac{\theta}{\theta_b} = e^{-mx} \tag{3.79}$$

$$q_f = \sqrt{hPkA_c}\,\theta_b \tag{3.80}$$

以上结果汇总于表 3.4。附录 B.1 给出了双曲线函数表。

表 3.4 等截面肋片的温度分布和热损

情况	肋端条件($x=L$)	温度分布 θ/θ_b	肋片的传热速率 q_f
A	对流换热： $h\theta(L)=-kd\theta/dx\vert_{x=L}$	$\dfrac{\cosh m(L-x) + [h/(mk)]\sinh m(L-x)}{\cosh mL + [h/(mk)]\sinh mL}$ (3.70)	$M\dfrac{\sinh mL + [h/(mk)]\cosh mL}{\cosh mL + [h/(mk)]\sinh mL}$ (3.72)
B	绝热： $d\theta/dx\vert_{x=L}=0$	$\dfrac{\cosh m(L-x)}{\cosh mL}$ (3.75)	$M\tanh mL$ (3.76)
C	给定温度： $\theta(L)=\theta_L$	$\dfrac{(\theta_L/\theta_b)\sinh mx + \sinh m(L-x)}{\sinh mL}$ (3.77)	$M\dfrac{\cosh mL - \theta_L/\theta_b}{\sinh mL}$ (3.78)
D	无限长肋片($L\to\infty$)： $\theta(L)=0$	e^{-mx} (3.79)	M (3.80)

$\theta \equiv T - T_\infty$ $\qquad$ $m^2 \equiv hP/(kA_c)$

$\theta_b = \theta(0) = T_b - T_\infty$ $\qquad$ $M \equiv \sqrt{hPkA_c}\,\theta_b$

【**例 3.9**】 一根直径为 5mm 的非常长的棒，其一端温度保持在 100℃。棒的表面暴露于 25℃ 的环境空气，对流换热系数为 100W/($m^2 \cdot$ K)。

1. 确定沿棒的温度分布。棒材为纯铜、2024 铝合金和 AISI 316 不锈钢。对应于上述材料的棒的热损是多少？

2. 以上不同材料的棒必须有多长才能利用无限长的假定以得到准确的热损计算？

解析

已知：一根暴露于环境空气中的长的圆棒。

求：1. 由铜、一种铝合金和不锈钢制的三种棒的温度分布和热损。

$\qquad$ 2. 为满足无限长的假定，棒应为多长。

示意图：

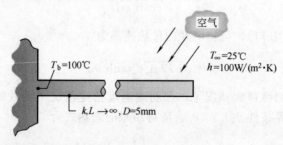

假定：1. 稳定态条件。

$\qquad$ 2. 沿棒的一维导热。

$\qquad$ 3. 物性为常数。

$\qquad$ 4. 忽略与环境的辐射换热。

$\qquad$ 5. 均匀的对流换热系数。

$\qquad$ 6. 棒为无限长。

物性：由表 A.1，铜 $[T=(T_b+T_\infty)/2=62.5℃\approx335K]$：$k=398W/(m \cdot K)$。由表 A.1，2024 铝合金（335K）：$k=180W/(m \cdot K)$。由表 A.1，AISI 316 不锈钢（335K）：$k=14W/(m \cdot K)$。

分析：1. 在无限长肋片假定的条件下，可由式（3.79）确定温度分布，其表达式为

$$T=T_\infty+(T_b-T_\infty)e^{-mx}$$

式中，$m=[hP/(kA_c)]^{1/2}=[4h/(kD)]^{1/2}$。将 h 和 D，以及钢、铝合金和不锈钢的热导率分别代入，可得 m 的相应值为 $14.2m^{-1}$、$21.2m^{-1}$ 和 $75.6m^{-1}$。于是可算出温度分布，并示于下图。

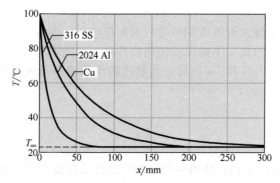

由这些温度分布可明显看出，对不锈钢、铝合金和铜，分别在 50mm、200mm 和 300mm 以后，因加大棒的长度而增加的传热已几乎没有。

由式（3.80），热损为

$$q_f=\sqrt{hPkA_c}\,\theta_b$$

因此，对于铜

$$q_f=\left[100W/(m^2 \cdot K)\times\pi\times0.005m\times398W/(m \cdot K)\times\frac{\pi}{4}(0.005m)^2\right]^{1/2}\times(100-25)℃$$
$$=8.3W \qquad \blacktriangleleft$$

类似地，对铝合金和不锈钢，传热速率分别为 $q_f=5.6W$ 和 $1.6W$。

2. 由于无限长棒的端部不存在热损，通过比较式（3.76）和式（3.80）可判断这种近似的有效性。对于一个满意的近似，如 $\tanh mL\geqslant0.99$ 或 $mL\geqslant2.65$，算式给出的结果是相同的。因此，如果棒长

$$L\geqslant L_\infty\equiv\frac{2.65}{m}=2.65\left(\frac{kA_c}{hP}\right)^{1/2}$$

就可假定棒为无限长。

对于铜

$$L_\infty=2.65\left[\frac{398W/(m \cdot K)\times(\pi/4)\times(0.005m)^2}{100W/(m^2 \cdot K)\times\pi\times(0.005m)}\right]^{1/2}=0.19m \qquad \blacktriangleleft$$

铝合金和不锈钢的值分别是 $L_\infty=0.13m$ 和 $L_\infty=0.04m$。

说明：1. 以上结果告诉我们，如果 $mL>2.65$ 或 $mL\approx2.65$，肋片的传热速率就可准确地根据无限长肋片的假定来预测。但要据无限长肋片的假定准确地预测温度分布 $T(x)$，mL 应有较大的值。这个值可由式（3.79）和肋端温度非常接近于流体温度的要求来推算。因此，如果我们要求 $\theta(L)/\theta_b=\exp(-mL)<0.01$，可得 $mL>4.6$，在这种情况下，对于

铜、铝合金和不锈钢，分别有 $L_\infty \approx 0.33m$、$0.23m$ 和 $0.07m$。这些结果与第一部分中画出的温度分布是一致的。

2. 对表 3.4 中的四种肋端条件，软件 IHT 的 Models/Extended Surfaces 选项为等截面直肋和针肋的传热速率和温度分布提供了已准备好的模型。这些模型在求解复杂问题时可大大节省时间，当然这是建立在读者已了解那些关系式并能正确应用的前提之上的。试一下能否运用针肋模型去作出本例的曲线图。本例也作为已完成求解的模型收集在 IHT 软件的 Examples 中。

3.6.3 肋片性能

我们知道肋片是通过增大有效面积来增强表面传热的。但对肋基表面的传热来说，肋片本身也相当于一个热阻。为此，不能保证使用肋片就一定能增大传热速率。通过计算**肋片有效度** ε_f 可以对这个问题作出判断。ε_f 的定义是**肋片的传热速率与没有肋片时原有的传热速率的比值**，因此

$$\varepsilon_f = \frac{q_f}{hA_{c,b}\theta_b} \tag{3.81}$$

式中，$A_{c,b}$ 是肋基处的横截面积。任何一个合理的设计都应使 ε_f 尽可能大，通常，除非 $\varepsilon_f > 2$ 或 $\varepsilon_f \approx 2$，否则就不值得使用肋片。

对我们已分析过的四种肋端条件中的任意一种情况，对于常截面肋片，以表 3.4 中合适的 q_f 的表达式除以 $hA_{c,b}\theta_b$ 就可得到 ε_f。虽然安装肋片将使表面的对流换热系数发生变化，但通常这种影响可不予考虑。因此，假定带肋片表面的对流换热系数与无肋的原表面的相同，则对无限长肋片的近似情况（情况 D），可得

$$\varepsilon_f = \left(\frac{kP}{hA_c}\right)^{1/2} \tag{3.82}$$

由上述结果可推断出一些重要的趋势。显然，借助选择热导率大的材料可以增大肋片的有效度。我们自然会想到铝合金和铜。不过，虽然从热导率来说铜非常好，但从成本低和重量轻等另外的一些优点考虑，通常选用铝合金。也可以通过增大周长与横截面积之比来增大肋片有效度。基于这个原因，常建议用相互靠得很紧的**薄肋片**，但必须满足附加条件，就是肋片之间的间隙不能小得严重阻碍流体的流动，导致对流换热系数减小。

式(3.82) 也说明，当对流换热系数 h 较小时，更有理由采用肋片。由表 1.1 可明显看出，如果流体是气体而不是液体以及表面的传热是依靠**自然**对流时，就更需要采用肋片。如果要在将气体和液体隔开的一个表面上采用肋片，通常要将肋片置于对流换热系数较小的气体侧。汽车散热器中的管道系统就是一个常见的例子。在环境空气流过的管的外表面（h 小）上安装了肋片，水则在管内流动（h 大）。请注意，如果以 $\varepsilon_f > 2$ 作为是否采用肋片的准则，式（3.82）给出的要求是 $[kP/(hA_c)] > 4$。

式(3.82) 给出了当 L 接近无限时 ε_f 可以达到的上限。然而，当然没必要采用非常长的肋片去实现接近最大的传热强化。就如在例题 3.8 中看到的，当 $mL = 2.65$ 时，就可使肋片的传热速率达到其最大值的 99%。因此，将肋片扩展到大于 $L = 2.65/m$ 就没有必要。

肋片的有效度也可根据热阻来定量化。以肋基与流体温度之差作为驱动势，肋片热阻可定义为

$$R_{t,f} = \frac{\theta_b}{q_f} \tag{3.83}$$

　　这个结果非常有用，特别是在利用热网络表示带肋片表面的情况。要注意的是，要按肋端的条件在表 3.4 中选取 q_f 的合适表达式。

　　以式(3.83)除无肋片时基面上对流换热的热阻表达式，即

$$R_{t,b} = \frac{1}{hA_{c,b}} \tag{3.84}$$

再以式(3.81)代入，得

$$\boxed{\varepsilon_f = \frac{R_{t,b}}{R_{t,f}}} \tag{3.85}$$

　　这样，肋片有效度就可以用热阻的比值来说明，为增大 ε_f，必须减小肋片的导热/对流热阻。如果肋片的作用是为了强化传热，其热阻必须低于无肋片时基面的热阻。

　　另一个用于度量肋片热性能的参数是**肋片效率** η_f。对流换热的最大驱动势是基面（$x=0$）与流体之间的温差，$\theta_b = T_b - T_\infty$。因此，如果整个肋片表面都处于基面温度，肋片就达到其最大的散热速率。但由于任何一种肋片都有一定的导热热阻，沿肋片必然存在温度梯度，所以上面所说的只是理想化的情况。于是，肋片效率合乎逻辑的定义是

$$\boxed{\eta_f \equiv \frac{q_f}{q_{max}} = \frac{q_f}{hA_f\theta_b}} \tag{3.86}$$

式中，A_f 是肋片的表面积。对等截面和肋端绝热的直肋片，式(3.76)和式(3.86)给出

$$\boxed{\eta_f = \frac{M \tanh mL}{hPL\theta_b} = \frac{\tanh mL}{mL}} \tag{3.87}$$

查看表 B.1，此结果指出，当 L 趋近 0 和 ∞ 时，η_f 分别趋近其最大值 1 和最小值 0。

　　对于非绝热肋端的矩形直肋，其传热速率表达式(3.72)在使用时不是很方便；已经证明，可利用肋端绝热的算式(3.76)替代，但矩形直肋和针肋的长度应分别修正为 $L_c = L + (t/2)$ 和 $L_c = L + (D/4)$。虽然这是一种近似，但所得结果的准确度是可以接受的[9]。这种修正是基于认为肋端有对流的实际肋片的传热与一个长的肋端绝热的假想肋片的传热等同。因此，肋端存在对流时，肋片的传热速率可近似为

$$q_f = M \tanh mL_c \tag{3.88}$$

相应的肋片效率为

$$\eta_f = \frac{\tanh mL_c}{mL_c} \tag{3.89}$$

如果 (ht/k) 或 $[hD/(2k)] \lesssim 0.0625$，这种近似造成的误差可以忽略不计[10]。

　　如果矩形肋片的宽度远大于其厚度，$w \gg t$，周长可近似为 $P = 2w$，有

$$mL_c = \left(\frac{hP}{kA_c}\right)^{1/2} L_c = \left(\frac{2h}{kt}\right)^{1/2} L_c$$

以 $L_c^{1/2}$ 乘分子和分母并以修正的肋片纵截面 $A_p = L_c t$ 代入，可得

$$mL_{\mathrm{c}} = \left(\frac{2h}{kA_{\mathrm{p}}}\right)^{1/2} L_{\mathrm{c}}^{3/2} \tag{3.90}$$

因此，如图 3.18 和图 3.19 所示，肋端有对流的矩形肋片的效率可表示为 $L_{\mathrm{c}}^{3/2}[h/(kA_{\mathrm{p}})]^{1/2}$ 的函数。

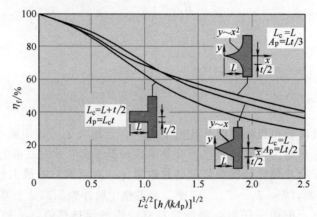

图 3.18　直肋片（矩形、三角形和抛物线形）的效率

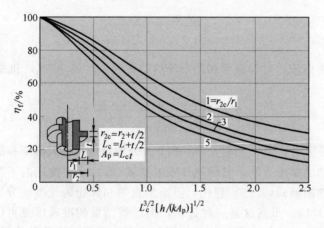

图 3.19　剖面为矩形的环肋片的效率

3.6.4　非等截面积肋片

如果肋片的截面积是变化的，其热性能的分析更为复杂。对这种情况，式（3.61）的第二项必须保留，其解不再是简单的指数函数或双曲线函数。作为一种特殊情况，讨论图 3.19 中画出的环肋片。虽然肋片的厚度是常数（t 不随 r 变化），其截面积 $A_{\mathrm{c}} = 2\pi r t$ 是随 r 变化的。在式（3.61）中以 r 代替 x，并将表面积表示为 $A_{\mathrm{s}} = 2\pi (r^2 - r_1^2)$，肋片方程的通用形式变成

$$\frac{\mathrm{d}^2 T}{\mathrm{d}r^2} + \frac{1}{r} \times \frac{\mathrm{d}T}{\mathrm{d}r} - \frac{2h}{kt}(T - T_\infty) = 0$$

令 $m^2 \equiv 2h/(kt)$ 和 $\theta \equiv T - T_\infty$，得

$$\frac{\mathrm{d}^2 \theta}{\mathrm{d}r^2} + \frac{1}{r} \times \frac{\mathrm{d}\theta}{\mathrm{d}r} - m^2 \theta = 0$$

上式为**修正的零阶贝塞尔方程**，其通解形式为

$$\theta(r) = C_1 I_0(mr) + C_2 K_0(mr)$$

式中，I_0 和 K_0 分别为第一类和第二类零阶贝塞尔函数。如果给定了肋基处的温度 $\theta(r_1) = \theta_b$，并假定肋端绝热，即 $d\theta/dr|_{r_2} = 0$，就可求出 C_1 和 C_2，从而得到下述温度分布式

$$\frac{\theta}{\theta_b} = \frac{I_0(mr)K_1(mr_2) + K_0(mr)I_1(mr_2)}{I_0(mr_1)K_1(mr_2) + K_0(mr_1)I_1(mr_2)}$$

式中，$I_1(mr) = d[I_0(mr)]/d(mr)$ 和 $K_1(mr) = -d[K_0(mr)]/d(mr)$ 分别为修正的第一类和第二类一阶贝塞尔函数。附录 B 中有贝塞尔函数表。

肋片的传热速率为

$$q_f = -kA_{c,b}\frac{dT}{dr}\bigg|_{r=r_1} = -k(2\pi r_1 t)\frac{d\theta}{dr}\bigg|_{r=r_1}$$

由此可得

$$q_f = 2\pi k r_1 t \theta_b m \frac{K_1(mr_1)I_1(mr_2) - I_1(mr_1)K_1(mr_2)}{K_0(mr_1)I_1(mr_2) + I_0(mr_1)K_1(mr_2)}$$

肋片效率为

$$\eta_f = \frac{q_f}{h 2\pi (r_2^2 - r_1^2)\theta_b} = \frac{2r_1}{m(r_2^2 - r_1^2)} \times \frac{K_1(mr_1)I_1(mr_2) - I_1(mr_1)K_1(mr_2)}{K_0(mr_1)I_1(mr_2) + I_0(mr_1)K_1(mr_2)} \tag{3.91}$$

如果用形如 $r_{2c} = r_2 + (t/2)$ 的修正半径取代肋端半径 r_2，该结果就可用于对流肋端。计算结果用曲线示于图 3.19。

知道了肋片效率就可用它计算肋片的热阻，由式（3.83）和式（3.86）可得

$$R_{t,f} = \frac{1}{hA_f\eta_f} \tag{3.92}$$

表 3.5 汇集了一些常见几何形状的肋片的效率和面积计算公式。虽然表中等厚度和等直径肋片的算式是在肋端为绝热的假定下得到的，但肋端的对流影响可利用修正的长度［式（3.89）和式（3.95）］和修正的半径［式（3.91）］处理。三角形和抛物线形肋片的厚度不是定值，但在肋端处厚度为零。

表 3.5 也给出了肋片的纵截面积 A_p 和体积 V。直肋片的体积就是宽度和纵截面积的乘积，$V = wA_p$。

肋片设计所追求的目标常常是要求在材料和制造费用最低的情况下达到规定的冷却效果。因此，**三角形**直肋有其优点：对于同样的传热速率，它所需的体积（肋片材料）要比矩形肋片的小得多。在这方面，单位体积散热速率 $(q/V)_f$ 最大的是**抛物线形**肋片。不过由于抛物线形肋片的 $(q/V)_f$ 只比三角形肋片的稍大，而它的制造费用较大，因此很少使用抛物线形肋片。矩形**环肋片**常用于增强对圆管的加热或冷却。

3.6.5　表面总效率

与说明单个肋片性能特征的效率 η_f 不同，**表面总效率** η_o 是指由许多个肋片和与它们连接的基面所组成的一个**组合**的总性能。有代表性的组合如图 3.20 所示，图中的 S 是肋片的节

表 3.5　常见几何形状的肋片的效率

直肋

矩形①

$A_f = 2wL_c$

$L_c = L + (t/2)$

$A_p = tL$

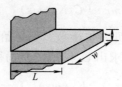

$$\eta_f = \frac{\tanh mL_c}{mL_c} \tag{3-89}$$

三角形①

$A_f = 2w[L^2 + (t/2)^2]^{1/2}$

$A_p = (t/2)L$

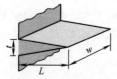

$$\eta_f = \frac{1}{mL} \times \frac{I_1(2mL)}{I_0(2mL)} \tag{3.93}$$

抛物线形①

$A_f = w[C_1 L + (L^2/t)\ln(t/L + C_1)]$

$C_1 = [1 + (t/L)^2]^{1/2}$

$A_p = (t/3)L$

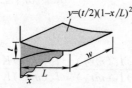

$y = (t/2)(1 - x/L)^2$

$$\eta_f = \frac{2}{[4(mL)^2 + 1]^{1/2} + 1} \tag{3.94}$$

环肋片

矩形①

$A_f = 2\pi(r_{2c}^2 - r_1^2)$

$r_{2c} = r_2 + (t/2)$

$V = \pi(r_2^2 - r_1^2)t$

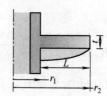

$$\eta_f = C_2 \frac{K_1(mr_1)I_1(mr_{2c}) - I_1(mr_1)K_1(mr_{2c})}{I_0(mr_1)K_1(mr_{2c}) + K_0(mr_1)I_1(mr_{2c})} \tag{3.91}$$

$$C_2 = \frac{2r_1/m}{r_{2c}^2 - r_1^2}$$

针肋片

圆形②

$A_f = \pi D L_c$

$L_c = L + (D/4)$

$V = (\pi D^2/4)L$

$$\eta_f = \frac{\tanh mL_c}{mL_c} \tag{3.95}$$

三角形②

$A_f = \dfrac{\pi D}{2}[L^2 + (D/2)^2]^{1/2}$

$V = (\pi/12)D^2 L$

$$\eta_f = \frac{2}{mL} \times \frac{I_2(2mL)}{I_1(2mL)} \tag{3.96}$$

抛物线形②

$A_f = \dfrac{\pi L^3}{8D}\{C_3 C_4 - \dfrac{L}{2D}\ln[(2DC_4/L) + C_3]\}$

$C_3 = 1 + 2(D/L)^2$

$C_4 = [1 + (D/L)^2]^{1/2}$

$V = (\pi/20)D^2 L$

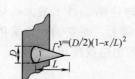

$y = (D/2)(1 - x/L)^2$

$$\eta_f = \frac{2}{[4/9(mL)^2 + 1]^{1/2} + 1} \tag{3.97}$$

① $m = [2h/(kt)]^{1/2}$。

② $m = [4h/(kD)]^{1/2}$。

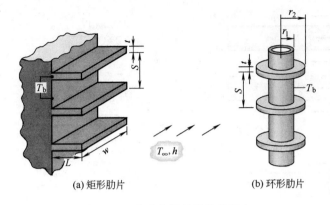

图 3.20　有代表性的肋片的组合

距。在各种情况下，总效率的定义为

$$\eta_o = \frac{q_t}{q_{max}} = \frac{q_t}{hA_t\theta_b} \tag{3.98}$$

式中，q_t 是离开表面积 A_t 的总传热速率，A_t 由所有肋片和基面的暴露部分（常用的术语为**主表面**）组成。如果这个组合有 N 个肋片，每个肋片的表面积为 A_f，主表面的面积为 A_b，则总的表面积为

$$A_t = NA_f + A_b \tag{3.99}$$

如果整个肋片的温度也和暴露的基面一样保持在温度 T_b，则将得到最大可能的传热速率。

所有肋片和主（无肋）表面总的对流传热速率为

$$q_t = N\eta_f hA_f\theta_b + hA_b\theta_b \tag{3.100}$$

式中假定肋片表面和主表面的对流换热系数 h 是相同的，η_f 为单个肋片的效率。因此

$$q_t = h\left[N\eta_f A_f + (A_t - NA_f)\right]\theta_b = hA_t\left[1 - \frac{NA_f}{A_t}(1-\eta_f)\right]\theta_b \tag{3.101}$$

将式(3.101)代入式(3.98)，得

$$\eta_o = 1 - \frac{NA_f}{A_t}(1-\eta_f) \tag{3.102}$$

知道了 η_o，就可利用式(3.98)计算肋片组合的总的传热速率。

读者该记得肋片热阻的定义，即式(3.83)，可利用式(3.98)推出肋片组合热阻的表达式，即

$$R_{t,o} = \frac{\theta_b}{q_t} = \frac{1}{\eta_o hA_t} \tag{3.103}$$

式中，$R_{t,o}$ 为计及了通过肋片的导热/对流和主表面对流这两个平行热流途径的有效热阻。图 3.21 说明了对应于平行途径的热网络并用有效热阻表示。

如果将肋片加工成壁的一个整体部分，以作为壁的扩展表面 [图 3.21(a)]，则在壁的基面处不存在接触热阻。但更常用的方法是单独地制造肋片，然后再通过冶金或粘接技术将肋片与壁连接。另外的方法可以是**压力装配**，即将肋片压入壁上加工好的沟槽中。在这种情况下 [图 3.21(b)]，会存在接触热阻 $R_{t,c}$，它将对总的热性能产生不利影响。存在接触热阻时，有效网络热阻为

$$R_{t,o(c)} = \frac{\theta_b}{q_t} = \frac{1}{\eta_{o(c)} hA_t} \tag{3.104}$$

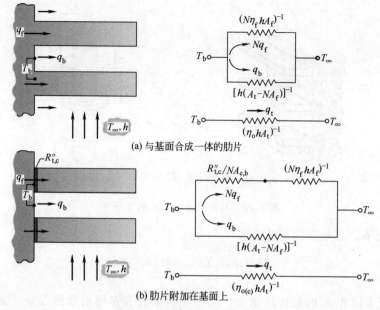

(a) 与基面合成一体的肋片

(b) 肋片附加在基面上

图 3.21　肋片组合和热网络

很易证明，相应的总表面效率为

$$\eta_{o(c)} = 1 - \frac{NA_f}{A_t}\left(1 - \frac{\eta_f}{C_1}\right) \tag{3.105a}$$

式中

$$C_1 = 1 + \eta_f hA_f (R''_{t,c}/A_{c,b}) \tag{3.105b}$$

加工时，必须小心地做到使 $R_{t,c} \ll R_{t,f}$。

【例 3.10】　一辆摩托车的发动机汽缸是用 2024-T6 铝合金制造的，高 $H = 0.15\text{m}$，外径 $D = 50\text{mm}$。在典型运行条件下，汽缸外表面温度为 500K，暴露于 300K 的环境空气中，对流换热系数为 50W/(m² · K)。为增大对周围环境的传热，将环形肋片和汽缸铸成一体。共有均匀布置的 5 个环形肋片，其厚度为 $t = 6\text{mm}$，长 $L = 20\text{mm}$。由于使用肋片而使传热速率增大的值是多少？

解析

已知：带肋片的摩托车汽缸的运行条件。

求：使用肋片后传热速率增大的值。

示意图：

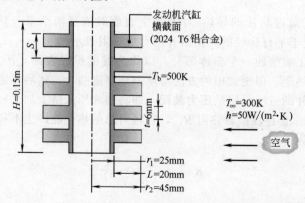

假定：1. 稳定态条件。

2. 肋片内为一维径向导热。

3. 物性为常数。

4. 忽略与周围环境的辐射换热。

5. 外表面上的对流换热系数均匀（有肋片或无肋片情况）。

物性：由表 A.1，2024-T6 铝（$T=400K$）：$k=186W/(m \cdot K)$。

分析：对于有肋片的情况，传热速率可由式（3.101）计算，

$$q_t = hA_t \left[1 - \frac{NA_f}{A_t}(1-\eta_f) \right] \theta_b$$

式中，$A_f = 2\pi(r_{2c}^2 - r_1^2) = 2\pi[(0.048m)^2 - (0.025m)^2] = 0.0105m^2$。由式（3.99），$A_t = NA_f + 2\pi r_1(H - Nt) = 0.0527m^2 + 2\pi(0.025m)[0.15m - 0.03m] = 0.0716m^2$。由 $r_{2c}/r_1 = 1.92$，$L_c = 0.023m$，$A_p = 1.380 \times 10^{-4} m^2$，可得 $L_c^{3/2}[h/(kA_p)]^{1/2} = 0.15$。因此，由图 3.19，肋片效率为 $\eta_f \approx 0.95$。于是，有肋片情况的总传热速率为

$$q_t = 50W/(m^2 \cdot K) \times 0.0716m^2 \left[1 - \frac{0.0527m^2}{0.0716m^2} \times (0.05) \right] \times 200K$$

$$= 690W$$

对于无肋片的情况，对流传热速率为

$$q_{wo} = h(2\pi r_1 H)\theta_b$$

$$= 50W/(m^2 \cdot K) \times (2\pi \times 0.025m \times 0.15m) \times 200K$$

$$= 236W$$

所以

$$\Delta q = q_t - q_{wo} = 454W \qquad \blacktriangleleft$$

说明：1. 虽然这些肋片显著地增强了汽缸的传热，但通过增加肋片的数目，还能大幅度增大传热速率。把 q_t 作为 N 的函数进行计算来评估这种可能性，首先将肋片厚度固定为 $t=6mm$，再通过减小肋片之间的间距增加肋片的数目。规定此肋片组合的两端的余隙为 2mm，肋片间最小间距为 4mm，则允许的最大肋片数目为 $N = H/S = 0.15m/(0.004 + 0.006)m = 15$。不同参数计算所得的 q_t 随 N 变化的结果示于下图：

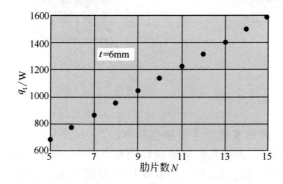

也可以通过减小肋片的厚度来增加肋片。如果肋片间距固定为 $(S-t)=4mm$，加工制造所允许的肋片的最小厚度为 2mm，则可以安置 25 个肋片。对这种情况所得的参数计算结果见下图：

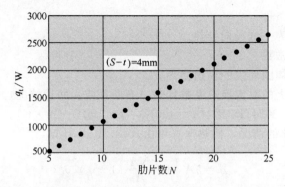

以上的计算是基于减小肋片的间距不影响 h 的假定。只要邻近肋片的两个相对表面上的边界层相互间不发生作用，这个假定就是合理的。但应注意的是，由于在所论条件下 $NA_f \gg 2\pi r_1(H-Nt)$，q_t 几乎是随 N 线性增大的。

2. IHT 软件中的 Models/Extended Surfaces 选项为直肋片、针肋、环肋片以及一些肋片组合提供了已准备好的一些模型。这些模型包括了图 3.18 和图 3.19 及表 3.5 中的效率关系式。

【例 3.11】 在例题 1.4 中，我们看到，为产生 $P=9\mathrm{W}$ 的电功率，需要温度为 $T_\infty=25℃$ 的冷却空气以 $V=9.4\mathrm{m/s}$ 的流速从 PEM 燃料电池中带走 11.25W，以使其温度保持在 $T_c \approx 56.4℃$。为提供这些对流条件，将燃料电池置于一个 $50\mathrm{mm} \times 26\mathrm{mm}$ 的矩形风道的中心区，风道的顶面和底面隔热良好，它们与 $50\mathrm{mm} \times 50\mathrm{mm} \times 6\mathrm{mm}$ 的燃料电池外部之间留有 10mm 的间隙。由燃料电池提供电力使一个小风扇送循环冷风。风扇销售方的一份数据表建议，对处于 $10^{-4}\mathrm{m^3/s} \leqslant \dot{V}_f \leqslant 10^{-2}\mathrm{m^3/s}$ 范围内的体积流率，风扇的功率消耗与风扇的体积流率之比为 $P_f/\dot{V} = C = 1000\mathrm{W/(m^3/s)}$。

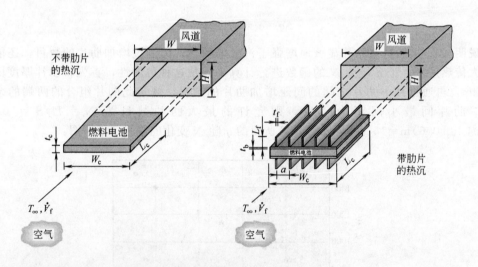

1. 确定由燃料电池-风扇系统产生的**净**电功率，$P_{net} = P - P_f$。

2. 讨论在燃料电池的顶面和底面附加相同的铝 $[k=200\mathrm{W/(m \cdot K)}]$ **肋片热沉**的效果。接触面的热阻为 $R''_{t,c} = 10^{-3}\mathrm{m^2 \cdot K/W}$，热沉基板的厚度为 $t_b = 2\mathrm{mm}$。肋片数为 N，每个肋片的长 $L_f = 8\mathrm{mm}$，厚 $t_f = 1\mathrm{mm}$，燃料电池的全长 $L_c = 50\mathrm{mm}$。在带有热沉的情况下，辐射散热可忽略，对流换热系数可利用典型空气槽道的几何形状和尺寸按 $h = 1.78k_{air}(L_f+a)/(L_f a)$ 计算，式中，a 为肋片的间距。画出第 2 部分的等效热网络，并确定为使风扇的功率减到第1部分算出的一半所需的肋片总数。

解析

已知： 燃料电池和带肋片热沉的尺寸，燃料电池的工作温度、产热率、产电功率。冷却风扇的功耗与风扇空气流率之间的关系。对流换热系数与空气槽道尺寸之间的关系。

求： 1. 不存在热沉的情况下，燃料电池-风扇系统产生的净的电功率。

2. 为使风扇的功耗减少到第1部分算出的50%所需的肋片数。

示意图：

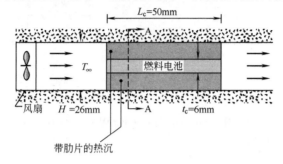

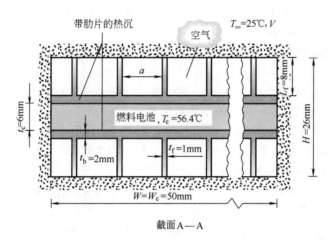

截面A—A

假定： 1. 稳定态。

2. 忽略燃料电池边缘的传热及带肋片热沉的前、后面的传热。

3. 通过热沉的一维传热。

4. 肋片的顶端绝热。

5. 常物性。

6. 有热沉的情况下可忽略辐射。

物性： 表A.4，空气（$\overline{T}=300\mathrm{K}$），$k_{air}=0.0263\mathrm{W/(m \cdot K)}$，$c_p=1007\mathrm{J/(kg \cdot K)}$，$\rho=1.1614\mathrm{kg/m^3}$。

分析： 1. 冷却空气的体积流率为 $\dot{\forall}_f=VA_c$，此处 $A_c=W(H-t_c)$，为风道壁与无肋片燃料电池之间流动区的横截面积。因此

$$\dot{\forall}_f=V[W(H-t_c)]=9.4\mathrm{m/s}\times[0.05\mathrm{m}\times(0.026\mathrm{m}-0.006\mathrm{m})]$$
$$=9.4\times10^{-3}\mathrm{m^3/s}$$

和

$$P_{net}=P-C\dot{\forall}_f=9.0\mathrm{W}-1000\mathrm{W/(m^3/s)}\times9.4\times10^{-3}\mathrm{m^3/s}=-0.4\mathrm{W}$$

在这种组装方式下，风扇的功率消耗大于燃料电池产生的电功率，系统不可能产生净功率。

2. 为使风扇消耗的功率减少 50%，空气的体积流率必须减小到 $\dot{V}_f = 4.7 \times 10^{-3}\,\mathrm{m^3/s}$。热网络包括接触面的热阻、通过带肋片热沉的基板的导热热阻、热沉肋片侧暴露基板的对流热阻和肋片的对流热阻。

接触面和基板的热阻为
$$R_{t,c} = R''_{t,c}/(2L_c W_c) = (10^{-3}\,\mathrm{m^2 \cdot K/W})/(2 \times 0.05\mathrm{m} \times 0.05\mathrm{m})$$
$$= 0.2\mathrm{K/W}$$

和
$$R_{t,\mathrm{base}} = t_b/(2KL_c W_c) = 0.002\mathrm{m}/[2 \times 200\mathrm{W/(m \cdot K)} \times 0.05\mathrm{m} \times 0.05\mathrm{m}]$$
$$= 0.002\mathrm{K/W}$$

以上两式中出现的因子 2 是考虑热沉组合的两侧。对暴露于冷却空气的基板部分，热阻为
$$R_{t,b} = 1/[h(2W_c - Nt_f)L_c] = 1/[h \times (2 \times 0.05\mathrm{m} - N \times 0.001\mathrm{m}) \times 0.05\mathrm{m}]$$
在确定两侧的肋片总数 N 和 h 前，还不能算出 $R_{t,b}$。

对于一个肋片，$R_{t,f} = \theta_b/q_f$，由表 3.4，对肋端绝热的肋片 $R_{t,f} = (hPkA_c)^{-1/2}/\tanh(mL_f)$。在我们的情况下，$P = 2(L_c + t_f) = 2(0.05\mathrm{m} + 0.001\mathrm{m}) = 0.102\mathrm{m}$，$A_c = L_c t_f = 0.05\mathrm{m} \times 0.001\mathrm{m} = 0.00005\mathrm{m^2}$，而
$$m = \sqrt{hP/(kA_c)} = [h \times 0.102\mathrm{m}/(200\mathrm{W/(m \cdot K)} \times 0.00005\mathrm{m^2})]^{1/2}$$
因此
$$R_{t,f} = \frac{[h \times 0.102\mathrm{m} \times 200\mathrm{W/(m \cdot K)} \times 0.00005\mathrm{m^2}]^{-1/2}}{\tanh(m \times 0.008\mathrm{m})}$$

对于 N 个肋片，$R_{t,f(N)} = R_{t,f}/N$。和计算 $R_{t,b}$ 的情况一样，在未确定 h 和 N 时不可能算出 $R_{t,f}$。还有，h 与肋片的间距 a 有关，而后者又取决于 N，因 $a = (2W_c - Nt_f)/N = (2 \times 0.05\mathrm{m} - N \times 0.001\mathrm{m})/N$。这样，确定 N 后就可计算全部热阻。由热网络可知，总热阻为 $R_{\mathrm{tot}} = R_{t,c} + R_{t,\mathrm{base}} + R_{\mathrm{equiv}}$，这里 $R_{\mathrm{equiv}} = [R_{t,b}^{-1} + R_{t,f(N)}^{-1}]^{-1}$。

等效热阻 R_{equiv} 对应于要求保持的燃料电池温度，可由下式确定
$$q = \frac{T_c - T_\infty}{R_{\mathrm{tot}}} = \frac{T_c - T_\infty}{R_{t,c} + R_{t,\mathrm{base}} + R_{\mathrm{equiv}}}$$
因此
$$R_{\mathrm{equiv}} = \frac{T_c - T_\infty}{q} - (R_{t,c} + R_{t,\mathrm{base}})$$
$$= (56.4℃ - 25℃)/11.25\mathrm{W} - (0.2 + 0.002)\mathrm{K/W}$$
$$= 2.59\mathrm{K/W}$$

对 $N = 22$，可得下述各参数的值：$a = 0.0035\mathrm{m}$，$h = 19.1\mathrm{W/(m^2 \cdot K)}$，$m = 13.9\mathrm{m^{-1}}$，$R_{t,f(N)} = 2.94\mathrm{K/W}$，$R_{t,b} = 13.5\mathrm{K/W}$，$R_{\mathrm{equiv}} = 2.41\mathrm{K/W}$ 和 $R_{\mathrm{tot}} = 2.61\mathrm{K/W}$，由此导致的燃料电池的温度为 $54.4℃$。在 $N = 20$ 和 $N = 24$ 的情况下，燃料电池的温度分别为 $T_c = 58.9℃$ 和 $50.7℃$。

当 $N=22$ 时，实际的燃料电池温度最接近于所要求达到的值。所以，可规定肋片数为 22，11 个在上，11 个在下，这将导致

$$P_{\text{net}}=P-P_{\text{f}}=9.0\text{W}-4.7\text{W}=4.3\text{W}　◀$$

说明：1. 将带肋片的热沉和燃料电池结合在一起可显著改进燃料电池-风扇系统的性能。好的热控制能使空想的建议转变成能实现的设想。

2. 当燃料电池传出热能时，冷却空气温度升高。离开带肋片热沉的空气的温度可由空气流总的能量平衡来计算，可得 $T_{\text{o}}=T_{\text{i}}+q/(\rho c_{p}\dot{\forall}_{\text{f}})$。对第 1 部分，有 $T_{\text{o}}=25℃+10.28\text{W}/(1.1614\text{kg/m}^{3}\times1007\text{J}/(\text{kg}\cdot\text{K})\times9.4\times10^{-3}\text{m}^{3}/\text{s})=25.9℃$。对第 2 部分，空气的出口温度为 $T_{\text{o}}=27.0℃$。因此，燃料电池的工作温度将比假定冷却空气温度为 25℃ 的常数时预测的略高，更接近于期望值。

3. 对第 2 部分中的条件，对流换热系数并不随空气流速而改变。这种 h 值对流体速度的不敏感性常发生在流动被限制在横截面很小的通道内的情况，第 8 章中对此将进行详细讨论。在重要的应用中，相对于无肋片表面，肋片对增大或减小 h 值的影响应加以考虑。

4. 更详细的系统分析要涉及预测由风扇导致的空气流通过肋片之间的间隙有关的压降。

5. 由于风道壁隔热良好，假定肋片末端绝热是合理的。

3.7　生物热方程

当发展极端温度的新的医疗手术以及在北极、水下和空间等更不利环境下进行探测时，人体内的传热专题就变得越来越重要[11]。存在着两种主要现象，使活组织内的传热比通常的工程材料内的更为复杂：新陈代谢产热和流动血液与其周围组织之间的热能交换。为考虑这些效应，彭纳斯（Pennes）[12] 对导热方程引入了一个修正，现称为 Pennes 或生物热方程。现在已经知道生物热方程有局限性，但它对理解活组织内的传热仍是有用的工具。本节我们介绍在稳态和一维传热情况下活组织中导热方程的简化形式。

新陈代谢产热和血液的热能交换这两者可看成是产生热能的效应。所以，为说明这两个热源，可将式（3.39）改写为

$$\frac{\text{d}^{2}T}{\text{d}x^{2}}+\frac{\dot{q}_{\text{m}}+\dot{q}_{\text{p}}}{k}=0 \tag{3.106}$$

式中，$\dot{q}_{\text{m}}$ 和 $\dot{q}_{\text{p}}$ 分别为**新陈代谢**和**灌注**热源项。灌注项说明血液与组织之间的能量交换，按能量是来自或传向血液分别为热源或热汇。在式（3.106）中假定热导率为常数。

假设在任何小体积的组织内，进入细小毛细血管的流动血液处于动脉温度 T_{a}，流出时为局部组织温度 T，Pennes 建议了一个灌注项的表达式。组织得到热能的速率等于血液失去热能的速率。如果灌注速率为 ω（每 m³ 组织的体积血液流速率，m³/s），血液失去的热能的速率可据式（1.11e）计算，或者基于单位体积，有

$$\dot{q}_{\text{p}}=\omega\rho_{\text{b}}c_{\text{b}}(T_{\text{a}}-T) \tag{3.107}$$

式中，ρ_{b} 和 c_{b} 分别为血液的密度和比热容。要注意，$\omega\rho_{\text{b}}$ 是单位体积组织内的血液质量流率。

将式（3.107）代入式（3.106），得

$$\frac{\text{d}^{2}T}{\text{d}x^{2}}+\frac{\dot{q}_{\text{m}}+\omega\rho_{\text{b}}c_{\text{b}}(T_{\text{a}}-T)}{k}=0 \tag{3.108}$$

借用我们对扩展面的做法，可方便地定义 $\theta \equiv T - T_a - \dot{q}_m/(\omega\rho_b c_b)$ 为过余温度。这样，若我们假定 T_a、$\dot{q}_m$、ω 和血液的物性都是常数，就可将式(3.108)改写为

$$\frac{d^2\theta}{dx^2} - \widetilde{m}^2\theta = 0 \tag{3.109}$$

式中，$\widetilde{m}^2 = \omega\rho_b c_b/k$。这个方程在形式上与式(3.64)相同。所以，视边界条件的形式，就有可能利用表 3.4 的结果估算活组织内的温度分布。

【例 3.12】 例题 1.6 中给出皮肤/脂肪层内表面的温度为 35℃。实际上，这个温度与存在的传热情况，包括在人体更深的内部发生着的现象有关。讨论被皮肤/脂肪层覆盖的一个肌肉区。在深入肌肉的距离 $L_m = 30\text{mm}$ 处，可假定该处的温度为重要人体部分的温度 $T_c = 37℃$。肌肉的热导率为 $k_m = 0.5\text{W}/(\text{m} \cdot \text{K})$。肌肉内的新陈代谢产热速率为 $\dot{q}_m = 700\text{W}/\text{m}^3$。灌注率 $\omega = 0.0005\text{s}^{-1}$；血液的密度和比热容分别为 $\rho_b = 1000\text{kg}/\text{m}^3$ 和 $c_b = 3600\text{J}/(\text{kg} \cdot \text{K})$，动脉血液的温度 T_a 和 T_c 相同。皮肤/脂肪层的厚度、发射率和热导率与例 1.6 给出的相同；此层内的新陈代谢和灌注产热可忽略。我们想预测在例题 1.6 中环境为空气和水的两种情况下，人体的散热速率和皮肤/脂肪层内表面的温度。

解析

已知：肌肉层和皮肤/脂肪层的尺寸及热导率，皮肤的发射率和表面积，肌肉层内的新陈代谢产热速率和灌注率。重要人体部位和动脉温度。血液的密度和比热容。环境条件。

求：人体的散热速率及皮肤/脂肪层的内表面温度。

示意图：

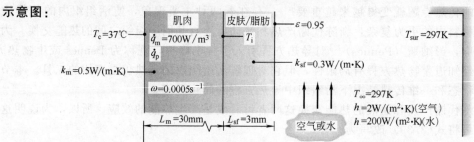

假定：1. 稳定态。

2. 通过肌肉和皮肤/脂肪层的一维传热。

3. 新陈代谢产热速率、灌注速率、动脉温度、血液物性以及热导率都均匀一致。

4. 可由例题 1.6 知辐射换热系数。

5. 可忽略太阳辐照。

分析：我们将对通过皮肤/脂肪层再到环境的传热与肌肉层的分析相结合。通过皮肤/脂肪层到环境的热流速率可用总热阻 R_{tot} 表示

$$q = \frac{T_i - T_\infty}{R_{tot}} \tag{1}$$

像例题 3.1 中一样，对于皮肤暴露在空气中的情况，R_{tot} 计及了与并联发生的对流和辐射传热相串联的通过皮肤/脂肪层的导热。因此

$$R_{tot} = \frac{L_{sf}}{k_{sf}A} + \left[\frac{1}{1/(hA)} + \frac{1}{1/(h_rA)}\right]^{-1} = \frac{1}{A}\left(\frac{L_{sf}}{k_{sf}} + \frac{1}{h + h_r}\right)$$

利用例题 1.6 中对空气的值

$$R_{tot} = \frac{1}{1.8m^2}\left[\frac{0.003m}{0.3W/(m \cdot K)} + \frac{1}{(2+5.9)W/(m^2 \cdot K)}\right] = 0.076K/W$$

对于水，有 $h_r = 0W/(m^2 \cdot K)$ 和 $h = 200W/(m^2 \cdot K)$，$R_{tot} = 0.0083K/W$[❶]。

肌肉层内的传热由式（3.109）决定。边界条件由温度 T_c 和 T_i 规定，其中 T_i 尚是未知值。利用过余温度 θ，可得边界条件为

$$\theta(0) = T_c - T_a - \frac{\dot{q}_m}{\omega\rho_b c_b} = \theta_c \quad 和 \quad \theta(L_m) = T_i - T_a - \frac{\dot{q}_m}{\omega\rho_b c_b} = \theta_i$$

由于我们有温度已给定的两个边界条件，θ 的解可采用表 3.4 的情况 C

$$\frac{\theta}{\theta_c} = \frac{(\theta_i/\theta_c)\sinh\widetilde{m}x + \sinh\widetilde{m}(L_m - x)}{\sinh\widetilde{m}L_m}$$

表 3.4 中给出的 q_f 值应相应于 $x = 0$ 处的传热速率，但这对我们并不特别重要。我们需要的是寻求离开肌肉和进入皮肤/脂肪层的传热速率，这样，我们就能使这个量等同于通过皮肤/脂肪层传给环境的传热速率。所以，我们用下式计算 $x = L_m$ 处的传热速率：

$$q\bigg|_{x=L_m} = -k_m A \frac{dT}{dx}\bigg|_{x=L_m} = -k_m A \frac{d\theta}{dx}\bigg|_{x=L_m} = -k_m A \widetilde{m}\theta_c \frac{(\theta_i/\theta_c)\cosh\widetilde{m}L_m - 1}{\sinh\widetilde{m}L_m} \quad (2)$$

联合式（1）和式（2）可得

$$-k_m A \widetilde{m}\theta_c \frac{(\theta_i/\theta_c)\cosh\widetilde{m}L_m - 1}{\sinh\widetilde{m}L_m} = \frac{T_i - T_\infty}{R_{tot}}$$

对上式求解可得到 T_i，注意 T_i 也在 θ_i 中出现。

$$T_i = \frac{T_\infty \sinh\widetilde{m}L_m + k_m A \widetilde{m}R_{tot}\left[\theta_c + \left(T_a + \frac{\dot{q}_m}{\omega\rho_b c_b}\right)\cosh\widetilde{m}L_m\right]}{\sinh\widetilde{m}L_m + k_m A \widetilde{m}R_{tot}\cosh\widetilde{m}L_m}$$

式中

$$\widetilde{m} = \sqrt{\omega\rho_b c_b/k_m} = \{0.0005s^{-1} \times 1000kg/m^3 \times [3600J/(kg \cdot K)]/[0.5W/(m \cdot K)]\}^{1/2}$$
$$= 60m^{-1}$$

$$\sinh(\widetilde{m}L_m) = \sinh(60m^{-1} \times 0.03m) = 2.94$$

$$\cosh(\widetilde{m}L_m) = \cosh(60m^{-1} \times 0.03m) = 3.11$$

$$\theta_c = T_c - T_a - \frac{\dot{q}_m}{\omega\rho_b c_b} = -\frac{\dot{q}_m}{\omega\rho_b c_b} = -\frac{700W/m^3}{0.0005s^{-1} \times 1000kg/m^3 \times 3600J/(kg \cdot K)}$$
$$= -0.389K$$

过余温度可用热力学温度或摄氏温度表示，因为它是温差。

于是，对于空气：

$$T_i = \frac{24°C \times 2.94 + 0.5W/(m \cdot K) \times 1.8m^2 \times 60m^{-1} \times 0.076K/W \times [-0.389°C + (37°C + 0.389°C) \times 3.11]}{2.94 + 0.5W/(m \cdot K) \times 1.8m^2 \times 60m^{-1} \times 0.076K/W \times 3.11} = 34.8°C$$

◀

---

❶ 原文为 $0.0083W/(m^2 \cdot K)$，有误。——译者注

这个结果与例题 1.6 假定的 35℃ 符合得很好。接下来我们可确定散热速率：

$$q = \frac{T_i - T_\infty}{R_{tot}} = \frac{34.8℃ - 24℃}{0.076K/W} = 142W \qquad \blacktriangleleft$$

这和以前的值也吻合得很好。对水重复这样的计算，可得

$$T_i = 28.2℃ \qquad \blacktriangleleft$$

$$q = 514W \qquad \blacktriangleleft$$

例题 1.6 对水的计算不准确，这是因为在那里错误地将皮肤/脂肪层的内表面温度假定为 35℃。并且，基于更完整的计算，这种情况下皮肤温度将只有 25.4℃。

说明： 1. 实际上，我们人体可通过许多途径适应热和冷环境。例如，如果我们感到太冷时，将会发抖，这将增大我们的新陈代谢产热。若我们感到太热，靠近皮肤表面的灌注速率将增大，局部升高皮肤温度以增大对环境的散热。

2. 测定活组织的热导率是非常有挑战性的工作，因为首先必须在活组织中进行有**侵害性**的测定，其次是很难在实验上区分导热和灌注效应。比较容易的是测定有效热导率，它所代表的是导热和灌注的共同贡献。然而，有效热导率值必然与灌注速率有关，而反过来，后者是随试样的热环境和物理状态而变的。

3. 可以对一个灌注速率的范围进行重复计算，下面是用图给出的散热速率随灌注速率的变化。对环境是水的情况，由于肌肉温度较低，因而热的动脉血液的灌注效应更显著。

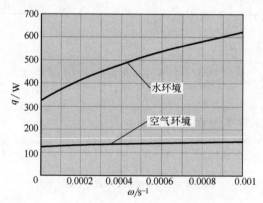

3.8 小结

虽然一维稳态传热过程在数学处理上较为简单，但在大量工程应用中却经常会碰到这类问题。尽管一维稳态条件的应用可能并不严格，但常可做一些假定而得到准确性可以认可的结果。所以读者应全面熟悉处理这些问题所用的方法。特别是读者应能轻松自如地运用等效热网络和常见的三类几何形状中对应于每一种的导热热阻的表达式。读者还应熟悉怎样利用傅里叶定律确定温度分布和相应的热流密度，也应清晰地理解内部存在分布热源的含义。最后，读者应弄懂扩展表面在热系统设计中所起的重要作用，并且有能力对这类表面进行设计和性能计算。

读者可通过回答下述问题来测试对本章中关键概念的理解程度。

• 在哪些条件下可认为**热流密度**是与热流方向无关的常数？对其中的每一个条件，通过物理上的思考使自己确信如果这个条件不满足，热流密度将与热流的方向有关。

• 对于圆柱形或球形壳体中无热源的一维稳定态导热，热流密度是否与径向距离无关？热流速率是否与径向距离无关？

- 对无热源的一维稳定态导热，在**平壁、圆柱形**和**球形壳体**中的温度分布的形状是怎样的？

- 何谓**热阻**？它是如何定义的？它的单位是什么？

- 对通过**平壁**的导热，能否据记忆写出热阻的表达式？类似地，能否写出通过**圆柱形**和**球形壳体**的导热热阻的表达式？据记忆，能否写出涉及表面的对流换热和表面与大的周围环境之间净辐射换热的热阻表达式？

- 存在**临界隔热半径**的物理根据是什么？热导率与对流换热系数会对这个值发生什么影响？

- 固体的热导率对导热热阻有什么影响？表面的对流换热系数对对流换热热阻有什么影响？表面的发射率对辐射换热热阻有什么影响？

- 如果一个表面通过对流和辐射向外传热，在热网络中怎样表示其相应的热阻？

- 讨论通过一个平壁的稳态导热，此平壁将与它内外表面邻近的温度分别为 $T_{\infty,i}$ 和 $T_{\infty,o}$ 的流体隔开。如果外表面的对流换热系数是内表面的 5 倍，$h_o = 5h_i$，能否说明平壁的内、外表面温度 $T_{s,i}$、$T_{s,o}$ 和与表面邻近的对应的流体温度之间的关系？

- 能否将导热热阻用于实心的**固体圆柱体和球**？

- 何谓**接触热阻**？它是怎样定义的？对给定面积的交界面，它的单位是什么？单位面积的接触热阻的单位是什么？

- 两个相邻表面的粗糙度对接触热阻有什么影响？

- 如果在两个接触表面的间隙内以氦气替代空气，对接触热阻会发生什么影响？如果将间隙抽成真空，会对接触热阻发生什么影响？

- 何谓**总传热系数**？它是怎么定义的？它与**总热阻**有什么关系？它的单位是什么？

- 一个实心的圆柱体内有均匀的容积加热，圆柱外表面有对流散热，其热流密度是否随径向变化？其热流速率是否随径向变化？

- 在一个实心圆球中有均匀的容积加热，球外表面有对流散热，其热流密度是否随径向变化？其热流速率是否随径向变化？

- 如果一个实心圆柱或球体内有内热源，而它们的外表面处于理想的绝热条件，是否能到达稳定态？说明理由。

- 能否用热阻表示有内热源的物件并放在热网络中进行分析？如果可以，为什么？如果不行，为什么？

- 利用微波炉时，与烧煮有关的物理机理是什么，与普通炉灶（对流或辐射）的不同点是什么？

- 如果投射在半透明介质表面上的辐射在穿过介质时被吸收，是否相当于介质有均匀分布的容积热源 $\dot{q}$？如果不是，$\dot{q}$ 如何随离表面的距离而变化？

- 厚度为 $2L$ 的壁内有均匀的容积热源，壁的两个表面的对流换热条件相同；另一个壁的厚度为 L，壁内也有均匀的容积热源，其一个表面为对流换热条件，另一个表面理想绝热。这两个壁的容积内热源的值相同，对流换热条件也相同，问在哪一方面这两个壁是相似的？

- 在表面上加**肋片**的目的是什么？

- 在推导扩展表面通用形式的能量方程时，为什么一维导热的假定是一种近似？在什么条件下这是一个很好的近似？

- 讨论一个横截面不变的直肋片 [图 3.14(a)]。在肋片内的 x 处画出横向（y）上的温度分布，将坐标的原点置于肋片的中心面上（$-t/2 \leqslant y \leqslant t/2$）。应用于（$x$，$t/2$）处的**表面**能量平衡关系的形式是什么？

- 何谓**肋片有效度**？其值的可能范围是什么？什么条件下肋片更有效？
- 何谓**肋片效率**？其值的可能范围是什么？什么条件下肋片效率大？
- 何谓**肋片热阻**？它的单位是什么？
- 在下述情况下，对肋片有效度、效率和热阻会产生什么影响：增大肋片的热导率；增大对流换热系数；增加肋片的长度；增大肋片的厚度（或直径）？
- 热水流过一根管子将热能传至流过管子外表面的空气。为增强传热，应将肋片装在管子的内表面还是外表面上？
- 利用铸造或挤塑过程可将肋片与表面集成加工，或者也可将加工好的肋片钎焊或粘接在表面上，从传热考虑，哪一种方案好？
- 叙述生物热方程中两个热源项的物理由来。在什么条件下灌注项是热汇？

参考文献

1. Fried, E., "Thermal Conduction Contribution to Heat Transfer at Contacts," in R. P. Tye, Ed., *Thermal Conductivity,* Vol. 2, Academic Press, London, 1969.
2. Eid, J. C., and V. W. Antonetti, "Small Scale Thermal Contact Resistance of Aluminum against Silicon," in C. L. Tien, V. P. Carey, and J. K. Ferrel, Eds., *Heat Transfer—1986,* Vol. 2, Hemisphere, New York, 1986, pp. 659–664.
3. Snaith, B., P. W. O'Callaghan, and S. D. Probert, *Appl. Energy,* **16,** 175, 1984.
4. Yovanovich, M. M., "Theory and Application of Constriction and Spreading Resistance Concepts for Microelectronic Thermal Management," Presented at the International Symposium on Cooling Technology for Electronic Equipment, Honolulu, 1987.
5. Peterson, G. P., and L. S. Fletcher, "Thermal Contact Resistance of Silicon Chip Bonding Materials," Proceedings of the International Symposium on Cooling Technology for Electronic Equipment, Honolulu, 1987, pp. 438–448.
6. Yovanovich, M. M., and M. Tuarze, *AIAA J. Spacecraft Rockets,* **6,** 1013, 1969.
7. Madhusudana, C. V., and L. S. Fletcher, *AIAA J.,* **24,** 510, 1986.
8. Yovanovich, M. M., "Recent Developments in Thermal Contact, Gap and Joint Conductance Theories and Experiment," in C. L. Tien, V. P. Carey, and J. K. Ferrel, Eds., *Heat Transfer—1986*, Vol. 1, Hemisphere, New York, 1986, pp. 35–45.
9. Harper, D. R., and W. B. Brown, "Mathematical Equations for Heat Conduction in the Fins of Air Cooled Engines," NACA Report No. 158, 1922.
10. Schneider, P. J., *Conduction Heat Transfer*, Addison-Wesley, Reading, MA, 1957.
11. Diller, K. R., and T. P. Ryan, *J. Heat Transfer*, **120**, 810, 1998.
12. Pennes, H. H., *J. Applied Physiology*, **85**, 5, 1998.

习 题

平 壁

3.1 考虑图 3.1 中的平壁，它将温度分别为 $T_{\infty,1}$ 和 $T_{\infty,2}$ 的热流体和冷流体隔开。利用 $x=0$ 和 $x=L$ 处的表面能量平衡作为边界条件 [见式(2.32)]，求壁内的温度分布和热流密度，用 $T_{\infty,1}$、$T_{\infty,2}$、h_1、h_2、k 和 L 表示结果。

3.2 使热空气流过汽车后窗内表面来去除其上的雾气。

（a）如果热空气处于 $T_{\infty,i}=40℃$，相应的对流系数为 $h_i=30W/(m^2 \cdot K)$，而外部环境空气的温度为 $T_{\infty,o}=-10℃$，相关的对流系数为 $h_o=65W/(m^2 \cdot K)$，则 4mm 厚窗玻璃的内外表面温度分别是多少？

（b）在实际过程中，$T_{\infty,o}$ 和 h_o 会随天气状况和汽车速度而变化。对于 $h_o=2W/(m^2 \cdot K)$、$65W/(m^2 \cdot K)$ 和 $100W/(m^2 \cdot K)$ 的情况，在 $-30℃ \leqslant T_{\infty,o} \leqslant 0℃$ 范围内计算并画出内外表面温度与 $T_{\infty,o}$ 的函数关系。

3.3 在一个生产过程中，要把一个透明薄膜粘贴在衬底上，如图所示。为在温度 T_0 下固化黏结剂，采用了一个辐射源，它可提供热流密度 q_0''（W/m²），该热流密度完全被黏结表面吸收。衬底底部温度保持在 T_1，而薄膜的自由表面则暴露于温度为 T_∞ 的空气，对流换热系数为 h。

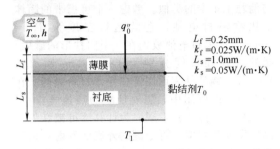

（a）画出表示该稳态传热情形的热回路。以符号形式标出**所有的**单元、节点和传热速率。

（b）采用下述条件：$T_\infty = 20℃$、$h = 50W/(m^2 \cdot K)$ 和 $T_1 = 30℃$，计算为把黏结表面维持在 $T_0 = 60℃$ 所需的热流密度 q_0''。

（c）在 $0mm \leqslant L_f \leqslant 1mm$ 范围内计算并画出所需的热流密度与薄膜厚度的函数关系。

（d）如果薄膜不是透明的，且所有的辐射热流密度均被其上表面吸收，确定为实现黏结所需的热流密度。在 $0mm \leqslant L_f \leqslant 1mm$ 范围内画出该结果与 L_f 的函数关系。

3.4　在一种测量对流换热系数的技术中，要将金属箔的一个表面粘贴在隔热材料上，并使其另一个表面暴露于感兴趣的流体流动条件。

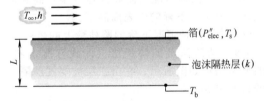

在箔中通电流，会在其中均匀地产生热量，可通过测量相关的电压和电流来确定相应的热流密度 P_{elec}''。如果已知隔热层的厚度 L 和热导率 k，并测出流体、箔和隔热层的温度（T_∞、T_s、T_b），就可确定对流系数。考虑以下情形：$T_\infty = T_b = 25℃$、$P_{elec}'' = 2000W/m^2$、$L = 10mm$ 和 $k = 0.040W/(m \cdot K)$。

（a）如果流过表面的是水，测得箔的温度为 $T_s = 27℃$，确定对流系数。如果假定所有的功耗均通过对流传给了水，这会导致什么误差？

（b）如果流过表面的是空气，且测得温度为 $T_s = 125℃$，对流系数是多少？箔的发射率为 0.15，暴露于 25℃ 的大环境。如果假定所有的功耗均通过对流传给了空气，这会导致什么误差？

（c）通常，热流密度计是在固定温度（T_s）下工作的，在这种情况下，功耗就直接给出了对流系数的度量。对于 $T_s = 27℃$ 的情况，在 $10W/(m^2 \cdot K) \leqslant h_o \leqslant 1000W/(m^2 \cdot K)$ 范围内画出 P_{elec}'' 与 h_o 的函数关系。h_o 对因忽略通过隔热层的导热造成的误差有什么影响？

3.5　在寒冷有风的天气中经历的**风寒**与人体的裸露皮肤向周围大气传热的增强有关。考虑一层 3mm 厚的脂肪组织，其内表面保持在 36℃。在无风的天气中外表面的对流换热系数为 $25W/(m^2 \cdot K)$，但在风速为 30km/h 时该系数达到 $65W/(m^2 \cdot K)$。在两种情况下环境空气的温度均为 $-15℃$。

（a）在无风和有风天气中单位皮肤面积上热损速率之比是多少？

（b）在无风的天气中皮肤外表面温度是多少？在有风的天气中呢？

（c）为使无风天气中的热损与空气温度为 $-15℃$ 的有风天气中的相同，其空气温度应为多少？

3.6　按合同规定，一个测试实验室要测量不同液体的热导率与其温度的函数关系。通常情况下，该实验室会通过在不同运行温度下的极为耗时的大量实验来测量热导率及其与温度的关系。有人建议了一种新的实验方法，它可在一次实验中确定热导率与温度的关系。所建议的装置为多层结构，其中每一层均由夹在两块不锈钢板之间的厚为 T_{lcm} 的正方形低热导率材料板构成，不锈钢板的厚度为 $t_{ss} = 1mm$，热导率为 $k_{ss} = 15W/(m \cdot K)$。所形成的**不锈钢-低热导率材料-不锈钢**夹层将 $N = 5$ 层、厚度为 $t_l = 2mm$ 的液体隔开。从上部加热整个结构以消除液体中的自然对流，结构的底部则用流动的液体冷却。用热电偶测量每块不锈钢板的温度，整个装置用隔热材料封装。某一种液体的热导率的待测温度范围为 $300K \leqslant T \leqslant 400K$。为处理该液体的热导率与温度的关系，穿过各液体层的温差控制在 $\Delta T = 2℃$ 以内。该液体的标称热导率为 $k_l = 0.8W/(m \cdot K)$。

（a）讨论低热导率材料为酚醛塑料的情况。确定该实验装置的总高度 H。

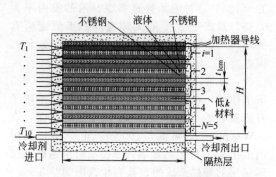

（b）考虑用一种 $k_a = 0.0065\text{W/(m·K)}$ 的气凝胶代替酚醛塑料的情况，该装置的总高度是多少？

（c）为尽量降低通过装置周侧面的热损，加热器的面积（A_h）要比装置周侧面的面积（A_s）大 10 倍。比较分别采用酚醛塑料和气凝胶作为低热导率材料的情况下装置所需的加热器面积及所需的电功率。

3.7 例题 1.4 中燃料电池的电解质膜是一个很薄的复合结构，它由精密材料的夹层结构构成，如图所示。聚合物芯的厚度为 $t_{pc} = 0.20\text{mm}$，催化剂层的厚度为 $T_{cl} = 0.01\text{mm}$。气体扩散的厚度为 $T_{gdl} = 0.1\text{mm}$。由于在大于 85℃ 的温度下膜会软化并失去耐久性，材料工程师决定在两个催化剂层中沿长度方向植入长的碳纳米管 [直径 $D_{cn} = 14\text{nm}$，$k_{cn} = 3000\text{W/(m·K)}$] 以对膜进行增强。确定膜组件的**有效热导率** $k_{eff,x}$ 的值，其定义为 $q_x = k_{eff,x} Wt\Delta T/L$，其中 L、W 和 t 分别为膜组件的长度、宽度和总厚度；q_x 是沿组件长度方向上的传热速率；ΔT 则是长度为 L 的组件段上的温降。确定碳纳米管的填充率为 $f = 0$、10%、20% 和 30% 时 $k_{eff,x}$ 的值，这里 f 是碳纳米管在催化剂层中的体积分数。聚合物芯的热导率为 $k_{pc} = 0.25\text{W/(m·K)}$，气体扩散层和催化剂层的热导率分别为 $k_{gdl} = 1.3\text{W/(m·}$

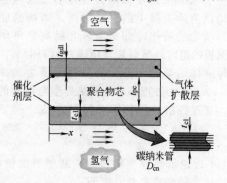

K）和 $k_{cl} = 1\text{W/(m·K)}$。

3.8 很多传统液体燃料在处于很高温度时会分解成氢气和其他组分。**固体氧化物燃料电池**的优点在于它可在内部把易于获得的液态燃料**重整**为氢气，后者则可用于产生电能，方式与例题 1.4 中的类似。考虑一个可携带的固体氧化物燃料电池，它的运行温度为 $T_{fc} = 800℃$。该燃料电池放置在一个圆柱形的罐中，罐的直径和长度分别为 $D = 75\text{mm}$ 和 $L = 120\text{mm}$。罐的外表面用低热导率材料隔热。在一个特定的应用中，想要使罐的**热信号**很小，以免被红外探测器发现。为计算罐可被红外探测器发现的程度，可令罐的外表面发射的辐射热流密度 [式（1.5） $E_s = \varepsilon_s \sigma T_s^4$] 与**当量的**黑表面发射的热流密度（$E_b = \sigma T_b^4$）相等。如果当量黑表面温度 T_b 与周围环境温度接近，则罐的热信号很小，不会被发现，即红外探测器无法把罐与周围环境区分开来。

（a）确定为使罐不易被红外探测器发现（即 $T_b - T_{sur} < 5\text{K}$）罐的圆柱壁上所需的隔热层厚度。考虑以下情况：（ⅰ）罐的外表面上覆盖有很薄的一层污垢（$\varepsilon_s = 0.90$）；（ⅱ）外表面为一层非常薄的抛光的铝膜（$\varepsilon_s = 0.08$）。计算采用硅酸钙 [$k = 0.09\text{W/(m·K)}$] 和气凝胶 [$k = 0.006\text{W/(m·K)}$] 这两种隔热材料时所需的厚度。周围环境和空气的温度分别为 $T_{sur} = 300\text{K}$ 和 $T_\infty = 298\text{K}$。外表面的对流换热系数为 $h = 12\text{W/(m}^2\text{·K)}$。

（b）计算四种情况（高和低热导率；高和低表面发射率）下罐的外表面温度。

（c）计算四种情况下罐的圆柱壁上的热损。

3.9 消防队员的防护服（即**战斗服上衣**）的典型结构如图所示，它由三层被空气层隔开的材料组成。

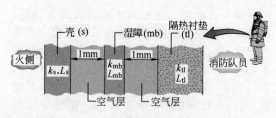

各层典型的尺寸和热导率如下所列。

层	厚度/mm	$k/\text{W·m}^{-1}\text{·K}^{-1}$
壳（s）	0.8	0.047
湿障（mb）	0.55	0.012
隔热衬垫（tl）	3.5	0.038

层间空气间隙的厚度为 1mm，热量通过导热和辐射通过静止的空气层进行传递。间隙的线性化辐射系数可近似为 $h_{rad} = \sigma(T_1 + T_2)(T_1^2 + T_2^2) \approx 4\sigma T_{avg}^3$，其中 T_{avg} 表示包容间隙的那些表面的平均温度，通过间隙的辐射热流密度可表示为 $q''_{rad} = h_{rad}(T_1 - T_2)$。

（a）用热回路表示这种战斗服上衣，标出所有的热阻。计算各层以及间隙中导热和辐射过程的单位面积热阻（$m^2 \cdot K/W$）并列表。假定在计算两个间隙中的辐射热阻时可采用 $T_{avg} = 470K$。说明这些热阻的相对大小。

（b）在消防队员工作时经常处于的**闪燃前**的火灾环境中，战斗服上衣火侧的典型辐射热流密度为 $0.25W/cm^2$。如果内表面温度处于可能导致烫伤的 66℃，战斗服上衣的外表面温度是多少？

接触热阻

3.10 一个复合壁将 2600℃的燃气与 100℃的液体冷却剂隔开，气体侧和液体侧的对流系数分别为 $50W/(m^2 \cdot K)$ 和 $1000W/(m^2 \cdot K)$。该壁由气体侧 10mm 厚的氧化铍层和液体侧厚 20mm 的不锈钢（AISI 304）板构成。氧化物与钢的接触热阻为 $0.05m^2 \cdot K/W$。单位面积复合壁上的热损速率是多少？画出从气体到液体的温度分布。

3.11 考虑一个复合平壁，它由两种材料构成，材料的热导率分别为 $k_A = 0.1W/(m \cdot K)$ 和 $k_B = 0.04W/(m \cdot K)$，厚度分别为 $L_A = 10mm$ 和 $L_B = 20mm$。已知两种材料交界面上的接触热阻为 $0.30m^2 \cdot K/W$。材料 A 与 200℃的流体相邻，$h = 10W/(m^2 \cdot K)$；材料 B 与 40℃的流体相邻，$h = 20W/(m^2 \cdot K)$。

（a）通过一个 2m 高、2.5m 宽的壁的传热速率有多大？

（b）画出温度分布。

3.12 一个工业级的立方体冷冻室的边长为 3m，其复合壁由外层 6.35mm 厚的碳素钢板、中间层 100mm 厚的软木隔热材料和内层 6.35mm 厚的铝合金（2024）板构成。隔热材料与金属板之间的黏合界面的接触热阻均为 $R''_{t,c} = 2.5 \times 10^{-4} m^2 \cdot K/W$。在内外表面温度分别为 -6℃ 和 22℃ 的情况下冷冻室必须维持的稳态制冷负荷为多大？

3.13 在一个集成电路（芯片）上可安装约 10^6 个独立的电子元件，电功耗可达 $30000W/m^2$。芯片很薄，其外表面暴露于 $T_{\infty,o} = 20℃$ 的介电液体，$h_o = 1000W/(m^2 \cdot K)$，内表面与电路板相连。芯片与电路板之间的接触热阻为 $10^{-4} m^2 \cdot K/W$，电路板的厚度和热导率分别为 $L_b = 5mm$ 和 $k_b = 1W/(m \cdot K)$。电路板的另一个表面暴露于 $T_{\infty,i} = 20℃$ 的环境空气，$h_i = 40W/(m^2 \cdot K)$。

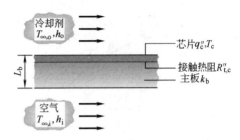

（a）画出对应于稳态条件的等效热回路，以变量形式标出适当的热阻、温度和热流密度。

（b）在芯片功耗为 $q''_c = 30000W/m^2$ 的稳态条件下，芯片的温度是多少？

（c）最大允许的热流密度 $q''_{c,m}$ 由芯片温度不得超过 85℃ 的限制条件决定。确定上述条件下的 $q''_{c,m}$。如果用空气取代介电液体，对流系数会降低约一个数量级。在 $h_o = 100W/(m^2 \cdot K)$ 时 $q''_{c,m}$ 的值是多少？在采用空气冷却的情况下，如果采用氧化铝电路板和/或在芯片/电路板交界面上采用导热胶（$R''_{t,c} = 10^{-5} m^2 \cdot K/W$），是否可以获得显著的改进？

另一种导热分析方法

3.14 图中所示为一个用纯铝制作的圆锥的截面。其圆形横截面的直径为 $D = ax^{1/2}$，其中 $a = 0.5m^{1/2}$。小端位于 $x_1 = 25mm$ 处，大端位于 $x_2 = 125mm$ 处。端部温度分别为 $T_1 = 600K$ 和 $T_2 = 400K$，周侧面隔热良好。

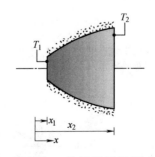

（a）作一维假定，推导用符号形式表示的温

度分布 $T(x)$ 的表示式。画出温度分布的示意图。

（b）计算传热速率 q_x。

3.15 测量表明，通过一个没有产热的平壁的稳态导热产生了一个凸起的温度分布，中点处的温度比预期的线性温度分布在中点处的值高 ΔT_o。

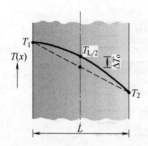

假定热导率与温度的关系为线性，$k = k_o(1 + \alpha T)$，其中 α 是一个常数，推导可用 ΔT_o、T_1 及 T_2 计算 α 的关系式。

3.16 图中给出了一种可用于测量物体表面温度的装置，其空间分辨率约在 50nm 以内。该装置由一个端部极尖锐的触针和一个极小的悬臂梁组成，可对表面进行扫描。触针的尖头具有圆形横截面，它是用多晶二氧化硅制作的。在悬臂梁的回转端处测得环境温度为 $T_\infty = 25℃$，该装置中有一个传感器，用于测量触针尖头上端处的温度 T_{sen}。触针与回转端之间的热阻为 $R_t = 5 \times 10^6$ K/W。

（a）确定表面温度与传感器温度之间的热阻。

（b）如果传感器给出的温度为 $T_{sen} = 28.5℃$，确定表面温度。

提示：虽然纳米尺度的传热效应可能会比较重要，这里仍可假定触针尖头附近空气中的导热能用傅里叶定律描述，热导率可从表 A.4 中查得。

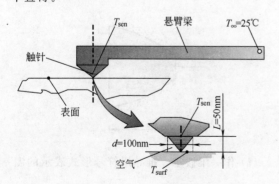

圆柱壁

3.17 一根外直径为 0.12m 的蒸汽管道采用硅酸钙层隔热。

（a）如果隔热层厚 20mm，其内外表面温度分别为 $T_{s,1} = 800$K 和 $T_{s,2} = 490$K，单位管长上的热损速率（q'）是多少？

（b）我们想要探讨在内表面温度固定为 $T_{s,1} = 800$K 的情况下，隔热层厚度对热损速率 q' 和外表面温度 $T_{s,2}$ 的影响。外表面暴露于对流系数为 $h = 25$W/($m^2 \cdot$ K) 的空气流（$T_\infty = 25℃$）和 $T_{sur} = T_\infty = 25℃$ 的大的环境。硅酸钙的表面发射率约为 0.8。计算并画出隔热层中的温度分布与无量纲径向坐标 $(r - r_1)/(r_2 - r_1)$ 之间的函数关系，其中 $r_1 = 0.06$m，r_2 是一个变量（$0.06 < r_2 \leqslant 0.20$m）。在 0m $\leqslant (r_2 - r_1) \leqslant 0.14$m 范围内计算并画出热损速率与隔热层厚度之间的函数关系。

3.18 一根用于输运冷的药物的不锈钢（AISI 304）管的内直径为 36mm，壁厚为 2mm。药物和环境空气的温度分别为 6℃ 和 23℃，相应的内外对流系数分别为 400W/($m^2 \cdot$ K) 和 6W/($m^2 \cdot$ K)。

（a）单位管长上的得热速率是多少？

（b）如果在管的外表面上加上一层 10mm 厚的硅酸钙隔热层 $[k_{ins} = 0.050$W/($m \cdot$ K)$]$，单位管长上的得热速率是多少？

3.19 用一些钢管 $[k = 35$W/($m \cdot$ K)$]$ 把 575℃ 的过热蒸汽从锅炉输送到电厂的汽轮机中，钢管的内直径为 300mm，壁厚为 30mm。为减少向环境的热损并使外表面保持可以**安全接触**的温度，在管的外表面上加了一层硅酸钙隔热层 $[k = 0.10$W/($m \cdot$ K)$]$，为减缓隔热材料的退化，在其外部包裹了一层发射率 $\varepsilon = 0.20$ 的铝箔。电厂中空气和墙壁的温度均为 27℃。

（a）假定钢管的内表面温度与蒸汽的相同，且铝箔外表面的对流系数为 6W/($m^2 \cdot$ K)，为确保铝箔温度不超过 50℃ 所需的最小隔热层厚度是多少？单位管长上相应的热损速率是多少？

（b）探讨隔热层厚度对铝箔温度及单位管长上热损速率的影响。

3.20 在一根长棒中通电流，以 $\dot{q} = 2 \times 10^6$ W/m^3 的均匀体积速率产生热能。棒与一个中空陶瓷圆柱体同心，形成一个充满空气的腔体。

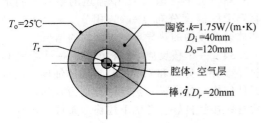

$T_o=25℃$ 陶瓷，$k=1.75W/(m\cdot K)$
$D_i=40mm$
$D_o=120mm$
T_r
腔体，空气层
棒，$\dot{q}, D_r=20mm$

单位长度上腔体表面之间的辐射热阻为 $R'_{rad}=0.30m\cdot K/W$，腔体内自然对流的系数为 $h=20W/(m^2\cdot K)$。

（a）构建可用于计算棒的表面温度 T_r 的热回路。标出所有的温度、传热速率和热阻，并算出各个热阻。

（b）计算给定条件下棒的表面温度。

3.21 蒸汽在一根长的薄壁管内流动，使管壁处于均匀温度 500K。管外覆盖有由 A 和 B 两种不同材料组成的隔热毡。

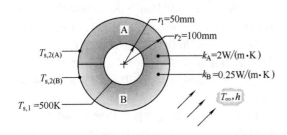

$r_1=50mm$
$r_2=100mm$
$k_A=2W/(m\cdot K)$
$k_B=0.25W/(m\cdot K)$
$T_{s,2(A)}$
$T_{s,2(B)}$
$T_{s,1}=500K$
T_∞, h

可假定两种材料的交界面处的接触热阻为无限大，整个外表面暴露于 $T_\infty=300K$ 的空气，$h=25W/(m^2\cdot K)$。

（a）画出系统的热回路。（用上面的符号）标出所有相关的节点和热阻。

（b）在给定的条件下，管的总热损速率是多少？外表面温度 $T_{s,2(A)}$ 和 $T_{s,2(B)}$ 分别是多少？

球 壁

3.22 一个贮存罐由一个长度和内直径分别为 $L=2m$ 和 $D_i=1m$ 的圆柱段和两个半球形端部组成。罐是用 20mm 厚的玻璃（派勒克斯耐热玻璃）制作的，暴露于温度为 300K 的环境空气，对流系数为 $10W/(m^2\cdot K)$。罐用于贮存热油，后者使内表面保持在 400K。确定为维持给定的条件需要向浸没在油中的加热器提供的电功率。可以忽略辐射效应，并可假定玻璃的热导率为 $1.4W/(m\cdot K)$。

3.23 用一个中空的铝球来测量隔热材料的热导率，铝球的中心有电加热器。球的内外半径分别为 0.15m 和 0.18m，测试是在稳态下进行的，铝球的内表面保持在 250℃。在一次特定的测试中，在铝球的外表面上加了一层 0.12m 厚的球壳形隔热材料。系统处于空气温度为 20℃ 的室内，隔热层外表面上的对流系数为 $30W/(m^2\cdot K)$。如果在稳态条件下加热器的功耗为 80W，隔热材料的热导率是多少？

3.24 可把一个球形的冷冻治疗探头植入有病害的组织，以冻结并摧毁该组织。考虑一个直径 3mm 的探头，在植入处于 37℃ 的组织后其表面温度保持在 $-30℃$。在探头的周围形成了一层球壳形冻结组织，冻结组织与正常组织之间的相变前沿（交界面）处的温度为 0℃。如果冻结组织的热导率约为 $1.5W/(m\cdot K)$，且可用 $50W/(m^2\cdot K)$ 的有效对流系数描述相变前沿处的传热，冻结组织层的厚度是多少（假定可忽略灌注的影响）？

3.25 用一个球形容器作为生产药物的反应器，其不锈钢壁的厚度为 10mm [$k=17W/(m\cdot K)$]，内直径为 1m。容器的外表面暴露于环境空气（$T_\infty=25℃$），可假定对流系数为 $6W/(m^2\cdot K)$。

（a）在稳态运行中，内表面因反应器内能量的产生而维持在 50℃。容器的热损速率是多少？

（b）如果在容器的外表面上加上一层 20mm 厚的玻璃纤维隔热材料 [$k=0.040W/(m\cdot K)$]，而热能产生的速率保持不变，容器的内表面温度是多少？

3.26 一个半径为 r_2 的空心球的外表面上具有均匀热流密度 q''_2。位于 r_1 处的内表面处于恒定温度 $T_{s,1}$。

（a）根据 q''_2、$T_{s,1}$、r_1、r_2 及壁材的热导率 k 建立球壁内温度分布 $T(r)$ 的表达式。

（b）如果内外半径分别为 $r_1=50mm$ 和 $r_2=100mm$，在内表面温度 $T_{s,1}=20℃$ 的情况下，为将外表面维持在 $T_{s,2}=50℃$，需要多大的热流密度 q''_2？

3.27 一个内外半径分别为 r_i 和 r_o 的球壳中充满了产热材料，均匀体积产热速率（W/m^3）为 $\dot{q}$。球壳的外表面暴露于温度为 T_∞ 的流体，对流系数为 h。求球壳中稳态温度分布 $T(r)$ 的表示式，用 r_i、r_o、$\dot{q}$、h、T_∞ 以及球壳材料的热导率 k 表示你的结果。

3.28 在一个直径 3m 的球形罐中贮存着 $-60℃$ 的液化石油气。为降低得热速率，在罐的外表面上加上了一层热导率和厚度分别为 $0.06 W/(m \cdot K)$ 和 250mm 的隔热材料。

(a) 在环境空气温度为 20℃ 和外表面上的对流系数为 $6 W/(m^2 \cdot K)$ 时,确定隔热层中温度为 0℃ 的径向位置。

(b) 如果隔热材料会吸收环境空气中的水分,关于隔热层中冰的形成你能获得什么结论?冰的形成对液化石油气的得热有什么影响?如何避免这种情况?

伴随热能产生的导热

3.29 考虑圆柱壳和球壳,它们位于 r_1 和 r_2 处的内外表面分别处于均匀温度 $T_{s,1}$ 和 $T_{s,2}$。如果壳内有均匀的产热,求一维稳态条件下温度、热流密度和传热速率的径向分布的表示式。把你的结果与附录 C 中的进行比较。

3.30 一个厚度和热导率分别为 0.1m 和 $25 W/(m \cdot K)$ 的平壁中有 $0.3 MW/m^3$ 的均匀体积产热,其一侧隔热,另一侧则暴露于 92℃ 的流体。壁与流体之间的对流换热系数为 $500 W/(m^2 \cdot K)$。确定壁中的最高温度。

3.31 考虑一个复合平壁中的一维导热。壁的外表面暴露于 25℃ 的流体,对流换热系数为 $1000 W/(m^2 \cdot K)$。中间壁 B 中有均匀产热 $\dot{q}_B$,但壁 A 和 C 中无产热。交界面处的温度分别为 $T_1 = 261℃$ 和 $T_2 = 211℃$。

(a) 假定可以忽略交界面处的接触热阻,确定体积产热速率 $\dot{q}_B$ 和热导率 k_B。

(b) 画出温度分布,显示出其重要特征。

(c) 考虑材料 A 的暴露表面上冷却剂突然消失的情况 $(h = 0)$。确定 T_1 和 T_2 并画出整个系统的温度分布。

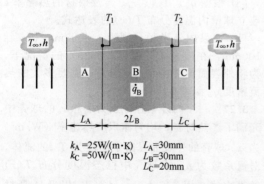

$$k_A = 25 W/(m \cdot K) \quad L_A = 30mm$$
$$k_C = 50 W/(m \cdot K) \quad L_B = 30mm$$
$$L_C = 20mm$$

3.32 考虑例题 3.7 中的复合壁。在说明中,确定了在忽略材料 A 和 B 之间接触热阻的情况下壁内的温度分布。如果接触热阻为

$R''_{t,c} = 10^{-4} m^2 \cdot K/W$,计算并画出温度分布。

3.33 对于习题 1.18 中描述的条件,确定容器中的温度分布 $T(r)$,用 $\dot{q}_0$、r_0、T_∞、h 和放射性废物的热导率 k 表示你的结果。

3.34 一个核反应堆燃料元件为一个半径和热导率分别为 r_1 和 k_f 的圆柱形固体细棒。燃料元件细棒与外半径和热导率分别为 r_2 和 k_c 的包覆材料接触良好。考虑下述稳态条件:燃料中均匀地产热,体积速率为 $\dot{q}$,包覆材料的外表面暴露于温度为 T_∞ 的冷却剂,对流系数为 h。

(a) 求燃料和包覆材料中温度分布 $T_f(r)$ 和 $T_c(r)$ 的表示式。只用上述变量表示你的结果。

(b) 考虑参数为 $k_f = 2 W/(m \cdot K)$ 和 $r_1 = 6mm$ 的氧化铀燃料细棒以及参数为 $k_c = 25 W/(m \cdot K)$ 和 $r_2 = 9mm$ 的包覆材料。如果 $\dot{q} = 2 \times 10^8 W/m^3$、$h = 2000 W/(m^2 \cdot K)$ 和 $T_\infty = 300K$,燃料元件中的最高温度是多少?

(c) 在 $h = 2000 W/(m^2 \cdot K)$、$5000 W/(m^2 \cdot K)$ 和 $10000 W/(m^2 \cdot K)$ 时计算并画出温度分布 $T(r)$。如果操作员希望将燃料元件中心线处的温度保持在 1000K 以下,她是否可以通过调节冷却剂的流动,从而调节 h 的值做到这一点?

3.35 一个高温气冷核反应堆由一个复合圆柱壁构成,钍燃料元件 $[k \approx 57 W/(m \cdot K)]$ 封装在石墨 $[k \approx 3 W/(m \cdot K)]$ 中,氦气在环状冷却流道中流动。考虑以下情形:氦气的温度为 $T_\infty = 600K$,石墨外表面处的对流系数为 $h = 2000 W/(m^2 \cdot K)$。

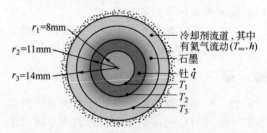

(a) 如果热能以均匀的速率 $\dot{q} = 10^8 W/m^3$ 在燃料元件中产生,燃料元件内外表面处的温度 T_1 和 T_2 分别是多少?

(b) 对一些 $\dot{q}$ 值计算并画出复合壁中的温度分布。$\dot{q}$ 的最大允许值是多少?

3.36 考虑图中所示的平壁、长圆柱体和球,它们具有相同的特征长度 a、热导率 k 和均匀的体积能量产生速率 $\dot{q}$。

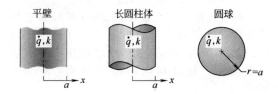

（a）在同一幅图中，画出各种形状的稳态无量纲温度 $[T(x 或 r)-T(a)]/[(\dot{q}a^2)/2k]$ 与无量纲特征尺度 x/a 或 r/a 之间的关系。

（b）哪种形状的中心与表面之间的温差最小？通过比较体积-表面积的比值来解释这种现象。

（c）哪一种形状适合用作核燃料元件？为什么？

扩展表面

3.37　图中所示为用康铜箔制作的辐射热流计，其表面涂黑，形状为半径和厚度分别为 R 和 t 的圆片。热流计位于真空腔体中。箔吸收的投射辐射密度 q''_i 向圆片外围扩散并传入一个大的紫铜环中，该环为处于恒定温度 $T(R)$ 的热沉。两根紫铜引线分别与箔的中心和环连接，形成一个热电偶回路，可用于测量箔的中心与边缘之间的温差 $\Delta T = T(0)-T(R)$。

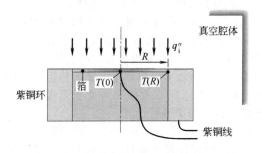

在稳态条件下，建立可用于确定箔中的温度分布 $T(r)$ 的微分方程。求解该方程以获得 ΔT 与 q''_i 之间关系的表示式。可以忽略箔与周围环境之间的辐射换热。

3.38　如图所示，紫铜管路与平板太阳能集热器的吸热板相连。

铝合金（2024-T6）吸热板的厚度为 6mm，底部隔热良好。吸热板的上表面与透明盖板之间有一个真空层。管的中心距 L 为 0.20m，在管中循环的水可把收集的能量带走。可假定水处于均匀的温度 $T_w = 60℃$。在表面的**净**辐射热流密度为 $q''_{rad} = 800W/m^2$ 的稳态情况下，吸热板上的最高温度和单位管长上的传热速率分

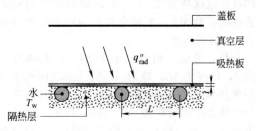

别是多少？注意，q''_{rad} 表示的是吸热板对太阳辐射的吸收和吸热板与盖板之间辐射换热的净效应。你可以假定位于管子正上方的吸热板温度与水的相同。

3.39　紫铜管路与厚度为 t 的太阳能集热器吸热板相连，工作流体使位于管子正上方的吸热板的温度保持为 T_o。吸热板的上表面上有均匀的净辐射热流密度 q''_{rad}，底表面隔热良好。上表面同时还暴露于温度为 T_∞ 的流体，对流系数均匀，为 h。

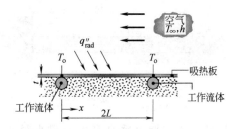

（a）推导吸热板内温度分布 $T(x)$ 的控制微分方程。

（b）利用合适的边界条件求该方程的解。

3.40　一块薄平板的长度为 L，厚度为 t，宽度 $W \gg L$，它与两个温度保持在 T_o 的大热沉之间有热连接。平板的底面隔热良好，已知平板上表面的净热流密度具有均匀值，为 q''_o。

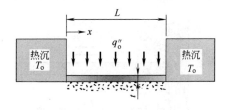

（a）推导可用于确定平板中稳态温度分布 $T(x)$ 的微分方程。

（b）求解上述方程以获得温度分布，并求从平板向热沉的传热速率的表达式。

3.41　一根细金属丝的热导率为 k，直径为 D，长度为 $2L$，为使其退火，在其中通电流以产生均匀的体积产热 $\dot{q}$。金属丝周围的环境空气温度为 T_∞，金属丝位于 $x = \pm L$ 处的端部

的温度也保持为 T_∞。从金属丝向空气的对流传热的系数为 h。求沿金属丝的稳态温度分布 $T(x)$ 的表达式。

3.42 考虑一根直径为 D 的棒，其热导率为 k，长度为 $2L$，棒的 $-L \leqslant x \leqslant 0$ 区间处于理想绝热状态，剩下的 $0 \leqslant x \leqslant +L$ 之间的部分与流体之间进行对流（T_∞，h）。棒的一端处于温度 T_1，另一端与温度为 T_3 的热沉之间有界面接触热阻 $R''_{t,c}$。

（a）假定 $T_1 > T_3 > T_\infty$，在 T-x 坐标系中画出温度分布的示意图并指出其主要特征。

（b）推导用系统的热和几何参数表示的中点温度 T_2 的表达式。

（c）根据 $T_1 = 200℃$、$T_3 = 100℃$ 及图中给出的条件，计算 T_2 并画出温度分布。描述该分部的关键特征，并把它与你在（a）中画出的图进行比较。

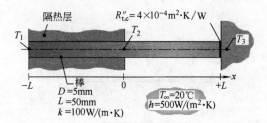

3.43 从炉壁上垂直突出一根直径 $D = 25\text{mm}$ 的棒，棒的热导率 $k = 60\text{W/(m·K)}$，炉壁温度为 $T_w = 200℃$，其表面上覆盖了一层厚度为 $L_{ins} = 200\text{mm}$ 的隔热材料。棒焊接在炉壁上，用于支撑仪器的电缆。为避免损坏电缆，棒的暴露表面的温度 T_o 必须低于指定的运行极限 $T_{max} = 100℃$。环境空气的温度为 $T_\infty = 25℃$，对流系数为 $h = 15\text{ W/(m}^2 \cdot \text{K)}$。

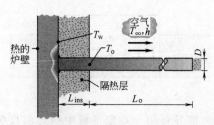

（a）推导暴露表面的温度 T_o 与给定的热和几何参数之间函数关系的表示式。棒的暴露长度为 L_o，其端部隔热良好。

（b）$L_o = 200\text{mm}$ 的棒能满足指定的运行极限吗？如果不能，你会改变哪些设计参数？可考虑采用其他的材料，增大隔热层的厚度和增加棒的长度。同时，可以考虑改变棒的基部与炉壁的连接方式来降低 T_o。

3.44 正在对一根直径为 5mm 的长棒进行热处理，棒具有均匀的热导率，为 $k = 25\text{W/}$（m·K）。棒的 30mm 长的中心段位于感应加热线圈中，具有均匀的体积产热 7.5×10^6 W/m^3。

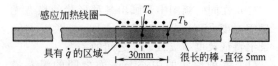

棒从加热线圈两侧伸出的部分未被加热，与温度为 $T_\infty = 20℃$ 的环境空气之间进行对流，对流系数为 $h = 10\text{W/(m}^2 \cdot \text{K)}$。假定位于线圈中的棒的表面上没有对流。

（a）计算位于线圈中的棒的中点处的稳态温度 T_o。

（b）计算位于加热部分边缘处的棒温 T_b。

简单肋片

3.45 肋端条件影响肋片性能的程度与肋片的几何形状、热导率以及对流系数有关。考虑一根合金铝 $[k = 180\text{W/(m·K)}]$ 制矩形肋片，其长度和厚度分别为 $L = 10\text{mm}$ 和 $t = 1\text{mm}$，宽度 $W \gg t$。肋基温度为 $T_b = 100℃$，肋片暴露于温度 $T_\infty = 25℃$ 的流体。

（a）假定整个肋片表面上具有均匀的对流系数 $h = 100\text{W/(m}^2 \cdot \text{K)}$，确定对应于表 3.4 中情况 A 和 B 的单位宽度肋片上的传热速率 q'_f、效率 η_f、有效度 ε_f、单位宽度上的热阻 $R'_{t,f}$ 以及肋端温度 $T(L)$。把结果与基于**无限长**肋片近似所得的结果进行比较。

（b）在 $10\text{W/(m}^2 \cdot \text{K)} < h < 1000\text{W/(m}^2 \cdot \text{K)}$ 范围内探讨对流系数的变化对传热速率的影响。另外再讨论一下这种变化对不锈钢肋片 $[k = 15\text{W/(m·K)}]$ 的影响。

3.46 一根长 40mm、直径 2mm 的针肋是用铝合金 $[k = 140\text{W/(m·K)}]$ 制作的。

（a）在绝热肋端条件下，确定 $T_b = 50℃$、$T_\infty = 25℃$ 和 $h = 1000\text{W/(m}^2 \cdot \text{K)}$ 时肋片的传热速率。

（b）一位工程师提出，使肋端保持低温可以提高肋片的传热速率。在 $T(x = L) = 0℃$ 时，确定新的肋片传热速率。其他条件与（a）中的相同。

（c）在 $0 \leqslant x \leqslant L$ 范围内画出对应于绝热肋端情况和给定肋端温度情况的温度分布 $T(x)$。

同时在图中给出环境温度。讨论温度分布的相关特征。

（d）在 $0W/(m \cdot K) \leqslant h \leqslant 1000W/(m^2 \cdot K)$ 范围内画出对应于绝热肋端情况和给定肋端温度情况的肋片传热速率。对于肋端温度给定的情况，如果在确定 q_f 时采用的是式（3.73）而不是式（3.71），算得的肋片传热速率将会是多少？

3.47　在一个测量固体材料热导率的实验装置中，使用了两根长棒，它们除了热导率，其他特征均相同，其中一根是用热导率 k_A 已知的标准材料制作的，而另一根的材料的热导率 k_B 待测。两根棒的一端均与温度固定为 T_b 的热源相连，它们均暴露于温度为 T_∞ 的流体，采用热电偶测量两根棒上离热源的距离为 x_1 处的温度。如果标准材料为 $k_A = 200W/(m \cdot K)$ 的铝，且在 $T_b = 100℃$ 和 $T_\infty = 25℃$ 时测得 $T_A = 75℃$ 和 $T_B = 60℃$，待测材料的热导率 k_B 是多少？

肋片系统和阵列

3.48　为强化紧凑式换热器芯中的对流换热，常常在平行平板之间设置带肋片的流道。这种技术在电子设备冷却中有重要应用，应用方式为在散热电子元件之间布置一个或更多的气冷通道。考虑单个的气冷通道，其中矩形肋片的长度和厚度分别为 L 和 t，对流条件为 h 和 T_∞。

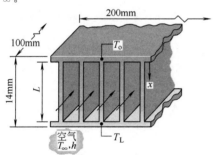

（a）根据基部温度 T_o 和 T_L，求肋片传热速率 $q_{f,o}$ 和 $q_{f,L}$ 的表达式。

（b）在一个特殊应用中，在一个宽度和深度分别为 200mm 和 100mm 的通道中有 50 根肋片，长度均为 $L = 12mm$。整个通道是用铝制作的，各处的厚度均为 1.0mm。如果与安装在相对的两块板上的电子元件相关的温度限制要求最高板温分别不能超过 $T_o = 400K$ 和 $T_L = 350K$，在 $h = 150W/(m^2 \cdot K)$ 和 $T_\infty = 300K$ 时，相应的最大功耗分别为多少？

3.49　随着单个集成电路（芯片）上元件的增多，散热量持续增大。但是，这会受到允许的最高芯片运行温度的限制，该温度约为 75℃。为增大散热量，有人建议在一个边长为 12.7mm 的正方形芯片的外表面上用金属焊接一个 4×4 的紫铜针肋阵列。

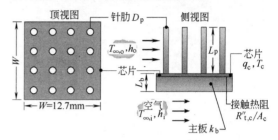

（a）作一维稳态条件的假定且忽略针肋阵列与芯片之间的接触热阻，画出针肋-芯片-主板组件的等效热回路。以变量的形式标出合适的热阻、温度和传热速率。

（b）对于在习题 3.13 中给出的条件，在安装针肋后芯片中的最大散热速率是多少？即在 $T_c = 75℃$ 时，q_c 的值是多少？针肋的直径和长度分别为 $D_p = 1.5mm$ 和 $L_p = 15mm$。

3.50　有人建议在汽缸壁 $[k = 50 W/(m \cdot K)]$ 上连接一个带一些环肋 $[k = 240W/(m \cdot K)]$ 的铝制机壳，采用空气来冷却一个燃烧室的汽缸。

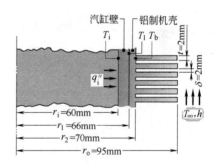

空气温度为 320K，相应的对流系数为 $100W/(m^2 \cdot K)$。虽然内表面上的加热是周期性的，但可合理地作稳态条件的假定，时均热流密度为 $q_i'' = 10^5 W/m^2$。假定可以忽略壁与壳之间的接触热阻，确定内壁面温度 T_i、交界面温度 T_1 以及肋基温度 T_b。如果交界面处的接触热阻为 $R_{t,c}'' = 10^{-4} m^2 \cdot K/W$，确定上述温度。

生物热方程

3.51　考虑例题 3.12 中的条件，但此时该人正在（空气环境中）锻炼，这使新陈代谢的产热速率增至原来的 8 倍，为 5600W/m^3。为使皮肤温度与例题中的相同，该人的出汗速率（liters/s）应为多少？

3.52 在空气环境中考虑例题 3.12 中的条件，但此时空气和周围环境的温度均为 15℃。人觉得冷时会打冷战，这会提高新陈代谢的产热速率。为在上述条件下维持舒适的皮肤温度（33℃），新陈代谢的产热速率（单位体积）应为多少？

第 **4** 章 二维稳态导热

直到此刻，我们关注的是只在一个坐标方向上有明显温度梯度的导热问题。但在许多情况下，如果仍用一维来处理，会使这些问题因过于简化而不能反映实际情况，因此必须考虑多维效应。本章将讨论几种可用于处理稳态条件下二维系统的方法。

我们将通过扼要地综述可用于确定温度和热流速率的不同方法（4.1节）来开始二维稳定态导热的讨论。这些方法包括可在理想化条件下得到**严格解**的方法以及一些具有不同复杂性和准确度的**近似方法**。在4.2节中我们要讨论与获得严格解有关的数学问题。在4.3节中我们汇编了不同简单几何形状的已有的严格解。4.4节和4.5节的目的在于说明，借助使用计算机，可利用**数值**（**有限差分**或**有限元**）法准确预测介质内部及其边界上的温度和传热速率。

4.1 可供选择的处理方法

讨论一个内部有二维导热的长棱柱体（图4.1），它有两个绝热表面，另外两个表面保持在不同的温度，有 $T_1 > T_2$，存在从表面1到2的导热。根据傅里叶定律，式(2.3) 或式(2.4)，固体中的局部热流密度是一个处处垂直于**等温线**的矢量。热流密度矢量的方向由图4.1中的**热流线**表示，这一矢量本身是 x 和 y 方向上的热流密度分量的合成矢量。这些分量可由式(2.6) 确定。由于按定义热流线是在热流的方向，**导热不可能横越热流线**，因此有时把它们称为**绝热线**。

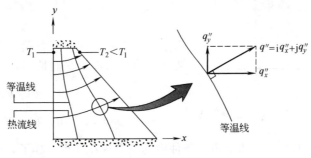

图 4.1 二维导热

我们记得，在任何导热问题的分析中都有两个主要目的。第一个目的是确定介质内的温度分布，对本题来说是必须确定 $T(x,y)$。这个目的可通过求解相应形式的导热方程来实现。对于不存在内热源、物性为常数的二维稳定态条件，由式(2.20)，此导热方程的形式为

$$\frac{\partial^2 T}{\partial x^2} + \frac{\partial^2 T}{\partial y^2} = 0 \qquad (4.1)$$

如果能对式(4.1) 解出 $T(x,y)$，则应用式(2.6) 确定热流密度分量 q''_x 和 q''_y 以完成第二个目的就是很容易的事。可采用下列不同的方法求解式(4.1)：**分析法、图解法**及**数值**（**有**

限差分、有限元或边界元）法等。

分析法涉及获得式(4.1)的严格解。这个问题比第 3 章中所讨论的要困难得多，因为现在涉及的是偏微分方程，不是常微分方程。虽然有一些求解这些方程的方法，但一般的情况是这些解都涉及复杂的数学级数和函数，且仅限于一些简单的几何形状和边界条件下才能求得[1~5]。不过这些解是很有用的，因为应变量 T 是以独立变量 (x, y) 的连续函数形式给出的。因此，可利用它确定介质中**任意**感兴趣的点处的温度。为说明分析法的特征和重要性，在 4.2 节中利用**分离变量法**得到了式(4.1)的一个严格解。对在工程实际中经常会遇到的一些已有解的几何形状，在 4.3 节中为它们汇编了导热形状因子和无量纲导热速率。

与可以给出在任意点处**准确**结果的分析法不同，图解法和数值法只能给出在**离散点**处的**近似值**。虽然图解或热流密度作图法已被基于数值方法的计算机求解所代替，但它可用于对温度分布作出快速估算。它的应用限于涉及绝热和等温边界的二维问题。这种方法是基于等温线必定与热流线相垂直的事实，如图 4.1 所示。与分析或图解法不同，数值法（4.4 节和4.5 节）可用于获得涉及各类边界条件的复杂的二维或三维几何形状的准确结果。

4.2 分离变量法

为理解怎么用分离变量法求解导热问题，我们讨论图 4.2 中的系统。一块矩形薄板或一根矩形长棒的三个侧面保持在定温 T_1，而第四个侧面保持在定温 $T_2 \neq T_1$。假定板的两个表面或棒的两端的传热可忽略，同时忽略垂直于 $x\text{-}y$ 面的温度梯度 $(\partial^2 T / \partial z^2 \approx 0)$，则导热主要发生在 x 和 y 方向。

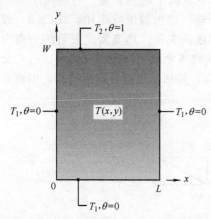

图 4.2　矩形薄板或矩形长棒中的二维导热

我们感兴趣的是温度分布 $T(x, y)$，不过为简化求解，我们引入下述转换

$$\theta \equiv \frac{T - T_1}{T_2 - T_1} \tag{4.2}$$

将式(4.2)代入式(4.1)，经转换的微分方程为

$$\frac{\partial^2 \theta}{\partial x^2} + \frac{\partial^2 \theta}{\partial y^2} = 0 \tag{4.3}$$

由于这个方程对 x 和 y 都是二阶，对每个坐标都需要两个边界条件，它们是

$$\theta(0, y) = 0 \quad \text{和} \quad \theta(x, 0) = 0$$

$$\theta(L, y) = 0 \quad \text{和} \quad \theta(x, W) = 1$$

注意，通过式(4.2)的转换，四个边界条件中的三个现在变得一样了，而 θ 值被限制在 0~1 的范围内。

为应用分离变量法，我们假定所需的解可表示为两个函数的乘积，其中一个只是 x 的函数，而另一个只是 y 的函数。也即我们假定存在以下形式的解

$$\theta(x, y) = X(x)Y(y) \tag{4.4}$$

将上式代入式(4.3)并除以 XY，可得

$$-\frac{1}{X} \times \frac{\mathrm{d}^2 X}{\mathrm{d} x^2} = \frac{1}{Y} \times \frac{\mathrm{d}^2 Y}{\mathrm{d} y^2} \tag{4.5}$$

这个微分方程显然是可以分离的。就是说，方程的左侧只是 x 的函数，而方程的右侧只是 y

的函数。因此，只有在两侧为同一个常数时，上述等式才能对任意的 x 或 y 成立。令这个尚是未知的**分离常数**为 λ^2，可得

$$\frac{d^2 X}{dx^2} + \lambda^2 X = 0 \tag{4.6}$$

$$\frac{d^2 Y}{dy^2} - \lambda^2 Y = 0 \tag{4.7}$$

于是，一个偏微分方程就简化成了两个常微分方程。注意，将 λ^2 指定为一个正的常数并不是随意的。如果选一个负值或令 $\lambda^2 = 0$，很易发现（习题 4.1），就不可能得到满足给定边界条件的解。

式(4.6) 和式(4.7) 的通解分别为

$$X = C_1 \cos\lambda x + C_2 \sin\lambda x$$

$$Y = C_3 e^{-\lambda y} + C_4 e^{+\lambda y}$$

在这种情况下，二维解的通用形式为

$$\theta = (C_1 \cos\lambda x + C_2 \sin\lambda x)(C_3 e^{-\lambda y} + C_4 e^{\lambda y}) \tag{4.8}$$

利用边界条件 $\theta(0, y) = 0$，显然有 $C_1 = 0$。另外，由条件 $\theta(x, 0) = 0$，可得

$$C_2 \sin\lambda x (C_3 + C_4) = 0$$

上式只是在 $C_3 = -C_4$ 的情况下才能成立。虽然 $C_2 = 0$ 的情况下也可满足上式，但这将导致 $\theta(x, y) = 0$，这不满足边界条件 $\theta(x, W) = 1$。如果我们引用 $\theta(L, y) = 0$，可得

$$C_2 C_4 \sin\lambda L (e^{\lambda y} - e^{-\lambda y}) = 0$$

要满足这个条件并得到可接受的解的唯一途径是令 λ 为一些使 $\sin\lambda L = 0$ 的离散值。因此，这些值必定为

$$\lambda = \frac{n\pi}{L} \qquad n = 1, 2, 3, \cdots \tag{4.9}$$

上式中排除了整数 $n = 0$，因为这意味着 $\theta(x, y) = 0$。现可将所需的解写成如下形式

$$\theta = C_2 C_4 \sin\frac{n\pi x}{L}(e^{n\pi y/L} - e^{-n\pi y/L}) \tag{4.10}$$

将两个常数结合在一起并确认新的常数与 n 有关，可得

$$\theta(x, y) = C_n \sin\frac{n\pi x}{L} \sinh\frac{n\pi y}{L}$$

我们在上式中用了关系式 $(e^{n\pi y/L} - e^{-n\pi y/L}) = 2\sinh(n\pi y/L)$。据上式形式，实际上我们得到了无数可满足微分方程和边界条件的解。但由于所论的是线性问题，将上式叠加就可得到更为通用的解

$$\theta(x, y) = \sum_{n=1}^{\infty} C_n \sin\frac{n\pi x}{L} \sinh\frac{n\pi y}{L} \tag{4.11}$$

为确定 C_n，我们现在应用剩下的一个边界条件，其形式为

$$\theta(x,W)=1=\sum_{n=1}^{\infty} C_n \sin\frac{n\pi x}{L}\sinh\frac{n\pi W}{L} \tag{4.12}$$

虽然用于确定 C_n 的式(4.12)似乎非常复杂,但有标准的方法可用。它涉及以**正交函数**表示一个无穷级数展开式。如果存在下述条件

$$\int_a^b g_m(x)g_n(x)\mathrm{d}x=0 \qquad m\neq n \tag{4.13}$$

可称一个无穷的函数集合 $g_1(x)$,$g_2(x)$,$\cdots$,$g_n(x)$,$\cdots$ 为域 $a\leqslant x\leqslant b$ 内的正交函数。有许多函数具有正交性,包括区间为 $0\leqslant x\leqslant L$ 的三角函数 $\sin(n\pi x/L)$ 和 $\cos(n\pi x/L)$。它们在当前问题中的实用性在于任何函数 $f(x)$ 均可表示为一个无穷的正交函数的级数,即

$$f(x)=\sum_{n=1}^{\infty} A_n g_n(x) \tag{4.14}$$

上述级数中 A_n 的形式可通过以 $g_m(x)$ 乘上式的左侧和右侧并在 a 和 b 的区间进行积分来确定

$$\int_a^b f(x)g_m(x)\mathrm{d}x=\int_a^b g_m(x)\sum_{n=1}^{\infty} A_n g_n(x)\mathrm{d}x \tag{4.15}$$

然而由式(4.13)可知,上式右侧除了一项,所有其他的项均必定为零,剩下的为

$$\int_a^b f(x)g_m(x)\mathrm{d}x=A_m\int_a^b g_m^2(x)\mathrm{d}x$$

因此,求解 A_m,并注意到只要把 m 改成 n 就对任意 A_n 成立,有

$$A_n=\frac{\int_a^b f(x)g_n(x)\mathrm{d}x}{\int_a^b g_n^2(x)\mathrm{d}x} \tag{4.16}$$

通过对合适形式的 $f(x)$ 列出一个无穷级数就可利用正交函数的性质解出式(4.12)中的 C_n。由式(4.14)可知,我们显然应选择 $f(x)=1$ 和正交函数 $g_n(x)=\sin(n\pi x/L)$。将它们代入式(4.16),可得

$$A_n=\frac{\int_0^L \sin\dfrac{n\pi x}{L}\mathrm{d}x}{\int_0^L \sin^2\dfrac{n\pi x}{L}\mathrm{d}x}=\frac{2}{\pi}\times\frac{(-1)^{n+1}+1}{n}$$

因此,由式(4.14),有

$$1=\sum_{n=1}^{\infty}\frac{2}{\pi}\times\frac{(-1)^{n+1}+1}{n}\sin\frac{n\pi x}{L} \tag{4.17}$$

上式是简单地将 1 按傅里叶级数展开。比较式(4.12)和式(4.17)可得

$$C_n=\frac{2\left[(-1)^{n+1}+1\right]}{n\pi\sinh(n\pi W/L)} \qquad n=1,2,3,\cdots \tag{4.18}$$

将式(4.18)代入式(4.11),可得最后的解为

$$\theta(x,y)=\frac{2}{\pi}\sum_{n=1}^{\infty}\frac{(-1)^{n+1}+1}{n}\sin\frac{n\pi x}{L}\times\frac{\sinh(n\pi y/L)}{\sinh(n\pi W/L)} \tag{4.19}$$

式（4.19）是一个收敛级数，可利用它计算任意 x 和 y 处的 θ 值。矩形板的等温线形状的代表性结果见示意图 4.3。对应于 θ 值的温度 T 可由式（4.2）确定，而热流密度的分量则可利用式（4.19）和式（2.6）确定。图中的热流线由热流密度的分量确定。要注意，温度分布是关于 $x=L/2$ 对称的，在该处有 $\partial T/\partial x=0$。因此，由式（2.6）可知，$x=L/2$ 的对称面是绝热的，所以，其上有热流线。但应注意的是，在平板顶部两个角处给出的不连续性在物理上是不合理的。实际上，在接近两角处会保持大的温度梯度，但不可能存在间断。

对许多别的几何形状和边界条件也可得到严格解，包括圆柱和球形系统。在一些热传导的专著中有获得严格解方法的内容[1~5]。

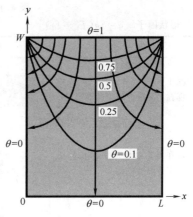

图 4.3　矩形平板内二维导热
的等温线和热流线

4.3　导热形状因子和无量纲导热速率

在许多情况下，可利用导热方程已有的一些解来很快地求解二维或三维导热问题。这些解是以**形状因子** S 或一个稳定态**无量纲导热速率** q_{ss}^* 表示的。也即导热速率可表示为

$$q=Sk\Delta T_{1\text{-}2} \tag{4.20}$$

式中，$\Delta T_{1\text{-}2}$ 为边界之间的温差，如图 4.2 所示。因此，二维导热热阻可表示为

$$R_{t,\text{cond(2D)}}=\frac{1}{Sk} \tag{4.21}$$

许多二维和三维系统的形状因子已由分析方法确定，表 4.1 中汇总了一些常见形状的结果，也可查到许多其他形状的结果[6~9]。在情况 1~8 和情况 11 中，假定二维导热是在两个保持均匀温度的边界之间发生，$\Delta T_{1\text{-}2}=T_1-T_2$。在情况 9 中，在角区内存在三维导热，而在情况 10 中，导热是在一个等温圆盘（T_1）和离它相当远的温度（T_2）均匀的半无限介质之间发生。也可定义一些一维几何形状的形状因子，由表 3.3 的结果，可得平壁、圆柱和球壁的形状因子分别为 A/L、$2\pi L/\ln(r_2/r_1)$ 和 $4\pi r_1 r_2/(r_2-r_1)$。

情况 12~15 是与一些被埋在等温（T_2）的无限介质中的物体有关的导热，这些物体保持等温（T_1）。对于无限介质的情况，借助定义一个**特征长度**可获得有用的结果

$$L_c\equiv[A_s/(4\pi)]^{1/2} \tag{4.22}$$

式中，A_s 为物体的表面积。由物体至无限介质的导热速率可以用**无量纲导热速率**写成[10]

$$q_{ss}^*\equiv qL_c/[kA_s(T_1-T_2)] \tag{4.23}$$

由表 4.1(b) 可明显发现，用分析和数值方法得到的 q_{ss}^* 的值，对很宽范围内的不同几何形状是相似的。基于这种相似性的结果，可借与所论物体的形状相似的物体，利用后者已知的 q_{ss}^* 计算所论物体的 q_{ss}^*。例如，由立方体传出的无量纲导热速率（情况 15）在 $0.1\leqslant d/D\leqslant10$ 的范围内，可对表 4.1 报道的 q_{ss}^* 值进行内插而得到相当好的近似值[10]。可注意的是，表 4.1(b) 中的 q_{ss}^* 结果可转换成表 4.1(a) 中列出的 S 的表达式。例如，由情况 13 的无量纲导热速率可推得情况 10 的形状因子（认为无限介质可看成是两个毗邻的半无限介质）。

表 4.1 若干二维系统的导热形状因子

(a) 形状因子 $[q=Sk(T_1-T_2)]$

系 统	示意图	限制条件	形状因子
情况 1 埋在半无限介质中的等温球		$z>D/2$	$\dfrac{2\pi D}{1-D/(4z)}$
情况 2 埋在半无限介质中的长为 L 的水平等温圆柱体		$L\gg D$ $L\gg D$ $z>3D/2$	$\dfrac{2\pi L}{\cosh^{-1}(2z/D)}$ $\dfrac{2\pi L}{\ln(4z/D)}$
情况 3 半无限介质中的垂直圆柱体		$L\gg D$	$\dfrac{2\pi L}{\ln(4L/D)}$
情况 4 无限介质中两个长为 L 的圆柱体之间的导热		$L\gg D_1,D_2$ $L\gg w$	$\dfrac{2\pi L}{\cosh^{-1}\left(\dfrac{4w^2-D_1^2-D_2^2}{2D_1D_2}\right)}$
情况 5 在两块等长、无限宽平板中央的长为 L 的水平圆柱体		$z\gg D/2$ $L\gg z$	$\dfrac{2\pi L}{\ln[8z/(\pi D)]}$
情况 6 长为 L 的圆柱体位于长度相同的方形柱体内		$w>D$ $L\gg w$	$\dfrac{2\pi L}{\ln(1.08w/D)}$
情况 7 长为 L 的圆柱体偏心地位于相同长度的圆柱体内		$D>d$ $L\gg D$	$\dfrac{2\pi L}{\cosh^{-1}\left(\dfrac{D^2+d^2-4z^2}{2Dd}\right)}$
情况 8 通过相邻两壁边缘的导热		$D>5L$	$0.54D$
情况 9 通过三个壁的连接角的导热，每个壁的温差为 $\Delta T_{1\text{-}2}$		$L\ll$壁的长和宽	$0.15L$
情况 10 直径为 D 和温度为 T_1 的圆盘放在热导率为 k 和温度为 T_2 的无限介质上		无	$2D$
情况 11 长为 L 的方形槽道		$\dfrac{W}{w}<1.4$ $\dfrac{W}{w}>1.4$ $L\gg W$	$\dfrac{2\pi L}{0.785\ln(W/w)}$ $\dfrac{2\pi L}{0.930\ln(W/w)-0.050}$

(b) 无量纲导热速率 $\{q=q_{ss}^* kA_s(T_1-T_2)/L_c；L_c\equiv[A_s/(4\pi)]^{1/2}\}$　　　　　　　　续表

系　　统	示意图	有效面积 A_s	q_{ss}^*	
情况 12 　　在温度为 T_2 的无限介质中直径为 D 和温度为 T_1 的等温球	T_1 D T_2	πD^2	1	
情况 13 　　在温度为 T_2 的无限介质中直径为 D 和温度为 T_1 的无限薄圆板	T_1 D T_2	$\dfrac{\pi D^2}{2}$	$2\sqrt{2}/\pi=0.900$	
情况 14 　　在温度为 T_2 的无限介质中长和宽分别为 L 和 w，温度为 T_1 的无限薄的矩形片	L w T_1 T_2	$2wL$	0.932	

系　　统	示意图	有效面积 A_s	d/D	q_{ss}^*
情况 15 　　在温度为 T_2 的无限介质中高为 d、边宽为 D、温度为 T_1 的方形体	D T_1 d T_2	$2D^2+4Dd$	0.1 1.0 2.0 10	0.943 0.956 0.961 1.111

　　表 4.1(b) 中报道的形状因子和无量纲导热速率是对保持均匀温度的物体而言的。对于均匀热流密度的情况，物体的温度不再是均匀的，而是随空间变化的，最低的温度是位于靠近受热物体的周界。因此，用来定义 S 或 q_{ss}^* 的温差要以物质的**经空间平均的**表面温度之差（$\overline{T_1}-\overline{T_2}$），或者是受热物体的最高表面温度和围绕介质的远处温度之间的差（$T_{1,\max}-T_2$）替代。对于情况 10（直径为 D 的圆盘与热导率为 k 和温度为 T_2 的半无限介质相接触）的**均匀受热**几何体，对应于基于平均和最大圆盘温度的温差，S 的值分别为 $3\pi^2D/16$ 和 $\pi D/2$。

　　【例 4.1】　需要对直径 $d=5\text{mm}$ 的金属电热线加涂热导率 $k=0.35\text{W}/(\text{m}\cdot\text{K})$ 的绝缘层。对通常的绝缘层，预期带涂层的电热线可暴露在与对流及辐射有关的总换热系数 $h=15\text{W}/(\text{m}^2\cdot\text{K})$ 的环境条件。为尽可能减小由欧姆热引起的电热线的升温，规定绝缘层厚度要达到**临界绝热半径**（见例题 3.5）。然而，在加涂层过程中，有时绝缘层的厚度会沿电热线的周界线变化，导致电热线相对于涂层的偏心。确定因偏心导致的绝缘层热阻的变化，设偏心距为临界绝热厚度的 50%。

　　解析

　　已知： 电线直径，对流条件和绝缘层的热导率。

　　求： 与涂层厚度沿周界线变化有关的电线涂层的热阻。

　　示意图：

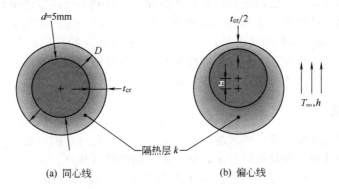

(a) 同心线　　　　　　　　(b) 偏心线

假定： 1. 稳定态条件。

2. 二维导热。

3. 常物性。

4. 涂层外表面和内表面的温度都均匀一致。

分析： 由例题 3.5，临界绝热半径为

$$r_{cr} = \frac{k}{h} = \frac{0.35\text{W/(m} \cdot \text{K)}}{15\text{W/(m}^2 \cdot \text{K)}} = 0.023\text{m} = 23\text{mm}$$

因此，临界绝热厚度为

$$t_{cr} = r_{cr} - d/2 = 0.023\text{m} - \frac{0.005\text{m}}{2} = 0.021\text{m} = 21\text{mm}$$

同心电线的热阻可用式(3.28) 计算，为

$$R'_{t,cond} = \frac{\ln[r_{cr}/(d/2)]}{2\pi k} = \frac{\ln[0.023\text{m}/(0.005\text{m}/2)]}{2\pi[0.35\text{W/(m} \cdot \text{K)}]} = 1.0\text{m} \cdot \text{K/W}$$

对于偏心电线，绝缘层的热阻可利用表 4.1 的情况 7 计算，其中偏心距 $z = 0.5 \times t_{cr} = 0.5 \times 0.021\text{m} = 0.010\text{m}$。

$$R'_{t,cond(2D)} = \frac{1}{Sk} = \frac{\cosh^{-1}\left(\dfrac{D^2 + d^2 - 4z^2}{2Dd}\right)}{2\pi k}$$

$$= \frac{\cosh^{-1}\left[\dfrac{(2 \times 0.023\text{m})^2 + (0.005\text{m})^2 - 4 \times (0.010\text{m})^2}{2 \times (2 \times 0.023\text{m}) \times 0.005\text{m}}\right]}{2\pi \times 0.35\text{W/(m} \cdot \text{K)}}$$

$$= 0.91\text{m} \cdot \text{K/W}$$

因此，绝缘层的热阻减小了 $0.10\text{m} \cdot \text{K/W}$ 或 10%。

说明： 1. 减小局部位置的绝缘层厚度会稍许降低该位置的热阻。反之，涂层稍厚的位置处的热阻会增大。这些效果会相互补偿，但并不会恰好抵消；同心电线的情况热阻最大。对这种应用，对涂层偏心的电热线与同心线的情况相比**可提**高热性能。

2. 如果电热线的热导率比绝缘层的高，涂层的内表面将近似地处于均匀温度。金属电热线就是这种情况。但由于涂层的局部厚度是变化的，所以其外表面温度不可能完全均匀。

4.4 有限差分方程

我们在 4.1 节和 4.2 节已讨论过，在有些情况下，可利用分析方法得到稳态、二维导热问题的严格数学解。已经获得了几何形状和边界条件简单的一批严格数学解，相关资料可查阅文献 [1~5]。然而，多半的情况是，一些二维问题所涉及的几何形状和边界条件不可能用分析法求解。在这种情况下，最好的选择是利用诸如**有限差分**、**有限元**或**边界元**等**数值求解法**。由于有限差分法易于应用，它很适宜作为数值解法的入门技术。

4.4.1 节点网格

分析解可以确定介质中任意感兴趣的点的温度，与分析解不同，数值解只能确定**离散点**的温度。因此，在任何一种数值分析中，第一步必须选择这些点。为此，先要将我们感兴趣的介质分成一些小区，指定每一个小区的中心为参考点，参看图 4.4。参考点常称为**节点**，

这些点的集合称为**节点网格**或**节点网**。这些节点都用标有数字的图说明。对于二维系统，可采用图 4.4(a) 所示的形式。x 和 y 位置分别用 m 和 n 记号标明。

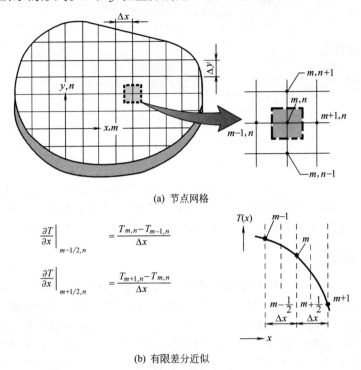

(a) 节点网格

$$\frac{\partial T}{\partial x}\bigg|_{m-1/2,n} = \frac{T_{m,n}-T_{m-1,n}}{\Delta x}$$

$$\frac{\partial T}{\partial x}\bigg|_{m+1/2,n} = \frac{T_{m+1,n}-T_{m,n}}{\Delta x}$$

(b) 有限差分近似

图 4.4 二维导热

每个节点代表一个特定的小区，它的温度代表该小区的**平均**温度。例如，图 4.4(a) 中的 (m,n) 节点的温度可视为阴影面积的平均温度。节点的选择常与几何上的方便及所要求的准确度等因素有关，很少可以随意选择。计算结果的数值准确度与选定节点的数目有很大的关系。如果节点数很大（网格很细小），可得到准确度高的解。

4.4.2 导热方程的有限差分形式

用数值方法确定温度分布，需要对**每个**温度未知的节点写出合适的能量守恒方程。随后对所得方程组联立求解，可得每个节点的温度。对于无内热源和热导率均匀的二维系统中的**任何一个内部节点**，能量守恒关系的**严格形式**由导热方程式(4.1) 给出。但如果通过节点网格来表示这个系统，就必须采用这个方程的**近似**或**有限差分**的形式。

适用于一个二维系统内部节点的有限差分方程可直接由式(4.1) 推得。考虑二阶导数 $\partial^2 T/\partial x^2$。由图 4.4(b)，这个导数在 (m,n) 节点处的值可近似地写成

$$\frac{\partial^2 T}{\partial x^2}\bigg|_{m,n} \approx \frac{\partial T/\partial x|_{m+1/2,n} - \partial T/\partial x|_{m-1/2,n}}{\Delta x} \tag{4.24}$$

接下来可将温度梯度表示为节点温度的函数，即

$$\frac{\partial T}{\partial x}\bigg|_{m+1/2,n} \approx \frac{T_{m+1,n}-T_{m,n}}{\Delta x} \tag{4.25}$$

$$\frac{\partial T}{\partial x}\bigg|_{m-1/2,n} \approx \frac{T_{m,n}-T_{m-1,n}}{\Delta x} \tag{4.26}$$

将式（4.25）和式（4.26）代入式（4.24），可得

$$\frac{\partial^2 T}{\partial x^2}\bigg|_{m,n} \approx \frac{T_{m+1,n} + T_{m-1,n} - 2T_{m,n}}{(\Delta x)^2} \tag{4.27}$$

按类似的方法，很易得

$$\frac{\partial^2 T}{\partial y^2}\bigg|_{m,n} \approx \frac{\partial T/\partial y|_{m,n+1/2} - \partial T/\partial y|_{m,n-1/2}}{\Delta y} \approx \frac{T_{m,n+1} + T_{m,n-1} - 2T_{m,n}}{(\Delta y)^2} \tag{4.28}$$

采用 $\Delta x = \Delta y$ 的网格，将式（4.27）和式（4.28）代入式（4.1），可得

$$\boxed{T_{m,n+1} + T_{m,n-1} + T_{m+1,n} + T_{m-1,n} - 4T_{m,n} = 0} \tag{4.29}$$

因此，对于节点（m,n），原先是**严格微分方程**的导热方程简化为一个**近似的代数方程**。**导热方程**的这个近似的**有限差分形式**可应用于与四个相邻节点等距离的任意内部节点。它的要求很简单：与所论节点相邻的四个节点的温度之和等于此节点温度的 4 倍。

4.4.3 能量平衡法

在许多情况下，希望采用称为**能量平衡法**的方法建立有限差分方程。以后将清楚地看到，这种方法能分析许多不同的现象，如涉及多种材料、具有埋入的热源或与坐标轴不在同一线上的暴露的表面等问题。在能量平衡法中，一个节点的有限差分方程是通过对围绕这个节点的控制体积应用能量守恒得到的。由于热流的实际方向（进入节点或从节点流出）常常是未知的。方便的做法是通过假定所有的热流均**进入节点**来列出能量平衡。当然，这种情况

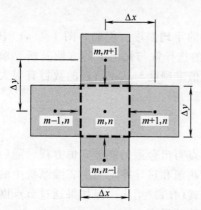

图 4.5 从邻近节点向一个
内部节点的导热

是不可能存在的，但如果使速率方程的表示与这个假定相一致，就可得到有限差分方程的正确形式。对于有热源的稳定态情况，式（1.11c）的合适形式为

$$\dot{E}_{in} + \dot{E}_g = 0 \tag{4.30}$$

现讨论将式（4.30）应用于图 4.5 中内部节点（m, n）的控制体积。对于二维条件，对热交换发生影响的是节点（m,n）与其临近四个节点之间的导热及内热源。因此式（4.30）可写成

$$\sum_{i=1}^{4} q_{(i)\to(m,n)} + \dot{q}(\Delta x \cdot \Delta y \cdot 1) = 0$$

式中，i 表示临近节点，$q_{(i)\to(m,n)}$ 是节点之间的导热速率，且该式中假定深度为 1。为计算导热速率项，我们假定不论是 x 还是 y 方向上的导热都只通过通道进行。

因此，可以利用傅里叶定律的简化形式。例如，由节点（$m-1,n$）至（m,n）的导热速率可表示为

$$q_{(m-1,n)\to(m,n)} = k(\Delta y \cdot 1)\frac{T_{m-1,n} - T_{m,n}}{\Delta x} \tag{4.31}$$

式中，（$\Delta y \cdot 1$）是传热面积，（$T_{m-1,n} - T_{m,n}$）/Δx 为两个节点之间的边界处的温度梯度的有限差分近似。其余的导热速率可表示为

$$q_{(m+1,n)\to(m,n)} = k(\Delta y \cdot 1)\frac{T_{m+1,n} - T_{m,n}}{\Delta x} \tag{4.32}$$

$$q_{(m,n+1) \to (m,n)} = k(\Delta x \cdot 1) \frac{T_{m,n+1} - T_{m,n}}{\Delta y} \tag{4.33}$$

$$q_{(m,n-1) \to (m,n)} = k(\Delta x \cdot 1) \frac{T_{m,n-1} - T_{m,n}}{\Delta y} \tag{4.34}$$

要注意的是，在计算每个导热速率时，我们都是用临近节点的温度减 (m,n) 节点的温度。之所以必须这样做，是因为我们作了所有的热流都流入 (m,n) 节点的假定，这也和图 4.5 中所示的箭头方向一致。将式(4.31)～式(4.34)代入能量平衡关系式，并记住 $\Delta x = \Delta y$，可得有内热源情况下内部节点的有限差分方程为

$$T_{m,n+1} + T_{m,n-1} + T_{m+1,n} + T_{m-1,n} + \frac{\dot{q}(\Delta x)^2}{k} - 4T_{m,n} = 0 \tag{4.35}$$

如果不存在分布的内热源 $(\dot{q}=0)$，这个表达式就简化为式(4.29)。

有必要指出的是，每个温度未知的节点都需要一个有限差分方程。但并非总是能将所有的这些点归类为内部节点并利用式(4.29)或式(4.35)。例如，可能并不知道隔热表面或暴露于对流条件的表面的温度。对这些表面，必须利用能量平衡法得到有限差分方程。

为进一步说明这个方法，讨论图 4.6 中对应于内角的节点。这个节点代表阴影区（3/4 小区），它与温度为 T_∞ 的邻近流体发生对流换热。由固体中的临近节点沿四个不同的通道向这个节点 (m,n) 导热。导热热流速率可表示为

$$q_{(m-1,n) \to (m,n)} = k(\Delta y \cdot 1) \frac{T_{m-1,n} - T_{m,n}}{\Delta x} \tag{4.36}$$

$$q_{(m,n+1) \to (m,n)} = k(\Delta x \cdot 1) \frac{T_{m,n+1} - T_{m,n}}{\Delta y} \tag{4.37}$$

$$q_{(m+1,n) \to (m,n)} = k\left(\frac{\Delta y}{2} \cdot 1\right) \frac{T_{m+1,n} - T_{m,n}}{\Delta x} \tag{4.38}$$

$$q_{(m,n-1) \to (m,n)} = k\left(\frac{\Delta x}{2} \cdot 1\right) \frac{T_{m,n-1} - T_{m,n}}{\Delta y} \tag{4.39}$$

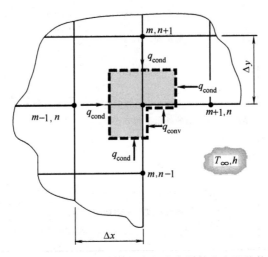

图 4.6 有对流表面的固体内角处有限差分方程的构建

可注意的是，由节点区 $(m-1,n)$ 和 $(m,n+1)$ 至节点 (m,n) 的导热面积分别正比于 Δy 和 Δx，而从 $(m+1,n)$ 和 $(m,n-1)$ 传出的导热则分别沿宽度为 $\Delta y/2$ 和 $\Delta x/2$ 的通道进行。

(m,n) 节点区的条件也受与流体之间的对流换热的影响，这种换热可看作是在 x 和 y 方向沿半个通道发生的。总的对流换热速率 q_{conv} 可表示为

$$q_{(\infty)\to(m,n)}=h\left(\frac{\Delta x}{2}\cdot 1\right)(T_\infty-T_{m,n})+h\left(\frac{\Delta y}{2}\cdot 1\right)(T_\infty-T_{m,n}) \tag{4.40}$$

这个表达式隐含的一个假定是认为这个角的暴露表面的温度是均匀的，其值就是节点温度 $T_{m,n}$。这个假定与整个节点区处于一个温度的概念相一致，这个温度是节点区内实际温度分布的平均值。在稳定态、无内热源的二维情况，根据能量守恒要求［式（4.30）］，式(4.36)～式(4.40)之和应等于零。将这些式子相加并重新整理，可得

$$T_{m-1,n}+T_{m,n+1}+\frac{1}{2}(T_{m+1,n}+T_{m,n-1})+\frac{h\Delta x}{k}T_\infty-\left(3+\frac{h\Delta x}{k}\right)T_{m,n}=0 \tag{4.41}$$

和以前一样，网格中有 $\Delta x=\Delta y$。

表 4.2 列出了适用于一些无内热源的常见几何形体的节点能量平衡式。

表 4.2 节点有限差分方程简表

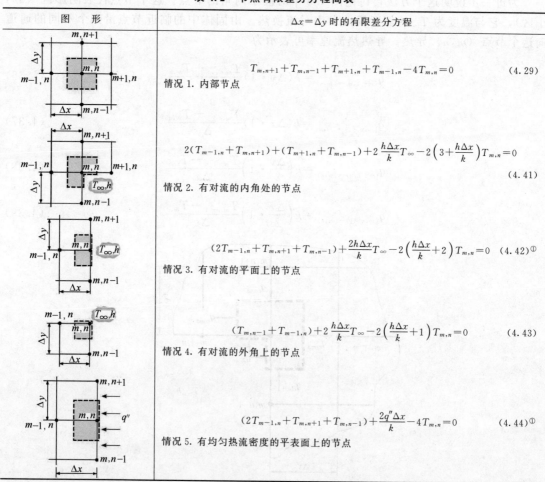

图　形	$\Delta x=\Delta y$ 时的有限差分方程
情况 1. 内部节点	$T_{m,n+1}+T_{m,n-1}+T_{m+1,n}+T_{m-1,n}-4T_{m,n}=0$ (4.29)
情况 2. 有对流的内角处的节点	$2(T_{m-1,n}+T_{m,n+1})+(T_{m+1,n}+T_{m,n-1})+2\frac{h\Delta x}{k}T_\infty-2\left(3+\frac{h\Delta x}{k}\right)T_{m,n}=0$ (4.41)
情况 3. 有对流的平面上的节点	$(2T_{m-1,n}+T_{m,n+1}+T_{m,n-1})+\frac{2h\Delta x}{k}T_\infty-2\left(\frac{h\Delta x}{k}+2\right)T_{m,n}=0$ (4.42)[①]
情况 4. 有对流的外角上的节点	$(T_{m,n-1}+T_{m-1,n})+2\frac{h\Delta x}{k}T_\infty-2\left(\frac{h\Delta x}{k}+1\right)T_{m,n}=0$ (4.43)
情况 5. 有均匀热流密度的平表面上的节点	$(2T_{m-1,n}+T_{m,n+1}+T_{m,n-1})+\frac{2q''\Delta x}{k}-4T_{m,n}=0$ (4.44)[①]

① 为得到绝热表面（或对称的表面）的有限差分方程，只要令 h 或 q'' 为零即可。

【例 4. 2】　利用能量平衡法，推导有均匀内热源的介质的一个绝热表面上的节点（m，n）的有限差分方程。

解析

已知：与绝热表面相邻的节点网格。

求：表面节点的有限差分方程。

示意图：

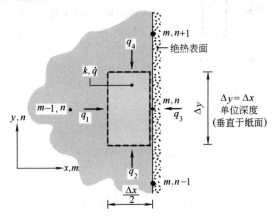

假定：1. 稳定态条件。

2. 二维导热。

3. 物性为常数。

4. 均匀分布的内热源。

分析：对与节点（m,n）有关的元区（$\Delta x/2 \cdot \Delta y \cdot 1$）的控制表面应用能量守恒要求，[式(4.30)]，设单位容积产生热能的速率为 $\dot{q}$，有

$$q_1 + q_2 + q_3 + q_4 + \dot{q}\left(\frac{\Delta x}{2} \cdot \Delta y \cdot 1\right) = 0$$

式中

$$q_1 = k(\Delta y \cdot 1)\frac{T_{m-1,n} - T_{m,n}}{\Delta x}$$

$$q_2 = k\left(\frac{\Delta x}{2} \cdot 1\right)\frac{T_{m,n-1} - T_{m,n}}{\Delta y}$$

$$q_3 = 0$$

$$q_4 = k\left(\frac{\Delta x}{2} \cdot 1\right)\frac{T_{m,n+1} - T_{m,n}}{\Delta y}$$

代入能量平衡式并除以 $k/2$，可得

$$2T_{m-1,n} + T_{m,n-1} + T_{m,n+1} - 4T_{m,n} + \frac{\dot{q}(\Delta x \cdot \Delta y)}{k} = 0 \qquad \blacktriangleleft$$

说明：1. 对适用于内部节点的有限差分方程 [式(4.35)]，利用对称条件 $T_{m+1,n} = T_{m-1,n}$，可以得到相同的结果。如果 $\dot{q} = 0$，令式(4.42) 中的 $h = 0$ 也可得到所需的结果（表 4.2）。

2. 作为上述有限差分方程的一个应用，讨论如下有均匀内热源的二维系统，单位体积产生热能的速率 $\dot{q}$ 是未知量。已知固体的热导率和一个表面的对流换热系数。另外，已测得相应于有限差分网格中节点所在位置处的温度。

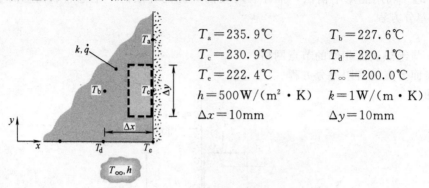

$$T_a = 235.9℃ \qquad T_b = 227.6℃$$
$$T_c = 230.9℃ \qquad T_d = 220.1℃$$
$$T_e = 222.4℃ \qquad T_∞ = 200.0℃$$
$$h = 500W/(m^2 \cdot K) \qquad k = 1W/(m \cdot K)$$
$$\Delta x = 10mm \qquad \Delta y = 10mm$$

对节点 c 应用有限差分方程可确定热能产生速率

$$2T_b + T_e + T_a - 4T_c + \frac{\dot{q}(\Delta x \cdot \Delta y)}{k} = 0$$

$$(2 \times 227.6 + 222.4 + 235.9 - 4 \times 230.9)℃ + \frac{\dot{q}(0.01m)^2}{1W/(m \cdot K)} = 0$$

$$\dot{q} = 1.01 \times 10^5 \, W/m^3$$

由给出的热状态和已知的 $\dot{q}$ 值，我们还能确定节点 e 是否满足能量守恒要求。对这个点的控制体积应用能量平衡关系式，有

$$q_1 + q_2 + q_3 + q_4 + \dot{q}(\Delta x/2 \cdot \Delta y/2 \cdot 1) = 0$$

$$k(\Delta x/2 \cdot 1)\frac{T_c - T}{\Delta y} + 0 + h(\Delta x/2 \cdot 1)(T_∞ - T_e) +$$

$$k(\Delta y/2 \cdot 1)\frac{T_d - T_e}{\Delta x} + \dot{q}(\Delta x/2 \cdot \Delta y/2 \cdot 1) = 0$$

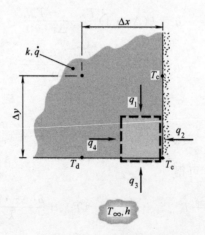

如果满足能量守恒要求，这个方程式的左侧应同样等于零。将有关数值代入，得

$$1W/(m \cdot K) \times (0.005m^2) \times \frac{(230.9 - 222.4)℃}{0.010m} + 0 +$$

$$50W/(m^2 \cdot K) \times (0.005m^2) \times (200 - 222.4)℃ +$$

$$1W/(m \cdot K) \times (0.005m^2) \times \frac{(220.1-222.4)℃}{0.010m} + 1.01 \times 10^5 W/m^3 \times (0.005)^2 m^3 = 0(?)$$

$$4.250W + 0 - 5.600W - 1.150W + 2.525W = 0(?)$$

$$0.025W \approx 0$$

没能精确地满足能量平衡可归因于温度测量有误差，在建立有限差分方程时采用了一些近似条件，并采用了较大的网格。

值得指出的是，可利用相应的热阻写出计算邻近节点之间热流速率的算式。例如，参看图 4.6，由节点 $(m-1,n)$ 传导至节点 (m,n) 的导热速率可表示为

$$q_{(m-1,n) \rightarrow (m,n)} = \frac{T_{m-1,n} - T_{m,n}}{R_{t,cond}} = \frac{T_{m-1,n} - T_{m,n}}{\Delta x / k(\Delta y \cdot 1)}$$

所得结果和式(4.36)是相同的。类似地，对节点 (m,n) 的对流传热速率可表示为

$$q_{(\infty) \rightarrow (m,n)} = \frac{T_\infty - T_{m,n}}{R_{t,conv}} = \frac{T_\infty - T_{m,n}}{\{h[(\Delta x/2) \cdot 1 + (\Delta y/2) \cdot 1]\}^{-1}}$$

上式和式(4.40)是相同的。

作为实际应用热阻概念的一个例子，讨论隔开两种不同性质的材料且接触热阻为 $R''_{t,c}$ 的交界面（图 4.7）。由节点 (m,n) 至节点 $(m,n-1)$ 的传热速率为

$$q_{(m,n) \rightarrow (m,n-1)} = \frac{T_{m,n} - T_{m,n-1}}{R_{tot}} \tag{4.45}$$

式中，对于单位深度，有

$$R_{tot} = \frac{\Delta y/2}{k_A(\Delta x \cdot 1)} + \frac{R''_{t,c}}{\Delta x \cdot 1} + \frac{\Delta y/2}{k_B(\Delta x \cdot 1)} \tag{4.46}$$

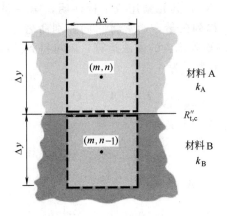

图 4.7 两个贴近的不同材料之间的导热（存在接触热阻）

4.5 有限差分方程的求解

一旦构建了节点网格并对每个节点都写出了有限差分方程，就可确定温度场，问题就简化为求解一组线性代数方程。可以采用很多方法，它们可按**直接法**或**迭代法**求解进行分类。直接法涉及固定和预定的算术运算次数，适用于方程数（未知的节点温度）少的情况。但这

类方法要求大的计算机存储和计算时间，有时采用迭代法更有效。

在本节中，作为直接法和迭代法的例子，我们分别讨论矩阵求逆法和高斯-赛德尔迭代法。这些计算步骤更详细的介绍和有关算法可查阅文献 [11，12]。

4.5.1 矩阵求逆法

讨论一个相应于 N 个未知温度的 N 个有限差分方程的方程组。在方程中以单个整数下标而不是双下标（m,n）来标明节点，进行矩阵求逆过程的第一步是列出以下方程式

$$a_{11}T_1 + a_{12}T_2 + a_{13}T_3 + \cdots + a_{1N}T_N = C_1$$

$$a_{21}T_1 + a_{22}T_2 + a_{23}T_3 + \cdots + a_{2N}T_N = C_2$$

$$\vdots \qquad \vdots \qquad \vdots \qquad \vdots \qquad \vdots \qquad \vdots$$

$$a_{N1}T_1 + a_{N2}T_2 + a_{N3}T_3 + \cdots + a_{NN}T_N = C_N \tag{4.47}$$

式中，a_{11}，a_{12}，$\cdots$，C_1，$\cdots$是与 Δx、k、h 和 T_∞ 等有关的已知系数和常数。利用矩阵符号，上述方程可表示为

$$[\boldsymbol{A}][\boldsymbol{T}] = [\boldsymbol{C}] \tag{4.48}$$

式中

$$\boldsymbol{A} \equiv \begin{bmatrix} a_{11} & a_{12} & \cdots & a_{1N} \\ a_{21} & a_{22} & \cdots & a_{2N} \\ \vdots & \vdots & & \vdots \\ a_{N1} & a_{N2} & \cdots & a_{NN} \end{bmatrix}, \quad \boldsymbol{T} \equiv \begin{bmatrix} T_1 \\ T_2 \\ \vdots \\ T_N \end{bmatrix}, \quad \boldsymbol{C} \equiv \begin{bmatrix} C_1 \\ C_2 \\ \vdots \\ C_N \end{bmatrix}$$

系数矩阵 [$\boldsymbol{A}$] 是方阵（$N \times N$），其元素用双下标注明，第一和第二个下标分别指行和列。矩阵 [$\boldsymbol{T}$] 和 [$\boldsymbol{C}$] 为单列，**称列矢量**，通常将它们分别命名为（**待求**）**解矢量**和**右手侧矢量**。如果完成式(4.48)左侧矩阵隐含的乘法运算，就可得到式(4.47)。

现在可将（待求）解矢量表示为

$$[\boldsymbol{T}] = [\boldsymbol{A}]^{-1}[\boldsymbol{C}] \tag{4.49}$$

式中，[$\boldsymbol{A}$]$^{-1}$是 [$\boldsymbol{A}$] 的逆矩阵，定义为

$$[\boldsymbol{A}]^{-1} \equiv \begin{bmatrix} b_{11} & b_{12} & \cdots & b_{1N} \\ b_{21} & b_{22} & \cdots & b_{2N} \\ \vdots & \vdots & & \vdots \\ b_{N1} & b_{N2} & \cdots & b_{NN} \end{bmatrix}$$

对式(4.49)的右侧进行计算，可得

$$T_1 = b_{11}C_1 + b_{12}C_2 + \cdots + b_{1N}C_N$$

$$T_2 = b_{21}C_1 + b_{22}C_2 + \cdots + b_{2N}C_N$$

$$\vdots \qquad \vdots \qquad \vdots \qquad \vdots \qquad \vdots$$

$$T_N = b_{N1}C_1 + b_{N2}C_2 + \cdots + b_{NN}C_N \tag{4.50}$$

这样，问题就简化成 $[A]^{-1}$ 的确定。也即只要求出 $[A]$ 的逆，就可确定它的 b_{11}，b_{12}，… 元素，所有未知温度就可由上面的表达式算出。

视矩阵的大小，可容易地在可编程计算器或个人计算机上完成矩阵求逆。因此，这个方法提供了一种求解二维导热问题的方便工具。

4.5.2　高斯-赛德尔迭代法

在应用高斯-赛德尔法对由式(4.47) 表示的方程组进行求解时，采用下述步骤较为方便。

① 不管矩阵的大小，都要重新排列方程，使对角线上元素的值比同行中其他元素的大。就是说，需要将所有的方程按顺序排列为 $a_{11} > a_{12}$，a_{13}，…，a_{1N}；$a_{22} > a_{21}$，a_{23}，…，a_{2N} 等等。

② 重新排列后，必须将每个方程写成与对角线上元素有关的温度的显式格式。于是，温度矢量中的每个待解温度的表达式为

$$T_i^{(k)} = \frac{C_i}{a_{ii}} - \sum_{j=1}^{i-1} \frac{a_{ij}}{a_{ii}} T_j^{(k)} - \sum_{j=i+1}^{N} \frac{a_{ij}}{a_{ii}} T_j^{(k-1)} \qquad (4.51)$$

式中，$i = 1$，2，…，N，k 指迭代次数。

③ 为每个温度假定一个初始 $(k=0)$ 值 T_i。根据合理的估计进行选值可减少后面的计算量。

④ 将 T_j 的假定值 $(k=0)$ 或新值 $(k=1)$ 代入式(4.51) 的右侧就可算出 T_i 的新值。这一步是第一次迭代 $(k=1)$。

⑤ 利用式(4.51)，通过由最新迭代的 $T_j^{(k)}$ 的值计算 $T_i^{(k)}$ 的新值而使迭代过程继续进行，此时，$1 \leqslant j \leqslant i-1$，而 $T_j^{(k-1)}$ 为 $i+1 \leqslant j \leqslant N$ 时前次迭代的值。

⑥ 当满足预定的收敛判据时，迭代过程完成。迭代判据可表示为

$$|T_i^{(k)} - T_i^{(k-1)}| \leqslant \varepsilon \qquad (4.52)$$

式中，ε 表示可接受的温度误差。

如果对每个方程都可以完成第一步，称所得方程组是**对角优势**的，收敛速度最大（所需的迭代次数最少）。但许多情况在不能得到对角优势时仍可达到收敛，虽然收敛速度会减小。还要注意计算 T_i 新值的方法（步骤④和⑤）。由于对一次具体的迭代，T_i 是顺序计算的，每个值可以用其他 T_i **最新的计算值**计算。这个特性隐含在式(4.51) 中，也即对 $1 \leqslant j \leqslant i-1$，每个未知值都得到尽可能快的更新。

【例 4.3】　一个大的工业炉由一根很长的耐火砖柱支撑，其截面尺寸为 $1\text{m} \times 1\text{m}$。在稳定运行时，柱的三个表面保持在 500K，另一个表面暴露在 $T_\infty = 300\text{K}$ 和 $h = 10\text{W}/(\text{m}^2 \cdot \text{K})$ 的空气流中。利用 $\Delta x = \Delta y = 0.25\text{m}$ 的网格，确定柱中的二维温度分布及单位长度柱子对空气流的散热速率。

解析

已知：支撑柱的尺寸和表面条件。

求：温度分布和单位长度上的散热速率。

示意图：

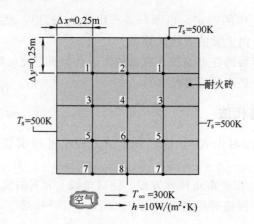

假定：1. 稳定态。

2. 二维条件。

3. 物性为常数。

4. 无内热源。

物性：由表 A.3，耐火砖（$T \approx 478\mathrm{K}$）：$k = 1\mathrm{W}/(\mathrm{m} \cdot \mathrm{K})$。

分析：给出的网格由 12 个温度未知的节点组成。但根据对称性，即对称线左侧的那些节点的温度必定与右侧的那些节点的温度相同，可将未知数减少到 8 个。

节点 1、3 和 5 为内部节点，可由式(4.29)推出它们的有限差分方程式。因此

节点 1：$T_2 + T_3 + 1000 - 4T_1 = 0$

节点 3：$T_1 + T_4 + T_5 + 500 - 4T_3 = 0$

节点 5：$T_3 + T_6 + T_7 + 500 - 4T_5 = 0$

可用类似的方法得到节点 2、4 和 6 的有限差分方程式，或者，由于它们位于对称绝热线上，可利用 $h = 0$ 时的式(4.42)，因此

节点 2：$2T_1 + T_4 + 500 - 4T_2 = 0$

节点 4：$T_2 + 2T_3 + T_6 - 4T_4 = 0$

节点 6：$T_4 + 2T_5 + T_8 - 4T_6 = 0$

由式(4.42)并考虑到 $h\Delta x/k = 2.5$，可得

节点 7：$2T_5 + T_8 + 2000 - 9T_7 = 0$

节点 8：$2T_6 + 2T_7 + 1500 - 9T_8 = 0$

有了所需的有限差分方程组，将它们按以下形式重新排列就可得到矩阵求逆解：

$$
\begin{array}{rcccccccccl}
-4T_1 + & T_2 & + & T_3 & + & 0 & + & 0 & + & 0 & + & 0 & + & 0 & = -1000 \\
2T_1 + (-4T_2) + & 0 & + & T_4 & + & 0 & + & 0 & + & 0 & + & 0 & = -500 \\
T_1 + & 0 & + (-4T_3) + & T_4 & + & T_5 & + & 0 & + & 0 & + & 0 & = -500 \\
0 + & T_2 & + & 2T_3 & + (-4T_4) + & 0 & + & T_6 & + & 0 & + & 0 & = 0 \\
0 + & 0 & + & T_3 & + & 0 & + (-4T_5) + & T_6 & + & T_7 & + & 0 & = -500 \\
0 + & 0 & + & 0 & + & T_4 & + & 2T_5 & + (-4T_6) + & 0 & + & T_8 & = 0 \\
0 + & 0 & + & 0 & + & 0 & + & 2T_5 & + & 0 & + (-9T_7) + & T_8 & = -2000 \\
0 + & 0 & + & 0 & + & 0 & + & 0 & + & 2T_6 & + & 2T_7 & - & 9T_8 & = -1500
\end{array}
$$

在矩阵符号中，按式(4.48)，这些方程形式可表示为 $[A][T] = [C]$，其中

$$[A] = \begin{bmatrix} -4 & 1 & 1 & 0 & 0 & 0 & 0 & 0 \\ 2 & -4 & 0 & 1 & 0 & 0 & 0 & 0 \\ 1 & 0 & -4 & 1 & 1 & 0 & 0 & 0 \\ 0 & 1 & 2 & -4 & 0 & 1 & 0 & 0 \\ 0 & 0 & 1 & 0 & -4 & 1 & 1 & 0 \\ 0 & 0 & 0 & 1 & 2 & -4 & 0 & 1 \\ 0 & 0 & 0 & 0 & 2 & 0 & -9 & 1 \\ 0 & 0 & 0 & 0 & 0 & 2 & 2 & -9 \end{bmatrix} \quad [C] = \begin{bmatrix} -1000 \\ -500 \\ -500 \\ 0 \\ -500 \\ 0 \\ -2000 \\ -1500 \end{bmatrix}$$

利用标准的矩阵求逆程序，很容易求出 $[A]$ 的逆矩阵 $[A]^{-1}$，得

$$[T] = [A]^{-1}[C]$$

$$[T] = \begin{bmatrix} T_1 \\ T_2 \\ T_3 \\ T_4 \\ T_5 \\ T_6 \\ T_7 \\ T_8 \end{bmatrix} = \begin{bmatrix} 489.30 \\ 485.15 \\ 472.07 \\ 462.01 \\ 436.95 \\ 418.74 \\ 356.99 \\ 339.05 \end{bmatrix} \text{K}$$

由单位长度耐火砖柱至空气流的热流速率可按下式计算

$$\left(\frac{q}{L}\right) = 2h\left[\left(\frac{\Delta x}{2}\right)(T_s - T_\infty) + \Delta x(T_7 - T_\infty) + \left(\frac{\Delta x}{2}\right)(T_8 - T_\infty)\right]$$

式中，方括号外的系数 2 考虑了对称性条件。因此

$$\left(\frac{q}{L}\right) = 2 \times 10 \text{W/(m}^2 \cdot \text{K)} \times (0.125\text{m} \times 200\text{K} + 0.25\text{m} \times 56.99\text{K} + 0.125\text{m} \times 39.05\text{K}) = 883\text{W/m}$$

　　说明： 1. 为保证在构建有限差分方程时或在求解过程中没有出差错，必须进行核对来证实所得结果对节点网格满足能量守恒。在稳定态条件下，**已算出温度的节点区域的控制表面**应满足输入和输出的能量平衡。

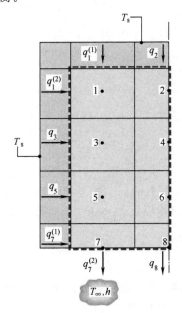

对于在上面示意性地画出的半个对称部分，可知向节点区域的导热必定与区域的对流散热平衡。因此

$$q_1^{(1)} + q_1^{(2)} + q_2 + q_3 + q_5 + q_7^{(1)} = q_7^{(2)} + q_8$$

累计的导热速率为

$$\frac{q_{\text{cond}}}{L} = k \left[\Delta x \, \frac{(T_s - T_1)}{\Delta y} + \Delta y \, \frac{(T_s - T_1)}{\Delta x} + \frac{\Delta x}{2} \frac{(T_s - T_2)}{\Delta y} + \right.$$
$$\left. \Delta y \, \frac{(T_s - T_3)}{\Delta x} + \Delta y \, \frac{(T_s - T_5)}{\Delta x} + \frac{\Delta y}{2} \frac{(T_s - T_7)}{\Delta x} \right]$$
$$= 191.31 \text{W/m}$$

单位长度上的对流换热速率为

$$\frac{q_{\text{conv}}}{L} = h \left[\Delta x (T_7 - T_\infty) + \frac{\Delta x}{2} (T_8 - T_\infty) \right] = 191.29 \text{W/m}$$

导热速率和对流速率的计算结果高度一致（在舍入误差内），这确认了在构建和求解有限差分方程时没有出错。要注意，将来自温度为 500K 的边缘节点的导热（250W/m）加上来自内部节点的导热（191.3W/m）并考虑对称性而乘以 2，就得到整个底表面的对流换热（883W/m）。

2. 虽然算得的温度满足有限差分方程，但它们并不能为我们提供严格的温度分布。要记住，这是一些近似方程，将网格尺寸减小（增加节点数）可以改善准确度。

3. 也可利用高斯-赛德尔迭代法确定温度分布。参看有限差分方程组的排列，很明显，它的顺序已按对角优势的特性整理。用有限差分法求解导热问题时这种变化是典型的。所以我们从第二步开始并将方程式写成显式：

$$T_1^{(k)} = 0.25 T_2^{(k-1)} + 0.25 T_3^{(k-1)} + 250$$

$$T_2^{(k)} = 0.50 T_1^{(k)} + 0.25 T_4^{(k-1)} + 125$$

$$T_3^{(k)} = 0.25 T_1^{(k)} + 0.25 T_4^{(k-1)} + 0.25 T_5^{(k-1)} + 125$$

$$T_4^{(k)} = 0.25 T_2^{(k)} + 0.50 T_3^{(k)} + 0.25 T_6^{(k-1)}$$

$$T_5^{(k)} = 0.25 T_3^{(k)} + 0.25 T_6^{(k-1)} + 0.25 T_7^{(k-1)} + 125$$

$$T_6^{(k)} = 0.25 T_4^{(k)} + 0.50 T_5^{(k)} + 0.25 T_8^{(k-1)}$$

$$T_7^{(k)} = 0.2222 T_5^{(k)} + 0.1111 T_8^{(k-1)} + 222.22$$

$$T_8^{(k)} = 0.2222 T_6^{(k)} + 0.2222 T_7^{(k)} + 166.67$$

有了所需形式的有限差分方程组，就可利用一个表来进行迭代运算，这个表中有一列为迭代次（步）数，每个节点都有注明为 T_i 的列。按下述步骤进行计算：

① 对每个节点，将估计的初始温度输入 $k=0$ 的行。要合理地选值以减少所需的迭代次数。

② 利用 N 个有限差分方程和从第一及第二行的 T_i 值，可算出第一次迭代（$k=1$）的 T_i 的新值。将这些新值记入第二行。

③ 重复这个过程，用以前的 $T_i^{(k-1)}$ 值和当前的 $T_i^{(k)}$ 值计算 $T_i^{(k)}$，直到每个节点前后两次迭代所得的温差达到预定的判据 $\varepsilon \leqslant 0.2$K。

k	T_1	T_2	T_3	T_4	T_5	T_6	T_7	T_8
0	480	470	440	430	400	390	370	350
1	477.5	471.3	451.9	441.3	428.0	411.8	356.2	337.3
2	480.8	475.7	462.5	453.1	432.6	413.9	355.8	337.7
3	484.6	480.6	467.6	457.4	434.3	415.9	356.2	338.3
4	487.0	482.9	469.7	459.6	435.5	417.2	356.6	338.6
5	488.1	484.0	470.8	460.7	436.1	417.9	356.7	338.8
6	488.7	484.5	471.4	461.2	436.5	418.3	356.9	338.9
7	489.0	484.8	471.7	461.6	436.7	418.5	356.9	339.0
8	489.1	485.0	471.9	461.8	436.8	418.6	356.9	339.0

第 8 行给出的结果与矩阵求逆法给出的符合得极好，显然，若减小 ε 值，符合的程度还可更好。不过，考虑到有限差分方程组的近似特性，所得结果仍然是真实温度的近似。采用细密的网格（增加节点数）可提高近似值的准确度。

④ 请注意，可利用 IHT 求解工具求解上述有限差分方程组以获得节点温度。作为技能练习，将方程组键入 IHT 的 Workspace 并点击 Solve。把所得的结果与上述表中的进行比较。对更复杂的应用，可考虑使用 Tools 菜单中的方程建立器，即适用于一维或二维、稳定态或瞬态的 Finite-Difference Equations。节点的布置包括那些在表 4.2 中所示的情况，也包括扩展表面的情况，并允许有体积热源和/或边界面上的均匀加热。

⑤ 本书配备的第二个软件包，Finite-Element Heat Transfer（有限元传热，FEHT），也可用于求解一维或二维导热方程。像在应用有限差分方法时一样，要将固体进行离散，不同的是要对三角形节点单元列出能量平衡式。在 FEHT 中作为已解的模型提供了这个例子，可通过 Toolbar 菜单中 Examples 进行访问。输入屏汇总了关键的预处理和后处理步骤以及不同网格大小的结果。作为一个练习，点击 Run 求解节点温度，在 Views 菜单中选择 Temperature Contours 给出由一组等温线表示的温度分布。为了解如何在 FEHT 中建立模型，可参阅与 IHT 和 FEHT 软件一起的 Software Tools and User's Guides（软件工具和用户指南）。

4.5.3 若干需要注意的问题

前面已经指出，作为良好的习惯，应对温度已经算出的节点区域的控制表面进行能量平衡分析，以确认数值求解的正确性。应将温度值代入能量平衡方程，如果这种平衡不能满足高精度，必须核查有限差分方程是否出错。

有时甚至在列出的有限差分方程组和求解都没有错的情况下，结果仍与真实温度分布有很大的差别。这种情况是节点之间的有限间隔（$\Delta x, \Delta y$）以及诸如以 $k(\Delta y \cdot 1)(T_{m-1,n} - T_{m,n})/\Delta x$ 代替傅里叶导热定律 $-k(\mathrm{d}y \cdot 1)\mathrm{d}T/\mathrm{d}x$ 等有限差分近似所导致的结果。我们以前已指出过，当节点网格细密时（Δx 和 Δy 减小），有限差分近似更准确。因此，如果希望得到准确的结果，要进行网格的研究，应将由细密网格得到的结果与由粗大网格得到的相比较。例如，若能将 Δx 和 Δy 减小到原来的 1/2，节点和有限差分方程数就将增大到原来的 4倍。如果对吻合程度不满意，可进一步减小网格，直到算出的温度不再受 Δx 和 Δy 大小的影响。这种**与网格无关**的结果可为物理问题提供准确的解。

另一种证实数值求解是否正确的方案要求将结果与严格求解法得到的进行比较。例如，图 4.2 中描述的物理问题的有限差分解可以和由式(4.19)给出的严格解作比较。但这个方案的局限性是我们难得会尝试用数值法去求解已经有严格解的问题。不过，如果我们要对一个无严格解的复杂问题进行数值求解，尝试利用有限差分法求解这个问题的简化模型常常是有用的。

【**例4.4**】 先进燃气轮机技术的一个主要目标是提高与燃气透平叶片运行有关的温度极限。这个极限决定了燃气透平许可的燃气进口温度，后者又会强烈影响总的系统性能。除了用特殊的高温、高强度的超耐热合金制造透平叶片，常采用内冷方法，就是在叶片内部加工一些流道，使空气在流道中流动。我们以加工了一些矩形流道的矩形固体作为叶片的近似，来评估这种方案的效果。叶片的热导率 $k=25W/(m \cdot K)$，厚度为6mm，每个流道的矩形横截面积为 $2mm \times 6mm$，相邻流道的间距为4mm。

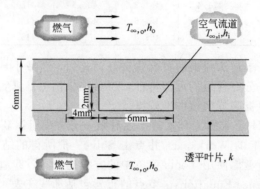

在 $h_o=1000W/(m^2 \cdot K)$、$T_{\infty,o}=1700K$、$h_i=200W/(m^2 \cdot K)$ 和 $T_{\infty,i}=400K$ 的运行条件下，确定叶片内的温度分布和对单位长度流道的传热速率。最高温度出现在哪一个位置？

解析

已知：埋设了一些流道的燃气透平叶片的尺寸和运行条件。

求：叶片内的温度场，最高温度的位置。对单位长度流道的传热速率。

示意图：

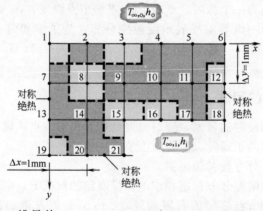

假定：1. 稳定态、二维导热。

2. 物性为常数。

分析：取网格尺寸为 $\Delta x=\Delta y=1mm$，确定三条对称线，构建了前述节点网格。对节点1、6、18、19和21应用能量平衡法，对其余的节点利用表4.2的结果，可得到相应的有限差分方程式。

对节点1的传热是来自结点2和7的导热及外部流体的对流传热。由于不存在来自对称绝热线那边的传热，对与节点1有关的1/4区域应用能量平衡式，可得下述形式的有限差分方程

节点1：
$$T_2+T_7-\left(2+\frac{h_o\Delta x}{k}\right)T_1=-\frac{h_o\Delta x}{k}T_{\infty,o}$$

对与节点1具有相同表面条件的节点6（两处导热、一处对流和一处对称绝热）可得到类似

的结果。节点 2 到 5 对应于表 4.2 中的情况 3，选节点 3 为例，有

$$\text{节点 3：}\quad T_2+T_4+2T_9-2\left(\frac{h_o\Delta x}{k}+2\right)T_3=-\frac{2h_o\Delta x}{k}T_{\infty,o}$$

节点 7、12、13 和 20 对应于表 4.2 中 $q''=0$ 的情况 5，选节点 12 为例，有

$$\text{节点 12：}\quad T_6+2T_{11}+T_{18}-4T_{12}=0$$

节点 8～11 和节点 14 为内部节点（情况 1），在这种情况下，节点 8 的有限差分方程为

$$\text{节点 8：}\quad T_2+T_7+T_9+T_{14}-4T_8=0$$

节点 15 是一个内角（情况 2），有

$$\text{节点 15：}\quad 2T_9+2T_{14}+T_{16}+T_{21}-2\left(3+\frac{h_i\Delta x}{k}\right)T_{15}=-2\frac{h_i\Delta x}{k}T_{\infty,i}$$

而节点 16 和 17 是处于有对流换热的平表面上（情况 3）：

$$\text{节点 16：}\quad 2T_{10}+T_{15}+T_{17}-2\left(\frac{h_i\Delta x}{k}+2\right)T_{16}=-2\frac{h_i\Delta x}{k}T_{\infty,i}$$

对 18 和 21 这两个节点区的传热都是来自邻近的两个节点的导热和内部流道的对流换热，不存在来自邻近绝热面的传热。对节点 18 应用能量平衡关系，可得

$$\text{节点 18：}\quad T_{12}+T_{17}-\left(2+\frac{h_i\Delta x}{k}\right)T_{18}=-\frac{h_i\Delta x}{k}T_{\infty,i}$$

最后的特殊情况是节点区 19，它有两个面是绝热的，但有来自节点区 13 和 20 的导热：

$$\text{节点 19：}\quad T_{13}+T_{20}-2T_{19}=0$$

对给定的条件，可解出 21 个有限差分方程的未知温度，所得结果如下：

T_1	T_2	T_3	T_4	T_5	T_6
1526.0K	1525.3K	1523.6K	1521.9K	1520.8K	1520.5K

T_7	T_8	T_9	T_{10}	T_{11}	T_{12}
1519.7K	1518.8K	1516.5K	1514.5K	1513.3K	1512.9K

T_{13}	T_{14}	T_{15}	T_{16}	T_{17}	T_{18}
1515.1K	1513.7K	1509.2K	1506.4K	1505.0K	1504.5K

T_{19}	T_{20}	T_{21}
1513.4K	1511.7K	1506.0K

温度场可以用等温线的形式表示，以下所示的是四条示意性的等温线。同时画出的还有热流线，这些线是仔细绘制的，它们在各处与等温线垂直，并与对称绝热线重合。那些暴露于燃气和空气的表面不是等温的，因此热流线并不垂直于这些边界。

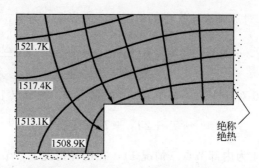

正如所预计的那样，最高温度是位于离冷却气流最远的部位，相应的节点是1。特别关心的当然是沿暴露于燃气的透平叶片表面的温度，对有限差分的结果进行内插，可得到以下的温度分布：

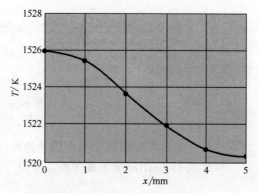

单位长度流道的传热速率可表示为

$$q' = 4h_i \left[(\Delta y/2)(T_{21} - T_{\infty,i}) + (\Delta y/2 + \Delta x/2)(T_{15} - T_{\infty,i}) + (\Delta x)(T_{16} - T_{\infty,i}) + (\Delta x)(T_{17} - T_{\infty,i}) + (\Delta x/2)(T_{18} - T_{\infty,i}) \right]$$

也可用下式计算

$$q' = 4h_o \left[(\Delta x/2)(T_{\infty,o} - T_1) + (\Delta x)(T_{\infty,o} - T_2) + (\Delta x)(T_{\infty,o} - T_3) + (\Delta x)(T_{\infty,o} - T_4) + (\Delta x)(T_{\infty,o} - T_5) + (\Delta x/2)(T_{\infty,o} - T_6) \right]$$

式中的系数4是考虑了对称条件。对上述两个等式，得到

$$q' = 3540.6 \, \text{W/m} \qquad \blacktriangleleft$$

说明： 1. 减小网格的尺寸可以改善有限差分解的准确度。例如，若网格尺寸为 $\Delta x = \Delta y = 0.5\text{mm}$，未知的节点温度将增大到65，由此算得的若干温度和热流速率为

$$T_1 = 1525.9\text{K}, \quad T_6 = 1520.5\text{K}, \quad T_{15} = 1509.2\text{K},$$

$$T_{18} = 1504.5\text{K}, \quad T_{19} = 1513.5\text{K}, \quad T_{21} = 1505.7\text{K},$$

$$q' = 3539.9 \, \text{W/m}$$

两组结果的吻合程度极好。当然，采用细密网格会增加计算时间，在许多情况下由粗稀网格可得到满意的结果。如何选择合适的网格应由工程师作出判断。

2. 在燃气轮机工业中，采用降低叶片温度的措施十分重要。这些措施可包括利用具有大热导率的各种合金和/或增大通过流道的冷却流体的流速而增大 h_i。利用 $\Delta x = \Delta y = 1\text{mm}$ 的有限差分解，参数 k 和 h_i 取不同值时的结果如下：

$k/\text{W} \cdot \text{m}^{-1} \cdot \text{K}^{-1}$	$h_i/\text{W} \cdot \text{m}^{-2} \cdot \text{K}^{-1}$	T_1/K	$q'/\text{W} \cdot \text{m}^{-1}$	$k/\text{W} \cdot \text{m}^{-1} \cdot \text{K}^{-1}$	$h_i/\text{W} \cdot \text{m}^{-2} \cdot \text{K}^{-1}$	T_1/K	$q'/\text{W} \cdot \text{m}^{-1}$
25	200	1526.0	3540.6	25	1000	1154.5	11095.5
50	200	1523.4	3563.3	50	1000	1138.9	11320.7

为什么增大 k 和 h_i 可降低叶片温度？为什么改变 h_i 产生的效果远比改变 k 来得大？

3. 要注意的是，由于叶片的外表面处于极端高温，向周围环境的辐射热损可以相当大。在有限差分分析中，这个影响通过将辐射换热速率线性化［见式(1.8) 和式(1.9)］并按对流换热的方式来处理。但由于辐射换热系数 h_r 与表面温度有关，所以需要迭代有限差分解，以保证在每个节点上求 h_r 所用的温度就是所得的表面温度。

4. IHT 求解工具可用于求解有限差分方程组以获得节点温度。通过访问 Tools 菜单中的 Finite-Difference Equations，2-D，Steady State 中的方程建立器，可得到方程组。这个菜单提供了控制体积（内部节点、角处节点等）的简图，还提供了一些用于输入对温度和其他参数进行说明的标识符或下标的框。

5. 在 FEHT 中有以本题作为例子的已解模型，可通过 Toolbar 上的 Examples 访问。输入屏汇集了预处理和后处理步骤以及不同节点间距 1mm 和 0.125mm 的结果。作为一个练习，按 Run 计算节点温度，在 View 菜单中选择 Temperature Contours 给出以等温线形式表示的温度场。为了解如何在 FEHT 中建立模型，可参阅与 IHT 和 FEHT 软件一起的 Software Tools and User's Guides（软件工具和用户指南）。

4.6　小结

本章的主要目的是扩展对二维导热问题特性和已有的一些求解方法的认识和理解。当面对一个二维导热问题时，应确定是否有已知的严格解。为此，可查阅有导热问题严格解的一些优秀著作[1~5]。有的读者也可能想确定对于感兴趣的系统是否有已知的形状因子或无量纲导热速率[6~10]。不过，在多数情况下不能利用形状因子或严格解，因此必须用有限差分或有限元解。读者应充分理解离散化过程的固有特性并知道如何构建和求解节点网格上离散点的有限差分方程。你可通过回答下述问题来测试自己对有关概念的理解。

- 什么是**等温线**？什么是**热流线**？这两种线在几何上有什么关系？
- 什么是**绝热线**？它和对称线有什么关系？它怎么和等温线相交？
- 对二维系统的稳态导热，哪些参数表现了几何形状对传热速率与总温差之间的关系的影响？这些参数与导热热阻有什么联系？
- 节点的温度代表什么？给定的节点网格如何影响节点温度的准确度？

参考文献

1. Schneider, P. J., *Conduction Heat Transfer*, Addison-Wesley, Reading, MA, 1955.
2. Carslaw, H. S., and J. C. Jaeger, *Conduction of Heat in Solids*, Oxford University Press, London, 1959.
3. Özisik, M. N., *Heat Conduction*, Wiley Interscience, New York, 1980.
4. Kakac, S., and Y. Yener, *Heat Conduction*, Hemisphere Publishing, New York, 1985.
5. Poulikakos, D., *Conduction Heat Transfer*, Prentice-Hall, Englewood Cliffs, NJ, 1994.
6. Sunderland, J. E., and K. R. Johnson, *Trans. ASHRAE*, **10**, 237–241, 1964.
7. Kutateladze, S. S., *Fundamentals of Heat Transfer*, Academic Press, New York, 1963.
8. General Electric Co. (Corporate Research and Develop-ment), *Heat Transfer Data Book*, Section 502, General Electric Company, Schenectady, NY, 1973.
9. Hahne, E., and U. Grigull, *Int. J. Heat Mass Transfer*, **18**, 751–767, 1975.
10. Yovanovich, M. M., in W. M. Rohsenow, J. P. Hartnett, and Y. I. Cho, Eds., *Handbook of Heat Transfer*, McGraw-Hill, New York, 1998, pp. 3.1–3.73.
11. Gerald, C. F., and P. O. Wheatley, *Applied Numerical Analysis*, Pearson Education, Upper Saddle River, NJ, 1998.
12. Hoffman, J. D., *Numerical Methods for Engineers and Scientists*, McGraw-Hill, New York, 1992.

习 题

精确解

4.1 在求解二维稳态导热问题的分离变量法（4.2节）中，式（4.6）和式（4.7）中的分离常数 λ^2 必须为正值。证明 λ^2 取负值或零时会给出不能满足给定边界条件的解。

4.2 一块二维矩形平板处于给定的边界条件。利用4.2节中给出的导热方程的精确解结果，通过考虑必须计算的无限级数的前五个非零项来计算中点（1，0.5）处的温度。估算只采用无限级数的前三项时所产生的误差。画出温度分布 $T(x, 0.5)$ 和 $T(1.0, y)$。

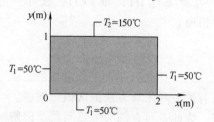

4.3 一块二维矩形平板的三个边处于给定温度的边界条件，顶面上有均匀热流密度进入平板。利用4.2节中的一般方法，推导平板内温度分布的表达式。

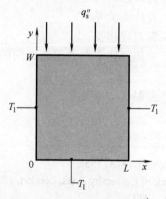

形状因子和无量纲导热速率

4.4 基于表4.1(b)中情况12～15的无量纲导热速率，求以下位于温度为 T_2 的半无限大介质表面温度为 T_1 的物体的形状因子。半无限大介质的表面是绝热的。

（a）埋入的半球，与表面平齐。

（b）表面上的圆盘。把你的结果与表4.1(a)中的情况10进行比较。

（c）位于表面上的一个正方形。

（d）埋入的立方体，与表面平齐。

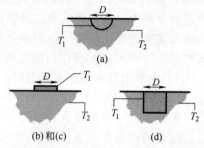

4.5 一根用于输送原油的管道埋在地下，其中心线距地表1.5m。管道的外直径为0.5m，用100mm厚的泡沫玻璃隔热。在下述条件下，单位管长上的热损速率是多少：120℃的热油在管内流动，地表温度为0℃？

4.6 一根长的电力电缆埋设的深度（地表到电缆中心线的距离）为2m。电缆封装在一根直径为0.1m的薄壁管中，为使电缆具有**超导性能**（功耗基本为零），在电缆与管道之间充满了77K的液氮。如果管道外表面覆盖有0.05m厚的超级隔热材料 $[k_i = 0.005 \text{W/(m·K)}]$，且土壤 $[k_g = 1.2 \text{W/(m·K)}]$ 表面处于300K，低温制冷机必须在单位管长上维持多大的冷负荷（W/m）？

形状因子在热回路中的应用

4.7 一个立方体玻璃熔炉的外部边长为 $W = 5\text{m}$，是用厚度和热导率分别为 $L = 0.35\text{m}$ 和 $k = 1.4 \text{W/(m·K)}$ 的耐火砖制作的。炉子的侧面和顶面暴露于25℃的环境空气中，自然对流的平均系数为 $h = 5 \text{W/(m}^2 \cdot \text{K)}$。炉子的底面坐落在一个框架结构的平台上，这样它的大部分表面暴露于环境空气中，作为初步近似，可假定对流系数 $h = 5 \text{W/(m}^2 \cdot \text{K)}$。在燃气把炉子的内表面维持在1100℃的运行条件下，炉子的热损速率是多少？

4.8 将一根直径1mm的长康铜线焊接在一个大紫铜块的表面上，形成一个热电偶结点。线的作用如同肋片，使热量离开表面，从而使感应到的结点温度 T_j 低于铜块的温度 T_o。

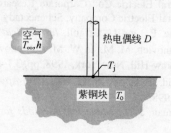

（a）如果线处于 25℃ 的空气中，对流系数为 $10W/(m^2 \cdot K)$，计算铜块处于 125℃ 时热电偶的测量误差（$T_j - T_o$）。

（b）在对流系数为 $5W/(m^2 \cdot K)$、$10W/(m^2 \cdot K)$ 和 $25W/(m^2 \cdot K)$ 时，画出测量误差与待测材料的热导率在 $15 \sim 400W/(m \cdot K)$ 范围内的函数关系。在什么情况下使用直径较小的线比较有利？

4.9 一个形如直径 20mm 的圆盘的电子器件的功耗为 100W，它水平安装在一个温度保持在 27℃ 的大的铝合金（2024）块上。安装方式使器件与铝块的交界面上的接触热阻为 $R''_{t,c} = 5 \times 10^{-5} m^2 \cdot K/W$。

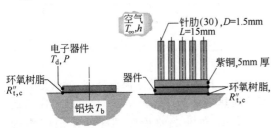

（a）假定器件的所有功耗必须通过导热进入铝块，计算器件可以达到的温度。

（b）为在较高功率水平上运行该器件，一个电路设计人员建议在器件的上表面上安装一个带肋片的热沉。针肋和基材是用紫铜 $[k = 400W/(m \cdot K)]$ 制作的，暴露于 27℃ 的空气流，对流系数为 $1000W/(m^2 \cdot K)$。对于（a）中算得的器件温度，允许的运行功率是多少？

4.10 一个用于冷却电子芯片阵列的铝制热沉 $[k = 240W/(m \cdot K)]$ 为一个正方形截面的流道，内部宽度为 $w = 25mm$，可假定其中液体的流动使内表面处于均匀温度 $T_1 = 20℃$。流道的外部宽度和长度分别为 $W = 40mm$ 和 $L = 160mm$。

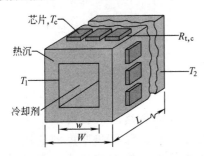

如果在热沉外表面上安装的 $N = 120$ 个芯片使表面温度大致均匀，为 $T_2 = 50℃$，且假定这些芯片的所有散热均传给了冷却剂，每个芯片的散热速率是多少？如果单个芯片与热沉之间的接触

热阻为 $R_{t,c} = 0.2K/W$，芯片温度是多少？

有限差分方程：推导

4.11 考虑表 4.2 中的节点结构 3。推导以下情形的稳态有限差分方程。

（a）边界绝热。说明如何修改方程（4.42）以使其与你的结果一致。

（b）边界处于恒定热流密度条件。

4.12 推导下列结构中节点的有限差分方程。

（a）位于对角边界上的节点 (m,n)，与温度为 T_∞ 的流体进行对流，换热系数为 h。假定 $\Delta x = \Delta y$。

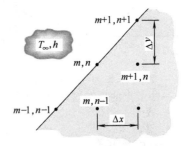

（b）位于切割工具端部的节点 (m,n)，上表面上具有恒定热流密度 q''_o，对角表面暴露于对流过程，流体温度为 T_∞，换热系数为 h。假定 $\Delta x = \Delta y$。

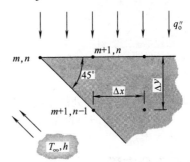

4.13 考虑以下二维网格（$\Delta x = \Delta y$），它代表的是没有内部体积产热、热导率为 k 的系统的稳定状态。其中一个边界处于恒定温度 T_s，其他边界绝热。

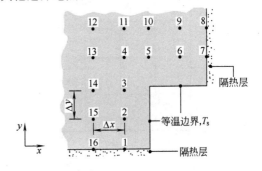

推导垂直于页面的单位长度上通过等温边界（T_s）的传热速率的表达式。

有限差分方程：分析

4.14 考虑一个二维系统的网格，其中没有内部体积产热，节点温度如下所列。如果网格间距为 125mm，材料的热导率为 50W/(m·K)，计算垂直于页面的单位长度上通过等温表面（T_s）的传热速率。

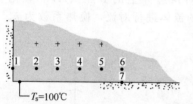

结点	T_i/℃
1	120.55
2	120.64
3	121.29
4	123.89
5	134.57
6	150.49
7	147.14

4.15 一个热导率为 1.5W/(m·K) 的二维系统中一些节点的稳态温度（℃）已在网格中给出。

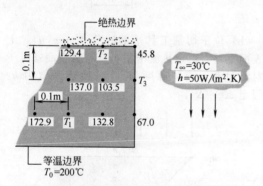

(a) 确定节点 1、2 及 3 处的温度。

(b) 计算垂直于页面的单位厚度上从系统向流体的传热速率。

求解有限差分方程

4.16 考虑一个表面温度给定的正方形截面中的二维稳态导热。

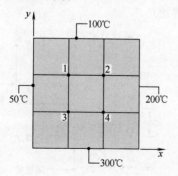

(a) 确定节点 1、2、3 及 4 的温度。计算中点的温度。

(b) 将网格的尺寸减半，确定相应节点的温度。把你的结果与用较粗糙网格获得的结果进行比较。

(c) 根据较细网格的结果，画出 75℃、150℃ 和 250℃ 等温线。

4.17 一种加热大表面的常用方法是使热空气通过其下部的矩形风道。风道截面为正方形，位于上下表面间的中部，上表面暴露于室内空气，下表面绝热。

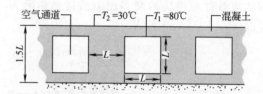

在地板和风道温度分别为 30℃ 和 80℃，混凝土的热导率为 1.4W/(m·K) 时，计算离开单位长度风道的传热速率。使用间距为 $\Delta x = 2\Delta y$ 的网格，其中 $\Delta y = 0.125L$，$L = 150$mm。

4.18 一根梯形长棒的两个表面处于均匀温度，其他表面隔热良好。如果材料的热导率为 20W/(m·K)，利用有限差分方法计算单位长度的棒上的传热速率。采用高斯-赛德尔求解方法，空间步长取 10mm。

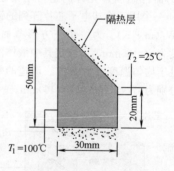

4.19 表 4.1 中给出了通过 $D > L/5$ 的相邻两壁边缘的导热的形状因子，其中 D 和 L 分别为墙壁的深度和厚度。插图（a）中给出了边缘的二维对称单元，它以对角绝热线和一段壁厚作为边界，可假定壁厚方向上的温度分布为 T_1 与 T_2 之间的线性分布。

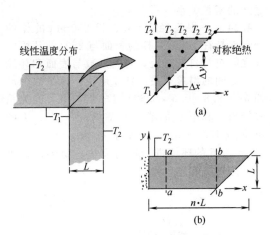

（a）

（b）

（a）利用插图(a) 中的节点网格和 $L=40mm$，在 $T_1=100℃$ 和 $T_2=0℃$ 时确定对称单元中的温度分布。在 $k=1W/(m·K)$ 时计算单位深度（$D=1m$）上的传热速率。确定边缘的形状因子并把你的结果与表 4.1 中的进行比较。

（b）选择 $n=1$ 或 $n=1.5$，为插图(b) 中的梯形建立节点网格并确定相应的温度场。对在截面 $a—a$ 和 $b—b$ 上作线性温度分布假定的有效性进行评估。

4.20 一根三角形长棒的对角边隔热良好，其他两个长度相等的边分别维持在均匀温度 T_a 和 T_b。

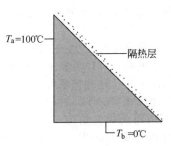

（a）建立沿每个边有 5 个节点的节点网格。为对角面上的一个节点定义合适的控制容积，并推导相应的有限差分方程。利用这些适用于对角节点的方程和内部节点的合适方程，求棒中的温度分布。在该形体的比例图上，画出 25℃、50℃ 和 75℃ 等温线。

（b）注意到对角面是一个对称平面，我们可以采用另一种较为简单的方法获得对角节点的有限差分方程。考虑一个 5×5 的正方形节点网格，并将其对角线作为对称线。注意那些位于对角线两侧具有相同温度的节点。证明你可以把对角节点作为"内部"节点处理，并通过

观察写出有限差分方程。

有限元求解

4.21 一根具有均匀横截面的直肋是用热导率为 $k=5W/(m·K)$ 的材料制作的，厚度 $w=20mm$，长度 $L=200mm$。肋片在垂直于页面的方向上很长。肋基保持在 $T_b=200℃$，肋端处于对流条件（表 3.4 中的情形 A），有 $h=500W/(m^2·K)$ 和 $T_\infty=25℃$。

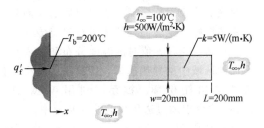

（a）假定肋片中为一维传热，计算该肋片的传热速率 $q_f'(W/m)$ 及肋端温度 T_L，计算肋片的毕渥数以确定一维传热的假定是否有效。

（b）利用 FEHT 的有限元方法，对肋片进行二维分析以确定肋片传热速率和肋端温度。把你的结果与 (a) 中的一维分析解进行比较。利用 View/Temperature Contours 选项显示等温线，并讨论相应的温度场和热流图的关键特征。**提示**：在画肋片的轮廓图时要利用对称性。在肋基附近采用较细的网格，但在肋端附近采用较粗的网格。为什么？

（c）通过与热导率为 $k=50W/(m·K)$ 和 $500W/(m·K)$ 的肋片的分析解的结果进行比较，验证你的 FEHT 模型。在这些情况下一维传热的假定是否有效？

4.22 图中所示的为热膜热流计，它可通过测量薄膜单位面积上的电功耗 $p_e''(W/m^2)$ 和平均表面温度 T_s 来确定相邻流体的对流系数。薄膜中的功耗通过对流直接传给流体或通过导热传入衬底。如果可以忽略衬底的导热，热流计的测量可用于确定对流系数，不需要采用修正因子。你的任务是进行二维稳态导热分析以计算功耗中导入 2mm 厚石英衬底的份额，衬底的宽度 $W=40mm$，热导率 $k=1.4W/(m·K)$。薄的热膜热流计的宽度为 $w=4mm$，在 5000W/m² 的均匀功耗下运行。考虑以下情形：流体温度为 25℃，对流系数为 500W/($m^2·K$)、1000W/($m^2·K$) 和 2000W/($m^2·K$)。

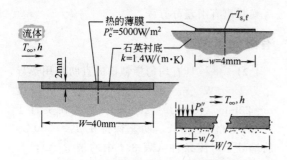

利用 FEHT 的有限元方法分析热流计和石英衬底的半个对称区域。假定衬底的底面和端面隔热极好，上表面与流体进行对流传热。

（a）确定三种 h 值时的温度分布和进入热膜下面的区域中的导热速率。计算这些速率所代表的电功耗份额。**提示**：利用 View/Heat Flows 命令求通过边界单元的传热速率。

（b）利用 View/Temperature Contours 命令查看等温线和热流图。描述这些热流通道，并对影响这些通道的热流计设计特征进行说明。你的分析揭示了应用这种热流计的哪些限制？

特殊应用

4.23 一根具有均匀横截面的直肋是用热导率为 50W/(m·K) 的材料制作的，其厚度 $w=6$mm，长度 $L=48$mm，在垂直于页面的方向上非常长。肋片与温度为 $T_\infty=30℃$ 的环境空气之间的对流换热系数为 500W/(m²·K)。肋基保持在 $T_b=100℃$，肋端隔热良好。

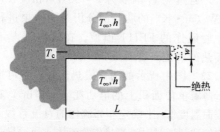

（a）利用有限差分方法和 4mm 的空间步长，计算肋片中的温度分布。对该肋片作一维传热的假定是否合理？

（b）计算垂直于页面的单位长度上肋片的传热速率。把你的结果与一维分析解 [式 (3.76)] 进行比较。

（c）利用 (a) 中的有限差分网格，计算并画出在 $h=10$W/(m²·K)、100W/(m²·K)、500W/(m²·K) 和 1000W/(m²·K) 时肋片中的温度分布。确定并画出肋片传热速率与 h

之间的函数关系。

4.24 一根直径 10mm、长 250mm 的棒的一端保持在 100℃，棒的表面与 25℃ 的环境空气之间进行自然对流，对流系数与表面和环境空气之间的温差有关。具体地说，该系数由形如 $h_{fc}=2.89[0.6+0.624(T-T_\infty)^{1/6}]^2$ 的关系式给出，其中 h_{fc} 的单位为 W/(m²·K)，T 的单位为 K。棒的表面发射率为 $\varepsilon=0.2$，与 $T_{sur}=25℃$ 的环境进行辐射换热。肋端也在进行自然对流和辐射换热。

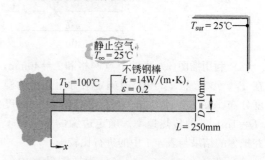

作一维导热假定，用 5 个节点代表肋片，采用有限差分方法计算肋片中的温度分布。同时确定肋片的传热速率以及自然对流和辐射换热的相对贡献。**提示**：对于需要建立能量平衡的每一个节点，采用辐射速率方程的线性化形式 [式 (1.8)] 为每个节点计算辐射系数 h_r [式 (1.9)]。类似地，对于与每个节点相关的对流速率方程，必须为每个节点计算自然对流系数 h_{fc}。

4.25 一种厚度为 0.25mm 的金属箔，其上分布着极小的孔，可作为加速格栅使用，以控制离子束的电势。这种格栅可用在生产半导体的化学气相沉积（CVD）过程中。格栅的上表面暴露于均匀的热流密度 $q_s''=600$W/m²，后者因吸收离子束而产生。箔的边缘与维持在 300K 的水冷热沉之间有热耦合。箔的上下表面则与维持在 300K 的真空腔体壁面进行辐射换热。箔的有效热导率为 40W/(m·K)，发射率为 0.45。

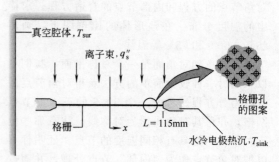

作一维导热假定，用 x 方向上的 10 个节点代表格栅，采用有限差分方法计算格栅中的温度分布。

提示：对于需要建立能量平衡的每一个节点，采用辐射速率方程的线性化形式 [式(1.8)]，为每个节点计算辐射系数 h_r [式(1.9)]。

4.26 采用一些功耗为 50W/m（垂直于插图的长度方向）的小直径电加热元件加热热导率为 2W/(m·K) 的陶瓷平板。平板的上表面暴露于 30℃ 的环境空气，对流系数为 100W/(m²·K)，下表面隔热良好。

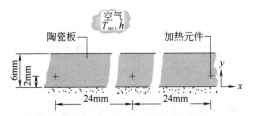

（a）采用高斯-赛德尔方法及间距为 $\Delta x = 6$mm 和 $\Delta y = 2$mm 的网格，求平板中的温度分布。

（b）利用算得的节点温度，画出四条等温线以显示平板中的温度分布。

（c）计算平板向流体的对流热损速率。把该结果与加热元件的功耗速率进行比较。

（d）在这种情形下不令 $\Delta x = \Delta y$ 有什么好处？

（e）采用 $\Delta x = \Delta y = 2$mm，计算平板内的温度场和平板的散热速率。在任何情况下平板中任意位置处的温度都不能超过 400℃。如果停止空气流，向空气的传热将通过自然对流进行，$h = 10$W/(m²·K)，在这种情况下是否会超过该限制？

4.27 图中示意性地给出了一种冷却超大规模集成（VLSI）微电子器件的方法。硅芯片安装在一种介电衬底中，系统的一个表面被对流冷却，而其他表面则与环境良好隔热。假定系统在垂直于纸面的方向上非常长，该问题可视为二维的。在稳态运行条件下，芯片中的电功耗可产生均匀的体积产热，速率为 $\dot{q}$。但是，加热速率受到芯片能够具有的最高温度的限制。

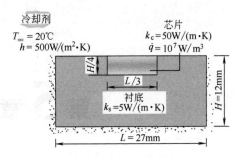

对于图中所示的情况，芯片中最高温度会超过 85℃ 吗？该值是工业标准设定的能够允许的最高芯片运行温度。建议采用 3mm 的网格间距。

4.28 消耗电能的电子器件的冷却可通过对热沉的导热来实现。热沉的底面被冷却，器件的间距 w_s、器件的宽度 w_d 以及热沉材料的厚度 L 和热导率 k 均可影响器件与冷表面之间的热阻。热沉的功能是将器件的产热**散布**在整个热沉材料中。

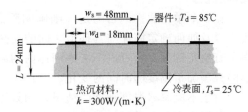

（a）从加阴影的对称单元入手，利用一个较粗糙的（5×5）节点网格计算单位深度上器件与热沉底表面之间的热阻 $R'_{t,d-s}$(m·K/W)。把该值与假定矩形区域（ⅰ）宽度 w_d 和长度 L 及（ⅱ）宽度 w_s 和长度 L 中为一维导热所得的热阻进行比较。

（b）分别采用间距为（a）中的 1/3 和 1/4 的节点网格，确定网格大小对热阻计算精度的影响。

（c）利用（b）中建立的较为精细的节点网格，确定器件宽度对热阻的影响。具体地说，保持 w_s 和 L 不变，求对应于 $w_d/w_s = 0.175$、0.275、0.375 和 0.475 的热阻值。

第5章 瞬态导热

在论述导热问题时，我们逐步增加了所论问题的复杂性。从一维、无内热源的稳定态的简单情况开始，我们随后讨论了因多维和内热源效应导致的复杂情况。不过，我们至今尚未讨论状态随时间变化的情况。

我们知道，许多传热问题是和时间有关的。通常，在系统的边界条件发生变化时，就会发生**非稳态**或**瞬态**的问题。例如，若改变系统的表面温度，系统中每个点的温度就也将开始变化。这种变化将持续到达到**稳态**的温度分布时才停止。我们讨论从一个炉子中取出后暴露于冷空气流中的热的金属坯。能量通过对流和辐射从金属坯的表面传给环境。能量也通过导热从金属内部传至表面，坯体中每处的温度都在降低，直至达到稳定态条件。金属的最终性质与由传热引起的温度随时间变化的历程有很大关系。控制传热是制备高性能新材料的一个关键所在。

在本章中，我们的目的是详细阐明瞬态过程中固体内的温度分布随时间变化的确定方法，以及如何确定固体与其环境之间的换热速率。所用方法的特性与对所讨论过程作的一些假定有关。例如，若可以不考虑固体内的温度梯度，就可利用一种称为**集总热容法**的比较简单的方法确定温度随时间的变化。5.1～5.3 节说明了这个方法。

对于不能忽略温度梯度的情况，如果固体内部是一维导热，有时可以用导热方程的严格解来计算温度分布随时间的变化。在 5.4～5.6 节和 5.7 节中将分别讨论适用于一些**有限固体**（平壁、圆柱和圆球体）和**半无限固体**的严格解。5.8 节给出了多种物体对表面温度或表面热流密度的突变的瞬态热响应。在 5.9 节中，探讨了半无限固体对其表面上周期性加热条件的响应。对于更复杂的情况，必须用有限差分或有限元法预测固体中温度随时间的变化以及边界上的热流速率（5.10 节）。

5.1 集总热容法

一个固体的热环境发生突然的变化是简单而常见的导热问题。讨论一个初始处于均匀温度 T_i，然后浸在温度较低（$T_\infty < T_i$）的液体中淬火的金属锻件（图 5.1）。如果令淬火的起始时刻为 $t=0$，在 $t>0$ 后固体的温度将降低，直到最终达到 T_∞。这种温度降低是固-液交界面上发生对流换热的结果。集总热容法的实质是假定在瞬态过程中的任何时刻固体中的温度在**空间**上是**均匀的**。这个假定意味着固体中的温度梯度可以忽略不计。

根据傅里叶定律，没有温度梯度的导热意味着存在无限大的热导率。这显然是不可能的。然而，如果固体中的导热热阻与固体和其环境之间的换热热阻相比是很小的话，这就是一种很精确的近似。我们现在假定实际情况就是这样的。

忽略了固体中的温度梯度，我们就不能再在导热方程的框架内来讨论问题，取代方法是对固体写出总的能量平衡关系来确定瞬态温度响应。这个平衡关系必须建立表面的热损速率与固体内能的变化速率之间的联系。对图 5.1 中的控制体积应用式（1.11c），热平衡要求的形式为

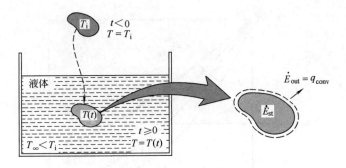

图 5.1 热的金属锻件的冷却

$$-\dot{E}_{out} = \dot{E}_{st} \tag{5.1}$$

或

$$-hA_s(T - T_\infty) = \rho V c \frac{dT}{dt} \tag{5.2}$$

引入温度差

$$\theta \equiv T - T_\infty \tag{5.3}$$

并注意到如果 T_∞ 为常数，则有 $(d\theta/dt) = (dT/dt)$，可得

$$\frac{\rho V c}{hA_s} \times \frac{d\theta}{dt} = -\theta$$

分离变量并从初始条件 $t = 0$、$T(0) = T_i$ 开始积分，可得

$$\frac{\rho V c}{hA_s} \int_{\theta_i}^{\theta} \frac{d\theta}{\theta} = -\int_0^t dt$$

式中

$$\theta_i \equiv T_i - T_\infty \tag{5.4}$$

计算积分式，得

$$\frac{\rho V c}{hA_s} \ln \frac{\theta_i}{\theta} = t \tag{5.5}$$

或

$$\frac{\theta}{\theta_i} = \frac{T - T_\infty}{T_i - T_\infty} = \exp\left[-\left(\frac{hA_s}{\rho V c}\right)t\right] \tag{5.6}$$

式(5.5) 可用来确定固体达到某个温度 T 所需的时间，而式(5.6) 则可用来计算固体在某个时间 t 达到的温度。

上述结果表明，当时间 t 趋近无限大时，固体与流体之间的温差必定按指数函数衰减到零。图 5.2 说明了这种行为。由式(5.6) 也可明显看出，$\rho V c/(hA_s)$ 这个量可理解为**热时间常数**，它可表示为

$$\tau_t = \left(\frac{1}{hA_s}\right)(\rho V c) = R_t C_t \tag{5.7}$$

式中，R_t 是对流换热热阻；C_t 是固体的**集总热容**。R_t 和 C_t 的任何增大都会使固体对其热环

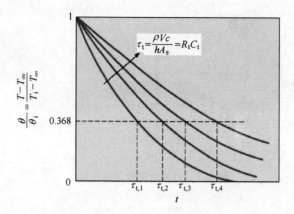

图 5.2 相应于不同热时间常数 τ_t 的集总热容固体的瞬态温度响应

境变化的响应更为缓慢。这种行为与在一个 RC 电路中当电容器通过一个电阻放电而发生的电压衰减相类似。

为确定过程进行到某个时间 t 时总的能量传输 Q，可简单地写出

$$Q = \int_0^t q \, \mathrm{d}t = hA_s \int_0^t \theta \, \mathrm{d}t$$

将 θ 用式 (5.6) 代入并积分，得

$$Q = (\rho V c) \theta_i \left[1 - \exp\left(-\frac{t}{\tau_t} \right) \right] \tag{5.8a}$$

当然，Q 是与固体的内能变化有关的量，由式 (1.11b) 可得

$$-Q = \Delta E_{st} \tag{5.8b}$$

对于淬火，Q 是正值，固体的能量减少。式 (5.5)、式 (5.6) 和式 (5.8a) 也可应用于对固体加热的情况 ($\theta < 0$)，在这种情况下，Q 是负的，固体的内能增加。

5.2 应用集总热容法的条件

由上述结果很容易理解大家为什么非常乐意应用集总热容法。它当然是求解瞬态加热和冷却问题的最简单和最方便的方法。因此，重要的是要确定在什么条件下用这种方法才能得到可以接受的准确度。

为建立合适的准则，讨论通过面积为 A 的平壁的稳态导热（图 5.3）。虽然我们现在作了稳态条件的假定，但这个准则很易推广到瞬态过程。平壁的一个表面保持在温度 $T_{s,1}$，另一个表面暴露于温度为 $T_\infty < T_{s,1}$ 的流体。后一个表面将处于某个中间温度 $T_{s,2}$，有 $T_\infty < T_{s,2} < T_{s,1}$。因此，在稳定态条件下，表面的能量平衡关系式 (1.12) 简化为

$$\frac{kA}{L}(T_{s,1} - T_{s,2}) = hA(T_{s,2} - T_\infty)$$

式中，k 为固体的热导率。重新整理上式，可得

$$\frac{T_{s,1} - T_{s,2}}{T_{s,2} - T_\infty} = \frac{L/(kA)}{1/(hA)} = \frac{R_{cond}}{R_{conv}} = \frac{hL}{k} \equiv Bi \tag{5.9}$$

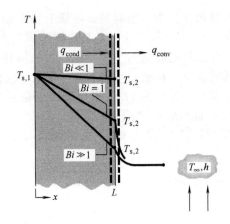

图 5.3　表面有对流换热时 Bi 数对壁内稳态温度分布的影响

出现在式(5.9) 中的量(hL/k)是一个**无量纲参数**，称为**毕渥数**，在涉及有表面对流影响的导热问题中，Bi 数起着极其重要的作用。根据式(5.9) 和图 5.3 中所说明的，Bi 数提供了一个将固体中的温降与表面和流体之间的温差相比较的度量。请特别注意对应于 $Bi \ll 1$ 的情况。这些结果让我们看到，对这些情况，可合理地**假定**在瞬态过程中的任何时刻固体中的温度分布是均匀的。这个结果也可与 Bi 数是热阻的比值的解释相联系，见式(5.9)。如果 $Bi \ll 1$，**固体中的导热热阻远小于穿过流体边界层的对流热阻**。因此，假定固体内温度分布均匀是合理的。

我们引入 Bi 数是因为它对瞬态导热问题有重要意义。讨论图 5.4 中的平壁，初始时它处于均匀温度 T_i，当将它浸在温度 $T_\infty < T_i$ 的流体中时，因对流换热而被冷却。这是一个可当作 x 方向上一维导热的问题，我们感兴趣的是温度随位置和时间的变化 $T(x,t)$。这个变化是 Bi 数的强函数，在图 5.4 中给出了三种情况。在 $Bi \ll 1$ 的情况下，固体中的温度梯度很小，有 $T(x,t) \approx T(t)$。实际上，所有温差都只是存在于固体与流体之间，在固体降温到 T_∞ 的过程中，其温度几乎是均匀的。但是对于中等到大的 Bi 数，固体中的温度梯度是很明显的。对 $Bi \gg 1$ 的情况，可注意到固体中的温差要比壁面与流体之间的大得多。

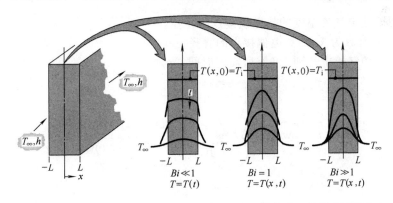

图 5.4　平壁两侧有对称的对流冷却时在不同 Bi 数情况下的瞬态温度分布

在结束本节的讨论时，我们要强调集总热容法的重要性。它固有的简单性使它成为求解瞬态导热问题时优先考虑的方法。所以，当面对这样的问题时，**第一件应做的事就是计算 Bi 数**。如果满足下述条件

$$Bi = \frac{hL_c}{k} < 0.1 \tag{5.10}$$

采用集总热容法引起的误差将很小。为方便起见，习惯上将式(5.10)中的**定性长度** L_c 定义为固体的体积与表面积之比，$L_c \equiv V/A_s$。这个定义使得计算复杂几何形体的 L_c 很方便，对厚为 $2L$ 的平壁（图 5.4），定性长度简化为半厚度 L，对长圆柱体为 $r_o/2$，对球体为 $r_o/3$。然而，如果想采用保守形式的准则，L_c 就必须和相应于最大空间温差的长度尺寸相联系。因此，对一个对称加热（或冷却）的厚度为 $2L$ 的平壁，L_c 仍是一半厚度 L。但对长圆柱体或球，L_c 应等于实际的半径 r_o，而不是 $r_o/2$ 或 $r_o/3$。

最后可以指出，利用 $L_c \equiv V/A_s$，式(5.6)的指数可表示为

$$\frac{hA_s t}{\rho V c} = \frac{ht}{\rho c L_c} = \frac{hL_c}{k} \times \frac{k}{\rho c} \times \frac{t}{L_c^2} = \frac{hL_c}{k} \times \frac{\alpha t}{L_c^2}$$

或

$$\frac{hA_s t}{\rho V c} = Bi \cdot Fo \tag{5.11}$$

式中

$$Fo \equiv \frac{\alpha t}{L_c^2} \tag{5.12}$$

称为傅里叶数。Fo 数是**无量纲时间**，与 Bi 数一起用于描述瞬态导热问题的特性。将式(5.11)代入式(5.6)，可得

$$\frac{\theta}{\theta_i} = \frac{T - T_\infty}{T_i - T_\infty} = \exp(-Bi \cdot Fo) \tag{5.13}$$

【例 5.1】　用一个热电偶测定气流的温度，其接点可近似为一个球体。接点表面与气流之间的对流换热系数为 $h = 400\text{W}/(\text{m}^2 \cdot \text{K})$，接点的热物性为 $k = 20\text{W}/(\text{m} \cdot \text{K})$、$c = 400\text{J}/(\text{kg} \cdot \text{K})$、$\rho = 8500\text{kg}/\text{m}^3$。确定使时间常数为 1s 的热电偶接点的直径。若将温度为 25℃ 的接点放在 200℃ 的气流中，热电偶接点达到 199℃ 需多少时间？

解析

已知： 用于测定气流温度的热电偶接点的物性。

求： 1. 时间常数为 1s 的热电偶接点的直径。

2. 在 200℃ 的气流中达到 199℃ 所需的时间。

示意图：

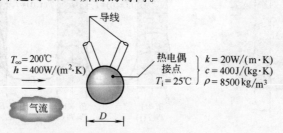

假定： 1. 在任何时刻接点的温度都是均匀的。

2. 与环境的辐射换热可忽略。

3. 通过导线的导热热损可忽略。

4. 物性为常数。

分析： 1. 由于并不知道接点的直径，所以不可能用式(5.10)来确定是否满足采用集总热容法的条件。但一个可取的做法是用这个方法求直径，然后再确定是否满足所需的条件。

由式(5.7) 及对球体有 $A_s = \pi D^2$ 和 $V = \pi D^3/6$，可得

$$\tau_t = \frac{1}{h\pi D^2} \times \frac{\rho \pi D^3}{6} c$$

重新整理后代入数值

$$D = \frac{6h\tau_t}{\rho c} = \frac{6 \times 400\,\text{W}/(\text{m}^2 \cdot \text{K}) \times 1\,\text{s}}{8500\,\text{kg}/\text{m}^3 \times 400\,\text{J}/(\text{kg} \cdot \text{K})} = 7.06 \times 10^{-4}\,\text{m}$$ ◀

利用 $L_c = r_o/3$，由式(5.10) 可得

$$Bi = \frac{h(r_o/3)}{k} = \frac{400\,\text{W}/(\text{m}^2 \cdot \text{K}) \times 3.53 \times 10^{-4}\,\text{m}}{3 \times 20\,\text{W}/(\text{m} \cdot \text{K})} = 2.35 \times 10^{-3}$$

因此，$L_c = r_o$ 和 $L_c = r_o/3$ 的情况均满足式(5.10)。采用集总热容法是极好的近似。

2. 由式(5.5)，得热电偶接点达到 $T = 199\,^\circ\text{C}$ 所需的时间为

$$t = \frac{\rho(\pi D^3/6)c}{h(\pi D^2)} \ln \frac{T_i - T_\infty}{T - T_\infty} = \frac{\rho Dc}{6h} \ln \frac{T_i - T_\infty}{T - T_\infty}$$

$$= \frac{8500\,\text{kg}/\text{m}^3 \times 7.06 \times 10^{-4}\,\text{m} \times 400\,\text{J}/(\text{kg} \cdot \text{K})}{6 \times 400\,\text{W}/(\text{m}^2 \cdot \text{K})} \ln \frac{(25-200)\,\text{K}}{(199-200)\,\text{K}}$$

$$= 5.2\,\text{s} \approx 5\tau_t$$ ◀

说明：由于接点与环境之间的辐射换热和通过导线的导热会影响接点的时间响应，实际上平衡温度会不同于 T_∞。

5.3　通用集总热容分析

虽然固体中的瞬态导热通常是由固体与其邻近流体之间的对流换热（固体放热或吸热）引起的，但其他一些过程也可使固体内部的热状态发生变化。例如，可以用气体或真空将固体与大环境隔开。如果固体和环境处于不同的温度，辐射换热可导致固体内热能的变化，从而引起温度发生变化。对固体表面的一个部位或整个表面施加一个热流密度和/或启动物体内部的热源也可使温度发生变化。例如，可以在表面上贴一个薄膜或片状电热器对表面加热，而使电流通过固体则可以在固体中产生热能。

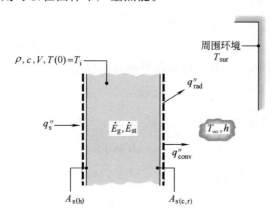

图 5.5　通用集总热容分析的控制表面

图 5.5 描述了对流、辐射、对表面施加热流密度和内热源同时对固体内的热状态发生影响的情况。假定在初始时刻（$t = 0$）固体温度（T_i）不同于流体温度 T_∞ 和环境温度 T_{sur}，同时启动表面和体积加热（q_s'' 和 $\dot{q}$）。施加的热流密度和对流-辐射换热分别发生在互不相干的表面部位 $A_{s(h)}$ 和 $A_{s(c,r)}$ 上，且假定由表面通过对流-辐射向外放热。此外，虽然我们给定

的是同一个表面上的对流和辐射，实际上，对流表面和辐射表面可以不同（$A_{s,c} \neq A_{s,r}$）。在任意瞬刻应用能量守恒关系，由式(1.11c)可得

$$q''_s A_{s(h)} + \dot{E}_g - (q''_{conv} + q''_{rad}) A_{s(c,r)} = \rho V c \frac{dT}{dt} \tag{5.14}$$

或者由式(1.3a)和式(1.7)

$$q''_s A_{s(h)} + \dot{E}_g - [h(T - T_\infty) + \varepsilon \sigma(T^4 - T_{sur}^4)] A_{s(c,r)} = \rho V c \frac{dT}{dt} \tag{5.15}$$

式(5.15)是一个非线性、一阶、非齐次常微分方程，不可能积分得到严格解[●]，但可得到这个方程的简化形式的严格解。例如，若没有施加热流密度且不存在热源，对流或者不存在（真空条件），或者相对于辐射来说可以忽略，式(5.15)就可简化为

$$\rho V c \frac{dT}{dt} = -\varepsilon A_{s,r} \sigma(T^4 - T_{sur}^4) \tag{5.16}$$

分离变量并从初始条件积分到任意时刻 t，可得

$$\frac{\varepsilon A_{s,r} \sigma}{\rho V c} \int_0^t dt = \int_{T_i}^T \frac{dT}{T_{sur}^4 - T^4} \tag{5.17}$$

计算两个积分并重新整理，可得达到温度 T 所需的时间为

$$t = \frac{\rho V c}{4 \varepsilon A_{s,r} \sigma T_{sur}^3} \left\{ \ln \left| \frac{T_{sur} + T}{T_{sur} - T} \right| - \ln \left| \frac{T_{sur} + T_i}{T_{sur} - T_i} \right| + 2 \left[\tan^{-1} \left(\frac{T}{T_{sur}} \right) - \tan^{-1} \left(\frac{T_i}{T_{sur}} \right) \right] \right\} \tag{5.18}$$

这个表达式不能由 t、T_i 和 T_{sur} 显式地计算 T，也不能容易地简化为 $T_{sur} = 0$ 时的极限结果。但重新看式(5.17)，可得到 $T_{sur} = 0$ 时的解为

$$t = \frac{\rho V c}{3 \varepsilon A_{s,r} \sigma} \left(\frac{1}{T^3} - \frac{1}{T_i^3} \right) \tag{5.19}$$

如果辐射可忽略且 h 不随时间变化，也可得到式(5.15)的严格解。引入温差 $\theta \equiv T - T_\infty$，有 $d\theta/dt = dT/dt$，式(5.15)简化为以下形式的线性一阶非齐次微分方程。

$$\frac{d\theta}{dt} + a\theta - b = 0 \tag{5.20}$$

式中，$a \equiv h A_{s,c}/(\rho V c)$，$b \equiv (q''_s A_{s,h} + \dot{E}_g)/(\rho V c)$。可借相加齐次解和特解得到式(5.20)的解，另一种方法是通过引入下述转换以消除其非齐次性。

$$\theta' \equiv \theta - \frac{b}{a} \tag{5.21}$$

注意到 $d\theta'/dt = d\theta/dt$，可将式(5.21)代入式(5.20)，得

$$\frac{d\theta'}{dt} + a\theta' = 0 \tag{5.22}$$

分离变量并从 $0 \sim t(\theta'_i \sim \theta')$ 积分，得

$$\frac{\theta'}{\theta'_i} = \exp(-at) \tag{5.23}$$

或代入 θ' 和 θ 的表达式

$$\frac{T - T_\infty - (b/a)}{T_i - T_\infty - (b/a)} = \exp(-at) \tag{5.24}$$

因此

[●]　对时间导数进行**离散**（5.10节）并顺时进行计算可得到近似的有限差分解。

$$\frac{T-T_\infty}{T_i-T_\infty}=\exp(-at)+\frac{b/a}{T_i-T_\infty}[1-\exp(-at)] \tag{5.25}$$

理所当然，当 $b=0$ 时，式(5.25) 就简化为式(5.6)，并在 $t=0$ 时给出 $T=T_i$。当 $t\rightarrow\infty$ 时，式(5.25) 简化为 $(T-T_\infty)=(b/a)$，这也可以通过在稳态条件下对图 5.5 中的控制表面应用能量平衡关系获得。

【例 5.2】 讨论例 5.1 中的热电偶和对流条件，但现在热电偶与气流通过的管道壁之间有辐射换热。如果管壁温度为 400℃，热电偶接点的发射率为 0.9，计算热电偶接点的稳态温度。另外，确定接点从初始条件的 25℃ 升高到离稳定态温度 1℃ 以内所需的时间。

解析

已知： 用于测定热的管道中气流温度的热电偶接点的热物性和直径。

求： 1. 接点的稳定态温度。

2. 热电偶达到离稳定态温度 1℃ 以内所需的时间。

示意图：

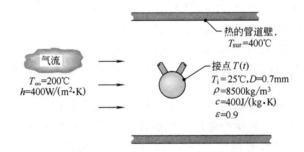

假定： 与例题 5.1 相同，但不再忽略辐射换热，而是将它近似为一个小表面与大环境之间的辐射换热。

分析： 1. 对稳定态条件，热电偶接点的能量平衡为

$$\dot{E}_{in}-\dot{E}_{out}=0$$

注意到接点的净辐射换热必定与由接点至气体的对流传热相平衡，所以能量平衡式可表示为

$$[\varepsilon\sigma(T_{sur}^4-T^4)-h(T-T_\infty)]A_s=0$$

代入数值，得

$$T=218.7℃ \qquad \blacktriangleleft$$

2. 在初始时刻，接点的温度为 $T(0)=T_i=25℃$。接点的温度-时间关系 $T(t)$ 可由瞬态条件下的能量平衡关系确定。

$$\dot{E}_{in}-\dot{E}_{out}=\dot{E}_{st}$$

由式(5.15)，能量平衡关系可表示为

$$-[h(T-T_\infty)+\varepsilon\sigma(T^4-T_{sur}^4)]A_s=\rho Vc\frac{dT}{dt}$$

利用数值积分，可得这个一阶微分方程的解，给出 $T(4.9s)=217.7℃$。因此，达到离稳定态温度 1℃ 以内所需的时间为

$$t=4.9s \qquad \blacktriangleleft$$

说明： 1. 热电偶与热的管道壁之间的辐射换热会使接点温度升高，使热电偶给出的气流温度比实际温度高 18.7℃。达到离稳定态温度 1℃ 以内所需的时间略小于只考虑对流换热

的例题 5.1 的结果。为什么会这样？

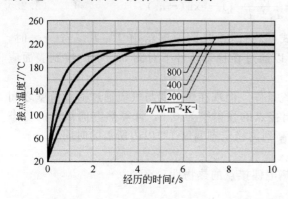

2. 热电偶的响应以及它所指示的气流温度与气流的速度有关，而气流的速度又会影响对流换热系数的大小。左图所示的是在 $h=200\text{W}/(\text{m}^2\cdot\text{K})$、$400\text{W}/(\text{m}^2\cdot\text{K})$ 和 $800\text{W}/(\text{m}^2\cdot\text{K})$ 三种情况下热电偶接点的温度随时间的变化。

增大对流换热系数的作用是使接点所指示的温度与气流的更加接近。而且，此作用可减少接点达到稳定状态所需的时间。你能给出这些结果的物理说明吗？

3. 本书配套的 IHT 软件中有一个积分函数 Der(T,t)，可用于表示温度-时间导数和积分一阶微分方程。对本例，可在 Workspace 中输入如下形式的能量平衡关系：

$$(-h^*(T-Tinf)-eps^*sigma^*(T^4-Tsur^4))^*As=rho^*V^*c^*Der(T,t)$$

点击 Solve 按钮后，将显示 Diff/Integral Equations 区，它可用于指定独立变量 t 并提供一些分别用于输入积分限和时间增量 Δt，以及初始条件（IC）的窗口（Start，Stop 和 step）。另外，也可以用 IHT Lumped Capacitance Model 建立本问题的模型并完成数值积分。

【例 5.3】 要在 3mm 厚的铝合金板 $[k=177\text{W}/(\text{m}\cdot\text{K})$、$c=875\text{J}/(\text{kg}\cdot\text{K})$ 和 $\rho=2770\text{kg}/\text{m}^3]$ 的两个面加上环氧树脂涂层，然后在（或高于）$T_c=150℃$ 下进行不少于 5min 的固化处理。固化操作生产线有两个工序：（1）在一个空气温度 $T_{\infty,o}=175℃$ 和对流换热系数 $h_o=40\text{W}/(\text{m}^2\cdot\text{K})$ 的大烤炉内加热。（2）在一个空气温度 $T_{\infty,c}=25℃$ 和对流换热系数 $h_c=10\text{W}/(\text{m}^2\cdot\text{K})$ 的大室内冷却。加热工序所花的时间为 t_e，t_e 要比为达到 150℃ 所需的时间 t_c 多 5min($t_e=t_c+300\text{s}$)。涂层的发射率 $\varepsilon=0.8$，烤炉和房间的壁温分别为 175℃ 和 25℃。如果板放入烤炉时的初始温度为 25℃，从冷却室取出时处于 37℃ 的**安全接触**温度，两步固化过程所需的总时间是多少？

解析

已知：对有涂层的铝板进行加热/冷却两个工序的操作条件，保持铝板在（或高于）150℃ 下不少于 5min。

求：两步过程所需的总时间 t_t。

示意图：

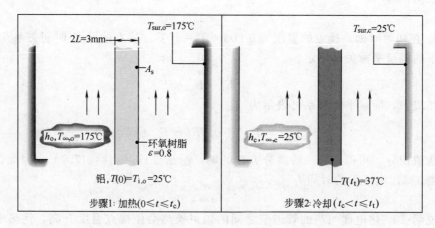

假定： 1. 在任何时刻板温均匀一致。

　　　　2. 环氧树脂的热阻可忽略。

　　　　3. 物性为常数。

分析： 为评估是否满足集总热容近似的条件，我们首先计算加热和冷却过程的 Bi 数。

$$Bi_h = \frac{h_o L}{k} = \frac{40\,\mathrm{W/(m^2 \cdot K)} \times 0.0015\,\mathrm{m}}{177\,\mathrm{W/(m \cdot K)}} = 3.4 \times 10^{-4}$$

$$Bi_c = \frac{h_c L}{k} = \frac{10\,\mathrm{W/(m^2 \cdot K)} \times 0.0015\,\mathrm{m}}{177\,\mathrm{W/(m \cdot K)}} = 8.5 \times 10^{-5}$$

因此，完全满足集总热容近似的条件。

为确定是否要考虑铝板与其环境之间的辐射换热，利用式（1.9）确定辐射换热系数。加热过程的 h_r 的典型值与固化条件有关，因而

$$
\begin{aligned}
h_{r,o} &= \varepsilon\sigma(T_c + T_{sur,o})(T_c^2 + T_{sur,o}^2) \\
&= 0.8 \times 5.67 \times 10^{-8}\,\mathrm{W/(m^2 \cdot K^4)} \times (423+448)\mathrm{K} \times (423^2+448^2)\mathrm{K^2} \\
&= 15\,\mathrm{W/(m^2 \cdot K)}
\end{aligned}
$$

利用 $T_c = 150\,^\circ\mathrm{C}$ 和 $T_{sur,c} = 25\,^\circ\mathrm{C}$ 计算冷却过程，同样可得 $h_{r,c} = 8.8\,\mathrm{W/(m^2 \cdot K)}$。由于 $h_{r,o}$ 和 $h_{r,c}$ 的值与 h_o 和 h_c 相比差别不是很大，所以必须考虑辐射效应。

考虑到 $V = 2LA_s$ 和 $A_{s,c} = A_{s,r} = 2A_s$，式（5.15）可表示为

$$\int_{T_i}^{T} \mathrm{d}T = T(t) - T_i = -\frac{1}{\rho c L} \int_0^t \left[h(T - T_\infty) + \varepsilon\sigma(T^4 - T_{sur}^4) \right] \mathrm{d}t$$

选择合适的时间增量 Δt，可通过对上式的右边作数值计算来确定 $t = \Delta t$，$2\Delta t$，$3\Delta t$，…时刻的铝板温度。每次作新一步计算时，被积式中的 T 用上一个时间步算得的值。选择 $\Delta t = 10\mathrm{s}$，对加热过程的计算延长到 $t_e = t_c + 300\mathrm{s}$，即相当于要求铝板达到 $t_c = 150\,^\circ\mathrm{C}$ 后不少于 $5\mathrm{min}$ 的时间。冷却过程开始于时间 t_e 并持续到板温达到 $37\,^\circ\mathrm{C}$ 的时刻 $t = t_t$。利用四阶尤格-库塔法完成数值积分，计算结果示于右图。

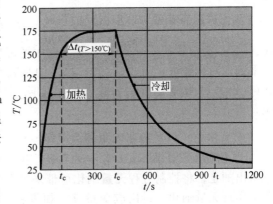

两个工序过程的总时间为

$$t_t = 989\mathrm{s} \qquad \blacktriangleleft$$

中间阶段的时间是 $t_c = 124\mathrm{s}$ 和 $t_e = 424\mathrm{s}$。

说明： 1. 通常可通过减小 Δt 改进数值积分的准确度，但花费的计算时间随之增长。但对本例的情况，$\Delta t = 1\mathrm{s}$ 所得的结果实质上与用 $\Delta t = 10\mathrm{s}$ 得到的相同，这说明用大的时间步长足以准确地描述温度随时间的变化。

2. 增大对流换热系数和/或减少延长加热的时间可缩短两步过程的总时间。第二个方案的可行性在于以下事实：在冷却过程中有一段时间铝板温度仍高于 $150\,^\circ\mathrm{C}$。因此，为满足固化要求，没必要规定从时间 $t = t_c$ 开始延长加热段时间不能少于 $5\mathrm{min}$。如果使对流换热系数增大到 $h_o = h_c = 100\,\mathrm{W/(m^2 \cdot K)}$ 并保持延长加热段时间为 $300\mathrm{s}$，数值积分给出的结果为 $t_c = 58\mathrm{s}$ 和 $t_t = 445\mathrm{s}$。对应于板温超过 $150\,^\circ\mathrm{C}$ 的时间段为 $\Delta t_{(T > 150\,^\circ\mathrm{C})} = 306\mathrm{s}(58\mathrm{s} \leqslant t \leqslant 364\mathrm{s})$。如果延长加热段减少到 $294\mathrm{s}$，数值积分的结果是 $t_c = 58\mathrm{s}$，$t_t = 439\mathrm{s}$，而 $\Delta t_{(T > 150\,^\circ\mathrm{C})} = 300\mathrm{s}$。因此整个过程的总时间缩短了，但仍满足固化工艺的要求。

3. 在 IHT 中为本例题的求解提供了准备好的模型，附有怎样写和求解代码的注释，见

Toolbar 上的 Examples。注意如何使用 IHT 的 User-Defined Function（* . udf）功能去表示在两步加热和冷却过程中随时间变化的环境温度，从而在整个过程中采用单一的能量平衡关系式。这个模型可用来核对说明 2 的结果或独立地探讨固化过程的不同方案。

5.4 空间效应

常常会出现不适合采用集总热容法的情况，因此必须用别的方法。不论具体的方法如何，我们必须应付介质内的温度梯度不能忽略的实际情况。

作为最一般的形式，在直角坐标下描述瞬态问题的导热方程为式(2.17)，在圆柱坐标和球坐标下分别为式(2.24) 和式(2.27)。这些偏微分方程的解给出温度随时间和空间坐标的变化。然而，在许多问题中，如图 5.4 中的平壁，只需一个空间坐标描述其内部的温度分布。在不存在内热源和假定热导率是常数的情况下，式(2.17) 可简化为

$$\frac{\partial^2 T}{\partial x^2} = \frac{1}{\alpha} \times \frac{\partial T}{\partial t} \tag{5.26}$$

为解式(5.26) 求温度分布 $T(x,t)$，**必须**给定一个**初始条件**和两个**边界条件**。对于图 5.4 中的典型瞬态导热问题，初始条件为

$$T(x,0) = T_i \tag{5.27}$$

边界条件为

$$\frac{\partial T}{\partial x}\Big|_{x=0} = 0 \tag{5.28}$$

和

$$-k\frac{\partial T}{\partial x}\Big|_{x=L} = h\big[(T(L,t) - T_\infty)\big] \tag{5.29}$$

式(5.27) 假定在初始时刻 $t=0$ 时平壁中的温度分布是均匀的；式(5.28) 反映了对平壁中心平面的**对称要求**；而式(5.29) 描述的是表面在时间 $t>0$ 后所处的条件。由式(5.26)～式(5.29) 可明显看出，平壁中的温度除了随 x 和 t 变化，也和物理参数有关。具体地说，有

$$T = T(x,t,T_i,T_\infty,L,k,\alpha,h) \tag{5.30}$$

上述问题可用分析法或数值法求解。我们将在随后的几节中讨论这些方法，但首先要重点指出的是，将控制方程**无量纲化**可带来很多好处。将有关的一些变量整理为一些合适的**组合**可实现无量纲化。讨论应变量 T。如果将温差 $\theta \equiv T - T_\infty$ 除以**最大可能的温差** $\theta \equiv T_i - T_\infty$，这个因变量的无量纲形式可定义为

$$\boxed{\theta^* \equiv \frac{\theta}{\theta_i} = \frac{T - T_\infty}{T_i - T_\infty}} \tag{5.31}$$

相应地，θ^* 的变化范围应是 $0 \leqslant \theta^* \leqslant 1$。无量纲的空间坐标可定义为

$$\boxed{x^* \equiv \frac{x}{L}} \tag{5.32}$$

式中，L 是平壁的一半厚度。无量纲时间可按下式定义

$$\boxed{t^* \equiv \frac{\alpha t}{L^2} \equiv Fo} \tag{5.33}$$

式中，t^* 等同于无量纲的**傅里叶数** [式(5.12)]。

将定义式(5.31)～式(5.33) 代入式(5.26)～式(5.29)，导热方程成为

$$\frac{\partial^2 \theta^*}{\partial x^{*2}} = \frac{\partial \theta^*}{\partial Fo} \tag{5.34}$$

而初始和边界条件则成为

$$\theta^*(x^*, 0) = 1 \tag{5.35}$$

$$\frac{\partial \theta^*}{\partial x^*}\bigg|_{x^*=0} = 0 \tag{5.36}$$

和

$$\frac{\partial \theta^*}{\partial x^*}\bigg|_{x^*=1} = -Bi\theta^*(1, t^*) \tag{5.37}$$

式中，**毕渥数** $Bi \equiv hL/k$。无量纲形式的函数关系可表示为

$$\boxed{\theta^* = f(x^*, Fo, Bi)} \tag{5.38}$$

可以回忆一下，此前我们已对集总热容法得到过不含变量 x^* 的类似的函数关系，见式(5.13)。

虽然 Fo 数可看作是无量纲时间，但当用于固体中同时存在导热和热能贮存过程的问题时，它具有重要的物理解释。利用特征长度 L，跨越一个固体的温度梯度和与导热热流相垂直的横截面的面积可分别近似为 $\Delta T/L$ 和 L^2。因此，作为一级近似，传热速率可表示为 $q \approx kL^2 \Delta T/L$。类似地，将固体的体积表示为 $V \approx L^3$，固体热能贮存的变化速率可近似为 $\dot{E}_{st} \approx \rho L^3 c \Delta T/t$。由此可得 $(q/\dot{E}_{st}) \approx kt/(\rho c L^2) = Fo$。因此，$Fo$ 数提供了固体传导和贮存热能的相对效果的度量。比较式(5.30) 和式(5.38)，可明显看出将问题无量纲化所带来的很大好处。式(5.38) 意指**对给定的几何形状，瞬态温度分布是 x^*、Fo 和 Bi 的通用函数**。就是说，**无量纲解**具有与 T_i、T_∞、L、k、α 或 h 的具体数值无关的一种规定形式。这种通用性大大简化了瞬态解的表示和应用，随后的一些小节中将广泛采用无量纲变量。

5.5　有对流条件的平壁

已对许多简单的几何形状和边界条件得到了瞬态导热问题的严格分析解，可查阅相关资料[1~4]。包括分离变量在内的一些数学方法可用于求解瞬态导热问题，典型的无量纲温度分布的解 [式(5.38)] 具有无穷级数的形式。但除非傅里叶数的值非常小，这个级数可用一项来近似。

5.5.1　严格解

讨论厚度为 $2L$ 的**平壁** [图 5.6(a)]。如果壁的厚度比其宽度和高度小得多，可合理地认为只在 x 方向上发生导热。若初始时刻平壁处于均匀温度 $T(x, 0) = T_i$，突然将它沉浸在 $T_\infty \neq T_i$ 的流体中，可通过在式(5.35)～式(5.37) 的初始和边界条件下求解式(5.34) 得到相应的温度变化。由于位于 $x^* = \pm 1$ 处的表面的对流条件是相同的，在任何瞬刻的温度分布都关于中心面($x^* = 0$)对称。已得到这个问题的严格解，其形式为[2]

$$\theta^* = \sum_{n=1}^{\infty} C_n \exp(-\zeta_n^2 Fo)\cos(\zeta_n x^*) \tag{5.39a}$$

式中，$Fo = \alpha t/L^2$，系数 C_n 为

$$C_n = \frac{4\sin\zeta_n}{2\zeta_n + \sin(2\zeta_n)} \tag{5.39b}$$

离散值（**特征值**）ζ_n 是下述超越方程的正根

$$\zeta_n \tan\zeta_n = Bi \tag{5.39c}$$

附录 B.3 给出了这个方程的前 4 个根。

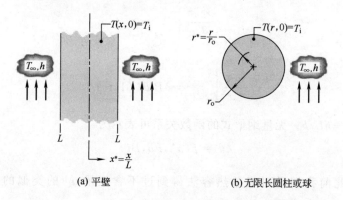

(a) 平壁   (b) 无限长圆柱或球

图 5.6　初始时温度均匀的一维系统突然间表面发生对流换热

5.5.2　近似解

可以指出（习题 5.12），当 $Fo > 0.2$ 时，无穷级数 [式(5.39a)] 可用第一项近似。采用这种近似时，温度分布的无量纲形式为

$$\theta^* = C_1 \exp(-\zeta_1^2 Fo)\cos(\zeta_1 x^*) \tag{5.40a}$$

或

$$\theta^* = \theta_o^* \cos(\zeta_1 x^*) \tag{5.40b}$$

式中，$\theta_o^* \equiv (T_o - T_\infty)/(T_i - T_\infty)$，表示中心平面（$x^* = 0$）处的温度，有

$$\theta_o^* = C_1 \exp(-\zeta_1^2 Fo) \tag{5.41}$$

式(5.40b) 的重要含义是**平壁中任意位置处的温度和中心面的温度与时间的关系是相同的**。系数 C_1 和 ζ_1 分别由式(5.39b) 和式(5.39c) 计算。表 5.1 在给定的 Bi 数范围内给出了它们的值。

5.5.3　总能传输

在许多场合，知道在瞬态过程中到任意时刻 t 时离开（或进入）平壁的总能量是很有用的。对从初始条件($t = 0$)到 $t > 0$ 的任意时刻的时间段应用能量守恒要求 [式(1.11b)]，有

$$E_{in} - E_{out} = \Delta E_{st} \tag{5.42}$$

令从平壁离开的能量 Q 等于 E_{out}，并设 $E_{in} = 0$ 及 $\Delta E_{st} = E(t) - E(0)$，可得

$$Q = -[E(t) - E(0)] \tag{5.43a}$$

或

$$Q = -\int \rho c[T(x,t) - T_i]\mathrm{d}V \tag{5.43b}$$

上式是对平壁的整个体积进行积分的。为使上述结果无量纲化较为方便，引入

$$Q_o = \rho c V(T_i - T_\infty) \tag{5.44}$$

表 5.1 一维瞬态导热级数解的第一项近似中用到的系数

Bi [1]	平 壁		无限长圆柱		圆 球	
	ζ_1/rad	C_1	ζ_1/rad	C_1	ζ_1/rad	C_1
0.01	0.0998	1.0017	0.1412	1.0025	0.1730	1.0030
0.02	0.1410	1.0033	0.1995	1.0050	0.2445	1.0060
0.03	0.1723	1.0049	0.2440	1.0075	0.2991	1.0090
0.04	0.1987	1.0066	0.2814	1.0099	0.3450	1.0120
0.05	0.2218	1.0082	0.3143	1.0124	0.3854	1.0149
0.06	0.2425	1.0098	0.3438	1.0148	0.4217	1.0179
0.07	0.2615	1.0114	0.3709	1.0173	0.4551	1.0209
0.08	0.2791	1.0130	0.3960	1.0197	0.4860	1.0239
0.09	0.2956	1.0145	0.4195	1.0222	0.5150	1.0268
0.10	0.3111	1.0161	0.4417	1.0246	0.5423	1.0298
0.15	0.3779	1.0237	0.5376	1.0365	0.6609	1.0445
0.20	0.4328	1.0311	0.6170	1.0483	0.7593	1.0592
0.25	0.4801	1.0382	0.6856	1.0598	0.8447	1.0737
0.30	0.5218	1.0450	0.7465	1.0712	0.9208	1.0880
0.4	0.5932	1.0580	0.8516	1.0932	1.0528	1.1164
0.5	0.6533	1.0701	0.9408	1.1143	1.1656	1.1441
0.6	0.7051	1.0814	1.0184	1.1345	1.2644	1.1713
0.7	0.7506	1.0919	1.0873	1.1539	1.3525	1.1978
0.8	0.7910	1.1016	1.1490	1.1724	1.4320	1.2236
0.9	0.8274	1.1107	1.2048	1.1902	1.5044	1.2488
1.0	0.8603	1.1191	1.2558	1.2071	1.5708	1.2732
2.0	1.0769	1.1785	1.5994	1.3384	2.0288	1.4793
3.0	1.1925	1.2102	1.7887	1.4191	2.2889	1.6227
4.0	1.2646	1.2287	1.9081	1.4698	2.4556	1.7202
5.0	1.3138	1.2402	1.9898	1.5029	2.5704	1.7870
6.0	1.3496	1.2479	2.0490	1.5253	2.6537	1.8338
7.0	1.3766	1.2532	2.0937	1.5411	2.7165	1.8673
8.0	1.3978	1.2570	2.1286	1.5526	1.7654	1.8920
9.0	1.4149	1.2598	2.1566	1.5611	2.8044	1.9106
10.0	1.4289	1.2620	2.1795	1.5677	2.8363	1.9249
20.0	1.4961	1.2699	2.2881	1.5919	2.9857	1.9781
30.0	1.5202	1.2717	2.3261	1.5973	3.0372	1.9898
40.0	1.5325	1.2723	2.3455	1.5993	3.0632	1.9942
50.0	1.5400	1.2727	2.3572	1.6002	3.0788	1.9962
100.0	1.5552	1.2731	2.3809	1.6015	3.1102	1.9990
∞	1.5708	1.2733	2.4050	1.6018	3.1415	2.0000

[1] 对平壁，$Bi = hL/k$；对无穷长圆柱和球，$Bi = hr_0/k$（见图 5.6）。

上式可理解为以流体温度作为基准的平壁的初始内能。如果这个过程持续到时间 $t = \infty$，这也是有可能发生的**最大的**传热量。因此，设物性为常数，在时间段 t 从平壁离开的总传热量与最大可能的传热量之比为

$$\frac{Q}{Q_o} = \int \frac{-[T(x,t) - T_i]}{T_i - T_\infty} \times \frac{dV}{V} = \frac{1}{V} \int (1 - \theta^*) dV \qquad (5.45)$$

利用平壁温度分布的近似式(5.40b)，可以完成式(5.45)给出的积分，得

$$\frac{Q}{Q_o} = 1 - \frac{\sin\zeta_1}{\zeta_1} \theta_o^* \qquad (5.46)$$

利用表 5.1 查系数 C_1 和 ζ_1 的值，可由式(5.41)确定 θ_o^*。

5.5.4 附加的讨论

由于数学问题完全相同，上述结果也可用于厚度为 L、一侧绝热($x^* = 0$)而另一侧($x^* = +1$)有对流换热的平壁。这种等同性是基于以下实际情况：不管在 $x^* = 0$ 处给定的是对称还是绝热条件，边界条件的形式都是 $\partial\theta^* / \partial x^* = 0$。

还必须指出的是，上述结果可用于确定**表面**温度突然变化时平壁的瞬态响应。这个过程相当于对流换热系数为无限大，在这种情况下，Bi 数为无限大($Bi = \infty$)，流体温度 T_∞ 被给定的表面温度 T_s 替代。

5.6 有对流条件的径向系统

对于半径为 r_o 的初始温度均匀的无限长圆柱或球体 [图 5.6(b)]，在突然改变其对流条件时，可得到与 5.5 节中所阐明的相似的结果，也就是可得到径向温度随时间变化的严格解和可用于大多数情况的单项近似解。无限长圆柱是允许作一维径向导热假定的一种理想化的形体。这对 $L/r_o > 10$ 或 ≈ 10 的圆柱是一种合理的近似。

5.6.1 严格解

对于初始温度均匀和对流边界条件，严格解的表达式如下[2]。

(1) 无限长圆柱

以无量纲形式表示，温度为

$$\theta^* = \sum_{n=1}^{\infty} C_n \exp(-\zeta_n^2 Fo) J_0(\zeta_n r^*) \qquad (5.47a)$$

式中，$Fo = \alpha t / r_o^2$。

$$C_n = \frac{2}{\zeta_n} \times \frac{J_1(\zeta_n)}{J_0^2(\zeta_n) + J_1^2(\zeta_n)} \qquad (5.47b)$$

离散值 ζ_n 是下述超越方程的一些正根

$$\zeta_n \frac{J_1(\zeta_n)}{J_0(\zeta_n)} = Bi \qquad (5.47c)$$

式中，$Bi = hr_o/k$。J_1 和 J_0 是第一类贝塞尔(Bessel)函数，其值可查附录 B.4 的表。超越方程(5.47c)的根可查阅施奈德(Schneider)著作中的表[2]。

(2) 球体

类似地，对于球体，有

$$\theta^* = \sum_{n=1}^{\infty} C_n \exp(-\zeta_n^2 Fo) \frac{1}{\zeta_n r^*} \sin(\zeta_n r^*) \tag{5.48a}$$

式中，$Fo = \alpha t / r_o^2$。

$$C_n = \frac{4[\sin(\zeta_n) - \zeta_n \cos(\zeta_n)]}{2\zeta_n - \sin(2\zeta_n)} \tag{5.48b}$$

离散值 ζ_n 是下述超越方程的正根

$$1 - \zeta_n \cot \zeta_n = Bi \tag{5.48c}$$

超越方程的根可查阅 Schneider 著作的表[2]。

5.6.2　近似解

对无限长圆柱和球体，在 $Fo > 0.2$ 的情况下，前述的无穷级数解仍可用第一项近似。因此，就像平壁的情况一样，在径向系统中任意位置处的温度和中心线或中心的温度随时间的变化是相同的。

（1）无限长圆柱

式(5.47a) 的第一项近似为

$$\theta^* = C_1 \exp(-\zeta_1^2 Fo) J_0(\zeta_1 r^*) \tag{5.49a}$$

或

$$\theta^* = \theta_o^* J_0(\zeta_1 r^*) \tag{5.49b}$$

式中，θ_o^* 表示中心线温度，其表达式为

$$\theta_o^* = C_1 \exp(-\zeta_1^2 Fo) \tag{5.49c}$$

系数 C_1 和 ζ_1 的值已确定，表 5.1 在给定的 Bi 数范围内给出了它们的值。

（2）球体

由式(5.48a)，第一项近似为

$$\theta^* = C_1 \exp(-\zeta_1^2 Fo) \frac{1}{\zeta_1 r^*} \sin(\zeta_1 r^*) \tag{5.50a}$$

或

$$\theta^* = \theta_o^* \frac{1}{\zeta_1 r^*} \sin(\zeta_1 r^*) \tag{5.50b}$$

式中，θ_o^* 表示中心温度，其表达式为

$$\theta_o^* = C_1 \exp(-\zeta_1^2 Fo) \tag{5.50c}$$

系数 C_1 和 ζ_1 的值已确定，表 5.1 在给定的 Bi 数范围内给出了它们的值。

5.6.3　总的能量传输

和在 5.5.3 小节中讨论的情况一样，可利用能量平衡关系确定在 $\Delta t = t$ 的时间段内从无限长圆柱或球体中传出的总能量。利用近似解式(5.49b) 和式(5.50a)，并由式(5.44) 引入 Q_o，得到结果如下。

（1）无限长圆柱

$$\frac{Q}{Q_o} = 1 - \frac{2\theta_o^*}{\zeta_1} J_1(\zeta_1) \tag{5.51}$$

（2）球体

$$\frac{Q}{Q_\circ}=1-\frac{3\theta_\circ^*}{\zeta_1^3}[\sin(\zeta_1)-\zeta_1\cos(\zeta_1)] \qquad (5.52)$$

对合适的系统利用表 5.1 中的系数，可由式（5.49c）或式（5.50c）确定中心温度 $\theta_\circ^*$ 的值。

5.6.4　附加的讨论

就如对平壁一样，上述结果可用来预测**表面**温度突然改变时长圆柱和球体的瞬态响应。也就是说，给定一个无限大的 Bi 数，流体温度 T_∞ 就可用恒定的表面温度 T_s 代替。

【例 5.4】　讨论一条壁厚 40mm、直径 1m 的钢制输油管（AISI 1010）。管道外壁有很厚的隔热层，在输油前，管壁处于 -20℃ 的均匀温度。流动开始时用泵使 60℃ 的热油通过管道，在管的内壁造成了相当于 $h=500\text{W}/(\text{m}^2\cdot\text{K})$ 的对流条件。

1. 开始流动 8min 后，Bi 数和 Fo 数的相应值为多大？

2. 在 $t=8$min 时，覆盖了隔热层的管子的外壁面温度是多少？

3. 在 $t=8$min 时，油对管壁传热的热流密度 $q''(\text{W}/\text{m}^2)$ 是多大？

4. 在 8min 时间段内由热油传给每米长管道的能量是多少？

解析

已知：输油管壁的表面对流条件发生突然变化。

求：1. 8min 时的 Bi 数和 Fo 数。

2. 8min 时管子外壁面温度。

3. 8min 时对管壁传热的热流密度。

4. 8min 内传给单位长管壁的能量。

示意图：

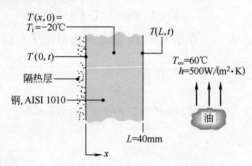

假定：1. 由于管壁厚度远小于管道直径，管壁可近似为平壁。

2. 物性为常数。

3. 管道外表面绝热。

物性：表 A.1，AISI 1010 钢 $[T=(-20+60)$℃$/2\approx300\text{K}]$：$\rho=7832\text{kg}/\text{m}^3$，$c=434\text{J}/(\text{kg}\cdot\text{K})$，$k=63.9\text{W}/(\text{m}\cdot\text{K})$，$\alpha=18.8\times10^{-6}\text{m}^2/\text{s}$。

分析：1. 由式（5.10）和式（5.12），取 $L_c=L$，分别算出 8min 时的 Bi 数和 Fo 数。

$$Bi=\frac{hL}{k}=\frac{500\text{W}/(\text{m}^2\cdot\text{K})\times0.04\text{m}}{63.9\text{W}/(\text{m}\cdot\text{K})}=0.313 \qquad \blacktriangleleft$$

$$Fo=\frac{\alpha t}{L^2}=\frac{18.8\times10^{-6}\text{m}^2/\text{s}\times8\text{min}\times60\text{s}/\text{min}}{(0.04\text{m})^2}=5.64 \qquad \blacktriangleleft$$

2. 由于 $Bi=0.313$，采用集总热容法不合适。但是，由于 $Fo>0.2$，且厚度为 L 的绝热管壁的瞬态条件与厚度为 $2L$ 的平壁所经受的表面条件相同，因此，可利用对平壁的第一项近似解算出所需的结果。由式(5.41) 可确定中心面温度：

$$\theta_o^* = \frac{T_o - T_\infty}{T_i - T_\infty} = C_1 \exp(-\zeta_1^2 Fo)$$

由表 5.1，当 $Bi=0.313$ 时，可得 $C_1=1.047$ 和 $\zeta_1=0.531\text{rad}$。由 $Fo=5.64$，

$$\theta_o^* = 1.047\exp[-(0.531\text{rad})^2 \times 5.64] = 0.214$$

因此，8min 后，与平壁中心面温度对应的管的外壁面温度为

$$T(0,8\text{min}) = T_\infty + \theta_o^*(T_i - T_\infty) = 60℃ + 0.214(-20-60)℃ = 42.9℃ \blacktriangleleft$$

3. 对在 $x=L$ 处的内表面的传热是通过对流进行的，在任何时刻 t 的热流密度可用牛顿冷却定律计算。因此，在 $t=480\text{s}$ 时

$$q_x''(L,480\text{s}) \equiv q_L'' = h[T(L,480\text{s}) - T_\infty]$$

用第一项近似计算表面温度，$x^*=1$ 时式(5.40b) 的形式为

$$\theta^* = \theta_o^* \cos(\zeta_1)$$

$$T(L,t) = T_\infty + (T_i - T_\infty)\theta_o^* \cos(\zeta_1)$$

$$T(L,8\text{min}) = 60℃ + (-20-60)℃ \times 0.214 \times \cos(0.531\text{rad})$$

$$= 45.2℃$$

因此，$t=8\text{min}$ 时的热流密度为

$$q_L'' = 500\text{W}/(\text{m}^2 \cdot \text{K}) \times (45.2-60)℃ = -7400\text{W}/\text{m}^2 \blacktriangleleft$$

4. 由式(5.44) 和式(5.46) 可确定在 8min 时间段内由热油传给管壁的能量，利用

$$\frac{Q}{Q_o} = 1 - \frac{\sin(\zeta_1)}{\zeta_1}\theta_o^*$$

$$\frac{Q}{Q_o} = 1 - \frac{\sin(0.531\text{rad})}{0.531\text{rad}} \times 0.214 = 0.80$$

可得

$$Q = 0.80\rho c V(T_i - T_\infty)$$

或者，根据单位管长的体积 $V' = \pi DL$

$$Q' = 0.80\rho c \pi DL(T_i - T_\infty)$$

$$Q' = 0.80 \times 7832\text{kg}/\text{m}^3 \times 434\text{J}/(\text{kg} \cdot \text{K})$$

$$\times \pi \times 1\text{m} \times 0.04\text{m} \times (-20-60)℃$$

$$Q' = -2.73 \times 10^7 \text{J}/\text{m} \blacktriangleleft$$

说明：1. q'' 和 Q' 带有负号只是表明能量是从油传给管（进入管壁）的。

2. 可利用 IHT Models，Transient Conduction，Plane Wall 选项得到上述结果。此模型可用于计算温度分布 $T(x,t)$、热流密度分布 $q_x''(x,t)$ 及由壁传出的能量 $Q(t)$。用合适的输入参数替代壁的几何尺寸、热物性和热条件，此模型给出的结果为

$$T(0,8\text{min}) = 43.1℃ \qquad q''(L,8\text{min}) = q_L'' = -7305\text{W}/\text{m}^2$$

$$T(L,8\text{min}) = 45.4℃ \qquad Q'(8\text{min}) = -2.724 \times 10^7 \text{J}/\text{m}$$

由于 IHT 模型利用的是无穷级数的多项近似，因此，所得结果比上述的第一项近似更准确。IHT 中以一个立即可以求解的模型的形式给出了本例的完整求解过程，附有怎样编写和求解代码的注释（见 Examples）。IHT 也提供了适用于 5.6 节中论述的径向系统的 Models for Transient Conduction。

【例 5.5】　需要评价一个处理特殊材料的新的工艺过程。初始时半径 $r_o=5\text{mm}$ 的球形

材料在一个炉中处于 400℃的平衡状态。它被突然从炉中取出之后要经受两步冷却过程。

第一步 在 20℃ 的空气中冷却一段时间 t_a，直到它的中心温度达到临界值，$T_a(0, t_a) = 335$℃。在这种情形下，对流换热系数为 $h_a = 10 \text{W}/(\text{m}^2 \cdot \text{K})$。

球体达到临界温度后就开始第二步冷却。

第二步 在一个快速搅拌的 20℃ 的水浴中冷却，对流换热系数为 $h_w = 6000 \text{W}/(\text{m}^2 \cdot \text{K})$。材料的热物性为 $\rho = 3000 \text{kg/m}^3$，$k = 20 \text{W}/(\text{m} \cdot \text{K})$，$c = 1000 \text{J}/(\text{kg} \cdot \text{K})$，$\alpha = 6.66 \times 10^{-6} \text{m}^2/\text{s}$。

1. 计算完成第一步冷却过程所需的时间 t_a。

2. 计算第二步过程中球体中心从 335℃（第一步完成时的状态）冷却到 50℃所需的时间 t_w。

解析

已知： 冷却球体的温度要求。

求： 1. 在空气中完成所要求的冷却需要的时间 t_a。

2. 在水浴中完成冷却所需的时间 t_w。

示意图：

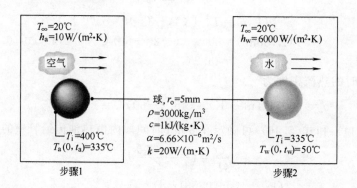

步骤1　　　　　　　　　　步骤2

假定： 1. 一维径向导热。

2. 物性为常数。

分析： 1. 为确定是否能利用集总热容法，要计算 Bi 数。根据式(5.10)，由 $L_c = r_o/3$

$$Bi = \frac{h_a r_o}{3k} = \frac{10 \text{W}/(\text{m}^2 \cdot \text{K}) \times 0.005 \text{m}}{3 \times 20 \text{W}/(\text{m} \cdot \text{K})} = 8.33 \times 10^{-4}$$

因此，可以利用集总热容法，并且整个球体的温度几乎是均匀的。由式(5.5) 可得

$$t_a = \frac{\rho V c}{h_a A_s} \ln \frac{\theta_i}{\theta_a} = \frac{\rho r_o c}{3 h_a} \ln \frac{T_i - T_\infty}{T_a - T_\infty}$$

式中，$V = (4/3)\pi r_o^3$，$A_s = 4\pi r_o^2$，因此

$$t_a = \frac{3000 \text{kg/m}^3 \times 0.005 \text{m} \times 1000 \text{J}/(\text{kg} \cdot \text{K})}{3 \times 10 \text{W}/(\text{m}^2 \cdot \text{K})} \ln \frac{400 - 20}{335 - 20} = 94 \text{s}$$

2. 为确定集总热容法是否也能用于第二步冷却过程，还得计算 Bi 数。在这种情况下

$$Bi = \frac{h_w r_o}{3k} = \frac{6000 \text{W}/(\text{m}^2 \cdot \text{K}) \times 0.005 \text{m}}{3 \times 20 \text{W}/(\text{m} \cdot \text{K})} = 0.50$$

因此，不能用集总热容法。然而，认为 $t = t_a$ 时球体的温度均匀一致是一个极好的近似，这

样就可以利用第一项近似解进行计算。在时间 t_w 时，球体的中心温度为50℃，即 $T(0,t_w)=$ 50℃，因此，重新整理式（5.50c）可得到 t_w：

$$Fo = -\frac{1}{\zeta_1^2}\ln\left[\frac{\theta_o^*}{C_1}\right] = -\frac{1}{\zeta_1^2}\ln\left[\frac{1}{C_1}\times\frac{T(0,t_w)-T_\infty}{T_i-T_\infty}\right]$$

式中，$t_w = Fo r_o^2/\alpha$。利用下面定义的 Bi 数

$$Bi = \frac{h_w r_o}{k} = \frac{6000\text{W}/(\text{m}^2\cdot\text{K})\times0.005\text{m}}{20\text{W}/(\text{m}\cdot\text{K})} = 1.50$$

由表 5.1 可得 $C_1 = 1.376$ 和 $\zeta_1 = 1.800\text{rad}$。由此得

$$Fo = -\frac{1}{(1.800\text{rad})^2}\ln\left[\frac{1}{1.376}\times\frac{(50-20)℃}{(335-20)℃}\right] = 0.82$$

和

$$t_w = Fo\frac{r_o^2}{\alpha} = 0.82\frac{(0.005\text{m})^2}{6.66\times10^{-6}\text{m}^2/\text{s}} = 3.1\text{s}$$

注意，$Fo = 0.82$，这证明利用第一项近似解是对的。

　　说明： 1. 如果第一步终了时球体内的温度分布不是均匀的，就不能用第一项近似解计算第二步。

　　2. 第二步终了时的表面温度可由式（5.50b）确定。用 $\theta_o^* = 0.095$ 和 $r^* = 1$

$$\theta^*(r_o) = \frac{T(r_o)-T_\infty}{T_i-T_\infty} = \frac{0.095}{1.800\text{rad}}\sin(1.800\text{rad}) = 0.0514$$

和

$$T(r_o) = 20℃ + 0.0514(335-20)℃ = 36℃$$

　　无穷级数［式（5.48a）］和它的第一项近似解［式（5.50b）］可用于计算任何 $t>t_a$ 的时刻球体内任意位置处的温度。对 $(t-t_a)<0.2(0.005\text{m})^2/(6.66\times10^{-6}\text{m}^2/\text{s}) = 0.75\text{s}$，为保证级数收敛，必须保留足够多的项。对于 $(t-t_a)>0.75\text{s}$，用第一项近似解就能很快收敛。对 $r = 0$ 和 $r = r_o$ 处温度随时间变化的关系作了计算并画出曲线，在 $0\text{s}\leqslant(t-t_a)\leqslant5\text{s}$ 内的结果见下图：

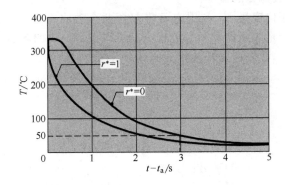

　　3. IHT Models，Transient Conduction，Sphere 选项可用于分析球体在空气和水中经受的第一步和第二步的冷却过程。IHT Models，Lumped Capacitance 选项只能用于分析第一步在空气中的冷却过程。

5.7 半无限大固体

可以得到分析解的另一类简单几何形状是**半无限大固体**。由于原则上这样的固体除一个方向外可以无限延伸，它的几何性质可以用单一可认定的表面来表示（图5.7）。如果使这个表面上的条件发生变化，这个固体的内部就会发生瞬态一维导热。半无限固体为许多实际问题提供了一个**有用的理想化模型**。它可用来确定地球近表面的瞬态传热或近似预测像厚板这样的有限固体的瞬态反应。对第二种情况，在瞬态过程的早期，这种近似是合理的，因为固体表面状态的变化尚未对离表面相当远的固体内的温度发生影响。

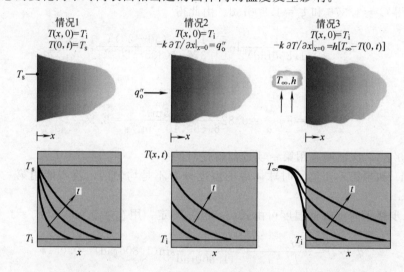

图5.7　在恒定表面温度、恒定表面热流密度和表面有对流换热三种边界
条件下半无限大固体中的瞬态温度分布

半无限固体的瞬态导热方程由式(5.26)给出。初始条件由式(5.27)给出，内部边界条件可表示为

$$T(x \rightarrow \infty, t) = T_i \tag{5.53}$$

已经得到了在 $t=0$ 突然施加于固体表面的三种重要边界条件的闭式解[1,2]。这些条件示于图5.7。它们包括施加恒定温度表面 $T_s \neq T_i$，施加恒定表面热流密度 q''_o 和使表面暴露于温度 $T_\infty \neq T_i$ 及对流换热系数为 h 的流体。

注意到存在一个**相似变量** η，利用它可将包含两个独立变量（x 和 t）的偏微分方程转化为只需用一个相似变量表示的常微分方程，就可得到情况1的解。为确认相似变量 $\eta \equiv x/(4\alpha t)^{1/2}$ 满足这一要求，我们首先转换相关的微分算子

$$\frac{\partial T}{\partial x} = \frac{dT}{d\eta} \times \frac{\partial \eta}{\partial x} = \frac{1}{(4\alpha t)^{1/2}} \times \frac{dT}{d\eta}$$

$$\frac{\partial^2 T}{\partial x^2} = \frac{d}{d\eta}\left[\frac{\partial T}{\partial x}\right]\frac{\partial \eta}{\partial x} = \frac{1}{4\alpha t} \times \frac{d^2 T}{d\eta^2}$$

$$\frac{\partial T}{\partial t} = \frac{dT}{d\eta} \times \frac{\partial \eta}{\partial t} = -\frac{x}{2t(4\alpha t)^{1/2}} \times \frac{dT}{d\eta}$$

代入式(5.26)，导热方程成为

$$\frac{d^2 T}{d\eta^2} = -2\eta \frac{dT}{d\eta} \tag{5.54}$$

由于 $x=0$ 相当于 $\eta=0$，表面条件可表示为

$$T(\eta=0)=T_{\mathrm{s}} \qquad (5.55)$$

由于 $x \to \infty$ 以及 $t=0$ 均相当于 $\eta \to \infty$，初始条件和内部边界条件相当于一个条件，即

$$T(\eta \to \infty)=T_{\mathrm{i}} \qquad (5.56)$$

由于经转换后的导热方程及初始/边界条件均与 x 和 t 无关，$\eta \equiv x/(4\alpha t)^{1/2}$ 实际上就是一个相似变量。它的存在意味着，不论 x 和 t 取什么值，温度均可表示为 η 的单变量函数。

为得到温度与 η 的依赖关系 $T(\eta)$ 的具体形式，对式(5.54) 进行分离变量，这样

$$\frac{\mathrm{d}(\mathrm{d}T/\mathrm{d}\eta)}{(\mathrm{d}T/\mathrm{d}\eta)}=-2\eta\ \mathrm{d}\eta$$

积分可得

$$\ln(\mathrm{d}T/\mathrm{d}\eta)=-\eta^2+C_1'$$

或

$$\frac{\mathrm{d}T}{\mathrm{d}\eta}=C_1\exp(-\eta^2)$$

再次积分，可得

$$T=C_1\int_0^\eta \exp(-u^2)\,\mathrm{d}u+C_2$$

式中，u 是一个虚拟变量。应用 $\eta=0$ 处的边界条件 [式(5.55)]，可得 $C_2=T_s$，于是

$$T=C_1\int_0^\eta \exp(-u^2)\,\mathrm{d}u+T_s$$

由第二个边界条件 [式(5.56)] 可得

$$T_{\mathrm{i}}=C_1\int_0^\infty \exp(-u^2)\,\mathrm{d}u+T_s$$

或者，计算定积分

$$C_1=\frac{2(T_{\mathrm{i}}-T_{\mathrm{s}})}{\pi^{1/2}}$$

因此，温度分布可表示为

$$\frac{T-T_{\mathrm{s}}}{T_{\mathrm{i}}-T_{\mathrm{s}}}=(2/\pi^{1/2})\int_0^\eta \exp(-u^2)\,\mathrm{d}u \equiv \mathrm{erf}\ \eta \qquad (5.57)$$

式中，**高斯误差函数** (Gaussion error function) erfη 是一个标准的数学函数，附录 B 中有该函数的列表。注意当 η 变得无限大时，erfη 渐近地趋近于 1。这样，在任何非零时间，可预期各处的温度均已从 T_i 发生变化（变得接近于 T_s）。边界条件信息以无限大的速度在半无限大固体中传播在物理上是不真实的，但是，除了时间尺度极小的情况，傅里叶定律的这个局限并不重要，正如在 2.3 节中所讨论的那样。对表面 $(x=0)$ 应用傅里叶定律可确定表面热流密度，即

$$q''_{\mathrm{s}}=-k\left.\frac{\partial T}{\partial x}\right|_{x=0}=-k(T_{\mathrm{i}}-T_{\mathrm{s}})\frac{\mathrm{d}(\mathrm{erf}\ \eta)}{\mathrm{d}\eta}\times\left.\frac{\partial \eta}{\partial x}\right|_{\eta=0}$$

$$q''_{\mathrm{s}}=k(T_{\mathrm{s}}-T_{\mathrm{i}})(2/\pi^{1/2})\exp(-\eta^2)(4\alpha t)^{-1/2}\Big|_{\eta=0}$$

$$q''_{\mathrm{s}}=\frac{k(T_{\mathrm{s}}-T_{\mathrm{i}})}{(\pi\alpha t)^{1/2}} \qquad (5.58)$$

对情况 2 和情况 3 的表面条件也可得到分析解，三种情况的求解结果汇总如下。

情况 1　恒定表面温度： $T(0,t)=T_s$

$$\frac{T(x,t)-T_s}{T_i-T_s}=\mathrm{erf}\left(\frac{x}{2\sqrt{\alpha t}}\right) \tag{5.57}$$

$$q''_s(t)=\frac{k(T_s-T_i)}{\sqrt{\pi\alpha t}} \tag{5.58}$$

情况 2　恒定表面热流密度： $q''_s=q''_o$

$$T(x,t)-T_i=\frac{2q''_o(\alpha t/\pi)^{1/2}}{k}\exp\left(\frac{-x^2}{4\alpha t}\right)-\frac{q''_o x}{k}\mathrm{erfc}\left(\frac{x}{2\sqrt{\alpha t}}\right) \tag{5.59}$$

情况 3　表面对流： $-k\dfrac{\partial T}{\partial x}\Big|_{x=0}=h\left[T_\infty-T(0,t)\right]$

$$\frac{T(x,t)-T_i}{T_\infty-T_i}=\mathrm{erfc}\left(\frac{x}{2\sqrt{\alpha t}}\right)-\left[\exp\left(\frac{hx}{k}+\frac{h^2\alpha t}{k^2}\right)\right]\left[\mathrm{erfc}\left(\frac{x}{2\sqrt{\alpha t}}+\frac{h\sqrt{\alpha t}}{k}\right)\right] \tag{5.60}$$

补余误差函数 $\mathrm{erfc}\,w$ 的定义为 $\mathrm{erfc}\,w\equiv1-\mathrm{erfc}\,w$。

三种情况下温度随时间的变化示于图 5.7，可以看出它们明显的特征。对情况 1，即表面温度突然改变时，介质内的温度随 t 的增加而单调地趋近 T_s，与此同时，表面的温度梯度以及热流密度按 $t^{-1/2}$ 的关系减小。相反，对于固定的表面热流密度（情况 2），式（5.59）表明，温度 $T(0,t)=T_s(t)$ 按 $t^{1/2}$ 的关系单调增加。对于表面对流条件（情况 3），随着时间的延长，表面温度和介质内部温度趋近流体温度 T_∞。当然，当 T_s 向 T_∞ 趋近时，表面热流密度 $q''(t)=h\left[T_\infty-T_s(t)\right]$ 减小。根据式（5.60）计算的温度变化过程示于图 5.8。相应于 $h=\infty$ 的结果与表面温度突然发生改变的情况 1 的相同。也即对 $h=\infty$，表面在瞬间达到受迫流过表面的流体的温度（$T_s=T_\infty$），式（5.60）右侧第二项减小为零，这个结果等同于式（5.57）。

当初始分别处于均匀温度 $T_{A,i}$ 和 $T_{B,i}$ 的两个半无限大固体的自由表面紧密接合在一起时，情况 1 会发生有趣的改变（图 5.9）。如果忽略接触热阻，在接触的瞬刻（$t=0$），热平衡的要求使两个表面必须具有相同的温度 T_s，且 $T_{B,i}<T_s<T_{A,i}$。由于 T_s 不随时间变化，因此每个固体的瞬态热响应和表面热流密度可分别由式（5.57）和式（5.58）确定。

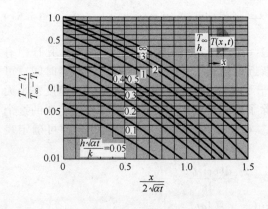

图 5.8　有表面对流条件的半无限大固体内
温度随时间的变化[2]（已获准借用）

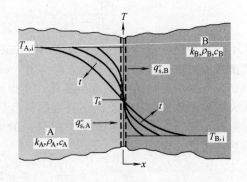

图 5.9　初始温度不同的两个
半无限大固体的表面接触

图 5.9 的平衡表面温度可由表面的能量平衡要求确定，即

$$q''_{s,A} = q''_{s,B} \tag{5.61}$$

以式(5.58)替代 $q''_{s,A}$ 和 $q''_{s,B}$ 并注意到图 5.9 的 x 坐标而改变 $q''_{s,A}$ 的正负号，可得

$$\frac{-k_A(T_s - T_{A,i})}{(\pi\alpha_A t)^{1/2}} = \frac{k_B(T_s - T_{B,i})}{(\pi\alpha_B t)^{1/2}} \tag{5.62}$$

或解出 T_s

$$T_s = \frac{(k\rho c)_A^{1/2} T_{A,i} + (k\rho c)_B^{1/2} T_{B,i}}{(k\rho c)_A^{1/2} + (k\rho c)_B^{1/2}} \tag{5.63}$$

因此，量 $m \equiv (k\rho c)^{1/2}$ 是一个加权因子，它确定 T_s 是将更接近于 $T_{A,i}$（$m_A > m_B$）还是 $T_{B,i}$（$m_B > m_A$）。

【例 5.6】　在铺设总水管时，公共事业公司必须考虑在寒冷季节冻结的可能性。虽然由于表面条件是变化的，因而确定土壤中温度与时间的函数关系是个复杂的问题；但基于在整个严寒季节表面温度是恒定的假定，可以合理地作个估算。对于初始时处于 20℃ 的均匀温度，在 60 天期间表面温度恒定地保持为 −15℃ 的土壤，为防止冻结，你建议的最浅埋管深度 x_m 是多少？

解析

已知：在初始温度为 20℃ 的泥土的表面所施加的恒定温度。

求：60 天内泥土不会冻结的埋管深度 x_m。

示意图：

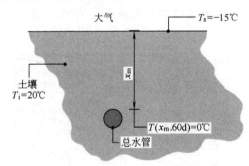

假定：1. x 方向上的一维导热。

　　　　2. 土壤是半无限大介质。

　　　　3. 物性为常数。

物性：表 A.3，土壤（300K）：$\rho = 2050\text{kg/m}^3$，$k = 0.52\text{W/(m·K)}$，$c = 1840\text{J/(kg·K)}$，$\alpha = (k/\rho c) = 0.138 \times 10^{-6}\text{m}^2/\text{s}$。

分析：给定的条件相应于图 5.7 中的情况 1，土壤的瞬态温度响应由式(5.57)决定。因此，在表面温度改变后的 $t = 60\text{d}$，有

$$\frac{T(x_m, t) - T_s}{T_i - T_s} = \text{erf}\left(\frac{x_m}{2\sqrt{\alpha t}}\right)$$

即

$$\frac{0 - (-15)}{20 - (-15)} = 0.429 = \text{erf}\left(\frac{x_m}{2\sqrt{\alpha t}}\right)$$

因此，由附录 B.2

$$\frac{x_{\mathrm{m}}}{2\sqrt{\alpha t}}=0.40$$

则

$$x_{\mathrm{m}}=0.80(\alpha t)^{1/2}=0.80(0.138\times10^{-6}\,\mathrm{m^2/s}\times60\mathrm{d}\times24\mathrm{h/d}\times3600\mathrm{s/h})^{1/2}=0.68\mathrm{m}\quad\blacktriangleleft$$

说明: 1. 土壤的物性变化很大,它取决于土壤的性质和含湿量,热扩散系数的典型范围为 $1\times10^{-7}\,\mathrm{m^2/s}<\alpha<3\times10^{-7}\,\mathrm{m^2/s}$。为确定土壤物性对冻结条件的影响,在 $\alpha\times10^{7}=1.0\mathrm{m^2/s}$、$1.38\mathrm{m^2/s}$ 和 $3.0\mathrm{m^2/s}$ 时,我们用式(5.57) 计算 $x_{\mathrm{m}}=0.68\mathrm{m}$ 处的温度随时间的变化关系,得

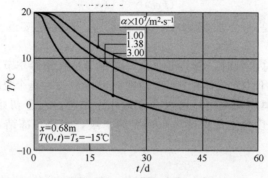

如果 $\alpha>1.38\times10^{-7}\,\mathrm{m^2/s}$,在 $x_{\mathrm{m}}=0.68\mathrm{m}$ 处达不到设计指标,会发生冻结。考察一下寒冷期间在一些有代表性的时刻土壤中的温度分布是有意义的。用式(5.57) 和 $\alpha=1.38\times10^{-7}\,\mathrm{m^2/s}$ 得到如下结果:

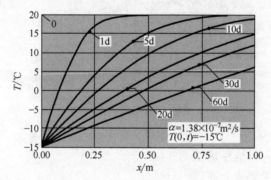

当热渗透随着时间的延续而增大时,表面处的温度梯度为 $\partial T/\partial x|_{x=0}$,从而与此有关的从土壤提取热能的速率是减小的。

2. 利用 IHT Models,Transient Conduction,Semi-infinite Solid 选项可得到上述数值结果。此选项提供了对**定表面温度**、**定表面热流密度**和**表面对流**三种边界条件的建模器。

5.8 伴有定表面温度或定表面热流密度的物体

在5.5节和5.6节中,已详细讨论了平壁、圆柱和球体对施加对流边界条件的热响应。已经指出,那些小节中的解可用于涉及因允许 Bi 数变为无限大而导致表面温度突变的情况。在5.7节中,计算了半无限大固体对表面温度突变或施加了定热流密度的响应。本节将进一步研究不同物体对定表面温度或定表面热流密度边界条件的瞬态热响应。

5.8.1 定温边界条件

在以下讨论中，我们研究物体对表面温度突变的瞬态热响应。

（1）半无限大固体

将式（5.58）中的热流密度写成无量纲形式，就可深入认识物体对施加的定温边界条件的热响应

$$q^* \equiv \frac{q_s'' L_c}{k(T_s - T_i)} \tag{5.64}$$

式中，L_c 为**特征长度**；q^* 为在 4.3.3 节中介绍的**无量纲导热速率**。将式（5.64）代入式（5.58），得

$$q^* = \frac{1}{\sqrt{\pi Fo}} \tag{5.65}$$

式中，Fo 数的定义为 $Fo \equiv \alpha t / L_c^2$。注意 q_s'' 与特征长度的选择无关，因为所论的是半无限大固体。在图 5.10（a）中画出了式（5.65），由于 $q^* \propto Fo^{-1/2}$，线的斜率在双对数坐标图上是 $-1/2$。

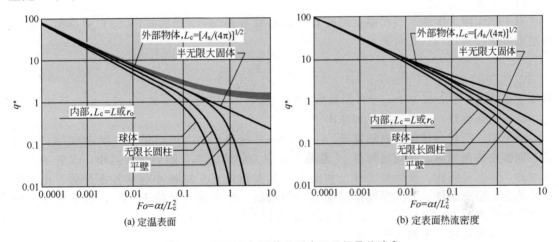

图 5.10　不同几何形状的瞬态无量纲导热速率

表 4.1 中位于阴影区的几何形状的计算结果，取自文献 [5]。

（2）内部传热：平壁、圆柱和球体

向平壁、圆柱和球体内部导热的计算结果示于图 5.10（a）。这些结果是利用傅里叶定律连同式（5.39）、式（5.47）和式（5.48）在 $Bi \to \infty$ 的条件下得到的。与在 5.5 节和 5.6 节中相同，特征长度为：对厚 $2L$ 的平板，$L_c = L$；对半径为 r_0 的圆柱或球体，$L_c = r_0$。对每种几何形状，在开始时 q^* 遵循半无限大固体的解，但当物体趋近它们的平衡温度及 $q_s''(t \to \infty) \to 0$ 时，q^* 在某一点处开始迅速减小。对于表面积与体积之比大的几何形状，可预料 q^* 的值减小得更快，这种趋势在图 5.10（a）中很明显。

（3）外部传热：不同几何形状

图 5.10（a）中还给出了物体被埋在无限大外部（环境）介质中的情况下的计算结果。初始时无限大介质处于温度 T_i，物体的表面温度突变至 T_s。对于外部传热情况，取 4.3.3 节中采用的特征长度，即 $L_c = [A_s/(4\pi)]^{1/2}$。对于埋在无限大介质中的球体，$q^*(Fo)$ 的精确解为[5]

$$q^* = \frac{1}{\sqrt{\pi Fo}} + 1 \tag{5.66}$$

由图可知，对所有的**外部情况**，当在其定义中采用合适的长度尺度时，不论物体的形状如何，q^* 与球体的值非常接近。和内部情况一致，开始阶段 q^* 遵循半无限大固体的解。与内部情况相反，q^* 最终达到表 4.1 中列出的 q_{ss}^* 的非零稳态值。要注意的是，式(5.64) 中的 q_s'' 是表面热流密度不均匀的几何形状的**平均表面热流密度**。

由图 5.10(a) 可看出，在起始阶段，即 Fo 数小于约 10^{-3} 时，所有的热响应与半无限固体的相重叠。这种明显的一致性反映了如下事实：在初始时间，不论感兴趣的是内部还是外部传热，温度的变化限制在贴近物体表面的薄层内。因此，在初始时间，可利用式(5.57) 和式(5.58) 预测邻近任何物体边界的很薄区域内的温度和传热速率。例如，在 $Fo \leqslant 10^{-3}$ 时，利用半无限大固体的解预测的局部热流密度和局部无量纲温度与由精确解得到的球体的内部和外部传热情况的结果相比，差别约在 5% 以内。

5.8.2 定热流密度边界条件

当对一个物体施加定热流密度边界条件时，经常感兴趣的是由此导致的表面温度随时间的变化。在这种情况下，式(5.64) 的分子中的热流密度是常数，分母中的温差 $(T_s - T_i)$ 随时间而增大。

(1) 半无限大固体

对于半无限大固体，表面温度的变化可通过计算在 $x = 0$ 时的式(5.59) 来确定，经重新整理并结合式(5.64)，可得

$$q^* = \frac{1}{2}\sqrt{\frac{\pi}{Fo}} \tag{5.67}$$

就如定温情况一样，$q^* \propto Fo^{-1/2}$，但系数不同。图 5.10(b) 给出了式(5.67) 的计算结果。

(2) 内部传热：平壁、圆柱和球体

对平壁、圆柱和球体的**内部情况**，图 5.10(b) 给出了第二组结果。和图 5.10(a) 中的定表面温度结果相同，在初始时刻 q^* 遵循半无限大固体的解，随后很快减小，最先减小的是球体，其次是圆柱，最后是平壁。和定表面温度相比，q^* 的减小速率并不显著，由于绝不可能达到稳态条件，表面温度必定随时间而增高。在后期（大的 Fo 数），表面温度将随时间线性增高，有 $q^* \propto Fo^{-1}$，在双对数坐标图上的斜率为 -1。

(3) 外部传热：不同几何形状

图 5.10(b) 还给出了球和外部无限大介质之间的传热结果。埋在无限介质中的球体的精确解为

$$q^* = [1 - \exp(Fo)\,\mathrm{erfc}(Fo^{1/2})]^{-1} \tag{5.68}$$

就像图 5.10(a) 中的定表面温度情况一样，这个解趋近稳定态时，有 $q_{ss}^* = 1$。对埋在无限介质中的其他形状的物体，在小的 Fo 数时，q^* 将遵循半无限大固体的解；在大的 Fo 数时，q^* 应是渐近地趋近表 4.1 中给出的 q_{ss}^* 值。而式(5.64) 中的 T_s 是表面温度不均匀的几何形状体的**平均表面温度**。

5.8.3 近似解

已建立了 $q^*(Fo)$ 的一些简单表达式。这些表达式可用来近似图 5.10 中在整个 Fo 范围内所包含的所有结果。表 5.2 列出了这些表达式，同时也列出了相应的精确解。表 5.2(a) 适用于定表面温度的情况，而表 5.2(b) 则适用于定表面热流密度的情况。对列在左列的每个几何形状，这些表给出了在定义 Fo 数和 q^* 时需要用到的长度、$q^*(Fo)$ 的精确解、初始阶段（$Fo < 0.2$）和后期（$Fo \geqslant 0.2$）的近似解以及利用近似解的最大百分误差（除了定热流密度的外部球情况，最大百分误差都发生在 $Fo \approx 0.2$）。

表 5.2(a)　定表面温度情况的瞬态传热结果汇总

几何形状	长度尺度 L_c	$q^*(Fo)$ 精确解	$q^*(Fo)$ 近似解 $Fo<0.2$	$q^*(Fo)$ 近似解 $Fo\geqslant0.2$	最大误差/%
半无限大固体	L（任意的）	$\dfrac{1}{\sqrt{\pi Fo}}$	利用精确解		无
内部情况					
厚 2L 的平壁	L	$2\sum_{n=1}^{\infty}\exp(-\zeta_n^2 Fo)$　$\zeta_n=(n-\tfrac{1}{2})\pi$	$\dfrac{1}{\sqrt{\pi Fo}}$	$2\exp(-\zeta_1^2 Fo)$　$\zeta_1=\pi/2$	1.7
无限长圆柱	r_o	$2\sum_{n=1}^{\infty}\exp(-\zeta_n^2 Fo)$　$J_0(\zeta_n)=0$	$\dfrac{1}{\sqrt{\pi Fo}}-0.50-0.65Fo$	$2\exp(-\zeta_1^2 Fo)$　$\zeta_1=2.4050$	0.8
球体	r_o	$2\sum_{n=1}^{\infty}\exp(-\zeta_n^2 Fo)$　$\zeta_n=n\pi$	$\dfrac{1}{\sqrt{\pi Fo}}-1$	$2\exp(-\zeta_1^2 Fo)$　$\zeta_1=\pi$	6.3
外部情况					
球体	r_o	$\dfrac{1}{\sqrt{\pi Fo}}+1$	利用精确解		无
不同形状（表 4.1 情况 12～15）	$(A_s/4\pi)^{1/2}$	无	$\dfrac{1}{\sqrt{\pi Fo}}+q_s^*+q_{ss}^*$　取自表 4.1		7.1

注：$q^* \equiv q_s'' L_c/[k(T_s-T_i)]$ 和 $Fo \equiv \alpha t/L_c^2$，式中，L_c 为表中所给的长度尺度，T_s 为物体的表面温度，T_i 为内部情况的物体初始温度和外部情况的无限大介质的温度。

表 5.2(b)　定表面热流密度情况的瞬态传热结果总汇

几何形状	长度尺度 L_c	$q^*(Fo)$ 精确解	$q^*(Fo)$ 近似解 $Fo<0.2$	$q^*(Fo)$ 近似解 $Fo\geqslant0.2$	最大误差/%
半无限大固体	L（任意的）	$\dfrac{1}{2}\sqrt{\dfrac{\pi}{Fo}}$	利用精确解		无
内部情况					
厚 2L 的平壁	L	$\left[Fo+\dfrac{1}{3}-2\sum_{n=1}^{\infty}\dfrac{\exp(-\zeta_n^2 Fo)}{\zeta_n^2}\right]^{-1}$　$\zeta_n=n\pi$	$\dfrac{1}{2}\sqrt{\dfrac{\pi}{Fo}}$	$\left(Fo+\dfrac{1}{3}\right)^{-1}$	5.3
无限长圆柱	r_o	$\left[2Fo+\dfrac{1}{4}-2\sum_{n=1}^{\infty}\dfrac{\exp(-\zeta_n^2 Fo)}{\zeta_n^2}\right]^{-1}$　$J_1(\zeta_n)=0$	$\dfrac{1}{2}\sqrt{\dfrac{\pi}{Fo}}-\dfrac{\pi}{8}$	$\left(2Fo+\dfrac{1}{4}\right)^{-1}$	2.1
球体	r_o	$\left[3Fo+\dfrac{1}{5}-2\sum_{n=1}^{\infty}\dfrac{\exp(-\zeta_n^2 Fo)}{\zeta_n^2}\right]^{-1}$　$\tan(\zeta_n)=\zeta_n$	$\dfrac{1}{2}\sqrt{\dfrac{\pi}{Fo}}-\dfrac{\pi}{4}$	$\left(3Fo+\dfrac{1}{5}\right)^{-1}$	4.5
外部情况					
球体	r_o	$[1-\exp(Fo)\,\mathrm{erfc}(Fo^{1/2})]^{-1}$	$\dfrac{1}{2}\left(\sqrt{\dfrac{\pi}{Fo}}+\dfrac{\pi}{4}\right)$	$\dfrac{0.77}{\sqrt{Fo}}+1$	3.2
不同形状（表 4.1 情况 12～15）	$(A_s/4\pi)^{1/2}$	无	$\dfrac{1}{2}\left(\sqrt{\dfrac{\pi}{Fo}}+\dfrac{\pi}{4}\right)$	$\dfrac{0.77}{\sqrt{Fo}}+q_{ss}^*$	未知

注：$q^* \equiv q_s'' L_c/[k(T_s-T_i)]$ 和 $Fo \equiv \alpha t/L_c^2$，式中，L_c 为表中所给的长度尺度，T_s 为物体的表面温度，T_i 为内部情况的物体初始温度和外部情况的无限大介质的温度。

【**例 5.7**】 有人建议利用复合的**纳米球壳**（nanoshells）**微粒**治疗癌症，微粒的大小和成分经精心设计和制备，能有效吸收特定波长的激光辐照[6]。治疗前，先使抗体附着在纳米微粒上。然后将掺杂的微粒注射入病人的血液，它们将分布在病人的全身。抗体被肿瘤部位所吸引，所以携带并将纳米微粒只黏附在癌组织上。在微粒到达并"落户"在肿瘤内后，激光射线穿透皮肤和恶性肿瘤之间的组织，被纳米微粒吸收，从而加热并破坏癌组织。

讨论直径 $D_t=3mm$ 的大致为球形的肿瘤，其内部已均匀渗入了纳米微粒，后者对来自体外的激光辐射有很强的吸收。

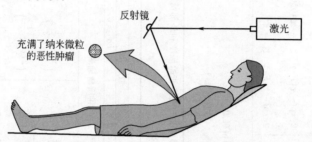

1. 当肿瘤表面的稳定态治疗温度 $T_{t,ss}=55℃$ 时，估算由肿瘤到周围健康组织的传热速率。健康组织的热导率约为 $k=0.5W/(m \cdot K)$，体温为 $T_b=37℃$。

2. 如果肿瘤位于皮肤表面以下 $d=20mm$ 处，激光热流密度在人体表面与肿瘤之间按指数规律 $q''_1(x)=q''_{1,o}(1-\rho)e^{-\kappa x}$ 衰减，求为维持肿瘤表面温度 $T_{t,ss}=55℃$ 所需的激光功率。在上述表达式中，$q''_{1,o}$ 为人体外的激光热流密度，$\rho=0.05$ 为皮肤表面的反射率，$\kappa=0.02mm^{-1}$，为肿瘤和皮肤表面之间组织的**衰减系数**。激光束的直径 $D_1=5mm$。

3. 忽略对周围组织的传热，根据第 2 部分求出的激光功率，计算肿瘤温度达到与 $T_{t,ss}=55℃$ 之差在 3℃ 以内的时刻。假定组织的密度和比热容与水的相同。

4. 忽略肿瘤的热惯性，但考虑对周围组织的传热，计算肿瘤表面温度达到 $T_t=52℃$ 所需的时间。

解析
已知：小球的尺寸；组织的热导率、反射率和衰减系数；球体在皮肤表面之下的深度。
求：1. 为维持肿瘤表面温度 $T_{t,ss}=55℃$，肿瘤对外的传热速率。
2. 为维持肿瘤表面温度 $T_{t,ss}=55℃$ 所需的激光功率。
3. 在忽略向周围组织传热的情况下，肿瘤温度达到 $T_t=52℃$ 的时刻。
在忽略肿瘤的热惯性，但考虑向周围组织传热的情况下，肿瘤达到 $T_t=52℃$ 所需的时间。

示意图：

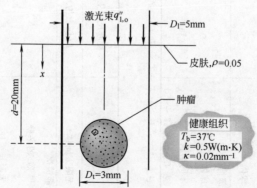

　　假定：1. 径向一维导热。

　　　　　2. 常物性。

　　　　　3. 健康组织可作为无限大介质处理。

　　　　　4. 治疗的肿瘤吸收来自激光束的全部投射辐射。

　　　　　5. 对肿瘤可采用集总热容法。

　　　　　6. 忽略潜在的纳米尺度传热效应。

　　　　　7. 忽略灌注效应。

　　物性：表 A.6，水（取 320K）：$\rho = v_f^{-1} = 989.1 \text{kg/m}^3$，$c_p = 4180 \text{J/(kg·K)}$。

　　分析：1. 球形肿瘤的稳定态散热可通过计算表 4.1 中情况 12 的无量纲传热速率来确定：

$$q = 2\pi k D_t (T_{t,ss} - T_b) = 2 \times \pi \times 0.5 \text{W/(m·K)} \times 3 \times 10^{-3} \text{m} \times (55-37)\text{℃} \quad \blacktriangleleft$$
$$= 0.170 \text{W}$$

　　2. 投射在肿瘤上的激光辐射将被其投影面积 $\pi D_t^2/4$ 所吸收。为确定相应于 $q = 0.170 \text{W}$ 的激光功率，我们首先对球体写出能量平衡。对于有关球体的控制表面，所吸收的激光辐射的能量与对健康组织的导热相抵消，$q = 0.170 \text{W} \approx q_1''(x=d)\pi D_t^2/4$，式中，$q_1''(x=d) = q_{1,o}''$ $(1-\rho) e^{-\kappa d}$，激光功率为 $P_1 = q_{1,o}'' \pi D_1^2/4$。因此

$$P_1 = q D_1^2 e^{\kappa d}/[(1-\rho)D_t^2]$$
$$= 0.170 \text{W} \times (5 \times 10^{-3} \text{m}^2) \times e^{(0.02 \text{mm}^{-1} \times 20 \text{mm})}/[(1-0.05) \times (3 \times 10^{-3} \text{m})^2] \quad \blacktriangleleft$$
$$= 0.74 \text{W}$$

　　3. 通用的集总热容能量平衡 ［式(5.14)］ 可写成

$$q_1''(x=d)\pi D_t^2/4 = q = \rho V c \frac{\text{d}T}{\text{d}t}$$

分离变量并在合适的上、下限之间积分

$$\frac{q}{\rho V c} \int_{t=0}^{t} \text{d}t = \int_{T_b}^{T} \text{d}T$$

可得

$$t = \frac{\rho V c}{q}(T_t - T_b) = \frac{989.1 \text{kg/m}^3 \times (\pi/6) \times (3 \times 10^{-3} \text{m})^3 \times 4180 \text{J/(kg·K)}}{0.170 \text{W}} \times (52\text{℃} - 37\text{℃})$$
$$= 5.16 \text{s} \quad \blacktriangleleft$$

　　4. 利用式(5.68)

$$q/[2\pi k D_t(T_t - T_b)] = q^* = [1 - \exp(Fo)\text{erfc}(Fo^{1/2})]^{-1}$$

　　上式可利用逐次逼近法求解，得到 $Fo = 10.3 = 4at/D_t^2$。这样，由 $\alpha = k/(\rho c) = [0.50 \text{W/(m·K)}]/[989.1 \text{kg/m}^3 \times 4180 \text{J/(kg·K)}] = 1.21 \times 10^{-7} \text{m}^2/\text{s}$，可得

$$t = Fo D_t^2/(4\alpha) = 10.3 \times (3 \times 10^{-3} \text{m})^2/(4 \times 1.21 \times 10^{-7} \text{m}^2/\text{s}) = 192\text{s} \quad \blacktriangleleft$$

　　说明：1. 分析中未考虑血液灌注。血液的流动会导致热的流体离开肿瘤的平流（相对冷的血液流至肿瘤附近），这将增大为达到治疗温度所需的功率。

　　2. 下面给出了按本例第 1 和第 2 部分的方法算得的治疗不同大小的肿瘤所需要的激光

功率。可注意的是，当肿瘤变小时，需要较高的激光功率，这似乎与直觉相反。加热肿瘤所需的功率与第 1 部分计算的肿瘤的散热损失是相等的，就像所预期的，随直径而增大。然而，由于激光的功率密度保持为常数，较小的肿瘤不可能吸收同样多的能量（吸收能量的多少与 D_t^2 有关）。用于加热肿瘤的功率小于其总功率，因此，对较小的肿瘤需要增大激光功率。

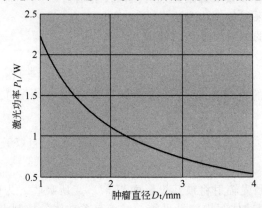

3. 为确定使肿瘤温度达到稳定态所需的**实际**时间，需要将对周围组织的导热方程的数值求解与肿瘤内温度随时间变化的求解耦合进行。但我们知道，使周围组织达到稳定态所需的时间要比提高孤立的球形肿瘤的温度所需的时间长得多。原因如下：当考虑对周围组织的加热时，较高温度传播到大的体积中，而肿瘤的热惯性是受其大小限制的。因此，加热肿瘤和周围组织的**实际**时间将略多于 192s。

4. 由于离肿瘤相当大的距离处的温度有可能会升高，周围是无限大的假定需要通过检查说明 3 中叙述的数值解结果来验证。

5.9 周期性加热

在很多应用中都要用到**周期性加热**，如利用脉冲激光进行材料热加工；周期性加热也会自然发生，如涉及太阳能利用的情形。

作为例子，讨论图 5.11(a) 中的半无限固体。当表面温度随时间的变化以 $T(0,t) = T_i + \Delta T \sin \omega t$ 表示时，由式(5.53) 给出的内部边界条件制约的式(5.26) 的解为

$$\frac{T(x,t) - T_i}{\Delta T} = \exp[-x \sqrt{\omega/(2\alpha)}] \, \sin[\omega t - x \sqrt{\omega/(2\alpha)}] \tag{5.69}$$

这个解适用于足够长的时间后达到的**准稳态**，在这种状态下，所有的温度都周期性地围绕与时间无关的平均值波动。在固体的内部，这种波动相对于表面温度有一个时间滞后。另外，材料内部波动的振幅随离表面的距离按指数规律衰减。对 $x > \delta_p \equiv 4 \sqrt{\alpha/\omega}$，温度波动的振幅相对于表面减少约 90%。$\delta_p$ 为**热穿透深度**，它给出显著的温度效应在介质中传播的范围。利用傅里叶定律并取 $x=0$，可确定表面热流密度，得

$$q_s''(t) = k \Delta T \sqrt{\omega/\alpha} \, \sin(\omega t + \pi/4) \tag{5.70}$$

式(5.70) 揭示了表面热流密度是周期性的，时间平均值为零。

周期性加热也可在二维或三维结构中发生，如图 5.11(b) 所示。可以回忆一下，对这种几何形状，在半无限固体上的狭长片的恒定加热可使其达到稳定态（表 4.1 情况 13）。类似地，当对狭长片施加正弦加热（$q_s = \Delta q_s + \Delta q_s \sin \omega t$）时，可达到准稳定态。同样，在该准

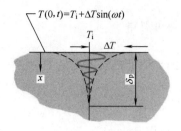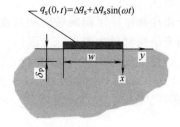

(a) 一个周期性加热的一维半无限大固体　　　(b) 附着在半无限大固体上的狭长片

图 5.11　一个周期性加热的一维半无限大固体
和附着在半无限大固体上的狭长片的示意图

稳态下，所有的温度都围绕恒定的时间平均值波动。

对图 5.11(b) 所示的二维几何形状，已得到了二维瞬态导热方程的解，施加的正弦加热的振幅与受热片温度响应的振幅之间的关系可近似为[7]

$$\Delta T \approx \frac{\Delta q_s}{L \pi k} \left\{ -\frac{1}{2} \ln(\omega/2) - \ln[w^2/(4\alpha)] + C_1 \right\} = \frac{\Delta q_s}{L \pi k} \left[-\frac{1}{2} \ln(w/2) + C_2 \right] \quad (5.71)$$

式中，常数 C_1 与受热片和其下面材料之间界面的接触热阻有关。要注意，温度波动的振幅 ΔT 是对应于长 L 和宽 w 的矩形片按空间平均的温度。由矩形片传至半无限大介质的热流密度被假定为空间均匀的。在 $L \gg w$ 时这个近似成立。对图 5.11(b) 中的系统，由于热能的横向传播，其热穿透深度比图 5.11(a) 中的小，有 $\delta_p \approx \sqrt{\alpha/\omega}$。

【例 5.8】　已制造成一种新颖的纳米结构介电材料，采用下述方法测定其热导率。利用光刻技术将厚 3000 Å（$1 \text{ Å} = 10^{-10} \text{ m}$）、宽 $w = 100 \mu m$ 和长 $L = 3.5 \text{mm}$ 的金属片沉积在厚 $d = 300 \mu m$ 的新材料样品上。利用通过两个连接垫的电流对金属片周期性地加热。加热功率为 $q_s(t) = \Delta q_s + \Delta q_s \sin(\omega t)$，式中，$\Delta q_s = 3.5 \text{mW}$。在已知金属电阻随温度的变化关系的情况下，通过测量金属片的电阻随时间的变化，$R(t) = E(t)/I(t)$，可由实验确定金属片的瞬时空间平均温度。测得的金属片的温度是周期性的；在比较低的加热频率 $\omega = 2\pi \text{rad/s}$ 下，其温度波动的振幅 $\Delta T = 1.37 \text{K}$，在频率为 $200\pi \text{rad/s}$ 时为 0.71K。试确定纳米结构介电材料的热导率。常规型材料的密度和比热容分别为 3100kg/m^3 和 820J/(kg·K)。

解析

已知：薄金属片的尺寸，消耗在金属片内的电功率的频率和振幅，金属片温度波动的振幅，位于下面的纳米结构材料的厚度。

求：纳米结构材料的热导率。

示意图：

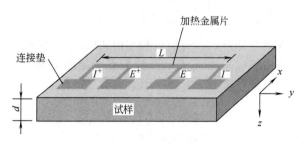

假定：1. 在 x 和 z 方向上的二维瞬态导热。

2. 常物性。

3. 金属片和试样顶面的辐射和对流散热可忽略。

4. 纳米结构材料为半无限大固体。

5. 在加热金属片和纳米结构材料之间的界面上热流密度是均匀的。

分析：将在 $\omega = 2\pi \text{rad/s}$ 时的 $\Delta T = 1.37\text{K}$ 和 $\omega = 200\pi \text{rad/s}$ 时的 $\Delta T = 0.71\text{K}$ 代入式（5.71）可得两个方程，对这两个方程联立求解后可得

$$C_2 = 5.35 \quad k = 1.11 \text{W}/(\text{m} \cdot \text{K})$$

热扩散系数 $\alpha = 4.37 \times 10^{-7} \, \text{m}^2/\text{s}$，热穿透深度可由 $\delta_{\text{p}} \approx \sqrt{\alpha/\omega}$ 计算，求得在 $\omega = 2\pi \text{rad/s}$ 和 $200\pi \text{rad/s}$ 时其值分别为 $\delta_{\text{p}} = 260\mu\text{m}$ 和 $26\mu\text{m}$。

说明：1. 上述实验技术称为 3ω 法[7]，它广泛用于测定微尺度器件和纳米结构材料的热导率。

2. 由于这种技术是基于测定围绕一个平均值波动的温度，此值近似等同于环境温度，所以测得的 k 值对金属片顶面辐射热损不敏感。同样，此技术对有可能存在于传感金属片和其下面的待测材料之间交界面的接触热阻也不敏感，因为在两个不同激发频率下测试时，这些效应抵消了[7]。

3. 大多数固体的比热容和密度与其纳米结构之间没有很强的依赖关系，可以采用常规材料的物性。

4. 热穿透深度的值比试样的厚度小。因此，将试样作为半无限大固体处理是可行的方法。若采用较高的加热频率，可以用较薄的试样。

5.10　有限差分分析

瞬态问题的分析解限于一些简单的几何形状和边界条件，如前面那些节中所讨论的那些问题。对有些简单的二维和三维几何形状，仍有可能采用分析法求解。但是，在很多情况下，几何和/或边界条件使得不能采用分析法求解，从而必须求助于**有限差分**（或**有限元**）法。我们已在 4.4 节中引入了处理稳态条件的这种方法，它很容易推广到瞬态问题。本节我们将讨论求解瞬态问题的有限差分法的**显式**和**隐式**格式。

5.10.1　导热方程的离散化：显式法

再次讨论图 4.4 中的二维系统。在瞬态、物性为常数且不存在内热源的情况下，相应的导热方程［即式（2.19）］为

$$\frac{1}{\alpha} \times \frac{\partial T}{\partial t} = \frac{\partial^2 T}{\partial x^2} + \frac{\partial^2 T}{\partial y^2} \tag{5.72}$$

为得到这个方程的有限差分形式，我们可利用由式（4.27）和式（4.28）给出的空间导数的**中心差分**近似。我们仍用下标 m 和 n 表示**离散节点**所处的 x 和 y 位置。然而，除了对空间进行离散，还必须对时间进行离散。为此，引入整数 p，有

$$t = p\Delta t \tag{5.73}$$

这样，式（5.72）中的时间导数的有限差分可近似表示为

$$\left. \frac{\partial T}{\partial t} \right|_{m,n} \approx \frac{T_{m,n}^{p+1} - T_{m,n}^{p}}{\Delta t} \tag{5.74}$$

上标 p 用来表明温度依赖于时间，时间导数用与**新**时刻（$p+1$）和**原先**时刻（p）有关的温差来表示。因此必须逐次地计算每个时间间隔为 Δt 的前后温度，正如有限差分解只能确定空间上离散点的温度一样，它也只能确定离散时间点上的温度。

如果将式(5.74)代入式(5.72)，有限差分求解的性质就取决于在对空间导数进行有限差分近似时计算温度所用的具体时刻。在用**显式法**求解时，这些温度是在**前一个时刻**（p）计算的，因此将式(5.74)看作是对时间导数的**前差**近似。计算式(4.27)和式(4.28)在 p 时刻右侧的那些项并代入式(5.72)，内部节点（m,n）的有限差分方程的显式形式为

$$\frac{1}{\alpha} \times \frac{T_{m,n}^{p+1} - T_{m,n}^{p}}{\Delta t} = \frac{T_{m+1,n}^{p} + T_{m-1,n}^{p} - 2T_{m,n}^{p}}{(\Delta x)^2} + \frac{T_{m,n+1}^{p} + T_{m,n-1}^{p} - 2T_{m,n}^{p}}{(\Delta y)^2} \tag{5.75}$$

求解新的时刻（$p+1$）的节点温度，并假定 $\Delta x = \Delta y$，可得

$$T_{m,n}^{p+1} = Fo(T_{m+1,n}^{p} + T_{m-1,n}^{p} + T_{m,n+1}^{p} + T_{m,n-1}^{p}) + (1-4Fo)T_{m,n}^{p} \tag{5.76}$$

式中，Fo 是傅里叶数的有限差分形式，有

$$Fo = \frac{\alpha \Delta t}{(\Delta x)^2} \tag{5.77}$$

这种方法可方便地推广到一维或三维系统。如果是在 x 方向的一维系统，内部节点 m 的有限差分方程的显式形式为

$$T_{m}^{p+1} = Fo(T_{m+1}^{p} + T_{m-1}^{p}) + (1-2Fo)T_{m}^{p} \tag{5.78}$$

由于新时刻的**未知**节点温度完全由**已知**的前一刻时间的节点温度确定，所以称式(5.76)和式(5.78)是**显式的**。它们可用于直接计算未知温度。根据给定的初始条件，初始时刻 $t=0(p=0)$ 各内部节点的温度是已知的，在 $t=\Delta t(p=1)$ 时开始计算，对每个内部节点应用式(5.76)或式(5.78)，可确定其温度。知道了 $t=\Delta t$ 时的温度，可将相应的有限差分方程应用于每个节点，确定其在 $t=2\Delta t(p=2)$ 时刻的温度。按这种方法，瞬态温度分布是取 Δt 为时间间隔**逐步向前计算**得到的。

减小 Δx 和 Δt 的值可提高有限差分解的准确度。当然，随着 Δx 的减小，必须考虑的内部节点数要增多，而随着 Δt 的减小，使求解进行到规定的终了时刻所需的时间间隔的数量就会增加。因此，计算时间随 Δx 和 Δt 的减小而增加。Δx 的选择一般是基于准确度与计算量之间的折中考虑。但是一旦作出了决定，Δt 的值就不能自由选择，而要由**稳定性**要求来决定。

显式法的一个缺点是它不是无条件**稳定**的。对于一个瞬态问题，随着时间的增加，各个节点的温度的解应连续地趋向于最终（稳态）的值。然而，利用显式法，其解有可能会发生数值上的振荡，而这在物理上是不可能的。振荡有可能会**不稳定**，导致所得到的解偏离实际的稳态情况。为避免这种错误结果，给定的 Δt 值应低于某个极限，此极限与 Δx 及系统的其他参数有关。这个关系称为**稳定性判据**，该判据可从数学上确定，也可由热力学论证（见习题 5.33）。对于本教材所关心的问题，**这个判据按下述规定来确定：与感兴趣的节点在前一时刻有关的系数要大于或等于零**。通常的做法是，将有关 $T_{m,n}^{p}$ 的所有项集合在一起以得到其系数的形式。然后利用此结果得到与 Fo 数有关的限制关系，由此可确定 Δt 的最大允许值。例如，由已经表示为所需形式的式(5.76)和式(5.78)，可得一维内部节点的稳定性判据为 $(1-2Fo) \geqslant 0$，或

$$Fo \leqslant \frac{1}{2} \tag{5.79}$$

二维节点的稳定性判据为 $(1-4Fo) \geqslant 0$，或

$$Fo \leqslant \frac{1}{4} \qquad (5.80)$$

对给定的 Δx 和 α 值，这些判据可用于确定 Δt 值的上限。

对内部节点的控制体积应用 4.4.3 节的能量平衡法也可推得式(5.76) 和式(5.78)。要说明热能贮存的变化时，能量平衡方程的通用表达式为

$$\dot{E}_{in} + \dot{E}_{g} = \dot{E}_{st} \qquad (5.81)$$

为保持连贯性，仍假定所有热流都**进入节点**。

为说明式(5.81) 的应用，讨论示于图 5.12 中的一维系统的表面节点。为更准确地确定靠近表面的热状态，使这个节点的厚度为内部节点的一半。假定有来自邻近流体的对流传热，且不存在内热源，由式(5.81) 得

$$hA(T_\infty - T_0^p) + \frac{kA}{\Delta x}(T_1^p - T_0^p) = \rho c A \frac{\Delta x}{2} \times \frac{T_0^{p+1} - T_0^p}{\Delta t}$$

或求解 $t + \Delta t$ 时刻的表面温度

$$T_0^{p+1} = \frac{2h\Delta t}{\rho c \Delta x}(T_\infty - T_0^p) + \frac{2\alpha\Delta t}{\Delta x^2}(T_1^p - T_0^p) + T_0^p$$

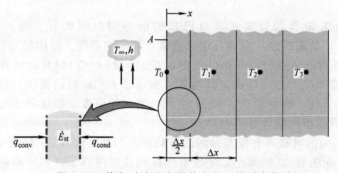

图 5.12　伴有对流的表面节点和一维瞬态导热

注意到 $2h\Delta t / (\rho c \Delta x) = 2(h\Delta x/k)(\alpha\Delta t/\Delta x^2) = 2BiFo$ 和涉及 T_0^p 的项组合在一起，可得

$$T_0^{p+1} = 2Fo(T_1^p + BiT_\infty) + (1 - 2Fo - 2BiFo)T_0^p \qquad (5.82)$$

Bi 数的有限差分形式为

$$Bi = \frac{h\Delta x}{k} \qquad (5.83)$$

根据稳定性判据的确定方法，我们要使 T_0^p 的系数大于或等于零，因此

$$1 - 2Fo - 2BiFo \geqslant 0$$

或

$$Fo(1 + Bi) \leqslant \frac{1}{2} \qquad (5.84)$$

由于完整的有限差分求解要利用适用于内部节点的式(5.78) 以及适用于表面节点的式(5.82)，因此，必须比较式(5.84) 和式(5.79)，以确定哪一个要求更为严格。由于 $Bi \geq 0$，显然，式(5.84) Fo 数的限制值比式(5.79) 的小。所以为保证所有节点的稳定性，应利用式(5.84) 选择计算中要用的最大允许的 Fo 数的值以及 Δt。

表 5.3(a) 中列出了一些常见几何形状的显式有限差分方程的形式。可对相关节点的控制体积应用能量平衡关系推出所有的式子。为确信自己有能力应用这个方法，你应至少尝试验证表中的一个方程式。

【例 5.9】 有一个核反应堆，其燃料元件的形状为厚度 $2L = 20\text{mm}$ 的平壁，平壁的两个表面受对流冷却，$h = 1100\text{W}/(\text{m}^2 \cdot \text{K})$，$T_\infty = 250℃$。在正常运行功率下，元件内部以体积产热速率 $\dot{q}_1 = 10^7 \text{W}/\text{m}^3$ 均匀地产生热能。如果产热速率发生变化，就将偏离正常运行时的稳定态。讨论体积产热速率突然变至 $\dot{q}_2 = 2 \times 10^7 \text{W}/\text{m}^3$ 的情况，用显式有限差分法确定 1.5s 后燃料元件的温度分布。燃料元件的热物性为：$k = 30\text{W}/(\text{m} \cdot \text{K})$，$\alpha = 5 \times 10^{-6} \text{m}^2/\text{s}$。

解析

已知： 与表面被冷却的矩形元件中产热有关的条件。

求： 运行功率改变后 1.5s 时的温度分布。

示意图：

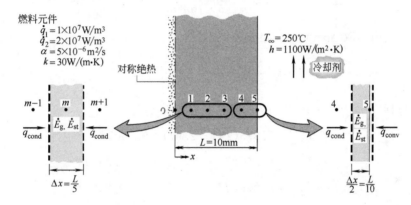

假定： 1. 在 x 方向上的一维导热。

2. 均匀内热源。

3. 物性为常数。

分析： 可采用空间增量 $\Delta x = 2\text{mm}$ 得到数值解。由于关于中心面对称，节点网格有 6 个未知的节点温度。利用能量平衡法 [式(5.81)] 可得任意内部节点 m 的显式有限差分方程为

$$kA \frac{T_{m-1}^p - T_m^p}{\Delta x} + kA \frac{T_{m+1}^p - T_m^p}{\Delta x} + \dot{q}A\Delta x = \rho A \Delta x c \frac{T_m^{p+1} - T_m^p}{\Delta t}$$

求解 T_m^{p+1} 并重新整理

$$T_m^{p+1} = Fo \left[T_{m-1}^p + T_{m+1}^p + \frac{\dot{q}(\Delta x)^2}{k} \right] + (1 - 2Fo)T_m^p \tag{1}$$

此式可用于节点 1、2、3 和 4，利用 $T_{m-1}^p = T_{m+1}^p$，也可以用于节点 0。对节点 5 的控制体积应用能量守恒，有

$$hA(T_\infty - T_5^p) + kA \frac{T_4^p - T_5^p}{\Delta x} + \dot{q}A \frac{\Delta x}{2} = \rho A \frac{\Delta x}{2} c \frac{T_5^{p+1} - T_5^p}{\Delta t}$$

或

$$T_5^{p+1} = 2Fo\left[T_4^p + BiT_\infty + \frac{\dot{q}(\Delta x)^2}{2k}\right] + (1 - 2Fo - 2BiFo)T_5^p \tag{2}$$

由于较严的稳定性判据与式(2)有关,我们根据下述要求选择 Fo 数:

$$Fo(1+Bi) \leqslant \frac{1}{2}$$

因此,由

$$Bi = \frac{h\Delta x}{k} = \frac{1100\,\text{W}/(\text{m}^2 \cdot \text{K}) \times 0.002\,\text{m}}{30\,\text{W}/(\text{m} \cdot \text{K})} = 0.0733$$

可得

$$Fo \leqslant 0.466$$

或

$$\Delta t = \frac{Fo(\Delta x)^2}{\alpha} \leqslant \frac{0.466 \times (2 \times 10^{-3}\,\text{m})^2}{5 \times 10^{-6}\,\text{m}^2/\text{s}} \leqslant 0.373\,\text{s}$$

为在稳定极限之内,取 $\Delta t = 0.3\,\text{s}$,相应的 Fo 数为

$$Fo = \frac{5 \times 10^{-6}\,\text{m}^2/\text{s} \times 0.3\,\text{s}}{(2 \times 10^{-3}\,\text{m})^2} = 0.375$$

代入数值,包括 $\dot{q} = \dot{q}_2 = 2 \times 10^7\,\text{W}/\text{m}^3$,节点方程变为

$$T_0^{p+1} = 0.375(2T_1^p + 2.67) + 0.250T_0^p$$

$$T_1^{p+1} = 0.375(T_0^p + T_2^p + 2.67) + 0.250T_1^p$$

$$T_2^{p+1} = 0.375(T_1^p + T_3^p + 2.67) + 0.250T_2^p$$

$$T_3^{p+1} = 0.375(T_2^p + T_4^p + 2.67) + 0.250T_3^p$$

$$T_4^{p+1} = 0.375(T_3^p + T_5^p + 2.67) + 0.250T_4^p$$

$$T_5^{p+1} = 0.750(T_4^p + 19.67) + 0.195T_5^p$$

为开始逐步求解,必须知道初始时的温度分布。在 $\dot{q} = \dot{q}_1$ 时的初始温度分布可由式(3.42)计算。由式(3.46)得 $T_s = T_5$

$$T_5 = T_\infty + \frac{\dot{q}L}{h} = 250\,℃ + \frac{10^7\,\text{W}/\text{m}^3 \times 0.01\,\text{m}}{1100\,\text{W}/(\text{m}^2 \cdot \text{K})} = 340.91\,℃$$

由此可得

$$T(x) = 16.67\left(1 - \frac{x^2}{L^2}\right) + 340.91\,℃$$

算得的我们所关心的节点温度列于下表中的第一行。

利用有限差分方程,以时间增量 $\Delta t = 0.3\,\text{s}$ 逐步计算节点温度,直到所规定的最终时间。结果在下表的第 2~6 行中列出,可将所得结果与以 $\dot{q} = \dot{q}_2$ 按式(3.42)和式(3.46)得到的新的稳态条件下的温度分布(第 7 行)作比较。

节点温度表

p	t/s	T_0	T_1	T_2	T_3	T_4	T_5
0	0	357.58	356.91	354.91	351.58	346.91	340.91
1	0.3	358.08	357.41	355.41	352.08	347.41	341.41
2	0.6	358.58	357.91	355.91	352.58	347.91	341.88
3	0.9	359.08	358.41	356.41	353.08	348.41	342.35
4	1.2	359.58	358.91	356.91	353.58	348.89	342.82
5	1.5	360.08	359.41	357.41	354.07	349.37	343.27
∞	∞	465.15	463.82	459.82	453.15	443.82	431.82

说明： 1. 显然，在 1.5s 时平壁是处于瞬态过程的早期阶段，为用有限差分法得到稳定态的结果必须进行许多附加的计算。利用允许的最大时间增量（$\Delta t = 0.373$s）可稍许减少计算时间，但准确度会有所降低。为得到更高的准确度，应减小时间增量，直到继续减小时间增量不再对计算结果产生影响。

延伸有限差分的求解，可确定到达新的稳定态所需的时间，算得的中心面（0）和表面（5）节点的温度变化曲线如右图所示。

由稳定态温度 $T_0 = 465.15$℃ 和 $T_5 = 431.82$℃，显然，在运行功率改变后的 250s 内达到了新的平衡状态。

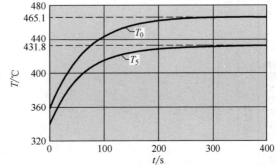

2. IHT 的名为 Tools，Finite-Difference Equations，One-Dimensional，Transient 的选项可用于给出按隐式法求解的节点方程表达式。在求解方程式时，会提示用户在 Initial Condition（IC）面板中输入每个节点的初始温度。本题也可利用 FEHT 求解，初始温度分布可通过对 $\dot{q}_1 = 10^7$ W/m³ 应用 Set-up 菜单中的 Steady-State 命令来确定。然后可将体积产热速率改变到 $\dot{q}_2 = 2 \times 10^7$ W/m³，在激活 Set-up 菜单中的 Transient 命令后，Solve 菜单中的 Continue 命令就可被激活以得到瞬态解。应用 IHT 或 FEHT 求解瞬态导热问题的细节可参阅伴随这个软件的 Software Tools and User's Guides。

5.10.2　导热方程的离散化：隐式法

在**显式**有限差分格式中，任意节点在 $t + \Delta t$ 时刻的温度是由该节点和邻近节点在**前个时刻** t 的已知温度计算的。因此，确定一个节点在某个时刻的温度与其他节点**同一时刻**的温度**无关**。虽然这个方法带来了计算上的方便，其时间增量 Δt 的选择却受到限制。对给定的空间增量，时间增量必须满足稳定性判据的要求，常常会被迫采用极小的 Δt 值，因而要得到一个解所需的计算次数就必须非常大。

采用与显式不同的**隐式**有限差分格式常常可以减少计算时间。为得到隐式有限差分方程的形式，可利用时间导数的近似式(5.74)，并且在新的时刻（$p+1$），而不是在前一时刻（p），计算所有其他温度。因此，式(5.74)被认为是为时间导数提供了一个**后差分**近似。这样，与式(5.75)相比，二维系统的内部节点的隐式有限差分方程就有如下形式

表5.3 瞬态、二维有限差分方程式概要 ($\Delta x = \Delta y$)

形 状	有限差分方程 (a)显式法	稳定性判据	(b)隐式法
1. 内部节点	$T_{m,n}^{p+1} = Fo(T_{m+1,n}^p + T_{m-1,n}^p + T_{m,n+1}^p + T_{m,n-1}^p) + (1-4Fo)T_{m,n}^p$ (5.76)	$Fo \leqslant \dfrac{1}{4}$ (5.80)	$(1+4Fo)T_{m,n}^{p+1} - Fo(T_{m+1,n}^{p+1} + T_{m-1,n}^{p+1} + T_{m,n+1}^{p+1} + T_{m,n-1}^{p+1}) = T_{m,n}^p$ (5.92)
2. 有对流的内角节点	$T_{m,n}^{p+1} = \dfrac{2}{3}Fo(T_{m+1,n}^p + 2T_{m-1,n}^p + 2T_{m,n+1}^p + T_{m,n-1}^p + 2BiT_\infty) + (1-4Fo-\dfrac{4}{3}BiFo)T_{m,n}^p$ (5.85)	$Fo(3+Bi) \leqslant \dfrac{3}{4}$ (5.86)	$[1+4Fo(1+\dfrac{1}{3}Bi)]T_{m,n}^{p+1} - \dfrac{2}{3}Fo(T_{m+1,n}^{p+1} + 2T_{m-1,n}^{p+1} + 2T_{m,n+1}^{p+1} + T_{m,n-1}^{p+1}) = T_{m,n}^p + \dfrac{4}{3}BiFoT_\infty$ (5.95)
3. 有对流的平面节点①	$T_{m,n}^{p+1} = Fo(2T_{m-1,n}^p + T_{m,n+1}^p + T_{m,n-1}^p + 2BiT_\infty) + (1-4Fo-2BiFo)T_{m,n}^p$ (5.87)	$Fo(2+Bi) \leqslant \dfrac{1}{2}$ (5.88)	$(1+2Fo(2+Bi))T_{m,n}^{p+1} - Fo(2T_{m-1,n}^{p+1} + T_{m,n+1}^{p+1} + T_{m,n-1}^{p+1}) = T_{m,n}^p + 2BiFoT_\infty$ (5.96)
4. 有对流的外角节点	$T_{m,n}^{p+1} = 2Fo(T_{m-1,n}^p + T_{m,n-1}^p + 2BiT_\infty) + (1-4Fo-4BiFo)T_{m,n}^p$ (5.89)	$Fo(1+Bi) \leqslant \dfrac{1}{4}$ (5.90)	$[1+4Fo(1+Bi)]T_{m,n}^{p+1} - 2Fo(T_{m-1,n}^{p+1} + T_{m,n-1}^{p+1}) = T_{m,n}^p + 4BiFoT_\infty$ (5.97)

① 要得到绝热平面（或对称平面）的有限差分方程式和稳定性判据，只要简单地令 Bi 为零。

$$\frac{1}{\alpha} \times \frac{T_{m,n}^{p+1} - T_{m,n}^{p}}{\Delta t} = \frac{T_{m+1,n}^{p+1} + T_{m-1,n}^{p+1} - 2T_{m,n}^{p+1}}{(\Delta x)^2} + \frac{T_{m,n+1}^{p+1} + T_{m,n-1}^{p+1} - 2T_{m,n}^{p+1}}{(\Delta y)^2} \tag{5.91}$$

假定 $\Delta x = \Delta y$，重新整理后可得

$$(1+4Fo)T_{m,n}^{p+1} - Fo(T_{m+1,n}^{p+1} + T_{m-1,n}^{p+1} + T_{m,n+1}^{p+1} + T_{m,n-1}^{p+1}) = T_{m,n}^{p} \tag{5.92}$$

由式(5.92)可知，(m,n) 节点在**新时刻**的温度与它邻近节点的**新时刻**的温度有关，一般来说，它们是未知的待求值。因此，为确定未知的 $t+\Delta t$ 时刻的节点温度，必须**同时求解**相应的节点方程式。这种求解可采用 4.5 节讨论过的高斯-赛德尔迭代法或矩阵求逆法。这样，这种**推进求解**要包括同时解每个时刻 $t = \Delta t$，$2\Delta t$，…的节点方程式，直到所要求的最终时间。

与显式法相比，隐式格式的重要优点是**无条件稳定**。就是说，对所有的空间和时间间隔，都能得到稳定解，Δx 和 Δt 的选择没有限制。由于用隐式法时可采用大的 Δt 值，就常常可以减少计算时间，而准确度几乎不受什么影响。不过，为获得较高的准确度，Δt 应足够小，要保证继续减小 Δt 值时不再对结果产生影响。

也可以用能量平衡法得到隐式有限差分方程的表达式。对图 5.12 中的表面节点，很易证明有

$$(1+2Fo+2FoBi)T_0^{p+1} - 2FoT_1^{p+1} = 2FoBiT_\infty + T_0^{p} \tag{5.93}$$

对图 5.12 的任意内部节点，也可证明有

$$(1+2Fo)T_m^{p+1} - Fo(T_{m-1}^{p+1} + T_{m+1}^{p+1}) = T_m^{p} \tag{5.94}$$

表 5.3(b)列出了其他一些常见几何形状的隐式有限差分方程式的表达式。表中的所有表达式都可用能量平衡法获得。

【例 5.10】 初始处于 20℃ 的均匀温度的厚铜板的一个表面突然受到辐射加热，受热表面上的净热流密度保持为 $3 \times 10^5 \, \text{W/m}^2$。以空间增量 $\Delta x = 75 \text{mm}$ 用显式和隐式有限差分法确定受辐照 2min 后表面及距表面 150mm 处的内部节点的温度。将所得结果与合适的分析解结果作比较。

解析

已知：初始处于均匀温度的厚铜板的一个表面突然受恒定净热流密度的辐射加热。

求：1. 用显式有限差分法确定受辐照 2min 后表面和距表面 150mm 处的温度。

2. 用隐式有限差分法重复上述计算。

3. 用分析法确定上述温度。

示意图：

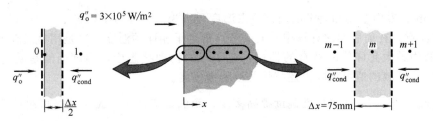

假定：1. x 方向上的一维导热。

2. 厚板可近似为表面有恒定热流密度的半无限大介质。

3. 物性为常数。

物性：表 A.1，铜（300K）：$k = 401 \text{W}/(\text{m} \cdot \text{K})$，$\alpha = 117 \times 10^{-6} \text{m}^2/\text{s}$。

分析：1. 对表面节点的控制体积应用能量平衡关系，可得显式有限差分方程

$$q_o'' A + kA \frac{T_1^p - T_0^p}{\Delta x} = \rho A \frac{\Delta x}{2} c \frac{T_0^{p+1} - T_0^p}{\Delta t}$$

或

$$T_0^{p+1} = 2Fo \left(\frac{q_o'' \Delta x}{k} + T_1^p \right) + (1 - 2Fo) T_0^p$$

有限差分方程(5.78)可用于任意内部节点。表面和内部节点都受下述稳定性判据制约

$$Fo \leqslant \frac{1}{2}$$

注意到选择最大允许的 Fo 数可简化有限差分方程，我们选择 $Fo = \frac{1}{2}$。因此

$$\Delta t = Fo \frac{(\Delta x)^2}{\alpha} = \frac{1}{2} \times \frac{(0.075\text{m})^2}{117 \times 10^{-6} \text{m}^2/\text{s}} = 24\text{s}$$

利用

$$\frac{q_o'' \Delta x}{k} = \frac{3 \times 10^5 \text{W}/\text{m}^2 \times 0.075\text{m}}{401 \text{W}/(\text{m} \cdot \text{K})} = 56.1\text{℃}$$

表面和内部节点的有限差分方程分别为

$$T_0^{p+1} = 56.1\text{℃} + T_1^p \quad \text{和} \quad T_m^{p+1} = \frac{T_{m+1}^p + T_{m-1}^p}{2}$$

计算结果列表如下：

$$\textbf{Fo} = \frac{1}{2} \textbf{的显式有限差分解}/\text{℃}$$

p	t/s	T_0	T_1	T_2	T_3	T_4
0	0	20	20	20	20	20
1	24	76.1	20	20	20	20
2	48	76.1	48.1	20	20	20
3	72	104.2	48.1	34.1	20	20
4	96	104.2	69.1	34.1	27.1	20
5	120	125.3	69.1	48.1	27.1	20

2min 后表面温度和要求的内部节点温度分别为 $T_0 = 125.3\text{℃}$ 和 $T_2 = 48.1\text{℃}$。

要注意，在前后两次计算中对同一节点得到了相同的温度，这是用显式有限差分方法时取 Fo 数为最大允许值时特有的性质。在实际的物理状态中，温度当然是随时间连续变化的。减小 Fo 数的值可消除上述特性并改善准确度。

为确定减小 Fo 数可使准确度提高多少，我们取 $Fo = \frac{1}{4}$（$\Delta t = 12\text{s}$）再次计算。有限差分方程的形式为

$$T_0^{p+1} = \frac{1}{2}(56.1\text{℃} + T_1^p) + \frac{1}{2} T_0^p$$

$$T_m^{p+1} = \frac{1}{4}(T_{m+1}^p + T_{m-1}^p) + \frac{1}{2}T_m^p$$

计算结果列于下表。

$Fo = \frac{1}{4}$ 的显式有限差分解/℃

p	t/s	T_0	T_1	T_2	T_3	T_4	T_5	T_6	T_7	T_8
0	0	20	20	20	20	20	20	20	20	20
1	12	48.1	20	20	20	20	20	20	20	20
2	24	62.1	27.0	20	20	20	20	20	20	20
3	36	72.6	34.0	21.8	20	20	20	20	20	20
4	48	81.4	40.6	24.4	20.4	20	20	20	20	20
5	60	89.0	46.7	27.5	21.3	20.1	20	20	20	20
6	72	95.9	52.5	30.7	22.6	20.4	20.0	20	20	20
7	84	102.3	57.9	34.1	24.1	20.8	20.1	20.0	20	20
8	96	108.1	63.1	37.6	25.8	21.5	20.3	20.0	20.0	20
9	108	113.7	68.0	41.0	27.6	22.2	20.5	20.1	20.0	20.0
10	120	118.9	72.6	44.4	29.6	23.2	20.8	20.2	20.0	20.0

2min 后，待求的温度为 $T_0 = 118.9℃$，$T_2 = 44.4℃$。将上述结果与取 $Fo = \frac{1}{2}$ 时得到的比较，可看到由于减小了 Fo 数的值，消除了重复出现相同温度的问题。我们也得到了更大的热穿透深度（原先是节点 3，现在是节点 6）。为评价准确度的改进程度，必须将上述结果与基于严格解所得的结果进行比较。

2. 对表面节点的控制体积应用能量平衡关系，得隐式有限差分方程为

$$q_o'' + k\frac{T_1^{p+1} - T_0^{p+1}}{\Delta x} = \rho\frac{\Delta x}{2}c\frac{T_0^{p+1} - T_0^p}{\Delta t}$$

或

$$(1 + 2Fo)T_0^{p+1} - 2FoT_1^{p+1} = \frac{2\alpha q_o''\Delta t}{k\Delta x} + T_0^p$$

任意选择 $Fo = \frac{1}{2}(\Delta t = 24s)$，可得

$$2T_0^{p+1} - T_1^{p+1} = 56.1 + T_0^p$$

由式(5.94)，任意内部节点的有限差分方程为

$$-T_{m-1}^{p+1} + 4T_m^{p+1} - T_{m+1}^{p+1} = 2T_m^p$$

由于我们讨论的是半无限大固体，原则上有无限多的节点。但实际上节点数可限于在感兴趣的时间内因改变边界条件而受到影响的那些节点。由显式法所得结果可知，选择相应于 T_0，T_1，…，T_8 的 9 个节点就可以了。所以假定在 $t = 120s$ 时 T_8 不会发生变化。

我们现在必须对每个时间增量同时求解由 9 个方程组成的方程组。利用矩阵求逆法，将方程组表示成 $[A][T] = [C]$ 的形式，其中

$$[A] = \begin{bmatrix} 2 & -1 & 0 & 0 & 0 & 0 & 0 & 0 & 0 \\ -1 & 4 & -1 & 0 & 0 & 0 & 0 & 0 & 0 \\ 0 & -1 & 4 & -1 & 0 & 0 & 0 & 0 & 0 \\ 0 & 0 & -1 & 4 & -1 & 0 & 0 & 0 & 0 \\ 0 & 0 & 0 & -1 & 4 & -1 & 0 & 0 & 0 \\ 0 & 0 & 0 & 0 & -1 & 4 & -1 & 0 & 0 \\ 0 & 0 & 0 & 0 & 0 & -1 & 4 & -1 & 0 \\ 0 & 0 & 0 & 0 & 0 & 0 & -1 & 4 & -1 \\ 0 & 0 & 0 & 0 & 0 & 0 & 0 & -1 & 4 \end{bmatrix} \qquad [C] = \begin{bmatrix} 56.1 + T_0^p \\ 2T_1^p \\ 2T_2^p \\ 2T_3^p \\ 2T_4^p \\ 2T_5^p \\ 2T_6^p \\ 2T_7^p \\ 2T_8^p + T_9^{p+1} \end{bmatrix}$$

注意，$[C]$ 中元素的数值是由前一时刻的节点温度确定的。还要注意节点 8 的有限差分方程是如何在矩阵 $[A]$ 和 $[C]$ 中出现的。

可以编制一个节点温度表，其第一行（$p=0$）对应于给定的初始条件。为得到随后时刻的节点温度，必须对系数矩阵求逆得到 $[A]^{-1}$。然后对每个时刻 $p+1$，用在 p 时刻算得的列向量乘逆矩阵 $[A]^{-1}$，得到温度 T_0^{p+1}，T_1^{p+1}，$\cdots$，T_8^{p+1}。例如，用相应于 $p=0$ 的列向量乘 $[A]^{-1}$，有

$$[C]_{p=0} = \begin{bmatrix} 76.1 \\ 40 \\ 40 \\ 40 \\ 40 \\ 40 \\ 40 \\ 40 \\ 60 \end{bmatrix}$$

就可得下表的第 2 行。更新 $[C]$，重复这种计算过程四次以确定 120s 时的节点温度。算得的温度为 $T_0 = 114.7℃$ 和 $T_2 = 44.2℃$。

$$Fo = \frac{1}{2} \text{的隐式有限差分解}/℃$$

p	t/s	T_0	T_1	T_2	T_3	T_4	T_5	T_6	T_7	T_8
0	0	20.0	20.0	20.0	20.0	20.0	20.0	20.0	20.0	20.0
1	24	52.4	28.7	22.3	20.6	20.2	20.0	20.0	20.0	20.0
2	48	74.0	39.5	26.6	22.1	20.7	20.2	20.1	20.0	20.0
3	72	90.2	50.3	32.0	24.4	21.6	20.6	20.2	20.1	20.0
4	96	103.4	60.5	38.0	27.4	22.9	21.1	20.4	20.2	20.1
5	120	114.7	70.0	44.2	30.9	24.7	21.9	20.8	20.3	20.1

3. 将板近似为半无限大介质，可利用适合于本题的分析解式（5.59）进行计算，此式可应用于厚板中的任意节点

$$T(x,t) - T_i = \frac{2q_o''(\alpha t/\pi)^{1/2}}{k} \exp\left(-\frac{x^2}{4\alpha t}\right) - \frac{q_o''x}{k} \text{erfc}\left(\frac{x}{2\sqrt{\alpha t}}\right)$$

在表面处，此式给出

$$T(0,120\text{s})-20℃=\frac{2\times3\times10^5\,\text{W/m}^2}{401\,\text{W/(m·K)}}(117\times10^{-6}\,\text{m}^2/\text{s}\times120\text{s}/\pi)^{1/2}$$

或

$$T(0,120\text{s})=120.0℃$$

在内部节点（$x=0.15\text{m}$）

$$T(0.15\text{m},120\text{s})-20℃=\frac{2\times3\times10^5\,\text{W/m}^2}{401\,\text{W/(m·K)}}\times(117\times10^{-6}\,\text{m}^2/\text{s}\times120\text{s}/\pi)^{1/2}\times$$

$$\exp\left[-\frac{(0.15\text{m})^2}{4\times117\times10^{-6}\,\text{m}^2/\text{s}\times120\text{s}}\right]-\frac{3\times10^5\,\text{W/m}^2\times0.15\text{m}}{401\,\text{W/(m·K)}}\times$$

$$\left[1-\text{erf}\left(\frac{0.15\text{m}}{2\sqrt{117\times10^{-6}\,\text{m}^2/\text{s}\times120\text{s}}}\right)\right]$$

$$T(0.15\text{m},120\text{s})=45.4℃$$

说明： 1. 将严格解的结果与由三种近似解所得的结果作比较，可明显地看到，$Fo=\dfrac{1}{4}$ 的显式法给出的预测最准确。

方　法	$T_0=T(0,120\text{s})$	$T_2=T(0.15\text{m},120\text{s})$
显式（$Fo=\frac{1}{2}$）	125.3	48.1
显式（$Fo=\frac{1}{4}$）	118.9	44.4
隐式（$Fo=\frac{1}{2}$）	114.7	44.2
严格解	120.0	45.4

这是可以预料的，因为相应的 Δt 值比另两种方法所用的小了 50%。虽然在显式法中采用允许的最大 Fo 值可简化计算，但很少能得到准确度令人满意的结果。

2. 粗网格（$\Delta x=75\text{mm}$）以及大的时间步长（$\Delta t=24\text{s}$，12s）不利于上述计算的准确度。在应用隐式法时，取 $\Delta x=18.75\text{mm}$ 和 $\Delta t=6\text{s}$（$Fo=2.0$），所得的结果是 $T_0=T(0,120\text{s})=119.2℃$ 和 $T_2=T(0.15\text{m},120\text{s})=45.3℃$，这两个值与严格解吻合得很好。可以对任意的离散时间画出完整的温度分布，$t=60\text{s}$ 和 120s 时的温度分布见右图。

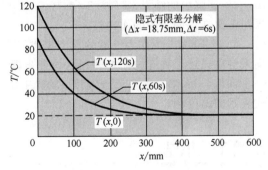

注意，如果板厚大于约 500mm，将平板作为无限大介质的近似在 $t=120\text{s}$ 时仍将是成立的。

3. 可以注意，系数矩阵 $[A]$ 是**三对角矩阵**，即只是在矩阵的对角线上及其左右侧的元素不是零，其余的所有元素都是零。三对角矩阵和一维导热问题有关。

4. 一种更常见的辐射加热情况是表面突然暴露于处于高温 T_{sur} 的大环境（习题 5.40）。对表面的净辐射换热速率可由式（1.7）计算。考虑到对表面的对流换热，对表面节点应用能量守恒关系，可得下述显式有限差分方程

$$\varepsilon\sigma\left[T_{\text{sur}}^4-(T_0^p)^4\right]+h(T_\infty-T_0^p)+k\frac{T_1^p-T_0^p}{\Delta x}=\rho\frac{\Delta x}{2}c\frac{T_0^{p+1}-T_0^p}{\Delta t}$$

由于上式的**非线性性质**，进行数值求解是麻烦的。不过，引入式(1.9)定义的辐射换热系数 h_r，可使方程**线性化**，有限差分方程变为

$$h_r^p(T_{\text{sur}}-T_0^p)+h(T_\infty-T_0^p)+k\frac{T_1^p-T_0^p}{\Delta x}=\rho\frac{\Delta x}{2}c\frac{T_0^{p+1}-T_0^p}{\Delta t}$$

可用通常的方式进行求解，但应在稳定性判据中算入辐射 Bi 数（$Bi\equiv h_r\Delta x/k$），并且必须在每一步计算时更新 h_r 的值，如果用隐式法，须在 $p+1$ 时刻计算 h_r 的值，在这种情况下对每个时间步长都必须做迭代计算。

5. 可利用 IHT，Finite-Difference Equations，One-Dimensional，Transient 选项列出隐式法的节点方程式，相应节点及其控制体积的示意图在工具面板中给出，伴有为输入与所论节点及其相关邻近节点有关附标的规定。带有说明的方程组的形式见下：

```
//Node 0
rho*cp*der(T0,t)=fd_1d_sur_w(T0,T1,k,qdot,deltax,Tinf,h,q"a0)
q"a0=3e5     //Applied heat flux,w/m^2
Tinf=20      //Arbitrary value for convection process
h=1e-20      //Makes convection process negligible
//Interior nodes,1-8
rho*cp*der(T1,t)=fd_1d_int(T1,T2,T0,k,qdot,deltax)
rho*cp*der(T2,t)=fd_1d_int(T2,T3,T1,k,qdot,deltax)
rho*cp*der(T3,t)=fd_1d_int(T3,T4,T2,k,qdot,deltax)
rho*cp*der(T4,t)=fd_1d_int(T4,T5,T3,k,qdot,deltax)
rho*cp*der(T5,t)=fd_1d_int(T5,T6,T4,k,qdot,deltax)
rho*cp*der(T6,t)=fd_1d_int(T6,T7,T5,k,qdot,deltax)
rho*cp*der(T7,t)=fd_1d_int(T7,T8,T6,k,qdot,deltax)
rho*cp*der(T8,t)=fd_1d_int(T8,T9,T7,k,qdot,deltax)
```

注意，就如本例题中说明的，给出的对流系数使得对流换热可忽略。用 $\Delta x=75\text{mm}$ 和 $\Delta t=12\text{s}$，解出的结果是 $T_0=T(0,120\text{s})=116.0\text{℃}$，$T_2=T(150\text{m},120\text{s})=44.2\text{℃}$。将此结果与汇编在说明1中的作比较。

6. 在 FEHT 中作为已解的模型提供了本例，可通过 Toolbar 菜单中的 Examples 访问。输入屏中概述了关键的前处理和后处理步骤，以及节点间距为 1 和 0.125mm 的结果。作为一个训练，按 Run 求解节点温度，在 View 菜单选 Temperature Contours 画出以等温线形式表示的温度场。

5.11 小结

在大量工程应用中都会遇到瞬态导热问题，可以用不同的方法处理这些问题。要提醒的当然很多，简而言之，在遇到瞬态问题的情况下，你首先要做的是计算 Bi 数。如果这个数远小于1，你就可以用集总热容法以最小的计算工作量得到准确的结果。但如果 Bi 数不是远小于1，就必须考虑空间的影响，应采用某种其他的方法。对平壁、无限长圆柱体、球和半无限大固体，已有现成的用图或方程形式给出的分析结果，使用起来很方便。读者应知道

在什么情况下和怎样使用这些结果。如果几何形状复杂和/或边界条件的形式使得不可能使用分析解，就必须求助于近似的数值方法，如有限差分法。

通过回答下述问题读者可测试对一些重要概念的理解程度。

· 在什么条件下可利用**集总热容法**预测固体因热环境变化而导致的瞬态响应？

· Bi 数的物理意义是什么？

· 对在空气或水中因受迫对流而正在冷却的一个热固体，集总热容法更适用于在空气中的条件还是水中的条件，更适用于空气中的受迫对流条件还是自然对流条件？

· 集总热容法更适用于热的铜质固体还是铝质固体的冷却，更适用于氮化硅还是玻璃？

· 哪些参数决定了与集总热容固体的瞬态热响应有关的**时间常数**？增大对流换热系数会不会使这种响应加速或减速？增大固体的密度或比热容呢？

· 对有表面对流的平壁、长圆柱体或球体中的一维、瞬态导热，可用哪些无量纲参数简化导热方程的表达式？这些参数是怎么定义的？

· 为什么半无限解对任何几何形状在初始的一些时间都可应用？

· 傅里叶数 (Fo) 的物理意义是什么？

· 用**首项近似**确定平板、长圆柱体或球体因表面条件变化而导致的一维导热问题的瞬态热响应，必须满足什么要求？在哪个瞬态阶段这个要求不能满足？

· 两个侧面有相同对流条件的平壁的瞬态加热或冷却与一个侧面有对流加热或冷却条件而另一侧为绝热的平壁有什么共同之处？

· 怎样才能用首项近似确定平壁、长圆柱体或球体因表面温度发生突然变化而导致的瞬态热响应？

· 对一维、瞬态导热，理想化成**半无限大固体**有什么含义？在什么条件下这种理想化可以应用于平壁？

· 瞬态导热问题的**显式**有限差分求解和**隐式**求解的差别在什么地方？

· 以**无条件稳定**作为隐式有限差分特性的含义是什么？为确保得到稳定解，需要对显式法加什么限制条件？

参考文献

1. Carslaw, H. S., and J. C. Jaeger, *Conduction of Heat in Solids,* 2nd ed., Oxford University Press, London, 1986.

2. Schneider, P. J., *Conduction Heat Transfer,* Addison-Wesley, Reading, MA, 1957.

3. Kakac, S., and Y. Yener, *Heat Conduction,* Taylor & Francis, Washington, DC, 1993.

4. Poulikakos, D., *Conduction Heat Transfer,* Prentice-Hall, Englewood Cliffs, NJ, 1994.

5. Yovanovich, M. M., "Conduction and Thermal Contact Resistances (Conductances)," in W. M. Rohsenow, J. P. Hartnett, and Y. I. Cho, Eds. *Handbook of Heat Transfer,* McGraw-Hill, New York, 1998, pp. 3.1–3.73.

6. Hirsch, L. R., R. J. Stafford, J. A. Bankson, S. R. Sershen, B. Rivera, R. E. Price, J. D. Hazle, N. J. Halas, and J. L. West, *Proc. Nat. Acad. Sciences of the U.S.*, **100**, 13549–13554, 2003.

7. Cahill, D. G., *Rev. Sci. Instrum.*, **61**, 802–808, 1990.

习　题

定性讨论

5.1　考虑贴在平板上的一个薄的电加热器，其背部隔热。开始时，加热器和平板均处于环境空气温度 T_∞。突然给加热器通电，在平板内表面上产生一个恒定的热流密度 $q_0''(\text{W/m}^2)$。

（a）在 $T\text{-}x$ 坐标系中画出以下温度分布并加以标注：初始、稳态以及两个中间时刻。

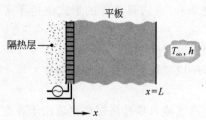

平板

隔热层 →

T_∞, h

$x = L$

x

（b）画出外表面处热流密度 $q''_x(L,t)$ 与时间的函数关系。

5.2 一个平壁的内表面隔热而外表面则暴露于温度为 T_∞ 的空气流。壁温均匀，与空气流的相同。突然打开一个辐射热源，它在外表面上产生均匀的热流密度 q''_0。

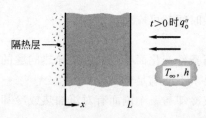

隔热层 →

$t > 0$ 时 q''_0

T_∞, h

x

L

（a）在 T-x 坐标系中画出以下温度分布并加以标注：初始、稳态以及两个中间时刻。

（b）画出外表面处热流密度 $q''_x(L,t)$ 与时间的函数关系。

集总热容法

5.3 通过观测紫铜球的温度随时间的变化关系可确定空气流过球体的换热系数。球的直径为 12.7mm，在插入温度为 27℃ 的空气流之前处于 66℃。在插入空气流后 69s 时球体外表面上的热电偶的读数为 55℃。假定并证明球体是一个空间上等温的物体，计算换热系数。

5.4 一个直径 300mm 的固体钢球（AISI 1010）的表面上有 2mm 厚的介电材料涂层，涂层的热导率为 0.04W/(m·K)。初始时该带涂层的球体处于 500℃ 的均匀温度，突然把它放在 $T_\infty = 100$℃ 和 $h = 3300$W/(m²·K) 的大的油浴中淬火。计算球温达到 140℃ 所需的时间。
提示：由于介电材料的热容（$\rho c V$）远比钢球的小，可忽略其中能量贮存的效应。

5.5 在热能贮存系统中常常采用固体球的**堆积床**，热气在其中流过时就对系统充热，而冷气在其中流过时就从系统抽热。在充热过程中，来自热气的传热会提高较冷的球中贮存的热能；在抽热过程中，由于热量从较热的球传

给较冷的气体，球中贮存的热能会降低。

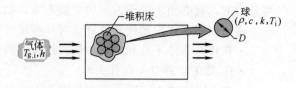

堆积床

球 (ρ, c, k, T_i)

气体 $T_{g,i}, h$

D

考虑一个由直径 75mm 的铝球 [$\rho = 2700$kg/m³，$c = 950$J/(kg·K)，$k = 240$W/(m·K)] 构成的堆积床，在充热过程中，气体进入贮热系统时的温度为 $T_{g,i} = 300$℃。如果球的初始温度为 $T_i = 25$℃，且对流系数为 $h = 75$W/(m²·K)，为使系统进口附近的一个球存积其最大可能热能的 90%，需要多长时间？此时球的中心温度是多少？用紫铜球代替铝球有没有好处？

5.6 一个生产药物的反应器为球形容器，其不锈钢壁 [$k = 17$W/(m·K)] 厚为 5mm，内直径为 $D_i = 1.0$m。在生产过程中，容器中充满了 $\rho = 1100$kg/m³ 和 $c = 2400$J/(kg·K) 的反应物，该放热反应释放能量的体积速率为 $\dot{q} = 10^4$ W/m³。作为初步近似，可假定反应物搅拌充分且容器的热容可以忽略。

（a）容器的外表面暴露于环境空气（$T_\infty = 25$℃），可假定对流系数为 $h = 6$W/(m²·K)。如果反应物的初始温度为 25℃，加工 5h 后反应物的温度是多少？此时容器外表面处的温度是多少？

（b）探讨改变对流系数对反应器中瞬态热状态的影响。

5.7 在化工和药物生产过程中常常采用批处理过程以获得想要的最终产品的化学成分，这些过程一般会涉及将产品从室温加热到想要的加工温度的瞬态加热过程。

考虑以下情形：密度和比热容分别为 $\rho =$

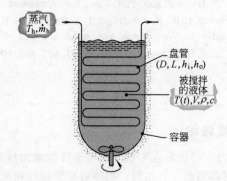

蒸汽 $T_h, \dot{m}_h$

盘管 (D, L, h_i, h_o)

被搅拌的液体 $T(t), V, \rho, c$

容器

$1200kg/m^3$ 和 $c=2200J/(kg \cdot K)$ 的化学药品在一个隔热容器中占有的容积为 $V=2.25m^3$。在位于容器中的直径为 20mm 的薄壁盘管中通 $T_h=500K$ 的饱和蒸汽，以把化学药品从室温 $T_i=300K$ 加热到加工温度 $T=450K$。蒸汽在管内的凝结使得内部对流系数为 $h_i=10000W/(m^2 \cdot K)$，而搅拌容器中被充分搅拌的液体使得外部对流系数为 $h_o=2000W/(m^2 \cdot K)$。

如果要在 60min 内把化学药品从 300K 加热到 450K，浸没管道的长度 L 需为多少？

5.8 考虑习题 5.1 中的系统，但此时在瞬态过程中平板在空间上是等温的。

（a）求平板温度与时间的函数关系 $T(t)$ 的表达式，用 q_o''、T_∞、h、L 和平板性质 ρ 和 c 表示你的结果。

（b）在 $T_\infty=27℃$、$h=50W/(m^2 \cdot K)$ 和 $q_o''=5000W/m^2$ 时确定 12mm 厚紫铜板的热时间常数和稳态温度。计算达到稳态所需的时间。

（c）对于（b）中的条件以及 $h=100W/(m^2 \cdot K)$ 和 $200W/(m^2 \cdot K)$，在 $0s \le t \le 2500s$ 范围内计算并画出平板温度的相应变化。

5.9 一个直径为 D 的金属球处于均匀温度 T_i，突然把它从炉子中取出并用细线悬挂在一个大的房间中，室内空气处于均匀温度 T_∞，周围的壁面温度处于 T_{sur}。

（a）忽略辐射换热，求把球冷却到某个温度 T 所需时间的表达式。

（b）忽略对流换热，求把球冷却到某个温度 T 所需时间的表达式。

（c）如果对流和辐射换热的量级相同，你将如何确定把球冷却到某个温度 T 所需的时间？

（d）考虑经过阳极氧化处理的铝球（$\varepsilon=0.75$），其直径为 50mm，初始温度为 $T_i=800K$。

空气和周围环境均处于 300K，对流系数为 $10W/(m^2 \cdot K)$。根据（a）、（b）和（c）中的条件，确定把球冷却到 400K 所需的时间。画出相应的温度变化。对一个抛光的铝球（$\varepsilon=0.1$）重复以上计算。

5.10 随着永久性太空站尺寸的增大，它们的电功耗的量也相应增加。为使太空站的舱内温度不超过给定的极限，必须把废热传给太空。为此，有人提出一种称为**液滴辐射器**（LDR）的新颖散热方案。首先把热量传给一种高真空油，然后把油以小滴流的形式排入外部空间。油滴流的穿行距离为 L，在这个距离上它通过对处于绝对零度的外层空间辐射能量而冷却，随后把油滴收集并送回太空站。

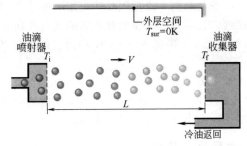

考虑以下情形：发射率和直径分别为 $\varepsilon=0.95$ 和 $D=0.5mm$ 的油滴排出时的温度和速度分别为 $T_i=500K$ 和 $V=0.1m/s$。油的性质为 $\rho=885kg/m^3$、$c=1900J/(kg \cdot K)$ 和 $k=0.145W/(m \cdot K)$。假定每个油滴均对处于 $T_{sur}=0K$ 的深空发射能量，确定这些油滴在以最终温度 $T_f=300K$ 撞击收集器之前需要穿行的距离 L。每个油滴排放的热能是多少？

5.11 不利环境会通过诸如磨损、腐蚀或直接的热失效等因素导致材料的退化，为此，常常采用等离子体喷涂技术为材料提供表面防护。陶瓷涂层常用于这个目的。通过等离子体焰炬的喷管（阳极）注入陶瓷粉末，它们被等离子体射流夹带，得以加速和加热。

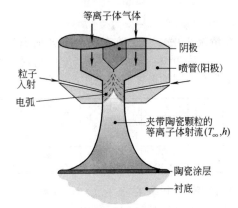

在飞行时间中，必须将陶瓷颗粒加热到它们的熔点并使其完全转化为液态。当熔融液滴撞击在衬底材料上并迅速固化时就形成了涂层。考虑以下情形：球状氧化铝（Al_2O_3）颗粒的直径、密度、热导率和比热容分别为 $D_p=50\mu m$、$\rho_p=3970kg/m^3$、$k_p=10.5W/(m \cdot K)$ 和 $c_p=1560J/(kg \cdot K)$，把它们注入电弧等离子体，后者的温度为 $T_\infty=10000K$，对颗粒进行对流加热的系数为 $h=30000\text{W}/(\text{m}^2 \cdot \text{K})$。
氧化铝的熔点和熔化潜热分别为 $T_{\text{mp}}=2318\text{K}$
和 $h_{\text{sf}}=3577\text{kJ}/\text{kg}$。

(a) 忽略辐射，求把颗粒从初始温度 T_i 加热
到熔点 T_{mp} 并使其完全熔化所需的飞行时间 $t_{i\text{-f}}$
的表示式。计算在 $T_i=300\text{K}$ 和给定的加热条
件下的 $t_{i\text{-f}}$。

(b) 假定氧化铝的发射率为 $\varepsilon_p=0.4$，且颗
粒与温度为 $T_{\text{sur}}=300\text{K}$ 的大环境之间进行辐
射换热，评估忽略辐射的有效性。

一维导热：平壁

5.12 考虑处于对流条件下的平壁的级数解
[式(5.39)]。利用 $Bi=0.1$、1 和 10 计算 $Fo=0.1$
和 1 时中面（$x^*=0$）和表面（$x^*=1$）处的温
度 θ^*。只考虑前四个特征值。基于上述结果
讨论近似解 [式（5.40）和式（5.41）] 的有
效性。

5.13 考虑图中所示的一维平壁，其初始时
处于均匀温度 T_i，一侧突然暴露于对流边界
条件，流体温度为 T_∞。

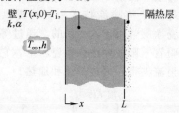

在情况 1 中，一个壁在 $x=L_1$ 处的温度在
$t_1=100\text{s}$ 后为 $T_1(L_1,t_1)=315\text{℃}$。情况 2 中
的壁具有不同的厚度和热条件，如下所示。

情况	L /m	α /(m²/s)	k/W·m⁻¹·K⁻¹	T_i /℃	T_∞ /℃	h/W·m⁻²·K⁻¹
1	0.10	15×10^{-6}	50	300	400	200
2	0.40	25×10^{-6}	100	30	20	100

要使第二个壁在 $x=L_2$ 处的温度达到
28.5℃，需要多长时间？利用式（5.38）中给
出的瞬态温度分布的无量纲函数关系作为分析
的基础。

5.14 一块厚度和温度分别为 $2L=25\text{mm}$
和 600℃ 的平板从热压操作中取出后，必须迅
速冷却以获得所需的物理性质。工艺工程师打算
采用空气射流来控制冷却速率，但不太确定是否
有必要同时对两侧进行冷却（情况 1），还是只
需对平板的一侧进行冷却（情况 2）。工艺工程

师关心的不仅是**冷却时间**，还有平板内的最大温
差。如果温差太大，平板会有严重变形。

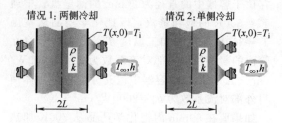

空气源的温度为 25℃，表面上的对流系数
为 $400\text{W}/(\text{m}^2 \cdot \text{K})$。平板的热物理性质为 $\rho=$
$3000\text{kg}/\text{m}^3$、$c=750\text{J}/(\text{kg} \cdot \text{K})$ 和 $k=15\text{W}/$
$(\text{m} \cdot \text{K})$。

(a) 利用 IHT 软件，计算并在同一幅图中画
出 500s 冷却时间内情况 1 和 2 的温度变化。计
算板内最高温度达到 100℃ 所需的时间。假定
情况 2 中未暴露表面上没有热损。

(b) 计算并在同一幅图中画出两种情况下平
板内最大温差随时间的变化。说明作为时间的
函数的板内温度梯度的相对大小。

5.15 在瞬态工作过程中，当暴露于温度为
2300K 的燃气时，火箭发动机的钢制喷管的温
度不得超过其最高允许运行温度 1500K，对流
系数为 $5000\text{W}/(\text{m}^2 \cdot \text{K})$。为延长发动机的工作
时间，有人建议在喷管内表面上施加陶瓷**热障
涂层** [$k=10\text{W}/(\text{m} \cdot \text{K})$，$\alpha=6\times10^{-6}\text{m}^2/\text{s}$]。

(a) 如果陶瓷涂层的厚度为 10mm，初始温
度为 300K，对发动机的最长允许持续工作时
间做出保守的估计。喷管半径远大于壁和涂层
的总厚度。

(b) 在 $0\text{s} \leqslant t \leqslant 150\text{s}$ 范围内计算并画出涂层
内外表面温度随时间的变化。对厚度为 40mm
的涂层重复上述计算。

5.16 在一个回火过程中，玻璃板初始时
处于均匀温度 T_i，突然将它两侧表面温度降
至 T_s，使之冷却。板厚为 20mm，玻璃的热扩
散系数为 $6\times10^{-7}\text{m}^2/\text{s}$。

(a) 要使中面温度达到其最大可能温降的
50%，需要多长时间？

(b) 如果 $(T_i-T_s)=300\text{℃}$，在上述时刻时
玻璃中的最大温度梯度是多少？

一维导热：长圆柱

5.17 一根长棒的直径为 60mm，热物性为

$\rho=8000\text{kg/m}^3$、$c=500\text{J/(kg·K)}$ 和 $k=50\text{W/}$（m·K），初始时处于均匀温度，将它放在保持 750K 的受迫对流炉中进行加热。对流系数估计为 $1000\text{W/(m}^2\text{·K)}$。

（a）当表面温度为 550K 时，棒的中心线温度是多少？

（b）在一个热处理过程中，必须将棒的中心线温度从 $T_i=300\text{K}$ 提高到 $T=500\text{K}$。对 $h=100\text{W/(m}^2\text{·K)}$、$500\text{W/(m}^2\text{·K)}$ 和 1000W/（m²·K）的情况，计算并画出中心线温度随时间的变化。在各种情况下，当 $T=500\text{K}$ 时可终止计算。

5.18 已知一种特殊材料的密度和比热容 $[\rho=1200\text{kg/m}^3,\ c_p=1250\text{J/(kg·K)}]$，但其热导率未知。为确定热导率，加工了一个直径为 $D=40\text{mm}$ 的长圆柱试样，并把一根热电偶插入沿其中心线钻出的小孔中。

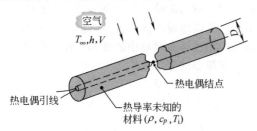

通过以下实验可确定热导率：首先把试样加热到 $T_i=100℃$ 的均匀温度，然后使 $T_\infty=25℃$ 的空气横向流过圆柱体对其冷却。对于给定的空气速度，对流系数为 $h=55\text{W/(m}^2\text{·K)}$。

（a）如果在冷却 $t=1136\text{s}$ 后测得中心线温度 $T(0,t)=40℃$，证明该材料的热导率为 $k=0.30\text{W/(m·K)}$。

（b）对于空气横向流过圆柱体的情况，给定的 $h=55\text{W/(m}^2\text{·K)}$ 对应于速度 $V=6.8\text{m/}$ s。如果 $h=CV^{0.618}$，其中常数 C 的单位为 $\text{W·s}^{0.618}/(\text{m}^{2.618}\text{·K})$，在 $3\text{m/s}\leqslant V\leqslant 20\text{m/s}$ 范围内，$t=1136$ 时的中心线温度如何随速度而变化？在速度分别为 3m/s、10m/s 和 20m/s 时，在 $0\text{s}\leqslant t\leqslant 1500\text{s}$ 范围内确定中心线温度随时间的变化。

5.19 在 5.2 节中我们注意到，在瞬态导热过程中毕渥数的值对固体温度分布的特性有强烈影响。为巩固你对这个重要概念的理解，利用 IHT 的一维瞬态导热模型确定一根直径为 30mm 的不锈钢棒 $[k=15\text{W/(m·K)}、\rho=8000\text{kg/m}^3、c_p=475\text{J/(kg·K)}]$ 中的径向温度分布，棒初始时处于 325℃ 的均匀温度，被 25℃ 的流体冷却。根据下列对流系数值和指定的时刻，确定径向温度分布：$h=100\text{W/(m}^2\text{·K)}$（$t=0\text{s}$，100s，500s）；$h=1000\text{W/(m}^2\text{·K)}$（$t=0\text{s}$，10s，50s）；$h=5000\text{W/(m}^2\text{·K)}$（$t=0\text{s}$，1s，5s，25s）。为每个对流系数准备一幅图，在其上画出指定时刻温度与无量纲半径的函数关系。

一维导热：球体

5.20 有人建议采用冷空气室来对钢球轴承进行淬火，球的直径为 $D=0.2\text{m}$，初始温度为 $T_i=400℃$。小室中的空气由制冷系统维持在 $-15℃$，钢球在传输带上通过小室。为获得最佳的轴承产品，要把球内高于 $-15℃$ 的初始内能的 70% 抽走。可以忽略辐射效应，小室内的对流换热系数为 $1000\text{W/(m}^2\text{·K)}$。计算球应在小室内停留的时间，并建议传输带的运行速度。下列性质可用于钢：$k=50\text{W/(m·}$ K)、$\alpha=2\times10^{-5}\text{m}^2/\text{s}$ 和 $c=450\text{J/(kg·K)}$。

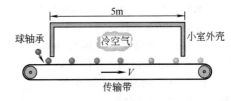

5.21 球 A 和 B 初始时处于 800K，将它们同时放入大的恒温浴中进行淬火，恒温浴的温度均为 320K。与球及其冷却过程相关的参数如下所列。

项目	球 A	球 B
直径/mm	300	30
密度/kg·m⁻³	1600	400
比热容/kJ·kg⁻¹·K⁻¹	0.400	1.6
热导率/W·m⁻¹·K⁻¹	170	1.70
对流系数/W·m⁻²·K⁻¹	5	50

（a）在 T-t 坐标系中定性地画出各球中心和表面温度随时间的变化。简要解释你是如何确定这些曲线的相对位置的。

（b）计算各球表面温度达到 415K 所需的时间。

（c）确定在球冷却到 415K 的过程中各恒温浴所获得的能量。

5.22 为确定绕流固体球的对流系数，将初始温度为 25℃ 的球浸没在温度为 75℃ 的流动中，并测量瞬态加热过程中某个时刻球的表面温度。

（a）如果球的直径为 0.1m，热导率为 15W/(m·K)，热扩散系数为 10^{-5} m^2/s，在对流系数为 300W/(m^2·K) 时，何时可测得 60℃ 的表面温度？

（b）通过计算 $\alpha=10^{-6}$ m^2/s、10^{-5} m^2/s 和 10^{-4} m^2/s 时中心和表面温度随时间的变化来讨论热扩散系数对球的热响应的影响。在 $0s \leqslant t \leqslant 300s$ 时间段内画出你的结果。取 $k=1.5$W/(m·K)、15W/(m·K) 和 150W/(m·K)，以类似的方式讨论热导率的影响。

半无限介质

5.23 一个厚度为 0.6m（$L=0.3$m）的平壁是用钢 [$k=30$W/(m·K)、$\rho=7900$kg/m^3、$c=640$J/(kg·K)] 制作的。它初始时处于均匀温度，然后两侧表面暴露于空气。考虑两种不同的对流条件：$h=10$W/(m^2·K) 的自然对流和 $h=100$W/(m^2·K) 的受迫对流。计算三个不同时刻 $t=2.5$min、25min 和 250min 时的表面温度，共有六种情况。

（a）对于每一种情况，利用精确解、级数解的第一项、集总热容和半无限固体等四种不同的方法计算无量纲表面温度 $\theta_s^* = (T_s - T_\infty)/(T_i - T_\infty)$。把你的结果列表。

（b）简要解释以下情况成立的条件：（ⅰ）级数解的第一项是精确解的很好的近似；（ⅱ）集总热容解是很好的近似；（ⅲ）半无限固体解是很好的近似。

5.24 一块厚钢板 [$\rho=7800$kg/m^3、$c=480$J/(kg·K)、$k=50$W/(m·K)] 初始时处于 300℃，用喷射水流冲击它的一个表面使之冷却。水的温度为 25℃，射流在表面上产生了大致均匀的极大的对流系数。假定在整个冷却过程中表面温度都与水的相同，要使距离表面 25 mm 的位置处的温度达到 50℃，需要多长时间？

5.25 考虑例题 5.6 中的水管，它埋在初始温度为 20℃ 的土壤中，土壤表面突然处于 −15℃ 的恒定表面温度，并持续了 60 天。利用 IHT 的 Transient Conduction/Semi-Infinite Solid 模型求解下述问题。并把你的结果与例题说明部分中的进行比较。

（a）在热扩散系数为 $\alpha \times 10^7 = 1.0$m^2/s、1.38m^2/s 和 3.0m^2/s 时，计算并画出 0.68m 的埋设深度处温度随时间的变化。

（b）在 $\alpha=1.38 \times 10^{-7}$ m^2/s 时，画出 1d、5d、30d 和 60d 时 $0m \leqslant x \leqslant 1.0m$ 的深度范围内的温度分布。

（c）在 $\alpha=1.38 \times 10^{-7}$ m^2/s 时，画出 60d 时间内 $q_x''(0,t)$ 与时间的函数关系，以证明离开土壤的热流密度随时间的增加而降低。另外，在这幅图中画出埋设水管的深度处的热流密度 $q_x''(0.68m,t)$。

5.26 一种测定表面对流换热系数的简单方法，需在表面上涂敷一薄层具有精确熔点温度的材料。然后，加热表面，通过测定熔化发生的时间即可确定对流系数。下面的实验装置就是采用该方法来确定气体垂直流向表面的对流系数。具体地说，该装置为一根封装在热导率极低的超级隔热材料中的紫铜长棒，其暴露表面上有很薄的涂层。

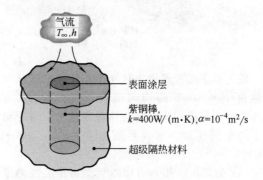

棒的初始温度为 25℃，启动 $h=200$W/(m^2·K) 和 $T_\infty=300$℃ 的气流，如果发现在 $t=400s$ 时发生熔化，涂层的熔点温度是多少？

5.27 在一个确定固体材料热导率的方法中，要在一块厚的固体板中埋入一根热电偶，用于测量对一个表面上温度发生给定变化时的响应。考虑以下实验：热电偶埋在距离表面 10mm 处，该表面因暴露于沸水而突然变至 100℃。如果板的初始温度为 30℃，且在表面温度变至 100℃ 后的 2min 时热电偶测得的温度为 65℃，其热导率是多少？已知固体的密度和比热容为 2200kg/m^3 和 700J/(kg·K)。

5.28 已知一种塑料材料的密度和比热容

$[\rho=950\text{kg/m}^3$，$c_p=1100\text{J/(kg·K)}]$，但其热导率未知。为确定其热导率，进行了如下实验：先把厚的材料试样加热到 100℃ 的均匀温度，然后在其一个表面上通 25℃ 的空气进行冷却。埋设在距离该表面 $x_m=10\text{mm}$ 处的热电偶测得塑料在冷却过程中的热响应。

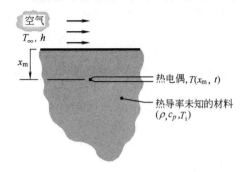

如果与空气流动相关的对流系数为 $h=200\text{W/(m}^2\text{·K)}$，且在冷却开始后 5min 时测得的温度为 60℃，该材料的热导率是多少？

5.29　一块热扩散系数和热导率分别为 $5.6\times10^{-6}\text{m}^2/\text{s}$ 和 20W/(m·K) 的厚板，初始时处于 325℃ 的均匀温度。突然，表面暴露于 15℃ 的冷却剂，对流换热系数为 $100\text{W/(m}^2\text{·K)}$。

（a）确定暴露 3min 后表面和 45mm 深度处的温度。

（b）在以下参数发生变化时计算并画出 $x=0\text{mm}$ 和 $x=45\text{mm}$ 处的温度变化（$0\text{s}\leqslant t\leqslant300\text{s}$）：（ⅰ）$\alpha=5.6\times10^{-7}\text{m}^2/\text{s}$、$5.6\times10^{-6}\text{m}^2/\text{s}$ 和 $5.6\times10^{-5}\text{m}^2/\text{s}$；（ⅱ）$k=2\text{W/(m·K)}$、$20\text{W/(m·K)}$ 和 200W/(m·K)。

5.30　防火墙的标准可基于它们对给定辐射热流密度的热响应来确定。考虑一堵 0.25m 厚的混凝土壁 $[\rho=2300\text{kg/m}^3$，$c=880\text{J/(kg·K)}$，$k=1.4\text{W/(m·K)}]$，其初始温度为 $T_i=25℃$，一个表面受到一些灯的辐照，所产生的均匀热流密度为 $q''_s=10^4\text{W/m}^2$。表面对辐照的吸收率为 $\alpha_s=1.0$。如果建筑法规定在加热 30min 后受照表面和背面的温度分别不得超过 325℃ 和 25℃，此混凝土是否符合规定？

具有恒定表面温度或表面热流密度的物体及周期性加热

5.31　对一个位于地面上的圆形游泳池进行加热，以便在较冷的天气下使用。远离游泳池的土壤温度为 10℃。加热器打开后，池水迅速升高到 20℃ 的舒适温度；假定游泳池底部圆形地面也处于这个温度。游泳池的直径为 5m。

（a）计算加热器打开 10h 后从游泳池向地面的传热速率。**提示**：基于对称性考虑，游泳池的覆盖区域可视为**无限大**介质中的热盘。

（b）计算传热速率达到与其稳态值之差在 10% 以内所需的时间。

5.32　现代飞机的结构部件通常是用高性能复合材料制造的。这些复合材料是用由环氧树脂或热塑性液体定形的强度极高的纤维浸渍毡制成的。在液体固化或冷却后，所产生的部件不仅具有极高的强度而且很轻。要对这些部件做定时的检查，以确保纤维毡和黏结材料不要分层，否则部件将失去其适航性。在一种检测方法中要在待检测表面上施加一个恒定且均匀的辐射热流密度。采用红外成像系统测量表面的热响应，该系统可捕获表面的发射并将它转化为表面温度分布的色码图。考虑以下情形：在初始温度为 20℃ 的机翼表面上施加 5kW/m^2 的均匀热流密度。厚度为 15mm 的机翼外壳的另一个表面与滞止空气相邻，可作绝热处理。外壳材料的密度和比热容分别为 1200kg/m^3 和 1200J/(kg·K)。完整外壳材料的有效热导率为 $k_1=1.6\text{W/(m·K)}$。纤维毡与黏结材料之间的分层会在结构内部产生接触热阻，使有效热导率降至 $k_2=1.1\text{W/(m·K)}$。确定辐照后 10s 和 100s 时部件的表面温度：（a）材料结构完整的区域；（b）机翼内已发生分层的相邻区域。

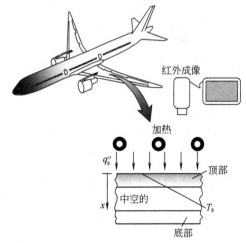

有限差分方程：推导

5.33　显式方法的稳定性判据要求一维有限

差分方程中 T_m^p 项的系数为零或正值。考虑以下情形：两个相邻节点（T_{m-1}^p，T_{m+1}^p）的温度为 100℃，而中心节点（T_m^p）则处于 50℃。证明在 $Fo > \frac{1}{2}$ 时有限差分方程给出的 T_m^{p+1} 值会违反热力学第二定律。

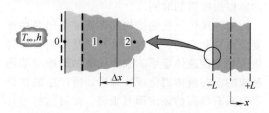

5.34 一块厚度为 $2L$ 的一维平板初始时处于均匀温度 T_i。突然在平板中通电流，导致均匀的体积产热 $\dot{q}$（W/m³）。同时，两个外表面（$x = \pm L$）均暴露于对流过程，流体温度为 T_∞，换热系数为 h。

写出位于 $x = -L$ 处的外表面上的节点 0 的表示能量守恒的有限差分方程。重新整理该方程，指出重要的无量纲系数。

5.35 一个固体圆柱是用塑料材料（$\alpha = 6 \times 10^{-7}$ m²/s）制成的，它初始时处于 20℃ 的均匀温度，其周侧面和一个端面隔热良好。在 $t = 0$ 的时刻，左边界上的加热使 T_0 以 1℃/s 的速率随时间线性上升。

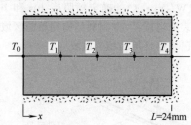

（a）取 $Fo = \frac{1}{2}$，用显式方法推导节点 1、2、3 和 4 的有限差分方程。

（b）列一个标题为 p、t(s) 以及节点温度 $T_0 \sim T_4$ 的表。确定 $T_4 = 35$℃ 时的表面温度 T_0。

有限差分求解：一维系统

5.36 一个厚度为 0.12m 的壁的热扩散系数为 1.5×10^{-6} m²/s，初始时处于 85℃ 的均匀温度。一个表面的温度突然降至 20℃，而另一个表面则隔热极好。

（a）采用显式有限差分方法，空间和时间步长分别取 30mm 和 300s，确定 $t = 45$min 时的温度分布。

（b）取 $\Delta x = 30$mm 和 $\Delta t = 300$s，在 $0 \leqslant t \leqslant t_{ss}$ 范围内计算 $T(x, t)$，其中 t_{ss} 是各节点的温度均达到离其稳态温度在 1℃ 以内所需的时间。对 $\Delta t = 75$s 重复上述计算。对每个 Δt 的值，画出各表面温度及中面温度的变化。

5.37 为冷却模制塑料产品 [$\rho = 1200$kg/m³、$c = 1500$J/(kg·K)、$k = 0.3$W/(m·K)]，使其一个表面暴露于空气射流阵列，相对表面隔热良好。产品可近似为一块厚度为 $L = 60$mm 的板，初始时处于 $T_i = 80$℃ 的均匀温度。空气射流的温度为 $T_\infty = 20$℃，在被冷却表面上产生 $h = 100$W/(m²·K) 的均匀对流系数。

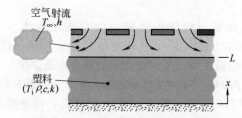

取空间步长 $\Delta x = 6$mm，利用有限差分求解方法确定暴露于空气射流 1h 后冷却表面和隔热表面处的温度。

5.38 考虑例题 5.9 中的燃料元件。初始时，元件处于 250℃ 的均匀温度，其中没有产热。突然将燃料元件插入反应器芯中，导致其中产生速率为 $\dot{q} = 10^8$ W/m³ 的均匀体积产热。元件表面被对流冷却，有 $T_\infty = 250$℃ 和 $h = 1100$W/(m²·K)。取空间步长为 2mm，利用显式方法确定元件插入芯中后 1.5s 时的温度分布。

5.39 考虑例题 5.9 中的燃料元件，其运行时的均匀体积产热速率为 $\dot{q}_1 = 10^7$ W/m³，直到该速率突然变至 $\dot{q}_2 = 2 \times 10^7$ W/m³。利用 IHT 的 Finite-Difference Equations, One-Dimensional, Transient 导热建模器获得例题中所示的 6 个节点（$\Delta x = 2$mm）的隐式有限差分方程。

（a）计算运行功率改变 1.5s 后的温度分布，并把你的结果与例题中列表的结果进行比较。

（b）利用 IHT 的 Explore 和 Graph 选项计算并画出 0s $\leqslant t \leqslant 400$s 范围内中面（00）和表面（05）节点处的温度变化。稳态温度是多少？在运行功率发生跃变后，大约需要多长时间才能达到新的平衡状态？

5.40 参考例题 5.10 中的说明 4，考虑以下情况：表面突然暴露于处于高温（T_{sur}）的大环境和对流（T_∞，h）。

（a）推导表面节点的显式有限差分方程，用 Fo、Bi 和 Bi_r 表示你的结果。

（b）求表面节点的稳定性判据。该判据会随时间变化吗？该判据的限制性是否比内部节点的更严？

（c）一块厚板 [$k=1.5\mathrm{W/(m \cdot K)}$、$\alpha=7\times 10^{-7}\mathrm{m^2/s}$、$\varepsilon=0.9$] 初始时处于 27℃ 的均匀温度，它的一个表面突然暴露于 1000K 的大环境。忽略对流并用 10mm 的空间步长，确定 1min 后表面及距离表面 30mm 处的温度。

5.41 考虑例题 5.10 中的紫铜厚板，它初始时处于 20℃ 的均匀温度，突然暴露于 $3\times 10^5\mathrm{W/m^2}$ 的净辐射密度。利用 IHT 的 Finite-Difference Equations/One-Dimensional/Transient 导热建模器获得内部节点的隐式有限差分方程。在你的分析中，空间和时间步长分别取 $\Delta x=37.5\mathrm{mm}$ 和 $\Delta t=1.2\mathrm{s}$，共有 17 个节点（00～16）。对于表面节点（00），采用例题第二部分中推导出的有限差分方程。

（a）计算 $t=120\mathrm{s}$ 时节点（00）和（04）的温度，即 $T(0,120\mathrm{s})$ 和 $T(0.15\mathrm{m},120\mathrm{s})$，并把这些结果与说明 1 中给出的精确解进行比较。把时间步长取为 0.12s 能否给出更精确的结果？

（b）画出 $x=0\mathrm{mm}$、150mm 和 600mm 处的温度随时间的变化，解释结果的重要特征。

5.42 在 5.5 节中，我们建立了厚度为 $2L$ 的平壁的温度分布的级数解的第一项近似方法，该平壁初始时处于均匀温度，突然暴露于对流换热。如果 $Bi<0.1$，平壁近似等温，可用集总热容代表 [式（5.7）]。对于图中所示的条件，我们希望对采用第一项近似、集总热容法以及有限差分法预测的结果进行比较。

（a）利用级数解的第一项近似 [式（5.40）]，确定 $t=100\mathrm{s}$、200s 和 500s 时中面和表面温度，即 $T(0,t)$ 和 $T(L,t)$。系统的毕渥数是多少？

（b）将壁视为集总热容，计算 $t=50\mathrm{s}$、100s、200s 和 500s 时的温度。你是否曾预期这些结果与（a）中的结果吻合较好？为什么这些温度要高出很多？

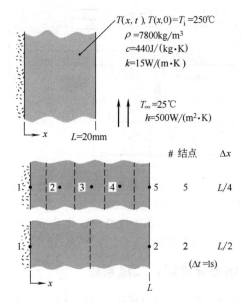

$T(x,t)$，$T(x,0)=T_i=250℃$
$\rho=7800\mathrm{kg/m^3}$
$c=440\mathrm{J/(kg \cdot K)}$
$k=15\mathrm{W/(m \cdot K)}$

$T_\infty=25℃$
$h=500\mathrm{W/(m^2 \cdot K)}$

$L=20\mathrm{mm}$

# 结点	Δx
5	$L/4$
2	$L/2$

（$\Delta t=1\mathrm{s}$）

（c）考虑图中所示的 2- 和 5-节点网格。写出各网格的隐式有限差分方程，采用时间步长 $\Delta t=1\mathrm{s}$，确定 $t=50\mathrm{s}$、100s、200s 和 500s 时的温度分布。用内在函数 $\mathrm{Der}(T,t)$ 表示节点温度变化的速率，你可以采用 IHT 求解这些有限差分方程。列表总结（a）、（b）和（c）中的结果。说明预测温度的相对差别。**提示：** 参阅 IHT/Help 的 Solver/Intrinsic Functions 区或 IHT Examples 菜单（例题 5.2）可了解如何使用 $\mathrm{Der}(T,t)$ 函数。

5.43 将直径和长度分别为 10mm 和 0.16m 的不锈钢（AISI 316）棒的一端插入保持在 200℃ 的卡具中。棒的表面有隔热套，因此其整个长度上都达到了均匀温度。当除去套子后，棒暴露于 25℃ 的环境空气，对流换热系数为 $30\mathrm{W/(m^2 \cdot K)}$。

（a）取空间步长 $\Delta x=0.016\mathrm{m}$，利用显式有限差分方法计算棒的中心达到 100℃ 所需的时间。

（b）取 $\Delta x=0.016\mathrm{m}$ 和 $\Delta t=10\mathrm{s}$，计算 $0\leqslant t\leqslant t_1$ 范围内的 $T(x,t)$，其中 t_1 是棒的中心达到 50℃ 所需的时间。画出 $t=0\mathrm{s}$、200s、400s 和 t_1 时的温度分布。

有限差分方程：圆柱坐标系

5.44 一个薄圆盘受到线圈的感应加热，其效果是在图中所示的环状区域中产生均匀产热。上表面上有对流发生，而底表面则隔热良好。

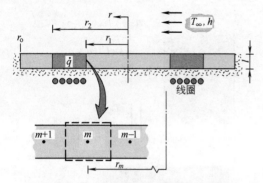

（a）推导节点 m 的瞬态有限差分方程，该节点位于受到感应加热的区域中。

（b）在 $T\text{-}r$ 坐标系中定性地画出稳态温度分布，指出其重要特征。

有限差分求解：二维系统

5.45 要将具有给定初始温度分布的非常长（垂直于页面方向）的两根棒焊接在一起。在 $t=0$ 的时刻，紫铜棒的 $m=3$ 的面与钢（AISI 1010）棒的 $m=4$ 的面接触。焊料和焊剂可视为厚度可以忽略、有效接触热阻为 $R_{t,c}''=2\times 10^{-5}\,\text{m}^2\cdot\text{K/W}$ 的交界层。

（a）推导用 Fo 和 $Bi_c=\Delta x/kR_{t,c}''$ 表示的 $T_{4,2}$ 的显式有限差分方程，并确定相应的稳定性判据。

初始温度/K

n/m	1	2	3	4	5	6
1	700	700	700	1000	900	800
2	700	700	700	1000	900	800
3	700	700	700	1000	900	800

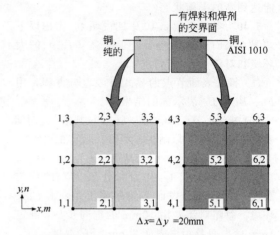

（b）利用 $Fo=0.01$，确定接触后一个时间步长的 $T_{4,2}$。Δt 是多少？是否满足稳定性判据？

5.46 金属加工厂的业务经理预期一个大的炉子需要进行修理，他请你来计算炉子内表面冷却到安全工作温度所需的时间。炉子是一个立方体，内部尺寸为 16m，壁厚为 1m，壁的物性为 $\rho=2600\,\text{kg/m}^3$、$c=960\,\text{J/(kg}\cdot\text{K)}$ 和 $k=1\,\text{W/(m}\cdot\text{K)}$。炉子的运行温度为 900℃，其外表面与 25℃ 的环境空气进行对流换热，对流系数为 20W/($\text{m}^2\cdot\text{K}$)。

（a）利用数值方法确定炉子的内表面冷却到安全工作温度 35℃ 所需的时间。**提示**：考虑炉子的二维横截面，在最小的对称区域上进行你的分析。

（b）由于急于减少炉子的停工期，业务经理还想知道在炉子中流通环境空气对冷却时间的影响。假定内外表面的对流条件相同。

第 **6** 章 对流导论

到现在为止，我们集中讨论了热传导问题，关于对流问题的讨论仅限于为热传导问题提供一种边界条件。在 1.2.2 节中，我们使用**对流**这个术语描述表面与流过表面的流体之间的能量传递。对流包括由流体的整体运动（平流）和流体分子的随机运动（传导或扩散）引起的能量传递。

在讨论对流问题时，我们有两个主要目的：理解对流传递的物理机理和建立对流换热计算的手段。本章及附录 D 中的补充内容主要用于实现前一个目的。我们将讨论对流传递的物理起因，并建立相关的无量纲参数及若干重要的类比。

本章的独特之处在于以与对流换热类比的方式讨论对流传质。在由对流引起的传质中，流体的整体运动和分子扩散一起引发存在浓度梯度的组分传递。在本书中，我们将集中讨论由于气体流过挥发性固体或液体表面所发生的对流传质。

建立起基本概念之后，我们将在随后的几章中建立定量确定对流作用的手段。第 7 章和第 8 章分别介绍了外部和内部流动的受迫对流换热系数的计算方法。第 9 章阐述了确定自然对流换热系数的方法，而第 10 章则讨论了有相变的对流问题（沸腾和凝结）。第 11 章建立了换热器设计及性能评估的方法，在实际工程中这类装置广泛应用于实现流体之间的传热。

因此，我们从理解对流的本质开始。

6.1 对流边界层

边界层的概念对于理解表面与流过表面的流体之间的对流传热和传质有重要意义。在本节中，我们对速度、热以及浓度边界层进行了描述，并介绍了它们与摩擦系数、对流换热系数以及对流传质系数之间的关系。

6.1.1 速度边界层

为引入边界层的概念，考虑图 6.1 所示的平板上的流动。当流体质点与表面接触时，它们的速度为零。这些质点会阻碍临近流体层中质点的运动，而后者又阻碍上一层质点的运动，依此类推，直到离开表面的距离 $y=\delta$ 时，才可以忽略这种影响。流体运动的受阻是与作用在平行于流体速度的平面上的**切应力** τ 有关的（图 6.1）。随着离开表面的距离 y 的增加，流体的 x 速度分量 u 也必定增加，直到它接近自由流的值 u_∞。下标 ∞ 用于表示边界层外**自由流**中的条件。

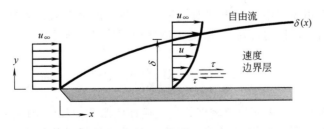

图 6.1　在平板上建立的速度边界层

δ 为**边界层厚度**，通常定义为 $u=0.99u_\infty$ 的 y 值。**边界层速度分布**是指边界层内 u 随 y 的变化方式。因此，流体的流动可分成两个不同的区域来描述，一个是很薄的流体层（边界层），其中速度梯度和切应力很大，另一个是边界层以外的区域，在那里速度梯度和切应力可以忽略。随着离前缘的距离增加，黏性的影响逐步渗透进自由流，边界层也相应增厚（δ 随 x 增大）。

因为与流体的速度有关，所以上述边界层可以更为明确地称为**速度边界层**。只要有流体流过表面，就会产生这种边界层，它在涉及对流传递的问题中极为重要。在流体力学中，它对工程师的重要性在于它与表面的切应力 τ_s，因而与表面的摩擦作用有关。对于外部流动，它为确定局部**摩擦系数**

$$C_f \equiv \frac{\tau_s}{\rho u_\infty^2 / 2} \tag{6.1}$$

这个关键的无量纲参数提供了基础，由该参数可确定表面的摩擦阻力。如果作**牛顿流体**的假设，表面的切应力可由表面处的速度梯度来计算，即

$$\tau_s = \mu \frac{\partial u}{\partial y}\bigg|_{y=0} \tag{6.2}$$

式中，μ 是流体的物性，称为**动力黏度**。在速度边界层中，表面处的速度梯度与离开平板前缘的距离 x 有关。因此，表面切应力和摩擦系数也与 x 有关。

6.1.2　热边界层

正如流体流过表面时产生速度边界层那样，如果流体的自由流和表面的温度不同，就必定形成**热边界层**。考虑等温平板上的流动（图 6.2）。在前缘处，**温度分布**是均匀的，有 $T(y)=T_\infty$。然而，接触平板的流体质点达到热平衡，处于平板的表面温度。依次地，这些质点和临近流体层中的质点交换能量，并在流体中产生温度梯度。这个存在温度梯度的流体区域就是热边界层，通常其厚度 δ_t 定义为对应于温度比 $[(T_s-T)/(T_s-T_\infty)]=0.99$ 的 y 值。随着离开前缘的距离的增加，传热的影响逐步渗透进自由流，相应地，热边界层会增厚。

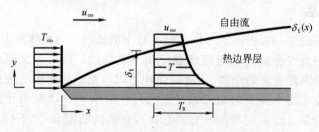

图 6.2　等温平板上建立的热边界层

很容易说明这个边界层中的状态与对流换热系数之间的关系。在离开前缘任意距离 x 处，**局部表面热流密度**可以通过对 $y=0$ 处的**流体**应用傅里叶定律得到，即

$$q_s'' = -k_f \frac{\partial T}{\partial y}\bigg|_{y=0} \tag{6.3}$$

采用下标 s 是为了强调这是表面热流密度，但在后面的章节中我们会略去它。这个表达式是恰当的，因为**在表面上不存在流体运动，能量的传递只能通过传导进行**。回忆牛顿冷却定

律，有

$$q''_s = h(T_s - T_\infty) \tag{6.4}$$

将上式与式(6.3)联立，可得

$$h = \frac{-k_f \partial T / \partial y \big|_{y=0}}{T_s - T_\infty} \tag{6.5}$$

因此，对壁面温度梯度 $\partial T / \partial y \big|_{y=0}$ 有很强影响的热边界层中的状态决定着穿过边界层的传热速率。因为 $(T_s - T_\infty)$ 是个常数，与 x 无关，而 δ_t 随 x 的增加而增大，所以边界层中的温度梯度必定随 x 的增加而减小。相应地，$\partial T / \partial y \big|_{y=0}$ 的值也随 x 的增加而减小，由此可知，q''_s 和 h 随 x 的增加而减小。

6.1.3　浓度边界层

当空气流过水池表面时，液态水会蒸发，水蒸气会传入空气流中。这是对流传质的一个例子。作为更为一般的情形，考虑流过表面的化学组分为 A 和 B 的二元混合物（图 6.3）。组分 A 在表面处的摩尔浓度（$kmol/m^3$）为 $C_{A,s}$，在自由流中为 $C_{A,\infty}$。如果 $C_{A,s}$ 不等于 $C_{A,\infty}$，将会发生组分 A 的对流传递。例如，组分 A 可由于液体表面上的**蒸发**（如在水的例子中）或者由于固体表面上的**升华**而以气态形式输入气流（组分 B）中。在这种情形下，与速度和热边界层类似，将会建立**浓度边界层**。浓度边界层是存在浓度梯度的流体区域，其厚度 δ_c 的典型定义为 $[(C_{A,s} - C_A)/(C_{A,s} - C_{A,\infty})] = 0.99$ 所对应的 y 值。随着离开前缘距离的增加，组分传递的影响逐步深入自由流，浓度边界层会随之增厚。

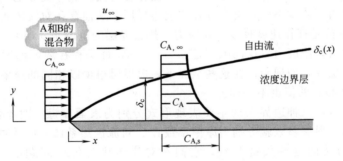

图 6.3　平板上建立的组分浓度边界层

表面与自由流中的流体之间的对流组分传递是由边界层中的状态决定的，我们感兴趣的是如何确定该传递的速率。具体地说，我们感兴趣的是组分 A 的摩尔流密度，$N''_A[kmol/(s \cdot m^2)]$。注意到下述类比关系很有用处：与**扩散**组分传递有关的摩尔流密度是由类似于傅里叶定律的表达式决定的。就本章感兴趣的范畴而言，这个称为**斐克定律**的表达式具有以下形式

$$N''_A = -D_{AB} \frac{\partial C_A}{\partial y} \tag{6.6}❶$$

式中，D_{AB} 是二元混合物的物性，称为**二元扩散系数**。在图 6.3 所示的浓度边界层中对应

---

❶ 该表达式是斐克扩散定律通用形式（14.1.3 节）的一个近似，其使用条件为混合物的总摩尔浓度 $C = C_A + C_B$ 为常数。

于 $y>0$ 的任意点上，组分的传递是由流体的整体运动（**平流**）和扩散两者共同引起的。然而，在 $y=0$ 处不存在流体运动（这里忽略了由组分传递过程自身引起的通常很小的垂直于表面的速度，见第 14 章中的讨论），这样，组分的传递只通过扩散进行。在 $y=0$ 处应用斐克定律，可得离开前缘任意距离处的表面摩尔流密度为

$$N''_{A,s} = -D_{AB} \frac{\partial C_A}{\partial y}\bigg|_{y=0} \tag{6.7}$$

下标 s 用于强调这是表面处的摩尔流密度，但在后面的章节中将会省略。与牛顿冷却定律类似，可以写出摩尔流密度与穿过边界层的浓度差之间的关系表达式，为

$$N''_{A,s} = h_m (C_{A,s} - C_{A,\infty}) \tag{6.8}$$

式中，$h_m \text{(m/s)}$ 是**对流传质系数**，它与对流换热系数类似。联立式（6.7）和式（6.8），可得

$$h_m = \frac{-D_{AB}\partial C_A/\partial y\big|_{y=0}}{C_{A,s} - C_{A,\infty}} \tag{6.9}$$

因此，对表面处的浓度梯度 $\partial C_A/\partial y\big|_{y=0}$ 有很强影响的浓度边界层中的状态也会对对流传质系数产生影响，继而影响边界层中组分传递的速率。

6.1.4 边界层的重要意义

对流过任意表面的流动，速度边界层总是存在的，因而存在表面摩擦。同样地，如果表面和自由流的温度不同，就会存在热边界层，从而存在对流传热。类似地，如果一种组分的表面浓度和它的自由流浓度不同，就会存在浓度边界层，从而存在对流传质。速度边界层的范围是 $\delta(x)$，其特征是存在速度梯度和切应力。热边界层的范围是 $\delta_t(x)$，其特征是存在温度梯度和传热。最后，浓度边界层的范围是 $\delta_c(x)$，其特征是存在浓度梯度和组分传递。有可能发生三种边界层并存的现象。在这些情况下，边界层很少以相同的速率发展，因而在给定的位置上，δ、δ_t 和 δ_c 的值也不一样。

对于工程师而言，三种边界层的主要表现形式分别为**表面摩擦**、**对流传热**以及**对流传质**。于是，关键的边界层参数就分别为**摩擦系数** C_f、**对流换热系数** h 以及**对流传质系数** h_m。现在我们将注意力转向这些关键参数，它们在对流传热和传质问题的分析中具有重要意义。

6.2 局部和平均对流系数

6.2.1 传热

考虑图 6.4(a) 所示的流动条件。一种温度为 T_∞ 的流体以速度 V 流过一个面积为 A_s 的任意形状的表面。假定该表面处于均匀温度 T_s，我们知道，如果 $T_s \neq T_\infty$，就会发生对流传热。由 6.1.2 节我们还知道，表面热流密度和对流换热系数都会沿表面而变化。将局部热流密度对整个表面进行积分可获得**总的传热速率** q，即

$$q = \int_{A_s} q'' \mathrm{d}A_s \tag{6.10}$$

或由式（6.4）可得

$$q = (T_s - T_\infty) \int_{A_s} h \mathrm{d}A_s \tag{6.11}$$

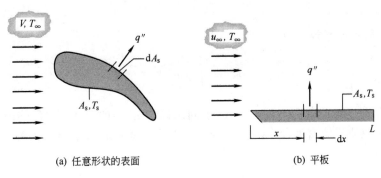

(a) 任意形状的表面　　　　　(b) 平板

图 6.4　局部和总的对流传热

对整个表面定义一个**平均对流换热系数** $\overline{h}$，则总的传热速率也可表示为

$$q = \overline{h} A_s (T_s - T_\infty) \tag{6.12}$$

由式（6.11）和式（6.12）可得平均和局部对流换热系数之间的关系为

$$\overline{h} = \frac{1}{A_s} \int_{A_s} h \mathrm{d}A_s \tag{6.13}$$

注意，对于平板上流动的特殊情况［图 6.4(b)］，h 仅随离开前缘的距离 x 而变化，因而式（6.13）可简化为

$$\overline{h} = \frac{1}{L} \int_0^L h \mathrm{d}x \tag{6.14}$$

6.2.2　传质

对于对流传质问题可获得相似的结果。如果组分摩尔浓度为 $C_{A,\infty}$ 的流体流过一个表面，而在该表面上组分 A 具有均匀的浓度 $C_{A,s} \neq C_{A,\infty}$ ［图 6.5(a)］，则会发生由对流引起的该组分的传递。由 6.1.3 节我们知道，表面摩尔流密度和对流传质系数都会沿表面而变化。整个表面的总摩尔传递速率 N_A(kmol/s) 可写成

$$N_A = \overline{h}_m A_s (C_{A,s} - C_{A,\infty}) \tag{6.15}$$

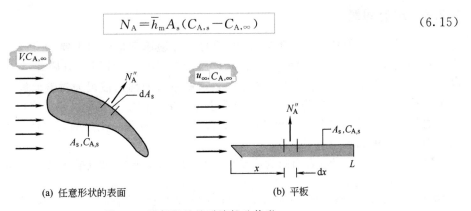

(a) 任意形状的表面　　　　　(b) 平板

图 6.5　局部和总的对流组分传递

其中平均和局部的对流传质系数之间有以下形式的关系式

$$\bar{h}_m = \frac{1}{A_s} \int_{A_s} h_m \mathrm{d}A_s \qquad (6.16)$$

对于图 6.5(b) 所示的平板，有

$$\bar{h}_m = \frac{1}{L} \int_0^L h_m \mathrm{d}x \qquad (6.17)$$

只要分别在式(6.8) 和式(6.15) 的两边同乘以组分 A 的分子量 $M_A(\mathrm{kg/kmol})$，组分传递就可以表示成质量流密度 $n_A''[\mathrm{kg/(s \cdot m^2)}]$ 或传质速率 $n_A(\mathrm{kg/s})$。从而有

$$n_A'' = h_m(\rho_{A,s} - \rho_{A,\infty}) \qquad (6.18)$$

和

$$n_A = \bar{h}_m A_s(\rho_{A,s} - \rho_{A,\infty}) \qquad (6.19)$$

式中，$\rho_A(\mathrm{kg/m^3})$ 是组分 A 的质量密度❶。我们还可通过将式(6.7) 乘以 M_A 得到基于质量的斐克定律的形式：

$$n_{A,s}'' = -D_{AB} \frac{\partial \rho_A}{\partial y}\bigg|_{y=0} \qquad (6.20)$$

另外，用 M_A 乘以式(6.9) 的分子和分母可得 h_m 的另一个表达式：

$$h_m = \frac{-D_{AB} \partial \rho_A / \partial y \big|_{y=0}}{\rho_{A,s} - \rho_{A,\infty}} \qquad (6.21)$$

为进行对流传质计算，必须确定 $C_{A,s}$ 或 $\rho_{A,s}$ 的值。为此可假设在气相与液相或固相之间的交界面上存在着热力学平衡条件。这个平衡条件的一个含义是交界面上的蒸气温度等于表面温度 T_s。第二个含义是蒸气处于**饱和状态**，在这种情况下，可利用热力学性质表，例如表 A.6，由 T_s 获得它的密度。一个较好的近似是：应用理想气体定律由蒸气压力确定表面处蒸气的摩尔浓度。即

$$C_{A,s} = \frac{p_{sat}(T_s)}{R T_s} \qquad (6.22)$$

式中，R 是通用气体常数，而 $p_{sat}(T_s)$ 是相应于饱和温度 T_s 的蒸气压力。注意：蒸气的质量密度与摩尔浓度之间的关系为 $\rho_A = M_A C_A$。

6.2.3　对流问题

在任何对流问题中，局部流密度和/或总的传递速率是极为重要的。这些量可以由速率方程式(6.4)、式(6.8)、式(6.12) 和式(6.15) 确定，但必须知道局部（h 或 h_m）和平均（$\bar{h}$ 或 $\bar{h}_m$）对流系数。正是基于这个原因，这些系数的确定被视为**对流问题**。然而，这不是一个简单的问题，因为这些系数除了依赖于很多诸如密度、黏度、热导率以及比热容等**流体性质**之外，还和**表面的几何形状及流动状态**有关。这种独立变量的多样性是由于对流传递与在表面上形成的边界层有关。

【**例 6.1**】 对于流过表面极为粗糙的平板的流动，局部对流换热系数 h_x 的实验结果满足

---

❶　虽然上述术语可较好地用于描述本教材中感兴趣的质量传递过程，但是并没有一个标准的术语，因此不同出版物中的结果很难统一。Webb[1] 对驱动势、流密度以及对流系数的不同表述方式进行了综述。

关系式

$$h_x(x) = ax^{-0.1}$$

其中 a 是系数 $[\text{W}/(\text{m}^{1.9} \cdot \text{K})]$，而 $x(\text{m})$ 是从平板前缘计算的距离。

1. 对于长度为 x 的平板，试写出其平均对流换热系数 $\overline{h}_x$ 与 x 处的局部对流换热系数 h_x 之比的表达式。

2. 定性地绘出 h_x 和 $\overline{h}_x$ 作为 x 的函数的变化关系。

解析

已知：局部对流换热系数 $h_x(x)$ 的变化。

求：1. 平均对流换热系数 $\overline{h}_x(x)$ 与局部对流换热系数 $h_x(x)$ 之比。

2. h_x 和 $\overline{h}_x$ 随 x 变化的示意图。

示意图：

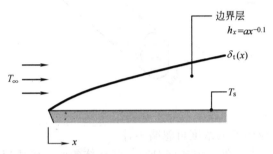

分析：1. 由式(6.14)，$0 \sim x$ 区域上的对流换热系数的平均值为

$$\overline{h}_x = \overline{h}_x(x) = \frac{1}{x} \int_0^x h_x(x) \mathrm{d}x$$

代入局部对流换热系数的表达式

$$h_x(x) = ax^{-0.1}$$

积分可得

$$\overline{h}_x = \frac{1}{x} \int_0^x ax^{-0.1} \mathrm{d}x = \frac{a}{x} \int_0^x x^{-0.1} \mathrm{d}x = \frac{a}{x} \left(\frac{x^{+0.9}}{0.9} \right) = 1.11 ax^{-0.1}$$

或

$$\overline{h}_x = 1.11 h_x$$

2. h_x 和 $\overline{h}_x$ 随 x 的变化如下图所示：

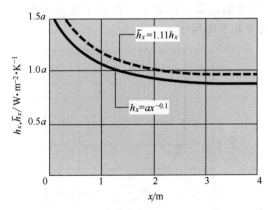

说明：边界层的发展使得局部和平均对流换热系数均随着离开前缘的距离的增加而减小，因而 $0 \sim x$ 区域上的平均对流换热系数必定大于 x 处的局部对流换热系数。

【例 6.2】　一个直径为 20mm 的长圆柱体由固体萘（一种常见的驱虫剂）制成，该圆柱体处于空气流中，平均对流传质系数 $\bar{h}_m = 0.05\,\text{m/s}$。圆柱体表面处萘蒸气的摩尔浓度为 $5 \times 10^{-6}\,\text{kmol/m}^3$，萘的分子量为 $128\,\text{kg/kmol}$。单位长度圆柱体的质量升华速率是多少？

解析

已知：萘的饱和蒸气浓度。

求：单位长度的升华速率 $n'_A [\text{kg/(s·m)}]$。

示意图：

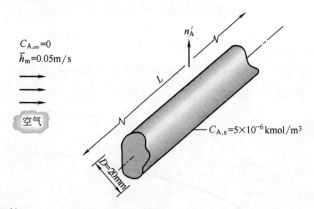

假定：1. 稳态条件；

2. 空气自由流中萘的浓度可忽略不计。

分析：萘通过对流传入空气，由式(6.15)，圆柱体的摩尔传质速率为

$$N_A = \bar{h}_m \pi D L (C_{A,s} - C_{A,\infty})$$

由 $C_{A,\infty} = 0$ 和 $N'_A = N_A/L$ 可得

$$N'_A = (\pi D)\bar{h}_m C_{A,s} = \pi \times 0.02\,\text{m} \times 0.05\,\text{m/s} \times 5 \times 10^{-6}\,\text{kmol/m}^3$$

$$= 1.57 \times 10^{-8}\,\text{kmol/(s·m)}$$

因此质量升华速率为

$$n'_A = M_A N'_A = 128\,\text{kg/kmol} \times 1.57 \times 10^{-8}\,\text{kmol/(s·m)}$$

$$= 2.01 \times 10^{-6}\,\text{kg/(s·m)}$$

【例 6.3】 在一盆水的表面的某个位置上，测定了水蒸气的分压 $p_A(\text{atm})$ 与离开表面的距离 y 之间的关系，结果如下图所示：

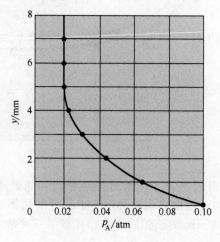

试求该位置上的对流传质系数 $h_{m,x}$。

解析

已知：水层表面特定位置处水蒸气的分压 p_A 与距离 y 的函数关系。

求：规定位置上的对流传质系数。

示意图：

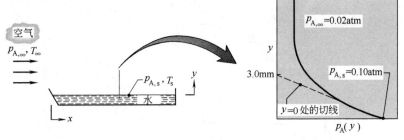

假定：1. 水蒸气可近似为理想气体；

2. 等温条件。

物性：表 A.6，饱和蒸汽（0.1atm＝0.101bar）：T_s＝319K。表 A.8，水蒸气-空气（319K）：$D_{AB}(319\mathrm{K})＝D_{AB}(298\mathrm{K})\times(319\mathrm{K}/298\mathrm{K})^{3/2}＝0.288\times10^{-4}\mathrm{m}^2/\mathrm{s}$。

分析：由式（6.21），局部对流传质系数为

$$h_{m,x}＝\frac{-D_{AB}\partial\rho_A/\partial y\big|_{y=0}}{\rho_{A,s}-\rho_{A,\infty}}$$

或把蒸汽近似为理想气体，即

$$p_A＝\rho_A R T$$

由于 T 为常数（等温条件），故

$$h_{m,x}＝\frac{-D_{AB}\partial p_A/\partial y\big|_{y=0}}{p_{A,s}-p_{A,\infty}}$$

根据测得的蒸汽压力分布

$$\left.\frac{\partial p_A}{\partial y}\right|_{y=0}＝\frac{(0-0.1)\mathrm{atm}}{(0.003-0)\mathrm{m}}＝-33.3\mathrm{atm/m}$$

因此

$$h_{m,x}＝\frac{-0.288\times10^{-4}\mathrm{m}^2/\mathrm{s}\times(-33.3\mathrm{atm/m})}{(0.1-0.02)\mathrm{atm}}＝0.0120\mathrm{m/s}$$

说明：由液体-蒸汽交界面上存在的热力学平衡条件，可从表 A.6 查得该交界面的温度。

6.3　层流和湍流

到现在为止，我们对对流的讨论还没有提及**流动状态**的重要性。在处理任何对流问题时，首要的步骤是确定边界层是**层流**还是**湍流**。表面摩擦以及对流传递速率在很大程度上取决于存在的是哪种流动状态。

6.3.1　层流和湍流速度边界层

图 6.6 中给出了平板上边界层的**发展**。在很多情形下，层流和湍流状态会同时发生，层

流段处于湍流段之前。对于任何一种状态，流体的运动都可以用 x 和 y 两个方向上的速度分量来描述。随着边界层沿 x 方向的发展，近壁流体会减速，使得流体必须向远离表面的方向运动。如图 6.6 所示，层流和湍流两种状态之间存在明显的差别，在随后的段落中将讨论这个问题。

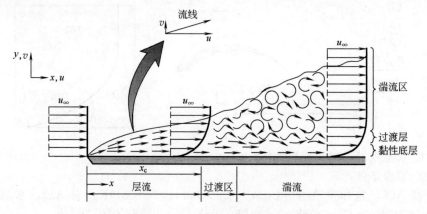

图 6.6 平板上速度边界层的发展

在层流边界层中，流体运动极为规则，并能识别流体质点运动的流线。由 6.1.1 节我们知道，边界层的厚度是增大的，且 $y=0$ 处的速度梯度沿流动方向（增加 x）是变小的。由式（6.2）我们可以看出，局部表面切应力 τ_s 也随着 x 的增大而减小。这种极为规则的行为会一直持续到**过渡区**，在这个区中发生从层流向湍流的转变。过渡区中的状态随时间而变化，流动有时展现层流的状态，有时表现出湍流的特征。

边界层中完全是湍流的流动通常是极不规则的，其特征为较大的流体团的三维随机运动。这个边界层中的混合过程使得高速流体冲刷固体壁面，将运动较慢的流体输运到自由流中。混合在很大程度上是由称为**流体线**的沿流向的旋涡引起的，它们在平板附近间歇性地产生，迅速生长和衰减。最近的分析和实验研究指出，湍流中的这些以及其他的**拟序结构**能以波的形式运动，速度可以超过 u_∞，它们相互之间进行非线性作用，产生了标志湍流的混沌状态[2]。

作为导致混沌流动状态的相互作用的结果之一，湍流边界层中任意一点处的速度和压力都会发生波动。按照离开表面的距离，湍流边界层可分成三个不同的区域。我们可以把传递由扩散控制且速度分布几乎是线性的区域称为**黏性底层**。在相临的**过渡层**中，扩散和湍流混合的影响相当，而在**湍流区**内，传递是由湍流混合控制的。图 6.7 中给出了层流和湍流边界层中 x 速度分量分布的比较，由图中可以看出湍流速度分布相对平缓，这是由于过渡层和湍流区中发生的混合引起的，这就使得在黏性底层中具有较大的速度梯度。因此，图 6.6 中边界层湍流部分中的 τ_s 通常要比层流部分中的大。

从根本上说，层流向湍流的过渡是由**触发机制**引起的，它们可以是流体中自然产生的非稳定流动结构之间的相互作用，也可以是存在于很多典型的边界层中的小的扰动。这些扰动可以产生于自由流中的波动，也可由表面粗糙度或微小的表面振动引起。湍流的发生与否取决于这些触发机制在流动方向上是被增强还是被削弱，这又取决于一个称为**雷诺数**的由一组参数组成的无量纲数

$$Re_x \equiv \frac{\rho u_\infty x}{\mu} \tag{6.23}$$

对于平板，特征长度 x 是离开前缘的距离。后面将会指出雷诺数代表了惯性力和黏性力之

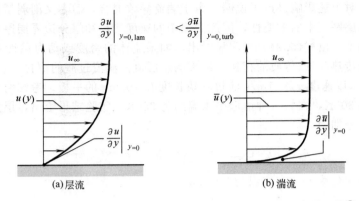

图 6.7　具有相同自由流速度的层流和湍流速度边界层分布的比较❶

比。如果雷诺数较小，惯性力的影响远小于黏性力。这样扰动会耗散，流动可保持为层流。但是，在雷诺数较大的情况下，惯性力足以增强触发机制，这样就会发生向湍流的过渡。

在计算边界层特性时，假定在某个位置 x_c 处发生过渡常常是合理的，如图 6.6 所示。这个位置可以用**临界**雷诺数 $Re_{x,c}$ 来确定。对于平板上的流动，受表面粗糙度以及自由流湍流度的影响，该值大约在 $10^5 \sim 3 \times 10^6$ 之间变化。在边界层计算中，通常采用的有代表性的临界雷诺数的值为

$$Re_{x,c} \equiv \frac{\rho u_\infty x_c}{\mu} = 5 \times 10^5 \qquad (6.24)$$

除非另加说明，在本教材中涉及平板的计算时均采用该值。

6.3.2　层流和湍流状态下的热和组分浓度边界层

因为速度分布决定了边界层中热能或化学组分传递的对流分量，所以流动特性也对对流传热和传质的速率有复杂的影响。与层流速度边界层类似，热和组分边界层沿流动方向（增加 x）是增大的，$y=0$ 处流体的温度和组分浓度梯度沿流动方向而降低，从而，根据式（6.5）和式（6.9），传热和传质系数也随着 x 的增大而减小。

正如湍流混合在 $y=0$ 处产生大的速度梯度，它也在固体表面附近产生大的温度和组分浓度梯度，并导致过渡区中传热和传质系数相应增大。图 6.8 针对速度边界层厚度 δ 和局部

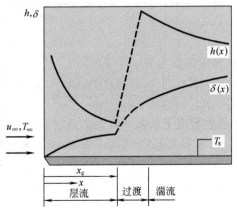

图 6.8　等温平板上流动的速度边界层厚度 δ 和局部换热系数 h 的变化

---

❶　由于在湍流中速度是随时间而波动的，图 6.7 中画出的是时均速度 $\bar{u}$。

对流换热系数 h 对上述影响进行了说明。由于湍流导致混合，后者又削弱了传导和扩散在决定热和组分边界层厚度中的重要性，因此湍流中的速度、热和组分边界层厚度之间的差别要比层流中的小得多。由式(6.24)可明显看出，如果流体的密度或动力黏性系数依赖于温度或组分浓度，则传热和/或传质的存在可以影响从层流向湍流过渡的位置。

【例 6.4】 水以速度 $u_\infty = 1\text{m/s}$ 流过一块长度 $L = 0.6\text{m}$ 的平板。考虑两种情形，在一种情形中水温约为 300K，在另一种情形中水温约为 350K。实验结果给出，层流和湍流区域的局部对流系数可分别用

$$h_{\text{lam}}(x) = C_{\text{lam}} x^{-0.5} \quad \text{和} \quad h_{\text{turb}}(x) = C_{\text{turb}} x^{-0.2}$$

表示，其中 x 的单位为 m。在水温为 300K 时

$$C_{\text{lam},300} = 395\text{W/(m}^{1.5} \cdot \text{K)} \qquad C_{\text{turb},300} = 2330\text{W/(m}^{1.8} \cdot \text{K)}$$

而水温处于 350K 时

$$C_{\text{lam},350} = 477\text{W/(m}^{1.5} \cdot \text{K)} \qquad C_{\text{turb},350} = 3600\text{W/(m}^{1.8} \cdot \text{K)}$$

很明显，常数 C 取决于流动的性质以及水温，这是由于流体的各种性质与温度有关。

确定两种水温下整个平板的平均对流系数 $\bar{h}$。

解析

已知：水流过平板；局部对流系数对离开平板前缘的距离 x 的依赖关系的表达式；水的大致温度。

求：平均对流系数 $\bar{h}$。

示意图：

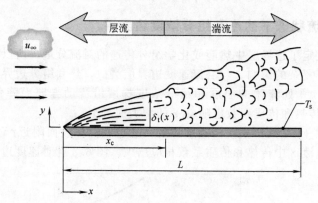

假定：1. 稳态；

2. 发生过渡的临界雷诺数为 $Re_{x,c} = 5 \times 10^5$。

物性：表 A.6，水（$\bar{T} \approx 300\text{K}$）：$\rho = v_f^{-1} = 997\text{kg/m}^3$，$\mu = 855 \times 10^{-6}\text{N} \cdot \text{s/m}^2$。表 A.6（$\bar{T} \approx 350\text{K}$）：$\rho = v_f^{-1} = 974\text{kg/m}^3$，$\mu = 365 \times 10^{-6}\text{N} \cdot \text{s/m}^2$。

分析：局部对流系数在很大程度上依赖于存在的是层流还是湍流状态。因此，我们首先要通过求解过渡发生的位置 x_c 来确定这些状态存在的范围。根据式(6.24)，我们知道在 300K 时

$$x_c = \frac{Re_{x,c}\mu}{\rho u_\infty} = \frac{5 \times 10^5 \times 855 \times 10^{-6}\text{N} \cdot \text{s/m}^2}{997\text{kg/m}^3 \times 1\text{m/s}} = 0.43\text{m}$$

而在 350K 时

$$x_c = \frac{Re_{x,c}\mu}{\rho u_\infty} = \frac{5 \times 10^5 \times 365 \times 10^{-6}\text{N} \cdot \text{s/m}^2}{974\text{kg/m}^3 \times 1\text{m/s}} = 0.19\text{m}$$

根据式(6.14) 我们知道

$$\bar{h} = \frac{1}{L}\int_0^L h\,dx = \frac{1}{L}\left[\int_0^{x_c} h_{lam}\,dx + \int_{x_c}^L h_{turb}\,dx\right]$$

或写成

$$\bar{h} = \frac{1}{L}\left[\frac{C_{lam}}{0.5}x^{0.5}\Big|_0^{x_c} + \frac{C_{turb}}{0.8}x^{0.8}\Big|_{x_c}^L\right]$$

在 300K 时

$$\bar{h} = \frac{1}{0.6m}\left[\frac{395\,W/(m^{1.5}\cdot K)}{0.5}\times(0.43^{0.5})m^{0.5} + \frac{2330\,W/(m^{1.8}\cdot K)}{0.8}\times(0.6^{0.8}-0.43^{0.8})m^{0.8}\right]$$

$$= 1620\,W/(m^2\cdot K)$$

而在 350K 时

$$\bar{h} = \frac{1}{0.6m}\left[\frac{477\,W/(m^{1.5}\cdot K)}{0.5}\times(0.19^{0.5})m^{0.5} + \frac{3600\,W/(m^{1.8}\cdot K)}{0.8}\times(0.6^{0.8}-0.19^{0.8})m^{0.8}\right]$$

$$= 3710\,W/(m^2\cdot K)$$

平板上局部和平均对流系数的分布在下图中给出。

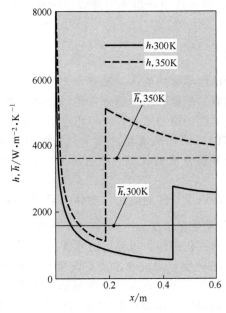

说明：1. $T\approx350K$ 时，平均对流系数要比 $T\approx300K$ 时的大一倍多。这种对温度的很强的依赖性主要是由于水在较高温度下的较小的黏性系数使得 x_c 发生了显著的变化。在进行对流传热分析时，对流体性质的温度依赖性进行仔细处理是**至关紧要**的。

2. 局部对流系数的空间变化是很显著的。局部对流系数的极大值出现在层流热边界层极薄的平板前缘处，以及紧靠 x_c 的下游处，在这里湍流边界层是最薄的。

6.4　边界层方程

我们可对决定边界层特性的物理因素作更深入的认识，并通过讨论图 6.9 所示边界层状态的控制方程进一步揭示边界层的特性与对流输运之间的关系。

速度边界层产生于自由流速度与壁面处的零速度之间的差别，而热边界层则产生于自由流与表面之间的温差。假定流体为组分 A 和 B 的二元混合物，浓度边界层是由自由流与表面之间的浓度差造成的（$C_{A,\infty} \neq C_{A,s}$）。图 6.9 中给出的相对厚度（$\delta_t > \delta_c > \delta$）暂时是任意的，本章稍后会讨论影响边界层相对发展的因素。

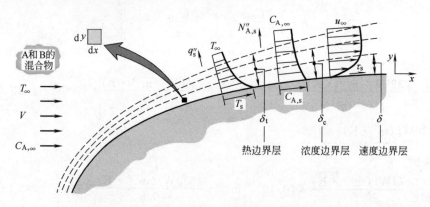

图 6.9　任意表面上速度、热和浓度边界层的发展

我们在下一节的目标是获得一组适用于有热量和组分传递的边界层流动中速度、温度和组分浓度场的控制微分方程。6.4.1 节给出了层流边界层方程组，附录 E 则给出了湍流状态下的相应方程组。

6.4.1　层流边界层方程

同时存在速度、温度和浓度梯度的流体运动必须遵守一些**基本的自然定律**。具体地说，在流体中的每一个点上，**质量、能量和化学组分守恒**以及**牛顿第二运动定律**必须得到满足。满足上述要求的方程是通过对流场中的微元控制容积应用上述定律导出的。所得到的适用于**具有常物性的不可压缩流体的二维稳态流动**的笛卡儿坐标系中的方程组在附录 D 中给出。这些方程是我们进行层流边界层分析的起点。注意，湍流具有固有的不稳定性，附录 E 中给出了它们的控制方程组。

我们将注意力限制于满足以下条件的应用：**物体力可以忽略**（$X = Y = 0$），**没有热能的产生**（$\dot{q} = 0$），以及**流动中不发生化学反应**（$\dot{N}_A = 0$）。借助与速度、温度和浓度边界层中的状态相关的近似可得到其他的简化条件。边界层的厚度相对于与边界层接触的物体的尺寸来说通常很薄，因此 x 方向上的速度、温度和浓度必定要在这些很小的距离上从它们的表面值变为自由流的值。因此，垂直于物体表面的梯度要远大于那些沿表面方向的梯度。因此，相对于 y 方向上的分量，我们可以忽略那些代表 x 方向上的动量、热能和化学组分的扩散的项。这就是说[3,4]：

$$\frac{\partial^2 u}{\partial x^2} \ll \frac{\partial^2 u}{\partial y^2} \qquad \frac{\partial^2 T}{\partial x^2} \ll \frac{\partial^2 T}{\partial y^2} \qquad \frac{\partial^2 C_A}{\partial x^2} \ll \frac{\partial^2 C_A}{\partial y^2} \qquad (6.25)$$

所谓忽略 x 方向上的项也就是假定相应的切应力、传导热流以及组分扩散流可以忽略。

此外，由于边界层非常薄，边界层中 x 方向上的压力梯度可近似等于自由流压力梯度：

$$\frac{\partial p}{\partial x} \approx \frac{\mathrm{d} p_\infty}{\mathrm{d} x} \qquad (6.26)$$

$p_\infty(x)$ 的形式与表面几何形状有关，可以通过单独地讨论自由流中的流动状态求得。于是，压力梯度可以当作已知量来处理。

根据上述的简化和假定，总的连续方程与式 D.1 相同：

$$\frac{\partial u}{\partial x} + \frac{\partial v}{\partial y} = 0 \tag{6.27}$$

这个方程是通过对图 6.9 中的微元控制容积 $\mathrm{d}x \cdot \mathrm{d}y \cdot 1$ 应用质量守恒得到的。方程左边的两项代表了在 x 和 y 方向上向外的**净**质量流率（流出的－流入的），对于稳态流动，两者之和必定等于零。

x 动量方程 ［式(D.2)］ 简化为

$$u\frac{\partial u}{\partial x} + v\frac{\partial u}{\partial y} = -\frac{1}{\rho} \times \frac{\mathrm{d}p_\infty}{\mathrm{d}x} + \nu\frac{\partial^2 u}{\partial y^2} \tag{6.28}$$

这个方程是通过在 x 方向对流体中的微元控制容积 $\mathrm{d}x \cdot \mathrm{d}y \cdot 1$ 应用牛顿第二运动定律得到的。方程左边的项代表由于穿过边界的流体运动造成的离开控制容积的净动量流率。右边的第一项代表净压力，第二项代表黏性切应力的净作用。

能量方程 ［式(D.4)］ 简化为

$$u\frac{\partial T}{\partial x} + v\frac{\partial T}{\partial y} = \alpha\frac{\partial^2 T}{\partial y^2} + \frac{\nu}{c_p}\left(\frac{\partial u}{\partial y}\right)^2 \tag{6.29}$$

这个方程是通过对流动的流体中的微元控制容积应用能量守恒得到的。左边的项为由于流体的总体运动（平流）引起的热能离开控制容积的净速率。右边的第一项代表了由于 y 方向上的传导而输入的净热能。右边的最后一项是黏性耗散，为式(D.5) 的剩余部分，这是通过以下条件获得的：在边界层中，沿表面方向上的速度分量 u 要远大于垂直于表面的速度分量 v，垂直于表面的梯度要远大于那些沿表面的梯度。在大多数情况下，该项相对于计及对流和传导的那些项可以忽略。但是，对伴随高速（特别是超声速）飞行的气动加热的情况，该项具有重要作用。

组分守恒方程 ［式(D.6)］ 简化为

$$u\frac{\partial C_A}{\partial x} + v\frac{\partial C_A}{\partial y} = D_{AB}\frac{\partial^2 C_A}{\partial y^2} \tag{6.30}$$

这个方程是通过对流动中的微元控制容积应用化学组分守恒得到的。左边的项代表由于流体的整体运动（平流）造成的组分 A 的净输运速率，而右边的项则代表了由于 y 方向上的扩散造成的净输入速率。

方程式(6.27)～式(6.30) 可用于确定不同层流边界层中 u、v、T 及 C_A 的空间分布。对于常物性、不可压缩流动，方程式(6.27) 和式(6.28) 与方程式(6.29) 和式(6.30) 之间**没有耦合关系**。这意味着，方程式(6.27) 和式(6.28) 可用于求解**速度场** $u(x, y)$ 和 $v(x, y)$，而不用考虑方程式(6.29) 和式(6.30)。已知 $u(x, y)$，就可以计算速度梯度 $(\partial u/\partial y)|_{y=0}$，这样，就能够用式(6.2) 求得壁面切应力。与之不同的是，方程式(6.29) 和式(6.30) 中出现了 u 和 v，温度和组分浓度与速度场是**耦合的**。因此，在用方程(6.29) 和式(6.30) 求解 $T(x, y)$ 和 $C_A(x, y)$ 之前，必须知道 $u(x, y)$ 和 $v(x, y)$。求得 $T(x, y)$ 和 $C_A(x, y)$ 之后，就可分别用式(6.5) 和式(6.9) 确定对流换热和传质系数。这些系数必然

对速度场有很强的依赖❶。

因为边界层的求解涉及到的数学通常超出了本书的范围，我们对这类问题的求解仅限于分析平板上的平行流动（7.2 节和附录 F）。但可在有关对流的高级教程中找到其他分析解[6~8]，而边界层详细的求解可借助于数值方法（有限差分或有限元）进行[9]。还必须认识到，有大量与工程相关的情况会涉及到湍流对流传热，它们在数学和物理上都要比层流对流复杂得多。湍流的边界层方程见附录 E。

有必要强调，我们建立边界层方程并不仅仅是为了得到解。事实上，我们这么做有两个主要动机。其一是为了理解边界层中出现的物理过程。这些过程影响着边界层中的壁面摩擦以及能量和组分的传递。第二个重要的动机源于以下事实：这些方程可用于确定关键的**边界层相似参数**，以及**动量、能量和质量**传递之间的重要**类比**。在 6.5 节～6.7 节中，层流控制方程将被用于这个目的，而湍流状态具有相同的关键参数和类比关系。

6.5 边界层相似：无量纲边界层方程

如果仔细观察方程式(6.28)～式(6.30)，可注意到它们之间具有很大的相似性。事实上，如果方程式(6.28)中的压力梯度和方程式(6.29)中的黏性耗散项可以忽略，则这三个方程具有相同的形式。**每个方程都具有这样的特征：左边为平流项，右边为扩散项。**这种情况描述的是**低速受迫对流流动**，在很多工程应用中可见到这种流动。先将这些控制方程**无量纲化**，可以合理地揭示这种相似性的含义。

6.5.1 边界层相似参数

为获得无量纲边界层方程，首先定义如下形式的无量纲自变量

$$x^* \equiv \frac{x}{L} \quad \text{和} \quad y^* \equiv \frac{y}{L} \tag{6.31}$$

式中，L 是所论表面的**特征长度**（例如平板的长度）。此外，也可定义如下的无量纲因变量

$$u^* \equiv \frac{u}{V} \quad \text{和} \quad v^* \equiv \frac{v}{V} \tag{6.32}$$

式中，V 是表面上游的速度（图 6.9），以及

$$T^* \equiv \frac{T - T_s}{T_\infty - T_s} \tag{6.33}$$

$$C_A^* \equiv \frac{C_A - C_{A,s}}{C_{A,\infty} - C_{A,s}} \tag{6.34}$$

将式(6.31)～式(6.34)代入方程式(6.28)～式(6.30)可得表 6.1 所列的守恒方程的无量纲

---

❶ 应对组分传递对速度边界层的影响给予特别注意。我们知道，速度边界层的发展通常是以**表面处**的零流体速度为特征的。这个条件适用于垂直于表面的速度分量 v，也适用于沿表面的速度分量 u。但是，如果同时存在对表面或离开表面的传质，很显然，表面处的 v 就不能再为零了。然而，就本教材感兴趣的传质问题而言，假定在表面处 $v=0$ 是合理的，这相当于假定传质对速度边界层的影响可以忽略。这个假定适用于很多涉及气液交界面上蒸发或气固界面上升华的问题。但是，它不适用于涉及很大的表面传质速率的**传质冷却**问题[5]。另外，我们要注意，在讨论传质问题时，边界层流体是组分 A 和 B 的二元混合物，其物性应该是混合物的。但是，在本教材的所有问题中，有 $C_A \ll C_B$，因而可合理地假定边界层的物性（诸如 k、μ、c_p 等）就是组分 B 的。

形式。注意这里略去了黏性耗散，$p^* \equiv p_\infty / (\rho V^2)$ 是无量纲压力。表中也列出了求解这些方程需要的 y 方向上的边界条件。

　　表 6.1 中引入了三个非常重要的无量纲**相似参数**。它们是雷诺数 Re_L、普朗特数 Pr、以及施密特数 Sc。相似参数的重要性在于，它们可使我们把由处于一组对流条件下的表面得到的结果应用于所处条件完全不同但**几何相似的**表面。这些条件可以随诸如流体物性、流体速度和/或用特征长度 L 定义的表面尺寸而变化。只要两组条件的相似参数和无量纲边界条件相同，则用微分方程求解的无量纲速度、温度和组分浓度也会相同。我们在本节随后的内容中将对这个概念加以详细阐述。

表 6.1　无量纲形式的边界层方程及其 y 方向上的边界条件

边界层	守恒方程	边界条件		相似参数
		壁　面	自由流	
速度	$u^* \dfrac{\partial u^*}{\partial x^*} + v^* \dfrac{\partial u^*}{\partial y^*} = -\dfrac{\mathrm{d}p^*}{\mathrm{d}x^*} + \dfrac{1}{Re_L} \times \dfrac{\partial^2 u^*}{\partial y^{*2}}$　(6.35)	$u^*(x^*,0)=0$ $v^*(x^*,0)=0$	$u^*(x^*,\infty)=\dfrac{u_\infty(x^*)}{V}$　(6.38)	$Re_L = \dfrac{VL}{\nu}$　(6.41)
热	$u^* \dfrac{\partial T^*}{\partial x^*} + v^* \dfrac{\partial T^*}{\partial y^*} = \dfrac{1}{Re_L Pr} \times \dfrac{\partial^2 T^*}{\partial y^{*2}}$　(6.36)	$T^*(x^*,0)=0$	$T^*(x^*,\infty)=1$　(6.39)	$Re_L, Pr = \dfrac{\nu}{\alpha}$　(6.42)
浓度	$u^* \dfrac{\partial C_A^*}{\partial x^*} + v^* \dfrac{\partial C_A^*}{\partial y^*} = \dfrac{1}{Re_L Sc} \times \dfrac{\partial^2 C_A^*}{\partial y^{*2}}$　(6.37)	$C_A^*(x^*,0)=0$	$C_A^*(x^*,\infty)=1$　(6.40)	$Re_L, Sc = \dfrac{\nu}{D_{AB}}$　(6.43)

6.5.2　解的函数形式

　　表 6.1 中的方程式(6.35)～式(6.43)是极为有用的，因为它们提供了如何将重要的边界层结果简化和通用化的思路。动量方程(6.35)表明，虽然速度边界层中的状态依赖于流体物性 ρ 和 μ、速度 V 以及长度尺度 L，但可通过将这些变量组合成雷诺数的形式简化这种依赖关系。这样，我们可以预期方程(6.35)的解应该具有以下函数形式

$$u^* = f\left(x^*, y^*, Re_L, \frac{\mathrm{d}p^*}{\mathrm{d}x^*}\right) \tag{6.44}$$

由于压力分布 $p^*(x^*)$ 与表面的几何形状有关，并可利用自由流中的条件独立求解，因此，式(6.44)中出现的 $\mathrm{d}p^*/\mathrm{d}x^*$ 体现了几何形状对速度分布的影响。

　　根据式(6.2)，表面 $y^*=0$ 处的切应力可写成

$$\tau_s = \mu \frac{\partial u}{\partial y}\bigg|_{y=0} = \left(\frac{\mu V}{L}\right) \frac{\partial u^*}{\partial y^*}\bigg|_{y^*=0}$$

再由式(6.1)和式(6.41)可得摩擦系数为

$$C_f = \frac{\tau_s}{\rho V^2/2} = \frac{2}{Re_L} \times \frac{\partial u^*}{\partial y^*}\bigg|_{y^*=0} \tag{6.45}$$

由式(6.44)还可知道

$$\frac{\partial u^*}{\partial y^*}\bigg|_{y^*=0} = f\left(x^*, Re_L, \frac{\mathrm{d}p^*}{\mathrm{d}x^*}\right)$$

于是，**对于给定的几何形状**，式(6.45)可写成

$$C_{\mathrm{f}} = \frac{2}{Re_L} f(x^*, Re_L) \tag{6.46}$$

这个结果的重要性不容忽视。式(6.46)说明，摩擦系数这个对工程师具有重要意义的无量纲参数可以只用无量纲的空间坐标和雷诺数来表示。因此，对于给定的几何形状，我们预期 C_{f} 与 x^* 及 Re_L 之间的函数关系是**普遍**适用的。这就是说，我们预期它可应用于不同的流体以及较大范围的 V 和 L 值。

对于传热和传质的对流系数可获得类似的结果。直观地，我们可以预计 h 依赖于流体物性（k、c_p、μ 和 ρ）、流体速度 V、长度尺度 L 以及表面的几何形状。然而，方程(6.36)提供了简化这种依赖关系的方法。具体地说，这个方程的解可写成以下形式

$$T^* = f\left(x^*, y^*, Re_L, Pr, \frac{\mathrm{d}p^*}{\mathrm{d}x^*}\right) \tag{6.47}$$

其中对 $\mathrm{d}p^*/\mathrm{d}x^*$ 的依赖源于几何形状对流体运动（u^* 和 v^*）的影响，而后者又会影响热状态。$\mathrm{d}p^*/\mathrm{d}x^*$ 项再次体现了几何形状的影响。根据对流系数的定义［式(6.5)］及无量纲变量［式(6.32)和式(6.34)］，可得

$$h = -\frac{k_{\mathrm{f}}}{L} \times \frac{(T_\infty - T_{\mathrm{s}})}{(T_{\mathrm{s}} - T_\infty)} \times \frac{\partial T^*}{\partial y^*}\bigg|_{y^* = 0} = +\frac{k_{\mathrm{f}}}{L} \times \frac{\partial T^*}{\partial y^*}\bigg|_{y^* = 0}$$

这个表达式表明，可以定义一个称为努塞尔数的无量纲因变参数。

努塞尔数

$$\boxed{Nu \equiv \frac{hL}{k_{\mathrm{f}}} = +\frac{\partial T^*}{\partial y^*}\bigg|_{y^* = 0}} \tag{6.48}$$

这个参数等于表面处的无量纲温度梯度，它可用于度量表面上发生的对流传热。由式(6.47)，**对于给定的几何形状**，有

$$\boxed{Nu = f(x^*, Re_L, Pr)} \tag{6.49}$$

努塞尔数与热边界层的关系正如摩擦系数与速度边界层的关系一样。式(6.49)意味着对于给定的几何形状，努塞尔数必定是 x^*、Re_L 和 Pr 的某个**通用函数**。如果已知这个函数，则可用它计算不同流体及不同的 V 和 L 值对应的 Nu 值。利用已知的 Nu 数，可以求得局部对流换热系数 h，并可用式(6.4)计算**局部**热流密度。此外，由于**平均**对流换热系数是通过对物体的表面积分得到的，它必定与空间变量 x^* 无关。所以**平均努塞尔数**的函数形式为

$$\boxed{\overline{Nu} = \frac{\overline{h}L}{k_{\mathrm{f}}} = f(Re_L, Pr)} \tag{6.50}$$

类似地，可以指出，对于气体流过蒸发的液体或升华的固体时发生的传质，对流传质系数 h_{m} 依赖于物性 D_{AB}、ρ、μ、速度 V 以及特征长度 L。然而，方程(6.37)表明，这种依赖关系可以简化。该方程的解必定具有以下形式

$$C_{\mathrm{A}}^* = f\left(x^*, y^*, Re_L, Sc, \frac{\mathrm{d}p^*}{\mathrm{d}x^*}\right) \tag{6.51}$$

其中对 $\mathrm{d}p^*/\mathrm{d}x^*$ 的依赖关系同样源于流体运动的影响。根据对流系数的定义［式(6.9)］及无量纲变量［式(6.31)和式(6.34)］，可得

$$h_{\mathrm{m}} = -\frac{D_{\mathrm{AB}}}{L} \times \frac{(C_{\mathrm{A},\infty} - C_{\mathrm{A},\mathrm{s}})}{(C_{\mathrm{A},\mathrm{s}} - C_{\mathrm{A},\infty})} \times \frac{\partial C_{\mathrm{A}}^*}{\partial y^*}\bigg|_{y^*=0} = +\frac{D_{\mathrm{AB}}}{L} \times \frac{\partial C_{\mathrm{A}}^*}{\partial y^*}\bigg|_{y^*=0}$$

于是，我们可以定义一个称为舍伍德数（Sh）的无量纲因变参数。

舍伍德数

$$Sh \equiv \frac{h_{\mathrm{m}} L}{D_{\mathrm{AB}}} = +\frac{\partial C_{\mathrm{A}}^*}{\partial y^*}\bigg|_{y^*=0} \tag{6.52}$$

这个参数等于表面上的无量纲浓度梯度，它可用于度量表面上发生的对流传质。根据式（6.51），**对于给定的几何形状**，有

$$Sh = f(x^*, Re_L, Sc) \tag{6.53}$$

舍伍德数与浓度边界层的关系正如努塞尔数与热边界层的关系一样，而式（6.53）意味着它必定是 x^*、Re_L 和 Sc 的通用函数。像努塞尔数一样，也可以定义一个**平均**舍伍德数，它只依赖于 Re_L 和 Sc。

$$\overline{Sh} = \frac{\overline{h}_{\mathrm{m}} L}{D_{\mathrm{AB}}} = f(Re_L, \ Sc) \tag{6.54}$$

从前面的讨论中，我们已经获得了与低速受迫对流边界层相关的无量纲参数。我们是通过将描述边界层中发生的物理过程的微分方程无量纲化来完成这个工作的。另一种方法是采用巴金汉（Buckingham）π 定律形式的量纲分析[10]。但是，使用这种方法能否成功取决于我们选择影响相关问题的各种参数的能力，这种选择在很大程度上依赖于直觉。例如，事先知道 $\overline{h} = f(k, c_p, \rho, \mu, V, L)$，我们就可以使用巴金汉 π 定律得到式（6.50）。但是，我们的分析是从守恒方程的微分形式入手的，这样我们就不必猜测，而是以严格的方式确定了相似参数。

我们应该充分理解诸如式（6.50）之类的表达式的重要性。它说明，不论是用理论或实验获得的对流传热的结果，都可以用三个无量纲量来表述，而不必用原来的七个参数。这种简化提供的方便是很明显的。此外，一旦对特定的表面几何形状获得了式（6.50）给出的函数关系的形式，例如通过实验室测量，它就是**普遍**适用的。这么说是指，它可应用于不同的流体、速度和长度尺度，只要原始边界层方程中隐含的假设依然成立（例如，黏性耗散和物体力可以忽略）。

【例 6.5】 对下图所示涡轮叶片上一个部位所做的实验测试表明，传给叶片的热流密度为 $q'' = 95000\,\mathrm{W/m^2}$。为保持稳态表面温度为 $800\,^\circ\mathrm{C}$，用叶片内的循环冷却液带走传给叶片的热量。

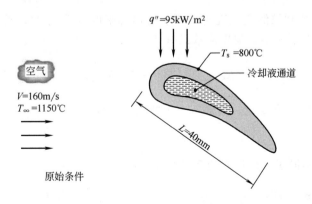

1. 如果通过提高冷却液的流速使叶片温度降到 $T_{s,1}=700℃$，试确定传给叶片的热流密度。

2. 当叶片在 $T_\infty=1150℃$ 和 $V=80\text{m/s}$ 的空气流中运行，并且 $T_s=800℃$ 时，试确定弦长 $L=80\text{mm}$ 的相似的涡轮叶片上相同无量纲位置处的热流密度。

解析

已知：内冷涡轮叶片的运行工况。

求：1. 表面温度降低后传给叶片的热流密度；

2. 在较低空气速度下传给同样形状的较大的涡轮叶片的热流密度。

示意图：

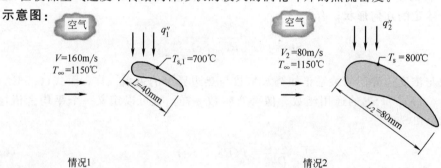

情况1　　　　　　　　　　　　　　　　　　情况2

假定：1. 稳态条件；

2. 空气物性为常数。

分析：1. 当表面温度为 800℃ 时，表面与空气之间的对流换热系数可以用牛顿冷却定律获得：

$$q''=h(T_\infty-T_s)$$

这样

$$h=\frac{q''}{T_\infty-T_s}$$

我们先不计算这个值。根据式(6.50)，对于给定的几何形状，有

$$Nu=\frac{hL}{k}=f(x^*,Re_L,Pr)$$

根据常物性假设，x^*、Re_L 和 Pr 不随 T_s 而变化，因此局部努塞尔数是不变的。此外，由于 L 和 k 也不改变，所以局部对流系数也保持不变。于是，当表面温度降至 700℃ 时，可以用相同的对流系数通过牛顿冷却定律求得热流密度：

$$q_1''=h(T_\infty-T_{s,1})=\frac{q''(T_\infty-T_{s,1})}{(T_\infty-T_s)}=95000\text{W/m}^2\times\frac{(1150-700)℃}{(1150-800)℃}=122000\text{W/m}^2 \quad \blacktriangleleft$$

2. 为确定较大叶片和较低空气流速条件下的热流密度（情况 2），首先注意到，虽然 L 增加了一倍，速度降低了一半，但雷诺数没有变化。即

$$Re_{L,2}=\frac{V_2 L_2}{\nu}=\frac{VL}{\nu}=Re_L$$

此外，由于 x^* 和 Pr 也没有变化，局部努塞尔数保持不变。

$$Nu_2=Nu$$

然而，因为特征长度不同了，所以对流系数变了，有

$$\frac{h_2 L_2}{k}=\frac{hL}{k} \quad 或 \quad h_2=h\frac{L}{L_2}=\frac{q''}{T_\infty-T_s}\times\frac{L}{L_2}$$

于是，热流密度为

$$q_2'' = 95000\,\text{W/m}^2 \times \frac{0.04\,\text{m}}{0.08\,\text{m}} = 47500\,\text{W/m}^2$$ ◀

说明： 如果第二部分中两种情况的雷诺数不同，即 $Re_{L,2} \neq Re_L$，则只有在已知式（6.49）的特定函数关系时才能求得热流密度 q_2''。在以后的章节中，我们将为很多几何形状提供这种函数形式。

6.6　无量纲参数的物理意义

上述所有的无量纲参数都有与流动条件有关的物理解释，不仅适用于边界层，也适用于其他的流动类型，如我们将在第 8 章中遇到的内部流动。以**雷诺数** Re_L ［式（6.41）］为例，它可以解释为特征长度为 L 的区域中**惯性力与黏性力之比**。惯性力与运动流体的动量的增加有关。从式（6.28）可以很容易看出，这些力（单位质量）具有 $u\,\partial u/\partial x$ 的形式，在这种情况下，根据量级分析近似有 $F_I \approx \rho V^2/L$。类似地，净的切应力（单位质量）以 $\nu(\partial^2 u/\partial y^2)$ 的形式出现在式（6.28）的右边，可近似为 $F_s \approx \mu V/L^2$。因此，这两个力之比为

$$\frac{F_I}{F_s} \approx \frac{\rho V^2/L}{\mu V/L^2} = \frac{\rho V L}{\mu} = Re_L$$

据此我们可以预料，在大雷诺数的情况下，惯性力起主导作用，而在小雷诺数的情况下，黏性力则起主导作用。

上面的结果有几个重要含义。我们记得，雷诺数的大小决定了流动状态是层流还是湍流。在任何流动中都存在着一些小的扰动，它们增大后可产生湍流状态。然而，对于小的 Re_L 数，相对于惯性力来说，黏性力大得足以阻止这种增大，于是层流得以维持。但是，随着 Re_L 数的增大，相对于惯性力，黏性力的影响逐渐变得次要了，小的扰动增大到一定程度，可导致向湍流的过渡。我们还应该预料到，雷诺数的大小会影响速度边界层的厚度 δ。随着表面上固定位置处 Re_L 数的增加，可以预期，相对于惯性力来说，黏性力的影响变小。因此，黏性力的影响不能够深入自由流，δ 值相应减小。

普朗特数的物理解释可从它的定义（动量扩散率 ν 与热扩散率 α 之比）得出。普朗特数提供了**速度边界层和热边界层中由扩散引起的动量和能量输运相对效果的度量**。从表 A.4 可以看到，气体的普朗特数接近 1，在这种情况下，由扩散引起的能量和动量的传递是相当的。液态金属（表 A.7）的 $Pr \ll 1$，能量扩散速率远大于动量扩散速率。油类（表 A.5）的情况正好相反，$Pr \gg 1$。从这个解释可知，Pr 值对速度和热边界层的相对增长有强烈影响。事实上对于层流边界层（其中扩散传递的重要性**不低于**湍流混合），可合理地预计

$$\frac{\delta}{\delta_t} \approx Pr^n \tag{6.55}$$

其中 n 是正指数。因而，对于气体，$\delta_t \approx \delta$；对于液态金属，$\delta_t \gg \delta$；对于油，$\delta_t \ll \delta$。

类似地，式（6.43）定义的**施密特数**提供了**速度和浓度边界层中由扩散引起的动量和质量输运相对效果的度量**。对于层流中的对流传质，它决定了速度和浓度边界层的相对厚度，有

$$\frac{\delta}{\delta_c} \approx Sc^n \tag{6.56}$$

另一个与 Pr 和 Sc 有关的参数是**路易斯数**（Le）。它定义为

$$Le = \frac{\alpha}{D_{AB}} = \frac{Sc}{Pr} \tag{6.57}$$

它与对流传热和传质并存的情况有关。由式(6.55)～式(6.57) 可得

$$\frac{\delta_t}{\delta_c} \approx Le^n \tag{6.58}$$

因此，路易斯数是热和浓度边界层相对厚度的度量。对于绝大多数应用，取式(6.55)、式(6.56) 和式(6.58) 中的 $n=1/3$ 是合理的。

表 6.2 列出了在传热和传质中频繁出现的无量纲组合。其中不仅有已经讨论过的无量纲组合，也包括尚待引入的用于一些特殊情况的无量纲组合。当遇到新的组合时，应该记住它的定义和解释。注意，**格拉晓夫数**提供了速度边界层中浮升力与黏性力之比的度量。它在自然对流（第9章）中的作用与雷诺数在受迫对流中的作用几乎一致。**埃克特数**提供了流动的动能相对于穿过边界层的焓差的度量。它在黏性耗散显著的高速流动中起重要作用。还要注意，虽然努塞尔数和毕渥数在形式上相似，但两者的定义和意义都是不同的。努塞尔数是用流体的热导率定义的，而毕渥数则是基于固体的热导率定义的 [式(5.9)]。

表 6.2 选列的传热和传质的无量纲组合

组　合	定　义	解　释
毕渥数(Bi)	$\dfrac{hL}{k_s}$	固体的内热阻与边界层热阻之比
传质毕渥数(Bi^*)	$\dfrac{h_m L}{D_{AB}}$	内部的组分传递阻力与边界层组分传递阻力之比
邦德数(Bo)	$\dfrac{g(\rho_l - \rho_v)L^2}{\sigma}$	重力与表面张力之比
摩擦系数(C_f)	$\dfrac{\tau_s}{\rho V^2/2}$	无量纲表面切应力
埃克特数(Ec)	$\dfrac{V^2}{c_p(T_s - T_\infty)}$	相对于边界层焓差的流体动能
傅里叶数(Fo)	$\dfrac{\alpha t}{L^2}$	固体中导热速率与热能贮存速率之比，无量纲时间
传质傅里叶数(Fo^*)	$\dfrac{D_{AB}t}{L^2}$	组分扩散速率与组分贮存速率之比，无量纲时间
摩擦因子(f)	$\dfrac{\Delta p}{(L/D)(\rho u_m^2/2)}$	内部流动的无量纲压力降
格拉晓夫数(Gr_L)	$\dfrac{g\beta(T_s - T_\infty)L^3}{\nu^2}$	浮升力与黏性力之比
科尔伯恩 j 因子(j_H)	$St Pr^{2/3}$	无量纲传热系数
科尔伯恩 j 因子(j_m)	$St_m Sc^{2/3}$	无量纲传质系数
雅克伯数(Ja)	$\dfrac{c_p(T_s - T_{sat})}{h_{fg}}$	液-气相变过程中吸收的显热与潜热之比
路易斯数(Le)	$\dfrac{\alpha}{D_{AB}}$	热扩散系数与质量扩散系数之比
努塞尔数(Nu_L)	$\dfrac{hL}{k_f}$	对流传热与纯的热传导之比
贝克来数(Pe_L)	$\dfrac{VL}{\alpha} = Re_L Pr$	平流传热速率与导热传热速率之比
普朗特数(Pr)	$\dfrac{c_p \mu}{k} = \dfrac{\nu}{\alpha}$	动量扩散系数与热扩散系数之比
雷诺数(Re_L)	$\dfrac{VL}{\nu}$	惯性力与黏性力之比
施密特数(Sc)	$\dfrac{\nu}{D_{AB}}$	动量扩散系数与质量扩散系数之比
舍伍德数(Sh_L)	$\dfrac{h_m L}{D_{AB}}$	表面处的无量纲浓度梯度
斯坦顿数(St)	$\dfrac{h}{\rho V c_p} = \dfrac{Nu_L}{Re_L Pr}$	修正的努塞尔数
传质斯坦顿数(St^*)	$\dfrac{h_m}{V} = \dfrac{Sh_L}{Re_L Sc}$	修正的舍伍德数
韦伯数(We)	$\dfrac{\rho V^2 L}{\sigma}$	惯性力与表面张力之比

6.7　边界层类比

作为工程师，我们对边界层特性的兴趣主要在于无量纲参数 C_f、Nu 和 Sh。如果知道这些参数，我们就可以计算壁面切应力与对流传热和传质速率。因此可以理解，C_f、Nu 和 Sh 之间的关系式在对流分析中将是有用的工具。可以通过**边界层类比**的方式获得这样的关系式。

6.7.1　传热和传质类比

如果两个或更多的过程由形式相同的无量纲方程控制，则这些过程就是**可类比的**。于是，从表 6.1 中的方程式(6.36) 和式(6.37) 及边界条件［式(6.39) 和式(6.40)］可以清楚地看出，对流传热和传质是可类比的。每个微分方程都是由形式相同的平流项和扩散项组成的。此外，如方程式(6.36) 和式(6.37) 所示，每个方程都通过 Re_L 与速度场发生关联，而参数 Pr 和 Sc 则起着类比的作用。这个类比的一个含意是控制热和浓度边界层特性的无量纲关系式必定具有相同的形式。因此，如果施加的边界条件是可以类比的，则边界层温度和浓度的分布也必定具有相同的函数形式。

回忆一下 6.5.2 节中的讨论，其要点列于表 6.3 中，可得到传热和传质类比的一个重要结果。根据上一段内容可知，式(6.47) 和式(6.51) 必定具有相同的函数形式。于是由式(6.48) 和式(6.52) 可知，在表面上算得的无量纲温度和浓度梯度，即 Nu 和 Sh 的值之间是可类比的。类似地，平均努塞尔数和舍伍德数的表达式［分别为式(6.50) 和式(6.54)］，也具有相同的形式。**因此，对于特定的几何形状，传热和传质的关系式是可以互换的。**例如，如果对一个特定几何形状的表面，已经完成了一组确定式(6.49) 的函数形式的传热实验，则该结果可用于具有相同几何形状的表面的对流传质，只要分别用 Sh 和 Sc 取代 Nu 和 Pr 即可。

表 6.3　与边界层类比相关的函数关系式

流 体 流 动		传 热		传 质	
$u^*=f\left(x^*,y^*,Re_L,\dfrac{dp^*}{dx^*}\right)$	(6.44)	$T^*=f\left(x^*,y^*,Re_L,Pr,\dfrac{dp^*}{dx^*}\right)$	(6.47)	$C_A^*=f\left(x^*,y^*,Re_L,Sc,\dfrac{dp^*}{dx^*}\right)$	(6.51)
$C_f=\dfrac{2}{Re_L}\times\left.\dfrac{\partial u^*}{\partial y^*}\right|_{y^*=0}$	(6.45)	$Nu\equiv\dfrac{hL}{k_f}=+\left.\dfrac{\partial T^*}{\partial y^*}\right|_{y^*=0}$	(6.48)	$Sh\equiv\dfrac{h_mL}{D_{AB}}=+\left.\dfrac{\partial C_A^*}{\partial y^*}\right|_{y^*=0}$	(6.52)
$C_f=\dfrac{2}{Re_L}f(x^*,Re_L)$	(6.46)	$Nu=f(x^*,Re_L,Pr)$	(6.49)	$Sh=f(x^*,Re_L,Sc)$	(6.53)
		$\overline{Nu}=f(Re_L,Pr)$	(6.50)	$\overline{Sh}=f(Re_L,Sc)$	(6.54)

类比也可用于直接建立两个对流系数之间的关系。在随后的几章中我们会发现，Nu 和 Sh 一般分别与 Pr^n 和 Sc^n 成比例，其中 n 是小于 1 的正指数。提前使用这种关系，由式(6.49) 和式(6.53) 可得

$$Nu=f(x^*,Re_L)Pr^n \quad 和 \quad Sh=f(x^*,Re_L)Sc^n$$

在这种情况下，由于函数 $f(x^*,Re_L)$ 相同，有

$$\boxed{\dfrac{Nu}{Pr^n}=\dfrac{Sh}{Sc^n}} \qquad (6.59)$$

用式(6.48) 和式(6.52) 代入上式，可得

$$\frac{hL/k}{Pr^n}=\frac{h_{m}L/D_{AB}}{Sc^n}$$

或根据式(6.57)，有

$$\boxed{\frac{h}{h_{m}}=\frac{k}{D_{AB}Le^{n}}=\rho c_{p}Le^{1-n}} \tag{6.60}$$

这个结果常用来根据已知的对流系数确定另一种对流系数，如 h_{m}。同样的关系式可用于平均系数 $\bar{h}$ 和 $\bar{h}_{m}$，而且它既可用于层流也可用于湍流。对于绝大多数应用，取 $n=1/3$ 是合理的。

【例 6.6】 一个任意形状的固体悬挂在空气（1atm）中，自由流的温度和速度分别为 20℃ 和 100m/s。固体的特征长度为 1m，其表面维持在 80℃。在这些条件下，对表面上特定点 (x^*) 处的热流密度及边界层中处于该点上方的 (x^*,y^*) 处温度的测量，分别给出 10^4 W/m^2 和 60℃。现在要在第二个具有相同形状但特征长度为 2m 的固体上实现传质过程。具体地说，是要将固体表面上的一层水膜在干空气（1atm）中蒸发，空气的自由流速度为 50m/s，而空气和固体都处于 50℃。在相应于第一种情况中测出温度和热流密度的点 (x^*,y^*) 处，水蒸气的摩尔浓度和组分摩尔流密度分别是多少？

解析

已知：在给定温度和速度的空气流中，固体上某个位置处的边界层温度和热流密度。

求：具有相同形状的较大表面上相同位置处的水蒸气浓度和流密度。

示意图：

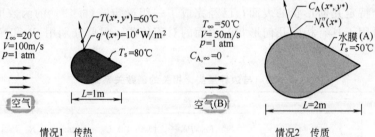

情况1 传热 　　　　　　　　　　　　　情况2 传质

假定：1. 二维稳态不可压缩边界层，常物性；
　　　　2. 边界层近似成立；
　　　　3. 黏性耗散可忽略；
　　　　4. 浓度边界层中水蒸气的摩尔分数远小于 1。

物性：表 A.4，空气（50℃）：$\nu=18.2\times10^{-6}$ m^2/s，$k=28\times10^{-3}$ W/(m·K)，$Pr=0.70$。表 A.6，饱和水蒸气（50℃）：$\rho_{A,sat}=v_{g}^{-1}=0.082$ kg/m^3。表 A.8，水蒸气-空气（50℃）：$D_{AB}\approx0.26\times10^{-4}$ m^2/s。

分析：利用传热和传质之间的类比可确定要求的摩尔浓度和摩尔流密度。由式(6.47)和式(6.51)可知

$$T^{*}\equiv\frac{T-T_{s}}{T_{\infty}-T_{s}}=f\left(x^{*},y^{*},Re_{L},Pr,\frac{\mathrm{d}p^{*}}{\mathrm{d}x^{*}}\right)$$

和

$$C_{A}^{*}\equiv\frac{C_{A}-C_{A,s}}{C_{A,\infty}-C_{A,s}}=f\left(x^{*},y^{*},Re_{L},Sc,\frac{\mathrm{d}p^{*}}{\mathrm{d}x^{*}}\right)$$

然而，对于情况 1：

$$Re_{L,1} = \frac{V_1 L_1}{\nu} = \frac{100\text{m/s} \times 1\text{m}}{18.2 \times 10^{-6}\,\text{m}^2/\text{s}} = 5.5 \times 10^6, \quad Pr = 0.70$$

而对于情况 2：

$$Re_{L,2} = \frac{V_2 L_2}{\nu} = \frac{50\text{m/s} \times 2\text{m}}{18.2 \times 10^{-6}\,\text{m}^2/\text{s}} = 5.5 \times 10^6$$

$$Sc = \frac{\nu}{D_{AB}} = \frac{18.2 \times 10^{-6}\,\text{m}^2/\text{s}}{26 \times 10^{-6}\,\text{m}^2/\text{s}} = 0.70$$

由 $Re_{L,1} = Re_{L,2}$，$Pr = Sc$，$x_1^* = x_2^*$，$y_1^* = y_2^*$，以及表面具有相同的几何形状，可知温度和浓度分布具有相同的函数形式。因此

$$\frac{C_A(x^*, y^*) - C_{A,s}}{C_{A,\infty} - C_{A,s}} = \frac{T(x^*, y^*) - T_s}{T_\infty - T_s} = \frac{60 - 80}{20 - 80} = 0.33$$

或根据 $C_{A,\infty} = 0$

$$C_A(x^*, y^*) = C_{A,s}(1 - 0.33) = 0.67 C_{A,s}$$

利用

$$C_{A,s} = C_{A,\text{sat}}(50℃) = \frac{\rho_{A,\text{sat}}}{M_A} = \frac{0.082\text{kg/m}^3}{18\text{kg/kmol}} = 0.0046\text{kmol/m}^3$$

可得

$$C_A(x^*, y^*) = 0.67(0.0046\text{kmol/m}^3) = 0.0031\text{kmol/m}^3 \qquad \blacktriangleleft$$

摩尔流密度可用式 (6.8) 计算

$$N_A''(x^*) = h_m(C_{A,s} - C_{A,\infty})$$

式中，h_m 可由类比关系算得。根据式 (6.49) 和式 (6.53)，由于 $x_1^* = x_2^*$，$Re_{L,1} = Re_{L,2}$ 及 $Pr = Sc$，可知相应的函数形式相等。因此

$$Sh = \frac{h_m L_2}{D_{AB}} = Nu = \frac{hL_1}{k}$$

其中，根据牛顿冷却定律有 $h = q''/(T_s - T_\infty)$，故

$$h_m = \frac{L_1}{L_2} \times \frac{D_{AB}}{k} \times \frac{q''}{(T_s - T_\infty)} = \frac{1}{2} \times \frac{0.26 \times 10^{-4}\,\text{m}^2/\text{s}}{0.028\text{W/(m · K)}} \times \frac{10^4\,\text{W/m}^2}{(80 - 20)℃}$$

$$= 0.077\text{m/s}$$

于是

$$N_A''(x^*) = 0.077\text{m/s} \times (0.0046 - 0.0)\text{kmol/m}^3$$
$$= 3.54 \times 10^{-4}\,\text{kmol/(s · m}^2) \qquad \blacktriangleleft$$

说明：1. 注意，由于在浓度边界层中水蒸气的摩尔分数很小，在计算 $Re_{L,2}$ 时可以用空气的运动黏度 (ν_B)。

2. 使用 IHT 可以方便快捷地求得空气（以及其他各种物质）的性质。在 Tools 菜单中选择 Properties 以及 "Air"，Viewpad 窗口将列出调用空气性质的物性函数。根据需要将方程复制到 Workspace，再增加一个指定计算物性的温度的式子，如**膜温** $T_f = (T_s + T_\infty)/2$。下面列出了产生的 IHT 程序行。点击 Solve 按钮，接受猜测的初始值，则物性将显示于 Data Browser 中。

//Evaluate air properties at the film temperature
T＝50＋273
//Air property functions：From Table A.4
//Units：T（K）；1 atm pressure
nu＝nu _ T（"Air"，T）   //Kinematic viscosity，m^2/s
k＝k _ T（"Air"，T）   //Thermal conductivity，W/m·k
Pr＝Pr _ T（"Air"，T）   //Prandtl number

6.7.2　蒸发冷却

传热和传质类比的一个重要应用是**蒸发冷却**过程，当气体流过液体表面时就会发生这种过程（图 6.10）。蒸发发生在液体的表面上，与这个相变过程相关的能量是液体的蒸发潜热。当表面附近的液体分子受到碰撞，使得其能量提高到足以克服表面束缚能量时，蒸发就发生了。维持蒸发所需的能量必定来自液体的内能，因此，液体的温度会降低（冷却效果）。然而，如果要维持稳定状态，液体由于蒸发所损失的潜热必须靠周围环境传给它的能量来补充。忽略辐射影响，这种传递可能来自对流传来的气体显热或其他方式，如浸没在液体中的电加热器的加热。对液体的控制表面应用能量守恒［方程(1.11c)］可知，对于单位表面积有

$$q''_{conv} + q''_{add} = q''_{evap} \tag{6.61}$$

式中，q''_{evap} 可近似为蒸发质量流密度与蒸发潜热的乘积

$$q''_{evap} = n''_A h_{fg} \tag{6.62}$$

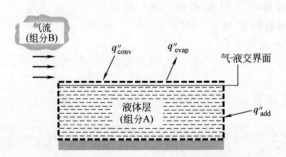

图 6.10　气液交界面处的潜热和显热交换

如果没有其他形式的加热，式(6.61) 简化为来自气体的对流传热与液体的蒸发热损之间的平衡。代入式(6.4)、式(6.18) 和式(6.62)，式(6.61) 可写成

$$h(T_\infty - T_s) = h_{fg} h_m [\rho_{A,sat}(T_s) - \rho_{A,\infty}] \tag{6.63}$$

其中表面处的蒸气密度与对应 T_s 的饱和状态有关。因此，冷却效果的大小可表述成

$$T_\infty - T_s = h_{fg} \left(\frac{h_m}{h}\right) [\rho_{A,sat}(T_s) - \rho_{A,\infty}] \tag{6.64}$$

用式(6.60) 取代(h_m/h)，并用理想气体定律改写蒸气密度，冷却效果也可表述为

$$(T_\infty - T_s) = \frac{M_A h_{fg}}{R\rho c_p Le^{2/3}} \left[\frac{p_{A,sat}(T_s)}{T_s} - \frac{p_{A,\infty}}{T_\infty} \right] \tag{6.65}$$

为精确起见，气体（组分 B）的性质 ρ、c_p 和 Le 应该用热边界层的算术平均温度 $T_{am} = (T_s + T_\infty)/2$ 计算。前面已经指出，式(6.60) 中 Pr 和 Sc 的指数取 $n = 1/3$。

上述结果在环境和工业中的大量应用是针对气体为**空气**而液体为**水**的情况。

【例 6.7】　为了在炎热干旱的地区保存冷饮，可用纺织品包裹容器，并且要用高挥发性液体不断地润湿该纺织品。假设容器放置在 40℃ 的干燥环境空气中，润湿剂与空气之间因受迫对流而发生传热和传质。已知润湿剂的分子量为 200kg/kmol，蒸发潜热为 100kJ/kg。在给定条件下，润湿剂的饱和蒸气压约为 5000N/m²，其蒸气在空气中的扩散系数为 $0.2 \times 10^{-4} m^2/s$。饮料的稳态温度是多少？

解析

已知：用于蒸发冷却饮料容器的润湿剂的物性。

求：饮料的稳态温度。

示意图：

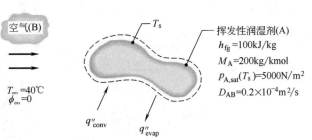

假定：1. 传热和传质的类比关系适用；

2. 蒸气可当作理想气体；

3. 辐射的影响可忽略；

4. 空气的物性可用假定为 300K 的平均边界层温度计算。

物性：表 A.4，空气（300K）：$\rho = 1.16 kg/m^3$，$c_p = 1.007 kJ/(kg \cdot K)$，$\alpha = 22.5 \times 10^{-6} m^2/s$。

分析：根据前面的假定，蒸发冷却效果由式(6.65) 给出

$$(T_\infty - T_s) = \frac{M_A h_{fg}}{R\rho c_p Le^{2/3}} \left[\frac{p_{A,sat}(T_s)}{T_s} - \frac{p_{A,\infty}}{T_\infty} \right]$$

取 $p_{A,\infty} = 0$ 并重新整理，可得

$$T_s^2 - T_\infty T_s + B = 0$$

其中系数 B 为

$$\begin{aligned}
B &= \frac{M_A h_{fg} p_{A,sat}}{R\rho c_p Le^{2/3}} \\
&= [200 kg/kmol \times 100 kJ/kg \times 5000 N/m^2 \times 10^{-3} kJ/(N \cdot m)] \div \\
&\quad [8.315 kJ/(kmol \cdot K) \times 1.16 kg/m^3 \times 1.007 kJ/(kg \cdot K) \times \\
&\quad \left(\frac{22.5 \times 10^{-6} m^2/s}{20 \times 10^{-6} m^2/s} \right)^{2/3}] = 9514 K^2
\end{aligned}$$

因此

$$T_s = \frac{T_\infty \pm \sqrt{T_\infty^2 - 4B}}{2} = \frac{313\text{K} \pm \sqrt{(313)^2 - 4 \times (9514)}\text{K}}{2}$$

根据物理背景舍去带负号的解（如果没有蒸发，有 $p_{A,\text{sat}} = 0$ 和 $B = 0$，则 T_s 必定等于 T_∞），可得

$$T_s = 278.9\text{K} = 5.9℃ \qquad \blacktriangleleft$$

说明：只要能使用传热和传质的类比，上述结果就与容器的形状无关。

6.7.3 雷诺类比

当 $\mathrm{d}p^*/\mathrm{d}x^* = 0$，且 $Pr = Sc = 1$ 时，可发现表 6.1 中的边界层方程［式（6.35）～式（6.37）］具有完全相同的形式，由此可得到第二种边界层类比。对于平行于来流的平板，我们有 $\mathrm{d}p^*/\mathrm{d}x^* = 0$，在边界层外部的自由流速度没有变化。根据 $u_\infty = V$，式（6.38）～式（6.40）也具有相同的形式。于是 u^*、T^* 和 C_A^* 的解的函数形式［即式（6.44）、式（6.47）和式（6.51）］必定相同。根据式（6.45）、式（6.48）和式（6.52）可得

$$C_f \frac{Re_L}{2} = Nu = Sh \tag{6.66}$$

用斯坦顿数（St）

$$St \equiv \frac{h}{\rho V c_p} = \frac{Nu}{RePr} \tag{6.67}$$

和传质斯坦顿数（St^*）

$$St^* \equiv \frac{h_m}{V} = \frac{Sh}{ReSc} \tag{6.68}$$

分别代替 Nu 和 Sh，也可将式（6.66）写成如下形式

$$\frac{C_f}{2} = St = St^* \tag{6.69}$$

式（6.69）称为**雷诺类比**，它将速度、温度和浓度边界层的关键工程参数联系在一起。如果已知速度参数，则可用该类比求得其他参数，反之亦然。但是，该结果的使用有相关限制。除了依赖于边界层近似的成立之外，式（6.69）的精确性还取决于 Pr 和 $Sc \approx 1$ 及 $\mathrm{d}p^*/\mathrm{d}x^* \approx 0$ 等条件是否满足。然而，已经证实，如果加一些修正，则该类比可适用于很大的 Pr 和 Sc 的取值范围。具体地说，**修正的雷诺**或**奇尔顿-科尔伯恩类比**[11,12] 具有以下形式

$$\boxed{\frac{C_f}{2} = St Pr^{2/3} \equiv j_H \qquad 0.6 < Pr < 60} \tag{6.70}$$

$$\boxed{\frac{C_f}{2} = St^* Sc^{2/3} \equiv j_m \qquad 0.6 < Sc < 3000} \tag{6.71}$$

式中，j_H 和 j_m 分别为传热和传质的**科尔伯恩 j 因子**。对于层流，只有当 $\mathrm{d}p^*/\mathrm{d}x^* \approx 0$ 时式

(6.70) 和式(6.71) 才适用，但在湍流中，由于压力梯度的影响不太重要，这些方程近似成立。如果类比适用于表面上所有的点，则它也适用于表面的平均系数。

6.8　对流系数

我们在本章讨论了几个与对流输运现象相关的基本问题。然而，在这个过程中，读者不应该忘记什么是**对流问题**。我们的主要目标仍然是发展确定对流系数 h 和 h_m 的方法。虽然这些系数有可能通过求解边界层方程获得，但只有简单流动的情形容易求解。更实际的方法常常需通过式(6.49) 和式(6.53) 形式的实验关系式计算 h 和 h_m。这些实验关系式的具体形式可通过建立用无量纲组合整理的对流传热和传质的测量结果之间的关系而获得。在随后的几章中将重点讨论这种方法。

6.9　小结

本章致力于以合乎逻辑的方式建立对流输运的数学和物理基础。为了检查对这些内容的理解程度，读者应该用一些适当的问题查问自己。

- **局部**对流换热系数和**平均**系数之间的区别是什么？它们的单位是什么？组分传递的局部和平均对流系数之间的区别是什么？它们的单位是什么？
- 对应于**热流密度**和**热流**的**牛顿冷却定律**各有什么样的形式？该定律在对流传质中有什么类似的形式？分别用摩尔和质量单位表述。
- 举一些与对流组分传递有关的例子。
- 什么是**斐克定律**？
- 什么是**速度、温度和浓度边界层**？它们产生的条件分别是什么？
- 在**速度边界层**中哪些量随位置而变化？在**热边界层**中呢？在**浓度边界层**中呢？
- 我们知道对流传热（质）受到表面上的流动条件的强烈影响，我们是如何通过对表面处的流体应用傅里叶（斐克）定律确定对流热（组分）流密度的？
- 当边界层从层流向湍流过渡时，传热和传质会发生变化吗？如果发生变化，情况是怎样的？
- **对流传递方程**中包含了哪些自然定律？
- x 动量方程(6.28) 中的项代表了哪些物理过程？能量方程(6.29) 呢？组分守恒方程(6.30) 呢？
- 对**薄**的速度、热和浓度边界层中的条件可以作哪些特殊的近似？
- **雷诺数**是如何定义的？它的物理解释是什么？**临界雷诺数**有什么作用？
- **普朗特数**的定义是什么？它的值如何影响表面上层流的速度和热边界层的相对发展？在室温下，液态金属、气体、水和油的普朗特数代表性的值各是多少？
- **施密特数**的定义是什么？**路易斯数**呢？它们的物理解释各是什么？它们是如何影响表面上层流的速度、热和浓度边界层的相对发展的？
- 什么是**摩擦系数、努塞尔数、舍伍德数**？对于给定几何形状的表面上的流动，确定这些量的局部和平均值的自变量各有哪些？
- 在什么条件下可以说速度、热和浓度边界层是**可类比的**？类比的物理基础是什么？
- **传热和传质的类比**联系了哪些重要的边界层参数？
- **蒸发冷却现象**的物理基础是什么？你见过这种现象吗？
- **雷诺类比**联系了哪些重要的边界层参数？
- 区别湍流和层流的物理特征是什么？

参考文献

1. Webb, R. L., *Int. Comm. Heat Mass Trans.,* **17,** 529, 1990.
2. Hof, B., C. W. H. van Doorne, J. Westerweel, F. T. M. Nieuwstadt, H. Faisst, B. Eckhardt, H. Wedin, R. R. Kerswell, and F. Waleffe, *Science,* **305,** 1594, 2004.
3. Schlichting, H., and K. Gersten, *Boundary Layer Theory,* 8th ed., Spinger-Verlag, New York, 1999.
4. Bird, R. B., W. E. Stewart, and E. N. Lightfoot, *Transport Phenomena,* 2nd ed., Wiley, New York, 2002.
5. Hartnett, J. P., "Mass Transfer Cooling," in W. M. Rohsenow and J. P. Hartnett, Eds., *Handbook of Heat Transfer,* McGraw-Hill, New York, 1973.
6. Kays, W. M., M. E. Crawford, and B. Weigand, *Convective Heat and Mass Transfer,* 4th ed., McGraw-Hill Higher Education, Boston, 2005.
7. Burmeister, L. C., *Convective Heat Transfer,* 2nd ed., Wiley, New York, 1993.
8. Kaviany, M., *Principles of Convective Heat Transfer,* Springer-Verlag, New York, 1994.
9. Patankar, S. V., *Numerical Heat Transfer and Fluid Flow,* Hemisphere Publishing, New York, 1980.
10. Fox, R. W., A. T. McDonald, and P. J. Pritchard, *Introduction to Fluid Mechanics,* 6th ed., Wiley, Hoboken, NJ, 2003.
11. Colburn, A. P., *Trans. Am. Inst. Chem. Eng.,* **29,** 174, 1933.
12. Chilton, T. H., and A. P. Colburn, *Ind. Eng. Chem.,* **26,** 1183, 1934.

习 题

边界层分布

6.1 一个表面上的流动的速度和温度分布分别具有下述形式

$$u(y) = Ay + By^2 - Cy^3$$

和 $$T(y) = D + Ey + Fy^2 - Gy^3$$

其中系数 $A \sim G$ 都是常数。求用 u_∞、T_∞ 以及适当的分布系数和流体物性表示的摩擦系数 C_f 和对流系数 h 的表示式。

6.2 在一个特殊应用中，空气流过一个热的表面，其边界层温度分布可近似为

$$\frac{T - T_s}{T_\infty - T_s} = 1 - \exp\left(-Pr\frac{u_\infty y}{\nu}\right)$$

其中 y 是离开表面的垂直距离，普朗特数（$Pr = c_p\mu/k = 0.7$）是一个无量纲的流体物性。如果 $T_\infty = 400\text{K}$、$T_s = 300\text{K}$ 且 $u_\infty/\nu = 5000\text{m}^{-1}$，则表面热流密度是多少？

换热系数

6.3 对于平板上的层流，已知局部换热系数 h_x 随 $x^{-1/2}$ 而变化，其中 x 是离开平板前缘（$x = 0$）的距离。从前缘到平板上某个位置 x 处之间的平均换热系数和 x 处局部换热系数之比是多少？

6.4 对于热的垂直表面上的层流自然对流，局部对流系数可以表示为 $h_x = Cx^{-1/4}$，其中 h_x 是离开表面前缘距离为 x 的位置处的系数，量 C 与流体物性有关，但与 x 无关。求 $\overline{h}_x/h_x$ 的表示式，其中 $\overline{h}_x$ 是前缘（$x = 0$）与 x 处之间的平均系数。画出 h_x 和 $\overline{h}_x$ 随 x 的变化。

6.5 温度为 T_∞ 的圆形煤气火焰垂直射向处于均匀温度 T_s、半径为 r_0 的圆盘。圆盘上的气流是轴对称的，使得局部对流系数与半径的关系为 $h(r) = a + br^n$，其中 a、b 和 n 是常数。确定对圆盘的传热速率，用 T_∞、T_s、r_0、a、b 和 n 表示结果。

6.6 离开单位宽度（垂直于页面方向）的纵向段（$x_2 - x_1$）的传热速率可以表示为 $q'_{12} = \overline{h}_{12}(x_2 - x_1)(T_s - T_\infty)$，其中 $\overline{h}_{12}$ 是长度为（$x_2 - x_1$）段的平均系数。考虑具有均匀温度 T_s 的平板上的层流。局部对流系数的空间变化形式为 $h_x = Cx^{-1/2}$，其中 C 为常数。

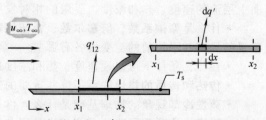

（a）从形式为 $dq' = h_x dx(T_s - T_\infty)$ 的对流速率方程入手，推导用 C、x_1 和 x_2 表示的 $\overline{h}_{12}$

的表示式。

（b）推导用 x_1、x_2 以及分别对应于长度 x_1 和 x_2 的平均系数 $\overline{h}_1$ 和 $\overline{h}_2$ 表示的 $\overline{h}_{12}$ 的表达式。

6.7 利用实验来确定垂直于热圆盘的均匀流动的局部对流换热系数，得到努塞尔数沿径向分布的形式为

$$Nu_D = \frac{h(r)D}{k} = Nu_o \left[1 + a \left(\frac{r}{r_o} \right)^n \right]$$

其中 n 和 a 都是正值。滞止点处的努塞尔数可用雷诺数（$Re_D = VD/\nu$）和普朗特数拟合成

$$Nu_o = \frac{h(r=0)D}{k} = 0.814 Re_D^{1/2} Pr^{0.36}$$

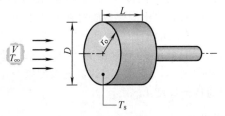

求对应于等温圆盘散热的平均努塞尔数的表示式，$\overline{Nu}_D = \overline{h}D/k$。在典型情况下，从滞止点处开始的边界层发展会产生随着离开滞止点的距离的增加而衰减的对流系数。就观察到的圆盘上的相反趋势给出合理的解释。

边界层过渡

6.8 考虑长度为 $L=1$m 的平板上的空气流，在这种情况下，根据临界雷诺数（$Re_{x,c} = 5 \times 10^5$），过渡发生在 $x_c = 0.5$m 处。

（a）计算 350K 的空气的热物理性质，确定空气流的速度。

（b）在层流和湍流区，局部对流系数分别为

$$h_{lam}(x) = C_{lam} x^{-0.5}$$

和 $\qquad h_{turb} = C_{turb} x^{-0.2}$

其中在 $T=350$K 时，$C_{lam}=8.845 \text{W}/(\text{m}^{3/2} \cdot \text{K})$、$C_{turb}=49.75 \text{W}/(\text{m}^{1.8} \cdot \text{K})$，$x$ 的单位为 m。建立层流区 $0 \leqslant x \leqslant x_c$ 中平均对流系数 $\overline{h}_{lam}(x)$ 与离开前缘的距离 x 之间函数关系的表达式。

（c）建立湍流区 $x_c \leqslant x \leqslant L$ 中平均对流系数 $\overline{h}_{turb}(x)$ 与离开前缘的距离 x 之间函数关系的表达式。

（d）在同一坐标系中，画出在 $0 \leqslant x \leqslant L$ 范围内作为 x 的函数的局部对流系数 h_x 和平均对流系数 $\overline{h}_x$。

6.9 作为一个比较好的近似，可以认为动力黏性系数 μ、热导率 k 以及比热容 c_p 与压力无关。不可压缩液体和理想气体的运动黏性系数 ν 和热扩散系数 α 是如何随压力而变化的？确定 350K 的空气的 α 在压力分别为 1atm、5atm 和 10atm 时的值。假定临界雷诺数为 5×10^5，确定 $u_\infty = 2$m/s、350K 的空气在压力分别为 1atm、5atm 和 10atm 时发生过渡处离开平板前缘的距离。

相似性和无量纲参数

6.10 一个形状不规则物体的特征长度为 $L=1$m，其表面处于均匀温度 $T_s = 400$K。当将它放置在温度为 $T_\infty = 300$K 并以速度 $V = 100$m/s 运动的常压空气中时，表面到空气的平均热流密度为 20000W/m^2。如果另一个具有相同形状但特征长度为 $L=5$m 的物体的表面也处于温度 $T_s = 400$K，并放置在温度为 $T_\infty = 300$K 的常压空气中，且空气速度为 $V = 20$m/s，平均对流系数的值将是多少？

6.11 对横向流动中截面为正方形的棒的对流换热系数的实验测定给出下述结果：

当 $V_1 = 20$m/s 时，$\overline{h}_1 = 50 \text{W}/(\text{m}^2 \cdot \text{K})$

当 $V_2 = 15$m/s 时，$\overline{h}_2 = 40 \text{W}/(\text{m}^2 \cdot \text{K})$

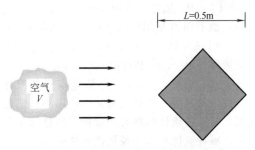

假定努塞尔数的函数形式为 $\overline{Nu} = CRe^m Pr^n$，其中 C、m 和 n 为常数。

（a）$L=1$m 的具有相似形状的棒在 $V=15$m/s 时的对流换热系数是多少？

（b）$L=1$m 的具有相似形状的棒在 $V=30$m/s 时的对流换热系数是多少？

（c）如果取棒的边面而不是对角线作为特征长度，你会得到相同的结果吗？

6.12 用 $T_\infty = 25$℃ 和 $V=10$m/s 的受迫空

气冷却电路板上的电子元件。其中一个元件是 4mm×4mm 的芯片，位于距离电路板前缘 120mm 处。实验表明，电路板上的流动受到它上面的那些元件的干扰，对流传热可用下述形式的表示式进行拟合：

$$Nu_x = 0.04 Re_x^{0.85} Pr^{1/3}$$

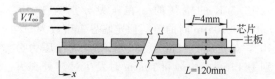

如果芯片的散热功率为 30mW，试计算它的表面温度。

6.13 导致电子模块出现缺陷的一个主要因素与热循环（间歇性的加热和冷却）过程中产生的应力有关。例如，在由具有不同热膨胀系数的材料构成的有源或无源元件的电路插件中，热应力是导致元件接头（如焊接或线连接）失效的主要原因。虽然通常关注的是一个产品在其寿命期间内次数众多的移动所导致的疲劳破坏，但在产品投入市场之前可以通过加速热应力测试确定那些不良接头。在这类情形下，重要的是实现快速的热循环，使对生产进度的干扰降至最小。

一个电路插件制造商想要建立一套对插件施加快速热过程的装置，该过程是通过将插件置于受迫对流中实现的，受迫对流可用关系式 $\overline{Nu_L} = CRe_L^m Pr^n$ 描述，其中 $m = 0.8$，$n = 0.33$。但是，她不知道是用空气 $[k = 0.026\text{W}/(\text{m·K})$，$\nu = 1.6 \times 10^{-5}\text{m}^2/\text{s}$，$Pr = 0.71]$ 还是用介电液体 $[k = 0.064\text{W}/(\text{m·K})$，$\nu = 10^{-6}\text{m}^2/\text{s}$，$Pr = 25]$ 作为工作流体。假定空气和液体具有相同的速度，并且可对元件应用集总热容模型，对两种流体的热时间常数之比进行量化分析。哪种流体可以实现较快的热响应？

6.14 一个微尺度探测器可用于监控空气的稳态流动（$T_\infty = 27\text{℃}$、$V = 10\text{m/s}$），以发现室内可能悬浮的危险的小颗粒状物质。该探测器要加热到一个略高于空气的温度，使得那些感兴趣的物质在撞击到探测器的活性表面上时能够发生化学反应。如果发生表面反应，活性表面就会产生电流；该电流可传至一个警报器。为使探测器头部的表面积最大化，从而捕获和探测颗粒的概率也最大化，将探测器头部

的形状设计得非常复杂。为确定所需的电加热功率，必须知道处于加热状态的探测器的平均换热系数的值。

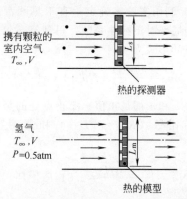

考虑一个特征尺度为 $L_s = 80\mu\text{m}$ 的探测器。将一个探测器的比例模型放置在一个采用氢气作为工作介质的循环（封闭的）风洞中。如果风洞运行时氢气的绝对压力为 0.5atm，速度为 $V = 0.5\text{m/s}$，确定所需的氢气温度以及比例模型的特征尺度 L_m。

雷诺类比

6.15 一侧表面为 0.2m×0.2m 的薄平板平行于速度为 40m/s 的常压空气流。空气处于温度 $T_\infty = 20\text{℃}$，平板保持在 $T_s = 120\text{℃}$。空气流过平板的上下表面，测得的阻力值为 0.075N。平板两侧对空气的传热速率是多少？

6.16 为防止小型私人飞机的机翼上结冰，有人建议在机翼中安装电阻加热元件。为确定典型的功率需求，考虑下述额定飞行条件：飞机以 100m/s 的速度在 -23℃ 的空气中飞行，空气的物性为 $k = 0.022\text{W}/(\text{m·K})$、$Pr = 0.72$ 和 $\upsilon = 16.3 \times 10^{-6}\text{m}^2/\text{s}$。如果机翼的特征长度为 $L = 2\text{m}$，且风洞测量表明，在额定条件下，平均摩擦系数 $\overline{C_f} = 0.0025$，为将表面维持在 $T_s = 5\text{℃}$，所需的平均热流密度为多大？

传质系数

6.17 据测定，在处于 23℃ 的干燥的环境空气中时，直径为 230mm 的盘中处于 23℃ 的水的质量损失速率为 $1.5 \times 10^{-5}\text{kg/s}$。

(a) 确定这种情形下的对流传质系数。

(b) 确定环境空气的相对湿度为 50% 时的蒸发质量损失速率。

(c) 确定水和环境空气的温度均为 47℃ 时

的蒸发质量损失速率，假定对流传质系数不变且环境空气是干燥的。

6.18 绿色植物的叶子内部发生的光合作用涉及到将大气中的 CO_2 输送给叶子的叶绿体，光合作用的速率可以用叶绿体吸收 CO_2 的速率来表示。这种吸收强烈地受到穿过叶子表面上形成的边界层的 CO_2 的传递的影响。考虑下述条件：CO_2 在空气中和叶子表面上的密度分别为 $6 \times 10^{-4} kg/m^3$ 和 $5 \times 10^{-4} kg/m^3$，对流传质系数为 $10^{-2} m/s$，以单位时间和单位叶子表面所吸收的 CO_2 的质量（kg）表示的光合作用的速率是多少？

相似性和传热传质类比

6.19 考虑下述情形：气体 X 横向流过一个特征长度为 $L = 0.1m$ 的物体。在雷诺数为 1×10^4 时，平均换热系数为 $25 W/(m^2 \cdot K)$。然后再将该物体浸入液体 Y 后取出，并置于相同的流动条件下。取下表给出的热物理性质，平均对流传质系数是多少？

	$\nu/m^2 \cdot s^{-1}$	$k/W \cdot m^{-1} \cdot K^{-1}$	$\alpha/m^2 \cdot s^{-1}$
气体 X	21×10^{-6}	0.030	29×10^{-6}
液体 Y	3.75×10^{-7}	0.665	1.65×10^{-7}
蒸气 Y	4.25×10^{-5}	0.023	4.55×10^{-5}
气体 X-蒸气 Y 的混合物		$Sc = 0.72$	

6.20 一个形状不规则的物体的特征长度为 $L = 1m$，表面处于均匀温度 $T_s = 325K$。它悬挂在常压（$p = 1atm$）空气流中，空气流的速度为 $V = 100 m/s$，温度为 $T_\infty = 275K$。从表面传给空气的平均热流密度为 $12000 W/m^2$。将以上情形称为情况 1，考虑下列情况并确定它们是否与情况 1 具有类比关系。下述各种情况均涉及相同形状的物体，它们以相同的方式悬挂在空气流中。这样就一定存在相似行为，确定平均对流系数的相应值。

(a) T_s、T_∞ 和 p 的值保持不变，但 $L = 2m$、$V = 50 m/s$。

(b) T_s 和 T_∞ 的值保持不变，但 $L = 2m$、$V = 50 m/s$、$p = 0.2atm$。

(c) 表面覆盖一层液膜，该液膜向空气中蒸发。整个系统处于 300K，空气-蒸气混合物的扩散系数为 $D_{AB} = 1.12 \times 10^{-4} m^2/s$。另外有 $L = 2m$、$V = 50 m/s$ 及 $p = 1atm$。

(d) 表面覆盖另一种液膜，$D_{AB} = 1.12 \times 10^{-4} m^2/s$，系统处于 300K。在这种情况下有 $L = 2m$、$V = 250 m/s$ 及 $p = 0.2atm$。

6.21 在四月份一个凉爽的日子里，一个穿得很少的跑步者由于对 $T_\infty = 10℃$ 的环境对流而产生的散热速率为 500W。该跑步者的皮肤是干的，温度为 $T_s = 30℃$。三个月后，该跑步者以相同的速度运动，但是这一天较为温暖且潮湿，温度为 $T_\infty = 30℃$，相对湿度为 $\phi_\infty = 60\%$。此时跑步者满身大汗，且表面处于 35℃ 的均匀温度。在两种情形下均可假定空气具有常物性，有 $\nu = 1.6 \times 10^{-5} m^2/s$、$k = 0.026 W/(m \cdot K)$、$Pr = 0.70$ 及 D_{AB}（水蒸气-空气）$= 2.3 \times 10^{-5} m^2/s$。

(a) 在夏天由于蒸发造成的水的损失速率是多少？

(b) 在夏天总的对流热损速率是多少？

6.22 为减少食肉动物的威胁，肯尼亚有一种叫做沙鸡的鸟将它的蛋生在远离地下水源的地方。为给雏鸟喂水，沙鸡会飞至最近的水源，将后半身浸入水中来使羽毛吸附水。随后沙鸡会返回它的巢，雏鸟就可以从羽毛中吸水了。当然，如果飞行时间太长，蒸发损失会导致羽毛中的水含量显著减少，雏鸟就有可能因脱水而死亡。

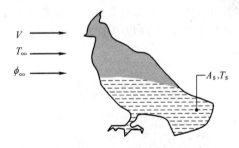

为对飞行过程中的对流传递有更深的理解，采用沙鸡的模制模型进行了风洞研究。通过加热模型中对应于吸附水的羽毛的那部分，确定了平均对流换热系数。然后利用对应于不同空气速度和模型尺寸的结果建立了如下形式的实验关系式：

$$\overline{Nu}_L = 0.034 Re_L^{4/5} Pr^{1/3}$$

羽毛中吸附水的部分的有效表面积记为 A_s，特征长度定义为 $L = (A_s)^{1/2}$。

考虑下述情况：一只沙鸡在其 $A_s = 0.04m^2$ 的羽毛中吸附了 0.05kg 的水，正以恒定的速度 $V = 30m/s$ 返巢。环境空气是滞止的，其温度和相对湿度分别为 $T_\infty = 37℃$ 和 $\phi_\infty = 25\%$。如果在整个飞行过程中表面 A_s 都覆盖有一层处于 $T_s = 32℃$ 的水膜，且沙鸡必须至少携带初始水量的 50% 回巢，巢与水源之间最大允许的距离有多大？空气和空气-水蒸气混合物的物性可以取为 $\nu = 16.7 \times 10^{-6}m^2/s$ 和 $D_{AB} = 26.0 \times 10^{-6}m^2/s$。

6.23　32℃ 的干空气流过一块长 200mm、宽 1m 的湿平板（情况 A）。在平板中埋设的电加热器的功率为 432W，表面温度为 27℃。

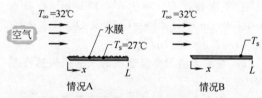

（a）水从平板上蒸发的速率是多少（kg/h）？

（b）在经过较长时间的运行后，所有的水都从平板上蒸发了，此时平板表面是干的（情况 B）。在自由流条件和加热器功率均与情况 A 相同的情况下，计算平板的温度 T_s。

蒸发冷却

6.24　一位事业有成的美国加利福尼亚州工程师在后院安装了一个圆形的热水浴盆，他发现在图中给出的典型运行条件下，为维持浴盆中的水位不变，必须以 0.001kg/s 的速率补充水。

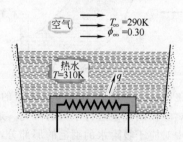

如果浴盆的侧面及底面隔热良好，并且补充水的温度与浴盆中水的相同，为维持浴盆中的水处于 310K，电加热器提供能量的速率必须是多少？

6.25　已知在晴朗的夜晚，空气温度不必降至 0℃ 以下，地面上的薄层水就会结冰。考虑

在晴朗的夜间处于下述情况的水层：有效天空温度为 -30℃，由风引起的对流换热系数为 $h = 25W/(m^2 \cdot K)$。水的发射率可以假定为 1.0，并且在所论情况下可认为水与地面之间绝热。

（a）忽略蒸发的影响，确定在水不结冰的情况下空气能够具有的最低温度。

（b）根据给定的条件，计算水蒸发的传质系数 h_m（m/s）？

（c）现在考虑蒸发的影响，在水不结冰的情况下空气能够具有的最低温度是多少？假定空气是干的。

6.26　在一个确定小液滴的平均对流传质系数的实验中，采用了一个可控加热器，使液滴始终处于恒定的温度。在图中给出了使一个 37℃ 的液滴完全蒸发所需的功率的变化。在实验过程中发现，在干燥过程中，液滴在加热器表面上的湿径几乎不变，为 4mm。

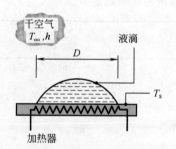

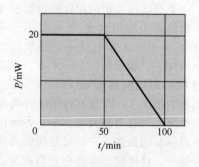

（a）在液滴、加热器和干的环境空气均处于 37℃ 时，计算蒸发过程中基于湿面积的平均对流传质系数。

（b）如果干的环境空气温度为 27℃，液滴-加热器的温度为 37℃，蒸发液滴需要多少能量？

第7章 外部流动

在本章中，我们重点讨论**外部流动**情况下向表面或离开表面的传热和传质速率的计算问题。在这样的流动中，边界层自由发展，不受临近表面的限制。因此，在边界层之外总是存在这样一个流动区域，其中的速度、温度和/或浓度梯度可以忽略。这样的例子包括平板（倾斜或平行于自由流速度）上的流体运动以及诸如球、圆柱体、机翼或涡轮叶片等弯曲表面上的流动。

这里我们只讨论流体中**没有相变**的**低速受迫对流**问题。另外，我们在本章中不考虑 2.2 节中所描述的流体中可能存在的微尺度或纳米尺度效应。在受迫对流中，流体与表面之间相对运动的维持是依靠风扇或泵等外部手段，而不是流体中的温度梯度引起的浮升力（**自然对流**）。**内部流动、自然对流和伴随相变的对流**分别在第 8、9、10 章中讨论。

我们的主要目的是确定不同流动几何条件下的对流系数。具体地说，是希望获得表述这些系数的明确的函数形式。在第 6 章中无量纲化边界层方程后，我们发现局部和平均对流系数的函数形式可用以下式子表示。

传热：

$$Nu_x = f(x^*, Re_x, Pr) \tag{6.49}$$

$$\overline{Nu_x} = f(Re_x, Pr) \tag{6.50}$$

传质：

$$Sh_x = f(x^*, Re_x, Sc) \tag{6.53}$$

$$\overline{Sh_x} = f(Re_x, Sc) \tag{6.54}$$

加下标 x 是为了强调我们对表面上特定位置处的情况感兴趣。上划线则表示对从边界层起始处（$x^* = 0$）到感兴趣的位置处取平均。我们记得，所谓**对流问题**就是如何获得这些函数。可以采用的方法有两种，一种是理论方法，另一种是实验方法。

实验方法牵涉到在实验室可控条件下进行传热或传质的测量，并建立用合适的无量纲参数整理的数据之间的函数关系。在 7.1 节中对这种方法的概要进行了讨论。这种方法已经应用于很多不同的几何形状和流动状态，7.2～7.8 节给出了一些重要的结果。

理论方法则涉及根据具体的几何形状求解边界层方程。例如，当从这样的求解中得到温度分布 T^* 后，可用式（6.48）计算局部努塞尔数 Nu_x，进而可得局部对流系数 h_x。已知 h_x 在表面上的变化，可用式（6.13）确定平均对流系数 $\overline{h_x}$，进而可得平均努塞尔数 $\overline{Nu_x}$。在 7.2.1 节中，以利用**相似方法**获得平行于平板的层流边界层方程的**精确解**[1~3]为例，对这种方法进行了阐述。在附录 F 中利用**积分法**获得了同一问题的**近似解**[4]。

7.1 实验方法

图 7.1 中给出了用实验获得对流传热关系式的方法。如果用电加热使一个给定几何形

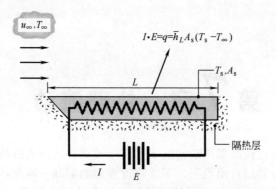

图 7.1 测定平均对流换热系数 $\overline{h}_L$ 的实验

状，如平行流中的平板，保持 $T_s > T_\infty$，就会发生从表面到流体的对流传热。T_s 和 T_∞ 以及与总传热速率 q 相等的电功率 $E \cdot I$ 的测量是很简单的。这样，就可以利用牛顿冷却定律[式(6.12)]，确定整个板的平均对流系数 $\overline{h}_L$。此外，已知特征长度 L 和流体性质，就可根据定义式(6.50)、式(6.41)和式(6.42)分别算出努塞尔数、雷诺数及普朗特数。

可对一系列不同的试验条件重复上述过程。我们可以改变速度 u_∞ 和板长 L，以及流体的种类，例如使用空气、水和机油，它们具有明显不同的普朗特数。这样，我们就会得到很多不同的对应很大范围雷诺数和普朗特数的努塞尔数的值，这些结果可以在**双对数**坐标中标出，如图 7.2(a) 所示。每种符号代表一组特殊的试验条件。通常，与给定的流体，从而与固定的普朗特数有关的结果会落在一条直线附近，这表明了努塞尔数与雷诺数之间的幂律关系。该直线可用以下形式的数学表达式描述

$$\overline{Nu}_L = CRe_L^m Pr^n \tag{7.1}$$

由于 C、m 和 n 的值常常与流体的种类无关，用比值 $\overline{Nu}_L/Pr^n$ 绘制结果可把对应于不同普朗特数的直线族压缩成一条线，如图 7.2(b) 所示。

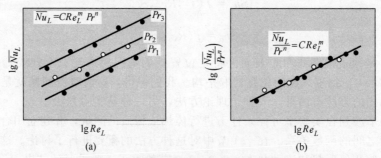

图 7.2 对流换热测量结果的无量纲表述

因为式(7.1)是从实验测量结果推出的，所以称之为**实验关系式**。系数 C 及指数 m 和 n 的具体值会随表面几何形状的种类及流动类型而变化。

我们将对很多特殊情况使用形如式(7.1)的表达式，值得注意的是，这样的结果中常常隐含**流体具有常物性**的假定。然而，我们知道，在边界层中流体物性随温度而变化，而且这个变化肯定会影响传热速率。这种影响可用两种方法之一进行处理。一种方法是，使用式(7.1)时，所有的物性都用称为**膜温**的边界层平均温度 T_f 计算。

$$T_f \equiv \frac{T_s + T_\infty}{2} \tag{7.2}$$

另一种方法是用 T_∞ 计算所有的物性，并在式(7.1) 的右边乘以一个计及物性变化的附加参数。这个参数通常具有 $(Pr_\infty/Pr_s)^r$ 或 $(\mu_\infty/\mu_s)^r$ 的形式，其中下标∞和 s 分别表示用自由流和壁面温度计算物性。两种方法在后面的结果中都会用到。

最后我们要注意，也可通过实验获得对流传质关系式。不过，在传热和传质类比（6.7.1 节）适用的条件下，传质关系式与对应的传热关系式具有相同的形式。因此，我们可以预计有如下形式的关系式

$$\overline{Sh}_L = CRe_L^m Sc^n \tag{7.3}$$

式中，对于给定的几何形状和流动状态，C、m 和 n 的值与式(7.1)中的相同。

7.2 平行流中的平板

尽管平板上的平行流（图 7.3）较为简单，但在很多工程应用中都可见到这种流动。正如在 6.3 节中讨论的那样，层流边界层在前缘（$x=0$）处发生，而在下游出现临界雷诺数 $Re_{x,c}$ 的位置（x_c）处发生向湍流的过渡。我们首先考虑层流边界层中的情况。

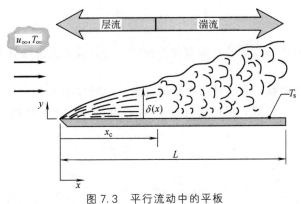

图 7.3 平行流动中的平板

7.2.1 等温平板上的层流：相似解

求解适当形式的边界层方程可获得主要的对流参数。作**常物性、黏性耗散可忽略、稳态、不可压缩**及**层流**假定，并注意到 $\mathrm{d}p/\mathrm{d}x=0$，边界层方程式（6.27）～式（6.30）可简化为

连续性

$$\frac{\partial u}{\partial x} + \frac{\partial v}{\partial y} = 0 \tag{7.4}$$

动量

$$u\frac{\partial u}{\partial x} + v\frac{\partial u}{\partial y} = \nu\frac{\partial^2 u}{\partial y^2} \tag{7.5}$$

能量

$$u\frac{\partial T}{\partial x} + v\frac{\partial T}{\partial y} = \alpha\frac{\partial^2 T}{\partial y^2} \tag{7.6}$$

组分

$$u \frac{\partial \rho_A}{\partial x} + v \frac{\partial \rho_A}{\partial y} = D_{AB} \frac{\partial^2 \rho_A}{\partial y^2} \tag{7.7}$$

根据常物性条件下速度（水力）边界层中的状态与温度及组分浓度无关的事实，这些方程的求解可得到简化。这样我们就可以先求解流体力学问题［方程式(7.4) 和式(7.5)］而不用考虑方程式(7.6) 和式(7.7)。在求解流体力学问题之后，就能够获得与 u 和 v 有关的方程式(7.6) 和式(7.7) 的解。

流体力学问题的求解采用布拉修斯方法[1,2]。速度分量用流函数 $\psi(x,y)$ 定义

$$u \equiv \frac{\partial \psi}{\partial y} \quad \text{和} \quad v \equiv -\frac{\partial \psi}{\partial x} \tag{7.8}$$

这样方程(7.4) 可自动得到满足，以后就不再需要了。于是新的因变量和自变量分别为 f 和 η，可定义成

$$f(\eta) \equiv \frac{\psi}{u_\infty \sqrt{\nu x / u_\infty}} \tag{7.9}$$

$$\eta \equiv y \sqrt{u_\infty / (\nu x)} \tag{7.10}$$

我们将发现，使用这些新的变量可将偏微分方程式(7.5) 简化为常微分方程，这样问题可得到简化。

布拉休斯解称为**相似解**，而 η 是一个**相似变量**。之所以用这个术语，是因为尽管边界层随着离开前缘的距离 x 而发展，但速度分布 u/u_∞ **在几何形状上保持相似**。这种相似性的函数形式为

$$\frac{u}{u_\infty} = \phi\left(\frac{y}{\delta}\right)$$

式中，δ 为边界层厚度。我们将从布拉休斯解中发现 δ 随 $(\nu x / u_\infty)^{1/2}$ 而变化，因此有

$$\frac{u}{u_\infty} = \phi(\eta) \tag{7.11}$$

这样，速度分布由相似变量 η 唯一确定，后者则与 x 和 y 有关。

根据式(7.8)~式(7.10) 有

$$u = \frac{\partial \psi}{\partial y} = \frac{\partial \psi}{\partial \eta} \times \frac{\partial \eta}{\partial y} = u_\infty \sqrt{\frac{\nu x}{u_\infty}} \times \frac{\mathrm{d}f}{\mathrm{d}\eta} \sqrt{\frac{u_\infty}{\nu x}} = u_\infty \frac{\mathrm{d}f}{\mathrm{d}\eta} \tag{7.12}$$

及

$$v = -\frac{\partial \psi}{\partial x} = -\left(u_\infty \sqrt{\frac{\nu x}{u_\infty}} \times \frac{\partial f}{\partial x} + \frac{u_\infty}{2} \sqrt{\frac{\nu}{u_\infty x}} f \right)$$

$$v = \frac{1}{2} \sqrt{\frac{\nu u_\infty}{x}} \left(\eta \frac{\mathrm{d}f}{\mathrm{d}\eta} - f \right) \tag{7.13}$$

对速度变量微分，还可给出

$$\frac{\partial u}{\partial x} = -\frac{u_\infty}{2x} \eta \frac{\mathrm{d}^2 f}{\mathrm{d}\eta^2} \tag{7.14}$$

$$\frac{\partial u}{\partial y}=u_\infty\sqrt{\frac{u_\infty}{\nu x}}\times\frac{\mathrm{d}^2 f}{\mathrm{d}\eta^2} \tag{7.15}$$

$$\frac{\partial^2 u}{\partial y^2}=\frac{u_\infty^2}{\nu x}\times\frac{\mathrm{d}^3 f}{\mathrm{d}\eta^3} \tag{7.16}$$

将这些表达式代入方程(7.5)，可得

$$2\frac{\mathrm{d}^3 f}{\mathrm{d}\eta^3}+f\frac{\mathrm{d}^2 f}{\mathrm{d}\eta^2}=0 \tag{7.17}$$

于是，流体力学边界层问题就简化成一个非线性三阶常微分方程的求解问题。适用的边界条件为

$$u(x,0)=\upsilon(x,0)=0 \quad 和 \quad u(x,\infty)=u_\infty$$

或根据相似变量写成

$$\frac{\mathrm{d}f}{\mathrm{d}\eta}\bigg|_{\eta=0}=f(0)=0 \quad 和 \quad \frac{\mathrm{d}f}{\mathrm{d}\eta}\bigg|_{\eta\to\infty}=1 \tag{7.18}$$

通过级数展开[2]或数值积分[3]可求得方程(7.17)满足式(7.18)中条件的解。表 7.1 给出了一些结果，从中可得到一些有用的信息。首先我们注意到，作为一个很好的近似，$(u/u_\infty)=0.99$ 对应于 $\eta=5.0$。定义边界层厚度 δ 为 $(u/u_\infty)=0.99$ 时的 y 值，由式(7.10)可得

$$\delta=\frac{5.0}{\sqrt{u_\infty/(\nu x)}}=\frac{5x}{\sqrt{Re_x}} \tag{7.19}$$

由式(7.19)可以清楚地看出，δ 随着 x 和 ν 的增加而变大，但随着 u_∞ 的增大而变小（自由流速度越大，边界层**越薄**）。另外，根据式(7.15)，壁面切应力可写成

$$\tau_s=\mu\frac{\partial u}{\partial y}\bigg|_{y=0}=\mu u_\infty\sqrt{u_\infty/(\nu x)}\frac{\mathrm{d}^2 f}{\mathrm{d}\eta^2}\bigg|_{\eta=0}$$

于是，根据表 7.1，有

$$\tau_s=0.332u_\infty\sqrt{\rho\mu u_\infty/x}$$

这样，**局部**摩擦系数即为

$$C_{f,x}\equiv\frac{\tau_{s,x}}{\rho u_\infty^2/2}=0.664Re_x^{-1/2} \tag{7.20}$$

表 7.1　平板层流边界层函数[3]

$\eta=y\sqrt{\dfrac{u_\infty}{\nu x}}$	f	$\dfrac{\mathrm{d}f}{\mathrm{d}\eta}=\dfrac{u}{u_\infty}$	$\dfrac{\mathrm{d}^2 f}{\mathrm{d}\eta^2}$	$\eta=y\sqrt{\dfrac{u_\infty}{\nu x}}$	f	$\dfrac{\mathrm{d}f}{\mathrm{d}\eta}=\dfrac{u}{u_\infty}$	$\dfrac{\mathrm{d}^2 f}{\mathrm{d}\eta^2}$
0	0	0	0.332	3.6	1.930	0.923	0.098
0.4	0.027	0.133	0.331	4.0	2.306	0.956	0.064
0.8	0.106	0.265	0.327	4.4	2.692	0.976	0.039
1.2	0.238	0.394	0.317	4.8	3.085	0.988	0.022
1.6	0.420	0.517	0.297	5.2	3.482	0.994	0.011
2.0	0.650	0.630	0.267	5.6	3.880	0.997	0.005
2.4	0.922	0.729	0.228	6.0	4.280	0.999	0.002
2.8	1.231	0.812	0.184	6.4	4.679	1.000	0.001
3.2	1.569	0.876	0.139	6.8	5.079	1.000	0.000

已知速度边界层中的情况，就可以求解能量和组分守恒方程。为了求解方程(7.6)，引入无量纲温度 $T^* \equiv [(T-T_s)/(T_\infty-T_s)]$，并假定相似解的形式为 $T^* = T^*(\eta)$。进行必要的替代后，方程(7.6)简化为

$$\frac{\mathrm{d}^2 T^*}{\mathrm{d}\eta^2} + \frac{Pr}{2} f \frac{\mathrm{d}T^*}{\mathrm{d}\eta} = 0 \tag{7.21}$$

注意，方程(7.21)中出现的变量 f 体现了温度解对流体力学状态的依赖性。适用的边界条件为

$$T^*(0) = 0 \quad \text{和} \quad T^*(\infty) = 1 \tag{7.22}$$

根据式(7.22)给出的条件，可对不同的普朗特数用数值积分求解方程(7.21)。这种求解的一个重要结论是，对于 $Pr \gtrsim 0.6$ [1]，表面温度梯度 $\mathrm{d}T^*/\mathrm{d}\eta \big|_{\eta=0}$ 的结果可用下面的关系式表述

$$\frac{\mathrm{d}T^*}{\mathrm{d}\eta}\bigg|_{\eta=0} = 0.332 Pr^{1/3}$$

局部对流系数可写成

$$h_x = \frac{q_s''}{T_s - T_\infty} = -\frac{T_\infty - T_s}{T_s - T_\infty} k \frac{\partial T^*}{\partial y}\bigg|_{y=0}$$

$$h_x = k \left(\frac{u_\infty}{\nu x}\right)^{1/2} \frac{\mathrm{d}T^*}{\mathrm{d}\eta}\bigg|_{\eta=0}$$

由此，**局部努塞尔数**的形式为

$$\boxed{Nu_x \equiv \frac{h_x x}{k} = 0.332 Re_x^{1/2} Pr^{1/3} \qquad Pr \gtrsim 0.6} \tag{7.23}$$

根据方程(7.21)的解，还可得出速度与温度边界层的厚度之比为

$$\frac{\delta}{\delta_t} \approx Pr^{1/3} \tag{7.24}$$

式中，δ 由式(7.19)给出。

组分边界层方程［式(7.7)］与能量边界层方程［式(7.6)］具有相同的形式，只是用 D_{AB} 代替了 α。引入无量纲组分密度 $\rho_A^* \equiv [(\rho_A - \rho_{A,s})/(\rho_{A,\infty} - \rho_{A,s})]$，并注意到，对于固定的表面组分浓度，有

$$\rho_A^*(0) = 0 \quad \text{和} \quad \rho_A^*(\infty) = 1 \tag{7.25}$$

我们还可看出，组分边界条件也与式(7.22)给出的温度边界条件具有相同的形式。因此，像 6.7.1 节中讨论的那样，由于组分浓度和温度的微分方程和边界条件具有相同的形式，因此可以采用传热和传质的类比关系。由此，参照式(7.23)，有

$$\boxed{Sh_x \equiv \frac{h_{m,x} x}{D_{AB}} = 0.332 Re_x^{1/2} Sc^{1/3} \qquad Sc \gtrsim 0.6} \tag{7.26}$$

---

[1] $\gtrsim$ 表示大于或约等于。——编辑注

通过与式(7.24) 的类比，还可得到边界层厚度之比为

$$\frac{\delta}{\delta_c} \approx Sc^{1/3} \tag{7.27}$$

上述结果可用于对任意的 $0 < x < x_c$ 计算重要的**层流**边界层参数，其中 x_c 是由前缘至开始过渡的距离。式(7.20)、式(7.23) 和式(7.26) 意味着 $\tau_{s,x}$、h_x 和 $h_{m,x}$ 在前缘处理论上是无限大的，并按照 $x^{-1/2}$ 在流动方向上减小。而式(7.24) 和式(7.27) 则意味着，对于 Pr 和 Sc 接近于 1 的情况（适用于绝大多数气体），三种边界层的增长几乎一致。

　　由前述的局部结果可确定边界层平均参数。根据平均摩擦系数的定义

$$\overline{C}_{f,x} \equiv \frac{\overline{\tau}_{s,x}}{\rho u_\infty^2/2} \tag{7.28}$$

其中

$$\overline{\tau}_{s,x} \equiv \frac{1}{x} \int_0^x \tau_{s,x} \, \mathrm{d}x$$

代入式(7.20) 给出的 $\tau_{s,x}$ 的形式，积分可得

$$\boxed{\overline{C}_{f,x} = 1.328 Re_x^{-1/2}} \tag{7.29}$$

此外，根据式(6.14) 和式(7.23)，层流的**平均换热系数**为

$$\overline{h}_x = \frac{1}{x} \int_0^x h_x \, \mathrm{d}x = 0.332 \left(\frac{k}{x}\right) Pr^{1/3} \left(\frac{u_\infty}{\nu}\right)^{1/2} \int_0^x \frac{\mathrm{d}x}{x^{1/2}}$$

积分并用式(7.23) 代入，可得 $\overline{h}_x = 2h_x$。因此

$$\boxed{\overline{Nu}_x \equiv \frac{\overline{h}_x x}{k} = 0.664 Re_x^{1/2} Pr^{1/3} \qquad Pr \gtrsim 0.6} \tag{7.30}$$

采用传热和传质的类比，可给出

$$\boxed{\overline{Sh}_x \equiv \frac{\overline{h}_{m,x} x}{D_{AB}} = 0.664 Re_x^{1/2} Sc^{1/3} \qquad Sc \gtrsim 0.6} \tag{7.31}$$

如果整个表面上都是层流，下标 x 可改成 L，而式(7.29)～式(7.31) 可用于计算整个表面的平均状态。

　　从前面的表达式可以看出，对于平板上的层流，从前缘到表面上的点 x 处的**平均摩擦**和对流系数是该点**局部**系数的**两倍**。我们还要注意，在使用这些表达式时，为了处理物性变化的影响，所有的物性都要用式(7.2) 定义的膜温计算。

　　式(7.23) 不适用于普朗特数小的流体，即**液态金属**。然而，在这种情况下，热边界层的发展比速度边界层快很多（$\delta_t \gg \delta$），因此假定整个热边界层中具有均匀的速度（$u = u_\infty$）是合理的。基于这种假定求得的热边界层方程的解[5]，可给出

$$Nu_x = 0.565 Pe_x^{1/2} \qquad Pr \lesssim^{❶} 0.05, Pe_x \gtrsim 100 \tag{7.32}$$

---

❶ $\lesssim$ 表示小于或约等于。——编辑注

式中，$Pe_x \equiv Re_x Pr$，是**贝克来数**（表 6.2）。尽管液态金属有腐蚀性且易于发生化学反应，但其独有的性质（低的熔点和蒸气压，以及高的比热容和热导率）使它们在需要高传热速率的应用中成为具有吸引力的冷却剂。

邱吉尔（Churchill）和欧之（Ozoe）[6]推荐了一个适用于所有普朗特数的单一关系式。对于等温平板上的层流，局部对流系数可用下式计算

$$Nu_x = \frac{0.3387 Re_x^{1/2} Pr^{1/3}}{[1+(0.0468/Pr)^{2/3}]^{1/4}} \qquad Pe_x \gtrsim 100 \qquad (7.33)$$

其中$\overline{Nu_x} = 2Nu_x$。

7.2.2　等温平板上的湍流

根据实验结果[2]知道，对于雷诺数在约 10^8 以下的湍流，可用以下形式的关系式很好地表述**局部**摩擦系数（精度在 15% 以内）

$$C_{f,x} = 0.0592 Re_x^{-1/5} \qquad Re_{x,c} \lesssim Re_x \lesssim 10^8 \qquad (7.34)$$

另外，作为合理的近似，速度边界层的厚度可以表示为

$$\delta = 0.37 x Re_x^{-1/5} \qquad (7.35)$$

将这些结果与层流边界层的结果［式(7.19) 和式(7.20)］，进行比较，可以看出湍流边界层的增长要快很多（δ 按照 $x^{4/5}$ 变化，层流则按照 $x^{1/2}$ 变化），而摩擦系数的衰减则较为缓慢（$x^{-1/5}$ 对 $x^{-1/2}$）。对于湍流，强烈影响边界层发展的是流体中的随机脉动，而不是分子扩散。因此，湍流边界层的相对增长与 Pr 或 Sc 的值无关，式(7.35) 可用于计算热和浓度以及速度边界层的厚度。即对于湍流，$\delta \approx \delta_t \approx \delta_c$。

利用式(7.34) 和修正的雷诺或奇尔顿-科尔伯恩类比［式(6.70) 和式(6.71)］，可得湍流的**局部**努塞尔数为

$$Nu_x = St Re_x Pr = 0.0296 Re_x^{4/5} Pr^{1/3} \qquad 0.6 \lesssim Pr \lesssim 60 \qquad (7.36)$$

而**局部**舍伍德数为

$$Sh_x = St^* Re_x Sc = 0.0296 Re_x^{4/5} Sc^{1/3} \qquad 0.6 \lesssim Sc \lesssim 3000 \qquad (7.37)$$

强化混合使得湍流边界层的增长比层流边界层快得多，并且具有更大的摩擦和对流系数。

现在已经可以确定平均系数的表达式。然而，由于在湍流边界层之前通常会有一个层流边界层，因此，我们首先来讨论**混合**边界层状态。

7.2.3　混合边界层状态

对于整个平板都是层流的情况，式(7.29)～式(7.31) 可用于计算平均系数。另外，如果过渡发生在平板的尾部，例如在 $0.95 \lesssim (x_c/L) \lesssim 1$ 的范围内，作为合理的近似，这些方程仍可用于计算平均系数。但是，当过渡发生在离尾缘有相当距离的上游，即 $(x_c/L) \lesssim 0.95$ 处时，表面的平均系数将同时受到层流和湍流边界层中状态的影响。

在混合边界层的情形下（图 7.3），式(6.14) 可用于计算整个平板的平均对流换热系数。先后在层流区（$0 \leqslant x \leqslant x_c$）和湍流区（$x_c < x \leqslant L$）积分，该式可表示成

$$\overline{h}_L = \frac{1}{L}\left(\int_0^{x_c} h_{\text{lam}}\,\mathrm{d}x + \int_{x_c}^L h_{\text{turb}}\,\mathrm{d}x\right)$$

这里假定在 $x = x_c$ 处突然发生过渡。将 h_{lam} 和 h_{turb} 分别用式(7.23) 和式(7.36) 代入，可得

$$\overline{h}_L = \left(\frac{k}{L}\right)\left[0.332\left(\frac{u_\infty}{\nu}\right)^{1/2}\int_0^{x_c}\frac{\mathrm{d}x}{x^{1/2}} + 0.0296\left(\frac{u_\infty}{\nu}\right)^{4/5}\int_{x_c}^L\frac{\mathrm{d}x}{x^{1/5}}\right]Pr^{1/3}$$

积分后可得

$$\overline{Nu}_L = (0.037Re_L^{4/5} - A)Pr^{1/3} \tag{7.38}$$

$$\begin{bmatrix} 0.6 \leqslant Pr \leqslant 60 \\ Re_{x,c} \leqslant Re_L \leqslant 10^8 \end{bmatrix}$$

括弧中的关系式指出了该式的适用范围，常数 A 由临界雷诺数 $Re_{x,c}$ 的值确定。即

$$A = 0.037Re_{x,c}^{4/5} - 0.664Re_{x,c}^{1/2} \tag{7.39}$$

类似地，可用下面的表达式求出平均摩擦系数

$$\overline{C}_{f,L} = \frac{1}{L}\left(\int_0^{x_c} C_{f,x,\text{lam}}\,\mathrm{d}x + \int_{x_c}^L C_{f,x,\text{turb}}\,\mathrm{d}x\right)$$

将式(7.20) 和式(7.34) 分别代入 $C_{f,x,\text{lam}}$ 和 $C_{f,x,\text{turb}}$ 并积分，可得以下形式的表达式：

$$\overline{C}_{f,L} = 0.074Re_L^{-1/5} - \frac{2A}{Re_L} \tag{7.40}$$

$$[Re_{x,c} \leqslant Re_L \leqslant 10^8]$$

对式(7.38) 应用传热和传质的类比关系，可得

$$\overline{Sh}_L = (0.037Re_L^{4/5} - A)Sc^{1/3} \tag{7.41}$$

$$\begin{bmatrix} 0.6 \leqslant Sc \leqslant 60 \\ Re_{x,c} \leqslant Re_L \leqslant 10^8 \end{bmatrix}$$

对于完全的湍流边界层（$Re_{x,c} = 0$），$A = 0$。利用细金属丝或其他形式的湍流触发器在前缘处**触发**边界层可以实现这种情况。对于过渡雷诺数 $Re_{x,c} = 5 \times 10^5$ 的情况，$A = 871$。

上述所有关系式中的流体物性都要用膜温［式(7.2)］计算。

7.2.4 非加热起始长度

上述所有的努塞尔数表达式只能用于表面具有均匀温度 T_s 的情形。一个常见的例外是在加热段（$T_s \neq T_\infty$）的上游存在一个**非加热起始长度**（$T_s = T_\infty$）。如图 7.4 所示，速度边界层的发展开始于 $x = 0$，而热边界层的发展则起始于 $x = \xi$。因此在 $0 \leqslant x \leqslant \xi$ 段不存在传热。借助边界层的积分解[5]，已经知道，对于层流

$$Nu_x = \frac{Nu_x\big|_{\xi=0}}{[1 - (\xi/x)^{3/4}]^{1/3}} \tag{7.42}$$

其中 $Nu_x\big|_{\xi=0}$ 由式(7.23) 给出。Nu_x 和 $Nu_x\big|_{\xi=0}$ 的特征长度 x 都以非加热起始段的前缘为起

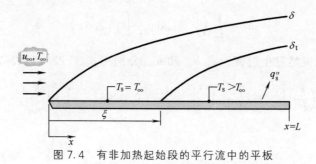

图 7.4　有非加热起始段的平行流中的平板

点。也已经知道，对于湍流

$$Nu_x = \frac{Nu_x\big|_{\xi=0}}{\left[1-(\xi/x)^{9/10}\right]^{1/9}} \qquad (7.43)$$

其中 $Nu_x\big|_{\xi=0}$ 由式（7.36）给出。用（Sh_x , Sc）替代（Nu_x , Pr）可获得传质类比结果。

利用式（6.14）以及上述关系式给出的局部对流系数，可获得具有非加热起始段的等温平板的**平均努塞尔数**的表达式[7]。对于总长为 L 的平板，当整个表面上都是层流**或**湍流时，表达式具有以下形式

$$\overline{Nu_L} = \overline{Nu_L}\big|_{\xi=0} \frac{L}{L-\xi}\left[1-(\xi/L)^{(p+1)/(p+2)}\right]^{p/(p+1)} \qquad (7.44)$$

对于层流，$p=2$，对于湍流，$p=8$。$\overline{Nu_L}\big|_{\xi=0}$ 是长度为 L 的平板在加热开始于平板前缘处时的平均努塞尔数。对于层流，$\overline{Nu_L}\big|_{\xi=0}$ 用式（7.30）计算（x 用 L 代替）；对于湍流则用式（7.38）计算，其中 $A=0$（假定整个表面上均为湍流）。注意，$\overline{Nu_L}$ 等于 $\bar h L/k$，其中 $\bar h$ 只对平板的长度为（$L-\xi$）的加热部分平均。因此，为确定离开平板的总传热速率，必须将 $\bar h_L$ 的相应值与加热段的面积相乘。

7.2.5　具有恒定热流密度的平板

除了均匀温度之外，还可在表面上施加均匀热流密度。对于层流，可以给出[5]

$$Nu_x = 0.453 Re_x^{1/2} Pr^{1/3} \qquad Pr \gtrsim 0.6 \qquad (7.45)$$

对于湍流则有

$$Nu_x = 0.0308 Re_x^{4/5} Pr^{1/3} \qquad 0.6 \lesssim Pr \lesssim 60 \qquad (7.46)$$

因此，层流和湍流的努塞尔数分别比等表面温度的结果大 36％ 和 4％。将式（7.45）和式（7.46）分别与式（7.42）和式（7.43）一起使用，可修正非加热起始长度的影响。如果热流密度已知，对流系数可用于确定局部表面温度

$$T_s(x) = T_\infty + \frac{q_s''}{h_x} \qquad (7.47)$$

因为可很容易地用均匀的热流密度和表面积的乘积确定总的传热速率，$q = q_s'' A_s$，所以没有必要为了计算 q 而引入平均对流系数。然而，我们仍然有可能想用下述形式的表达式确定**平均表面温度**

$$\overline{(T_s-T_\infty)}=\frac{1}{L}\int_0^L(T_s-T_\infty)\mathrm{d}x=\frac{q_s''}{L}\int_0^L\frac{x}{kNu_x}\mathrm{d}x$$

式中，Nu_x 可用适用的对流关系式计算。代入式（7.45），可得

$$\overline{(T_s-T_\infty)}=\frac{q_s''L}{k\overline{Nu}_L} \tag{7.48}$$

这里

$$\overline{Nu}_L=0.680Re_L^{1/2}Pr^{1/3} \tag{7.49}$$

使用上式算得的结果仅比式（7.30）在 $x=L$ 时的结果大 2%。对于湍流情况该差别会更小，这意味着任何根据等表面温度情况获得的 $\overline{Nu}_L$ 结果可与式（7.48）一起用于计算 $\overline{(T_s-T_\infty)}$。非加热段下游处于等表面热流情况的平板的平均温度的表达式已由阿米尔（Ameel）确定[7]。

7.2.6　使用对流系数的限制

虽然本节的公式适用于绝大多数工程计算，但实际上它们很少能够给出对流系数的精确值。使用这些表达式所产生的误差可能达到 25%，具体情况则随自由流的湍流度和表面粗糙度而变化。Blair[8] 对自由流湍流度的影响作了详细描述。

7.3　对流计算的方法

虽然我们只讨论了适用于平板上平行流动的关系式，但遵循一些简单的规则有助于对**任何流动情形**选择和应用对流关系式。

① **尽快了解流动的几何条件**。该问题涉及到平板、球还是圆柱上的流动。对流关系式的具体形式当然与几何条件有关。

② **确定合适的参考温度，并用该温度计算相关的流体物性**。在边界层温差不大的情况下，可以使用膜温［式（7.2）］。然而，我们将讨论用自由流温度计算物性的关系式，这些关系式中会有一个物性之比用于计及物性变化的影响。

③ **在传质问题中相关的物性采用组分 B 的**。在处理对流传质问题时，我们只关注**稀释的二元混合物**。即这些问题涉及到某个 $x_A\ll1$ 的组分 A 的传递。这样，作为一个好的近似，混合物的物性可假定为组分 B 的物性。例如，施密特数为 $Sc=\nu_B/D_{AB}$，而雷诺数则是 $Re_L=(VL/\nu_B)$。

④ **计算雷诺数**。这个参数对边界层中的状态有强烈影响。如果几何条件是平行流中的平板，确定流动是层流还是湍流。

⑤ **确定需要的是局部还是表面平均系数**。我们记得，对于等表面温度或蒸气密度的情况，局部系数用于确定表面上特定点处的流密度，而平均系数则用于确定整个表面的传递速率。

⑥ **选择合适的关系式**。

【例 7.1】 压力和温度分别为 $6\mathrm{kN/m^2}$ 和 300℃ 的空气以 10m/s 的速度流过一块 0.5m 长的平板。计算为使平板表面维持在 27℃ 所需的单位板宽的冷却速率。

解析

已知：空气流过一块等温平板。

求：单位宽度平板的冷却速率 $q'(\mathrm{W/m})$。

示意图：

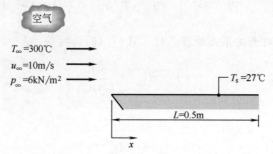

假定：1. 稳态条件；

2. 辐射的影响可忽略。

物性：表 A. 4，空气（$T_f = 437K$，$p = 1atm$）：$\nu = 30.84 \times 10^{-6} \, m^2/s$，$k = 36.4 \times 10^{-3}$ $W/(m \cdot K)$，$Pr = 0.687$。作为很好的近似，可假定 k、Pr 和 μ 等性质与压力无关。但是，气体的运动黏度 $\nu = \mu/\rho$ 会因与密度有关而随压力变化。根据理想气体定律，$\rho = p/(RT)$，可得气体在相同温度但不同压力（p_1 和 p_2）下的运动黏度之比为 $(\nu_1/\nu_2) = (p_2/p_1)$。因此，在 437K 和 $p_\infty = 6 \times 10^3 \, N/m^2$ 时，空气的运动黏度为

$$\nu = 30.84 \times 10^{-6} \, m/s \times \frac{1.0133 \times 10^5 \, N/m^2}{6 \times 10^3 \, N/m^2} = 5.21 \times 10^{-4} \, m^2/s$$

分析：对于单位宽度的平板，由牛顿冷却定律可得向平板的对流传热速率为

$$q' = \overline{h} L (T_\infty - T_s)$$

为确定计算 $\overline{h}$ 的合适的对流关系式，首先必须确定雷诺数

$$Re_L = \frac{u_\infty L}{\nu} = \frac{10m/s \times 0.5m}{5.21 \times 10^{-4} \, m^2/s} = 9597$$

因此整个平板上都是层流，适用的关系式由式(7.30)给出。

$$\overline{Nu}_L = 0.664 Re_L^{1/2} Pr^{1/3} = 0.664 \times (9597)^{1/2} \times (0.687)^{1/3} = 57.4$$

于是，平均对流系数为

$$\overline{h} = \frac{\overline{Nu}_L k}{L} = \frac{57.4 \times 0.0364 \, W/(m \cdot K)}{0.5m} = 4.18 \, W/(m^2 \cdot K)$$

从而单位宽度的平板需要的冷却速率为

$$q' = 4.18 \, W/(m^2 \cdot K) \times 0.5m \times (300 - 27)℃ = 570 \, W/m \quad \blacktriangleleft$$

说明：表 A. 4 中的结果适用于大气压力下的气体。除了运动黏度、质量密度和热扩散系数之外，这些结果一般可用于其他压力条件，不必修正。将表中的值除以压力（atm）可获得不是 1atm 压力下的运动黏度和热扩散系数。

【**例 7.2**】 用独立控制的每段长为 50mm 的电阻丝加热器将宽度 $w = 1m$ 的平板表面维持在均匀温度 $T_s = 230℃$。如果 25℃ 的常压空气以 60m/s 的速度流过平板，哪个电加热器的输入电功率最大？这个最大输入值是多少？

解析

已知：空气流过装有分段加热器的平板。

求：加热器的最大功率需求。

示意图：

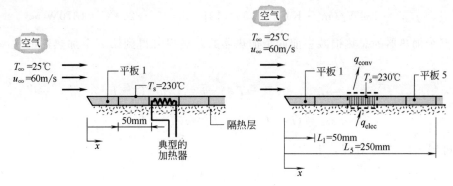

假定：1. 稳态条件；

2. 辐射的影响可忽略；

3. 板的底面绝热。

物性：表 A.4，空气（$T_f = 400\text{K}$，$p = 1\text{atm}$）：$\nu = 26.41 \times 10^{-6}\,\text{m}^2/\text{s}$，$k = 0.0338\text{W}/$（m·K），$Pr = 0.690$。

分析：为确定需要最大电功率的加热器的位置，首先要找出边界层发生过渡的地点。基于第一个加热器的长度 L_1 的雷诺数为

$$Re_1 = \frac{u_\infty L_1}{\nu} = \frac{60\text{m/s} \times 0.05\text{m}}{26.41 \times 10^{-6}\,\text{m}^2/\text{s}} = 1.14 \times 10^5$$

如果假定过渡雷诺数为 $Re_{x,c} = 5 \times 10^5$，则过渡将发生在第五个加热器上，或更明确地说，发生在

$$x_c = \frac{\nu}{u_\infty} Re_{x,c} = \frac{26.41 \times 10^{-6}\,\text{m}^2/\text{s}}{60\text{m/s}} \times 5 \times 10^5 = 0.22\text{m}$$

平均对流系数最大的加热器需要最大的电功率。根据我们了解的局部对流系数随离开前缘距离的变化情况，可以推断出有三种可能性：

1. 加热器 1，因为它对应着最大的局部层流对流系数；

2. 加热器 5，因为它对应着最大的局部湍流对流系数；

3. 加热器 6，因为在整个加热器上都是湍流状态。

对于每一个加热器，根据能量守恒有

$$q_{\text{elec}} = q_{\text{conv}}$$

对于第一个加热器

$$q_{\text{conv},1} = \overline{h}_1 L_1 w (T_s - T_\infty)$$

式中，$\overline{h}_1$ 由式（7.30）确定。

$$\overline{Nu}_1 = 0.664 Re_1^{1/2} Pr^{1/3} = 0.664 \times (1.14 \times 10^5)^{1/2} \times (0.69)^{1/3} = 198$$

因此有

$$\overline{h}_1 = \frac{\overline{Nu}_1 k}{L_1} = \frac{198 \times 0.0338\text{W}/(\text{m·K})}{0.05\text{m}} = 134\text{W}/(\text{m}^2 \cdot \text{K})$$

及

$$q_{\text{conv},1} = 134 \text{W}/(\text{m}^2 \cdot \text{K}) \times (0.05 \times 1) \text{m}^2 \times (230 - 25)\text{℃} = 1370 \text{W}$$

将前五个加热器的总热损减去前四个加热器的总热损可得到第五个加热器的功率需求。因此

$$q_{\text{conv},5} = \overline{h}_{1-5} L_5 w (T_s - T_\infty) - \overline{h}_{1-4} L_4 w (T_s - T_\infty)$$

$$q_{\text{conv},5} = (\overline{h}_{1-5} L_5 - \overline{h}_{1-4} L_4) w (T_s - T_\infty)$$

$\overline{h}_{1-4}$ 的值可用式(7.30) 算得，有

$$\overline{Nu}_4 = 0.664 Re_4^{1/2} Pr^{1/3}$$

根据 $Re_4 = 4 Re_1 = 4.56 \times 10^5$，有

$$\overline{Nu}_4 = 0.664 \times (4.56 \times 10^5)^{1/2} \times (0.69)^{1/3} = 396$$

因此

$$\overline{h}_{1-4} = \frac{\overline{Nu}_4 k}{L_4} = \frac{396 \times 0.0338 \text{W}/(\text{m} \cdot \text{K})}{0.2 \text{m}} = 67 \text{W}/(\text{m}^2 \cdot \text{K})$$

与此不同的是，第五个加热器处于混合边界层状态，$\overline{h}_{1-5}$ 必须用式(7.38) 计算，其中 $A = 871$。根据 $Re_5 = 5 Re_1 = 5.70 \times 10^5$，有

$$\overline{Nu}_5 = (0.037 Re_5^{4/5} - 871) Pr^{1/3}$$

$$\overline{Nu}_5 = [0.037 \times (5.70 \times 10^5)^{4/5} - 871] \times (0.69)^{1/3} = 546$$

因此

$$\overline{h}_{1-5} = \frac{\overline{Nu}_5 k}{L_5} = \frac{546 \times 0.0338 \text{W}/(\text{m} \cdot \text{K})}{0.25 \text{m}} = 74 \text{W}/(\text{m}^2 \cdot \text{K})$$

于是，离开第五个加热器的传热速率为

$$q_{\text{conv},5} = [74 \text{W}/(\text{m}^2 \cdot \text{K}) \times 0.25 \text{m} - 67 \text{W}/(\text{m}^2 \cdot \text{K}) \times 0.2 \text{m}] \times 1 \text{m} \times (230 - 25)\text{℃}$$

$$= 1050 \text{W}$$

类似地，将前六个加热器的总热损减去前五个加热器的总热损可得到第六个加热器的功率需求。因此有

$$q_{\text{conv},6} = (\overline{h}_{1-6} L_6 - \overline{h}_{1-5} L_5) w (T_s - T_\infty)$$

式中，$\overline{h}_{1-6}$ 可用式(7.38) 算得。根据 $Re_6 = 6 Re_1 = 6.84 \times 10^5$，有

$$\overline{Nu}_6 = [0.037 \times (6.84 \times 10^5)^{4/5} - 871] \times (0.69)^{1/3} = 753$$

因此有

$$\overline{h}_{1-6} = \frac{\overline{Nu}_6 k}{L_6} = \frac{753 \times 0.0338 \text{W}/(\text{m} \cdot \text{K})}{0.30 \text{m}} = 85 \text{W}/(\text{m}^2 \cdot \text{K})$$

及

$$q_{\text{conv},6} = [85\text{W}/(\text{m}^2 \cdot \text{K}) \times 0.30\text{m} - 74\text{W}/(\text{m}^2 \cdot \text{K}) \times 0.25\text{m}] \times 1\text{m} \times (230-25)^\circ\text{C}$$

$$= 1440\text{W} \qquad \blacktriangleleft$$

所以 $q_{\text{conv},6} > q_{\text{conv},1} > q_{\text{conv},5}$，第六个加热器具有最大的功率需求。

说明：1. 在另外一种求离开特定平板的对流传热速率的较为粗糙的方法中，要计算表面局部对流系数的平均值。例如，式(7.36)可用于计算第六个平板的中点处的局部对流系数。根据 $x=0.275\text{m}$、$Re_x=6.25\times10^5$、$Nu_x=1130$ 以及 $h_x=139\text{W}/(\text{m}^2 \cdot \text{K})$，离开第六个板的对流传热速率为

$$q_{\text{conv},6} = h_x(L_6-L_5)w(T_s-T_\infty)$$

$$= 139\text{W}/(\text{m}^2 \cdot \text{K}) \times (0.30-0.25)\text{m} \times 1\text{m} \times (230-25)^\circ\text{C} = 1430\text{W}$$

在使用这种方法时必须极为谨慎，它只能用于局部对流系数随距离变化不大的情况，如湍流。如果用于发生过渡的表面，则会导致很大的误差。

2. 层流和湍流的局部对流系数沿平板的变化可分别用式(7.23)和式(7.36)确定，所得结果用实线示于下图中：

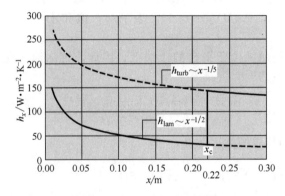

假定层流对流系数按照 $x^{-1/2}$ 的衰减在 $x_c=0.22\text{m}$ 处突然终结，在该处发生的过渡使得局部对流系数增加了四倍多。当 $x>x_c$ 时，对流系数的衰减较为缓慢（$x^{-1/5}$）。虚线为分布的延伸部分，适用于不同的 x_c 值。例如，如果增加自由流的湍流度和/或表面的粗糙度，$Re_{x,c}$ 会变小。较小的 x_c 值会使得平板上层流的分布区域减小，而湍流的则增大。提高 u_∞ 会产生相似的效果。在这种情况下，层流和湍流分布都会有较大的 h_x 值（$h_{\text{lam}} \sim u_\infty^{1/2}$，$h_{\text{turb}} \sim u_\infty^{4/5}$）。

3. 这个例子在 IHT 中是一个准备好的模型，可从菜单中的 Examples 访问。这个模型演示了如何使用 Correlations 和 Properties 工具，它们可以为对流计算提供方便。

【**例 7.3**】 美国西南地区的干旱情况促使官员们质疑是否应该允许使用家用游泳池。作为一座拥有大量游泳池的城市的总工程师，你被要求估算**每天**因游泳池蒸发而损失的水量。作为典型情况，你可以假定水和环境空气处于 25℃，环境的相对湿度为 50%，游泳池的表面尺寸为 6m×12m。游泳池的周边为 1.5m 宽的平台，平台高出周边的地面。风速为 2m/s，且方向同游泳池的长边。还可以假定空气自由流的湍流度可忽略，水面平滑且与平台平齐，平台是干燥的。游泳池每天损失的水量有多少千克？

解析

已知：游泳池上方的环境空气状态，游泳池和平台的尺寸。

求：每天因蒸发损失的水量。

示意图：

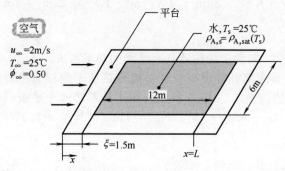

假定：1. 稳态条件；

2. 水面平滑，自由流的湍流度可忽略；

3. 平台是干的；

4. 传热和传质的类比关系适用；

5. 流动被平台的前缘触发为湍流；

6. 自由流中的水蒸气为理想气体。

物性：表 A.4，空气（25℃）：$\nu = 15.7 \times 10^{-6} \, \text{m}^2/\text{s}$。表 A.8，水蒸气-空气（25℃）：$D_{AB} = 0.26 \times 10^{-4} \, \text{m}^2/\text{s}$，$Sc = \nu/D_{AB} = 0.60$。表 A.6，饱和水蒸气（25℃）：$\rho_{A,sat} = v_g^{-1} = 0.0226 \, \text{kg/m}^3$。

分析：速度边界层的前缘位于平台的边缘上，因此，游泳池的尾缘位于距离前缘 $L = 13.5\text{m}$ 处。该点的雷诺数为

$$Re_L = \frac{u_\infty L}{\nu} = \frac{2\text{m/s} \times 13.5\text{m}}{15.7 \times 10^{-6} \text{m}^2/\text{s}} = 1.72 \times 10^6$$

对式(7.44) 应用传热和传质的类比可得

$$\overline{Sh}_L = \overline{Sh}_L \mid_{\xi=0} \frac{L}{L-\xi} \left[1 - (\xi/L)^{(p+1)/(p+2)} \right]^{p/(p+1)} \tag{1}$$

由于边界层被平台的前缘触发成湍流状态，平均舍伍德数 $\overline{Sh}_L \mid_{\xi=0}$ 可用式(7.41) 计算，其中 $A = 0$。

$$\overline{Sh}_L \mid_{\xi=0} = 0.037 Re_L^{4/5} Sc^{1/3} = 0.037 \times (1.72 \times 10^6)^{4/5} \times (0.60)^{1/3} = 3040$$

对于湍流，$p = 8$，利用式(1) 可得

$$\overline{Sh}_L = 3040 \times \frac{13.5\text{m}}{(13.5\text{m} - 1.5\text{m})} \times \left[1 - (1.5\text{m}/13.5\text{m})^{(8+1)/(8+2)} \right]^{8/(8+1)} = 2990$$

从而有

$$\overline{h}_{m,L} = \overline{Sh}_L \left(\frac{D_{AB}}{L} \right) = 2990 \frac{0.26 \times 10^{-4} \text{m}^2/\text{s}}{13.5\text{m}} = 5.77 \times 10^{-3} \text{m/s}$$

因此，游泳池的蒸发速率为

$$n_A = \overline{h}_m A (\rho_{A,s} - \rho_{A,\infty})$$

式中，A 是游泳池的面积（不包括平台）。根据自由流中的水蒸气为理想气体的假定

$$\phi_\infty = \frac{\rho_{A,\infty}}{\rho_{A,sat}(T_\infty)}$$

及 $\rho_{A,s} = \rho_{A,sat}(T_s)$，有

$$n_A = \bar{h}_m A [\rho_{A,sat}(T_s) - \phi_\infty \rho_{A,sat}(T_\infty)]$$

由 $T_s = T_\infty = 25\text{℃}$ 可得

$$n_A = \bar{h}_m A \rho_{A,sat}(25\text{℃})(1 - \phi_\infty)$$

因此

$$n_A = 5.77 \times 10^{-3}\,\text{m/s} \times 72\text{m}^2 \times 0.0226\text{kg/m}^3 \times 0.5 \times 86400\text{s/d}$$

$$= 405\text{kg/d}$$

说明：1. 由于蒸发冷却效应，水表面的温度可能略低于空气温度。

2. 根据水的密度（996kg/m³），体积损失为 $n_A/\rho = 0.4\text{m}^3/\text{d}$。这意味着游泳池的水平面每天降低 6mm。很显然，在气温较高的夏季损失会更大。

3. 下图给出了平台的宽度对日蒸发量的影响。随着平台宽度的增大，总的蒸发速率是降低的，这是由于速度边界层的前缘远离了游泳池。

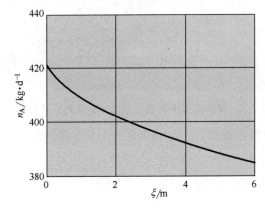

7.4 横向流动中的圆柱体

7.4.1 流动情况

另一种常见的外部流动涉及垂直于圆柱体轴线的流体运动。如图 7.5 所示，自由流流体的速度在**前驻点**降为零，并伴随有压力升高。从这点开始，压力随着流线坐标 x 的增加而下降，边界层的发展处于**顺压力梯度**（$\mathrm{d}p/\mathrm{d}x < 0$）的影响下。但是，压力最终必定降至最小值，在靠近圆柱体的后部，边界层的进一步发展处于**逆压力梯度**（$\mathrm{d}p/\mathrm{d}x > 0$）条件下。

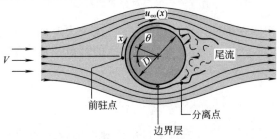

图 7.5 横向流动中圆柱体上边界层的形成和分离

必须注意图 7.5 中上游速度 V 和自由流速度 u_∞ 之间的区别。与平行流中的平板不同，这两个速度是不一样的，这里的 u_∞ 与离开驻点的距离 x 有关。根据无黏流动的欧拉方程[9]，$u_\infty(x)$ 必定表现出与 $p(x)$ 相反的特性。即从驻点处的 $u_\infty=0$ 开始，流体因顺压力梯度而加速（当 $dp/dx<0$ 时，$du_\infty/dx>0$），当 $dp/dx=0$ 时，速度达到最大，此后流体因逆压力梯度而减速（当 $dp/dx>0$ 时，$du_\infty/dx<0$）。随着流体的减速，表面上的速度梯度 $\partial u/\partial y|_{y=0}$ 最终变为零（图 7.6）。在这个称为**分离点**的位置处，近壁流体的动量不足以克服压力梯度，因而不能继续向下游运动。由于来流的作用，使得流体也不可能向上游回流，必然发生**边界层的分离**。在这种情况下，边界层脱离表面，并在下游区域形成**尾流**。在该区域中流动以旋涡的形成为特征，并且极为紊乱。**分离点**是对应于 $\partial u/\partial y|_{y=0}=0$ 的位置。库坦斯奥（Coutanceau）和德法叶（Defaye）[10]对圆柱尾流中的流动状态作了很好的综述。

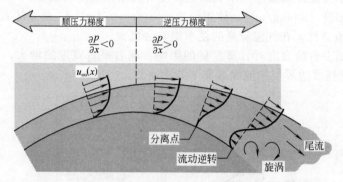

图 7.6 横向流动中圆柱体上与分离有关的速度分布

由雷诺数决定的**边界层过渡**的发生对分离点的位置有强烈影响。圆柱体的特征长度为其直径，雷诺数定义为

$$Re_D \equiv \frac{\rho V D}{\mu} = \frac{V D}{\nu}$$

因为湍流边界层中的流体动量要比层流中的大，所以有理由预计过渡会延迟分离的发生。如果 $Re_D \lesssim 2 \times 10^5$，边界层为层流，分离发生在 $\theta \approx 80°$（图 7.7）。然而，如果 $Re_D \gtrsim 2 \times 10^5$，会发生边界层过渡，分离延迟至 $\theta \approx 140°$。

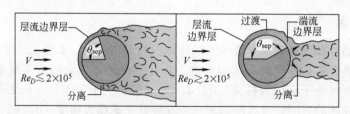

图 7.7 湍流对分离的影响

上述过程强烈影响作用在圆柱体上的阻力 F_D。这个力有两个分量，其中一个源于边界层表面切应力（**摩擦阻力**），另一个分量源于因尾流的形成在流动方向上造成的压力差（**形状或压差阻力**）。无量纲**阻力系数** C_D 可定义为

$$C_D \equiv \frac{F_D}{A_f(\rho V^2/2)} \tag{7.50}$$

式中，A_f 是圆柱体的正面投影面积（垂直于自由流速度的投影面积）。阻力系数是雷诺数的函数，两者的关系示于图 7.8 中。对于 $Re_D \lesssim 2$ 的情况，可忽略分离的影响，流动状态主要

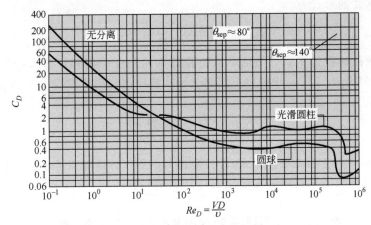

图 7.8 横向流动中光滑圆柱体及圆球的阻力系数[2]

边界层分离角适用于圆柱体；本图获准采用

受摩擦阻力控制。但是，随着雷诺数的增大，分离以及形状阻力的影响变得更为重要。当 $Re_D \gtrsim 2 \times 10^5$ 时，C_D 有较大的降低，这是由于边界层过渡延迟了分离，从而减小了尾流区域的范围及形状阻力的大小。

7.4.2 对流传热和传质

图 7.9 给出了空气横向流过圆柱体的情况下局部努塞尔数随 θ 变化的实验结果。意料之中的是，这些结果受到在表面上发展的边界层特性的强烈影响。考虑 $Re_D \lesssim 10^5$ 的情况，从驻点开始，由于层流边界层的发展，Nu_θ 随着 θ 的增大而降低。其最小值出现在 $\theta \approx 80°$ 处，在此处发生分离，与尾流中旋涡的形成有关的混合使 Nu_θ 随 θ 而增大。与此不同的是，对于 $Re_D \gtrsim 10^5$ 的情况，Nu_θ 随 θ 变化的特征是出现了两个极小值。Nu_θ 从驻点处的值开始下降同样是由于层流边界层的发展，但在 $80° \sim 100°$ 之间出现的急剧增大则是源于边界层向湍流的过渡。随着湍流边界层的进一步发展，Nu_θ 又开始下降。最后发生了分离（$\theta \approx 140°$），Nu_θ 因尾流区域的混合而再次增大。Nu_θ 随 Re_D 而增大则是由于边界层厚度的相应减小。

我们可以获得局部努塞尔数的关系式，对于 $Pr \gtrsim 0.6$ 的情况，边界层分析[5]给出适用

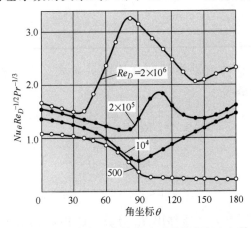

图 7.9 空气流与圆柱体垂直时的局部努塞尔数

引自 Zukauskas A. Convective Heat Transfer in Cross Flow. // Kakac S,

Shah R K and Aung W Eds. Handbook of Single-Phase Convective

Heat Transfer. New York：Wiley，1987. 已获准使用

于前驻点的表达式的形式为

$$Nu_D(\theta=0)=1.15Re_D^{1/2}Pr^{1/3} \tag{7.51}$$

该式在雷诺数较低时极为精确。然而，从工程计算的角度，我们对总体的平均状态更感兴趣。希尔波特（Hilpert）[11]给出的以下实验关系式被广泛应用于 $Pr\gtrsim0.7$ 的情况：

$$\overline{Nu_D}\equiv\frac{\bar{h}D}{k}=CRe_D^{m}Pr^{1/3} \tag{7.52}$$

式中，常数 C 和 m 列于表 7.2 中。式(7.52)也可用于气体横向流过非圆截面的柱体，特征长度 D 和常数可从表 7.3 获得。在使用式(7.51)和式(7.52)时，所有的性质都要用膜温计算。

表 7.2　适用于横向流动中圆柱体的式(7.52)中的常数[11,12]

Re_D	C	m	Re_D	C	m
0.4～4	0.989	0.330	4000～40000	0.193	0.618
4～40	0.911	0.385	40000～400000	0.027	0.805
40～4000	0.683	0.466			

表 7.3　适用于气体横向流过非圆截面柱体的式(7.52)的常数[13]

截面形状	Re_D	C	m
正方形 $V\rightarrow$	$5\times10^3\sim10^5$	0.246	0.588
$V\rightarrow$	$5\times10^3\sim10^5$	0.102	0.675
六边形 $V\rightarrow$	$5\times10^3\sim1.95\times10^4$	0.160	0.638
	$1.95\times10^4\sim10^5$	0.0385	0.782
$V\rightarrow$	$5\times10^3\sim10^5$	0.153	0.638
垂直平板 $V\rightarrow$	$4\times10^3\sim1.5\times10^4$	0.228	0.731

还有其他一些适用于横向流动中的圆柱体的关系式[14~16]。茹卡乌斯卡斯（Zukauskas）[15]给出以下形式的关系式

$$\overline{Nu_D}=CRe_D^{m}Pr^{n}\left(\frac{Pr}{Pr_s}\right)^{1/4} \tag{7.53}$$

$$\left[\begin{array}{c}0.7\lesssim Pr\lesssim500\\ 1\lesssim Re_D\lesssim10^6\end{array}\right]$$

其中除了 Pr_s 用 T_s 计算，所有的性质都用 T_∞ 计算。C 和 m 的值列于表 7.4 中。如果 $Pr\lesssim10$，$n=0.37$；如果 $Pr\gtrsim10$，$n=0.36$。邱吉尔（Churchill）和伯恩斯坦（Bernstein）[16]提出了一个单一的综合表达式，它适用于已有实验数据所覆盖的全部 Re_D 数范围，以及很宽范围的 Pr 数。该方程可用于所有 $Re_DPr\gtrsim0.2$ 的情况，其形式如下

$$\overline{Nu}_D = 0.3 + \frac{0.62Re_D^{1/2}Pr^{1/3}}{\left[1 + (0.4/Pr)^{2/3}\right]^{1/4}}\left[1 + \left(\frac{Re_D}{282000}\right)^{5/8}\right]^{4/5} \tag{7.54}$$

其中所有的性质都用膜温计算。

　　我们再次提醒读者不要对上述的关系式过于信赖。每一个关系式对在一定范围内的条件是合理的，但对于绝大多数工程计算来说，我们不应期望获得比 20% 更高的精度。因为式(7.53) 和式(7.54) 是基于很宽范围内条件的最近结果得出的，本书中的计算采用这两个表达式。摩根 （Morgan）[17]对很多适用于圆柱体的关系式作了详细的综述。

　　最后，我们要注意，通过引用传热和传质的类比，式(7.51)～式(7.54) 可应用于横向流动中柱体的对流传质问题。只要用 $\overline{Sh}_D$ 代替 $\overline{Nu}_D$ 并用 Sc 代替 Pr 即可。在传质问题中，边界层中物性的变化一般是很小的。因此，在使用式(7.53) 的传质类比形式时，可以略去计及物性变化影响的物性之比。

表 7.4　适用于横向流动中圆柱体的式 (7.53) 中的常数[16]

Re_D	C	m	Re_D	C	m
1~40	0.75	0.4	$10^3 \sim 2 \times 10^5$	0.26	0.6
40~1000	0.51	0.5	$2 \times 10^5 \sim 10^6$	0.076	0.7

　　【例 7.4】　对直径 12.7mm、长 94mm 的金属圆柱体进行了实验研究。圆柱体内部有电加热器，并处于低速风洞中横向流过的空气中。上游空气的速度和温度分别为 $V = 10\text{m/s}$ 和 26.2℃，在这组特定的工况下，测得电加热器的功耗为 $P = 46\text{W}$，而圆柱体的表面平均温度则为 $T_s = 128.4$℃。据估算，有 15% 的功耗是通过表面辐射和末端的传导损失的。

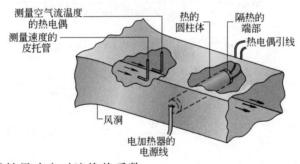

1. 根据实验测量结果确定对流换热系数；
2. 将实验结果与采用合适的关系式算得的对流系数进行比较。

解析

已知：带电加热的圆柱体的工况。

求：1. 给定工况下的对流系数；

2. 用适当的关系式计算的对流系数。

示意图：

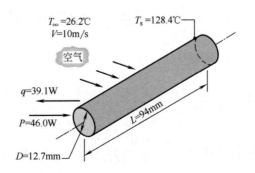

假定：1. 稳定状态；

　　　　2. 圆柱体表面温度均匀。

物性：表 A. 4，空气（$T_\infty = 26.2℃ \approx 300K$）：$\nu = 15.89 \times 10^{-6}\,m^2/s$，$k = 26.3 \times 10^{-3}$
W/(m · K)，$Pr = 0.707$。表 A. 4，空气（$T_f \approx 350K$）：$\nu = 20.92 \times 10^{-6}\,m^2/s$，$k = 30 \times 10^{-3}$
W/(m · K)，$Pr = 0.700$。表 A. 4，空气（$T_s = 128.4℃ = 401K$）：$Pr = 0.690$。

分析：1. 可根据实验数据利用牛顿冷却定律求得对流换热系数。即

$$\bar{h} = \frac{q}{A(T_s - T_\infty)}$$

由 $q = 0.85P$ 和 $A = \pi DL$ 可得

$$\bar{h} = \frac{0.85 \times 46W}{\pi \times 0.0127m \times 0.094m \times (128.4 - 26.2)℃} = 102W/(m^2 · K) \qquad \blacktriangleleft$$

2. 采用茹卡乌斯卡斯（Zukauskas）关系式 [式(7.53)]

$$\overline{Nu}_D = CRe_D^m Pr^n \left(\frac{Pr}{Pr_s}\right)^{1/4}$$

除了 Pr_s，所有的性质都用 T_∞ 计算。相应地，有

$$Re_D = \frac{VD}{\nu} = \frac{10m/s \times 0.0127m}{15.89 \times 10^{-6}\,m^2/s} = 7992$$

因此，根据表 7.4，$C = 0.26$ 且 $m = 0.6$。同时，由 $Pr < 10$，$n = 0.37$，可得

$$\overline{Nu}_D = 0.26 \times (7992)^{0.6} \times (0.707)^{0.37} \times \left(\frac{0.707}{0.690}\right)^{0.25} = 50.5$$

$$\bar{h} = \overline{Nu}_D \frac{k}{D} = 50.5 \times \frac{0.0263W/(m · K)}{0.0127m} = 105W/(m^2 · K) \qquad \blacktriangleleft$$

说明：1. 采用邱吉尔（Churchill）关系式 [式(7.54)]

$$\overline{Nu}_D = 0.3 + \frac{0.62Re_D^{1/2}Pr^{1/3}}{[1 + (0.4/Pr)^{2/3}]^{1/4}} \left[1 + \left(\frac{Re_D}{282000}\right)^{5/8}\right]^{4/5}$$

其中所有的性质都用 T_f 计算，有 $Pr = 0.70$ 及

$$Re_D = \frac{VD}{\nu} = \frac{10m/s \times 0.0127m}{20.92 \times 10^{-6}\,m^2/s} = 6071$$

因此，努塞尔数与对流系数分别为

$$\overline{Nu}_D = 0.3 + \frac{0.62 \times (6071)^{1/2} \times (0.70)^{1/3}}{[1 + (0.4/0.70)^{2/3}]^{1/4}} \left[1 + \left(\frac{6071}{282000}\right)^{5/8}\right]^{4/5} = 40.6$$

$$\bar{h} = \overline{Nu}_D \frac{k}{D} = 40.6 \times \frac{0.030W/(m · K)}{0.0127m} = 96.0W/(m^2 · K)$$

另一种选择是采用希尔波特（Hilpert）关系式［式(7.52)］

$$\overline{Nu_D} = CRe_D^m Pr^{1/3}$$

其中所有的性质都用膜温计算，有 $Re_D = 6071$ 和 $Pr = 0.70$。因此，根据表 7.2 可得 $C = 0.193$ 及 $m = 0.618$。于是努塞尔数和对流系数分别为

$$\overline{Nu_D} = 0.193 \times (6071)^{0.618} \times (0.700)^{0.333} = 37.3$$

$$\overline{h} = \overline{Nu_D}\frac{k}{D} = 37.3 \times \frac{0.030\text{W/(m · K)}}{0.0127\text{m}} = 88\text{W/(m}^2\text{ · K)}$$

2. 与空气速度的测量、柱体端部热损的估算以及沿轴向和周向变化的柱体表面温度的平均值的获得等有关的不确定因素使得实验结果的精度不会高于 15%。因此，基于三个关系式中任何一个的计算结果都在测量结果的误差范围之内。

3. 要认识到在确定流体性质时采用合适温度的重要性。

【例 7.5】 由于氢的分子量很小，因此以气态形式进行大量贮存需要非常大的高压容器。在一些不适合采用高压贮存的场合，例如汽车应用中，通常利用金属氢化物粉末吸附来贮存 H_2。随后通过对金属氢化物进行体积加热可以在需要时脱附氢气。

脱附的气态氢存在于粉末的间隙中，其压力与金属氢化物温度的关系为

$$p_{H_2} = \exp^{(-3550/T + 12.9)}$$

式中，p_{H_2} 是氢气的压力，atm；T 是金属氢化物的温度，K。脱附过程是一个吸热化学反应，其热产速率可表示为

$$\dot{E}_g = -\dot{m}_{H_2} \times (29.5 \times 10^3\text{kJ/kg})$$

式中，$\dot{m}_{H_2}$ 是氢气的脱附速率，kg/s。为维持足够高的工作温度，必须加热金属氢化物。工作温度是由以下要求决定的：氢气压力必须高于 1atm，这样才能将氢气输送至工作压力为 $p_{fc} = 1\text{atm}$ 的燃料电池。

在巡行速度稳定在 $V = 25\text{m/s}$ 时，燃料电池驱动的汽车对氢气的消耗速率为 $\dot{m}_{H_2} = 1.35 \times 10^{-4}\text{kg/s}$，氢气由一个圆柱体不锈钢罐提供，罐的内径 $D_i = 0.1\text{m}$，长 $L = 0.8\text{m}$，壁厚 $t = 0.5\text{mm}$。装有金属氢化物粉末的罐子安装在汽车上，因此它处于 $V = 25\text{m/s}$、$T_\infty = 23\text{℃}$ 的横向空气流中。确定为维持 $p_{H_2} > p_{fc}$，除了热空气的对流加热，还需要多少加热量？

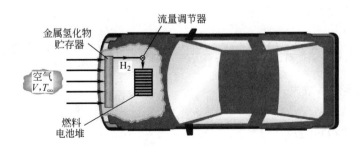

解析

已知：储氢罐的尺寸，氢气的脱附速率，所需的氢气工作压力，横向流动空气的速度和温度。

求：向罐体的对流换热以及为维持 $p_{H_2} > p_{fc}$ 需额外提供的加热。

示意图：

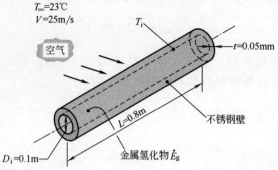

假定：1. 稳态条件；

2. 圆柱体表面具有均匀温度；

3. 圆柱体端部得热可以忽略；

4. 金属氢化物具有均匀温度；

5. 罐壁与金属氢化物之间的接触热阻可以忽略。

物性：表 A.4，空气 （$T_f \approx 285K$）：$\nu = 14.56 \times 10^{-6} \, m^2/s$，$k = 25.2 \times 10^{-3} \, W/(m \cdot K)$，$Pr = 0.712$。表 A.1，AISI 316 不锈钢 （$T_{ss} \approx 300K$）：$k_{ss} = 13.4 \, W/(m \cdot K)$。

分析：首先确定对应于 $p_{H_2, min} = 1 \, atm$ 的最低允许的金属氢化物的工作温度 T_{min}。重新整理工作温度与压力之间的关系式可得

$$T_{min} = \frac{-3550}{\ln(p_{H_2, min}) - 12.9} = \frac{-3550}{\ln(1) - 12.9} = 275.2K$$

与氢气以所需的速率从金属氢化物中脱附相关的热能产生速率为

$$\dot{E}_g = -(1.35 \times 10^{-4} \, kg/s) \times (29.5 \times 10^6 \, J/kg) = -3982W$$

为确定对流换热速率，首先计算雷诺数

$$Re_D = \frac{V(D_i + 2t)}{\nu} = \frac{23m/s \times (0.1m + 2 \times 0.005m)}{14.56 \times 10^{-6} \, m^2/s} = 173760$$

利用式(7.54)

$$\overline{Nu}_D = 0.3 + \frac{0.62 Re_D^{1/2} Pr^{1/3}}{[1 + (0.4/Pr)^{2/3}]^{1/4}} \left[1 + \left(\frac{Re_D}{282000} \right)^{5/8} \right]^{4/5}$$

可得

$$\overline{Nu}_D = 0.3 + \frac{0.62 \times (173760)^{1/2} \times (0.712)^{1/3}}{[1 + (0.4/0.712)^{2/3}]^{1/4}} \left[1 + \left(\frac{173760}{282000} \right)^{5/8} \right]^{4/5} = 315.8$$

因此，平均对流换热系数为

$$\overline{h} = \overline{Nu}_D \frac{k}{(D_i + 2t)} = 315.8 \times \frac{25.3 \times 10^{-3} \, W/(m \cdot K)}{0.1m + 2 \times 0.005m} = 72.6 \, W/(m^2 \cdot K)$$

对方程(3.29) 作简化可得

$$q_{conv} = \frac{T_\infty - T_i}{\dfrac{1}{\pi L(D_i + 2t)\overline{h}} + \dfrac{\ln[(D_i + 2t)/D_i]}{2\pi k_{ss} L}}$$

代入数值，有

$$q_{conv} = \frac{296K - 275.2K}{\dfrac{1}{\pi(0.8m)(0.1m + 2\times0.005m)[72.6W/(m^2 \cdot K)]} + \dfrac{\ln[(0.1m + 2\times0.005m)/0.1m]}{2\pi[13.4W/(m \cdot K)]\times0.8m}}$$

$$= 406W$$

可利用能量平衡 $q_{add} + q_{conv} + \dot{E}_g = 0$ 求得为维持稳定的工作温度必须提供给罐子的额外热能 q_{add}。因此

$$q_{add} = -q_{conv} - \dot{E}_g = -406W + 3982W = 3576W \qquad \triangleleft$$

说明： 1. 辐射、管子安装部件和燃料管道的导热以及水蒸气在温度较低的罐子表面上的凝结均可能产生额外的加热。燃料电池的废热（见例题 3.11）也可用作氢气贮存罐的热源。

2. 罐壁的导热与对流热阻分别为 0.0014K/W 和 0.053K/W。对流热阻占主导因素，可在罐的外部增设肋片来降低这个热阻。

3. 如果汽车以较快的速度行驶，则所需的额外加热将会增大，这是由于氢气的消耗速率与 V^3 成比例，而对流换热系数则随 $V^{0.7} \sim V^{0.8}$ 而增大。当汽车在较冷的天气中行驶时，也需要额外加热。

7.5 圆球

圆球绕流的边界层现象与圆柱体绕流的很相似，过渡和分离都起着重要作用。由式 (7.50) 定义的阻力系数的结果示于图 7.8 中。在雷诺数很小的情况下（**蠕动流**），该系数与雷诺数成反比，具体关系式为**斯托克斯**（Stokes）**定律**

$$C_D = \frac{24}{Re_D} \quad Re_D \lesssim 0.5 \tag{7.55}$$

已经提出大量的传热关系式，惠特克（Whitaker）[14] 给出了以下形式的关系式

$$\overline{Nu}_D = 2 + (0.4Re_D^{1/2} + 0.06Re_D^{2/3})Pr^{0.4}\left(\frac{\mu}{\mu_s}\right)^{1/4} \tag{7.56}$$

$$\begin{bmatrix} 0.71 \lesssim Pr \lesssim 380 \\ 3.5 \lesssim Re_D \lesssim 7.6\times10^4 \\ 1.0 \lesssim (\mu/\mu_s) \lesssim 3.2 \end{bmatrix}$$

其中除了 μ_s，所有的性质都用 T_∞ 计算，而且将 $\overline{Nu}_D$ 和 Pr 分别替换成 $\overline{Sh}_D$ 和 Sc，该关系式也可用于传质问题。圆球上对流传热传质的一个特例是自由下落液滴上的输运问题，经常采用兰兹（Ranz）和马歇尔（Marshall）[18] 的关系式处理这种问题

$$\overline{Nu}_D = 2 + 0.6Re_D^{1/2}Pr^{1/3} \tag{7.57}$$

在 $Re_D \to 0$ 的极限条件下，式(7.56) 和式(7.57) 简化为 $\overline{Nu}_D = 2$，这相当于从圆球表面向周围静止的无限大介质的热传导，可从表 4.1 中的情况 1 得出这个结果。

【例 7.6】 在 75℃的烘箱中固化直径 10mm 的紫铜球上的装饰用塑料薄膜。从烘箱中取出后，该球处于 1atm 下，温度和速度分别为 23℃ 和 10m/s 空气流中。估算使球冷却到 35℃ 所需的时间。

解析

已知：球在空气流中冷却。

求：从 $T_i = 75℃$ 冷却到 $T(t) = 35℃$ 所需的时间 t。

示意图：

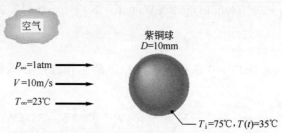

空气

紫铜球
$D = 10mm$

$p_\infty = 1atm$
$V = 10m/s$
$T_\infty = 23℃$

$T_i = 75℃, T(t) = 35℃$

假定：1. 塑料薄膜的热阻和热容可忽略；

2. 球体等温；

3. 辐射影响可忽略。

物性：表 A.1，紫铜（$T \approx 328K$）：$\rho = 8933kg/m^3$，$k = 399W/(m \cdot K)$，$c_p = 388J/(kg \cdot K)$。表 A.4，空气（$T_\infty = 296K$）：$\mu = 182.6 \times 10^{-7} N \cdot s/m^2$，$\nu = 15.53 \times 10^{-6} m^2/s$，$k = 0.0251W/(m \cdot K)$，$Pr = 0.708$。表 A.4，空气（$T_s \approx 328K$）：$\mu = 197.8 \times 10^{-7} N \cdot s/m^2$。

分析：可用集总热容法的结果确定完成冷却过程所需的时间。具体地说，根据式(5.4)和式(5.5)，有

$$t = \frac{\rho V c_p}{\overline{h} A_s} \ln \frac{T_i - T_\infty}{T - T_\infty}$$

或根据 $V = \pi D^3/6$ 和 $A_s = \pi D^2$，可写成

$$t = \frac{\rho c_p D}{6 \overline{h}} \ln \frac{T_i - T_\infty}{T - T_\infty}$$

由式(7.56)

$$\overline{Nu}_D = 2 + (0.4 Re_D^{1/2} + 0.06 Re_D^{2/3}) Pr^{0.4} \left(\frac{\mu}{\mu_s}\right)^{1/4}$$

其中

$$Re_D = \frac{VD}{\nu} = \frac{10m/s \times 0.01m}{15.53 \times 10^{-6} m^2/s} = 6440$$

因此，努塞尔数和对流系数分别为

$$\overline{Nu}_D = 2 + [0.4 \times (6440)^{1/2} + 0.06 \times (6440)^{2/3}] \times (0.708)^{0.4} \times$$

$$\left(\frac{182.6 \times 10^{-7} N \cdot s/m^2}{197.8 \times 10^{-7} N \cdot s/m^2}\right)^{1/4} = 47.1$$

$$\overline{h} = \overline{Nu}_D \frac{k}{D} = 47.1 \frac{0.0251W/(m \cdot K)}{0.01m} = 118W/(m^2 \cdot K)$$

于是，冷却所需的时间为

$$t = \frac{8933\text{kg/m}^3 \times 387\text{J/(kg} \cdot \text{K)} \times 0.01\text{m}}{6 \times 118\text{W/(m}^2 \cdot \text{K)}} \ln\left(\frac{75-23}{35-23}\right) = 71.8\text{s}$$

说明： 1. 为确定集总热容法是否适用，要计算毕渥数。根据式(5.10)

$$Bi = \frac{\bar{h}L_c}{k_s} = \frac{\bar{h}(r_o/3)}{k_s} = \frac{118\text{W/(m}^2 \cdot \text{K)} \times 0.005\text{m}/3}{399\text{W/(m} \cdot \text{K)}} = 4.9 \times 10^{-4}$$

因此判据得到满足。

2. 虽然努塞尔数和毕渥数的定义相似，但前者是根据流体的热导率定义的，而后者则是基于固体的热导率定义的。

3. 为提高生产率，可提高流体速度和/或采用不同的流体以加速冷却过程。利用上述过程，得出了速度范围为 $5\text{m/s} \leqslant V \leqslant 25\text{m/s}$、流体分别为空气和氦气时所需的冷却时间，并在下图中给出。

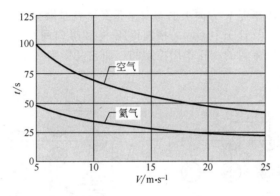

虽然 He 的雷诺数比空气的小得多，但其热导率要大很多，因此，如下图所示，采用氦气可增强对流换热。

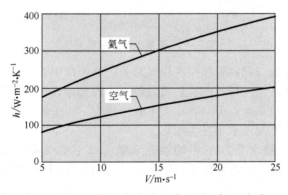

因此，用氦气取代空气虽然会显著提高成本，但可提高生产率。

7.6　横向通过管簇的流动

横向流动中管簇（或管束）的传热与许多工业应用有关，如锅炉中蒸汽的产生或空调盘管中的空气冷却过程。几何布置的简况示于图 7.10。典型情况是，一种流体横向流过管簇，而另一种处于不同温度的流体则在管内通过。在这一节里，我们专门讨论与横向流过管簇有关的对流传热问题。

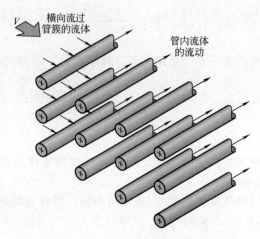

图 7.10　横向流动中的管簇示意

　　管簇中的管子在流体速度 V 方向上的布置不是**叉排**就是**顺排**（图 7.11）。这种结构的特征尺度为管子直径 D，以及管子中心间的**横向间距** S_T 和**纵向间距** S_L。管簇中的流动状态是由边界层分离现象以及尾流间的相互作用控制的，而它又影响对流传热。

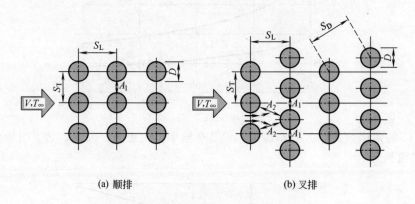

(a) 顺排　　　　　　　　　(b) 叉排

图 7.11　管簇中管子的排列

　　单个管子的换热系数与它在管簇中的位置有关。第一排中管子的换热系数近似等于横向流动中单管的换热系数，但内排管的换热系数较大。前几排管子起着湍流格栅的作用，使得后面几排管子的换热系数变大。但是，在大多数结构中，由于传热状态趋于稳定，第四或第五排之后的管子的对流系数几乎不发生变化。

　　我们通常希望知道**整个管簇**的**平均换热系数**。对于空气横向流过**排数为 10 或更多**（$N_L \geqslant 10$）的管簇的情况，格里姆森（Grimison）[19] 得到了以下形式的关系式

$$\overline{Nu}_D = C_1 Re_{D,\max}^m \begin{bmatrix} N_L \geqslant 10 \\[2pt] 2000 \lesssim Re_{D,\max} \lesssim 40000 \\[2pt] Pr = 0.7 \end{bmatrix} \tag{7.58}$$

其中 C_1 和 m 列于表 7.5 中，而

$$Re_{D,\max} \equiv \frac{\rho V_{\max} D}{\mu} \tag{7.59}$$

为将这个结果推广到其他流体，通常的做法是引入因子 $1.13Pr^{1/3}$，在这种情况下

$$\overline{Nu_D} = 1.13 C_1 Re_{D,\max}^m Pr^{1/3}$$

$$\begin{bmatrix} N_L \geqslant 10 \\ 2000 \lesssim Re_{D,\max} \lesssim 40000 \\ Pr \gtrsim 0.7 \end{bmatrix} \tag{7.60}$$

上述方程中所有的物性都用膜温计算。如果 $N_L < 10$，可以采用修正因子，这样有

$$\overline{Nu_D}\,|_{(N_L < 10)} = C_2 \overline{Nu_D}\,|_{(N_L \geqslant 10)} \tag{7.61}$$

其中 C_2 在表 7.6 中给出。

上述关系式中的雷诺数 $Re_{D,\max}$ 是基于管簇中**最大的流体速度**定义的。对于顺排，$V_{\max}$ 出现在图 7.11(a) 中的横向平面 A_1 上，根据不可压缩流体的质量守恒要求，有

$$V_{\max} = \frac{S_T}{S_T - D} V \tag{7.62}$$

表 7.5　适用于空气横向流过排数为 10 或更多的管簇的式(7.58) 和式(7.60) 中的常数[19]

S_L/D	S_T/D							
	1.25		1.5		2.0		3.0	
	C_1	m	C_1	m	C_1	m	C_1	m
顺排								
1.25	0.348	0.592	0.275	0.608	0.100	0.704	0.0633	0.752
1.50	0.367	0.586	0.250	0.620	0.101	0.702	0.0678	0.744
2.00	0.418	0.570	0.299	0.602	0.229	0.632	0.198	0.648
3.00	0.290	0.601	0.357	0.584	0.374	0.581	0.286	0.608
叉排								
0.600	—	—	—	—	—	—	0.213	0.636
0.900	—	—	—	—	0.446	0.571	0.401	0.581
1.000	—	—	0.497	0.558	—	—	—	—
1.125	—	—	—	—	0.478	0.565	0.518	0.560
1.250	0.518	0.556	0.505	0.554	0.519	0.556	0.522	0.562
1.500	0.451	0.568	0.460	0.562	0.452	0.568	0.488	0.568
2.000	0.404	0.572	0.416	0.568	0.482	0.556	0.449	0.570
3.000	0.310	0.592	0.356	0.580	0.440	0.562	0.428	0.574

对于叉排结构，最大速度不是出现在图 7.11(b) 中的横向平面 A_1 上，就是在对角面 A_2 上。如果管排的空间布置满足

$$2(S_D - D) < (S_T - D)$$

最大速度就会出现在 A_2 上。因子 2 是由于流体从 A_1 流向 A_2 平面时发生分流而产生的。因此，如果

$$S_D = \left[S_L^2 + \left(\frac{S_T}{2} \right)^2 \right]^{1/2} < \frac{S_T + D}{2}$$

$V_{\max}$ 就会出现在 A_2 上。在这种情况下

$$V_{\max} = \frac{S_T}{2(S_D - D)} V \tag{7.63}$$

如果在叉排结构中 $V_{\max}$ 出现在 A_1 上，则仍可用式（7.62）计算。

表 7.6 当 $N_L < 10$ 时式（7.61）的修正因子 C_2[20]

N_L	1	2	3	4	5	6	7	8	9
顺排	0.64	0.80	0.87	0.90	0.92	0.94	0.96	0.98	0.99
叉排	0.68	0.75	0.83	0.89	0.92	0.95	0.97	0.98	0.99

表 7.7 适用于横向流动中管簇的式（7.64）中的常数[15]

结构	$Re_{D,\max}$	C	m
顺排	$10 \sim 10^2$	0.80	0.40
叉排	$10 \sim 10^2$	0.90	0.40
顺排	$10^2 \sim 10^3$	近似为单个（孤立的）圆柱体	
叉排	$10^2 \sim 10^3$		
顺排 $(S_T/S_L > 0.7)$[①]	$10^3 \sim 2 \times 10^5$	0.27	0.63
叉排 $(S_T/S_L < 2)$	$10^3 \sim 2 \times 10^5$	$0.35(S_T/S_L)^{1/5}$	0.60
叉排 $(S_T/S_L > 2)$	$10^3 \sim 2 \times 10^5$	0.40	0.60
顺排	$2 \times 10^5 \sim 2 \times 10^6$	0.021	0.84
叉排	$2 \times 10^5 \sim 2 \times 10^6$	0.022	0.84

① 对于 $S_T/S_L < 0.7$ 的情况，传热效果很差，不宜使用顺排结构。

已经有较新的结果，其中包括茹卡乌斯卡斯（Zukauskas）[15]提出的以下形式的关系式

$$\overline{Nu}_D = C Re_{D,\max}^m Pr^{0.36} \left(\frac{Pr}{Pr_s}\right)^{1/4}$$

$$\begin{bmatrix} N_L \geqslant 20 \\ 0.7 \lesssim Pr \lesssim 500 \\ 1000 \lesssim Re_{D,\max} \lesssim 2 \times 10^6 \end{bmatrix} \tag{7.64}$$

这里除了 Pr_s，所有物性都用流体进出口温度的算术平均值计算，常数 C 和 m 列于表 7.7 中。之所以要用进口温度（$T_i = T_\infty$）和出口温度（T_o）的算术平均值计算流体物性，是因为流体温度会由于与管子之间的传热而降低或升高。如果流体温度的变化 $|T_i - T_o|$ 较大，使用入口温度计算物性会产生很大的误差。如果 $N_L < 20$，可采用修正因子，这样有

$$\overline{Nu}_D \big|_{(N_L < 20)} = C_2 \overline{Nu}_D \big|_{(N_L \geqslant 20)} \tag{7.65}$$

其中 C_2 在表 7.8 中给出。

表 7.8 当 $N_L < 20$（$Re_D \gtrsim 10^3$）时式（7.65）的修正因子 C_2[15]

N_L	1	2	3	4	5	7	10	13	16
顺排	0.70	0.80	0.86	0.90	0.92	0.95	0.97	0.98	0.99
叉排	0.64	0.76	0.84	0.89	0.92	0.95	0.97	0.98	0.99

管簇中第一排管子的绕流相当于横向流动中单个（孤立的）柱体的情形。但是，对于后面的管排，管簇的布置方式对流动状态有很强的影响（图 7.12）。第一排之后顺排的管子处

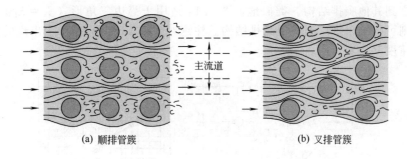

(a) 顺排管簇　　　　　　　(b) 叉排管簇

图 7.12　顺排管簇和叉排管簇的流动状态

于上游管子的湍流尾流中，对于适中的 S_L 值，因湍流的影响，下游管排的对流系数得到增强。典型的情况是，管排的对流系数随排数增加而提高，直到第五排左右，此后湍流度几乎不变，因而对流系数也基本稳定。然而，对于 S_T/S_L 较小的情况，上游管排的遮挡使得下游管排偏离了主流，其传热受到不利影响。也就是说，主流道是管子之间的纵向通道，因而后排管子的大部分表面接触不到主流。正是由于这个原因，不宜采用 $S_T/S_L < 0.7$ 的顺排管簇（表 7.7）。但是，在叉排方式中主流的流道较为曲折，下游管子有较大的表面处于流道中。通常情况下，叉排方式中较为曲折的流动有利于强化传热，对于小雷诺数（$Re_D \lesssim 100$）的情况更是如此。

在通过管簇时流体温度可能会有较大的变化，因此，在牛顿冷却定律中使用 $\Delta T = T_s - T_\infty$ 作为温差算出的传热速率就有可能严重偏高。当流体在管簇中通过时，其温度趋近于 T_s，而 $|\Delta T|$ 则下降。在 11 章中我们会指出 ΔT 的适当形式是一个**对数平均温差**。

$$\Delta T_{lm} = \frac{(T_s - T_i) - (T_s - T_o)}{\ln\left(\dfrac{T_s - T_i}{T_s - T_o}\right)} \tag{7.66}$$

式中，T_i 和 T_o 分别是进入和离开管簇的流体温度。确定 ΔT_{lm} 需要的出口温度可用

$$\frac{T_s - T_o}{T_s - T_i} = \exp\left(-\frac{\pi D N \bar{h}}{\rho V N_T S_T c_p}\right) \tag{7.67}$$

计算，其中 N 是管簇中总的管数，N_T 则是横向平面中的管数。知道 ΔT_{lm} 后，可用下式计算单位管长的传热速率：

$$q' = N(\bar{h} \pi D \Delta T_{lm}) \tag{7.68}$$

上述结果可用于确定横向流动中柱体簇表面蒸发或升华的传质速率。同样，只需将 $\overline{Nu_D}$ 和 Pr 分别替换成 $\overline{Sh_D}$ 和 Sc。

在结束本节之前，我们要认识到人们对横向通过管簇的流动中压力降的兴趣并不低于对总的传热速率的兴趣。使流体横向通过管簇所需的功率常常是一项主要的运行费用，这个功率与压力降成正比关系，后者可表示成[15]

$$\Delta p = N_L \chi \left(\frac{\rho V_{\max}^2}{2}\right) f \tag{7.69}$$

摩擦因子 f 和修正因子 χ 在图 7.13 和图 7.14 中给出。图 7.13 适用于正方形顺排结构，其中无量纲纵向和横向间距（$P_L \equiv S_L/D$ 和 $P_T \equiv S_T/D$）相等。附图中给出的修正因子 χ 可用

于将结果推广到其他顺排结构。类似地，图 7.14 适用于等边三角形（$S_T = S_D$）叉排结构，而修正因子则可将结果推广至其他叉排结构。注意，图 7.13 和图 7.14 中出现的雷诺数是基于最大流体速度 V_{max} 定义的。

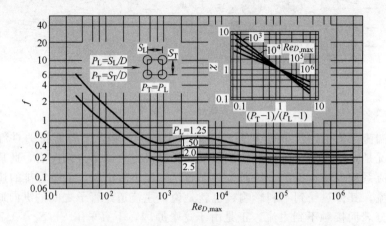

图 7.13　适用于式(7.69) 的摩擦因子 f 和修正因子 χ（顺排管簇结构）[15]
已获准使用

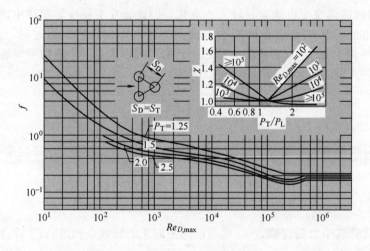

图 7.14　适用于式(7.69) 的摩擦因子 f 和修正因子 χ（叉排管簇结构）[15]
已获准使用

【例 7.7】　高温加压水较为常见，可用于建筑物采暖或工业过程。在这些情况下，通常采用管簇进行换热，水在管内通过，而空气则横向流过管簇。考虑叉排方式，管外径为 16.4mm，纵向和横向管间距分别为 $S_L = 34.3$mm 和 $S_T = 31.3$mm。在空气流动方向上有七排管子，每排中有八根。在典型工况下，管表面处于 70℃，而上游空气的温度和速度分别为 15℃ 和 6m/s。确定空气侧的对流系数和管簇的传热速率。空气侧的压力降有多大？

解析

已知：管簇的几何条件和工况。

求：1. 空气侧的对流系数和传热速率；

2. 压力降。

示意图：

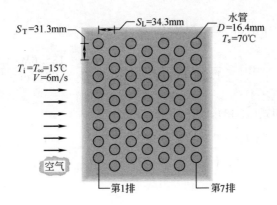

假定：1. 稳态条件；

2. 辐射的影响可忽略；

3. 管簇中空气温度的变化对其物性的影响可忽略。

物性：表 A.4，空气（$T_\infty = 15℃$）：$\rho = 1.217\text{kg/m}^3$，$c_p = 1007\text{J/(kg · K)}$，$\nu = 14.82 \times 10^{-6}\text{m}^2/\text{s}$，$k = 0.0253\text{W/(m · K)}$，$Pr = 0.710$。表 A.4，空气（$T_s = 70℃$）：$Pr = 0.701$。表 A.4，空气（$T_f = 43℃$）：$\nu = 17.4 \times 10^{-6}\text{m}^2/\text{s}$，$k = 0.0274\text{W/(m · K)}$，$Pr = 0.705$。

分析：1. 根据式(7.64) 和式(7.65)，空气侧的努塞尔数为

$$\overline{Nu}_D = C_2 C Re_{D,\max}^m Pr^{0.36} \left(\frac{Pr}{Pr_s}\right)^{1/4}$$

由于 $S_D = [S_L^2 + (S_T/2)^2]^{1/2} = 37.7\text{mm}$ 大于 $(S_T + D)/2$，最大速度出现在图 7.11 中的横向平面 A_1 上。因此，由式(7.62)，有

$$V_{\max} = \frac{S_T}{S_T - D}V = \frac{31.3\text{mm}}{(31.3 - 16.4)\text{mm}} \times 6\text{m/s} = 12.6\text{m/s}$$

根据

$$Re_{D,\max} = \frac{V_{\max}D}{\nu} = \frac{12.6\text{m/s} \times 0.0164\text{m}}{14.82 \times 10^{-6}\text{m}^2/\text{s}} = 13943$$

和

$$\frac{S_T}{S_L} = \frac{31.3\text{mm}}{34.3\text{mm}} = 0.91 < 2$$

从表 7.7 和表 7.8 可得

$$C = 0.35\left(\frac{S_T}{S_L}\right)^{1/5} = 0.34, \quad m = 0.60 \quad 和 \quad C_2 = 0.95$$

因此有

$$\overline{Nu}_D = 0.95 \times 0.34 \times (13943)^{0.60} \times (0.71)^{0.36} \times \left(\frac{0.710}{0.701}\right)^{0.25} = 87.9$$

及

$$\overline{h} = \overline{Nu}_D \frac{k}{D} = 87.9 \times \frac{0.0253\text{W/(m · K)}}{0.0164\text{m}} = 135.6\text{W/(m}^2\text{ · K)}$$

根据式(7.67)，有

$$T_s - T_o = (T_s - T_i)\exp\left(-\frac{\pi D N \bar{h}}{\rho V N_T S_T c_p}\right)$$

$$= 55℃ \times \exp\left[-\frac{\pi \times 0.0164\text{m} \times 56 \times 135.6\text{W}/(\text{m}^2 \cdot \text{K})}{1.217\text{kg}/\text{m}^3 \times 6\text{m}/\text{s} \times 8 \times 0.0313\text{m} \times 1007\text{J}/(\text{kg} \cdot \text{K})}\right]$$

$$= 44.5℃$$

因此，根据式(7.66)和式(7.68)，有

$$\Delta T_{lm} = \frac{(T_s - T_i) - (T_s - T_o)}{\ln\left(\dfrac{T_s - T_i}{T_s - T_o}\right)} = \frac{(55 - 44.5)℃}{\ln\left(\dfrac{55}{44.5}\right)} = 49.6℃$$

及

$$q' = N(\bar{h}\pi D \Delta T_{lm}) = 56\pi \times 135.6\text{W}/(\text{m}^2 \cdot \text{K}) \times 0.0164\text{m} \times 49.6℃$$

$$= 19.4\text{kW}/\text{m} \qquad \blacktriangleleft$$

2. 可用式(7.69)确定压力降

$$\Delta p = N_L \chi \left(\frac{\rho V_{max}^2}{2}\right) f$$

根据 $Re_{D,max} = 13943$，$P_T = (S_T/D) = 1.91$，以及 $(P_T/P_L) = 0.91$，由图 7.14 可得 $\chi \approx 1.04$ 和 $f \approx 0.35$。因此由 $N_L = 7$ 可得

$$\Delta p = 7 \times 1.04 \times \left[\frac{1.217\text{kg}/\text{m}^3 \times (12.6\text{m}/\text{s})^2}{2}\right] \times 0.35$$

$$= 246\text{N}/\text{m}^2 = 2.46 \times 10^{-3}\text{bar} \qquad \blacktriangleleft$$

说明： 1. 根据用 T_f 计算的物性，$Re_{D,max} = 11876$。由 $S_D/D \approx 2$ 和 $S_L/D \approx 2$，从表 7.5 和表 7.6 可得 $C_1 = 0.482$，$m = 0.556$ 及 $C_2 = 0.97$。根据式(7.60) 和式(7.61) 可得努塞尔数为 $\overline{Nu_D} = 86.7$，以及 $\bar{h} = 144.8\text{W}/(\text{m}^2 \cdot \text{K})$。因此，用式(7.60) 和式(7.64) 计算的 $\bar{h}$ 值的差别在 7% 以内，这完全处于它们的误差范围之内。

2. 如果在式(7.68) 中用 $\Delta T_i \equiv T_s - T_i$ 取代 ΔT_{lm}，传热速率的计算结果将会偏高 11%。

3. 计算结果表明，空气温度仅提高了 10.5℃，因此用 $T_i = 15℃$ 计算空气的物性是合理的近似。然而，如果想得到更高的精度，应该利用 $(T_i + T_o)/2 = 20.25℃$ 重新确定物性，再次进行计算。一个例外是式(7.67) 指数项中的密度 ρ。ρ 出现在该项的分母中，它与进口速度的乘积 (ρV) 代表了进入管簇的空气质量流率。因此，这个项中的 ρ 应该用 T_i 计算。

4. 增加管排的数量可提高空气的出口温度和传热速率，对于排数固定的情况，则可通过调节空气速度改变它们。当 $5 \leqslant N_L \leqslant 25$ 及 $V = 6\text{m}/\text{s}$ 时，基于式(7.64)~式(7.68) 的参数分析给出以下结果：

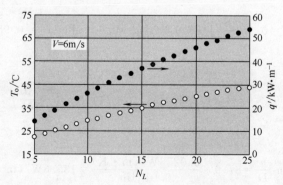

随着 N_L 的增加，空气出口温度会逐渐逼近表面温度，此时传热速率趋于恒定值，再增加管排就没有好处了。而且应该注意到，Δp 会随着 N_L 线性增加。当 $N_L = 25$ 和 $1\text{m/s} \leqslant V \leqslant 20\text{m/s}$ 时，我们得到

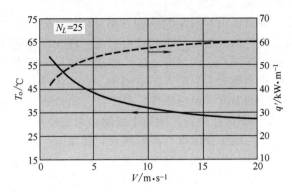

虽然提高 V 会增大传热速率，但空气出口温度则会下降，当 $V \to \infty$ 时，空气温度趋近 T_i。

7.7 冲击射流

用单个或一组气体射流垂直冲击表面可提高对流加热、冷却或干燥过程的系数。其应用包括玻璃板的回火、金属薄板的退火、纺织品和纸张的干燥、燃气轮机中高温部件的冷却，以及飞机的除冰等。

7.7.1 流体力学及几何上的考虑

典型的情况如图 7.15 所示，气体射流从直径为 D 的圆截面喷管或宽度为 W 的缝式（矩形）喷管排入静止环境中。射流通常为湍流，并且在喷管出口处具有均匀的速度分布。但是，随着离开出口的距离的增加，射流与环境之间的动量交换使得射流的自由边界变宽，而保持均匀出口速度的**核心**区域则收缩。在速度核心区的下游，整个横截面上的射流速度分布不均匀，而且最大（中心）速度随着离开喷管出口的距离的增加而降低。状态不受冲击（目标）表面影响的流动区域称为**自由射流**。

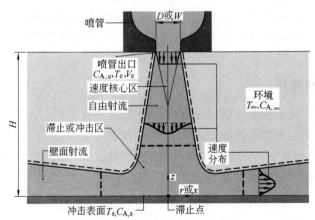

图 7.15　一个圆形或缝式气体射流对表面的冲击

在**滞止**或**冲击**区内，流动受到目标表面的影响，在法向（z）和横向（r 或 x）上分别减速和加速。但是，由于流动持续从环境中卷入动量为零的流体，水平方向上的加速不能无限

制地继续下去，因而滞止区中的加速流动会转变为减速**壁面射流**。因此，随着 r 或 x 的增加，平行于表面的速度分量先从零值增加到某个极大值，随后衰减为零。壁面射流中速度分布的特征在于冲击和自由表面处的速度为零。如果 $T_s \neq T_e$ 和/或 $C_{A,s} \neq C_{A,e}$，在滞止和壁面射流区内均会发生对流传热和/或传质。

很多冲击传热（质）方案要用到射流的阵列，例如图 7.16 所示的缝式射流阵列。在这种情况下，除了出自每个喷管的流动所产生的自由射流、滞止以及壁面射流区之外，还会因相邻的壁面射流之间的相互作用产生次级滞止区。在很多这样的方案中，射流被排入一个以目标表面和产生射流的喷管平面为边界的有限空间中。总的传热（质）速率与乏气从系统排出的方式有很大关系，乏气的温度（组分浓度）处于喷管出口处及冲击表面上的值之间。对于图 7.16 所示的结构，乏气不能在喷管之间向上流动，而是必须在 $\pm y$ 方向上对称地流动。由于气体的温度（表面冷却）或组分浓度（表面蒸发）随着 $|y|$ 的增加而提高，表面与气体之间的温差或浓度差随之降低，使得局部对流流密度下降。一种较为可取的方案是将相邻喷管之间的空间向环境开放，这样可产生向上的连续流动，直接排出乏气。

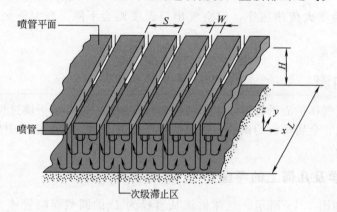

图 7.16　缝式射流阵列的表面冲击

图 7.17 给出了单个圆截面和缝式喷管以及它们各自的规则阵列的顶视图。对于孤立的喷管 [图 7.17(a)，(d)]，局部和平均对流系数与任意的 $r>0$ 和 $x>0$ 有关。对于乏气在垂直（z）方向排出的喷管阵列，对称性使得每个用虚线隔出的单元具有相同的局部和平均系数。对于大量以正方形顺排 [图 7.17(b)] 或等边三角形叉排 [图 7.17(c)] 方式组合的圆截面喷管，其单元分别为正方形或六边形。一个相关的几何参数是相对喷嘴面积，其定义为喷管出口横截面积与单元的表面积之比（$A_r \equiv A_{c,e}/A_{cell}$）。在各种情况中，$S$ 均为阵列中相邻喷管的节距。

7.7.2　对流传热和传质

在下面的讨论中，我们假定气体射流在离开喷管时具有均匀的速度 V_e、温度 T_e 以及组分浓度 $C_{A,e}$。我们还假定射流与环境之间处于热和组分平衡状态（$T_e = T_\infty$，$C_{A,e} = C_{A,\infty}$），而对流传热和/或传质则发生在具有均匀温度和/或组分浓度（$T_s \neq T_e$，$C_{A,s} \neq C_{A,e}$）的冲击表面上。这样，牛顿冷却定律及其传质类比形式为

$$q'' = h(T_s - T_e) \tag{7.70}$$

$$N''_A = h_m(C_{A,s} - C_{A,e}) \tag{7.71}$$

这里假定状态不受喷管出口处湍流度的影响，而且表面是静止的。但是，后一个条件可放宽至表面的速度远小于射流冲击速度的情况。

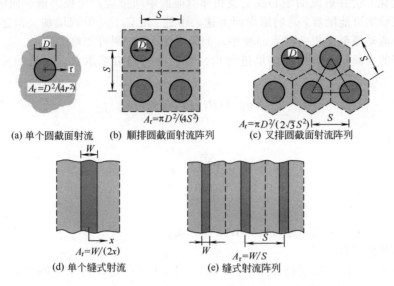

(a) 单个圆截面射流　　(b) 顺排圆截面射流阵列　　(c) 叉排圆截面射流阵列

$A_r = D^2/(4r^2)$　　$A_r = \pi D^2/(4S^2)$　　$A_r = \pi D^2/(2\sqrt{3}S^2)$

$A_r = W/(2x)$　　$A_r = W/S$

(d) 单个缝式射流　　(e) 缝式射流阵列

图 7.17　单个圆截面和缝式喷管以及它们各自的规则阵列的顶视图

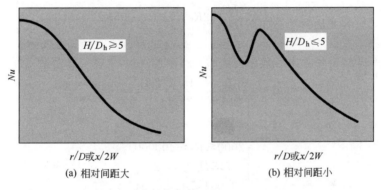

(a) 相对间距大　　(b) 相对间距小

图 7.18　喷管和平板相对间距大和小的情况下单个
圆截面或缝式喷管的局部努塞尔数的分布

　　马丁（Martin）[21]对大量有关气体冲击射流的对流系数的结果进行了综述，图 7.18 给出了单个圆截面或缝式喷管的**局部努塞尔数**的典型分布形式。特征长度是喷管的**水力直径**，定义为喷管的横截面积除以湿周（$D_h \equiv 4A_{c,e}/P$）。因此，圆截面喷管的特征长度是它的直径，假定 $L \gg W$，则缝式喷管的特征长度是其宽度的两倍。由此可得，对于圆截面喷管有 $Nu = hD/k$，对于缝式喷管有 $Nu = h(2W/k)$。对于喷管与板之间的间距较大的情况 ［图 7.18(a)］，Nu 的分布是一条钟形曲线，它从**滞止点**，r/D 或 $x/2W = 0$ 处的最大值单调衰减。

　　对于间距较小的情况 ［图 7.18(b)］，分布的特征在于出现了第二个极大值，它随着射流的雷诺数而增大，并有可能超过第一个极大值。临界间距 $H/D \approx 5$，低于该值会出现第二个极大值，临界间距与速度核心区的长度有些关系（图 7.15）。第二个极大值的出现起因于从滞止区的加速流动向减速壁面射流的过渡所导致的湍流度的急剧升高[21]。还发现了其他的一些极大值，它们源于滞止区中旋涡的形成以及向湍流壁面射流的过渡[22]。

　　对于射流阵列，Nu 的第二个极大值还与相邻的壁面射流之间的相互作用有关[21,23]。但是，这里的分布是二维的，随 x 和 y 而变化，例如图 7.16 所示的缝式射流阵列。可以预期，

随着 x 的变化，会在射流的中心线上及相邻射流的中间位置产生极大值，而限制在 $\pm y$ 方向上的乏气流动则可能随着 $|y|$ 的增加而加速，由此 Nu 随 $|y|$ 单调增加。但是，在 y 方向上的变化随着流动横截面积的增大而变小，如果 $SH \gtrsim WL$ 则可忽略[21]。

在适当的表面积上对局部结果进行积分可获得平均努塞尔数。报道的关系式具有以下形式

$$\overline{Nu} = f(Re, Pr, A_r, H/D_h) \tag{7.72}$$

其中

$$\overline{Nu} \equiv \frac{\overline{h} D_h}{k} \tag{7.73}$$

$$Re = \frac{V_e D_h}{\nu} \tag{7.74}$$

以及 $D_h = D$（圆截面喷管）或 $D_h = 2W$（缝式喷管）。

（1）圆截面喷管

对一些文献中的数据进行评估后，马丁（Martin）[21]建议对**单个圆截面喷管** $[A_r = D^2/(4r^2)]$ 采用以下关系式

$$\boxed{\frac{\overline{Nu}}{Pr^{0.42}} = G\left(A_r, \frac{H}{D}\right)\left[2Re^{1/2}(1 + 0.005Re^{0.55})^{1/2}\right]} \tag{7.75}$$

其中

$$G = 2A_r^{1/2} \frac{1 - 2.2A_r^{1/2}}{1 + 0.2(H/D - 6)A_r^{1/2}} \tag{7.76}$$

适用的范围为

$$\begin{bmatrix} 2000 \lesssim Re \lesssim 400000 \\ 2 \lesssim H/D \lesssim 12 \\ 0.004 \lesssim A_r \lesssim 0.04 \end{bmatrix}$$

对于 $A_r \gtrsim 0.04$ 的情况，$\overline{Nu}$ 结果以图形的形式给出[21]。

对于**圆截面喷管阵列**[对于顺排和叉排阵列，分别有 $A_r = \pi D^2/(4S^2)$ 和 $A_r = \pi D^2/(2\sqrt{3}S^2)$]

$$\boxed{\frac{\overline{Nu}}{Pr^{0.42}} = 0.5K\left(A_r, \frac{H}{D}\right)G\left(A_r, \frac{H}{D}\right)Re^{2/3}} \tag{7.77}$$

其中

$$K = \left[1 + \left(\frac{H/D}{0.6/A_r^{1/2}}\right)^6\right]^{-0.05} \tag{7.78}$$

而 G 是由式(7.76)给出的单个喷管函数。函数 K 计及这样一个事实：对于 $H/D \gtrsim 0.6/A_r^{1/2}$ 的情况，随着 H/D 的增加，阵列的平均努塞尔数比单个喷管的衰减得快。该关系式适用于以下范围

$$\begin{bmatrix} 2000 \lesssim Re \lesssim 100000 \\ 2 \lesssim \dfrac{H}{D} \lesssim 12 \\ 0.004 \lesssim A_r \lesssim 0.04 \end{bmatrix}$$

（2）缝式喷管

对于**单个缝式喷管**（$A_r = W/2x$），推荐使用以下关系式

$$\frac{\overline{Nu}}{Pr^{0.42}} = \frac{3.06}{0.5/A_r + H/W + 2.78} Re^m \tag{7.79}$$

其中

$$m = 0.695 - \left[\left(\frac{1}{4A_r} \right) + \left(\frac{H}{2W} \right)^{1.33} + 3.06 \right]^{-1} \tag{7.80}$$

适用范围为

$$\begin{bmatrix} 3000 \lesssim Re \lesssim 90000 \\ 2 \lesssim \dfrac{H}{W} \lesssim 10 \\ 0.025 \lesssim A_r \lesssim 0.125 \end{bmatrix}$$

作为**初步近似**，式(7.79) 也可用于 $A_r \gtrsim 0.125$ 的情况，对滞止点（$x = 0$，$A_r \rightarrow \infty$）预测的结果与实验值的差别在 40% 以内。

对于**缝式喷管阵列**（$A_r = W/S$），推荐使用的关系式为

$$\frac{\overline{Nu}}{Pr^{0.42}} = \frac{2}{3} A_{r,o}^{3/4} \left(\frac{2Re}{A_r/A_{r,o} + A_{r,o}/A_r} \right)^{2/3} \tag{7.81}$$

其中

$$A_{r,o} = \left[60 + 4 \left(\frac{H}{2W} - 2 \right)^2 \right]^{-1/2} \tag{7.82}$$

这个关系式适用的条件为乏气向外的流动限制在图 7.16 所示的 $\pm y$ 方向以及向外流动的面积大到足以满足 $(SH)/(WL) \gtrsim 1$ 的要求。此外还应满足以下限制条件

$$\begin{bmatrix} 1500 \lesssim Re \lesssim 40000 \\ 2 \lesssim H/W \lesssim 80 \\ 0.008 \lesssim A_r \lesssim 2.5 A_{r,o} \end{bmatrix}$$

喷管的**优化**布置是指在单位目标表面积上气体的总流率给定的情况下，可产生最大 $\overline{Nu}$ 值的 H、S 和 D_h 值的组合。在 H 不变的情况下，圆截面和缝式喷管阵列的 D_h 和 S 的优化值为[21]

$$D_{h,op} \approx 0.2H \tag{7.83}$$
$$S_{op} \approx 1.4H \tag{7.84}$$

优化值 $(D_h/H)^{-1} \approx 5$ 与速度核心区的长度大致相同。在速度核心区之外，射流中线上速度的衰减导致对流系数产生附带的降低。

根据传热和传质的类比关系，用 $\overline{Sh}/Sc^{0.42}$ 取代 $\overline{Nu}/Pr^{0.42}$ 后，上述关系式也可用于对流传质。但是，将这些式子应用于传热和传质时都应遵守它们成立的条件。例如，如果射流出自锐缘孔而不是钟形喷管，就不能采用上述关系式的现有形式。锐缘孔射流受流动收缩现象的强烈影响，该现象会使对流传热或传质过程发生变化[21,22]。对流传热的状况还受到射流出口与环境之间温差的影响（$T_e \neq T_\infty$）。在这种情况下，牛顿冷却定律式(7.70) 中不宜采用出口温度，而要用通常称作恢复或绝热壁面温度的量替代[24,25]。

7.8 堆积床

气体流过固体颗粒**堆积床**（图 7.19）与很多工业过程有关，包括热能的传递和贮存、多相催化反应以及干燥。术语**堆积床**是指颗粒位置**固定**的情况。相反，**流化床**是指颗粒因为和流体一起对流而运动的情况。

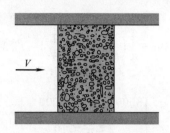

图 7.19 气体流过固体颗粒堆积床

堆积床中小的容积可包含有很大的传热或传质表面积，处于堆积床空隙中的不规则流动通过湍流混合使得传递过程得到强化。文献 [26～29] 介绍了很多已建立的适用于不同颗粒形状、大小以及堆积密度的关系式。其中一个推荐用于气体在球形颗粒堆积床中流动的关系式具有以下形式

$$\varepsilon \bar{j}_H = \varepsilon \bar{j}_m = 2.06 Re_D^{-0.575} \begin{bmatrix} Pr(\text{或 } Sc) \approx 0.7 \\ 90 \leqslant Re_D \leqslant 4000 \end{bmatrix} \tag{7.85}$$

式中，$\bar{j}_H$ 和 $\bar{j}_m$ 是用式（6.70）和式（6.71）定义的科尔伯恩（Colburn）j 因子。雷诺数 $Re_D = VD/\nu$ 是根据球形颗粒的直径和通道中没有填充时的上游速度 V 定义的。量 ε 是堆积床的**空隙率**（堆积床单位容积中的空容积），其值通常处于 0.30～0.50 之间。这个关系式可用于非球形的堆积材料，但要在右侧乘以合适的修正因子。对于长径比为 1、尺寸均匀的圆柱体颗粒堆积床，该因子为 0.79；对于立方体颗粒堆积床，它是 0.71。

在使用式（7.85）时，物性应该用流体进入和离开堆积床时温度的算术平均值确定。如果颗粒处于均匀温度 T_s，堆积床的传热速率可用下式计算

$$q = \bar{h} A_{p,t} \Delta T_{lm} \tag{7.86}$$

式中，$A_{p,t}$ 是颗粒的总表面积，ΔT_{lm} 是用式（7.66）定义的对数平均温差。计算 ΔT_{lm} 需要的出口温度可用下式计算

$$\frac{T_s - T_o}{T_s - T_i} = \exp\left(-\frac{\bar{h} A_{p,t}}{\rho V A_{c,b} c_p}\right) \tag{7.87}$$

式中，ρ 和 V 分别是进口密度和速度，而 $A_{c,b}$ 则是堆积床（通道）的横截面积。

7.9 小结

在本章中我们讨论了低速到中速的**外部流动**中重要的**受迫对流**传热和传质问题。我们讨论了几种常见的几何形状，它们的对流系数与边界层发展的特性有关。你应该通过回答以下问题测试自己对相关概念的理解程度。

表 7.9 用于外部流动的对流传热关系式汇总

关 系 式		几何形状	条 件[①]
$\delta = 5xRe_x^{-1/2}$	(7.19)	平板	层流, T_f
$C_{f,x} = 0.664Re_x^{1/2}$	(7.20)	平板	层流, 局部, T_f
$Nu_x = 0.332Re_x^{1/2}Pr^{1/3}$	(7.23)	平板	层流, 局部, T_f, $Pr \gtrsim 0.6$
$\delta_t = \delta Pr^{-1/3}$	(7.24)	平板	层流, T_f
$\overline{C}_{f,x} = 1.328Re_x^{-1/2}$	(7.29)	平板	层流, 平均, T_f
$\overline{Nu}_x = 0.664Re_x^{1/2}Pr^{1/3}$	(7.30)	平板	层流, 平均, T_f, $Pr \gtrsim 0.6$
$Nu_x = 0.565Pe_x^{1/2}$	(7.32)	平板	层流, 局部, T_f, $Pr \lesssim 0.05$, $Pe_x \gtrsim 100$
$C_{f,x} = 0.0592Re_x^{-1/5}$	(7.34)	平板	湍流, 局部, T_f, $Re_x \lesssim 10^8$
$\delta = 0.37xRe_x^{-1/5}$	(7.35)	平板	湍流, 局部, T_f, $Re_x \lesssim 10^8$
$Nu_x = 0.0296Re_x^{4/5}Pr^{1/3}$	(7.36)	平板	湍流, T_f, $Re_x \lesssim 10^8$, $0.6 \lesssim Pr \lesssim 60$
$\overline{C}_{f,L} = 0.074Re_L^{-1/5} - 1742Re_L^{-1}$	(7.40)	平板	混合, 平均, T_f, $Re_{x,c} = 5 \times 10^5$, $Re_L \lesssim 10^8$
$\overline{Nu}_L = (0.037Re_L^{4/5} - 871)Pr^{1/3}$	(7.38)	平板	混合, 平均, T_f, $Re_{x,c} = 5 \times 10^5$, $Re_L \lesssim 10^8$, $0.6 \lesssim Pr \lesssim 60$
$\overline{Nu}_D = CRe_D^m Pr^{1/3}$ (表 7.2)	(7.52)	圆柱	平均, T_f, $0.4 \lesssim Re_D \lesssim 4 \times 10^5$, $Pr \gtrsim 0.7$
$\overline{Nu}_D = CRe_D^m Pr^n (Pr/Pr_s)^{1/4}$ (表 7.4)	(7.53)	圆柱	平均, T_∞, $1 \lesssim Re_D \lesssim 10^6$, $0.7 \lesssim Pr \lesssim 500$
$\overline{Nu}_D = 0.3 + \{0.62Re_D^{1/2}Pr^{1/3} \times [1 + (0.4/Pr)^{2/3}]^{-1/4}\} \times [1 + (Re_D/282000)^{5/8}]^{4/5}$	(7.54)	圆柱	平均, T_f, $Re_D Pr \gtrsim 0.2$
$\overline{Nu}_D = 2 + (0.4Re_D^{1/2} + 0.06Re_D^{2/3})Pr^{0.4} \times (\mu/\mu_s)^{1/4}$	(7.56)	圆球	平均, T_∞, $3.5 \lesssim Re_D \lesssim 7.6 \times 10^4$, $0.71 \lesssim Pr \lesssim 380$
$\overline{Nu}_D = 2 + 0.6Re_D^{1/2}Pr^{1/3}$	(7.57)	下落液滴	平均, T_∞
$\overline{Nu}_D = 1.13C_1C_2Re_{D,max}^m Pr^{1/3}$ (表 7.5, 表 7.6)	(7.60) (7.61)	管簇[②]	平均, $\overline{T}_f$, $2000 \lesssim Re_{D,max} \lesssim 4 \times 10^4$, $Pr \gtrsim 0.7$
$\overline{Nu}_D = CC_2Re_{D,max}^m Pr^{0.36}(Pr/Pr_s)^{1/4}$ (表 7.7, 表 7.8)	(7.64) (7.65)	管簇[②]	平均, $\overline{T}$, $1000 \lesssim Re_D \lesssim 2 \times 10^6$, $0.7 \lesssim Pr \lesssim 500$
单个圆截面喷管	(7.75)	冲击射流	平均, T_f, $2000 \lesssim Re \lesssim 4 \times 10^5$, $2 \lesssim (H/D) \lesssim 12$, $2.5 \lesssim (r/D) \lesssim 7.5$
单个缝式喷管	(7.79)	冲击射流	平均, T_f, $3000 \lesssim Re \lesssim 9 \times 10^4$, $2 \lesssim (H/W) \lesssim 10$, $4 \lesssim (x/W) \lesssim 20$
圆截面喷管阵列	(7.77)	冲击射流	平均, T_f, $2000 \lesssim Re \lesssim 10^5$, $2 \lesssim (H/D) \lesssim 12$, $0.004 \lesssim A_r \lesssim 0.04$
缝式喷管阵列	(7.81)	冲击射流	平均, T_f, $1500 \lesssim Re \lesssim 4 \times 10^4$, $2 \lesssim (H/W) \lesssim 80$, $0.008 \lesssim A_r \lesssim 2.5A_{r,o}$
$\varepsilon \overline{j}_H = \varepsilon \overline{j}_m = 2.06Re_D^{-0.575}$	(7.85)	球形颗粒堆积床[②]	平均, $\overline{T}$, $90 \lesssim Re_D \lesssim 4000$, Pr (或 Sc) ≈ 0.7

① 在"条件"中列的温度是用于物性计算的。

② 对于管簇和堆积床, 物性用流体平均温度 $\overline{T} = (T_i + T_o)/2$ 或平均膜温 $\overline{T}_f = (T_s + \overline{T})/2$ 计算。

注: 1. 表中的关系式适用于等温表面; 对于涉及到非加热起始长度或均匀表面热流密度的特殊情况, 参见 7.2.4 节或 7.2.5 节。

2. 当传热和传质类比关系适用时, 分别用 Sh 和 Sc 取代 Nu 和 Pr 可获得对应的传质关系式。

- 什么是**外部流动**？
- 平板上**层流**速度边界层的厚度是如何随着离开前缘的距离而变化的？**湍流**呢？层流中速度、热和浓度边界层的相对厚度是由什么决定的？湍流呢？
- 平板上**层流**的**局部**对流传热或传质系数是如何随着离开前缘的距离而变化的？**湍流**呢？在平板上发生向湍流**过渡**的流动呢？
- 平板表面上的局部传热状况是如何受**非加热起始长度**影响的？
- 横向流动中圆柱体表面上**边界层分离**的表现是什么？上游流动是层流或湍流对分离有什么样的影响？
- 横向流动中圆柱体表面上的局部对流系数的变化是如何受边界层分离影响的？如何受边界层过渡影响？对流系数的局部极大值和极小值出现在表面上的什么位置？
- 管簇中管子的平均对流系数是如何随其位置而变化的？
- 对于射流冲击表面的情况，**自由射流**的显著特征是什么？**速度核心区**呢？**冲击区**呢？**壁面射流**呢？
- 冲击射流的表面上什么位置处总是出现对流系数的极大值？在什么情况下会出现第二个极大值？
- 冲击射流**阵列**中的流动和传热是如何**受乏气**从系统中排出方式影响的？
- 固体颗粒的**堆积床**和**流化床**之间有什么区别？
- 什么是传热或传质实验关系式？受迫对流有哪些固有的无量纲参数？
- 什么是**膜温**？
- 在计算管簇或堆积床的总传热速率时必须用什么样的温差？

在本章我们还汇编了适用于多种外部流动情况的对流传递速率计算的关系式。对于简单的表面几何形状，可通过边界层分析导出相关结果，但是在大多数情况下，只能通过综合实验结果来得到它们。你应该知道在什么时候以及如何使用各种表达式，还应该熟悉对流计算的常规方法。为方便使用，已将关系式汇总于表 7.9 中。

参考文献

1. Blasius, H., *Z. Math. Phys.*, **56**, 1, 1908. English translation in National Advisory Committee for Aeronautics Technical Memo No. 1256.
2. Schlichting, H., *Boundary Layer Theory*, Springer, New York, 2000.
3. Howarth, L., *Proc. R. Soc. Lond., Ser. A*, **164**, 547, 1938.
4. Pohlhausen, E., *Z. Angew. Math. Mech.*, **1**, 115, 1921.
5. Kays, W. M., M. E. Crawford, and B. Weigand, *Convective Heat and Mass Transfer*, 4th ed. McGraw-Hill Higher Education, Boston, 2005.
6. Churchill, S. W., and H. Ozoe, *J. Heat Transfer*, **95**, 78, 1973.
7. Ameel, T. A., *Int. Comm. Heat Mass Transfer*, **24**, 1113, 1997.
8. Blair, M. F., *J. Heat Transfer*, **105**, 33 and 41, 1983.
9. Fox, R. W., A. T. McDonald, and P. J. Pritchard, *Introduction to Fluid Mechanics,* 6th ed., Wiley, New York, 2003.
10. Coutanceau, M., and J. -R. Defaye, *Appl. Mech. Rev.*, **44**, 255, 1991.
11. Hilpert, R., *Forsch. Geb. Ingenieurwes.*, **4**, 215, 1933.
12. Knudsen, J. D., and D. L. Katz, *Fluid Dynamics and Heat Transfer*, McGraw-Hill, New York, 1958.
13. Jakob, M., *Heat Transfer*, Vol. 1, Wiley, New York, 1949.
14. Whitaker, S., *AIChE J.*, **18**, 361, 1972.

15. Zukauskas, A., "Heat Transfer from Tubes in Cross Flow," in J. P. Hartnett and T. F. Irvine, Jr., Eds., *Advances in Heat Transfer*, Vol. 8, Academic Press, New York, 1972.

16. Churchill, S. W., and M. Bernstein, *J. Heat Transfer*, **99**, 300, 1977.

17. Morgan, V. T., "The Overall Convective Heat Transfer from Smooth Circular Cylinders," in T. F. Irvine, Jr. and J. P. Hartnett, Eds., *Advances in Heat Transfer*, Vol. 11, Academic Press, New York, 1975.

18. Ranz, W., and W. Marshall, *Chem. Eng. Prog.*, **48**, 141, 1952.

19. Grimison, E. D., *Trans. ASME*, **59**, 583, 1937.

20. Kays, W. M., and R. K. Lo, Stanford University Technical Report No. 15, 1952.

21. Martin, H., "Heat and Mass Transfer between Impinging Gas Jets and Solid Surfaces," in J. P. Hartnett and T. F. Irvine, Jr., Eds., *Advances in Heat Transfer*, Vol. 13, Academic Press, New York, 1977.

22. Popiel, Cz. O., and L. Bogusiawski, "Mass or Heat Transfer in Impinging Single Round Jets Emitted by a Bell-Shaped Nozzle and Sharp-Ended Orifice," in C. L. Tien, V. P. Carey, and J. K. Ferrell, Eds., *Heat Transfer 1986*, Vol. 3, Hemisphere Publishing, New York, 1986.

23. Goldstein, R. J., and J. F. Timmers, *Int. J. Heat Mass Transfer*, **25**, 1857, 1982.

24. Hollworth, B. R., and L. R. Gero, *J. Heat Transfer*, **107**, 910, 1985.

25. Goldstein, R. J., A. I. Behbahani, and K. K. Heppelman, *Int. J. Heat Mass Transfer*, **29**, 1227, 1986.

26. Bird, R. B., W. E. Stewart, and E. N. Lightfoot, *Transport Phenomena*, 2nd ed. Wiley, New York, 2002.

27. Jakob, M., *Heat Transfer*, Vol. 2, Wiley, New York, 1957.

28. Geankopplis, C. J., *Mass Transport Phenomena*, Holt, Rinehart & Winston, New York, 1972.

29. Sherwood, T. K., R. L. Pigford, and C. R. Wilkie, *Mass Transfer*, McGraw-Hill, New York, 1975.

习　题

平行流中的平板

7.1 考虑膜温为 300K、以 1m/s 的速度在一块平板上平行流动的下述流体：常压空气、水、机油和水银。

（a）确定每一种流体在离开前缘 40mm 处的速度和温度边界层厚度。

（b）在板长为 40mm 时，在相同的坐标系中画出上述各种流体的边界层厚度随着离开前缘的距离的变化。

7.2 考虑常压空气在平板上的稳态平行流动。空气的温度和自由流速度分别为 300K 和 25m/s。

（a）计算离开前缘的距离 $x=1$mm、10mm 和 100mm 处的边界层厚度。如果将另一块平板平行安装在距离第一块平板 3mm 处，边界层在距离前缘多远处发生汇合？

（b）计算单块平板在 $x=1$mm、10mm 和 100mm 处边界层外缘上的表面切应力和 y 速度分量。

（c）讨论边界层近似的合理性。

7.3 假定平板上流动的速度边界层分布的形式为 $u=C_1+C_2y$。利用适当的边界条件，推导用边界层厚度 δ 及自由流速度 u_∞ 表示的速度分布的表示式。利用积分形式的边界层动量方程（附录 F），推导边界层厚度和局部摩擦系数的表示式，将结果用局部雷诺数表示。把结果与利用精确解法（7.2.1 节）及采用三次曲线分布的积分解（附录 F）的相应结果进行比较。

7.4 考虑平板上的流动，现要确定短间距 x_1 到 x_2 上的平均换热系数 $\overline{h}_{1-2}$，这里 $(x_2-x_1)\ll L$。

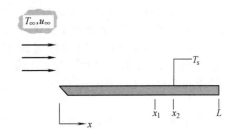

根据（a）$x=(x_1+x_2)/2$ 处的局部系数，（b）x_1 和 x_2 处的局部系数，（c）x_1 和 x_2 处的平均系数给出可用于确定 $\overline{h}_{1-2}$ 的三个不同的表示式。指出哪个表示式是近似的。考虑到该流动是层流、湍流还是混合流动，指出在什么情况下使用这些方程是合适的或不合适的。

7.5 一个用电的空气加热器由一组水平放置的薄金属片阵列构成，空气平行流过这些金属片的顶部，它们沿气流方向上的长度均为10mm。每块金属片的宽度均为 0.2m，共有25 块金属片依次排列，形成一个连续且光滑的表面，空气以 2m/s 的速度流过该表面。在运行过程中每一个金属片均处于 500℃，而空气则处于 25℃。

（a）第一块金属片上的对流散热速率是多少？第五块呢？第十块呢？其他所有的金属块呢？

（b）在空气速度分别为 2m/s、5m/s 及10m/s 时，确定（a）中所有位置处的对流换热速率。用表或条线图的形式表示结果。

（c）重复（b），但此时整个金属片阵列上的流动都是湍流。

7.6 考虑 27℃的水以 2m/s 的速度平行流过一块长为 1m 的等温平板。

（a）画出对应于临界雷诺数分别为（ⅰ）5×10^5、（ⅱ）3×10^5 和（ⅲ）0（流动为完全湍流）的三种流动条件下局部换热系数 h_x (x) 沿板距的变化。

（b）画出（a）中三种流动条件下平均换热系数 $\overline{h}_x$ (x) 随距离的变化。

（c）（a）中三种流动条件下整个平板的平均换热系数 $\overline{h}_L$ 分别是多少？

7.7 在燃料电池堆中，希望运行条件能够使电解质膜具有均匀的表面温度。这一点在高温燃料电池中尤其重要，因为它们的膜是由脆性陶瓷材料构成的。电解质膜中的电化学反应会产生热能，这要靠流过膜的上下表面的气体来冷却。电池堆的设计者可以指定顶部和底部流动的方向为相同、相反或正交。对相对流动方向的效果的初步研究是通过下述方案进行的：一块产生 100W/m^2 的均匀热流密度的 150mm×150mm 的**薄片**材料（顶部和底部）被自由流温度和速度分别为 25℃和 2m/s 的空气冷却。

（a）确定顶部和底部流动具有相同、相反或正交方向时局部膜温的最小和最大值。哪一种流动布置使膜温最低？**提示**：对于相反和正交流动情形，边界层所处的边界条件既非均匀温度也非均匀热流密度。但是，可以合理地预期所得的温度会**处于**基于等热流密度和等温边界条件的结果**之间**。

（b）画出具有相反和相同方向流动情形下表面的温度分布 T (x)。我们不希望出现与膜上的温度梯度有关的热应力。哪种流动布置使温度梯度最小？

7.8 一块光伏太阳能电池板从顶部到底部的构成为：3mm 厚掺杂氧化铈的玻璃 [k_g = 1.4W/(m·K)]、0.1mm 厚光学级黏合剂 [k_a=145W/(m·K)]、一层**非常薄**的硅半导体材料、0.1mm 厚焊接层 [k_s = 50W/(m·K)] 和 2mm 厚氮化铝衬底 [k_{an}=120W/(m·K)]。半导体中太阳能转化为电能的效率与硅的温度 T_{si} 有关，可用表示式 $\eta = 0.28 - 0.001 T_{si}$ 描述，其中 T_{si} 的单位为℃，该式适用于 25℃≤T_{si}≤250℃。玻璃的上表面吸收 10% 的太阳辐照，83% 的太阳辐照穿透玻璃后被硅吸收（剩余的 7% 被电池反射出去）。玻璃的发射率为 0.90。

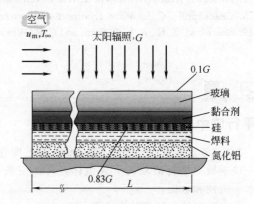

（a）考虑一块放置在绝热表面上的长 L=1m、宽 w=0.1m 的太阳能电池。确定下述条件下硅的温度以及太阳能电池产生的电功率：空气速度为 4m/s，与长度方向平行，空气和环境温度均为 25℃。太阳辐照为 700W/m^2。边界层在电池板的前缘处被触发成湍流。

（b）重复（a）部分，但此时电池板的短边与空气流方向平行，即 L=0.1m 和 w=1m。

（c）对于 L=0.1m 和 w=1m 的情形，在0m/s≤u_m≤10m/s 范围内画出电功率输出与硅的温度随空气速度的变化。

7.9 一个热的容器的顶表面由两部分构成，一部分非常光滑（A），另一部分则非常粗糙（B），该表面处于常压空气流中。为使离开表面的总的对流换热速率最小，应采用（1）和（2）两种定位中的哪一种？如果 T_s = 100℃、T_∞=20℃及 u_∞=20m/s，在这种定位方式下离开整个表面的对流换热速率是多少？

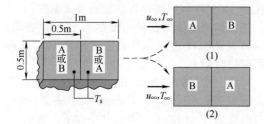

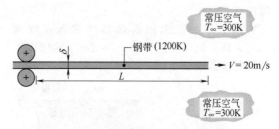

7.10　一个用于测定风洞中空气流速度的风速计由一个薄金属带构成，其两端用硬杆支撑，这些杆同时用作加热金属带的电流的电极。在金属带的尾缘处布置了一个细线热电偶，用作功率控制系统的探头，该系统可在不同的空气流速度下将金属带保持在恒定的运行温度。设计工况对应于 $T_\infty = 25℃$、速度范围为 $1\text{m/s} \leqslant u_\infty \leqslant 50\text{m/s}$ 的空气流，金属带的温度为 $T_s = 35℃$。

（a）确定金属带在横向单位宽度上的电功耗 $P'(\text{mW/mm})$ 与空气流速度之间的关系。在给定的 u_∞ 范围内画出这种关系。

（b）如果在工作状态下金属带的温度可以测量且维持不变的精度为 $\pm 0.2℃$，空气流速度的不确定度是多少？

（c）这种设计的运行为金属带温度恒定模式，在这种模式下，空气流的速度与测得的功率有关。现考虑另一种模式，即向金属带提供恒定的功率，例如 30mW/mm，这样空气流速度就与测得的金属带温度 T_s 有关了。在这种运行模式下，画出金属带温度与空气流速度之间的关系。如果温度测定的不确定度为 $\pm 0.2℃$，空气流速度的不确定度是多少？

（d）比较风速计的两种运行模式的特征。

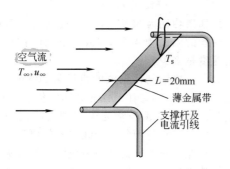

7.11　从钢厂热轧区输出的钢带的速度和温度分别为 20m/s 和 1200K。其长度和厚度分别为 $L = 100\text{m}$ 和 $\delta = 0.003\text{m}$，密度和比热容分别为 7900kg/m³ 和 640J/(kg·K)。

计及上下表面的传热但忽略辐射和钢带导热的影响，确定距离前缘 1m 处及尾缘处钢带温度随时间的变化速率。确定在距离前缘多长距离处具有最小的冷却速率。

7.12　在一个密闭的矩形腔体中安装了一组电子芯片，其冷却是通过设置铝制热沉 [$k = 180\text{W/(m·K)}$] 实现的。热沉基底尺寸为 $w_1 = w_2 = 100\text{mm}$，而 6 个肋片的厚度均为 $t = 10\text{mm}$，间距为 $S = 18\text{mm}$。肋片的长度为 $L_f = 50\text{mm}$，热沉底部的厚度为 $L_b = 10\text{mm}$。

如果在热沉中以速度 $u_\infty = 3\text{m/s}$ 通 $T_\infty = 17℃$ 的水来实现冷却，在芯片散热功率为 $P_{elec} = 1200\text{W}$ 时热沉基底的温度 T_b 是多少？在计算肋片表面和暴露的基底表面上的平均对流系数时可作平行流中平板的假定。水的物性可近似取为 $k = 0.62\text{W/(m·K)}$、$\nu = 7.73 \times 10^{-7} \text{m}^2/\text{s}$ 及 $Pr = 5.2$。

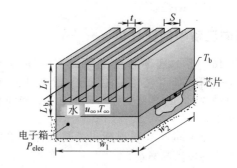

7.13　用 25℃ 和 10m/s 的受迫空气来冷却安装在电路板上的电子元件。考虑一个长和宽均为 4mm 的芯片，该芯片位于距离前缘 120mm 处。由于板的表面是不规则的，流动受到干扰，合适的对流关系式为 $Nu_x = 0.04 Re_x^{0.85} Pr^{0.33}$。

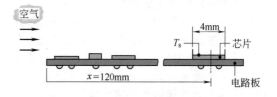

如果芯片的散热速率为 30mW，计算其表面

温度 T_s。

7.14 平板型太阳集热器的盖板温度为 15℃，10℃的环境空气以 $u_\infty = 2\text{m/s}$ 的速度平行流过该盖板。

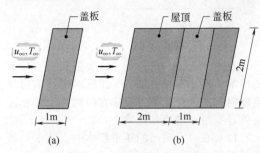

（a）盖板的对流热损速率是多少？

（b）如果盖板安装在距离屋顶前缘 2m 处，且与屋顶表面平齐，对流热损速率是多少？

7.15 一个正方形（10mm×10mm）硅芯片的一侧绝热，另一侧用 $u_\infty = 20\text{m/s}$ 和 $T_\infty = 24℃$ 的常压平行空气流冷却。在使用过程中，芯片内部的电功耗使冷却表面上具有恒定的热流密度。如果要求芯片表面上任意点的温度都不超过 80℃，最大允许的功率是多少？如果该芯片安装在衬底上，且上表面与衬底表面平齐，衬底构成了 20mm 的非加热起始段，则最大允许的功率是多少？

横向流动中的圆柱体

7.16 考虑速度和温度均为 $V = 5\text{m/s}$ 和 $T_\infty = 20℃$ 的下述流体横向流过一个处于 50℃ 的直径为 10mm 的圆柱体：常压空气、饱和水和机油。

（a）使用邱吉尔-伯恩斯坦关系式计算单位长度上的传热速率 q'。

（b）在 $0.5\text{m/s} \leqslant V \leqslant 10\text{m/s}$ 范围内画出 q' 随流体速度的变化。

7.17 一个外直径为 25mm 的圆管处于 25℃ 和 1atm 的空气流中。空气以 15m/s 的速度横向流过圆管，圆管的外表面处于 100℃。作用在单位长度圆管上的阻力是多少？单位长度圆管上的传热速率是多少？

7.18 一个直径 $D = 10\text{mm}$ 的长圆柱型电加热元件的热导率 $k = 240\text{W}/(\text{m} \cdot \text{K})$、密度 $\rho = 2700\text{kg/m}^3$、比热容 $c_p = 900\text{J}/(\text{kg} \cdot \text{K})$，将它安装在一个管道中，温度和速度分别为 27℃ 和 10m/s 的空气横向流过该加热器。

（a）忽略辐射，计算单位长度加热器的电功耗为 1000W/m 时加热器的稳态表面温度。

（b）如果加热器在初始温度为 27℃ 时启动，计算表面温度达到与其稳态值相差 10℃ 以内所需的时间。

7.19 27℃ 的空气以 5m/s 的速度流过一个大表面上的小区域 A_s（20mm×20mm），该处的温度为 $T_s = 127℃$。在这些条件下，表面 A_s 的散热功率为 0.5W。为增大散热速率，在 A_s 上安装了一个直径 5mm 的不锈钢（AISI 304）针肋，假定其温度处于 $T_s = 127℃$。

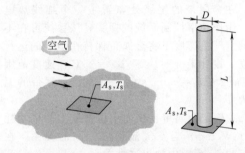

（a）确定通过肋片的最大可能散热速率。

（b）多长的肋片可以产生接近于（a）部分中求出的散热速率？**提示**：参考例题3.9。

（c）确定肋片效率 ε_f。

（d）安装肋片使 A_s 上的散热速率增加的百分数是多少？

7.20 一根直径为 D 的细金属丝横向放置在一个流道中，利用其传热特性来确定流动速度。对金属丝通电流进行加热，热量通过对流散给流动的流体。通过测量电压和电流可确定金属丝的电阻，由电阻值可求得温度。

（a）对于任意普朗特数的流体，推导用金属丝与流体的自由流之间的温差表述流体速度的表示式。

（b）如果功耗为 35W/m 时一根直径 0.5mm 的金属丝的温度为 40℃，1atm 和 25℃ 的空气流的速度是多少？

7.21 一根铝制传输线的直径为 20mm，电阻为 $R'_{elec} = 2.636 \times 10^{-4} \Omega/\text{m}$，其中传输 700A 的电流。该传输线经常处于剧烈的横向风之中，这增大了它与相邻传输线接触的概率，这会产生火花并对周围的植被造成潜在的火灾威胁。补救措施是对导线进行绝缘，但由此产生的不良影响是提高了导线的工作温度。

（a）在空气温度为 20℃ 且导线处于速度为 10m/s 的横向流动中时，计算导线的温度。

（b）计算相同条件下导线的温度，但此时导线有 2mm 厚的绝缘层，其热导率为 $0.15W/(m \cdot K)$。

（c）计算并绘制风速在 $2 \sim 20m/s$ 范围内裸导线和绝缘导线的温度变化。说明曲线的特征及风速对导线温度的影响。

7.22 用一根没有隔热的蒸汽管道将高温蒸汽从一栋建筑输送到另一栋建筑。管道直径为 0.5m，表面温度为 150℃，并暴露于 -10℃ 的环境空气。空气以 5m/s 的速度横向流过管道。

（a）单位管长上的热损是多少？

（b）讨论用硬质聚氨酯泡沫 $[k = 0.026W/(m \cdot K)]$ 对管道进行隔热的效果。在 $0mm \leqslant \delta \leqslant 50mm$ 范围内计算并画出热损随隔热层厚度 δ 的变化。

7.23 将一根热电偶插入热空气管道中，用于测量空气温度。热电偶（T_1）焊接在一个钢制**热电偶套管**的端部，套管的长度为 $L = 0.15m$，内外直径分别为 $D_i = 5mm$ 和 $D_o = 10mm$。另一根热电偶（T_2）用于测量管道壁面的温度。

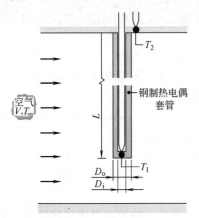

考虑下述情况：管道中空气速度 $V = 3m/s$，两根热电偶给出的温度分别为 $T_1 = 450K$ 和 $T_2 = 375K$。忽略辐射，确定空气温度 T_∞。假定对于钢，有 $k = 35W/(m \cdot K)$；对于空气，有 $\rho = 0.774kg/m^3$、$\mu = 251 \times 10^{-7} N \cdot s/m^2$、$k = 0.0373W/(m \cdot K)$ 和 $Pr = 0.686$。

7.24 可以用热膜传感器测定流体速度，在一种常见的设计中，传感器元件为包裹在一个石英棒圆周上的薄膜。薄膜通常由一薄层（约 100nm）铂构成，其电阻与温度成比例。因此，当浸没在流动的流体中时，可在薄膜中通电流以使其温度比流体的高。薄膜的温度可通过监测其电阻来控制，同时测量电流，这样就可以确定薄膜的功耗。

只要膜中的产热传给流体而不是通过导热传给石英棒就可保证正常的测量。从传热角度来看，薄膜应该与流体之间有很强的耦合，而与石英棒之间的耦合则应该很弱。只要毕渥数很大，即 $Bi = \overline{h}D/(2k) \gg 1$，就可满足这个条件，式中，$\overline{h}$ 是流体与薄膜之间的对流系数，k 是棒的热导率。

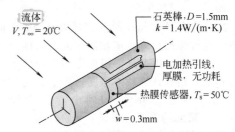

（a）对于下列流体和速度，计算并画出对流系数随速度的变化：（ⅰ）水，$0.5m/s \leqslant V \leqslant 5m/s$；（ⅱ）空气，$1m/s \leqslant V \leqslant 20m/s$。

（b）对在上述条件下采用这种热膜传感器的适用性进行说明。

圆　球

7.25 考虑一个直径 20mm、表面温度为 60℃ 的球体，该球体浸没在温度和速度分别为 30℃ 和 2.5m/s 的流体中。计算流体为（a）水和（b）常压空气时的阻力和传热速率。解释为什么两种流体的结果相差这么大。

7.26 全世界每天要生产超过 10 亿的焊料球，用于装配电子仪器组件。**均匀液滴喷射**法采用压电装置振动熔融焊料罐中的轴，转而，焊料罐通过一个精密加工的喷管射出小的焊料滴。液滴在穿过收集箱时冷却并凝固。收集箱中充满了惰性气体，如氮气，以防止焊料球的表面发生氧化。

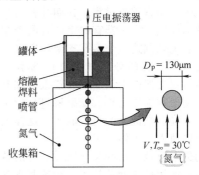

（a）直径 130μm 的熔融焊料滴的初始温度为 225℃，以 2m/s 的速度射入氮气中，后者

处于 30℃，压力略高于大气压。确定颗粒完全凝固时的最终速度和穿行的距离。焊料的物性为 $\rho=8230\,kg/m^3$、$c=240\,J/(kg\cdot K)$、$k=38\,W/(m\cdot K)$ 和 $h_{sf}=42\,kJ/kg$。焊料的熔解温度为 183℃。

（b）压电装置的振动频率为 1.8kHz，每秒产生 1800 个颗粒。确定颗粒在氮气中穿行时的间距以及为了连续一周生产焊料球所需的罐体容积。

7.27 将直径 20mm 的紫铜球投入 280K 的水箱中进行淬火。可假定球体在撞击时即达到终速，在水中自由下降。根据作用在球体上的阻力和重力相等计算最终速度。为了将这些球体从初始温度 360K 冷却到中心温度处于 320K，水箱大约需要有多深？

7.28 用铝的熔融液滴撞击基底表面可以在其上形成高反射率铝涂层。液滴从喷射器中排出，穿过惰性气体（氦）后，必须在撞击时仍处于熔融状态。

考虑下述情况：直径、速度和初始温度分别为 $D=500\,\mu m$、$V=3\,m/s$ 和 $T_i=1100K$ 的液滴穿过温度 $T_\infty=300K$ 的常压滞止氦层。为保证在撞击基底时液滴的温度不低于铝的熔点（$T_f\geqslant T_{mp}=933K$），最大允许的氦气层厚度是多少？熔融铝的物性可近似为 $\rho=2500\,kg/m^3$、$c=1200\,J/(kg\cdot K)$ 和 $k=200\,W/(m\cdot K)$。

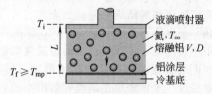

7.29 组织工程学的目标是发展可恢复或改进组织功能的生物替代品。一旦制造出来，人工器官就可以植入病人体内并生长，这样就可以避免传统器官移植过程中长期存在的自然器官短缺的问题。人工器官的生产有两个主要的步骤。首先要制造一个多孔**支架**，它应具有特定的孔尺寸、孔的分布以及总体的形状和尺寸。然后在支架的上表面上放置人体细胞，后者会向支架空隙中生长。支架材料是能生物降解的，最终会被健康的组织取代。这样人工器官就可以植入病人体中了。

孔的复杂形状、小的尺寸以及器官的特定形状使得不能用传统制造技术生产这些支架。一种获得成功应用的方法是**固体自由成型制造技术**，在这种方法中，小的球形液滴被导向一个

基底。液滴初始时是熔融的，在撞击处于室温的基底后凝固。通过控制液滴沉积的位置，每次一滴，可以建成复杂的支架。一种与习题7.26 中类似的装置被用于产生液滴，液滴具有均匀的直径，为 $75\,\mu m$，初始温度 $T_i=150℃$。这些颗粒要穿过 $T_\infty=25℃$ 的静止空气。液滴的物性为 $\rho=2200\,kg/m^3$ 和 $c=700\,J/(kg\cdot K)$。

（a）我们希望液滴以其终速离开喷管。确定液滴的最终速度。

（b）如果要液滴在温度为 $T_2=120℃$ 时撞击结构，则喷管出口与结构之间的距离 L 应为多长？

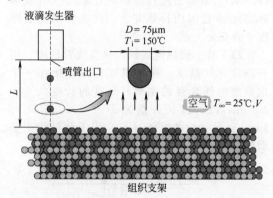

7.30 把一个直径 1.0mm 的球形热电偶结点插入燃烧室中测量燃烧产物的温度 T_∞。热气的速度 $V=5\,m/s$。

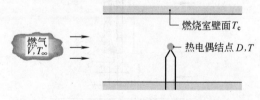

（a）如果热电偶插入燃烧室时处于室温 T_i，计算温差 $T_\infty-T$ 达到初始温差 $T_\infty-T_i$ 的 2% 时所需的时间。忽略辐射和通过引线的导热。热电偶结点的物性可近似为 $k=100\,W/(m\cdot K)$、$c=385\,J/(kg\cdot K)$ 和 $\rho=8920\,kg/m^3$，燃气的物性可近似为 $k=0.05\,W/(m\cdot K)$、$\nu=50\times10^{-6}\,m^2/s$ 和 $Pr=0.69$。

（b）如果热电偶结点的发射率为 0.5，燃烧室的冷壁温度 $T_c=400K$，燃气温度为 1000K，热电偶结点的稳态温度是多少？忽略通过引线的导热。

（c）为确定气体速度对热电偶测量误差的影响，在速度处于 $1\,m/s\leqslant V\leqslant25\,m/s$ 范围内计算热电偶结点的稳态温度。结点的发射率可以通

过采用涂层来控制。为减少测量误差，发射率应该增大还是降低？在 $V=5\text{m/s}$，计算发射率处于 $0.1\leqslant\varepsilon\leqslant1.0$ 范围内结点的稳态温度。

管　簇

7.31　在一个预热器中通过在管簇内冷凝 100℃ 的蒸汽来加热入口压力和温度分别为 1atm 和 25℃ 的空气。空气以 5m/s 的速度横向流过管簇。每根管子均为 1m 长，外径为 10mm。管簇由 196 根管子构成正方形顺排阵列，有 $S_T=S_L=15\text{mm}$。对空气的总的传热速率是多少？空气流的压降是多少？

7.32　一个管道空气加热器由顺排的电加热元件阵列构成，阵列的纵向和横向间距均为 $S_L=S_T=24\text{mm}$。在流动方向上有 3 排元件（$N_L=3$），每排有 4 个（$N_T=4$）。25℃ 的常压空气以 12m/s 的上游速度横向流过这些元件，元件的直径为 12mm，长度为 250mm，表面维持在 350℃。

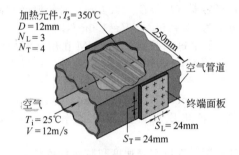

（a）确定对空气的总的传热速率以及空气离开管道加热器时的温度。

（b）确定通过元件簇的压降以及所需的风扇功率。

（c）将你在分析中求得的平均对流系数与孤立（单个）元件的值进行比较。解释结果之间的差别。

（d）把纵向和横向间距增大到 30mm 会对空气的出口温度、总的传热速率以及压降产生什么样的影响？

7.33　在一个采用空气冷却的蒸汽冷凝器的工作过程中，空气横向流过一个由 400 根管子组成的正方形顺排管簇（$N_L=N_T=20$），其中管子的外径为 20mm，纵向和横向间距分别为 $S_L=60\text{mm}$ 和 $S_T=30\text{mm}$。2.455bar 的饱和蒸汽进入管子，可假定管子的外表面因内部发生凝结而处于均匀温度 $T_s=390\text{K}$。

（a）如果阵列上游的空气温度和速度分别为 $T_i=300\text{K}$ 和 $V=4\text{m/s}$，空气离开阵列的温度 T_o 是多少？作为初步近似，采用空气在 300K 时的物性。

（b）如果管长为 2m，阵列总的传热速率是多少？蒸汽的凝结速率（kg/s）是多少？

（c）讨论将 N_L 增大一倍，而将 S_L 减少至 30mm 的影响。探讨在这种结构中空气速度变化的影响。

冲击射流

7.34　采用空气射流对一个直径 10mm 的圆形晶体管进行冲击冷却，射流从直径 2mm 的圆形喷管中出来时速度和温度分别为 20m/s 和 15℃。射流出口与晶体管暴露表面之间的距离为 10mm。

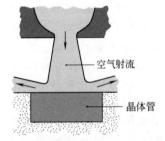

如果晶体管除了暴露表面之外均隔热良好，且表面温度不得超过 85℃，晶体管的最大允许工作功率是多少？

7.35　要求你确定在电子装配焊接过程中采用冲击射流的可行性。示意图中给出的是采用单个圆形喷管将高速热空气射向**表面安装点**的位置。

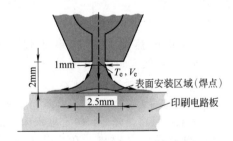

在你的研究中，考虑距离直径 2.5mm 的表面安装区域 2mm 的直径为 1mm 的圆形喷管。

（a）在空气射流速度和温度分别为 70m/s 和 500℃ 时，计算表面安装区域上的平均对流系数。

（b）假定印刷电路板（PCB）的表面安装区域可以当作半无限大介质处理，其初始时处于均匀温度 25℃，突然受到射流的对流加热。

计算表面达到 183℃所需的时间。典型焊料的热物性为 $\rho=8333\text{kg/m}^3$、$c_p=188\text{J/(kg·K)}$ 和 $k=51\text{W/(m·K)}$。

（c）对于温度分别为 500℃、600℃ 和 700℃ 的三种空气射流，在 $0\text{s}\leqslant t\leqslant 150\text{s}$ 范围内计算并绘制表面温度随时间的变化。在这个图中，确定焊接过程中下列重要的温度限制：对应于焊料共晶点的下限温度 $T_{sol}=183℃$，对应于玻璃态转变的上限温度 $T_{gl}=250℃$，PCB 在处于该温度时呈塑性。对你的研究结果、假定的合理性以及在焊接过程中采用射流的可行性进行讨论。

堆积床

7.36 卵石床核反应堆的圆柱形腔体的长度 $L=10\text{m}$、直径 $D=3\text{m}$。腔体中充满了氧化铀小球，球核直径 $D_p=50\text{mm}$。每个小球在核心区产生热能的速率为 $\dot{E}_g$，核心区表面包覆了一层不产热的石墨，具有均匀厚度 $\delta=5\text{mm}$，由此形成"卵石"。氧化铀和石墨的热导率均为 2W/(m·K)。堆积床的孔隙率 $\varepsilon=0.4$。采用 40bar 的加压氦气吸收卵石的热能。$T_i=450℃$ 的氦气以 3.2m/s 的速度进入堆积床。可假定氦气的物性为 $c_p=5193\text{J/(kg·K)}$、$k=0.3355\text{W/(m·K)}$、$\rho=2.1676\text{kg/m}^3$、$\mu=4.214\times10^{-5}\text{kg/(s·m)}$ 和 $Pr=0.654$。

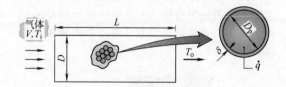

（a）为使总的热能传递速率达到 $q=125\text{MW}$，确定氦气离开堆积床的平均温度 T_o 以及每个小球的热能产生速率 $\dot{E}_g$。

（b）如果超过约 2100℃ 的最高运行温度，燃料产生热能的量将会降低。确定堆积床中最热的小球的最高内部温度。在雷诺数处于 $4000\leqslant Re_D\leqslant10000$ 范围内时，可用 $\varepsilon\bar{j}_H=2.876Re_D^{-1}+0.3023Re_D^{-0.35}$ 取代式(7.85)。

7.37 潜热胶囊是由薄壁球壳以及其中的固-液相变材料（PCM）构成的，PCM 的熔点和熔解潜热分别为 T_{mp} 和 h_{sf}。如图所示，胶囊可堆积在有流体流动的圆柱形容器中。如果 PCM 处于固态且 $T_{mp}<T_i$，热量就从流体传给胶囊，PCM 在熔解时就可贮存潜热。相反，

如果 PCM 处于液态且 $T_{mp}>T_i$，则 PCM 在凝固时释放能量，热量传给流体。在任何一种情形中，堆积床中的所有胶囊在大部分相变过程中均保持在 T_{mp}，在这种情况下，流体的出口温度将保持在固定值 T_o。

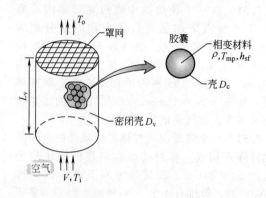

考虑下述应用：使空气通过胶囊（$D_c=50\text{mm}$）堆积床（$\varepsilon=0.5$）进行冷却，胶囊中是熔点为 $T_{mp}=4℃$ 的有机化合物。空气进入圆柱形容器（$L_v=D_v=0.40\text{m}$）时的温度和速度分别为 $T_i=25℃$ 和 $V=1.0\text{m/s}$。

（a）如果每个胶囊中的 PCM 在熔解开始时均处于固态，温度为 T_{mp}，空气的出口温度是多少？如果 PCM 的密度和熔解潜热分别为 $\rho=1200\text{kg/m}^3$ 和 $h_{sf}=165\text{kJ/kg}$，容器中 PCM 从固态转化成液态的质量速率（kg/s）是多少？

（b）探讨进口空气速度和胶囊直径对出口温度的影响。

（c）在容器中的什么位置首先发生胶囊中 PCM 的完全熔解？一旦完全熔解，出口温度将如何随时间变化？其渐近值是多少？

传热和传质

7.38 考虑一块光滑的湿平板因常压空气受迫对流而产生的质量损失。平板长 0.5m、宽 3m。300K 的干空气以 35m/s 的自由流速度流过表面，后者也处于 300K。计算平均对流传质系数 $\bar{h}_m$，并确定平板上的水蒸气质量损失速率（kg/s）。

7.39 一块表面涂有挥发性物质（组分 A）的平板暴露在常压干空气的平行流中，有 $T_\infty=20℃$ 和 $u_\infty=8\text{m/s}$。平板由电加热元件维持在恒定温度 134℃，物质从表面上蒸发。平板的宽度为 0.25m（垂直于示意图所在的平面），底部隔热良好。

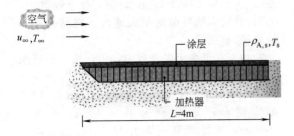

组分 A 的分子量和蒸发潜热分别为 $M_A = 150$kg/kmol 和 $h_{fg} = 5.44 \times 10^6$ J/kg，质量扩散系数 $D_{AB} = 7.75 \times 10^{-7}$ m²/s。如果该物质的饱和蒸气压力在 134℃时为 0.12atm，为维持稳态条件所需的电功率是多少？

7.40 35℃的干空气以 20m/s 的速度流过一块湿平板，平板长 500mm、宽 150mm。平板中埋设的电加热器将平板表面维持在 20℃。

(a) 平板上水的蒸发速率（kg/h）是多少？为维持稳定状态，需要多大的电功率？

(b) 长时间运行后，平板上所有的水都蒸发了，其表面变干了。在自由流条件和加热器功率与（a）中相同的情况下，计算平板的温度。

7.41 苯是一种致癌物质，它被洒落在实验室地板上，漫延长度为 2m。如果已形成 1mm 厚的液膜，苯完全蒸发需要多长时间？实验室通风装置使平行于表面的空气流的速度为 1m/s，苯和空气均处于 25℃。苯在饱和蒸气和液态时的质量密度分别为 0.417kg/m³ 和 900kg/m³。

7.42 电厂冷凝器的冷却水贮存在一个冷却池中，池的长和宽分别为 1000m 和 500m。但是，由于蒸发损失，需要周期性地向池中补充水，以使其保持合适的水位。假定水和空气等温，处于 27℃，自由流空气是干的，并以 2m/s 的速度沿水池长度方向运动，水表面上的边界层处处都是湍流，确定每天需要向池中补充的水量。

7.43 在纸张干燥过程中，传送带上的纸张以 0.2m/s 的速度运动，从圆形射流阵列［图 7.17(b)］中出来的干空气垂直射向其表面。喷管的直径和间距分别为 $D = 20$mm 和 $S = 100$mm，喷管-纸张间距为 $H = 200$mm。空气离开喷管时的速度和温度分别为 20m/s 和 300K，湿的纸张保持在 300K。以 kg/(s·m²) 为单位，纸张的平均干燥速率是多少？

7.44 将直径 18.4mm、长 88.9mm 的圆柱体萘放置于低速风洞中，使空气横向流过该圆

柱体，进行传质实验。空气流的温度和速度分别为 26℃和 12m/s，在暴露 39min 后，发现圆柱体的质量减少了 0.35g。记录的大气压力为 750.6mmHg。与固态萘平衡的萘蒸气的饱和压力 p_{sat} 由关系式 $p_{sat} = p \times 10^E$ 给出，其中 $E = 8.67 - (3766/T)$，T(K) 和 p(bar) 分别是空气的温度和压力。萘的分子量为 128.16kg/kmol。

(a) 根据实验结果确定对流传质系数。

(b) 在给定的流动条件下将该结果与采用合适的关系式计算的结果进行比较。

7.45 将人体近似为一个没穿衣服的垂直圆柱体，直径为 0.3m、长 1.75m，表面温度为 30℃。

(a) 在风速为 10m/s、温度为 20℃的情况下计算热损速率。

(b) 如果皮肤表面覆盖有一薄层温度为 30℃的水，空气的相对湿度为 60%，热损速率是多少？

7.46 在大直径风洞中安装了圆柱形干球和湿球温度计，用于测量以速度 V 在风洞中流动的湿空气的温度 T_∞ 和相对湿度 ϕ_∞。干球温度计的裸露玻璃表面的直径为 D_{db}、发射率为 ε_g。湿球温度计上包有薄灯芯，通过毛细作用从底部蓄水容器中连续吸水，其直径和发射率记为 D_{wb} 和 ε_w。风道内表面处于已知温度 T_s，低于 T_∞。推导可根据干、湿球温度 T_{db} 和 T_{wb} 以及上述参数确定 T_∞ 和 ϕ_∞ 的表示式。用下述参数确定 T_∞ 和 ϕ_∞：$T_{db} = 45$℃、$T_{wb} = 25$℃、$T_s = 35$℃、$p = 1$atm、$V = 5$m/s、$D_{db} = 3$mm、$D_{wb} = 4$mm 和 $\varepsilon_g = \varepsilon_w = 0.95$。作为初步近似，采用分别处于 45℃和 25℃的干球和湿球温度来计算空气物性。

7.47 热污染问题是指从电厂或工业源向自然水体排放热水。减轻这个问题的方法之一是在排放之前先将热水冷却。冷却方法包括蒸发冷却塔或喷淋池，这两种方法的效果均与液滴形式的热水与周围大气之间的传热有关。为理解这种冷却方式的机理，考虑一个直径为 D、温度为 T 的球形液滴，它正以相对速度 V 在温度和相对湿度分别为 T_∞ 和 ϕ_∞ 的空气中运动。环境温度为 T_{sur}。推导液滴蒸发和冷却速率的表示式。采用下述参数计算蒸发速率（kg/s）和冷却速率（K/s）：$D = 3$mm、$V = 7$m/s、$T = 40$℃、$T_\infty = 25$℃、$T_{sur} = 15$℃ 和 $\phi_\infty = 0.60$。水的发射率 $\varepsilon_w = 0.96$。

7.48 可以运动的细菌具有鞭毛，在微小的生物电化学引擎的驱动下旋转，从而将细菌在宿主液中推进。考虑假想为直径 $D=2\mu m$ 的球体的**埃希菌属大肠杆菌**。细菌处于 37℃ 的水基溶液中，溶液中有养分，其二元扩散系数 $D_{AB}=0.7\times 10^{-9}\ m^2/s$，食物能量值为 $N=16000 kJ/kg$。流体与细菌壳体之间的养分密度

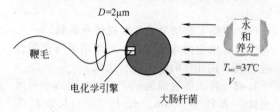

差 $\Delta\rho_A=860\times 10^{-12}\ kg/m^3$。假定推进效率 $\eta=0.5$，确定大肠杆菌的最大速度。将结果用身体直径/秒表示。

7.49 在纸张干燥过程中，传送带上的纸张以 0.2m/s 的速度运动，从缝式射流阵列（图 7.16）中出来的干空气垂直射向其表面。喷管的宽度和间距分别为 $W=10mm$ 和 $S=100mm$，喷管-纸张间距为 $H=200mm$。湿纸的宽度为 $L=1m$，温度保持为 300K，空气离开喷管的速度和温度分别为 20m/s 和 300K。以 $kg/(s\cdot m^2)$ 为单位，单位面积的纸张的平均干燥速率是多少？

第 8 章   内部流动

我们已经初步掌握了计算外部流动对流传递速率的方法，现在来讨论**内部流动**的对流传递问题。我们记得，在外部流动中表面上边界层的发展没有外部约束，可以持续进行，如图 6.6 所示平板上的流动那样。相反，对诸如管内流动的内部流动，流体的流动是受表面**限制**的。因此，边界层最终不能无限制地发展下去。采用内部流动方式加热和冷却流体，在几何布置上较为方便，在化工、环境控制以及能量转化等技术中都有应用。

我们的目的是理解与内部流动有关的物理现象并获得那些具有应用价值的流动情况的对流系数。我们从讨论与内部流动有关的速度（流体力学的）影响入手，重点关注边界层发展的一些特点。随后讨论热边界层的影响，并应用总的能量平衡关系确定流动方向上流体温度的变化。最后对多种内部流动情况给出了计算对流换热系数的关系式。

8.1   流体力学问题

在讨论外部流动时，只需要弄清楚流动是层流还是湍流，但是在讨论内部流动时，还必须注意**入口**和**充分发展**区域的存在。

8.1.1   流动状态

考虑半径为 r_o 的圆管内的层流（图 8.1），流体以均匀速度进入管内。我们知道，当流体与表面接触时，黏性的影响变得重要起来，边界层随着 x 的增加而发展。该发展使得无黏流区域缩小，并由于边界层在中心线处会合而结束。边界层会合之后，黏性的影响扩展至整个横截面，速度分布不再随 x 的增加而变化。这时称流动为充分发展的，而从入口处到达到该流动状态处的距离称为**流体力学入口长度** $x_{\mathrm{fd,h}}$。如图 8.1 所示，对于圆管中的层流，**充分发展的速度分布**是抛物线形的。对于湍流，由于在径向上湍流混合的影响，速度分布**较为平缓**。

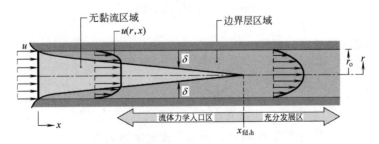

图 8.1   圆管内层流水力边界层的发展

在处理内部流动时，重要的是要知道入口区域的长度，它取决于流动是层流还是湍流。圆管内流动的雷诺数定义为

$$Re_D \equiv \frac{\rho u_{\mathrm{m}} D}{\mu} = \frac{u_{\mathrm{m}} D}{\nu} \tag{8.1}$$

式中，u_m 是圆管横截面上的平均流体速度；D 是圆管的直径。在充分发展的流动中，对应于湍流**发生**的临界雷诺数为

$$Re_{D,c} \approx 2300 \qquad (8.2)$$

但要达到完全湍流状态所需的雷诺数（$Re_D \approx 10000$）要大得多。向湍流的过渡有可能始于入口区域中正在发展的边界层。

对于层流（$Re_D \lesssim 2300$），流体力学入口长度可用以下形式的表达式确定[1]

$$\left(\frac{x_{fd,h}}{D}\right)_{lam} \approx 0.05 Re_D \qquad (8.3)$$

该表达式基于这样的假设：流体从圆形收缩喷管进入管内，因此在入口处具有接近均匀的速度分布（图 8.1）。虽然还没有令人满意的用于计算湍流流动入口长度的通用表达式，但我们知道它大致与雷诺数无关，作为初步近似[2]，有

$$10 \lesssim \left(\frac{x_{fd,h}}{D}\right)_{turb} \lesssim 60 \qquad (8.4)$$

根据本教材的目的，我们假定当（x/D）＞10 时湍流充分发展。

8.1.2 平均速度

因为速度在横截面上是变化的，而且不存在严格意义上的自由流，所以在讨论内部流动时需要采用平均速度 u_m。这个速度是这样定义的：将它乘以流体密度 ρ 和圆管横截面积 A_c 就给出通过圆管的质量流率。因此

$$\dot{m} = \rho u_m A_c \qquad (8.5)$$

对于横截面积均匀的管内的稳定不可压缩流动，$\dot{m}$ 和 u_m 是与 x 无关的常数。根据式（8.1）和式（8.5），对于**圆管**（$A_c = \pi D^2/4$）中的流动，雷诺数显然可以写成

$$Re_D = \frac{4\dot{m}}{\pi D \mu} \qquad (8.6)$$

由于质量流率也可表述为质量通量（ρu）在横截面上的积分

$$\dot{m} = \int_{A_c} \rho u(r,x) \, dA_c \qquad (8.7)$$

对于**圆管**内的**不可压缩流动**，可得

$$u_m = \frac{\int_{A_c} \rho u(r,x) \, dA_c}{\rho A_c} = \frac{2\pi\rho}{\rho \pi r_o^2} \int_0^{r_o} u(r,x) r \, dr = \frac{2}{r_o^2} \int_0^{r_o} u(r,x) r \, dr \qquad (8.8)$$

根据任意轴向位置 x 处的速度分布 $u(r)$，可用上式确定该处的 u_m。

8.1.3 充分发展区中的速度分布

对于**圆管内充分发展区的不可压缩、常物性流体的层流**，可以很容易地确定其速度分布的形式。在充分发展区内，流体力学状态的一个重要特征是径向速度分量 v 及轴向速度分量的梯度（$\partial u/\partial x$）处处为零。

$$v=0 \quad 和 \quad \left(\frac{\partial u}{\partial x}\right)=0 \tag{8.9}$$

因此，轴向速度分量仅与 r 有关，$u(x,r)=u(r)$。

　　求解适当形式的 x 动量方程可获得轴向速度沿径向的变化。为确定该形式，首先要认识到，根据式(8.9)给出的条件，在充分发展区中净动量通量处处为零。因此动量守恒的要求就简化为流动中切应力与压力之间的简单平衡。对于图 8.2 所示的环状微元体，这个平衡可表述成

$$\tau_r(2\pi r dx)-\left\{\tau_r(2\pi r dx)+\frac{\mathrm{d}}{\mathrm{d}r}[\tau_r(2\pi r dx)]\mathrm{d}x\right\}+$$

$$p(2\pi r dr)-\left\{p(2\pi r dr)+\frac{\mathrm{d}}{\mathrm{d}x}[p(2\pi r dr)]\mathrm{d}x\right\}=0$$

上式可简化为

$$-\frac{\mathrm{d}}{\mathrm{d}r}(r\tau_r)=r\frac{\mathrm{d}p}{\mathrm{d}x} \tag{8.10}$$

由 $y=r_o-r$，牛顿黏性定律 $\left[\tau_{xy}=\tau_{yx}=\mu\left(\frac{\partial u}{\partial y}+\frac{\partial v}{\partial x}\right)\right]$ 具有以下形式

$$\tau_r=-\mu\frac{\mathrm{d}u}{\mathrm{d}r} \tag{8.11}$$

于是，式(8.10)变成

$$\frac{\mu}{r}\times\frac{\mathrm{d}}{\mathrm{d}r}\left(r\frac{\mathrm{d}u}{\mathrm{d}r}\right)=\frac{\mathrm{d}p}{\mathrm{d}x} \tag{8.12}$$

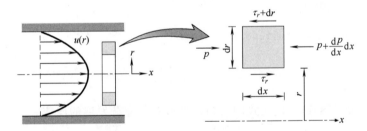

图 8.2　圆管内充分发展的层流中微元体上力的平衡

　　由于轴向压力梯度与 r 无关，对式(8.12)积分两次可得

$$r\frac{\mathrm{d}u}{\mathrm{d}r}=\frac{1}{\mu}\left(\frac{\mathrm{d}p}{\mathrm{d}x}\right)\frac{r^2}{2}+C_1$$

和

$$u(r)=\frac{1}{\mu}\left(\frac{\mathrm{d}p}{\mathrm{d}x}\right)\frac{r^2}{4}+C_1\ln r+C_2$$

利用以下边界条件可确定积分常数

$$u(r_o)=0 \quad 和 \quad \left.\frac{\partial u}{\partial r}\right|_{r=0}=0$$

上述条件分别代表了管表面无滑移和关于中心线径向对称的要求。这些常数的计算是很简单的，由此可得

$$u(r)=-\frac{1}{4\mu}\left(\frac{\mathrm{d}p}{\mathrm{d}x}\right)r_o^2\left[1-\left(\frac{r}{r_o}\right)^2\right] \tag{8.13}$$

因此，充分发展的速度分布是**抛物线形**的。注意，压力梯度必定是负的。

上述结果可用于确定流动的平均速度。将式(8.13)代入式(8.8)并积分，可得

$$u_\mathrm{m} = -\frac{r_\mathrm{o}^2}{8\mu} \times \frac{\mathrm{d}p}{\mathrm{d}x} \tag{8.14}$$

将这个结果代入式(8.13)，可得速度分布为

$$\frac{u(r)}{u_\mathrm{m}} = 2\left[1 - \left(\frac{r}{r_\mathrm{o}}\right)^2\right] \tag{8.15}$$

由于可用质量流率算得 u_m，式(8.14)可用于确定压力梯度。

8.1.4 充分发展流动中的压力梯度和摩擦因子

工程师常常关心维持内部流动所需的压力降，因为这个参数决定了泵或风机的功率需求。为了确定压力降，采用**穆迪**（Moody）或**达西**（Darcy）**摩擦因子**比较方便，它是一个无量纲参数，定义为

$$f \equiv \frac{-(\mathrm{d}p/\mathrm{d}x)D}{\rho u_\mathrm{m}^2/2} \tag{8.16}$$

不要把这个量与**摩擦系数**混淆，后者有时称为通风摩擦因子，其定义为

$$C_\mathrm{f} \equiv \frac{\tau_\mathrm{s}}{\rho u_\mathrm{m}^2/2} \tag{8.17}$$

因为 $\tau_\mathrm{s} = -\mu(\mathrm{d}u/\mathrm{d}r)_{r=r_\mathrm{o}}$，根据式(8.13)有

$$C_\mathrm{f} = \frac{f}{4} \tag{8.18}$$

把式(8.1)和式(8.14)代入式(8.16)，可得对于充分发展的层流

$$\boxed{f = \frac{64}{Re_D}} \tag{8.19}$$

分析充分发展的湍流要复杂得多，因而我们最终必须依靠实验结果。图 8.3 中的**穆迪图**给出了适用于较宽雷诺数范围的摩擦因子。除了与雷诺数有关，摩擦因子还是管子表面状态的函数。**光滑**表面的摩擦因子最小，该因子随表面粗糙度 e 的增加而增大。以下形式的近似关系式可较好地适用于光滑表面情况

$$f = 0.316 Re_D^{-1/4} \qquad Re_D \lesssim 2\times10^4 \tag{8.20a}$$

$$f = 0.184 Re_D^{-1/5} \qquad Re_D \gtrsim 2\times10^4 \tag{8.20b}$$

另外，匹图霍夫（Petukhov）[4]提出了一个适用于很大雷诺数范围的单一关系式，它具有以下形式

$$f = (0.790\ln Re_D - 1.64)^{-2} \qquad 3000 \lesssim Re_D \lesssim 5\times10^6 \tag{8.21}$$

注意：在充分发展区内 f 是常数，因而 $\mathrm{d}p/\mathrm{d}x$ 也是常数。根据式(8.16)，在充分发展的流动中，从轴向位置 x_1 到 x_2 的压力降 $\Delta p = p_1 - p_2$ 可表示为

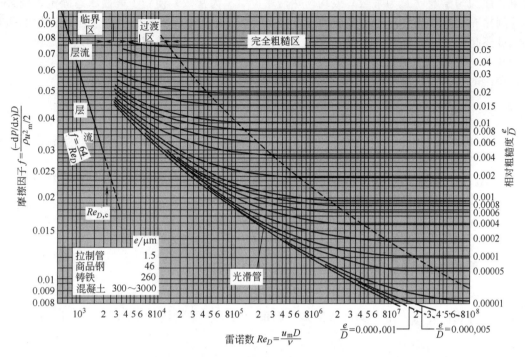

图 8.3 圆管内充分发展的流动的摩擦因子[3]
（已获准使用）

$$\Delta p = -\int_{p_1}^{p_2} \mathrm{d}p = f\frac{\rho u_m^2}{2D}\int_{x_1}^{x_2}\mathrm{d}x = f\frac{\rho u_m^2}{2D}(x_2 - x_1) \tag{8.22a}$$

对于层流，可由图 8.3 或式（8.19）得到 f，对于光滑管中的湍流，可由式（8.20）或式（8.21）获得 f。为克服与这个压力降有关的流阻，所需的泵或风机的功率可表示为

$$P = (\Delta p)\dot{V} \tag{8.22b}$$

式中，$\dot{V}$ 为体积流率，对于不可压缩流体有 $\dot{V} = \dot{m}/\rho$。

8.2 热的问题

我们已经讨论了内部流动的流体力学问题，现在来考虑热的问题。如果流体以小于表面的均匀温度 $T(r,0)$ 进入图 8.4 中的圆管，就会发生对流传热，开始形成**热边界层**。此外，

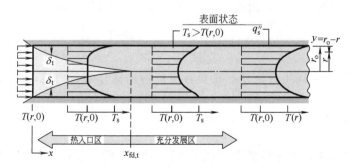

图 8.4 热的圆管中热边界层的发展

如果施加均匀温度（T_s 为常数）或均匀热流密度（q''_s 为常数）使管子**表面**状态固定，则最终会达到**热充分发展状态**。充分发展的温度分布 $T(r, x)$ 的形状取决于在表面上施加的是均匀温度还是均匀热流密度。但是，在以上两种表面条件下，流体温度相对于入口温度的增量均会随着 x 的增加而变大。

层流的**热入口长度**可表示为[2]

$$\left(\frac{x_{\text{fd,t}}}{D}\right)_{\text{lam}} \approx 0.05 Re_D Pr \tag{8.23}$$

比较式（8.3）和式（8.23），显然，如果 $Pr > 1$，流体力学边界层的发展要比热边界层的快得多（$x_{\text{fd,h}} < x_{\text{fd,t}}$），而 $Pr < 1$ 时则相反。对于普朗特数极大的流体，如油类（$Pr \gtrsim 100$），$x_{\text{fd,h}}$ 远小于 $x_{\text{fd,t}}$，因此在整个热入口区假定速度分布充分发展是合理的。然而，对于湍流，边界层的状态几乎与普朗特数无关，作为初步近似，我们采用（$x_{\text{fd,t}}/D$）= 10。

充分发展区中的热状态具有一些有趣而且有用的特征。但是，在讨论这些特征（8.2.3节）之前，我们需要引入平均温度的概念以及适当形式的牛顿冷却定律。

8.2.1 平均温度

正如因为没有自由流速度，就需要用平均速度来描述内部流动那样，没有确定的自由流温度，使得我们必须采用**平均**（或**整体**）温度。为给出平均温度的定义，我们首先回到式（1.11e）

$$q = \dot{m} c_p (T_{\text{out}} - T_{\text{in}}) \tag{1.11e}$$

我们知道，上式右边的项代表了由流体所携带的不可压缩液体的热能或理想气体的焓（热能加流动功）。在推导该方程时，有一个隐含的假定：温度在进口和出口横截面上是均匀的。事实上，在有对流传热的情况下这一点并不成立，因此我们可以这样**定义**平均温度：$\dot{m} c_p T_m$ 等于在横截面上积分的热能（或焓）的实际平流速率。将质量流率（ρu）和单位质量的热能（或焓）$c_p T$ 的乘积在横截面上积分，可求得该实际平流速率。因此，我们可定义 T_m 为

$$\dot{m} c_p T_m = \int_{A_c} \rho u c_p T \, dA_c \tag{8.24}$$

或

$$T_m = \frac{\int_{A_c} \rho u c_p T \, dA_c}{\dot{m} c_p} \tag{8.25}$$

对于 ρ 和 c_p 不变的圆管内流动，由式（8.5）和式（8.25）可得

$$T_m = \frac{2}{u_m r_o^2} \int_0^{r_o} u T r \, dr \tag{8.26}$$

值得注意的是，将 T_m 乘以质量流率和比热容后就给出流体在管内流动时输运热能（或焓）的速率。

8.2.2 牛顿冷却定律

对于内部流动来说，平均温度 T_m 是个方便的参考温度，它和外部流动中的自由流温度 T_∞ 具有大致相同的作用。相应地，牛顿冷却定律可表示为

$$q''_s = h(T_s - T_m) \qquad (8.27)$$

式中，h 是**局部**对流换热系数。但是，T_m 与 T_∞ 之间存在根本性差别。T_∞ 在流动方向上是常数，而 T_m 在这个方向上则必定会变化。这就是说，如果存在传热，dT_m/dx 绝对不会等于零。如果是表面对流体加热（$T_s > T_m$），T_m 的值随 x 而增加；反之（$T_s < T_m$），它就会随 x 而降低。

8.2.3　充分发展的状态

表面与流体之间存在的对流换热使得流体温度必定随着 x 不断变化，因此人们自然会提出充分发展的热状态能否达到的问题。现在的情况确实不同于流体力学的情形，在后者的充分发展区中有 $(\partial u / \partial x) = 0$。与之不同的是，如果有传热，$(dT_m/dx)$ 以及任意半径 r 处的 $(\partial T / \partial x)$ 均不为零。相应地，温度分布 $T(r)$ 随 x 不断变化，因此充分发展的状态似乎永远也不能达到。采用温度的无量纲形式可解决这一表观上的矛盾。

正如对瞬态热传导（第 5 章）和能量守恒方程（第 6 章）的处理那样，采用无量纲温差有可能简化问题的分析。引入形式为 $(T_s - T)/(T_s - T_m)$ 的无量纲温差，使得该比值与 x 无关的状态是存在的[2]。这就是说，虽然温度分布 $T(r)$ 随着 x 不断变化，但该分布的**相对**形状不再变化，则可称流动是**热充分发展的**。达到这种状态的条件可正式陈述为

$$\frac{\partial}{\partial x}\left[\frac{T_s(x) - T(r,x)}{T_s(x) - T_m(x)}\right]_{\text{fd, t}} = 0 \qquad (8.28)$$

式中，T_s 是管子的表面温度；T 是局部流体温度；T_m 则是流体在管子横截面上的平均温度。

在具有**均匀表面热流密度**（q''_s 为常数）或**均匀表面温度**（T_s 为常数）的管子中，最终会达到式(8.28) 所给出的条件。在很多工程应用中都会遇到这两种表面状态。例如，如果用电加热管子壁面或管子外表面接受均匀辐照时就会有恒定的表面热流密度。另外，如果管子外表面上有相变（沸腾或凝结）发生，就会产生恒定的表面温度。注意，不可能**同时**施加等表面热流密度和等表面温度两种状态。如果 q''_s 是常数，T_s 必定随 x 而变化；反之，如果 T_s 是常数，则 q''_s 必定随 x 而变化。

由式(8.28) 可导出热充分发展流动的一些重要特征。由于该式给出的温度比与 x 无关，因此其对 r 的导数也必定与 x 无关。计算这个导数在管子表面处的值（注意，在对 r 进行微分时，T_s 和 T_m 都为常数），有

$$\frac{\partial}{\partial r}\left(\frac{T_s - T}{T_s - T_m}\right)\bigg|_{r=r_o} = \frac{-\partial T/\partial r|_{r=r_o}}{T_s - T_m} \neq f(x)$$

式中，$\partial T/\partial r$ 用傅里叶定律代入，根据图 8.4，后者的形式为

$$q''_s = -k\frac{\partial T}{\partial y}\bigg|_{y=0} = k\frac{\partial T}{\partial r}\bigg|_{r=r_o}$$

并用牛顿冷却定律［式(8.27)］代入 q''_s，可得

$$\frac{h}{k} \neq f(x) \qquad (8.29)$$

因此，**在常物性流体的热充分发展的流动中，局部对流系数是常数，与 x 无关**。

式(8.28) 在入口区中不能得到满足，这里的 h 随着 x 而变化，如图 8.5 所示。因为在管子入口处，热边界层的厚度为零，所以对流系数在 $x=0$ 处是非常大的。但是，随着热边界层的发展，h 迅速衰减，直到达到充分发展状态时的常数值。

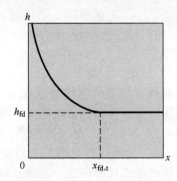

图 8.5　管内流动的对流换热系数沿轴向的变化

在具有**均匀表面热流密度**的特殊情况下，可作进一步的简化。由于在充分发展区中 h 和 q_s'' 均为常数，根据式(8.27) 可得

$$\left.\frac{\mathrm{d}T_s}{\mathrm{d}x}\right|_{\mathrm{fd,t}} = \left.\frac{\mathrm{d}T_m}{\mathrm{d}x}\right|_{\mathrm{fd,t}} \qquad q_s'' = 常数 \tag{8.30}$$

如果展开式(8.28) 并求解 $\partial T/\partial x$，还可得到

$$\left.\frac{\partial T}{\partial x}\right|_{\mathrm{fd,t}} = \left.\frac{\mathrm{d}T_s}{\mathrm{d}x}\right|_{\mathrm{fd,t}} - \frac{(T_s-T)}{(T_s-T_m)} \times \left.\frac{\mathrm{d}T_s}{\mathrm{d}x}\right|_{\mathrm{fd,t}} + \frac{(T_s-T)}{(T_s-T_m)} \times \left.\frac{\mathrm{d}T_m}{\mathrm{d}x}\right|_{\mathrm{fd,t}} \tag{8.31}$$

代入式(8.30)，有

$$\left.\frac{\partial T}{\partial x}\right|_{\mathrm{fd,t}} = \left.\frac{\mathrm{d}T_m}{\mathrm{d}x}\right|_{\mathrm{fd,t}} \qquad q_s'' = 常数 \tag{8.32}$$

因此轴向温度梯度与径向位置无关。对于**等表面温度**的情况（$\mathrm{d}T_s/\mathrm{d}x = 0$），也可由式(8.31) 得到

$$\left.\frac{\partial T}{\partial x}\right|_{\mathrm{fd,t}} = \frac{(T_s-T)}{(T_s-T_m)} \times \left.\frac{\mathrm{d}T_m}{\mathrm{d}x}\right|_{\mathrm{fd,t}} \qquad T_s = 常数 \tag{8.33}$$

在这种情况下，$\partial T/\partial x$ 的值与径向坐标有关。

从上述结果可明显看出，对于内部流动来说，平均温度是一个非常重要的变量。为了描述这类流动，必须知道它随 x 的变化。对流动应用**总的能量平衡**可获得这种变化关系，这将在下一节中讨论。

【例 8.1】　液态金属在圆管内流动，在特定轴向位置处，其速度和温度分布可分别近似看成均匀的和抛物线形的。即 $u(r)=C_1$ 和 $T(r)-T_s=C_2[1-(r/r_o)^2]$，式中，$C_1$ 和 C_2 为常数。该位置处的努塞尔数 Nu_D 的值是多少？

解析

已知：圆管内流动在特定位置处的速度和温度分布的形式。

求：指定位置处的努塞尔数。

示意图：

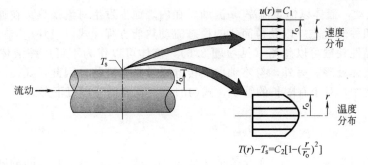

假定：常物性不可压缩流动。

分析：为求得努塞尔数，首先要确定对流系数，根据式(8.27)，有

$$h = \frac{q''_s}{T_s - T_m}$$

由式(8.26)，平均温度为

$$T_m = \frac{2}{u_m r_o^2} \int_0^{r_o} u T r \mathrm{d}r = \frac{2C_1}{u_m r_o^2} \int_0^{r_o} \left\{ T_s + C_2 \left[1 - \left(\frac{r}{r_o} \right)^2 \right] \right\} r \mathrm{d}r$$

或者，由于 $u_m = C_1$，根据式(8.8)，有

$$T_m = \frac{2}{r_o^2} \int_0^{r_o} \left\{ T_s + C_2 \left[1 - \left(\frac{r}{r_o} \right)^2 \right] \right\} r \mathrm{d}r = \frac{2}{r_o^2} \left(T_s \frac{r^2}{2} + C_2 \frac{r^2}{2} - \frac{C_2}{4} \times \frac{r^4}{r_o^2} \right) \Big|_0^{r_o}$$

$$= \frac{2}{r_o^2} \left(T_s \frac{r_o^2}{2} + \frac{C_2}{2} r_o^2 - \frac{C_2}{4} r_o^2 \right) = T_s + \frac{C_2}{2}$$

用傅里叶定律可求得热流密度，在这种情况下

$$q''_s = k \frac{\partial T}{\partial r} \Big|_{r=r_o} = -k C_2 2 \frac{r}{r_o^2} \Big|_{r=r_o} = -2C_2 \frac{k}{r_o}$$

因此

$$h = \frac{q''_s}{T_s - T_m} = \frac{-2C_2 (k/r_o)}{-C_2/2} = \frac{4k}{r_o},$$

和

$$Nu_D = \frac{hD}{k} = \frac{(4k/r_o) \times 2r_o}{k} = 8$$

8.3 能量平衡

8.3.1 概述

管内流动是完全封闭的，可以应用能量平衡关系来确定平均温度 $T_m(x)$ 随流动方向上的位置的变化关系，以及总的对流换热速率 q_{conv} 与管子进出口处温度之间的关系。考虑图

8.6 中的管内流动，流体以恒定流率 $\dot{m}$ 流动，在内表面上发生对流换热。在通常情况下，采用 1.3 节中的四种假定之一以获得简化的稳态流动热能方程［式(1.11e)］是合理的。例如，在很多情况下黏性耗散可以忽略（见习题 8.6），流体可以作为不可压缩液体或压力变化可以忽略的理想气体处理。另外，忽略轴向热传导通常是合理的，因此，式(1.11e) 中的传热项仅为 q_{conv}。这样，对于有限长的管子，式(1.11e) 就可以写成以下形式：

$$q_{\text{conv}} = \dot{m}c_p\left(T_{\text{m,o}} - T_{\text{m,i}}\right) \qquad (8.34)$$

这个简单的总能量平衡建立了三个重要的热变量（q_{conv}、$T_{\text{m,o}}$、$T_{\text{m,i}}$）之间的联系。**这是一个与表面热状态及管内流动状态无关的通用表达式。**

对图 8.6 中的微元控制体应用式(1.11e)，并注意平均温度的定义 $\dot{m}c_p T_{\text{m}}$ 代表了在横截面上积分的热能（或焓）的实际输运速率，可得

$$\mathrm{d}q_{\text{conv}} = \dot{m}c_p\left[\left(T_{\text{m}} + \mathrm{d}T_{\text{m}}\right) - T_{\text{m}}\right] \qquad (8.35)$$

或

$$\mathrm{d}q_{\text{conv}} = \dot{m}c_p\,\mathrm{d}T_{\text{m}} \qquad (8.36)$$

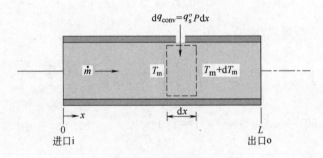

图 8.6　管内流动的控制容积

把对微元体的对流传热速率表示成 $\mathrm{d}q_{\text{conv}} = q''_s P\mathrm{d}x$，式中，$P$ 是表面的周长（对于圆管有 $P = \pi D$），可将式(8.36) 写成方便的形式。将式(8.27) 代入，可得

$$\frac{\mathrm{d}T_{\text{m}}}{\mathrm{d}x} = \frac{q''_s P}{\dot{m}c_p} = \frac{P}{\dot{m}c_p}h\left(T_s - T_{\text{m}}\right) \qquad (8.37)$$

这是一个极为有用的结果，它可用于确定 T_{m} 在轴向上的变化。如果 $T_s > T_{\text{m}}$，流体是吸热的，因此 T_{m} 随 x 而增加；如果 $T_s < T_{\text{m}}$，情况则相反。

应该注意式(8.37) 右边的那些量随 x 的变化方式。虽然 P 有可能随 x 而变化，但它通常是一个常数（横截面积不变的圆管），因此 $P/\dot{m}c_p$ 是个常数。虽然对流系数 h 在入口区中随 x 而变化（图 8.5），但在充分发展区中，它也是个常数。最后，虽然 T_s 可能是常数，但 T_{m} 必定总是随 x 而变化的（除非是没有什么价值的无传热情况，$T_s = T_{\text{m}}$）。

从式(8.37) 求解 $T_{\text{m}}(x)$ 与表面的热状态有关。回顾一下，我们感兴趣的两种特殊情况是**等表面热流密度**和**等表面温度**，通常会发现其中之一可作为合理的近似。

8.3.2　等表面热流密度

在等表面热流密度的情况下，首先可注意到，确定总的传热速率 q_{conv} 是个比较简单的事情。由于 q''_s 与 x 无关，可得

$$q_{\mathrm{conv}} = q_s''(PL) \tag{8.38}$$

这个表达式可以和式(8.34)一起用于确定流体温度的变化，即 $T_{\mathrm{m,o}} - T_{\mathrm{m,i}}$。

在 q_s'' 为常数的情况下，还可知道式(8.37)中间的表达式是一个与 x 无关的常数。因此

$$\frac{\mathrm{d}T_{\mathrm{m}}}{\mathrm{d}x} = \frac{q_s''P}{\dot{m}c_p} \neq f(x) \tag{8.39}$$

从 $x=0$ 处开始积分，可得

$$T_{\mathrm{m}}(x) = T_{\mathrm{m,i}} + \frac{q_s''P}{\dot{m}c_p}x \qquad q_s'' = \text{常数} \tag{8.40}$$

因此，平均温度在流动方向上随 x 作**线性**变化 [图 8.7(a)]。此外，根据式(8.27)和图 8.5 我们还可预期，温差 $(T_s - T_{\mathrm{m}})$ 会随 x 而变化，如图 8.7(a) 所示。这个温差最初很小（因为入口处 h 的值很大），但随着 x 的增加而增大，这是由于 h 随着边界层的发展而减小。但是，我们知道，在充分发展区中，h 与 x 无关，因此根据式(8.27)可知，在这个区中，$(T_s - T_{\mathrm{m}})$ 也必定与 x 无关。

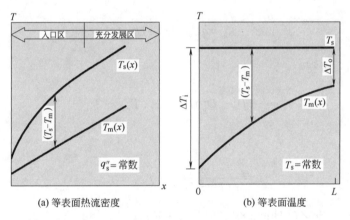

图 8.7　管内传热中轴向温度的变化

应该指出，如果热流密度不是常数，而是一个已知的 x 的函数，仍可通过积分式(8.37)获得平均温度随 x 的变化。类似地，总的传热速率也可由条件 $q_{\mathrm{conv}} = \int_0^L q_s''(x)P\mathrm{d}x$ 求得。

【例 8.2】　在一个系统中，使水通过内径和外径分别为 20mm 和 40mm 的厚壁管，把它从进口温度 $T_{\mathrm{m,i}} = 20\,^\circ\mathrm{C}$ 加热到出口温度 $T_{\mathrm{m,o}} = 60\,^\circ\mathrm{C}$。管的外壁面隔热良好，壁面内的电加热提供均匀的产热速率 $\dot{q} = 10^6\,\mathrm{W/m^3}$。

1. 水的质量流率为 $\dot{m} = 0.1\mathrm{kg/s}$ 时，为获得所要的出口温度，管子应该有多长？
2. 如果管子出口处的内表面温度为 $T_s = 70\,^\circ\mathrm{C}$，出口处的局部对流换热系数有多大？

解析

已知：通过具有均匀产热的厚壁管的内部流动。

求：1. 达到所要求出口温度需要的管长。
2. 出口处的局部对流系数。

示意图：

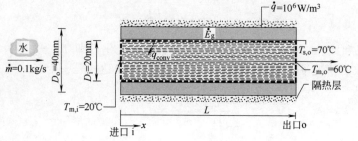

假定： 1. 稳态；

2. 均匀热流密度；

3. 流体不可压缩且黏性耗散可忽略；

4. 常物性；

5. 管的外表面绝热。

物性： 表 A.6，水（$\overline{T}_m = 313K$）：$c_p = 4179 J/(kg \cdot K)$。

分析： 1. 因为管的外表面绝热，管壁内能量产生的速率必定等于向水的对流传热速率。

$$\dot{E}_g = q_{conv}$$

由

$$\dot{E}_g = \dot{q}\,\frac{\pi}{4}(D_o^2 - D_i^2)L$$

根据式（8.34）可得

$$\dot{q}\,\frac{\pi}{4}(D_o^2 - D_i^2)L = \dot{m}c_p(T_{m,o} - T_{m,i})$$

或

$$L = \frac{4\dot{m}c_p}{\pi(D_o^2 - D_i^2)\dot{q}}(T_{m,o} - T_{m,i})$$

$$L = \frac{4 \times 0.1kg/s \times 4179 J/(kg \cdot K)}{\pi(0.04^2 - 0.02^2)m^2 \times 10^6 W/m^3} \times (60-20)℃ = 17.7m \quad \blacktriangleleft$$

2. 根据牛顿冷却定律 [式（8.27）]，管子出口处的局部对流系数为

$$h_o = \frac{q_s''}{T_{s,o} - T_{m,o}}$$

假定管壁内的均匀产热提供了等表面热流密度，由

$$q_s'' = \frac{\dot{E}_g}{\pi D_i L} = \frac{\dot{q}}{4} \times \frac{D_o^2 - D_i^2}{D_i} = \frac{10^6 W/m^3}{4} \times \frac{(0.04^2 - 0.02^2)m^2}{0.02m} = 1.5 \times 10^4 W/m^2$$

可得

$$h_o = \frac{1.5 \times 10^4 W/m^2}{(70-60)℃} = 1500 W/(m^2 \cdot K) \quad \blacktriangleleft$$

说明： 1. 如果整个管内都处于充分发展状态，则局部对流系数和温差 $(T_s - T_m)$ 均与 x

无关，因此在整个管子上有 $h=1500\,\mathrm{W/(m^2 \cdot K)}$ 和 $(T_s-T_m)=10\,℃$。这样，管子入口处的内表面温度即为 $T_{s,i}=30\,℃$。

2. 在 $x=L$ 处应用 $T_m(x)$ 的表达式 [式(8.40)]，可求得所需的管长 L。

8.3.3　等表面温度

在**等表面温度**的情况下，总传热速率和平均温度的轴向分布与前面讨论的等表面热流密度的情况截然不同。把 ΔT 定义为 T_s-T_m，式(8.37) 可写成

$$\frac{\mathrm{d}T_m}{\mathrm{d}x}=-\frac{\mathrm{d}(\Delta T)}{\mathrm{d}x}=\frac{P}{\dot{m}c_p}h\Delta T$$

分离变量并从管子进口积分到出口

$$\int_{\Delta T_i}^{\Delta T_o}\frac{\mathrm{d}(\Delta T)}{\Delta T}=-\frac{P}{\dot{m}c_p}\int_0^L h\,\mathrm{d}x$$

或

$$\ln\frac{\Delta T_o}{\Delta T_i}=-\frac{PL}{\dot{m}c_p}\left(\frac{1}{L}\int_0^L h\,\mathrm{d}x\right)$$

根据平均对流换热系数的定义 [式(6.13)]，可得

$$\ln\frac{\Delta T_o}{\Delta T_i}=-\frac{PL}{\dot{m}c_p}\overline{h}_L \qquad T_s=常数 \tag{8.41a}$$

式中，$\overline{h}_L$ 可简写为 $\overline{h}$，是整个管子的平均 h 值。重新整理一下可得

$$\boxed{\frac{\Delta T_o}{\Delta T_i}=\frac{T_s-T_{m,o}}{T_s-T_{m,i}}=\exp\left(-\frac{PL}{\dot{m}c_p}\overline{h}\right) \qquad T_s=常数} \tag{8.41b}$$

如果我们从管的进口积分到管内某个轴向位置 x，就可得到类似但更通用的结果，即

$$\boxed{\frac{T_s-T_m(x)}{T_s-T_{m,i}}=\exp\left(-\frac{Px}{\dot{m}c_p}\overline{h}\right) \qquad T_s=常数} \tag{8.42}$$

式中，$\overline{h}$ 是从管的进口到 x 处 h 的平均值。这个结果表明，温差 (T_s-T_m) 随轴向距离**按指数规律衰减**。由此，表面和平均温度沿轴向的分布如图 8.7(b) 所示。

总传热速率 q_{conv} 表达式的确定因温度衰减的指数特性而变得复杂。将式(8.34) 写成如下形式

$$q_{\mathrm{conv}}=\dot{m}c_p\left[(T_s-T_{m,i})-(T_s-T_{m,o})\right]=\dot{m}c_p(\Delta T_i-\Delta T_o)$$

并用式(8.41a) 替代 $\dot{m}c_p$，可得

$$\boxed{q_{\mathrm{conv}}=\overline{h}A_s\Delta T_{\mathrm{lm}} \qquad T_s=常数} \tag{8.43}$$

式中，A_s 是管的表面积 $(A_s=PL)$；ΔT_{lm} 是**对数平均温差**

$$\boxed{\Delta T_{\mathrm{lm}}\equiv\frac{\Delta T_o-\Delta T_i}{\ln(\Delta T_o/\Delta T_i)}} \tag{8.44}$$

式(8.43) 是适用于整个管子的牛顿冷却定律的形式，而 ΔT_{lm} 是整个管长上相应的**平均温差**。这个平均温差的对数性质［相对于**算术平均温差** $\Delta T_{\mathrm{am}} = (\Delta T_{\mathrm{i}} + \Delta T_{\mathrm{o}})/2$ 而言］是由温度衰减的指数特性造成的。

在结束本节之前，有必要指出，在很多应用中明确给出的是**外部**流体的温度，而不是管的表面温度（图8.8）。在这类情况下，很易证明，如果用 T_{∞}（外部流体的自由流温度）代替 T_{s} 并用 $\overline{U}$（平均总传热系数）代替 $\overline{h}$，则仍然可以使用本节的结果。对于这类情况，有

$$\frac{\Delta T_{\mathrm{o}}}{\Delta T_{\mathrm{i}}} = \frac{T_{\infty} - T_{\mathrm{m,o}}}{T_{\infty} - T_{\mathrm{m,i}}} = \exp\left(-\frac{\overline{U}A_{\mathrm{s}}}{\dot{m}c_p}\right) \qquad (8.45\mathrm{a})$$

和

$$q = \overline{U}A_{\mathrm{s}}\Delta T_{\mathrm{lm}} \qquad (8.46\mathrm{a})$$

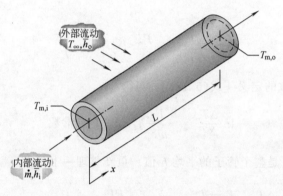

图8.8 管外绕流的流体与管内流动的流体之间的传热

总传热系数的定义见3.3.1节，将它用在这里应计及管子内外表面上对流的影响。对于低热导率的厚壁管，还应计及通过管壁的导热的影响。注意，不管是根据管的内表面积定义（$\overline{U}_{\mathrm{i}}A_{\mathrm{s,i}}$），还是外表面积定义（$\overline{U}_{\mathrm{o}}A_{\mathrm{s,o}}$），乘积 $\overline{U}A_{\mathrm{s}}$ 都会给出相同的结果［见式(3.32)］。还要注意，$(\overline{U}A_{\mathrm{s}})^{-1}$ 相当于两种流体之间的总热阻，在这种情况下，式(8.45a) 和式(8.46a) 可表示成

$$\frac{\Delta T_{\mathrm{o}}}{\Delta T_{\mathrm{i}}} = \frac{T_{\infty} - T_{\mathrm{m,o}}}{T_{\infty} - T_{\mathrm{m,i}}} = \exp\left(-\frac{1}{\dot{m}c_p R_{\mathrm{tot}}}\right) \qquad (8.45\mathrm{b})$$

和

$$q = \frac{\Delta T_{\mathrm{lm}}}{R_{\mathrm{tot}}} \qquad (8.46\mathrm{b})$$

上述情形的一种常见变化是已知**外**表面处于均匀温度 $T_{\mathrm{s,o}}$，而不知道外部流体的自由流温度 T_{∞}。这时上述方程中的 T_{∞} 要用 $T_{\mathrm{s,o}}$ 代替，而总热阻则包括内部流动的对流热阻以及管子内表面与对应于 $T_{\mathrm{s,o}}$ 的表面之间总的传导热阻。

【例 8.3】 蒸汽在直径 $D = 50\mathrm{mm}$、长 $L = 6\mathrm{m}$ 的薄壁圆管的外表面上凝结，使得管表面处于均匀温度 $100\,^{\circ}\mathrm{C}$。水以质量流率 $\dot{m} = 0.25\mathrm{kg/s}$ 通过管子，进出口温度分别为 $T_{\mathrm{m,i}} = 15\,^{\circ}\mathrm{C}$ 和 $T_{\mathrm{m,o}} = 57\,^{\circ}\mathrm{C}$。水流的平均对流系数是多少？

解析

已知：流过尺寸和表面温度给定的管子的水的流率和进出口温度。

求：平均对流换热系数。

示意图：

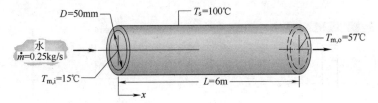

假定：1. 管壁传导热阻可忽略；

2. 流体不可压缩且黏性耗散可以忽略；

3. 常物性。

物性：表 A. 6，水（36℃）：$c_p = 4178 \text{J}/(\text{kg} \cdot \text{K})$。

分析：联立能量平衡式（8.34）和速率方程式（8.43），可得平均对流系数为

$$\bar{h} = \frac{\dot{m}c_p}{\pi D L} \times \frac{(T_{m,o} - T_{m,i})}{\Delta T_{lm}}$$

根据式（8.44）有

$$\Delta T_{lm} = \frac{(T_s - T_{m,o}) - (T_s - T_{m,i})}{\ln[(T_s - T_{m,o})/(T_s - T_{m,i})]} = \frac{(100 - 57) - (100 - 15)}{\ln[(100 - 57)/(100 - 15)]} = 61.6℃$$

因此

$$\bar{h} = \frac{0.25 \text{kg/s} \times 4178 \text{J}/(\text{kg} \cdot \text{K})}{\pi \times 0.05 \text{m} \times 6 \text{m}} \times \frac{(57 - 15)℃}{61.6℃} = 755 \text{W}/(\text{m}^2 \cdot \text{K})$$

◀

说明：如果整根管子都处于充分发展的状态，则各处的局部对流系数都将等于 755W/ ($\text{m}^2 \cdot \text{K}$)。

8.4 圆管内的层流：热分析和对流关系式

在使用上述很多结果时，必须知道对流系数。在本节中，将概述从理论上获得圆管内层流的这些系数的方法。在以后的几节中，将讨论适用于圆管内湍流以及非圆截面管内流动的实验关系式。

8.4.1 充分发展区

在这里，我们要通过理论方法求解**圆管内层流充分发展区中不可压缩、常物性流体**的传热问题。所得温度分布可用于确定对流系数。

将简化的稳态流动热能方程式（1.11e）$[q = \dot{m}c_p(T_{out} - T_{in})]$ 应用于图 8.9 中的环状微元，可以获得温度分布的微分控制方程。如果忽略净轴向导热的影响，则热量输入 q 就只是由通过径向表面的导热产生。由于在充分发展区中径向速度为零，因此不存在通过径向控制表面的对流热能输运。这样，由式（1.11e）就可导出式（8.47），该式代表的是径向导热与轴向对流之间的平衡

$$q_r - q_{r+dr} = (d\dot{m})c_p\left[\left(T + \frac{\partial T}{\partial x}dx\right) - T\right] \tag{8.47a}$$

或

$$(\mathrm{d}\dot{m})c_p\frac{\partial T}{\partial x}\mathrm{d}x = q_r - \left(q_r + \frac{\partial q_r}{\partial r}\mathrm{d}r\right) = -\frac{\partial q_r}{\partial r}\mathrm{d}r \qquad (8.47\mathrm{b})$$

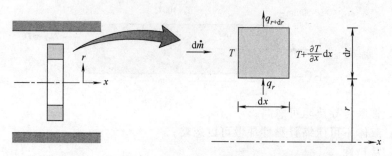

图 8.9 圆管内充分发展的层流中微元上的热能平衡

微分形式的轴向质量流率为 $\mathrm{d}\dot{m} = \rho u 2\pi r \mathrm{d}r$，径向传热速率为 $q_r = -k(\partial T/\partial r)2\pi r \mathrm{d}x$。如果假定物性为常数，式(8.47b) 可写成

$$u\frac{\partial T}{\partial x} = \frac{\alpha}{r}\times\frac{\partial}{\partial r}\left(r\frac{\partial T}{\partial r}\right) \qquad (8.48)$$

现在我们求解**等表面热流密度**情况下的温度分布。在这种情况下，忽略轴向净导热的假定是严格满足的，即 $(\partial^2 T/\partial x^2) = 0$。用式(8.32) 替代轴向温度梯度，并用式(8.15) 替代轴向速度分量 u，能量方程式(8.48) 就变为

$$\frac{1}{r}\times\frac{\partial}{\partial r}\left(r\frac{\partial T}{\partial r}\right) = \frac{2u_m}{\alpha}\left(\frac{\mathrm{d}T_m}{\mathrm{d}x}\right)\left[1 - \left(\frac{r}{r_o}\right)^2\right] \qquad q_s'' = 常数 \qquad (8.49)$$

式中，$T_m(x)$ 随 x 线性变化，因而 $(2u_m/\alpha)(\mathrm{d}T_m/\mathrm{d}x)$ 是个常数。分离变量并积分两次，可得径向温度分布的表达式

$$T(r,\ x) = \frac{2u_m}{\alpha}\left(\frac{\mathrm{d}T_m}{\mathrm{d}x}\right)\left[\frac{r^2}{4} - \frac{r^4}{16r_o^2}\right] + C_1\ln r + C_2$$

可用适当的边界条件确定积分常数。因为在 $r = 0$ 处温度为有限值，所以有 $C_1 = 0$。根据 $T(r_o) = T_s$，其中 T_s 随 x 而变化，同样可得

$$C_2 = T_s(x) - \frac{2u_m}{\alpha}\left(\frac{\mathrm{d}T_m}{\mathrm{d}x}\right)\left(\frac{3r_o^2}{16}\right)$$

因此，具有等表面热流密度的充分发展区的温度分布形式为

$$T(r,x) = T_s(x) - \frac{2u_m r_o^2}{\alpha}\left(\frac{\mathrm{d}T_m}{\mathrm{d}x}\right)\left[\frac{3}{16} + \frac{1}{16}\left(\frac{r}{r_o}\right)^4 - \frac{1}{4}\left(\frac{r}{r_o}\right)^2\right] \qquad (8.50)$$

知道了温度分布，就可以确定所有其他的热参数。例如，如果把速度和温度分布［分别为式(8.15) 和式(8.50)］代入式(8.26)，并对 r 进行积分，可得平均温度为

$$T_m(x) = T_s(x) - \frac{11}{48}\left(\frac{u_m r_o^2}{\alpha}\right)\left(\frac{\mathrm{d}T_m}{\mathrm{d}x}\right) \qquad (8.51)$$

根据式(8.39)，其中 $P = \pi D$，$\dot{m} = \rho u_m(\pi D^2/4)$，可得

$$T_{\mathrm{m}}(x) - T_{\mathrm{s}}(x) = -\frac{11}{48} \times \frac{q''_{\mathrm{s}}D}{k} \tag{8.52}$$

联立牛顿冷却定律［式(8.27)］和式(8.52)，有

$$h = \frac{48}{11}\left(\frac{k}{D}\right)$$

或

$$\boxed{Nu_D \equiv \frac{hD}{k} = 4.36 \qquad q''_{\mathrm{s}} = 常数} \tag{8.53}$$

因此，对于具有**均匀表面热流密度**的圆管中**充分发展的层流**，努塞尔数是个常数，与 Re_D、Pr 以及轴向位置无关。

对于具有**等表面温度**的圆管内的**充分发展的层流**，假定轴向导热可以忽略通常是合理的。用式(8.15)替代速度分布，并用式(8.33)替代轴向温度梯度，能量方程变为

$$\frac{1}{r} \times \frac{\partial}{\partial r}\left(r\,\frac{\partial T}{\partial r}\right) = \frac{2u_{\mathrm{m}}}{\alpha}\left(\frac{\mathrm{d}T_{\mathrm{m}}}{\mathrm{d}x}\right)\left[1 - \left(\frac{r}{r_{\mathrm{o}}}\right)^2\right]\frac{T_{\mathrm{s}} - T}{T_{\mathrm{s}} - T_{\mathrm{m}}} \qquad T_{\mathrm{s}} = 常数 \tag{8.54}$$

可通过迭代过程求得该方程的解，在求解过程中对温度分布进行逐次逼近。所得分布无法用简单的代数表达式描述，但得到的努塞尔数的形式为[2]

$$\boxed{Nu_D = 3.66 \qquad T_{\mathrm{s}} = 常数} \tag{8.55}$$

注意，在用式(8.53)或式(8.55)确定 h 时，要用 T_{m} 计算热导率。

【例 8.4】 在一种收集太阳能的方案中，把管子放置在抛物面反射器的焦平面上，并在其中通流体。

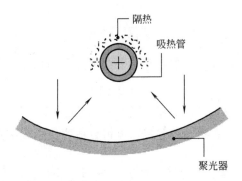

这种布置的净效应**可近似为在管表面创造均匀加热条件**。这就是说，可假定传给流体的热流密度 q''_{s} 在管子的周边和轴向均是不变的。考虑直径 $D = 60\mathrm{mm}$ 的管子在 $q''_{\mathrm{s}} = 2000\mathrm{W/m}^2$ 的晴天运行的情况。

1. 如果加压水以 $\dot{m} = 0.01\mathrm{kg/s}$ 和 $T_{\mathrm{m,i}} = 20℃$ 进入管子，为得到 80℃ 的出口温度所需的管长 L 是多少？

2. 假定管子出口处于充分发展状态，该处的表面温度是多少？

解析

已知：具有均匀表面热流密度的内部流动。

求：1. 达到所需加热效果需要的管长 L。

2. 出口截面 $x = L$ 处的表面温度 $T_{\mathrm{s}}(L)$。

示意图：

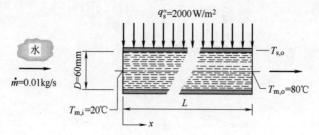

假定：1. 稳态；

2. 液体不可压缩且黏性耗散可忽略；

3. 常物性；

4. 管子出口处于充分发展状态。

物性：表 A.6，水（$\overline{T}_m = 323K$）：$c_p = 4181J/(kg \cdot K)$。表 A.6，水（$T_{m,o} = 353K$）：$k = 0.670W/(m \cdot K)$，$\mu = 352 \times 10^{-6} N \cdot s/m^2$，$Pr = 2.2$。

分析：1. 在等表面热流密度的情况下，利用式（8.38）和能量平衡式（8.34），可得

$$A_s = \pi DL = \frac{\dot{m} c_p (T_{m,o} - T_{m,i})}{q''_s}$$

$$L = \frac{\dot{m} c_p}{\pi D q''_s}(T_{m,o} - T_{m,i})$$

因此

$$L = \frac{0.01kg/s \times 4181J/(kg \cdot K)}{\pi \times 0.060m \times 2000W/m^2} \times (80 - 20)℃ = 6.65m$$ ◀

2. 由牛顿冷却定律［式（8.27）］可求得出口处的表面温度，即

$$T_{s,o} = \frac{q''_s}{h} + T_{m,o}$$

为求得管子出口处的局部对流系数，首先必须确定流动状态。根据式（8.6）

$$Re_D = \frac{4\dot{m}}{\pi D \mu} = \frac{4 \times 0.01kg/s}{\pi \times 0.060m \times 352 \times 10^{-6} N \cdot s/m^2} = 603$$

因此流动为层流。根据充分发展状态的假定，可得合适的传热关系式为

$$Nu_D = \frac{hD}{k} = 4.36$$

因而

$$h = 4.36 \frac{k}{D} = 4.36 \frac{0.670W/(m \cdot K)}{0.06m} = 48.7W/(m^2 \cdot K)$$

于是，管子出口处的表面温度为

$$T_{s,o} = \frac{2000W/m^2}{48.7W/(m^2 \cdot K)} + 80℃ = 121℃$$ ◀

说明：根据给定的条件，$(x_{fd}/D) = 0.05 Re_D Pr = 66.3$，而 $L/D = 110$。因此，充分发展状态的假定是合理的。但是要注意，由于 $T_{s,o} > 100℃$，在管的表面可能会发生沸腾。

【**例 8.5**】　在人体内，血液从心脏流入直径依次减小的支路血管。毛细血管是最细的血管。在推导生物热扩散方程时（3.7 节），佩恩斯（Pennes）假定血液进入毛细血管时处于动脉温度，而离开时则处于周围组织的温度。本问题将对这个假定进行检验[5,6]。下表中给出了三种不同类型的血管的直径和平均血液速度。试计算为使平均血液温度接近组织温度，具体地说，为了满足 $(T_t - T_{m,o})/(T_t - T_{m,i}) = 0.05$，各种血管所需的长度。可采用有效换热系数 $h_t = k_t/D$ 近似计算血管壁面与周围组织之间的传热，其中 $k_t = 0.5 \text{W}/(\text{m} \cdot \text{K})$。

血　管	直径 D/mm	血液速度 $u_m/\text{mm} \cdot \text{s}^{-1}$
大动脉	3	130
细动脉	0.02	3
毛细血管	0.008	0.7

解析

已知：血管直径和平均血液速度；组织的热导率和有效换热系数。

求：为了满足 $(T_t - T_{m,o})/(T_t - T_{m,i}) = 0.05$，血管所需的长度。

示意图：

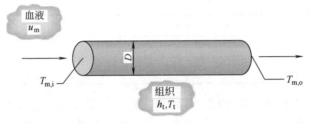

假定：1. 稳态条件；

2. 常物性；

3. 血管壁面热阻可忽略；

4. 血液的热物性与水的近似相同；

5. 血液是不可压缩液体，黏性耗散可忽略；

6. 组织温度是不变的；

7. 流动脉动的影响可以忽略。

物性：表 A.6，水 $(\overline{T}_m = 310\text{K})$：$\rho = v_f^{-1} = 993\text{kg}/\text{m}^3$、$c_p = 4178\text{J}/(\text{kg} \cdot \text{K})$、$\mu = 695 \times 10^{-6}\text{N} \cdot \text{s}/\text{m}^2$、$k = 0.628\text{W}/(\text{m} \cdot \text{K})$、$Pr = 4.62$。

分析：由于组织温度恒定且可用有效换热系数计算血管壁面与组织之间的传热，因此可以采用式（8.45a），其中"自由流"温度等于组织温度 T_t。由于 $A_s = \pi DL$，该方程可用于求得所需的长度 L。但是，我们首先必须算出 $\overline{U}$，这就需要知道血液流动的换热系数 h_b。以大动脉为例，雷诺数为

$$Re_D = \frac{\rho u_m D}{\mu} = \frac{993\text{kg}/\text{m}^3 \times 130 \times 10^{-3}\text{m}/\text{s} \times 3 \times 10^{-3}\text{m}}{695 \times 10^{-6}\text{N} \cdot \text{s}/\text{m}^2} = 557$$

因此，流动为层流。因为其他血管的直径和速度更小，所以其中的流动也必定为层流。由于还不知道血管的长度，所以我们不知道流动是不是处于充分发展状态。但是，我们先假定流动是充分发展的。此外，由于表面所处的状态既非等表面温度也非等表面热流密度，我们在计算所需的长度时把努塞尔数近似取为 $Nu \approx 4$，在这种情况下，$h_b = 4k_b/D$。忽略血管的壁面热阻，对于大动脉有

$$\frac{1}{\overline{U}} = \frac{1}{h_b} + \frac{1}{h_t} = \frac{D}{4k_b} + \frac{D}{k_t} = \frac{3 \times 10^{-3}\text{m}}{4 \times 0.628\text{W}/(\text{m} \cdot \text{K})} + \frac{3 \times 10^{-3}\text{m}}{0.5\text{W}/(\text{m} \cdot \text{K})} = 7.2 \times 10^{-3}\text{m}^2 \cdot \text{K}/\text{W}$$

或

$$\overline{U} = 140 \text{W}/(\text{m}^2 \cdot \text{K})$$

求解方程(8.45a) 可以得到长度，根据 $\dot{m} = \rho u_m \pi D^2/4$：

$$L = -\frac{\rho u_m D c_p}{4\overline{U}} \ln\left(\frac{T_i - T_{m,o}}{T_i - T_{m,i}}\right)$$

$$= -\frac{993 \text{kg/m}^3 \times 130 \times 10^{-3} \text{m/s} \times 3 \times 10^{-3} \text{m} \times 4178 \text{J}/(\text{kg} \cdot \text{K})}{4 \times 140 \text{W}/(\text{m}^2 \cdot \text{K})} \times \ln(0.05)$$

$$= 8.7 \text{m}$$

现在我们可以检验流动是流体力学和热充分开展的假定了，利用式(8.3) 和式(8.23)：

$$x_{\text{fd,h}} = 0.05 Re_D D = 0.05 \times 557 \times 3 \times 10^{-3} \text{m} = 0.08 \text{m}$$

$$x_{\text{fd,t}} = x_{\text{fd,h}} Pr = 0.08 \text{m} \times 4.62 = 0.4 \text{m}$$

因此，在 8.7m 的长度内流动基本上是充分发展的。可以对另外两种情况重复上面的计算过程，所得结果如下表所示。

血 管	Re_D	$\overline{U}/\text{W} \cdot \text{m}^{-2} \cdot \text{K}^{-1}$	L/m	$x_{\text{fd,h}}/\text{m}$	$x_{\text{fd,t}}/\text{m}$
大动脉	557	140	8.7	0.08	0.4
细动脉	0.086	21000	8.9×10^{-6}	9×10^{-8}	4×10^{-7}
毛细血管	0.0080	52000	3.3×10^{-7}	3×10^{-9}	1×10^{-8}

说明： 1. 大动脉中血液的温度以很慢的速度趋近组织温度。这是由于它的直径比较大，导致总的传热系数很小。因此，大动脉中的血液温度与其进口血液温度比较接近。

2. 在细动脉中，当长度处于 $10 \mu \text{m}$ 量级时，血液温度可接近于组织温度。由于细动脉的长度在毫米量级，因此从其中流出的血液的温度会基本上与组织温度相同。在最细的毛细血管中就不会再有温度降低了。因此，血液温度是在细动脉以及略粗的血管中达到与组织温度之间的平衡的，而不是像佩恩斯所描述的那样发生在毛细血管中。尽管有这个缺陷，生物热扩散方程已被证明是分析人体传热的有用工具。

3. 血液的物性与水的比较接近。区别最大的性质是黏性，因为血液比水黏。但是，该变化对上述计算没有影响。因为雷诺数会更小，所以流动仍是层流，传热不受影响。

4. 单个血细胞的尺度与毛细血管的直径处于同一量级。因此，对于毛细血管，在血液流动的精确模型中应计及被血浆包围的单个细胞。

8.4.2 入口区

由于存在径向对流项（在入口区 $v \neq 0$），入口区的能量方程要比式(8.48) 更为复杂。此外，此处的速度和温度均与 x 及 r 有关，不能再通过式(8.32) 或式(8.33) 简化轴向温度梯度 $\partial T/\partial x$。但是，已经得到了两种不同入口长度的解。最简单的是**热入口长度问题**的解，它基于这样的假定：热状态的发展是在**速度分布已充分发展**的情况下进行的。如果在开始发生传热的位置之前有一个**非加热起始长度**的话，就有可能出现这种情形。对于油类那样普朗特数很大的流体，这也可以看作合理的近似。因为对于大普朗特数流体，即使没有非加热起始长度，速度边界层的发展也远快于温度边界层，所以可以作热入口长度近似。与热入口长度问题不同，**混合（热和速度）入口长度问题**对应于温度和速度分布**同时发展**的情况。

已经得到了这两种入口长度问题的解[2]，图 8.10 给出了部分结果。在图 8.10(a) 中可明显看出，局部努塞尔数在 $x = 0$ 处原则上是无限大的，并随着 x 的增加衰减至它们的渐近（充分发展的）值。当以格莱兹（Graetz）数 $Gz_D \equiv (D/x) Re_D Pr$ 的倒数，即无量纲参数

$x\alpha/(u_{m}D^{2})=x/(DRe_{D}Pr)$ 为横坐标作图时，对于热入口长度问题，Nu_{D} 随 Gz_{D}^{-1} 变化的方式与 Pr 无关，这是因为由式（8.13）给出的充分发展的速度分布与流体黏度无关。但是，对于混合入口长度问题，结果与速度分布发展的方式有关，后者对流体的黏度极为敏感。因此，对于混合入口长度的情况，传热结果与普朗特数有关，图 8.10（a）中给出了 $Pr=0.7$ 时的结果，这代表了大多数气体的情况。在入口区内的任意位置处，Nu_{D} 随着 Pr 的增加而降低，并在 $Pr\rightarrow\infty$ 时趋近热入口长度的情况。注意，在 $[(x/D)/(Re_{D}Pr)]\approx0.05$ 时达到充分发展状态。

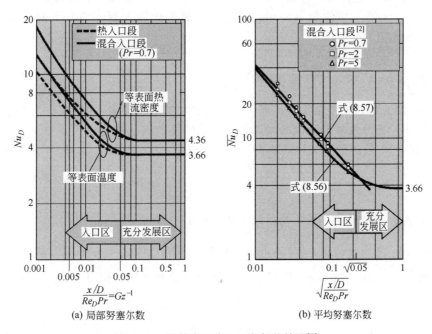

(a) 局部努塞尔数　　　　　(b) 平均努塞尔数

图 8.10　圆管内层流入口段解的结果[2]

在**等表面温度**的情况下，为使用式（8.43），需要知道**平均**对流系数。凯斯（Kays）[7]基于豪森（Hausen）[8]的工作提出了以下形式的关系式

$$\overline{Nu}_{D}=3.66+\frac{0.0668(D/L)Re_{D}Pr}{1+0.04[(D/L)Re_{D}Pr]^{2/3}} \qquad (8.56)$$

$$\begin{bmatrix} 热入口长度 \\ 或 \\ Pr\gtrsim5\ 的混合入口长度 \end{bmatrix}$$

式中，$\overline{Nu}_{D}\equiv\overline{h}D/k$。因为这个结果适用于热入口长度问题，所以它可应用于速度分布已充分发展的所有情形。对于混合入口长度，希德（Sieder）和泰特（Tate）[9]提出了适用于中等大小普朗特数的关系式，其形式为

$$\overline{Nu}_{D}=1.86\left(\frac{Re_{D}Pr}{L/D}\right)^{1/3}\left(\frac{\mu}{\mu_{s}}\right)^{0.14} \qquad (8.57)$$

$$0.6\lesssim Pr\lesssim5$$

$$0.0044\lesssim\left(\frac{\mu}{\mu_{s}}\right)\lesssim9.75$$

式（8.57）的建议应用范围为 $0.6 \lesssim Pr \lesssim 5$，但前提条件为 $\overline{Nu_D} \geqslant 3.66^{[2,10]}$。如果 $\overline{Nu_D}$ 低于该值，采用 $\overline{Nu_D} = 3.66$ 是合理的，因为此时大部分管子均处于充分发展的状态。对于大的普朗特数（$Pr \gtrsim 5$），水力状态的发展要比热状态的快得多，在这种情况下建议采用式（8.56），而不是式（8.57）[2]。图 8.10（b）给出了式（8.56）和式（8.57）以及 $\overline{Nu_D}$ 随 $\sqrt{x/(DRe_D Pr)}$ 和 Pr 变化的数值预测。式（8.56）和式（8.57）中除了 μ_s，所有物性都应该用平均温度的平均值 $\overline{T}_m \equiv (T_{m,i} + T_{m,o})/2$ 计算。

管内层流已被广泛研究，并且已有大量适用于多种管道横截面和表面状态的结果。这些结果收集于夏（Shah）和伦敦（London）[11] 的专题著作以及夏（Shah）和巴哈逊（Bhatti）[12] 的最新综述中。

8.5　对流关系式：圆管内的湍流

由于分析湍流状态要复杂得多，所以更多强调的是实验关系式的测定。计算**光滑圆管内（流体力学和热）充分发展的湍流**的局部努塞尔数的经典表达式是由科尔伯恩（Colburn）[13] 提出的，由奇尔顿-科尔伯恩类比可获得该式。把式（6.70）代入式（8.18），则类比的形式为

$$\frac{C_f}{2} = \frac{f}{8} = St Pr^{2/3} = \frac{Nu_D}{Re_D Pr} Pr^{2/3} \tag{8.58}$$

用式（8.21）代入摩擦因子，就可得科尔伯恩方程为

$$Nu_D = 0.023 Re_D^{4/5} Pr^{1/3} \tag{8.59}$$

迪图斯-贝尔特（Dittus-Boelter）**方程**[14] 与上述结果略有不同，但更为常用，其形式为❶

$$\boxed{Nu_D = 0.023 Re_D^{4/5} Pr^n} \tag{8.60}$$

其中加热（$T_s > T_m$）时，$n = 0.4$，而冷却（$T_s < T_m$）时，$n = 0.3$。实验证实这些方程适用于以下条件范围

$$\begin{bmatrix} 0.7 \lesssim Pr \lesssim 160 \\ Re_D \gtrsim 10000 \\ \dfrac{L}{D} \gtrsim 10 \end{bmatrix}$$

这些方程可用于小到中等的温差（$T_s - T_m$），其中所有的物性都要以 T_m 取值。对于物性变化较大的流动，推荐采用希德（Sieder）和泰特（Tate）[9] 给出的如下方程

$$Nu_D = 0.027 Re_D^{4/5} Pr^{1/3} \left(\frac{\mu}{\mu_s}\right)^{0.14} \tag{8.61}$$

$$\begin{bmatrix} 0.7 \lesssim Pr \lesssim 16700 \\ Re_D \gtrsim 10000 \\ \dfrac{L}{D} \gtrsim 10 \end{bmatrix}$$

---

❶　虽然在习惯上称式（8.60）为**迪图斯-贝尔特方程**，但原来的迪图斯-贝尔特方程实际上具有以下形式

$$Nu_D = 0.0243 Re_D^{4/5} Pr^{0.4} \quad \text{（加热）}$$
$$Nu_D = 0.0265 Re_D^{4/5} Pr^{0.3} \quad \text{（冷却）}$$

温特顿（Winterton）[14] 论述了式（8.60）的历史起源。

式中，除了 μ_s，所有物性都要以 T_m 取值。**作为较好的近似，上述的那些关系式可用于等表面温度和等表面热流密度两种情况。**

虽然式(8.60)和式(8.61)使用方便且符合本教材的目的，但是采用它们有可能产生大至 25% 的误差。采用更新但通常较为复杂的关系式可将误差降至 10% 以内[4,15]。葛列林斯基（Gnielinski）[16]给出了适用于包括过渡区在内的很大雷诺数范围的关系式：

$$Nu_D = \frac{(f/8)(Re_D - 1000)Pr}{1 + 12.7(f/8)^{1/2}(Pr^{2/3} - 1)} \tag{8.62}$$

其中的摩擦因子可利用穆迪图获得，而对于光滑管，则可由式(8.21)求得。这个关系式适用于 $0.5 \lesssim Pr \lesssim 2000$ 和 $3000 \lesssim Re_D \lesssim 5 \times 10^6$。在使用同时适用于等表面热流密度和等表面温度的式(8.62)时，物性要以 T_m 取值。如果温差较大，还必须考虑变物性的影响，卡咯斯（Kakac）[17]对已有的处理方法进行了综述。

我们要注意，在 $Re_D < 10^4$ 的情况下，应用湍流关系式要特别小心，除非该关系式是专门针对过渡区（$2300 < Re_D < 10^4$）建立的。如果关系式是针对完全湍流状态（$Re_D > 10^4$）建立的，作为初步近似可将它应用于较小的雷诺数，但要知道预测的对流系数会偏高。如果想要获得较高的精度，可以采用葛列林斯基（Gnielinski）关系式［式(8.62)］。伽加（Ghajar）和塔蒙（Tam）[18]对过渡区中的传热进行了深入的论述。

我们还要注意，式(8.59)～式(8.62)适用于光滑管。对于湍流，换热系数随着壁面粗糙度的增加而增大，作为初步近似，可以采用式(8.62)计算，其中的摩擦因子可由穆迪图（图8.3）获得。然而，虽然一般的趋势是 h 随着 f 的增加而增大，但 f 增加的比例较大，当 f 比对应于光滑表面的值大 4 倍左右时，h 不再随着 f 的增加而变化[19]。巴哈逊（Bhatti）和夏（Shah）[15]讨论了壁面粗糙度对充分发展的湍流中对流传热影响的计算方法。

由于湍流的入口长度通常很短，$10 \lesssim (x_{fd}/D) \lesssim 60$，假定整个管子的平均努塞尔数等于充分发展区中的值，$\overline{Nu}_D \approx Nu_{D,fd}$，常常是合理的。但是，对于短管，$\overline{Nu}_D$ 会大于 $Nu_{D,fd}$，此时可用以下形式的表达式计算

$$\frac{\overline{Nu}_D}{Nu_{D,fd}} = 1 + \frac{C}{(x/D)^m} \tag{8.63}$$

式中，C 和 m 与进口（例如，锐缘或喷嘴）和入口区（热或混合）的性质，以及普朗特数和雷诺[2,15,20]有关。通常，在 $(L/D) > 60$ 的情况下，假定 $\overline{Nu}_D = Nu_{D,fd}$ 所产生的误差低于 15%。在确定 $\overline{Nu}_D$ 时，所有的流体物性都应该以平均温度的算术平均值 $\overline{T}_m \equiv (T_{m,i} + T_{m,o})/2$ 取值。

最后，我们要注意上述的那些关系式不适用于液态金属（$3 \times 10^{-3} \lesssim Pr \lesssim 5 \times 10^{-2}$）。对于具有等表面热流密度的光滑圆管内充分发展的湍流，斯库平斯基（Skupinski）等人[21]推荐使用如下形式的关系式：

$$Nu_D = 4.82 + 0.0185 Pe_D^{0.827} \qquad q_s'' = 常数 \tag{8.64}$$

$$\left[\begin{array}{c} 3.6 \times 10^3 \lesssim Re_D \lesssim 9.05 \times 10^5 \\ 10^2 \lesssim Pe_D \lesssim 10^4 \end{array} \right]$$

类似地，对于等表面温度的情况，西巴恩（Seban）和希玛扎基（Shimazaki）[22]建议对 $Pe_D \gtrsim 100$ 的情况采用以下关系式：

$$Nu_D = 5.0 + 0.025 Pe_D^{0.8} \qquad T_s = 常数 \qquad (8.65)$$

文献[23]中给出了大量的数据和其他的关系式。

【**例 8.6**】 热空气以质量流率 $\dot{m} = 0.050\,\mathrm{kg/s}$ 通过直径 $D = 0.15\,\mathrm{m}$ 的钢皮管道，管道没有隔热，位于房屋内供维修用的低矮空间中。热空气进口温度为 103℃，在经过 $L = 5\,\mathrm{m}$ 的距离后，冷却至 77℃。已知管道外表面和处于 $T_\infty = 0\,°\mathrm{C}$ 的环境空气之间的换热系数 $h_o = 6\,\mathrm{W/(m^2 \cdot K)}$。

1. 计算管道在长度 L 上的热损速率（W）。

2. 确定 $x = L$ 处的热流密度和管道表面温度。

解析

已知：热空气在管道内流动。

求：1. 管道在长度 L 上的热损速率 q（W）。

2. $x = L$ 处的热流密度和表面温度。

示意图：

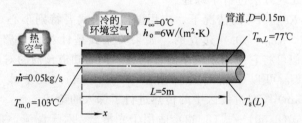

假定：1. 稳态；

2. 常物性；

3. 空气为理想气体；

4. 黏性耗散和压力变化可忽略；

5. 管道壁面热阻可忽略；

6. 管道外表面具有均匀的对流系数。

物性：表 A.4，空气（$\overline{T}_m = 363\,\mathrm{K}$）：$c_p = 1010\,\mathrm{J/(kg \cdot K)}$。表 A.4，空气（$T_{m,L} = 350\,\mathrm{K}$）：$k = 0.030\,\mathrm{W/(m \cdot K)}$，$\mu = 208.2 \times 10^{-7}\,\mathrm{N \cdot s/m^2}$，$Pr = 0.70$。

分析：1. 根据整个管子的能量平衡 [式(8.34)]

$$q = \dot{m} c_p (T_{m,L} - T_{m,0})$$

$$q = 0.05\,\mathrm{kg/s} \times 1010\,\mathrm{J/(kg \cdot K)} \times (77 - 103)℃ = -1313\,\mathrm{W} \qquad \blacktriangleleft$$

2. 由下面的热阻网络可获得热流密度在 $x = L$ 处的表达式

$$q_s''(L) \longrightarrow \underset{\dfrac{1}{h_x(L)}}{\overset{T_{m,L}}{\circ}} \!\!\!\!\!\wedge\!\!\wedge\!\!\wedge\!\!\!\!\! \underset{\dfrac{1}{h_o}}{\overset{T_s(L)}{\circ}} \!\!\!\!\!\wedge\!\!\wedge\!\!\wedge\!\!\!\!\! \overset{T_\infty}{\circ}$$

式中，$h_x(L)$ 是 $x = L$ 处的内侧对流换热系数。因此

$$q_s''(L) = \frac{T_{m,L} - T_\infty}{[1/h_x(L)] + (1/h_o)}$$

可通过雷诺数求得内侧对流系数。根据式(8.6)，有

$$Re_D = \frac{4\dot{m}}{\pi D \mu} = \frac{4 \times 0.05\,\mathrm{kg/s}}{\pi \times 0.15\,\mathrm{m} \times 208.2 \times 10^{-7}\,\mathrm{N \cdot s/m^2}} = 20384$$

因此流动为湍流。此外，根据 $(L/D) = (5/0.15) = 33.3$，假定 $x = L$ 处处于充分发展状

态是合理的。由此，根据式(8.60)，由 $n=0.3$，有

$$Nu_D = \frac{h_x(L)D}{k} = 0.023 Re_D^{4/5} Pr^{0.3} = 0.023 \times (20384)^{4/5} \times (0.70)^{0.3} = 57.9$$

$$h_x(L) = Nu_D \frac{k}{D} = 57.9 \times \frac{0.030 \text{W/(m} \cdot \text{K)}}{0.15 \text{m}} = 11.6 \text{W/(m}^2 \cdot \text{K)}$$

因此

$$q''_s(L) = \frac{(77-0)\text{℃}}{[(1/11.6)+(1/6.0)]\text{m}^2 \cdot \text{K/W}} = 304.5 \text{W/m}^2$$

再根据热阻网络，还有

$$q''_s(L) = \frac{T_{m,L} - T_{s,L}}{1/h_x(L)}$$

在这种情况下

$$T_{s,L} = T_{m,L} - \frac{q''_s(L)}{h_x(L)} = 77\text{℃} - \frac{304.5 \text{W/m}^2}{11.6 \text{W/(m}^2 \cdot \text{K)}} = 50.7\text{℃} \qquad \blacktriangleleft$$

说明： 1. 在第 1 个问题中对整个管子应用能量平衡时，物性（这里只有 c_p）要用 $\overline{T}_m = (T_{m,0} + T_{m,L})/2$ 取值。但是，在应用局部换热系数的计算关系式(8.60)时，物性要用局部平均温度 $T_{m,L} = 77\text{℃}$ 取值。

2. 在这个问题中，管道既不具有等表面温度，也不具有等表面热流密度。因此，如果认为管道的总热损就是 $q''_s(L)\pi DL = 717\text{W}$，那就错了。这个结果要比实际热损 1313W 小得多，这是因为 $q''_s(x)$ 是随着 x 的增加而减少的。$q''_s(x)$ 的减少则是因为 $h_x(x)$ 和 $[T_m(x) - T_\infty]$ 都随着 x 的增加而减小。

8.6 对流关系式：非圆形管和同心管套

虽然到目前为止我们只讨论了横截面为圆形的内部流动，但是很多工程应用都会涉及到**非圆形管**内的对流输运。然而，至少作为初步近似，只要以**有效直径**作为特征长度，很多圆形管的结果可以应用于非圆形管。有效直径也称**水力直径**，其定义为

$$D_h \equiv \frac{4A_c}{P} \qquad (8.66)$$

式中，A_c 和 P 分别为**流动**横截面积和**湿周**。在计算 Re_D 和 Nu_D 之类的参数时，应采用这个直径。

对于仍然在 $Re_D \gtrsim 2300$ 时发生的湍流，在 $Pr \gtrsim 0.7$ 时采用 8.5 节中的关系式是合理的。但是，在非圆形管中，对流系数沿管的周边而变化，在拐角处趋于零。因此在采用圆形管关系式时，该系数可看作是整个周长上的平均值。

对于层流，采用圆形管关系式精度较低，在横截面有锐角时更是如此。在这类情况下，可从表 8.1 中获得对应于充分发展状态的努塞尔数，该表是基于各种横截面管内流动的动量和能量微分方程的解给出的。同圆形管一样，所得结果因表面热状态的不同而有所区别。表中给出的用于等表面热流密度情形的努塞尔数基于这样的假定：在轴向（流动方向）上热流密度相等，而在任意横截面的周长上温度相等。这是管壁为高导热材料时的典型情况。表中

表 8.1　适用于不同横截面管内充分发展的层流的努塞尔数和摩擦因子

横截面	$\dfrac{b}{a}$	$Nu_D \equiv \dfrac{hD_h}{k}$		fRe_{Dh}
		（等 q''_s）	（等 T_s）	
●	—	4.36	3.66	64
■	1.0	3.61	2.98	57
▬	1.43	3.73	3.08	59
▭	2.0	4.12	3.39	62
▭	3.0	4.79	3.96	69
▭	4.0	5.33	4.44	73
▬	8.0	6.49	5.60	82
加热	∞	8.23	7.54	96
隔热	∞	5.39	4.86	96
▲	—	3.11	2.49	53

注：引自 Kays W M，Crawford M E．Convection Heat and Mass Transfer．3rd ed．New York：McGraw-Hill，1993．（已获准使用）

给出的用于等表面温度情形的结果适用于轴向和周向温度均相等的情况。

虽然上述方法在通常情况下是令人满意的，但确实存在例外的情形。对非圆形管中传热的详细讨论见文献[11，12，24]。

很多内部流动问题涉及**同心套管**内的传热（图 8.11）。流体在同心管形成的（环形）空间中流动，内外管表面都可能发生对流放热或吸热。可以在每个表面上独立地明确规定热流密度或温度，也就是热状态。在任何情况下，离开表面的热流密度均可用以下形式的表达式计算

$$q''_i = h_i(T_{s,i} - T_m) \tag{8.67}$$

$$q''_o = h_o(T_{s,o} - T_m) \tag{8.68}$$

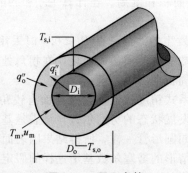

图 8.11　同心套管

注意，上述两式中的对流系数分别对应于内外表面。相应的努塞尔数为

$$Nu_i \equiv \frac{h_i D_h}{k} \tag{8.69}$$

$$Nu_o \equiv \frac{h_o D_h}{k} \tag{8.70}$$

根据式(8.66)，上式中的水力直径 D_h 为

$$D_h = \frac{4(\pi/4)(D_o^2 - D_i^2)}{\pi D_o + \pi D_i} = D_o - D_i \tag{8.71}$$

对于有一个表面绝热而另一个表面处于等温的充分发展的层流情况，可从表 8.2 得到 Nu_i 或 Nu_o。注意，在这类情况下，我们只对与等温（非绝热）表面相关的对流系数感兴趣。

如果两个表面均处于等热流密度状态，努塞尔数可用以下形式的表达式计算

$$Nu_i = \frac{Nu_{ii}}{1 - (q_o''/q_i'')\theta_i^*} \tag{8.72}$$

$$Nu_o = \frac{Nu_{oo}}{1 - (q_i''/q_o'')\theta_o^*} \tag{8.73}$$

可从表 8.3 中得到出现在这些式子中的影响系数（ Nu_{ii}、Nu_{oo}、θ_i^* 及 θ_o^* ）。注意，q_i'' 和 q_o'' 可正可负，分别对应于流体吸热和放热两种情况。此外，有可能出现 h_i 和 h_o 都是负值的情形。将这些结果与式(8.67) 和式(8.68) 中隐含的符号规则一起使用时，可揭示 T_s 和 T_m 的相对大小。

表 8.2　一个表面绝热而另一个表面处于等温的圆形套管中充分发展的层流的努塞尔数

D_i/D_o	Nu_i	Nu_o	说　明
0	—	3.66	见式(8.55)
0.05	17.46	4.06	
0.10	11.56	4.11	
0.25	7.37	4.23	
0.50	5.74	4.43	
约 1.00	4.86	4.86	见表 8.1,$b/a \rightarrow \infty$

注：引自 Kays W M, Perkins H C. //Rohsenow W M, Hartnett J P Eds. Handbook of Heat Transfer. Chap 7. New York：McGraw-Hill，1972.（已获准使用）

表 8.3　两个表面都处于等热流密度状态的圆形套管中充分发展的层流的影响系数

D_i/D_o	Nu_{ii}	Nu_{oo}	θ_i^*	θ_o^*
0	—	4.364	∞	0
0.05	17.81	4.792	2.18	0.0294
0.10	11.91	4.834	1.383	0.0562
0.20	8.499	4.833	0.905	0.1041
0.40	6.583	4.979	0.603	0.1823
0.60	5.912	5.099	0.473	0.2455
0.80	5.58	5.24	0.401	0.299
1.00	5.385	5.385	0.346	0.346

注：引自 Kays W M, Perkins H C. //Rohsenow W M, Hartnett J P Eds. Handbook of Heat Transfer. Chap 7. New York：McGraw-Hill，1972.（已获准使用）

对于充分发展的湍流，影响系数都是雷诺数和普朗特数的函数[24]。但是，作为初步近似，可假定内外表面的对流系数相等，这样就可以用水力直径［式(8.71)］和迪图斯-贝尔特方程［式(8.60)］计算。

8.7 强化传热

有数种方法可用于强化内部流动中的传热。提高对流系数和/或增大对流表面积均可实现强化传热。例如，通过加工或插入盘簧等手段增大表面粗糙度以增强湍流可提高 h。插入的盘簧［图 8.12(a)］能形成紧贴管子内壁面的螺旋状粗糙单元。另外，在管中插入扭曲的带状物以引发旋涡也可提高对流系数［图 8.12(b)］。插件为周期性扭曲 $360°$ 的薄带。切向速度分量的引入可提高流动速度，尤其是管壁附近的流速。在内表面上布置纵向肋片［图8.12(c)］可增大传热面积，而采用螺旋肋片或肋条［图 8.12(d)］则可同时提高对流系数和对流面积。在对任何传热强化措施进行评估时，还必须注意随之产生的压降的增大，因为这会增加风机或泵的功耗。文献［25～28］对各种强化措施进行了全面的评价，要了解这个领域的最新进展可参阅**强化传热杂志**（Journal of Enhanced Heat Transfer）。

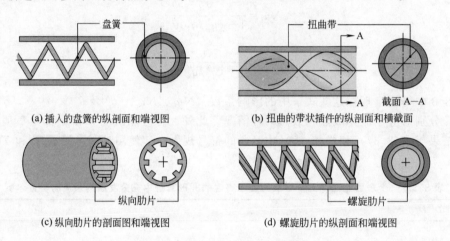

(a) 插入的盘簧的纵剖面和端视图 　　(b) 扭曲的带状插件的纵剖面和横截面

(c) 纵向肋片的剖面图和端视图 　　(d) 螺旋肋片的纵剖面和端视图

图 8.12　内部流动传热强化方案

采用盘管（图 8.13）可强化传热，这种方法既没有诱发湍流也没有增大传热面积。在这种情况下，流体中的离心力诱发由一对纵向旋涡构成的**二次流动**，与直管中的情况不同，二次流动可在管子的周边上产生不等的局部换热系数。因此，局部换热系数会随 θ 以及 x 而变化。如果施加等热流密度条件，可采用能量守恒原理式(8.40)计算平均流体温度 $T_m(x)$。

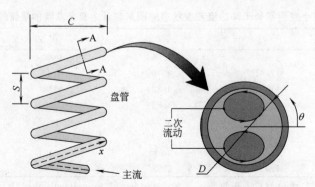

图 8.13　螺旋盘管和放大的横截面视图中的二次流动

对于流体被加热的情形，最高流体温度出现在管壁处，但最高局部温度的计算并不简单，这是由于换热系数与 θ 有关。因此，**沿周边平均**的努塞尔数关系式在施加等热流密度条件时毫无用处。相反，在边界条件为等壁面温度时，沿周边平均的努塞尔数关系式较为有用，在以下段落中给出了夏（Shah）和乔希（Joshi）[29] 推荐的关系式。

二次流动增大了摩擦损失和换热速率。此外，相对于本章前面讨论的直管情形，二次流动减短了入口长度并减小了层流与湍流换热速率的差别。压降和换热速率与盘管节距 S 几乎没有什么关系。对应于螺旋盘管中湍流发生的临界雷诺数 $Re_{D,c,h}$ 为

$$Re_{D,c,h} = Re_{D,c} \left[1 + 12 (D/C)^{0.5} \right] \tag{8.74}$$

式中，$Re_{D,c}$ 在式（8.2）中给出；C 的定义则在图 8.13 中给出。密集盘绕的螺旋管中的强二次流动会延迟向湍流的过渡。

对于充分发展的层流，在 $C/D \gtrsim 3$ 时，摩擦系数为

$$f = \frac{64}{Re_D} \qquad Re_D \ (D/C)^{1/2} \lesssim 30 \tag{8.19}$$

$$f = \frac{27}{Re_D^{0.725}} \ (D/C)^{0.1375} \qquad 30 \lesssim Re_D \ (D/C)^{1/2} \lesssim 300 \tag{8.75a}$$

$$f = \frac{7.2}{Re_D^{0.5}} \ (D/C)^{0.25} \qquad 300 \lesssim Re_D \ (D/C)^{1/2} \tag{8.75b}$$

对于 $C/D \lesssim 3$ 的情况，必须遵循文献 [29] 中的建议。式（8.27）中的换热系数可用以下形式的关系式计算

$$Nu_D = \left[\left(3.66 + \frac{4.343}{a} \right)^3 + 1.158 \left(\frac{Re_D (D/C)^{1/2}}{b} \right)^{3/2} \right]^{1/3} \left(\frac{\mu}{\mu_s} \right)^{0.14} \tag{8.76}$$

其中

$$a = \left(1 + \frac{927 (C/D)}{Re_D^2 Pr} \right) \quad 和 \quad b = 1 + \frac{0.477}{Pr} \tag{8.77a,b}$$

$$\left[\begin{array}{c} 0.005 \lesssim Pr \lesssim 1600 \\ 1 \lesssim Re_D (D/C)^{1/2} \lesssim 1000 \end{array} \right]$$

湍流摩擦系数关系式的基本数据有限。而且，当流动为湍流时，二次流动所产生的传热增强较为次要，在 $C/D \gtrsim 20$ 时小于 10%。因此，采用螺旋盘管增强换热一般只用于层流情形。在层流情况下，入口长度要比直管的短 20% ～ 50%，同时，在湍流状态下，在螺旋盘管的第一个半圈内流动就会达到充分发展状态。因此，在大多数工程计算中入口区可以忽略。

当在直管中加热气体或液体时，在管子中心线附近进入的流体团会较快地离开管子，其温度总是低于在管壁附近进入的流体团。因此，在同一个加热管中加热的不同流体团的**温度随时间的变化**会有显著差别。除了可以增强换热之外，相对于直管中的层流，螺旋盘管中的二次流动还可对流体进行混合，导致所有流体团的温度随时间的变化较为相似。正是由于这个原因，盘管通常用于加工和生产黏度很高的高附加值流体，如医药、化妆品以及个人护理

产品等。

8.8 微尺度内部流动

到现在为止，我们讨论的管道和槽道的水力直径都为传统尺度。很多新的技术都涉及微尺度内部流动，其水力直径的范围为 $D_h \leqslant 100 \mu m$。由充分发展的层流的努塞尔数关系式可很容易地看出发展各种**微流体装置**的一个重要动机。具体地说，换热系数与水力直径成反比。因此，当流道尺度显著降低时，换热系数大幅度增大[30]。

8.8.1 微尺度内部流动中的流动状态

我们在 2.2.1 节中看到，气体中的传热在材料容积的特征尺度 L 降至与气体的平均自由程 λ_{mfp} 同一个量级时会受到显著影响。因此，在水力直径 D_h 非常小时，气体将不再具有连续介质的行为。由于到目前为止我们在有关对流的讨论中都做了连续介质假定，因此可以预料第 6～8 章中的结果不适用于 $D_h/\lambda_{mfp} \leqslant 10$ 时的气体，为了预测内部流动的速度分布和压降，必须借助先进的方法[31]。

对于液体，实验已表明，对于直径小至 $50 \mu m$ 的圆管内的层流，方程式（8.19）和式（8.22a）可成功预测沿管长的压降[32]。这些方程在水力直径小至 $1 \mu m$ 时仍可应用于大多数液体[32,33]。

根据 6.3.1 节中的讨论，我们可能会预料到：既然在传统尺度的装置中湍流的特征为较大流体团的运动，方程式（8.20）和式（8.21）将不能用于微流体装置，因为流体团的体积受到流道水力直径的限制。类似地，我们还可预期：对于微尺度内部流动，湍流发生的判据［式（8.2）］将具有不同的形式。对各种流体的仔细测量已证实：对于直径小至 $50 \mu m$ 的管内的液体流动，实际上可以用式（8.2）很好地描述对应于湍流发生的临界雷诺数[32]。由于为达到 $Re_D = 2300$ 需要极高的平均速度，很少会关心湍流微尺度对流。

8.8.2 微尺度内部流动中的传热

微尺度内部流动中的对流换热是正在继续进行的研究课题。第 6～8 章中的分析结果和对流关系式在 $D_h/\lambda_{mfp} \leqslant 10$ 时不可用于气体，在 $D_h \leqslant 1 \mu m$ 时用于液体要非常小心。

【例 8.7】 在制药和生物技术工业中采用组合化学和生物学可减少研制新药的时间和成本。科学家们希望生产大量的分子**群**或**库**，然后进行整体筛选。生产大量的库可以提高发现具有显著疗效的新化合物的概率。生产新化合物的一个关键变量是反应物的处理温度。

为了制造**微反应芯片**，首先要在一块 1mm 厚的玻璃显微镜载物片上涂上光刻胶。随后在光刻胶上刻蚀线条，并在其顶部盖上另一块玻璃板，这样就产生了多个横截面为矩形的平行槽道，槽道深 $a = 40 \mu m$、宽 $b = 160 \mu m$、长 $L = 20 mm$，槽道间距为 $s = 40 \mu m$，因此在 20mm×20mm 的微反应器上就有 $N = L/(w+s) = 100$ 个槽道。将两种初始温度均为 $T_{m,i} = 5℃$ 的反应物的混合物引入各个槽道，芯片的侧面温度维持在 $T_1 = 125℃$ 和 $T_2 = 25℃$，这样各个槽道中的反应物均处于不同的处理温度。通过槽道的流动是由 $\Delta p = 500 kPa$ 的总压差维持的。反应物和反应产物的热物性与乙二醇相似。计算进入槽道的反应物的温度与想要的处理温度之差达到 1℃ 以内所需的时间。

解析

已知：反应物和反应产物在微尺度反应器中流动的几何尺度和工况。

求：使反应物温度与处理温度之差达到 1℃ 以内所需的时间。

示意图：

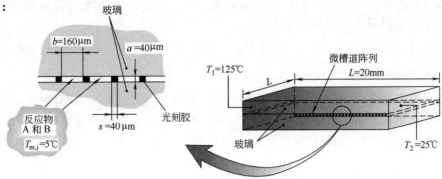

假定：1. 层流；

　　　2. 沿微反应器的宽度方向上温度呈线性分布；

　　　3. 稳态条件；

　　　4. 液体具有常物性且不可压缩；

　　　5. 黏性耗散可忽略。

物性：表 A.5，乙二醇（$\overline{T}_m = 288K$）：$\rho = 1120.2 kg/m^3$，$c_p = 2359 J/(kg \cdot K)$，$\mu = 2.82 \times 10^{-2} N \cdot s/m^2$，$k = 247 \times 10^{-3} W/(m \cdot K)$，$Pr = 269$；（$\overline{T}_m = 338K$）：$\rho = 1085 kg/m^3$，$c_p = 2583 J/(kg \cdot K)$，$\mu = 0.427 \times 10^{-2} N \cdot s/m^2$，$k = 261 \times 10^{-3} W/(m \cdot K)$，$Pr = 45.2$。

分析：我们将通过计算极端处理温度下的性能来同时讨论传热与流体流动行为。

反应物的流动是由微反应器进出口之间的压差引起的。由于黏性随温度有较大的变化，我们预期与最高处理温度相关的流率也是最大的。

每个微槽道的周长为

$$P = 2a + 2b = 2 \times 40 \times 10^{-6} m + 2 \times 160 \times 10^{-6} m = 0.4 \times 10^{-3} m$$

可用式（8.66）计算微槽道的水力直径

$$D_h = \frac{4A_c}{P} = \frac{4ab}{P} = \frac{4 \times 40 \times 10^{-6} m \times 160 \times 10^{-6} m}{0.4 \times 10^{-3} m} = 64 \times 10^{-6} m$$

我们先假定入口长度较短（后面将证明这一点），这样流率就可以用充分发展状态下的摩擦系数计算。根据表 8.1，在 $b/a = 4$ 时，$f = 73/Re_{D_h}$。把该表达式代入式（8.22a），重新整理各项，并（在本方程以及随后的方程中）采用 $T = 125℃$ 下的物性，可得

$$u_m = \frac{2}{73} \times \frac{D_h^2 \Delta p}{\mu L} = \frac{2}{73} \times \frac{(64 \times 10^{-6} m)^2 \times 500 \times 10^3 N/m^2}{0.427 \times 10^{-2} N \cdot s/m^2 \times 20 \times 10^{-3} m} = 0.657 m/s$$

因此，雷诺数为

$$Re_{D_h} = \frac{u_m D_h \rho}{\mu} = \frac{0.657 m/s \times 64 \times 10^{-6} m \times 1085 kg/m^3}{0.427 \times 10^{-2} N \cdot s/m^2} = 10.7$$

所以流动处于深度层流区。式（8.3）可用于确定水力学入口长度，即

$$x_{fd,h} \approx 0.05 D_h Re_D = 0.05 \times 64 \times 10^{-6} m \times 10.7 = 34.2 \times 10^{-6} m$$

热入口长度可用式（8.23）求得

$$x_{fd,t} \approx x_{fd,h} Pr = 34.2 \times 10^{-6} m \times 45.2 = 1.55 \times 10^{-3} m$$

两种入口长度均小于微槽道总长 $L=20\text{mm}$ 的 10%。因此，采用充分发展的 f 值是合理的，$T=125℃$ 的微槽道中的质量流率为

$$\dot{m} = \rho A_c u_m = \rho a b u_m = 1085\text{kg/m}^3 \times 40 \times 10^{-6}\text{m} \times 160 \times 10^{-6}\text{m} \times 0.657\text{m/s}$$

$$= 4.56 \times 10^{-6}\text{kg/s}$$

现在可以用式(8.42)来确定从微槽道入口处到 $T_{m,c}=124℃$，即与表面温度相差 $1℃$ 以内的位置 x_c 处的距离。由于热入口长度较短，可用充分发展的换热系数 h 值取代平均换热系数 $\bar{h}$。根据表8.1，我们看到对于 $b/a=4$ 的情况，$Nu_D=hD_h/k=4.44$。因此

$$\bar{h} \approx h = Nu_D \frac{k}{D_h} = 4.44 \times \frac{0.261\text{W/(m·K)}}{64 \times 10^{-6}\text{m}} = 1.81 \times 10^4 \text{W/(m}^2\text{·K)}$$

正如我们在讨论微尺度流动时预期的那样，对流系数极大。

重新整理式(8.42)可得

$$x_c = \frac{\dot{m} c_p}{Ph} \ln\left[\frac{T_s - T_{m,i}}{T_s - T_{m,c}}\right] = \frac{4.56 \times 10^{-6}\text{kg/s} \times 2583\text{J/(kg·K)}}{0.4 \times 10^{-3}\text{m} \times 1.81 \times 10^4 \text{W/(m}^2\text{·K)}} \ln\left[\frac{(125-5)℃}{(125-124)℃}\right]$$

$$= 7.79 \times 10^{-3}\text{m}$$

因此，反应物的平均温度与处理温度之差达到 $1℃$ 以内所需的时间为

$$t_c = x_c/u_m = 7.79 \times 10^{-3}\text{m}/(0.657\text{m/s}) = 0.012\text{s} \qquad ◀$$

对与最低处理温度 $25℃$ 相关的微槽道的计算给出 $u_m=0.0995\text{m/s}$、$Re_D=0.253$、$x_{fd,h}=8.09 \times 10^{-7}\text{m}$、$x_{fd,t}=0.218 \times 10^{-3}\text{m}$、$h=1.71 \times 10^4 \text{W/(m}^2\text{·K)}$、$x_c=0.73 \times 10^{-3}\text{m}$ 和 $t_c=0.007\text{s}$。

说明：1. 玻璃的总厚度（2mm）比微槽道的深度大50倍，而玻璃的热导率 $k_{glass} \approx 1.4\text{W/(m·K)}$（表A.3）要比流体的大5倍。可以预期，这样少的流体对芯片横向上建立的线性温度分布的影响可以忽略。每个槽道的底表面或上表面上的横向温差约为 $\Delta T = (T_1 - T_2)b/L = (125-25)℃ \times (160 \times 10^{-6}\text{m})/(20 \times 10^{-3}\text{m}) = 0.8℃$。

2. 在 $0 \leqslant x \leqslant L$ 范围内求解式(8.42)可得对应两种极端处理温度的槽道中平均温度沿轴向的变化，如下图所示。

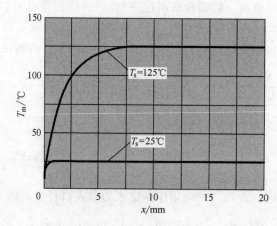

8.9 对流传质

在内部流动中也可能发生对流传质。例如，当气体在表面湿润或可升华的管中流动时，

就会发生蒸发或升华，进而形成浓度边界层。正如平均温度是讨论传热时合适的参考温度一样，平均组分密度 $\rho_{A,m}$ 在传质中起着类似的作用。定义组分 A 在一个具有任意横截面 A_c 的管中的质量流率为 $\dot{m}_A = \rho_{A,m} u_m A_c = \int_{A_c} (\rho_A u) \mathrm{d}A_c$，则平均组分密度为

$$\rho_{A,m} = \frac{\int_{A_c} (\rho_A u) \mathrm{d}A_c}{u_m A_c} \tag{8.78a}$$

或对于圆管，有

$$\rho_{A,m} = \frac{2}{u_m r_o^2} \int_0^{r_o} (\rho_A u r) \mathrm{d}r \tag{8.78b}$$

浓度边界层的发展可分为入口区和充分发展区，式(8.23)（用 Sc 取代 Pr）可用于确定层流的**浓度入口长度** $x_{fd,c}$。作为初步近似，式(8.4)可再次用于湍流。此外，通过与式(8.28)的类比，可得当满足下式时，

$$\frac{\partial}{\partial x}\left[\frac{\rho_{A,s} - \rho_A(r,x)}{\rho_{A,s} - \rho_{A,m}(x)}\right]_{fd,c} = 0 \tag{8.79}$$

层流和湍流都处于充分发展的状态，这里假定表面上存在等组分密度 $\rho_{A,s}$。

组分 A 离开表面的局部质量流密度可用以下形式的表达式计算

$$n''_A = h_m (\rho_{A,s} - \rho_{A,m}) \tag{8.80}$$

而表面积为 A_s 的管子的总组分传递速率可表示为

$$n_A = \overline{h}_m A_s \Delta\rho_{A,lm} \tag{8.81}$$

其中**对数平均密度差**与式(8.44)给出的对数平均温差类似

$$\Delta\rho_{A,lm} = \frac{\Delta\rho_{A,o} - \Delta\rho_{A,i}}{\ln(\Delta\rho_{A,o}/\Delta\rho_{A,i})} \tag{8.82}$$

而密度差则定义为 $\Delta\rho_A = \rho_{A,s} - \rho_{A,m}$。对包围管子的控制体应用组分 A 的守恒，总的组分传递速率也可表示为

$$n_A = \frac{\dot{m}}{\rho}(\rho_{A,o} - \rho_{A,i}) \tag{8.83}$$

式中，ρ 和 $\dot{m}$ 分别是总的质量密度和流率，且有 $\dot{m}/\rho = u_m A_c$。式(8.81)和式(8.83)分别是用于传热的式(8.43)和式(8.34)的传质形式。另外，用于描述平均蒸气密度随着离开管子入口距离 x 的变化的式(8.42)的类比形式为

$$\frac{\rho_{A,s} - \rho_{A,m}(x)}{\rho_{A,s} - \rho_{A,m,i}} = \exp\left(-\frac{\overline{h}_m \rho P}{\dot{m}}x\right) \tag{8.84}$$

式中，P 是管的周长。

可由舍伍德数的相应的合适关系式（定义为 $Sh_D = h_m D/D_{AB}$ 和 $\overline{Sh}_D = \overline{h}_m D/D_{AB}$）求得对流传质系数 h_m 和 $\overline{h}_m$。可借助传热和传质的类比关系从前面的传热结果导出关系式的具体形式，只是要用 Sh_D 和 Sc 分别取代 Nu_D 和 Pr。例如，对于表面具有等蒸气密度的圆管内充分

发展的层流，有

$$Sh_D = 3.66 \tag{8.85}$$

对于充分发展的湍流，迪图斯-贝尔特方程的传质类比形式为

$$Sh_D = 0.023 Re_D^{4/5} Sc^{0.4} \tag{8.86}$$

微尺度传质的情况与在 8.8 节中讨论的传热情况类似。

【例 8.8】 在直径 $D=10mm$、长 $L=1m$ 的管内通质量流率为 $3 \times 10^{-4} kg/s$ 的干空气，以去除内表面上形成的液氨薄膜。管和空气均处于 25℃。平均对流传质系数有多大？

解析

已知：管的内表面上的液氨通过蒸发被空气流带走。

求：平均对流传质系数。

示意图：

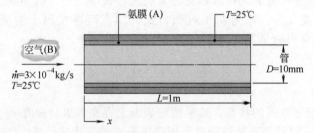

假定：1. 液氨膜很薄，且表面光滑；

　　　　2. 可应用传热和传质的类比。

物性：表 A.4，空气（25℃）：$\nu = 15.7 \times 10^{-6} m^2/s$，$\mu = 183.6 \times 10^{-7} N \cdot s/m^2$。表 A.8，氨-空气（25℃）：$D_{AB} = 0.28 \times 10^{-4} m^2/s$，$Sc = (\nu/D_{AB}) = 0.56$。

分析：由式（8.6）

$$Re_D = \frac{4 \times 3 \times 10^{-4} kg/s}{\pi \times 0.01m \times 183.6 \times 10^{-7} N \cdot s/m^2} = 2080$$

在这种情况下，流动是层流。这样，由于在膜的表面上具有相等的氨蒸气浓度，这与等表面温度的情况类似，由式（8.57）可得

$$\overline{Sh}_D = 1.86 \left(\frac{Re_D Sc}{L/D} \right)^{1/3} = 1.86 \times 2.27 = 4.22$$

由于 $\overline{Sh}_D = 4.22 > 3.66$，采用式（8.57）是合理的。最终有

$$\overline{h}_m = \overline{Sh}_D \frac{D_{AB}}{D} = \frac{4.22 \times 0.28 \times 10^{-4} m^2/s}{0.01m} = 0.012 m/s \qquad \blacktriangleleft$$

说明：根据式（8.23），$x_{fd,c} \approx (0.05 Re_D Sc) D = 0.58m$，因此约有 40% 的管子处于充分发展的状态。假定整个管子都处于充分发展的状态会给出 $\overline{Sh}_D = 3.66$，这比上述结果小 13%。

8.10 小结

在本章中我们讨论了与**内部流动**有关的重要的受迫对流传热和传质问题。在很多应用中都会遇到这类流动，你应该能够应用能量平衡和合适的对流关系式进行工程计算。使用该计

算方法要确定流动是层流还是湍流，并且要确定入口区的长度。在确定感兴趣的是局部状态（特定轴向位置处）还是平均状态（整个管子）之后，可选择对流关系式，并和能量平衡的合适形式一起用于对问题进行求解。有关的关系式已总结于表 8.4 中。

表 8.4　圆管内流动的对流关系式一览表

关 系 式		条 件
$f = 64/Re_D$	(8.19)	层流，充分发展
$Nu_D = 4.36$	(8.53)	层流，充分发展，均匀的 q''_s
$Nu_D = 3.66$	(8.55)	层流，充分发展，均匀的 T_s
$\overline{Nu}_D = 3.66 + \dfrac{0.0668(D/L)Re_D Pr}{1 + 0.04\left[(D/L)Re_D Pr\right]^{2/3}}$	(8.56)	层流，热入口段（或 $Pr \gtrsim 5$ 的混合入口段），均匀的 T_s
或　$\overline{Nu}_D = 1.86\left(\dfrac{Re_D Pr}{L/D}\right)^{1/3}\left(\dfrac{\mu}{\mu_s}\right)^{0.14}$	(8.57)	层流，混合入口段，$0.6 \lesssim Pr \lesssim 5$，$0.0044 \lesssim (\mu/\mu_s) \lesssim 9.75$，均匀的 T_s
$f = 0.316Re_D^{-1/4}$	(8.20a)[①]	湍流，充分发展，$Re_D \lesssim 2\times10^4$
$f = 0.184Re_D^{-1/5}$	(8.20b)[①]	湍流，充分发展，$Re_D \gtrsim 2\times10^4$
或　$f = (0.790\ln Re_D - 1.64)^{-2}$	(8.21)[①]	湍流，充分发展，$3000 \lesssim Re_D \lesssim 5\times10^6$
$Nu_D = 0.023Re_D^{4/5}Pr^n$	(8.60)[②]	湍流，充分发展，$0.6 \lesssim Pr \lesssim 160$，$Re_D \gtrsim 10000$，$(L/D) \gtrsim 10$，当 $T_s > T_m$ 时 $n = 0.4$，当 $T_s < T_m$ 时 $n = 0.3$
或　$Nu_D = 0.027Re_D^{4/5}Pr^{1/3}\left(\dfrac{\mu}{\mu_s}\right)^{0.14}$	(8.61)[②]	湍流，充分发展，$0.7 \lesssim Pr \lesssim 16700$，$Re_D \gtrsim 10000$，$L/D \geqslant 10$
或　$Nu_D = \dfrac{(f/8)(Re_D - 1000)Pr}{1 + 12.7(f/8)^{1/2}(Pr^{2/3} - 1)}$	(8.62)[②]	湍流，充分发展，$0.5 \lesssim Pr \lesssim 2000$，$3000 \lesssim Re_D \lesssim 5\times10^6$，$(L/D) \gtrsim 10$
$Nu_D = 4.82 + 0.0185(Re_D Pr)^{0.827}$	(8.64)	液态金属，湍流，充分发展，均匀的 q''_s，$3.6\times10^3 \lesssim Re_D \lesssim 9.05\times10^5$，$10^2 \lesssim Pe_D \lesssim 10^4$
$Nu_D = 5.0 + 0.025(Re_D Pr)^{0.8}$	(8.65)	液态金属，湍流，充分发展，均匀的 T_s，$Pe_D \gtrsim 100$

① 式(8.20) 和式(8.21) 适用于光滑管。对于粗糙管，应将式(8.62) 与图 8.3 中的结果一起使用。

② 作为初步近似，如果 $(L/D) \gtrsim 10$，式(8.60)～式(8.62) 可用于计算整个管长的平均努塞尔数 $\overline{Nu}_D$。因此物性应该用平均温度的平均值 $\overline{T}_m \equiv (T_{m,i} + T_{m,o})/2$ 来取值。

注：1. 可用 Sh_D 和 Sc 分别取代 Nu_D 和 Pr 来得到传质关系式。

2. 式(8.53)、式(8.55)、式(8.60)～式(8.62)、式(8.64) 和式(8.65) 中的物性用 T_m 取值；式(8.19)～式(8.21) 中的物性用 $T_f \equiv (T_s + T_m)/2$ 取值；式(8.56) 和式(8.57) 中的物性用 $\overline{T}_m \equiv (T_{m,i} + T_{m,o})/2$ 取值。

3. 对于非圆截面管，$Re_D \equiv D_h u_m/\nu$，$D_h \equiv 4A_c/P$，$u_m \equiv \dot{m}/(\rho A_c)$。充分发展的层流的结果在表 8.1 中给出。对于湍流，作为初步近似可采用式(8.60)。

你应该通过以下问题检查自己对相关概念的理解程度。

• **流体力学入口区**有什么特征？**热入口区**呢？流体力学和热入口长度相等吗？如果不等，它们的相对长度与什么有关？

• **充分发展的流动**的**流体力学**特征是什么？充分发展的流动的摩擦因子是如何受壁面粗糙度影响的？

• **平均**或**整体温度**与内部流动的什么重要特征相联系？

• **充分发展的流动**有哪些热特征？

• 如果流体进入处于均匀温度的管子，并与管子的表面进行换热，对流系数是如何随着流动方向上的距离而变化的？

• 在具有等表面热流密度的管内流动中，流体的平均温度在 (a) 入口区和 (b) 充分发展区中是如何随着离开入口处的距离而变化的？表面温度在入口和充分发展区中又是如何随着距离而变化的？

• 在具有等表面温度的管内流动传热中，流体的平均温度是如何随着离开入口处的距离而变化的？表面热流密度又是如何随着离开入口处的距离而变化的？

• 为什么在计算具有等表面温度的管内流动的总传热速率时采用**对数平均温差**，而不是算术平均温差？

• 哪两个方程可用于计算具有等表面热流密度的管内流动的总传热速率？哪两个方程可用于计算具有等表面温度的管内流动的总传热速率？

• 在什么情况下与内部流动有关的努塞尔数是一个与雷诺数和普朗特数无关的常数？

• 管内流动的平均努塞尔数是大于、等于还是小于充分发展状态下的努塞尔数？为什么？

• 非圆形管的特征长度是如何定义的？

• **浓度入口区**有什么特征？

• 传质问题中充分发展的流动有什么特征？

• 如何推导对流传质关系式？

本章没有对一些使内部流动复杂化的特征进行讨论。例如，有可能出现这样的情形：给出的 T_s 或 q_s'' 是沿着轴向位置而变化的，而不是均匀的表面状态。这样的变化与其他因素一起，有可能使得充分发展区域不能出现，还有可能存在表面粗糙度的影响，沿周向变化的热流密度或温度，变化很大的流体物性或过渡流动状态。要了解对这些影响的全面讨论，可参阅文献[11，12，15，17，24]。

参考文献

1. Langhaar, H. L., *J. Appl. Mech.*, **64**, A-55, 1942.
2. Kays, W. M., and M. E. Crawford, *Convective Heat and Mass Transfer*, 3rd ed. McGraw-Hill, New York, 1993.
3. Moody, L. F., *Trans. ASME*, **66**, 671, 1944.
4. Petukhov, B. S., in T. F. Irvine and J. P. Hartnett, Eds., *Advances in Heat Transfer*, Vol. 6, Academic Press, New York, 1970.
5. Chen, M. M., and K. R. Holmes, *Ann. N. Y. Acad. Sci.*, **335**, 137, 1980.
6. Chato, J. C., *J. Biomech. Eng.*, **102**, 110, 1980.
7. Kays, W. M., *Trans. ASME*, **77**, 1265, 1955.
8. Hausen, H., *Z. VDI Beih. Verfahrenstech.*, **4**, 91, 1943.
9. Sieder, E. N., and G. E. Tate, *Ind. Eng. Chem.*, **28**, 1429, 1936.
10. Whitaker, S., *AIChE J.*, **18**, 361, 1972.
11. Shah, R. K., and A. L. London, *Laminar Flow Forced Convection in Ducts*, Academic Press, New York, 1978.
12. Shah, R. K., and M. S. Bhatti, in S. Kakac, R. K. Shah, and W. Aung, Eds., *Handbook of Single-Phase Convective Heat Transfer*, Chap. 3, Wiley-Interscience, New York, 1987.
13. Colburn, A. P., *Trans. AIChE*, **29**, 174, 1933.
14. Winterton, R. H. S., *Int. J. Heat Mass Transfer*, **41**, 809, 1998.
15. Bhatti, M. S., and R. K. Shah, in S. Kakac, R. K. Shah, and W. Aung, Eds., *Handbook of Single-Phase Convective Heat Transfer*, Chap. 4, Wiley-Interscience, New York, 1987.
16. Gnielinski, V., *Int. Chem. Eng.*, **16**, 359, 1976.
17. Kakac, S., in S. Kakac, R. K. Shah, and W. Aung, Eds., *Handbook of Single-Phase Convective Heat Transfer*, Chap. 18, Wiley-Interscience, New York, 1987.
18. Ghajar, A. J., and L.-M. Tam, *Exp. Thermal and Fluid Science*, **8**, 79, 1994.
19. Norris, R. H., in A. E. Bergles and R. L. Webb, Eds., *Augmentation of Convective Heat and Mass Transfer*, ASME, New York, 1970.
20. Molki, M., and E. M. Sparrow, *J. Heat Transfer*, **108**, 482, 1986.

21. Skupinski, E. S., J. Tortel, and L. Vautrey, *Int. J. Heat Mass Transfer*, **8**, 937, 1965.

22. Seban, R. A., and T. T. Shimazaki, *Trans. ASME*, **73**, 803, 1951.

23. Reed, C. B., in S. Kakac, R. K. Shah, and W. Aung, Eds., *Handbook of Single-Phase Convective Heat Transfer*, Chap. 8, Wiley-Interscience, New York, 1987.

24. Kays, W. M., and H. C. Perkins, in W. M. Rohsenow, J. P. Hartnett, and E. N. Ganic, Eds., *Handbook of Heat Transfer*, *Fundamentals*, Chap. 7, McGraw-Hill, New York, 1985.

25. Bergles, A. E., "Principles of Heat Transfer Augmentation," *Heat Exchangers*, *Thermal-Hydraulic Fundamentals and Design*, Hemisphere Publishing, New York, 1981, pp. 819–842.

26. Webb, R. L., in S. Kakac, R. K. Shah, and W. Aung, Eds., *Handbook of Single-Phase Convective Heat Transfer*, Chap. 17, Wiley-Interscience, New York, 1987.

27. Webb, R. L., *Principles of Enhanced Heat Transfer*, Wiley, New York, 1993.

28. Manglik, R. M., and A. E. Bergles, in J. P. Hartnett, T. F. Irvine, Y. I. Cho, and R. E. Greene, Eds., *Advances in Heat Transfer*, Vol. 36, Academic Press, New York, 2002.

29. Shah, R. K., and S. D. Joshi, in *Handbook of Single-Phase Convective Heat Transfer*, Chap. 5, Wiley-Interscience, New York, 1987.

30. Jensen, K. F., *Chem. Eng. Sci.*, **56**, 293, 2001.

31. Kaviany, M., *Principles of Convective Heat Transfer*, Springer-Verlag, New York, 1994.

32. Sharp, K. V., and R. J. Adrian, *Exp. Fluids*, **36**, 741, 2004.

33. Travis, K. P., B. D. Todd, and D. J. Evans, *Phys. Rev. E*, **55**, 4288, 1997.

习　题

流体力学

8.1　27℃的水以 0.01kg/s 的流率流过一根直径 25mm 的管子，已知存在充分发展的状态。管内最大的水流速度是多少？流动的压力梯度是多少？

8.2　对于平行平板间的充分发展的层流，x 动量方程具有下述形式

$$\mu\left(\frac{d^2 u}{dy^2}\right)=\frac{dp}{dx}=常数$$

本习题的目的是要建立与 8.1 节中的圆管类似的速度分布和压力梯度的表达式。

（a）证明速度分布 $u(y)$ 是抛物线形的，其形式为

$$u(y)=\frac{3}{2}u_m\left[1-\frac{y^2}{(a/2)^2}\right]$$

式中，u_m 是平均速度。

$$u_m=-\frac{a^2}{12\mu}\left(\frac{dp}{dx}\right)$$

式中，$-dp/dx=\Delta p/L$，其中 Δp 是沿长度为 L 的槽道的压降。

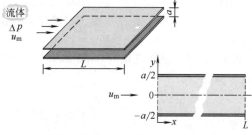

（b）采用水力直径 D_h 作为特征长度，写出摩擦系数 f 的定义式。平行平板间的槽道的水力直径是多少？

（c）摩擦因子可用式 $f=C/Re_{D_h}$ 计算，其中 C 与流动的横截面有关，如表 8.1 中所示。平行平板间的槽道的系数 C 是多少？

（d）在间距 5mm、长 200mm 的平板间槽道中流动的空气的压降为 $\Delta p=3.75 N/m^2$。计算温度为 300K 的常压空气的平均速度和雷诺数。对于这个应用，充分发展的流动的假定合理吗？如果不合理，则对计算 u_m 的影响有多大？

热入口段长度和能量平衡

8.3　考虑下述情况：加压水、机油（未曾使用）和 NaK（22%/78%）在直径 20mm 的

管内的流动。

（a）在流体温度为 366K、流率为 0.01kg/s 时确定以上各种流体的平均速度、水力学入口段长度以及热入口段长度。

（b）确定水和机油在平均速度为 0.02m/s、温度为 300K 和 400K 时的质量流率、水力学入口段长度以及热入口段长度。

8.4 半径 $r_o=10$mm 的管内层流的速度和温度分布具有下述形式

$$u(r)=0.1[1-(r/r_o)^2]$$

$$T(r)=344.8+75.0(r/r_o)^2-18.8(r/r_o)^4$$

其单位分别为 m/s 和 K。确定该轴向位置处的平均（或整体）温度 T_m 的相应值。

8.5 我们在第 1 章中述及：对于不可压缩液体，常常可以忽略稳态流动能量方程［式 1.11(d)］中的流动功。在横跨阿拉斯加的管道中，油的高黏度和很长的距离导致显著的压降，因此有理由怀疑流动功是否具有重要影响。考虑长 $L=100$km、直径 $D=1.2$m 的管道，油以 $\dot{m}=500$kg/s 的流率在其中流动。油的物性为 $\rho=900$kg/m^3、$c_p=2000$J/(kg·K)、$\mu=0.765$N·s/m^2。计算压降、流动功以及由流动功引起的温升。

8.6 在考虑黏性耗散时，式(8.48)（乘以 ρc_p）变为

$$\rho c_p u \frac{\partial T}{\partial x}=\frac{k}{r}\times\frac{\partial}{\partial r}\left(r\frac{\partial T}{\partial r}\right)+\mu\left(\frac{\mathrm{d}u}{\mathrm{d}r}\right)^2$$

本习题探讨黏性耗散的重要性。考虑下述情形：圆管内充分发展的层流，u 由式(8.15) 给出。

（a）将左侧在长为 L、半径为 r_o 的管子上积分，证明所得结果为式(8.34) 的右侧。

（b）将黏性耗散项在相同体积上积分。

（c）令上面计算的两项相等，求因黏性耗散所引起的温升。采用与习题 8.5 中相同的条件。

8.7 考虑一根套在同心管中长为 L、直径为 D 的圆柱体核燃料棒。加压水以流率 $\dot{m}$ 流过棒与管子之间的环形区域，管的外表面隔热良好。燃料棒中有热能产生，已知其容积产热速率随着沿棒的距离作正弦变化。即 $\dot{q}(x)=\dot{q}_o$ $\sin(\pi x/L)$，其中 $\dot{q}_o$（W/m^3）为常数。可假定

棒的表面与水之间存在均匀的对流系数 h。

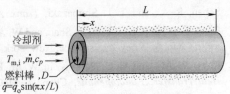

（a）求燃料棒对水的局部热流密度 $q''(x)$ 和总的传热速率 q 的表达式。

（b）求水的平均温度 $T_m(x)$ 随沿管距离 x 的变化的表达式。

（c）求棒的表面温度 $T_s(x)$ 随沿管距离 x 的变化的表达式。推导该温度达到最大值时所处位置 x 的表达式。

8.8 300K 的水以 5kg/s 的流率进入一根黑色的薄壁管，后者穿过一个壁面和空气温度均为 700K 的大炉子。管子的直径和长度分别为 0.25m 和 8m。水在管内流动以及空气在管外流动的对流系数分别为 300W/(m^2·K) 和 50W/(m^2·K)。

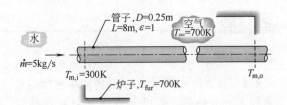

（a）写出管子的外表面与炉子壁面之间辐射换热的线性化辐射系数的表达式。如果管子的表面温度用其进出口处值的算术平均值表示，说明如何计算该系数。

（b）确定水的出口温度 $T_{m,o}$。

传热关系式：圆管

8.9 机油在流过一根直径 $D=50$mm、长 $L=25$m 的圆管时被加热，圆管表面维持在 150℃。

（a）如果油的流率和进口温度分别为 0.5kg/s 和 20℃，出口温度 $T_{m,o}$ 是多少？管子的总传热速率 q 是多少？

（b）在 0.5kg/s$\leqslant \dot{m}\leqslant 2.0$kg/s 的流率范围内，计算并画出 $T_{m,o}$ 和 q 随 $\dot{m}$ 的变化。在什么流率下 q 和 $T_{m,o}$ 具有最大值？对结果进行解释。

8.10 乙二醇以流率 0.01kg/s 通过一根直径 3mm 的薄壁管。管子以盘绕方式浸没在一

个处于 25℃ 且搅拌充分的水浴中。如果流体进入管子时的温度为 85℃，为使流体离开时达到 35℃，所需的传热速率和管长分别是多少？忽略因盘绕而导致的传热强化。

8.11 用于注塑过程的模具由金属构成 $[\rho = 7800\text{kg/m}^3$、$c = 450\text{J/(kg·K)}]$。在注入热塑材料之前要将模具加热到 190℃，但在取出成型零件之前必须使其冷却。可采用 30℃ 的加压水进行冷却。模具的尺寸为 50mm × 100mm × 40mm，模具设计人员必须说明如何在模具中加工 N 个直径 5mm 的冷却通道。如果沿模具的长度或宽度方向上每 10mm 可以布置一个通道，设计人员就可以指定是采用 5 个 100mm 长的通道还是采用 10 个 50mm 长的通道。水的总质量流率为 0.02kg/s，在所有通道中平均分配。模具设计人员应该采用哪种结构（$N=5$ 的长通道或 $N=10$ 的短通道）以加快模具冷却，从而提高零件的日生产数量？模具的初始冷却速率（℃/s）是多少？在进入热模具之前各个通道中的速度分布都是充分发展的。可以忽略热塑零件的质量。

8.12 一个热泵的蒸发器安装在一个大的水箱中，后者在冬季可用作热源。将能量从水中抽出后，水开始冻结，产生 0℃ 的冰/水混合物，后者可用于夏季的空气调节。考虑下述夏季制冷情况：空气通过浸没在冰/水混合物中内直径 $D=50$mm 的紫铜管阵列。

（a）如果空气以平均温度 $T_{m,i}=24$℃ 和流率 $\dot{m}=0.01$kg/s 进入每一根管子，为提供 $T_{m,o}=14$℃ 的出口温度需要的管长 L 是多少？在总体积 $V=10\text{m}^3$ 的水箱中共有 10 根管子通过，初始时水箱中冰的体积分数为 80%，需要多长时间可使冰完全融化？冰的密度和熔解潜热分别为 920kg/m^3 和 3.34×10^5J/kg。

（b）可以通过调节管内质量流率控制空气的出口温度。根据（a）中确定的管长，在 $0.005\text{kg/s} \leqslant \dot{m} \leqslant 0.05\text{kg/s}$ 范围内计算并画出 $T_{m,o}$ 随 $\dot{m}$ 的变化。如果用该系统制冷的住宅大约需要 0.05kg/s 的 16℃ 的空气，该系统的设计和运行工况应该是怎样的？

8.13 一根厚壁不锈钢（AISI 316）管的内外直径分别为 $D_i=20$mm 和 $D_o=40$mm，采用的电加热可产生均匀的产热速率 $\dot{q}=10^6$ W/m^3。管道的外表面隔热，水以流率 $\dot{m}=0.1$kg/s 流过管子。

（a）如果水的进口温度 $T_{m,i}=20$℃，所要的出口温度 $T_{m,o}=40$℃，所需的管长为多少？

（b）最大管温出现在什么位置？其值为多少？

8.14 水流过一根内直径 12mm、长 8m 的厚壁管。管道浸没在一个搅拌充分、处于 85℃ 的热反应箱中，管壁的导热热阻（基于内表面积）为 $R''_{cd}=0.002\text{m}^2 \cdot \text{K/W}$。被加热流体的进口温度和流率分别为 $T_{m,i}=20$℃ 和 33kg/h。

（a）计算被加热流体的出口温度 $T_{m,o}$。假定并证明管内存在充分发展的流动和热状态。

（b）如果管内同时存在热和流动进口状态，你预期 $T_{m,o}$ 是增大还是降低？计算这种条件下水的出口温度。

8.15 一个工业用空气加热器由一个隔热同心套管构成，空气在薄壁内管中流动。饱和蒸汽在环状空间中流动，蒸汽的凝结使内管外表面保持等温 T_s。

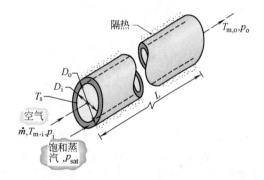

考虑下述情况：5atm 的空气进入直径 50mm 的管子，温度和流率分别为 $T_{m,i}=17$℃ 和 $\dot{m}=0.03$kg/s，同时，2.455bar 的饱和蒸汽在内管外表面上凝结。如果环状空间的长度为 $L=5$m，空气的出口温度 $T_{m,o}$ 和压力 p_o 分别是多少？凝结液离开环状空间的质量流率是多少？

8.16 为将质量流率为 0.5kg/s 的液态水银从 300K 加热到 400K，使其通过一根表面维持在 450K、直径为 50mm 的管子。利用合适的液态金属对流传热关系式计算所需的管长。将所得结果与采用适用于 $Pr \gtrsim 0.7$ 的关系式所得的结果进行比较。

8.17 冷却燃气轮机叶片的空气通道可近似为直径 3mm、长 75mm 的管道。叶片的工作温度为 650℃，空气进入管道时的温度为 427℃。

（a）空气流率为 0.18kg/h，计算空气的出口温度以及叶片的散热速率。

（b）在 $0.1\mathrm{kg/h}\leqslant\dot{m}\leqslant 0.6\mathrm{kg/h}$ 范围内画出空气出口温度随流率的变化。在其他条件均保持不变的情况下，将该结果与冷却通道直径为 2mm 和 4mm 的叶片的结果进行比较。

8.18 冷却高性能计算机芯片的一种常用方法是将芯片与热沉连接在一起，在热沉中加工了微循环槽道。在工作中，芯片在其与热沉的接触面上产生均匀的热流密度 q_c''，冷却剂（水）在这些槽道中流动。考虑一个正方形芯片和热沉，侧面尺寸均为 $L\times L$，微槽道的直径为 D、间距为 $S=C_1 D$，其中 C_1 是大于 1 的常数。水的进口温度为 $T_{m,i}$，总质量流率为 $\dot{m}$（整个热沉）。

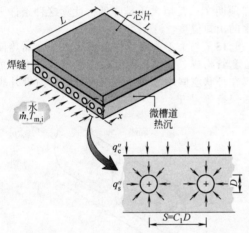

（a）假定 q_c'' 在热沉中的分布使每个槽道的表面上均维持均匀的热流密度 q_c''，求各个槽道中流体的平均温度 $T_m(x)$ 和表面温度 $T_s(x)$ 的纵向分布的表示式。假定各个槽道中均为充分发展的层流，用 $\dot{m}$、q_c''、C_1、D 和/或 L 以及适当的热物性表示结果。

（b）在 $L=12\mathrm{mm}$、$D=1\mathrm{mm}$、$C_1=2$、$q_c''=20\mathrm{W/cm^2}$、$\dot{m}=0.010\mathrm{kg/s}$ 和 $T_{m,i}=290\mathrm{K}$ 时，计算并画出温度分布 $T_m(x)$ 和 $T_s(x)$。

（c）在设计这类热沉时，一个常见的目标是在保持热沉处于一个可以接受的温度的同时使 q_c'' 最大化。在给定参数 $L=12\mathrm{mm}$ 和 $T_{m,i}=290\mathrm{K}$ 以及 $T_{s,max}\leqslant 50\mathrm{℃}$ 的限制条件下，探讨热沉设计和运行工况的变化对 q_c'' 的影响。

8.19 在内外直径分别为 $D_i=25\mathrm{mm}$ 和 $D_o=28\mathrm{mm}$ 的特氟隆管道中输运制冷剂 R-134a，流率为 0.1kg/s，300K 的常压空气以 $V=25\mathrm{m/s}$ 的速度横向流过管道。单位管长上对 240K 的制冷剂 R-134a 的传热速率是多少？

8.20 一种热流体流过一根直径 10mm、长 1m 的薄壁管，$T_\infty=25\mathrm{℃}$ 的冷却剂横向流过管道。在流率和进口温度分别为 $\dot{m}=18\mathrm{kg/h}$ 和 $T_{m,i}=85\mathrm{℃}$ 时，出口温度为 $T_{m,o}=78\mathrm{℃}$。

假定管道中的流动和热状态是充分发展的，确定流率提高一倍，即 $\dot{m}=36\mathrm{kg/h}$ 时的出口温度。所有其他条件均保持不变。热流体的热物性为 $\rho=1079\mathrm{kg/m^3}$、$c_p=2637\mathrm{J/(kg\cdot K)}$、$\mu=0.0034\mathrm{N\cdot s/m^2}$ 和 $k=0.261\mathrm{W/(m\cdot K)}$。

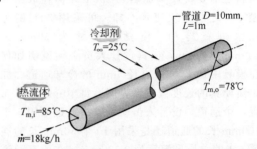

8.21 为将流率 $\dot{m}=0.215\mathrm{kg/s}$ 的水从 70℃ 冷却至 30℃，使其通过一根直径 $D=50\mathrm{mm}$ 的薄壁管，管外有 $T_\infty=15\mathrm{℃}$ 冷却剂横向流过。

（a）如果冷却剂为空气，且速度 $V=20\mathrm{m/s}$，所需的管长是多少？

（b）如果冷却剂为水，且 $V=2\mathrm{m/s}$，所需管长为多少？

8.22 一个采暖承包商要用横向流过薄壁管的热气将流率为 0.2kg/s 的水从 15℃ 加热到 35℃。

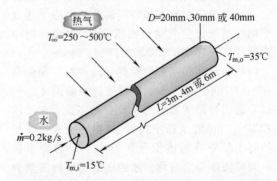

你的任务是发展一系列设计图，用于论证可以满足需求的管道尺寸（D 和 L）和热气状态（T_∞ 和 V）的组合。在你的分析中，考虑下述参数范围：$D=20\mathrm{mm}$、30mm 或 40mm；$L=3\mathrm{m}$、4m 或 6m；$T_\infty=250\mathrm{℃}$、375℃ 或 500℃；$20\mathrm{m/s}\leqslant V\leqslant 40\mathrm{m/s}$。

8.23 流体在地下埋管中流动时的热损问题已得到相当程度的重视。实际应用如阿拉斯加输油管道以及电厂的蒸汽和水的输送管网。考虑一根在寒冷地区输送流率为 $\dot{m}_o$ 的石油的钢管，直径为 D。管道隔热层的厚度为 t_i，热导率为 k_i，管道在泥土中埋设的深度为 z（从泥土表面到管道中心线的距离）。每两个泵站之间的管道长度为 L，油在泵站中被加热以确保其具有较低的黏度，从而所需的泵功率也较低。从泵站进入管道的油的温度和管道上部地层的温度分别记为 $T_{m,i}$ 和 T_s，为已知条件。

考虑下述情况：油（o）的物性可近似为 $\rho_o = 900 \text{kg/m}^3$、$c_{p,o} = 2000 \text{J/(kg·K)}$、$\nu_o = 8.5 \times 10^{-4} \text{ m}^2/\text{s}$、$k_o = 0.140 \text{W/(m·K)}$、$Pr_o = 10^4$；油的流率 $\dot{m}_o = 500 \text{kg/s}$；管道直径为 1.2m。

（a）用 D、L、z、t_i、$\dot{m}_o$、$T_{m,i}$ 和 T_s 以及适当的油（o）、隔热层（i）和泥土（s）的性质表示结果，建立为计算油离开管道时的温度 $T_{m,o}$ 所需的所有表示式。

（b）在 $T_s = -40℃$、$T_{m,i} = 120℃$、$t_i = 0.15\text{m}$、$k_i = 0.05 \text{W/(m·K)}$、$k_s = 0.5 \text{W/(m·K)}$、$z = 3\text{m}$ 和 $L = 100\text{km}$ 时，$T_{m,o}$ 的值是多少？管道的总散热速率是多少？

（c）业务经理想在管道埋设深度与隔热层厚度对管道热损的影响之间进行权衡。用图说明该设计信息。

8.24 你正在设计一个手术室换热装置，该装置使（从病人体中旁路流出的）血液流过一根浸没在冰水混合物中的盘管，从 $40℃$ 冷却至 $30℃$。体积流率（$\dot{V}$）为 $10^{-4} \text{m}^3/\text{min}$；管道直径（$D$）为 2.5mm；$T_{m,i}$ 和 $T_{m,o}$ 分别代表血液的进、出口温度。可以忽略盘管产生的传热强化。

（a）在确定整个管长上的 $\bar{h}$ 时，你会采用什么温度来确定流体物性？

（b）如果据（a）中温度估算的血液物性为 $\rho = 1000 \text{kg/m}^3$、$\nu = 7 \times 10^{-7} \text{m}^2/\text{s}$、$k = 0.5 \text{W/(m·K)}$ 和 $c_p = 4.0 \text{kJ/(kg·K)}$，血液的普朗特数是多少？

（c）血液流动是层流还是湍流？

（d）忽略所有的入口效应并作充分发展状态的假定，计算血液散热的 $\bar{h}$ 值。

（e）血液通过管道时总的热损速率是多少？

（f）当计及管道外表面上自然对流的影响时，血液与冰水混合物之间的平均总传热系数 $\bar{U}$ 可近似为 $300 \text{W/(m}^2\text{·K)}$。确定为获得出口温度 $T_{m,o}$ 所需的管长 L。

8.25 在一种生物医药产品的生产过程中，需要一块维持在 $45.00℃ \pm 0.25℃$ 的大平板。在设计中提出，要在平板的底部布间距为 S 的加热管。厚壁紫铜管的内直径 $D_i = 8\text{mm}$，

用高热导率的焊料焊接在平板上，焊料的接触宽度为 $2D_i$。每根管道中加热流体（乙二醇）的流率固定为 $\dot{m} = 0.06 \text{kg/s}$。平板的厚度 $w = 25\text{mm}$，是用热导率为 15W/(m·K) 的不锈钢制作的。

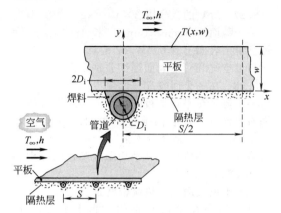

考虑插图中所示平板的二维截面，分析并确定在环境温度为 $25℃$、对流系数为 $100 \text{W/(m}^2\text{·K)}$ 时，为维持平板的表面温度 $T(x,w)$ 处于 $45.00℃ \pm 0.25℃$，所需的加热流体温度 T_m 和管间距 S。

8.26 地源热泵是采用液体而不是环境空气作为冬季供暖（或夏季制冷）的热源（或热沉）。液体在埋设在一定深度的塑料管中作循环流动，该处泥土温度的年变化远小于环境空气温度的变化。例如，在印第安纳州南本德市，深层土壤的温度基本上保持在 $11℃$，而环境空气温度的年变化范围可从 $-25 \sim +37℃$。

考虑下述冬季工况：液体从热泵中排入厚度和热导率分别为 $t = 8\text{mm}$ 和 $k = 0.47 \text{W/(m·K)}$ 的高密度聚乙烯管中。管道穿过泥土，后者使管道外表面处于约 $10℃$ 的均匀温度。流体的物性可近似为与水的相同。

（a）在管道内径和流率分别为 $D_i = 25\text{mm}$ 和 $\dot{m} = 0.03 \text{kg/s}$，且液体进口温度 $T_{m,i} = 0℃$ 时，在 $10\text{m} \leqslant L \leqslant 50\text{m}$ 范围内确定液体出口温度

（热泵进口温度）$T_{m,o}$ 随管道长度 L 的变化。

（b）为该系统建议一个合适的长度。你的建议是如何受液体流率的变化影响的？

非圆形管道

8.27 27℃ 的空气以 3×10^{-4} kg/s 的流率进入一个截面为 4mm×16mm、长 1m 的矩形管道。管道表面上有 600W/m² 的均匀热流密度。出口处空气和管道表面温度分别是多少？

8.28 在一个回收高温燃烧产物的热量的装置中，燃气在平行平板间流动，每块平板的背面有水流动，使它们维持在 350K。平板间距为 40mm，气流是充分发展的。可假定气体具有常压空气的物性，其平均温度和速度分别为 1000K 和 60m/s。

（a）平板表面上的热流密度是多少？

（b）如果在两块平板的中间悬挂第三块 20mm 厚的平板，原来两块平板的表面热流密度是多少？假定气体的温度和**流率**没有变化，且可以忽略辐射的影响。

8.29 用一个双壁换热器实现在两个半圆形紫铜管中流动的液体之间的换热。每个管的壁厚均为 $t=3$mm，内半径 $r_i=20$mm，紧密缠绕的带箍使两个平面保持良好接触。管道外表面隔热。

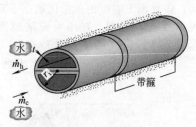

（a）如果平均温度分别为 $T_{c,m}=290$K 和 $T_{h,m}=330$K 的冷、热流体流过相邻的管道，流率为 $\dot{m}_h=\dot{m}_c=0.2$kg/s，单位管长上的传热速率是多少？壁面接触热阻为 10^{-5} m²·K/W。冷、热水的物性可近似为 $\mu=800\times10^{-6}$ kg/(s·m)、$k=0.625$W/(m·K) 和 $Pr=5.35$。

提示：传热因通过管壁半圆部分的导热而得以增强，每个半圆可分成两个端部绝热的直肋。

（b）采用（a）中建立的热模型，确定在流体为乙二醇时单位长度上的传热速率。另外，如果用铝合金来制造这个换热器，对换热速率有什么影响？增大管壁厚度会有利于提高换热速率吗？

8.30 要求你对一种在给病人输血时使用的血液加热器进行可行性研究。要用该换热器将从血库中取出的血液从 10℃ 加热到 37℃，血液的流率为 200ml/min。血液流过一根 6.4mm×1.6mm 的矩形截面管道，管道夹在两块温度恒为 40℃ 的平板之间。

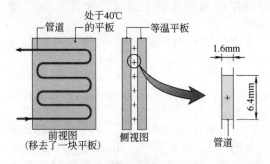

（a）计算为在指定流率下达到满足出口条件所需的管长。假定流动是充分发展的，且血液具有与水相同的物性。

（b）对你的假定进行评估，并指出你的分析是高估还是低估了所需的长度。

8.31 **冷板** 是一种主动冷却装置，将它与产热系统相连可以进行散热，使系统处于可以接受的温度。冷板通常是用热导率 k_{cp} 很高的材料制造的，其中加工了通冷却剂的槽道。考虑截面的高和宽分别为 H 和 W 的紫铜冷板，水流过冷板中宽度 $w=h$ 的正方形截面槽道。槽道横向间距 δ 是外部槽道的侧壁与冷板侧壁间距的两倍。

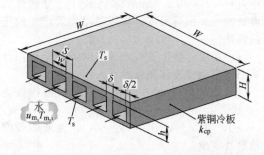

考虑下述情况：冷板的上下表面连接**相同**的产热系统，使它们处于相同的温度 T_s。冷却剂的平均速度和进口温度分别为 u_m 和 $T_{m,i}$。

（a）假定各个槽道中均为充分发展的湍流，建立可根据给定参数预测对冷板的总传热速率 q 和水的出口温度 $T_{m,o}$ 的方程组。

（b）考虑一块宽和高分别为 $W=100$mm 和 $H=10$mm 的冷板，其中有 10 个宽度为 $w=6$mm 的方形槽道，槽道间距 $\delta=4$mm。水进入槽道时的温度和速度分别为 $T_{m,i}=300$K 和 $u_m=2$m/s。如果冷板的上下表面均处于 $T_s=360$K，水的出口温度和对冷板的总传热速率是多少？紫铜的热导率为 $400W/(m \cdot K)$，水的平均物性可以取为 $\rho = 984kg/m^3$、$c_p = 4184J/(kg \cdot K)$、$\mu = 489 \times 10^{-6} N \cdot s/m^2$、$k = 0.65W/(m \cdot K)$ 和 $Pr = 3.15$。这种冷板的设计很好吗？如何提高它的性能？

8.32 为使诸如火车头之类的大牵引机减速，可采用称作电阻制动的过程将牵引马达切入发电模式，在这种模式下驱动轮的机械能被吸收，用于产生电流。如示意图所示，电能通过一个电阻网络（a），该网络是由一组串联金属叶片（b）组成的。叶片材料是一种高电阻率的高温合金，电能通过内部容积产热耗散为热能。为冷却叶片，采用电扇驱使高速空气流过网络。

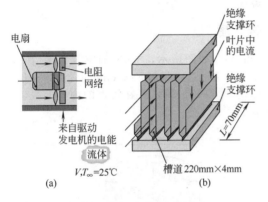

(a)　将叶片间的空间当作横截面为$220mm \times 4mm$、长$70mm$的矩形通道处理，计算单个叶片上的散热速率。空气流的进口温度和速度分别为$25℃$和$50m/s$，叶片的工作温度为$600℃$。

(b)　在一辆拖动 10 节车厢的机车上可能有 2000 个叶片。根据你在（a）中得到的结果，采用电阻制动将一辆总质量为$10^6 kg$的火车从$120km/h$减速至$50km/h$需要多长时间？

8.33　采用相邻平行平板与印刷电路板（PCB）之间的槽道中充分发展的空气层流来冷却电路板，槽道长为L，高度为a。可假定槽道在横向上为无限延展的，且上下表面均隔热。PCB具有均匀温度T_s，空气流由压差Δp驱动，进口温度为$T_{m,i}$。

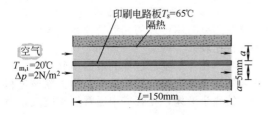

计算 PCB 单位面积上的平均散热速率（W/m^2）。

8.34　$T_{m,i} = 20℃$的水以流率$\dot{m} = 0.02kg/s$进入环状区域，内外管的直径分别为$D_i = 25mm$和$D_o = 100mm$。饱和蒸汽在内管中流动，使其表面处于均匀温度$T_{s,i} = 100℃$，外管的外表面隔热良好。如果可假定在整个环状通道中均为充分发展的状态，为使出口水温达到$75℃$，系统必须有多长？内管出口处的热流密度有多大？

传热强化

8.35　一个电力变压器的直径和高度分别为$230mm$和$500mm$，功耗为$1000W$。为使变压器的表面维持在$47℃$，对焊接在变压器侧面上直径为$20mm$的薄壁管通初始温度为$24℃$的乙二醇。假定变压器所产生的热量均传给了乙二醇。

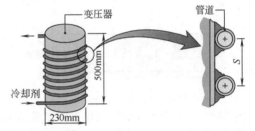

假定冷却剂最大允许的温升为$6℃$，确定所需的冷却剂流率、管的总长以及管圈之间的节距S。

8.36　注塑成型过程中的模具由上下两部分组成。每个部分的尺寸均为$60mm \times 60mm \times 20mm$，由金属构成$[\rho = 7800kg/m^3$、$c = 450J/(kg \cdot K)]$。在注射热塑材料之前，要用加压水（$275℃$，总流率为$0.02kg/s$）将冷模（$100℃$）加热到$200℃$。注射过程只需几分之一秒，随后，在取出模制品之前要用冷水（$25℃$，总流率为$0.02kg/s$）冷却热模（$200℃$）。在取出零件（也仅需几分之一秒）之后，过程将重复进行。

(a)　在传统的模具设计中，会在不影响模制品的位置处打孔，形成直的冷却（加热）流道。在模具的各部分中各有五个直径为$5mm$、长$60mm$的通道时（模具中共有 10 个通道），确定模具的初始加热和冷却速率。在热（或冷）模的各个通道的入口处，水的速度分布是充分发展的。

(b)　采用称为**选择性自由造型**（SFF）的新

的堆积制造技术可建造具有**保形冷却通道**的模具。考虑与前面相同的模具，但此时在用 SFF 法制造的模具的两个部分中各有一个直径为 5mm 的盘绕保形冷却通道。它们均有 $N = 2$ 圈。盘绕通道对模制品没有影响。保形通道的环圈直径 $C = 50$mm。水的总流率与（a）中的相同（每个盘管中均为 0.01kg/s）。确定模具的初始加热和冷却速率。

（c）比较传统冷却通道与保形冷却通道的表面积。比较配备有传统和保形加热、冷却通道的模具的温度变化速率。哪一种通道可以使每天生产较多的零件？忽略热塑材料的存在。

微尺度内部流动

8.37 在芯片的背面（没有电路）蚀刻微槽道是一种极为有效的冷却高功率密度硅芯片的方法。槽道底面覆盖有硅端盖，在槽道中通水可以实现冷却。

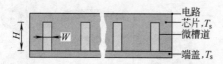

考虑一块侧面尺寸为 10mm×10mm 的芯片，其中蚀刻了 50 个 10mm 长的矩形截面微槽道，微槽道的宽和高分别为 $W = 50\mu$m 和 $H = 200\mu$m。考虑下述工况：水进入各个槽道时的温度为 290K，流率为 10^{-4}kg/s，芯片和端盖处于 350K 的均匀温度。假定流动在槽道中是充分发展的，且电路的所有散热均传给了水，确定水的出口温度和芯片的功耗。水的物性可用 300K 的值。

8.38 为测量微尺度槽道中液体的流动和对流换热速率，设计了下述实验：测量流过槽道的液体的质量，然后除以实验持续的时间以确定通过槽道的质量流率。同时也测量出口流体的平均温度。为了尽量减少实验所需的时间（即收集相当量的液体以便精确测量其质量和温度），通常采用微槽道**阵列**。考虑在紫铜块中加工的圆截面微槽道阵列，槽道的标称直径为 50μm。槽道长 20mm，紫铜块保持在 310K。进口温度为 300K 的水被加压系统输入槽道，在各槽道的进出口之间存在 2.5×10^6 Pa 的压差。

在很多微尺度系统中，特征尺度与在加工实验装置的过程中能够控制的公差相当。因此，在解释实验结果时必须仔细考虑加工公差的

影响。

（a）考虑在紫铜块中加工的三个微槽道。槽道直径因加工限制而有所偏移，其实际直径分别为 45μm、50μm 和 55μm。计算各个槽道中的质量流率以及出口平均温度。

（b）如果把所有从槽道中出来的水收集在一起并在容器中混合，计算通过槽道的平均流率以及从三个槽道中收集的水的混合平均温度。

（c）热心的实验员利用平均流率和平均混合出口温度分析具有平均直径（50μm）的槽道，并得出下述结论：在微槽道中发生受迫对流时，流率和换热系数分别提高和降低了约 5%。对实验员的结论的正确性进行说明。

传 质

8.39 如图所示，300K 的空气以 3kg/h 的流率向上通过一根直径 30mm 的管道。一层同样处于 300K 的薄水膜在管道的内壁上缓慢地流下。

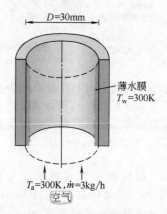

确定这种情形下的对流传质系数。

8.40 在直径 75mm 的管内流动的空气通过一个由萘制成的长 150mm 的粗糙段，萘的物性为 $M_A = 128.16$kg/kmol 和 $p_{sat}(300K) = 1.31 \times 10^{-4}$bar。空气的压力和温度分别为 1atm 和 300K，雷诺数 $Re_D = 35000$。在一个实验中，流动持续了 3h，测得因粗糙表面升华而造成的质量损失为 0.01kg。相关的对流传质系数是多少？相应的对流换热系数是多少？把这些结果与用传统的光滑管关系式预测的结果进行比较。

8.41 在一个生产过程的最后步骤中，要在圆管的内表面上施加保护涂层，为去除该过程产生的残余液体，在管道中通常压干空气。考

虑一根内直径为 50mm、长 5m 的带有内涂层的管道。管道温度为 300K，残余液体以薄膜的形式存在，其相应的蒸气压力为 15mmHg。蒸气的分子量和扩散系数分别为 $M_A = 70$kg/kmol 和 $D_{AB} = 10^{-5}$ m²/s。空气进入管道时的平均速度和温度分别为 0.5m/s 和 300K。

（a）计算离开管子时空气中的蒸气分压和质量密度。

（b）从管道中去除液体的速率（kg/s）是多少？

8.42　干空气以 10L/min 的速率被吸入一根直径 20mm、长 125mm 的气管。气管的内表面处于正常人体温度 37℃，并可假定与水处于饱和状态。

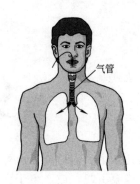

气管

（a）假定气管中为充分发展的稳态流动，确定对流传质系数。

（b）计算气管中因蒸发而造成的水的日损失速率（L/d）。

第 **9** 章 自然对流

在前面几章中我们讨论了由**外部压力**条件产生的流体流动中的对流输运。例如，流体流动可由风机或泵引起，或产生于穿过流体的固体的推进力。在有温度梯度的情况下，就会发生**受迫对流**传热。

现在我们来讨论虽然没有**受迫**速度，但流体中仍存在对流流动的情况。这种情况称为**自由**或**自然对流**，当**物体力**作用在有**密度梯度**的流体上时就会发生这种流动。这种作用的净效应为**浮力**，正是它引起了自然对流流动。在最常见的情形中，密度梯度是由温度梯度产生的，而物体力则是由重力场引起的。

由于自然对流的流动速度通常远小于受迫对流的速度，相应的对流输运速率也较低。由此可能会误认为自然对流过程不太重要。我们应该消除这种误解。在很多涉及多种传热模式影响的系统中，自然对流产生的传热热阻最大，因此它在系统的设计和性能方面起着重要作用。此外，在想要获得最低的传热速率或最低的运行费用时，人们常常会选择自然对流，而不是受迫对流。

当然，自然对流有很多应用。自然对流对动力装置和电子设备的工作温度有强烈影响。它在大量的热加工应用中起主要作用。自然对流对于建筑物内部温度分布的建立以及确定供暖、通风和空调系统的热损或热负荷是非常重要的。自然对流散布火灾中的有毒燃烧产物，它还和环境科学有关，在该领域它是海洋和大气运动以及相关的传热和传质过程的驱动力。

在本章中，我们的目的是理解由浮力驱动的流动的物理起因和特性，并掌握进行相关传热计算的手段。

9.1 物理的讨论

在自然对流中，流体的运动是由流体中的浮力引起的，而在受迫对流中则是由外力驱动的。**浮力是流体密度梯度和与密度成比例的物体力共同存在的结果。**实际上，物体力通常是**重力**，虽然还有可能是旋转流体机械中的离心力或大气和海洋的旋转运动中的科里奥利（Coriolis）力。也有一些情况可导致流体中出现密度梯度，但最常见的则是由于存在温度梯度的结果。我们知道，气体和液体的密度与温度有关，通常会随着温度的升高而（由于流体膨胀）降低（$\partial \rho / \partial T < 0$）。

在本教材中，我们只讨论密度梯度源于温度梯度而物体力是重力的自然对流问题。但是，在重力场中存在流体密度梯度并不保证一定会存在自然对流流动。考虑图 9.1 中的情形。流体处于两块具有不同温度（$T_1 \neq T_2$）的大的水平板之间。在情形(a)中，下板的温度比上板的高，密度在重力方向上是减小的。如果温差超过临界值，状态会变得**不稳定**，浮力能够克服黏性力的阻碍作用。作用在密度较大的上层流体上的重力比作用在下层较轻的流体上的要大，就会出现图中给出的环流模式。较重的流体会下降，在这个过程中被加热，而较轻的流体会上升，在运动过程中被冷却。但是，情形(b)中不存在这种状态，在这里 $T_1 > T_2$，因此密度不再在重力方向上减小。现在，状态是**稳定的**，没有流体的整体运动。在情形(a)中，从底表面向上表面的传热是通过自然对流进行的；在情形(b)中，传热（从

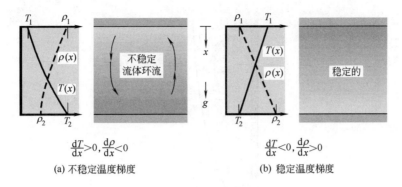

(a) 不稳定温度梯度　　　　　　　　　　(b) 稳定温度梯度

图 9.1　两块不同温度的大水平板之间的流体中的状态

上表面到底表面）则是通过导热进行的。

　　可以根据流动是否有表面边界对自然对流分类。在没有临近表面时，**自由边界流动**可以**卷流**（plume）或**漂浮射流**（buoyant jet）的形式发生（图 9.2）。卷流与从浸没的热物体上升起的流体有关。考虑图 9.2(a) 中的热丝，它处于**广延的静止流体之中❶**。被丝加热的流体因浮力而上升，同时从静止区域中夹带流体。虽然卷流宽度随着离开丝的距离而增加，但是卷流本身最终会由于黏性作用以及其中流体的冷却所导致的浮力减少而消失。区分卷流和漂浮射流通常是基于**初始**流体速度。对于卷流，这个速度为零，但对于漂浮射流，它是个有限值。图 9.2(b) 给出了热流体以水平射流的形式排入温度较低的静止介质中的情形。射流中出现的垂直运动是由浮力引起的。当热水从中心发电站的冷凝器排入温度较低的水库中时就会发生这种情形。加路亚（Jaluria）[1] 及戈布哈特（Gebhart）等[2] 对自由边界流动进行了相当详细的讨论。

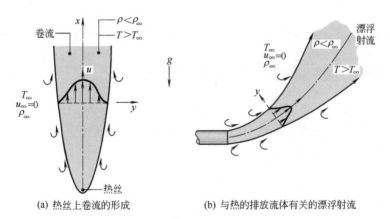

(a) 热丝上卷流的形成　　　　　　　(b) 与热的排放流体有关的漂浮射流

图 9.2　在广延的静止介质中由浮力驱动的自由边界层流动

　　在本教材中，我们重点讨论有表面边界的自然对流流动，一个经典的例子是热的垂直平板上边界层的发展（图 9.3）。该平板浸没在广延的静止流体中，在 $T_s > T_\infty$ 时，靠近平板的流体的密度比远处流体的小。因此，浮力导致自然对流边界层的产生，在这个边界层中热流体垂直上升，同时从静止区域中夹带流体。所产生的速度分布与受迫对流边界层中的不同。具体地说，在 $y \rightarrow \infty$ 和 $y = 0$ 处速度均为零。如果 $T_s < T_\infty$，自然对流边界层也会发展。但在这种情况下，流体的运动是向下的。

---

❶　从原则上说，广延的介质就是无限大的介质。因为静止流体就是不动的流体，所以远离热丝的流体的速度为零。

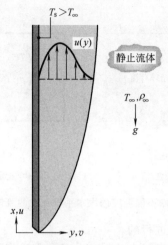

图 9.3 热的垂直平板上边界层的发展

9.2 控制方程

同受迫对流一样，描述自然对流中动量和能量传递的方程来源于相关的守恒原理。此外，自然对流中的具体过程与在受迫对流中起支配作用的那些过程很相似。惯性力和黏性力仍然起着重要作用，通过平流和扩散的能量输运也是如此。两种流动之间的区别在于：在自然对流中起主要作用的是浮力。事实上，流动就是由浮力维持的。

考虑由浮力驱动的层流边界层流动（图 9.3）。假设二维、稳态、常物性条件，且重力作用在负 x 方向。还假定流体是不可压缩的，但有一个例外。这个例外就是在浮力中计及了密度变化的影响，因为正是这个变化引起了流体的运动。最后，假定边界层近似是成立的。

根据前面的简化，x 动量方程［式(D.2)］就简化成边界层方程［式(6.28)］，但保留了物体力项 X。如果这个力仅由重力构成，则单位体积上的物体力为 $X = -\rho g$，其中 g 是由重力引起的当地加速度。由此，适当形式的 x 动量方程为

$$u\,\frac{\partial u}{\partial x} + v\,\frac{\partial u}{\partial y} = -\frac{1}{\rho} \times \frac{\mathrm{d}p_\infty}{\mathrm{d}x} - g + \nu\,\frac{\partial^2 u}{\partial y^2} \tag{9.1}$$

式中，$\mathrm{d}p_\infty/\mathrm{d}x$ 是边界层**外**静止区域中的自由流压力梯度。在这个区域中，$u=0$，因此方程(9.1)可简化为

$$\frac{\mathrm{d}p_\infty}{\mathrm{d}x} = -\rho_\infty g \tag{9.2}$$

把式(9.2)代入式(9.1)，我们得到下面的表达式：

$$u\,\frac{\partial u}{\partial x} + v\,\frac{\partial u}{\partial y} = g(\Delta\rho/\rho) + \nu\,\frac{\partial^2 u}{\partial y^2} \tag{9.3}$$

式中，$\Delta\rho = \rho_\infty - \rho$。这个表达式必定在自然对流边界层中的所有位置处都适用。

方程(9.3)右边的第一项是浮力，流动之所以发生是因为密度 ρ 是个变量。如果密度变化只是由温度变化引起的，这个项就可与称为**容积热膨胀系数**的流体性质建立联系，其定义为

$$\beta = -\frac{1}{\rho}\left(\frac{\partial\rho}{\partial T}\right)_p \tag{9.4}$$

流体的这个**热力学**性质提供了定压条件下由温度变化所引起的密度变化值的度量。如果将它写成下面的近似形式

$$\beta \approx -\frac{1}{\rho} \times \frac{\Delta \rho}{\Delta T} = -\frac{1}{\rho} \times \frac{\rho_\infty - \rho}{T_\infty - T}$$

可得

$$(\rho_\infty - \rho) \approx \rho \beta (T - T_\infty)$$

这个简化称为**布西涅斯克近似**（Boussinesq approximation），把上式代入方程（9.3），x 动量方程就变成

$$u\frac{\partial u}{\partial x} + v\frac{\partial u}{\partial y} = g\beta(T - T_\infty) + \nu \frac{\partial^2 u}{\partial y^2} \tag{9.5}$$

现在，驱动流动的浮力与温差之间是怎样的关系就一目了然了。

因为浮力的影响仅限于动量方程，所以质量和能量守恒方程就与受迫对流的一样。因此，方程式（6.27）和式（6.29）就可用于完成问题的描述。由此，控制方程组为

$$\frac{\partial u}{\partial x} + \frac{\partial v}{\partial y} = 0 \tag{9.6}$$

$$u\frac{\partial u}{\partial x} + v\frac{\partial u}{\partial y} = g\beta(T - T_\infty) + \nu \frac{\partial^2 u}{\partial y^2} \tag{9.7}$$

$$u\frac{\partial T}{\partial x} + v\frac{\partial T}{\partial y} = \alpha \frac{\partial^2 T}{\partial y^2} \tag{9.8}$$

注意，这里略去了能量方程（9.8）中的黏性耗散项，由于自然对流的流速很低，这个假定当然是合理的。从数学意义上来说，方程（9.7）中浮力项的出现使得问题复杂化。由方程式（9.6）和式（9.7）给出的流体力学问题不可以再与由方程（9.8）给出的热问题分开并独立求解。动量方程的求解依赖于 T，因而依赖于能量方程的求解。因此，方程式（9.6）～式（9.8）有很强的耦合关系，必须同时求解。

自然对流的影响明显地依赖于膨胀系数 β。确定 β 的方法与流体有关。对于理想气体，$\rho = p/(RT)$，因此

$$\beta = -\frac{1}{\rho}\left(\frac{\partial \rho}{\partial T}\right)_p = \frac{1}{\rho} \times \frac{p}{RT^2} = \frac{1}{T} \tag{9.9}$$

式中，T 是**热力学**温度。对于液体和非理想气体，必须从合适的物性表（附录 A）中获得 β。

9.3　相似性讨论

现在我们来讨论控制自然对流流动和传热的无量纲参数。同受迫对流（第 6 章）一样，对控制方程无量纲化可求得这些参数。引入

$$x^* \equiv \frac{x}{L} \qquad y^* \equiv \frac{y}{L}$$

$$u^* \equiv \frac{u}{u_0} \qquad v^* \equiv \frac{v}{u_0} \qquad T^* \equiv \frac{T - T_\infty}{T_s - T_\infty}$$

式中，L 是特征长度；u_0 是一个**任意的**参考速度❶，x 动量和能量方程［式（9.7）式（9.8）］可写成

$$u^*\frac{\partial u^*}{\partial x^*} + v^*\frac{\partial u^*}{\partial y^*} = \frac{g\beta(T_s - T_\infty)L}{u_0^2}T^* + \frac{1}{Re_L} \times \frac{\partial^2 u^*}{\partial y^{*2}} \tag{9.10}$$

$$u^*\frac{\partial T^*}{\partial x^*} + v^*\frac{\partial T^*}{\partial y^*} = \frac{1}{Re_L Pr} \times \frac{\partial^2 T^*}{\partial y^{*2}} \tag{9.11}$$

---

❶　由于在自然对流中自由流的状态是静止的，因此没有像受迫对流那样的合乎逻辑的外部参考速度（V 或 u_∞）。

方程(9.10) 右边第一项中的无量纲参数是浮力的直接结果。由于参考速度 u_0 是任意的，因此可以通过对它的选择来简化方程的形式。选择 $u_0^2 = g\beta(T_s - T_\infty)L$ 是比较方便的，因为这样右边的第一项就变成 T^*，于是 Re_L 就变为 $[g\beta(T_s - T_\infty)L^3/\nu^2]^{1/2}$。习惯上把雷诺数的平方定义为**格拉晓夫数**（Grashof number）Gr_L

$$Gr_L \equiv \frac{g\beta(T_s - T_\infty)L^3}{\nu^2} \tag{9.12}$$

这样，就可以用 $Gr_L^{1/2}$ 取代方程式(9.10) 和式(9.11) 中的 Re_L，我们看到格拉晓夫数（或更确切地说，$Gr_L^{1/2}$）在自然对流中所起的作用与雷诺数在受迫对流中所起的作用是相同的。基于方程式(9.10) 和式(9.11) 的最终形式，我们预期在自然对流中传热关系式的形式为 $Nu_L = f(Gr_L, Pr)$。我们记得，**雷诺数**提供了作用在流体微元上的**惯性力与黏性力之比**的度量。与此不同，**格拉晓夫数**则表示作用在流体上的**浮力与黏性力之比**的度量。

在受迫对流和自然对流的影响相当时，情形更为复杂。例如，考虑图 9.3 中的边界层，但此时自由流速度 u_∞ 不为零。在这种情况下，选择 u_∞ 作为特征速度较为方便 [这样无量纲速度 u^* 的自由流边界条件即为 $u^*(y^* \to \infty) \to 1$]。由此，方程(9.10) 中的 T^* 项就会与 Gr_L/Re_L^2 相乘，所得努塞尔数表达式的形式将会变成 $Nu_L = f(Re_L, Gr_L, Pr)$。通常，当 $Gr_L/Re_L^2 \approx 1$ 时，必须考虑自然和受迫对流的共同作用。如果不等式 $Gr_L/Re_L^2 \ll 1$ 成立，自然对流的影响可忽略，有 $Nu_L = f(Re_L, Pr)$。相反，如果 $Gr_L/Re_L^2 \gg 1$，受迫对流的影响可忽略，有 $Nu_L = f(Gr_L, Pr_L)$，正如在上一段中对纯自然对流的讨论所指出的那样。

9.4 垂直表面上的层流自然对流

已经求得了层流自然对流边界层方程的大量的解，得到较多关注的一种特殊情况是涉及广延的静止介质中等温垂直表面上的自然对流（图 9.3）。对于这种几何形状，方程式(9.6)~式(9.8) 必须根据以下形式的边界条件进行求解❶

$$y = 0: \qquad u = v = 0 \qquad T = T_s$$
$$y \to \infty: \qquad u \to 0 \qquad T \to T_\infty$$

奥斯特拉奇（Ostrach）[3] 已求得上述问题的相似解。在求解过程中要引入以下形式的**相似参数**进行变量转换

$$\eta \equiv \frac{y}{x}\left(\frac{Gr_x}{4}\right)^{1/4} \tag{9.13}$$

并以定义如下的流函数表示速度分量

$$\psi(x, y) \equiv f(\eta)\left[4\nu\left(\frac{Gr_x}{4}\right)^{1/4}\right] \tag{9.14}$$

根据流函数的上述定义，x 速度分量可表示为

$$u = \frac{\partial \psi}{\partial y} = \frac{\partial \psi}{\partial \eta} \times \frac{\partial \eta}{\partial y} = 4\nu\left(\frac{Gr_x}{4}\right)^{1/4} f'(\eta)\frac{1}{x}\left(\frac{Gr_x}{4}\right)^{1/4} = \frac{2\nu}{x}Gr_x^{1/2}f'(\eta) \tag{9.15}$$

其中加 $'$ 的量表示对 η 的微分。因此 $f'(\eta) \equiv \mathrm{d}f/\mathrm{d}\eta$。用类似的方法计算 y 速度分量 $v = -\partial\psi/\partial x$，并引入无量纲温度

$$T^* \equiv \frac{T - T_\infty}{T_s - T_\infty} \tag{9.16}$$

于是，原始的三个偏微分方程 [式(9.6)~式(9.8)] 可简化成以下形式的两个常微分方程

---

❶ 在使用方程式(9.6)~式(9.8) 时作了边界层近似成立的假定。但是，该近似仅在 $(Gr_x Pr) \gtrsim 10^4$ 时才成立。小于该值时（靠近前缘处），边界层的厚度相对于特征长度 x 过大，使得边界层近似不能成立。

$$f''' + 3ff'' - 2(f')^2 + T^* = 0 \tag{9.17}$$

$$T^{*''} + 3PrfT^{*'} = 0 \tag{9.18}$$

式中，f 和 T^* 都只是 η 的函数，二撇号 $''$ 和三撇号 $'''$ 分别表示对 η 的二次和三次导数。注意，f 是速度边界层中的关键因变量，且引入流函数后连续方程(9.6) 已自动满足。

为求解动量和能量方程 [式(9.17) 和式(9.18)]，所需的经过变换的边界条件的形式为

$$\eta = 0: \qquad f = f' = 0 \qquad T^* = 1$$

$$\eta \to \infty: \qquad f' \to 0 \qquad T^* \to 0$$

奥斯特拉奇（Ostrach）[3] 已经求得数值解，部分结果示于图 9.4 中。注意，利用式 (9.15) 可很容易地从图 9.4(a) 中求得 x 速度分量 u。还要注意，根据相似参数 η 的定义，图 9.4 可用于确定对应于任意 x 和 y 值的 u 和 T 的值。

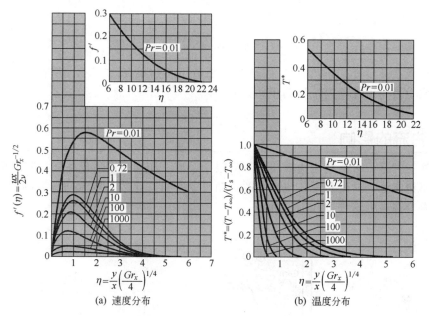

(a) 速度分布 (b) 温度分布

图 9.4　等温垂直表面上的层流自然对流边界层状态[3]

图 9.4(b) 还可用于推导合适的传热关系式。利用对应于局部对流系数 h 的牛顿冷却定律，局部努塞尔数可表示为

$$Nu_x = \frac{hx}{k} = \frac{[q''_s / (T_s - T_\infty)]x}{k}$$

利用傅里叶定律求得 q''_s，并用 η [式(9.13)] 和 T^* [式(9.16)] 表示表面温度梯度，可得

$$q''_s = -k \frac{\partial T}{\partial y}\Big|_{y=0} = -\frac{k}{x}(T_s - T_\infty)\left(\frac{Gr_x}{4}\right)^{1/4} \frac{dT^*}{d\eta}\Big|_{\eta=0}$$

因此

$$Nu_x = \frac{hx}{k} = -\left(\frac{Gr_x}{4}\right)^{1/4} \frac{dT^*}{d\eta}\Big|_{\eta=0} = \left(\frac{Gr_x}{4}\right)^{1/4} g(Pr) \tag{9.19}$$

该式证实了表面上的无量纲温度梯度是普朗特数的函数 $g(Pr)$。从图 9.4(b) 中可明显看出这种关系，已经用数值方法对一些 Pr 值确定了这种关系[3]。这些结果可通过以下形式的插值公式建立关系，误差在 0.5% 以内[4]

$$g(Pr) = \frac{0.75Pr^{1/2}}{(0.609+1.221Pr^{1/2}+1.238Pr)^{1/4}} \tag{9.20}$$

上式适用于 $0 \leqslant Pr \leqslant \infty$。

利用式(9.19)求得局部对流系数，并用下面的局部格拉晓夫数代入

$$Gr_x = \frac{g\beta(T_s-T_\infty)x^3}{\nu^2}$$

可得长度为 L 的表面的平均对流系数为

$$\overline{h} = \frac{1}{L}\int_0^L h\,\mathrm{d}x = \frac{k}{L}\left[\frac{g\beta(T_s-T_\infty)}{4\nu^2}\right]^{1/4}g(Pr)\int_0^L \frac{\mathrm{d}x}{x^{1/4}}$$

积分后可得

$$\overline{Nu}_L = \frac{\overline{h}L}{k} = \frac{4}{3}\left(\frac{Gr_L}{4}\right)^{1/4}g(Pr) \tag{9.21}$$

或用式(9.19)代入，令 $x=L$，有

$$\overline{Nu}_L = \frac{4}{3}Nu_L \tag{9.22}$$

上述结果在 $T_s > T_\infty$ 或 $T_s < T_\infty$ 的情况下都适用。如果 $T_s < T_\infty$，情况与图9.3中的相反。前缘位于板的顶部，正 x 则为重力方向。

9.5 湍流的影响

值得注意的是，自然对流边界层并不局限于层流。如同受迫对流一样，其中也可发生**流体力学的不稳定性**。这就是说，流动中的扰动可以增强，导致从层流向湍流的过渡。图9.5中给出了垂直热板上这种过程的示意。

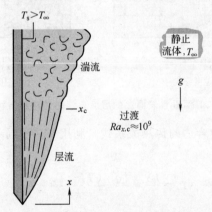

图9.5 垂直平板上自然对流边界层的过渡

自然对流边界层中的过渡与流体中浮力与黏性力的相对大小有关。习惯上用**瑞利数**（Raleigh number）表示过渡发生的条件，瑞利数是格拉晓夫数和普朗特数的乘积。对于垂直平板，临界瑞利数为

$$Ra_{x,c} = Gr_{x,c}Pr = \frac{g\beta(T_s-T_\infty)x^3}{\nu\alpha} \approx 10^9 \tag{9.23}$$

戈布哈特（Gebhart）等[2]对稳定性和过渡的影响进行了广泛讨论。

同在受迫对流中一样，向湍流的过渡对传热有很大的影响。因此，上一节中的结果仅适用于 $Ra_L \lesssim 10^9$ 的情况。为获得适用于湍流的关系式，主要应依靠实验结果。

【例 9.1】 考虑处于 70℃、长为 0.25m 的垂直平板。此板悬于 25℃ 的空气中。如果空气是静止的，试计算平板尾缘处的边界层厚度。并将计算结果与当空气以 5m/s 的自由流速度流过平板时尾缘处的边界层厚度作比较。

解析

已知：垂直平板处于温度较低的静止空气中。

求：尾缘处的边界层厚度。并与空气速度为 5m/s 时该处边界层厚度作比较。

示意图：

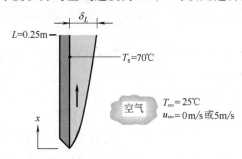

假定：1. 常物性；

2. 在 $u_\infty = 5$m/s 时浮力的影响可忽略。

物性：表 A.4，空气（$T_f = 320.5$K）：$\nu = 17.95 \times 10^{-6}$ m²/s，$Pr = 0.7$，$\beta = T_f^{-1} = 3.12 \times 10^{-3}$ K⁻¹。

分析：对于静止的空气，式（9.12）给出

$$Gr_L = \frac{g\beta(T_s - T_\infty)L^3}{\nu^2}$$

$$= \frac{9.8\text{m/s}^2 \times (3.12 \times 10^{-3}\text{K}^{-1}) \times (70-25)℃ \times (0.25\text{m})^3}{(17.95 \times 10^{-6}\text{m}^2/\text{s})^2} = 6.69 \times 10^7$$

于是，$Ra_L = Gr_L Pr = 4.68 \times 10^7$，由式（9.23）可知，自然对流边界层为层流。因此可利用 9.4 节中的分析。根据图 9.4 中的结果可得，对于 $Pr = 0.7$，在边界层边缘，即 $y \approx \delta$ 处，$\eta \approx 6.0$。因此

$$\delta_L \approx \frac{6L}{(Gr_L/4)^{1/4}} = \frac{6 \times 0.25\text{m}}{(1.67 \times 10^7)^{1/4}} = 0.024\text{m} \qquad \blacktriangleleft$$

对于 $u_\infty = 5$m/s 的空气流动

$$Re_L = \frac{u_\infty L}{\nu} = \frac{(5\text{m/s}) \times 0.25\text{m}}{17.95 \times 10^{-6}\text{m}^2/\text{s}} = 6.97 \times 10^4$$

可知边界层为层流。由此，根据式（7.19）

$$\delta_L \approx \frac{5L}{Re_L^{1/2}} = \frac{5 \times 0.25\text{m}}{(6.97 \times 10^4)^{1/2}} = 0.0047\text{m} \qquad \blacktriangleleft$$

说明：1. 自然对流边界层的厚度一般比受迫对流边界层的大。

2. $(Gr_L/Re_L^2) = 0.014 \ll 1$，因此在 $u_\infty = 5$m/s 时假定浮力的影响可以忽略是正确的。

9.6 实验关系式：外部自然对流流动

在本节中，我们将概述适用于常见的**浸没**（外部流动）几何形状的实验关系式。这些关系式适用于大多数工程计算，且通常具有以下形式

$$\overline{Nu}_L = \frac{\overline{h}L}{k} = CRa_L^n \qquad (9.24)$$

其中瑞利数是基于几何形状的特征长度 L 定义的

$$Ra_L = Gr_L Pr = \frac{g\beta(T_s - T_\infty)L^3}{\nu\alpha} \qquad (9.25)$$

在典型情况下，对于层流和湍流，n 分别等于 $\frac{1}{4}$ 和 $\frac{1}{3}$。由此可知，对于湍流，$\overline{h}_L$ 与 L 无关。注意，所有的物性都要用膜温 $T_f \equiv (T_s + T_\infty)/2$ 取值。

9.6.1 垂直平板

对于垂直平板，已经建立了由式（9.24）给出形式的表达式[5~7]。对于层流（$10^4 \lesssim Ra_L \lesssim 10^9$），有 $C = 0.59$ 和 $n = 1/4$，对于湍流（$10^9 \lesssim Ra_L \lesssim 10^{13}$），有 $C = 0.10$ 和 $n = 1/3$。邱吉尔（Churchill）和邱（Chu）[8]推荐了适用于**整个** Ra_L 范围的关系式，其形式为

$$\overline{Nu}_L = \left\{ 0.825 + \frac{0.387 Ra_L^{1/6}}{[1+(0.492/Pr)^{9/16}]^{8/27}} \right\}^2 \qquad (9.26)$$

虽然式（9.26）适用于大多数工程计算，但对于层流，使用下面的关系式可获得稍高的精度[8]：

$$\overline{Nu}_L = 0.68 + \frac{0.670 Ra_L^{1/4}}{[1+(0.492/Pr)^{9/16}]^{4/9}} \quad Ra_L \lesssim 10^9 \qquad (9.27)$$

在瑞利数较大的情况下，式（9.26）和式（9.27）右边的第二项起主导作用，这些关系式就具有与式（9.24）相同的形式，只是常数 C 被 Pr 的函数取代了。这样式（9.27）的结果就与由式（9.21）和式（9.20）给出的分析解在数值上吻合得极好。相反，在瑞利数较小时，式（9.26）和式（9.27）右边的第一项起主导作用，由于 $0.825^2 \approx 0.68$，这两个式子就给出相同的结果。式（9.26）和式（9.27）中的常数项的出现说明了以下事实：在瑞利数较小的情况下，边界层假定不能成立，平行于平板的导热变得重要了。

值得注意的是，上述结果是针对等温平板（T_s 为常数）获得的。如果表面状态改为均匀热流密度（q_s'' 为常数），温差（$T_s - T_\infty$）将会随着 x 而变化，从前缘处的零值开始升高。确定这种变化的一种近似方法是基于下述结论[8,9]：如果 $\overline{Nu}_L$ 和 Ra_L 是根据平板中点处的温差 $\Delta T_{L/2} = T_s(L/2) - T_\infty$ 定义的，则作为很好的近似，仍然可采用适用于等温平板的 $\overline{Nu}_L$ 关系式。因此，由 $\overline{h}_L \equiv q_s''/\Delta T_{L/2}$，像式（9.27）这样的关系式可用于（例如，用试凑法）确定 $\Delta T_{L/2}$，由此可得表面中点处的温度 $T_s(L/2)$。如果假定在整个平板上有 $Nu_x \propto Ra_x^{1/4}$，可得

$$\frac{q_s'' x}{k \Delta T} \propto \Delta T^{1/4} x^{3/4}$$

或

$$\Delta T \propto x^{1/5}$$

这样，任意 x 处的温差为

$$\Delta T_x \approx \frac{x^{1/5}}{(L/2)^{1/5}} \Delta T_{L/2} = 1.15\left(\frac{x}{L}\right)^{1/5} \Delta T_{L/2} \qquad (9.28)$$

邱吉尔（Churchill）[10]对等热流密度的结果作了更为详细的讨论。

上述结果还可用于高度为 L 的**垂直圆柱**，只要边界层厚度 δ 远小于圆柱直径 D。已知当存在下述情况时这个条件可得到满足[11]

$$\frac{D}{L} \gtrsim \frac{35}{Gr_L^{1/4}}$$

塞贝西（Cebeci）[12]、明科维兹（Minkowycz）和斯帕罗（Sparrow）[13]给出了不符合以上条

件的细长垂直圆柱的结果。在这种情况下，横向曲率影响了边界层的发展，从而提高了传热速率。

【例 9.2】 一个用于减少室内空气从烟囱泄漏的玻璃门防火屏的高和宽分别为 0.71m 和 1.02m，温度为 232℃。如果室内温度为 23℃，计算从壁炉向室内的对流换热速率。

解析

已知：处于壁炉开口处的玻璃屏。

求：屏与室内空气之间的对流换热。

示意图：

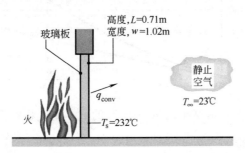

假定：1. 屏处于均匀温度 T_s；

2. 室内空气是静止的。

物性：表 A.4，空气（$T_f = 400K$）：$k = 33.8 \times 10^{-3} \text{W/(m·K)}$，$\nu = 26.4 \times 10^{-6} \text{m}^2/\text{s}$，$\alpha = 38.3 \times 10^{-6} \text{m}^2/\text{s}$，$Pr = 0.690$，$\beta = (1/T_f) = 0.0025 \text{K}^{-1}$。

分析：从屏向室内的自然对流传热速率由牛顿冷却定律给出

$$q = \overline{h} A_s (T_s - T_\infty)$$

式中，$\overline{h}$ 可用瑞利数求得。利用式(9.25)

$$Ra_L = \frac{g\beta(T_s - T_\infty)L^3}{\alpha\nu}$$

$$= \frac{9.8 \text{m/s}^2 \times 1/400\text{K} \times (232-23)℃ \times (0.71\text{m})^3}{38.3 \times 10^{-6} \text{m}^2/\text{s} \times 26.4 \times 10^{-6} \text{m}^2/\text{s}} = 1.813 \times 10^9$$

因此，根据式(9.23)可知，在屏上将发生向湍流的过渡。这样，适用的关系式由式(9.26)给出

$$\overline{Nu}_L = \left\{ 0.825 + \frac{0.387 Ra_L^{1/6}}{[1 + (0.492/Pr)^{9/16}]^{8/27}} \right\}^2 = \left\{ 0.825 + \frac{0.387 \times (1.813 \times 10^9)^{1/6}}{[1 + (0.492/0.690)^{9/16}]^{8/27}} \right\}^2$$

$$= 147$$

因此

$$\overline{h} = \frac{\overline{Nu}_L k}{L} = \frac{147 \times 33.8 \times 10^{-3} \text{W/(m·K)}}{0.71\text{m}} = 7.0 \text{W/(m}^2\text{·K)}$$

且

$$q = 7.0 \text{W/(m}^2\text{·K)} \times (1.02 \times 0.71)\text{m}^2 \times (232-23)℃ = 1060\text{W}$$

说明：1. 相对于自然对流，辐射传热的影响常常是重要的。利用式(1.7)，并假定玻璃表面的发射率 $\varepsilon = 1.0$ 及 $T_{sur} = 23℃$，玻璃与环境之间的净辐射传热速率为

$$q_{rad} = \varepsilon A_s \sigma (T_s^4 - T_{sur}^4)$$

$$= 1 \times (1.02 \times 0.71)\text{m}^2 \times 5.67 \times 10^{-8} \text{W/(m}^2\text{·K}^4) \times (505^4 - 296^4)\text{K}^4$$

$$= 2355\text{W}$$

因此，在这种情况下，辐射传热比自然对流传热大了一倍多。

2. 辐射和自然对流对离开玻璃的传热的影响强烈地依赖于玻璃的温度。根据辐射传热

速率 $q \propto T_s^4$ 及自然对流传热速率 $q \propto T_s^n$，其中 $1.25 < n < 1.33$，我们能预期辐射的相对影响会随着温度的提高而增强。在 $50\text{℃} \leqslant T_s \leqslant 250\text{℃}$ 范围内计算并绘制传热速率与温度的函数关系可揭示这种变化。

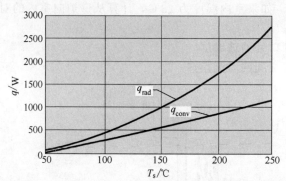

对于用于计算上述自然对流结果的每一个 T_s 的值，空气物性都要用相应的 T_f 值确定。

9.6.2 倾斜和水平平板

相对于环境较热（或较冷）的垂直平板与重力矢量的方向平行，流体向上或向下的运动仅由浮力引起。但是，如果平板相对于重力是倾斜的，则浮力有两个分别垂直和平行于表面的分量。由于平行于表面的浮力减小，沿着平板的流体速度也会相应减小，这样我们可能会预期对流换热速率也会有相应的降低。但事实上，是否有这样的降低取决于感兴趣的是平板顶表面还是底表面上的传热。

如图 9.6(a) 所示，如果平板是冷的，垂直于平板的浮力的 y 分量起着维持与平板顶表面接触的向下的边界层流动的作用。因为重力加速度的 x 分量减至 $g\cos\theta$，所以沿着平板的流体速度也降低了，因而对顶表面的对流传热速率也相应降低。但是，在底表面上，浮力的 y 分量起着将流体从表面移开的作用，边界层的发展因冷流体团被排离表面而受到干扰 [图 9.6(a)]。由此产生的流动是三维的，并且，如图 9.6(b) 中翼展方向（z 方向）上的变化所示，从底表面排离的冷流体不断地被较热的环境流体取代。较热的环境流体对边界层中冷流体的取代以及热边界层厚度的相应降低使得对底表面的对流传热得到强化。事实上，三维流动导致的传热强化效果通常要比与 g 的 x 分量减小有关的传热效果的降低来得大，因此总的效果是增强了对底表面的传热。热的平板也具有相似的趋势 [图 9.6(c)，(d)]，此时三维流动是与顶表面相关的，热的流体团从该表面上脱离。已有数位研究者观察到这种流动[14~16]。

在对离开倾斜平板的传热的早期研究中，里奇（Rich）[17]建议可用垂直平板的关系式确定相应的对流系数，只要在计算平板的瑞利数时用 $g\cos\theta$ 取代 g。然而，以后的研究者指出，这种方法仅适用于冷平板的顶表面和热平板的底表面。它不适用于热平板的顶表面和冷平板的底表面，在这些表面上流动的三维性质使得较难建立通用关系式。因此建议，对于倾斜冷平板的顶表面和倾斜热平板的底表面，在 $0° \leqslant \theta \leqslant 60°$ 的情况下，用 $g\cos\theta$ 取代 g 后，可用式(9.26) 或式(9.27) 计算平均努塞尔数。对于相反的表面，没有建议，如果感兴趣可参阅文献 [14~16]。

如果平板处于水平位置，浮力就垂直于表面。同倾斜平板的情况一样，流动模式和传热在很大程度上取决于表面是冷的还是热的以及表面是朝上的还是朝下的。对于朝上的冷表面 [图 9.7(a)] 和朝下的热表面 [图 9.7(d)]，流体相应的下降和上升趋势被平板阻挡。流动必须在水平方向上进行，直到可以从板的边缘下降或上升，因而对流换热效果较差。相反，对于朝下的冷表面 [图 9.7(b)] 和朝上的热表面 [图 9.7(c)]，流动分别受到下降和上升的

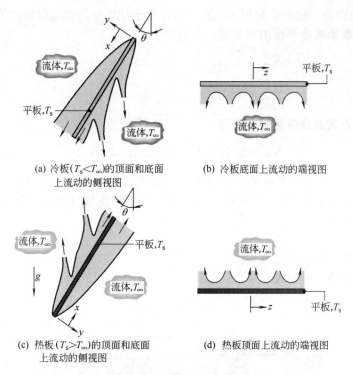

(a) 冷板($T_s<T_\infty$)的顶面和底面
上流动的侧视图

(b) 冷板底面上流动的端视图

(c) 热板($T_s>T_\infty$)的顶面和底面
上流动的侧视图

(d) 热板顶面上流动的端视图

图 9.6 倾斜平板上由浮力驱动的流动

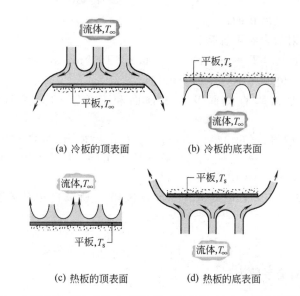

(a) 冷板的顶表面

(b) 冷板的底表面

(c) 热板的顶表面

(d) 热板的底表面

图 9.7 水平冷板（$T_s<T_\infty$）和热板（$T_s>T_\infty$）上由浮力驱动的流动

流体团的驱动。质量守恒决定了从表面下降（上升）的冷（热）流体要被来自环境的上升
（下降）的较热（较冷）的流体所取代，因此传热要有效得多。

虽然麦克阿丹斯（McAdams）[5]建议的关系式被广泛应用于水平平板，但对这些关系式
中的特征长度的形式进行修改可获得更高的精度[18,19]。具体地说，根据定义如下的特征
长度

$$L\equiv\frac{A_s}{P}\tag{9.29}$$

式中，A_s 和 P 分别为平板的表面积和周长，推荐用于计算平均努塞尔数的关系式为

热平板的顶表面或冷平板的底表面：

$$\overline{Nu}_L = 0.54 Ra_L^{1/4} \quad (10^4 \lesssim Ra_L \lesssim 10^7) \tag{9.30}$$

$$\overline{Nu}_L = 0.15 Ra_L^{1/3} \quad (10^7 \lesssim Ra_L \lesssim 10^{11}) \tag{9.31}$$

热平板的底表面或冷平板的顶表面：

$$\overline{Nu}_L = 0.27 Ra_L^{1/4} \quad (10^5 \lesssim Ra_L \lesssim 10^{10}) \tag{9.32}$$

【**例 9.3**】 一个长的矩形采暖管道中的空气流使管道外表面处于 45℃，管道宽 0.75m，高 0.3m。如果管道没有隔热，且暴露在房屋地板下用作维修管道的空隙内 15℃ 的空气中，每米长管道上的热损是多少？

解析

已知： 长的矩形管道的表面温度。

求： 每米长管道上的热损。

示意图：

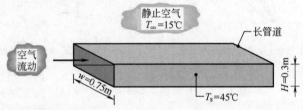

假定： 1. 环境空气是静止的；

2. 表面辐射的影响可忽略。

物性： 表 A.4，空气（$T_f = 303$K）：$\nu = 16.2 \times 10^{-6} \, \text{m}^2/\text{s}$，$\alpha = 22.9 \times 10^{-6} \, \text{m}^2/\text{s}$，$k = 0.0265 \, \text{W}/(\text{m} \cdot \text{K})$，$\beta = 0.0033 \text{K}^{-1}$，$Pr = 0.71$。

分析： 表面热损是由垂直侧面及水平顶面和底面上的自然对流产生的。根据式（9.25），有

$$Ra_L = \frac{g\beta(T_s - T_\infty)L^3}{\nu\alpha} = \frac{9.8\text{m/s}^2 \times 0.0033\text{K}^{-1} \times 30\text{K} \times L^3(\text{m}^3)}{16.2 \times 10^{-6} \text{m}^2/\text{s} \times 22.9 \times 10^{-6} \text{m}^2/\text{s}}$$

$$= 2.62 \times 10^9 L^3$$

对于两个侧面，$L = H = 0.3\text{m}$，因此 $Ra_L = 7.07 \times 10^7$。所以自然对流边界层为层流，根据式（9.27）

$$\overline{Nu}_L = 0.68 + \frac{0.670 Ra_L^{1/4}}{[1 + (0.492/Pr)^{9/16}]^{4/9}}$$

由此，与侧面有关的对流系数为

$$\overline{h}_s = \frac{k}{H}\overline{Nu}_L$$

$$= \frac{0.0265\text{W}/(\text{m} \cdot \text{K})}{0.3\text{m}}\left\{0.68 + \frac{0.670 \times (7.07 \times 10^7)^{1/4}}{[1 + (0.492/0.71)^{9/16}]^{4/9}}\right\} = 4.23\text{W}/(\text{m}^2 \cdot \text{K})$$

对于顶面和底面，$L = (A_s/P) \approx (w/2) = 0.375\text{m}$。因此 $Ra_L = 1.38 \times 10^8$，分别根据式（9.31）和式（9.32），有

$$\overline{h}_t = [k/(w/2)] \times 0.15 Ra_L^{1/3} = \frac{0.0265\text{W}/(\text{m} \cdot \text{K})}{0.375\text{m}} \times 0.15(1.38 \times 10^8)^{1/3}$$

$$= 5.47\text{W}/(\text{m}^2 \cdot \text{K})$$

$$\bar{h}_b = [k/(w/2)] \times 0.27 Ra_L^{1/4} = \frac{0.0265 \text{W}/(\text{m} \cdot \text{K})}{0.375 \text{m}} \times 0.27 (1.38 \times 10^8)^{1/4}$$

$$= 2.07 \text{W}/(\text{m}^2 \cdot \text{K})$$

由此可得单位长度管道上的热损速率为

$$q' = 2q'_s + q'_t + q'_b = (2\bar{h}_s H + \bar{h}_t w + \bar{h}_b w)(T_s - T_\infty)$$
$$= (2 \times 4.23 \times 0.3 + 5.47 \times 0.75 + 2.07 \times 0.75) \times (45 - 15) \text{W/m}$$
$$= 246 \text{W/m}$$

◀

说明： 1. 将管道隔热可减少热损。考虑在管道外表面包裹 25mm 厚的隔热层 $[k = 0.035 \text{W}/(\text{m} \cdot \text{K})]$。

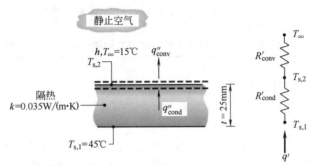

每个表面上的热损均可表示为

$$q' = \frac{T_{s,1} - T_\infty}{R'_{\text{cond}} + R'_{\text{conv}}}$$

式中，R'_{conv} 与外表面上的自然对流有关，因此与未知温度 $T_{s,2}$ 有关。可对外表面应用能量平衡来确定这个温度，由此可得

$$q''_{\text{cond}} = q''_{\text{conv}}$$

或

$$\frac{T_{s,1} - T_{s,2}}{t/k} = \frac{T_{s,2} - T_\infty}{1/\bar{h}}$$

由于侧面、顶面和底面具有不同的对流系数（$\bar{h}_s$、$\bar{h}_t$ 及 $\bar{h}_b$），必须对三种表面分别求解该方程。因空气的物性和对流系数与 T_s 有关，求解是个迭代过程。计算可得

侧面　　　　　　　　$T_{s,2} = 24℃，\bar{h}_s = 3.18 \text{W}/(\text{m}^2 \cdot \text{K})$

顶面　　　　　　　　$T_{s,2} = 23℃，\bar{h}_t = 3.66 \text{W}/(\text{m}^2 \cdot \text{K})$

底面　　　　　　　　$T_{s,2} = 29℃，\bar{h}_b = 1.71 \text{W}/(\text{m}^2 \cdot \text{K})$

忽略隔热层边角处的热损，可得单位长度管道上的总热损速率为

$$q' = 2q'_s + q'_t + q'_b$$

$$q' = \frac{2H(T_{s,1} - T_\infty)}{(t/k) + (1/\bar{h}_s)} + \frac{w(T_{s,1} - T_\infty)}{(t/k) + (1/\bar{h}_t)} + \frac{w(T_{s,1} - T_\infty)}{(t/k) + (1/\bar{h}_b)}$$

由上式可得

$$q' = (17.5 + 22.8 + 17.3) \text{W/m} = 57.6 \text{W/m}$$

因此，隔热层使对环境空气的自然对流热损速率降低了 77%。

2. 虽然辐射热损被忽略了，但它们仍然可能是重要的。根据式(1.7)，假定 ε 为 1 及 $T_{\text{sur}} = 288 \text{K}$，可得对于没有隔热的管道有 $q'_{\text{rad}} = 398 \text{W/m}$。在隔热管道的能量平衡中加入辐射的影响会降低外表面温度，因而会降低对流热损速率。但是，在考虑辐射的情况下，总的热损速率（$q'_{\text{cond}} + q'_{\text{rad}}$）会提高。

9.6.3 水平长圆柱

这个重要的几何形状已被广泛研究，摩根（Morgan）[20]对很多已有的关系式进行了综述。对于等温圆柱体，摩根（Morgan）建议采用以下形式的表达式

$$\overline{Nu_D} = \frac{\overline{h}D}{k} = CRa_D^n \tag{9.33}$$

式中，C 和 n 在表 9.1 中给出，Ra_D 和 $\overline{Nu_D}$ 是基于圆柱体直径定义的。然而，邱吉尔（Churchill）和邱（Chu）[21]则推荐使用下面的适用于很宽瑞利数范围的单一关系式：

$$\overline{Nu_D} = \left\{ 0.60 + \frac{0.387 Ra_D^{1/6}}{\left[1 + (0.559/Pr)^{9/16} \right]^{8/27}} \right\}^2 \quad Ra_D \lesssim 10^{12} \tag{9.34}$$

表 9.1 适用于水平圆柱体上的自然对流的式(9.33) 中的常数[20]

Ra_D	C	n	Ra_D	C	n
$10^{-10} \sim 10^{-2}$	0.675	0.058	$10^4 \sim 10^7$	0.480	0.250
$10^{-2} \sim 10^2$	1.02	0.148	$10^7 \sim 10^{12}$	0.125	0.333
$10^2 \sim 10^4$	0.850	0.188			

以上的一些关系式给出了整个等温圆柱的周界面上的平均努塞尔数。由图 9.8 可以看到，对于热的圆柱，局部努塞尔数会受边界层发展的影响，后者在 $\theta = 0$ 处开始，绕圆柱体以卷流的形式上升，在 $\theta < \pi$ 处终止。如果整个表面上的流动保持层流，局部努塞尔数的分布特征是在 $\theta = 0$ 处最大，然后随 θ 的增大而单调衰减。在瑞利数足够大处（$Ra_D \gtrsim 10^9$）衰减停止，并能使边界层向湍流过渡。如果相对于环境流体圆柱体是冷的，边界层的发展在 $\theta = \pi$ 处开始，此处的局部努塞尔数最大，卷流绕圆柱向下。

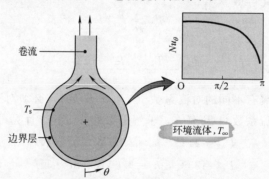

图9.8 热的水平圆柱体上边界层的发展和努塞尔数的分布

【例 9.4】 一根外径为 0.1m 的水平高压蒸汽管道穿过一个壁面和空气都处于 23℃的大房间。管道外表面温度为 165℃，发射率 $\varepsilon = 0.85$。计算单位长度管道上的热损。

解析

已知：水平蒸汽管道的表面温度。

求：单位长度管道上的热损 q'（W/m）。

示意图：

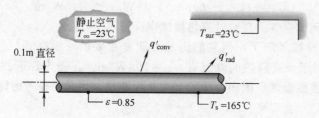

假定：1. 与环境相比管道的表面积很小；

2. 室内空气是静止的。

物性：表 A.4，空气（$T_f = 367\text{K}$）：$k = 0.0313\text{W/(m·K)}$，$\nu = 22.8 \times 10^{-6}\text{m}^2/\text{s}$，$\alpha = 32.8 \times 10^{-6}\text{m}^2/\text{s}$，$Pr = 0.697$，$\beta = 2.725 \times 10^{-3}\text{K}^{-1}$。

分析：单位长度管道上的总热损为

$$q' = q'_{\text{conv}} + q'_{\text{rad}} = \overline{h}\pi D(T_s - T_\infty) + \varepsilon\pi D\sigma(T_s^4 - T_{\text{sur}}^4)$$

可根据式（9.34）求得对流系数

$$\overline{Nu}_D = \left\{ 0.60 + \frac{0.387 Ra_D^{1/6}}{[1 + (0.559/Pr)^{9/16}]^{8/27}} \right\}^2$$

其中

$$Ra_D = \frac{g\beta(T_s - T_\infty)D^3}{\nu\alpha}$$

$$Ra_D = \frac{9.8\text{m/s}^2 \times 2.725 \times 10^{-3}\text{K}^{-1} \times (165 - 23)\text{℃} \times (0.1\text{m})^3}{22.8 \times 10^{-6}\text{m}^2/\text{s} \times 32.8 \times 10^{-6}\text{m}^2/\text{s}} = 5.073 \times 10^6$$

因此

$$\overline{Nu}_D = \left\{ 0.60 + \frac{0.387 \times (5.073 \times 10^6)^{1/6}}{[1 + (0.559/0.697)^{9/16}]^{8/27}} \right\}^2 = 23.3$$

以及

$$\overline{h} = \frac{k}{D}\overline{Nu}_D = \frac{0.0313\text{W/(m·K)}}{0.1\text{m}} \times 23.3 = 7.29\text{W/(m}^2\text{·K)}$$

所以总热损为

$$q' = 7.29\text{W/(m}^2\text{·K)} \times (\pi \times 0.1\text{m}) \times (165 - 23)\text{℃} +$$
$$0.85 \times (\pi \times 0.1\text{m}) \times 5.67 \times 10^{-8}\text{W/(m}^2\text{·K}^4) \times (438^4 - 296^4)\text{K}^4$$
$$= (325 + 441)\text{W/m} = 766\text{W/m}$$

说明：1. 式（9.33）也可用于计算努塞尔数，所得结果为 $\overline{Nu}_D = 22.8$。

2. 为研究隔热层对管道热损的影响，考虑 25mm 厚的聚氨酯隔热层，其热导率 $k = 0.026\text{W/(m·K)}$，表面发射率 $\varepsilon = 0.85$。

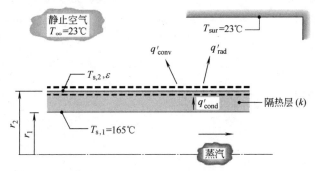

对环境空气的自然对流传热和对周围环境的净辐射传热都与隔热层的温度 $T_{s,2}$ 有关，对外表面应用能量平衡可求得该温度：

$$q'_{\text{cond}} = q'_{\text{conv}} + q'_{\text{rad}}$$

把式（1.7）和式（3.27）代入上式，可得

$$\frac{2\pi k(T_{s,1} - T_{s,2})}{\ln(r_2/r_1)} = \overline{h}(2\pi r_2)(T_{s,2} - T_\infty) + \varepsilon 2\pi r_2\sigma(T_{s,2}^4 - T_{\text{sur}}^4)$$

可用迭代求解获得未知温度，在每个迭代步骤上用式（9.34）重新计算对流系数，进而求得空气的物性。对于给定的条件，求得 $T_{s,2} = 35.3\text{℃}$ 和 $\overline{h} = 3.71\text{W/(m}^2\text{·K)}$，由此可得

$$
\begin{aligned}
q' &= q'_{conv} + q'_{rad} \\
&= 3.71 W/(m^2 \cdot K) \times (\pi \times 0.15m) \times (35.3-23)℃ + \\
&\quad 0.85 \times (\pi \times 0.15m) \times 5.67 \times 10^{-8} W/(m^2 \cdot K^4) \times (308.3^4-296^4)K^4 \\
&= (21.5+30.8)W/m = 52.3W/m
\end{aligned}
$$

与预期的一样，隔热层显著降低了管道的热损。

9.6.4 圆球

对 $Pr \gtrsim 0.7$ 和 $Ra_D \lesssim 10^{11}$ 情况下的圆球，推荐邱吉尔（Churchill）[10] 给出的下述关系式

$$
\overline{Nu}_D = 2 + \frac{0.589 Ra_D^{1/4}}{[1+(0.469/Pr)^{9/16}]^{4/9}} \tag{9.35}
$$

在 $Ra_D \to 0$ 的极限情况下，式（9.35）简化为 $\overline{Nu}_D = 2$，这相当于一个球表面与静止的无限介质之间的导热问题，形式与式（7.56）和式（7.57）一致。

本节中推荐的关系式总结于表 9.2 中。在邱吉尔（Churchill）[10] 和莱斯佰（Raithby）与霍兰斯（Hollands）[22] 比较全面的综述中给出了其他浸没几何体和特殊条件的结果。

表 9.2 适用于浸没的几何形状的自然对流实验关系式一览表

几何形状	推荐的关系式	限　制
1. 垂直平板[①] 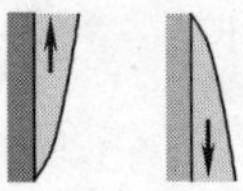	式（9.26）	无
2. 倾斜平板 冷面朝上或热面朝下 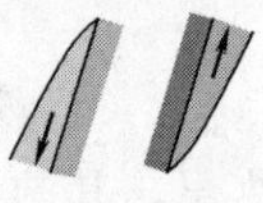	式（9.26） $g \to g\cos\theta$	$0 \leqslant \theta \lesssim 60℃$
3. 水平平板 (a)热面朝上或冷面朝下 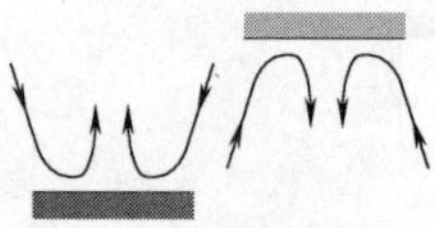	式（9.30） 式（9.31）	$10^4 \lesssim Ra_L \lesssim 10^7$ $10^7 \lesssim Ra_L \lesssim 10^{11}$
(b)冷面朝上或热面朝下 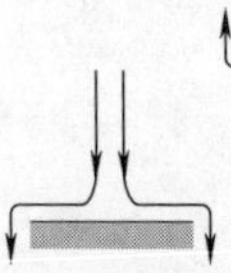	式（9.32）	$10^5 \lesssim Ra_L \lesssim 10^{10}$
4. 水平圆柱体 	式（9.34）	$Ra_D \lesssim 10^{12}$
5. 圆球 	式（9.35）	$Ra_D \lesssim 10^{11}$ $Pr \gtrsim 0.7$

① 该关系式在 $(D/L) \gtrsim (35/Gr_L^{1/4})$ 的情况下可用于垂直圆柱体。

9.7　平行平板间槽道内的自然对流

一种常见的自然对流几何形状为平行平板间的垂直（或倾斜）槽道，槽道相对的两端与环境连通（图 9.9）。这些平板可以是肋片阵列，用于强化与之相连的基面上的自然对流传热，它们也可以是带有发热电子元件的电路板阵列。表面热状态可理想化为等温或等热流密度，以及对称的（$T_{s,1} = T_{s,2}$；$q''_{s,1} = q''_{s,2}$）或不对称的（$T_{s,1} \neq T_{s,2}$；$q''_{s,1} \neq q''_{s,2}$）。

在垂直槽道（$\theta = 0$）中，浮力单独引起沿流动方向（x）上的运动，边界层在各个表面上从 $x=0$ 处开始发展。在短槽道和/或大间距（小的 L/S）的情况下，各个表面上出现相互独立的边界层发展，这种情况与无限大静止介质中**孤立平板**的情形相同。但是，对于大的 L/S，在相对表面上发展的边界层最终会汇合，产生充分发展的状态。如果槽道是倾斜的，浮力就有两个分量，它们分别垂直和平行于流动方向，这时三维二次流动的发展就可能对状态产生强烈影响。

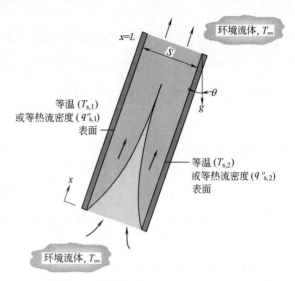

图 9.9　两端与静止流体相通的热的
平行平板间的自然对流流动

9.7.1　垂直槽道

从欧伦巴斯（Elenbaas）[23]的标志性论文开始，对由表面状态为等温或等热流密度的对称的或不对称的热平板构成的垂直槽道已进行了广泛研究。对于**对称的等温热板**，欧伦巴斯（Elenbaas）得到了以下的半经验关系式

$$\overline{Nu}_S = \frac{1}{24} Ra_S \left(\frac{S}{L}\right) \left\{ 1 - \exp\left[-\frac{35}{Ra_S (S/L)} \right] \right\}^{3/4} \tag{9.36}$$

式中，平均努塞尔数和瑞利数的定义分别为

$$\overline{Nu}_S = \left(\frac{q/A}{T_s - T_\infty} \right) \frac{S}{k} \tag{9.37}$$

和

$$Ra_S = \frac{g\beta(T_s - T_\infty)S^3}{\alpha\nu} \tag{9.38}$$

式(9.36)是以空气作为工作流体得到的，其应用范围为

$$\left[10^{-1} \lesssim \frac{S}{L} Ra_S \lesssim 10^5 \right]$$

知道平板的平均努塞尔数就可以确定它的总传热速率。在充分发展的极限条件（$S/L \to 0$）下，式(9.36)简化为

$$\overline{Nu}_{S(fd)} = \frac{Ra_S (S/L)}{24} \tag{9.39}$$

之所以保留了对 L 的依赖关系，是因为 $\overline{Nu}_S$ 是根据固定的进口（环境）温度，而不是未知的

流体混合平均温度来定义的。对于相邻的等温（$T_{s,1}$）和绝热（$q''_{s,2}=0$）平板这种常见情形，充分发展的极限条件给出以下适用于等温表面的表达式[24]：

$$\overline{Nu}_{S(fd)}=\frac{Ra_S(S/L)}{12} \tag{9.40}$$

对于等热流密度表面，把局部努塞尔数定义为

$$Nu_{S,L}=\left(\frac{q''_s}{T_{s,L}-T_\infty}\right)\frac{S}{k} \tag{9.41}$$

并定义一个以下式表示的修正的瑞利数

$$Ra_S^*=\frac{g\beta q''_s S^4}{k\alpha\nu} \tag{9.42}$$

实验结果的整理更方便。下标 L 表示在 $x=L$ 处的值，平板的温度在此处处于极大值。对于对称的等热流密度平板，在充分发展的极限条件下有[24]

$$Nu_{S,L(fd)}=0.144[Ra_S^*(S/L)]^{1/2} \tag{9.43}$$

而对于有一个表面绝热（$q''_{s,2}=0$）的不对称的等热流密度情形，在极限条件下有

$$Nu_{S,L(fd)}=0.204[Ra_S^*(S/L)]^{1/2} \tag{9.44}$$

把上述充分发展的极限条件下的那些关系式与可作孤立平板假设的极限条件下的已有结果相结合，巴-科恩（Bar-Cohen）和罗森纳（Rohsenow）[24]得到了适用于所有 S/L 值的努塞尔数关系式。对于等温和等热流密度情况，关系式的形式分别为

$$\overline{Nu}_S=\left[\frac{C_1}{(Ra_S S/L)^2}+\frac{C_2}{(Ra_S S/L)^{1/2}}\right]^{-1/2} \tag{9.45}$$

$$Nu_{S,L}=\left[\frac{C_1}{Ra_S^* S/L}+\frac{C_2}{(Ra_S^* S/L)^{2/5}}\right]^{-1/2} \tag{9.46}$$

表 9.3 给出了常数 C_1 和 C_2 对于不同表面热状态的取值。在上述两种情况中，充分发展和孤立平板的极限分别对应于 Ra_S（或 Ra_S^*）$S/L\lesssim10$ 和 Ra_S（或 Ra_S^*）$S/L\gtrsim100$。

巴-科恩（Bar-Cohen）和罗森纳（Rohsenow）[24]用上述关系式推导使等温平板阵列具有最大散热速率的最佳板间距 S_{opt}，以及使阵列中每块平板具有最大散热速率所需的间距 S_{max}。阵列最佳间距的存在源于这样一个事实：虽然每个平板的散热速率随着 S 的减少而降低，但在给定体积中可放置的平板数则会增加。因此 S_{opt} 是通过产生 $\overline{h}$ 和总的板表面积的最大乘积来使阵列具有最大的散热速率。与此相反，为使每个平板的散热速率最大，S_{max} 必须大到足以防止相邻边界层发生交叠，这样在整个平板上孤立平板极限都成立。

对于宽度固定为 W 的基面上作为强化自然对流散热的肋片的垂直平行平板，优化板间距的研究特别重要。在肋片温度比环境流体的高时，肋片之间的流动由浮力引发。但是，流动阻力是与由肋片表面施加的黏性力有关的，而相邻肋片间的质量流率则受浮力与黏性力之间的平衡的控制。由于黏性力随着 S 的减小而增大，流率则相应降低，由此 $\overline{h}$ 也会降低。但是，对于 W 固定的情况，随着肋片数增多，总的表面积 A_s 增大，在 $S=S_{opt}$ 时产生最大的 $\overline{h}A_s$ 值。在 $S<S_{opt}$ 时，$\overline{h}$ 因黏性影响而减少的量大于 A_s 的增量；在 $S>S_{opt}$ 时，A_s 减少的量大于 $\overline{h}$ 的增量。

等热流密度平板的情况较为简单，总的体积散热速率随着 S 的减少而提高。但是，将 T_s 保持在给定极限以下的要求使得 S 的值不可能减至极小。因此 S_{opt} 可定义为在单位温差 $[T_s(L)-T_\infty]$ 下产生最大体积散热速率的 S 值。在不考虑体积效应的情况下，对于给定的热流密度可产生最低表面温度的间距 S_{max} 依然是使得相邻边界层不能汇合的 S 值。对于厚度可以忽略的平板，表 9.3 中给出了 S_{opt} 和 S_{max}/S_{opt} 的值。

表 9.3　适用于垂直的平行平板间的自然对流的传热参数

表面状态	C_1	C_2	S_{opt}	S_{max}/S_{opt}
对称的等温平板($T_{s,1}=T_{s,2}$)	576	2.87	$2.71(Ra_S/S^3L)^{-1/4}$	1.71
对称的等热流密度平板($q_{s,1}''=q_{s,2}''$)	48	2.51	$2.12(Ra_S^*/S^4L)^{-1/5}$	4.77
等温/绝热平板($T_{s,1},q_{s,2}''=0$)	144	2.87	$2.15(Ra_S/S^3L)^{-1/4}$	1.71
等热密度/绝热平板($q_{s,1}'',q_{s,2}''=0$)	24	2.51	$1.69(Ra_S^*/S^4L)^{-1/5}$	4.77

在使用上述的那些关系式时，对于等温表面，流体的物性要用平均温度 $\overline{T}=(T_s+T_\infty)/2$ 取值，对于等热流密度表面，则要用 $\overline{T}=(T_{s,L}+T_\infty)/2$ 取值。

9.7.2　倾斜槽道

阿兹维多（Azevedo）和斯帕罗（Sparrow）[16]对处于水中的倾斜槽道进行了实验研究。他们在 $0°\leqslant\theta\leqslant45°$ 及孤立平板极限 $[Ra_S(S/L)>200]$ 范围内的条件下对对称的等温平板和等温-绝热平板进行了研究。虽然当底板的温度高于水温时，在其上可观察到三维二次流动，所有实验条件下的数据都可用下式建立关系

$$\overline{Nu}_S=0.645[Ra_S(S/L)]^{1/4} \tag{9.47}$$

误差在 $\pm10\%$ 以内。在倾角较大且有热的底表面的情况下，数据对关系式的偏离最为显著，这归因于三维二次流动引起的传热强化。流体物性用 $\overline{T}=(T_s+T_\infty)/2$ 取值。

9.8　实验关系式：封闭空间

前面的结果适用于表面与广延的流体介质之间的对流传热。但是，工程应用常常涉及被**封闭**的流体隔开的处于不同温度的表面之间的传热。在本节中，我们将给出一些适用于常见几何形状的关系式。

9.8.1　矩形腔体

已对矩形腔体（图 9.10）进行了广泛研究，文献 [25，26] 对实验和理论结果进行了全面综述。腔体的两个相对壁面处于不同的温度（$T_1>T_2$），而其他壁面则与环境绝热。冷热表面对水平面的倾角 τ 的变化可从 $0°$（底部加热的**水平腔体**）到 $90°$（侧壁加热的**垂直腔体**），到 $180°$（顶部加热的**水平腔体**）。穿过腔体的热流密度可表示为

$$q''=h(T_1-T_2) \tag{9.48}$$

它在很大程度上依赖于高宽比 H/L 以及 τ 的值。在 w/L 较大时，它对热流密度的影响很小，就本教材的目的而言可以忽略。

很多研究者对底部加热的水平腔体（$\tau=0$）进行了讨论。在 H/L 及 $w/L\gg1$，且瑞利数小于临界值 $Ra_{L,c}=1708$ 的情况下，浮力克服不了黏性阻力，腔体内不存在对流。因此，

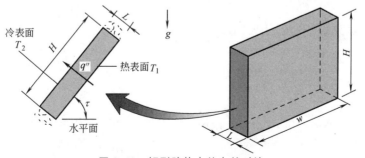

图 9.10　矩形腔体中的自然对流

从底表面向上表面的传热是通过导热进行的，对于气体则是通过导热和辐射进行的。因为这种情况相当于通过板状流体层的一维导热，所以对流系数为 $h=k/L$ 且 $Nu_L=1$。但是，对于以下情况：

$$Ra_L \equiv \frac{g\beta(T_1-T_2)L^3}{\alpha\nu} > 1708$$

热状态是不稳定的，腔体内存在对流。在瑞利数处于 $1708 < Ra_L \lesssim 5 \times 10^4$ 范围内时，流体运动由规则排列的旋转单元组成（图 9.11），在瑞利数更大的时候，这些单元被破坏，流体运动处于湍流状态。

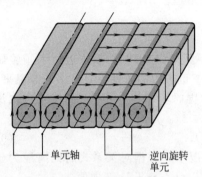

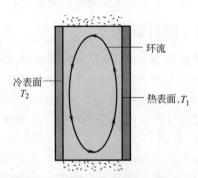

图 9.11　从底部加热的水平流体层中的对流以
纵向旋转单元为特征（$1708 < Ra_L \lesssim 5 \times 10^4$）

图 9.12　侧壁处于不同温度的垂
直腔体中的环流

作为初步近似，可用格洛贝（Globe）和德罗普金（Dropkin）[27] 建议的下述关系式求得底部加热的水平腔体的对流系数

$$\overline{Nu_L} = \frac{\bar{h}L}{k} = 0.069 Ra_L^{1/3} Pr^{0.074} \qquad 3 \times 10^5 \lesssim Ra_L \lesssim 7 \times 10^9 \tag{9.49}$$

其中所有的物性都要用平均温度 $\overline{T} \equiv (T_1+T_2)/2$ 取值。这个关系式适用于 L/H 足够小的情况，以确保可以忽略侧壁的影响。文献 [28，29] 提供了适用于较大 Ra_L 范围的更为详细的关系式。在结束对水平腔体的讨论之前，有必要指出，在不考虑辐射的情况下，在 $\tau=180°$ 时，从上表面向底表面的传热仅通过导热进行（$Nu_L=1$），与 Ra_L 的大小无关。

在垂直矩形腔体（$\tau=90°$）中，垂直表面分别为冷面和热面，而水平表面均是绝热的。如图 9.12 所示，此时流体运动为循环或环形流动，在这种情形下，流体沿着热壁面上升，沿着冷壁面下降。在小瑞利数（$Ra_L \lesssim 10^3$）的情况下，浮力驱动的流动很弱，传热主要通过穿过流体的导热进行。因此，根据傅里叶定律，努塞尔数再次为 $Nu_L=1$。随着瑞利数的提高，环形流动增强，并集中于与侧壁相邻的薄的边界层中。虽然拐角处可能出现其他的循环单元，核心区则变得近乎滞止，侧壁边界层最终会发生向湍流的过渡。对于高宽比处于 $1 \lesssim H/L \lesssim 10$ 范围内的情况，文献 [26] 建议采用下面的关系式：

$$\overline{Nu_L} = 0.22 \left(\frac{Pr}{0.2+Pr} Ra_L\right)^{0.28} \left(\frac{H}{L}\right)^{-1/4} \quad \begin{bmatrix} 2 \lesssim \dfrac{H}{L} \lesssim 10 \\ Pr \lesssim 10^5 \\ 10^3 \lesssim Ra_L \lesssim 10^{10} \end{bmatrix} \tag{9.50}$$

$$\overline{Nu_L} = 0.18 \left(\frac{Pr}{0.2+Pr} Ra_L\right)^{0.29} \quad \begin{bmatrix} 1 \lesssim \dfrac{H}{L} \lesssim 2 \\ 10^{-3} \lesssim Pr \lesssim 10^5 \\ 10^3 \lesssim \dfrac{Ra_L Pr}{0.2+Pr} \end{bmatrix} \tag{9.51}$$

对于更大的高宽比，文献［30］建议采用以下的关系式：

$$\overline{Nu_L}=0.42Ra_L^{1/4}Pr^{0.012}\left(\frac{H}{L}\right)^{-0.3}\qquad\begin{bmatrix}10\lesssim\dfrac{H}{L}\lesssim40\\[4pt]1\lesssim Pr\lesssim2\times10^4\\[4pt]10^4\lesssim Ra_L\lesssim10^7\end{bmatrix}\qquad(9.52)$$

$$\overline{Nu_L}=0.46Ra_L^{1/3}\qquad\begin{bmatrix}1\lesssim\dfrac{H}{L}\lesssim40\\[4pt]1\lesssim Pr\lesssim20\\[4pt]10^6\lesssim Ra_L\lesssim10^9\end{bmatrix}\qquad(9.53)$$

利用上述表达式计算的对流系数要与式(9.48)一起使用。所有的物性仍然要用平均温度 $(T_1+T_2)/2$ 取值。

表 9.4　倾斜矩形腔体的临界角

H/L	1	3	6	12	>12
τ^*	25°	53°	60°	67°	70°

包括平板太阳集热器在内的一些应用促进了倾斜腔体中自然对流的研究[31~36]。对于这类腔体，流体运动是图 9.11 中的旋转结构和图 9.12 中的环状结构的组合。在典型情况下，在倾角处于临界倾角 τ^* 时，两种类型的流体运动发生过渡，此时 $\overline{Nu_L}$ 的值也有相应的变化。在高宽比较大［$(H/L)\gtrsim12$］且倾角小于表 9.4 中给出的临界值 τ^* 的情况下，由霍兰斯等人[36]给出的以下关系式与现有数据符合得极好

$$\overline{Nu_L}=1+1.44\left[1-\frac{1708}{Ra_L\cos\tau}\right]^{\cdot}\left[1-\frac{1708(\sin1.8\tau)^{1.6}}{Ra_L\cos\tau}\right]+$$

$$\left[\left(\frac{Ra_L\cos\tau}{5830}\right)^{1/3}-1\right]^{\cdot}\qquad\begin{bmatrix}\dfrac{H}{L}\gtrsim12\\[4pt]0<\tau\lesssim\tau^*\end{bmatrix}\qquad(9.54)$$

符号 $[\ ]^{\cdot}$ 表示：如果括号中的值为负，必须取为零。这样处理的含义是，如果瑞利数小于临界值 $Ra_{L,c}=1708/\cos\tau$，腔体内就没有流动。对于高宽比较小的情况，卡顿（Catton）[26]建议可用以下形式的关系式求得合理的结果

$$\overline{Nu_L}=\overline{Nu_L}(\tau=0)\left[\frac{\overline{Nu_L}(\tau=90°)}{\overline{Nu_L}(\tau=0)}\right]^{\tau/\tau^*}(\sin\tau^*)^{(\tau/4\tau^*)}\qquad\begin{bmatrix}\dfrac{H}{L}\lesssim12\\[4pt]0<\tau\lesssim\tau^*\end{bmatrix}\qquad(9.55)$$

在倾角大于临界角的情况下，对所有的高宽比（H/L），建议采用分别由埃耶斯沃米（Ayyaswamy）和卡顿（Catton）[31]及阿诺德（Arnold）[34]等提出的下述关系式[26]

$$\overline{Nu_L}=\overline{Nu_L}(\tau=90°)(\sin\tau)^{1/4}\qquad\tau^*\lesssim\tau<90°\qquad(9.56)$$

$$\overline{Nu_L}=1+[\overline{Nu_L}(\tau=90°)-1]\sin\tau\qquad90°<\tau<180°\qquad(9.57)$$

9.8.2　同心圆柱

雷斯拜（Raithby）和霍兰兹（Hollands）[37]研究了**长的**水平同心圆柱体之间的环形空间内的自然对流（图 9.13）。环形区域中流动的特征是存在两个关于垂直中心面对称的环流单元。如果内圆柱体是热的而外圆柱体是冷的（$T_i>T_o$），流体分别沿内外圆柱体上升和下降。如果 $T_i<T_o$，则环形流动逆向进行。两个长度均为 L 的圆柱体之间的传热速率（W）由式(3.27)（用**有效热导率** k_{eff} 取代分子热导率 k）给出

$$q = \frac{2\pi L k_{\text{eff}}(T_i - T_o)}{\ln(r_o/r_i)} \tag{9.58}$$

我们看到，假想的**静止**流体的导热所传递的热量与实际上**运动**的流体所传递的相同。建议用于计算 k_{eff} 的关系式为

$$\frac{k_{\text{eff}}}{k} = 0.386 \left(\frac{Pr}{0.861 + Pr}\right)^{1/4} Ra_c^{1/4} \tag{9.59}$$

式中，Ra_c 中的长度尺度由下式给出

$$L_c = \frac{2[\ln(r_o/r_i)]^{4/3}}{(r_i^{-3/5} + r_o^{-3/5})^{5/3}} \tag{9.60}$$

式（9.59）可在 $0.7 \leqslant Pr \leqslant 6000$ 和 $Ra_c \lesssim 10^7$ 的范围内使用。物性用平均温度 $T_m = (T_i + T_o)/2$ 取值。当然，圆柱体之间的最小传热速率不可能低于导热极限；因此，在用式（9.59）预测的 k_{eff}/k 值小于 1 时，取 $k_{\text{eff}} = k$。库恩（Kuehn）和高登斯坦（Goldstein）[38] 得到了一个计及圆柱体偏心率影响的更为详细的关系式。

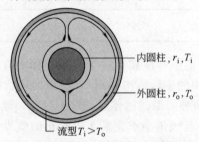

图 9.13　内外半径分别为 r_i 和 r_o 的长的水平同心圆
柱或同心球之间环状区域中的自然对流流动

9.8.3　同心圆球

雷斯拜（Raithby）和霍兰兹（Hollands）[37] 还对同心圆球之间的自然对流传热（图 9.13）进行了讨论，并将总传热速率用式（3.35）（用有效热导率 k_{eff} 取代分子热导率 k）表示为

$$q = \frac{4\pi k_{\text{eff}}(T_i - T_o)}{(1/r_i) - (1/r_o)} \tag{9.61}$$

有效热导率为

$$\frac{k_{\text{eff}}}{k} = 0.74 \left(\frac{Pr}{0.861 + Pr}\right)^{1/4} Ra_s^{1/4} \tag{9.62}$$

式中，Ra_s 中的长度尺度由下式给出

$$L_s = \frac{\left(\frac{1}{r_i} - \frac{1}{r_o}\right)^{4/3}}{2^{1/3}(r_i^{-7/5} + r_o^{-7/5})^{5/3}} \tag{9.63}$$

在 $0.7 \leqslant Pr \leqslant 4000$ 和 $Ra_s \lesssim 10^4$ 的范围内使用该关系式可获得合理的近似结果。物性用平均温度 $T_m = (T_i + T_o)/2$ 取值，在用式（9.62）预测的 k_{eff}/k 值小于 1 时，取 $k_{\text{eff}} = k$。

【例 9.5】　在直径为 0.1m 的长管内通蒸汽使之处于 120℃。安装的防辐射屏与圆管同心，两者之间有 10mm 的空气间隙。如果屏处于 35℃，试计算单位长度圆管上的自然对流散热速率。如果在圆管与屏之间的间隙中填充玻璃纤维隔热材料，热损速率有多大？

解析

已知：蒸汽管道和同心防辐射屏的温度和直径。

求：1. 单位长度管道上的热损；

2. 空气间隙中填充玻璃纤维隔热材料后的热损。

示意图：

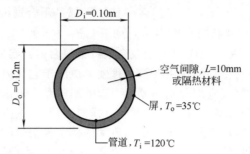

假定：1. 辐射传热可忽略；

2. 与隔热材料的接触热阻可忽略。

物性：表 A. 4，空气 $[T=(T_i+T_o)/2=350\text{K}]$：$k=0.030\text{W}/(\text{m}\cdot\text{K})$，$\nu=20.92\times10^{-6}\text{m}^2/\text{s}$，$\alpha=29.9\times10^{-6}\text{m}^2/\text{s}$，$Pr=0.70$，$\beta=0.00285\text{K}^{-1}$。表 A. 3，隔热材料，玻璃纤维（$T\approx300\text{K}$）：$k=0.038\text{W}/(\text{m}\cdot\text{K})$。

分析：1. 根据式(9.58)，单位长度上通过自然对流的热损为

$$q'=\frac{2\pi k_{\text{eff}}(T_i-T_o)}{\ln(r_o/r_i)}$$

式中，k_{eff}可用式(9.59) 和式(9.60) 求得。由

$$L_c=\frac{2[\ln(r_o/r_i)]^{4/3}}{(r_i^{-3/5}+r_o^{-3/5})^{5/3}}=\frac{2[\ln(0.06\text{m}/0.05\text{m})]^{4/3}}{(0.05^{-3/5}+0.06^{-3/5})^{5/3}\text{m}^{-1}}=0.00117\text{m}$$

可得

$$Ra_c=\frac{g\beta(T_i-T_o)L_c^3}{\nu\alpha}=\frac{9.8\text{m/s}^2\times0.00285\text{K}^{-1}\times(120-35)\text{℃}\times(0.00117\text{m})^3}{20.92\times10^{-6}\text{m}^2/\text{s}\times29.9\times10^{-6}\text{m}^2/\text{s}}=171$$

因此，有效热导率为

$$k_{\text{eff}}=0.386k\left(\frac{Pr}{0.861+Pr}\right)^{1/4}Ra_c^{1/4}$$

$$=0.386\times0.030\text{W}/(\text{m}\cdot\text{K})\times\left(\frac{0.70}{0.861+0.70}\right)^{1/4}\times(171)^{1/4}=0.0343\text{W}/(\text{m}\cdot\text{K})$$

热损为

$$q'=\frac{2\pi k_{\text{eff}}(T_i-T_o)}{\ln(r_o/r_i)}=\frac{2\pi\times[0.0343\text{W}/(\text{m}\cdot\text{K})]}{\ln(0.06\text{m}/0.05\text{m})}\times(120-35)\text{℃}=100\text{W/m} \qquad \blacktriangleleft$$

2. 在圆管与屏之间的空隙中填充隔热材料时，热损是由导热引起的。比较式(3.27) 和式(9.58)，有

$$q'_{\text{ins}}=q'\frac{k_{\text{ins}}}{k_{\text{eff}}}=100\text{W/m}\times\frac{0.038\text{W}/(\text{m}\cdot\text{K})}{0.0343\text{W}/(\text{m}\cdot\text{K})}=111\text{W/m} \qquad \blacktriangleleft$$

说明：虽然通过隔热材料的导热热损要比穿过空气间隙的自然对流热损略大一些，但是由于辐射的影响，穿过空气间隙的总热损可能会大于通过隔热材料的热损。采用低发射率防辐射屏可降低辐射引起的热损，我们将在第 13 章中建立该热损的计算方法。

9.9 联合的自然和受迫对流

在处理受迫对流（第 6～8 章）时，我们忽略了自然对流的影响。这当然是个假定，因为，

正如我们知道的那样，当存在不稳定的温度梯度时就有可能发生自然对流。类似地，在本章的前几节里，我们作了受迫对流可以忽略的假定。现在要承认有可能出现自然和受迫对流的影响相当的情形了，在这种情况下，忽略任何一种过程都是不合适的。在 9.3 节中我们指出，在 $(Gr_L/Re_L^2) \ll 1$ 的情况下可忽略自然对流，而在 $(Gr_L/Re_L^2) \gg 1$ 的情况下则可以忽略受迫对流。因此，通常在 $(Gr_L/Re_L^2) \approx 1$ 时发生**联合的（或混合的）自然和受迫对流**状态。

在受迫对流中，浮力对传热的作用在很大程度上取决于它与流动的相对方向。已经对三种特殊情况进行了广泛研究，它们分别为浮力引起的运动和受迫运动处于相同的方向（**同向流动**）、相反的方向（**逆向流动**）及垂直的方向（**横向流动**）。垂直热平板上的向上和向下的受迫运动分别为同向和逆向流动的例子。横向流动的例子包括热的圆柱、圆球或水平平板上的水平运动。在同向和横向流动中，浮力起着提高与纯受迫对流相关的传热速率的作用；在逆向流动中，它则降低这个速率。

习惯上采用下述形式的表达式建立外部和内部流动中混合对流传热结果的关系式

$$Nu^n = Nu_F^n \pm Nu_N^n \tag{9.64}$$

对于感兴趣的特殊几何形状，可分别利用现有的适用于纯受迫和自然（自由）对流的关系式确定努塞尔数 Nu_F 和 Nu_N。式（9.64）右边的正号适用于同向和横向流动，而负号则适用于逆向流动。取 $n=3$ 常可获得最好的结果关系式，但在涉及水平平板和圆柱（或圆球）的横向流动中，n 分别取为 $\dfrac{7}{2}$ 和 4 可能更为合适。

式（9.64）应视为初步近似，如果要对混合对流问题进行较为严格的处理，应该仔细阅读相关文献。混合对流流动在 20 世纪 70 年代末到 80 年代中期得到相当多的关注，全面的文献综述见［39～42］。这种流动有着多种多样的奇异特征，使得传热的预测变得很复杂。例如，在水平的平行平板槽道中，底部加热会引发纵向旋涡形式的三维流动，而努塞尔数在纵向上的变化则是振荡衰减的[43,44]。此外，在槽道流动中，顶面和底面上的对流传热可能出现显著的不对称性[45]。最后，我们要注意，虽然浮力的影响可显著强化层流受迫对流流动中的传热，但是如果流动为湍流，通常可以忽略这种强化效果[46]。

9.10　对流传质

方程（9.3）右边的浮力项源于流体中密度的变化，而密度变化则可以由组分浓度以及温度梯度引起。因此，格拉晓夫数［式（9.12）］更为通用的形式为

$$Gr_L = \frac{g(\Delta\rho/\rho)L^3}{\nu^2} = \frac{g(\rho_s - \rho_\infty)L^3}{\rho\nu^2} \tag{9.65}$$

该式可用于由浓度梯度和/或温度梯度驱动的自然对流。如 9.2 节中所述，如果密度的变化只是由温度梯度引起的，则有 $(\Delta\rho/\rho) = -\beta\Delta T$。但是，如果没有温度梯度，运动仍可能由物质成分的空间变化引发，且由相似性讨论可得出 $Sh_L = f(Gr_L, Sc)$。此外，利用传热和传质的类比关系可由传热关系式推导出对流传质关系式。例如，如果组分 A 从垂直表面向静止的环境流体 B 蒸发或升华，可由式（9.24）的类比形式获得对流传质系数。这就是说

$$\overline{Sh_L} = \frac{\overline{h_m}L}{D_{AB}} = C(Gr_L Sc)^n \tag{9.66}$$

式中，Gr_L 由式（9.65）给出。如果组分 A 的分子量比组分 B 的小，则有 $\rho_s < \rho_\infty$，浮力引起的流动是沿着表面向上的。如果情况相反，则有 $\rho_s > \rho_\infty$，流动是下降的。

类比只能以上述方式应用于等温情况。如果温度和组分浓度都有梯度，传热和传质将通过自然对流同时发生。此时由相似性讨论可得 $\overline{Nu_L} = f(Gr_L, Pr, Sc)$ 和 $\overline{Sh_L} = f(Gr_L, Sc, Pr)$，

其中的密度差 $\Delta\rho$ 是由温度和浓度两者的变化引起的。作为初步近似，已有的形为 $\overline{Nu}_L = f$ (Gr_L, Pr) 和 $\overline{Sh}_L = f(Gr_L, Sc)$ 的关系式可用于确定对流传递系数，只要在计算 $\Delta\rho = \rho_s - \rho_\infty$ 的值时同时考虑温度和浓度的变化对 ρ_s 和 ρ_∞ 的影响，且 $Le = Pr/Sc \approx 1$。在组分 A 和 B 的二元混合物中，表面和自由流密度分别定义为 $\rho_s = \rho_{s,A} + \rho_{s,B}$ 和 $\rho_\infty = \rho_{\infty,A} + \rho_{\infty,B}$，其中组分密度与表面和自由流的温度有关。穿过边界层的平均密度为 $\rho = (\rho_s + \rho_\infty)/2$。

9.11　小结

　　我们已经讨论了部分或完全由浮力引起的对流流动，并且引入了描述这种流动所需的无量纲参数。你应该能够判断什么时候自然对流的影响是重要的，并能定量确定相关的传热速率。为此，已给出了一批实验关系式。

　　为检查你对相关概念的理解程度，请考虑以下问题。

　　• 什么是**广延的静止流体**？

　　• 浮力驱动的流动需要什么条件？

　　• 垂直热板上自然对流边界层中的速度分布和与平板上平行受迫流动有关的边界层中的速度分布有什么区别？

　　• 适用于自然对流边界层中的 x 动量方程中浮力项的一般形式是什么？如果流动是由温度变化引起的，它可作怎样的近似？该近似的名称是什么？

　　• **格拉晓夫数**的物理解释是什么？什么是**瑞利数**？它们与特征长度的关系各是什么样的？

　　• 对于处于静止空气中的水平热板，你认为是上表面还是下表面上的传热速率较大？为什么？对于处于静止空气中的水平冷板，你认为是上表面还是下表面上的传热速率较大？为什么？

　　• 对于垂直平行平板间槽道中的自然对流，是哪种力平衡控制着槽道中的流速？

　　• 对于由等温平板构成的垂直槽道，存在最佳间距的物理根据是什么？

　　• 具有冷和热的垂直表面的腔体中流动的特性是什么？表面温度不同的同心圆柱体之间的环形空间中流动的特性是什么？

　　• 术语**混合对流**是什么意思？在传热分析中如何确定是否要考虑混合对流的影响？混合对流在什么情况下可强化传热？它在什么情况下会降低传热？

　　• 考虑静止流体 B 中向上的水平表面上组分 A 的传递。如果 $T_s = T_\infty$ 且 A 的分子量比 B 的小，可与之类比的传热问题是什么？如果组分 A 的分子量比 B 的大，可与之类比的传热问题又是什么？

参考文献

1. Jaluria, Y., *Natural Convection Heat and Mass Transfer*, Pergamon Press, New York, 1980.
2. Gebhart, B., Y. Jaluria, R. L. Mahajan, and B. Sammakia, *Buoyancy-Induced Flows and Transport*, Hemisphere Publishing, Washington, DC, 1988.
3. Ostrach, S., "An Analysis of Laminar Free Convection Flow and Heat Transfer About a Flat Plate Parallel to the Direction of the Generating Body Force," National Advisory Committee for Aeronautics, Report 1111, 1953.
4. LeFevre, E. J., "Laminar Free Convection from a Vertical Plane Surface," *Proc. Ninth Int. Congr. Appl. Mech.*, Brussels, Vol. 4, 168, 1956.
5. McAdams, W. H., *Heat Transmission*, 3rd ed., McGraw-Hill, New York, 1954, Chap. 7.
6. Warner, C. Y., and V. S. Arpaci, *Int. J. Heat Mass Transfer*, **11**, 397, 1968.
7. Bayley, F. J., *Proc. Inst. Mech. Eng.*, **169**, 361, 1955.
8. Churchill, S. W., and H. H. S. Chu, *Int. J. Heat Mass Transfer*, **18**, 1323, 1975.
9. Sparrow, E. M., and J. L. Gregg, *Trans. ASME*, **78**, 435, 1956.
10. Churchill, S. W., "Free Convection Around Immersed Bodies," in G. F. Hewitt, Exec. Ed., *Heat Exchanger Design Handbook*, Section 2.5.7, Begell House, New York, 2002.

11. Sparrow, E. M., and J. L. Gregg, *Trans. ASME,* **78,** 1823, 1956.

12. Cebeci, T., "Laminar-Free-Convective Heat Transfer from the Outer Surface of a Vertical Slender Circular Cylinder," *Proc. Fifth Int. Heat Transfer Conf.,* Paper NC1.4, pp. 15–19, 1974.

13. Minkowycz, W. J., and E. M. Sparrow, *J. Heat Transfer,* **96,** 178, 1974.

14. Vliet, G. C., *Trans. ASME,* **91C,** 511, 1969.

15. Fujii, T., and H. Imura, *Int. J. Heat Mass Transfer,* **15,** 755, 1972.

16. Azevedo, L. F. A., and E. M. Sparrow, *J. Heat Transfer,* **107,** 893, 1985.

17. Rich, B. R., *Trans. ASME,* **75,** 489, 1953.

18. Goldstein, R. J., E. M. Sparrow, and D. C. Jones, *Int. J. Heat Mass Transfer,* **16,** 1025, 1973.

19. Lloyd, J. R., and W. R. Moran, "Natural Convection Adjacent to Horizontal Surfaces of Various Planforms," ASME Paper 74-WA/HT-66, 1974.

20. Morgan, V. T., "The Overall Convective Heat Transfer from Smooth Circular Cylinders," in T. F. Irvine and J. P. Hartnett, Eds., *Advances in Heat Transfer,* Vol. 11, Academic Press, New York, 1975, pp. 199–264.

21. Churchill, S. W., and H. H. S. Chu, *Int. J. Heat Mass Transfer,* **18,** 1049, 1975.

22. Raithby, G. D., and K. G. T. Hollands, in W. M. Rohsenow, J. P. Hartnett, and Y. I. Cho, Eds., *Handbook of Heat Transfer Fundamentals,* Chap. 4, McGraw-Hill, New York, 1998.

23. Elenbaas, W., *Physica,* **9,** 1, 1942.

24. Bar-Cohen, A., and W. M. Rohsenow, *J. Heat Transfer,* **106,** 116, 1984.

25. Ostrach, S., "Natural Convection in Enclosures," in J. P. Hartnett and T. F. Irvine, Eds., *Advances in Heat Transfer,* Vol. 8, Academic Press, New York, 1972, pp. 161–227.

26. Catton, I., "Natural Convection in Enclosures," *Proc. 6th Int. Heat Transfer Conf.,* Toronto, Canada, 1978, Vol. 6, pp. 13–31.

27. Globe, S., and D. Dropkin, *J. Heat Transfer,* **81C,** 24, 1959.

28. Hollands, K. G. T., G. D. Raithby, and L. Konicek, *Int. J. Heat Mass Transfer,* **18,** 879, 1975.

29. Churchill, S. W., "Free Convection in Layers and Enclosures," in G. F. Hewitt, Exec. Ed., *Heat Exchanger Design Handbook,* Section 2.5.8, Begell House, New York, 2002.

30. MacGregor, R. K., and A. P. Emery, *J. Heat Transfer,* **91,** 391, 1969.

31. Ayyaswamy, P. S., and I. Catton, *J. Heat Transfer,* **95,** 543, 1973.

32. Catton, I., P. S. Ayyaswamy, and R. M. Clever, *Int. J. Heat Mass Transfer,* **17,** 173, 1974.

33. Clever, R. M., *J. Heat Transfer,* **95,** 407, 1973.

34. Arnold, J. N., I. Catton, and D. K. Edwards, "Experimental Investigation of Natural Convection in Inclined Rectangular Regions of Differing Aspect Ratios," ASME Paper 75-HT-62, 1975.

35. Buchberg, H., I. Catton, and D. K. Edwards, *J. Heat Transfer,* **98,** 182, 1976.

36. Hollands, K. G. T., S. E. Unny, G. D. Raithby, and L. Konicek, *J. Heat Transfer,* **98,** 189, 1976.

37. Raithby, G. D., and K. G. T. Hollands, "A General Method of Obtaining Approximate Solutions to Laminar and Turbulent Free Convection Problems," in T. F. Irvine and J. P. Hartnett, Eds., *Advances in Heat Transfer,* Vol. 11, Academic Press, New York, 1975, pp. 265–315.

38. Kuehn, T. H., and R. J. Goldstein, *Int. J. Heat Mass Transfer,* **19,** 1127, 1976.

39. Churchill, S. W., "Combined Free and Forced Convection around Immersed Bodies," in G. F. Hewitt, Exec. Ed., *Heat Exchanger Design Handbook,* Section 2.5.9, Begell House, New York, 2002.

40. Churchill, S. W., "Combined Free and Forced Convection in Channels," in G. F. Hewitt, Exec. Ed., *Heat Exchanger Design Handbook,* Section 2.5.10, Begell House, New York, 2002.

41. Chen, T. S., and B. F. Armaly, in S. Kakac, R. K. Shah, and W. Aung, Eds., *Handbook of Single-Phase Convective Heat Transfer,* Chap. 14, Wiley-Interscience, New York, 1987.

42. Aung, W., in S. Kakac, R. K. Shah, and W. Aung, Eds., *Handbook of Single-Phase Convective Heat Transfer,* Chap. 15, Wiley-Interscience, New York, 1987.

43. Incropera, F. P., A. J. Knox, and J. R. Maughan, *J. Heat Transfer,* **109,** 434, 1987.

44. Maughan, J. R., and F. P. Incropera, *Int. J. Heat Mass Transfer,* **30,** 1307, 1987.

45. Osborne, D. G., and F. P. Incropera, *Int. J. Heat Mass Transfer,* **28,** 207, 1985.

46. Osborne, D. G., and F. P. Incropera, *Int. J. Heat Mass Transfer,* **28,** 1337, 1985.

习 题

物性和一般性讨论

9.1 考虑一个特征长度为 0.01m 的物体,该物体与流体之间的温差为 30℃。确定给定条件下的热物性,计算下述流体的瑞利数:空气(1atm,400K)、氦气(1atm,400K)、甘油(285K)和水(310K)。

9.2 为评价不同的流体用于自然对流冷却时的功效,引入**性能系数** F_N 是比较方便的,该系数把所有有关的流体物性对对流系数的影响综合在一起。如果努塞尔数由形如 $Nu_L \sim Ra^n$ 的表示式控制,求 F_N 与流体性质之间的相应关系。在 $n=0.33$ 这种典型情况下,计算下述流体的 F_N 值:空气 $[k=0.026\text{W/(m·K)}$、$\beta=0.0035\text{K}^{-1}$、$\nu=1.5\times10^{-5}\,\text{m}^2/\text{s}$、$Pr=0.70]$,水 $[k=0.600\text{W/(m·K)}$、$\beta=2.7\times10^{-4}\text{K}^{-1}$、$\nu=10^{-6}\,\text{m}^2/\text{s}$、$Pr=5.0]$,一种介电液体 $[k=0.064\text{W/(m·K)}$、$\beta=0.0014\text{K}^{-1}$、$\nu=10^{-6}\,\text{m}^2/\text{s}$、$Pr=25]$。哪种流体是最有效的冷却剂?

垂直平板

9.3 已知一个高 1m、宽 0.6m 的垂直表面对温度比其低 20K 的静止空气的自然对流传热速率。则该传热速率与一个高 0.6m、宽 1m 的垂直表面和温度比其高 20K 的静止空气之间的传热速率之比是多少?忽略辐射传热以及温度对空气相关热物性的影响。

9.4 将一块厚 5mm、边长 200mm 的正方形铝板垂直悬挂在 40℃ 的静止空气中进行加热。在平板温度为 15℃ 时,用下述两种方法确定其平均换热系数:利用边界层方程的相似解的结果及利用实验关系式的结果。

9.5 从式(9.24)给出的自然对流关系式入手,证明对于膜温为 400K 的常压空气,垂直平板的平均换热系数可表示为

$$\bar{h}_L = 1.40\left(\frac{\Delta T}{L}\right)^{1/4} \qquad 10^4 < Ra_L < 10^9$$

$$\bar{h}_L = 0.98\Delta T^{1/3} \qquad 10^9 < Ra_L < 10^{13}$$

9.6 一个家用炉的炉门高 0.5m、宽 0.7m,在运行过程中表面温度均匀,处于 32℃。在室内环境空气处于 22℃ 时计算炉子的热损。如果炉门的发射率为 1.0,环境也处于 22℃,说明自然对流和辐射热损的相对大小。

9.7 考虑一块垂直的单层玻璃窗,其宽度和高度相等($W=L=1\text{m}$)。内表面暴露于温度均为 18℃ 的室内空气和墙壁。在寒冷的环境条件下,内表面上形成了一层薄霜,通过窗户的热损速率是多少?在霜层厚度不能忽略时,你的分析会受到什么影响?在霜刚开始形成时,它会出现在窗户上的什么位置?可假定霜的发射率 $\varepsilon=0.90$。

9.8 盛有 50℃ 的热工艺流体的薄壁容器放置在 10℃ 的静止水浴中。容器内外表面上的传热可近似为垂直平板上的自然对流。

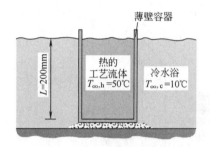

(a)确定热的工艺流体与冷水浴之间的总的传热系数。假定热的工艺流体的物性与水的相同。

(b)在 20~60℃ 范围内画出总的传热系数随热的工艺流体的温度 $T_{\infty,h}$ 的变化,其他条件均保持不变。

9.9 一辆汽车的垂直后窗的厚度和高度分别为 $L=8\text{mm}$ 和 $H=0.5\text{m}$,其中埋设的细丝网加热器可产生大致均匀的容积产热 $\dot{q}$(W/m³)。

(a)考虑下述稳态条件:窗户的内表面暴露于 10℃ 的静止空气,外表面暴露于 −10℃ 的空气,后者以 20m/s 的速度平行流过该表面。确定为将窗户的内表面维持在 $T_{s,i}=15$℃ 所需的容积加热速率。

(b)窗户的内外表面温度 $T_{s,i}$ 和 $T_{s,o}$ 与车厢和环境温度 $T_{\infty,i}$ 和 $T_{\infty,o}$ 以及空气流过外表面的速度 u_∞ 和容积加热速率 $\dot{q}$ 有关。为将 $T_{s,i}$ 维持在 15℃,我们希望了解如何根据 $T_{\infty,i}$、$T_{\infty,o}$ 和/或 u_∞ 的变化来调节加热速率。如果 $T_{\infty,i}$ 保持在 10℃,在 −25℃ $\leqslant T_{\infty,o} \leqslant$ 5℃ 和 $u_\infty=10\text{m/s}$、20m/s 和 30m/s 时 $\dot{q}$ 和 $T_{s,o}$ 将如何随 $T_{\infty,o}$ 变化?如果车速恒定,如 $u_\infty=30$m/s,在 5℃ $\leqslant T_{\infty,i} \leqslant$ 20℃ 和 $T_{\infty,o}=$ −25℃、

$-10℃$ 和 $5℃$ 时 $\dot{q}$ 和 $T_{s,o}$ 将如何随 $T_{\infty,i}$ 变化？

9.10 一个电冰箱的门的高度和宽度分别为 $H=1m$ 和 $W=0.65m$，冰箱位于一个大房间中，空气和壁面温度为 $T_{\infty}=T_{sur}=25℃$。冰箱门由夹在薄钢板（$\varepsilon=0.6$）和聚丙烯板之间的聚苯乙烯隔热层 $[k=0.03W/(m \cdot K)]$ 构成。在正常运行条件下，门的内表面维持在固定温度 $T_{s,i}=5℃$。

（a）计算对应于没有隔热层（$L=0$）这种最恶劣的情形下通过门的得热。

（b）在 $0mm \leqslant L \leqslant 25mm$ 范围内计算并画出得热速率和外表面温度 $T_{s,o}$ 随隔热层厚度的变化。

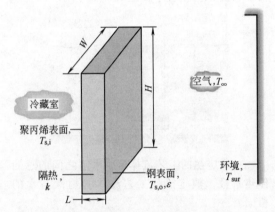

9.11 在**中央接收器**式太阳能电站中，采用很多位于地平面上的定日镜将聚集的太阳辐射通量 q''_S 反射到接收器上，后者位于塔的顶部。但是，即使接收器的外表面能够完全吸收太阳辐射通量，自然对流和辐射造成的损失也会使集热效率低于最大可能值 100%。考虑一个发射率 $\varepsilon=0.20$，直径和长度分别为 $D=7m$ 和 $L=12m$ 的接收器。

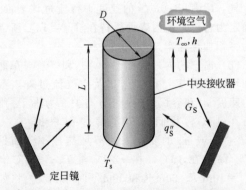

（a）如果太阳辐射通量完全被接收器吸收，且吸收器的表面维持在 $T_s=800K$，吸收器的散热速率是多少？环境空气是静止的，温度 $T_{\infty}=300K$，可以忽略来自环境的辐照。如果太阳辐射通量的值 $q''_s=10^5 W/m^2$，集热效率是多少？

（b）接收器的表面温度受设计以及电厂运行条件的影响。在 $600 \sim 1000K$ 范围内，画出对流、辐射和总的传热速率随 T_s 的变化。在 $q''_s=10^5 W/m^2$ 时，画出接收器效率的相应变化。

水平和倾斜平板

9.12 利用一个直径 $400mm$ 的圆盘式电加热器加热盛有 $5℃$ 机油的容器的底部。计算为使加热器表面维持在 $70℃$ 所需的功率。

9.13 考虑一根用碳素钢 $[k=57W/(m \cdot K)、\varepsilon=0.5]$ 制作的厚度和长度分别为 $6mm$ 和 $100mm$ 的直肋。肋基维持在 $150℃$，静止的环境空气和周围环境均处于 $25℃$。假定肋端是绝热的。

（a）计算单位宽度肋片上的散热速率 q'_f。利用平均肋片表面温度 $125℃$ 计算自然对流系数和线性化的辐射系数。你的计算结果对平均肋片表面温度选择的敏感程度如何？

（b）在 $0.05 \leqslant \varepsilon \leqslant 0.95$ 范围内画出 q'_f 随肋片发射率的变化。在相同的坐标系中，给出总散热速率中辐射换热的份额。

9.14 可通过下述方式确定材料的热导率和表面发射率：加热其底部并使其上表面暴露于温度相同的静止空气和大的周围环境，有 $T_{\infty}=T_{sur}=25℃$。样品/加热器的其他表面隔热良好。

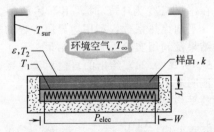

考虑一块厚度 $L=25mm$ 的样品，其俯视图为宽度 $W=250mm$ 的正方形。在一个稳态实验中，输入功率 $P_{elec}=70W$，测得样品的上下表面温度分别为 $T_2=100℃$ 和 $T_1=150℃$。样品的热导率和发射率分别是多少？

9.15 朝上的水平热表面的对流换热系数可以用一种具体特性取决于环境温度是否为已知

的仪器来确定。在结构 A 中，底部被电加热的紫铜圆盘封装在隔热材料中，这样，所有的热量均通过对流和辐射由上表面散出。如果已知表面的发射率以及空气和环境的温度，通过测量电功率和圆盘的表面温度就可以确定对流系数。结构 B 则用于环境温度未知的情形。一片薄的绝热带将具有独立电加热器和不同发射率的半圆盘分开。如果已知发射率和空气的温度，通过测量为使两个半圆盘处于相同温度所需提供的电功率就可以确定对流系数。

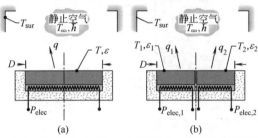

(a)　　　　　(b)

（a）在结构 A 的一个应用中，圆盘直径和发射率分别为 $D=160\text{mm}$ 和 $\varepsilon=0.8$，在 $T_\infty=T_{\text{sur}}=27℃$ 时测得 $P_{\text{elec}}=10.8\text{W}$ 和 $T=67℃$。相应的平均对流系数的值是多少？把该值与采用标准关系式计算的结果进行比较。

（b）现在考虑结构 B 的应用：$T_\infty=17℃$ 而 T_{sur} 未知。在 $D=160\text{mm}$、$\varepsilon_1=0.8$、$\varepsilon_2=0.1$ 且 $T_1=T_2=77℃$ 时，测得 $P_{\text{elec},1}=9.70\text{W}$ 和 $P_{\text{elec},2}=5.67\text{W}$。确定相应的对流系数值和环境温度。把该对流系数与采用合适的关系式计算所得的结果进行比较。

9.16 很多膝上型计算机配备有热管理系统，该系统采用液体冷却中央处理器（CPU），随后热的流体被输送至膝上机的荧光屏组件，热量在荧光屏的背部通过一个扁平的等温散热器散失。然后冷却液被再次输至 CPU，过程持续进行。考虑一个铝制散热器，宽度和高度分别为 $w=275\text{mm}$ 和 $L=175\text{mm}$。荧光屏组件与垂直方向的夹角 $\theta=30℃$，均温器与一个厚度 $t=3\text{mm}$ 的塑料外壳相连，后者的热导率和发射率分别为 $k=0.21\text{W}/(\text{m}\cdot\text{K})$ 和 $\varepsilon=0.85$。散热器与外壳的接触热阻 $R''_{\text{t,c}}=2.0\times10^{-4}\text{m}^2\cdot\text{K}/\text{W}$。如果 CPU 产生热能的平均速率为 15W，在 $T_\infty=T_{\text{sur}}=23℃$ 时，散热器的温度是多少？哪种热阻（接触、导热、辐射或自然对流）最大？

9.17 在风道中堆置的一些集成电路（IC）

板的总散热速率为 500W。风道的矩形横截面的尺寸为 $w=H=150\text{mm}$，长度为 0.5m。空气流入风道时的温度和流率分别为 25℃ 和 $1.2\text{m}^3/\text{min}$，空气与风道内表面之间的对流系数 $\overline{h_i}=50\text{W}/(\text{m}^2\cdot\text{K})$。风道的整个外表面都经阳极氧化处理，发射率为 0.5，暴露于 25℃ 的环境空气和大的周围环境中。

你的任务是发展一个计算空气的出口温度 $T_{\text{m,o}}$ 和风道的表面平均温度 $\overline{T_s}$ 的模型。

（a）假定表面温度为 37℃，计算风道外表面的平均自然对流系数 $\overline{h_o}$。

（b）假定表面温度为 37℃，计算风道外表面的平均线性化辐射系数 $\overline{h}_{\text{rad}}$。

（c）对风道进行能量平衡分析，考虑下述因素：集成电路的电功耗，空气流过风道时能量的变化速率，风道内空气对周围环境的传热速率。用风道内空气的平均温度 $\overline{T_m}$ 与环境空气以及周围环境温度之间的热阻表示最后一个过程。

（d）在（c）中的表示式中代入数值并计算空气的出口温度 $T_{\text{m,o}}$。计算 $\overline{T_s}$ 的相应值。对你的结果和模型中固有的假定进行说明。

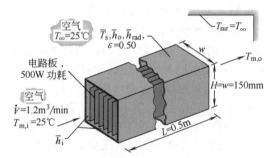

9.18 一块长度和宽度分别为 0.5m 和 0.2m 的高度抛光的铝板处于温度和速度分别为 23℃ 和 10m/s 的空气流中。上游条件使整个平板长度上均为湍流。在平板的底部安装了一系列独立控制的分段加热器，使整个平板大致处于等温状态。图中给出了处于 $x_1=0.2\text{m}$ 和 $x_2=0.3\text{m}$ 之间的电加热器。

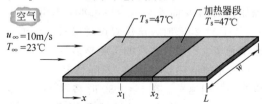

（a）计算为使平板表面维持在 $T_s=47℃$ 必须给指定的加热器提供的电功率。

（b）如果维持平板上空气流速度的风扇发生故障，但加热器的功率保持恒定，计算指定段的表面温度。假定环境空气是广延静止的，温度为 23℃。

9.19 计算一根截面为矩形的水平直肋的有效度，该肋片安装在一个工作温度为 45℃ 的表面上，环境空气和周围环境的温度均为 25℃。肋片用铝合金（2024-T6）制作，表面有阳极氧化涂层（ε＝0.82），厚度和长度分别为 2mm 和 100mm。

（a）只考虑肋片表面上的自然对流并估算一个平均对流换热系数，确定肋片的有效度。

（b）计算肋片的有效度，但此时要考虑其与周围环境之间的辐射换热。

（c）采用数值方法建立有限差分方程，求肋片的有效度。自然对流和辐射换热模型应该基于肋片的局部值，而不是平均值。

水平圆柱和球

9.20 一根直径 5mm 的水平棒浸没在 18℃ 的水中。如果棒的表面温度为 56℃，计算单位棒长上的自然对流换热速率。

9.21 封装在长和直径分别为 150mm 和 60mm 的罐中的饮料的初始温度为 27℃，把它放在 4℃ 的冰箱冷藏室中冷却。为使冷却速率最大，罐子在冷藏室中应该水平还是垂直放置？作为初步近似，忽略端部的传热。

9.22 绝对压力为 4bar 的饱和蒸汽以 3m/s 的平均速度流过一根内外直径分别为 55mm 和 65mm 的水平管道。已知蒸汽流动的换热系数为 11000W/（m² · K）。

（a）如果管道表面覆盖有 25mm 厚的 85% 氧化镁隔热层，并暴露于 25℃ 的常压空气，确定单位管长上对室内空气的自然对流传热速率。如果蒸汽在管道进口处是饱和的，计算 30m 长的管道出口处蒸汽的干度。

（b）对环境的净辐射也构成管道的热损。在隔热材料的表面发射率 ε＝0.80，环境温度 $T_{sur}＝T_∞＝25℃$ 时，单位管长对房间的总传热速率是多少？出口蒸汽的干度是多少？

（c）增加隔热层厚度和/或降低其发射率可以减少热损速率。在 ε＝0.80 时将隔热层厚度增至 50mm 有什么效果？在隔热层厚度为 25mm 时将发射率降至 0.2 呢？将发射率降至 0.2 且将隔热层厚度增至 50mm 呢？

9.23 一个在 27℃ 的环境空气中运行的电动机，其直径为 20mm 的轴的最高表面温度不得超过 87℃。由于电动机机壳内有功耗，因此希望通过轴对环境空气排放尽可能多的热量。在这个问题中，我们将研究几种散热方法。

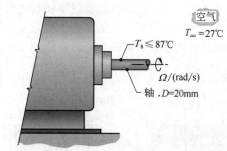

（a）对于旋转的水平圆柱体，计算其对流系数的合适关系式的形式为

$$\overline{Nu_D}＝0.133Re_D^{2/3}Pr^{1/3}$$

$$(Ra_D＜4.3×10^5, \ 0.7＜Pr＜670)$$

其中 $Re_D≡ΩD^2/ν$，$Ω$ 是转速（rad/s）。在 5000～15000rpm 范围内确定对流系数和单位长度上的最大散热速率随转速的变化。

（b）在轴静止时，计算自然对流系数和单位长度上的最大散热速率。在 $Re_D＜4.7(Gr_D^3/Pr)^{0.137}$ 时混合自然和受迫对流的影响有可能变得显著。在（a）中指定的转速范围内自然对流的影响是否重要？

（c）假定轴的发射率为 0.8，周围环境与环境空气的温度相同，辐射换热是否重要？

（d）如果环境空气横向流过转轴，为达到（a）中确定的散热速率，需要多大的空气速度？

9.24 化工厂常常会在管道隔热层外覆盖一层耐久性能好的厚铝箔。铝箔的功能是包裹隔热棉并减少对环境的辐射传热。由于氯的存在（氯工厂或海边的工厂），原来明亮的铝箔表面随着使用时间的延长而被腐蚀。在典型情况下，长期使用后发射率可从刚安装时的 0.12 增至 0.36。对于直径为 30mm 的覆盖有铝箔的管道，在表面温度为 90℃ 时，这种因铝箔表面退化而造成的发射率的增加会显著影响管道热损吗？在环境空气和周围环境温度均为 25℃ 时考虑下述两种情况：（a）静止空气；（b）10m/s 的横向风速。

9.25　在一个实验的流动环路中，平均温度为 45℃ 的热流体流过一根直径 20mm 的薄壁管。该管水平安装在 15℃ 的静止空气中。为满足实验对温度控制的严格要求，决定在管的外表面上缠绕薄的电热带，以防止热流体对环境空气散热。

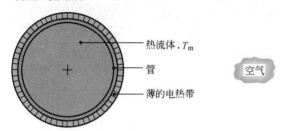

（a）忽略辐射热损，计算为确保均匀流体温度，电热带必须提供的热流密度 q_e''。

（b）假定电热带的发射率为 0.95，环境温度也为 15℃，计算所需的热流密度。

（c）在电热带外部包裹隔热材料可以减少热损。在隔热材料为表面发射率 $\varepsilon = 0.60$ 的 85% 氧化镁 [$k = 0.050$ W/(m・K)] 时，在 0～20mm 范围内计算并画出所需的热流密度 q_e'' 随隔热层厚度的变化。在同一范围内计算并画出单位管长上的对流和辐射散热速率随隔热层厚度的变化。

9.26　一种生物流体以流率 $\dot{m} = 0.02$ kg/s 通过一根直径 5mm 的薄壁盘管，盘管浸没在 50℃ 的大水浴中。流体进入管子时的温度为 25℃。

（a）计算为使生物流体的出口温度达到 $T_{m,o} = 38$℃ 所需的管长和盘管的匝数。假定水浴是广延的静止介质，盘管可近似为水平管，且生物流体的热物性与水的相同。

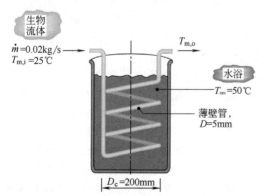

（b）通过管子的流率是由一台泵控制的，泵的输出在任意一个设置下的变化范围约在 ±10% 之间。项目工程师很关心这个条件，这是因为生物流体的出口温度的相应变化可能会影响下游生产过程。在 $\dot{m}$ 有 ±10% 的变化时，你预期 $T_{m,o}$ 的变化处于什么范围？

9.27　考虑下述批处理过程：利用在直径和长度分别为 15mm 和 15m 的盘管中流动的 2.445bar 的饱和蒸汽的凝结将 200L 的药物从 25℃ 加热到 70℃。在过程中的任意时刻，液体可近似为具有均匀温度的无限大静止介质，并可假定其具有常物性，为 $\rho = 1100$ kg/m³、$c = 2000$ J/(kg・K)、$k = 0.25$ W/(m・K)、$\nu = 4.0 \times 10^{-6}$ m²/s、$Pr = 10$ 和 $\beta = 0.002$ K⁻¹。可以忽略冷凝蒸汽与管壁之间的热阻。

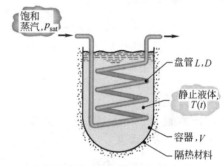

（a）对药物的初始传热速率是多少？

（b）忽略容器与其环境之间的传热，为将药物加热到 70℃，需要多长时间？画出流体温度和管子外表面上的对流系数随时间的变化。加热过程中有多少蒸汽冷凝？

9.28　35℃ 的热流体在水平放置在 25℃ 的静止空气中的管子中输运。为使对环境空气的自然对流散热速率最小，在下述几种具有相同横截面积的管型中你会选用哪一种？

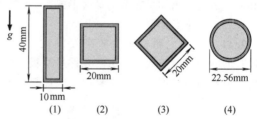

利用下面由雷哈德（Lienhard）(Int. J. Heat Mass Transfer, 1973, 16: 2121) 提供的关系式近似求解边界层与表面不分离的浸没物体的层流对流系数：

$$\overline{Nu}_l = 0.52 Ra_l^{1/4}$$

特征长度 l 是边界层中的流体通过物体表面的行程。把这个关系式与适用于球体的关系式进行比较，以检测其实用性能。

9.29 一个表面上有低发射率涂层的直径 25mm 的紫铜球从炉中取出时具有 85℃ 的均匀温度，将其放在 25℃ 的静止流体中冷却。

（a）分别计算浸没在空气和水中时对应于初始条件的对流系数。

（b）采用两种不同的方法估算球浸没在空气和水中时冷却到 30℃ 所需的时间。在较为简单但近似程度较差的方法中，采用基于球体在冷却过程中的平均温度的平均对流系数。在较为精确的方法中，把对流系数作为变量，对能量平衡方程进行数值积分。

平行平板间的槽道

9.30 考虑两块处于均匀温度 $T_{s,1} > T_{s,2}$ 的垂直长平板。平板间距为 $2L$，两端开口。

（a）画出平板间的速度分布。

（b）写出平板间层流的连续、动量和能量方程的合适形式。

（c）计算温度分布，用平均温度 $T_m = (T_{s,1} + T_{s,2})/2$ 表示结果。

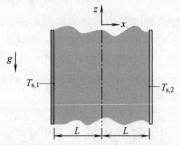

（d）假定密度是一个对应于 T_m 的常数 ρ_m，计算垂直压力梯度。代入布西涅斯克（Boussinesq）近似，求动量方程的最终形式。

（e）确定速度分布。

9.31 一个电路板垂直阵列浸没在 $T_\infty = 17℃$ 的静止环境空气中。虽然元件从基板上突出，但作为初步近似，作具有均匀表面热流密

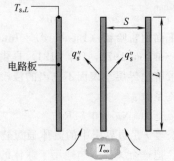

度 q''_s 的平板假定是合理的。考虑长度和宽度为 $L = W = 0.4m$ 的板，间距 $S = 25mm$。如果允许的最高板温为 77℃，每块板上允许的最大功耗是多少？

9.32 一个太阳集热器由一个平行平板槽道构成，槽道底部与承压贮水箱相通，顶部与热沉相连。槽道倾斜放置，与垂线的夹角为 $\theta = 30°$，上板为透明盖板。穿过透明盖板和水的太阳辐射使等温吸收板处于 $T_s = 67℃$，从热沉返回水箱的水的温度 $T_\infty = 27℃$。系统以热虹吸的形式运行，在这种方式下水流仅由浮力驱动。板间距和长度分别为 $S = 15mm$ 和 $L = 1.5m$。

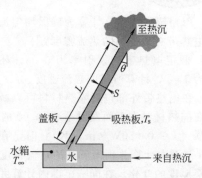

在考虑与水之间的对流换热时可假定盖板是绝热的，计算与流向垂直的单位宽度上吸热板对水的传热速率（W/m）。

矩形腔体

9.33 从表 A.3 和表 A.4 中的物性数据可明显看出，在室温下，玻璃的热导率要比空气的大 50 倍以上。因此希望采用双层结构的窗户，在这种结构中，两层玻璃板之间有空气层。如果通过空气层的传热为导热，可以通过增大间隙厚度 L 来提高相应的热阻。但是，这种方法的功效受到一些限制，因为如果 L 超过了临界值就会引发对流流动，从而使热阻降低。

考虑由温度分别为 $T_1 = 22℃$ 和 $T_2 = -20℃$ 的垂直玻璃板封装的常压空气。如果对流发生的临界瑞利数 $Ra_L \approx 2000$，要使通过空气的传热为导热，允许的最大间距是多少？该间距是如何受平板温度影响的？它是如何受空气的压力（例如使间隙具有一定真空度）影响的？

9.34 一个平板太阳集热器的吸热板和相邻盖板的温度分别为 70℃ 和 35℃，它们之间有 0.05m 厚的空气间隙。如果它们对水平面的倾

角为 $60°$，两板之间单位面积上的自然对流换热速率是多少？

9.35　一个工业炉的顶部由两块水平金属板构成，金属板之间有 50mm 厚的空气间隙。底板和顶板分别处于 $T_h=200℃$ 和 $T_c=50℃$。工厂经营者希望在金属板之间加隔热层以减少热损。由于温度较高，不能使用泡沫或毛毡隔热材料。由于工业环境较为恶劣且费用较高，也不能采用真空隔热材料。一位年轻的工程师建议，可以在间隙中等间距插入极薄的水平铝箔片以消除自然对流，从而减少通过空气间隙的热损。

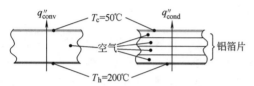

（a）确定没有隔热时穿过间隙的对流热流密度。

（b）确定为消除自然对流至少需要在间隙中插入的铝箔片数。

（c）确定插入铝箔片后通过空气间隙的导热热流密度。

9.36　一个太阳能热水器由与贮存箱相连的平板集热器构成。集热器由被空气间隙隔开的透明盖板和吸热板组成。

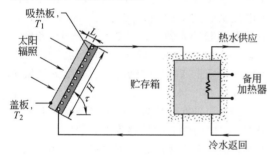

虽然吸热板吸收的大部分太阳能传给了焊接在吸热板背部的蛇形管中流动的工作流体，但有一些能量因穿过空气间隙的自然对流和净辐射换热而损失掉。在第 13 章中，我们将计算辐射换热在这个损失中所占的份额。在这里，我们关注自然对流的影响。

（a）考虑一个倾角 $\tau=60°$ 的集热器，吸热面的尺寸为 $H=w=2m$，空气间隙 $L=30mm$。如果吸热板和盖板的温度分别为 $T_1=70℃$ 和 $T_2=30℃$，吸热板上自然对流传热速率是多少？

（b）自然对流热损与平板间距有关。在 $5mm \leqslant L \leqslant 50mm$ 范围内计算并画出热损速率随间距的变化。是否存在最佳间距？

同心圆柱和球

9.37　考虑例题 9.5 中同心地安装在直径为 0.10m 的蒸汽管道外部的直径 0.12m 的圆柱形防辐射屏。间距产生 $L=10mm$ 的空气隙。

（a）计算在安装了另一层直径 0.14m 的防辐射屏时单位管长上的对流热损，第二层屏的温度维持在 $35℃$。把这个结果与例题中单层屏的结果进行比较。

（b）在（a）中的双屏结构中，同心套管形成 $L=10mm$ 的空气隙。在间隙尺寸 $L=15mm$ 时计算单位长度上的热损。你预期热损是增大还是减少？

9.38　液氮贮存在一个直径 $D_i=1m$ 的薄壁球形容器中。该容器同心地放置在一个直径 $D_o=1.10m$ 的较大的薄壁球形容器中，夹层中充有常压氮气。

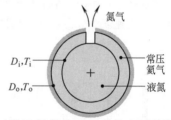

在正常运行条件下，内外表面的温度分别为 $T_i=77K$ 和 $T_o=283K$。如果氮气的蒸发潜热为 $2\times10^5 J/kg$，氮气从系统中排出的质量速率（kg/s）是多少？

9.39　人眼中有水状体，它将外部的角膜与内部的虹膜-晶状体结构分开。据猜测，在一些个体中，虹膜会间歇性地释放小的色素片，后者会迁移至角膜，然后对角膜造成伤害。将角膜和虹膜-晶状体结构形成的腔体结构近似为内外半径分别为 $r_i=7mm$ 和 $r_o=10mm$ 的同心半球，通过计算有效热导率之比 k_{eff}/k 来研究水状体中是否能够发生自然对流。如果可以发生自然对流，破坏性的颗粒就有可能从虹膜对流至角膜。虹膜-晶状体结构处于人体核心温度 $T_i=37℃$，测得角膜温度 $T_o=34℃$。水状体的性质为 $\rho=990kg/m^3$、$k=0.58W/(m \cdot K)$、$c_p=4.2\times10^3 J/(kg \cdot K)$、$\mu=7.1\times10^{-4} N \cdot s/m^2$ 和 $\beta=3.2\times10^{-4} K^{-1}$。

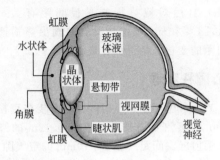

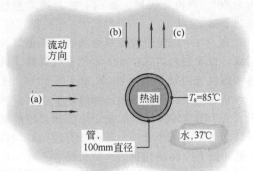

混合对流

9.40 35℃的水以 0.05m/s 的速度流过一根直径 50mm 的水平圆柱，圆柱表面维持在 20℃的均匀温度。你预期自然对流传热是否显著？如果流体是常压空气，情况又如何？

9.41 在环境温度为 25℃时，采用空气冷却一个高 150mm 的垂直电路板阵列，以使板温不超过 60℃。作等温表面状态假定，确定下述冷却方式下每块板允许的电功耗：

(a) 仅有自然对流（无受迫空气流）。

(b) 空气流具有 0.6m/s 的向下速度。

(c) 空气流具有 0.3m/s 的向上速度。

(d) 空气流的速度为 5m/s（向上或向下）。

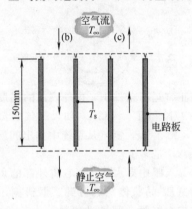

9.42 一个工业用热水器中采用了一根直径 100mm 的水平管，管内通热油。基于典型的抽水速率，管外流速为 0.5m/s。热油使管的外表面维持在 85℃，水的温度为 37℃。

研究下述流动方向对传热速率（W/m）的影响：(a) 水平；(b) 向下；(c) 向上流动。

传　质

9.43 将一件浸饱了水的外衣挂在一间处于常压的温暖的房间里干燥。静止空气是干的，温度为 40℃。可假定外衣温度为 25℃，垂直方向上的特征长度为 1m。计算单位宽度外衣上的干燥速率。

9.44 与例题 1.4 中的 PEM 电池类似的燃料电池使用液态水和甲醇的混合物（而不是氢）作为燃料；阳极与液态燃料直接接触。氧（组分 A）通过自然对流传给暴露的阴极。因此，该装置运行时不需要风机或泵。**被动式直接甲醇燃料电池**（DMFC）的功率输出有可能受到**传质限制**，因为 DMFC 产生的电流与阴极消耗氧的速率的关系式为 $I = 4n_A FM_A$，其中 F 是法拉第常数，$F = 96489 C/mol$。考虑一个膜尺寸为 120mm×120mm 的被动式 DMFC。确定阴极朝上或垂直的情况下阴极处的氧质量分数 $m_{A,s} = 0.10$ 时 DMFC 产生的最大可能电流。作为初步近似并为了揭示该装置对其相对于垂直方向的朝向的敏感程度，假定浮力是由阴极表面与静止环境之间的密度差控制的，该密度差与氧质量分数的变化相关，环境为 $T_\infty = 25℃$ 的常压空气。假定静止空气是由氮气和氧气组成的，氧气的质量分数 $m_{A,\infty} = 0.233$。

第 **10** 章　沸腾和凝结

本章将集中讨论与流体相变有关的对流过程。具体地说，将讨论那些发生在固-液或固-气交界面上的过程，即**沸腾**和**凝结**。在这些过程中，与相变有关的**潜热**的影响是很重要的。因沸腾而发生的从液态向蒸气状态的转变是靠固体表面放热维持的；反过来，蒸气凝结成液态则要向固体表面传热。

由于涉及流体运动，沸腾和凝结归类于对流模式的传热。但是，它们有一些独有的特征。由于相变的存在，会发生流体吸热或放热但其温度却不变化的情况。事实上，通过沸腾或凝结可以用小的温差获得大的传热速率。除了**潜热** h_{fg}，用于描述这些过程的其他两个重要参数分别为液-气界面上的**表面张力** σ 和两相之间的**密度差**。密度差导致**浮力**的产生，后者正比于 $g(\rho_l - \rho_v)$。由于潜热和浮力驱动的流动的共同作用，沸腾和凝结的换热系数和速率通常要比没有相变的对流换热的大得多。

有很多以高热流密度为特征的工程问题涉及沸腾和凝结。在闭式动力循环中，加压液体在**锅炉**中转变为蒸汽。在透平中膨胀以后，蒸汽在**冷凝器**中恢复成液态，随后被泵回锅炉以重复循环。内部发生沸腾过程的**蒸发器**和冷凝器也是蒸汽压缩制冷循环的主要部件。与沸腾过程有关的高传热系数使得它在先进电子装置的热管理中很有吸引力。要对这些部件进行合理的设计，需要对相关的相变过程有很好的了解。

在本章中，我们的目的是理解与沸腾和凝结有关的物理状态并为相关的传热计算提供基础知识。

10.1　沸腾和凝结中的无量纲参数

在处理边界层现象（第 6 章）时，我们将控制方程无量纲化，从而确定有关的无量纲组合。这个方法提高了我们对相关物理机理的理解并给出了概括和描述传热结果的简化方法。

因为难以建立沸腾和凝结过程的控制方程，所以这里采用巴金汉姆 π 定律（Buckingham pi theorem）[1]求得合适的无量纲参数。对于任一过程，对流系数可能与表面温度及饱和温度之差（$\Delta T = |T_s - T_{sat}|$）、因液体-蒸气密度差引起的物体力 $[g(\rho_l - \rho_v)]$、潜热 h_{fg}、表面张力 σ、特征长度 L 以及液体或蒸汽的热物理性质（ρ、c_p、k 及 μ）有关。这就是说

$$h = h[\Delta T, g(\rho_l - \rho_v), h_{fg}, \sigma, L, \rho, c_p, k, \mu] \tag{10.1}$$

因为该式中有 10 个变量和 5 种量纲（m、kg、s、J、K），所以有（10−5）=5 个 π 组合，它们可以写成下述形式

$$\frac{hL}{k} = f\left[\frac{\rho g(\rho_l - \rho_v)L^3}{\mu^2}, \frac{c_p \Delta T}{h_{fg}}, \frac{\mu c_p}{k}, \frac{g(\rho_l - \rho_v)L^2}{\sigma}\right] \tag{10.2a}$$

或定义无量纲组合，有

$$Nu_L = f\left[\frac{\rho g(\rho_l - \rho_v)L^3}{\mu^2}, Ja, Pr, Bo\right] \tag{10.2b}$$

努塞尔数和普朗特数是我们所熟悉的，它们在前面的单相对流分析中出现过。新的无量纲参数为雅各布数（Jakob number）Ja、邦德数（the Bond number）Bo 和一个与格拉晓夫数很像的无名参数［见式（9.12），并注意有 $\beta \Delta T \approx \Delta \rho / \rho$］。这个无名参数代表了浮力引发的流体运动对传热的影响。雅各布数是液体（蒸气）在凝结（沸腾）过程中吸收的最大显热与潜热之比。在很多应用中，显热远小于潜热，因此 Ja 的值很小。邦德数是浮力与表面张力之比。在随后的几节中，我们将描述这些参数在沸腾和凝结中的作用。

10.2 沸腾模式

发生在固-液交界面上的蒸发称为**沸腾**。当表面温度 T_s 超过相应压力下液体的饱和温度 T_{sat} 时就会发生这种过程。热量从固体表面传给液体，合适形式的牛顿冷却定律为

$$q_s'' = h(T_s - T_{sat}) = h\Delta T_e \tag{10.3}$$

式中，$\Delta T_e \equiv T_s - T_{sat}$，称为**过余温度**。这个过程的特征是有蒸气泡的形成，它们长大后脱离表面。蒸气泡的生长和动力学特性与过余温度、表面特性以及表面张力之类的流体热物理性质之间有着复杂的关系。反过来，蒸气泡形成的动力学特性又会影响表面附近的流体运动，从而强烈影响换热系数。

沸腾可在各种不同的条件下发生。例如，在**池内沸腾**中流体是静止的，它在表面附近的运动是由自然对流以及气泡的生长和脱离导致的混合而引起的。与此不同，在**受迫对流沸腾**中，流体的运动是由外部手段以及自然对流和气泡引发的混合而引起的。沸腾还可根据它是**过冷的**或**饱和的**进行分类。在**过冷沸腾**中，液体的温度低于饱和温度，因此在表面上形成的气泡可在液体中凝结。相反，在**饱和沸腾**中液体的温度略高于饱和温度，因此在表面上形成的气泡会在浮力的推动下穿过液体，最终从自由表面逸出。

10.3 池内沸腾

图 10.1 中所示的**饱和池内沸腾**已被广泛研究。虽然在固体表面附近液体温度发生急剧上升，但是大部分液体的温度都略高于饱和温度，因此在液-固交界面上产生的气泡会上升至液-气交界面，并从中逸出。仔细研究**沸腾曲线**可以了解支配沸腾过程的物理机理。

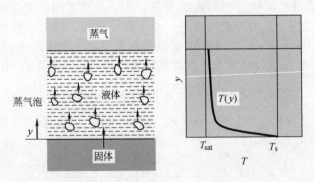

图 10.1　具有液-气交界面的饱和池内沸腾中的温度分布

10.3.1 沸腾曲线

努基雅玛（Nukiyama）[2] 利用图 10.2 中的装置首先确定了池内沸腾的不同状态。测定

电流 I 和电位降 E 可确定从水平镍铬电热丝到饱和水的热流密度。电热丝的温度则是根据其电阻随温度的变化方式确定的。这种布置称为**控制功率**加热，在这种方式中，电热丝的温度 T_s（因而过余温度 ΔT_e）是因变量而功率设置（因而热流密度 q''_s）则是自变量。根据图 10.3 中**加热曲线**的箭头可明显看出，在施加功率后，热流密度随着过余温度先缓慢地然后非常迅速地增大。

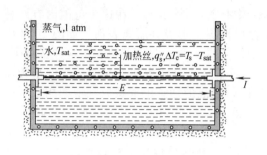

图 10.2　努基雅玛用于演示沸腾曲线的功率控制装置

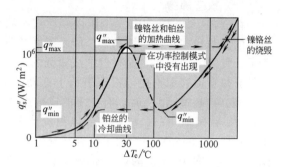

图 10.3　努基雅玛获得的常压下水的沸腾曲线

努基雅玛注意到，直到 $\Delta T_e \approx 5℃$ 才发生以气泡的出现为标志的沸腾。随着功率的进一步增大，热流密度变得很大，直到略大于 q''_{max} 时，加热丝的温度**突然跃至**熔点，发生烧毁。但是，在利用熔点较高的铂电热丝（2045K 对 1500K）重复该实验时，努基雅玛能够维持高于 q''_{max} 的热流密度，没有发生烧毁。随后，当他降低功率时，ΔT_e 随着 q''_s 的变化沿着图 10.3 中的**冷却曲线**进行。当热流密度达到极低点 q''_{min} 时，功率的进一步下降导致过余温度突然下降，过程沿着原来的加热曲线回到饱和点。

努基雅玛认为图 10.3 中的滞后效应是控制功率的加热方式引起的，在这种方式中，ΔT_e 是个因变量。他还认为采用可以独立控制 ΔT_e 的加热过程可获得曲线中的缺失（虚线）部分。后来德如（Drew）和穆勒（Mueller）[3]证实了他的猜想。利用冷凝管内处于不同压力下的蒸气，他们得以控制低沸点有机流体在管子外表面上沸腾的 ΔT_e 的值，从而获得了沸腾曲线的缺失部分。

10.3.2　池内沸腾的模式

分析池内沸腾的不同模式或状态可了解其中的基本物理机理。在图 10.4 中的沸腾曲线上标出了这些状态。虽然其他流体的行为也具有类似趋势，但这条特定的曲线只适用于 1atm 下的水。根据式（10.3），我们注意到 q''_s 与对流系数 h 以及过余温度 ΔT_e 有关。可根据 ΔT_e 的值对不同的沸腾状态进行描述。

（1）自然对流沸腾

在 $\Delta T_e \leqslant \Delta T_{e,A}$ 时存在自然对流沸腾，

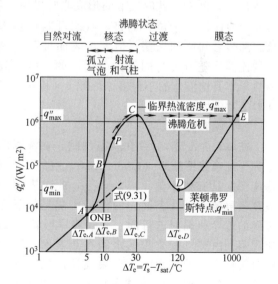

图 10.4　1atm 下水的典型沸腾曲线：表面热流密度 q''_s 与过余温度 $\Delta T_e \equiv T_s - T_{sat}$ 的函数关系

其中 $\Delta T_{e,A} \approx 5℃$。为维持气泡的形成，表面温度必须略高于饱和温度。随着过余温度的提高，气泡终将产生，但在 A 点（称为**核态沸腾起始点**，ONB）以下，流体的运动主要由自

然对流的作用决定。根据流动状态是层流还是湍流，h 分别随 ΔT_e 的 $\frac{1}{4}$ 或 $\frac{1}{3}$ 次方而变化，在这种情况下，q_s'' 随 ΔT_e 的 $\frac{5}{4}$ 或 $\frac{4}{3}$ 次方而变化。对于大的水平板，流体流动为湍流，可用式 (9.31) 预测沸腾曲线中的自然对流部分，如图 10.4 所示。

（2）核态沸腾

在 $\Delta T_{e,A} \leqslant \Delta T_e \leqslant \Delta T_{e,C}$ 范围内存在核态沸腾，其中 $\Delta T_{e,C} \approx 30℃$。在这个范围内有两种不同的流动状态。在区域 $A-B$ 中，**孤立的气泡**在成核点上形成并脱离表面，如图 10.2 中所示。气泡的脱离在表面附近造成很强的流体混合，使得 h 和 q_s'' 显著提高。在这种状态下，大部分热量由表面直接传给在表面上运动的流体，而不是通过从表面升起的蒸气泡来传递的。当 ΔT_e 超过 $\Delta T_{e,B}$ 时，有更多的成核点变得活跃，气泡的加速形成造成气泡的相互干扰和合并。在区域 $B-C$ 中，蒸气以**射流**或**气柱**形式逸出，这些射流或气柱随后合并成蒸气团。在图 10.5（a）中给出了这种状况。密集分布的气泡之间的相互干扰抑制了表面附近流体的运动。图 10.4 中的点 P 是沸腾曲线上的一个拐点，在这里传热系数具有极大值。h 从这点开始随着 ΔT_e 的增大而变小，虽然 h 和 ΔT_e 的乘积 q_s'' 仍继续增大。产生这种趋势的原因是，在 $\Delta T_e > \Delta T_{e,P}$ 时，ΔT_e 的相对增加大于 h 的相对减小。但是在 C 点处，ΔT_e 的进一步增加被 h 的减小抵消了。最大热流密度（$q_{s,C}'' = q_{max}''$）通常称为**临界热流密度**，对于大气压力下的水，它大于 $1MW/m^2$。在这个极值点处，蒸气大量形成，使得液体难以持续润湿表面。

由于在核态沸腾状态中用很小的过余温度就可以获得很高的传热速率和对流系数，因此人们希望使很多工程装置在这种状态下运行。可以用式 (10.3) 以及图 10.4 中的沸腾曲线推算对流系数的近似值。将 q_s'' 除以 ΔT_e，可明显看出这个状态中的对流系数可大于 $10^4 W/(m^2 \cdot K)$。这些值要比那些没有相变的对流系数大得多。

（3）过渡沸腾

对应于 $\Delta T_{e,C} \leqslant \Delta T_e \leqslant \Delta T_{e,D}$ 的区域称为**过渡沸腾**、**不稳定膜态沸腾**或**局部膜态沸腾**，其中 $\Delta T_{e,D} \approx 120℃$。此时气泡的形成非常迅速，以致开始在表面上形成蒸气膜或蒸气层。就表面上的任何一个位置而言，状态可能在膜态与核态沸腾之间来回振荡，但整个表面被蒸气膜覆盖的比例是随着 ΔT_e 的增大而增加的。由于蒸气的热导率要比液体的小得多，因此 h（和 q_s''）必定随着 ΔT_e 的增大而减小。

（4）膜态沸腾

在 $\Delta T_e \geqslant \Delta T_{e,D}$ 时存在膜态沸腾。在沸腾曲线上称为**莱顿弗罗斯特**（Leidenfrost）点的 D 点处，热流密度具有极小值，$q_{s,D}'' = q_{min}''$，此时表面完全被蒸气层覆盖。从表面向液体的传热是依靠穿过蒸气的传导和辐射进行的。莱顿弗罗斯特于 1756 年观察到由蒸气膜支撑的水滴在热表面上移动的同时缓慢汽化的现象。随着表面温度的提高，穿过蒸气膜的辐射的影响越来越大，因此热流密度随着 ΔT_e 的增大而提高。

与核态沸腾和膜态沸腾相关的蒸气形成和气泡动力学的特性示于图 10.5 中。这些照片给出的是甲醇在水平管上沸腾时的情况。

(a) 射流和气柱状态下的核态沸腾

(b) 膜态沸腾

图 10.5　甲醇在水平管上的沸腾
照片蒙位于香巴尼-乌巴马的伊利诺伊
大学 J. W. Westwater 教授提供

虽然在前面有关沸腾曲线的讨论中作了 T_s 可控的假定，但是我们必须牢记努基雅玛的实验以及很多涉及控制 q_s'' 的应用（例如，核反应堆或电阻加热装置）。设想在图 10.4 中的某一点 P 开始逐步增大 q_s''。ΔT_e 的值以及 T_s 的值也会升高，并沿着沸腾曲线达到 C 点。但是，一旦 q_s'' 超越这个点就会急剧偏离沸腾曲线，此时表面状态会突然从 $\Delta T_{e,C}$ 变至 $\Delta T_{e,E} \equiv T_{s,E} - T_{\text{sat}}$。由于 $T_{s,E}$ 可能大于固体的熔点，因此就可能造成系统破坏或出现故障。由于这个原因，C 点常称为**烧毁点**或**沸腾临界点**，准确知道**临界热流密度**（CHF）（$q_{s,C}'' = q_{\max}''$），是很重要的。我们希望传热表面在接近这个值的情况下运行，但不想超过它。

10.4　池内沸腾关系式

根据沸腾曲线的形状以及不同的沸腾状态各有不同的物理机理这一事实，沸腾过程具有多种传热关系式就不足为怪了。对于沸腾曲线（图 10.4）中 $\Delta T_{e,A}$ 以下的区域，可用第 9 章中合适的自然对流关系式计算换热系数和传热速率。在本节中我们将综述广泛应用于核态和膜态沸腾的一些关系式。

10.4.1　核态池内沸腾

为分析核态沸腾，需要预测表面上成核点的数目以及各成核点上气泡的生成速率。虽然已经对与这种沸腾状态相关的机理进行了广泛研究，但还没有建立完整且可靠的数学模型。亚马加塔（Yamagata）等[4] 最先说明了成核点对传热速率的影响，并证明了 q_s'' 约正比于 ΔT_e^3。最好是能得到反映表面热流密度与过余温度之间的这种关系的表达式。

在 10.3.2 节中，我们注意到在图 10.4 中的 A—B 区域内，大部分换热是从热的表面向液体直接传递的。因此，这个区域中的沸腾现象可以看作液相受迫对流的一种形式，其中流体的运动是由上升气泡引起的。我们已经知道受迫对流关系式通常具有以下形式

$$\overline{Nu_L} = C_{\text{fc}} Re_L^{m_{\text{fc}}} Pr^{n_{\text{fc}}} \tag{7.1}$$

假如可以确定其中努塞尔数和雷诺数的长度尺度和特征速度，则式(7.1) 可为建立池内沸腾数据的关系提供思路。式(7.1) 中常数的下标 fc 用于提醒我们它们适用于**受迫对流**表达式。正如我们在第 7 章中所看到的那样，对于复杂流动，要用实验确定这些常数。因为我们假定上升气泡使流体产生混合，所以对相对较大的加热表面，合适的长度尺度是气泡直径 D_b。可通过浮力（促使气泡脱离，与 D_b^3 成比例）与表面张力（使气泡附着在表面上，与 D_b 成比例）之间的平衡确定气泡从热表面上脱离时的直径，由此获得表达式

$$D_b \propto \sqrt{\frac{\sigma}{g(\rho_l - \rho_v)}} \tag{10.4a}$$

比例常数与液体、蒸气以及固体表面之间的接触角有关；接触角与所讨论的具体的液体和固体表面有关。下标 l 和 v 分别表示饱和液体和蒸气状态，$\sigma(\text{N/m})$ 为表面张力。

用液体填充分离气泡所穿行的距离（与 D_b 成比例）除以气泡脱离的时间 t_b 可以求得液体振荡的特征速度。时间 t_b 等于形成气泡所需的能量（与 D_b^3 成比例）除以热量传给固-气接触面积上的速率（与 D_b^2 成比例）。由此

$$V \propto \frac{D_b}{t_b} \propto \frac{D_b}{\left(\dfrac{\rho_l h_{\text{fg}} D_b^3}{q_s'' D_b^2}\right)} \propto \frac{q_s''}{\rho_l h_{\text{fg}}} \tag{10.4b}$$

把式(10.4a) 和式(10.4b) 代入式(7.1)，将比例常数归入常数 C_{fc}，并将所得的关于 h 的表

达式代入式(10.3)，可得下面的表达式，其中常数 C_{fc} 和 n 是新引入的，式(7.1) 中的指数 m_{fc} 的值由实验确定为 2/3。

$$q''_s = \mu_l h_{fg} \left[\frac{g(\rho_l - \rho_v)}{\sigma} \right]^{1/2} \left(\frac{c_{p,l} \Delta T_e}{C_{s,f} h_{fg} Pr_l^n} \right)^3 \tag{10.5}$$

式(10.5) 由罗森纳 (Rohsenow)[5] 建立，是第一个且广泛应用于核态沸腾的关系式。系数 $C_{s,f}$ 和指数 n 与表面-流体组合有关，在表 10.1 中给出了其典型的实验值。可从文献 [6~8] 中查得适用于其他表面-流体组合的值。在表 A.6 中给出了水的表面张力和蒸发潜热的值，表 A.5 中有选择地给出了一些流体的相应值。可从任何一本近期出版的 **化学和物理手册** 中查到其他液体的值。如果根据基于任意长度尺度 L 的努塞尔数重新整理式(10.5)，其形式将为 $Nu_L \propto Ja^2 Pr^{1-3n} Bo^{1/2}$，其中除了 ρ_v 外，所有的物性都是液体的。与式(10.2b) 比较，我们看到只有第一个无量纲参数没有出现。如果努塞尔数是基于式(10.4a) 给出特征气泡直径定义的，表达式可简化为 $Nu_{D_b} \propto Ja^2 Pr^{1-3n}$。

表 10.1　不同的表面-流体组合的 $C_{s,f}$ 值[5~7]

表面-流体组合	$C_{s,f}$	n	表面-流体组合	$C_{s,f}$	n
水-紫铜			水-镍	0.006	1.0
有划痕的表面	0.0068	1.0	水-铂	0.0130	1.0
抛光的表面	0.0128	1.0	正戊烷-紫铜		
水-不锈钢			抛光的表面	0.0154	1.7
化学侵蚀的表面	0.0133	1.0	磨平的表面	0.0049	1.7
机械抛光的表面	0.0132	1.0	苯-铬	0.0101	1.7
打磨并抛光的表面	0.0080	1.0	乙醇-铬	0.0027	1.7
水-黄铜	0.0060	1.0			

罗森纳 (Rohsenow) 关系式只适用于洁净表面。用它计算热流密度时，误差可达 $\pm 100\%$。但是，由于 $\Delta T_e \propto (q''_s)^{1/3}$，在使用这个式子由已知的 q''_s 计算 ΔT_e 时误差可减至 1/3。此外，由于 $q''_s \propto h_{fg}^{-2}$，且 h_{fg} 随着饱和压力 (温度) 的增高而减小，因此，在对液体加压时会增大核态沸腾的热流密度。

10.4.2　核态池内沸腾的临界热流密度

我们知道，临界热流密度 $(q''_{s,c} = q''_{max})$，是沸腾曲线上一个重要的临界点。我们希望沸腾过程在接近这个临界点处进行，但我们很清楚散热速率大于这个值会带来危险。库塔捷拉泽 (Kutateladze)[9] 和朱伯 (Zuber)[10] 分别通过量纲分析和流体力学稳定性分析获得了以下形式的表达式

$$q''_{max} = C h_{fg} \rho_v \left[\frac{\sigma g (\rho_l - \rho_v)}{\rho_v^2} \right]^{1/4} \tag{10.6}$$

作为初步近似，临界热流密度与表面材料无关，但通过常数 C 与表面几何形状稍微有些关系。对于大的水平圆柱体、球以及很多有限大的热表面，取 $C = \pi/24 \approx 0.131$ (朱伯常数) 时与实验数据的吻合度在 16% 以内[11]。对于大的水平平板，取 $C = 0.149$ 时与实验数据吻合得更好。式(10.6) 中的物性用饱和温度取值。式(10.6) 适用于热表面的特征长度 L 相对于气泡直径 D_b 较大的情况。但是，在加热器较小时，例如在肯法因门特 (Confinement) 数 $Co = \sqrt{\sigma/(g[\rho_l - \rho_v])}/L = Bo^{-1/2}$[12] 大于 0.2 左右时，必须采用计及加热器的小尺寸的修正因子。雷哈德 (Lienhard)[11] 报道了不同几何形状的修正因子，有水平平板、圆柱体、球

以及垂直和水平朝向的带状物等。

值得注意的是，临界热流密度对压力有很强的依赖，这主要是通过表面张力和汽化热对压力的依赖性产生的。斯策利（Cichelli）和博力拉（Bonilla）[13]通过实验证明，峰值热流密度随压力而增大，直到压力为临界压力的 1/3 时开始减少，在临界压力处减为零。

10.4.3　热流密度的极小值

过渡沸腾状态没有什么实际意义，因为只能通过控制加热器的表面温度来获得这种状态。尽管还没有建立适用于这种状态的完善理论，但已知这种状态的特征为流体与热的表面之间周期性的**不稳定接触**。然而，这个状态的上限是令人感兴趣的，因为它与形成**稳定的蒸气层**或膜以及热流密度极小值的条件相对应。如果热流密度降至这个极小值以下，蒸气膜就会破裂，使表面冷却和重建核态沸腾。

朱伯（Zuber）[10]利用稳定性理论推导出下面的可用于计算大的水平板上极小热流密度（$q_{s,D}'' = q_{\min}''$）的表达式。

$$q_{\min}'' = C \rho_v h_{fg} \left[\frac{g \sigma (\rho_l - \rho_v)}{(\rho_l + \rho_v)^2} \right]^{1/4} \tag{10.7}$$

其中的物性用饱和温度取值。贝仁森（Berenson）[14]通过实验确定了其中的常数 $C = 0.09$。这个结果在用于很多处于中等压力下的流体时误差约为 50%，但在较高的压力下误差很大[15]。对水平圆柱也得到了类似的结果[16]。

10.4.4　膜态池内沸腾

在过余温度超过莱顿弗罗斯特点后，表面被连续的蒸气膜覆盖，液相与表面之间不存在接触。由于稳定蒸气膜中的状态与层流膜状凝结（10.7 节）中的非常相似，因此习惯上基于通过凝结理论获得的结果来建立膜态沸腾关系式。一个适用于直径为 D 的圆柱或圆球上膜态沸腾的这种关系式的形式为

$$\overline{Nu}_D = \frac{\overline{h}_{conv} D}{k_v} = C \left[\frac{g (\rho_l - \rho_v) h_{fg}' D^3}{\nu_v k_v (T_s - T_{sat})} \right]^{1/4} \tag{10.8}$$

关系式中的常数 C 对于水平圆柱为 0.62[17]，对于圆球则为 0.67[11]。修正的潜热 h_{fg}' 中计及了使蒸气层中的温度高于饱和温度所需的显热。虽然修正的潜热可近似为 $h_{fg}' = h_{fg} + 0.80 c_{p,v} (T_s - T_{sat})$，但已知它与蒸气的普朗特数之间稍微有些关系[18]。蒸气的物性要用膜温 $T_f = (T_s + T_{sat})/2$ 取值，而液体的密度则要用饱和温度取值。

在表面温度较高的情况（$T_s \gtrsim 300℃$）下，穿过蒸气膜的辐射传热变得重要起来。由于辐射起着增大蒸气膜厚度的作用，因此假定辐射和对流过程可以简单相加是不合理的。布朗利（Bromley）[17]对水平管外表面上的膜态沸腾进行了研究，并建议采用以下形式的超越方程计算总的换热系数

$$\overline{h}^{4/3} = \overline{h}_{conv}^{4/3} + \overline{h}_{rad} \overline{h}^{1/3} \tag{10.9}$$

如果 $\overline{h}_{rad} < \overline{h}_{conv}$，可采用较为简单的形式

$$\overline{h} = \overline{h}_{conv} + \frac{3}{4} \overline{h}_{rad} \tag{10.10}$$

有效辐射系数 $\overline{h}_{rad}$ 的表达式为

$$\bar{h}_{rad} = \frac{\varepsilon\sigma(T_s^4 - T_{sat}^4)}{T_s - T_{sat}} \qquad (10.11)$$

式中，ε 是固体的发射率（表 A.11）；σ 是斯蒂芬-波尔兹曼常数。

注意，膜态沸腾与膜状凝结之间的类比不适用于大曲率的小表面，这是因为两种过程的蒸气膜和液膜的厚度之间的差别过大。尽管已对有限的一些情况获得了令人满意的计算结果，但这种类比能否用于垂直表面还是值得怀疑的。

10.4.5 参数对池内沸腾的影响

在本节中，我们将简要讨论影响池内沸腾的其他参数，主要为重力场、液体过冷以及固体表面状态。

在涉及宇宙飞行和旋转机械的应用中必须考虑**重力场**对沸腾的影响。从前面的表达式中出现的重力加速度可明显看出这种影响。西格尔（Siegel）[19] 在其有关低重力效应的综述中确认，式(10.6)~式(10.8)（分别适用于极大和极小热流密度以及膜态沸腾）中随 $g^{1/4}$ 的变化关系在 g 值低至 $0.10\,m/s^2$ 的情况下都是正确的。但有证据指出，核态沸腾的热流密度几乎与重力无关，这与式(10.5)中随 $g^{1/2}$ 的变化关系相悖。大于常值的重力具有相似的影响，虽然在 ONB 附近重力能够影响气泡引发的对流。

如果池内沸腾系统中液体的温度低于饱和温度，可称该液体为**过冷**的，有 $\Delta T_{sub} \equiv T_{sat} - T_1$。在自然对流状态中，热流密度通常随 $(T_s - T_1)^{5/4}$ 或 $(\Delta T_e + \Delta T_{sub})^{5/4}$ 而增大。与此不同，在核态沸腾中，虽然已经知道极大和极小热流密度（q''_{max} 和 q''_{min}）随着 ΔT_{sub} 线性增大，但认为过冷的影响可以忽略。在膜态沸腾中，热流密度随着 ΔT_{sub} 的增大而急剧增大。

表面**粗糙度**（由切削、切槽、刻痕或喷沙造成的）对极大和极小热流密度以及膜态沸腾的影响可以忽略。但是，正如贝仁森（Berensen）[20] 所证明的，增大表面粗糙度可使核态沸腾状态的热流密度有很大的增加。如图 10.6 所示，粗糙表面拥有大量可捕获蒸气的洞穴，它们为气泡的生长提供了更多和更大的成核场所。因此粗糙表面上的成核点密度要比光滑表面的大得多。但是，在长期沸腾的情况下，表面粗糙度的影响通常会减小，这表明通过粗糙化加工产生的那些新的、大的成核点不是稳定的蒸气捕获源。

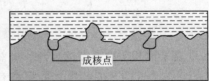

(a) 没有捕获 (b) 已捕获 (c) 粗糙表面的剖面放大图
蒸气的湿腔体 蒸气的凹腔

图 10.6 成核点的形成

可在市场上买到经过特殊处理的表面，它们能稳定地**强化**核态沸腾，韦伯（Webb）[21] 对这种表面进行了综述。**强化表面**有两种类型：①通过烧结、钎焊、火焰喷涂、电沉积或发泡等手段在表面上形成空隙率非常高的涂层；②通过机械加工或成型在表面上形成双凹腔洞穴，以保证连续捕获蒸气（见图 10.7）。这些表面可在成核点上提供连续的蒸气补充，使得传热增强一个数量级以上。柏格雷斯（Bergles）[22,23] 还对诸如表面擦拭-旋转、表面振动、流体振动以及静电场等主动增强技术作了综述。但是，由于这类技术使得沸腾系统变得复杂，而且在很多情况下会降低可靠性，因此它们几乎没有得到实际应用。

【例 10.1】 一个平底紫铜锅的底部直径为 $0.3\,m$，由电加热器维持在 118℃。计算使锅中的水沸腾所需的功率。蒸发速率是多少？临界热流密度呢？

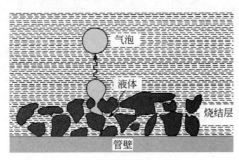 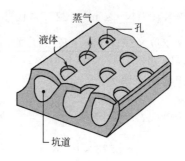

(a) 烧结金属涂层　　　　　　　　(b) 机械加工成型的双凹腔洞穴

图 10.7　用于增强核态沸腾的典型结构强化表面

解析

已知：水在给定表面温度的平底紫铜锅中沸腾。

求：1. 使沸腾发生所需的电加热器功率；

2. 因沸腾产生的水的蒸发速率；

3. 对应于烧毁点的临界热流密度。

示意图：

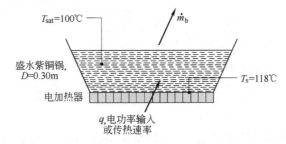

假定：1. 稳态条件；

2. 水处于标准大气压力 1.01bar 下；

3. 水处于均匀温度 $T_{sat} = 100℃$；

4. 大平底锅的底表面为抛光的紫铜；

5. 从加热器至环境的热损可以忽略。

物性：表 A.6，饱和水，液体（100℃）：$\rho_l = 1/v_f = 957.9\text{kg/m}^3$，$c_{p,l} = c_{p,f} = 4.217\text{kJ/}$（kg・K），$\mu_l = \mu_f = 279 \times 10^{-6}\text{N・s/m}^2$，$Pr_l = Pr_f = 1.76$，$h_{fg} = 2257\text{kJ/kg}$，$\sigma = 58.9 \times 10^{-3}$ N/m。表 A.6，饱和水，蒸汽（100℃）：$\rho_v = 1/v_g = 0.5956\text{kg/m}^3$。

分析：1. 由水在 1atm 下沸腾的饱和温度 T_{sat} 以及受热的紫铜表面温度 T_s，可知过余温度 ΔT_e 为

$$\Delta T_e \equiv T_s - T_{sat} = 118℃ - 100℃ = 18℃$$

根据图 10.4 中的沸腾曲线，可知会发生核态沸腾，因此，可按推荐关系式(10.5)计算平板单位表面积上的传热速率。

$$q_s'' = \mu_l h_{fg}\left[\frac{g(\rho_l - \rho_v)}{\sigma}\right]^{1/2}\left(\frac{c_{p,l}\Delta T_e}{C_{s,f}h_{fg}Pr_l^n}\right)^3$$

可由表 10.1 中的实验结果确定对应于抛光的紫铜表面-水组合的 $C_{s,f}$ 和 n 的值，由此有 $C_{s,f} = 0.0128$ 和 $n = 1.0$。代入数值，可得沸腾热流密度为

$$q_s''=279\times10^{-6}\text{N}\cdot\text{s/m}^2\times2257\times10^3\text{J/kg}\times\left[\frac{9.8\text{m/s}^2\times(957.9-0.5956)\,\text{kg/m}^3}{58.9\times10^{-3}\text{N/m}}\right]^{1/2}\times$$

$$\left(\frac{4.217\times10^3\text{J/(kg}\cdot\text{K)}\times18\text{℃}}{0.0128\times2257\times10^3\text{J/kg}\times1.76}\right)^3=836\text{kW/m}^2$$

因此，沸腾传热速率为

$$q_s=q_s''A=q_s''\frac{\pi D^2}{4}$$

$$=8.36\times10^5\text{W/m}^2\times\frac{\pi\times(0.30\text{m})^2}{4}=59.1\text{kW}$$

2. 在稳态条件下，供给平底锅的所有热量都会用于水的蒸发。因此

$$q_s=\dot m_b h_{fg}$$

式中，$\dot m_b$ 是水从自由表面向室内蒸发的速率。由此可得

$$\dot m_b=\frac{q_s}{h_{fg}}=\frac{5.91\times10^4\text{W}}{2257\times10^3\text{J/kg}}=0.0262\text{kg/s}=94\text{kg/h}$$

3. 可用式(10.6)计算核态池内沸腾的临界热流密度

$$q_{max}''=0.149h_{fg}\rho_v\left[\frac{\sigma g(\rho_l-\rho_v)}{\rho_v^2}\right]^{1/4}$$

代入适当数值，有

$$q_{max}''=0.149\times2257\times10^3\text{J/kg}\times0.5956\text{kg/m}^3\times$$

$$\left[\frac{58.9\times10^{-3}\text{N/m}\times9.8\text{m/s}^2\times(957.9-0.5956)\,\text{kg/m}^3}{(0.5956)^2\times(\text{kg/m}^3)^2}\right]^{1/4}$$

$$=1.26\text{MW/m}^2$$

说明：1. 注意，临界热流密度 $q_{max}''=1.26\text{MW/m}^2$ 代表了水在常压下沸腾时的最大热流密度。因此加热器在 $q_s''=0.836\text{MW/m}^2$ 的状态下运行低于临界状态。

2. 利用式(10.7)可得在莱顿弗罗斯特点处的极小热流密度为 $q_{min}''=18.9\text{kW/m}^2$。由图 10.4 可知，在这种情况下，$\Delta T_e\approx120\text{℃}$。

【**例10.2**】 一个金属铠装加热元件水平地浸没在水浴中，它的直径为 6mm，表面发射率为 $\varepsilon=1$。在稳态沸腾条件下金属的表面温度为 255℃。计算单位长度加热器的功耗。

解析

已知：水中水平圆柱外表面上的沸腾。

求：单位长度圆柱的功耗 q_s'。

示意图：

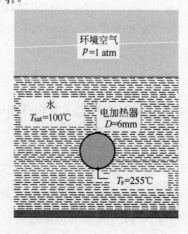

假定： 1. 稳态条件；

        2. 水处于标准大气压力下，且处于均匀温度 T_{sat}。

物性： 表 A.6，饱和水，液体（100℃）：$\rho_l = 1/v_f = 957.9\text{kg/m}^3$，$h_{fg} = 2257\text{kJ/kg}$。表 A.4，常压水蒸气（$T_f \approx 450\text{K}$）：$\rho_v = 0.4902\text{kg/m}^3$，$c_{p,v} = 1.980\text{kJ/(kg·K)}$，$k_v = 0.0299\text{W/(m·K)}$，$\mu_v = 15.25 \times 10^{-6}\text{N·s/m}^2$。

分析： 过余温度为

$$\Delta T_e = T_s - T_{sat} = 255℃ - 100℃ = 155℃$$

根据图 10.4 中的沸腾曲线，此时为膜态沸腾，在这种情况下传热是同时通过对流和辐射进行的。根据式（10.3），直径为 D 的单位长度圆柱表面上的传热速率为

$$q'_s = q''_s \pi D = \bar{h} \pi D \Delta T_e$$

可由式（10.9）算得传热系数 $\bar{h}$

$$\bar{h}^{4/3} = \bar{h}_{conv}^{4/3} + \bar{h}_{rad} \bar{h}^{1/3}$$

其中的对流和辐射传热系数可分别用式（10.8）式（10.11）计算。对流换热系数为

$$\bar{h}_{conv} = 0.62 \left[\frac{k_v^3 \rho_v (\rho_l - \rho_v) g (h_{fg} + 0.8 c_{p,v} \Delta T_e)}{\mu_v D \Delta T_e} \right]^{1/4} = 0.62 \times$$

$$\left\{ \frac{[0.0299\text{W/(m·K)}]^3 \times 0.4902\text{kg/m}^3 \times (957.9 - 0.4902)\text{kg/m}^3 \times 9.8\text{m/s}^2 \times}{1} \right.$$

$$\left. \frac{2257 \times 10^3\text{J/kg} + 0.8 \times 1.98 \times 10^3\text{J/(kg·K)} \times 155℃}{15.25 \times 10^{-6}\text{N·s/m}^2 \times 6 \times 10^{-3}\text{m} \times 155℃} \right\}^{1/4} = 238\text{W/(m}^2\text{·K)}$$

辐射传热系数为

$$\bar{h}_{rad} = \frac{\varepsilon \sigma (T_s^4 - T_{sat}^4)}{T_s - T_{sat}}$$

$$= \frac{5.67 \times 10^{-8}\text{W/(m}^2\text{·K}^4) \times (528^4 - 373^4)\text{K}^4}{(528 - 373)\text{K}} = 21.3\text{W/(m}^2\text{·K)}$$

用试凑法求解式（10.9）

$$\bar{h}^{4/3} = 238^{4/3} + 21.3 \bar{h}^{1/3}$$

可得

$$\bar{h} = 254.1\text{W/(m}^2\text{·K)}$$

因此，单位长度加热单元上的传热速率为

$$q'_s = 254.1\text{W/(m}^2\text{·K)} \times \pi \times 6 \times 10^{-3}\text{m} \times 155℃ = 742\text{W/m}$$

说明： 式（10.10）可用于计算 $\bar{h}$，得出的值为 $254.0\text{W/(m}^2\text{·K)}$。

10.5 受迫对流沸腾

在**池内沸腾**中，流体的流动主要是由热表面上产生的气泡在浮力驱动下的运动引起的。与此不同，在**受迫对流沸腾**中，流动产生于流体的定向（整体）运动以及浮力作用。流动状态在很大程度上取决于几何条件，如热的平板和圆柱上的**外部流动**或内部（管道）**流动**。内部受迫对流沸腾通常称为**两相流**，其特征为液体在流动方向上迅速转变为蒸气。

10.5.1 外部受迫对流沸腾

对于热平板上的外部流动，在沸腾发生之前，都可用标准的受迫对流关系式计算热流密度。随着热平板温度的提高，将会发生核态沸腾，使得热流密度增大。在蒸气产生的规模不大且液体过冷的情况下，柏格雷斯（Bergles）和罗森纳（Rohsenow）[24]建议可以根据与纯受迫对流及池内沸腾相关的热流密度分量来计算总的热流密度。

受迫对流和过冷都会增大核态沸腾的临界热流密度 q''_{max}。文献［25］报道了高达 $35MW/m^2$ 的实验值（作为比较，水在 1atm 下进行池内沸腾时的临界热流密度为 1.3MW/ m^2）。对于流体以速度 V 横向流过直径为 D 的圆柱的情况，雷哈德（Lienhard）和艾切霍恩（Eichhorn）[26]建立了下列适用于低速和高速流动的表达式，其中的物性用饱和温度取值。

低速

$$\frac{q''_{max}}{\rho_v h_{fg} V} = \frac{1}{\pi} \left[1 + \left(\frac{4}{We_D} \right)^{1/3} \right] \tag{10.12}$$

高速

$$\frac{q''_{max}}{\rho_v h_{fg} V} = \frac{(\rho_l/\rho_v)^{3/4}}{169\pi} + \frac{(\rho_l/\rho_v)^{1/2}}{19.2\pi We_D^{1/3}} \tag{10.13}$$

韦伯数 We_D 是惯性力与表面张力之比，其形式为

$$We_D \equiv \frac{\rho_v V^2 D}{\sigma} \tag{10.14}$$

可分别根据热流密度参数 $q''_{max}/(\rho_v h_{fg} V)$ 是小于还是大于 $[(0.275/\pi)(\rho_l/\rho_v)^{1/2}+1]$ 来确定高速和低速区。在大多数情况下，用式(10.12) 和式(10.13) 整理 q''_{max} 结果的关系，误差在20%以内。

10.5.2 两相流动

内部受迫对流沸腾与其中有液体流过的热管道内表面上气泡的形成有关。在这种情况下，流动速度对气泡的生长和分离有强烈影响，且其中流体力学的作用与池内沸腾中的有显著差别。该过程中存在多种两相流动状态。

考虑图 10.8 中具有等表面热流密度的垂直管中流动的发展。最初是通过**单相受迫对流**对进入管子的过冷液体传热，可以采用第 8 章中的关系式进行计算。随着沿管距离的增加，壁面温度会超过液体的饱和温度，蒸发在**过冷流动沸腾区域**开始发生。这个区域的特征为显著的径向温度梯度，气泡在热壁面附近形成，过冷液体在管子中心流动。气泡区域的厚度沿流向逐渐增大，最终液体核心达到流体的饱和温度。此时气泡可在任意径向位置处存在，并且在任意径向位置处蒸气在流体中的时均质量分数❶ X 都大于零。这标志着**饱和流动沸腾区域**的开始。在饱和流动沸腾区域，按下式定义的平均蒸气质量分数是增加的

$$\overline{X} \equiv \frac{\int_{A_c} \rho u(r,x) X \, dA_c}{\dot{m}}$$

而且由于气液两相之间密度差很大，流体的平均速度 u_m 会显著增大。

---

❶ 该术语常常称为两相流体的**干度**。

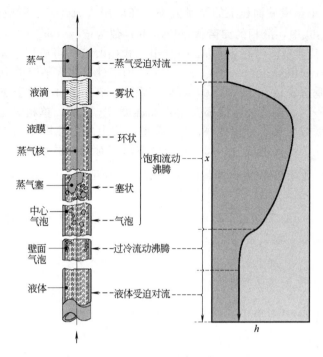

图 10.8 管内受迫对流沸腾的流动状态

饱和流动沸腾区域的第一个阶段为**气泡流动状态**[❶]。随着 $\overline{X}$ 的进一步增大，孤立气泡会聚合起来形成蒸气塞。**塞状流动状态**之后为**环状流动状态**，此时液体形成了一层膜。这层膜沿着内表面运动，而蒸气则以较大的速度在管子中心运动。在内表面上最终会出现干斑，在**过渡状态**中干斑的尺寸逐渐增加。最终，整个管表面全部变干，在**雾状流动状态**中所有的剩余液体均以液滴的形式在管子中心高速运动。在所有液滴都汽化后，在**第二个**单相受迫对流区域中流体由过热蒸气构成。蒸气比例沿管长的增大以及液气两相之间显著的密度差使得流体的平均速度在第一和第二个单相受迫对流区域之间提高了几个数量级。

沿管长 x，随着 $\overline{X}$ 和 u_m 分别减少和增大，局部换热系数有显著变化。一般情况下，换热系数在过冷流动沸腾区域可以增大约一个数量级。换热系数在饱和流动沸腾区域的初段会进一步增大。在深入饱和流动沸腾区域后情况变得更为复杂，这是因为由式(10.3)定义的对流系数随着 $\overline{X}$ 的增大**既**可能增大**也**可能减少，具体情况与流体和管壁材料有关。在典型情况下，最小对流系数出现在第二个（蒸气）受迫对流区域，这是由于相对于液体，蒸气的热导率很小。

下列关系式可用于光滑圆管中饱和流动沸腾区域[27, 28]

$$\frac{h}{h_{sp}} = 0.6683 \left(\frac{\rho_l}{\rho_v}\right)^{0.1} \overline{X}^{0.16} (1-\overline{X})^{0.64} f(Fr) + 1058 \left(\frac{q''_s}{\dot{m}'' h_{fg}}\right)^{0.7} (1-\overline{X})^{0.8} G_{s,f} \quad (10.15a)$$

或

$$\frac{h}{h_{sp}} = 1.136 \left(\frac{\rho_l}{\rho_v}\right)^{0.45} \overline{X}^{0.72} (1-\overline{X})^{0.08} f(Fr) + 667.2 \left(\frac{q''_s}{\dot{m}'' h_{fg}}\right)^{0.7} (1-\overline{X})^{0.8} G_{s,f} \quad (10.15b)$$

$$0 < \overline{X} \lesssim 0.8$$

[❶] 即液相中气相为分散的气泡形式的两相流动状态。——译者注

式中，$\dot{m}'' = \dot{m}/A_c$ 是单位横截面积上的质量流率。在应用式（10.15）时应该采用较大的换热系数 h。在这个表达式中，液相的**弗劳德**（Froude）**数**为 $Fr = (\dot{m}''/\rho_1)^2/gD$，系数 $G_{s,f}$ 与表面-流体组合有关，其典型值已在表 10.2 中给出。式（10.15）可应用于水平以及垂直管道，其中的**分层参数**（stratification parameter）$f(Fr)$ 用于计及在水平管道中可能发生的液相和气相的分层。对于垂直管道和 $Fr \gtrsim 0.04$ 的水平管道，其值为 1。对于 $Fr \lesssim 0.04$ 的水平管道，$f(Fr) = 2.63Fr^{0.3}$。所有的物性都要用饱和温度 T_{sat} 取值。单相对流系数 h_{sp} 与图 10.8 中的液体受迫对流区域相关，可用式（8.62）求得，其中的物性用 T_{sat} 取值。由于式（8.62）适用于湍流，因此建议不要把式（10.15）用于液体单相对流为层流的情形。式（10.15）可用于槽道尺寸相对于气泡直径较大，即肯法因门特（Confinement）数 $Co = \sqrt{\sigma/(g[\rho_1 - \rho_v])}/D_h \lesssim 1/2$ 的情形[3]。

为使用式（10.15），必须知道平均蒸气质量分数 $\overline{X}$。在可以忽略流体的动能和势能的变化以及流动功的情况下，重新整理式（1.11d）可得

$$\overline{X}(x) = \frac{q_s'' \pi D x}{\dot{m} h_{fg}} \tag{10.16}$$

式中，x 坐标的原点 $x = 0$ 对应于 $\overline{X}$ 开始大于零的轴向位置，焓 $u_t + pv$ 的变化等于 $\overline{X}$ 的变化乘以蒸发焓 h_{fg}。

表 10.2 不同的表面-液体组合的 $G_{s,f}$ 值[27, 28]

商用紫铜管中的流体	$G_{s,f}$	商用紫铜管中的流体	$G_{s,f}$
煤油	0.488	制冷剂 R-152a	1.10
制冷剂 R-134a	1.63	水	1.00

注：对于不锈钢管，采用 $G_{s,f} = 1$。

文献 [28] 中给出了适用于过冷流动沸腾区域以及环状和雾状流动状态的关系式。在等热流密度的情况下，临界热流密度可能出现在过冷流动沸腾区域、$\overline{X}$ 很大的饱和流动沸腾区域或蒸气受迫对流区域。在极端情况下，临界热流密度有可能导致管道材料的熔化[29]。关于流动沸腾的其他讨论可见文献 [7，30～33]。在文献 [34，35] 中有适用于很宽运行条件范围的数千个临界热流密度实验测量值的数据库。

10.5.3 微槽道中的两相流动

微槽道两相流动是指水力直径处于 $10 \sim 1000 \mu m$ 范围内的圆形或非圆形管道内液体的受迫对流沸腾，它可产生极高的传热速率[36]。在这些情形下，气泡的特征尺寸可占管道直径的相当比例，肯法因门特数可以变得非常大。因此会存在不同类型的流动状态，包括气泡几乎完全占据热管道的情况[37]。这可导致对流系数 h 急剧增大，对应于图 10.8 中的峰值。随后，h 随着 x 的增大而降低，如图 10.8 所示。式（10.15）不能够正确预测换热系数的值，甚至不能正确预测微槽道流动沸腾的趋势，因此必须建立更为复杂的模型[38]。

10.6 凝结的物理机理

当蒸气温度降至其饱和温度以下时，就会发生凝结。在工业设备中，这个过程通常产生于蒸气与**冷表面**之间的接触 [图 10.9(a)，(b)]。在这种情况下，蒸气释放潜热，热量传给表面，并形成凝结液。其他常见的方式还有**均匀**凝结 [图 10.9(c)] 和**直接接触**凝结 [图 10.9(d)]。在均匀凝结中，蒸气冷凝成悬浮于气相中的液滴，形成雾；当蒸气与冷的流体

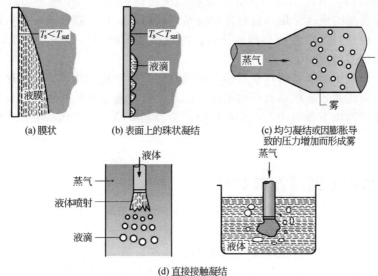

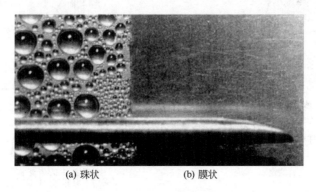

图 10.9　凝结的模式

接触时发生直接接触凝结。在本章中我们只讨论表面凝结。

如图 10.9(a)，(b) 所示，根据表面的状况，凝结可能以两种方式之一发生。在凝结的主要方式中，液膜覆盖整个凝结表面，在重力的作用下连续地沿着表面向下流动。这种**膜状凝结**通常发生在清洁的、未被沾污的表面上。但是，如果表面上涂有防湿润物质，就有可能维持**珠状凝结**。在这种凝结方式中，液滴在表面上的缝隙、凹坑以及洞穴中形成，并因凝结的继续而生长和合并。在典型情况下，液滴覆盖 90％ 以上的表面，其大小可在直径几微米到肉眼可见的液体团之间变化。液滴在重力的作用下沿着表面向下流动。图 10.10 中给出的是蒸汽在垂直的紫铜表面上发生的膜状和珠状凝结。在左半部分表面上涂有很薄的一层油酸铜，用于促进珠状凝结的形成。在照片中可看到一根直径为 1mm 的热电偶探头。

图 10.10　垂直表面上的凝结

（照片蒙位于香巴尼-乌巴马的伊利诺伊大学 J. W. Westwater 教授提供）

不论是以膜状还是珠状形式出现，凝结液都在蒸汽与表面之间的传热中形成一个热阻。由于这个热阻随着凝结液厚度的增加而变大，而后者在流动方向上又是增加的，因此在膜状凝结的情形下采用短的垂直表面或水平圆柱是较为合理的。因而，大多数的冷凝器是由水平管簇构成的，冷却液从管内流过，而待凝结的蒸汽则在管外绕流。就维持高的凝结和传热速率而言，珠状凝结要优于膜状凝结。在珠状凝结的情况下，大部分传热是通过直径小于

$100\mu m$ 的液滴进行的，其传热速率要比膜状凝结所能达到的大一个数量级以上。因此，通常会采用可防止湿润的表面涂层以促成珠状凝结。硅树脂、特氟隆以及一些石蜡和脂肪酸常用于这一目的。但是，这类涂层会因氧化、污垢或彻底的剥离等原因而逐渐失去它们的作用，最终仍然出现膜状凝结。

虽然在工业应用中希望获得珠状凝结，但通常很难维持这种状况。由于这个原因，并且由于膜状凝结的对流系数要比珠状凝结的小，因此，通常基于膜状凝结的假设进行冷凝器的设计计算。在本章的以下各节中，我们将集中讨论膜状凝结，对于珠状凝结则仅对已有的结果作简要介绍。

10.7 垂直板上的层流膜状凝结

如图 10.11(a) 所示，膜状凝结有一些复杂的特性。液膜从平板的顶端开始，在重力的作用下向下流动。由于蒸气在温度为 T_{sat} 的液体-蒸气交界面上不断地凝结，因此随着 x 的增加，厚度 δ 和凝结液的质量流率 $\dot{m}$ 都要增加。这样，就会发生从交界面穿过液膜向温度维持在 $T_s < T_{sat}$ 的表面的传热。在最常见的情况下，蒸气可能是过热的（$T_{v,\infty} > T_{sat}$），而且蒸气可能是包含一种或多种不凝性气体的混合物的一种组分。此外，在液体-蒸气交界面上还存在着剪切力，导致蒸气以及液膜中出现速度梯度[39, 40]。

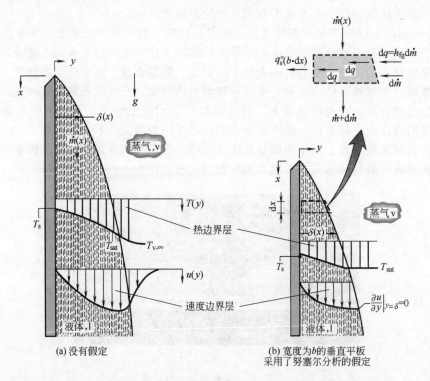

图 10.11 垂直表面上膜状凝结的边界层效应

尽管膜状凝结具有上述复杂性，但还是可以利用努塞尔（Nusselt）[41] 提出的一些假定获得一些有用的结果。

① 假定液膜为层流，且物性参数恒定。

② 假定气体为纯蒸气，并处于均匀温度 T_{sat}。由于蒸气中没有温度梯度，因此对液体-蒸气交界面的传热仅仅是依靠交界面上的凝结，没有来自蒸气的导热。

③ 假定液体-蒸气交界面上的切应力可以忽略，在这种情况下有 $\partial u/\partial y\big|_{y=\delta}=0$。根据这个假定以及前面有关均匀蒸气温度的假定，就没有必要再考虑图 10.11(a) 所示的蒸气的速度边界层或热边界层。

④ 假定凝结液膜中由对流引起的动量和能量传递可以忽略。由于液膜中的速度很低，这一假定是合理的。根据这个假定，穿过液膜的传热只通过导热进行，在这种情况下，液体的温度分布是线性的。

根据以上假定得出液膜中的状态如图 10.11(b) 所示。

由式(9.1) 可获得液膜的 x 动量方程，其中对于液体有 $\rho=\rho_l$ 和 $\nu=\nu_l$，由于 x 现在处于重力方向，所以要改变重力项的符号。由式(9.2) 可求得压力梯度为 $\mathrm{d}p_\infty/\mathrm{d}x=+\rho_v g$，这是因为自由流密度为蒸气的密度。根据第 4 条假定，可以忽略动量的对流项，因而 x 动量方程可表示为

$$\frac{\partial^2 u}{\partial y^2}=-\frac{g}{\mu_l}(\rho_l-\rho_v) \tag{10.17}$$

积分两次，并应用边界条件 $u(0)=0$ 和 $\partial u/\partial y\big|_{y=\delta}=0$，可得液膜中的速度分布为

$$u(y)=\frac{g(\rho_l-\rho_v)\delta^2}{\mu_l}\left[\frac{y}{\delta}-\frac{1}{2}\left(\frac{y}{\delta}\right)^2\right] \tag{10.18}$$

根据这个结果，对速度分布积分可确定单位宽度上凝结液的质量流率 $\Gamma(x)$

$$\frac{\dot m(x)}{b}=\int_0^{\delta(x)}\rho_l u(y)\mathrm{d}y\equiv\Gamma(x) \tag{10.19}$$

代入式(10.18)，可得

$$\Gamma(x)=\frac{g\rho_l(\rho_l-\rho_v)\delta^3}{3\mu_l} \tag{10.20}$$

为确定 δ 以及 Γ 随 x 的具体变化，首先要对图 10.11(b) 中所示的微元应用能量守恒定律。在长度为 $\mathrm{d}x$ 的单位宽度的液体-蒸气交界面上，进入液膜的传热速率 $\mathrm{d}q$ 必定等于交界面上因冷凝而产生的能量释放速率。因此有

$$\mathrm{d}q=h_{fg}\mathrm{d}\dot m \tag{10.21}$$

由于忽略了对流的作用，因此穿过交界面的传热速率必定等于对表面的传热速率。于是有

$$\mathrm{d}q=q_s''(b\mathrm{d}x) \tag{10.22}$$

由于液体的温度分布是线性的，可用傅里叶定律将表面热流密度表示为

$$q_s''=\frac{k_l(T_{sat}-T_s)}{\delta} \tag{10.23}$$

联立式(10.19) 和式(10.21)~式(10.23)，可得

$$\frac{\mathrm{d}\Gamma}{\mathrm{d}x}=\frac{k_l(T_{sat}-T_s)}{\delta h_{fg}} \tag{10.24}$$

对式(10.20) 进行微分，还可得

$$\frac{\mathrm{d}\Gamma}{\mathrm{d}x}=\frac{g\rho_l(\rho_l-\rho_v)\delta^2}{\mu_l}\times\frac{\mathrm{d}\delta}{\mathrm{d}x} \tag{10.25}$$

联立式(10.24)和式(10.25),可得

$$\delta^3 \, \mathrm{d}\delta = \frac{k_l \mu_l (T_{sat} - T_s)}{g \rho_l (\rho_l - \rho_v) h_{fg}} \mathrm{d}x$$

从 $\delta = 0$ 的 $x = 0$ 处积分至表面上任意感兴趣的位置 x,可得

$$\delta(x) = \left[\frac{4 k_l \mu_l (T_{sat} - T_s) x}{g \rho_l (\rho_l - \rho_v) h_{fg}} \right]^{1/4} \qquad (10.26)$$

把这一结果代入式(10.20)就可以求得 $\Gamma(x)$。

努塞尔(Nusselt)[41] 和罗森纳(Rohsenow)[42] 对上述 $\delta(x)$ 的结果作了改进,他们指出,在考虑热对流作用的情况下,应在汽化潜热中加一个修正项。罗森纳(Rohsenow)建议用修正的潜热 $h'_{fg} = h_{fg} + 0.68 c_{p,l}(T_{sat} - T_s)$ 取代 h_{fg},或利用雅各布(Jacob)数写成

$$h'_{fg} = h_{fg}(1 + 0.68 Ja) \qquad (10.27)$$

最近,萨达斯万(Sadasivan)和雷哈得(Lienhard)[18] 指出,修正的潜热对液体的普朗特数有弱的依赖关系。

表面热流密度可表示为

$$q''_s = h_x (T_{sat} - T_s) \qquad (10.28)$$

把式(10.23)代入上式,可得局部对流系数为

$$h_x = \frac{k_l}{\delta} \qquad (10.29)$$

或根据式(10.26),其中的 h_{fg} 用 h'_{fg} 取代,有

$$h_x = \left[\frac{g \rho_l (\rho_l - \rho_v) k_l^3 h'_{fg}}{4 \mu_l (T_{sat} - T_s) x} \right]^{1/4} \qquad (10.30)$$

由于 h_x 随 $x^{-1/4}$ 而变化,因此整个平板的平均对流系数为

$$\overline{h}_L = \frac{1}{L} \int_0^L h_x \, \mathrm{d}x = \frac{4}{3} h_L$$

或

$$\overline{h}_L = 0.943 \left[\frac{g \rho_l (\rho_l - \rho_v) k_l^3 h'_{fg}}{\mu_l (T_{sat} - T_s) L} \right]^{1/4} \qquad (10.31)$$

由此,平均努塞尔数的形式为

$$\boxed{\overline{Nu}_L = \frac{\overline{h}_L L}{k_l} = 0.943 \left[\frac{\rho_l g (\rho_l - \rho_v) h'_{fg} L^3}{\mu_l k_l (T_{sat} - T_s)} \right]^{1/4}} \qquad (10.32)$$

在使用这个式子时,所有的液体物性都要用膜温 $T_f = (T_{sat} + T_s)/2$ 取值,而 ρ_v 和 h_{fg} 则要用 T_{sat} 取值。

斯帕罗(Sparrow)和格雷格(Gregg)[39] 对垂直平板上的膜状凝结进行了更为详尽的边界层分析。其结果已由陈(Chen)[43] 证实,这些结果指出,在 $Ja \leqslant 0.1$ 及 $1 \leqslant Pr \leqslant 100$ 的情况下使用式(10.32)的误差小于 3%。德亥(Dhir)和雷哈得(Lienhard)[44] 还指出,式(10.32)可用于倾斜平板,只要将其中的 g 用 $g\cos\theta$ 取代,这里 θ 是表面与垂直面的夹角。

但是，在 θ 值较大的情况下使用该式必须谨慎，而且该式不适用于 $\theta = \pi/2$ 的情况。这个表达式可用于半径为 R 的垂直管的内表面或外表面上的凝结过程，只要 $R \gg \delta$。

利用式(10.31) 及以下形式的牛顿冷却定律可确定对表面的总传热速率

$$q = \overline{h}_L A (T_{sat} - T_s) \tag{10.33}$$

这样，就可以用下面的关系式确定总的凝结速率

$$\dot{m} = \frac{q}{h'_{fg}} = \frac{\overline{h}_L A (T_{sat} - T_s)}{h'_{fg}} \tag{10.34}$$

式(10.33) 和式(10.34) 通常可用于任意形状的表面，虽然 $\overline{h}_L$ 的形式将根据几何形状和流动状态而变化。

10.8 湍流膜状凝结

与前述所有的对流现象一样，在膜状凝结中也会出现湍流状态。考虑图 10.12(a) 中的垂直表面。过渡判据可用雷诺数表示，其定义为

$$Re_\delta \equiv \frac{4\Gamma}{\mu_1} \tag{10.35}$$

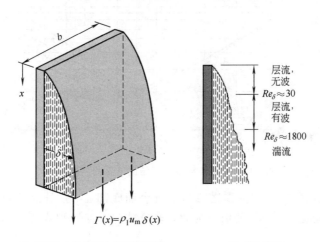

(a) 宽度为 b 的平板上的凝结速率 (b) 流动状态

图 10.12 垂直平板上的膜状凝结

根据凝结液的质量流率 $\dot{m} = \rho_1 u_m b \delta$，雷诺数可表示为

$$Re_\delta = \frac{\dot{m}}{\mu_1 b} = \frac{4\rho_1 u_m \delta}{\mu_1} \tag{10.36}$$

式中，u_m 是液膜内的平均速度，液膜厚度 δ 则是特征长度。同单相边界层中的情况一样，雷诺数是流动状态的标志。如图 10.12(b) 中所示，在 $Re_\delta \lesssim 30$ 的情况下，液膜为层流，没有波纹。在 Re_δ 增大的情况下，凝结液膜上会形成脉动或波纹，从层流向湍流的过渡在 $Re_\delta \approx$ 1800 时完成。

对于无波的层流区域（$Re_\delta \lesssim 30$），联立式(10.35) 和式(10.20) 可得

$$Re_\delta = \frac{4g\rho_1(\rho_1 - \rho_v)\delta^3}{3\mu_1^2} \tag{10.37}$$

假定 $\rho_1 \gg \rho_v$，并依次代入式（10.26）和式（10.31），式（10.37）可根据修正的努塞尔数表示为

$$\frac{\overline{h}_L(\nu_1^2/g)^{1/3}}{k_1} = 1.47 Re_\delta^{-1/3} \qquad Re_\delta \lesssim 30 \tag{10.38}$$

在波状层流区域，库塔捷拉泽（Kutateladze）[45]建议采用以下形式的关系式

$$\frac{\overline{h}_L(\nu_1^2/g)^{1/3}}{k_1} = \frac{Re_\delta}{1.08 Re_\delta^{1.22} - 5.2} \qquad 30 \lesssim Re_\delta \lesssim 1800 \tag{10.39}$$

而对于湍流区域，拉邦佐夫（Labuntsov）[46]则建议采用

$$\frac{\overline{h}_L(\nu_1^2/g)^{1/3}}{k_1} = \frac{Re_\delta}{8750 + 58 Pr_1^{-0.5}(Re_\delta^{0.75} - 253)} \qquad Re_\delta \gtrsim 1800 \tag{10.40}$$

图 10.13 给出了上述关系式的图示，格雷戈里格（Gregorig）等[47]在 $1 < Re_\delta < 7200$ 的范围内对水所做的实验验证了这种趋势。所有物性的取值方法同层流膜状凝结，见式（10.32）下面的解释。

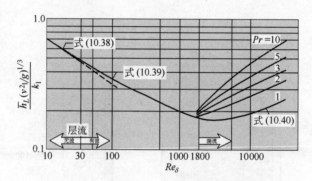

图 10.13　垂直平板上凝结的修正的努塞尔数

式（10.38）～式（10.40）中的雷诺数与冷凝表面底部 $x = L$ 处的液膜厚度有关。为使用这些式子，必须确定雷诺数 Re_δ 的值。为此，联立式（10.34）和式（10.36）可得

$$\overline{h}_L = \frac{Re_\delta \mu_1 h'_{fg}}{4L(T_{sat} - T_s)} \tag{10.41}$$

$\overline{h}_L$ 的表达式由式（10.38）～式（10.40）确定，将其代入式（10.41）可得

$$Re_\delta = 3.78 \left[\frac{k_1 L(T_{sat} - T_s)}{\mu_1 h'_{fg}(\nu_1^2/g)^{1/3}} \right]^{3/4} \qquad Re_\delta \lesssim 30 \tag{10.42}$$

$$Re_\delta = \left[\frac{3.70 k_1 L(T_{sat} - T_s)}{\mu_1 h'_{fg}(\nu_1^2/g)^{1/3}} + 4.8 \right]^{0.82} \qquad 30 \lesssim Re_\delta \lesssim 1800 \tag{10.43}$$

$$Re_\delta = \left[\frac{0.069 k_1 L(T_{sat} - T_s)}{\mu_1 h'_{fg}(\nu_1^2/g)^{1/3}} Pr_1^{0.5} - 151 Pr_1^{0.5} + 253 \right]^{4/3} \qquad Re_\delta \gtrsim 1800 \tag{10.44}$$

对于具体的问题，式（10.42）～式（10.44）均可用于求解 Re_δ，产生三个可能的雷诺数的值。

正确的值为处于与式子同列的应用范围内的那个值。一旦知道了 Re_δ，就可以很方便地用式（10.41）确定平均对流系数。

【例 10.3】 有一根长 1m、外径 80mm 的垂直管，其外表面暴露在常压的饱和蒸汽中，管内有冷水流过，使表面维持在 50℃。对冷却液的传热速率是多少？蒸汽在表面上的凝结速率是多少？

解析

已知：一个外表面上有蒸汽凝结的垂直管的尺寸和温度。

求：传热和凝结速率。

示意图：

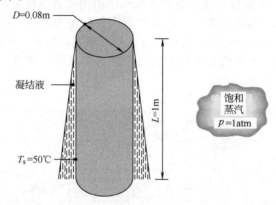

假定：凝结液膜的厚度相对于圆柱直径很小。

物性：表 A.6，饱和蒸汽（$p=1.0133\text{bar}$）：$T_{\text{sat}}=100℃$，$\rho_v=(1/v_g)=0.596\text{kg/m}^3$，$h_{\text{fg}}=2257\text{kJ/kg}$。表 A.6，饱和液体（$T_f=75℃$）：$\rho_l=(1/v_f)=975\text{kg/m}^3$，$\mu_l=375\times10^{-6}$ N·s/m²，$k_l=0.668\text{W/(m·K)}$，$c_{p,l}=4193\text{J/(kg·K)}$，$\nu_l=\mu_l/\rho_l=385\times10^{-9}\text{m}^2/\text{s}$。

分析：因为假定了液膜的厚度相对于圆柱直径很小，我们可以用 10.7 节和 10.8 节中的关系式。根据

$$Ja=\frac{c_{p,l}(T_{\text{sat}}-T_s)}{h_{\text{fg}}}=\frac{4193\text{J/(kg·K)}\times(100-50)\text{K}}{2257\text{kJ/kg}}=0.0929$$

可得

$$h'_{\text{fg}}=h_{\text{fg}}(1+0.68Ja)=2257\text{kJ/kg}\times1.0632=2400\text{kJ/kg}$$

式（10.42）～式（10.44）均可用于求解可能的 Re_δ 值。具体地说，式（10.43）给出

$$Re_\delta=\left\{\frac{3.70\times0.668\text{W/(m·K)}\times1\text{m}\times(100-50)\text{K}}{375\times10^{-6}\text{N·s/m}^2\times2.4\times10^6\text{J/kg}\left[\frac{(385\times10^{-9}\text{m}^2/\text{s})^2}{9.8\text{m/s}^2}\right]^{1/3}}+4.8\right\}^{0.82}=1177$$

由于式（10.43）的应用范围为 $30\leqslant Re_\delta\leqslant1800$，正确的雷诺数为 1177。由式（10.41）可得

$$\bar{h}_L=\frac{1177\times375\times10^{-6}\text{kg/(s·m)}\times2.4\times10^6\text{J/kg}}{4\times1\text{m}\times(100-50)\text{K}}=5300\text{W/(m}^2\text{·K)}$$

由式（10.33）和式（10.34）可得

$$q=\bar{h}_L(\pi DL)(T_{\text{sat}}-T_s)=5300\text{W/(m}^2\text{·K)}\times\pi\times0.08\text{m}\times1\text{m}\times(100-50)\text{K}=66.6\text{kW} \blacktriangleleft$$

$$\dot{m}=\frac{q}{h'_{\text{fg}}}=\frac{66.6\times10^3\text{W}}{2.4\times10^6\text{J/kg}}=0.0276\text{kg/s} \blacktriangleleft$$

注意，利用式(10.26)以及修正的潜热，在无波层流假定的情况下，可得管子底部的液膜厚度 $\delta(L)$ 为

$$
\begin{aligned}
\delta(L) &= \left[\frac{4k_1\mu_1(T_{\text{sat}}-T_s)L}{g\rho_1(\rho_1-\rho_v)h'_{\text{fg}}}\right]^{1/4} \\
&= \left[\frac{4\times0.668\text{W}/(\text{m}\cdot\text{K})\times375\times10^{-6}\text{kg}/(\text{s}\cdot\text{m})\times(100-50)\text{K}\times1\text{m}}{9.8\text{m}/\text{s}^2\times975\text{kg}/\text{m}^3\times(975-0.596)\text{kg}/\text{m}^3\times2.4\times10^6\text{J}/\text{kg}}\right]^{1/4} \\
&= 2.18\times10^{-4}\text{m}=0.218\text{mm}
\end{aligned}
$$

因此 $\delta(L)\ll(D/2)$，这证明将垂直平板的关系式应用于垂直圆柱是合适的。

说明： 1. 式(10.43)和式(10.45)给出的雷诺数的值分别为910和1019。这些雷诺数的值处于这些式子的应用范围之外，因此式(10.43)和式(10.45)不适用于本问题。

2. 降低在管内流过的水的温度可以提高凝结的传热和传质速率。在 $10℃\leqslant T_s\leqslant50℃$ 的范围内，计算得出下面的变化情况。

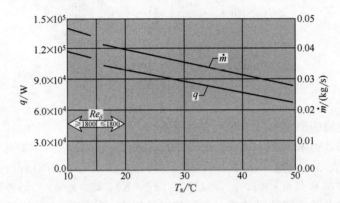

其中有 $1969\geqslant Re_\delta\geqslant1173$ 和 $5155\text{W}/(\text{m}^2\cdot\text{K})\leqslant\bar{h}_L\leqslant5285\text{W}/(\text{m}^2\cdot\text{K})$。由于凝结速率随 T_s 的降低而增大，因此 Re_δ 也随 T_s 的降低而增大。但是，液膜厚度的相应增加会导致平均对流系数略有降低。在前面的计算中，对于 $Re_\delta<1800(T_s>15℃)$ 的情况，采用的是波状层流关系式 [式(10.39)]，而对于 $Re_\delta>1800$ 的情况，采用的则是湍流关系式 [式(10.40)]。但是要注意，这两个关系式在 $Re_\delta=1800$ 时给出的结果是不相等的。此外，在一个处于1800左右的很窄的雷诺数范围内，用式(10.39)算出的 Re_δ 值会略大于1800，而用式(10.40)算出的 Re_δ 值则略小于1800。

10.9 径向系统中的膜状凝结

努塞尔分析可以推广应用于圆球和水平圆管外表面上的层流膜状凝结 [图10.14(a)，(b)]，平均对流系数可表示为

$$
\bar{h}_D=C\left[\frac{g\rho_1(\rho_1-\rho_v)k_1^3h'_{\text{fg}}}{\mu_1(T_{\text{sat}}-T_s)D}\right]^{1/4} \tag{10.45}
$$

式中，对于圆球有 $C=0.826^{[48]}$，对于圆管有 $C=0.729^{[44]}$。这个式子以及下面式子中的物性的取值方法见式(10.32)下面的解释。

对于有 N 根水平管的竖向管列 [图10.14(c)]，N 根管子的平均对流系数可表示为

$$
\bar{h}_{D,N}=0.729\left[\frac{g\rho_1(\rho_1-\rho_v)k_1^3h'_{\text{fg}}}{N\mu_1(T_{\text{sat}}-T_s)D}\right]^{1/4} \tag{10.46}
$$

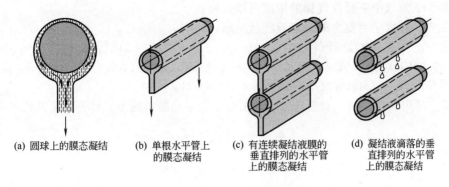

| (a) 圆球上的膜态凝结 | (b) 单根水平管上的膜态凝结 | (c) 有连续凝结液膜的垂直排列的水平管上的膜态凝结 | (d) 凝结液滴落的垂直排列的水平管上的膜态凝结 |

图 10.14　径向系统中的膜状凝结

也就是说，$\bar{h}_{D,N} = \bar{h}_D N^{-1/4}$，其中 $\bar{h}_D$ 是（上面的）第一根管子的传热系数。这种布置常用于冷凝器的设计。$\bar{h}$ 随着 N 的增加而降低可能是因为每一根后续管子上的平均液膜厚度依次增加的缘故。由式（10.45）和式（10.46）所得的结果通常会与纯蒸气的实验结果相吻合或比后者略低。对于单根水平管，偏差可能是由液体表面上的波动引起的。对于管簇，假定凝结液以连续降膜的形式下降 [图 10.14(c)]，但忽略了两个效应：对管子间凝结液膜的传热和液膜在重力的作用下自由下落时动量的增加。这些效应能强化传热，陈（Chen）[49] 根据雅格布（Jakob）数和管子的个数计及了它们的影响。但是，在 $Ja < 0.1$ 的情况下，传热速率的提高小于 15%。尽管作了这个修正，但实验结果往往还会大于计算结果。对这个矛盾的一个似乎合理的解释为：凝结液是从上一根管子上滴向下一根管子的，而不是以连续降膜的形式流动，如图 10.14(d) 所示。滴落降低了液膜的厚度且促进了湍流，从而提高了传热速率。

如果长度-直径比大于 $1.8\tan\theta$ [50]，在用 $g\cos\theta$ 取代 g 后，前面的式子可用于倾斜管，这里的 θ 角是指管子与水平面的夹角。但是，如果有不凝性气体存在，对流系数将会小于基于上述关系式的结果。

【**例 10.4**】　一个蒸汽冷凝器由一个有 400 根管子的方形阵列构成，每根管子的直径为 6mm。如果这些管子暴露在压力为 0.15bar 的饱和蒸汽中，且管子的表面温度维持在 25℃，单位长度阵列上蒸汽凝结的速率是多少？

解析

已知：暴露在 0.15bar 的饱和蒸汽中的冷凝器管的结构和表面温度。

求：单位长度阵列上的凝结速率。

示意图：

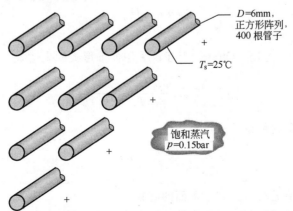

$D=6$mm,
正方形阵列,
400 根管子

$T_s=25℃$

饱和蒸汽
$p=0.15$bar

假定：1. 蒸汽中不凝性气体的浓度可以忽略；

2. 在管子上发生的是层流膜状凝结。

物性：表 A.6，饱和蒸汽（$p=0.15$bar）：$T_{sat}=327K=54℃$，$\rho_v=(1/v_g)=0.098$kg/m^3，$h_{fg}=2373$kJ/kg。表 A.6，饱和水（$T_f=312.5K$）：$\rho_v=(1/v_f)=992$kg/m^3，$\mu_1=663\times10^{-6}$N·s/m^2，$k_1=0.631$W/(m·K)，$c_{p,1}=4178$J/(kg·K)。

分析：可用式(10.34)确定阵列中单根管子的**平均凝结速率**，对于单位管长，有

$$\dot{m}'_1=\frac{q'_1}{h'_{fg}}=\frac{\bar{h}_{D,N}(\pi D)(T_{sat}-T_s)}{h'_{fg}}$$

根据式(10.46)

$$\bar{h}_{D,N}=0.729\left[\frac{g\rho_1(\rho_1-\rho_v)k_1^3 h'_{fg}}{N\mu_1(T_{sat}-T_s)D}\right]^{1/4}$$

或由 $N=20$、$Ja=0.051$ 以及 $h'_{fg}=2455$kJ/kg，可得

$$\bar{h}_{D,N}=0.729\times\left\{\frac{9.8m/s^2\times992kg/m^3\times(992-0.098)kg/m^3\times[0.631W/(m·K)]^3\times2.455\times10^6 J/kg}{20\times663\times10^{-6}kg/(s·m)\times(54-25)K\times0.006m}\right\}^{1/4}$$

$$=5194W/(m^2·K)$$

因此，单根管子的平均凝结速率为

$$\dot{m}'_1=\frac{5194W/(m^2·K)\times(\pi\times0.006m)\times(54-25)K}{2.455\times10^6 J/kg}=1.16\times10^{-3}kg/(s·m)$$

由此，单位阵列长度上的凝结速率为

$$\dot{m}'=N^2\dot{m}'_1=400\times1.16\times10^{-3}kg/(s·m)=0.464kg/(s·m)$$

◀

说明：由于 $Ja<0.1$，用式(10.46)算出的平均换热系数是可靠的。

10.10 水平管内的膜状凝结

制冷和空调系统中所用的冷凝器一般都涉及水平或垂直管内的蒸气凝结。在这种情况下管内的状况是很复杂的，在很大程度上取决于蒸气在管内流动的速度。如果速度较小，在水平管中发生凝结的方式如图 10.15(a) 所示。即凝结液从管子的上部流向底部，随后与蒸气一起沿轴向流动。在蒸气速度较低的情况下，即

$$Re_{v,i}=\left(\frac{\rho_v u_{m,v}D}{\mu_v}\right)_i<35000$$

式中，i 表示管子入口，查托（Chato）[51] 建议采用如下形式的表达式

$$\bar{h}_D=0.555\left[\frac{g\rho_1(\rho_1-\rho_v)k_1^3 h'_{fg}}{\mu_1(T_{sat}-T_s)D}\right]^{1/4} \tag{10.47}$$

其中，对应于这种情况的修正的潜热为

$$h'_{fg}\equiv h_{fg}+\frac{3}{8}c_{p,1}(T_{sat}-T_s) \tag{10.48}$$

这些方程中物性的取值见式(10.32)下面的解释。

在蒸气速度较高的情况下，两相流动状态变成环状 [图 10.15(b)]。蒸气占据了圆环的

 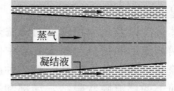

(a) 蒸气速度较低的情况下　　　　　(b) 蒸气速度较大的情况下
凝结液流动的横截面　　　　　　　　凝结液流动的纵截面

图 10.15　水平管中的膜状凝结

中心区域，其直径在流动方向上随着外层凝结液厚度的增加而变小。马托（Marto）[52]给出了这种流动情况下的研究结果。

10.11　珠状凝结

在一般情况下，珠状凝结的传热系数要比膜状凝结的大一个数量级以上。事实上，在主张采用珠状凝结换热器的应用中，其他热阻可显著大于凝结热阻，因此没有必要采用非常精确的凝结过程关系式。

已对很多表面-流体系统进行了研究[53]，其中大部分结果是对经过仔细处理的紫铜表面，即不可浸润表面上的蒸气凝结过程获得的，它们可用以下形式的表达式建立关系[54]

$$\overline{h}_{dc} = 51104 + 2044 T_{sat}(\text{℃}) \qquad 22\text{℃} \lesssim T_{sat} \lesssim 100\text{℃} \tag{10.49}$$

$$\overline{h}_{dc} = 255510 \qquad 100\text{℃} \lesssim T_{sat} \tag{10.50}$$

式中，传热系数的单位为 $W/(m^2 \cdot K)$。可以用式(10.33)和式(10.34)计算传热速率和凝结速率，其中 h'_{fg} 由式(10.27)给出，物性的取值方法见式(10.32)下面的说明。过冷度（$T_{sat} - T_s$）对 $\overline{h}_{dc}$ 的影响很小，可以忽略。

蒸气中的不凝性气体具有非常重要的影响，谢德（Shade）和密克斯（Mikic）对这种影响作了研究[55]。另外，如果冷凝表面材料的导热性能不如紫铜或银那么好的话，其热阻将成为一个影响因素。由于所有的热量都是传给在表面上广泛分布的非常小的液滴，在活跃的凝结区域附近的表面材料中，热流线将会**聚集**，从而产生**集中**热阻。哈耐曼（Hannemann）和密克斯（Mikic）[56]对这种效应进行了研究。

10.12　小结

很明显，沸腾和凝结都是复杂的过程，目前还很少有适用于它们的通用关系式。本章对这些过程中的基本物理特征进行了讨论，并给出了适用于工程近似计算的关系式。但是，在文献中还有大量其他资料，其中大部分已在一些涉及面很广的综述性文献[7, 15, 25, 30~33, 52, 54, 56~61]中作了总结。

为测试你对伴随相变的传热过程的理解程度，请回答以下问题。

- 什么是**池内沸腾、受迫对流沸腾、过冷沸腾、饱和沸腾**？
- **过余温度**是如何定义的？
- 画出**沸腾曲线**并指出重要的状态和特征。什么是**临界热流密度**？什么是**莱顿弗罗斯特点**？如果控制的是表面热流密度，过程是如何沿着沸腾曲线发展的？滞后效应的本质是什么？如果控制的是表面温度，过程是如何沿着沸腾曲线发展的？
- 在**核态沸腾**区中热流密度如何随过余温度变化？

- 在**膜态沸腾**中有哪些传热模式？
- 液体过冷度是如何定义的？
- 重力场、液体过冷以及表面粗糙度对沸腾热流密度的影响程度有多大？
- 微槽道中的两相流动和传热与较大管道中的两相流动和传热有什么区别？
- **珠状凝结**与**膜状凝结**有什么区别？哪一种凝结模式具有较大的传热速率？
- 对于垂直表面上的层流膜状凝结，局部和平均对流系数是如何随着离开前缘的距离而变化的？
- 垂直表面上膜状凝结的雷诺数是如何定义的？有哪些相应的流动状态？

参考文献

1. Fox, R. W., A. T. McDonald, and P. J. Pritchard, *Introduction to Fluid Mechanics*, 6th ed. Wiley, New York, 2003.

2. Nukiyama, S., *J. Japan Soc. Mech. Eng.*, **37**, 367, 1934 (Translation: *Int. J. Heat Mass Transfer*, **9**, 1419, 1966).

3. Drew, T. B., and C. Mueller, *Trans. AIChE*, **33**, 449, 1937.

4. Yamagata, K., F. Kirano, K. Nishiwaka, and H. Matsuoka, *Mem. Fac. Eng. Kyushu*, **15**, 98, 1955.

5. Rohsenow, W. M., *Trans. ASME*, **74**, 969, 1952.

6. Vachon, R. I., G. H. Nix, and G. E. Tanger, *J. Heat Transfer*, **90**, 239, 1968.

7. Collier, J. G., and J. R. Thome, *Convective Boiling and Condensation*, 3rd ed., Oxford University Press, New York, 1996.

8. Pioro I. L., *Int. J. Heat Mass Transfer*, **42**, 2003, 1999.

9. Kutateladze, S. S., *Kotloturbostroenie*, **3**, 10, 1948.

10. Zuber, N., *Trans. ASME*, **80**, 711, 1958.

11. Lienhard, J. H., *A Heat Transfer Textbook*, 2nd ed., Prentice-Hall, Englewood Cliffs, NJ, 1987.

12. Nakayama, W., A. Yabe, P. Kew, K. Cornwell, S. G. Kandlikar, and V. K. Dhir, in S. G. Kandlikar, M. Shoji, and V. K. Dhir, Eds., *Handbook of Phase Change: Boiling and Condensation*, Chap. 16, Taylor & Francis, New York, 1999.

13. Cichelli, M. T., and C. F. Bonilla, *Trans. AIChE*, **41**, 755, 1945.

14. Berenson, P. J., *J. Heat Transfer*, **83**, 351, 1961.

15. Hahne, E., and U. Grigull, *Heat Transfer in Boiling*, Hemisphere/Academic Press, New York, 1977.

16. Lienhard, J. H., and P. T. Y. Wong, *J. Heat Transfer*, **86**, 220, 1964.

17. Bromley, L. A., *Chem. Eng. Prog.*, **46**, 221, 1950.

18. Sadasivan, P., and J. H. Lienhard, *J. Heat Transfer*, **109**, 545, 1987.

19. Siegel, R., *Adv. Heat Transfer*, **4**, 143, 1967.

20. Berensen, P. J., *Int. J. Heat Mass Transfer*, **5**, 985, 1962.

21. Webb, R. L., *Heat Transfer Eng.*, **2**, 46, 1981, and *Heat Transfer Eng.*, **4**, 71, 1983.

22. Bergles, A. E., "Enhancement of Heat Transfer," *Heat Transfer 1978*, Vol. 6, pp. 89–108, Hemisphere Publishing, New York, 1978.

23. Bergles, A. E., in G. F. Hewitt, Exec. Ed., *Heat Exchanger Design Handbook*, Section 2.7.9, Begell House, New York, 2002.

24. Bergles, A. E., and W. H. Rohsenow, *J. Heat Transfer*, **86**, 365, 1964.

25. van Stralen, S., and R. Cole, *Boiling Phenomena*, McGraw-Hill/Hemisphere, New York, 1979.

26. Lienhard, J. H., and R. Eichhorn, *Int. J. Heat Mass Transfer*, **19**, 1135, 1976.

27. Kandlikar, S. G., *J. Heat Transfer*, **112**, 219, 1990.

28. Kandlikar, S. G., and H. Nariai, in S. G. Kandlikar, M. Shoji, and V. K. Dhir, Eds., *Handbook of Phase Change: Boiling and Condensation*, Chap. 15, Taylor & Francis, New York, 1999.

29. Celata, G. P., and A. Mariani, in S. G. Kandlikar, M. Shoji, and V. K. Dhir, Eds., *Handbook of Phase Change: Boiling and Condensation*, Chap. 17, Taylor & Francis, New York, 1999.

30. Tong, L. S., and Y. S. Tang, *Boiling Heat Transfer and Two Phase Flow*, 2nd ed., Taylor & Francis, New York, 1997.

31. Rohsenow, W. M., in W. M. Rohsenow and J. P. Hartnett, Eds., *Handbook of Heat Transfer*, Chap. 13, McGraw-Hill, New York, 1973.

32. Griffith, P., in W. M. Rohsenow and J. P. Hartnett, Eds., *Handbook of Heat Transfer*, Chap. 14, McGraw-Hill, New York, 1973.

33. Ginoux, J. N., *Two-Phase Flow and Heat Transfer*, McGraw-Hill/Hemisphere, New York, 1978.

34. Hall, D. D., and I. Mudawar, *Int. J. Heat Mass Transfer*, **43**, 2573, 2000.

35. Hall, D. D., and I. Mudawar, *Int. J. Heat Mass Transfer*, **43**, 2605, 2000.

36. Qu, W., and I. Mudawar, *Int. J. Heat Mass Transfer*, **46**, 2755, 2003.

37. Ghiaasiaan, S. M., and S. I. Abdel-Khalik, in J. P. Hartnett, T. F. Irvine, Y. I. Cho, and G. A. Greene, Eds., *Advances in Heat Transfer*, Vol. 34, Academic Press, New York, 2001.

38. Qu, W., and I. Mudawar, *Int. J. Heat Mass Transfer*, **46**, 2773, 2003.

39. Sparrow, E. M., and J. L. Gregg, *J. Heat Transfer*, **81**, 13, 1959.

40. Koh, J. C. Y., E. M. Sparrow, and J. P. Hartnett, *Int. J. Heat Mass Transfer*, **2**, 69, 1961.

41. Nusselt, W., *Z. Ver. Deut. Ing.*, **60**, 541, 1916.

42. Rohsenow, W. M., *Trans. ASME*, **78**, 1645, 1956.

43. Chen, M. M., *J. Heat Transfer*, **83**, 48, 1961.

44. Dhir, V. K., and J. H. Lienhard, *J. Heat Transfer*, **93**, 97, 1971.

45. Kutateladze, S. S., *Fundamentals of Heat Transfer*, Academic Press, New York, 1963.

46. Labuntsov, D. A., *Teploenergetika*, **4**, 72, 1957.

47. Gregorig, R., J. Kern, and K. Turek, *Wärme Stoffübertrag.*, **7**, 1, 1974.

48. Popiel, Cz. O., and L. Boguslawski, *Int. J. Heat Mass Transfer*, **18**, 1486, 1975.

49. Chen, M. M., *J. Heat Transfer*, **83**, 55, 1961.

50. Selin, G., "Heat Transfer by Condensing Pure Vapours Outside Inclined Tubes," *International Developments in Heat Transfer*, Part 2, International Heat Transfer Conference, University of Colorado, pp. 278–289, ASME, New York, 1961.

51. Chato, J. C., *J. ASHRAE*, **4**, 52, 1962.

52. Marto, P. J., in W. M. Rohsenow, J. P. Hartnett, and Y. I. Cho, Eds., *Handbook of Heat Transfer*, 3rd ed., Chap. 14, McGraw-Hill, New York, 1998.

53. Tanner, D. W., D. Pope, C. J. Potter, and D. West, *Int. J. Heat Mass Transfer*, **11**, 181, 1968.

54. Griffith, P., in G. F. Hewitt, Exec. Ed., *Heat Exchanger Design Handbook*, Section 2.6.5, Hemisphere Publishing, New York, 1990.

55. Shade, R., and B. Mikic, "The Effects of Non-condensable Gases on Heat Transfer During Dropwise Condensation," Paper 67b presented at the 67th Annual Meeting of the American Institute of Chemical Engineers, Washington, DC, 1974.

56. Hannemann, R., and B. Mikic, *Int. J. Heat Mass Transfer*, **19**, 1309, 1976.

57. Collier, J. G., and V. Wadekar, in G. F. Hewitt, Exec. Ed., *Heat Exchanger Design Handbook*, Section 2.7.2, Begell House, New York, 2002.

58. Butterworth, D., in D. Butterworth and G. F. Hewitt, Eds., *Two-Phase Flow and Heat Transfer*, Oxford University Press, London, 1977, pp. 426–462.

59. McNaught, J., and D. Butterworth, in G. F. Hewitt, Exec. Ed., *Heat Exchanger Design Handbook*, Section 2.6.2, Begell House, New York, 2002.

60. Rose, J. W., *Int. J. Heat Mass Transfer*, **24**, 191, 1981.

61. Pioro, L. S., and I. L. Pioro, *Industrial Two-Phase Thermosyphons*, Begell House, New York, 1997.

习 题

一般性讨论

10.1 在 $T_s - T_{sat} = 10℃$ 时，证明 1atm 的水的雅各布数远小于 1。这个结果的物理意义是什么？验证该结论是否适用于其他流体。

10.2 1atm 的饱和水中直径 20mm 的水平圆柱表面的过余温度维持在 5℃。利用合适的自然对流关系式计算热流密度并把你的结果与图 10.4 中的沸腾曲线进行比较。根据沸腾曲线，计算核态沸腾时换热系数的最大值。

核态沸腾和临界热流密度

10.3 对一根直径 1mm 的长金属丝通电流，散热速率为 3150W/m，当金属丝浸没在 1atm 的水中时，其表面温度达到 126℃。沸腾换热系数是多少？计算关系式的系数 $C_{s,f}$ 的值。

10.4 计算常压下水在直径 10mm 的镀铂管外表面上沸腾时的核态池内沸腾换热系数，管表面温度保持比饱和温度高 10℃。

10.5 在 $5℃ \leqslant \Delta T_e \leqslant 30℃$ 的过余温度范围内，画出常压饱和水在一个抛光的水平大紫铜板上沸腾的核态池内沸腾热流密度。把你的结果与图 10.4 进行比较，并找出对应于临界热流密度的过余温度。

10.6 在例题 10.1 中我们讨论了锅中水内强烈的沸腾情况，并确定了为维持锅底处于给定温度所需的电功率（加热速率）。但是，电功率实际上是一个控制（独立）变量，锅的温度随之而变化。

（a）对于例题 10.1 中紫铜锅中的核态沸腾，在 $1kW \leqslant q \leqslant 100kW$ 范围内计算并画出锅的温度随加热速率的变化。

（b）如果水初始时处于室温，显然，在其沸腾之前必须加热一段时间。考虑刚开始加热不久且水温为 20℃ 的情况。在加热速率为 8kW 时，计算锅底的温度。

10.7 一个厚度和热导率分别为 15mm 和 50W/(m·K) 的镀镍加热元件暴露于常压饱和水。在加热元件的底表面上布置了一根热电偶，底表面隔热良好。在特定运行条件下测得加热元件的电功耗为 $6.950 \times 10^7 W/m^3$，温度 $T_o = 266.4℃$。

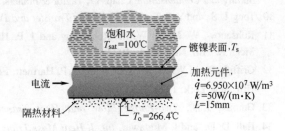

（a）根据上述数据计算表面温度 T_s 以及暴露表面上的热流密度。

（b）利用（a）中确定的表面热流密度，采用合适的沸腾关系式计算表面温度。

10.8 在芯片上超大规模集成（VLSI）电子器件的技术发展常常受到芯片冷却技术的限制。在大型计算机中，可能会在一个陶瓷衬底上安装由数百个面积均为 $25mm^2$ 的芯片构成的阵列。冷却芯片阵列的一种方法是将其浸没在诸如制冷剂 R-134a 之类的低沸点流体中。在 1atm 和 247K 时，饱和液体的物性为 $\mu = 1.46 \times 10^{-4} N·s/m^2$、$c_p = 1551J/(kg·K)$ 和 $Pr = 3.2$。假定 $C_{s,f} = 0.004$ 和 $n = 1.7$。

（a）如果芯片的工作热流密度为临界热流密度的 50%，估算单个芯片的功耗。相应的芯片温度是多少？

（b）在 $0.25 \leqslant q''_s / q''_{max} \leqslant 0.90$ 范围内计算并画出芯片温度随表面热流密度的变化。

10.9 考虑一个燃气锅炉，其中有五根直径和长度分别为 25mm 和 8m 的薄壁紫铜盘管浸没在 4.37bar 的加压水中。盘管的壁面是磨光的，且可假定其处于等温状态。燃气进入各个盘管时的温度和流率分别为 $T_{m,i} = 700℃$ 和 $\dot{m} = 0.08kg/s$。

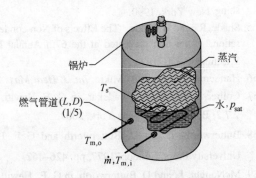

确定给定条件下的盘管壁面温度 T_s 和气体出口温度 $T_{m,o}$。作为初步近似，燃气的物性可取 700K 空气的值。

10.10 一个用于进行沸腾实验的装置由一根紫铜棒 [$k=400\mathrm{W/(m \cdot K)}$] 构成，紫铜棒的一端暴露于沸腾液体，另一端中封装了一个电热器，除了暴露表面，其余表面均隔热良好。在棒中插入了热电偶以测量距离表面 $x_1=10\mathrm{mm}$ 和 $x_2=25\mathrm{mm}$ 处的温度。

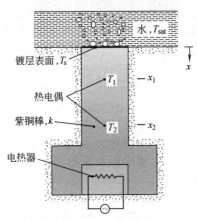

(a) 为确定暴露表面上镀的特殊涂层的沸腾特性，进行了实验。在稳态条件下，常压饱和水处于核态沸腾状态，并有 $T_1=133.7℃$ 和 $T_2=158.6℃$。如果 $n=1$，罗森那关系式中的系数 $C_{s,f}$ 的值是多少？

(b) 假定可以应用罗森那关系式，其中 $C_{s,f}$ 的值由 (a) 中确定，在 $10^5 \leqslant q''_s \leqslant 10^6$ 范围内计算并画出过余温度 ΔT_e 随沸腾热流密度的变化。在 $q''_s=10^6\mathrm{W/m^2}$ 时，T_1 和 T_2 的相应值分别为多少？如果 q''_s 增至 $1.5\times10^6\mathrm{W/m^2}$，可以用上述结果外推 ΔT_e、T_1 和 T_2 的相应值吗？

最小热流密度和膜态沸腾

10.11 一个小的紫铜球初始时处于较高的均匀温度 $T(0)=T_i$，突然将它浸没在一个温度维持在 T_{sat} 的大的流体浴中。球的初始温度大于与图 10.4 中温度 T_D 相应的莱顿弗罗斯特点。

(a) 画出淬火过程中球的平均温度 $\overline{T}(t)$ 随时间的变化。在图中指出温度 T_i、T_D 和 T_{sat}，以及膜态、过渡态和核态沸腾及单相对流区域。指出温度变化的关键特征。

(b) 你预期在冷却过程中的什么时刻球的表面温度与其中心温度偏离最大？解释该答案。

10.12 一个直径 5mm 的加热元件水平浸没在常压水中，其表面维持在 350℃。元件的护套材料为不锈钢，其表面上有机械抛光的涂层，发射率为 0.25。

(a) 计算单位加热器长度上的电功耗和产生蒸汽的速率。

(b) 如果加热器在核态沸腾状态中以同样的功耗运行，其表面温度会达到多高？计算这种运行状态下单位长度上蒸汽的产生速率。

(c) 画出沸腾曲线并标出 (a) 和 (b) 中的两种运行状态。比较你的分析结果。如果加热元件以功率控制模式进行工作，解释你将如何从冷态元件开始达到上述两种运行状态。

10.13 一根直径 1mm 的水平铂丝的发射率 $\varepsilon=0.25$，它在 1atm 的饱和水中运行。

(a) 如果表面温度 $T_s=800\mathrm{K}$，表面热流密度是多少？

(b) 对于发射率分别为 0.1、0.25 和 0.95 的情况，在 $150\mathrm{K} \leqslant \Delta T_e \leqslant 550\mathrm{K}$ 范围内画出热流密度随表面过余温度 $\Delta T_e \equiv T_s - T_{sat}$ 变化的双对数坐标曲线。在图中标出临界热流密度和莱顿弗罗斯特点。在另一幅图中，画出在 $150\mathrm{K} \leqslant \Delta T_e \leqslant 550\mathrm{K}$ 范围内总热流密度中辐射贡献的份额。

受迫对流沸腾

10.14 1atm 的饱和水以 2m/s 的速度流过一根直径 5mm 的圆柱形加热元件。核态沸腾的最大加热速率（W/m）是多少？

10.15 考虑在内直径和壁厚分别为 10mm 和 2mm 的水平光滑管内流动的制冷剂 R-134a。制冷剂处于饱和温度 15℃（$\rho_{v,sat}=23.75\mathrm{kg/m^3}$），流率为 0.01kg/s。对于用 (a) 纯铜和 (b) AISI 316 不锈钢制作的管子，确定与距离沸腾起始点下游 0.4m 处内壁面热流密度为 $10^5\mathrm{W/m^2}$ 相关的最高壁面温度。

膜态凝结

10.16 0.1 bar 的饱和蒸汽在内外直径分别为 16.5mm 和 19mm 的黄铜管的外表面上凝结，对流系数为 6800W/(m² · K)。水在管内流动的对流系数为 5200W/(m² · K)。在平均水温为 30℃ 时，计算单位管长上蒸汽的凝结速率。

10.17 用一块高和宽分别为 500mm 和 200mm 的垂直平板冷凝 1atm 的饱和蒸汽。

(a) 为使凝结速率 $\dot{m}=25\mathrm{kg/h}$，平板的表面温度必须为多少？

(b) 在 $15\mathrm{kg/h} \leqslant \dot{m} \leqslant 50\mathrm{kg/h}$ 范围内计算并画出表面温度随凝结速率的变化。

(c) 如果平板高 200mm、宽 500mm，在同一幅图中和相同的 $\dot{m}$ 范围内，画出表面温度随凝结速率的变化。

10.18 一块高 2.5m 的垂直平板处于 54℃ 的均匀温度，平板暴露于常压饱和蒸汽。

(a) 计算单位宽度的平板上的凝结和传热速率。

(b) 如果平板的高度减半，流动状态是否会改变？

(c) 在 54℃ $\leqslant T_s \leqslant$ 90℃ 范围内，画出（a）和（b）两种高度的平板上的凝结速率随板温的变化。

10.19 蒸汽电厂的冷凝器由 625 根管子的方形（顺排）阵列构成，每根管子的直径均为 25mm。考虑下述情形：0.105bar 的饱和蒸汽在各管的外表面上凝结，冷却水在管内流过，使管壁维持在 17℃。单位阵列长度上对水的传热速率是多少？相应的凝结速率是多少？

10.20 化工过程中产生的饱和蒸气在一个长度和直径分别为 L 和 D 的垂直薄壁圆柱形容器的内表面上缓慢地凝结。容器的壁由横向流过其外表面的冷水维持在均匀温度 T_s。

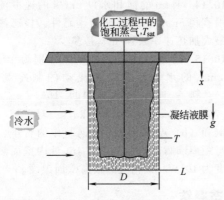

假定凝结液膜中的流动为层流，推导使容器中充满凝结液所需时间 t_f 的表达式。用 D、L、$(T_{sat} - T_s)$、g 以及合适的流体物性表示你的结果。

10.21 空气清洁法令（Clean Air Act）从 1996 年起禁止在美国生产含氯氟烃（CFCs）。一种广泛应用的 CFC（制冷剂 R-12）已由 R-134a 取代，因为它们具有类似的物性，包括在常压下具有较低的沸点（常压下 R-12 和 R-134a 的沸点分别为 $T_{sat} = 243K$ 和 246.9K）。在下列条件下比较这两种制冷剂的性能。310K 的饱和制冷剂蒸气在直径和长度分别为 30mm 和 0.8m、壁面维持在 290K 的管内流动

时发生凝结。如果蒸气进入管子时的流率为 0.010kg/s，凝结速率和离开管子的蒸气流率分别是多少？R-12 在 $T_{sat} = 310K$ 下的相关物性为 $\rho_v = 50.1kg/m^3$、$h_{fg} = 160kJ/kg$ 和 $\mu_v = 150 \times 10^{-7} N \cdot s/m^2$，液态 R-12 在 $T_f = 300K$ 下的物性为 $\rho_l = 1306kg/m^3$、$c_{p,l} = 978J/(kg \cdot K)$、$\mu_l = 2.54 \times 10^{-4} N \cdot s/m^2$ 和 $k_l = 0.072W/(m \cdot K)$。饱和 R-134a 蒸气的物性为 $\rho_v = 46.1kg/m^3$、$h_{fg} = 166kJ/kg$ 和 $\mu_v = 136 \times 10^{-7} N \cdot s/m^2$。

10.22 用一个长 0.19m 的薄壁同心管换热器将流率为 5kg/s 的去离子水从 40℃ 加热到 60℃。去离子水在直径为 30mm 的内管中流动，1atm 的饱和蒸汽在内管与直径 60mm 的外管形成的环状空间中流动。去离子水的热物性为 $\rho = 982.3kg/m^3$、$c_p = 4181J/(kg \cdot K)$、$k = 0.643W/(m \cdot K)$、$\mu = 548 \times 10^{-6} N \cdot s/m^2$ 和 $Pr = 3.56$。计算管子两侧的对流系数并确定内管出口处的管壁温度。凝结是否使内管壁处于约等于蒸汽饱和温度的相当均匀的温度？

10.23 一个直径 10mm、初始时处于均匀温度 50℃ 的紫铜球放置在一个充满 1atm 的饱和水蒸气的大容器中。采用集总热容法，计算球达到平衡状态所需的时间。在此期间形成了多少凝结液（kg）？

珠状凝结

10.24 一个直径和高度分别为 65mm 和 120mm 的饮料罐在从冰箱中取出时具有均匀温度 5℃。罐子放在室内的桌子上，环境空气的温度和相对湿度分别为 32℃ 和 75%。

在作 (a) 珠状凝结和 (b) 膜状凝结假定时分别估算凝结速率。对这些速率进行比较，并解释在什么条件下可以发生珠状凝结。

组合的沸腾/凝结

10.25 在一种对集成电路冷却散热的被动技术中，要将集成电路浸没在一种低沸点介电流体中。冷却电路所产生的蒸气在悬挂于液体上方蒸气腔中的垂直平板上凝结。维持平板温度低于饱和温度，在稳态运行过程中，对冷凝板的传热速率与集成电路的散热速率相等。

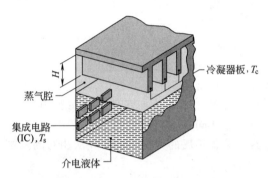

考虑下述情形：表面积均为 25mm^2 的集成电路浸没在碳氟化合物液体中，有 $T_{sat} = 50℃$、$\rho_l = 1700\text{kg/m}^3$、$c_{p,l} = 1005\text{J/(kg} \cdot \text{K)}$、$\mu_l = 6.80 \times 10^{-4}\text{kg/(m} \cdot \text{s)}$、$k_l = 0.062\text{W/(m} \cdot \text{K)}$、$Pr_l = 11.0$、$\sigma = 0.013\text{kg/s}^2$、$h_{fg} = 1.05 \times 10^5\text{J/kg}$、$C_{s,f} = 0.004$ 和 $n = 1.7$。如果集成电路运行时表面温度 $T_s = 75℃$，每个电路的散热速率为多少？如果冷凝板的高度 $H =$ 50mm 且由内部冷却剂维持在 $T_c = 15℃$，为平衡 500 个集成电路的产热率，需要多大的冷凝器表面积？

10.26 一个薄壁圆柱形容器的直径和高度分别为 D 和 L，其中充有高度为 y 的低沸点液体 (A)，液体的温度为 $T_{sat,A}$。该容器位于一个充满高沸点流体 (B) 的蒸气的大腔体中。蒸气 B 通过凝结进入圆柱形容器外表面上的层流液膜中，后者从液体 A 的自由表面处开始向下延伸。凝结过程维持着液体 A 在容器壁面上的核态沸腾，关系式为 $q'' = C(T_s - T_{sat})^3$，其中 C 为已知实验常数。

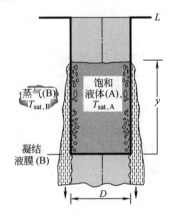

(a) 对于壁面上由凝结液膜覆盖的部分，推导容器壁面的平均温度 T_s 的方程。假定流体 A 和 B 的物性已知。

(b) 对液体 A 的传热速率为多少？

(c) 假定开始时容器中充满了液体，即 $y = L$，推导完全蒸发容器中的液体所需时间的表达式。

第**11**章 换 热 器

在很多工程应用中都存在处于不同温度且被固体壁面隔开的两种流体之间的换热过程。用于实现这种换热的装置就叫做**换热器**，在供暖和空调、动力生产、废热回收以及化工等领域中均可找到其具体应用。

在本章中，我们的目的是引入一些用于评估换热器功效的性能参数，并建立设计换热器或预测在给定工况下运行的已有换热器的性能的一些方法。

11.1 换热器的类型

通常根据**流动布置**和**结构类型**对换热器进行分类。在最简单的换热器中，冷、热流体在**同心管**（或**套管**）结构中沿相同或相反的方向运动。在图 11.1(a) 所示的**顺流**布置中，冷、热流体由同一端进入换热器，沿着相同的方向流动，并从同一端离开换热器。在图 11.1(b) 所示的**逆流**布置中，流体由相对的两端进入换热器，沿着相反的方向流动，并从相对的两端离开换热器。

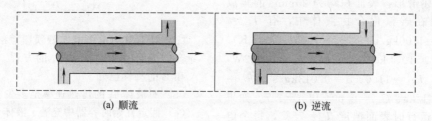

(a) 顺流 (b) 逆流

图 11.1 同心套管换热器

另外，流体还可按**叉流**（相互垂直）的形式运动，图 11.2 中所示的**带肋片**或**不带肋片的管式换热器**中就是这种情况。为区分这两种结构，通常将流体对管簇的绕流理想化为**不混合的**或**混合的**。在图 11.2(a) 中，肋片阻止了与主流方向（x）相垂直的方向（y）上的运动，因此说流体是不混合的。在这种情况下流体的温度随着 x 和 y 而变化。相反，对于图

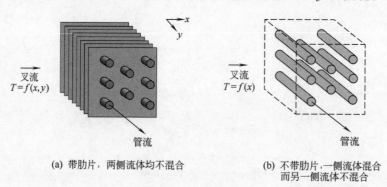

叉流
$T = f(x, y)$

管流

叉流
$T = f(x)$

管流

(a) 带肋片，两侧流体均不混合

(b) 不带肋片，一侧流体混合
而另一侧流体不混合

图 11.2 叉流换热器

11.2(b) 所示的不带肋片的管簇，流体可以在横向上运动并混合，因而其温度变化主要发生在主流方向。由于管内流动是不混合的，因此在带肋片的管式换热器中两种流体都是不混合的，但在不带肋片的换热器中，一种流体是混合的，而另一种流体是不混合的。混合情况可显著影响换热器的性能。

另一种常见结构是**管壳式**换热器[1]。其具体结构随管侧和壳侧**流程**的数量而变化，图 11.3 给出了一种最简单的结构，其管侧和壳侧都只有一个**流程**。在这种换热器中通常会安装折流板，它们可引发湍流和横向流动速度分量，从而提高壳侧的对流系数。另外，折流板可支撑管道，减少流动引发的管道振动。图 11.4(a) 和（b）分别给出了具有一个壳侧流程和两个管侧流程以及具有两个壳侧流程和四个管侧流程的带折流板的换热器。

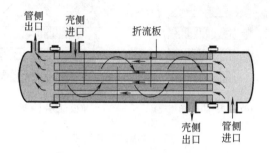

图 11.3　具有一个壳侧和一个管侧流程的
管壳式换热器（交叉-逆流运行模式）

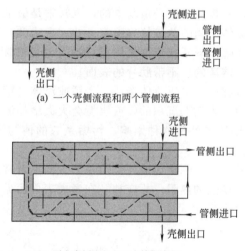

(a) 一个壳侧流程和两个管侧流程

(b) 两个壳侧流程和四个管侧流程

图 11.4　管壳式换热器

有一类特殊且重要的换热器可在单位体积内获得非常大的传热表面积（对于液体，$\gtrsim 400 \text{m}^2/\text{m}^3$；对于气体，$\gtrsim 700 \text{m}^2/\text{m}^3$）。这种称为**紧凑式换热器**的装置由密集排列的带肋管或板构成，通常用于至少有一种流体是气体的场合，因为气体的对流系数很小。其中的管子可以是**扁平状**或**圆形**的，分别如图 11.5(a) 和（b）、（c）所示，肋片可以是**平板状**或**圆形**的，分别如图 11.5(a)、（b）和（c）所示。平行板换热器可以是带肋片的或波纹状的，其运行模式可以是单流程的 ［图 11.5(d)］或多流程的 ［图 11.5(e)］。紧凑式换热器的流道通常很小（$D_\text{h} \lesssim 5\text{mm}$），流动一般为层流。

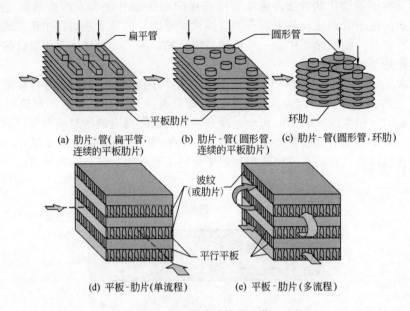

（a）肋片-管（扁平管，　（b）肋片-管（圆形管，　（c）肋片-管（圆形管，环肋）
　　连续的平板肋片）　　　　连续的平板肋片）

（d）平板-肋片（单流程）　　　（e）平板-肋片（多流程）

图 11.5　紧凑式换热器芯

11.2　总传热系数

在任何换热器分析中，**总传热系数**是最基本的，也常常是最难以确定的。回忆式（3.19）可知，该系数是根据两种流体之间的总传热热阻定义的。在式（3.18）和式（3.31）中，通过计及分别被复合平壁和圆柱壁面隔开的流体之间的导热和对流热阻来确定这个系数。但是，必须承认这些结果仅适用于**洁净的**、**不带肋片的**表面。

在换热器的正常运行过程中，由于流体杂质、生锈或流体与壁面材料之间的其他反应的影响，表面常常会形成污垢。表面上沉积的膜或水垢会大大增加流体之间的热阻。可引入一个称为**污垢系数**的附加热阻 R_f 来处理这种影响。污垢系数的值与运行温度、流体的速度以及换热器的工作时间有关。

此外，我们知道，在暴露于一侧流体或两侧流体的表面上常常会布置肋片，这些肋片可增大表面积，从而降低对流换热的热阻。相应地，在考虑表面污垢和肋片（延伸表面）影响的情况下，总传热系数可表示为

$$\frac{1}{UA}=\frac{1}{U_cA_c}=\frac{1}{U_hA_h}=\frac{1}{(\eta_o hA)_c}+\frac{R''_{f,c}}{(\eta_o A)_c}+R_w+\frac{R''_{f,h}}{(\eta_o A)_h}+\frac{1}{(\eta_o hA)_h} \tag{11.1}$$

式中，下标 c 和 h 分别指冷流体和热流体。注意，在计算乘积 UA 时不需要指定热侧或冷侧（$U_cA_c=U_hA_h$）。但是，总传热系数的计算与采用的是冷侧还是热侧表面积有关，因为只要 $A_c\neq A_h$ 就会有 $U_c\neq U_h$。对于平壁和圆柱壁面，可分别用式（3.6）和式（3.28）计算导热热阻 R_w。虽然在表 11.1 中列出了典型的污垢系数，但该系数在换热器的运行过程中是一个变量（从对应于洁净表面的零值开始随着表面上沉积物的累积而增大）。文献 ［2～4］对污垢作了全面的讨论。

式（11.1）中的 η_o 称为带肋片的表面的**总表面效率**或**温度有效度**。它是这样定义的，对于没有污垢的热或冷表面，传热速率为

$$q = \eta_{\circ} h A (T_{\mathrm{b}} - T_{\infty}) \tag{11.2}$$

式中，T_{b} 为基面温度（图 3.20）；A 是总的（肋片加暴露的基面）表面积。在 3.6.5 节中引入这个量，并导出了下面的表达式

$$\eta_{\circ} = 1 - \frac{A_{\mathrm{f}}}{A}(1 - \eta_{\mathrm{f}}) \tag{11.3}$$

式中，A_{f} 是所有肋片的表面积；而 η_{f} 则是单个肋片的效率。为了与换热器分析中的常用术语保持一致，这里将肋片表面积与总表面积之比表述为 A_{f}/A。这种表述与 3.6.5 节中的不同，3.6.5 节中这个比值表述为 $NA_{\mathrm{f}}/A_{\mathrm{t}}$，其中 A_{f} 表示单个肋片的面积，而 A_{t} 则是总的表面积。如果采用的是长度为 L 的直肋或针肋（图 3.16），并假定肋端绝热，由式（3.76）和式（3.86）可得

$$\eta_{\mathrm{f}} = \frac{\tanh(mL)}{mL} \tag{11.4}$$

式中，$m = [2h/(kt)]^{1/2}$，t 是肋片的厚度。可从表 3.5 中获得一些常见形状肋片的效率。

注意，前面已经指出，式(11.2) 适用于污垢可忽略的情形。但是，在污垢具有重要影响的情况下，式(11.2) 中的对流系数必须替换为**部分**总传热系数，其形式为 $U_{\mathrm{p}} = h/(1 + hR_{\mathrm{f}}'')$。与给出冷、热流体之间总传热系数的式（11.1）不同，U_{p} 之所以被称为部分系数，是因为它只包括了与一种流体及其相邻表面有关的对流系数和污垢系数。因此，热侧和冷侧的部分系数分别为 $U_{\mathrm{p,h}} = h_{\mathrm{h}}/(1 + h_{\mathrm{h}}R_{\mathrm{f,h}}'')$ 和 $U_{\mathrm{p,c}} = h_{\mathrm{c}}/(1 + h_{\mathrm{c}}R_{\mathrm{f,c}}'')$。式（11.3）仍可用于计算热和/或冷侧的 $\eta_{\circ}$，但在计算相应的肋片效率时必须用 U_{p} 取代 h。此外，很容易看出，如果分别用 $U_{\mathrm{p,c}}$ 和 $U_{\mathrm{p,h}}$ 取代式（11.1）右侧第一和第五项中的对流系数，就可以去掉第二和第四项。

式（11.1）中的壁面导热项常常可以忽略，因为通常采用的都是热导率很高的薄壁。此外，常常会有一个对流系数远小于另一个的情形，在这种情况下，前者就会在总系数的确定中起支配作用。例如，如果一种流体是气体而另一种是液体或正在沸腾或凝结的液-气混合物，气侧对流系数就要小得多。正是在这种情形下，需要采用肋片来强化气侧的对流。表 11.2 中列出了总系数的典型值。

表 11.1　典型的污垢系数[1]

流　　体	$R_{\mathrm{f}}''/\mathrm{m}^2 \cdot \mathrm{K} \cdot \mathrm{W}^{-1}$
海水和处理过的锅炉给水(50℃以下)	0.0001
海水和处理过的锅炉给水(50℃以上)	0.0002
河水(50℃以下)	0.0002~0.001
燃油	0.0009
制冷液	0.0002
蒸汽(无油)	0.0001

表 11.2　典型的总传热系数值

流 体 组 合	$U/\mathrm{W} \cdot \mathrm{m}^{-2} \cdot \mathrm{K}^{-1}$
水-水	850~1700
水-油	110~350
蒸汽冷凝器(水在管内)	1000~6000
氨冷凝器(水在管内)	800~1400
酒精冷凝器(水在管内)	250~700
带肋片的管式换热器(水在管内,空气叉流)	25~50

对于图 11.1～图 11.4 中所示的不带肋片的管式换热器，式(11.1) 可写成

$$\frac{1}{UA} = \frac{1}{U_{\mathrm{i}}A_{\mathrm{i}}} = \frac{1}{U_{\mathrm{o}}A_{\mathrm{o}}} = \frac{1}{h_{\mathrm{i}}A_{\mathrm{i}}} + \frac{R_{\mathrm{f,i}}''}{A_{\mathrm{i}}} + \frac{\ln(D_{\mathrm{o}}/D_{\mathrm{i}})}{2\pi k L} + \frac{R_{\mathrm{f,o}}''}{A_{\mathrm{o}}} + \frac{1}{h_{\mathrm{o}}A_{\mathrm{o}}} \tag{11.5}$$

式中，下标 i 和 o 分别指管的内、外表面（$A_{\mathrm{i}} = \pi D_{\mathrm{i}} L$，$A_{\mathrm{o}} = \pi D_{\mathrm{o}} L$），它们既可暴露于热流体，也可暴露于冷流体。

可利用热流体和冷流体的对流系数、污垢系数以及适当的几何参数确定总传热系数。对于不带肋片的表面，可用第 7 章和第 8 章中给出的关系式计算对流系数。对于标准的肋片结构，可由凯斯（Kays）和伦敦（London）[5]汇编的结果获得相应的系数。

11.3　换热器分析：利用对数平均温差

为设计换热器或预测其性能，必须建立总传热速率与流体进出口温度、总传热系数以及总传热表面积之类的量之间的关系。如图 11.6 所示，对热流体和冷流体应用总的能量平衡可以很容易地获得两个这样的关系式。具体地说，如果用 q 表示冷热流体之间的总传热速率，并假定换热器与环境之间的传热以及势能和动能的变化都是可以忽略的，则应用稳态流动能量方程［式(1.11d)］，可得

$$q = \dot{m}_h (i_{h,i} - i_{h,o}) \tag{11.6a}$$

和

$$q = \dot{m}_c (i_{c,o} - i_{c,i}) \tag{11.7a}$$

式中，i 是流体的焓。下标 h 和 c 分别指热流体和冷流体，而 i 和 o 则是分别指流体在进口和出口处的情况。如果流体没有进行相变且假定比热容为常数，这些表达式可写成

$$q = \dot{m}_h c_{p,h} (T_{h,i} - T_{h,o}) \tag{11.6b}$$

和

$$q = \dot{m}_c c_{p,c} (T_{c,o} - T_{c,i}) \tag{11.7b}$$

在这些表达式中出现的温度是指流体在指定位置处的**平均**温度。注意，式(11.6) 和式(11.7) 与流动布置及换热器类型无关。

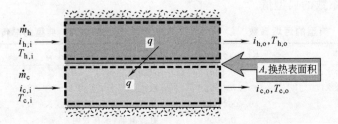

图 11.6　双流体换热器中冷热流体的总的能量平衡

把总传热速率 q 与冷热流体之间的温差 ΔT 联系起来可获得另一个有用的表达式，其中 ΔT 为

$$\Delta T \equiv T_h - T_c \tag{11.8}$$

这样一个表达式将是牛顿冷却定律的推广，其中要用总传热系数 U 取代单一的对流系数 h。但是，由于在换热器中 ΔT 是随位置而变化的，因此需要采用以下形式的速率方程

$$q = UA \Delta T_m \tag{11.9}$$

式中，ΔT_m是一个适当的**平均**温差。式（11.9）可与式（11.6）和式（11.7）一起用于换热器分析。不过在此之前，必须建立 ΔT_m 的具体形式。

11.3.1　顺流换热器

顺流换热器中冷热流体的温度分布示于图 11.7 中。温差 ΔT 在开始时很大，但随着 x 的增加而迅速衰减，并逐渐趋近于零。值得注意的是，在这样一种换热器中，冷流体的出口温度永远都不可能超过热流体的出口温度。在图 11.7 中下标 1 和 2 分别指换热器相对的两端。这种约定将用于所有要讨论的换热器。对于顺流换热器，有 $T_{h,i}=T_{h,1}$、$T_{h,o}=T_{h,2}$、$T_{c,i}=T_{c,1}$以及 $T_{c,o}=T_{c,2}$。

对冷热流体的微元应用能量平衡可确定 ΔT_m 的形式。如图 11.7 所示，每个单元的长度为 dx，传热表面积为 dA。在进行能量平衡以及随后的分析中，我们作如下假定：

① 换热器与环境之间是绝热的，在这种情况下，只在冷热流体之间有传热；
② 沿管子轴向的热传导可以忽略；
③ 势能和动能的变化可以忽略；
④ 流体的比热容恒定；
⑤ 总传热系数为常数。

由于温度是变化的，比热容当然也会变化，由于流体物性和流动状态的变化，总传热系数也会变化。但是，在很多应用中这些变化并不显著，因此在换热器分析中采用 $c_{p,c}$、$c_{p,h}$ 和 U 的平均值是合理的。

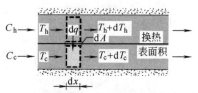

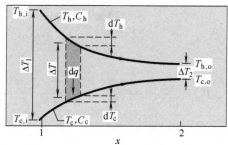

图 11.7　顺流式换热器的温度分布

对图 11.7 中的各个微元体应用能量平衡关系，可得

$$dq=-\dot{m}_h c_{p,h}dT_h\equiv -C_h dT_h \tag{11.10}$$

和

$$dq=\dot{m}_c c_{p,c}dT_c\equiv C_c dT_c \tag{11.11}$$

式中，C_h 和 C_c 分别是热流体和冷流体的**热容量流率**。把这些表达式沿换热器积分可以获得由式（11.6b）和式（11.7b）给出的总的能量平衡。穿过表面积 dA 的传热还可表示为

$$dq=U\Delta T dA \tag{11.12}$$

式中，$\Delta T=T_h-T_c$是冷热流体之间的**当地**温差。

为确定式(11.12) 的积分形式，我们先把式(11.10) 和式(11.11) 代入式(11.8) 的微分形式

$$d(\Delta T) = dT_h - dT_c$$

可得

$$d(\Delta T) = -dq\left(\frac{1}{C_h} + \frac{1}{C_c}\right)$$

把 dq 用式(11.12) 代入并沿换热器积分，可得

$$\int_1^2 \frac{d(\Delta T)}{\Delta T} = -U\left(\frac{1}{C_h} + \frac{1}{C_c}\right)\int_1^2 dA$$

或

$$\ln\left(\frac{\Delta T_2}{\Delta T_1}\right) = -UA\left(\frac{1}{C_h} + \frac{1}{C_c}\right) \tag{11.13}$$

分别用式(11.6b) 和式(11.7b) 中的 C_h 和 C_c 代入上式，可得

$$\ln\left(\frac{\Delta T_2}{\Delta T_1}\right) = -UA\left(\frac{T_{h,i} - T_{h,o}}{q} + \frac{T_{c,o} - T_{c,i}}{q}\right) = -\frac{UA}{q}\left[(T_{h,i} - T_{c,i}) - (T_{h,o} - T_{c,o})\right]$$

注意到对于图 11.7 所示的顺流换热器，有 $\Delta T_1 = (T_{h,i} - T_{c,i})$ 和 $\Delta T_2 = (T_{h,o} - T_{c,o})$，因此有

$$q = UA\,\frac{\Delta T_2 - \Delta T_1}{\ln(\Delta T_2 / \Delta T_1)}$$

比较上式与式(11.9)，我们可以得出这样的结论：适当的平均温差是一个**对数平均温差**，ΔT_{lm}。相应地，我们可以写出

$$q = UA\Delta T_{lm} \tag{11.14}$$

其中

$$\Delta T_{lm} = \frac{\Delta T_2 - \Delta T_1}{\ln(\Delta T_2 / \Delta T_1)} = \frac{\Delta T_1 - \Delta T_2}{\ln(\Delta T_1 / \Delta T_2)} \tag{11.15}$$

记住，对于**顺流换热器**，有

$$\begin{bmatrix} \Delta T_1 \equiv T_{h,1} - T_{c,1} = T_{h,i} - T_{c,i} \\ \Delta T_2 \equiv T_{h,2} - T_{c,2} = T_{h,o} - T_{c,o} \end{bmatrix} \tag{11.16}$$

11.3.2　逆流换热器

图 11.8 给出了逆流式换热器中冷热流体的温度分布。与顺流换热器不同，这种布置使得两种流体较热的部分在一端进行换热，而较冷的部分则在另一端换热。由于这个原因，温差 $\Delta T = T_h - T_c$ 随 x 的变化在任何地方都没有顺流换热器入口区的变化那么大。注意，在这种换热器中，冷流体的出口温度可以超过热流体的出口温度。

式(11.6b) 和式(11.7b) 适用于任何换热器，因此也可用于逆流布置。此外，通过类似于 11.3.1 节中那样的分析，可以证明式(11.14) 和式(11.15) 也适用于逆流布置。但是，**逆流式换热器**的端点温差必须定义为

$$\left[\begin{array}{l} \Delta T_1 \equiv T_{h,1} - T_{c,1} = T_{h,i} - T_{c,o} \\ \Delta T_2 \equiv T_{h,2} - T_{c,2} = T_{h,o} - T_{c,i} \end{array}\right] \tag{11.17}$$

注意，在进出口温度相同的情况下，逆流的对数平均温差要比顺流的大，即 $\Delta T_{lm,CF} > \Delta T_{lm,PF}$。因此，在假定 U 值相同的情况下，为达到预定的换热速率 q，逆流布置所需的传热表面积要比顺流布置的小。还要注意，在逆流情况下，$T_{c,o}$ 可以超过 $T_{h,o}$，但在顺流情况下则不然。

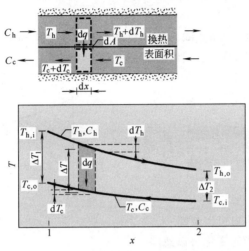

图 11.8　逆流换热器的温度分布

11.3.3　特殊的运行状况

注意一下换热器的一些特殊运行状态是有益的。图 11.9(a) 给出了一种换热器中的温度分布，其中热流体的热容量流率 $C_h \equiv \dot{m}_h c_{p,h}$ 远大于冷流体的热容量流率 $C_c \equiv \dot{m}_c c_{p,c}$。在这种情况下，热流体的温度在整个换热器近似保持为常数，而冷流体的温度则是增加的。如果热流体是正在冷凝的蒸气，也会出现相同的情形。凝结是在恒定的温度下发生的，对于所有的实际应用来说，有 $C_h \to \infty$。相反，在蒸发器或锅炉中［图 11.9(b)］，发生相变的是冷流体，它基本上处于均匀的温度（$C_c \to \infty$）。如果 $C_h \ll C_c$，在没有相变的情况下也会得到相同的效果。注意，在发生凝结或蒸发的情况下，传热速率由式(11.6a) 或式(11.7a) 给出。第三种特殊情形［图 11.9(c)］涉及到热容量流率相等的逆流换热器（$C_h = C_c$）。这样，整个

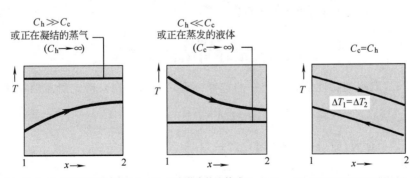

(a) $C_h \gg C_c$ 或正在凝结的蒸气　(b) 正在蒸发的液体或 $C_h \ll C_c$　(c) 流体热容量流率相等($C_h = C_c$) 的逆流换热器

图 11.9　换热器的特殊运行状况

换热器中的温差 ΔT 必定为常数，在这种情况下有 $\Delta T_1 = \Delta T_2 = \Delta T_{lm}$。

虽然多流程和叉流换热器中的流动情形较为复杂，但仍然可以采用式(11.6)、式(11.7)、式(11.14) 和式(11.15)，只要对对数平均温差的定义作些修正[6]。

【**例 11.1**】 用一个逆流同心管换热器来冷却一个大型工业燃气轮机的润滑油。内管（$D_i = 25\text{mm}$）中冷却水的流率为 0.2kg/s，外部环形空间（$D_o = 45\text{mm}$）中油的流率为 0.1kg/s。油和水的进口温度分别为 100℃ 和 30℃。如果油的出口温度要达到 60℃，管子必须有多长？

解析

已知：一个给定内外径的逆流同心管换热器中流体的流率和进口温度。

求：达到想要的热流体的出口温度所需的管长。

示意图：

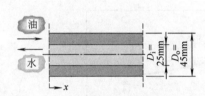
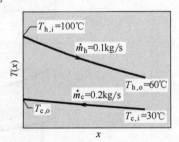

假定：1. 对环境的热损可以忽略；

2. 动能和势能的变化可以忽略；

3. 物性为常数；

4. 管的壁面热阻和污垢系数可以忽略；

5. 水和油都处于充分发展的状态（U 与 x 无关）。

物性：表 A.5，没有用过的机油（$\overline{T}_h = 80℃ = 353\text{K}$）：$c_p = 2131\text{J/(kg·K)}$，$\mu = 3.25 \times 10^{-2}\text{N·s/m}^2$，$k = 0.138\text{W/(m·K)}$。表 A.6，水（$\overline{T}_c \approx 35℃$）：$c_p = 4178\text{J/(kg·K)}$，$\mu = 725 \times 10^{-6}\text{N·s/m}^2$，$k = 0.625\text{W/(m·K)}$，$Pr = 4.85$。

分析：基于对热流体的总的能量平衡关系［式(11.6b)］，可求得所需的传热速率。

$$q = \dot{m}_h c_{p,h}(T_{h,i} - T_{h,o})$$
$$= 0.1\text{kg/s} \times 2131\text{J/(kg·K)} \times (100-60)℃ = 8524\text{W}$$

应用式(11.7b)，水的出口温度为

$$T_{c,o} = \frac{q}{\dot{m}_c c_{p,c}} + T_{c,i}$$

$$= \frac{8524\text{W}}{0.2\text{kg/s} \times 4178\text{J/(kg·K)}} + 30℃ = 40.2℃$$

因此采用 $\overline{T}_c = 35℃$ 取水的物性值是一个好的选择。可用式(11.14) 确定所需的换热器长度

$$q = UA\Delta T_{lm}$$

其中 $A = \pi D_i L$，根据式(11.15) 和式(11.17)，有

$$\Delta T_{lm} = \frac{(T_{h,i} - T_{c,o}) - (T_{h,o} - T_{c,i})}{\ln[(T_{h,i} - T_{c,o})/(T_{h,o} - T_{c,i})]} = \frac{59.8 - 30}{\ln(59.8/30)} = 43.2℃$$

由式(11.5) 可得总传热系数为

$$U = \frac{1}{(1/h_i) + (1/h_o)}$$

对于管中水的流动

$$Re_D = \frac{4\dot{m}_c}{\pi D_i \mu} = \frac{4 \times 0.2 \text{kg/s}}{\pi \times (0.025\text{m}) \times 725 \times 10^{-6}\text{N} \cdot \text{s/m}^2} = 14050$$

因此，流动为湍流，可用式(8.60) 计算对流系数：

$$Nu_D = 0.023 Re_D^{4/5} Pr^{0.4}$$
$$= 0.023 \times (14050)^{4/5} \times (4.85)^{0.4} = 90$$

因此

$$h_i = Nu_D \frac{k}{D_i} = \frac{90 \times 0.625 \text{W/(m} \cdot \text{K)}}{0.025\text{m}} = 2250 \text{W/(m}^2 \cdot \text{K)}$$

对于环形空间中油的流动，根据式(8.71)，水力直径为 $D_h = D_o - D_i = 0.02\text{m}$，于是雷诺数为

$$Re_D = \frac{\rho u_m D_h}{\mu} = \frac{\rho(D_o - D_i)}{\mu} \times \frac{\dot{m}_h}{\rho \pi (D_o^2 - D_i^2)/4}$$

$$= \frac{4\dot{m}_h}{\pi(D_o + D_i)\mu} = \frac{4 \times 0.1 \text{kg/s}}{\pi \times (0.045 + 0.025)\text{m} \times 3.25 \times 10^{-2}\text{kg/(s} \cdot \text{m})} = 56.0$$

因此圆环内的流动为层流。假定沿环形空间内表面的温度是均匀的，而且外表面隔热极好，可从表 8.2 得到内表面上的对流系数。根据 $(D_i/D_o) = 0.56$，用线性插值可得

$$Nu_i = \frac{h_o D_h}{k} = 5.63$$

因此

$$h_o = 5.63 \times \frac{0.138 \text{W/(m} \cdot \text{K)}}{0.020\text{m}} = 38.8 \text{W/(m}^2 \cdot \text{K)}$$

于是，总的对流系数为

$$U = \frac{1}{[1/2250 \text{W/(m}^2 \cdot \text{K)}] + [1/38.8 \text{W/(m}^2 \cdot \text{K)}]} = 38.1 \text{W/(m}^2 \cdot \text{K)}$$

根据速率方程，可得

$$L = \frac{q}{U \pi D_i \Delta T_{lm}} = \frac{8524\text{W}}{38.1 \text{W/(m}^2 \cdot \text{K)} \times \pi \times 0.025\text{m} \times 43.2\text{℃}} = 65.9\text{m} \quad \triangleleft$$

说明： 1. 热侧的对流系数支配了两种流体之间的传热速率，因为 h_o 的值很低，所以需要很大的 L 值。为减小换热器的尺寸，可以采用像 8.8 节中所介绍的一些传热强化方法。

2. 由于 $h_i \gg h_o$，管壁温度应接近于冷却水温度。因此，在利用表 8.2 求 h_o 时必需的均匀壁面温度的假定是合理的。

【例 11.2】 用板式紧凑式换热器取代例题 11.1 中的逆流同心管换热器，板式换热器由多层薄金属板构成，共有 N 个宽度为 a 的流道。油和水的流动被分成 $N/2$ 股独立的支流，两者在交替流道中逆向流动。我们想要立方体形状的换热器，外部特征尺寸为 L。在流率、进口温度和所需的出口油温与例题 11.1 中的相同的情况下，确定换热器的外部尺寸随流道数的变化。在有 60 个流道的情况下，比较板式换热器和例题 11.1 中水和油的流动的压降。

解析

已知： 板式换热器的结构。流体的流率、进口温度和想要的出口油温。

求： 1. 换热器的外部尺寸。

2. $N=60$ 时板式换热器以及例题 11.1 中同心管换热器中的压降。

示意图:

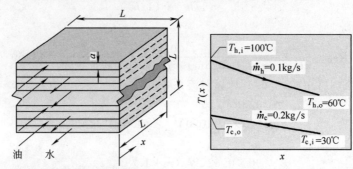

假定: 1. 对环境的热损可以忽略;

2. 动能和势能的变化可以忽略;

3. 物性为常数;

4. 平板热阻和污垢可以忽略;

5. 水和油在管内的流动是充分发展的;

6. 流道之间的换热系数相同;

7. 换热器的外部尺寸比流道宽度大很多。

物性: 见例题 11.1。另外,表 A.5,没有用过的机油 ($\overline{T}_h=353K$):$\rho=852.1kg/m^3$。表 A.6,水 ($\overline{T}_c\approx35℃$):$\rho=v_f^{-1}=994kg/m^3$。

分析: 1. 用表达式 $a=L/N$ 建立流道宽度与换热器总体尺寸之间的联系,总换热面积为 $A=L^2(N-1)$。假定 $a\ll L$ 且流动为层流,各内部流道的努塞尔数在表 8.1 中给出,为

$$Nu_D=\frac{hD_h}{k}=7.54$$

根据式(8.66),水力直径为 $D_h=2a$。联立上述表达式,对于水可得

$$h_c=7.54kN/(2L)=7.54\times0.625W/(m\cdot K)\times N/(2L)=[2.36W/(m\cdot K)]N/L$$

类似地,对于油

$$h_h=7.54kN/(2L)=7.54\times0.138W/(m\cdot K)\times N/(2L)=[0.520W/(m\cdot K)]N/L$$

总的对流系数为

$$U=\frac{1}{1/h_c+1/h_h}$$

根据例题 11.1,所需的对数平均温差和换热速率分别为 $\Delta T_{lm}=43.2℃$ 和 $q=8524W$。由式(11.14)可得

$$UA=\frac{L^2(N-1)}{1/h_c+1/h_h}=\frac{q}{\Delta T_{lm}}$$

重新整理上式可得

$$L=\frac{q}{\Delta T_{lm}(N-1)}\left(\frac{1}{h_cL}+\frac{1}{h_hL}\right)=\frac{8524W}{43.2℃(N-1)N}\left[\frac{1}{2.36W/(m\cdot K)}+\frac{1}{0.520W/(m\cdot K)}\right]$$

$$=\frac{463m}{(N-1)N}$$

紧凑式换热器的尺寸随流道数的增加而变小，如下图所示。

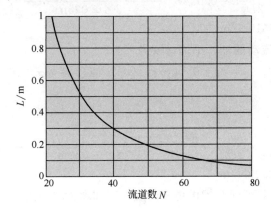

2. 在流道数为 $N=60$ 时，根据 1 中的结果，换热器尺寸为 $L=0.131\mathrm{m}$，流道宽度为 $a=L/N=0.131\mathrm{m}/60=0.00218\mathrm{m}$。

水力直径为 $D_\mathrm{h}=0.00436\mathrm{m}$，水的流道中的平均速度为

$$u_\mathrm{m}=\frac{\dot{m}}{\rho L^2/2}=\frac{2\times 0.2\mathrm{kg/s}}{994\mathrm{kg/m^3}\times 0.131^2\mathrm{m^2}}=0.0235\mathrm{m/s}$$

由此得雷诺数为

$$Re_D=\frac{\rho u_\mathrm{m}D_\mathrm{h}}{\mu}=\frac{994\mathrm{kg/m^3}\times 0.0235\mathrm{m/s}\times 0.00436\mathrm{m}}{725\times 10^{-6}\mathrm{N\cdot s/m^2}}=141$$

对于油的流道

$$u_\mathrm{m}=\frac{\dot{m}}{\rho L^2/2}=\frac{2\times 0.1\mathrm{kg/s}}{852.1\mathrm{kg/m^3}\times 0.131^2\mathrm{m^2}}=0.0137\mathrm{m/s}$$

相应的雷诺数为

$$Re_D=\frac{\rho u_\mathrm{m}D_\mathrm{h}}{\mu}=\frac{852.1\mathrm{kg/m^3}\times 0.0137\mathrm{m/s}\times 0.00436\mathrm{m}}{3.52\times 10^{-2}\mathrm{N\cdot s/m^2}}=1.57$$

因此，两种流体的流动均为层流，和 1 中假设的一样。式（8.19）和式（8.22a）可用于计算水的压降

$$\Delta p=\frac{64}{Re_D}\times\frac{\rho u_\mathrm{m}^2}{2D_\mathrm{h}}L=\frac{64}{141}\times\frac{994\mathrm{kg/m^3}\times 0.0235^2\mathrm{m^2/s^2}}{2\times 0.00436\mathrm{m}}\times 0.131\mathrm{m}$$
$$=3.76\mathrm{N/m^2}$$

类似地，对于油

$$\Delta p=\frac{64}{Re_D}\times\frac{\rho u_\mathrm{m}^2}{2D_\mathrm{h}}L=\frac{64}{1.57}\times\frac{852.1\mathrm{kg/m^3}\times 0.0137^2\mathrm{m^2/s^2}}{2\times 0.00436\mathrm{m}}\times 0.131\mathrm{m}$$
$$=98.2\mathrm{N/m^2}$$

对于例题 11.1，水流的摩擦系数可用式（8.21）计算，对于光滑表面有

$$f=(0.790\ln 14050-1.64)^{-2}=0.0287$$

平均速度为

$$u_\mathrm{m}=4\dot{m}/(\rho\pi D_\mathrm{i}^2)=(4\times 0.2\mathrm{kg/s})/(994\mathrm{kg/m^3}\times\pi\times 0.025^2\mathrm{m^2})=0.410\mathrm{m/s}$$

压降为

$$\Delta p = f \frac{\rho u_m^2}{2D_h} L = 0.0287 \times \frac{994 \mathrm{kg/m^3} \times 0.410^2 \mathrm{m^2/s^2}}{2 \times 0.025 \mathrm{m}} \times 65.9 \mathrm{m}$$
$$= 6310 \mathrm{N/m^2}$$

◀

对于在环状空间中流动的油，平均速度为

$$u_m = 4\dot{m} / [\rho \pi (D_o^2 - D_i^2)] = (4 \times 0.1 \mathrm{kg/s}) / [852.1 \mathrm{kg/m^3} \times \pi \times (0.045^2 - 0.025^2) \mathrm{m^2}]$$
$$= 0.107 \mathrm{m/s}$$

压降为

$$\Delta p = \frac{64}{Re_D} \times \frac{\rho u_m^2}{2D_h} L = \frac{64}{56} \times \frac{852.1 \mathrm{kg/m^3} \times 0.107^2 \mathrm{m^2/s^2}}{2 \times 0.020 \mathrm{m}} \times 65.9 \mathrm{m}$$
$$= 18300 \mathrm{N/m^2}$$

◀

说明： 1. 增加流道数可同时提供更多的表面积和增大较小流道中流体流动的换热系数，从而可提高 UA 的乘积。

2. $N=60$ 的换热器的面积-体积比为 $L^2(N-1)/L^3 = (N-1)/L = (60-1)/0.131 \mathrm{m} = 451 \mathrm{m^2/m^3}$。

3. 同心管换热器所占的体积为 $V = \pi D_o^2 L/4 = \pi \times 0.045^2 \mathrm{m^2} \times 65.9 \mathrm{m}/4 = 0.10 \mathrm{m^3}$，而板式紧凑式换热器的体积则为 $V = L^3 = 0.131^3 \mathrm{m^3} = 0.0022 \mathrm{m^3}$。采用板式换热器较传统的同心管换热器可使体积减少 97.8%。

4. 采用紧凑式换热器时的压降要比传统的同心管结构的小得多。水和油流动的压降分别减少了 99.9% 和 99.5%。

5. 换热表面上的污垢可导致流道宽度变小、传热速率降低和压降提高。

6. 由于 $h_c > h_h$，薄金属板的温度会与水的较为接近，正如在例题 11.1 中一样，在求 h_c 和 h_h 时作均匀温度的假定是合理的。

7. 一种制造这种换热器的方法见有关文献（McDonald C F. Appl Thermal Engin，2000，20：471.）。

11.4 换热器分析：有效度-NTU 法

在流体进口温度已知，并且出口温度已经给定或可方便地利用能量平衡表达式(11.6b) 和式(11.7b) 确定的情况下，采用对数平均温差（LMTD）法进行换热器分析是一件颇为简单的事情。在这种情况下，换热器的 ΔT_{lm} 值是可以确定的。但是，在只有进口温度已知的情况下，采用 LMTD 法就要进行比较复杂的迭代求解。在这种情况下可以采用另一种称为**有效度**-NTU（或 NTU）的方法。

11.4.1 定义

为定义**换热器的有效度**，我们首先必须确定换热器的**最大可能换热速率** q_{max}。原则上，可以在一个无限长的逆流换热器（图 11.8）中实现这个换热速率。在这样一个换热器中，有一种流体会经历最大的温度变化 $T_{h,i} - T_{c,i}$。为说明这一点，考虑 $C_c < C_h$ 的情形，在这种情况下，根据式(11.10) 和式(11.11)，有 $|dT_c| > |dT_h|$。冷流体会经历较大的温度变化，而且由于 $L \to \infty$，它可被加热到热流体的进口温度（$T_{c,o} = T_{h,i}$）。据此，由式(11.7b) 可得

$$C_c < C_h: \quad q_{max} = C_c(T_{h,i} - T_{c,i})$$

类似地，如果 $C_h < C_c$，热流体将经历较大的温度变化，并会冷却到冷流体的进口温度

$(T_{h,o}=T_{c,i})$。根据式(11.6b)，可得

$$C_h < C_c: \quad q_{max} = C_h (T_{h,i} - T_{c,i})$$

上面的结果提示我们可以写出如下的通用表达式

$$q_{max} = C_{min} (T_{h,i} - T_{c,i}) \tag{11.18}$$

式中，C_{min} **等于** C_c **和** C_h **中较小的一个。** 在冷热流体的进口温度给定的情况下，式(11.18)给出了换热器可能达到的最大换热速率。进行简单的思考就可以认识到，最大传热速率**不等**于 $C_{max}(T_{h,i}-T_{c,i})$。如果是具有较大热容量流率的流体经历了最大可能的温度变化，形式为 $C_c(T_{c,o}-T_{c,i})=C_h(T_{h,i}-T_{h,o})$ 的能量守恒将要求另一种流体经历更大的温度变化。例如，如果我们在 $C_{max}=C_c$ 的情况下认为 $T_{c,o}$ 有可能等于 $T_{h,i}$，这样就有 $(T_{h,i}-T_{h,o})=(C_c/C_h)(T_{h,i}-T_{c,i})$，在这种情况下，$(T_{h,i}-T_{h,o})>(T_{h,i}-T_{c,i})$。这样一种情形显然是不可能出现的。

现在可以顺理成章地把**有效度** ε 定义为换热器的实际换热速率与最大可能的换热速率之比

$$\varepsilon \equiv \frac{q}{q_{max}} \tag{11.19}$$

根据式(11.6b)、式(11.7b) 及式(11.18)，可得

$$\varepsilon = \frac{C_h (T_{h,i} - T_{h,o})}{C_{min} (T_{h,i} - T_{c,i})} \tag{11.20}$$

或

$$\varepsilon = \frac{C_c (T_{c,o} - T_{c,i})}{C_{min} (T_{h,i} - T_{c,i})} \tag{11.21}$$

根据定义可知，无量纲的有效度必定处于 $0 \leqslant \varepsilon \leqslant 1$ 的范围内。有效度的作用在于，如果已经知道 ε、$T_{h,i}$ 和 $T_{c,i}$，可以很容易地由下式确定实际换热速率

$$q = \varepsilon C_{min} (T_{h,i} - T_{c,i}) \tag{11.22}$$

可以证明，对于任何换热器都有[5]

$$\varepsilon = f\left(NTU, \frac{C_{min}}{C_{max}}\right) \tag{11.23}$$

式中，C_{min}/C_{max} 等于 C_c/C_h 或 C_h/C_c，这与冷热流体的热容量流率的相对大小有关。**传热单元数**（NTU）是一个广泛应用于换热器分析的无量纲参数，其定义为

$$NTU \equiv \frac{UA}{C_{min}} \tag{11.24}$$

11.4.2　有效度-NTU 关系式

为确定有效度-NTU 关系式(11.23) 的具体形式，考虑一个**顺流**换热器，其中 $C_{min}=C_h$。由式(11.20) 可得

$$\varepsilon = \frac{T_{h,i} - T_{h,o}}{T_{h,i} - T_{c,i}} \tag{11.25}$$

且由式(11.6b) 和式(11.7b) 可得

$$\frac{C_{min}}{C_{max}} = \frac{\dot{m}_h c_{p,h}}{\dot{m}_c c_{p,c}} = \frac{T_{c,o} - T_{c,i}}{T_{h,i} - T_{h,o}} \tag{11.26}$$

再来看式(11.13)，它可表示为

$$\ln\left(\frac{T_{h,o} - T_{c,o}}{T_{h,i} - T_{c,i}}\right) = -\frac{UA}{C_{min}}\left(1 + \frac{C_{min}}{C_{max}}\right)$$

或由式(11.24)，有

$$\frac{T_{h,o} - T_{c,o}}{T_{h,i} - T_{c,i}} = \exp\left[-NTU\left(1 + \frac{C_{min}}{C_{max}}\right)\right] \tag{11.27}$$

重新整理此式的左边，有

$$\frac{T_{h,o} - T_{c,o}}{T_{h,i} - T_{c,i}} = \frac{T_{h,o} - T_{h,i} + T_{h,i} - T_{c,o}}{T_{h,i} - T_{c,i}}$$

把从式(11.26) 得到的 $T_{c,o}$ 代入上式，可得

$$\frac{T_{h,o} - T_{c,o}}{T_{h,i} - T_{c,i}} = \frac{(T_{h,o} - T_{h,i}) + (T_{h,i} - T_{c,i}) - (C_{min}/C_{max})(T_{h,i} - T_{h,o})}{T_{h,i} - T_{c,i}}$$

根据式(11.25) 有

$$\frac{T_{h,o} - T_{c,o}}{T_{h,i} - T_{c,i}} = -\varepsilon + 1 - \left(\frac{C_{min}}{C_{max}}\right)\varepsilon = 1 - \varepsilon\left(1 + \frac{C_{min}}{C_{max}}\right)$$

把上式代入式(11.27) 并解出 ε，可得对于**顺流换热器**有

$$\varepsilon = \frac{1 - \exp\{-NTU[1 + (C_{min}/C_{max})]\}}{1 + (C_{min}/C_{max})} \tag{11.28a}$$

因为在 $C_{min} = C_c$ 时可以得到完全相同的结果，所以式(11.28a) 适用于所有的顺流换热器，不论是热流体还是冷流体具有较小的热容量流率。

已经对多种换热器建立了类似的式子[5]，在表 11.3 中给出了一些典型的结果，其中 C_r 是**热容量流率之比**，$C_r \equiv C_{min}/C_{max}$。在为具有多个壳侧流程的管壳式换热器推导式(11.31a) 时，作了这样的假定：总的 NTU 在具有相同布置的壳侧流程之间均匀分布，即 $NTU = n(NTU)_1$。在确定 ε 时，首先要用一个壳侧流程的换热面积计算 $(NTU)_1$，然后再用式(11.30a) 计算 ε_1，最后可用式(11.31a) 确定 ε。注意，在 $C_r = 0$ 时，例如在锅炉或冷凝器中，由式(11.35a) 给出的 ε 适用于所有的流动布置。**因此，对于这种特殊情况，换热器的特性与流动布置无关**。对于两侧流体均不混合的叉流换热器，式(11.32) 只在 $C_r = 1$ 的情况下是精确的。但是，把它用于 $0 < C_r \leqslant 1$ 的情况可以获得较好的近似结果。在 $C_r = 0$ 时，必须采用式(11.35a)。

在换热器的设计计算 (11.5 节) 中，采用以下形式的 ε-NTU 关系式更为方便

$$NTU = f\left(\varepsilon, \frac{C_{min}}{C_{max}}\right)$$

表 11.3　换热器有效度关系式[5]

流 动 布 置	关 系 式	
同心管		
顺流	$\varepsilon=\dfrac{1-\exp\left[-\mathrm{NTU}(1+C_r)\right]}{1+C_r}$	(11.28a)
逆流	$\varepsilon=\dfrac{1-\exp\left[-\mathrm{NTU}(1-C_r)\right]}{1-C_r\exp\left[-\mathrm{NTU}(1-C_r)\right]}\quad(C_r<1)$	
	$\varepsilon=\dfrac{\mathrm{NTU}}{1+\mathrm{NTU}}\quad(C_r=1)$	(11.29a)
管壳式		
一个壳侧流程 (2,4,…个管侧流程)	$\varepsilon_1=2\left\{1+C_r+(1+C_r^2)^{1/2}\times\dfrac{1+\exp\left[-(\mathrm{NTU})_1(1+C_r^2)^{1/2}\right]}{1-\exp\left[-(\mathrm{NTU})_1(1+C_r^2)^{1/2}\right]}\right\}^{-1}$	(11.30a)
n 个壳侧流程 (2n,4n,…个管侧流程)	$\varepsilon=\left[\left(\dfrac{1-\varepsilon_1 C_r}{1-\varepsilon_1}\right)^n-1\right]\left[\left(\dfrac{1-\varepsilon_1 C_r}{1-\varepsilon_1}\right)^n-C_r\right]^{-1}$	(11.31a)
叉流(单流程)		
两侧流体均不混合	$\varepsilon=1-\exp\left[\left(\dfrac{1}{C_r}\right)(\mathrm{NTU})^{0.22}\left\{\exp\left[-C_r(\mathrm{NTU})^{0.78}\right]-1\right\}\right]$	(11.32)
$C_{\max}$(混合),$C_{\min}$(不混合)	$\varepsilon=\left(\dfrac{1}{C_r}\right)(1-\exp\{-C_r\left[1-\exp(-\mathrm{NTU})\right]\})$	(11.33a)
$C_{\min}$(混合),$C_{\max}$(不混合)	$\varepsilon=1-\exp(-C_r^{-1}\{1-\exp\left[-C_r(\mathrm{NTU})\right]\})$	(11.34a)
所有的换热器($C_r=0$)	$\varepsilon=1-\exp(-\mathrm{NTU})$	(11.35a)

在表 11.4 中给出了作为 ε 和 C_r 的函数的 NTU 的显式关系式。注意，由式(11.32)不能求得 NTU 与 ε 和 C_r 之间直接的函数关系。还要注意，为确定具有多个壳侧流程的管壳式

表 11.4　换热器 NTU 的关系式

流 动 布 置	关 系 式	
同心管		
顺流	$\mathrm{NTU}=-\dfrac{\ln\left[1-\varepsilon(1+C_r)\right]}{1+C_r}$	(11.28b)
逆流	$\mathrm{NTU}=\dfrac{1}{C_r-1}\ln\left(\dfrac{\varepsilon-1}{\varepsilon C_r-1}\right)(C_r<1)$	
	$\mathrm{NTU}=\dfrac{\varepsilon}{1-\varepsilon}\quad(C_r=1)$	(11.29b)
管壳式		
一个壳侧流程 (2,4,…个管侧流程)	$(\mathrm{NTU})_1=-(1+C_r^2)^{-1/2}\ln\left(\dfrac{E-1}{E+1}\right)$	(11.30b)
	$E=\dfrac{2/\varepsilon_1-(1+C_r)}{(1+C_r^2)^{1/2}}$	(11.30c)
n 个壳侧流程 (2n,4n,…个管侧流程)	使用式(11.30b)和式(11.30c)以及 $\varepsilon_1=\dfrac{F-1}{F-C_r},\ F=\left(\dfrac{\varepsilon C_r-1}{\varepsilon-1}\right)^{1/n},\ \mathrm{NTU}=n(\mathrm{NTU})_1$	(11.31b,c,d)
叉流(单流程)		
$C_{\max}$(混合),$C_{\min}$(不混合)	$\mathrm{NTU}=-\ln\left[1+\left(\dfrac{1}{C_r}\right)\ln(1-\varepsilon C_r)\right]$	(11.33b)
$C_{\min}$(混合),$C_{\max}$(不混合)	$\mathrm{NTU}=-\left(\dfrac{1}{C_r}\right)\ln\left[C_r\ln(1-\varepsilon)+1\right]$	(11.34b)
所有的换热器($C_r=0$)	$\mathrm{NTU}=-\ln(1-\varepsilon)$	(11.35b)

换热器的 NTU，首先要计算整个换热器的 ε，然后再分别用式(11.31c)和式(11.31b)计算变量 F 和 ε_1。随后就可以用式(11.30c)确定参数 E，代入式(11.30b)就可求得 $(NTU)_1$。最终，把这个结果乘以 n 就可以求得整个换热器的 NTU，如式(11.31d)中所示。

上述表达式的图示见图 11.10～图 11.15。在使用图 11.13 时，其横坐标对应于总的传热单元数，$NTU = n(NTU)_1$。在图 11.15 中，实线对应于 C_{min} 混合但 C_{max} 不混合的情况，而虚线则对应于 C_{min} 不混合但 C_{max} 混合的情况。注意，在 $C_r = 0$ 时，所有的换热器具有相同的有效度，它可用式(11.35a)算得。此外，如 $NTU \lesssim 0.25$，所有的换热器具有大致相同的有效度，与 C_r 的值无关，而 ε 则仍可用式(11.35a)算得。更具普遍意义的是，对于 $C_r > 0$ 和 $NTU \gtrsim 0.25$ 的情况，逆流换热器是最有效的。对于任何换热器，有效度的最大值和最小值分别对应于 $C_r = 0$ 和 $C_r = 1$。

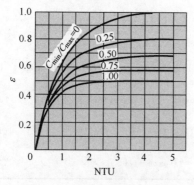

图 11.10　顺流换热器的有效度
[式(11.28)]

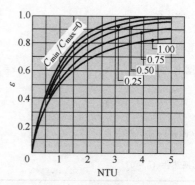

图 11.11　逆流换热器的有效度
[式(11.29)]

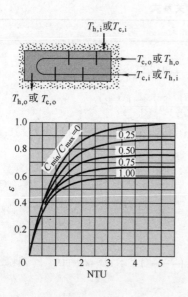

图 11.12　具有一个壳程和管程倍数为 2
（管程数为 2、4 等）的管壳式换热
器的有效度 [式(11.30)]

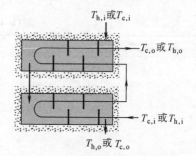

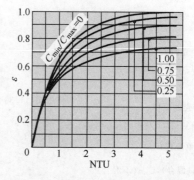

图 11.13　具有两个壳程和管程倍数为 4
（管程数为 4、8 等）的管壳式换热器的
有效度 [式(11.31)，其中 $n = 2$]

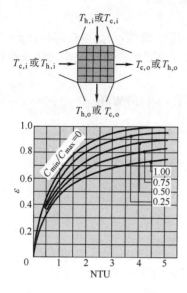

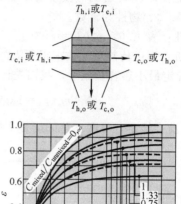

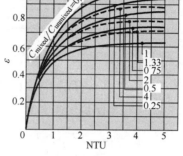

图 11.14　两侧流体均不混合的单流程
叉流换热器的有效度［式(11.32)］

图 11.15　一侧流体混合、另一侧流体
不混合的单流程叉流换热器的有效度
［式(11.33)、式(11.34)］

在有关叉流换热器的内容中已经指出，术语**混合的和不混合的**是指理想状态，它们对应于实际流动状态的极限情况。这就是说，大多数流动既不是完全混合的也不是完全不混合的，而是具有一定程度的混合。迪格瓦里（DiGiovanni）和韦伯（Webb）[7]对这个问题作了讨论，并建立了用于确定适用于任意混合程度的 ε-NTU 关系的代数表达式。

我们还要注意，LMTD 和 ε-NTU 法都是从全局的角度进行换热器分析的，它们并不提供与换热器内部状态有关的任何信息。虽然可以用商用 CFD（计算流体力学）程序确定换热器内部的流动和温度变化，但也可以采用较为简单的数值方法。雷巴多（Ribando）等已将这些方法应用于确定同心管和管壳式换热器中的温度变化[8]。

【**例 11.3**】　用热的废气把流率为 1kg/s 的加压水从 35℃ 加热到 125℃，废气进入和离开肋片管叉流换热器的温度分别为 300℃ 和 100℃。废气的比热容约为 1000J/(kg·K)，基于气侧表面的总传热系数为 $U_h = 100W/(m^2 \cdot K)$。利用 NTU 法确定所需的气侧表面积 A_h。

解析

已知：肋片管叉流换热器中热气和水的进出口温度。水的流率和气侧总传热系数。

求：所需的气侧表面积。

示意图：

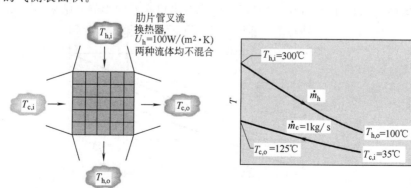

假定：1. 对环境的热损以及动能和势能的变化可以忽略；

2. 物性为常数。

物性：表 A. 6，水（$\overline{T}_c = 80℃$）：$c_{p,c} = 4197 J/(kg \cdot K)$。废气：$c_{p,h} = 1000 J/(kg \cdot K)$。

分析：可由传热单元数求得所需的表面积，而前者又可根据热容量流率之比及有效度求得。为确定最小热容量流率，我们先计算

$$C_c = \dot{m}_c c_{p,c} = 1 kg/s \times 4197 J/(kg \cdot K) = 4197 W/K$$

由于 $\dot{m}_h$ 没有给定，可联立总的能量平衡式（11.6b）和式（11.7b）确定 C_h：

$$C_h = \dot{m}_h c_{p,h} = C_c \frac{T_{c,o} - T_{c,i}}{T_{h,i} - T_{h,o}} = 4197 \times \frac{125 - 35}{300 - 100} = 1889 W/K = C_{min}$$

根据式（11.18）

$$q_{max} = C_{min}(T_{h,i} - T_{c,i}) = 1889 W/K \times (300 - 35)℃ = 5.00 \times 10^5 W$$

由式（11.7b）可得实际传热速率为

$$q = \dot{m}_c c_{p,c}(T_{c,o} - T_{c,i}) = 1 kg/s \times 4197 J/(kg \cdot K) \times (125 - 35)℃$$
$$= 3.78 \times 10^5 W$$

因此根据式（11.19）可得有效度为

$$\varepsilon = \frac{q}{q_{max}} = \frac{3.78 \times 10^5 W}{5.00 \times 10^5 W} = 0.75$$

根据

$$\frac{C_{min}}{C_{max}} = \frac{1889}{4197} = 0.45$$

由图 11.14 可得

$$NTU = \frac{U_h A_h}{C_{min}} \approx 2.1$$

或

$$A_h = \frac{2.1 \times (1889 W/K)}{100 W/(m^2 \cdot K)} = 39.7 m^2$$

说明：在确定了换热器尺寸（$A_h = 39.7 m^2$）并将之投入实际运行之后，其实际性能会受到不可控制的废气进口温度变化（$200℃ \leqslant T_{h,i} \leqslant 400℃$）以及因污垢而造成的换热器表面的逐步退化 [$U_h$ 从 $100 W/(m^2 \cdot K)$ 降至 $60 W/(m^2 \cdot K)$] 的影响。对于固定值 $C_{min} = C_h = 1889 W/K$，U_h 的减小会导致 NTU 的降低（至 $NTU \approx 1.26$），从而降低换热器的有效度，后者可用式（11.32）计算。已经算出以上变化对出口水温的影响，结果如下图所示。

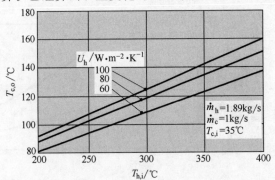

如果要维持 $T_{c,o}=125℃$ 的固定出口水温，可通过调节流率 $\dot{m}_c$ 和 $\dot{m}_h$ 来抵消这些变化。模型方程可用于确定所需的调节，并可作为所需**控制器**的设计基础。

11.5　换热器设计和性能计算：利用有效度-NTU 法

从事实际业务的工程师常常会遇到两种类型的换热器问题。

在**换热器设计问题**中，流体的进口温度和流率以及所要的热流体或冷流体的出口温度都是给定的。由此，设计问题就是选择一种合适的换热器类型并确定其尺寸，也就是确定为达到要求的出口温度所需的传热表面积 A。通常，在为一个特定应用定制换热器时就会遇到设计问题。而在**换热器性能计算**中，要在流体流率和进口温度给定的情况下对已有换热器进行分析，以确定换热速率和流体的出口温度。在使用可从厂商处获得的换热器（类型和尺寸已由厂商确定）时，就会遇到性能计算问题。

在换热器设计问题中使用 NTU 法时首先要计算 ε 和 (C_{min}/C_{max})，然后就可用合适的式子（或图）来确定 NTU 的值，后者又可用于确定 A。在性能计算问题中，可以算出 NTU 和 (C_{min}/C_{max}) 的值，并可用合适的式子（或图）确定特定换热器类型的 ε。由于也可用式 (11.18) 算得 q_{max}，根据 $q=\varepsilon q_{max}$ 来确定实际传热速率就是一件简单的事情了。随后就可以用式 (11.6b) 和式 (11.7b) 来确定两种流体的出口温度。

【**例 11.4**】　考虑例题 11.3 中的换热器设计，即一个气侧总传热系数和表面积分别为 $100W/(m^2 \cdot K)$ 和 $40m^2$ 的肋片管叉流换热器。水的流率和进口温度仍然是 $1kg/s$ 和 $35℃$。但是，由于热气发生器的运行状态的改变，使得气体进入换热器时的流率和温度变为 $1.5kg/s$ 和 $250℃$。换热器的换热速率是多少？气体和水的出口温度各是多少？

解析

已知：一个已知表面积和总传热系数的肋片管叉流换热器的冷热流体的进口条件。

求：换热速率和流体出口温度。

示意图：

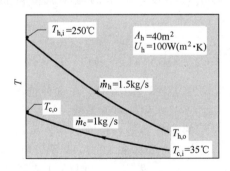

假定：1. 对环境的热损以及动能和势能的变化可以忽略；

2. 物性为常数（与例题 11.3 中的相同）。

分析：此问题可以归结为换热器的**性能计算**。热容量流率为

$$C_c=\dot{m}_c c_{p,c}=1kg/s \times 4197J/(kg \cdot K)=4197W/K=C_{max}$$

$$C_h=\dot{m}_h c_{p,h}=1.5kg/s \times 1000J/(kg \cdot K)=1500W/K=C_{min}$$

在这种情况下

$$\frac{C_{\min}}{C_{\max}} = \frac{1500}{4197} = 0.357$$

传热单元数为

$$\text{NTU} = \frac{U_h A_h}{C_{\min}} = \frac{100\text{W}/(\text{m}^2 \cdot \text{K}) \times 40\text{m}^2}{1500\text{W}/\text{K}} = 2.67$$

由图 11.14 可得换热器的有效度为 $\varepsilon \approx 0.82$，同时由式（11.18）可得最大可能的传热速率为

$$q_{\max} = C_{\min}(T_{h,i} - T_{c,i}) = 1500\text{W}/\text{K} \times (250 - 35)\text{°C} = 3.23 \times 10^5\,\text{W}$$

因此，根据 ε 的定义式（11.19），实际传热速率为

$$q = \varepsilon q_{\max} = 0.82 \times 3.23 \times 10^5\,\text{W} = 2.65 \times 10^5\,\text{W} \qquad \blacktriangleleft$$

现在就可以很容易地用总的能量平衡来确定出口温度。根据式（11.6b），有

$$T_{h,o} = T_{h,i} - \frac{q}{\dot{m}_h c_{p,h}} = 250\text{°C} - \frac{2.65 \times 10^5\,\text{W}}{1500\text{W}/\text{K}} = 73.3\text{°C} \qquad \blacktriangleleft$$

而由式（11.7b）可得

$$T_{c,o} = T_{c,i} + \frac{q}{\dot{m}_c c_{p,c}} = 35\text{°C} + \frac{2.65 \times 10^5\,\text{W}}{4197\text{W}/\text{K}} = 98.1\text{°C} \qquad \blacktriangleleft$$

说明：1. 根据式（11.32），$\varepsilon = 0.845$，这与从图中求得的值符合得很好。

2. 在本例题的求解中隐含了总传热系数不受 $\dot{m}_h$ 变化影响的假定。事实上，由于 $\dot{m}_h$ 降低了约 20%，U_h 也会显著下降，虽然百分比较小。

3. 正如例题 11.3 说明中所讨论的那样，调节流率可以维持固定的出口水温。例如，如果必须维持 $T_{c,o} = 125\text{°C}$ 的出口温度，则水的流率就要降低到式（11.7b）规定的大小。即

$$\dot{m}_c = \frac{q}{c_{p,c}(T_{c,o} - T_{c,i})} = \frac{2.65 \times 10^5\,\text{W}}{4197\text{J}/(\text{kg} \cdot \text{K}) \times (125 - 35)\text{°C}} = 0.702\text{kg}/\text{s}$$

这里再次假定可以忽略流率变化对 U_h 的影响。在这种情况下，这个假定是合理的，因为对 U_h 起决定作用的是气侧，而不是水侧的对流系数。

【例 11.5】 大型蒸汽发电厂的冷凝器是一种换热器，蒸汽在其中凝结为液态水。假定冷凝器是一个管壳式换热器，它由一个壳体和 30000 根管子组成，每根管子均有两个流程。这些管子都是薄壁结构，$D = 25\text{mm}$，蒸汽在它们的外表面上凝结，对流系数为 $h_o = 11000\text{W}/(\text{m}^2 \cdot \text{K})$。换热器必须达到的换热速率为 $q = 2 \times 10^9\,\text{W}$，这是借在这些管子中通过总流率为 $3 \times 10^4\text{kg}/\text{s}$ 的冷却水来实现的（由此，单根管子中的流率为 1kg/s）。水的进口温度为 20℃，而蒸汽则在 50℃ 下凝结。冷却水由冷凝器排出时的温度是多少？每个流程需要的管长 L 是多少？

解析

已知：换热器由单个壳体和 30000 根管子组成，每根管子均有两个流程。

求：1. 冷却水的出口温度；

2. 为实现所要的换热速率，每个流程所需的管长。

示意图：

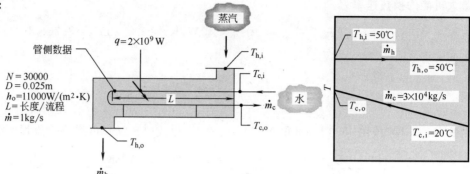

假定： 1. 换热器与环境之间的传热以及动能和势能的变化可以忽略；

2. 管内的流动和热状态都是充分发展的；

3. 管壁热阻和污垢的影响可以忽略；

4. 物性为常数。

物性： 表 A.6，水（假定 $\overline{T}_c \approx 27℃ = 300K$）：$\rho = 997 kg/m^3$，$c_p = 4179 J/(kg \cdot K)$，$\mu = 855 \times 10^{-6} N \cdot s/m^2$，$k = 0.613 W/(m \cdot K)$，$Pr = 5.83$。

分析： 1. 可用总的能量平衡式(11.7b)确定冷却水的出口温度。因此

$$T_{c,o} = T_{c,i} + \frac{q}{\dot{m}_c c_{p,c}} = 20℃ + \frac{2 \times 10^9 W}{3 \times 10^4 kg/s \times 4197 J/(kg \cdot K)}$$

$$= 36.0℃$$

2. 这个问题可以归结为**换热器的设计计算**。首先，我们来确定在 NTU 法中要使用的总传热系数。

根据式(11.5)，有

$$U = \frac{1}{(1/h_i) + (1/h_o)}$$

式中，h_i 可用内部流动关系式算得。根据

$$Re_D = \frac{4\dot{m}}{\pi D \mu} = \frac{4 \times 1 kg/s}{\pi \times (0.025m) \times 855 \times 10^{-6} N \cdot s/m^2} = 59567$$

可知流动为湍流，由式(8.60)

$$Nu_D = 0.023 Re_D^{4/5} Pr^{0.4} = 0.023 \times (59567)^{0.8} \times (5.83)^{0.4} = 308$$

因此

$$h_i = Nu_D \frac{k}{D} = 308 \times \frac{0.613 W/(m \cdot K)}{0.025m} = 7543 W/(m^2 \cdot K)$$

$$U = \frac{1}{[(1/7543) + (1/11000)] m^2 \cdot K/W} = 4474 W/(m^2 \cdot K)$$

利用设计计算方法，我们注意到

$$C_h = C_{max} = \infty$$

以及

$$C_{min} = \dot{m}_c c_{p,c} = 3 \times 10^4 kg/s \times 4179 J/(kg \cdot K) = 1.25 \times 10^8 W/K$$

由此

$$\frac{C_{min}}{C_{max}} = C_r = 0$$

最大可能的换热速率为

$$q_{max} = C_{min}(T_{h,i} - T_{c,i}) = 1.25 \times 10^8 \, \text{W/K} \times (50-20)\text{K} = 3.76 \times 10^9 \, \text{W}$$

由此

$$\varepsilon = \frac{q}{q_{max}} = \frac{2 \times 10^9 \, \text{W}}{3.76 \times 10^9 \, \text{W}} = 0.532$$

由式(11.35b) 或图 11.12，可得 NTU=0.759。由式(11.24) 可得每个流程所需的管长为

$$L = \frac{\text{NTU} \cdot C_{min}}{U(N2\pi D)} = \frac{0.759 \times 1.25 \times 10^8 \, \text{W/K}}{4474 \text{W}/(\text{m}^2 \cdot \text{K}) \times (30000 \times 2 \times \pi \times 0.025 \text{m})} = 4.51 \text{m}$$ ◀

说明： 1. 注意这里的 L 是单个流程的管长，在这种情况下每根管子的总长为 9.02m。冷凝器中管道的总长度为 $N \times L \times 2 = 30000 \times 4.51 \text{m} \times 2 = 271000 \text{m}$ 或 271km。

2. 随着时间的推移，换热器的性能将会因管子内外表面上的污垢而下降。根据典型的维护制度，在污垢系数的值达到 $R''_{f,i} = R''_{f,o} = 10^{-4} \, \text{m}^2 \cdot \text{K/W}$ 时，要使换热器停止运行，对管子进行清洗。为了确定污垢对性能的影响，可用 ε-NTU 法计算总换热速率随污垢系数的变化，假定 $R''_{f,o}$ 等于 $R''_{f,i}$，可得下面的结果：

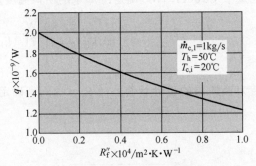

为在最大允许污垢和 $\dot{m}_{c,1} = 1 \text{kg/s}$ 的限制条件下保证 $q = 2 \times 10^9 \, \text{W}$，必须增长管子或增多管数。保持单流程管长 $L = 4.51 \text{m}$ 不变，在 $R''_{f,i} = R''_{f,o} = 10^{-4} \, \text{m}^2 \cdot \text{K/W}$ 的情况下，为了传递 $2 \times 10^9 \, \text{W}$ 需要 $N = 48300$ 根管子。总流率相应地增大至 $\dot{m}_c = N\dot{m}_{c,1} = 48300 \text{kg/s}$ 会产生有益的后果，即将出口水温降至 $T_{c,o} = 29.9 \, ℃$，从而可以减轻由于对环境排放而带来的潜在危害。把管数增至 $N = 48300$ 时增加的管长为 165km，这会显著增加冷凝器的投资成本。

3. 该蒸汽发电厂可发电力为 1250MW，批发价为 $0.05/(\text{kW} \cdot \text{h})$。如果电厂因清理冷凝器管道而关闭 48h，厂主的收入损失为 $48\text{h} \times 1250 \times 10^6 \, \text{W} \times \$0.05/(1 \times 10^3 \, \text{W} \cdot \text{h}) = \$3 \times 10^6$。

4. 假定每根管子均具有光滑表面，可用式(8.20b) 确定摩擦系数，$f = 0.184 \times (59567)^{-0.2} = 0.020$。可用式(8.22a) 确定长 $L = 9\text{m}$ 的管子中的压降，其中有 $u_m = 4\dot{m}/(\rho\pi D^2) = (4 \times 1 \text{kg/s})/(997 \text{kg/m}^3 \times \pi \times 0.025^2 \, \text{m}^2) = 2.04 \text{m/s}$。

$$\Delta p = f \frac{\rho u_m^2}{2D} L = 0.020 \times \frac{997 \text{kg/m}^3 \times (2.04 \text{m/s})^2}{2 \times 0.025 \text{m}} \times 9.0 \text{m} = 15300 \text{N/m}^2$$

因此，可用式(8.22b) 确定泵送冷却水通过 48300 根管子所需的功率，为

$$P = \frac{\Delta p \dot{m}}{\rho} = \frac{15300 \text{N/m}^2 \times 48300 \text{kg/s}}{997 \text{kg/m}^3} = 742000 \text{W} = 0.742 \text{MW}$$

冷却水泵是用电机驱动的。如果泵与电机的联合效率为 87%，克服冷凝器管道摩擦损失的年费用为 $24h/d \times 365d/a \times 0.742 \times 10^6 W \times \$0.05/(1 \times 10^3 W \cdot h)/0.87 = \$374000$。

5. 冷凝器的优化设计要基于所需的热性能和环境因素，以及设备的投资成本、运行和维护费用。

11.6　紧凑式换热器

正如在 11.1 节中所讨论的那样，**紧凑式换热器**通常用于需要单位体积内有很大的传热表面积且至少有一种流体为气体的场合。已对很多不同的管式和板式结构进行了研究，主要区别在于肋片的设计和布置。已经确定了一些具体结构的传热和流动特性，通常以图 11.16 和图 11.17 的形式给出所得结果。传热结果是根据科尔伯恩 j 因子 $j_H = StPr^{2/3}$ 和雷诺数建立关系的，这里的斯坦顿数 $[St = h/(Gc_p)]$ 和雷诺数（$Re = GD_h/\mu$）都是基于单位面积最大质量流率定义的

$$G \equiv \rho V_{max} = \frac{\rho V A_{fr}}{A_{ff}} = \frac{\dot{m}}{A_{ff}} = \frac{\dot{m}}{\sigma A_{fr}} \tag{11.36}$$

式中，σ 是换热器的带肋片流道的最小自由通流面积（垂直于流动方向的横截面积）A_{ff} 与换热器的迎风面积 A_{fr} 之比。每幅图中都列出了每一种结构的 σ、D_h（流道的水力直径）、α（传热表面积与换热器总体积之比）、A_f/A（肋片表面积与总传热表面积之比）以及其他几何参数的值。根据式(11.3) 可用比值 A_f/A 计算温度有效度 η_o。在设计计算中，求得总传热表面积之后，可用 α 确定所需的换热器体积；在性能计算中则可根据换热器体积用它来确定表面积。

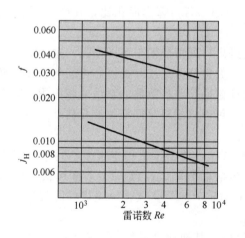

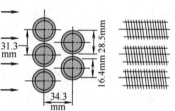

管外径,D_o=16.4mm
肋片节距密度=275个/m
流道水力直径,D_h=6.68mm
肋片厚度,t=0.254mm
自由通流面积/迎风面积,σ=0.449
传热面积/总体积,α=269m²/m³
肋片面积/总面积,A_f/A=0.830
注意:最小通流面积位于与流向垂直的方向上

图 11.16　圆形管-环肋换热器的传热和摩擦因子
表面 CF-7.0-5/8J，引自 Kays 和 London[5]

在紧凑式换热器的计算中，首先可用图 11.16 和图 11.17 给出的实验结果来确定带肋片表面的平均对流系数，然后就可以确定总传热系数，随后可用 ε-NTU 法来进行换热器的设计或性能计算。

可用下式计算流过图 11.16 和图 11.17 所示肋片管簇的压力降

$$\Delta p = \frac{G^2 v_i}{2} \left[(1 + \sigma^2) \left(\frac{v_o}{v_i} - 1 \right) + f \frac{A}{A_{ff}} \times \frac{v_m}{v_i} \right] \tag{11.37}$$

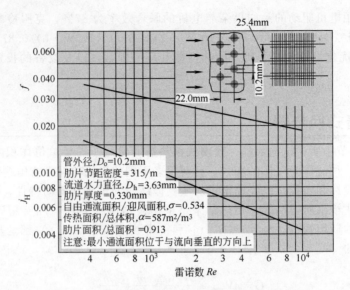

图 11.17　圆形管-连续肋片换热器的传热和摩擦因子

表面 8.0-3/8T，引自 Kays 和 London[5]

式中，v_i 和 v_o 是流体的进出口比容，$v_m = (v_i + v_o)/2$。式(11.37) 右边的第一项计及了非黏性流体分别在换热器进口和出口处的**加速和减速**所造成的压力变化的累积效果。这些效果是**可逆的**，在可以忽略流体密度变化（$v_o \approx v_i$）的情况下，可以忽略该项。第二项则计及了换热器芯内的流体摩擦所造成的损失，这里假定整个换热芯内都处于充分发展的状态。在换热芯结构给定的情况下，摩擦系数是雷诺数的函数，如图 11.16 和图 11.17 所示；而在换热器尺寸给定的情况下，可以用关系式 $(A/A_{ff}) = (\alpha V/\sigma A_{fr})$ 算出面积比，其中 V 是换热器的总体积。

式(11.37) 没有考虑黏性作用在换热器进出口处造成的不可逆损失。这些损失与将流体输入和输出换热器芯的管道系统的性质有关。如果管道系统与换热芯之间的过渡不发生流动分离，这些损失是很小的。但是，在管道的横截面积与换热器的自由通流面积之间有突变的情况下，分离会很显著，伴随的损失也很大。可以根据对不同换热芯几何结构由实验获得的**收缩**和**膨胀系数**来确定进出口损失[5]。

凯斯（Kays）和伦敦（London）的经典著作[5]给出了适用于很多不同的紧凑式换热器芯结构的科尔伯恩 j 因子和摩擦因子数据，包括扁平管 ［图 11.5(a)］ 和板状肋片 ［图 11.5(d)，(e)］ 结构，以及其他圆管结构 ［图 11.5(b)，(c)］。其他一些极好的资料可参阅文献 [3，4，9，10]。

【例 11.6】 考虑一个肋片管紧凑式换热器，其换热芯的结构如图 11.16 所示。换热芯由铝材制成，管内径为 13.8mm。在一个废热回收系统中，水在管中流动的内部对流系数为 $h_i = 1500 \text{W}/(\text{m}^2 \cdot \text{K})$，而 1atm 和 825K 的废气则以叉流形式绕流管簇。如果气体流率为 1.25kg/s，迎风面积为 0.20m²，气侧的总传热系数是多少？如果要将流率为 1kg/s 的水从 290K 加热到 370K，换热器体积应为多大？

解析

已知： 紧凑式换热器的几何结构，气侧流率和温度，水侧对流系数。水的流率和进出口温度。

求： 气侧总传热系数。换热器体积。

示意图：

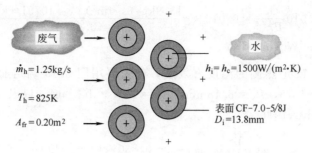

假定：1. 气体具有处于假定平均温度 700K 的常压空气的物性；
　　　　2. 污垢可以忽略。

物性：表 A.1，铝（$T \approx 300K$）：$k = 237 \text{W/(m·K)}$。表 A.4，空气（$p = 1\text{atm}$，$\overline{T} = 700\text{K}$）：$c_p = 1075 \text{J/(kg·K)}$，$\mu = 338.8 \times 10^{-7} \text{N·s/m}^2$，$Pr = 0.695$。表 A.6，水（$\overline{T} = 330\text{K}$）：$c_p = 4184 \text{J/(kg·K)}$

分析：参考式(11.1)，废气和水分别是热流体和冷流体。因此，在可以忽略污垢影响且管的内表面上没有肋片（$\eta_{o,c} = 1$）的情况下，基于气（热）侧的总传热系数为

$$\frac{1}{U_h} = \frac{1}{h_c (A_c / A_h)} + A_h R_w + \frac{1}{\eta_{o,h} h_h}$$

式中，A_h 和 A_c 分别为总的气（热）侧和水（冷）侧表面积。如果假定肋片厚度可以忽略，很容易证明有

$$\frac{A_c}{A_h} \approx \frac{D_i}{D_o} \left(1 - \frac{A_{f,h}}{A_h} \right)$$

式中，$A_{f,h}$ 为气侧总面积中与肋片有关的部分。该近似所产生的误差在 10% 以内，对于该换热器芯的结构（图 11.16），有

$$\frac{A_c}{A_h} \approx \frac{13.8}{16.4} \times (1 - 0.830) = 0.143$$

用式(3.28) 计算壁面导热热阻，可得

$$A_h R_w = \frac{\ln(D_o / D_i)}{2\pi L k / A_h} = \frac{D_i \ln(D_o / D_i)}{2k (A_c / A_h)}$$

因此

$$A_h R_w = \frac{0.0138\text{m} \times \ln(16.4/13.8)}{2 \times 237 \text{W/(m·K)} \times 0.143} = 3.51 \times 10^{-5} \text{m}^2 \cdot \text{K/W}$$

为确定气侧对流系数，首先可用式(11.36) 计算单位面积的质量流率：

$$G = \frac{\dot{m}}{\sigma A_{fr}} = \frac{1.25\text{kg/s}}{0.449 \times 0.20\text{m}^2} = 13.9 \text{kg/(s·m}^2)$$

因此

$$Re = \frac{13.9 \text{kg/(s·m}^2) \times 6.68 \times 10^{-3}\text{m}}{338.8 \times 10^{-7} \text{kg/(s·m)}} = 2740$$

从而由图 11.16 可得 $j_H \approx 0.010$。因此

$$h_h \approx 0.010 \frac{G c_p}{Pr^{2/3}} = 0.010 \times \frac{[13.9 \text{kg}/(\text{s} \cdot \text{m}^2)] \times [1075 \text{J}/(\text{kg} \cdot \text{K})]}{(0.695)^{2/3}}$$
$$= 190 \text{W}/(\text{m}^2 \cdot \text{K})$$

为用式(11.3)确定热侧的温度有效度，首先要用图 3.19 确定肋片效率。根据 $r_{2c} = 14.38 \text{mm}$，$r_{2c}/r_1 = 1.75$，$L_c = 6.18 \text{mm}$，$A_p = 1.57 \times 10^{-6} \text{m}^2$，以及 $L_c^{3/2} [h_h/(kA_p)]^{1/2} = 0.34$，可得 $\eta_f \approx 0.89$。因此

$$\eta_{o,h} = 1 - \frac{A_f}{A}(1 - \eta_f) = 1 - 0.830 \times (1 - 0.89) = 0.91$$

由此可得

$$\frac{1}{U_h} = \left(\frac{1}{1500 \times 0.143} + 3.51 \times 10^{-5} + \frac{1}{0.91 \times 190} \right) \text{m}^2 \cdot \text{K/W}$$
$$= (4.66 \times 10^{-3} + 3.51 \times 10^{-5} + 5.78 \times 10^{-3}) = 0.010 \text{m}^2 \cdot \text{K/W}$$

或

$$U_h = 100 \text{W}/(\text{m}^2 \cdot \text{K}) \qquad \blacktriangleleft$$

由于 $C_c = \dot{m}_c c_{p,c} = 1 \text{kg/s} \times 4184 \text{J}/(\text{kg} \cdot \text{K}) = 4184 \text{W/K}$，换热器必须大到足以传递以下量级的热流

$$q = C_c(T_{c,o} - T_{c,i}) = 4184 \text{W/K} \times (370 - 290) \text{K} = 3.35 \times 10^5 \text{W}$$

由于 $C_h = \dot{m}_h c_{p,h} = 1.25 \text{kg/s} \times 1075 \text{J}/(\text{kg} \cdot \text{K}) = 1344 \text{W/K}$，热流体具有最小的热容量流率，最大可能的换热速率为

$$q_{max} = C_{min}(T_{h,i} - T_{c,i}) = 1344 \text{W/K} \times (825 - 290) \text{K} = 7.19 \times 10^5 \text{W}$$

由此可得

$$\varepsilon = \frac{q}{q_{max}} = \frac{3.35 \times 10^5 \text{W}}{7.19 \times 10^5 \text{W}} = 0.466$$

因此，根据 $(C_{min}/C_{max}) = 0.321$，由图 11.14（两侧流体都不混合的叉流换热器）可得

$$\text{NTU} \equiv \frac{U_h A_h}{C_{min}} \approx 0.65$$

由此可得所需的气侧传热面积为

$$A_h = \frac{0.65 \times 1344 \text{W/K}}{100 \text{W}/(\text{m}^2 \cdot \text{K})} = 8.7 \text{m}^2$$

由于单位换热器体积内气侧表面积为 $\alpha = 269 \text{m}^2/\text{m}^3$（图 11.16），所需的换热器体积为

$$V = \frac{A_h}{\alpha} = \frac{8.7 \text{m}^2}{269 \text{m}^2/\text{m}^3} = 0.032 \text{m}^3 \qquad \blacktriangleleft$$

说明： 1. 壁面导热热阻的影响可以忽略，而冷侧和热侧对流热阻的作用则相当。

2. 已知换热器的体积，可以求出换热器在气流方向上的长度，即 $L = V/A_{fr} = 0.032 \text{m}^3/0.20 \text{m}^2 = 0.16 \text{m}$，据此可以确定流动方向上的管排数。

$$N_L \approx \frac{L - D_f}{S_L} + 1 = \frac{(160 - 28.5) \text{mm}}{34.3 \text{mm}} + 1 = 4.8 \approx 5$$

3. 气体离开换热器时的温度为

$$T_{h,o} = T_{h,i} - \frac{q}{C_h} = 825\text{K} - \frac{3.35 \times 10^5\,\text{W}}{1344\,\text{W/K}} = 576\text{K}$$

因此假定 $\overline{T}_h = 700\text{K}$ 是非常合适的。

4. 由图 11.16 可得摩擦因子为 $f \approx 0.033$。根据 $(A/A_{ff}) = (\alpha V / \sigma A_{fr}) = (269 \times 0.032/0.449 \times 0.20) = 96$，$v_i(825\text{K}) = 2.37\text{m}^3/\text{kg}$，$v_o(576\text{K}) = 1.65\text{m}^3/\text{kg}$ 以及 $v_m = 2.01\text{m}^3/\text{kg}$，由式(11.37) 可得压降为

$$\Delta p = \frac{[13.9\text{kg}/(\text{s} \cdot \text{m}^2)]^2 \times (2.37\text{m}^3/\text{kg})}{2}[(1+0.202) \times (0.696-1) +$$

$$0.033 \times 96 \times 0.848]$$

$$= 530\text{kg}/(\text{s}^2 \cdot \text{m}) = 530\text{N/m}^2$$

11.7　小结

由于换热器有很多重要的应用，相关的研究和发展已经有很长的历史。但是，这些活动远没有完成，有众多研究者仍在继续寻求改善换热器设计和性能的途径。事实上，由于对节能问题的高度关注，相关领域活动已有了稳定和大幅度的增加。这项工作的一个焦点是**传热强化**，如寻求可以强化传热的特殊换热器表面。在本章中，我们尝试建立了一些可以用于进行换热器近似计算的手段。在文献中可以找到对本主题更为详细的讨论，包括对换热器分析中不确定性的处理[3,4,7,9~15]。

虽然我们的讨论局限于冷热流体被固壁分开的换热器，但是还有一些其他类型的重要的换热器。例如，在**蒸发**换热器中液体和气体可以**直接接触**（没有分隔壁面），由于潜热的影响，在单位体积内可以获得很大的传热速率。此外，在两种气体之间进行换热时常常采用**回热器**，在这种换热器中热气和冷气轮流占用同一空间。在诸如堆积床之类的固定回热器中，热气和冷气轮流进入静止的多孔固体。在旋转回热器中，多孔固体是一个旋转的轮子，其表面交替暴露于连续流动的冷热气流。对这类换热器的详细描述可见文献 [3，4，9，12，16~19]。

你可以通过以下问题来检查自己对一些基本问题的理解程度。

• **同心管换热器**的两种不同布置各是什么样的？在每一种布置中，流体出口温度各有什么限制？

• 在**叉流换热器**中采用的术语**混合的**和**不混合的**各有什么意义？它们在什么意义上是实际情况的理想化情形？

• 在**管壳式换热器**中为什么要用折流板？

• **紧凑式换热器**的主要特征是什么？

• **污垢**对总传热系数以及换热器性能有什么样的影响？

• **带肋片的表面**对总传热系数以及换热器性能有什么样的影响？在什么情况下最适于采用肋片？

• 总传热系数在什么情形下可以表示成 $U = (h_i^{-1} + h_o^{-1})^{-1}$？

• 顺流或逆流换热器中两种流体之间的平均温差的适当形式是什么样的？

• 换热器中正在蒸发或凝结的饱和流体的温度变化是怎么样的？

• 在换热器中是具有最小热容量流率的流体还是具有最大热容量流率的流体经历最大的温度变化？

• 为什么换热器的最大可能换热速率**不**等于 $C_{max}(T_{h,i} - T_{c,i})$？冷流体的出口温度有可能超过热流体的进口温度吗？

• 什么是换热器的**有效度**？它的值可能出现在什么范围？什么是**传热单元数**？它的值可能出现在什么范围？

• 在一般情况下，如果增大换热器的尺寸（表面积），其有效度是如何变化的？如果增大总传热系数呢？如果热容量流率之比减小呢？请根据传热单元数来说明上述变化趋势是否有限制？增大换热器的尺寸要付出什么样的代价？增大总传热系数呢？

参考文献

1. *Standards of the Tubular Exchange Manufacturers Association*, 6th ed., Tubular Exchanger Manufacturers Association, New York, 1978.

2. Chenoweth, J. M., and M. Impagliazzo, Eds., *Fouling in Heat Exchange Equipment*, American Society of Mechanical Engineers Symposium Volume HTD-17, ASME, New York, 1981.

3. Kakac, S., A. E. Bergles, and F. Mayinger, Eds., *Heat Exchangers*, Hemisphere Publishing, New York, 1981.

4. Kakac, S., R. K. Shah, and A. E. Bergles, Eds., *Low Reynolds Number Flow Heat Exchangers*, Hemisphere Publishing, New York, 1983.

5. Kays, W. M., and A. L. London, *Compact Heat Exchangers*, 3rd ed., McGraw-Hill, New York, 1984.

6. Bowman, R. A., A. C. Mueller, and W. M. Nagle, *Trans. ASME*, **62**, 283, 1940.

7. DiGiovanni, M. A., and R. L. Webb, *Heat Transfer Eng.*, **10**, 61, 1989.

8. Ribando, R. J., G. W. O'Leary, and S. Carlson-Skalak, *Comp. Appl. Eng. Educ.*, **5**, 231, 1997.

9. Shah, R. K., C. F. McDonald, and C. P. Howard, Eds., *Compact Heat Exchangers*, American Society of Mechanical Engineers Symposium Volume HTD-10, ASME, New York, 1980.

10. Webb, R. L., in G. F. Hewitt, Exec. Ed., *Heat Exchanger Design Handbook*, Section 3.9, Begell House, New York, 2002.

11. Marner, W. J., A. E. Bergles, and J. M. Chenoweth, *Trans. ASME, J. Heat Transfer*, **105**, 358, 1983.

12. G. F. Hewitt, Exec. Ed., *Heat Exchanger Design Handbook*, Vols. 1–5, Begell House, New York, 2002.

13. Webb, R. L., and N.-H. Kim, *Principles of Enhanced Heat Transfer*, 2nd ed., Taylor & Francis, New York, 2005.

14. Andrews, M. J., and L. S. Fletcher, *ASME/JSME Thermal Eng. Conf.*, **4**, 359, 1995.

15. James, C. A., R. P. Taylor, and B. K. Hodge, *ASME/JSME Thermal Eng. Conf.*, **4**, 337, 1995.

16. Coppage, J. E., and A. L. London, *Trans. ASME*, **75**, 779, 1953.

17. Treybal, R. E., *Mass-Transfer Operations*, 3rd ed., McGraw-Hill, New York, 1980.

18. Sherwood, T. K., R. L. Pigford, and C. R. Wilkie, *Mass Transfer*, McGraw-Hill, New York, 1975.

19. Schmidt, F. W., and A. J. Willmott, *Thermal Energy Storage and Regeneration*, Hemisphere Publishing, New York, 1981.

习 题

总传热系数

11.1 在一种叉流换热器中采用了一种内外直径分别为 $D_i = 22mm$ 和 $D_o = 27mm$ 的 302 型不锈钢管。内外表面上的污垢系数 R''_f 分别为 $0.0004m^2 \cdot K/W$ 和 $0.0002m^2 \cdot K/W$。

（a）确定基于管道外表面积的总的传热系数 U_o。比较对流、管壁导热以及污垢热阻的大小。

（b）考虑以下情形：管外横向流动的流体不是空气，而是速度为 $V_o = 1m/s$ 的 15℃ 的水。

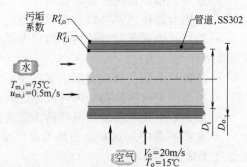

确定基于管道外表面积的总的传热系数 U_o。比较对流、管壁导热以及污垢热阻的大小。

（c）对于（a）中水-空气换热及平均速度 $u_{m,i}$ 分别为 0.2m/s、0.5m/s 和 1.0m/s 的情形，在 5m/s≤V_o≤30m/s 范围内画出总的传热系数随横向流速的变化。

（d）对于（b）中水-水换热及横向流速分别为 1m/s、3m/s 和 8m/s 的情形，在 0.5m/s≤$u_{m,i}$≤2.5m/s 范围内画出总的传热系数随平均速度的变化。

11.2 采用一根内外直径分别为 D_i＝20mm 和 D_o＝26mm 的钢管 [k＝50W/(m·K)] 使热气对冷水传热，热气横向绕流管道 [h_h＝200W/(m²·K)]，冷水则在管内流动 [h_c＝8000W/(m²·K)]。冷侧的总传热系数 U_c 是多少？为强化传热，在管道外表面上沿纵向安装了 16 个矩形剖面的直肋。肋片在管道周向上等间距排列，肋片的厚度和长度分别为 2mm 和 15mm。相应的总传热系数 U_c 是多少？

11.3 一个蒸汽电厂的冷凝器中有 N＝1000 根黄铜管 [k_t＝110W/(m·K)]，内外直径分别为 D_i＝25mm 和 D_o＝28mm。蒸汽在管子外表面上凝结的对流系数为 h_o＝10000W/(m²·K)。

（a）如果用水泵使来自一个大湖的冷却水以 $\dot{m}_c$＝400kg/s 的流率通过冷凝器的管道，基于单根管道的外表面的总传热系数 U_o 是多少？水的性质可近似为 μ＝9.60×10⁻⁴N·s/m²、k＝0.6W/(m·K) 和 Pr＝6.6。

（b）如果长期运行后污垢在内表面上产生热阻 $R''_{f,i}$＝10⁻⁴m²·K/W，U_o 的值是多少？

（c）如果从湖中抽取的水的温度为 15℃，要使压力为 0.0622bar、流率为 10kg/s 的蒸汽凝结，相应的冷凝器的出口水温是多少？水的比热容为 4180J/(kg·K)。

11.4 采用一个肋片管叉流换热器，利用燃气轮机的废气加热加压水。在实验室中对换热器的样机进行测量，以确定总传热系数随运行工况的变化，样机的表面积为 10m²。在 $\dot{m}_h$＝2kg/s，$T_{h,i}$＝325℃，$\dot{m}_c$＝0.5kg/s 和 $T_{c,i}$＝25℃ 的情况下测量，发现出口水温为 $T_{c,o}$＝150℃。换热器的总传热系数是多少？

设计和性能计算

11.5 要将比热容和流率分别为 3500J/(kg·K) 和 2kg/s 的工艺流体从 80℃ 冷却到 50℃，所用冷水的温度和流率分别为 15℃ 和 2.5kg/s。假定总传热系数为 2000W/(m²·

K)，计算下列换热器结构所需的换热面积：（a）顺流；（b）逆流；（c）管壳式，一个壳侧流程和两个管侧流程；（d）叉流，单流程，两侧流体均不混合。比较你的分析结果。利用 IHT 中 *Tools/Heat Exchanger* 中的模型可以减少你的工作量。

11.6 一个管壳式换热器（两个壳侧、四个管侧流程）要用进口温度和流率分别为 300℃ 和 5000kg/h 的加压水把流率为 10000kg/h 的加压水从 35℃ 加热到 120℃。如果总的传热系数为 1500W/(m²·K)，确定所需的换热器面积。

11.7 考虑例题 11.1 中的逆流同心管换热器。设计者想要探讨冷却水流率对管长的影响。所有其他的条件，包括 60℃ 的出口油温，均保持不变。

（a）根据例题 11.1 中的分析，我们看到总系数 U 由热侧对流系数决定。假定水的性质与温度无关，计算 U 随水的流率的变化。证明在（b）的计算中可以把 U 取为常值。

（b）在 0.15kg/s≤$\dot{m}_c$≤0.30kg/s 范围内计算并画出所需的换热器管长 L 和水的出口温度 $T_{c,o}$ 随冷却水流率的变化。

11.8 用一个内外直径分别为 25mm 和 45mm 的同心管换热器冷却润滑油，薄壁内管中走水，外管中走油。换热器以逆流形式运行，总传热系数为 60W/(m²·K)，平均物性如下表所列。

物　　性	水	油
ρ/kg·m⁻³	1000	800
c_p/J·kg⁻¹·K⁻¹	4200	1900
ν/m²·s⁻¹	7×10⁻⁷	1×10⁻⁵
k/W·m⁻¹·K⁻¹	0.64	0.134
Pr	4.7	140

（a）在出口油温为 60℃ 时，确定总的传热速率及出口水温。

（b）确定所需的换热器长度。

11.9 汽车散热器可以看作两侧流体均不混合的叉流换热器。流率为 0.05kg/s 的水进出散热器的温度分别为 400K 和 330K。水被进口参数为 0.75kg/s 和 300K 的空气冷却。

（a）如果总传热系数为 200W/(m²·K)，所需的换热表面积是多少？

（b）一个制造工程师宣称，在换热器带肋片的表面上粘贴皱褶可以显著提高总传热系数。

在所有其他条件均保持不变且换热表面积为（a）中所确定的值的情况下，在 $200W/(m^2 \cdot K) \leqslant U \leqslant 400W/(m^2 \cdot K)$ 范围内画出空气和水的出口温度随 U 的变化。在这个应用中提高总传热系数可以获得哪些有益的结果？

11.10 大规模干燥过程所需的热空气的产生过程如下：空气在管簇外部绕流（不混合），而燃烧产物则在管内流动。该叉流换热器的表面积为 $A=25m^2$，在建议的运行条件下，制造商确定总传热系数为 $U=35W/(m^2 \cdot K)$。可假定空气和燃气的比热容均为 $c_p=1040J/(kg \cdot K)$。考虑以下情形：燃气的流率和进入换热器时的温度分别为 1kg/s 和 800K，空气的流率和进口温度则分别为 5kg/s 和 300K。

（a）空气和燃气的出口温度分别是多少？

（b）在运行较长时间后，管子内表面上沉积物产生的污垢热阻预计为 $R''_{f,c}=0.004m^2 \cdot K/W$。是否应该停止运行以清洁管子？

（c）通过增大表面积和/或提高总传热系数可以改进换热器的性能。在 $500W/K \leqslant UA \leqslant 2500W/K$ 范围内探讨这些变化对空气出口温度的影响。

11.11 在一个牛奶场的加工过程中，必须将流率为 250L/h、处于奶牛体温（38.6℃）的牛奶冷却到 13℃ 或更低的温度，以便于贮存。冷却剂可用地下水，其温度和流率分别为 10℃ 和 $0.72m^3/h$。牛奶的密度和比热容分别为 $1030kg/m^3$ 和 $3860J/(kg \cdot K)$。

（a）确定冷却过程中所需的逆流换热器的 UA 乘积。在内管直径为 50mm 和总传热系数为 $U=1000W/(m^2 \cdot K)$ 时确定换热器的长度。

（b）确定水的出口温度。

（c）利用（a）中求得的 UA 值，在水的流率加倍的情况下确定牛奶的出口温度。如果水的流率减半，则出口温度是多少？

11.12 在一个单流程叉流换热器中，用热的废气（混合的）将流率为 3kg/s 的水（不混合）从 30℃ 加热到 80℃。热物性与空气类似的废气进出换热器的温度分别为 225℃ 和 100℃。如果总传热系数为 $200W/(m^2 \cdot K)$，计算所需的换热表面积。

11.13 在心肺分流术过程中采用叉流换热器将流率为 5L/min 的血液从体温 37℃ 冷却至 25℃ 以降低体温，这样可以降低新陈代谢和氧气的需求。冷却剂是 0℃ 的冰水，其流率调节

到使出口温度为 15℃。换热器运行时两侧流体均不混合，总换热系数为 $750W/(m^2 \cdot K)$。血液的密度和比热容分别为 $1050kg/m^3$ 和 $3740J/(kg \cdot K)$。

（a）确定换热器的传热速率。

（b）计算水的流率。

（c）换热器的表面积是多少？

（d）在 2～4L/min 范围内，计算并画出血液和水的出口温度随水的流率的变化，假定所有其他参数均保持不变，说明水的流率变化是如何影响出口温度的。解释该行为并说明它为什么有利于这个应用。

11.14 人脑对温度的升高非常敏感。离开脸和脖颈通过静脉返回心脏的温度较低的血液可冷却流向大脑的动脉血液，有利于大脑的温度调节。考虑在胸腔和头颅底部之间长度为 $L=250mm$ 的静脉和动脉，两根血管中的逆向质量流率均为 $3 \times 10^{-3}kg/s$。血管的直径均为 $D=5mm$，间距为 $w=7mm$。周围组织的热导率为 $k_t=0.5W/(m \cdot K)$。如果动脉血和静脉血的进口温度分别为 37℃ 和 27℃，动脉血的出口温度是多少？如果动脉血温度过高，人体会使血液流率减半，为使动脉血的出口温度维持在 37℃ 以下，其进口温度可以高出多少？**提示**：如果我们假定离开动脉的所有热量均传给了静脉，则可以用表 4.1 中的关系式对两根血管之间的传热建模。可把血液的物性近似取为水的值。

11.15 在一个空调系统中采用板肋式换热器冷凝制冷剂蒸气。蒸气的饱和温度为 45℃，系统性能要求凝结速率为 0.015kg/s。冷凝器的迎风面积因安装要求固定在 $A_{fr}=0.25m^2$，对于制冷剂可假定有 $h_{fg}=135kJ/kg$。

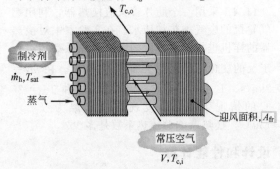

（a）冷凝器设计基于的标称空气进口温度和速度分别为 $T_{c,i}=30℃$ 和 $V=2m/s$，换热器芯的厂家指出其总传热系数为 $U=50W/(m^2 \cdot K)$。为达到指定的凝结速率所需的换热面积

为多少？空气出口温度是多少？

（b）还从换热器芯的厂家处得知 $U \propto V^{0.7}$。在日常运行中不能控制空气进口温度，它可在 27～38℃ 之间变化。如果换热器面积固定为（a）中求得的值，为维持指定的凝结速率，所需的空气速度范围是多少？画出速度随空气进口温度的变化。

11.16 一个管壳式换热器中有 135 根双流程薄壁管，管直径均为 12.5mm，总表面积为 47.5m²。水（管侧流体）进入换热器时的温度和流率分别为 15℃ 和 6.5kg/s，被进口温度和流率分别为 200℃ 和 5kg/s 的废气加热。可假定废气具有常压空气的物性，总传热系数约为 200W/(m²·K)。

（a）废气和水的出口温度分别是多少？

（b）假定流动是充分发展的，管侧对流系数是多少？

（c）在其他所有条件均保持不变的情况下，在 6～12kg/s 的范围内画出有效度和流体出口温度随水的流率的变化。

（d）在所有其他条件均保持不变的情况下，为使换热器能够提供出口温度为 42℃ 的 10kg/s 的热水所需的废气进口温度是多少？在这种运行工况下，有效度是多少？

11.17 在一个两侧流体均不混合的单流程叉流换热器中，采用进口温度为 320℃ 的热废气 $[c_p = 1200\text{J}/(\text{kg} \cdot \text{K})]$ 将水 $[\dot{m}_c = 2\text{kg/s}, c_p = 4200\text{J}/(\text{kg} \cdot \text{K})]$ 从 20℃ 加热到 100℃。所需废气的质量流率是多少？假定 UA 等于其设计值 4700W/K，与气体质量流率无关。

11.18 一所大学的总工程师正在负责建造大量的学生宿舍，他决定在每个宿舍的淋浴排水管上安装一个逆流同心管换热器。薄壁紫铜排水管的直径为 $D_i = 50\text{mm}$。淋浴废水进入换热器时的温度为 $T_{h,i} = 38℃$，进入宿舍的净水的温度为 $T_{c,i} = 10℃$。废水以薄的**降膜**形式沿排水管的垂直壁面流下，有 $h_h = 10000\text{W}/(\text{m}^2 \cdot \text{K})$。

（a）如果环状间隙为 $d = 10\text{mm}$，换热器的长度为 $L = 1\text{m}$，水的流率为 $\dot{m} = 10\text{kg/min}$，确定换热速率和温度较高的净水的出口温度。

（b）如果在环状间隙中安装一个螺旋弹簧以迫使净水沿螺旋通道从进口流向出口，可产生 $h_c = 9050\text{W}/(\text{m}^2 \cdot \text{K})$，确定传热速率和净水的出口温度。

（c）如果有 15000 个学生每人每天淋浴

10min，加热水的费用为 \$0.07/(kW·h)，基于（b）中的结果，计算每天节省的费用。

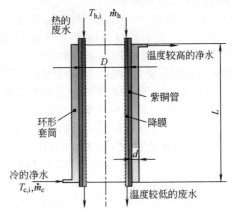

11.19 有人建议可用柴油发电厂的废气在管壳式换热器中产生蒸汽，该换热器有一个壳程和一个管程。钢管的热导率为 40W/(m·K)，内直径为 50mm，壁面厚度为 4mm。流率为 2kg/s 的废气进入换热器时的温度为 400℃，出口温度必须为 215℃。为限制管内的压降，管内气体的速度不能超过 25m/s。如果为换热器的壳侧提供 11.7bar 的饱和水，确定所需的管数和它们的长度。近似地假定废气具有常压空气的物性，且可以忽略水侧的热阻。但是，要考虑管子气侧的污垢，可采用污垢热阻 0.0015m²·K/W。

11.20 再生式换热器通过吸收燃烧产物的能量来加热燃烧过程中所需的空气。它可通过提高进入燃烧器的空气的温度来提高燃气轮机的效率。

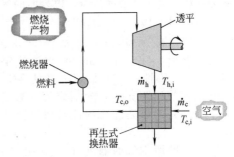

考虑一个系统，其中再生式换热器是一个两侧流体均不混合的叉流换热器，透平废气和空气的流率分别为 $\dot{m}_h = 6.5\text{kg/s}$ 和 $\dot{m}_c = 6.2\text{kg/s}$。总传热系数的相应值为 $U = 100\text{W}/(\text{m}^2 \cdot \text{K})$。

（a）如果废气和空气的出口温度分别为 $T_{h,i} = 700\text{K}$ 和 $T_{c,i} = 300\text{K}$，为使空气出口温度为 $T_{c,o} = 500\text{K}$ 所需的换热表面积为多少？可假定空气和燃烧产物的比热容均为 1040J/(kg·K)。

(b) 在给定的条件下，计算并画出空气出口温度随换热表面积的变化。

11.21 使用炉子的废气预热供应其燃烧器的助燃空气。流率和进口温度分别为 15kg/s 和 1100K 的废气在管簇中的管内流动，而流率和进口温度分别为 10kg/s 和 300K 的空气则在管外绕流。管子上没有肋片，总传热系数为 100W/(m²·K)。确定为使空气出口温度达到 850K 所需管子的总表面积。可假定废气和空气具有相同的比热容 1075J/(kg·K)。

11.22 再生式换热器通过吸收燃烧产物（废气）的能量来加热燃烧过程中所需的空气。考虑采用单流程叉流换热器作为再生式换热器。

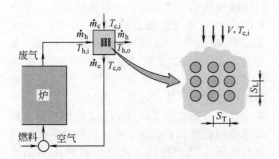

80 根内外直径分别为 55mm 和 80mm、长度为 $L = 1.4$m 的碳化硅陶瓷管 [$k = 20$W/(m·K)] 组成一个顺排管簇，纵向和横向节距分别为 $S_L = 100$mm 和 $S_T = 120$mm。冷空气横向流过管簇，上游条件为 $V = 1$m/s 和 $T_{c,i} = 300$K，而进口温度为 $T_{h,i} = 1400$K 的热废气则在管内流动。管子外表面洁净，内表面的污垢系数为 $R''_f = 2 \times 10^{-4}$ m²·K/W。空气和废气的流率分别为 $\dot{m}_c = 1.0$kg/s 和 $\dot{m}_h = 1.05$kg/s。作为初步近似：(1) 用 1atm 和 300K 确定所有需要的空气物性；(2) 假定废气具有 1atm 和 1400K 空气的性质；(3) 假定管壁温度为 800K，目的是为了处理变物性对对流换热的影响。

(a) 如果助燃空气的温度（$T_{c,o}$）在 300K 以上每提高 10℃ 可节约 1% 的燃料，在给定条件下可节约燃料的百分数是多少？

(b) 总传热系数和总面积的乘积 UA 对再生式换热器的性能有强烈的影响。在 300W/K≤UA≤600W/K 范围内计算并画出 $T_{c,o}$ 和燃料节约的百分比随 UA 的变化。在不改变流率的情况下，为提高 UA，可采取哪些措施？

11.23 在工业炉的烟囱中安装不带肋片的管簇可以回收废气中的热量。流率为 0.025kg/s 的加压水在**每根**管子中做单流程流动，而上游速度为 5.0m/s 的废气则横向流过管子，流率为 2.25kg/s。管簇为 100 根薄壁管（10×10）组成的方形阵列，每根管子的直径和长度分别为 25mm 和 4m。管子顺排，横向节距为 50mm。水和废气的进口温度分别为 300K 和 800K。水的流动是充分发展的，可假定气体具有常压空气的性质。

(a) 总传热系数是多少？

(b) 流体的出口温度是多少？

(c) 换热器的运行可根据热水的需求而变化。对于给定的换热器设计和进口条件，在 0.02kg/s≤$\dot{m}_{c,1}$≤0.20kg/s 范围内计算并画出热量回收速率和流体出口温度随单根管内水的流率的变化。

11.24 汽车以 25m/s 的恒定速度行驶时用于克服风阻和摩擦阻力的功率为 9kW。

(a) 如果汽车中安装的内燃机的效率为 35%，确定散热器所需的换热面积（假定发动机所产生的能量中有 65% 以废热的形式从散热器排出）。水进出散热器时的平均温度分别为 $T_{m,i} = 400$K 和 $T_{m,o} = 330$K。冷却空气的流率和温度分别为 3kg/s 和 300K。散热器可以作为两侧流体均不混合的叉流换热器进行分析，总传热系数为 400W/(m²·K)。

(b) 如果汽车中安装的是效率为 50% 的燃料电池，确定散热器所需的水的质量流率和换热面积。燃料电池的运行温度限制在约 85℃，因此，散热器中水的进出口平均温度分别为 $T_{m,i} = 355$K 和 $T_{m,o} = 330$K。空气温度与 (a) 中的相同。假定空气的流率与散热器的换热表面积成正比。**提示**：需要迭代。

(c) 如果水的质量流率与 (a) 中的相同，确定装备有燃料电池的汽车中所需的散热器的换热面积和水的出口平均温度。

11.25 在一个朗肯动力系统中，1.5kg/s 的蒸汽在离开透平时为 0.51bar 的饱和蒸汽。蒸汽在一个管壳式换热器中进行管外绕流时凝结为饱和液体，而进口温度为 $T_{c,i} = 280$K 的液态水则在管内流动。冷凝器中有 100 根薄壁管，直径均为 10mm，通过这些管子的总的水流率为 15kg/s。管子外表面上凝结的平均对流系数可近似取为 $\bar{h}_o = 5000$W/(m²·K)。液态水的合适物性值为 $c_p = 4178$J/(kg·K)、

$\mu = 700 \times 10^{-6} \, \text{kg}/(\text{s} \cdot \text{m})$、$k = 0.628 \text{W}/(\text{m} \cdot \text{K})$ 和 $Pr = 4.6$。

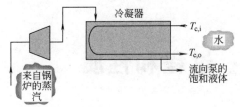

(a) 水的出口温度是多少？

(b) 所需的（单根）管长是多少？

(c) 在运行一段时间后，在内外管表面上积聚的沉积物产生累积污垢系数 $0.0003 \text{m}^2 \cdot \text{K}/\text{W}$。对于给定的进口条件和计算所得的管长，蒸汽凝结的质量份额为多少？

(d) 对于（b）中算得的管长和（c）中给定的污垢系数，探讨水的流率和进口温度的变化（在物理上可能的范围内）对冷凝器性能的影响。图示你的结果并给出合适的结论。

紧凑式换热器

11.26 一个冷却盘管由铝制 [$k = 237 \text{W}/$ (m·K)] 肋片管管簇构成，其芯的结构见图 11.16，管的内直径为 13.8mm。管子安装在一个增压空间中，后者的横截面为边长 0.4m 的正方形，因此迎风面积为 0.16m^2。1.5kg/s 的常压空气横向流过管子，而 1atm 的饱和制冷剂 R-134a 在管内蒸发。如果空气的进口温度为 37℃ 且其出口温度不得大于 17℃，在流向上允许的最少管排数是多少？管内蒸发的对流系数为 $5000 \text{W}/(\text{m}^2 \cdot \text{K})$。

11.27 一个蒸汽发生器由不锈钢材 [$k = 15 \text{W}/(\text{m} \cdot \text{K})$] 的肋片管管簇构成，其芯的结构见图 11.16，管的内直径为 13.8mm。管子安装在一个增压空间中，后者的横截面为边长 0.6m 的正方形，因此迎风面积为 0.36m^2。近似具有常压空气的物性的燃气进入增压空间时的温度为 900 K，以 3kg/s 的流率横向流过管子。在气流方向上共有 11 排管子。如果 2.455 bar 的饱和水正在管内沸腾，气体的出口温度是多少？管内沸腾的对流系数为 $10000 \text{W}/(\text{m}^2 \cdot \text{K})$。

第**12**章 辐射：过程和性质

我们已经知道导热和对流传热要求在某种形式的物质内存在温度梯度。与此不同，**热辐射**传热不需要物质。这是一种非常重要的过程，从物理意义上来说，这也许是最令人感兴趣的传热方式。辐射传热与许多工业加热、冷却和干燥过程有关，也与包括矿物燃料燃烧和太阳辐射的能量转换方法有关。

在本章中，我们的目的是讨论产生辐射的方法、辐射的特性以及辐射与物质相互作用的方式。我们要特别注意辐射与物质表面的相互作用以及为描述这些相互作用必须引入的一些物理性质。在第 13 章中，我们将集中讨论计算两个或更多表面之间的辐射换热的方法。

12.1　基本概念

讨论一个初始温度 T_s 高于其周围环境温度 T_sur 的固体，但围绕固体的环境处于真空状态（图 12.1）。真空的存在消除了固体表面的导热和对流能量损失。但我们凭直觉知道，固体将冷却，并最终达到与其环境之间的热平衡。这种冷却与固体贮存的内能的减少有关，并

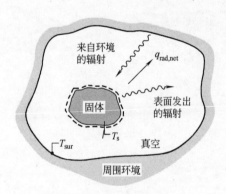

图 12.1　热的固体的辐射冷却

且是固体表面**发射**热辐射的直接结果❶。同样，固体表面也将拦截和吸收来自环境的辐射。然而，如果 $T_\text{s} > T_\text{sur}$，**净**辐射换热速率 $q_\text{rad,net}$ 是**出自**固体表面，因此表面将冷却，直到 T_s 降至 T_sur。

我们将热辐射与物质因具有一定温度而发射能量的速率联系起来。此刻，围绕你的所有物质都正在发出热辐射：若你在室内，有家具和房间的墙壁；若在室外，有地面、建筑物以及大气和太阳。发射的机理是与构成物质的许多电子因振荡和跃迁而释放能量有关的。而这些振荡是靠物质的内能，因而是温度来维持的。因此，我们将发出的热辐射与物质内部的热致激发状态相联系。

所有形式的物质都发出辐射。对于高温的气体和像玻璃及盐这样的半透明固体，自物质发出辐射是一种**容积现象**，如图 12.2 所示。就是说，从一定容积的物质发出的辐射是整个容积中局部发射的整体效果。但本书中我们要集中讨论的是属于**表面现象**的辐射。在大多数固体和液体中，由内部分子发出的辐射被邻近分子强烈吸收。因此，由固体或液体发出的辐射是由离暴露表面约 $1\mu\text{m}$ 之内的分子发出的。正因为这个原因，由固体或液体向邻近气体或真空发出的辐射被看成是一种表面现象。涉及纳米尺度或微尺度器件的情况除外。

我们知道，辐射来自物质的发射，而随后的传输却不要求存在任何物质。那么这种传输的本质是什么？一种理论将辐射看作是**光子**或**量子**的粒子集合的传播，另一种理论看作是**电**

---

❶　发射是专指物质本身发出的辐射，因此不同于物质对外来辐射的反射辐射和透过物质的辐射。——译者注

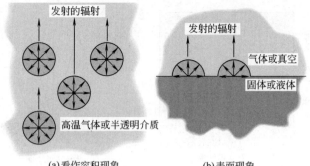

图 12.2　发射过程

磁波的传播。在任何一种情况下，我们愿意认为辐射有频率 ν 和波长 λ 这种标准的波的性质。对于在特定介质中的传播，这两个性质的关系是

$$\lambda = \frac{c}{\nu} \tag{12.1}$$

式中，c 是介质中的光速。对于真空中的传播，$c_0 = 2.998 \times 10^8 \, \text{m/s}$。波长的单位通常用 μm，$1\mu m = 10^{-6} m$。

图 12.3 画出了整个电磁辐射的光谱。高能物理学家和核工程师感兴趣的主要是短波长的 γ 射线、X 射线和紫外（UA）辐射，而电气工程师所关心的是长波长的微波和无线电波。大约 $0.1 \sim 100\mu m$ 的中间部分光谱，包括一部分紫外和全部可见光和红外辐射（IR），**称为热辐射**，因为它是由物质的热状态或温度产生的，并能对它们产生影响。由于这个原因，它和传热有关。

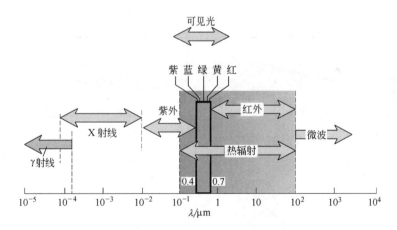

图 12.3　电磁辐射的光谱

由表面发射的热辐射包含了一个波长范围。由图 12.4(a) 可知，辐射的强弱是随波长变化的，**光谱**这个术语用于表示这种依赖性质。我们将看到，任何波长的辐射其强弱和**光谱分布**都是随发射表面的性质和温度而变化的。

热辐射的光谱性质是使热辐射的描述变得复杂的两个特性之一。第二个特性涉及它的**方向性**。如图 12.4(b) 所示，一个表面在不同方向上辐射的强弱有差别，因此存在着发射辐射的**方向分布**。为了对第 1 章引入的发射、吸收、反射和透射有定量的概念，我们应学会处理光谱和方向这两个效应。

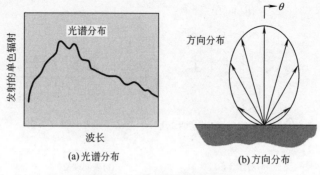

(a)光谱分布   (b)方向分布

图 12.4 由表面发射的辐射

12.2 辐射强度

离开表面的辐射能向所有可能的方向传播［图 12.4(b)］，我们常常对其方向分布感兴趣。还有，投射在表面上的辐射可来自不同方向，而表面对投射的辐射的反应与方向有关。在确定净辐射换热中这个方向效应可能极为重要，可通过引入**辐射强度**的概念来处理。

12.2.1 数学定义

由于物理本质的原因，在辐射换热的数学处理中要广泛应用球坐标系。由图 12.5(a)，微元平面角 $d\alpha$ 是以一个圆的射线之间的区域定义的，并以圆周上的圆弧长 dl 与圆的半径 r 之比来度量。类似地，由图 12.5(b)，微元立体角 $d\omega$ 是以球的射线之间的区域定义的，并以球面上的面积 dA_n 与球的半径的平方之比来度量。因此

$$d\omega \equiv \frac{dA_n}{r^2} \tag{12.2}$$

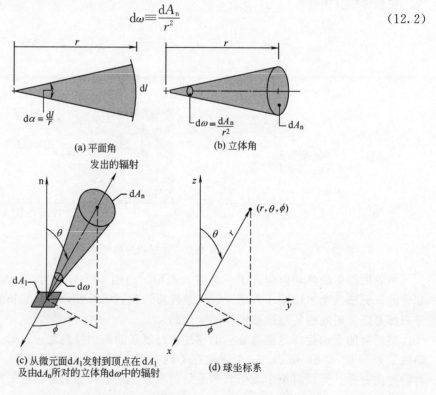

(a) 平面角   (b) 立体角

(c) 从微元面dA_1发射到顶点在dA_1及由dA_n所对的立体角$d\omega$中的辐射   (d) 球坐标系

图 12.5 数学定义

讨论图 12.5(c) 所示的由面积为 dA_1 的元面在一个特定方向发出的辐射。可用球坐标系 [图 12.5(d)] 中的天顶角 θ 和方位角 ϕ 表示这个方向。从元面 dA_1 上的一个点观察，所论辐射穿过的位于空间微元面积 dA_n 所对的立体角为 $d\omega$。由图 12.6 可知，面积 dA_n 是大小为 $rd\theta \times r\sin\theta d\phi$ 的矩形，所以，$dA_n = r^2\sin\theta d\theta d\phi$。于是有

$$d\omega = \sin\theta d\theta d\phi \tag{12.3}$$

当从一个不透明微元表面积 dA 上的一个点观察时，发出到任何方向的辐射，其方向可利用在此表面上方的一个假想的半球来定义。在积分限 $\phi = 0 \sim 2\pi$ 和 $\theta = 0 \sim \pi/2$ 范围内积分式(12.3) 可确定整个半球的立体角。因此

$$\int_h d\omega = \int_0^{2\pi}\int_0^{\pi/2} \sin\theta d\theta d\phi = 2\pi\int_0^{\pi/2}\sin\theta d\theta = 2\pi \text{sr} \tag{12.4}$$

式中，下标 h 表示对半球积分。要注意立体角的单位是立体弧度（sr），类似于平面角的弧度。

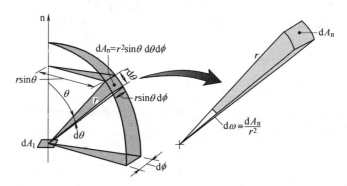

图 12.6　球坐标系中顶点位于 dA_1 和由 dA_n 所对的立体角

12.2.2　辐射强度及其与发射的关系

回到图 12.5(c)，现在我们讨论从 dA_1 发出并通过 dA_n 的辐射的速率。这个量可以用发射辐射的**光谱强度** $I_{\lambda,e}$ 表示。我们严格地将 $I_{\lambda,e}$ 定义为**在波长 λ 和方向 (θ,ϕ) 由垂直于所论方向的单位面积发射的、包含在围绕此方向的单位立体角内及围绕波长 λ 的单位波长间隔 $d\lambda$ 内的辐射能**的速率。要注意，定义这个强度所用的面积，是 dA_1 在垂直于所论方向的平面上的投影。由图 12.7 可知，这个投影面积为 $dA_1\cos\theta$。实际上，这是 dA_1 对位于 dA_n 的观察者所显示的大小。因此，单位为 $W/(m^2 \cdot sr \cdot \mu m)$ 的光谱强度可表示为

$$I_{\lambda,e}(\lambda,\theta,\phi) \equiv \frac{dq}{dA_1\cos\theta \cdot d\omega \cdot d\lambda} \tag{12.5}$$

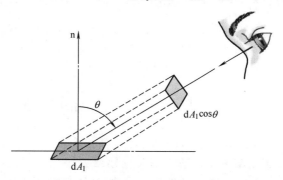

图 12.7　dA_1 在垂直于所论辐射方向的平面上的投影

式中，$(\mathrm{d}q/\mathrm{d}\lambda)\equiv\mathrm{d}q_\lambda$ 是离开 $\mathrm{d}A_1$ 并通过 $\mathrm{d}A_\mathrm{n}$ 的波长为 λ 的辐射能速率。重新整理式 (12.5)，得

$$\mathrm{d}q_\lambda = I_{\lambda,\mathrm{e}}(\lambda,\theta,\phi)\,\mathrm{d}A_1\cos\theta\mathrm{d}\omega \tag{12.6}$$

式中，$\mathrm{d}q_\lambda$ 的单位是 $\mathrm{W}/\mu\mathrm{m}$。这个重要的表达式使我们能计算由一个表面发射的、传播到以围绕 (θ,ϕ) 方向的立体角 $\mathrm{d}\omega$ 定义的空间区域中的辐射能的速率。然而，为计算这个速率，必须知道发射辐射的光谱强度 $I_{\lambda,\mathrm{e}}$。将在 12.3 节和 12.4 节中讨论确定这个量的方法。将式 (12.6) 表示为单位面积发射表面的辐射能的速率，并代入式(12.3)，与 $\mathrm{d}A_1$ 有关的光谱辐射流密度为

$$\mathrm{d}q_\lambda'' = I_{\lambda,\mathrm{e}}(\lambda,\theta,\phi)\cos\theta\sin\theta\mathrm{d}\theta\mathrm{d}\phi \tag{12.7}$$

如果已知 $I_{\lambda,\mathrm{e}}$ 的光谱和方向分布，也即 $I_{\lambda,\mathrm{e}}(\lambda,\theta,\phi)$ 已知，则对式(12.7) 积分，就可确定发射到任何有限的立体角内或包含任何有限波长范围的热流密度。例如，我们定义光谱半球向发射功率 $E_\lambda[\mathrm{W}/(\mathrm{m}^2\cdot\mu\mathrm{m})]$ 为由一个表面的单位表面积在围绕波长 λ 的波长间隔 $\mathrm{d}\lambda$ 内向所有方向发出的辐射速率。这样，如图 12.8 所示，E_λ 为向 $\mathrm{d}A_1$ 上方的一个假想半球发射的光谱热流密度，或

$$E_\lambda(\lambda)\equiv q_\lambda''(\lambda)=\int_0^{2\pi}\int_0^{\pi/2}I_{\lambda,\mathrm{e}}(\lambda,\theta,\phi)\cos\theta\sin\theta\mathrm{d}\theta\mathrm{d}\phi \tag{12.8}$$

注意，E_λ 是基于**实际**表面积计算的，而 $I_{\lambda,\mathrm{e}}$ 则是基于**投影**面积计算的。积分中出现 $\cos\theta$ 项就是这个差别的结果。

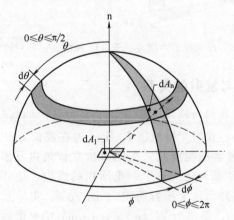

图 12.8 从微元面 $\mathrm{d}A_1$ 发射到中心位于 $\mathrm{d}A_1$ 的一个假想半球的辐射

全波长半球向发射功率 $E(\mathrm{W}/\mathrm{m}^2)$ 是单位面积在所有可能波长和向所有可能方向发射的辐射能的速率。因此

$$\boxed{E=\int_0^\infty E_\lambda(\lambda)\mathrm{d}\lambda} \tag{12.9}$$

或者，由式(12.8)

$$E=\int_0^\infty\int_0^{2\pi}\int_0^{\pi/2}I_{\lambda,\mathrm{e}}(\lambda,\theta,\phi)\cos\theta\sin\theta\mathrm{d}\theta\mathrm{d}\phi\mathrm{d}\lambda \tag{12.10}$$

由于术语"发射功率"意味着向所有方向的发射，所以形容词"半球向"是多余的，常被省去。这样，就说**光谱发射功率** E_λ，或**全波长发射功率** E。

虽然表面发射的方向分布随表面的性质而变化，但有一种特殊情况能使我们对许多表面

作合理的近似处理。我们将辐射强度不随方向变化的发射表面称作**漫发射体**，对于漫发射体的情况，$I_{\lambda,e}(\lambda,\theta,\phi)=I_{\lambda,e}(\lambda)$。将 $I_{\lambda,e}$ 从式(12.8) 的被积函数中移出，并完成积分，可得

$$E_\lambda(\lambda)=\pi I_{\lambda,e}(\lambda)\qquad(12.11)$$

类似地，由式(12.10)，得

$$E=\pi I_e\qquad(12.12)$$

式中，I_e 是发射辐射的**全波长强度**。注意，上式中出现的常数是 π，不是 2π，其单位为 sr。

【**例 12.1**】 已知面积为 $A_1=10^{-3}\,\text{m}^2$ 的小表面是漫发射体，测得法向发射的全波长强度为 $I_n=7000\,\text{W}/(\text{m}^2\cdot\text{sr})$。

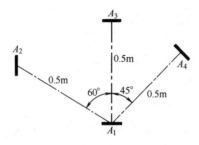

从表面发射的辐射被另外三个面积为 $A_2=A_3=A_4=10^{-3}\,\text{m}^2$ 的表面拦截，它们离 A_1 的距离为 0.5m，方位情况见上图。在每个方向的发射辐射的强度是多少？从 A_1 观察的这三个表面所对的立体角的值是多少？三个表面拦截的由 A_1 发射的辐射的速率分别是多少？

解析

已知：面积为 A_1 的漫发射体的法向强度及三个表面相对于 A_1 的方位。

求：1. 在三个方向上的发射强度。

2. 三个表面所对的立体角。

3. 被三个表面分别拦截的辐射的速率。

示意图：

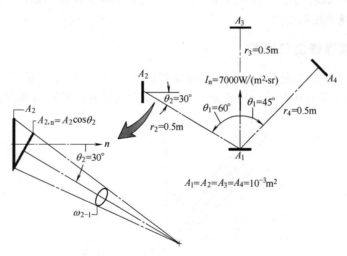

假定：1. 表面 A_1 为漫发射体。

    2. A_1、A_2、A_3 和 A_4 可近似为微元面，$(A_j/r_j^2)\ll 1$。

分析：1. 由漫发射体的定义，发射辐射的强度不随方向变化，因此对三个方向都有

$$I=7000\,\text{W}/(\text{m}^2\cdot\text{sr})$$

2. 将 A_2、A_3 和 A_4 作为微元面处理，可由式(12.2) 计算立体角

$$d\omega = \frac{dA_n}{r^2}$$

式中，dA_n 是表面在垂直于辐射方向上的投影。由于表面 A_3 和 A_4 垂直于辐射方向，可直接由上式确定这两个表面所对的立体角。因此

$$\omega_{3-1} = \omega_{4-1} = \frac{A_3}{r^2} = \frac{10^{-3}\,\mathrm{m}^2}{(0.5\,\mathrm{m})^2} = 4.00 \times 10^{-3}\,\mathrm{sr} \qquad \blacktriangleleft$$

表面 A_2 不垂直于辐射方向，我们采用 $dA_{n,2} = dA_2 \times \cos\theta_2$，式中，$\theta_2$ 是表面的法线与辐射方向之间的夹角。于是

$$\omega_{2-1} = \frac{A_3 \cos\theta_2}{r^2} = \frac{10^{-3}\,\mathrm{m}^2 \times \cos 30°}{(0.5\,\mathrm{m})^2} = 3.46 \times 10^{-3}\,\mathrm{sr} \qquad \blacktriangleleft$$

3. 将 A_1 近似地作为微元面时，可用式(12.6) 计算三个表面积所拦截的辐射能的速率，对于全波长辐射，该式可表示为

$$q_{1-j} = IA_1 \cos\theta_1 w_{j-1}$$

式中，θ_1 是表面 1 的法线与辐射方向之间的夹角。因此

$$q_{1-2} = 7000\,\mathrm{W/(m^2 \cdot sr)} \times (10^{-3}\,\mathrm{m}^2 \times \cos 60°) \times 3.46 \times 10^{-3}\,\mathrm{sr} = 12.1 \times 10^{-3}\,\mathrm{W} \qquad \blacktriangleleft$$

$$q_{1-3} = 7000\,\mathrm{W/(m^2 \cdot sr)} \times (10^{-3}\,\mathrm{m}^2 \times \cos 0°) \times 4.00 \times 10^{-3}\,\mathrm{sr} = 28.0 \times 10^{-3}\,\mathrm{W} \qquad \blacktriangleleft$$

$$q_{1-4} = 7000\,\mathrm{W/(m^2 \cdot sr)} \times (10^{-3}\,\mathrm{m}^2 \times \cos 45°) \times 4.00 \times 10^{-3}\,\mathrm{sr} = 19.8 \times 10^{-3}\,\mathrm{W} \qquad \blacktriangleleft$$

说明： 1. 注意发射表面的 θ_1 的不同值和接收表面的 θ_2、θ_3 和 θ_4 的值。

2. 如果表面积相对于相隔距离的平方不是很小，就要分别积分式(12.3) 和式(12.6) 以确定立体角和辐射传热速率。

3. 如果已知光谱强度 I_λ，也可用上述方法确定任意光谱范围内的辐射能速率。

4. 虽然发射的辐射强度不随方向而变化，但由于立体角和投影面积不同，三个表面所拦截的辐射能的速率相差很大。

12.2.3 有关辐照密度的概念

虽然我们集中讨论的是由表面发射的辐射，以上的概念可以扩展到 **投射辐射** （图 12.9）。这种辐射可来自在其他一些表面上发生的发射和反射，具有由其光谱强度 $I_{\lambda,i}(\lambda, \theta,$

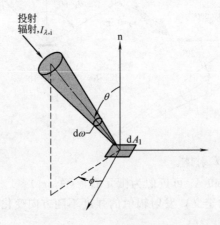

图 12.9 投射辐射的方向性质

ϕ) 确定的光谱和方向分布。投射辐射 $I_{\lambda,i}(\lambda,\theta,\phi)$ 的定义是：在围绕来自 (θ,ϕ) 方向的单位立体角及围绕 λ 的单位波长间隔 $d\lambda$ 内，投射在与讨论方向相垂直的单位**拦截**表面积上的辐射能速率。

可以将投射辐射的光谱强度与一个名为**辐照密度**的重要的辐射流密度建立关系，辐照密度包含**来自所有方向**的投射辐射。**光谱辐照密度** $G_\lambda[\mathrm{W}/(\mathrm{m}^2 \cdot \mu\mathrm{m})]$ 的定义是：投射在单位表面积上的、在围绕 λ 的单位波长间隔 $d\lambda$ 内的波长为 λ 的辐射能速率。因此

$$G_\lambda(\lambda) = \int_0^{2\pi}\int_0^{\pi/2} I_{\lambda,i}(\lambda,\theta,\phi)\cos\theta\sin\theta\,d\theta\,d\phi \tag{12.13}$$

式中，$\sin\theta\,d\theta\,d\phi$ 是单位立体角。出现因子 $\cos\theta$ 是因为 G_λ 是基于实际表面积的能流密度，而 $I_{\lambda,i}$ 是以投影面积定义的。如果**全波长辐照密度** $G(\mathrm{W}/\mathrm{m}^2)$ 表示投射在单位面积上的来自所有方向和所有波长的辐射能速率，可得

$$G = \int_0^\infty G_\lambda(\lambda)\,d\lambda \tag{12.14}$$

或者，由式(12.13)

$$G = \int_0^\infty\int_0^{2\pi}\int_0^{\pi/2} I_{\lambda,i}(\lambda,\theta,\phi)\cos\theta\sin\theta\,d\theta\,d\phi\,d\lambda \tag{12.15}$$

如果投射辐射是漫辐射，$I_{\lambda,i}$ 与 θ 和 ϕ 无关，可得

$$G_\lambda(\lambda) = \pi I_{\lambda,i}(\lambda) \tag{12.16}$$

和

$$G = \pi I_i \tag{12.17}$$

【**例 12.2**】　下图是表面辐照密度的光谱分布。全波长辐照密度是多少？

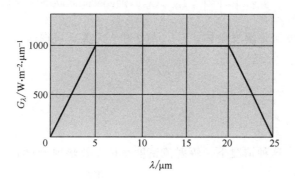

解析

已知：表面辐照密度的光谱分布。

求：全波长辐照密度。

分析：可由式(12.14) 确定全波长辐照密度

$$G = \int_0^\infty G_\lambda\,d\lambda$$

将上述积分分成几个部分就很易计算，即

$$G = \int_0^{5\mu m} G_\lambda \mathrm{d}\lambda + \int_{5\mu m}^{20\mu m} G_\lambda \mathrm{d}\lambda + \int_{20\mu m}^{25\mu m} G_\lambda \mathrm{d}\lambda + \int_{25\mu m}^{\infty} G_\lambda \mathrm{d}\lambda$$

因此

$$G = \frac{1}{2}[1000\,\mathrm{W/(m^2 \cdot \mu m)}] \times (5-0)\mu m + [1000\,\mathrm{W/(m^2 \cdot \mu m)}] \times (20-5)\mu m +$$

$$\frac{1}{2}[1000\,\mathrm{W/(m^2 \cdot \mu m)}] \times (25-20)\mu m + 0$$

$$= (2500+15000+2500)\,\mathrm{W/m^2} = 20000\,\mathrm{W/m^2}$$

◀

说明：一般来说，辐射源不可能提供有规则光谱分布的辐照密度。但由已知的光谱分布计算全波长辐照密度的方法仍然是相同的，虽然积分计算可能要将各个部分分得更细。

12.2.4 有关有效辐射密度的概念

最后一个感兴趣的辐射流密度名为**有效辐射密度**，是用来计算离开表面的**总辐射能**的。由于这个辐射包括对辐照的**反射**部分以及由表面直接发射的辐射（图 12.10），有效辐射密度一般不同于发射辐射密度。**光谱有效辐射密度** J_λ $[\mathrm{W/(m^2 \cdot \mu m)}]$ 表示离开单位表面积和在围绕 λ 的单位波长间隔 $\mathrm{d}\lambda$ 的波长为 λ 的辐射能速率。由于有效辐射计及所有方向，所以它与涉及发射和反射的辐射强度 $I_{\lambda,e+r}(\lambda,\theta,\phi)$ 有关，这个关系式为

$$J_\lambda(\lambda) = \int_0^{2\pi} \int_0^{\pi/2} I_{\lambda,e+r}(\lambda,\theta,\phi)\cos\theta\sin\theta\mathrm{d}\theta\mathrm{d}\phi \tag{12.18}$$

因此，涉及整个光谱的**全波长有效辐射密度** $J\,(\mathrm{W/m^2})$ 为

$$J = \int_0^{\infty} J_\lambda(\lambda)\mathrm{d}\lambda \tag{12.19}$$

或

$$J = \int_0^{\infty} \int_0^{2\pi} \int_0^{\pi/2} I_{\lambda,e+r}(\lambda,\theta,\phi)\cos\theta\sin\theta\mathrm{d}\theta\mathrm{d}\phi\mathrm{d}\lambda \tag{12.20}$$

如果表面既是**漫反射体**又是**漫发射体**，$I_{\lambda,e+r}$ 与 θ 和 ϕ 无关，可得

$$J_\lambda(\lambda) = \pi I_{\lambda,e+r} \tag{12.21}$$

和

$$J = \pi I_{e+r} \tag{12.22}$$

需要再次提醒：在这种情况下，辐射流密度是指有效辐射密度，它是基于实际表面积，

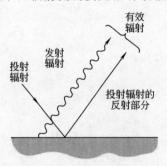

图 12.10 表面的有效辐射密度

而强度则是基于投影面积。

12.3　黑体辐射

在叙述真实表面的辐射特性时，引入黑体的概念是很有用的。黑体是具有下述性质的一种理想表面。

1. 黑体能吸收任何波长和任何方向的全部投射辐射。

2. 对给定的温度和波长，不存在能比黑体发射更多能量的表面。

3. 虽然黑体所发射的辐射是波长和温度的函数，但它与方向无关，也即黑体是漫发射体。 作为理想的吸收体和发射体，黑体可用作比较真实表面的辐射性质的基准。

虽然某些表面与黑体相当近似，但应强调指出，不存在与黑体性质完全相同的表面。最好的近似是内表面温度均匀一致的**腔体**。如果辐射通过一个小孔进入腔体 [图 12.11(a)]，在重新离开小孔前它将经受许多次反射。因此，辐射几乎全部被腔体吸收，得到了近似于黑体的性质。根据热力学原理可以证明，离开小孔的辐射只与温度有关，并相当于黑体发射 [图 12.11(b)]。由于黑体是漫发射体，离开黑体的辐射，其光谱强度不随方向变化。并且，由于腔体内的辐射场是腔体表面的发射和反射的累积效果，因此，它和从小孔离开的辐射应有相同的形式，从而也说明在腔体内存在有黑体辐射场。因此，腔体中的任何小表面上 [图 12.11(c)] 的辐照密度为 $G_\lambda = E_{\lambda,b}(\lambda, T)$。该表面接受的是漫辐照密度，与其方位无关。**不论腔体表面具有高反射还是高吸收性质，腔体内均存在黑体辐射。**

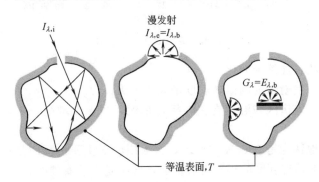

(a)完全吸收　　(b)离开小孔的漫射辐射　　(c)内表面的漫辐照

图 12.11　等温黑体腔的特性

12.3.1　普朗克分布

最先由普朗克确定的黑体的光谱强度早已众所周知[1]，其形式为

$$I_{\lambda,b}(\lambda, T) = \frac{2hc_o^2}{\lambda^5 \{\exp[hc_o/(\lambda kT)] - 1\}} \tag{12.23}$$

式中，$h = 6.626 \times 10^{-34} \text{J} \cdot \text{s}$ 和 $k = 1.381 \times 10^{-23} \text{J/K}$，分别是普朗克和波尔兹曼常数；$c_0 = 2.998 \times 10^8 \text{m/s}$，是真空中的光速；$T$ 是黑体的**绝对温度**，K。由于黑体是漫发射体，由式 (12.11) 可得黑体的光谱发射功率的表达式为

$$E_{\lambda,b}(\lambda, T) = \pi I_{\lambda,b}(\lambda, T) = \frac{C_1}{\lambda^5 \{\exp[C_2/(\lambda T)] - 1\}} \tag{12.24}$$

式中，第一和第二辐射常数分别为：$C_1 = 2\pi hc_o^2 = 3.742 \times 10^8 \, \text{W} \cdot \mu\text{m}^4/\text{m}^2$ 和 $C_2 = (hc_o/k) = 1.439 \times 10^4 \, \mu\text{m} \cdot \text{K}$。

式（12.24）称为普朗克分布，图 12.12 中画出了一些温度的 $E_{\lambda,b}$ 随 λ 的变化曲线。必须指出几个重要的性质。

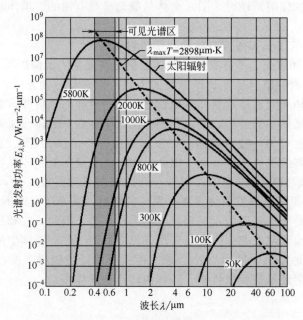

图 12.12　黑体的光谱发射功率

① 发射辐射随波长**连续地**变化。

② 在任何波长，发射辐射的值随温度增高而增大。

③ 强辐射集中的光谱区与温度有关，**相对来说**，当温度增高，更多的强辐射出现在较短的波长。

④ 将太阳近似地认为是 5800K 的黑体，占太阳辐射主要份额的是在可见光谱区。与此相比，对于 $T \leqslant 800$K，红外区的辐射占有优势，眼睛是无法看到的。

12.3.2　维恩位移定律

从图 12.12 我们看到黑体的光谱分布有一个最大值，对应此值的波长 $\lambda_{\max}$ 与温度有关。求式（12.24）的 $E_{\lambda,b}$ 对波长 λ 的导数，并令所得结果为零，可确定这种关系的特性。由此可得

$$\lambda_{\max} T = C_3 \tag{12.25}$$

式中，C_3 为第三个辐射常数，$C_3 = 2898 \mu\text{m} \cdot \text{K}$。

式（12.25）称为**维恩位移定律**，图 12.12 以虚线画出了表示这个定律的许多点的轨迹。根据这个结果，光谱发射功率的最大值随温度的增高而移向较短的波长。对太阳辐射，这个最大值是在可见光谱区的中心（$\lambda \approx 0.5 \mu\text{m}$），因为太阳的发射可近似为温度 5800K 的黑体辐射。对于 1000K 的黑体，峰值发射发生在 $2.90 \mu\text{m}$，带有一些对视觉呈红色的发射辐射。随着温度增高，较短的波长变得更为重要，直到最终光谱功率大的辐射都发生在整个可见光谱区。例如，工作温度为 2900K（$\lambda_{\max} = 1 \mu\text{m}$）的钨丝灯发射白光，虽然大部分发射仍然是在红外区。

12.3.3　斯蒂芬-波尔兹曼定律

将普朗克分布式(12.24) 代入式(12.9)，黑体发射的全波长功率 E_b 可表示为

$$E_b = \int_0^\infty \frac{C_1}{\lambda^5 \left[\exp(C_2/\lambda T) - 1 \right]} d\lambda$$

积分上式可得

$$\boxed{E_b = \sigma T^4} \tag{12.26}$$

式中，**斯蒂芬-波尔兹曼**常数与 C_1 和 C_2 有关，其值为

$$\sigma = 5.670 \times 10^{-8} \, \text{W}/(\text{m}^2 \cdot \text{K}^4)$$

这个简单而重要的结果称为**斯蒂芬-波尔兹曼定律**。只要知道黑体的温度，就可由这个定律计算黑体在所有方向和包含全部波长所发射的辐射能量。由于黑体发射的是漫辐射，由式(12.12) 可得黑体发射的全波长强度为

$$\boxed{I_b = \frac{E_b}{\pi}} \tag{12.27}$$

12.3.4　带发射

有时需要知道黑体在某个波长间隔或**谱带**内发出的辐射在黑体的全波长辐射中所占的份额。对给定的温度和从 $0 \sim \lambda$ 的波长间隔，可由图 12.13 中曲线下的阴影面积与总面积之比确定这个份额。因此

$$F_{(0 \to \lambda)} \equiv \frac{\int_0^\lambda E_{\lambda,b} d\lambda}{\int_0^\infty E_{\lambda,b} d\lambda} = \frac{\int_0^\lambda E_{\lambda,b} d\lambda}{\sigma T^4} = \int_0^{\lambda T} \frac{E_{\lambda,b}}{\sigma T^5} d(\lambda T) = f(\lambda T) \tag{12.28}$$

由于被积函数 $\left[E_{\lambda,b}/(\sigma T^5) \right]$ 只是波长-温度乘积 λT 的函数，就可对式(12.28) 积分而得到仅随 λT 变化的函数 $F_{(0 \to \lambda)}$。所得结果列于表 12.1 并示于图 12.14。它们也可用于确定在任何两个波长 λ_1 和 λ_2 之间的辐射在黑体辐射中所占的份额，因为

$$F_{(\lambda_1 \to \lambda_2)} = \frac{\int_0^{\lambda_2} E_{\lambda,b} d\lambda - \int_0^{\lambda_1} E_{\lambda,b} d\lambda}{\sigma T^4} = F_{(0 \to \lambda_2)} - F_{(0 \to \lambda_1)} \tag{12.29}$$

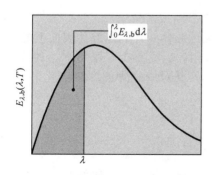

图 12.13　在 $0 \sim \lambda$ 谱带内黑体发射的辐射

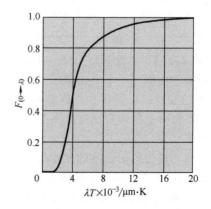

图 12.14　黑体辐射中在 $0 \sim \lambda$ 光谱带内的辐射所占的份额与 λT 的函数关系

表 12.1 的第三和第四列给出了另外的黑体函数。第三列可用于方便地计算给定波长和温度的光谱强度，只需简单地以 σT^5 乘表中的 $I_{\lambda,b}/(\sigma T^5)$，不必再用式（12.23）计算。第四列用于快速计算任意波长的光谱强度与波长为 λ_{max} 的强度的比值。

表 12.1 黑体辐射函数

λT /$\mu m \cdot K$	$F_{(0\to\lambda)}$	$[I_{\lambda,b}(\lambda,T)/(\sigma T^5)]$ /$(\mu m \cdot K \cdot sr)^{-1}$	$\dfrac{I_{\lambda,b}(\lambda,T)}{I_{\lambda,b}(\lambda_{max},T)}$	λT /$\mu m \cdot K$	$F_{(0\to\lambda)}$	$[I_{\lambda,b}(\lambda,T)/(\sigma T^5)]$ /$(\mu m \cdot K \cdot sr)^{-1}$	$\dfrac{I_{\lambda,b}(\lambda,T)}{I_{\lambda,b}(\lambda_{max},T)}$
200	0.000000	0.375034×10^{-27}	0.000000	6200	0.754140	0.249723×10^{-4}	0.345724
400	0.000000	0.490335×10^{-13}	0.000000	6400	0.769234	0.230985	0.319783
600	0.000000	0.104046×10^{-8}	0.000014	6600	0.783199	0.213786	0.295973
800	0.000016	0.991126×10^{-7}	0.001372	6800	0.796129	0.198008	0.274128
1000	0.000321	0.118505×10^{-5}	0.016406	7000	0.808109	0.183534	0.254090
1200	0.002134	0.523927×10^{-5}	0.072534	7200	0.819217	0.170256×10^{-4}	0.235708
1400	0.007790	0.134411×10^{-4}	0.186082	7400	0.829527	0.158073	0.218842
1600	0.019718	0.249130	0.344904	7600	0.839102	0.146891	0.203360
1800	0.039341	0.375568	0.519949	7800	0.848005	0.136621	0.189143
2000	0.066728	0.493432	0.683123	8000	0.856288	0.127185	0.176079
2200	0.100888	0.589649×10^{-4}	0.816329	8500	0.874608	0.106772×10^{-4}	0.147819
2400	0.140256	0.658866	0.912155	9000	0.890029	0.901463×10^{-5}	0.124801
2600	0.183120	0.701292	0.970891	9500	0.903085	0.765338	0.105956
2800	0.227897	0.720239	0.997123	10000	0.914199	0.653279×10^{-5}	0.090442
2898	0.250108	0.722318×10^{-4}	1.000000	10500	0.923710	0.560522	0.077600
3000	0.273232	0.720254×10^{-4}	0.997143	11000	0.931890	0.483321	0.066913
3200	0.318102	0.705974	0.977373	11500	0.939959	0.418725	0.057970
3400	0.361735	0.681544	0.943551	12000	0.945098	0.364394×10^{-5}	0.050448
3600	0.403607	0.650396	0.900429	13000	0.955139	0.279457	0.038689
3800	0.443382	0.615225×10^{-4}	0.851737	14000	0.962898	0.217641	0.030131
4000	0.480877	0.578064	0.800291	15000	0.969981	0.171866×10^{-5}	0.023794
4200	0.516014	0.540394	0.748139	16000	0.973814	0.137429	0.019026
4400	0.548796	0.503253	0.696720	18000	0.980860	0.908240×10^{-6}	0.012574
4600	0.579280	0.467343	0.647004	20000	0.985602	0.623310	0.008629
4800	0.607559	0.433109	0.599610	25000	0.992215	0.276474	0.003828
5000	0.633747	0.400813	0.554898	30000	0.995340	0.140469×10^{-6}	0.001945
5200	0.658970	0.370580×10^{-4}	0.513043	40000	0.997967	0.473891×10^{-7}	0.000656
5400	0.680360	0.342445	0.474092	50000	0.998953	0.201605	0.000279
5600	0.701046	0.316376	0.438002	75000	0.999713	0.418597×10^{-8}	0.000058
5800	0.720158	0.292301	0.404671	100000	0.999905	0.135752	0.000019
6000	0.737818	0.270121	0.373965				

【例 12.3】 讨论保持在 2000K 均匀温度的一个大的腔体。计算从腔体表面上的小孔发出的辐射的功率。在小于 λ_1 的谱带内包含了 10% 的发射，λ_1 是多少？在大于 λ_2 的谱带内包含 10% 的发射，λ_2 是多少？确定最大的光谱发射功率及其对应的波长。若腔体内有一个小物体，小物体上的辐照密度是多少？

解析

已知：处于均匀温度的大的等温腔体。

求：1. 腔体上一个小孔的发射功率。

2. 波长 λ_1 和 λ_2。在小于 λ_1 和大于 λ_2 的光谱带内分别包含 10% 的辐射。

3. 最大的光谱发射功率及其对应的波长。

4. 腔体内一个小物体上的辐照密度。

示意图：

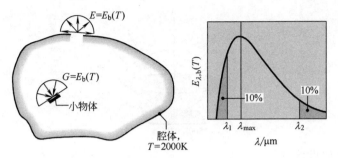

假定： 相对于腔体表面积，小孔和小物的面积非常小。

分析： 1. 从任何等温腔体的小孔发射的辐射都具有黑体辐射的特性。因此，由式（12.26）

$$E=E_b(T)=\sigma T^4=5.670\times10^{-8}\,W/(m^2\cdot K^4)\times(2000K)^4=9.07\times10^5\,W/m^2 \quad\blacktriangleleft$$

2. 波长 λ_1 相当于包含 10% 发射辐射的谱带（$0\rightarrow\lambda_1$）的上限。利用表 12.1，查得 $F_{(0\rightarrow\lambda_1)}=0.10$ 时的 $\lambda_1 T\approx2195\mu m\cdot K$。因此

$$\lambda_1=1.1\mu m \quad\blacktriangleleft$$

波长 λ_2 相当于包含 10% 发射辐射的谱带（$\lambda_2\rightarrow\infty$）的下限。由于

$$F_{(\lambda_2\rightarrow\infty)}=1-F_{(0\rightarrow\lambda_2)}=0.1$$
$$F_{(0\rightarrow\lambda_2)}=0.9$$

由表 12.1 知，$\lambda_2 T=9382\mu m\cdot K$。因此

$$\lambda_2=4.69\mu m \quad\blacktriangleleft$$

3. 由维恩定律 [式（12.25）]，$\lambda_{max}T=2898\mu m\cdot K$。因此
$$\lambda_{max}=1.45\mu m \quad\blacktriangleleft$$

这可由式（12.24）或表 12.1 中的第三列计算各波长的光谱发射功率。对 $\lambda_{max}T=2898$ $\mu m\cdot K$，由表 12.1 可知

$$I_{\lambda,b}(1.45\mu m,\ T)=0.722\times10^{-4}\sigma T^5$$

因此

$$I_{\lambda,b}(1.45\mu m,2000K)=0.722\times10^{-4}[1/(\mu m\cdot K\cdot sr)]\times5.67\times10^{-8}\,W/(m^2\cdot K^4)\times(2000K)^5$$
$$=1.31\times10^5\,W/(m^2\cdot sr\cdot\mu m)$$

由于发出的是漫辐射，由式（12.11）可得

$$E_{\lambda,b}=\pi I_{\lambda,b}=4.12\times10^5\,W/(m^2\cdot\mu m) \quad\blacktriangleleft$$

4. 腔体内任何小物体的辐照密度可近似等同于处于腔体表面温度的黑体的发射辐射密度。因此，$G=E_b(T)$，对所论情况，有

$$G=9.07\times10^5\,W/m^2 \quad\blacktriangleleft$$

【例 12.4】 一个表面处于 1500K，其发射可视为黑体发射。在对应于 $0°\leqslant\theta\leqslant60°$ 的方向范围和在 $2\mu m\leqslant\lambda\leqslant4\mu m$ 的波长间隔内，它的单位面积所发射的能量速率（W/m^2）是多少？

解析

已知： 发射性质可视为黑体表面的温度。

求： 在方向范围 $\theta=0°\sim60°$ 之间及 $\lambda=2\sim4\mu m$ 波长间隔内单位面积发射的能量速率。

示意图：

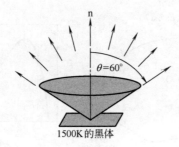

1500K的黑体

假定：所论表面可视为黑体。

分析：可由式(12.10) 按如下的积分限确定单位面积发射能量的速率：

$$\Delta E = \int_2^4 \int_0^{2\pi} \int_0^{\pi/3} I_{\lambda,b} \cos\theta \sin\theta \, d\theta \, d\phi \, d\lambda$$

或者，由于黑体具有漫发射性质，有

$$\Delta E = \int_2^4 I_{\lambda,b} \left(\int_0^{2\pi} \int_0^{\pi/3} \cos\theta \sin\theta \, d\theta \, d\phi \right) d\lambda$$

$$= \int_2^4 I_{\lambda,b} \left(2\pi \frac{\sin^2\theta}{2} \Big|_0^{\pi/3} \right) d\lambda = 0.75 \int_2^4 \pi I_{\lambda,b} \, d\lambda$$

以式(12.11) 代入并用 E_b 乘、除上式，所得结果就可写成在计算光谱积分时能利用表 12.1 的形式。具体地说，有

$$\Delta E = 0.75 E_b \int_2^4 \frac{E_{\lambda,b}}{E_b} d\lambda = 0.75 E_b \left[F_{(0 \to 4)} - F_{(0 \to 2)} \right]$$

由表 12.1

$$\lambda_1 T = 2\mu m \times 1500K = 3000\mu m \cdot K: \qquad F_{(0 \to 2)} = 0.273$$
$$\lambda_2 T = 4\mu m \times 1500K = 6000\mu m \cdot K: \qquad F_{(0 \to 4)} = 0.738$$

因此

$$\Delta E = 0.75 \times (0.738 - 0.273) E_b = 0.75 \times 0.465 E_b$$

由式(12.26) 可得

$$\Delta E = 0.75 \times 0.465 \times 5.67 \times 10^{-8} W/(m^2 \cdot K^4) \times (1500K)^4 = 10^5 \ W/m^2$$

说明：由于方向和光谱的限制，全波长半球向发射功率分别减少了 25% 和 53.5%。

12.4 实际表面的发射

在详细阐明了描述**理想**表面性能的黑体的概念后，现在就可以讨论**实际**表面的性能了。我们已知道黑体是在下述意义上的一个理想发射体：在相同的温度下，没有表面能比黑体发射更多的辐射。所以，为描述实际表面的发射，可方便地以黑体作为基准。一个称为**发射率**❶的表面辐射性质的定义是表面所发射的辐射与同温度的黑体所发射的辐射之比。

一般来说，由实际表面发射的光谱分布与普朗克分布是不同的 [图 12.15(a)]，认识这一点很重要。并且，方向分布可以不是漫发射 [图 12.15(b)]。因此，视感兴趣的是给定波长或方向的发射，还是全部波长或方向的积分平均发射，发射率可以有不同的值。

---

❶ 本书中，有关材料辐射性质的尾缀是用-ivity，不用-ance（也即用"emissivity"，不用"emittance"）。虽然有人主张对光学上平滑和未经污染的表面仍保持尾缀-ivity，但在许多文献中没有这种区别，本书中也不作这种区别。

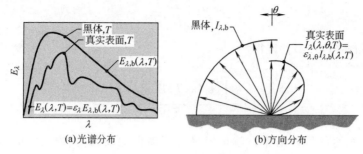

图 12.15　黑体和实际表面的发射的比较

我们定义温度为 T 的表面的**光谱定向发射率** $\varepsilon_{\lambda,\theta}(\lambda,\theta,\phi,T)$ 为在波长 λ 和方向 θ 及 ϕ 的发射辐射强度与同温度 T 和同波长 λ 的黑体的发射辐射强度之比。因此

$$\varepsilon_{\lambda,\theta}(\lambda,\theta,\phi,T) \equiv \frac{I_{\lambda,e}(\lambda,\theta,\phi,T)}{I_{\lambda,b}(\lambda,T)} \tag{12.30}$$

注意如何用下标 λ 和 θ 指明感兴趣的波长和方向的发射率。与此不同，出现在括号中的一些项是指明与波长、方向和/或温度存在的函数关系。在式(12.30)的分母的括号中没有方向变量，意味着辐射强度与方向无关，当然，这是黑体发射的特性。用同样的方式，表示 $\varepsilon_{\lambda,\theta}$ 的光谱平均值的**全波长定向发射率**的 ε_{θ} 可定义为

$$\varepsilon_{\theta}(\theta,\phi,T) \equiv \frac{I_e(\theta,\phi,T)}{I_b(T)} \tag{12.31}$$

对大多数工程计算，需要用到表示方向平均的表面性质。所以定义**光谱半球向发射率**为

$$\varepsilon_{\lambda}(\lambda,T) \equiv \frac{E_{\lambda}(\lambda,T)}{E_{\lambda,b}(\lambda,T)} \tag{12.32}$$

代入表示光谱发射功率的式(12.8)，可以建立与定向发射率 $\varepsilon_{\lambda,\theta}$ 之间的联系，得到

$$\varepsilon_{\lambda}(\lambda,T) = \frac{\int_0^{2\pi}\int_0^{\pi/2} I_{\lambda,e}(\lambda,\theta,\phi,T)\cos\theta\sin\theta\,d\theta\,d\phi}{\int_0^{2\pi}\int_0^{\pi/2} I_{\lambda,b}(\lambda,T)\cos\theta\sin\theta\,d\theta\,d\phi}$$

与式(12.8)不同，现在表明了发射与温度的关系。由式(12.30)和 $I_{\lambda,b}$ 与 θ 及 ϕ 无关的性质，可得

$$\varepsilon_{\lambda}(\lambda,T) = \frac{\int_0^{2\pi}\int_0^{\pi/2} \varepsilon_{\lambda,\theta}(\lambda,\theta,\phi,T)\cos\theta\sin\theta\,d\theta\,d\phi}{\int_0^{2\pi}\int_0^{\pi/2} \cos\theta\sin\theta\,d\theta\,d\phi} \tag{12.33}$$

对大多数表面，可合理地认为 $\varepsilon_{\lambda,\theta}$ 与方位角 ϕ 无关，算出分母后可得：

$$\varepsilon_{\lambda}(\lambda,T) = 2\int_0^{\pi/2} \varepsilon_{\lambda,\theta}(\lambda,\theta,T)\cos\theta\sin\theta\,d\theta \tag{12.34}$$

表示对所有可能的方向和波长取平均的**全波长半球向发射率**的定义是

$$\varepsilon(T) \equiv \frac{E(T)}{E_b(T)} \tag{12.35}$$

代入式(12.9) 和式(12.32)，可得

$$\varepsilon(T) = \frac{\int_0^\infty \varepsilon_\lambda(\lambda, T) E_{\lambda,b}(\lambda, T) \mathrm{d}\lambda}{E_b(T)} \tag{12.36}$$

如果已知表面的各种发射率，就很容易计算表面的发射特性。例如，如果已知 $\varepsilon_\lambda(\lambda, T)$，就可由它并利用式(12.24) 及式(12.32) 计算表面在任意波长和温度的光谱发射功率。与此类似，如果已知 $\varepsilon(T)$，就可由它并利用式(12.26) 和式(12.35) 计算表面在任意温度下的全波长发射功率。已测定了许多不同材料和表面涂层的这些性质。

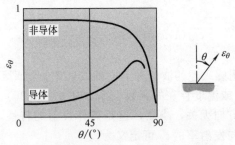

图 12.16　有代表性的全波长定向发射率的方向分布

漫发射体的方向发射率是常数，与方向无关。然而，虽然这个条件常常是一种合理的**近似**，但所有的表面均显示出不同于漫发射性质的某些差异。图 12.16 示意性地给出了导体和非导体材料的 ε_θ 随 θ 的变化。对于导体，在 $\theta \lesssim 40°$ 的范围可近似为常数，大于 40° 后它随 θ 的增大而增大，但最终衰减为零。与此不同，非导体的 ε_θ 在 $\theta \lesssim 70°$ 范围可近似为常数，超过此范围后，随 θ 增大它急剧减小。这些变化的一个含义是：虽然存在发射在方向上的倾向性，但半球向发射率 ε 将不会与相应于 $\theta = 0$ 的法向发射率 ε_n 有显著的差别。实际上，对于导体，比值 $\varepsilon/\varepsilon_n$ 极少会在 $1.0 \sim 1.3$ 的范围之外，而对非导体，极少会在 $0.95 \sim 1.0$ 范围之外。因此，作为合理的近似，有

$$\varepsilon \approx \varepsilon_n \tag{12.37}$$

可以指出，虽然以上的叙述是对全波长发射率而言，但也适用于光谱发射率。

由于实际表面所发射的光谱分布偏离普朗克分布 [图 12.15(a)]，我们并不指望光谱发射率 ε_λ 不随波长变化。图 12.17 中给出了一些有代表性的 ε_λ 的光谱分布。ε_λ 随波长变化的

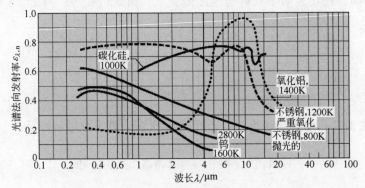

图 12.17　一些材料的光谱法向发射率随波长的变化

方式与固体是导体还是非导体以及表面涂层的性质有关。

图 12.18 和图 12.19 中画出了一些有代表性的全波长法向发射率，并列于附录的表 A.11 中。某些通用性的规律可概括如下：

① 金属表面的发射率一般很小，对高度抛光的金和银，其值小到 0.02。

② 氧化层的存在会大幅度增大金属表面的发射率。由图 12.18 可知，对 900K 的不锈钢，视其是光洁还是严重氧化，前者的值为 0.3，后者为 0.7。

③ 非导体的发射率比较大，通常大于 0.6。

④ 导体的发射率随温度增高而增大，然而，视具体的不同材料，非导体的发射率有可能随温度增高而增大，也有可能减小。可指出的是，图 12.18 中所示的 ε_n 随温度的变化是与图 12.17 中所示的 $\varepsilon_{\lambda,n}$ 的光谱分布一致的。这些趋势可由式 (12.36) 说明。虽然光谱发射率 $\varepsilon_{\lambda,n}$ 可近似为与温度无关，但随着温度增高，更多地发射将成比例地存在于较短的波长。因此，如果某种具体材料的 $\varepsilon_{\lambda,n}$ 随波长减小而增大，这种材料的 ε_n 将随温度增高而增大。

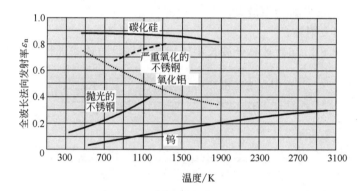

图 12.18　一些材料的全波长法向发射率 ε_n 随温度的变化

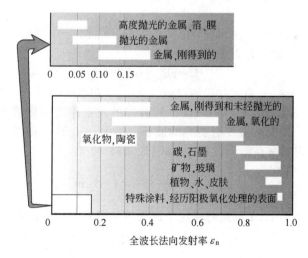

图 12.19　一些有代表性的全波长法向发射率 ε_n

必须认识到发射率的大小与表面的性质密切相关，而加工的方法、热循环和与环境的化学反应则会影响表面的性质。文献中有更全面的表面发射率的汇编资料[2~5]。

【**例 12.5**】　下图所示为在 1600K 下的一个漫发射表面的光谱半球向发射率。

确定全波长半球向发射率和全波长发射功率。在哪个波长光谱发射功率最大？

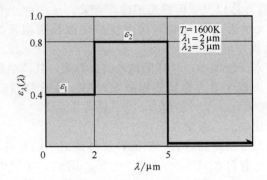

解析

已知：1600K 下一个漫发射表面的光谱半球向发射率。

求：1. 全波长半球向发射率。

2. 全波长发射功率。

3. 在哪个波长光谱发射功率最大。

假定：表面是漫发射体。

分析：1. 可用式（12.36）计算全波长半球向发射率，对该式进行分段积分，有

$$\varepsilon = \frac{\int_0^\infty \varepsilon_\lambda E_{\lambda,b} \,\mathrm{d}\lambda}{E_b} = \frac{\varepsilon_1 \int_0^2 E_{\lambda,b} \,\mathrm{d}\lambda}{E_b} + \frac{\varepsilon_2 \int_2^5 E_{\lambda,b} \,\mathrm{d}\lambda}{E_b}$$

或

$$\varepsilon = \varepsilon_1 F_{(0 \to 2\mu m)} + \varepsilon_2 \big[F_{(0 \to 5\mu m)} - F_{(0 \to 2\mu m)} \big]$$

由表 12.1 可得

$$\lambda_1 T = 2\mu m \times 1600K = 3200\mu m \cdot K: \qquad F_{(0 \to 2\mu m)} = 0.318$$
$$\lambda_2 T = 5\mu m \times 1600K = 8000\mu m \cdot K: \qquad F_{(0 \to 5\mu m)} = 0.856$$

因此，

$$\varepsilon = 0.4 \times 0.318 + 0.8 [0.856 - 0.318] = 0.558$$ ◀

2. 由式（12.35），全波长发射功率为

$$E = \varepsilon E_b = \varepsilon \sigma T^4$$
$$E = 0.558 \times [5.67 \times 10^{-8} \,\mathrm{W/(m^2 \cdot K^4)}] \times (1600K)^4 = 207 \mathrm{kW/m^2}$$ ◀

3. 如果这个表面的发射与黑体的相同，或者它的发射率是不随波长 λ 而变的常数，可由维恩定律确定对应于最大光谱发射功率的波长。然而，由于 ε_λ 随波长而变化，不可能直接确定最大的光谱发射功率在哪个波长。由式（12.25）可知

$$\lambda_{max} = \frac{2898\mu m \cdot K}{1600K} = 1.81\mu m$$

可用式（12.32）并借助表 12.1 确定对应这个波长的光谱发射功率，即

$$E_\lambda(\lambda_{max}, T) = \varepsilon_\lambda(\lambda_{max}) E_{\lambda,b}(\lambda_{max}, T)$$

或者，考虑到这个表面是漫发射体

$$E_\lambda(\lambda_{max}, T) = \pi \varepsilon_\lambda(\lambda_{max}) I_{\lambda,b}(\lambda_{max}, T) = \pi \varepsilon_\lambda(\lambda_{max}) \frac{I_{\lambda,b}(\lambda_{max}, T)}{\sigma T^5} \times \sigma T^5$$

$$E_\lambda(1.81\mu m, 1600K) = \pi \times 0.4 \times 0.722 \times 10^{-4} [1/(\mu m \cdot K \cdot sr)] \times$$
$$5.67 \times 10^{-8} \,\mathrm{W/(m^2 \cdot K^4)} \times (1600K)^5$$
$$= 54 \mathrm{kW/(m^2 \cdot \mu m)}$$

由于从 $\lambda=0\text{mm}$ 到 $\lambda=2\mu\text{m}$ 谱带内 $\varepsilon_\lambda=0.4$，上述结果提供了在 $\lambda<2\mu\text{m}$ 谱带内的最大光谱发射功率。但在 $\lambda=2\mu\text{m}$ 处 ε_λ 发生变化，在 $\lambda=2\mu\text{m}$ 的光谱发射功率 E_λ 有可能大于 $\lambda=1.81\mu\text{m}$ 处的 E_λ。为确定实际情况会不会是这样，我们对 $E_\lambda(\lambda_1,T)$ 进行计算

$$E_\lambda(\lambda_1,T)=\pi\varepsilon_\lambda(\lambda_1)\frac{I_{\lambda,\mathrm{b}}(\lambda_1,T)}{\sigma T^5}\times\sigma T^5$$

式中，在 $\lambda_1 T=3200\mu\text{m}\cdot\text{K}$ 时，$[I_{\lambda,\mathrm{b}}(\lambda_1,T)/(\sigma T^5)]=0.706\times10^{-4}(\mu\text{m}\cdot\text{K}\cdot\text{sr})^{-1}$。因此

$$E_\lambda(2\mu\text{m},1600\text{K})=\pi\times0.80\times0.706\times10^{-4}[1/(\mu\text{m}\cdot\text{K}\cdot\text{sr})]\times$$
$$5.67\times10^{-8}\text{W}/(\text{m}^2\cdot\text{K}^4)\times(1600\text{K})^5$$

$$E_\lambda(2\mu\text{m},1600\text{K})=105.5\text{kW}/(\text{m}^2\cdot\mu\text{m})>E_\lambda(1.81\mu\text{m},1600\text{K})$$

所以峰值发射发生在

$$\lambda=\lambda_1=2\mu\text{m}$$

说明：对给定的 ε_λ 的光谱分布，光谱发射功率随波长的变化示于下图。

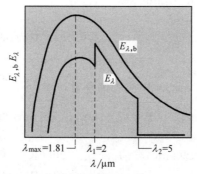

【**例 12.6**】　对温度 $T=2000\text{K}$ 的一个金属表面测定了 $\lambda=1.0\mu\text{m}$ 的光谱定向发射率，所得的方向分布可近似地用下图表示：

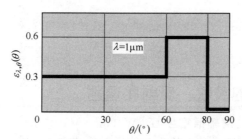

试确定其光谱法向发射率、光谱半球向发射率、在法向发射的光谱辐射强度和光谱发射功率。

解析

已知：温度为 2000K 的一个金属表面在 $\lambda=1\mu\text{m}$ 的 $\varepsilon_{\lambda,\theta}$ 的定向分布。

求：1. 光谱法向发射率 $\varepsilon_{\lambda,\mathrm{n}}$ 和光谱半球向发射率。

2. 光谱法向强度 $I_{\lambda,\mathrm{n}}$ 和光谱发射功率 E_λ。

分析：1. 由在 $\lambda=1\mu\text{m}$ 的 $\varepsilon_{\lambda,\theta}$ 的测定，知

$$\varepsilon_{\lambda,\mathrm{n}}=\varepsilon_{\lambda,\theta}(1\mu\text{m},0°)=0.3$$

由式（12.34），光谱半球向发射率为

$$\varepsilon_\lambda(1\mu\text{m})=2\int_0^{\pi/2}\varepsilon_{\lambda,\theta}\cos\theta\sin\theta\mathrm{d}\theta$$

或

$$\varepsilon_\lambda(1\mu m) = 2\left[0.3\int_0^{\pi/3}\cos\theta\sin\theta d\theta + 0.6\int_{\pi/3}^{4\pi/9}\cos\theta\sin\theta d\theta\right]$$

$$= 2\left[0.3\frac{\sin^2\theta}{2}\Big|_0^{\pi/3} + 0.6\frac{\sin^2\theta}{2}\Big|_{\pi/3}^{4\pi/9}\right]$$

$$= 2\times\left[\frac{0.3}{2}\times0.75 + \frac{0.6}{2}\times(0.97-0.75)\right] = 0.36$$ ◀

2. 由式(12.30)，在 $\lambda=1\mu m$ 和法向的发射辐射的光谱强度为

$$I_{\lambda,n}(1\mu m,0°,2000K) = \varepsilon_{\lambda,\theta}(1\mu m,0°)I_{\lambda,b}(1\mu m,2000K)$$

式中，$\varepsilon_{\lambda,\theta}(1\mu m, 0°)=0.3$，$I_{\lambda,b}(1\mu m, 2000K)$ 可由表 12.1 确定。对于 $\lambda T=2000\mu m\cdot K$，$[I_{\lambda,b}/(\sigma T^5)]=0.493\times10^{-4}(\mu m\cdot K\cdot sr)^{-1}$，因而

$$I_{\lambda,b} = 0.493\times10^{-4}(\mu m\cdot K\cdot sr)^{-1}\times5.67\times10^{-8}W/(m^2\cdot K^4)\times(2000K)^5$$
$$= 8.95\times10^4 W/(m^2\cdot\mu m\cdot sr)$$

因此

$$I_{\lambda,n}(1\mu m,0°,2000K) = 0.3\times8.95\times10^4 W/(m^2\cdot\mu m\cdot sr)$$
$$= 2.69\times10^4 W/(m^2\cdot\mu m\cdot sr)$$ ◀

由式(12.32)，在 $\lambda=1\mu m$ 和 $T=2000K$ 的光谱发射功率为

$$E_\lambda(1\mu m,2000K) = \varepsilon_\lambda(1\mu m)E_{\lambda,b}(1\mu m,2000K)$$

式中

$$E_{\lambda,b}(1\mu m,2000K) = \pi I_{\lambda,b}(1\mu m,2000K)$$
$$= \pi sr\times8.95\times10^4 W/(m^2\cdot\mu m\cdot sr)$$
$$= 2.81\times10^5 W/(m^2\cdot\mu m)$$

因此

$$E_\lambda(1\mu m,2000K) = 0.36\times2.81\times10^5 W/(m^2\cdot\mu m)$$
$$= 1.01\times10^5 W/(m^2\cdot\mu m)$$ ◀

12.5　实际表面的吸收、反射和透射

在 12.2.3 节我们将**光谱辐照密度** $G_\lambda[W/(m^2\cdot\mu m)]$ 定义为投射在单位表面积上的、在围绕 λ 的单位波长间隔 $d\lambda$ 内的波长为 λ 的辐射能速率。这个投射辐射可来自所有可能的方向且可以由若干个不同的源发出。**全波长辐照密度** $G(W/m^2)$ 包含了所有光谱的贡献并可由式(12.14)计算。本节我们要讨论由于这个辐射被固体（或液体）介质拦截而引起的**过程**。

最一般的情况是投射辐射与一层水或一块玻璃这样的**半透明介质**的相互作用。如图 12.20 所示投射的是光谱辐射的情况，一部分辐射可能被**反射**，一部分被**吸收**，一部分可能**透过介质**。由投射在介质上的辐射能的平衡关系，可得

$$G_\lambda = G_{\lambda,ref} + G_{\lambda,abs} + G_{\lambda,tr} \tag{12.38}$$

一般来说，确定这些份额是个复杂的问题，与介质上、下表面的状态，辐射波长和介质的成分及厚度等因素有关。再者，在介质内发生的**容积效应**可能会对这些状态产生很大影响。

与大多数工程应用有关的一种简单情况是投射辐射**透不过**的介质。在这种情况下，$G_{\lambda,tr}=0$，剩下的发射和吸收过程可作为**表面现象**处理。也即反射和吸收是由在离受照表面

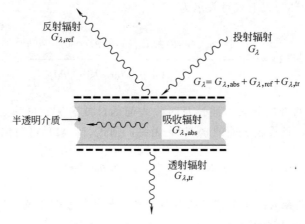

图 12.20　与半透明介质有关的吸收、反射和透射过程

$1\mu m$ 之内所发生的过程控制的。所以，说投射辐射**被表面**吸收和反射是合适的，$G_{\lambda,\mathrm{abs}}$ 和 $G_{\lambda,\mathrm{ref}}$ 的相对大小与表面材料的性质有关。反射过程并不对介质产生净的影响，而吸收则会增大介质的内（热）能。

　　值得指出的是，我们对**颜色**的感觉是由表面的吸收和反射决定的。除非表面是处于高温（$T_s \gtrsim 1000K$）**炽热**状态，颜色不是由发射造成的，发射集中在红外（IR）区，因此眼睛是看不到的。对颜色的感觉是表面对投射辐射中的可见光部分选择性地反射和吸收造成的，投射辐射可来自太阳或一个人工光源。一件"红"衬衫是因为它具有倾向性地吸收投射光中蓝、绿和黄光的色素。因此，我们看到的反射光中，这些光的相对贡献减弱了，起主要作用的是红光。相似的情况是，一片绿叶之所以是"绿"色，是由于它的细胞含有叶绿素，一种能强烈吸收蓝光和红光而反射绿光的色素。如果能吸收全部可见光辐射，表面就呈"黑"色，如果能全部反射就是"白"色。然而，对怎样解释这些视觉效果，我们必须小心。对给定的投射辐射，表面的颜色不能说明这个表面作为吸收器或反射器的总能力，因为投射辐射的大部分可能是在红外区。例如，像雪这样的"白"表面，对可见光辐射有很高的反射能力，但能强烈地吸收红外辐射，因此在长波区具有近似于黑体的性质。

　　在 12.4 节中，我们引入了一个称为发射率的性质，它说明的是表面发射过程的特性。接下来我们将引入说明吸收、反射和透射过程特性的一些性质。

12.5.1　吸收率

　　吸收率是一个确定表面所吸收的投射辐射的份额的性质。与发射的情况一样，这个性质与方向及波长都有关，因此其定义很复杂。表面的**光谱定向吸收率** $\alpha_{\lambda,\theta}(\lambda,\theta,\phi)$ 定义为此表面所吸收的投射方向为 θ 和 ϕ 的光谱强度的份额。因此

$$\alpha_{\lambda,\theta}(\lambda,\theta,\phi) \equiv \frac{I_{\lambda,i,\mathrm{abs}}(\lambda,\theta,\phi)}{I_{\lambda,i}(\lambda,\theta,\phi)} \tag{12.39}$$

在这个表达式中，我们忽略了吸收率与表面温度的关系。对大多数光谱辐射性质，这种关系很弱。

　　上述结果意味着一些表面对投射辐射的波长和方向可选择性地吸收。但对大多数工程计算，需要的是可代表方向的平均值的表面性质。所以我们定义**光谱半球向吸收率** $\alpha_\lambda(\lambda)$ 为

$$\alpha_\lambda(\lambda) \equiv \frac{G_{\lambda,\mathrm{abs}}(\lambda)}{G_\lambda(\lambda)} \tag{12.40}$$

由式(12.13) 和式(12.39)，上式可表示为

$$\alpha_\lambda(\lambda) = \frac{\int_0^{2\pi}\int_0^{\pi/2} \alpha_{\lambda,\theta}(\lambda,\theta,\phi) I_{\lambda,i}(\lambda,\theta,\phi)\cos\theta\sin\theta d\theta d\phi}{\int_0^{2\pi}\int_0^{\pi/2} I_{\lambda,i}(\lambda,\theta,\phi)\cos\theta\sin\theta d\theta d\phi} \tag{12.41}$$

因此，α_λ 与投射辐射的方向分布、波长及吸收表面的性质有关。可注意到，若投射辐射的分布具有漫辐射性质，且吸收表面的 $\alpha_{\lambda,\theta}$ 与 ϕ 无关，则式(12.41) 可简化为

$$\alpha_\lambda(\lambda) = 2\int_0^{\pi/2} \alpha_{\lambda,\theta}(\lambda,\theta)\cos\theta\sin\theta d\theta \tag{12.42}$$

全波长半球向吸收率 α 表示覆盖了所有方向和波长的经积分平均的性质。它的定义是表面所吸收的总的投射辐射的份额

$$\boxed{\alpha \equiv \frac{G_{abs}}{G}} \tag{12.43}$$

由式(12.14) 和式(12.40)，上式可表示为

$$\alpha = \frac{\int_0^\infty \alpha_\lambda(\lambda) G_\lambda(\lambda) d\lambda}{\int_0^\infty G_\lambda(\lambda) d\lambda} \tag{12.44}$$

因此，α 与投射辐射的光谱分布、方向分布及吸收表面的性质有关。注意，虽然可近似地认为 α 与温度无关，但对全波长半球向发射率 ε 不能作这种近似。式(12.36) 清楚地表明，ε 对温度有很强的依赖关系。

由于 α 与投射辐射的光谱分布有关，对一个暴露于太阳辐射的表面，其 α 值可明显与暴露于来自低温源的长波辐射时的值不同。由于太阳辐射的光谱分布近似正比于 5800K 黑体发射的光谱分布，由式(12.44) 可知，对太阳辐射的全波长吸收率 α_s 可近似表示为

$$\alpha_s \approx \frac{\int_0^\infty \alpha_\lambda(\lambda) E_{\lambda,b}(\lambda, 5800\text{K}) d\lambda}{\int_0^\infty E_{\lambda,b}(\lambda, 5800\text{K}) d\lambda} \tag{12.45}$$

可利用表 12.1 中黑体辐射函数 $F_{(0\rightarrow\infty)}$ 计算上式中的积分。

12.5.2 反射率

反射率是确定一个表面所反射的投射辐射的比值的性质。不过，由于这个性质固有的**双向性特性**，它的具体定义可以有几种不同的形式[6]。就是说，除了与投射辐射的方向有关外，还与反射辐射的方向有关。我们将避开这种复杂性，只讨论与反射辐射有关的半球向积分平均的反射率，因此，不提供与反射辐射的方向分布有关的信息。相应地，一个表面的**光谱定向反射率** $\rho_{\lambda,\theta}(\lambda,\theta,\phi)$ 定义为这个表面所反射的投射辐射方向为 θ 和 ϕ 的光谱强度的比值。因此

$$\boxed{\rho_{\lambda,\theta}(\lambda,\theta,\phi) \equiv \frac{I_{\lambda,i,ref}(\lambda,\theta,\phi)}{I_{\lambda,i}(\lambda,\theta,\phi)}} \tag{12.46}$$

光谱半球向反射率 $\rho_\lambda(\lambda)$ 的定义是表面所反射的光谱投射辐射的比值。因此

$$\rho_\lambda(\lambda) \equiv \frac{G_{\lambda,\mathrm{ref}}(\lambda)}{G_\lambda(\lambda)} \tag{12.47}$$

上式等同于

$$\rho_\lambda(\lambda) = \frac{\displaystyle\int_0^{2\pi}\int_0^{\pi/2} \rho_{\lambda,\theta}(\lambda,\theta,\phi)I_{\lambda,\mathrm{i}}(\lambda,\theta,\phi)\cos\theta\sin\theta\mathrm{d}\theta\mathrm{d}\phi}{\displaystyle\int_0^{2\pi}\int_0^{\pi/2} I_{\lambda,\mathrm{i}}(\lambda,\theta,\phi)\cos\theta\sin\theta\mathrm{d}\theta\mathrm{d}\phi} \tag{12.48}$$

于是，**全波长半球向反射率** ρ 定义为

$$\rho \equiv \frac{G_{\mathrm{ref}}}{G} \tag{12.49}$$

上式也可表示为

$$\rho = \frac{\displaystyle\int_0^\infty \rho_\lambda(\lambda)G_\lambda(\lambda)\mathrm{d}\lambda}{\displaystyle\int_0^\infty G_\lambda(\lambda)\mathrm{d}\lambda} \tag{12.50}$$

按表面对辐射的反射方式，可将它们理想化地视为**漫反射**或**镜反射**（图 12.21）。不论投射辐射具有什么样的方向，如果反射辐射的强度与方向无关，这种反射就是漫反射。与此相反，如果所有的反射是在与投射辐射角 θ_1 相等的 θ_2 方向，这种反射就是镜反射。虽然不存在理想的漫反射和镜反射表面，但抛光的镜子之类的表面与镜反射表面很接近；而粗糙表面可近似为漫反射表面。对大多数工程应用，漫反射的假定是合理的。

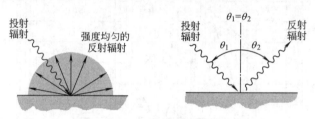

图 12.21　漫反射和镜反射

12.5.3　透过率

虽然处理半透明材料对投射辐射的反应是个复杂的问题[6]，用按下述定义的半球向透过率常可得到合理的结果

$$\tau_\lambda = \frac{G_{\lambda,\mathrm{tr}}(\lambda)}{G_\lambda(\lambda)} \tag{12.51}$$

和

$$\tau = \frac{G_{\mathrm{tr}}}{G} \tag{12.52}$$

全波长透过率 τ 与光谱透过率之间的关系可表示为

$$\tau = \frac{\displaystyle\int_0^\infty G_{\lambda,\mathrm{tr}}(\lambda)\mathrm{d}\lambda}{\displaystyle\int_0^\infty G_\lambda(\lambda)\mathrm{d}\lambda} = \frac{\displaystyle\int_0^\infty \tau_\lambda(\lambda)G_\lambda(\lambda)\mathrm{d}\lambda}{\displaystyle\int_0^\infty G_\lambda(\lambda)\mathrm{d}\lambda} \tag{12.53}$$

12.5.4　要额外考虑的一些问题

在结束本节时我们要指出，由辐射平衡关系式(12.38)和以上的一些定义，对于**半透明**

介质，有

$$\rho_\lambda + \alpha_\lambda + \tau_\lambda = 1 \qquad (12.54)$$

对于在整个波长上取平均值的辐射性质，有

$$\rho + \alpha + \tau = 1 \qquad (12.55)$$

显然，如果是**辐射透不过**的介质，不存在透射辐射，而吸收和反射是表面过程，所以有

$$\alpha_\lambda + \rho_\lambda = 1 \qquad (12.56)$$

和

$$\alpha + \rho = 1 \qquad (12.57)$$

因此，知道了一个性质，也就意味着知道了另一个性质。

在图 12.22 中绘制了一些**辐射透不过**表面的法向反射率和吸收率的光谱分布。玻璃和水这样的材料在短波长是半透明的，在长波长则成了辐射透不过的介质。这种性质也示于图

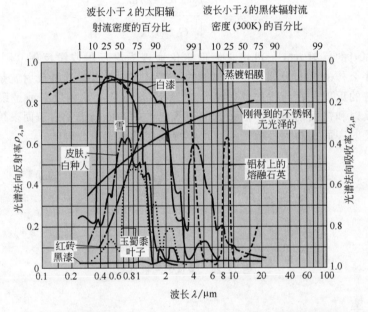

图 12.22 若干辐射透不过材料的光谱法向吸收率 $\alpha_{\lambda,n}$ 和反射率 $\rho_{\lambda,n}$

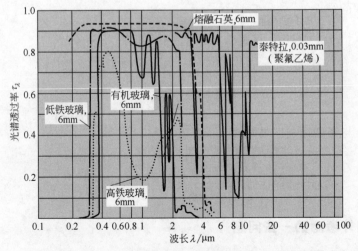

图 12.23 若干半透明材料的光谱透过率与波长的关系

12.23，此图给出了一些常见**半透明**材料的光谱透过率。要注意的是，玻璃的透过率与含铁量有关，一些塑料在红外区的透过率高于玻璃，如泰特拉（Tedlar）。这些因素对太阳集热器的盖板材料的选择具有重要意义。附录中的表 A.12 列出了常用的太阳集热器盖板材料对太阳辐射的全波长透过率，还有表面的太阳辐射吸收率和低温发射率。

【例 12.7】 下列的两个图是一个辐射透不过表面的光谱半球向吸收率和光谱辐照密度。

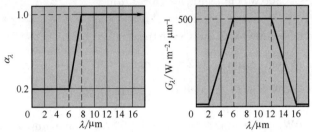

光谱半球向反射率怎样随波长变化？这个表面的全波长半球向吸收率是多少？如果这个表面在初始温度 500K 时的全波长半球向发射率为 0.8，在受到辐照时它的温度将怎样变化？

解析

已知：表面的光谱半球向吸收率和辐照密度。

求：1. 半球向反射率的光谱分布。

2. 全波长半球向吸收率。

3. 表面温度变化的情况。

示意图：

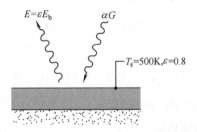

假定：1. 辐射透不过表面。

2. 表面的对流影响可忽略。

3. 背面绝热。

分析：1. 由式(12.56)，$\rho_\lambda = 1 - \alpha_\lambda$。因此由已知的 $\alpha_\lambda(\lambda)$ 可得反射率 ρ_λ 的光谱分布，如下图所示：

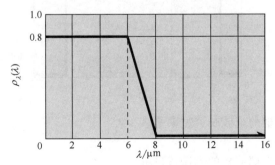

2. 由式(12.43) 和式(12.44)

$$\alpha = \frac{G_{\mathrm{abs}}}{G} = \frac{\displaystyle\int_0^\infty \alpha_\lambda G_\lambda \,\mathrm{d}\lambda}{\displaystyle\int_0^\infty G_\lambda \,\mathrm{d}\lambda}$$

或者，将积分分成几个部分

$$\alpha = \frac{0.2\int_2^6 G_\lambda \mathrm{d}\lambda + 500\int_6^8 \alpha_\lambda \mathrm{d}\lambda + 1.0\int_8^{16} G_\lambda \mathrm{d}\lambda}{\int_2^6 G_\lambda \mathrm{d}\lambda + \int_6^{12} G_\lambda \mathrm{d}\lambda + \int_{12}^{16} G_\lambda \mathrm{d}\lambda}$$

$$\alpha = \Big\{0.2 \times \frac{1}{2} \times 500\mathrm{W/(m^2 \cdot \mu m)} \times (6-2)\mu m +$$

$$500\mathrm{W/(m^2 \cdot \mu m)} \times \Big[0.2 \times (8-6)\mu m + (1-0.2) \times \frac{1}{2} \times (8-6)\mu m\Big] +$$

$$\big[1 \times 500\mathrm{W/(m^2 \cdot \mu m)} \times (12-8)\mu m +$$

$$1 \times \frac{1}{2} \times 500\mathrm{W/(m^2 \cdot \mu m)} \times (16-12)\mu m\big]\Big\} \div$$

$$\Big[\frac{1}{2} \times 500\mathrm{W/(m^2 \cdot \mu m)} \times (6-2)\mu m + 500\mathrm{W/(m^2 \cdot \mu m)} \times (12-6)\mu m +$$

$$\frac{1}{2} \times 500\mathrm{W/(m^2 \cdot \mu m)} \times (16-12)\mu m\Big]$$

因此

$$\alpha = \frac{G_{abs}}{G} = \frac{(200+600+3000)\mathrm{W/m^2}}{(1000+3000+1000)\mathrm{W/m^2}} = \frac{3800\mathrm{W/m^2}}{5000\mathrm{W/m^2}} = 0.76$$

3. 忽略对流换热的影响时，表面的净热流密度为

$$q''_{net} = \alpha G - E = \alpha G - \varepsilon\sigma T^4$$

因此

$$q''_{net} = 0.76 \times (5000\mathrm{W/m^2}) - 0.8 \times 5.67 \times 10^{-8}\mathrm{W/(m^2 \cdot K^4)} \times (500K)^4$$

$$= (3800-2835)\mathrm{W/m^2} = 965\mathrm{W/m^2}$$

由于 $q''_{net} > 0$，表面温度将随时间**增高**。

【**例 12.8**】 一个平板太阳集热器以低铁玻璃作为盖板，其透过率的光谱分布可近似地由下图表示。

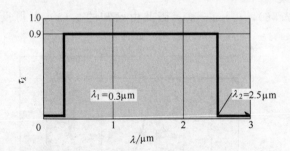

玻璃盖板对太阳辐射的全波长透过率是多少？

解析

已知：太阳集热器玻璃盖板的光谱透过率。

求：玻璃盖板对太阳辐射的全波长透过率。

假定：太阳的投射辐射密度的光谱分布与5800K的黑体发射成比例。

分析：由式(12.53)，玻璃盖板的全波长透过率为

$$\tau = \frac{\int_0^\infty \tau_\lambda G_\lambda \, d\lambda}{\int_0^\infty G_\lambda \, d\lambda}$$

式中，G_λ 为太阳发射的光谱辐照密度。已假定太阳发射相当于 5800K 的黑体发射，可得

$$G_\lambda(\lambda) \propto E_{\lambda,b}(5800\text{K})$$

消去 τ 的表达式中分子和分母的比例常数，可得

$$\tau = \frac{\int_0^\infty \tau_\lambda E_{\lambda,b}(5800\text{K}) \, d\lambda}{\int_0^\infty E_{\lambda,b}(5800\text{K}) \, d\lambda}$$

或者，对给定的透过率光谱分布 $\tau_\lambda(\lambda)$，有

$$\tau = 0.90 \frac{\int_{0.3}^{2.5} E_{\lambda,b}(5800\text{K}) \, d\lambda}{E_b(5800\text{K})}$$

由表 12.1

$$\lambda_1 = 0.3\mu\text{m}, \quad T = 5800\text{K}: \quad \lambda_1 T = 1740\mu\text{m} \cdot \text{K}, \quad F_{(0 \to \lambda_1)} = 0.0335$$

$$\lambda_2 = 2.5\mu\text{m}, \quad T = 5800\text{K}: \quad \lambda_2 T = 14500\mu\text{m} \cdot \text{K}, \quad F_{(0 \to \lambda_2)} = 0.9664$$

因此，由式(12.29)

$$\tau = 0.90[F_{(0 \to \lambda_2)} - F_{(0 \to \lambda_1)}] = 0.90 \times (0.9660 - 0.0335^{❶}) = 0.84 \qquad \blacktriangleleft$$

说明：很重要的是要认识到玻璃盖板上的投射辐射密度不等于 5800K 的黑体发射功率，$G_\lambda \neq E_{\lambda,b}(5800\text{K})$，我们只是假定与这个发射功率成比例，也即假定具有相同形式的光谱分布。所以，出现在 τ 的表达式的分子和分母中的 G_λ 可以用 $E_{\lambda,b}$ 替代。

12.6 基尔霍夫定律

此前我们分别讨论了与发射和吸收有关的表面性质。在 12.6 节和 12.7 节中我们要讨论在什么条件下这些性质是相等的。

我们讨论一个表面温度为 T_s 的**大的等温腔体**，在这个封闭的腔体中有几个小物体（图 12.24）。由于相对于腔体来说这些物体很小，它们对由腔体表面的发射和反射的累积效果所形成的辐射场几乎没有影响。我们已知道，不论表面有怎样的辐射性质，这样的表面形成一个**黑体**。相应地，不论什么方向，腔体中任何物体所拦截的投射辐射密度等同于温度为 T_s 的黑体的发射功率。

$$G = E_b(T_s) \qquad (12.58)$$

在稳定态条件下，这些物体与腔体之间必定存在**热平衡**。因此，$T_1 = T_2 = \cdots = T_s$，对每个表面的净换热速率必定为零。对物体应用能量平衡关系，有

$$\alpha_1 G A_1 - E_1(T_s) A_1 = 0$$

或者，由式(12.58)

---

❶ 原书为 0.1245，有误。——译者注

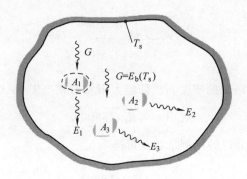

图 12.24 在一个等温腔体中的辐射换热

$$\frac{E_1(T_s)}{\alpha_1} = E_b(T_s)$$

由于这个结果也可应用于封闭在腔体中的每个物体，因此可得

$$\frac{E_1(T_s)}{\alpha_1} = \frac{E_2(T_s)}{\alpha_2} = \cdots = E_b(T_s) \tag{12.59}$$

这个关系式称为**基尔霍夫定律**。主要的物理含义在于：因为 $\alpha \leqslant 1$，$E(T_s) \leqslant E_b(T_s)$。因此，**任何实际表面的发射功率都不可能大于同温度下黑体表面的发射功率**，从而证实了以黑体作为理想发射体的观点。

根据全波长半球向发射率的定义 [式(12.35)]，基尔霍夫定律的另一种表示形式为

$$\frac{\varepsilon_1}{\alpha_1} = \frac{\varepsilon_2}{\alpha_2} = \cdots = 1$$

因此，对腔体内的任何表面，有

$$\boxed{\varepsilon = \alpha} \tag{12.60}$$

也即表面的全波长半球向发射率等于全波长半球向吸收率。

我们以后将发现，如果式(12.60) 可以应用于每个表面，则表面之间辐射换热的计算就可大大简化。但是应记住在推导上述关系时所用到的固有的限制条件。特别是我们将表面上的投射辐射假定为相当于来自与表面同温度的黑体发射。我们将在 12.7 节中讨论可应用式(12.60) 的限制性较弱的条件。

上述推导可重复应用于光谱辐射，对腔体内的任何表面，可得

$$\boxed{\varepsilon_\lambda = \alpha_\lambda} \tag{12.61}$$

与式(12.60) 相比，应用式(12.61) 的限制条件较弱。特别是我们将看到，如果投射辐射是漫辐射或所论表面具有漫射性质，就可应用式(12.61)。涉及光谱定向性质的基尔霍夫定律表达式没有限制条件。

$$\boxed{\varepsilon_{\lambda,\theta} = \alpha_{\lambda,\theta}} \tag{12.62}$$

由于 $\varepsilon_{\lambda,\theta}$ 和 $\alpha_{\lambda,\theta}$ 是**固有的**表面性质，所以这个等式总是适用的。也即它们各自都与发射辐射及投射辐射的光谱和方向分布无关。

普朗克[1]、西吉尔 （Siegel） 和霍威尔 （Howell）[6] 给出了基尔霍夫定律的更详细的论述。

12.7　灰表面

在第 13 章中我们将看到，若假定可将式(12.60)应用于每个表面，则预测表面之间辐射换热的问题可大大简化。由于推导时的条件是投射辐射为来自与所论表面相同温度的黑体发射，因此，重要的是要研究不同于这些条件时式(12.60)是否能应用。

在理解了由式(12.62)表示的在任何条件下光谱定向发射率与吸收率相等的事实后，我们从与利用式(12.61)有关的条件开始讨论。根据由式(12.33)和式(12.41)定义的光谱半球向性质，我们确实可提问在什么条件下（如果存在这些条件的话），下述等式成立

$$\varepsilon_\lambda = \frac{\int_0^{2\pi}\int_0^{\pi/2}\varepsilon_{\lambda,\theta}\cos\theta\sin\theta\,\mathrm{d}\theta\,\mathrm{d}\phi}{\int_0^{2\pi}\int_0^{\pi/2}\cos\theta\sin\theta\,\mathrm{d}\theta\,\mathrm{d}\phi} \overset{?}{=} \frac{\int_0^{2\pi}\int_0^{\pi/2}\alpha_{\lambda,\theta}I_{\lambda,\mathrm{i}}\cos\theta\sin\theta\,\mathrm{d}\theta\,\mathrm{d}\phi}{\int_0^{2\pi}\int_0^{\pi/2}I_{\lambda,\mathrm{i}}\cos\theta\sin\theta\,\mathrm{d}\theta\,\mathrm{d}\phi} = \alpha_\lambda \tag{12.63}$$

由于 $\varepsilon_{\lambda,\theta}=\alpha_{\lambda,\theta}$，由观察可知，如果**以下两个条件之一**得到满足，就可应用式(12.61)：
① **投射辐射**是漫辐射（$I_{\lambda,\mathrm{i}}$ 与 θ 和 ϕ 无关）；
② 表面具有**漫射性质**（$\varepsilon_{\lambda,\theta}$ 和 $\alpha_{\lambda,\theta}$ 与 θ 和 ϕ 无关）。

第一个条件对许多工程计算是合理的近似；第二个条件对许多表面，特别是非导体材料（图 12.16）是合适的。

假定投射辐射是漫辐射或表面具有漫射性质这两个条件之一成立，我们要讨论为使式(12.60)成立还必须满足哪些**附加**条件。由式(12.36)和式(12.44)可知，若

$$\varepsilon = \frac{\int_0^\infty \varepsilon_\lambda E_{\lambda,\mathrm{b}}(\lambda,T)\,\mathrm{d}\lambda}{E_\mathrm{b}(T)} \overset{?}{=} \frac{\int_0^\infty \alpha_\lambda G_\lambda(\lambda)\,\mathrm{d}\lambda}{G} = \alpha \tag{12.64}$$

则等式成立。由于 $\varepsilon_\lambda = \alpha_\lambda$，由观察可知，如果满足下述两个条件之一，就可应用式(12.60)：

① 投射辐射相当于来自表面温度为 T 的黑体发射，在这种情况下，$G_\lambda(\lambda)=E_{\lambda,\mathrm{b}}(\lambda,T)$，因而 $G=E_\mathrm{b}(T)$；
② 表面是**灰表面**（ε_λ 和 α_λ 与 λ 无关）。

可注意的是，第一个条件与推导基尔霍夫定律时所用的主要假定是一致的（12.6 节）。

由于表面的全波长吸收率与投射辐射的光谱分布有关，所以不能明确地说 $\alpha=\varepsilon$。例如，一个具体表面对一个波段的辐射能很强地吸收，但对另一个波段的则实际上不吸收［图 12.25(a)］。因此，对于图 12.25(b) 的两个可能的投射辐射场 $G_{\lambda,1}(\lambda)$ 和 $G_{\lambda,2}(\lambda)$，α 值将极端不同。与此不同的是，ε 值与投射无关。因此，说 α **总是**等于 ε 是没有根据的。

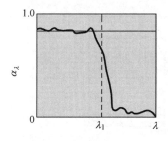

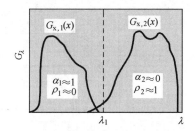

(a) 一个表面的吸收率的光谱分布　　　　(b) 这个表面上的投射辐射的光谱分布

图 12.25　一个表面的吸收率和投射辐射的光谱分布

为应用式(12.60) 而作出灰表面性质的假定，没必要在全部波长范围都要求 α_λ 和 ε_λ 不随 λ 变化。实际上，**灰表面可定义为整个投射辐射和表面发射的光谱区内 α_λ 和 ε_λ 与波长无关的表面**。由式(12.64) 很易看出，对图 12.26 的情况，可假定所论的表面具有灰表面的性质。也即在分别集中投射辐射和表面发射的光谱区内，表面的光谱性质近似为常数。因此

$$\varepsilon = \frac{\varepsilon_{\lambda,\circ} \int_{\lambda_1}^{\lambda_2} E_{\lambda,b}(\lambda, T) \, \mathrm{d}\lambda}{E_b(T)} = \varepsilon_{\lambda,\circ} \quad \text{和} \quad \alpha = \frac{\alpha_{\lambda,\circ} \int_{\lambda_3}^{\lambda_4} G_\lambda(\lambda) \, \mathrm{d}\lambda}{G} = \alpha_{\lambda,\circ}$$

在这种情况下，$\alpha = \varepsilon = \varepsilon_{\lambda,\circ}$。但如果投射辐射是集中在波长 $\lambda < \lambda_1$ 或 $\lambda > \lambda_4$ 的光谱区，则不能作灰表面的假定。

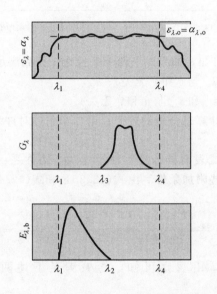

图 12.26　可假定具有灰表面性质的一组条件

$\alpha_{\lambda,\theta}$ 和 $\varepsilon_{\lambda,\theta}$ 不随 θ 和 λ 变化的表面称为**漫射灰表面**（漫射是因为与方向无关，灰是因为与波长无关）。这是一种同时满足式(12.60) 和式(12.61) 的表面。在以后的许多讨论中我们要假定所论的一些表面具有这种性质。不过，虽然灰表面的假定对许多实际应是合理的，但在应用这个假定时还是得谨慎，特别是对于投射辐射和表面发射辐射的光谱区隔得很远的情况。

【例 12.9】　一个温度 $T_s = 500\text{K}$ 的耐火砖墙的光谱发射率如下图所示，它受到 2000K 的煤床的辐照。

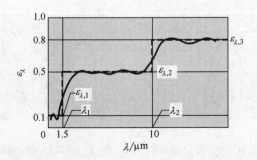

确定耐火砖墙的全波长半球向发射率和发射功率，以及砖墙对来自煤床发射的投射辐射

的全波长吸收率。

解析

已知：表面温度 $T_s=500K$ 和给定 $\varepsilon_\lambda(\lambda)$ 的耐火墙受 $T_c=2000K$ 的煤的辐照。

求：1. 耐火砖墙的全波长半球向发射率。

2. 砖墙的全波长发射功率。

3. 砖墙对来自煤的投射辐射的吸收率。

示意图：

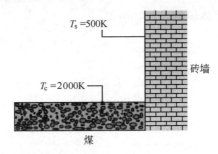

假定：1. 砖墙是辐射透不过的漫射表面。

2. 砖墙上的投射辐射的光谱分布近似为 2000K 黑体发射的光谱分布。

分析：1. 由式(12.36)，全波长半球向发射率为

$$\varepsilon(T_s)=\frac{\int_0^\infty \varepsilon_\lambda(\lambda)E_{\lambda,b}(\lambda,T_s)d\lambda}{E_b(T_s)}$$

将积分分成几个部分

$$\varepsilon(T_s)=\varepsilon_{\lambda,1}\frac{\int_0^{\lambda_1}E_{\lambda,b}d\lambda}{E_b}+\varepsilon_{\lambda,2}\frac{\int_{\lambda_1}^{\lambda_2}E_{\lambda,b}d\lambda}{E_b}+\varepsilon_{\lambda,3}\frac{\int_{\lambda_2}^\infty E_{\lambda,b}d\lambda}{E_b}$$

引入黑体辐射函数，得

$$\varepsilon(T_s)=\varepsilon_{\lambda,1}F_{(0\to\lambda_1)}+\varepsilon_{\lambda,2}[F_{(0\to\lambda_2)}-F_{(0\to\lambda_1)}]+\varepsilon_{\lambda,3}[1-F_{(0\to\lambda_2)}]$$

由表 12.1

$$\lambda_1 T_s=1.5\mu m\times500K=750\mu m\cdot K:\ F_{(0\to\lambda_1)}=0.000$$
$$\lambda_2 T_s=10\mu m\times500K=5000\mu m\cdot K:\ F_{(0\to\lambda_2)}=0.634$$

因此

$$\varepsilon(T_s)=0.1\times0+0.5\times0.634+0.8\times(1-0.634)=0.610$$

2. 由式(12.26) 和式(12.35)，全波长发射功率为

$$E(T_s)=\varepsilon(T_s)E_b(T_s)=\varepsilon(T_s)\sigma T_s^4$$
$$=0.61\times5.67\times10^{-8}W/(m^2\cdot K^4)\times(500K)^4=2162W/m^2$$

3. 由式(12.44)，砖墙对来自煤的投射辐射的全波长吸收率为

$$\alpha=\frac{\int_0^\infty \alpha_\lambda(\lambda)G_\lambda(\lambda)d\lambda}{\int_0^\infty G_\lambda(\lambda)d\lambda}$$

由于表面具有漫射性质，$\alpha_\lambda(\lambda) = \varepsilon_\lambda(\lambda)$。再者，由于投射辐射的光谱分布可近似为来自 2000K 黑体的光谱分布，$G_\lambda(\lambda) \propto E_{\lambda,b}(\lambda, T_c)$，由此可得

$$\alpha = \frac{\int_0^\infty \varepsilon_\lambda(\lambda) E_{\lambda,b}(\lambda, T_c) \, d\lambda}{\int_0^\infty E_{\lambda,b}(\lambda, T_c) \, d\lambda}$$

将积分分成几个部分并引入黑体辐射函数，可得

$$\alpha = \varepsilon_{\lambda,1} F_{(0 \to \lambda_1)} + \varepsilon_{\lambda,2} \left[F_{(0 \to \lambda_2)} - F_{(0 \to \lambda_1)} \right] + \varepsilon_{\lambda,3} \left[1 - F_{(0 \to \lambda_2)} \right]$$

由表 12.1

$$\lambda_1 T_c = 1.5\mu m \times 2000K = 3000\mu m \cdot K; \qquad F_{(0 \to \lambda_1)} = 0.273$$

$$\lambda_2 T_c = 10\mu m \times 2000K = 20000\mu m \cdot K; \qquad F_{(0 \to \lambda_2)} = 0.986$$

因此

$$\alpha = 0.1 \times 0.273 + 0.5 \times (0.986 - 0.273) + 0.8 \times (1 - 0.986) = 0.395 \qquad \blacktriangleleft$$

说明：1. 发射率与表面温度 T_s 有关，而吸收率与投射辐射的光谱分布有关，投射辐射的光谱分布则与辐射源的温度 T_c 有关。

2. 这个表面不是灰表面，$\alpha \neq \varepsilon$。这是可预料到的。因为表面发射与 $T_s = 500K$ 有关，最大的光谱发射发生在 $\lambda_{max} \approx 6\mu m$。与此不同，投射辐射与温度为 $T_c = 2000K$ 的辐射源的发射有关，最大的光谱发射发生在 $\lambda_{max} \approx 1.5\mu m$。尽管 ε_λ 与 α_λ 相等，但由于它们在发射辐射和投射辐射的整个光谱范围内不是常数，$\alpha \neq \varepsilon$。对给定的 $\varepsilon_\lambda = \alpha_\lambda$ 的光谱分布，ε 和 α 分别随 T_s 和 T_c 的增高而减小，只有在 $T_s = T_c$ 的情况下才能有 $\varepsilon = \alpha$。上述 ε 和 α 的表达式可用于确定它们随 T_s 和 T_c 的相同变化，所得结果示于下图。

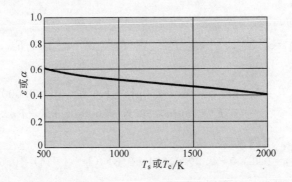

【例 12.10】一个固体金属小球上有一层辐射透不过的漫射涂层，对 $\lambda \leqslant 5\mu m$ 的光谱区，$\alpha_\lambda = 0.8$，在 $\lambda > 5\mu m$ 的光谱区，$\alpha_\lambda = 0.1$。将初始处于均匀温度 300K 的这个小球放入壁温为 1200K 的大炉中。确定在初始状态和最终稳定态时涂层的全波长半球向吸收率和发射率。

解析

已知：将初始时温度为 $T_s = 300K$ 的金属小球放入温度为 $T_f = 1200K$ 的大炉中。小球表面的光谱选择性吸收率。

求：1. 初始状态时小球涂层的全波长半球向吸收率和发射率。

2. 小球在炉中很长时间后的 α 和 ε 的值。

示意图：

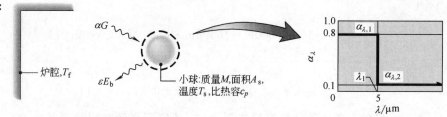

假定：1. 涂层是辐射透不过的漫射表面。

2. 由于炉壁的面积远大于小球面积，认为投射可近似为来自温度 T_f 的黑体发射。

分析：1. 由式(12.44)，全波长半球向吸收率为

$$\alpha = \dfrac{\displaystyle\int_0^\infty \alpha_\lambda(\lambda) G_\lambda(\lambda)\,\mathrm{d}\lambda}{\displaystyle\int_0^\infty G_\lambda(\lambda)\,\mathrm{d}\lambda}$$

或者，利用 $G_\lambda = E_{\lambda,b}(T_f) = E_{\lambda,b}(\lambda, 1200\mathrm{K})$

$$\alpha = \dfrac{\displaystyle\int_0^\infty \alpha_\lambda(\lambda) E_{\lambda,b}(\lambda, 1200\mathrm{K})\,\mathrm{d}\lambda}{E_b(1200\mathrm{K})}$$

因此

$$\alpha = \alpha_{\lambda,1}\dfrac{\displaystyle\int_0^{\lambda_1} E_{\lambda,b}(\lambda, 1200\mathrm{K})\,\mathrm{d}\lambda}{E_b(1200\mathrm{K})} + \alpha_{\lambda,2}\dfrac{\displaystyle\int_{\lambda_1}^\infty E_{\lambda,b}(\lambda, 1200\mathrm{K})\,\mathrm{d}\lambda}{E_b(1200\mathrm{K})}$$

或

$$\alpha = \alpha_{\lambda,1} F_{(0\to\lambda_1)} + \alpha_{\lambda,2}\left[1 - F_{(0\to\lambda_1)}\right]$$

由表 12.1

$$\lambda_1 T_f = 5\mu\mathrm{m}\times 1200\mathrm{K} = 6000\mu\mathrm{m}\cdot\mathrm{K}：\quad F_{(0\to\lambda_1)} = 0.738$$

因此

$$\alpha = 0.8\times 0.738 + 0.1\times(1-0.738) = 0.62$$

由式(12.36)，全波长半球向发射率为

$$\varepsilon(T_s) = \dfrac{\displaystyle\int_0^\infty \varepsilon_\lambda E_{\lambda,b}(\lambda, T_s)\,\mathrm{d}\lambda}{E_b(T_s)}$$

由于这个表面具有漫射性质，$\varepsilon_\lambda = \alpha_\lambda$，可得

$$\varepsilon = \alpha_{\lambda,1}\dfrac{\displaystyle\int_0^{\lambda_1} E_{\lambda,b}(\lambda, 300\mathrm{K})\,\mathrm{d}\lambda}{E_b(300\mathrm{K})} + \alpha_{\lambda,2}\dfrac{\displaystyle\int_{\lambda_1}^\infty E_{\lambda,b}(\lambda, 300\mathrm{K})\,\mathrm{d}\lambda}{E_b(300\mathrm{K})}$$

或

$$\varepsilon = \alpha_{\lambda,1} F_{(0\to\lambda_1)} + \alpha_{\lambda,2}\left[1 - F_{(0\to\lambda_1)}\right]$$

由表 12.1

$$\lambda_1 T_s = 5\mu m \times 300K = 1500\mu m \cdot K; \qquad F_{(0 \to \lambda_1)} = 0.014$$

因此

$$\varepsilon = 0.8 \times 0.014 + 0.1 \times (1 - 0.014) = 0.11 \qquad \blacktriangleleft$$

2. 由于涂层的光谱性质和炉温保持不变，α 的值不会随时间的延长而变化。但当 T_s 随时间增高时，ε 值变化。在足够长的时间后，$T_s = T_f$，$\varepsilon = \alpha(\varepsilon = 0.62)$。

说明：1. 最终必然存在的平衡条件（$T_s = T_f$）严格地相当于推导基尔霍夫定律时所用的条件，因此 α 必定等于 ε。

2. 将小球近似为具有集总热容，并忽略对流换热，可对围绕小球的控制体积写出能量平衡关系

$$\dot{E}_{in} - \dot{E}_{out} = \dot{E}_{st}$$

$$(\alpha G)A_s - (\varepsilon \sigma T_s^4)A_s = Mc_p \frac{dT_s}{dt}$$

可求解这个微分方程以确定 $t > 0$ 的 $T(t)$，求解中也要包括随时间延长而发生的 ε 的变化。

12.8 环境辐射

不说明一下组成我们自然环境的辐射就结束本章是不合适的。当然，地球上的所有生命都必须靠太阳辐射。光合作用过程满足了我们对食物、纤维和燃料的需要。并且，热利用和光伏技术具有满足我们对采暖、供热及电力的更多需求的潜力。

太阳是一个极接近于球状的辐射源，其直径为 $1.39 \times 10^9 m$，距离地球 $1.5 \times 10^{11} m$。前已提及，太阳近似于一个 5800K 的黑体。当太阳发出的辐射穿过空间时，由于通过的球面积不断变大，辐射流密度将降低。在地球大气层的外缘，辐射流密度降低到原来的 $1/(r_d/r_s)^2$，式中，r_s 为太阳的半径，r_d 为太阳与地球之间的距离。将地球位于离太阳的平均距离时投射在与太阳射线相垂直的大气层外缘表面上的太阳能密度定义为**太阳常数** S_c。（图 12.27）。其值为 $S_c = 1353W/m^2$。对于**水平表面**（也即与地球表面相平行），太阳辐射呈近似于**平行的射线束**，与表面的法线形成一个 θ 角，称**天顶角**。对水平面定义的大气层外的太阳辐射密度 $G_{s,o}$ 与地理纬度及年和天的时间有关。可用下述形式的表达式确定

$$G_{s,o} = S_c f \cos\theta \qquad (12.65)$$

式中，f 是考虑围绕太阳的地球轨道的偏心率的一个很小的修正系数（$0.97 \leqslant f \leqslant 1.03$）。

太阳辐射的光谱分布与工程上应用的表面的发射相比有显著的差别。如图 12.28 所示，太阳辐射的光谱分布近似于 5800K 黑体的光谱分布。辐射能主要集中在热辐射光谱的短波区（$0.2 \leqslant \lambda \leqslant 3\mu m$），峰值约位于 $0.50\mu m$。正是由于能量集中在短波区，常常不能假定受太阳辐照的表面具有灰表面的性质，因为表面的发射一般是位于 $4\mu m$ 以后的光谱区，表面的光谱辐照性能不大可能在这么宽的谱区内是常数。

当太阳辐射穿过地球的大气层时，其大小和光谱及方向分布都发生很大的变化。这种变化是大气中的成分对辐射的**吸收**和**散射**造成的。图 12.28 中下部的曲线说明了大气中的气体 O_3（臭氧）、H_2O、O_2 和 CO_2 的吸收效应。臭氧的吸收在紫外（UV）区很强，导致在 $0.4\mu m$ 以下辐射显著衰减，而在 $0.3\mu m$ 以下辐射衰减为零。在可见光区 O_3 和 O_2 对辐射有

些吸收；而在近红外和远红外区，主要是水蒸气吸收。在整个太阳辐射光谱区，大气中的尘埃和悬浮微粒也连续吸收辐射。

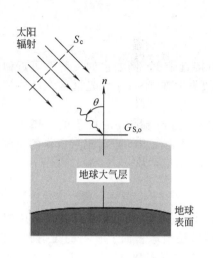

图 12.27 地球大气层外太阳辐射的方向性质

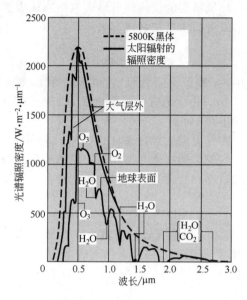

图 12.28 太阳辐射的光谱分布

使太阳辐射**改变方向**的大气散射由两类散射方式组成（图 12.29）。当有效分子直径与辐射的波长之比（$\pi D/\lambda$）远小于 1 时，由非常小的气体分子造成的**瑞利**（Rayleigh）散射（也称**分子散射**）使辐射几乎均匀地散射到所有方向。因此，约有一半散射辐射返回到宇宙空间，而余下的部分则投射到地球表面。投射在地球表面上任何一个点的散射辐射，都是来自所有的方向。与此不同，当 $\pi D/\lambda$ 近似为 1 时，由大气中的尘埃和悬浮微粒造成的**米埃**（Mie）散射是集中在靠近投射辐射的方向。因此，实则上所有这种辐射是在靠近太阳光的方向投射到地球表面的。

散射过程对投射在地球表面的太阳辐射方向分布的累积效应示于图 12.30(a)。穿过大气层时未被散射（或吸收）的那部分辐射是在天顶角方向，称为**直射**。散射辐射是从所有的方向投射到地面的，虽然在靠近直射的方向上有着最大的辐射强度。不过，由于常假定这个辐射强度与方向无关 [图 12.30(b)]，所以称它为**漫射**。这样，到达地球表面的总的太阳辐射是直射和漫射的贡献之和。漫射的贡献可以由晴天时占太阳总辐射的 10% 变到全阴天时的几乎 100%。

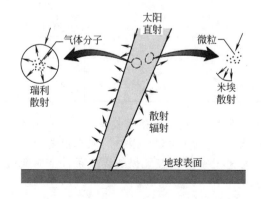

图 12.29 地球大气层中太阳辐射的散射

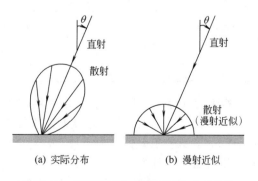

图 12.30 地球表面上太阳辐射的方向分布

上述讨论主要是集中在太阳辐射的**特性**。在本书的许多例题和习题中讨论了与太阳能利用有关的传热分析。太阳能技术的详细论述可查阅文献 [7~11]。

环境辐射的长波辐射形式包括地球表面的发射以及来自大气中某些成分的发射。地球表面的发射功率可按常规方法计算，即

$$E = \varepsilon \sigma T^4 \tag{12.66}$$

式中，ε 和 T 分别为表面的发射率和温度。发射率一般接近于 1，例如水的发射率可近似地取 0.97。由于通常的温度范围为 250~320K，发射近似集中在 4~40μm 光谱区，峰值波长约发生在 10μm。

大气发射大部分来自 CO_2 和 H_2O 分子，并集中在 5~8μm 和 13μm 以上的光谱区。虽然大气发射的光谱并不相当于黑体的光谱分布，但它对地球表面上的投射辐射所作的贡献可用式(12.26) 计算。具体地说，来自大气发射的投射辐射可表示为

$$G_{\text{atm}} = \sigma T_{\text{sky}}^4 \tag{12.67}$$

式中，T_{sky} 称为有效天空温度。其值与大气条件有关，其范围可由冷的晴朗天空条件时的 230K 到在暖和及多云条件下的 285K。在夜间，大气发射是地球表面上唯一的投射辐射源。当它的值很小时，例如在冷的清澈无云的夜间，即使在空气温度大于 273K 时水也可能结冰。

结束本章时我们要记住，一个表面在短波区的光谱性质的值可明显不同于它在长波区的值（图 12.17 和图 12.22）。由于太阳辐射是集中在光谱的短波区，而表面发射是在长得多的波长区，因此许多表面在对来自太阳的投射辐射的反应上不能近似为灰表面。换言之，一个表面的太阳吸收率 α_S 可以不同于它的发射率 ε。表 12.2 列出了一些具有代表性的表面的 α_S 和常温下的发射率的值。可指出的是，比值 α_S/ε 是一个重要的工程参数。如果希望表面排出热能，就要求低的比值；如果要收集太阳能，就要求高的比值。

表 12.2 图 12.23 中给出的光谱吸收率的一些表面的发射率 ε 和太阳吸收率 α_S

表　　面	α_S	$\varepsilon(300\text{K})$	α_S/ε
蒸镀的铝膜	0.09	0.03	3.0
铝膜上的熔融石英	0.19	0.81	0.24
金属底材上的白漆	0.21	0.96	0.22
金属底材上的黑漆	0.97	0.97	1.0
刚得到的不锈钢，暗淡的	0.50	0.21	2.4
红砖	0.63	0.93	0.68
高加索人的皮肤	0.62	0.97	0.64
雪	0.28	0.97	0.29
玉蜀黍的叶子	0.76	0.97	0.78

【**例 12.11**】 一个无盖板的平板太阳集热器带有发射率为 0.1 和吸收率为 0.95 的选择性吸收表面。在白天的某一给定时间吸热器的表面温度 T_s 为 120℃，当时的太阳投射辐射为 750W/m²，天空有效温度为 -10℃，环境气温 T_∞ 为 30℃。假定在无风的天气条件下对流换热系数可由下式计算

$$\bar{h} = 0.22(T_s - T_\infty)^{1/3} \text{ W}/(\text{m}^2 \cdot \text{K})$$

计算在这些条件下可从集热器提取的有用热流速率（W/m²），相应的集热器的效率是多少？

解析

已知：一个平板太阳集热器的运行条件。

求：1. 提取的有用热流速率，q_u''（W/m²）。

2. 集热器的效率 η。

示意图：

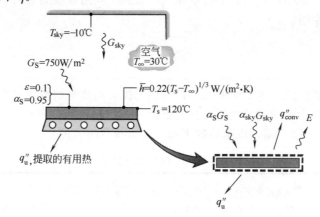

假定：1. 稳定态条件。

2. 集热器底部绝热。

3. 吸热器的表面具有漫射性质。

分析：1. 对吸热器写出能量平衡关系式

$$\dot{E}_{in} - \dot{E}_{out} = 0$$

或者，以单位表面积计算

$$\alpha_S G_S + \alpha_{sky} G_{sky} - q_{conv}'' - E - q_u'' = 0$$

由式(12.67)

$$G_{sky} = \sigma T_{sky}^4$$

由于天空辐射集中的光谱区大致上与表面发射的光谱区相同，所以可合理地认为

$$\alpha_{sky} \approx \varepsilon = 0.1$$

由

$$q_{conv}'' = \bar{h}(T_s - T_\infty) = 0.22(T_s - T_\infty)^{4/3} \quad \text{和} \quad E = \varepsilon \sigma T_s^4$$

可得

$$q_u'' = \alpha_S G_S + \varepsilon \sigma T_{sky}^4 - 0.22(T_s - T_\infty)^{4/3} - \varepsilon \sigma T_s^4$$

$$= \alpha_S G_S - 0.22(T_s - T_\infty)^{4/3} - \varepsilon \sigma (T_s^4 - T_{sky}^4)$$

$$= 0.95 \times 750\,\text{W/m}^2 - 0.22 \times (120 - 30)^{4/3}\,\text{W/m}^2 -$$

$$0.1 \times 5.67 \times 10^{-8}\,\text{W/(m}^2 \cdot \text{K}^4) \times (393^4 - 263^4)\,\text{K}^4$$

$$= (712.5 - 88.7 - 108.1)\,\text{W/m}^2 = 516\,\text{W/m}^2$$

2. 集热器效率的定义是提取的有用能量在太阳投射辐射中所占的份额，所以

$$\eta = \frac{q_u''}{G_S} = \frac{516\,\text{W/m}^2}{750\,\text{W/m}^2} = 0.69$$

说明：1. 由于 G_{sky} 的光谱范围与 G_S 的完全不同，作 $\alpha_{sky} = \alpha_S$ 的假定将是错的。

2. 对流换热系数极小 $[\bar{h} \approx 1\,\text{W/(m}^2 \cdot \text{K)}]$。在适度地增大到 $\bar{h} = 5\,\text{W/(m}^2 \cdot \text{K)}$ 时，有用热流密度和效率将减小到 $q_u'' = 154\,\text{W/m}^2$ 和 $\eta = 0.21$。利用盖板能对减小吸热器的对流（和辐射）热损起很大作用。

12.9 小结

本章引入了许多新的、重要的概念。目前你大概对这么多的概念和术语还没有清晰的认识。但我们已系统地详细阐明了主题，仔细重读一下材料将使你在应用它们时更轻松自如。表 12.3 提供了一个术语汇编，以帮助你正确理解这些专门名词。

表 12.3 辐射术语汇编

术　　语	定　　义
吸收	物质将所拦截的辐射能转换为内部热能的过程
吸收率	物质所吸收的投射辐射的份额，式(12.39)、式(12.40)和式(12.43)。修饰词：**定向**，**半球向**，**光谱**，**全波长**
黑体	理想的发射体和吸收体。表示理想性质的修饰词，以下标 b 表示
漫射	指发射辐射、反射辐射和投射辐射强度不随方向变化的修饰词
定向	指特定方向的修饰词，以下标 θ 表示
方向分布	指随方向的变化
发射	在有限温度下的物质产生辐射的过程。修饰词：**漫射**，**黑体**，**光谱**
发射功率	单位面积表面在所有方向发射辐射能的速率，E（W/m²）。修饰词：**光谱**，**全波长**，**黑体**
发射率	表面发射的辐射与同温度的黑体发射的辐射之比，式(12.30)～式(12.32)和式(12.35)。修饰词：**定向**，**半球向**，**光谱**，**全波长**
灰表面	在表面的投射辐射和发射的整个光谱范围内光谱吸收率和发射率不随波长变化的表面
半球向	指表面上方空间所有方向的修饰词
强度	与所论方向垂直的单位面积，在围绕所论方向的单位立体角内特定方向的辐射能传播速率，I[W/(m² · sr)]。修饰词：**光谱**
投射辐射密度（辐照密度）	从所有方向投射在单位面积表面上的辐射能的速率，G（W/m²）。修饰词：**光谱**，**全波长**，**漫射**
基尔霍夫定律	表面受与它同温度的黑体辐照时表面的发射和吸收性质之间的关系，式(12.59)～式(12.62)
普朗克定律	黑体发射的光谱分布，式(12.23)和式(12.24)
有效辐射密度	离开单位面积表面向所有方向发射和反射的辐射能速率，J（W/m²）。修饰词：**光谱**，**全波长**
反射	投射在表面上的辐射改变方向的过程。修饰词：**漫**（反射），**镜**（反射）
反射率	物质所反射的投射辐射的份额，式(12.46)、式(12.47)和式(12.49)。修饰词：**定向**，**半球向**，**光谱**，**全波长**
半透过的	指在其内部对辐射的吸收是容积过程的一种介质
立体角	球面上的一个面积元相对于球心所对的区域，ω（sr），式(12.2)和式(12.3)
光谱	指单个波长（单色）成分的修饰词。以下标 λ 表示
光谱分布	指随波长变化
镜（表面）	指反射角等于投射角的表面
斯蒂芬-波尔兹曼定律	黑体的发射功率，式(12.26)
热辐射	有限温度的物质发射的电磁能，集中在从大约 $0.1 \sim 100\,\mu\text{m}$ 光谱区
全波长	指全部波长的修饰词
透射	热辐射穿过物质的过程
透过率	透过物质的投射辐射的份额，式(12.51)和式(12.52)。修饰词：**半球向**，**光谱**，**全波长**
维恩定律	相应于黑体峰值发射的波长，式(12.25)

回答下述问题以测试你对本章引入的有关术语和概念的理解程度。

- 辐射的本质是什么？表示辐射特性的是哪两个重要性质？
- 表面发射辐射的物理原因是什么？发射如何影响材料的热能？
- 热辐射集中在电磁光谱的什么区？
- 什么是表面所发射的辐射的光谱强度？它与哪些变量有关？如何用已知的这个关系确定由表面发射而导致的物质损失热能的速率？
- 什么是球面弧度（球面度）？半个球的球面弧度是多少？
- 光谱与全波长辐射之间的区别是什么？定向与半球向辐射之间的区别是什么？
- 什么是全波长发射功率？它在表面的能量平衡关系中起什么作用？
- 什么是**漫发射体**？对这样的发射，它的发射辐射强度与全波长发射功率是什么关系？
- 什么是**辐照度**（投射辐射密度）？如果投射辐射是漫射，辐照度与投射辐射强度是什么关系？
- 什么是**有效辐射密度**？全波长有效辐射密度和全波长投射辐射密度在表面的能量平衡关系中起什么作用？
- **黑体**的特性是什么？自然界是否有真的黑体？在辐射分析中黑体性质的主要作用是什么？
- 什么是**普朗克分布**？什么是**维恩位移定律**？
- 根据记忆，示意性地画出在 $T_1 < T_2 < T_3$ 三个温度时黑体辐射的光谱分布。识别这些分布的特征。
- 在室温条件下表面发射的辐射集中在电磁光谱的什么区？1000℃ 表面的发射辐射在什么光谱区？太阳表面的辐射集中在什么区？
- 什么是**斯蒂芬-波尔兹曼定律**？你怎么确定在给定温度下的黑体发射辐射的全波长发射强度？
- 为计算位于大的等温腔体中一个小表面上的全波长投射辐射密度，你将作什么近似假定？
- 在**全（波长）、半球（向）发射率**这个术语中，形容词**全**和**半球**分别指什么？
- 当与发射有关的天顶角接近 90℃ 时，材料的定向发射率如何变化？
- 如果材料的光谱发射率随波长增大而增大，它的全波长发射率怎样随温度变化？
- 对于抛光的金属和氧化了的金属，何者的发射率大？对耐火砖和冰，何者的发射率大？
- **半透过**材料上的投射辐射伴随什么过程？**辐射透不过**材料上的投射辐射伴随什么过程？
- 玻璃和水是半透过材料还是辐射透不过材料？
- 是不是靠对红外光谱区部分的投射辐射的反应确定材料的颜色？温度怎样影响材料的颜色？
- 能否将雪看成是投射辐射的好的吸收体或反射体？
- 吸收投射辐射怎样影响材料的热能？反射投射辐射怎样影响材料的热能？
- 一个处于定温的辐射透不过表面的全波长吸收率会因投射辐射是来自室温的热源或是来自太阳而不同吗？反射率能不同吗？发射率又怎样？
- 什么是**漫反射体**？什么是**镜反射体**？表面的粗糙度如何影响表面的反射性质？
- 在什么条件下表面的光谱定向发射率与光谱定向吸收率相同？什么条件下光谱半球向发射率与光谱半球向吸收率相同？什么条件下全波长半球向发射率与全波长半球向吸收率相同？

- 什么是**灰表面**？
- 地球大气层外太阳辐射的方向具有什么性质？在地球表面是什么性质？
- 自然环境的组分，如植物、水和冰等的有代表性的全波长半球向发射率的值是多少？
- 什么是**天空辐射**？

参考文献

1. Planck, M., *The Theory of Heat Radiation,* Dover Publications, New York, 1959.

2. Gubareff, G. G., J. E. Janssen, and R. H. Torberg, *Thermal Radiation Properties Survey,* 2nd ed., Honeywell Research Center, Minneapolis, 1960.

3. Wood, W. D., H. W. Deem, and C. F. Lucks, *Thermal Radiative Properties,* Plenum Press, New York, 1964.

4. Touloukian, Y. S., *Thermophysical Properties of High Temperature Solid Materials,* Macmillan, New York, 1967.

5. Touloukian, Y. S., and D. P. DeWitt, *Thermal Radiative Properties,* Vols. 7, 8, and 9, from *Thermophysical Properties of Matter,* TPRC Data Series, Y. S. Touloukian and C. Y. Ho, Eds., IFI Plenum, New York, 1970–1972.

6. Siegel, R., and J. R. Howell, *Thermal Radiation Heat Transfer,* 4th ed., Taylor & Francis, New York, 2002.

7. Duffie, J. A., and W. A. Beckman, *Solar Engineering of Thermal Processes,* 2nd ed., Wiley, New York, 1991.

8. Meinel, A. B., and M. P. Meinel, *Applied Solar Energy: An Introduction,* Addison-Wesley, Reading, MA, 1976.

9. Sayigh, A. A. M., Ed., *Solar Energy Engineering,* Academic Press, New York, 1977.

10. Goswami, D. Y., F. Kreith, and J. F. Kreider, *Principles of Solar Energy,* 2nd ed., Taylor & Francis, New York, 2002.

11. Howell, J. R., R. B. Bannerot, and G. C. Vliet, *Solar Thermal Energy Systems, Analysis and Design,* McGraw Hill, New York, 1982.

习 题

强度，发射功率和投射辐射密度

12.1 讨论一个面积 $A_1 = 10^{-4} \, \text{m}^2$ 的小表面，它是个漫发射表面，全波长半球向发射功率为 $E_1 = 5 \times 10^4 \, \text{W/m}^2$。

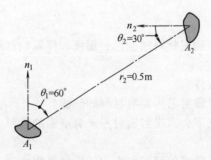

（a）按图中所示方位，$A_2 = 5 \times 10^{-4} \, \text{m}^2$ 的小表面所拦截到的发射辐射是多少？

（b）A_2 上的投射辐射密度 G_2 是多少？

（c）对天顶角 $\theta_2 = 0°$、$30°$ 和 $60°$，画出在间距 $0.25 \, \text{m} \leqslant r_2 \leqslant 1.0 \, \text{m}$ 范围内 G_2 与 r_2 的函数关系。

12.2 利用带有直径为 20mm 的小孔和发射功率为 $3.72 \times 10^5 \, \text{W/m}^2$ 的炉子标定热流计，后者的感受面积为 $1.6 \times 10^{-5} \, \text{m}^2$。

（a）热流计与小孔的法线相垂直，为获得 $1000 \, \text{W/m}^2$ 的投射辐射密度，热流计离小孔的距离该是多少？

（b）如果热流计偏离法线 $20°$，投射辐射密度将是多少？

（c）在离小孔的间距为 $100 \sim 300 \, \text{mm}$ 范围内，画出偏离法线 $0°$、$20°$ 和 $60°$ 时热流计上的投射辐射密度与倾角之间的函数关系。

12.3 有一个面积为 A_1 的小辐射源，其漫发射强度为 $I_1 = 1.2 \times 10^5 \, \text{W/(m}^2 \cdot \text{sr)}$。辐射探测器 A_2 与 A_1 的法线相垂直，二者的间距为 $L_0 = 0.2 \, \text{m}$。在 A_1 和 A_2 之间的中心位置处有一不透辐射的屏，防止 A_1 的辐射到达探测器。

小表面 A_m 是一个理想的漫反射镜，从热源发射的辐射可由 A_m 反射到探测器。

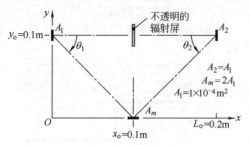

（a）计算由辐射源 A_1 的发射而投射在 A_m 上的辐射能速率 $q_{1 \to m}$（W）。

（b）假定辐射能速率 $q_{1 \to m}$ 完全被漫反射，计算离开 A_m 的辐射强度 I_m［W/（$m^2 \cdot$ sr）］。

（c）计算由离开 A_m 的反射辐射而投射在 A_2 上的辐射能速率 $q_{m \to 2}$（μW）。

（d）在间距 $0m \leqslant y_o \leqslant 0.2m$ 范围内画出辐射能速率 $q_{m \to 2}$ 与 y_o 的函数关系。说明所得曲线的特性。

12.4　在一个阴天，投射在地球表面上的太阳辐射的分布可近似地表示为 $I_i = I_n \cos\theta$，式中 $I_n = 80$W/（$m^2 \cdot$ sr），是垂直于表面的全波长辐射强度，θ 为天顶角。试求太阳辐射在地球表面上的投射辐射密度。

12.5　讨论边长 5mm 的正方形漫射表面，其全波长发射功率 $E_o = 4000$W/m^2。由发射至表面上方的半球空间导致的辐射场具漫射性质，因此形成了均匀的辐射强度 $I(\theta, \phi)$。并且，如果空间是不参与介质（不吸收，不散射，不发射），辐射强度与任何方向（θ, ϕ）的径距无关。因此在任意点 P_1 和 P_2 处的辐射强度应是相同的。

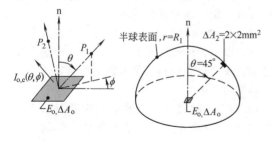

（a）由 ΔA_o 发射的辐射能速率 q_{emit} 是多少？

（b）由 ΔA_o 发射形成的辐射场的强度 $I_{o,e}$ 是多少？

（c）由式（12.8）着手，设已知辐射强度 $I_{o,e}$，确定 q_{emit} 的表达式。

（d）讨论位于 $r = R_1 = 0.5$m 的半球面。利用能量守恒要求，确定由表面 ΔA_o 的发射而投射在这个半球面上的辐射能速率。

（e）利用式（12.6），确定位于半球面上方向为（$45°, \phi$）处的小面积 ΔA_2 所拦截的离开 ΔA_o 的辐射能速率。ΔA_2 上的投射辐射密度是多少？

（f）对位置（$0°, \phi$）再计算（e），两个位置的投射辐射密度是否相同？

（g）利用式（12.13），确定 $r = R_1$ 的半球面上的投射辐射密度。

12.6　面积 $A_1 = 2 \times 10^{-4} m^2$ 的一个小辐射热源发射出强度为 $I_1 = 1000$W/（$m^2 \cdot$ sr）的漫辐射。另一个 $A_2 = 1 \times 10^{-4} m^2$ 的小面积的位置见示意图。

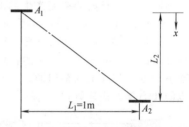

（a）确定 $L_2 = 0.5$m 时 A_2 上的投射辐射密度。

（b）在 $0m \leqslant L_2 < 10m$ 范围内画出 A_2 上投射辐射密度的变化。

黑体辐射

12.7　已准确测定了投射在地球大气层外表面上的太阳辐射的能流密度，其值为 1353W/m^2。太阳和地球的直径分别为 1.39×10^9m 和 1.29×10^7m，太阳与地球之间的距离为 1.5×10^{11}m。

（a）太阳发射的辐射功率是多少？

（b）将太阳表面近似为黑体，其表面温度是多少？

（c）太阳发射的光谱辐射中哪个波长的光谱发射功率最大？

（d）假定地球表面是黑体，且太阳是地球的唯一能源，估算地球表面的温度。

12.8　计算与下述表面的最大光谱发射功率相对应的波长：太阳，温度为 2500K 的钨丝，1500K 的热金属，305K 的人的皮肤，60K 的深度冷却的金属。计算下述光谱区内的辐射在太阳辐射中所占的份额：紫外，可见光和红外。

12.9　人的眼睛以及彩色胶片上的感光化学

物质对具有不同光谱分布的光源的反应是不同的。**日光**的照明与太阳光盘的光谱分布相一致，近似于 5800K 的黑体。家庭常用灯泡的**白炽灯**照明近似于 2900K 的黑体的光谱分布。

（a）对上述两种光源计算可见光区 [0.47μm（蓝色）～0.65μm（红色）] 在全波长辐射中所占的份额。

（b）对上述每种光源计算与最大光谱辐射强度相对应的波长。以不同照明条件下反映的真实颜色说明你的计算结果。

12.10 一个炉中有直径 $D=12.5mm$ 的等温石墨长管，工作温度保持在 $T_f=2000K$，这个炉是用作黑体源来标定热流计的。传统的热流密度计由带有热电堆的黑色薄膜组成，用以指示由于吸收全波长辐射功率而产生的温度变化。感兴趣的传统热流计的感受面积为 $5mm^2$，其法线与炉管中心线相重叠，但位于离加热段开口的 $L=60mm$ 处。冷的扩增管用于隔离热流密度计与其他的辐射源，并充有惰性气体以防止石墨管快速氧化。

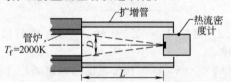

（a）对所述条件计算传统热流计上的热流密度（W/m^2），假定相对于管炉来说扩增管温度很低。

（b）用同面积的固态（光导）热流计替代传统热流计，但固态热流计只感受 0.4～2.5μm 光谱区的辐射。计算在特定的光谱区内固态热流计上的投射热流密度。

（c）在温度范围 $2000K \leqslant T_f \leqslant 3000K$ 内计算并画出全波长热流密度和对固态热流计给定的光谱区的热流密度与温度的函数关系。哪一种热流计的输出信号对炉温的变化更敏感？

物性：发射率

12.11 钨的光谱半球向发射率可近似地以下图中的分布表示。讨论直径 $D=0.8mm$ 和长 $L=20mm$ 的钨丝，将它封装在一个抽了真空的球体内，并用电流将它加热到 2900K 的稳态温度。

（a）钨丝温度为 2900K 时的全波长半球向发射率是多少？

（b）假定周围环境温度为 300K，当切断电流时钨丝的初始冷却速率是多少？

（c）在 $1300K \leqslant T \leqslant 2900K$ 的温度范围内，画出发射率与温度之间的函数关系。

（d）计算从 2900K 冷却到 1300K 所需的时间。

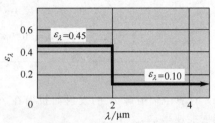

12.12 下图所示的是氧化锆基陶瓷的光谱半球向发射率，正在研究将它作为照明灯的灯丝。

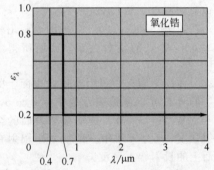

（a）在 3000K 工作时氧化锆丝的全波长半球向发射率是多少？

（b）利用习题 12.11 提供的光谱分布确定钨丝在 3000K 时的全波长半球向发射率，并与对氧化锆所得的结果进行比较。对 3000K 时在真空灯泡内工作的氧化锆和钨，哪种灯丝消耗的功率大？

（c）针对产生可见光辐射，两种灯丝中何者更有效？定量地验证你的答案。

12.13 非金属材料的全波长定向发射率可近似地以 $\varepsilon_\theta = \varepsilon_n \cos\theta$ 表示，式中的 ε_n 为法向发射率。证明这类材料的全波长半球向发射率为法向发射率的 2/3。

12.14 一种建议的**近距离测定器**是基于习题 12.6 的物理布置。安装在车辆上的测定器的感受面积为 A_2，它受到来自静止的热物体 A_1 的辐照。感受件的输出电信号与其投射辐射密度成正比。

（a）热物体的温度和发射率分别为 200℃ 和 $\varepsilon=0.85$。确定感受件输出信号最大时的距离 $L_{2,crit}$。假定热物体为漫发射体。

（b）如果热物体是非金属材料发射体，其全波长定向发射率可近似为 $\varepsilon_\theta = \varepsilon_n \cos\theta$，式中，$\varepsilon_n$ 为法向发射率（习题 12.13）。确定感受件输出信号最大时的距离 $L_{2,\text{crit}}$。

（c）计算并画出在 $0\text{m} \leqslant L_2 \leqslant 10\text{m}$ 范围内 A_2 的投射辐射密度。

吸收率，反射率和透过率

12.15 白漆的光谱反射率分布（图 12.22）可用下述梯级函数近似：

α_λ	0.75	0.15	0.96
$\lambda/\mu m$	<0.4	0.4~3.0	>3.0

涂了这种漆的一块小平板悬挂在一个大腔体内，小平板的温度保持在 400K。腔体的表面保持在 3000K，其发射率的光谱分布有下述特性：

ε_λ	0.2	0.9
$\lambda/\mu m$	<2.0	>2.0

（a）确定腔体表面的全波长发射率 ε。

（b）确定平板的全波长发射率 ε 和吸收率 α。

12.16 一个 $2\text{m} \times 2\text{m}$ 的不透射的表面在接受太阳辐射的同时保持在 400K，表面上的投射辐射密度 $G = 1200\text{W/m}^2$。此表面为漫射体，其光谱吸收率分别为：

α_λ	0	0.8	0	0.9
$\lambda/\mu m$	$0 \leqslant \lambda \leqslant 0.5$	$0.5 < \lambda \leqslant 1$	$1 < \lambda \leqslant 2$	$\lambda > 2$

确定吸收的投射辐射密度、发射功率、有效辐射密度以及离开表面的净辐射换热速率。

12.17 有一个内表面温度为 1500K 的炉子，炉子通过炉壁上直径 20mm 的小孔向外发射热辐射。部分辐射被距离小孔 1m 处的探测器拦截，探测器的面积为 10^{-5}m^2，其方位示于下图。

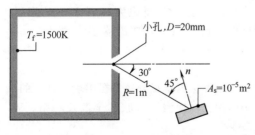

如果小孔开着，离开炉子而被探测器拦截的辐射流速率是多少？如果用对 $\lambda \leqslant 2\mu m$ 和 $\lambda > 2\mu m$ 的光谱透过率分别为 $\tau_\lambda = 0.8$ 和 $\tau_\lambda = 0$ 的具漫透射特性的半透射材料覆盖小孔，离开炉子而被探测器拦截的辐射流速率是多少？

12.18 普通玻璃和有色玻璃的光谱透过率可近似地表示为

普通玻璃 $\tau_\lambda = 0.9$ $0.3\mu m \leqslant \lambda \leqslant 2.5\mu m$
有色玻璃 $\tau_\lambda = 0.9$ $0.5\mu m \leqslant \lambda \leqslant 1.5\mu m$

在上述光谱范围外，两种玻璃的光谱透过率都是零。比较能透过这两种玻璃的太阳能。当在这两种玻璃上投射太阳辐射时，比较透过它们的可见光辐射能。

12.19 玻璃厂的研究小组正在开发一种能使玻璃在小于波长 $0.7\mu m$ 以下具有高的辐射透过率和大于波长 $0.7\mu m$ 时对辐射的反射率高的涂层。这种涂层对照明灯泡的内表面特别有应用价值。

（a）说明具有理想内表面（$\lambda \leqslant 0.7\mu m$，$\tau_\lambda = 1$；$\lambda > 0.7\mu m$，$\rho_\lambda = 1$）的灯泡的优点。

（b）讨论利用钨丝的这种灯泡，钨丝的光谱发射率的分布见习题 12.11。如果钨丝的直径和长度分别为 $D = 0.8\text{mm}$ 和 $L = 20\text{mm}$，保持 3000K 钨丝温度时需要多少电功率？如果涂层只能对 $\lambda > 2.0\mu m$ 完全反射，$\lambda \leqslant 2.0\mu m$ 则完全透射，所需的电功率是多少？

12.20 参照低铁玻璃的光谱透过率分布（图 12.23），扼要描述"温室效应"的含义。也即玻璃怎样对温室内植物的传热和散热发生影响。

能量平衡和物性

12.21 讨论背部良好隔热的一块不透射的水平板。平板上的投射辐射密度为 2500W/m^2，其中被反射的为 500W/m^2。平板的温度为 227℃，其发射功率为 1200W/m^2。温度为 127℃的空气流过平板，已知对流换热系数为 $15\text{W/(m}^2 \cdot \text{K)}$。确定平板的发射率、吸收率和有效辐射密度。单位面积的净传热速率是多少？

12.22 一块水平放置的半透射平板的顶面和底面都有均匀的投射辐射，温度为 $T_\infty = 300\text{K}$ 的空气流过平板的顶面和底面，具有均匀的对流换热系数 $h = 40\text{W/(m}^2 \cdot \text{K)}$。平板对投射辐射的全波长半球向吸收率为 0.40。稳定态条件下利用位于顶面上方的辐射探测器测得的有效辐射密度（包括透射、反射和发射）为 $J = 5000\text{W/m}^2$，平板处于均匀的温度 $T = 350\text{K}$。

确定平板的投射辐射密度和全波长半球向发射率。在给定的条件下平板是不是灰体？

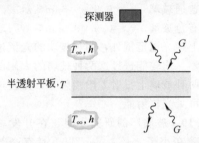

12.23 一个大真空室的窗口由给定光谱特性的材料制造。来自太阳模拟器的辐射能平行光束投射在窗口上，辐射流密度为 3000W/m^2。与窗口面积相比，真空室的壁面很大，它保持在 77K。窗口的外表面受温度为 25℃ 的环境和空气的影响，对流换热系数为 $15\text{W/(m}^2 \cdot \text{K)}$。

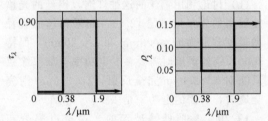

（a）确定窗口材料对来自太阳模拟器辐射的透过率，后者的辐射近似于太阳辐射的光谱分布。

（b）假定窗口与安装它的设施之间隔热，窗口达到稳定态的温度是多少？

（c）计算单位面积窗口传给真空室壁面的净辐射传热（透过的太阳模拟器的辐射除外）。

辐射探测

12.24 热像仪是一种对来自待测背景的辐射功率产生响应的仪器，达到热像仪的辐射探测器的辐射功率的光谱范围为 $9\sim12\mu\text{m}$。热像仪能提供待测背景（如炉墙）的像，由此可确定表面的温度。

（a）对 60℃ 的黑体表面，确定 $9\sim12\mu\text{m}$ 光谱段内的发射功率。

（b）当在法线方向探测 $T_s = 60\text{℃}$ 和面积为 200mm^2 的黑体壁面时，计算热像仪接受到的

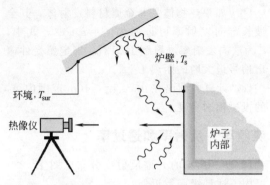

处于相同波段（$9\sim12\mu\text{m}$）内的辐射功率（W）。热像仪小孔所对的探测目标的立体角 ω 为 0.001sr。

（c）当炉壁为不透明的漫射灰体材料（$T_s = 60\text{℃}$，$\varepsilon = 0.7$），且环境为 $T_{sur} = 23\text{℃}$ 的黑体时，确定热像仪对相同的炉壁面积（200mm^2）和立体角（0.001sr）所接收的辐射功率。

12.25 辐射探测器的小孔面积为 $A_d = 10^{-6}$ m^2，它与表面积 $A_s = 10^{-4}\text{m}^2$ 的表面之间的距离为 $r = 1\text{m}$。探测器的法线与表面 A_s 的法线之间的夹角为 $\theta = 30°$。表面为不透明的漫射灰体，发射率为 0.7，温度为 500K。如果表面上的投射辐射密度为 1500W/m^2，试计算探测器所拦截的来自表面的辐射流的速率。

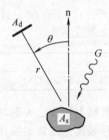

12.26 将经阳极氧化处理的 35℃ 的小铝块放在保持 175℃ 的均匀温度的大炉子中加热，炉壁为漫射灰体，发射率 $\varepsilon = 0.85$。阳极氧化涂层也是漫射灰体，发射率 $\varepsilon = 0.92$。用一个辐射探测器通过炉子的小孔观测铝块，并接收来自铝块上一个面积为 A_t 的目标的辐射。目标的直径为 3mm，探测器接收的是围绕铝块表面中心法线的立体角 0.001sr 内的辐射。

（a）如果探测器观测的是在铝块上钻成的一个小的深孔，探测器接收的全波长功率（W）是多少？

（b）如果探测器现在所观测的是铝块表面上

的一个小面积，探测器接收的全波长功率（W）是多少？

12.27 考虑温度为 400K 的不透明、漫射灰体 A_1，其直径为 10mm，发射率为 0.3。在 A_1 的同心轴上有一个 1000K 的黑体环片 A_2，其尺寸见示意图。A_2 的背侧隔热，不会直接对由低温冷却的探测器片 A_3 投射辐射，A_3 的直径为 10mm，与 A_1 的距离为 2m。

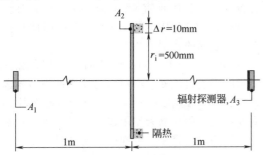

计算由 A_1 的发射和反射而投射在 A_3 上的辐射速率。

应用

12.28 刚喷涂了环氧漆的正方形板必须在 140℃ 下烘烤一段时间。利用一排红外灯对位于一个大腔体中的这些板加热。每块板的顶面的发射率为 $\varepsilon=0.8$，顶面与通风空气流之间进行对流，有 $T_\infty=27℃$ 和 $h=20W/(m^2 \cdot K)$。算得来自腔体壁的投射辐射密度为 $G_{wall}=450W/m^2$，板对该投射辐射的吸收率为 $\alpha_{wall}=0.7$。

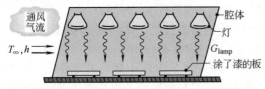

（a）确定这些灯必须提供的投射辐射密度 G_{lamp}。板表面对来自灯的投射辐射的吸收率为 $\alpha_{lamp}=0.6$。

（b）对于对流换热系数 $h=15W/(m^2 \cdot K)$、$20W/(m^2 \cdot K)$ 和 $30W/(m^2 \cdot K)$ 的三种情况，在 $100℃ \leqslant T_s \leqslant 300℃$ 范围，画出 G_{lamp} 与板温 T_s 之间的函数关系。

（c）对于对流换热系数在 $10\sim30W/(m^2 \cdot K)$ 的范围和来自灯的投射辐射的密度为 $G_{lamp}=3000W/m^2$ 的情况，确定保持板温 $T_s=140℃$ 所需的空气流温度 T_∞。

12.29 下图所示的是测定材料发射率的常用设备。将直径 30mm 和温度 $T_s=300K$ 的试件嵌装在一个大腔体的内表面。腔体壁是发射率为 0.8 的漫射灰体，处于均匀温度 $T_f=1000K$。腔体的底部有一用作观测试件或腔壁的小孔。不透明的漫射试件材料的光谱反射率 ρ_λ 见图。腔体中的空气温度也是 1000K，空气与试件之间的对流换热系数为 $h=10W/(m^2 \cdot K)$。

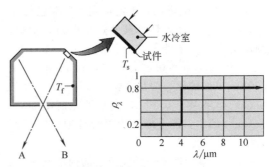

（a）计算试件的吸收率。

（b）计算试件的发射率。

（c）确定冷却液体带走的热流速率（W）。

（d）A 方向和 B 方向的辐射信号的比值将给出试件的反射率。扼要说明测试原理。

12.30 在一个制造过程中，要在一个大炉子中加热涂了薄膜的长铜棒，炉壁保持在很高的温度 T_w。炉子中有 1atm 压力的静止氮气，其温度 $T_\infty=T_w$。薄膜为漫射表面，其光谱发射率为：$\lambda \leqslant 2\mu m$，$\varepsilon_\lambda=0.9$；$\lambda > 2\mu m$，$\varepsilon_\lambda=0.4$。

（a）讨论下述条件：铜棒的直径为 D，放入炉中时的初始温度为 T_i，其轴位于水平方向。假定可以用集总热容近似法，试推导可用于确定放入铜棒时铜棒温度变化速率的表示式。用合适的变量表示你的结果。

（b）如果 $T_w=T_\infty=1500K$，$T_i=300K$，$D=10mm$，铜棒温度的初始变化速率是多少？证实集总热容近似法的有效性。

（c）计算并画出加热过程中铜棒温度随时间的变化。

12.31 在一种测定固体在高温下的热导率的方法中，要将试件置于一个大炉子的底部。厚为 L 的试件置于侧宽为 W 的正方形容器内。周侧隔热良好。炉壁温度保持在 T_w，试件的底面借通过试件容器的循环冷却液保持在很低的温度 T_c。试件表面是发射率为 ε_s 的漫射灰体，其温度 T_s 用光学方法测定。

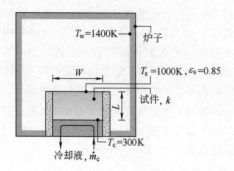

（a）忽略对流影响，确定可利用所测已知量（$T_w, T_s, T_c, \varepsilon_s, L$）计算试件热导率的表示式。测定是在稳态条件下进行的。若 $T_w = 1400\text{K}$，$T_s = 1000\text{K}$，$\varepsilon_s = 0.85$，$L = 0.015\text{m}$ 和 $T_c = 300\text{K}$，试件的热导率是多少？

（b）如果 $W = 0.10\text{m}$，冷却液是流率为 $\dot{m}_c = 0.1\text{kg/s}$ 的水，能不能认为可合理地假定底面处于均匀温度 T_c。

12.32 薄壁板将一个大炉子的内部与 300K 的环境隔开。壁板是用陶瓷材料做的，可认为它的表面具漫射性质，其外表面用空气冷却。在炉子的工作温度为 2400K 时，可忽略内表面的对流。

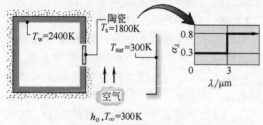

（a）如果陶瓷板的温度不得高于 1800K，采用空气冷却系统时，必须保持的最低外部换热系数值应是多少？

（b）在 $50\text{W}/(\text{m}^2 \cdot \text{K}) \leqslant h_o \leqslant 250\text{W}/(\text{m}^2 \cdot \text{K})$ 范围内计算并画出板温与 h_o 的函数关系。

环境辐射

12.33 白天，投射在一个大的水平金属屋顶上的太阳辐射密度为 1100W/m^2，吹过屋顶的风所产生的对流换热系数为 $25\text{W}/(\text{m}^2 \cdot \text{K})$。外界空气温度为 27℃，金属表面对太阳辐射的吸收率为 0.60，金属表面的发射率为 0.20，屋顶的下部隔热良好。

（a）计算稳态条件下屋顶的温度。

（b）研究吸收率、发射率及对流换热系数的变化对稳态温度的影响。

12.34 考虑一个不透射的灰表面，其定向吸收率为：$0° \leqslant \theta \leqslant 60°$，0.8；$\theta > 60°$，0.1。此表面处于水平位置，太阳投射辐射由直射和漫射部分组成。

（a）表面的法线与投射辐射之间的夹角为 45°时，表面对太阳直射的吸收率是多少，对漫射投射的吸收率是多少？

（b）忽略表面与环境空气之间的对流换热，若投射辐射中的直射和漫射份额分别为 600W/m^2 和 100W/m^2，表面的平衡温度将是多少？表面的背部绝热。

12.35 一个承包商必须从两种 $\alpha_\lambda(\lambda)$ 如图所示的不透射的漫射涂层中选择一种作为屋顶覆盖材料。采用哪一种涂层可获得较低的屋顶温度？哪一种在夏天使用较为合适？哪一种在冬天使用较为合适？分别画出在夏天和冬天使用的理想的 α_λ 的光谱分布。

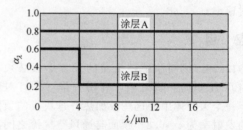

12.36 来自大气或天空的辐射可作为按与接近地面空气温度 T_{air} 相应的黑体辐射的份额来计算。也即来自天空的投射辐射可表示为 $G_{sky} = \varepsilon_{sky}\sigma T_{air}^4$，对无云的洁净夜空，发射率以形式为 $\varepsilon_{sky} = 0.741 + 0.0062T_{dp}$ 的表示式关联，式中 T_{dp} 为露点温度（℃）。考虑暴露于夜空和温度及相对湿度分别为 15℃ 和 70% 的环境空气的一块平板。假定平板的背部隔热，前侧（暴露面）的对流换热系数可按关系式 $\overline{h}$ [$\text{W}/(\text{m}^2 \cdot \text{K})$] $= 1.25\Delta T^{1/3}$ 计算，ΔT 为平板与空气温度之差。在下述两种情况下平板上会不会结露：（a）$\varepsilon = 0.23$ 的洁净的金属板；（b）涂了 $\varepsilon = 0.85$ 的漆的板？

12.37 以薄玻璃作为温室的顶盖，其上接受投射辐射的情况见示意图。

投射辐射由三部分组成：全波长太阳辐射密度 G_S，来自大气发射（天空辐射）的辐射密度 G_{atm} 及来自温室内部表面发射的辐射密度 G_i。辐射密度 G_{atm} 和 G_i 集中在红外（IR）区（$\lambda \gtrsim 8\mu m$）。玻璃与外部及内部空气之间也存

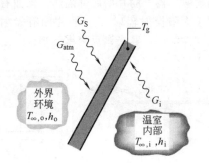

在对流换热。对 $\lambda<1\mu m$，可认为玻璃具全透射性能（对 $\lambda<1\mu m$，$\tau_\lambda=1.0$）；对 $\lambda\geq1\mu m$，玻璃为不透射体，$\alpha_\lambda=1.0$。

（a）假定处于稳态条件，表面上的全部辐射密度分布均匀，玻璃的温度 T_g 均匀一致，写出基于单位玻璃面积的合适的能量平衡关系式。

（b）对 $T_g=27℃$，$h_i=10W/(m^2\cdot K)$，$G_S=1100W/m^2$，$T_{\infty,o}=24℃$，$h_o=55W/(m^2\cdot K)$，$G_{atm}=250W/m^2$ 和 $G_i=440W/m^2$，计算温室内的空气温度 $T_{\infty,i}$。

12.38 太阳能集热的中央接收器的原理是，大量定日镜（反射镜）将聚集的辐射密度为 $q''_s=80000W/m^2$ 的太阳辐射投射到位于塔顶的接收器上。

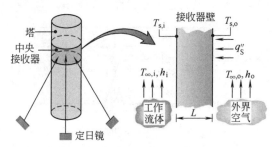

接收器壁的外表面暴露于太阳辐射和 $T_{\infty,o}=300K$ 及 $h_o=25W/(m^2\cdot K)$ 的常压空气。外表面是不透射的漫射体，其光谱吸收率为：$\lambda<3\mu m$，$\alpha_\lambda=0.9$；$\lambda>3\mu m$，$\alpha_\lambda=0.2$。壁的内表面暴露于温度 $T_{\infty,i}=700K$ 和 $h_i=1000W/(m^2\cdot K)$ 的工作流体（加压液体）。外表面还暴露于 $T_{sur}=300K$ 的环境。如果接收器壁是由 $k=15W/(m\cdot K)$ 的耐高温材料制造的，为保证外表面温度不超过 $T_{s,o}=1000K$，接收器的最薄壁厚 L 应是多少？采用这个厚度时的集热效率是多少？

12.39 考虑习题 12.38。中央接收器为外径 $D=7m$ 和长 $L=12m$ 的圆柱形壳体。外表面是不透射的漫射体，其光谱吸收率为：$\lambda<$

$3\mu m$，$\alpha_\lambda=0.9$；$\lambda>3\mu m$，$\alpha_\lambda=0.2$。此表面暴露于温度为 $T_\infty=300K$ 的静止的环境空气。

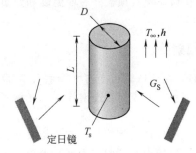

（a）考虑有代表性的工作条件：$G_S=80000W/m^2$ 的太阳辐射密度均匀地分布在接收器表面上，表面温度为 $T_s=800K$。确定接收器得到热能的速率和相应的集热器效率。

（b）接收器的表面温度会受其内部条件的影响。对于 $G_S=80000W/m^2$，计算并画出在 $600K\leq T_s\leq1000K$ 范围内集热器得到的能流速率和集热器效率。

12.40 食品输送车的制冷室顶盖板的长和宽分别为 $L=5m$ 和 $W=2m$。它由薄金属板制成，一侧结合有厚 $t=25mm$ 和热导率 $k=0.05W/(m\cdot K)$ 的纤维板隔热材料。在正常运行期间，货车以 $V=30m/s$ 的速度在 $t_\infty=27℃$ 的空气中行驶，顶盖上的太阳投射辐射密度 $G_S=900W/m^2$，制冷室内表面温度保持在 $T_{s,i}=-13℃$。

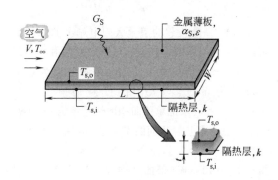

（a）车主可以从表 A.12 的三种漆（派松黑漆、聚丙烯白漆或氧化锌白漆）中选择一种作为顶盖的涂层。该选哪一种？为什么？

（b）对在（a）中挑选的漆，确定稳态条件下外表面温度的值。边界层在顶盖前缘处被触发，可假定整个顶盖上为湍流。空气的物性可取为：$v=15\times10^{-6}m^2/s$，$k=0.026W/(m\cdot K)$ 和 $Pr=0.71$。

（c）通过顶盖的传热给制冷系统增大了多少负荷？

（d）探讨车速对顶盖外表面温度和热负荷的影响。

空间辐射

12.41　在地球轨道上有一个直径为 D 的球形人造卫星，其表面有漫射涂层，光谱吸收率为：$\lambda \leqslant 3\mu m$，$\alpha_\lambda = 0.6$；$\lambda > 3\mu m$，$\alpha_\lambda = 0.3$。当卫星位于地球的暗侧时，它只接收来自地球表面的投射辐射，可假定为平行射束，投射辐射密度 $G_E = 340 W/m^2$。在地球受阳光照射的一侧时，卫星接收到的是太阳辐射流密度 $G_S = 1353 W/m^2$ 和地球的 G_E 之和。来自地球辐射的光谱分布可近似为与 280K 黑体的相同，可认为卫星的温度保持在 500K 以下。试计算在地球的暗侧和阳侧时人造卫星的稳态温度。

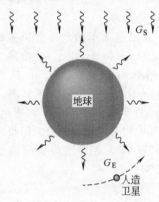

12.42　一个设想的卫星太阳电站上的辐射散热器必须将卫星内部产生的热量通过辐射方式传至空间。辐射散热器表面的太阳吸收率为 0.5，发射率为 0.95。当太阳的投射辐射密度为 1000W/m² 和要求的单位面积散热速率为 1500W/m² 时，辐射散热器表面的平衡温度将是多少？

12.43　近地轨道上的一个球形人造卫星暴露于 $G_S = 1353 W/m^2$ 的太阳辐射流密度。为保持所需的运行温度，热控工程师采用棋盘格式卫星表面，占表面积份额 F 的表面上是蒸铝薄膜（$\varepsilon = 0.03$，$\alpha_S = 0.09$），占（$1-F$）份额的表面上涂有白色氧化锌漆涂层（$\varepsilon = 0.85$，$\alpha_S = 0.22$）。假定卫星等温，其内部无能量消耗。试确定为使卫星保持 300K 棋盘格式表面所需的份额 F。

12.44　以厚度为 t 的环肋片作为空间电站

的辐射散热器。肋片的底部隔热，顶面有可能暴露于太阳投射辐射 G_S。肋片涂有漫射、光谱选择性涂层，其光谱反射率已知。

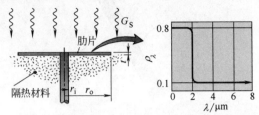

热能通过半径为 r_i 的固体棒传给肋片，后者的顶面将热能辐射至实质上处于绝对零度的太空。

（a）如果棒的导热保持肋基温度 $T(r_i) = T_b = 400K$，肋片效率为 100%，半径为 $r_o = 0.5m$ 的肋片的散热速率是多少？考虑两种情况，一种情况是辐射散热器暴露于 $G_S = 1000 W/m^2$ 的太阳辐射，另一种情况是不存在太阳辐照（$G_S = 0$）。

（b）实际上，肋片效率低于 100%，其温度随径距的增大而降低。从分析一个合适的控制容积着手，推导可确定稳态条件下径向温度分布的微分方程。给出恰当的边界条件。

12.45　有两种特殊涂层可用于例题 12.8 叙述的安装在玻璃盖板下的吸收器板。它们都是漫射表面，其光谱分布特性示于下图。

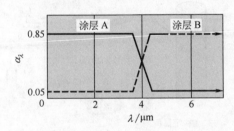

你会为吸收板选择哪一种涂层？扼要说明理由。如果玻璃盖板上的太阳投射辐射密度 $G_S = 1000 W/m^2$，对于你所选择的涂层，吸收器板单位面积吸收的辐射能速率是多少？

12.46　考虑习题 12.41 中的球形人造卫星。通过改变用于涂层的漫射材料的化学成分，工程师们可控制**截止波长**，它标志 $\alpha_\lambda = 0.6$ 和 $\alpha_\lambda = 0.3$ 之间的界限。

（a）当卫星位于地球的阳侧时使稳态温度最低的截止波长是多少？利用这种涂层，当卫星位于地球的暗侧时稳态温度将是多少？

（b）当卫星位于地球的暗侧时，使稳态温度最高的截止波长是多少？当位于地球的向阳侧时，相应的稳态温度是多少？

传热和传质

12.47　大家知道，在清澈的夜空，地面上的一薄层水会在气温降到零下以前就结冰。考虑清澈夜空下地面上的一层薄水，环境条件是：有效天空温度为 $-30℃$，由风导致的对流换热系数为 $h=25W/(m^2 \cdot K)$。水的发射率假定为 1.0，假定水与地面之间绝热。忽略蒸发，确定水层不结冰所允许的最低空气温度。现在考虑蒸发效应，水层不发生冻结所允许的最低空气温度是多少？假定空气不含水分。

12.48　下图为浅层水暴露于自然环境的示意。

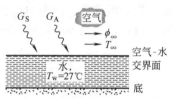

考虑下述条件：太阳和大气的投射辐射密度分别为 $G_S=600W/m^2$ 和 $G_A=300W/m^2$，空气的温度和相对湿度分别为 $T_\infty=27℃$ 和 $\phi_\infty=0.50$。水表面对太阳和大气投射辐射的反射率分别为 $\rho_S=0.3$ 和 $\rho_A=0$，水表面的发射率为 $\varepsilon=0.97$。空气-水交界面上的对流换热系数为 $h=25W/(m^2 \cdot K)$。如果水温为 $27℃$，此温度将随时间升高还是降低？

12.49　在屋顶表面保持一薄层水可降低空调费用或使无空调装置的建筑物内保持温度相对较低的环境，这是一种屋顶冷却系统。为确定这种系统的效果，讨论一个太阳吸收率 $\alpha_S=0.50$ 和半球向发射率 $\varepsilon=0.3$ 的金属薄板屋顶。有代表性的条件为：表面对流换热系数 $h=20W/(m^2 \cdot K)$，太阳投射辐射密度 $G_S=700W/m^2$，天空温度为 $-10℃$，气温 $30℃$，相对湿度 65%。可认为屋顶底部隔热良好。确定无水膜时的屋顶表面温度。假定水膜和屋顶表面温度相同，确定有水膜时的表面温度。水膜-屋顶表面组合体的太阳吸收率和半球向发射率分别 $\alpha_S=0.8$ 和 $\varepsilon=0.9$。

第13章 表面之间的辐射换热

到目前为止，我们的注意力局限于发生在**单个表面**上的辐射过程，现在我们要讨论两个或更多表面之间的辐射换热问题。这种换热与表面的几何形状和方位，以及表面的辐射性质和温度有很大的关系。一开始，我们先假定这些表面是被**不参与介质**隔开的。由于这种介质既不发射和吸收，也不散射，它们对表面之间的辐射换热不会产生影响。真空可以严格地满足这些要求，大多数气体也能非常近似地满足这些要求。

我们的第一个目标是通过详细阐明**视角系数**的概念来认识辐射问题的几何特点。接下来要讨论组成一个腔体的一些表面之间辐射换热的计算方法，先是假定所有的表面可近似为黑体，然后再减弱限制，假定它们都可近似为**漫射和灰表面**。最后，讨论表面之间有参与介质影响时的辐射换热，**参与介质**即能发射和吸收辐射的气体。

13.1 视角系数

为计算两个表面之间的辐射换热，我们必须首先引入**视角系数**的概念（也称**形状系数**）。

13.1.1 视角系数积分

视角系数 F_{ij} 的定义是：**离开表面 i 的辐射被表面 j 所拦截的份额**。为建立 F_{ij} 的通用表达式，我们讨论图 13.1 中两个任意方位的表面 A_i 和 A_j。用长为 R 的线连接每个表面上的元面积 $\mathrm{d}A_i$ 和 $\mathrm{d}A_j$，R 与表面的法线 n_i 和 n_j 分别形成极角 θ_i 和 θ_j。R、θ_i 和 θ_j 的值随 A_i 和 A_j 上元面积的位置而改变。

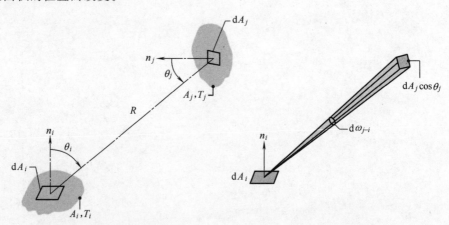

图 13.1　与元面积 $\mathrm{d}A_i$ 和 $\mathrm{d}A_j$ 之间的辐射换热有关的视角系数

由 12.2.2 节辐射强度的定义式(12.6)，被 $\mathrm{d}A_j$ 所拦截的**离开** $\mathrm{d}A_i$ 的辐射速率可表示为

$$\mathrm{d}q_{i \to j} = I_{e+r,i} \cos\theta_i \, \mathrm{d}A_i \, \mathrm{d}\omega_{j-i}$$

式中，$I_{e+r,i}$ 为通过发射和反射离开表面 i 的辐射强度；$d\omega_{j-i}$ 是从 dA_i 看到的 dA_j 所张的立体角。由式（12.2）可知，$d\omega_{j-i} = (\cos\theta_j dA_j)/R^2$，可得

$$dq_{i \to j} = I_{e+r,i} \frac{\cos\theta_i \cos\theta_j}{R^2} dA_i dA_j$$

假定表面 i 具有**漫发射**和**漫反射**性质，并代入式（12.22），得

$$dq_{i \to j} = J_i \frac{\cos\theta_i \cos\theta_j}{\pi R^2} dA_i dA_j$$

对两个表面积分可确定表面 j 所拦截的离开表面 i 的总辐射速率，即

$$q_{i \to j} = J_i \int_{A_i} \int_{A_j} \frac{\cos\theta_i \cos\theta_j}{\pi R^2} dA_i dA_j$$

上式中假定整个表面 A_i 的有效辐射密度是均匀的。根据视角系数是表面 A_j 所拦截的离开表面 A_i 的辐射的份额这个定义，有

$$F_{ij} = \frac{q_{i \to j}}{A_i J_i}$$

由此可得

$$\boxed{F_{ij} = \frac{1}{A_i} \int_{A_i} \int_{A_j} \frac{\cos\theta_i \cos\theta_j}{\pi R^2} dA_i dA_j} \tag{13.1}$$

类似地，视角系数 F_{ji} 定义为表面 A_i 所拦截的离开表面 A_j 的辐射的份额。同样的推导可得

$$F_{ji} = \frac{1}{A_j} \int_{A_i} \int_{A_j} \frac{\cos\theta_i \cos\theta_j}{\pi R^2} dA_i dA_j \tag{13.2}$$

式（13.1）和式（13.2）都可用于确定两个表面的视角系数，条件是它们是**漫发射**和**漫反射体**，且有效辐射密度均匀一致。

13.1.2　视角系数关系式

式（13.1）和式（13.2）给出了一个重要的视角系数关系式。特别是，由于两个式子的积分相同，所以有

$$\boxed{A_i F_{ij} = A_j F_{ji}} \tag{13.3}$$

上式称为**互换关系式**，对由一个已知的视角系数确定另一个视角系数很有用。

另一个重要的视角系数关系式与组成一个**腔体**的表面有关（图 13.2）。根据视角系数的定义，**求和规则**

$$\boxed{\sum_{j=1}^{N} F_{ij} = 1} \tag{13.4}$$

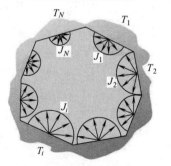

图 13.2　腔体内的辐射换热

可应用于腔体内 N 个表面中的任一表面。这个规则是从守恒要求推得的：离开表面 i 的总辐射必定被腔体内的表面拦截。出现在求和式中的 F_{ii} 表示离开表面 i 的辐射直接被 i 所拦截的份额。如果表面是凹形，它可**看见自己**，因而 F_{ii} 不为零。然而，对于平的或凸的表面，$F_{ii}=0$。

为计算由 N 个表面组成的腔体中的辐射换热，需要总数为 N^2 个视角系数。当将视角系数排列成矩阵形式时，这个要求是一目了然的

$$\begin{bmatrix} F_{11} & F_{12} & \cdots F_{1N} \\ F_{21} & F_{22} & \cdots F_{2N} \\ \vdots & \vdots & \vdots \\ F_{N1} & F_{N2} & \cdots F_{NN} \end{bmatrix}$$

然而，没必要**直接**算出所有的视角系数。由对腔体中的每个表面应用求和规则式 (13.4) 得到的 N 个方程，可确定全部 N 个视角系数。另外，可以对腔体应用 $N(N-1)/2$ 个互换关系式 (13.3) 以确定 $N(N-1)/2$ 个视角系数。因此，只需要直接确定 $[N^2-N-N(N-1)/2]=N(N-1)/2$ 个视角系数。例如，对于三表面腔体，这个要求相当于只要知道 $3(3-1)/2=3$ 个视角系数，求解由式 (13.3) 和式 (13.4) 得到的六个方程可确定其余的视角系数。

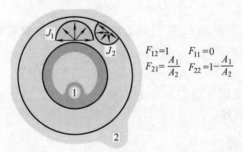

$$F_{12}=1 \quad F_{11}=0$$
$$F_{21}=\frac{A_1}{A_2} \quad F_{22}=1-\frac{A_1}{A_2}$$

图 13.3 由两个球构成的腔体的视角系数

表 13.1 二维几何形状的视角系数[4]

几何形状及相对方位	关 系 式
中心线在垂直方向上的平行平板 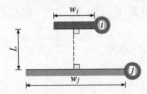	$F_{ij}=\dfrac{[(W_i+W_j)^2+4]^{1/2}-[(W_j-W_i)^2+4]^{1/2}}{2W_i}$ $W_i=w_i/L, W_j=w_j/L$
带公共边的等宽度倾斜板 	$F_{ij}=1-\sin\left(\dfrac{\alpha}{2}\right)$

几何形状及相对方位	关　系　式

带公共边的相互垂直的板

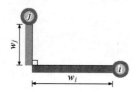

$$F_{ij} = \frac{1 + (w_j/w_i) - [1 + (w_j/w_i)^2]^{1/2}}{2}$$

三个面构成的腔体

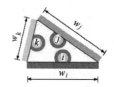

$$F_{ij} = \frac{w_i + w_j - w_k}{2w_i}$$

不同半径的平行圆柱体

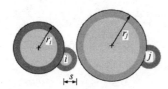

$$F_{ij} = \frac{1}{2\pi} \left\{ \pi + [C^2 - (R+1)^2]^{1/2} - \right.$$
$$[C^2 - (R-1)^2]^{1/2} +$$
$$(R-1)\cos^{-1}\left[\left(\frac{R}{C}\right) - \left(\frac{1}{C}\right)\right] -$$
$$\left. (R+1)\cos^{-1}\left[\left(\frac{R}{C}\right) + \left(\frac{1}{C}\right)\right] \right\}$$

$R = r_j/r_i, S = s/r_i$
$C = 1 + R + S$

圆柱和平行矩形

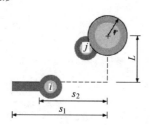

$$F_{ij} = \frac{r}{s_1 - s_2}\left[\tan^{-1}\frac{s_1}{L} - \tan^{-1}\frac{s_2}{L}\right]$$

无限平板和一排圆柱体

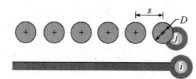

$$F_{ij} = 1 - \left[1 - \left(\frac{D}{s}\right)^2\right]^{1/2} +$$
$$\left(\frac{D}{s}\right)\tan^{-1}\left[\left(\frac{s^2 - D^2}{D^2}\right)^{1/2}\right]$$

为说明上述方法，讨论图 13.3 中涉及球表面的一个简单的两个表面的腔体。虽然这个腔体有 $N^2=4$ 个视角系数（F_{11}，F_{12}，F_{21}，F_{22}），但需要直接确定的只有 $N(N-1)/2=1$ 个视角系数。在这种情况下可用**观察**的方法确定。具体地说，由于离开内表面的辐射全部投射到外表面上，因此 $F_{12}=1$。但离开外表面的辐射不是这样，因为外表面可以看到自己。由式(13.3)，可得

$$F_{21}=\left(\frac{A_1}{A_2}\right)F_{12}=\left(\frac{A_1}{A_2}\right)$$

由求和规则，还可得到

$$F_{11}+F_{12}=1$$

上式中 $F_{11}=0$，并且

$$F_{21}+F_{22}=1$$

在这种情况下

$$F_{22}=1-\left(\frac{A_1}{A_2}\right)$$

表 13.2   三维几何形状的视角系数[4]

几何形状及相对方位	关 系 式
排列整齐的平行矩形 （图 13.4） 	$\overline{X}=X/L,\overline{Y}=Y/L$ $F_{ij}=\dfrac{2}{\pi\overline{X}\,\overline{Y}}\left\{\ln\left[\dfrac{(1+\overline{X}^2)(1+\overline{Y}^2)}{1+\overline{X}^2+\overline{Y}^2}\right]^{1/2}+\right.$ $\overline{X}(1+\overline{Y}^2)^{1/2}\tan^{-1}\dfrac{\overline{X}}{(1+\overline{Y}^2)^{1/2}}+$ $\left.\overline{Y}(1+\overline{X}^2)^{1/2}\tan^{-1}\dfrac{\overline{Y}}{(1+\overline{X}^2)^{1/2}}-\overline{X}\tan^{-1}\overline{X}-\overline{Y}\tan^{-1}\overline{Y}\right\}$
同轴平行圆片 （图 13.5） 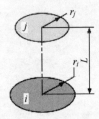	$R_i=r_i/L,R_j=r_j/L$ $S=1+\dfrac{1+R_j^2}{R_i^2}$ $F_{ij}=\dfrac{1}{2}\{S-[S^2-4(r_j/r_i)^2]^{1/2}\}$
带公共边的相互垂直的矩形 （图 13.6） 	$H=Z/X,W=Y/X$ $F_{ij}=\dfrac{1}{\pi W}\left(W\tan^{-1}\dfrac{1}{W}+H\tan^{-1}\dfrac{1}{H}-\right.$ $(H^2+W^2)^{1/2}\tan^{-1}\dfrac{1}{(H^2+W^2)^{1/2}}+$ $\dfrac{1}{4}\ln\left\{\dfrac{(1+W^2)(1+H^2)}{1+W^2+H^2}\left[\dfrac{W^2(1+W^2+H^2)}{(1+W^2)(W^2+H^2)}\right]^{W^2}\times\right.$ $\left.\left.\left[\dfrac{H^2(1+H^2+W^2)}{(1+H^2)(H^2+W^2)}\right]^{H^2}\right\}\right)$

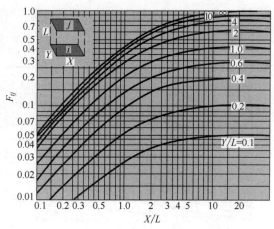

图 13.4　排列整齐的平行矩形的视角系数

对更复杂的几何形状，可通过计算式 13.1 的两重积分确定其视角系数。对许多不同表面的布置已算出了这些积分解，并可从文献中查到算式、图或表[1~4]。一些常见几何形状的结果可见表 13.1 和表 13.2，以及图 13.4～图 13.6。表 13.1 中的几何形状被假定为无限长（在垂直于页面方向），因此是二维的。表 13.2 和图 13.4～图 13.6 是三维的。

值得指出的是，图 13.4～图 13.6 的结果可用于确定其他的一些视角系数。例如，可利用图 13.5 的结果和求和规则式(13.4)确定圆柱（筒）的端面（或截头圆锥的端面）对侧面的视角系数。并且，如果利用另外的两个视角系数关系式，就可用图 13.4～图 13.6 得到其他有用的结果。

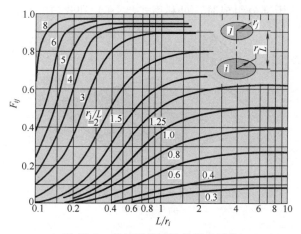

图 13.5　同轴平行圆片的视角系数

第一个关系式涉及对一个被分隔表面的视角系数的叠加性质，可由图 13.7 说明。讨论由表面 i 投到被分成 n 块的表面 j 的辐射，显然有

$$F_{i(j)} = \sum_{k=1}^{n} F_{ik} \tag{13.5}$$

式中，围绕下标的括号表示这是一个组合表面，在所论情况下，(j) 相当于 $(1, 2, \cdots, k, \cdots, n)$。这个表达式简单地表明到达一个组合表面的辐射是到达此表面各部分的辐射之和。虽然这是对接受表面的被分割的部分来说的，但它也可用于辐射从表面各部分离开的组合表面以得到第二个视角系数关系式。以 A_i 乘式(13.5)并对所得结果的每一项应用互换关系式(13.3)，可得

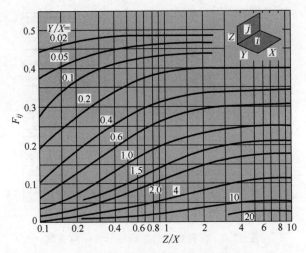

图 13.6 带公共边的相互垂直的矩形的视角系数

$$A_j F_{(j)i} = \sum_{k=1}^{n} A_k F_{ki} \tag{13.6}$$

或

$$F_{(j)i} = \frac{\sum_{k=1}^{n} A_k F_{ki}}{\sum_{k=1}^{n} A_k} \tag{13.7}$$

当辐射离开的表面由若干部分组成时，可利用式(13.6) 和式(13.7)。

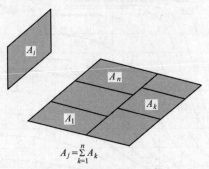

$$A_j = \sum_{k=1}^{n} A_k$$

图 13.7 用于说明视角系数关系式
的一些面积

对于涉及复杂几何形状的问题，也许不能求得式(13.1) 的分析解，在这种情况下，必须用数值方法计算视角系数的值。在涉及具有成百或上千个辐射表面的复杂结构的情况下，用数值方法算得的视角系数可能具有相当大的误差。在这类情况下，应该用式(13.3) 检查各视角系数的精确度，且要用式(13.4) 确定是否满足能量守恒原理[5]。

【例 13.1】 讨论一个直径为 D 和面积为 A_j 的漫射圆片与一个面积为 A_i 的漫射平面，$A_i \ll A_j$。两个表面平行，A_i 的位置离 A_j 中心的距离为 L。试求视角系数 F_{ij} 的表达式。

解析

已知：小表面相对于大圆片的方位。

求：小表面对圆片的视角系数 F_{ij}。

示意图：

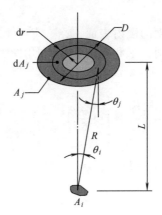

假定：1. 漫射表面。

　　　2. $A_i \ll A_j$。

分析：由式(13.1) 可确定需要知道的视角系数。

$$F_{ij} = \frac{1}{A_i} \int_{A_i} \int_{A_j} \frac{\cos\theta_i \cos\theta_j}{\pi R^2} dA_i dA_j$$

注意到可近似地认为 θ_i、θ_j 和 R 与 A_i 上的位置无关，上式可简化为

$$F_{ij} = \int_{A_j} \frac{\cos\theta_i \cos\theta_j}{\pi R^2} dA_j$$

或者，由于 $\theta_i = \theta_j \equiv \theta$，有

$$F_{ij} = \int_{A_j} \frac{\cos^2\theta}{\pi R^2} dA_j$$

利用 $R^2 = r^2 + L^2$，$\cos\theta = (L/R)$ 及 $dA_j = 2\pi r dr$ 可得

$$F_{ij} = 2L^2 \int_0^{D/2} \frac{r dr}{(r^2 + L^2)^2} = \frac{D^2}{D^2 + 4L^2} \qquad \blacktriangleleft \quad (13.8)$$

说明：1. 式(13.8) 可用于定量地确定图 13.5 中当下方的圆的半径 r_i 接近零时曲线的渐近变化。

　　2. 上述几何形状是可以用式(13.1) 确定视角系数的最简单的一种情况。文献 [1～3] 讨论了涉及更复杂积分的一些几何形状。

【例 13.2】　确定下述几何形状的视角系数 F_{12} 和 F_{21}：

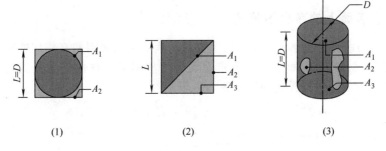

1. 长为 L 的正方形匣中有直径 $D = L$ 的球。

2. 在正方形截面的长风道中有沿对角线放置的隔板。

3. 长度和直径相同的圆管的端面和侧面。

解析

已知：表面的几何形状。

求：视角系数。

假定：具有均匀有效辐射密度的漫射表面。

分析：可通过观察、互换规则、求和规则和/或利用图表确定所需的视角系数。

1. 方匣内的球

由观察知，$F_{12}=1$ ◀

由互换规则，$F_{21}=\dfrac{A_1}{A_2}F_{12}=\dfrac{\pi D^2}{6L^2}\times 1=\dfrac{\pi}{6}$ ◀

2. 正方截面风道中的隔板

由求和规则，$F_{11}+F_{12}+F_{13}=1$

式中 $F_{11}=0$

由对称性，$F_{12}=F_{13}$

因此 $F_{12}=0.50$ ◀

由互换规则，$F_{21}=\dfrac{A_1}{A_2}F_{12}=\dfrac{\sqrt{2}L}{L}\times 0.5=0.71$ ◀

3. 圆管

由表 13.2 或图 13.5，据 $(r_3/L)=0.5$ 和 $(L/r_1)=2,F_{13}=0.172$

由求和规则，$F_{11}+F_{12}+F_{13}=1$

或利用 $F_{11}=0$，$F_{12}=1-F_{13}=0.828$ ◀

据互换规则，$F_{21}=\dfrac{A_1}{A_2}F_{12}=\dfrac{\pi D^2/4}{\pi DL}\times 0.828=0.207$ ◀

13.2 腔体中不透辐射的漫射灰表面之间的辐射换热

通常，辐射会因反射和发射而离开一个不透辐射的表面，并到达第二个不透辐射的表面，经受反射和吸收。在如图 13.8(a) 所示的腔体内，辐射会经受离开所有表面的多次反射，每次会被部分地吸收。

通过某些假定可简化腔体内辐射换热的分析。可假定腔体的每个表面是等温面且具有**均匀的有效辐射和投射辐射密度**。还可假定表面是**透不过辐射**的，并且具有**漫射和灰表面**特性；再者，腔体内包含的是**不参与介质**。在通常的问题中，已知的或是每个表面的温度 T_i，或是它们的净辐射热流密度 q''_i。分析的目的是利用已知信息确定每个表面的未知的**净辐射热流密度或温度**。

13.2.1 一个表面上的净辐射换热

离开表面 i 的**净辐射速率** q_i，表示发生在这个表面上的辐射相互作用的净效果 [图 13.8(b)]。这也是为保持这个表面处于某个定温而必须用别的方法向它传入或由它传出的净能量速率。它等于有效辐射与投射辐射之差，可表示为

$$q_i=A_i(J_i-G_i) \tag{13.9}$$

由式(13.9) 和有效辐射密度 J_i 的定义

$$J_i\equiv E_i+\rho_i G_i \tag{13.10}$$

这个表面的净辐射换热也可用表面的发射功率和表面吸收的投射辐射表示为

$$q_i=A_i(E_i-\alpha_i G_i) \tag{13.11}$$

由于是不透辐射的表面，利用了关系式 $\alpha_i=1-\rho_i$。这个关系式的说明可见图 13.8(c)。已

知对不透辐射的漫射灰表面有 $\rho_i = 1 - \alpha_i = 1 - \varepsilon_i$，以式(12.35) 代入，有效辐射也可表示为

$$J_i = \varepsilon_i E_{bi} + (1 - \varepsilon_i) G_i \tag{13.12}$$

解出 G_i 并代入式(13.9)，可得

$$q_i = A_i \left(J_i - \frac{J_i - \varepsilon_i E_{bi}}{1 - \varepsilon_i} \right)$$

或

$$q_i = \frac{E_{bi} - J_i}{(1 - \varepsilon_i) / (\varepsilon_i A_i)} \tag{13.13}$$

式(13.13) 为一个表面的净辐射换热速率给出了一个方便的表达式。这个可用图 13.8(d) 的网络元表示的热流速率是与驱动势（$E_{bi} - J_i$）和形式为（$1 - \varepsilon_i$）/（$\varepsilon_i A_i$）的**表面辐射热阻**相联系的。因此，若假想这个表面是黑体且其发射功率大于有效辐射密度，则净辐射热速率由表面传出；反之，净辐射换热速率传给表面。

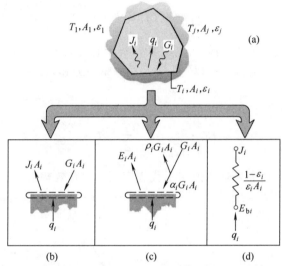

图 13.8　包含不参与介质和由漫射灰表面组成的腔体内的辐射换热
(a) 腔体示意图；(b) 据式(13.9) 的辐射平衡；(c) 据式(13.11) 的辐射平衡；(d) 表示一个表面的净辐射换热的网络元

有时会遇到所论问题中有一个表面远大于其他表面的情况。例如，这个系统可由一个大房间内的许多小表面组成。在这种情况下，相对于小表面来说，大表面的面积实际上接近无限大（$A_i \to \infty$），我们发现这个表面的辐射热阻 $[(1 - \varepsilon_i) / (\varepsilon_i A_i)]$，实际上为零，这种情况与黑表面（$\varepsilon_i = 1$）等效。因此，$J_i = E_{bi}$，所以**当与相对于所论问题的所有其他表面相比一个表面的面积很大时，可将它作为黑体处理**。在 12.6 节中基于物理论述已得到了这个重要结论，现通过对灰表面辐射换热的讨论证实了此结果。物理上的解释仍然是，虽然大表面会反射一些投射在其上的辐射，但它的面积很大，因而存在很高的概率使反射的辐射到达该表面上的其他点。经过这种多次反射后，原先投射在大表面上的辐射被大表面所吸收，再不会到达任何小表面。

13.2.2　表面之间的辐射换热

为利用式(13.13)，必须知道表面的有效辐射密度 J_i。要确定这个量，必须讨论腔体的表面之间的辐射换热。

可由腔体内所有表面的有效辐射算出表面 i 上的投射辐射。具体地说，根据视角系数的定义，可知包括 i 在内的从腔体内所有表面到达表面 i 的总辐射速率为

$$A_i G_i = \sum_{j=1}^{N} F_{ji} A_j J_j$$

或利用互换规则式(13.3)

$$A_i G_i = \sum_{j=1}^{N} A_i F_{ij} J_j$$

消去面积 A_i，将 G_i 代入式(13.9)

$$q_i = A_i \left(J_i - \sum_{j=1}^{N} F_{ij} J_j \right)$$

或者，由求和规则式(13.4)

$$q_i = A_i \left(\sum_{j=1}^{N} F_{ij} J_i - \sum_{j=1}^{N} F_{ij} J_j \right)$$

因此

$$q_i = \sum_{j=1}^{N} A_i F_{ij} (J_i - J_j) = \sum_{j=1}^{N} q_{ij} \qquad (13.14)$$

这个结果说明，表面 i 的净辐射换热速率 q_i 等于它与其他表面发生辐射换热的各个净辐射换热速率 q_{ij} 之和。每个 q_{ij} 都可由以 $(J_i - J_j)$ 为驱动势和以 $(A_i F_{ij})^{-1}$ 为**空间**或**几何热阻**的网络元表示（图13.9）。

联合式(13.13)和式(13.14)，可得

$$\frac{E_{bi} - J_i}{(1 - \varepsilon_i)/\varepsilon_i A_i} = \sum_{j=1}^{N} \frac{J_i - J_j}{(A_i F_{ij})^{-1}} \qquad (13.15)$$

由图13.9可看出，这个表达式说明了代表表面 i 的有效辐射节点的辐射平衡。通过表面热阻传给表面 i 的辐射传热速率必定等于通过相应的一些几何热阻而发生的表面 i 与所有其他表面的净辐射换热速率。

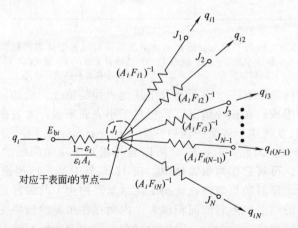

图13.9 腔体内的表面 i 与其他表面之间辐射换热的网络表示

可注意的是，当表面温度 T_i 已知（因而 E_{bi} 已知）时，式(13.15)特别有用。虽然这是常有的情况，但并非总是这样。具体地说，会遇到表面的净辐射换热 q_i 已知，而表面温度 T_i 不知道的情况。对于这种情况，使用方便的辐射平衡的形式是式(13.14)，整理后可写成

$$q_i = \sum_{j=1}^{N} \frac{J_i - J_j}{(A_i F_{ij})^{-1}} \qquad (13.16)$$

利用网络表示法最初是由奥本海姆（Oppenheim）提出的[6]。为建立网络，首先要确定

由 N 个表面组成的腔体中与每个表面的有效辐射有关的节点。这个方法为腔体，至少是一些简单的腔体，提供了使其内部的辐射换热变得可视化的一个有用的工具。

另一个求解辐射腔体问题的**直接方法**是对已知 T_i 的每个表面写出式（13.15）和对已知 q_i 的每个表面写出式（13.16）。对由此得到的 N 个线性代数方程组解出 $J_1，J_2，\cdots，J_N$。知道了 J_i，就可用式（13.13）确定各已知 T_i 的表面的净辐射热流速率 q_i 或各已知 q_i 的表面的 T_i。对腔体中任意个 N 表面，可很容易用第 4 章的迭代法或矩阵求逆法求解上述问题。

【**例 13.3**】　在加工过程中，用宽 $W=1\mathrm{m}$ 的红外加热器对面积 $A_2=15\mathrm{m}^2$ 的曲面太阳吸收器表面上的特殊涂层进行固化。吸收器和加热器的长度都是 $L=10\mathrm{m}$，它们之间的距离为 $H=1\mathrm{m}$。

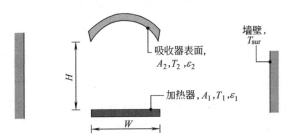

加热器的温度 $T_1=1000\mathrm{K}$，发射率 $\varepsilon_1=0.9$，吸收器的温度 $T_2=600\mathrm{K}$，发射率 $\varepsilon_2=0.5$。这个系统处于墙壁温度为 300K 的大房间内。对吸收器的净传热速率是多少？

解析

已知：在一个大房间内，正利用一个红外加热器对曲面太阳吸收器表面的特殊涂层进行固化。

求：对吸收器表面的净传热速率。

示意图：

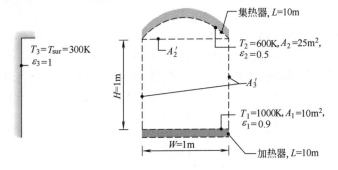

假定：1. 存在稳定状态。

　　　2. 对流效应可忽略。

　　　3. 吸收器和加热器表面为漫射灰表面。

　　　4. 房间很大，具有黑体性质。

分析：这个系统可看成有三个表面的腔体，第三个表面是作为环境的大房间，具有黑体的特性。我们感兴趣的是确定传给表面 2 的净辐射速率。我们用辐射网络法和直接法两种方法来求解。

1. 辐射网络法

为构建网络，首先要确定与每个表面的有效辐射有关的节点，见下述示意图中的步骤 1。然后通过合适的空间热阻将每个有效辐射节点与其他有效辐射相连接，见步骤 2。我们将把环境作为一个很大但具体数值不确定的表面积来处理，这会在表示空间热阻 $(A_3F_{31})^{-1}$ 和 $(A_3F_{32})^{-1}$ 时带来困难。幸运的是由互换关系式（13.3），我们可用 A_1F_{13} 替代 A_3F_{31} 和用

A_2F_{23} 替代 A_3F_{32}，A_1F_{13} 和 A_2F_{23} 都很是易确定的。最后一步是利用合适形式的表面热阻将每个表面的有效辐射节点与和此表面处于相同温度的黑体辐射功率相连接。

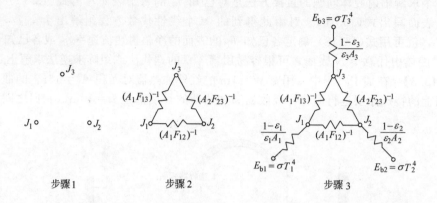

步骤1　　　　　　　步骤2　　　　　　　步骤3

在本问题中，根据假定 4，表面 3 的表面热阻为零，所以，$J_3 = E_{b3} = \sigma T_3^4 = 459 \, \text{W/m}^2$。
将在节点 J_1 的热流相加，得

$$\frac{\sigma T_1^4 - J_1}{(1-\varepsilon_1)/(\varepsilon_1 A_1)} = \frac{J_1 - J_2}{1/(A_1 F_{12})} + \frac{J_1 - \sigma T_3^4}{1/(A_1 F_{13})} \tag{1}$$

将在节点 J_2 的热流相加，得

$$\frac{\sigma T_2^4 - J_2}{(1-\varepsilon_2)/(\varepsilon_2 A_2)} = \frac{J_2 - J_1}{1/(A_1 F_{12})} + \frac{J_2 - \sigma T_3^4}{1/(A_2 F_{23})} \tag{2}$$

示意图中的 A_2' 是吸收器的矩形底面积，考虑到 $F_{12} = F_{12'}$，可以确定视角系数 F_{12}。因此，由图 13.4 或表 13.2，利用 $Y/L = 10/1 = 10$ 和 $X/L = 1/1 = 1$

$$F_{12} = 0.39$$

据求和规则，考虑到 $F_{11} = 0$，因此有

$$F_{13} = 1 - F_{12} = 1 - 0.39 = 0.61$$

需要知道的最后一个视角系数是 F_{23}。考虑到辐射由表面 2 传播到表面 3 必须通过假想的表面 A_2'

$$A_2 F_{23} = A_2' F_{23}$$

另外，由对称关系 $F_{2'3} = F_{13}$，所以

$$F_{23} = \frac{A_2'}{A_2} F_{13} = \frac{10 \, \text{m}^2}{15 \, \text{m}^2} \times 0.61 = 0.41$$

现在我们可求解式（1）和式（2）的 J_1 和 J_2。考虑到 $E_{b1} = \sigma T_1^4 = 56700 \, \text{W/m}^2$，消去面积 A_1，可将式（1）写成

$$\frac{56700 - J_1}{(1-0.9)/0.9} = \frac{J_1 - J_2}{1/0.39} + \frac{J_1 - 459}{1/0.61}$$

或

$$-10 J_1 + 0.39 J_2 = -510582 \tag{3}$$

注意到 $E_{b2} = \sigma T_2^4 = 7348 \, \text{W/m}^2$，用面积 A_2 除，可将式（2）表示为

$$\frac{7348 - J_2}{(1-0.5)/0.5} = \frac{J_2 - J_1}{15 \, \text{m}^2/(10 \, \text{m}^2 \times 0.39)} + \frac{J_2 - 459}{1/0.41}$$

或

$$0.26 J_1 - 1.67 J_2 = -7536 \tag{4}$$

联立求解式(3) 和式(4)，得 $J_2 = 12487\text{W/m}^2$。

查看辐射网络，可写出**离开**吸收器表面的净传热速率 q_2 的表达式为

$$q_2 = \frac{\sigma T_2^4 - J_2}{(1-\varepsilon_2)/(\varepsilon_2 A_2)}$$

可得

$$q_2 = \frac{(7348-12487)\text{W/m}^2}{(1-0.5)/(0.5 \times 15\text{m}^2)} = -77.1\text{kW}$$

因此，对吸收器的净传热速率为 $q_{\text{net}} = -q_2 = 77.1\text{kW}$。 ◀

2. 直接法

利用直接法，我们分别对三个表面写出式(13.15)。我们用上面已求得的视角系数，基于互换关系改写空间热阻以消去 A_3。

表面 1

$$\frac{\sigma T_1^4 - J_1}{(1-\varepsilon_1)/(\varepsilon_1 A_1)} = \frac{J_1-J_2}{1/(A_1 F_{12})} + \frac{J_1-J_3}{1/(A_1 F_{13})} \tag{5}$$

表面 2

$$\frac{\sigma T_2^4 - J_2}{(1-\varepsilon_2)/(\varepsilon_2 A_2)} = \frac{J_2-J_1}{1/(A_2 F_{21})} + \frac{J_2-J_3}{1/(A_2 F_{23})} = \frac{J_2-J_1}{1/(A_1 F_{12})} + \frac{J_2-J_3}{1/(A_2 F_{23})} \tag{6}$$

表面 3

$$\frac{\sigma T_3^4 - J_3}{(1-\varepsilon_3)/(\varepsilon_3 A_3)} = \frac{J_3-J_1}{1/(A_3 F_{31})} + \frac{J_3-J_2}{1/(A_3 F_{32})} = \frac{J_3-J_1}{1/(A_1 F_{13})} + \frac{J_3-J_2}{1/(A_2 F_{23})} \tag{7}$$

将面积、温度、发射率和视角系数的值代入式(5)～式(7)，并联立求解，我们得到 $J_1 = 51541\text{W/m}^2$，$J_2 = 12487\text{W/m}^2$ 和 $J_3 = 459\text{W/m}^2$。将式(13.13) 用于表面 2

$$q_2 = \frac{\sigma T_2^4 - J_2}{(1-\varepsilon_2)/(\varepsilon_2 A_2)}$$

此式与用网络法建立的相同。因此，$q_2 = -77.1\text{kW}$。

说明：1. 为联立求解式(5)～式(7)，我们必须以 $(1-\varepsilon_3)/(\varepsilon_3 A_3) = 0$ 乘式(7) 的两侧，以避免被零除，这样就得到了式(7) 的简化形式，即 $J_3 = \sigma T_3^4$。

2. 如果我们将 $J_3 = \sigma T_3^4$ 代入式(5) 和式(6)，显然可知，式(5) 和式(6) 分别等同于式(1) 和式(2)。

3. 由于表面数增大时辐射网络会变得相当复杂，所以在表面数 $N \geqslant 4$ 时建议用直接法。

4. 在 13.3 节我们将看到，当用另外的方式，即导热或对流，向表面传入或由表面传出热能时，辐射网络法特别有用。在这种**多模式**传热的情况中，可用进入或由节点离开的附加的热流来表示传至或由表面传出的其他能量。

5. 要学会利用假想表面 (A_2') 简化视角系数的计算。

6. 我们可以用略有些不同的方式得到解。离开表面 1 的辐射为到达环境必须通过一些开口（假想的表面 $3'$）。因此，我们可写出

$$F_{13} = F_{13'}$$
$$A_1 F_{13} = A F_{13'} = A'_3 F_{3'1}$$

在表面 2 与环境之间可以写出类似的变换关系。这样，上述辐射网络中连接有效辐射节点 3 的空间热阻可由适合于表面 $3'$ 的空间热阻替代。热阻网络不会改变，空间热阻的值与前述解确定的相同。然而，利用假想表面 $3'$ 计算视角系数更为方便。对表面 3 的表面热阻等于零的情况，我们看到，**与大面积发生辐射换热的腔体的一些开口，可将其处理为假想的、不反射的黑体表面**（$\varepsilon_3 = 1$），**其温度与环境的相同**（$T_3 = T_{\text{sur}}$）。

13.2.3 黑体辐射换热

在例题 13.3 中，我们看到大面积环境可处理成假想的黑体表面。实际表面，如变成焦黑或带有高发射率涂层的，也具有近似于黑体的性质。当腔体的所有表面都是黑体时计算就可大大简化。由于黑体表面的吸收率是 1，就不存在反射，因而有效辐射单一地由发射辐射组成。因此，式（13.14）简化为

$$q_i = \sum_{j=1}^{N} A_i F_{ij} \sigma (T_i^4 - T_j^4) \tag{13.17}$$

【**例 13.4**】 一个直径 $D=75\text{mm}$、长 150mm 的圆筒形炉腔，其一端向温度为 27℃的很大的环境打开。用电热丝加热的侧壁和炉底可近似为黑体，它们隔热良好，分别保持在 1350℃和 1650℃。

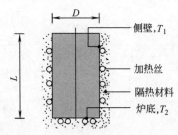

维持炉子的状态需要多大功率？

解析

已知：圆筒形炉的侧壁和底部的表面温度。

求：为维持给定的温度所需的功率。

示意图：

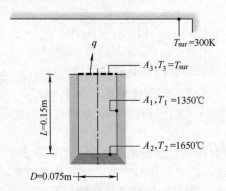

假定：1. 内表面具有黑体的性质。

2. 对流换热可忽略。

3. 炉的外表面绝热。

4. 开口可视为温度为 T_{sur} 的假想黑体表面。

分析：为维持炉子在给定的条件下运行，所需的功率必须与炉子的热损相平衡。热损可表示为

$$q = q_{13} + q_{23}$$

或者，由式（13.17）

$$q = A_1 F_{13} \sigma (T_1^4 - T_3^4) + A_2 F_{23} \sigma (T_2^4 - T_3^4)$$

由表 13.2（或图 13.5），在 $(r_i/L) = (r_j/L) = (0.0375\text{m}/0.15\text{m}) = 0.25$ 时，$F_{23} = 0.056$。由求和规则

$$F_{21}=1-F_{23}=1-0.056=0.944$$

据互换规则

$$F_{12}=\frac{A_2}{A_1}F_{21}=\frac{\pi\times(0.075\text{m})^2/4}{\pi\times0.075\text{m}\times0.15\text{m}}\times0.944=0.118$$

因此，由对称性 $F_{13}=F_{12}$

$$q=(\pi\times0.075\text{m}\times0.15\text{m})\times0.118\times5.67\times10^{-8}\text{W}/(\text{m}^2\cdot\text{K}^4)\times$$
$$[(1623\text{K})^4-(300\text{K})^4]+\left(\frac{\pi}{4}\right)\times(0.075\text{m})^2\times0.056\times$$
$$5.67\times10^{-8}\text{W}/(\text{m}^2\cdot\text{K}^4)\times[(1923\text{K})^4-(300\text{K})^4]$$
$$=1639\text{W}+191\text{W}=1830\text{W}$$

13.2.4　两个表面的腔体

最简单的腔体是只有两个表面进行辐射换热的腔体。图 13.10(a) 示意地给出了这种两个表面的腔体。由于只有两个表面，**由表面 1 传出的净辐射速率** q_1 必定等于传给表面 2 的净辐射速率 $-q_2$，并且这两个量必定等于 1 与 2 之间的净辐射换热速率。因此

$$q_1=-q_2=q_{12}$$

对表面 1 和 2 应用式(13.15)，求解这两个方程得到 J_1 和 J_2，就可确定辐射换热速率。然后可用所得结果由式(13.13) 确定 q_1（或 q_2）。但在这种情况下利用图 13.10(b) 所示的腔体的网络表示法可更方便地得到所需的结果。

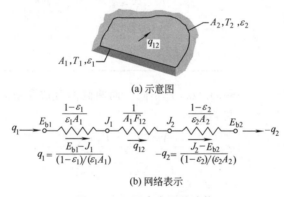

(a) 示意图

(b) 网络表示

图 13.10　两个表面的腔体

由图 13.10(b) 可知，表面 1 和 2 之间的辐射换热的总热阻是由两个表面热阻和一个几何热阻组成的。因此，代入式(12.26)，表面之间的净辐射换热速率为

$$q_{12}=q_1=-q_2=\frac{\sigma(T_1^4-T_2^4)}{\dfrac{1-\varepsilon_1}{\varepsilon_1A_1}+\dfrac{1}{A_1F_{12}}+\dfrac{1-\varepsilon_2}{\varepsilon_2A_2}} \tag{13.18}$$

上述结果可用于由任意两个漫射灰表面**组成的腔体**。表 13.3 汇集了一些重要的特殊情形。

13.2.5　防辐射屏

由低发射率（高反射率）材料做成的**防辐射屏**可用于减少两个表面之间的净辐射换热速率。讨论在图 13.11(a) 中的两块大的平行平板之间放置一个防辐射屏，即表面 3。在没有防辐射屏的情况下，可按式(13.19) 确定表面 1 与 2 之间的净辐射换热速率。然而，有了防辐射屏，由图 13.11(b) 可知，出现了附加的热阻，传热速率减小了。可注意的是，屏的一

表 13.3　一些由两个漫射灰表面组成的特殊腔体

平行的(无限)平板

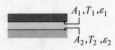

$A_1 = A_2 = A$
$F_{12} = 1$

$$q_{12} = \frac{A\sigma(T_1^4 - T_2^4)}{\frac{1}{\varepsilon_1} + \frac{1}{\varepsilon_2} - 1}$$　(13.19)

同心的长(无限)圆柱体

$\dfrac{A_1}{A_2} = \dfrac{r_1}{r_2}$
$F_{12} = 1$

$$q_{12} = \frac{\sigma A_1(T_1^4 - T_2^4)}{\frac{1}{\varepsilon_1} + \frac{1-\varepsilon_2}{\varepsilon_2}\left(\frac{r_1}{r_2}\right)}$$　(13.20)

同心圆球

$\dfrac{A_1}{A_2} = \dfrac{r_1^2}{r_2^2}$
$F_{12} = 1$

$$q_{12} = \frac{\sigma A_1(T_1^4 - T_2^4)}{\frac{1}{\varepsilon_1} + \frac{1-\varepsilon_2}{\varepsilon_2}\left(\frac{r_1}{r_2}\right)^2}$$　(13.21)

大腔体中的小凸面物

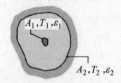

$\dfrac{A_1}{A_2} \approx 0$
$F_{12} = 1$

$$q_{12} = \sigma A_1 \varepsilon_1(T_1^4 - T_2^4)$$　(13.22)

侧的发射率 ($\varepsilon_{3,1}$) 可能与另一侧的 ($\varepsilon_{3,2}$) 不同，而两侧的有效辐射总是不同的。将各个热阻相加并考虑到 $F_{13} = F_{32} = 1$，可得

$$q_{12} = \frac{A_1\sigma(T_1^4 - T_2^4)}{\frac{1}{\varepsilon_1} + \frac{1}{\varepsilon_2} + \frac{1-\varepsilon_{3,1}}{\varepsilon_{3,1}} + \frac{1-\varepsilon_{3,2}}{\varepsilon_{3,2}}}$$　(13.23)

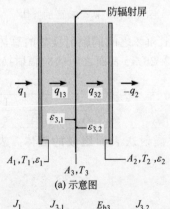

图 13.11　两块大的平行平板之间有一个防辐射屏的辐射换热

可注意到的是，当发射率 $\varepsilon_{3,1}$ 和 $\varepsilon_{3,2}$ 非常小时，与防辐射屏相关的热阻会变得非常大。

如果已知 T_1 和 T_2，可以用式(13.23)确定净传热速率。由已知的 q_{12}，并考虑到 $q_{12} = q_{13} = q_{32}$，就可对 q_{13} 或 q_{32} 应用式(13.19)以确定 T_3 的值。

上述方法很易推广到涉及多片防辐射屏的问题。对于所有的发射率都相等的特殊情况，可以证明，当有 N 片防辐射屏时，有

$$(q_{12})_N = \frac{1}{N+1}(q_{12})_0 \tag{13.24}$$

式中，$(q_{12})_0$ 为无防辐射屏（$N=0$）时的辐射传热速率。

【例 13.5】 一种低温流体流过直径为 20mm 的长管，管的外表面具有漫射灰表面性质，$\varepsilon_1 = 0.02$，$T_1 = 77K$。这根管子与一根直径为 50mm 的管同心，大管的内表面是 $\varepsilon_2 = 0.05$ 的漫射灰表面，$T_2 = 300K$。两个表面之间抽成真空。计算单位管长低温流体得到的热量。如果在内外表面之间插入一片直径为 35mm 和 $\varepsilon_3 = 0.02$（两侧相同）的防辐射屏，计算单位管长得热量的变化（百分数）。

解析

已知： 发射率和温度不同的漫射灰表面的同心管结构。

求： 1. 通过内管的低温流体得到的热量。

2. 内外管之间插入防辐射屏时得热变化的百分比。

示意图：

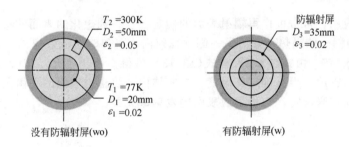

没有防辐射屏(wo)　　　有防辐射屏(w)

假定： 1. 两个表面都是漫射灰表面。

2. 管子之间抽成真空。

3. 防辐射屏的导热热阻可忽略。

4. 两根同心管形成了两表面腔体（端部效应可忽略）。

分析： 1. 没有防辐射屏的这个系统的网络表示可见图 13.10，可由式(13.20)确定所要的传热速率

$$q = \frac{\sigma(\pi D_1 L)(T_1^4 - T_2^4)}{\frac{1}{\varepsilon_1} + \frac{1-\varepsilon_2}{\varepsilon_2}\left(\frac{D_1}{D_2}\right)}$$

因此

$$q' = \frac{q}{L} = \frac{5.67 \times 10^{-8}\,\text{W/(m}^2 \cdot \text{K}^4) \times (\pi \times 0.02\text{m}) \times [(77\text{K})^4 - (300\text{K})^4]}{\frac{1}{0.02} + \frac{1-0.05}{0.05}\left(\frac{0.02\text{m}}{0.05\text{m}}\right)}$$

$$= -0.50\text{W/m}$$

2. 带防辐射屏的系统的网络表示可见图 13.11，现在所要的传热速率为

$$q = \frac{E_{b1} - E_{b2}}{R_{\text{tot}}} = \frac{\sigma(T_1^4 - T_2^4)}{R_{\text{tot}}}$$

式中

$$R_{\text{tot}} = \frac{1-\varepsilon_1}{\varepsilon_1(\pi D_1 L)} + \frac{1}{(\pi D_1 L)F_{13}} + 2\left[\frac{1-\varepsilon_3}{\varepsilon_3(\pi D_3 L)}\right] + \frac{1}{(\pi D_3 L)F_{32}} + \frac{1-\varepsilon_2}{\varepsilon_2(\pi D_2 L)}$$

或

$$R_{\text{tot}} = \frac{1}{L}\left\{\begin{array}{c}\dfrac{1-0.02}{0.02\times(\pi\times0.02\text{m})} + \dfrac{1}{(\pi\times0.02\text{m})\times1} + \\[3mm] 2\times\left[\dfrac{1-0.02}{0.02\times(\pi\times0.035\text{m})}\right] + \dfrac{1}{(\pi\times0.035\text{m})\times1} + \dfrac{1-0.05}{0.05\times(\pi\times0.05\text{m})}\end{array}\right\}$$

$$= \frac{1}{L}(779.9 + 15.9 + 891.3 + 9.1 + 121.0) = \frac{1817}{L}\left(\frac{1}{\text{m}^2}\right)$$

因此

$$q' = \frac{q}{L} = \frac{5.67\times10^{-8}\,\text{W/(m}^2\cdot\text{K}^4)\times[(77\text{K})^4 - (300\text{K})^4]}{1817(1/\text{m})} = -0.25\,\text{W/m}$$

所以，得热变化的百分比为

$$\frac{q'_{\text{w}} - q'_{\text{wo}}}{q'_{\text{wo}}}\times100 = \frac{(-0.25\,\text{W/m}) - (-0.50\,\text{W/m})}{-0.50\,\text{W/m}}\times100 = -50\%$$

13.2.6 再辐射表面

对许多工业应用，常常可作**再辐射表面**的假定。这种理想化的表面的特性是它的净辐射换热为**零**（$q_i = 0$）。**一侧隔热良好而另一侧**（辐射面）**可忽略对流效应的实际表面很接近于这种表面。由于 $q_i = 0$，由式（13.9）和式（13.13）可得 $G_i = J_i = E_{bi}$。因此，如果已知再辐射表面的有效辐射密度，很易确定其温度。在腔体内，再辐射表面的平衡温度可由它与其他表面之间的相互作用来确定，**与再辐射表面的发射率无关**。

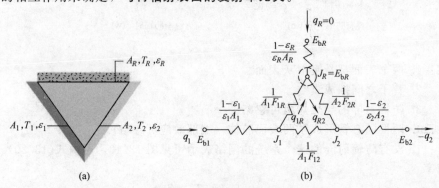

图 13.12　带一个再辐射表面的三表面腔体

图 13.12(a) 所示的是一个三表面腔体，其中的第三个表面，即表面 R，是再辐射表面，相应的网络见图 13.12(b)。假定表面 R 隔热良好，并认为对流效应可忽略。因此，由于 $q_R = 0$，由表面 1 传出的净辐射必定等于传给表面 2 的净辐射。网络是很简单的串联-并联布置，对其进行分析很易知道有

$$q_1 = -q_2 = \frac{E_{b1} - E_{b2}}{\dfrac{1-\varepsilon_1}{\varepsilon_1 A_1} + \dfrac{1}{A_1 F_{12} + [1/(A_1 F_{1R}) + 1/(A_2 F_{2R})]^{-1}} + \dfrac{1-\varepsilon_2}{\varepsilon_2 A_2}} \qquad (13.25)$$

知道了 $q_1 = -q_2$，可对表面 1 和 2 应用式（13.13）确定它们的有效辐射密度 J_1 和 J_2。知道了 J_1 和 J_2 及几何热阻，就可由辐射平衡关系确定再辐射表面 R 的有效辐射密度 J_R

$$\frac{J_1-J_R}{1/(A_1F_{1R})}-\frac{J_R-J_2}{1/(A_2F_{2R})}=0 \tag{13.26}$$

随后可按 $\sigma T_R^4=J_R$ 确定再辐射表面的温度。

可指出的是，在 13.2.2 节介绍的通用方法可应用于有再辐射表面的腔体。可对每个表面应用式(13.16)，注意 $q_i=0$。

【例 13.6】 一个油漆烤箱由截面为三角形的长通道组成，其加热表面保持在 1200K，另一个表面隔热，涂了油漆的一些板位于第三个表面，温度保持在 500K。三角形每边的宽为 $W=1\mathrm{m}$，加热和隔热表面的发射率为 0.8。涂漆板的发射率为 0.4。在稳定状态运行时，为保持加热板的温度为 1200K，必须给单位长度通道的加热面提供多大功率？隔热表面的温度是多少？

解析

已知： 一侧隔热、一侧加热、另一侧冷却的一个三角形截面的长通道，三侧表面的物性。

求： 1. 需要给单位长度通道提供多大供热速率。

　　2. 隔热表面的温度。

示意图：

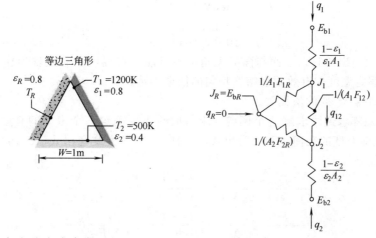

假定： 1. 存在稳定态条件。

　　2. 所有表面是不透辐射的漫射灰表面，具有均匀的有效辐射密度。

　　3. 对流效应可忽略。

　　4. R 是再辐射表面。

　　5. 端部效应可忽略。

分析： 1. 这个系统可模拟为一个由三个表面组成的腔体，三个表面中有一个是再辐射表面。所以，可由式(13.25) 确定必须给加热表面提供的功率：

$$q_1=\frac{E_{b1}-E_{b2}}{\dfrac{1-\varepsilon_1}{\varepsilon_1 A_1}+\dfrac{1}{A_1F_{12}+[1/(A_1F_{1R})+1/(A_2F_{2R})]^{-1}}+\dfrac{1-\varepsilon_2}{\varepsilon_2 A_2}}$$

由对称性，$F_{12}=F_{1R}=F_{2R}=0.5$，另外，$A_1=A_2=WL$，此处 L 为通道长度。因此

$$q_1'=\frac{q_1}{L}=\frac{5.67\times10^{-8}\,\mathrm{W/(m^2\cdot K^4)}\times(1200^4-500^4)\mathrm{K^4}}{\dfrac{1-0.8}{0.8\times1\mathrm{m}}+\dfrac{1}{1\mathrm{m}\times0.5+(2+2)^{-1}\mathrm{m}}+\dfrac{1-0.6}{0.4\times1\mathrm{m}}}$$

或

$$q_1'=37\mathrm{kW/m}=-q_2'$$

2. 可根据条件 $J_R = J_{bR}$ 确定隔热表面的温度，此处的 J_R 可由式(13.26) 确定。但要利用此式必须知道 J_1 和 J_2。对表面 1 和 2 应用表面能量平衡关系式(13.13)，可得

$$J_1 = E_{b1} - \frac{1-\varepsilon_1}{\varepsilon_1 W} q'_1 = 5.67 \times 10^{-8} \, \text{W/(m}^2 \cdot \text{K}^4) \times (1200\text{K})^4 -$$

$$\frac{1-0.8}{0.8 \times 1\text{m}} \times 37000\text{W/m} = 108323\text{W/m}^2$$

$$J_2 = E_{b2} - \frac{1-\varepsilon_2}{\varepsilon_2 W} q'_2$$

$$= 5.67 \times 10^{-8} \, \text{W/(m}^2 \cdot \text{K}^4) \times (500\text{K})^4 - \frac{1-0.4}{0.4 \times 1\text{m}} (-37000\text{W/m}) = 59043\text{W/m}^2$$

对再辐射表面应用能量平衡关系式(13.26)，可得

$$\frac{108323 - J_R}{\dfrac{1}{W \times L \times 0.5}} - \frac{J_R - 59043}{\dfrac{1}{W \times L \times 0.5}} = 0$$

因此

$$J_R = 83683\text{W/m}^2 = E_{bR} = \sigma T_R^4$$

$$T_R = \left[\frac{83683\text{W/m}^2}{5.67 \times 10^{-8} \, \text{W/(m}^2 \cdot \text{K}^4)} \right]^{1/4} = 1102\text{K} \quad \blacktriangleleft$$

说明： 1. 要指出的是，在面与面的夹角上不可能存在温度和有效辐射密度的突变，因此在这些部位假定温度和有效辐射密度均匀的依据不足。

2. 所得的结果与 ε_R 的值无关。

3. 也可用矩阵求逆法求解这个例题。求解时首先要确定三个未知的有效辐射密度 J_1、J_2 和 J_R。对已知温度的表面 1 和 2 写出式(13.15)，对表面 R 写出式(13.16)，可得到三个控制方程。它们是

$$\frac{E_{b1} - J_1}{(1-\varepsilon_1)/(\varepsilon_1 A_1)} = \frac{J_1 - J_2}{(A_1 F_{12})^{-1}} + \frac{J_1 - J_R}{(A_1 F_{1R})^{-1}}$$

$$\frac{E_{b2} - J_2}{(1-\varepsilon_2)/(\varepsilon_2 A_2)} = \frac{J_2 - J_1}{(A_2 F_{21})^{-1}} + \frac{J_2 - J_R}{(A_2 F_{2R})^{-1}}$$

$$0 = \frac{J_R - J_1}{(A_R F_{R1})^{-1}} + \frac{J_R - J_2}{(A_R F_{R2})^{-1}}$$

消去面积 A_1，第一个方程简化为

$$\frac{117573 - J_1}{0.25} = \frac{J_1 - J_2}{2} + \frac{J_1 - J_R}{2}$$

或

$$10J_1 - J_2 - J_R = 940584 \tag{1}$$

类似地，对表面 2

$$\frac{3544 - J_2}{1.50} = \frac{J_2 - J_1}{2} + \frac{J_2 - J_R}{2}$$

或

$$-J_1 + 3.33J_2 - J_R = 4725 \tag{2}$$

对再辐射表面

$$0 = \frac{J_R - J_1}{2} + \frac{J_R - J_2}{2}$$

或

$$-J_1-J_2+2J_R=0 \tag{3}$$

联立求解式(1)～式(3)，得

$$J_1=108328\,\mathrm{W/m^2} \qquad J_2=59018\,\mathrm{W/m^2} \quad 和 \quad J_R=83673\,\mathrm{W/m^2}$$

考虑到 $J_R=\sigma T_R^4$，可得

$$T_R=\left(\frac{J_R}{\sigma}\right)^{1/4}=\left[\frac{83673\,\mathrm{W/m^2}}{5.67\times10^{-8}\,\mathrm{W/(m^2\cdot K^4)}}\right]^{1/4}=1102\,\mathrm{K}$$

13.3 多种模式传热

　　到目前为止，我们是在导热和对流可忽略的情况下讨论腔体内的辐射换热的。然而，在许多应用中，对流和/或导热与辐射相当，因此在传热分析中必须加以考虑。

　　讨论图 13.13(a) 中一般的表面条件。除了与腔体内其他一些表面的辐射换热，可以有对表面的外加热，如电加热以及离开表面的对流和导热。由表面的能量平衡关系，可得

$$q_{i,\mathrm{ext}}=q_{i,\mathrm{rad}}+q_{i,\mathrm{conv}}+q_{i,\mathrm{cond}} \tag{13.27}$$

式中，$q_{i,\mathrm{rad}}$ 是由表面传出的净辐射换热速率，可按计算腔体内辐射换热的常规方法确定。因此，通常可由式(13.13) 或式(13.14) 确定 $q_{i,\mathrm{rad}}$，而对于由两个表面组成的腔体或由带有一个再辐射表面的三表面腔体的这种特殊情况，可分别由式(13.18) 和式(13.25) 确定。表面的辐射网络元按图 13.13(b) 改画，那儿的 $q_{i,\mathrm{ext}}$、$q_{i,\mathrm{cond}}$ 和 $q_{i,\mathrm{conv}}$ 表示进入或离开表面节点的热流。然而要注意，$q_{i,\mathrm{cond}}$ 和 $q_{i,\mathrm{conv}}$ 与温差成正比，而 $q_{i,\mathrm{rad}}$ 则与温度的四次方之差成正比。如果表面的背面绝热，即 $q_{i,\mathrm{cond}}=0$，情况将简化。并且，若不存在外加热，且可忽略对流，这个表面就是再辐射表面。

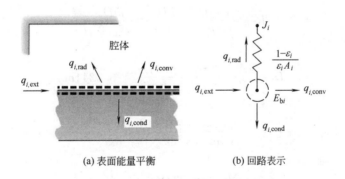

(a) 表面能量平衡　　　　(b) 回路表示

图 13.13　腔体内离开表面的多模式传热

　　【例 13.7】　讨论一个由半圆管组成的空气加热器，它的平表面保持在 1000K，另一个表面良好隔热。管的半径为 20mm，两个表面的发射率都是 0.8。如果通过管子的常压空气的流率为 0.01kg/s，温度为 $T_m=400\mathrm{K}$，为保持平面温度为 1000K，对单位管长必须提供多大的热流速率？隔热表面的温度是多少？

　　解析
　　已知： 管形加热器中空气流动的条件和加热器表面的条件。
　　求： 必须提供的热流速率和隔热表面的温度。

示意图：

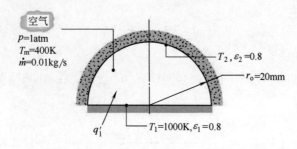

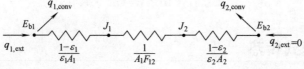

假定：1. 稳定态条件。

2. 漫射灰表面。

3. 管的端部影响和气体温度在轴向的变化可忽略。

4. 流动是充分发展的。

物性：由表 A.4，空气（1atm，400K）：$k = 0.0338\mathrm{W/(m \cdot K)}$，$\mu = 230 \times 10^{-7}\mathrm{kg/}$ $(\mathrm{s \cdot m})$，$c_p = 1014\mathrm{J/(kg \cdot K)}$，$Pr = 0.69$。

分析：由于半圆表面良好隔热，不存在外部加热，表面的能量平衡关系给出

$$-q_{2,\mathrm{rad}} = q_{2,\mathrm{conv}}$$

由于半圆形管构成了一个两表面腔体，可由式(13.18)计算对表面 2 的净辐射换热。因此

$$\frac{\sigma(T_1^4 - T_2^4)}{\dfrac{1-\varepsilon_1}{\varepsilon_1 A_1} + \dfrac{1}{A_1 F_{12}} + \dfrac{1-\varepsilon_2}{\varepsilon_2 A_2}} = h A_2 (T_2 - T_\mathrm{m})$$

式中，视角系数 $F_{12} = 1$，单位长度上两个表面的面积分别为 $A_1 = 2r_\mathrm{o}$ 和 $A_2 = \pi r_\mathrm{o}$。利用

$$Re_D = \frac{\rho u_\mathrm{m} D_\mathrm{h}}{\mu} = \frac{\dot{m} D_\mathrm{h}}{A_\mathrm{c} \mu} = \frac{\dot{m} D_\mathrm{h}}{(\pi r_\mathrm{o}^2/2)\mu}$$

水力直径为

$$D_\mathrm{h} = \frac{4A_\mathrm{c}}{P} = \frac{2\pi r_\mathrm{o}}{\pi + 2} = \frac{0.04\pi\mathrm{m}}{\pi + 2} = 0.0244\mathrm{m}$$

因此

$$Re_D = \frac{0.01\mathrm{kg/s} \times 0.0244\mathrm{m}}{(\pi/2) \times (0.02\mathrm{m})^2 \times 230 \times 10^{-7}\mathrm{kg/(s \cdot m)}} = 16900$$

由 Dittus-Boelter 方程

$$Nu_D = 0.023 Re_D^{4/5} Pr^{0.4}$$

$$Nu_D = 0.023 \times (16900)^{4/5} \times (0.69)^{0.4} = 47.8$$

$$h = \frac{k}{D_\mathrm{h}} Nu_D = \frac{0.0338\mathrm{W/(m \cdot K)}}{0.0244\mathrm{m}} \times 47.8 = 66.2\mathrm{W/(m^2 \cdot K)}$$

以面积 A_1 除能量平衡关系式的两侧，可得

$$\frac{5.67 \times 10^{-8}\mathrm{W/(m^2 \cdot K^4)} \times [(1000)^4 - T_2^4]\mathrm{K^4}}{\dfrac{1-0.8}{0.8} + 1 + \dfrac{1-0.8}{0.8} \times \dfrac{2}{\pi}} = 66.2 \times \frac{\pi}{2} \times (T_2 - 400)\mathrm{W/m^2}$$

或

$$5.67 \times 10^{-8} T_2^4 + 146.5 T_2 - 115313 = 0$$

用逐次逼近法可得

$$T_2 = 696\text{K}$$

由加热表面的能量平衡关系

$$q_{1,\text{ext}} = q_{1,\text{rad}} + q_{1,\text{conv}} = q_{2,\text{conv}} + q_{1,\text{conv}}$$

因此，以单位管长计算

$$
\begin{aligned}
q'_{1,\text{ext}} &= h\pi r_{\text{o}}(T_2 - T_{\text{m}}) + h2r_{\text{o}}(T_1 - T_{\text{m}}) \\
&= 66.2 \times 0.02 \times [\pi \times (696 - 400) + 2 \times (1000 - 400)]\text{W/m} \\
&= (1231 + 1589)\text{W/m} = 2820\text{W/m}
\end{aligned}
$$

说明：对空气的微元控制体积应用能量平衡关系式，可得

$$\frac{\mathrm{d}T_{\text{m}}}{\mathrm{d}x} = \frac{q'_1}{\dot{m}c_p} = \frac{2820\text{W/m}}{0.01\text{kg/s} \times [1014\text{J/(kg · K)}]} = 278\text{K/m}$$

因此，空气的温度变化很大，更有代表性的分析应将半圆形管在轴向分成一些区，这样就可允许区与区之间空气和隔热表面温度的变化。这样的话，两表面腔体的辐射换热分析将不再适用。

13.4　伴有参与介质的辐射换热

虽然我们已阐明了预测表面之间辐射换热的方法，但认识其固有的一些局限性还是很重要的。还记得，我们讨论了**等温、不透辐射的灰表面**，它们是**漫发射**和**漫反射**表面，并且，这些表面都有均匀的**有效辐射**和**投射辐射密度**。对于腔体，我们也讨论了隔开表面的是**不参与介质的情况，即**该介质对表面的辐射既不吸收也不散射，并且自己也不发射辐射。

以上的条件和有关方程常可用于进行初次估算，在大多数情况下，对腔体内的辐射换热可得准确度很高的结果。然而，有的时候这些假定是粗糙和不合适的，需要用更精细的预测方法。尽管这已超出了本书的范围，但在一些更深的辐射换热的论述中讨论了这些方法[3,7~12]。

我们所关注的是局限于在不透明固体或液体表面上的辐射换热，几乎未提及有关气体的辐射。对于**非极性**气体，如 O_2 或 N_2，这种忽略是合理的，因为这些气体不发射辐射，并且实质上它们可让投射辐射完全穿过。但对**极性**分子气体，如 CO_2、H_2O（蒸汽）、NH_3 和烃类化合物气体等，情况就不是这样，它们在很大的温度范围内是发射和吸收辐射的。对于这些气体，情况很复杂，它们不像固体和液体那样发射随波长连续变化的辐射，气体辐射集中在一些特定的**波长间隔**（称为带）内。并且，气体辐射不是表面现象，而是**容积现象**。

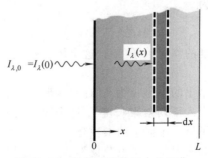

图 13.14　气体或液体层中的吸收

13.4.1　容积吸收

在气体（或半透射液体或固体）中的光谱辐射的吸收是吸收系数 K_λ（1/m）和介质厚度 L 的函数（图 13.14）。如果强度为 $I_{\lambda,0}$ 的单色射束投射在介质上，其强度将因吸收而衰减，

发生在厚度无限小的薄层 dx 内的衰减量可表示为

$$dI_\lambda(x) = -K_\lambda I_\lambda(x)dx \qquad (13.28)$$

分离变量并对整个层积分，可得

$$\int_{I_{\lambda,0}}^{I_{\lambda,L}} \frac{dI_\lambda(x)}{I_\lambda(x)} = -K_\lambda \int_0^L dx$$

假定上式中 K_λ 不随 x 变化，可得

$$\frac{I_{\lambda,L}}{I_{\lambda,0}} = e^{-K_\lambda L} \qquad (13.29)$$

这个指数衰减关系式称为**比尔**（Beer）**定律**，是进行近似辐射分析的有用工具，例如，它可用于推导介质的总的光谱吸收率。特别是，据如下的透过率定义

$$\tau_\lambda = \frac{I_{\lambda,L}}{I_{\lambda,0}} = e^{-\kappa_\lambda L} \qquad (13.30)$$

吸收率为

$$\alpha_\lambda = 1 - \tau_\lambda = 1 - e^{-\kappa_\lambda L} \qquad (13.31)$$

若认为可以用基尔霍夫定律，$\alpha_\lambda = \varepsilon_\lambda$，式(13.31) 也可给出介质的光谱发射率。

13.4.2　气体发射和吸收

在一种常见的工程计算中，需要确定由气体传给邻近表面的辐射热流密度。尽管在这类计算中有着内在的光谱和方向效应的复杂性，但仍可用一种简化的方法。这个方法是由霍特尔（Hottel）[13] 提出的，在这种方法中，要确定由温度为 T_g 的半球形气体质量发射到位于半球底部中心的面元 dA_1 的辐射。单位表面积气体的发射为

$$E_g = \varepsilon_g \sigma T_g^4 \qquad (13.32)$$

由相关的已有资料可确定式中的气体发射率 ε_g。具体地说，可用与气体的温度 T_g 和总压 p、辐射物质的分压 p_g 以及半球半径 L 有关的关系式表示 ε_g。

图 13.15 给出了总压为 1atm 的情况下水蒸气分压与半球半径的乘积具有不同值的水蒸气的发射率与气体温度的函数关系。为计算总压不是 1atm 的发射率，应将由图 13.15 查得的发射率乘上由图 13.16 给出的修正因子 C_w。对二氧化碳得到了类似的结果，见图 13.17 和图 13.18。

上述结果可用于水蒸气或二氧化碳分别与不辐射物质组成混合介质时的情况。但这些结果很易推广到水蒸气和二氧化碳同时出现在有其他不辐射气体的混合介质中的情况。具体地说，总的气体发射率可表示为

$$\varepsilon_g = \varepsilon_w + \varepsilon_c - \Delta\varepsilon \qquad (13.33)$$

图 13.19 给出了不同气体温度的修正因子 $\Delta\varepsilon$。这个因子计及了与两个物质间相互吸收辐射有关的发射的减少。

前已述及，上述结果所给出的是半径为 L 的半球形气体物质辐射到位于半球底部中心面元的发射率。然而，通过引入**平均射束长度** L_e 这个概念可将这些结果推广到其他几何形状的气体。引入这个量是为了以一个简单的参数建立气体发射率与气体的几何形状及尺寸之间的关系。可将这个量理解为发射率与所论几何形状的气体相同的半球形气体团的半径。已对许多气体团形状确定了这个值[13]，表 13.4 列出了有代表性的一些结果。在图 13.15～图 13.19 中以 L_e 替代 L，就可解出我们感兴趣的几何形状的发射率。

利用表 13.4 的结果和图 13.15～图 13.19 就可确定由邻近气体的发射传给一个表面的辐射热流，该热流可表示为

$$q = \varepsilon_g A_s \sigma T_g^4 \qquad (13.34)$$

式中，A_s 为表面的面积。若表面是黑体，当然将吸收全部辐射。黑体表面也将发射辐射，温度为 T_s 的表面与温度为 T_g 的气体之间的净辐射换热为

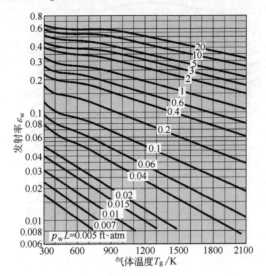

图 13.15　在总压为 1atm 时与不辐射物质
组成的半球形混合气体中水蒸气的发射率[13]
（此图获准使用）

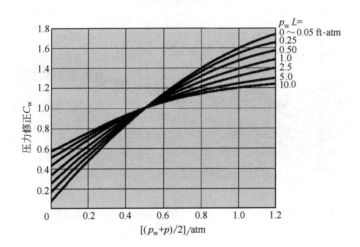

图 13.16　总压不是 1atm 时水蒸气发射率修正
因子的确定 $(\varepsilon_{w,p \neq 1atm} = C_w \varepsilon_{w,p=1atm})$[13]
（此图获准使用）

表 13.4　不同气体几何形状的平均射束长度 L_e

几 何 形 状	特 征 长 度	L_e
球（向表面辐射）	直径(D)	$0.65D$
无限长圆柱（向曲表面辐射）	直径(D)	$0.95D$
半无限长圆柱（向底面辐射）	直径(D)	$0.65D$
高与直径相等的圆柱（向整个表面辐射）	直径(D)	$0.60D$
两块无限平板（向平板辐射）	平板间距(L)	$1.80L$
立方体（向任意表面辐射）	边长(L)	$0.66L$
体积为 V 的任何形状（向面积为 A 的表面辐射）	体积与面积之比(V/A)	$3.6V/A$

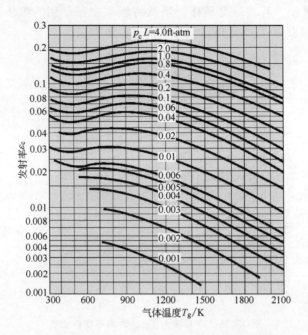

图 13.17　在总压为 1atm 时与不辐射物质组成
的半球形混合气体中二氧化碳的发射率[13]
（此图获准使用）

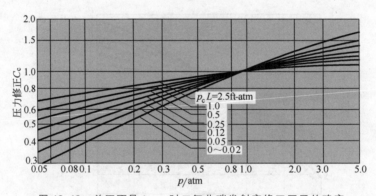

图 13.18　总压不是 1atm 时二氧化碳发射率修正因子的确定
$(\varepsilon_{c,p \neq 1atm} = C_c \varepsilon_{c,p=1atm})$[13]
（此图获准使用）

$$q_{net} = A_s \sigma(\varepsilon_g T_g^4 - \alpha_g T_s^4) \qquad (13.35)$$

对水蒸气和二氧化碳，可根据发射率以如下形式的表达式计算所需的气体吸收率 α_g[13]。

水

$$\alpha_w = C_w \left(\frac{T_g}{T_s}\right)^{0.45} \times \varepsilon_w \left(T_s, p_w L_e \frac{T_s}{T_g}\right) \qquad (13.36)$$

二氧化碳

$$\alpha_c = C_c \left(\frac{T_g}{T_s}\right)^{0.65} \times \varepsilon_c \left(T_s, p_c L_e \frac{T_s}{T_g}\right) \qquad (13.37)$$

可分别由图 13.15 和图 13.17 确定式中的 ε_w 和 ε_c，可分别由图 13.16 和图 13.18 确定 C_w 和 C_c。但要注意的是，在利用图 13.15 和图 13.17 时，要分别以 T_s 替代 T_g 和以 $p_w L_e (T_s/T_g)$ 或 $p_c L_e (T_s/T_g)$ 替代 $p_w L_e$ 或 $p_c L_e$。还要注意，在混合气体中同时有水蒸气和二氧化碳时，

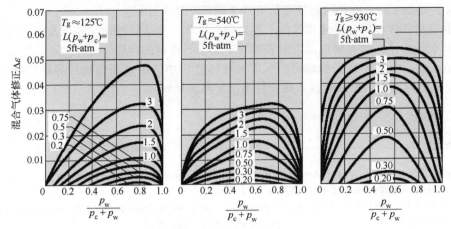

图 13.19　水蒸气和二氧化碳混合气体的修正因子[13]

（此图获准使用）

总的气体吸收率可表示为

$$\alpha_s = \alpha_w + \alpha_c - \Delta\alpha \tag{13.38}$$

式中，$\Delta\alpha = \Delta\varepsilon$，可查图 13.19 得到。

13.5　小结

　　本章集中分析了腔体内表面之间的辐射换热，在处理这些问题时引入了**视角系数**的概念。由于知道这个几何量对确定任意两个漫射表面之间的辐射换热极为重要，你应熟悉确定它们的方法。还必须能对由**等温、不透明**及**有效辐射和投射辐射密度均匀**的**漫射灰表面**组成的腔体熟练地进行辐射换热计算。并且，还应熟悉应用于带有一个再辐射表面的由两个或三个表面组成的腔体的这类简单情况的计算。

　　请回答以下问题以测试你对相关概念的理解。

- 什么是**视角系数**？在计算两个表面之间的视角系数时通常要作哪些假定？
- 什么是视角系数的**互换关系**？什么是**求和规则**？
- 一个表面对它自己的视角系数能不能不是零？如果能，哪类表面具有这种特性？
- 什么是**不参与介质**？
- 在处理不能作黑体近似的腔体的内表面之间的辐射换热时，哪些假定是固有的？说明这些假定的合理性及在什么情况或场合下它们最不符合实际条件。
- 在腔体内的一个表面的辐射热阻是怎么定义的？使这个热阻与从表面传出的净辐射热流相联系的驱动势是什么？如果此表面可近似为黑体，这个热阻是什么？
- 与腔体内两个表面之间辐射换热有关的几何热阻是怎么定义的？使这个热阻与这两个表面之间的净辐射热流相联系的驱动势是什么？
- 什么是**防辐射屏**？插在两个表面之间的防辐射屏对净辐射热流有什么影响？对防辐射屏来说，是不是表面的吸收率或反射率大就有利？
- 什么是**再辐射表面**？在什么条件下可将表面近似为再辐射表面？对于一个再辐射表面，有效辐射密度、黑体发射功率与投射辐射密度之间是什么关系？这种表面的温度是否与其辐射性质有关？
- 对腔体中一个得到的净辐射热流与散失的对流热流相平衡的表面，可认为它是什么表面？是不是再辐射表面？它的背面是不是绝热表面？
- 讨论腔体内的一个表面，此表面传出的辐射热流大于由腔体内气体传给它的对流热流。表面上将必然独立或共同地发生其他一个或多个什么过程？

- 具有什么特性的分子使得气体不发射和不吸收？什么特性使气体能发射和吸收辐射？
- 什么特性使气体对辐射的发射和吸收不同于不透明的固体？
- 在半透射介质中传播的辐射的强度怎样随介质中的距离而变化？如果吸收系数非常大，这种变化将怎样？如果吸收系数非常小，又将怎样？

参考文献

1. Hamilton, D. C., and W. R. Morgan, "Radiant Interchange Configuration Factors," National Advisory Committee for Aeronautics, Technical Note 2836, 1952.
2. Eckert, E. R. G., "Radiation: Relations and Properties," in W. M. Rohsenow and J. P. Hartnett, Eds., *Handbook of Heat Transfer*, 2nd ed., McGraw-Hill, New York, 1973.
3. Siegel, R., and J. R. Howell, *Thermal Radiation Heat Transfer*, 4th ed., Taylor & Francis, New York, 2002.
4. Howell, J. R., *A Catalog of Radiation Configuration Factors*, McGraw-Hill, New York, 1982.
5. Emery, A. F., O. Johansson, M. Lobo, and A. Abrous, *J. Heat Transfer*, **113**, 413, 1991.
6. Oppenheim, A. K., *Trans. ASME*, **65**, 725, 1956.
7. Hottel, H. C., and A. F. Sarofim, *Radiative Transfer*, McGraw-Hill, New York, 1967.
8. Tien, C. L., "Thermal Radiation Properties of Gases," in J. P. Hartnett and T. F. Irvine, Eds., *Advances in Heat Transfer*, Vol. 5, Academic Press, New York, 1968.
9. Sparrow, E. M., "Radiant Interchange Between Surfaces Separated by Nonabsorbing and Nonemitting Media," in W. M. Rohsenow and J. P. Hartnett, Eds., *Handbook of Heat Transfer*, McGraw-Hill, New York, 1973.
10. Dunkle, R. V., "Radiation Exchange in an Enclosure with a Participating Gas," in W. M. Rohsenow and J. P. Hartnett, Eds., *Handbook of Heat Transfer*, McGraw-Hill, New York, 1973.
11. Sparrow, E. M., and R. D. Cess, *Radiation Heat Transfer*, Hemisphere Publishing, New York, 1978.
12. Edwards, D. K., *Radiation Heat Transfer Notes*, Hemisphere Publishing, New York, 1981.
13. Hottel, H. C., "Radiant-Heat Transmission," in W. H. McAdams, Ed., *Heat Transmission*, 3rd ed., McGraw-Hill, New York, 1954.

习 题

视角系数

13.1 利用互换原理和其他基本的视角系数关系式确定下述形状的 F_{12} 和 F_{21}。不要用图和表中的结果。

（a）长通道

(a)

（b）面积为 A_1 的小球位于面积为 $A_2 = 2A_1$ 的同心半球的下方

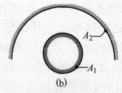

(b)

（c）长通道。在这种情况下，F_{22} 是多少？

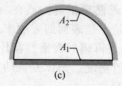

(c)

（d）倾斜的长板（点 B 位于 A_1 中点的正上方）

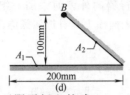

（d）

（e）位于无限平板上的球

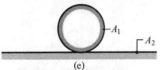

（e）

（f）半球-圆盘布置

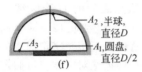

（f）

（g）开口长槽

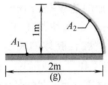

（g）

（h）长的同心筒

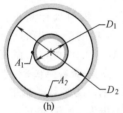

（h）

13.2　考虑下述由一块固体材料经机械加工而成的三种凹槽，槽宽都是 W。

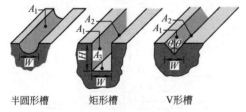

半圆形槽　　矩形槽　　V 形槽

（a）对每种情况，确定槽相对于其外界环境的视角系数的表达式。

（b）对 V 形槽，确定视角系数 F_{12}，A_1 和 A_2 是相对表面。

（c）如果矩形槽中的 $H = 2W$，视角系数 F_{12} 是多少？

13.3　推导下述一些布置的视角系数的表示式。以 A_1、A_2 和合适的假想表面的面积，以及同轴平行圆盘的视角系数（表 13.2，图

13.5）表示你得到的结果。

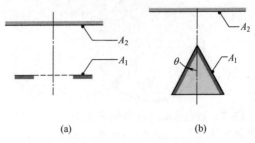

（a）　　　　　　　　（b）

（a）圆盘和同心的环形盘。

（b）一个圆盘和一个同轴正圆锥。示意性地画出 θ 在 $0 \leqslant \theta \leqslant \pi/2$ 范围内 F_{12} 随 θ 的变化，并说明其关键特性。

13.4　考虑下图所示的一些平行的矩形。

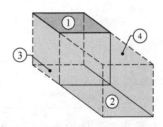

证明视角系数 F_{12} 可表示为

$$F_{12} = \frac{1}{2A_1} \left[A_{(1,4)} F_{(1,4)(2,3)} - A_1 F_{13} - A_4 F_{42} \right]$$

式中右侧的所有视角系数可由图 13.4（见表 13.2）中整齐排列的平行矩形算得。

13.5　考虑下图所示的相互垂直的矩形。

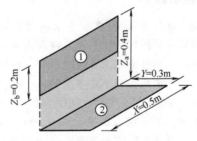

（a）确定视角系数 F_{12}。

（b）对矩形宽 $X = 0.5\mathrm{m}$、$1.5\mathrm{m}$ 和 $5\mathrm{m}$，画出 Z_b 在 $0.05\mathrm{m} \leqslant Z_b \leqslant 0.4\mathrm{m}$ 范围内 F_{12} 与 Z_b 的函数关系。将所得结果与从有一个公共边的相互垂直平板的二维关系（表 13.1）得到的结果作比较。

13.6　考虑位于半径为 R 的球形腔体内侧的两个漫射表面 A_1 和 A_2。利用下述方法推导以 A_2 和 R 表示的视角系数 F_{12} 的表达式。

（a）由表达式 $F_{ij} = q_{i \to j}/(A_i J_i)$ 着手求 F_{12}。

（b）利用视角系数积分式(13.1)求 F_{12}。

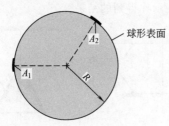

球形表面

A_2

A_1

R

13.7 直径 4mm 的热流密度计与 1000K 的黑体炉的直径 5mm 的小孔之间的距离为 1m，热流计的接收面与小孔的法线相垂直。黑体炉的漫射灰体盖屏（$\varepsilon = 0.2$）的外径为 100mm，温度为 350K。黑体炉和热流计位于壁温为 300K 的大房间内，墙壁的发射率为 0.8。

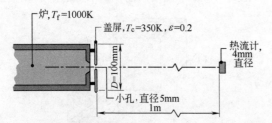

炉，$T_f = 1000$K

盖屏，$T_c = 350$K，$\varepsilon = 0.2$

热流计，4mm 直径

$D = 100$mm

小孔，直径5mm

1m

（a）只考虑来自黑体炉小孔的发射的情况下，热流计上的投射辐射密度 G_g（W/m²）是多少？

（b）考虑来自盖屏和小孔辐射的情况下投射辐射密度是多少？

黑体辐射换热

13.8 直径 25m 的圆形溜冰场被直径 35m 的半球形穹顶围住。如果冰和穹顶内表面可近似为黑体，温度分别为 0℃ 和 15℃，由穹顶至冰场的净辐射传热速率是多少？

13.9 考虑同轴、平行、间距为 0.2m 的两块黑体圆盘。下方圆盘的直径为 0.40m，保持在 500K，周围环境温度为 300K。上方圆盘的直径为 0.20m。如果为上方圆盘背部的电加热器提供 17.5W 的功率，上方圆盘将达到多高温度？

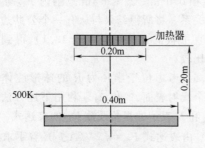

加热器

0.20m

0.20m

500K

0.40m

13.10 为强化宇宙飞船的散热，有一个工程师建议在飞行器的外表面添加一组矩形肋片，并对所有的表面涂上具有近似黑体性质的涂层。

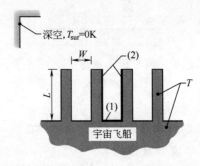

深空，$T_{sur} = 0$K

W

（2）

T

L

（1）

宇宙飞船

考虑相邻肋片之间的 U 形区域，将这个表面分成基部（1）和侧部（2）两个面。确定单位长度上由这些表面传至宇宙深空的辐射。可认为宇宙深空接近绝对零度。可假定肋片和基部具有相同的均匀温度 T。对所得结果作出说明。这位工程师的建议是否有可取之处？

13.11 用一个金属块加工了一个直径 D 和长 L 的圆筒形空腔，腔体的底面和侧面分别保持在 $T_1 = 1000$K 和 $T_2 = 700$K。假定这些表面为黑体，若 $L = 20$mm，$D = 10$mm，确定这个腔体的发射功率。

13.12 用一个辐射计探测正在被环形圆盘加热器（2）加热的一个小的试件目标（1）。目标的面积 $A_1 = 0.0004$m²，温度 $T_1 = 500$K，为漫射灰体，发射率 $\varepsilon_1 = 0.8$。加热器的工作温度 $T_2 = 1000$K，为黑体。辐射计探测整个试件面积的立体角为 $\omega = 0.0008$sr。

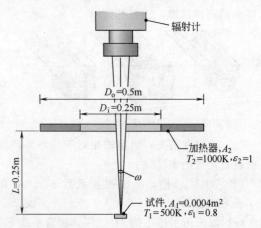

辐射计

$D_o = 0.5$m

$D_i = 0.25$m

加热器，A_2 $T_2 = 1000$K，$\varepsilon_2 = 1$

ω

$L = 0.25$m

试件，$A_1 = 0.0004$m² $T_1 = 500$K，$\varepsilon_1 = 0.8$

（a）用试件的有效辐射密度 J_1 和相关的几何参数，以符号的形式写出离开试件的辐射中被辐射计所拦截到的辐射功率的表达式。

（b）以符号的形式，用投射辐射密度、发射功率和恰当的辐射性质写出试件有效辐射密度 J_1 的表达式。

（c）用加热器的发射功率、加热器面积和合适的视角系数，写出因加热器的发射而导致的试件上的投射辐射密度 G_1 的表达式。用此式算出 G_1 的值。

（d）利用以上的表达式和结果确定辐射计得到的辐射功率。

13.13　测定激光射束功率的一个辐射计由薄壁黑体锥腔构成，其背侧箱体隔热良好。锥腔的直径 $D=10\text{mm}$，深 $L=12\text{mm}$。辐射计的箱体和周围环境温度为 25℃。

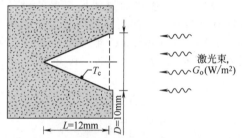

当激光束投射在辐射计上时，与表面接触的细丝热电偶指示温度上升了 10.1℃。激光束的辐射流密度 $G_o(\text{W/m}^2)$ 是多大？

13.14　一个在真空条件下运行的温度为 700K、直径为 20mm 的长圆柱形加热元件位于低热导率隔热壁上方 40mm 处。

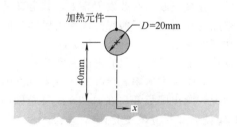

（a）假定加热元件和壁都是黑体，计算当环境温度为 300K 时壁可达到的最高温度。

（b）在 $-100\text{mm}\leqslant x\leqslant100\text{mm}$ 范围内计算并画出稳态时的壁温分布。

两个表面的腔体

13.15　考虑两块具有漫射、灰体表面的非常大的平行平板。

确定上方板上的投射辐射密度和它的有效辐

射密度。下方板的有效辐射密度是多少？两块板之间单位面积的净辐射换热是多少？

13.16　对一块漫射、灰体材料钻了一个直径 6mm、深 24mm 的平底孔，材料的发射率为 0.8，处于 1000K 的均匀温度。

（a）确定离开腔体小孔的辐射功率。

（b）腔体的有效发射率 ε_e 的定义是离开腔体的辐射功率与具有腔体的开口面积和内表面温度的黑体的辐射功率之比。计算上述腔体的有效发射率。

（c）如果增大孔的深度，ε_e 是增大还是减小？当深度增大，ε_e 的极限是多少？

13.17　考虑如图所示的由锥体、圆筒和球形成的腔体，它们的开口直径（d）和主尺寸（L）都相同。

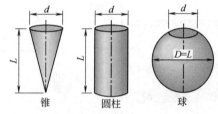

（a）求每个腔体的内表面与其开口之间的视角系数。

（b）假定内表面是发射率为 ε_w 的漫射灰体，对每个腔体求习题 13.16 中定义的有效发射率 ε_e。

（c）对壁面发射率 $\varepsilon_w=0.5$、0.7 和 0.9 的情况，对每个腔体画出有效发射率 ε_e 与主尺寸和开口尺寸之比 L/d 之间在 0～10 范围内的函数关系。

13.18　厚度 $t=5\text{mm}$ 的一块阳极氧化的铝板在空间动力应用中用于散热。板的一端与排热源连接，板温保持在接近均匀一致的 300K。此板避开了辐照。

（a）确定由 $200\text{mm}\times200\text{mm}$ 板的两侧排至深空的净辐射传热。

（b）一个工程师建议在板上钻透许多 3mm 直径的孔，孔与孔的间距为 5mm。钻孔后孔的内表面作了阳极氧化处理。确定由板的两侧排至深空的净辐射传热。

（c）作为另外一种设计，不将孔钻穿，而是在板的两侧钻 2mm 深的孔，保留 1mm 厚的铝板将两侧隔开。确定由板的两侧排至深空的净辐射传热。

（d）对这三种设计的净辐射传热与板的质量

之比值进行比较。

13.19 考虑两块表面都是漫射灰体的无限大平行平板，温度和发射率为 T_1、ε_1 和 T_2，ε_2。证明平板之间有发射率为 ε_s 的 N 片防辐射屏时的辐射传热速率与无防辐射屏（$N=0$）时的辐射传热速率之比为

$$\frac{q_{12,N}}{q_{12,0}} = \frac{1/\varepsilon_1 + 1/\varepsilon_2 - 1}{(1/\varepsilon_1 + 1/\varepsilon_2 - 1) + N(2/\varepsilon_s - 1)}$$

式中，$q_{12,N}$ 和 $q_{12,0}$ 分别表示有 N 片防辐射屏和无防辐射屏时的辐射传热速率。

13.20 在处于自由空间中的圆筒形低温液体燃料推进剂箱的端部的前面安装了一片薄的金属防辐射屏以阻隔外界（太阳）辐射。设贮存箱与防辐射屏之间的视角系数 F_{ts} 为 1，所有表面都是漫射灰体，环境温度为 0K。

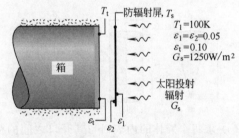

求防辐射屏温度 T_s 及传给推进剂箱端部的热流密度（W/m²）。

有再辐射表面的腔体

13.21 考虑如图所示的三个表面的腔体。下部的板（A_1）是直径为 200mm 的黑体圆盘，外界向它提供的热功率为 10000W。上方的板（A_2）是与 A_1 同心的圆盘，为发射率 $\varepsilon_2 = 0.8$ 的漫射灰体，保持在 $T_2 = 473K$。两个圆盘之间的周界面为漫射灰体，且绝热。假定可忽略对流传热。

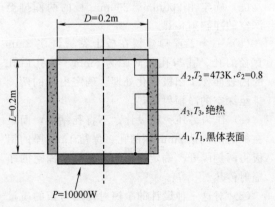

确定下部板的工作温度 T_1 及绝热周界面的温度 T_3。

13.22 考虑两块中心对准的平行放置的正方形平板（$0.4m \times 0.4m$），两者相隔 0.8m，保持在 $T_1 = 500K$ 和 $T_2 = 800K$。对下述给定的情况计算表面 1 的净辐射传热。

（a）两块板为黑体，环境处于 0K。

（b）两块板为黑体，并用再辐射壁相连接。

（c）两块板的发射率为 $\varepsilon_1 = 0.6$ 和 $\varepsilon_2 = 0.8$ 的漫射灰体，环境处于 0K。

（d）两块板的发射率为 $\varepsilon_1 = 0.6$ 和 $\varepsilon_2 = 0.8$ 的漫射灰体，并用再辐射板相连接。

13.23 一个建议的黑体模拟器的设计是将发射率为 0.9 的漫射灰体圆板置于隔热良好的半径 $r_o = 100mm$ 的半球形空腔上。圆板温度保持在 $T_p = 600K$，其开口尺寸为 $r_o/2$。

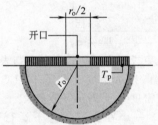

（a）计算环境温度为 300K 时离开开口的辐射功率。

（b）计算空腔的有效发射率 ε_e，其定义是离开空腔的辐射功率与假想热圆板为黑体时的辐射功率的比值。

（c）确定半球形空腔的表面温度 T_{hc}。

（d）对平板发射率 $\varepsilon_p = 0.5$、0.7 和 0.9 的三种情况，画出圆板开口在 $r_o/8 \sim r_o/2$ 范围内 ε_e 和 T_{hc} 随开口尺寸的变化。

13.24 利用辐射对蒸汽蒸馏器的直径为 200mm 的底面加热。加热器的温度保持在 1000℃，与蒸馏器相隔 100mm，直径与蒸馏器底面的相同。蒸馏器底面和加热器表面为黑体。

（a）如果对圆柱形侧面（虚线）隔热，而不是直接暴露于 27℃ 的环境，蒸汽产率可增至原来的几倍？

（b）对加热器温度为 600℃、800℃ 和 1000℃ 的三种情况，画出加热器表面与蒸馏器底面之间的距离在 25～100mm 范围内加热器对蒸馏器的净辐射传热速率的变化。考虑

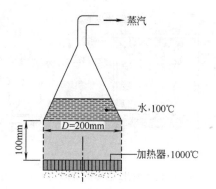

圆柱形侧面被隔热而其他所有条件不变的情况。

13.25 一个电炉由顶部和底部两个部分的加热器组成,将两面都有涂层的薄金属板插入两个加热器之间的中心面以对涂层进行热处理。

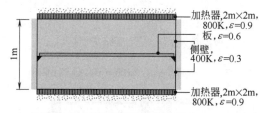

加热器和平板的每侧尺寸都是 $2m \times 2m$,加热器与平板的间距均为 $0.5m$。加热器的背面均良好隔热,暴露表面的发射率为 0.9。平板和炉的侧壁的发射率分别为 0.6 和 0.3。画出系统的等效辐射网络图并标注相关的热阻和位势。对给定的条件,确定所需的电功率和板温。

13.26 一个太阳集热器由横截面为等边三角形的长风道组成,三角形每边长 $1m$,采用受迫对流方式使空气通过风道。集热器的一个面是发射率为 $\varepsilon_1 = 0.9$ 的玻璃盖板,另两个面为发射率 $\varepsilon_2 = \varepsilon_3 = 1.0$ 的吸收器板。

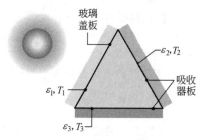

在运行期间已知表面温度为 $T_1 = 25℃$,$T_2 = 60℃$ 和 $T_3 = 70℃$。两块吸收器板对玻璃盖板的净辐射传热速率是多少?

腔体:三个或更多表面

13.27 考虑一个直径 $D = 100mm$ 和深 $L = 50mm$ 的圆筒形腔体,其周壁和底面为发射率 $\varepsilon = 0.6$ 的漫射灰体,保持均匀温度 1500K。腔体的顶部是打开的,暴露于 300K 的大环境。

(a) 将腔体的底面和周壁作为一个表面,计算腔体的净辐射传热 (q_A)。

(b) 将腔体的底面和周壁作为两个分开的表面,计算腔体的净辐射传热 (q_B)。

(c) 在 $5mm \leqslant L \leqslant 100mm$ 范围内,画出 q_A 和 q_B 之间的百分差随 L 的变化。

13.28 考虑一个长 $0.3m$、直径 $0.3m$ 的圆筒形炉。炉的两端为漫射灰体表面,保持的温度和发射率分别为 400K 和 500K 及 0.4 和 0.5。周界表面也是漫射灰体,发射率为 0.8,温度为 800K。确定每个表面的净辐射传热。

13.29 在制备半导体时,采用快速热处理 (RTP) 迅速地将硅晶片加热到高温,以引发如离子扩散、退火和氧化等效应。有一种 RTP 设备是一个与晶片同轴的圆筒形腔体。晶片的顶面接受来自一排灯的均匀辐照,G_{lamp}。腔体的周界面 (A_2) 和底面 (A_3) 的发射率很低,$\varepsilon_2 = \varepsilon_3 = 0.07$,借冷却盘管保持在 300K。晶片 ($A_1$) 的直径为 $D = 300mm$,腔体的高度为 $L = 300mm$。用于对晶片进行光学观测的小孔的直径 $D_a = 30mm$。

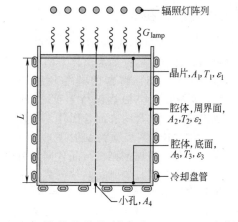

(a) 如果晶片的发射率为 $\varepsilon_1 = 0.8$,为保持晶片处于 1300K,要求来自辐照灯的晶片上的投射辐射密度是多少?冷却盘管带走的热流速率是多少?假定晶片的顶面不存在热损。

(b) 如果腔体是理想的反射体,晶片的有效

辐射密度 J_1 应等同于黑体发射功率 E_{b1}。这样的话，晶片的有效辐射密度将与它的发射率无关，因而使不同晶片由于物性变化导致的效应降低到最小。对晶片的发射率 $\varepsilon_1 = 0.75$、0.8 和 0.85 的三种情况，画出份额差 $(E_{b1} - J_1)/E_{b1}$ 在 $0.5 \leqslant L/D \leqslant 2.5$ 范围内随高径比 L/D 的变化。这个参数对腔体表面发射率 ε_2 的敏感性如何？

13.30 如图所示，钢皮热轧车间内的一个观测小室位于热轧线的正上方。小室的地板暴露于温度为 $T_{ss} = 920\,℃$ 的热钢皮部位，钢皮的发射率为 $\varepsilon_{ss} = 0.85$，小室也暴露于车间中温度为 $T_{sur} = 80\,℃$ 的环境（图中未画出）。为保护小室内的工作人员，地板必须保持在 $T_f = 50\,℃$。

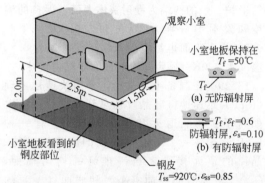

确定下述条件下为保持小室地板温度为 $50\,℃$ 冷却系统须带走的热流速率：（a）发射率为 $\varepsilon_f = 0.6$ 的地板直接暴露于钢皮；（b）在地板与钢皮之间安置了发射率 $\varepsilon_s = 0.1$ 的防辐射屏。

多模式传热：初步的

13.31 一个加工硅晶片的设备安装在一个真空室内，真空室的壁面为黑体，由冷却介质维持在 $T_{vc} = 300\text{K}$。将薄的硅晶片置于靠近（但并不接触）用电加热保持温度 T_c 的夹盘处。面向晶片的夹盘的表面是黑体。晶片的温度为 $T_w = 700\text{K}$，其表面为发射率 $\varepsilon_w = 0.6$ 的漫射灰体。薄的金属箔网栅与晶片同轴且直径相同，其作用在于控制到达晶片的离子束的功率。网栅表面为黑体，温度为 $T_g = 500\text{K}$。冲击晶片的离子束的作用是为了产生均匀的热流密度 $q''_{ib} = 600\text{W/m}^2$。晶片的顶面上有温度为 $T_\infty = 500\text{K}$ 的工作气体流过，对流换热系数为 $h = 10\text{W/(m}^2 \cdot \text{K)}$。由于晶片与夹盘之间的间隙 δ 非常小，可以忽略此部位处工作气体的流动。

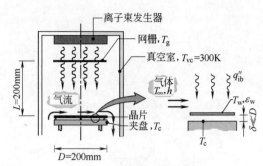

（a）示意性地画出晶体控制表面并说明所有相关的热过程。

（b）对晶体进行能量平衡分析，并确定夹盘温度 T_c。

13.32 大多数建筑师知道溜冰馆的天花板必须具有高的反射率。否则，天花板上会发生凝结，水滴落在冰上，会损坏溜冰表面的平整。在天花板温度降到低于溜冰馆内空气的露点时就会发生凝结。你的工作是做一个分析，确定发射率对天花板温度从而对发生凝结的影响。

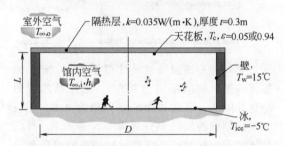

溜冰馆的直径 $D = 50\text{m}$，高 $L = 10\text{m}$，冰和壁温分别为 $-5\,℃$ 和 $15\,℃$。馆内空气温度为 $15\,℃$，作为天花板表面特性条件的对流换热系数为 $5\text{W/(m}^2 \cdot \text{K)}$。天花板隔热层的厚度和热导率分别为 0.3m 和 $0.035\text{W/(m} \cdot \text{K)}$，馆外空气温度为 $-5\,℃$。假定天花板为漫射灰体表面，冰和馆壁可近似为黑体。

（a）考虑发射率为 0.05（高反射率板）或 0.94（涂漆板）的平面天花板。对天花板作能量平衡分析以算出相应的天花板的温度值。如果馆内空气的相对湿度为 70%，是否有一种发射率板或两种发射率板都将发生凝结？

（b）对每一种发射率板，在隔热层厚度 $0.1\text{m} \leqslant t \leqslant 1\text{m}$ 范围内，计算并画出天花板温度随 t 的变化关系。确定在天花板上发生凝结的条件。

13.33 发电厂暴露于燃煤产物的锅炉管被燃烧气体中含矿物质的烟灰污染。烟灰在炉管的外表面形成固体沉积物，后者会减弱对流过炉管的增压水/蒸汽混合物的传热。考虑 $D_t = 0.05m$ 的薄壁炉管，由于沸腾过程其表面保持在 $T_t = 600K$。在炉管上流过的燃烧气体的温度为 $T_\infty = 1800K$，对流换热系数为 $\bar{h} = 100W/(m^2 \cdot K)$，而由燃烧气体和锅炉壁投来的辐射可近似为来自 $T_{sur} = 1500K$ 的大环境。

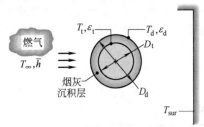

（a）如果炉管表面是 $\varepsilon_t = 0.8$ 的漫射灰体，表面上没有烟灰沉积层，传给单位长度炉管的热流速率 q' 是多少？

（b）如果在炉管上形成的烟灰沉积层的直径为 $D_d = 0.06m$，热导率为 $k = 1W/(m \cdot K)$；沉积层为发射率 $\varepsilon_d = 0.9$ 的漫射灰体，T_t、T_∞、$\bar{h}$ 和 T_{sur} 保持不变，沉积层的表面温度 T_d 是多少？传给单位长度炉管的热流速率 q' 是多少？

（c）探讨 D_d 和 $\bar{h}$ 的变化对 q' 的影响，以及由此导致的在净传热速率中对流和辐射的相对贡献的影响。用图表示所得的结果。

13.34 考虑两块非常大的平行板。位于下方的板的温度比上方板的高，后者保持 $T_1 = 330K$ 的定温。两板之间的距离为 $L = 0.1m$，两个表面之间的间隙为一个大气压的空气。离开下方板的热流的密度为 $q'' = 250W/m^2$。

（a）对于 $\varepsilon_1 = \varepsilon_2 = 0.5$ 的情况，确定下方板的温度及对流与辐射热流密度之比值。空气的物性按 $T = 350K$ 取值。

（b）对 $\varepsilon_1 = \varepsilon_2 = 0.25$ 和 0.75 的情况，重复（a）中的计算。

多模式传热：高级的

13.35 作为大炉子顶部隔热方案的选择，可以采用厚度 L 和热导率 k 的隔热材料，情况（a）；或在炉顶上方安装钢板形成相同厚度的空气间隔，情况（b）。

（a）建立一个可用于评价两条途经何者更好的数学模型。在两种情况中，内表面保持相同

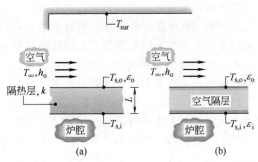

的温度 $T_{s,i}$，周围空气和环境的温度相同（$T_\infty = T_{sur}$）。

（b）如果 $k = 0.090W/(m \cdot K)$，$L = 25mm$，$h_o = 25W/(m^2 \cdot K)$，表面为 $\varepsilon_i = \varepsilon_o = 0.5$ 的漫射灰体，$T_{s,i} = 900K$，$T_\infty = T_{sur} = 300K$，每种方案的外表面温度 $T_{s,o}$ 和单位面积的热损分别是多少？

（c）对每种情况，在 $\varepsilon_i = \varepsilon_o$ 处于从 $0.1 \sim 0.9$ 的范围内，评价表面辐射性质对外表面温度和单位面积上的热损的影响。画出你的结果。

13.36 一幢房屋的墙内有厚为 $0.1m$、高为 $3m$ 的空气夹层。空气将砖砌外壁和石膏板壁隔开，两种壁的表面发射率都是 0.9。考虑砖和石膏板的表面分别暴露于 $-10\,℃$ 和 $18\,℃$ 的空气的情况。单位表面积的热损速率是多少？如果空气夹层中充填聚氨酯泡沫，单位表面积的热损是多少？

13.37 由吸收板和单层盖板组成的一个平板太阳能集热器与水平面之间的倾角为 $\tau = 60°$。

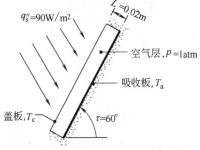

讨论与水平面成 $60°$ 的平行的太阳辐射，辐射流密度为 $900W/m^2$。盖板对太阳辐射（$\lambda \leqslant 3\mu m$）是理想透射体，不透过长波辐射。盖板和吸收板为漫射表面，光谱吸收率分别示于下图。

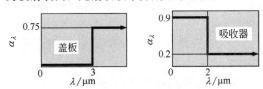

吸收器和盖板的长度和宽度远大于两板之间的间隙 L。单位面积吸收器板所吸收的太阳辐射功率是多少？在吸收器背部良好隔热且吸收器及盖板的温度分别为 $T_a = 70℃$ 和 $T_c = 27℃$ 的情况下，单位面积吸收器板的热损是多少？

13.38 将一块 $5m \times 5m$ 的正方形平板上有特殊涂层的一个表面直接放在相同尺寸的辐射热源下进行烘烤。热源为漫射灰体，工作时的输入功率为 $75kW$。可认为加热器的顶面和平板的底面隔热良好，这个设施位于空气和壁温均为 $25℃$ 的大房间内。表面涂层为漫射灰体，发射率为 0.3，极限温度为 $400K$。忽略对流影响，为保证平板温度不高于 $400K$，平板与热源之间允许保持的最小距离是多少？考虑平板涂层表面上的对流影响，最小间距是多少？

13.39 用于表面处理过程的一个辐射加热器由一根直径 $D_1 = 0.005m$ 和发射率 $\varepsilon_1 = 0.80$ 的圆柱形加热元件组成。此加热器被一个长且薄的圆柱形抛物反射镜部分地包围，反射镜的内、外表面的发射率分别为 $\varepsilon_{2i} = 0.10$ 和 $\varepsilon_{2o} = 0.80$。单位长度反光镜的内、外表面积为 $A'_{2i} = A'_{2o} = 0.20m$，内、外表面的综合平均对流换热系数为 $\bar{h}_{2(i,o)} = 2W/(m^2 \cdot K)$。假定此系统位于 $T_\infty = 300K$ 的广延的静止空气介质中，且暴露于 $T_{sur} = 300K$ 的大环境。

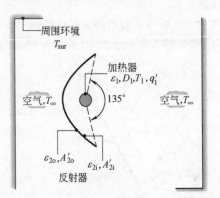

（a）画出相应的辐射网络并写出每个网络热阻的表示式。

（b）如果在稳态条件下单位长度加热器消耗的电功率为 $P'_1 = 1500W/m$，加热器表面温度为 $T_1 = 1200K$，加热器的**净辐射传热速率**是多少？

（c）加热器对环境的净辐射传热速率是多少？

（d）反射镜的温度 T_2 是多少？

13.40 一个安装在墙壁上的天然气加热器采用在多孔催化填料板中的燃烧使发射率 $\varepsilon_c = 0.95$ 的陶瓷板保持在均匀温度 $T_c = 1000K$。利用厚 $L = 50mm$ 的空气层使陶瓷板和一块玻璃隔开。玻璃表面为漫射体，其光谱透过率和吸收率可近似为：在 $0\mu m \leqslant \lambda \leqslant 0.4\mu m$，$\tau_\lambda = 0$，$\alpha_\lambda = 1$；在 $0.4\mu m < \lambda \leqslant 1.6\mu m$，$\tau_\lambda = 1$，$\alpha_\lambda = 0$；在 $\lambda > 1.6\mu m$，$\tau_\lambda = 0$，$\alpha_\lambda = 0.9$。玻璃的外表面暴露于静止的周围空气和大环境，它们的温度为 $T_\infty = T_{sur} = 300K$。加热器的高和宽为 $H = W = 2m$。

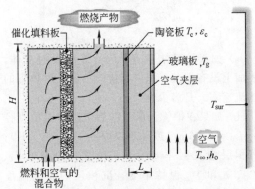

（a）玻璃对来自陶瓷板的投射辐射的全波长透过率是多少？能不能将玻璃近似为不透明的灰体？

（b）对给定的条件，计算玻璃的温度 T_g 和来自加热器的传热速率 q_h。

（c）可利用风扇控制玻璃外表面的对流换热系数 h_o。计算并画出在 $10W/(m^2 \cdot K) \leqslant h_o \leqslant 100W/(m^2 \cdot K)$ 范围内 T_g 和 q_h 随 h_o 的变化。

气体辐射

13.41 一个直径为 $0.5m$ 的球形腔体炉子内为处于 $1400K$ 的一个大气压的气体混合物。混合物由分压为 $0.25atm$ 的二氧化碳和分压为 $0.75atm$ 的氮气组成。如果腔体壁为黑体，为使其温度保持在 $500K$，所需的冷却速率是多少？

13.42 一个燃气透平燃烧室可近似为直径 $0.4m$ 的长管。燃烧气体的压力和温度分别为 $1atm$ 和 $1000℃$，燃烧室表面的温度为 $500℃$。如果燃烧气体含有二氧化碳和水蒸气，它们的摩尔份额都是 0.15，气体与燃烧室表面之间的净辐射热流密度是多少？燃烧室表面可近似为黑体。

13.43 总压 $1atm$ 和温度为 $1400K$ 的烟道气含有分压分别为 $0.05atm$ 和 $0.10atm$ 的二氧化

碳和水蒸气。如果此气体流过直径为 1m 和表面温度为 400K 的长烟道，确定气体对表面的净辐射热流的密度。可认为表面具有黑体性质。

传热和传质

13.44 用来干燥新闻纸的一个辐射干燥室由半圆形截面的长通道（$L=20\text{m}$）构成。新闻纸在传动带上以 $V=0.2\text{m/s}$ 的速度通过干燥室。进入干燥室时新闻纸的含水量为 0.02kg/m^2，在出口时完全干燥。为保证质量，在干燥时必须保持新闻纸处于室温（300K）。为有助于保持这个条件，所有的系统部件和流过干燥室的空气的温度均是 300K。发射率为 0.8 和温度为 T_1 的半圆筒通道的表面提供完成干燥所需的辐射热能。可认为新闻纸表面是黑体。进入干燥室的空气为 300K，相对湿度为 20%。

由于空气的速度很大，可假定在整个通道长度上其温度和相对湿度为常数。计算为保证干燥过程的稳态条件所需的蒸发速率、空气速度 u_∞ 和温度 T_1。

13.45 一个谷物干燥器由半径 $R=1\text{m}$ 的半圆形截面长通道构成。底面的一半为发射率

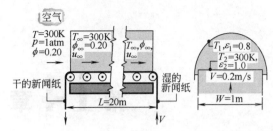

$\varepsilon_p=0.8$ 的电加热板，另半个底面支撑待干燥的谷物，其发射率为 $\varepsilon_g=0.9$。在批处理干燥过程中，谷物温度为 $T_g=330\text{K}$，在 1h 周期内在 1m 长的通道上要脱水 2.50kg。

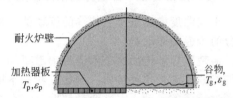

（a）忽略对流传热，确定加热器板所需的温度 T_p。

（b）如果用干的空气流除去通道中的水蒸气，气流必须保持的对流传质系数 h_m 是多少？

（c）如果空气处于 300K，忽略对流的假定是否成立？

第14章 扩散传质

我们知道，只要介质中存在温差，就会发生传热。类似地，只要在一个混合物中存在某种化学组分的浓度差，必定会发生传质[❶]。

> 传质是混合物中因组分的浓度差而引起的质量的传递。

正如**温度梯度**是产生传热的**驱动势**一样，一个混合物中某种组分的**浓度梯度**提供了这个组分的传递的**驱动势**。

清楚地理解**传质**这个术语是很重要的。虽然存在流体的整体运动就必定会发生传质，但我们指的并不是这种传质。例如，我们不用传质这个术语描述由风扇导致的空气运动或迫使水通过管子的运动。在这两种情况下，存在着机械功造成的总体或整体的流体运动。但我们会使用这个术语描述一个混合物中因出现浓度梯度而发生的组分的相对运动。由发电厂烟囱排放的氧化硫在环境中弥散就是一个例子。另一个例子是水蒸气传递到干空气中的情况，如家用增湿器。

有一些**传质模式**与传热中的导热和对流模式相似。在第6~8章中我们讨论了由对流引起的传质，它与对流传热**相似**。本章我们要讨论由扩散引起的传质，它与导热**相似**。

14.1 物理起因和流率方程

从物理起因的角度和流率控制方程来看，由扩散引起的传热与传质之间存在着高度的类比性。

14.1.1 物理起因

讨论一个小室，在此小室中，初始时处于相同温度和压力的两种不同的气体组分被一块隔板隔离。如果取走隔板，这两种组分将因扩散而发生输运。图14.1表示取走隔板后短时间内可能存在的情况。较高的浓度意味着单位容积内有更多的分子，组分A（浅色圆点）的浓度随x的增大而减小，而组分B的浓度则随x的增大而增大。由于质量向浓度减小的方向扩散，存在着组分A向右方的净传输，而组分B则向左方净传输。可用一个在x_o处以虚线表示的假想平面来说明这个物理机制。由于分子运动是随机的，任何一个分子向左或向右运动的概率是相同的。因此，组分A的分子从左通过此平面到右室的数量将大于从右室到左室的数量（因为组分A在左室的浓度大）。类似地，组分B的浓度在假想表面的右侧要比在左侧的大，所以，随机运动将使组分B向左方**净传输**。当然，在足够长的时间后，A和B组分的浓度将达到均匀一致，将不存在组分A和B的通过假想平面的**净传输**。

与在气体中的情况一样，质量扩散也可在液体和固体中发生。然而，由于分子间距对质量传输有很强的影响，因此，与液体相比，在气体中更易发生扩散；与固体相比，在液体中

[❶] 组分是可识别的分子，如二氧化碳CO_2，组分可以通过扩散和对流而传输，也可通过化学反应而转换为某种其他形式。组分可以是单原子或多原子分子。将一种混合物（如空气）确认为组分也是合适的。

更易发生扩散。在气体、液体和固体中扩散的例子分别有：汽车排气中的氧化亚氮在空气中的扩散，溶解的氧气在水中的扩散和氦气在派勒克斯（Pyrex）玻璃中的扩散。

14.1.2 混合物的组成

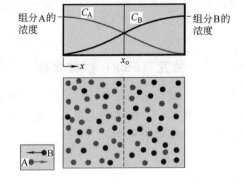

图 14.1 二元气体混合物中的扩散传质

贯穿本章我们将关注混合物中的质量传输。首先要复习热力学中的一些概念。混合物是由两种或多种化学成分（**组分**）组成的，任何一种组分 i 的量可用它的**质量密度** ρ_i（kg/m³）或它的**摩尔浓度** C_i（kmol/m³）来定量。可通过组分的分子量 M_i（kg/kmol）建立质量密度与摩尔浓度之间的关系，如

$$\rho_i = M_i C_i \qquad (14.1)$$

由于 ρ_i 是单位容积混合物中组分 i 的质量，所以混合物的质量密度为

$$\rho = \sum_i \rho_i \qquad (14.2)$$

类似地，单位容积混合物的总物质的量为

$$C = \sum_i C_i \qquad (14.3)$$

混合物中组分 i 的量也可用此组分的**质量分数**来定量

$$m_i = \frac{\rho_i}{\rho} \qquad (14.4)$$

或者，也可用**摩尔分数**定量

$$x_i = \frac{C_i}{C} \qquad (14.5)^{●}$$

由式（14.2）和式（14.3）可得

$$\sum_i m_i = 1 \qquad (14.6)$$

和

$$\sum_i x_i = 1 \qquad (14.7)$$

对于理想气体混合物，可通过理想气体定律建立任何组分的质量密度和摩尔浓度与此组分的分压之间的关系。即

$$\rho_i = \frac{p_i}{R_i T} \qquad (14.8)$$

及

$$C_i = \frac{p_i}{RT} \qquad (14.9)$$

式中，R_i 是组分 i 的气体常数；R 是通用气体常数。利用式（14.5）和式（14.9）及道尔顿分压定律

● 不要将组分 i 的摩尔分数与空间坐标 x 相混淆。前一个变量总是带有表明组分的下标。

$$p = \sum_i p_i \tag{14.10}$$

可得

$$x_i = \frac{C_i}{C} = \frac{p_i}{p} \tag{14.11}$$

14.1.3 斐克（Fick）扩散定律

由于扩散引起的传热和传质的物理机制是相同的，所以相应的速率方程具有相同的形式是理所当然的。质量扩散速率方程称为**斐克定律**，对 A 和 B 的**二元混合物**中组分 A 的传输，可用矢量的形式表示为

$$j_A = -\rho D_{AB} \nabla m_A \tag{14.12}❶$$

或

$$J_A^* = -C D_{AB} \nabla x_A \tag{14.13}❶$$

这些表达式的形式与傅里叶定律表达式(2.3)是相似的。并且，就像傅里叶定律可用于定义热导率这个重要的输运性质一样，斐克定律定义了第二个重要的输运性质，称为**二元扩散系数**，或**质量扩散率** D_{AB}。

j_A [kg/(s·m²)] 定义为组分 A 的扩散质量流密度。它是单位时间内组分 A 通过与传输方向相垂直的单位面积的量，它与混合物的质量密度 $\rho = \rho_A + \rho_B$（kg/m³）及组分 A 的质量分数 $m_A = \rho_A/\rho$ 的梯度成正比。也可基于摩尔数计算组分质量流密度，在这种情况下，J_A^* [kmol/(s·m²)] 是组分 A 的摩尔流密度。它与混合物的总摩尔浓度 $C = C_A + C_B$（kmol/m³）和组分摩尔分数 $x_A = C_A/C$ 的梯度成正比。在总质量密度 ρ 或总摩尔浓度 C 是常数的情况下，可以简化斐克定律的上述形式。

14.1.4 质量扩散率

预示两种气体 A 和 B 的二元混合物的质量扩散系数 D_{AB} 早就是受到关注的问题。作理想气体假定，可利用分子运动理论给出

$$D_{AB} \sim p^{-1} T^{3/2} \tag{14.14}$$

式中，T 的单位为 K。这个关系式可应用于有限制的压力和温度范围，对估算不同于已有资料中压力和温度条件的扩散系数的值是很有用的。伯尔德等[1~3]对现有的理论方法及与实验的比较作了详细的讨论。

对二元液体溶液，只能依靠实验测定。对于在 B（溶剂）中的浓度小的 A（溶质），已知 D_{AB} 随温度的增高而增大。气体、液体和固体在固体中的扩散机理极为复杂，尚无普适性的理论。并且，文献中只有有限的一些实验数据。

表 A.8 中给出了一些混合物中的二元扩散系数。斯凯兰（Skelland）[4]和 Poling 等[5]对这个问题作了更详细的论述。

【**例 14.1**】 讨论在 $T = 293K$ 条件下氢（组分 A）在空气、液体水或铁（组分 B）中的扩散。如果在一个特定位置的浓度梯度为 $dC_A/dx = 1kmol/(m^3 \cdot m)$，计算基于摩尔和质量的组分流密度。比较质量扩散率和热扩散率。氢的摩尔分数 x_A 远小于 1。

---

❶ 式(14.12)和式(14.13)中固有的假定是认为质量扩散仅是由浓度梯度引起的。实际上，温度梯度、压力梯度或外力也可引起质量扩散。在大多数问题中，忽略了这些因素，认为主要的驱动势是组分的浓度梯度。这种情况称为**普通扩散**。伯尔德等的著作[1~3]中给出了其他（高阶）效应的论述。

解析

已知： 在 $T=293K$ 条件下，氢在空气、液体水或铁中的浓度梯度。

求： 氢的摩尔和质量流密度及三种情况下的质量扩散率与热扩散率的相对值。

示意图：

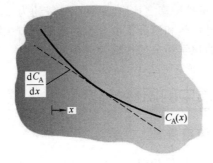

假定： 稳定状态。

物性： 表 A.8，氢-空气（298K）：$D_{AB}=0.41\times10^{-4}\,m^2/s$，氢-水（298K）：$D_{AB}=0.63\times10^{-8}\,m^2/s$，氢-铁（293K）：$D_{AB}=0.26\times10^{-12}\,m^2/s$。表 A.4，空气（293K）：$\alpha=21.6\times10^{-6}\,m^2/s$；表 A.6，水（293K）：$k=0.603W/(m\cdot K)$，$\rho=998kg/m^3$，$c_p=4182J/kg\cdot K$，表 A.1，铁（300K）：$\alpha=23.1\times10^{-6}\,m^2/s$。

分析： 利用式（14.14），我们可知在 $T=293K$ 条件下氢在空气中的质量扩散率为

$$D_{AB,T}=D_{AB,298K}\times\left(\frac{T}{298K}\right)^{3/2}=0.41\times10^{-4}\,m^2/s\times\left(\frac{293K}{298K}\right)^{3/2}=0.40\times10^{-4}\,m^2/s$$

对于氢是**稀组分**的情况，也即 $x_A\ll1$，介质的热物性可取由组分 B 组成的主介质的热物性。水的热扩散率为

$$\alpha=\frac{k}{\rho c_p}=\frac{0.603W/(m\cdot K)}{998kg/m^3\times4182J/(kg\cdot K)}=0.144\times10^{-6}\,m^2/s$$

热扩散率与质量扩散率之比为由式（6.50）定义的 Le（路易斯）数。

可用斐克定律式（14.13）计算氢的摩尔流密度

$$J_A^*=-CD_{AB}\frac{dx_A}{dx}$$

由于 A 是稀组分，总摩尔浓度 C 可近似为常数，因此

$$J_A^*=-D_{AB}\frac{dC_A}{dx}$$

于是，对氢-空气混合物

$$J_A^*=-0.40\times10^{-4}\,m^2/s\times1kmol/(m^3\cdot m)=-4\times10^{-5}\,kmol/(s\cdot m^2)$$

由下述表达式可确定氢在空气中的质量流密度

$$j_A=M_AJ_A^*=2kg/kmol\times[-4\times10^{-5}\,kmol/(s\cdot m^2)]=-8\times10^{-5}\,kg/(s\cdot m^2)$$

下表汇集了三种不同混合物的计算结果。

组 分 B	$\alpha\times10^6/m^2\cdot s^{-1}$	$D_{AB}\times10^6/m^2\cdot s^{-1}$	Le	$j_A\times10^6/kg\cdot s^{-1}\cdot m^{-2}$
空气	21.6	40	0.54	80
水	0.14	6.3×10^{-3}	23	13×10^{-3}
铁	23.1	260×10^{-9}	89×10^6	0.52×10^{-6}

说明： 1. 三种介质的热扩散率的差别达两个数量级。在第 5 章中我们知道，热扩散率的相对变化范围这么大是由瞬态导热过程中物体热响应的不同速率造成的。在传质中，质量

扩散率的差异可达八个或更大的数量级，最高的扩散率对应于气体在气体中的扩散，最低的扩散率对应于在固体中的扩散。视主介质是气体、液体还是固体，不同的材料对传质的响应速率可以相差很大。

2. 气体的热扩散率与质量扩散率之比（Le 数）一般约为1，这意味着当气体内同时经历瞬态导热和组分扩散过程时，热和组分扩散分布的变化有着大致相同的速率。在固体或液体中，导热要比由扩散导致的化学组分的传输快得多。

14.2 在非静止介质中的质量扩散[●]

14.2.1 绝对和扩散组分流密度

我们已经看到质量扩散是与导热相似的，由式(14.12) 和式(14.13)给出的扩散流密度类似于傅里叶定律表示的热流密度。如果存在整体运动，则像传热一样，传质也可由平流产生。然而，与导热不同，组分的扩散总是涉及分子或原子由一处到另一处的运动。在许多情况下，这种分子尺度的运动导致了整体运动。本节我们要定义一种组分的总的或**绝对流密度**，它包括了扩散和平流这两个部分。

我们将一种组分的绝对质量（或摩尔）流密度定义为相对于一个固定坐标系统的总流率密度。为得到质量或摩尔流密度相对于一个固定坐标系的表达式，讨论 A 和 B 的二元混合物中的组分 A。相对于一个固定坐标系的质量流密度 n''_A 与组分的绝对速度 v_A 有关，可按下式表示：

$$n''_A \equiv \rho_A v_A \tag{14.15}$$

v_A 的值可以与混合物中的任意一个点有关，可将它看成是围绕这个点的小容积元中所有组分 A 微粒的平均速度。也可以写出与组分 B 的微粒有关的平均或总体速度为

$$n''_B \equiv \rho_B v_B \tag{14.16}$$

于是，根据下述要求

$$\rho v = n'' = n''_A + n''_B = \rho_A v_A + \rho_B v_B \tag{14.17}$$

可得**混合物的质量平均速度**为

$$v = m_A v_A + m_B v_B \tag{14.18}$$

要着重说明的是，我们已将速度（v_A、v_B、v）和质量流密度（n''_A、n''_B、n''）定义为**绝对量**。就是说，它们是按在空间固定的坐标轴确定的。质量平均速度 v 是二元混合物的一个有用参数，理由是：第一，只需将它乘以总质量密度，就可确定相对于固定轴的总质量流密度；第二，在表示质量、动量和能量守恒的那些方程中，如第 6 章给出和讨论的，所需要的是质量平均速度。

现在我们可把相对于混合物质量平均速度的组分 A 的质量流密度定义为

$$j_A \equiv \rho_A(v_A - v) \tag{14.19}$$

n''_A 是组分 A 的**绝对质量流密度**，而 j_A 则是这个组分的**相对或扩散质量流密度**，该量由前述斐克定律式(14.12)给出。它所表示的是组分相对于混合物平均运动的运动。由式(14.15)

[●] 若只对涉及稳定态的问题有兴趣，可直接阅读 14.3 节。

和式(14.19) 可得

$$n_A'' = j_A + \rho_A v \tag{14.20}$$

上式指出了对组分 A 的绝对质量流密度的两种贡献：源于**扩散**的贡献（即由于 A **相对于**混合物的质量平均运动的运动）和源于**平流**的贡献（A 随混合物的质量平均运动一起的运动）。将式(14.12) 和式(14.17) 代入，可得

$$\boxed{n_A'' = -\rho D_{AB} \nabla m_A + m_A (n_A'' + n_B'')} \tag{14.21}$$

如果式(14.21) 右端的第二项为零，A 组分的质量传输纯粹是由于扩散而发生，这种情况与由纯导热引起的传热相类似。我们以后将指出出现这种情况的特殊情形。

以上的讨论可以推广到组分 B。组分 B 相对于**混合物质量平均速度（扩散质量流密度）**的**质量流密度**为

$$j_B \equiv \rho_B (v_B - v) \tag{14.22}$$

式中

$$j_B = -\rho D_{BA} \nabla m_B \tag{14.23}$$

由式(14.17)、式(14.19) 和式(14.22) 可知，二元混合物中扩散质量流密度的关系为

$$j_A + j_B = 0 \tag{14.24}$$

如果将式(14.12) 和式(14.23) 代入式(14.24)，并注意到对二元混合物由于 $m_A + m_B = 1$，$\nabla m_A = -\nabla m_B$，可得

$$D_{BA} = D_{AB} \tag{14.25}$$

因此，与式(14.21) 一样，组分 B 的**绝对**质量流密度可表示为

$$\boxed{n_B'' = -\rho D_{AB} \nabla m_B + m_B (n_A'' + n_B'')} \tag{14.26}$$

虽然以上的一些表达式与质量流密度有关，用同样的方法也可以得到基于**摩尔**的表达式。组分 A 和 B 的绝对摩尔流密度可表示为

$$N_A'' \equiv C_A v_A \quad 和 \quad N_B'' \equiv C_B v_B \tag{14.27}$$

以 v^* 表示**混合物的摩尔平均速度**，根据下述要求

$$N'' = N_A'' + N_B'' = C v^* = C_A v_A + C_B v_B \tag{14.28}$$

可得

$$v^* = x_A v_A + x_B v_B \tag{14.29}$$

要注意，摩尔平均速度与质量平均速度是不同的，因此将它用于第 6 章中的那些守恒方程是不合适的。

摩尔平均速度的意义在于，将它乘以总的摩尔浓度 C 时，就可得到相对于固定坐标系的总的摩尔流密度 N''。式(14.27) 提供了组分 A 和 B 的**绝对摩尔流密度**。与此不同，组分 A 相对于混合物摩尔平均速度的摩尔流密度 J_A^*（称为**扩散摩尔流密度**）可由式(14.13) 或由下式确定

$$J_A^* \equiv C_A (v_A - v^*) \qquad (14.30)$$

为得到类似于式(14.21)的表达式，我们将式(14.27)和式(14.30)合并，得到

$$N_A'' \equiv J_A^* + C_A v^* \qquad (14.31)$$

或者，由式(14.13)和式(14.28)，得

$$\boxed{N_A'' \equiv -CD_{AB} \nabla x_A + x_A (N_A'' + N_B'')} \qquad (14.32)$$

要注意的是，式(14.32)表示的绝对摩尔流密度是扩散流密度与平流流密度之和。此外，若右端第二项为零，在用摩尔流密度而不用质量流密度表示时，由纯扩散发生的质量传输与导热是类似的。对于二元混合物，可得

$$J_A^* + J_B^* = 0 \qquad (14.33)$$

14.2.2 柱状容器中的蒸发

现在我们讨论由图 14.2 所示的二元气体混合物中的扩散。在盛有组分 A 的液体层的烧杯的顶部，保持着固定的组分浓度 $x_{A,L}$ 和 $x_{B,L}$，系统处于定压和定温状态。由于在液体界面液相和气相之间存在平衡，蒸气的浓度与对应的饱和状态相一致。在 $x_{A,0} > x_{A,L}$ 的情况下，组分 A 由液体界面**蒸发**并向上扩散传输。在稳定态、一维和无化学反应的情况下，组分 A 不可能聚集在图 14.2 的控制容积内，组分 A 的绝对摩尔流密度在整个柱体必须是常数。因此

$$\frac{dN_{A,x}''}{dx} = 0 \qquad (14.34)$$

由总摩尔浓度的定义，在整个柱体有 $C = C_A + C_B$，$x_A + x_B = 1$。已知 $x_{A,0} > x_{A,L}$，我们可立刻判断 $x_{B,L} > x_{B,0}$。所以 dx_B/dx 为正，组分 B 必定由柱的顶部向液体界面扩散。但是，如果组分 B 不能被液体 A 吸收，只有在图 14.2 的控制容积中处处为 $N_{B,x}'' = 0$ 的情况时才能保持稳定态条件。实现这种可能性的唯一途径只能是气体 B 的向下扩散严格地与气体 B 的向上平流相平衡。这个重要结论的含义是，为成功地预测组分分布 $x_A(x)$ 和 $x_B(x)$ 及液体

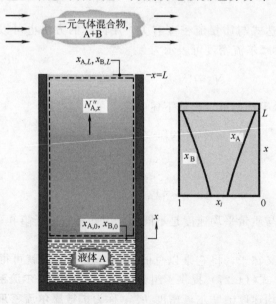

图 14.2 液体组分 A 蒸发到二元气体混合物 A+B 中

A 的蒸发速率，我们必须考虑柱体中气体的平流运动。将要求 $N''_{B,x}=0$ 代入式(14.32)，可得 $N''_{A,x}$ 的合适表达式，其形式为

$$N''_{A,x}=-CD_{AB}\frac{dx_A}{dx}+x_A N''_{A,x} \tag{14.35}$$

或者，由式(14.28)

$$N''_{A,x}=-CD_{AB}\frac{dx_A}{dx}+C_A v_x^* \tag{14.36}$$

由此式可明显看出组分 A 的扩散传输 $[-CD_{AB}(dx_A/dx)]$ 由于整体运动（$C_A v_x^*$）而增强了。重新整理式(14.35) 可得

$$N''_{A,x}=-\frac{CD_{AB}}{1-x_A}\times\frac{dx_A}{dx} \tag{14.37}$$

对于 p 和 T 恒定的情况，C 和 D_{AB} 也是常数。将式(14.37) 代入式(14.34)，可得

$$\frac{d}{dx}\left(\frac{1}{1-x_A}\times\frac{dx_A}{dx}\right)=0$$

积分两次，有

$$-\ln(1-x_A)=C_1 x+C_2$$

利用条件 $x_A(0)=x_{A,0}$ 和 $x_A(L)=x_{A,L}$ 可确定积分常数，而浓度分布为

$$\frac{1-x_A}{1-x_{A,0}}=\left(\frac{1-x_{A,L}}{1-x_{A,0}}\right)^{x/L} \tag{14.38}$$

由于 $1-x_A=x_B$，也可得

$$\frac{x_B}{x_{B,0}}=\left(\frac{x_{B,L}}{x_{B,0}}\right)^{x/L} \tag{14.39}$$

为确定组分 A 的蒸发速率，首先利用式(14.38) 计算浓度梯度（dx_A/dx）。将这个结果代入式(14.37)，可得

$$N''_{A,x}=\frac{CD_{AB}}{L}\ln\left(\frac{1-x_{A,L}}{1-x_{A,0}}\right) \tag{14.40}$$

【例 14.2】　用于防水的抗水板材是由不透水的聚合物材料组成的。这种板材的微结构加工成具有许多直径为 $D=10\mu m$ 的开口小孔，这些小孔穿透 $L=100\mu m$ 的整个板厚。小孔的直径足够大，可传输水蒸气，但又可以防止液态水通过板材。在板的顶部有饱和液体，板的底侧有相对湿度为 $\phi_\infty=50\%$ 的湿空气条件下，试确定水蒸气在单个小孔中的传输速率。计算温度 $T=298K$ 和压力 $p=1atm$ 时的传输速率。研究传输速率对温度的敏感性，将所得传输速率与忽略小孔中混合物的摩尔平均运动时预测的传输速率作一比较。

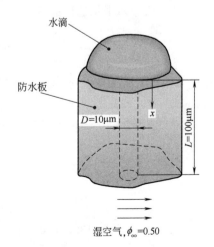

解析
已知：多孔板的厚度和孔径、热状态及湿度。
求：通过单个孔的蒸发速率。

假定：1. 稳定态，等温，一维条件。

2. 无化学反应。

3. 小孔垂直地穿过板厚，小孔具有圆截面。

4. 二元系统由水蒸气（A）和空气（B）组成。

物性：表 A.6，饱和水，蒸汽（298K）：$p_{sat} = 0.03165$bar。表 A.8，水蒸气-空气（298K）：$D_{AB} = 0.26 \times 10^{-4}$ m^2/s。

分析：1. 考虑非零摩尔平均速度效应，可利用式(14.40)确定通过单孔传输的水蒸气。因此

$$N_{A,x} = A_{pore} N''_{A,x} = \frac{\pi D^2 C D_{AB}}{4L} \ln\left(\frac{1 - x_{A,L}}{1 - x_{A,0}}\right) \tag{1}$$

式中的总浓度为

$$C = \frac{p}{RT} = \frac{1.0133\text{bar}}{8.314 \times 10^{-2}\text{m}^3 \cdot \text{bar}/(\text{kmol} \cdot \text{K}) \times 298\text{K}} = 40.9 \times 10^{-3}\text{kmol/m}^3$$

由 6.7.2 节，在 $x = 0$ 处的摩尔分数为

$$x_{A,0} = \frac{p_{A,sat}}{p} = \frac{0.03165\text{bar}}{1.0133\text{bar}} = 31.23 \times 10^{-3}$$

而在 $x = L$ 处的摩尔分数为

$$x_{A,L} = \frac{\phi_\infty p_{A,sat}}{p} = \frac{0.5 \times 0.03165\text{bar}}{1.0133\text{bar}} = 15.62 \times 10^{-3}$$

因此，可由式(1)计算单孔的蒸发速率

$$N_{A,x} = \frac{\pi \times (10 \times 10^{-6}\text{m})^2 \times 40.9 \times 10^{-3}\text{kmol/m}^3 \times 0.26 \times 10^{-4}\text{m}^2/\text{s}}{4 \times 100 \times 10^{-6}\text{m}} \times$$

$$\ln\left(\frac{1 - 15.62 \times 10^{-3}}{1 - 31.23 \times 10^{-3}}\right)$$

$$= 13.4 \times 10^{-15}\text{kmol/s}$$ ◄

2. 若忽略摩尔平均速度的效应，可知式(14.32)简化为

$$N''_{A,x} = -C D_{AB} \frac{dx_A}{dx}$$

式中的总浓度 C 是常数，水蒸气流密度与 x 无关。因此，单孔的组分传输速率可表示为

$$N_{A,x} = A_{pore} N''_{A,x} = \frac{\pi D^2 C D_{AB}}{4L}(x_{A,0} - x_{A,L}) \tag{2}$$

$$= \frac{\pi \times (10 \times 10^{-6}\text{m})^2 \times 40.9 \times 10^{-3}\text{kmol/m}^3 \times 0.26 \times 10^{-4}\text{m}^2/\text{s}}{4 \times 100 \times 10^{-6}\text{m}} \times$$

$$(31.23 \times 10^{-3} - 15.62 \times 10^{-3})$$

$$= 13.0 \times 10^{-15}\text{kmol/s}$$ ◄

与非零摩尔平均速度有关的平流效应增大了扩散流密度，当考虑平流效应时，预测的蒸发速

率会略有增大。

3. 通过考虑二元扩散系数对温度的敏感性 [式(14.14)]，$D_{AB} \propto T^{3/2}$，在 300K < T < 360K 温度范围内重复计算，可确定蒸发速率与温度的关系。以图表示的结果表明，蒸发速率随温度的变化很大。这种很强的依赖性主要是水蒸气的饱和压力随温度有很大的变化引起的，由表 A.6 就可明显看出这一点。

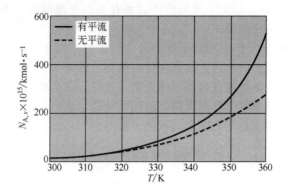

说明：1. 当温度从而饱和压力和水蒸气的摩尔分数增高时，摩尔平均速度变大，平流效应就变得重要了。另一方面，当水蒸气的浓度很小时，摩尔平均速度可忽略不计。将来在利用**静止介质近似**时，会隐含 $N''_{B,x} \approx 0$ 和 $x_A \ll 1$ 两个条件。

2. 可按单位面积的小孔数乘单个小孔的蒸发率来确定单位面积包装材料的总蒸发率。

3. 在推导这个解时，压力是作为常数处理的。由于摩尔平均速度不是零，为克服小孔壁的摩擦，必定存在压力梯度。若小孔处于垂直方向，还存在静压梯度。为估算克服摩擦的压力梯度，首先要确定质量平均速度。由式(14.17)

$$v_x = \frac{n''_{A,x} + n''_{B,x}}{\rho} = \frac{n''_{A,x}}{\rho} = \frac{N''_{A,x} M_A}{\rho} = \frac{N_{A,x} M_A}{A_{pore} \rho}$$

这样，就可将流动设想为圆管内充分发展的流动来确定压力梯度。由式(8.14)

$$\left| \frac{dp}{dx} \right| = \frac{32 \mu v_x}{D^2} = \frac{32 \nu N_{A,x} M_A}{A_{pore} D^2}$$

由于混合物主要是空气，我们用空气的运动黏度。于是，取最不利的温度情况，$T = 360K$，$N_{A,x} = 530 \times 10^{-15} \text{kmol/s}$。

$$\left| \frac{dp}{dx} \right| = \frac{32 \times 22.0 \times 10^{-6} \text{m}^2/\text{s} \times 530 \times 10^{-15} \text{kmol/s} \times 18 \text{kg/kmol}}{\pi (10 \times 10^{-6} \text{m})^4 / 4}$$

$$= 860 \times 10^3 \text{Pa/m}$$

因此，克服摩擦的压力降为

$$\Delta p_{摩擦} = 860 \times 10^3 \text{Pa/m} \times 100 \times 10^{-6} \text{m} = 86 \text{Pa}$$

若小孔是垂直的，静压降为

$$\Delta p_{静态} = \rho_{空气} gL = 0.970 \text{kg/m}^3 \times 9.8 \text{m/s}^2 \times 100 \times 10^{-6} \text{m} = 0.001 \text{Pa}$$

相对于大气压力，这两个压降都可忽略不计，所以假定压力为常数是合适的。

14.3　静止介质近似

我们已经通过式（14.12）和式（14.13）引入了确定组分扩散流密度的斐克定律。在14.2节中，我们看到与质量传输有关的分子运动能导致原本静止的流体中的整体运动。在这种情况下，总的或绝对的组分流密度［由式（14.12）和式（14.32）给出］包括了扩散部分［由式（14.12）和式（14.13）给出］及与整体运动有关的平流部分。本节中我们要讨论可以忽略平流对传质贡献的一种情况。

当量非常小的组分 A 在静止的组分 B 中发生扩散时，与传质有关的分子运动不会导致值得重视的介质的整体运动。当讨论稀释气体或液体在静止液体或固体**主介质**中的扩散时，这是很普通的情况，如水蒸气通过房间固体壁就是这样。在这些情况下，可假定介质是静止的，可忽略平流运动。对于**静止介质近似**可适用的场合，式（14.12）和式（14.13）的扩散质量流和摩尔流密度与绝对质量流和摩尔流密度是等同的[1]。也即

$$n''_A = j_A = -\rho D_{AB} \nabla m_A \tag{14.41}$$

$$N''_A = J^*_A = -C D_{AB} \nabla x_A \tag{14.42}$$

而且，由于组分 A 的浓度很小，总密度（ρ）或浓度（C）近似等于主介质组分 B 的密度和浓度。重要的结论是，静止介质近似使我们可通过导热与质量扩散之间的**类比**来利用第2～5章的结果。

14.4　静止介质的组分守恒

正像热力学第一定律（**能量守恒**定律）在传热分析中具有重要作用一样，**组分守恒**定律在传质问题的分析中具有重要的作用。本节我们要讨论这个定律的一般表述，以及这个定律在静止介质中组分扩散的应用。

14.4.1　控制容积的组分守恒

与能量守恒要求的一般表述式（1.11c）是对图1.7(b)的控制容积给出的一样，我们对图14.3的控制容积给出类似的组分质量守恒要求的表达式。

图14.3　对一个控制容积的组分守恒

> 某种组分进入一个控制容积的质量流率减去这种组分离开这个控制容积的质量流率必定等于这种组分在这个控制容积中质量积聚的速率。

例如，任何一种组分 A 可以因流体运动和扩散而穿过控制表面进入和离开这个控制容

---

[1]　对于未阅读14.2节关于在**非**静止介质中传质的读者，相对于固定坐标测得的组分 A 的绝对流密度用 n''_A（质量流密度）或 N''_A（摩尔流密度）表示。对于阅读了14.2节的读者，要注意静止介质近似就等于说主介质（B）是静止的，$n''_B = 0$ 和 $N''_B = 0$，而组分 A 是稀释的，$m_A \ll 1$ 和 $x_A \ll 1$。因此，在式（14.21）和式（14.32）中的平流部分可忽略，从而得到式（14.41）和式（14.42）。

积；这些过程是由 $\dot{M}_{A,in}$ 和 $\dot{M}_{A,out}$ 表示的**表面**现象。同一种组分 A 也可以**在**这个控制容积**中**产生（$\dot{M}_{A,g}$）、累积或贮存（$\dot{M}_{A,st}$）。因此，基于流率的守恒方程可表示为

$$\dot{M}_{A,in} + \dot{M}_{A,g} - \dot{M}_{A,out} = \frac{dM_A}{dt} \equiv \dot{M}_{A,st} \tag{14.43}$$

当系统内有化学反应发生时就会产生组分。例如，若发生形式为 AB→A＋B 的分解反应，就会净产生组分 A 和 B 及净减少组分 AB。

14.4.2　质量扩散方程

上述结果可用来得到与第 2 章的导热方程类似的质量或组分的扩散方程。我们将讨论均匀介质，它是组分 A 和 B 的一种二元混合物，并且是**静止**的。就是说，由于可忽略平流，传质完全因扩散而发生。求解所得方程可确定组分的浓度分布，转而可利用斐克定律确定介质中任意点处的组分扩散速率。

考虑到在 x、y 和 z 等坐标方向上的浓度梯度，我们首先在介质中定义一个微元控制容积 $dxdydz$（图 14.4）并讨论影响组分 A 分布的一些过程。由于存在浓度梯度，扩散必然导致组分 A 通过控制表面而传输。再者，相对于静止坐标，相对表面处的组分传输速率必定有下述关系：

$$n''_{A,x+dx}\,dydz = n''_{A,x}\,dydz + \frac{\partial[n''_{A,x}\,dydz]}{\partial x}dx \tag{14.44a}$$

$$n''_{A,y+dy}\,dxdz = n''_{A,y}\,dxdz + \frac{\partial[n''_{A,y}\,dxdz]}{\partial y}dy \tag{14.44b}$$

$$n''_{A,z+dz}\,dxdy = n''_{A,z}\,dxdy + \frac{\partial[n''_{A,z}\,dxdy]}{\partial z}dz \tag{14.44c}$$

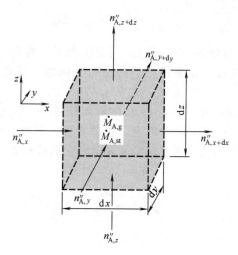

图 14.4　直角坐标系中分析组分扩散的微元控制容积 $dxdydz$

此外，在整个介质中可能会发生容积（也称**均质**）化学反应，也许并不均匀。因这种反应而在控制容积中产生组分 A 的速率可表示为

$$\dot{M}_{A,g} = \dot{n}_A\,dxdydz \tag{14.45}$$

式中，$\dot{n}_A$ 是单位容积混合物中组分 A 的质量增加的速率 [kg/(s·m³)]。最后，这些过程可

以改变累积在控制容积中的组分 A 的质量，质量改变的速率为

$$\dot{M}_{\text{A,st}} = \frac{\partial \rho_{\text{A}}}{\partial t} \mathrm{d}x\mathrm{d}y\mathrm{d}z \tag{14.46}$$

利用由 $n''_{\text{A},x}$、$n''_{\text{A},y}$ 和 $n''_{\text{A},z}$ 确定的进入控制容积的质量流率和由式(14.44) 确定的从控制容积流出的质量流率，将式(14.44)~式(14.46) 代入式(14.43) 后可得

$$-\frac{\partial n''_{\text{A}}}{\partial x} - \frac{\partial n''_{\text{A}}}{\partial y} - \frac{\partial n''_{\text{A}}}{\partial z} + \dot{n}_{\text{A}} = \frac{\partial \rho_{\text{A}}}{\partial t}$$

在本章的其余部分我们将注意力集中于讨论静止介质近似可以适用的情况，因此将式(14.41) 中的 x、y 和 z 的分量代入，我们得到

$$\frac{\partial}{\partial x}\left(\rho D_{\text{AB}}\frac{\partial m_{\text{A}}}{\partial x}\right) + \frac{\partial}{\partial y}\left(\rho D_{\text{AB}}\frac{\partial m_{\text{A}}}{\partial y}\right) + \frac{\partial}{\partial z}\left(\rho D_{\text{AB}}\frac{\partial m_{\text{A}}}{\partial z}\right) + \dot{n}_{\text{A}} = \frac{\partial \rho_{\text{A}}}{\partial t} \tag{14.47a}$$

以摩尔浓度表示，类似的推导可给出

$$\frac{\partial}{\partial x}\left(CD_{\text{AB}}\frac{\partial x_{\text{A}}}{\partial x}\right) + \frac{\partial}{\partial y}\left(CD_{\text{AB}}\frac{\partial x_{\text{A}}}{\partial y}\right) + \frac{\partial}{\partial z}\left(CD_{\text{AB}}\frac{\partial x_{\text{A}}}{\partial z}\right) + \dot{N}_{\text{A}} = \frac{\partial C_{\text{A}}}{\partial t} \tag{14.48a}$$

在随后的组分扩散现象的分析中，我们将用上述方程的简化形式。特别是，如果 D_{AB} 和 ρ 是常数，式(14.47a) 可表示为

$$\frac{\partial^2 \rho_{\text{A}}}{\partial x^2} + \frac{\partial^2 \rho_{\text{A}}}{\partial y^2} + \frac{\partial^2 \rho_{\text{A}}}{\partial z^2} + \frac{\dot{n}_{\text{A}}}{D_{\text{AB}}} = \frac{1}{D_{\text{AB}}} \times \frac{\partial \rho_{\text{A}}}{\partial t} \tag{14.47b}$$

类似地，若 D_{AB} 和 C 是常数，式(14.48a) 可表示为

$$\frac{\partial^2 C_{\text{A}}}{\partial x^2} + \frac{\partial^2 C_{\text{A}}}{\partial y^2} + \frac{\partial^2 C_{\text{A}}}{\partial z^2} + \frac{\dot{N}_{\text{A}}}{D_{\text{AB}}} = \frac{1}{D_{\text{AB}}} \times \frac{\partial C_{\text{A}}}{\partial t} \tag{14.48b}$$

式(14.47b)和式(14.48b)与导热方程式(2.19)是类似的。像对导热方程一样，为描述所论的系统，必须规定边界条件。如果感兴趣的是瞬态问题，还必须给出**初始时间**的条件。由此可知，对类似的边界和初始条件，式(14.47b) 的 $\rho_{\text{A}}(x,y,z,t)$ 或式(14.48b) 的 $C_{\text{A}}(x,y,z,t)$ 的解与式(2.19) 的 $T(x,y,z,t)$ 的解具有相同的形式。

也可以用圆柱和球坐标系表示以上的组分扩散方程。可由类似于导热的表达式(2.24) 和式(2.27) 推得这些不同的形式，用摩尔浓度表示时它们具有如下形式。

圆柱坐标系：

$$\frac{1}{r} \times \frac{\partial}{\partial r}\left(CD_{\text{AB}}r\frac{\partial x_{\text{A}}}{\partial r}\right) + \frac{1}{r^2} \times \frac{\partial}{\partial \phi}\left(CD_{\text{AB}}\frac{\partial x_{\text{A}}}{\partial \phi}\right) + \frac{\partial}{\partial z}\left(CD_{\text{AB}}\frac{\partial x_{\text{A}}}{\partial z}\right) + \dot{N}_{\text{A}} = \frac{\partial C_{\text{A}}}{\partial t}$$

$$\tag{14.49}$$

球坐标系：

$$\frac{1}{r^2} \times \frac{\partial}{\partial r}\left(CD_{\text{AB}}r^2\frac{\partial x_{\text{A}}}{\partial r}\right) + \frac{1}{r^2\sin^2\theta} \times \frac{\partial}{\partial \phi}\left(CD_{\text{AB}}\frac{\partial x_{\text{A}}}{\partial \phi}\right)$$
$$+ \frac{1}{r^2\sin\theta} \times \frac{\partial}{\partial \theta}\left(CD_{\text{AB}}\sin\theta\frac{\partial x_{\text{A}}}{\partial \theta}\right) + \dot{N}_{\text{A}} = \frac{\partial C_{\text{A}}}{\partial t} \tag{14.50}$$

当然，在没有化学反应（$\dot{n}_{\text{A}} = \dot{N}_{\text{A}} = 0$）以及一维和稳定态条件下，形式将简化。

14.4.3　给定表面浓度的静止介质

现讨论由图 14.5 所示的组分 A 通过由 A 和 B 组成的板状介质中的一维扩散。在稳定态和无均相化学反应的条件下，组分扩散方程的摩尔形式［式(14.48a)］简化为

$$\frac{d}{dx}\left(CD_{AB}\frac{dx_A}{dx}\right)=0 \tag{14.51}$$

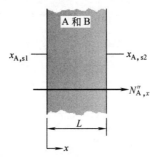

图 14.5　静止板状介质中的传质

假定总摩尔浓度和扩散系数为常数，应用表面条件求解式(14.51) 可得

$$x_A(x)=(x_{A,s2}-x_{A,s1})\frac{x}{L}+x_{A,s1} \tag{14.52}$$

由式(14.42) 可得

$$N''_{A,x}=-CD_{AB}\frac{x_{A,s2}-x_{A,s1}}{L} \tag{14.53}$$

乘以表面积 A 并以 $x_A\equiv C_A/C$ 代入，得摩尔传输速率为

$$\boxed{N_{A,x}=\frac{D_{AB}A}{L}(C_{A,s1}-C_{A,s2})} \tag{14.54}$$

由此式我们可定义阻止组分在板状介质中扩散传输的阻值为

$$\boxed{R_{m,dif}=\frac{C_{A,s1}-C_{A,s2}}{N_{A,x}}=\frac{L}{D_{AB}A}} \tag{14.55}$$

将上述结果与平壁中无内热源的一维稳定态导热结果（3.1 节）进行比较，可以明显看到在导热与扩散之间存在着直接的类比性。这种类比也适用于圆柱和球坐标系统。对于一维、稳定态、无反应的圆柱状介质中的扩散，式(14.49) 简化为

$$\frac{d}{dr}\left(rCD_{AB}\frac{dx_A}{dr}\right)=0 \tag{14.56}$$

类似地，对球状介质

$$\frac{d}{dr}\left(r^2CD_{AB}\frac{dx_A}{dr}\right)=0 \tag{14.57}$$

式(14.56) 和式(14.57) 以及式(14.51) 规定，摩尔传输速率 $N_{A,r}$ 或 $N_{A,x}$ 在其传输方向（r 或 x）上是常数。假定 C 和 D_{AB} 是常数，就很容易得到式(14.56) 和式(14.57) 的通解。对于给定的表面组分浓度，表 14.1 汇集了相应的解和组分扩散阻值。

【例 14.3】　药品长期暴露于高温、光照和潮湿环境其功效会减小。一些对水蒸气敏感的片状或胶囊状消费品有可能会放在潮湿的环境里，如卫生间医药箱中，为防止药品在使用前直接暴露于潮湿环境，要采用气密性包装。

表 14.1　给定表面浓度的静止介质的组分扩散解汇总

几 何 形 状	组分浓度分布 $x_A(x)$ 或 $x_A(r)$	组分扩散阻值 $R_{m,dif}$
	$x_A(x) = (x_{A,s2} - x_{A,s1})\dfrac{x}{L} + x_{A,s1}$	$R_{m,dif} = \dfrac{L^{①}}{D_{AB}A}$
	$x_A(r) = \dfrac{x_{A,s1} - x_{A,s2}}{\ln(r_1/r_2)}\ln\left(\dfrac{r}{r_2}\right) + x_{A,s2}$	$R_{m,dif} = \dfrac{\ln(r_2/r_1)^{②}}{2\pi L D_{AB}}$
	$x_A(r) = \dfrac{x_{A,s1} - x_{A,s2}}{1/r_1 - 1/r_2}\left(\dfrac{1}{r} - \dfrac{1}{r_2}\right) + x_{A,s2}$	$R_{m,dif} = \dfrac{1}{4\pi D_{AB}}\left(\dfrac{1}{r_1} - \dfrac{1}{r_2}\right)^{②}$

① $N_{A,x} = (C_{A,s1} - C_{A,s2})/R_{m,dif}$。

② $N_{A,r} = (C_{A,s1} - C_{A,s2})/R_{m,dif}$。

注：假定 C 和 D_{AB} 是常数。

　　考虑放置在气密性包装中的药片，该包装由平的盖片和带有固定药片用的凹坑的成型片材组成。成型片材厚为 $L = 50\mu m$，用聚合物制成。每个凹坑的直径 $D = 5mm$，深 $h = 3mm$。盖片用铝箔制成。水蒸气在聚合物中的二元扩散系数为 $D_{AB} = 6 \times 10^{-14}\,m^2/s$，可认为铝是不透水蒸气的。对于水蒸气在聚合物中的外侧和内侧的摩尔浓度分别为 $C_{A,s1} = 4.5 \times 10^{-3}\,kmol/m^3$ 和 $C_{A,s2} = 0.5 \times 10^{-3}\,kmol/m^3$ 的情况，确定水蒸气通过凹坑壁传输至药片的速率。

解析

已知：水蒸气在聚合物片内、外表面处的摩尔浓度和凹坑的几何尺寸。

求：水蒸气通过凹坑壁的摩尔扩散传输速率。

示意图：

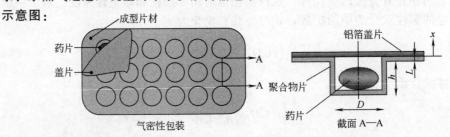

假定：1. 稳定态，一维条件。

　　　　2. 静止介质。

　　　　3. 无化学反应。

　　　　4. 相对于凹坑的尺寸，聚合物片很薄，扩散可视为通过平壁进行的。

分析：总的水蒸气传输速率是通过凹坑的圆柱壁及凹坑底部的圆面积的传输速率之和。由式（14.54）可写出

$$N_{A,x} = \frac{D_{AB}A}{L}(C_{A,s1} - C_{A,s2}) = \frac{D_{AB}}{L}\left(\frac{\pi D^2}{4} + \pi Dh\right)(C_{A,s1} - C_{A,s2})$$

因此

$$N_{A,x} = \frac{6 \times 10^{-14}\,\mathrm{m^2/s}}{50 \times 10^{-6}\,\mathrm{m}} \times \left[\frac{\pi \times (5 \times 10^{-3}\,\mathrm{m})^2}{4} + \pi \times (5 \times 10^{-3}\,\mathrm{m}) \times (3 \times 10^{-3}\,\mathrm{m})\right] \times$$

$$(4.5 \times 10^{-3} - 0.5 \times 10^{-3})\,\mathrm{kmol/m^3}$$

$$= 0.32 \times 10^{-15}\,\mathrm{kmol/s}$$

说明：1. 水蒸气的质量扩散速率为 $n_{A,x} = M_A N_{A,x} = 18\,\mathrm{kg/kmol} \times 0.32 \times 10^{-15}\,\mathrm{kmol/s} = 5.8 \times 10^{-15}\,\mathrm{kg/s}$。

2. 药品的有效期与通过聚合物片的水蒸气的传输速率成反比。增大片材厚度可延长有效期，但将增大包装费用。为确定气密性包装材料，需要在聚合物材料的保存期、成本、成型性质及循环使用等许多因素之间进行权衡。

14.5　边界条件和交界面上浓度的不连续性

在前节中，通过应用**恒定的表面浓度**边界条件建立了传质阻值的表达式。对位于 $x = 0$ 处的表面，表面组分浓度恒定的边界条件可表示为

$$x_A(0, t) = x_{A,s} \tag{14.58}$$

在例题 14.2 和例题 14.3 中我们已用了式(14.58)。可等价地用质量或摩尔分数或密度表示恒定的表面浓度边界条件。虽然式(14.58)的形式很简单，但确定 $x_{A,s}$ 的合适的值并不简单，就如下面将要讨论的。

与表 2.2 中导热条件相类似的第二类边界条件是表面上恒定的组分流密度 $J_{A,s}^*$。利用斐克定律 [式(14.13)]，对 $x = 0$ 处的表面，这个条件可表示为

$$-CD_{AB}\frac{\partial x_A}{\partial x}\bigg|_{x=0} = J_{A,s}^* \tag{14.59}$$

这个条件的一个特殊情况是**密封表面**，对这种表面，若讨论的是静止介质，有 $\partial x_A/\partial x|_{x=0} = 0$。也可基于质量表示恒定组分流边界条件。

使传质比传热更复杂的一个现象是在两种材料之间的交界面上组分浓度具有**不连续**的特性，而温度是连续的。举一个熟悉的例子，考虑一个暴露于空气中的水池。若感兴趣的是确定传输到空气中的水蒸气的速率，我们需要给定在空气-水的交界面上空气中水蒸气的浓度。我们知道水池中水的摩尔分数实质上是 1（忽略溶于水的少量氧和氮）。但在交界面上给定空气中的水蒸气的摩尔分数 $x_{A,s} = 1$ 是不对的。很明显，跨越界面时水的浓度是不连续的。一般来说，将两种材料分开的交界面上的浓度边界条件描述了交界面两侧上浓度之间的**关系**。这些关系式或基于理论，或由实验推断。它们可表示为不同的形式，现介绍几个。

14.5.1　蒸发和升华

一种常见的传质情况是由于液体或固体分别蒸发或升华而使组分 A 传输至气流 [图 14.6(a)]。感兴趣的是**气相中**的条件，在交界面上（位于 $x = 0$ 处），可容易地由**拉乌尔**（Raoult）定律确定气相中组分 A 的浓度（或分压）

$$p_A(0) = x_A(0)p_{A,sat} \tag{14.60}$$

式中，p_A 为 A **在气相中的分压**；x_A 为组分 A **在液体或固体中的摩尔分数**；$p_{A,sat}$ 为组分 A 在表面温度时的饱和压力。拉乌尔特定律适用的条件为：气相可近似为理想气体及液相或固相具有很高的组分 A 的浓度。若液体或固体是纯组分 A，也即 $x_A = 1$，式(14.60) 简化为 $p_A(0) = p_{A,sat}$。就是说交界面上蒸气的分压对应于界面温度的饱和状态，因而可由标准的热力学性质表确定。在例题 14.2 的求解和 6.7.2 节中已利用了这个边界条件。

14.5.2 气体在液体和固体中的溶解度

另一种常见的传质问题与蒸发或升华问题类似，但感兴趣的是**在液相或固相中**的质量传输。我们讨论组分 A **由气流传输到**组分为 B 的液体或固体 [图 14.6(b)]。

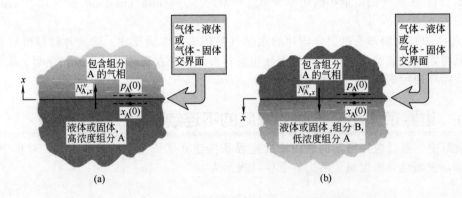

图 14.6 在气-液或气-固交界面上的组分浓度

(a) 液体或固体中的组分 A 由蒸发或升华而进入气体；(b) 溶解度很小的组分 A 从气体传输到液体或固体

如果组分 A 在**液体**中的溶解度很小（x_A 很小），可利用**亨利定律**建立液体中 A 的摩尔分数与液体外面气相中 A 的分压之间的关系

$$x_A(0) = \frac{p_A(0)}{H} \tag{14.61}$$

系数 H 称为**亨利常数**，表 A.9 列出了若干水溶液的 H 值。虽然 H 与温度有关，对于 5bar 以下的 p 值，它随压力的变化通常可以忽略不计。

如果气体（组分 A）在固体（组分 B）中溶解而形成固溶液，也可确定**气-固交界面**上的状态。在这种情况下，气体在固体中的传输与固体的结构无关，可作为扩散过程处理。与此不同的是，在许多情况下固体的孔隙率对气体通过固体的传输有很强的影响。有关这种情况的论述可查阅更高级的教材[2,4]。

将气体和固体作为溶体处理，利用称为**溶解度**的物性 S 可得到气体与固体交界面上固体中的气体浓度。S 由下式定义

$$C_A(0) = S p_A(0) \tag{14.62}$$

式中，$p_A(0)$ 同样是临近交界面的气体的分压，bar。在交界面上固体中组分 A 的摩尔浓度 $C_A(0)$ 的单位是 **A 的千摩尔数每立方米固体**。在这种情况下，S 的单位必定是**组分 A 的千摩尔数每立方米固体每巴**（或 atm）**A 的分压**。表 A.10 给出了一些气体-固体组合的 S 值。溶解度的值常以 [在 STP，即在标准温度和压力（0℃和 1atm）下] 组分 A 的立方米数每立方米固体每个标准大气压组分 A 的分压为单位给出。以 $\tilde{S}$ 表示这个溶解度的值，并注意到在 STP 下一个千摩尔占有 22.414m³，我们可求得单位转换关系式为 $S = \tilde{S} / (22.414\text{m}^3/\text{kmol})$。（在 bar 与 atm 之间可能需要附加的转换）。

【**例 14.4**】 在球形熔融石英（SiO_2）容器中储有 20℃的氦气，容器的直径为 0.20m，

器壁厚度为 2mm。如果容器充气至 4bar 初压，压力随时间减小的速率是多少？

解析

已知：在给定直径 D 和壁厚 L 的球形熔融石英容器中氦气的初压。

求：氦气压力的变化速率，$\mathrm{d}p_A/\mathrm{d}t$。

示意图：

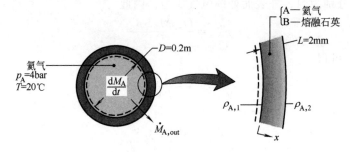

假定：1. 由于 $D \gg L$，可将扩散近似为通过平壁的一维问题。

2. 准稳态扩散（压力变化非常缓慢，可以假定在任何时刻通过熔融石英的扩散处于稳定态）。

3. 静止介质具有均匀密度 ρ。

4. 外界空气中的氦气压力可以忽略。

5. 氦气具有理想气体的性质。

物性：表 A.8，氦气-熔融石英（293K）：$D_{AB} = 0.4 \times 10^{-13}\,\mathrm{m^2/s}$。表 A.10，氦气-熔融石英（293K）：$S = 0.45 \times 10^{-3}\,\mathrm{kmol/(m^3 \cdot bar)}$。

分析：对围绕氦气的控制容积应用组分守恒关系式(14.43)可确定氦气压力变化的速率。因此有

$$-\dot{M}_{A,\mathrm{out}} = \dot{M}_{A,\mathrm{st}}$$

或者，由于氦气的外流是由通过熔融石英的扩散导致的

$$\dot{M}_{A,\mathrm{out}} = n''_{A,x} A$$

质量储存的变化速率为

$$\dot{M}_{A,\mathrm{st}} = \frac{\mathrm{d}M_A}{\mathrm{d}t} = \frac{\mathrm{d}(\rho_A V)}{\mathrm{d}t}$$

基于组分的平衡，有

$$-n''_{A,x} A = \frac{\mathrm{d}(\rho_A V)}{\mathrm{d}t}$$

考虑到 $\rho_A = M_A C_A$，并应用理想气体定律

$$C_A = \frac{p_A}{RT}$$

组分平衡式变成

$$\frac{\mathrm{d}p_A}{\mathrm{d}t} = -\frac{RT}{M_A V} A n''_{A,x}$$

对于静止介质，通过熔融石英的组分 A 的绝对流密度等于其扩散流密度，$n''_{A,x} = j_{A,x}$，在这种情况下，由斐克定律式(14.12)

$$n''_{A,x} = -\rho D_{AB} \frac{\mathrm{d}m_A}{\mathrm{d}x} = -D_{AB} \frac{\mathrm{d}\rho_A}{\mathrm{d}x}$$

或者，对于假定的条件

$$n''_{A,x} = D_{AB} \frac{\rho_{A,1} - \rho_{A,2}}{L}$$

组分的密度 $\rho_{A,1}$ 和 $\rho_{A,2}$ 分别适用于熔融石英**内**的内、外表面处的状态，可借式(14.62)由已知的溶解度来计算。因此，由 $\rho_A = M_A C_A$

$$\rho_{A,1} = M_A S p_{A,i} = M_A S p_A \quad \text{和} \quad \rho_{A,2} = M_A S p_{A,o} = 0$$

式中，$p_{A,i}$ 和 $p_{A,o}$ 分别为内、外表面处的氢气压力。因此

$$n''_{A,x} = \frac{D_{AB} M_A S p_A}{L}$$

代入组分平衡式，可得

$$\frac{dp_A}{dt} = -\frac{RTAD_{AB}S}{LV} p_A$$

由 $A = \pi D^2$ 和 $V = \pi D^3 / 6$

$$\frac{dp_A}{dt} = -\frac{6RTD_{AB}S}{LD} p_A$$

代入数值，压力变化的速率为

$$\frac{dp_A}{dt} = \{-6 \times [0.08314 \text{m}^3 \cdot \text{bar}/(\text{kmol} \cdot \text{K})] \times 293\text{K} \times (0.4 \times 10^{-13} \text{m}^2/\text{s}) \times$$

$$0.45 \times 10^{-3} \text{kmol}/(\text{m}^3 \cdot \text{bar}) \times 4\text{bar}\} \div (0.002\text{m} \times 0.2\text{m})$$

$$= -2.63 \times 10^{-8} \text{bar/s}$$

说明：上述结果给出了系统的初始（最大）漏气速率。随着内部压力降低，漏气率减小。

【**例 14.5**】 氢气在厚为 0.3mm 的塑料膜片的正、背两侧分别保持 3bar 和 1bar 的压力。温度为 25℃，氢气在塑料中的二元扩散系数为 $8.7 \times 10^{-8} \text{m}^2/\text{s}$。氢气在膜片中的溶解度为 $1.5 \times 10^{-3} \text{kmol}/(\text{m}^3 \cdot \text{bar})$。氢气通过塑料膜的质量扩散流密度是多少？

解析

已知：膜的正、背两侧的氢气压力。

求：氢气的质量扩散流率 $n''_{A,x} [\text{kg}/(\text{s} \cdot \text{m}^2)]$。

示意图：

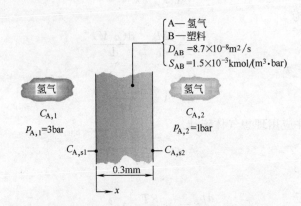

假定：1. 稳态、一维条件成立。

2. 膜片是具有均匀总摩尔浓度的无反应的静止介质。

分析：对于给定的条件，式(14.42)简化为式(14.53)，该式可表示为

$$N''_{A,x} = CD_{AB} \frac{x_{A,s1} - x_{A,s2}}{L} = \frac{D_{AB}}{L}(C_{A,s1} - C_{A,s2})$$

由式(14.62)可确定氢气的表面摩尔浓度，有

$$C_{A,s1} = 1.5 \times 10^{-3} \text{kmol}/(\text{m}^3 \cdot \text{bar}) \times 3 \text{bar} = 4.5 \times 10^{-3} \text{kmol/m}^3$$

$$C_{A,s2} = 1.5 \times 10^{-3} \text{kmol}/(\text{m}^3 \cdot \text{bar}) \times 1 \text{bar} = 1.5 \times 10^{-3} \text{kmol/m}^3$$

因此

$$N''_{A,x} = \frac{8.7 \times 10^{-8} \text{m}^2/\text{s}}{0.3 \times 10^{-3} \text{m}} \times (4.5 \times 10^{-3} - 1.5 \times 10^{-3}) \text{kmol/m}^3$$

$$= 8.7 \times 10^{-7} \text{kmol}/(\text{s} \cdot \text{m}^2)$$

用质量表示

$$n''_{A,x} = N''_{A,x} M_A$$

式中，氢气的分子量为 2kg/kmol。因此

$$n''_{A,x} = 8.7 \times 10^{-7} \text{kmol}/(\text{s} \cdot \text{m}^2) \times 2\text{kg/kmol} = 1.74 \times 10^{-6} \text{kg}/(\text{s} \cdot \text{m}^2) \quad \triangleleft$$

说明： 氢气在气相中的摩尔浓度 $C_{A,1}$ 和 $C_{A,2}$ 与膜片中的表面浓度是不同的，其值可由理想气体方程式计算

$$C_A = \frac{p_A}{RT}$$

式中，$R = 8.314 \times 10^{-2} \text{m}^3 \cdot \text{bar}/(\text{kmol} \cdot \text{K})$。由此可得 $C_{A,1} = 0.121 \text{kmol/m}^3$ 和 $C_{A,2} = 0.040 \text{kmol/m}^3$。虽然 $C_{A,s2} < C_{A,2}$，仍将发生氢气从膜片到 $p_{A,2} = 1 \text{bar}$ 的气体的传输。为说明这种似乎是异常的结果，只需指出，这两个浓度是基于**不同的**容积计算的；在一种情况下是单位膜片容积的浓度，在另一种情况下是临近气相的单位容积的浓度。由于这个原因，简单地比较 $C_{A,s2}$ 和 $C_{A,2}$ 的值不可能推断出氢气的传输方向。

14.5.3 催化表面反应

在许多传质问题中，给定的是表面上的组分流密度，而不是组分浓度。这样的问题与催化过程有关，催化是利用特殊表面加速**非均质化学反应**。非均质化学反应发生在材料的表面，可看成是一种**表面现象**，并可作为边界条件处理[❶] 常可用一维扩散分析来**近似求解**催化反应的性能。

讨论图 14.7 中的系统。为加速涉及组分 A 的非均相化学反应，在气流中放置了一个催化表面。假定这个反应产生组分 A 的速率为 $\dot{N}''_A$，后者被定义为单位面积催化表面的摩尔产生率。一旦达到稳定态，离开表面的组分传输速率 $N''_{A,x}$ 必定等于表面反应速率

$$N''_{A,x}(0) = \dot{N}''_A \quad (14.63)$$

我们还假定组分 A 离开表面是通过厚度为 L 的薄膜的一维传输导致的，薄膜内部并不发生反应。虽然整体运动会影响组分 A 通过薄膜的传输，作为初步估算，可合理地认为这个效应可忽略，传输完全由扩散造成。组分 A 在 $x = L$ 处的摩尔分数 $x_{A,1}$ 相当于混合物主流中的条件，并认为是已知的。以单一组分 B 代表其余的混合物组分，并假定介质是静止的，式(14.48a) 简化为

---

❶ 出现式(14.47)～式(14.50) 中的源项是由于在**容积**中发生化学反应的结果。这种容积反应称为**均质化学反应**，将在 14.6 节讨论。

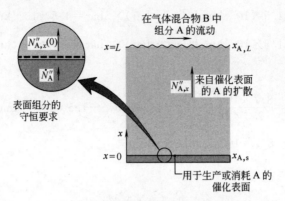

图 14.7 伴随非均相催化的一维扩散

$$\frac{d}{dx}\left(CD_{AB}\frac{dx_A}{dx}\right)=0 \tag{14.64}$$

式中，D_{AB} 是 A 在 B 中的二元扩散系数，B 可以是多组分混合物。假定 C 和 D_{AB} 是常数，在下列条件下可求解式(14.64)

$$x_A(L)=x_{A,L}$$

和

$$N''_{A,x}(0)=-CD_{AB}\frac{dx_A}{dx}\bigg|_{x=0}=\dot{N}''_A \tag{14.65}$$

上式是将斐克定律式(14.42)代入式(14.63)得到的。

对于催化表面，表面反应速率 $\dot{N}''_A$ 通常与表面浓度 $C_A(0)$ 有关。对于在表面导致组分消耗的**一阶反应**，反应速率的形式为

$$\dot{N}''_A=-k''_1 C_A(0) \tag{14.66}$$

式中，k''_1(m/s) 为反应速率常数。相应地，表面边界条件［式(14.65)］简化为

$$-D_{AB}\frac{dx_A}{dx}\bigg|_{x=0}=-k''_1 x_A(0) \tag{14.67}$$

在上述条件下求解式(14.64)，很易证明浓度呈线性分布，其形式为

$$\frac{x_A(x)}{x_{A,L}}=\frac{1+(xk''_1/D_{AB})}{1+(Lk''_1/D_{AB})} \tag{14.68}$$

在催化表面，上述结果简化为

$$\frac{x_A(0)}{x_{A,L}}=\frac{1}{1+(Lk''_1/D_{AB})} \tag{14.69}$$

摩尔流密度为

$$N''_A(0)=-CD_{AB}\frac{dx_A}{dx}\bigg|_{x=0}=-k''_1 Cx_A(0)$$

或

$$N''_A(0)=-\frac{k''_1 Cx_{A,L}}{1+(Lk''_1/D_{AB})} \tag{14.70}$$

上式中的负号意味着向表面传质。

上述结果的两种极限情况特别有意义。对 $k''_1\to0$ 的极限情况，有 $(Lk''_1/D_{AB})\ll1$，因此

式(14.69) 和式(14.70) 简化为

$$\frac{x_{A,s}}{x_{A,L}} \approx 1 \quad \text{和} \quad N''_A(0) \approx -k''_1 C x_{A,L}$$

在这种情况下，反应速率由反应速率常数控制，由扩散导致的限制可忽略不计。这种过程称为**由反应限制的**。相反，对于 $k''_1 \to \infty$ 的极限情况，有 $(Lk''_1/D_{AB}) \gg 1$，因此式(14.69) 和式(14.70) 将简化为

$$x_{A,s} \approx 0 \quad \text{和} \quad N''_A(0) \approx -\frac{CD_{AB}x_{A,L}}{L}$$

在这种情况下，反应是由向表面扩散的速率控制的，这种过程称为**由扩散限制的**。

14.6 伴随均质化学反应的质量扩散

正如内热源会影响导热一样，均质化学反应会对组分的扩散传输产生影响。我们将注意力限于静止介质；在这种情况下，可由式(14.41) 或式(14.42) 确定组分的绝对流密度。如果我们还假定稳定态、在 x 方向上的一维传输以及 D_{AB} 和 C 是常数，则式(14.48b) 可简化为

$$D_{AB}\frac{d^2 C_A}{dx^2} + \dot{N}_A = 0 \tag{14.71}$$

常用下述形式之一表述容积产率 $\dot{N}_A$。

零阶反应：

$$\dot{N}_A = k_0$$

一阶反应：

$$\dot{N}_A = k_1 C_A$$

也即可以以恒定速率发生反应（零阶）或以与局部浓度成比例的速率发生反应（一阶）。k_0 和 k_1 的单位分别是 $kmol/(s \cdot m^3)$ 和 s^{-1}。如果 $\dot{N}_A$ 为正，反应的结果导致产生组分 A；如果 $\dot{N}_A$ 为负，则导致消耗组分 A。

在许多应用中，感兴趣的组分是通过一阶化学反应转化成其他形式的，式(14.71) 成为

$$D_{AB}\frac{d^2 C_A}{dx^2} - k_1 C_A = 0 \tag{14.72}$$

这个线性齐次微分方程的通解为

$$C_A(x) = C_1 e^{mx} + C_2 e^{-mx} \tag{14.73}$$

式中，$m = (k_1/D_{AB})^{1/2}$ 和常数 C_1 及 C_2 与给定的边界条件有关。上式的形式与描述扩展表面导热问题的解的形式 [式(3.66)] 是相同的。

讨论图 14.8 中所示的情况。气体 A 可溶于液体 B，A 在 B 中因扩散而传输，并进行一阶化学反应。溶液是稀释的，液体中 A 的浓度在界面处是已知常数 $C_{A,0}$。如果容器底部对 A 是不可穿过的，边界条件为

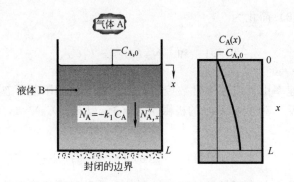

图 14.8　气体 A 在液体 B 中的扩散和均相反应

$$C_A(0) = C_{A,0} \quad 和 \quad \frac{dC_A}{dx}\bigg|_{x=L} = 0$$

上述组分边界条件与表 3.4 中情况 B 的热边界条件是类似的。由于式（14.73）与式（3.66）具有相同的形式，可得

$$C_A(x) = C_{A,0}\frac{\cosh m(L-x)}{\cosh mL} \tag{14.74}$$

特别感兴趣的是容器底部 A 的浓度和穿过气-液交界面的 A 的组分流密度值。在 $x=L$ 处应用式（14.74），可得

$$C_A(L) = \frac{C_{A,0}}{\cosh mL} \tag{14.75}$$

并且

$$N''_{A,x}(0) = -D_{AB}\frac{dC_A}{dx}\bigg|_{x=0}$$

$$= D_{AB}C_{A,0}\,m\frac{\sinh m(L-x)}{\cosh mL}\bigg|_{x=0}$$

或

$$N''_{A,x}(0) = D_{AB}C_{A,0}\,m\tanh mL \tag{14.76}$$

基于类比法可分别利用表 3.4 中的情况 C 和 D 得到容器底部保持固定浓度或无限深容器情况下的结果。

【例 14.6】　一些生物膜是细菌的集群，它们能黏附在有生命或无生命的表面上，并引发人类的一系列传染病。由生存在生物膜中的细菌导致的传染病常常是慢性的，因为用于生物膜表面上的抗生素很难穿过膜的厚度。现讨论与皮肤传染病有关的生物膜。将一种抗生素（组分 A）应用在生物膜（组分 B）的顶层，生物膜上表面上的药物浓度是固定的，$C_{A,0} = 4\times10^{-3}\,\text{kmol/m}^3$。药物在生物膜中的扩散系数为 $D_{AB} = 2\times10^{-12}\,\text{m}^2/\text{s}$。抗生素的消耗是膜中发生生化反应的结果，消耗速率与药物的局部浓度有关，可表示为 $\dot{N}_A = -k_1 C_A$，式中 $k_1 = 0.1\,\text{s}^{-1}$。因为在绝对消耗率较小时细菌的增长速率要比消灭速率来得快，为根除细菌，抗生素的消耗速率必须不低于 $0.2\times10^{-3}\,\text{kmol/(s·m}^3)$ $[\dot{N}_A \leqslant -0.2\times10^{-3}\,\text{kmol/(s·m}^3)]$。确定可用抗生素成功治疗的生物膜的最大厚度 L。

　　解析

　　已知：典型的抗生素和生物膜的物性，药物的表面浓度及要求的最低抗生素消耗速率。

　　求：可成功治疗的生物膜的最大厚度 L。

示意图：

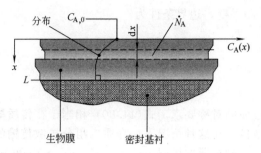

假定：1. 稳定态，一维条件。
　　　2. 静止的均匀介质。
　　　3. 常物性。
　　　4. 生物膜的底部不可穿透。

分析：抗生素的绝对消耗速率在 $x=L$ 处是最小的，因为该处的抗生素浓度最低。因此，我们要求 $\dot{N}_A(L)=-0.2\times10^{-3}\,\text{kmol}/(\text{s}\cdot\text{m}^3)$。结合式（14.74）和一级反应表达式可写出

$$\dot{N}_A(L)=-k_1C_A(L)=-k_1\frac{C_{A,0}}{\cosh mL} \tag{1}$$

式中

$$m=(k_1/D_{AB})^{1/2}=\left(\frac{0.1\text{s}^{-1}}{2\times10^{-12}\text{m}^2/\text{s}}\right)^{1/2}=2.24\times10^5\,\text{m}^{-1}$$

求解式（1）可得到最大允许的厚度

$$L=m^{-1}\cosh^{-1}[-k_1C_{A,0}/\dot{N}_A(L)] \tag{2}$$

将有关值代入式（2）可得

$$L=(2.24\times10^5\,\text{m}^{-1})^{-1}\cosh^{-1}\times\{-0.1\text{s}^{-1}\times(4\times10^{-3}\,\text{kmol/m}^3)/$$

$$[-0.2\times10^{-3}\,\text{kmol}/(\text{s}\cdot\text{m}^3)]\}$$

$$=5.9\times10^{-6}\,\text{m}=5.9\,\mu\text{m}$$

◀

说明：在剂量消耗速率高时抗生素杀死较厚生物膜中细菌的能力会减弱，而消耗速率低时它是通过生物膜复杂的聚合物基质进行扩散的，杀菌能力也会减弱[6]。

14.7　瞬态扩散

对稀组分 A 在静止介质中的瞬态扩散可得到与第 5 章相类似的结果。假定不存在均质反应，D_{AB} 和 C 为常数以及在 x 方向上的一维传输，式（14.48b）简化为

$$D_{AB}\frac{\partial^2 C_A}{\partial x^2}=\frac{\partial C_A}{\partial t} \tag{14.77}$$

假定初始时浓度均匀

$$C_A(x,0)=C_{A,i} \tag{14.78}$$

根据与具体几何形状和表面状态有关的边界条件可求得式（14.77）的解。例如，如果是伴有

表面对流的形状为厚 $2L$ 的平壁，边界条件为

$$\frac{\partial C_A}{\partial x}\bigg|_{x=0}=0 \tag{14.79}$$

$$C_A(L,t)=C_{A,s} \tag{14.80}$$

式(14.79)描述了在中心面的对称要求。式(14.80)相当于在**传质毕渥数**（$Bi_m=h_m L/D_{AB}$）远大于 1 时的表面对流条件。在这种情况下，介质内组分扩散传输的阻值远大于表面上组分对流传输的阻值。如果对这种情况取极限 $Bi_m \to \infty$ 或 $Bi_m^{-1} \to 0$，可知流体中的组分浓度实质上是均匀的，等于自由流的组分浓度。这样，可由式(14.60)或式(14.61)求得介质表面处的浓度 $C_{A,s}$，式中的 p_A 为组分 A 的自由流分压。

如果将以上方程无量纲化，可方便地应用传热和传质之间的类比关系。引入如下的无量纲浓度和时间

$$r^* \equiv \frac{r}{r_i}=\frac{C_A-C_{A,s}}{C_{A,i}-C_{A,s}} \tag{14.81}$$

$$t_m^* \equiv \frac{D_{AB}t}{L^2} \equiv Fo_m \tag{14.82}$$

代入式(14.77)，可得

$$\frac{\partial^2 r^*}{\partial x^{*2}}=\frac{\partial r^*}{\partial Fo_m} \tag{14.83}$$

式中，$x^*=x/L$。类似地，初始和边界条件为

$$r^*(x^*,0)=1 \tag{14.84}$$

$$\frac{\partial r^*}{\partial x^*}\bigg|_{x^*=0}=0 \tag{14.85}$$

及

$$r^*(1,t_m^*)=0 \tag{14.86}$$

为确认存在类比关系，我们只需将式(14.83)～式(14.86)与 $Bi \to \infty$ 时的式(5.34)～式(5.36)及式(5.37)进行比较。可注意到在 $Bi \to \infty$ 时，式(5.37)简化为 $\theta^*(1,t^*)=0$，这和式(14.86)是类似的。因此，两个方程组应有相同的解。

表 14.2 汇集了瞬态导热与扩散传质的变量之间的对应关系。由该对应关系就可利用以前提到的许多导热结果求解瞬态质量扩散问题。例如，以 r_o^* 和 Fo_m 替代 θ_o^* 和 Fo，当 $Bi \to \infty$（$\zeta_1=1.5707$；$C=1.2733$），就可用式(5.41)确定中心面的浓度 $C_{A,o}$。可以用相似的方法应用其余的方程式，以及对半无限固体得到的结果。

利用 5.5 节和 5.6 节的结果时必须小心，因为正如在例题 14.1 和表 A.8 中所说明的，与许多液、固主体介质有关的质量扩散系数与它们的热扩散系数相比极小。所以，传质傅里叶数的值 Fo_m 常比传热傅里叶数的值 Fo 小许多数量级。因此，5.5.2 节和 5.6.2 节的**近似解**的值在分析静止介质中的传质时常常没有价值，因为只有在 $Fo_m > 0.2$ 时近似解才有效。有时得求助于 5.5.1 节和 5.6.1 节的**严格解的表达式**。可能必须计算很多项才能使式(5.39)、式(5.47)和式(5.48)的无穷级数解收敛。另一方面，5.7 节的半无限固体解常可用于传质问题，因为边界条件信息在主体介质中的扩散速率很小。5.8 节的近似结果也能用，因为给出的结果涵盖了整个傅里叶数范围。

表 14.2　瞬态导热与扩散传质的变量之间的对应关系

传　热	传　质
$\theta^* = \dfrac{T-T_\infty}{T_i-T_\infty}$	$r^* = \dfrac{C_A-C_{A,s}}{C_{A,i}-C_{A,s}}$
$1-\theta^* = \dfrac{T-T_i}{T_\infty-T_i}$	$1-r^* = \dfrac{C_A-C_{A,i}}{C_{A,s}-C_{A,i}}$
$Fo = \dfrac{\alpha t}{L^2}$	$Fo_m = \dfrac{D_{AB}t}{L^2}$
$Bi = \dfrac{hL}{k}$	$Bi_m = \dfrac{h_m L}{D_{AB}}$
$\dfrac{x}{2\sqrt{\alpha t}}$	$\dfrac{x}{2\sqrt{D_{AB}t}}$

【例 14.7】　透过皮肤输入药物涉及药物通过皮肤至血液的释放时间的控制，通常是由黏附在人体上的**贴片**释放。这种方法的好处有：输药速率稳定且温和，可减小静脉注射时可能发生的对人体系统的冲击；能用于失去知觉或口服药物会引起呕吐的病人；使用方便。

讨论一个长和宽均为 $L=50\text{mm}$ 的贴片，它由初始时含有均匀的药物密度 $\rho_{A,p,i}=100\text{kg/m}^3$ 的主体介质组成。将贴片黏附在皮肤上，后者含有的初始药物浓度为 $\rho_{A,s,i}=0$。在贴片-皮肤交界面 $x=0$ 处，贴片侧的药物浓度与病人侧的药物浓度之比用**分离系数** $k=0.5$ 表示。

1. 确定在一周疗程内输给病人的总的药物剂量。药物在贴片和皮肤内的额定扩散系数分别为 $D_{Ap}=0.1\times10^{-12}\text{m}^2/\text{s}$ 和 $D_{As}=0.2\times10^{-12}\text{m}^2/\text{s}$。

2. 研究输给病人的药物总剂量对贴片的质量扩散系数 D_{Ap} 和病人皮肤的质量扩散系数 D_{As} 的敏感度。

解析

已知：药剂在输药贴片中的初始密度，贴片的大小，分离系数和质量扩散系数。

求：一周时间内输给病人的药物总剂量，输入的药物总剂量对贴片和皮肤的质量扩散系数的敏感度。

示意图：

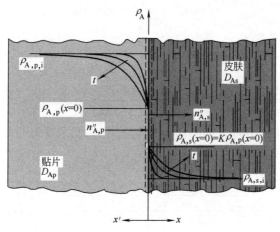

假定：1. 一维条件和常物性。

2. 半无限贴片和皮肤。

3. 无化学反应。

4. 静止介质。

分析：1. 组分守恒方程对贴片和皮肤都适用。利用以上假定，式(14.47b) 可写成

$$\frac{\partial^2 \rho_A}{\partial x^2} = \frac{1}{D_{AB}} \times \frac{\partial \rho_A}{\partial t}$$

上式与式(5.26)类似。并且，初始条件

$$\rho_A(x<0, t=0) = \rho_{A,p,i}; \quad \rho_A(x>0, t=0) = \rho_{A,s,i}$$

边界条件

$$\rho_{A,p}(x \rightarrow -\infty) = \rho_{A,p,i}; \quad \rho_{A,s}(x \rightarrow +\infty) = \rho_{A,s,i} \tag{1a}$$

和交界面条件

$$n''_{A,x,p}(x=0) = n''_{A,x,s}(x=0) \tag{1b}$$

与图5.9和式(5.61)中的情况类似，那儿是两个半无限大固体处于热接触的情况。在本例中还必须考虑组分分离。即

$$\rho_{A,s}(x=0) = K\rho_{A,p}(x=0) \tag{1c}$$

基于与式(5.62)的类比，有

$$\frac{-D_{Ap}[\rho_{A,p}(x=0) - \rho_{A,p,i}]}{\sqrt{\pi D_{Ap}t}} = \frac{D_{As}[\rho_{A,s}(x=0) - \rho_{A,s,i}]}{\sqrt{\pi D_{As}t}}$$

注意到 $\rho_{A,s,i} = 0$ 后，可求得

$$\rho_{A,s}(x=0) = \rho_{A,p,i}\left(\frac{\sqrt{D_{Ap}}}{\sqrt{D_{As}} + \sqrt{D_{Ap}}/K}\right) \tag{2}$$

考虑到与式(5.58)的类比，可确定瞬时输入至病人的药物流密度为

$$n''_A(x=0,t) = \frac{D_{As}\rho_{A,s}(x=0)}{\sqrt{\pi D_{As}t}} \tag{3}$$

将式(2)代入式(3)，得

$$n''_A(x=0,t) = \frac{\rho_{A,p,i}}{\sqrt{\pi t}} \cdot \frac{\sqrt{D_{As}D_{Ap}}}{\sqrt{D_{As}} + \sqrt{D_{Ap}}/K}$$

从时间 $t=0$ 到治疗时间 t_t 期间输给病人的药物总剂量可表示为

$$D = L^2 \int_{t=0}^{t_t} n''_A(x=0,t)\,dt$$

$$D = \frac{\rho_{A,p,i}L^2}{\sqrt{\pi}} \times \frac{\sqrt{D_{As}D_{Ap}}}{\sqrt{D_{As}} + \sqrt{D_{Ap}}/K} \int_{t=0}^{t_t} t^{-1/2}\,dt$$

$$= \frac{2\rho_{A,p,i}L^2}{\sqrt{\pi}} \times \frac{\sqrt{D_{As}D_{Ap}}}{\sqrt{D_{As}} + \sqrt{D_{Ap}}/K}\sqrt{t_t} \tag{4}$$

对总的治疗时间 $t_t = 7d \times 24h/d \times 3600s/h = 605 \times 10^3 s$，总剂量为

$$D = \frac{2 \times 100kg/m^3 \times (50 \times 10^{-3}m)^2}{\sqrt{\pi}} \times$$

$$\frac{\sqrt{0.2 \times 10^{-12}m^2/s \times 0.1 \times 10^{-12}m^2/s}}{\sqrt{0.2 \times 10^{-12}m^2/s} + \sqrt{0.1 \times 10^{-12}m^2/s}/0.5}\sqrt{605 \times 10^3 s}$$

$$= 29 \times 10^{-6}kg = 29mg$$

◁

2. 对不同的 D_{Ap} 和 D_{As} 的组合求解式(4)可计算总剂量对贴片和皮肤质量扩散系数的敏感度。对 $D_{Ap} = 0.1 \times 10^{-12}m^2/s$ 和 $0.01 \times 10^{-12}m^2/s$ 及 $D_{As} = 0.1 \times 10^{-12}m^2/s$，$0.2 \times 10^{-12}m^2/s$ 和 $0.4 \times 10^{-12}m^2/s$ 的计算结果示于以下两张图。可注意到任一质量扩散系数增大时，总剂量就增大。

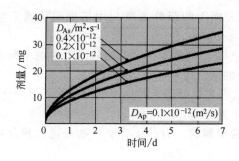 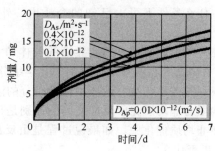

说明： 1. 皮肤外层（表皮）的作用是使身体不受外界污染。透过皮肤输入药物仅适用于分子极小的药物，小分子能借扩散通过相对来说透不过的表皮。传质的考虑限于能透过皮肤输入的一些药物。身体上各处皮肤的扩散系数是不同的，需要指导病人将贴片用在什么地方。

2. 由于不同病人的皮肤的扩散系数是不同的，所以很希望能减小药物剂量对这个参数的敏感度。因此将称为载体的贴片的主体介质设计成用速率限制来控制剂量。剂量对病人的皮肤扩散系数的敏感度由减小载体中的质量扩散系数来减弱，比较本题第 2 部分的结果就可明显看出这一点。通常希望将载体设计成 $D_{Ap}/D_{As} \ll 1$。

3. 贴片的设计使之在输送药物时可视为半无限介质。通过计算在治疗期间载体中药物密度降低到 $\rho_{A,p,i}$ 和 $\rho_{A,p}(x=0)$ 之差值的 95% 的位置，就可估算为使这个假定成立所需的贴片厚度。借助与式（5.57）的类比，与耗尽 5% 药物有关的组分渗透深度 x_S 可由下式确定

$$\frac{\rho_{A,p}(x') - \rho_{A,p}(x'=0)}{\rho_{A,p,i} - \rho_{A,p}(x'=0)} = 0.95 = \operatorname{erf} \frac{x_S}{\sqrt{4D_{Ap}t_t}}$$

计算上式得到组分渗透深度为 690×10^{-6} m＝0.69mm。对厚度大于 0.69mm 的载体半无限贴片的假定是成立的。

4. 如果贴片比说明 3 算得的组分渗透深度薄很多，在一周治疗时间终了前实际剂量将比所要求的低。所以，贴片设计需在（a）加载足够药物以保证半无限性能和（b）将贴片的成本降到最少之间进行权衡。实际上，治疗周期结束后 95% 以上的药物要留在载体内，用完后必须小心处理贴片。

14.8　小结

本章中我们集中分析了由扩散导致的组分传输。虽然传输速率一般较小，尤其是在液体和固体中的传输，这种过程与许多技术以及环境和生命科学密切相关。通过回答以下问题测试你对一些基本问题的理解程度。

• 如果在一杯咖啡中放入一块方糖，使糖在咖啡中分散的驱动势是什么？如果咖啡是静止介质，导致分散的物理机理是什么？如果搅拌咖啡，物理机理是什么？

• 在混合物中组分的摩尔浓度与质量密度之间的关系是什么？

• 混合物的质量密度是如何定义的？混合物的摩尔浓度是如何定义的？

• 在利用**斐克定律**确定混合物中一种组分的质量或摩尔流密度时，准确地说，正在确定的是什么？

• 在什么条件下组分的扩散密度就等于与组分传输有关的绝对流密度？

• 什么是静止介质近似？

• 对在静止介质中存在扩散组分传输和由于均质化学反应而产生（或消耗）组分的情况，组分流密度 N''_A 是否与位置无关？

- 在什么条件下可由已知的介质内、外表面上的组分浓度利用扩散阻值确定组分流密度？

- 在传热中，两相之间交界面的气体和液体（或固体）侧的相同温度是由平衡条件控制的。对有关在气和液（或固）相中化学组分的浓度能不能说也是这样？

- **亨利常数**是什么？液体中化学组分的浓度怎样随邻近气体中组分的分压而变化？

- **均质与非均质化学反应**之间的差别是什么？

- 在非均质催化中，如果说过程是由**反应限制的**，有什么含义？如果说过程是**扩散限制的**，意味着什么？

- 何谓**零阶反应**？何谓**一阶反应**？

- 如果对流传质与气体流过液体或固体有关，而气体在后者中通过扩散传输，对流与扩散的阻值之比是什么？**传质毕渥数**是怎么定义的？

- 在瞬态扩散过程中，关于传质毕渥数可说些什么？

参考文献

1. Bird, R. B., *Adv. Chem. Eng.,* **1,** 170, 1956.
2. Bird, R. B., W. E. Stewart, and E. N. Lightfoot, *Transport Phenomena,* 2nd ed. Wiley, New York, 2002.
3. Hirschfelder, J. O., C. F. Curtiss, and R. B. Bird, *Molecular Theory of Gases and Liquids,* Wiley, New York, 1964.
4. Skelland, A. H. P., *Diffusional Mass Transfer,* Krieger, Malabar, FL, 1985.
5. Poling, B. E., J. M. Prausnitz, and J. O'Connell, *The Properties of Gases and Liquids*, 5th ed., McGraw-Hill, New York, 2001.
6. Costerton, J. W., P. S. Stewart, and E. P. Greenberg, *Science*, **284,** 1318, 1999.

习 题

混合物组成

14.1 假定空气只有 O_2 和 N_2 两种组分，它们的分压比为 $0.21：0.79$，它们的质量分数分别是多少？

14.2 一个容器中的 CO_2 和 N_2 的混合物的温度为 25℃，每种组分的分压均为 1bar。计算每种组分的摩尔浓度、质量密度、摩尔分数和质量分数。

14.3 考虑一种有 n 种组分的理想气体混合物。

（a）根据混合物中每种组分的摩尔分数和分子量，推导可用于确定 i 组分的质量分数的方程式。根据混合物中每种组分的质量分数和分子量，推导可用于确定 i 组分的摩尔分数的方程式。

（b）在含有等摩尔分数的 O_2、N_2 和 CO_2 的混合物中，各种组分的质量分数分别是多少？在含有等质量分数 O_2、N_2 和 CO_2 的混合物中，各种组分的摩尔分数分别是多少？

斐克定律和质量扩散系数

14.4 计算下述两种二元气体混合物在 350K 和 1atm 情况下的质量扩散系数 D_{AB}：氨-空气和氢-空气。

14.5 一个老式的广口药瓶内有一种专利药剂。瓶口用一个橡皮塞密封，塞子的高为 20mm，其直径由底端的 10mm 扩大到顶端的 20mm。塞子中药剂蒸气的摩尔浓度在底面处为 2×10^{-3} kmol/m³，顶面的浓度可忽略。如果药剂蒸气在橡皮中的质量扩散系数为 0.2×10^{-9} m²/s，求通过瓶塞逸出蒸气的速率（kmol/s）。

非静止介质：柱状容器中的蒸发

14.6 考虑液体 A 蒸发到含有 A 和 B 二元气体混合物的柱状容器。液体 A 是不吸收组分 B 的，边界条件与 14.2.2 节中的相同。说明摩尔平均速度与组分 A 的速度之比 $v_x^*/v_{A,x}$ 随组分 A 的摩尔分数的变化。

14.7　一个开口容器的直径为 0.2m，（容器开口处比 27℃ 的水面）高 80mm，暴露于 27℃ 和相对湿度为 25% 的周围空气。假定只发生质量扩散，确定蒸发速率。在考虑整体运动的情况下确定蒸发速率。

静止介质：组分守恒和质量扩散方程

14.8　在直径 100mm、壁厚 2mm 的球状钢制容器中贮存着 10bar 和 27℃ 的气体氢。在内表面处，氢气在钢中的摩尔浓度为 $1.50\text{kmol}/\text{m}^3$，氢气在外表面处的浓度可忽略，氢在钢中的扩散系数为 $0.3 \times 10^{-12}\text{m}^2/\text{s}$。氢气因扩散而通过容器壁的初始质量损失速率是多少？容器中初始的压降速率是多少？

14.9　利用一个薄的塑料膜从一股气体流中分离氦气。在稳态条件下已知薄膜中氦的浓度在内、外表面处分别为 $0.02\text{kmol}/\text{m}^3$ 和 $0.005\text{kmol}/\text{m}^3$。如果膜的厚度为 1mm，氦在塑料中的二元扩散系数为 $10^{-9}\text{m}^2/\text{s}$，则扩散流密度是多少？

交界面上的不连续浓度

14.10　考虑均处于 17℃ 的常压空气和水体之间的交界面。

（a）在交界面处空气侧的水的摩尔分数和质量分数分别是多少？在交界面处水侧呢？

（b）在交界面处空气侧的氧的摩尔分数和质量分数分别是多少？在交界面处水侧呢？可认为常压空气中氧的体积分数为 20.5%。

14.11　厚 0.5mm 的橡胶膜的两侧的氧气压力分别为 2bar 和 1bar，整个系统均处于 25℃。通过膜的 O_2 的摩尔扩散流密度是多少？在膜两侧（橡胶外部）O_2 的摩尔浓度分别是多少？

14.12　从半导体制备到发电的燃料电池的应用中都需要超高纯的氢气。钯的晶体结构使得只有氢原子（H）能通过其厚度，所以钯膜可用来从含有氢和其他气体的掺杂气流中过滤氢气。氢的分子（H_2）首先被吸附在钯的表面上，然后分离为氢原子（H），随后氢原子通过扩散透过金属钯。氢原子在钯膜的另一侧重新结合并形成纯的 H_2。H 的表面浓度由 $C_H = K_s p_{H_2}^{0.5}$ 给出，式中 $K_s \approx 1.4\text{kmol}/(\text{m}^3 \cdot \text{bar}^{0.5})$，称为 Sievert 常数。考虑一个由一组钯管组成的工业用氢气净化装置，这些管的一端

与一个增压收集器连接，另一端封闭。管簇在一个壳体内。$T = 600\text{K}$、$p = 15\text{bar}$、$x_{H_2} = 0.85$ 的不纯的 H_2 进入壳体，而 $p = 6\text{bar}$、$T = 600\text{K}$ 的纯 H_2 通过管子被抽出。确定在有 $N = 100$ 根管时纯 H_2 的产率（kg/h）；管的内径 $D_i = 1.6\text{mm}$，壁厚 $t = 75\mu\text{m}$，长 $L = 80\text{mm}$。在 600K 时氢（H）在钯中的质量扩散系数约为 $D_{AB} = 7 \times 10^{-9}\text{m}^2/\text{s}$。

催化表面反应

14.13　可利用催化转换器减少汽车尾气中的氧化氮（NO）的排放，在催化表面上发生的反应如下：

$$NO + CO \longrightarrow \frac{1}{2}N_2 + CO_2$$

NO 的浓度是通过使尾气流过表面来减小的，在催化剂上减小的速率是由形式为式（14.66）给出的一阶反应控制的。作为初步近似，可认为 NO 是由一维扩散通过贴近表面的厚为 L 的气膜到达表面的。参考图 14.7，考虑如下的情况：尾气处于 500℃ 和 1.2bar，NO 的摩尔分数为 $x_{A,L} = 0.15$。如果 $D_{AB} = 10^{-4}\text{m}^2/\text{s}$，$k_1'' = 0.05\text{m/s}$，且膜厚 $L = 1\text{mm}$，NO 在催化表面上的摩尔分数是多少？面积为 $A = 200\text{cm}^2$ 的表面消除 NO 的速率是多少？

14.14　可近似为半径 $r_o = 1\text{mm}$ 的炭球的粉碎煤粒在 1450K 和 1atm 的纯氧气氛中燃烧。氧通过扩散输送到粒子的表面，并在 $C + O_2 \longrightarrow CO_2$ 反应中消耗掉。反应速率为一阶，形式为 $\dot{N}_{O_2}'' = -k_1'' C_{O_2}(r_o)$，式中 $k_1'' = 0.1\text{m/s}$。忽略 r_o 的变化，确定稳态下氧气的摩尔消耗速率（kmol/s）。在 1450K，O_2 和 CO_2 的二元扩散系数为 $1.71 \times 10^{-4}\text{m}^2/\text{s}$。

均质化学反应：稳态

14.15　考虑燃烧室金属壁附近氢和氧混合物中氢气的燃烧。发生的是按化学反应 $2H_2 + O_2 \longrightarrow 2H_2O$ 进行的常温常压燃烧。在稳态条件下，在离壁 10mm 距离处测得的数据为：氢、氧和水蒸气的摩尔浓度分别是 $0.10\text{kmol}/\text{m}^3$、$0.10\text{kmol}/\text{m}^3$ 和 $0.20\text{kmol}/\text{m}^3$。在整个感兴趣的区域中水蒸气的产率为 $0.96 \times 10^{-2}\text{kmol}/(\text{m}^3 \cdot \text{s})$。每种组分（$H_2$、$O_2$ 和 H_2O）在剩余组分中的二元扩散系数均为 $0.6 \times 10^{-5}\text{m}^2/\text{s}$。

（a）确定并定量地画出 C_{H_1} 与离壁距离的函数关系。

（b）确定壁面处的 C_{H_1} 值。

（c）在（a）中所用的坐标系中画出氧和水蒸气的浓度曲线。

（d）水蒸气在 $x=10mm$ 处的摩尔流密度是多少？

14.16 作为洛杉矶空气质量委员会的雇员，你被要求发展一个用于计算大气中 NO_2 分布的模型。假定 NO_2 在地面上的摩尔流密度 $N''_{A,0}$ 是已知的。这个摩尔流密度是由汽车和烟囱的排放造成的。还知道离地面相当高度处的 NO_2 的浓度为零，且 NO_2 在大气中发生化学反应。具体地说，NO_2（在由阳光激发的过程中）与未燃烧的烃类化合物反应，产生最终的光化学烟雾，硝酸过氧化乙酰。这个反应是一阶的，局部反应速率可由 $\dot{N}_A=-k_1 C_A$ 表示。

（a）作稳态和大气是静止的假定，求大气中 NO_2 的摩尔浓度在垂直方向上的分布 $C_A(x)$。

（b）如果 NO_2 的分压达到 $p_A=2\times10^{-6}$ bar 就足以使肺受到损害，在地面的摩尔流密度值为多大时你会发出烟雾警报？你可认为大气等温，处于 $T=300K$，反应系数 $k_1=0.03s^{-1}$，NO_2-空气的扩散系数 $D_{AB}=0.15\times10^{-4}m^2/s$。

瞬态扩散：引导性的

14.17 一块厚 40mm 的大板材中含有溶解的氢（H_2），氢的浓度均匀，为 $3kmol/m^3$。将这块板暴露于一股流体，使板的两个表面处溶解的氢的浓度突然减小到零。此后，表面条件保持恒定。如果氢的质量扩散系数为 $9\times10^{-7}m^2/s$，为使板中心处溶解的氢的密度为 $1.2kg/m^3$，需要多长时间？

14.18 在高温过程中对钢渗碳与碳的扩散传

输有关。扩散系数的值强烈依赖于温度，可近似为 D_{C-S} $(m^2/s)\approx2\times10^{-5}$ exp $[-17000/T(K)]$。如果过程是在 1000℃ 下完成的，碳在钢表面的摩尔分数保持为 0.02，为使 1mm 深度处钢的碳含量从初始的 0.1％ 增大到的 1.0％ 需要多少时间？

瞬态扩散：高级的

14.19 在一个生产 6mm 厚板材的过程中用了氢气。在过程终了时，H_2 以均匀的浓度 $320kmol/m^3$ 溶解在材料中。为除去材料中的 H_2，使板的两个表面都暴露在 500K 和总压为 3atm 的空气流中。由于不纯净，空气流中氢的分压为 0.1atm，由此提供的对流传质系数为 $1.5m/h$。氢（A）在板材（B）中的质量扩散系数和溶解度分别为 $D_{AB}=2.6\times10^{-8}m^2/s$ 和 $S_{AB}=160kmol/(m^3\cdot atm)$。

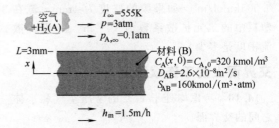

（a）如果将板材长时间暴露于空气流中，确定材料中的最终含氢量（kg/m^3）。

（b）确定并计算这样一个参数，它可用于确定对板材中的瞬态质量扩散过程能否作过程中的任何时刻具有均匀浓度的假定。**提示：**这个情况与确定采用集总热容法进行瞬态传热分析是否有效是相似的。

（c）为使板材中心处氢的质量密度减小到（a）中算得的极限值的两倍，需多少时间？

附　　录

附录 A　物质的热物性[1]

---

[1]　用于给出物性数值的常规方法如下所示:

T /K	$\nu \times 10^7$ /m² · s⁻¹	$k \times 10^3$ /W · m⁻¹ · K⁻¹
300	0.349	521

上表表示在 300K 时 $\nu = 0.349 \times 10^{-7} \text{m}^2/\text{s}$ 和 $k = 521 \times 10^{-3} = 0.521 \text{W}/(\text{m} \cdot \text{K})$。

表 A.1 一些金属固体的热物性

| 成 分 | 熔点/K | 300K 的性质 | | | | 不同温度 (K) 下的性质 $k[\mathrm{W/(m \cdot K)}]/c_p[\mathrm{J/(kg \cdot K)}]$ | | | | | | | | | |
		ρ /kg·m⁻³	c_p/J· kg⁻¹·K⁻¹	k/W· m⁻¹·K⁻¹	$\alpha \times 10^6$ /m²·s⁻¹	100	200	400	600	800	1000	1200	1500	2000	2500
铝 纯铝	933	2702	903	237	97.1	302 / 482	237 / 798	240 / 949	231 / 1033	218 / 1146					
合金 2024-T6 (4.5%Cu,1.5%Mg,0.6%Mn)	775	2770	875	177	73.0	65 / 473	163 / 787	186 / 925	186 / 1042						
合金 195,铸件 (4.5%Cu)		2790	883	168	68.2			174 / —	185 / —						
铍	1550	1850	1825	200	59.2	990 / 203	301 / 1114	161 / 2191	126 / 2604	106 / 2823	90.8 / 3018	78.7 / 3227			
铋	545	9780	122	7.86	6.59	16.5 / 112	9.69 / 120	7.04 / 127							
硼	2573	2500	1107	27.0	9.76	190 / 128	55.5 / 600	16.8 / 1463	10.6 / 1892	9.60 / 2160	9.85 / 2338				
镉	594	8650	231	96.8	48.4	203 / 198	99.3 / 222	94.7 / 242							
铬	2118	7160	449	93.7	29.1	159 / 192	111 / 384	90.9 / 484	80.7 / 542	71.3 / 581	65.4 / 616	61.9 / 682	57.2 / 779	49.4 / 937	
钴	1769	8862	421	99.2	26.6	167 / 236	122 / 379	85.4 / 450	67.4 / 503	58.2 / 550	52.1 / 628	49.3 / 733	42.5 / 674		
铜 纯铜	1358	8933	385	401	117	482 / 252	413 / 356	393 / 397	379 / 417	366 / 433	352 / 451	339 / 480			
商用青铜 (90%Cu,10%Al)	1293	8800	420	52	14		42 / 785	52 / 460	59 / 545						
磷青铜 (89%Cu,11%Sn)	1104	8780	355	54	17		41 / —	65 / —	74 / —						
弹壳黄铜 (70%Cu,30%Zn)	1188	8530	380	110	33.9	75 / —	95 / 360	137 / 395	149 / 425						
康铜 (55%Cu,45%Ni)	1493	8920	384	23	6.71	17 / 237	19 / 362								

续表

成 分	熔点/K	300K 的性质 ρ /kg·m⁻³	c_p/J·kg⁻¹·K⁻¹	k/W·m⁻¹·K⁻¹	$\alpha\times10^6$/m²·s⁻¹	不同温度(K)下的性质 $k[\text{W}/(\text{m·K})]/c_p[\text{J}/(\text{kg·K})]$ 100	200	400	600	800	1000	1200	1500	2000	2500
铅	1211	5360	322	59.9	34.7	232	96.8	43.2	27.3	19.8	17.4	17.4			
						190	290	337	348	357	375	395			
金	1336	19300	129	317	127	327	323	311	298	284	270	255			
						109	124	131	135	140	145	155			
铱	2720	22500	130	147	50.3	172	153	144	138	132	126	120	111		
						90	122	133	138	144	153	161	172		
铁															
纯铁	1810	7870	447	80.2	23.1	134	94.0	69.5	54.7	43.3	32.8	28.3	32.1		
						216	384	490	574	680	975	609	654		
阿姆科铁(纯度 99.75%)		7870	447	72.7	20.7	95.6	80.6	65.7	53.1	42.2	32.3	28.7	31.4		
						215	384	490	574	680	975	609	654		
碳钢															
素碳钢 (Mn≤1%,Si≤0.1%)		7854	434	60.5	17.7			56.7	48.0	39.2	30.0				
								487	559	685	1169				
AISI 1010		7832	434	63.9	18.8			58.7	48.8	39.2	31.3				
								487	559	685	1168				
碳-硅钢 (Mn≤1%,0.1%<Si≤0.6%)		7817	446	51.9	14.9			49.8	44.0	37.4	29.3				
								501	582	699	971				
碳-锰-硅钢 (1%<Mn≤1.65%,0.1%<Si≤0.6%)		8131	434	41.0	11.6			42.2	39.7	35.0	27.6				
								487	559	685	1090				
低铬钢 $\frac{1}{2}$Cr-$\frac{1}{4}$Mo-Si (0.18%C,0.65%Cr,0.23%Mo,0.6%Si)		7822	444	37.7	10.9			38.2	36.7	33.3	26.9				
								492	575	688	969				
1Cr-$\frac{1}{2}$Mo (0.16%C,1%Cr,0.54%Mo,0.39%Si)		7858	442	42.3	12.2			42.0	39.1	34.5	27.4				
								492	575	688	969				
1Cr-V (0.2%C,1.02%Cr,0.15%V)		7836	443	48.9	14.1			46.8	42.1	36.3	28.2				
								492	575	688	969				
不锈钢															
AISI 302		8055	480	15.1	3.91			17.3	20.0	22.8	25.4				
								512	559	585	606				

续表

成分	熔点/K	ρ/kg·m^{-3}	c_p/J·kg^{-1}·K^{-1}	k/W·m^{-1}·K^{-1}	$\alpha\times10^6$/m^2·s^{-1}	性质	100	200	400	600	800	1000	1200	1500	2000	2500
							不同温度(K)下的性质 $k[\mathrm{W/(m\cdot K)}]/c_p[\mathrm{J/(kg\cdot K)}]$									
AISI 304	1670	7900	477	14.9	3.95	k	9.2	12.6	16.6	19.8	22.6	25.4	28.0	31.7		
						c_p	272	402	515	557	582	611	640	682		
AISI 316		8238	468	13.4	3.48	k			15.2	18.3	21.3	24.2				
						c_p			504	550	576	602				
AISI 347		7978	480	14.2	3.71	k			15.8	18.9	21.9	24.7				
						c_p			513	559	585	606				
铅	601	11340	129	35.3	24.1	k	39.7	36.7	34.0	31.4						
						c_p	118	125	132	142						
镁	923	1740	1024	156	87.6	k	169	159	153	149	146					
						c_p	649	934	1074	1170	1267					
钼	2894	10240	251	138	53.7	k	179	143	134	126	118	112	105	98	90	86
						c_p	141	224	261	275	285	295	308	330	380	459
镍																
纯镍	1728	8900	444	90.7	23.0	k	164	107	80.2	65.6	67.6	71.8	76.2	82.6		
						c_p	232	383	485	592	530	562	594	616		
镍铬合金 (80%Ni,20%Cr)	1672	8400	420	12	3.4	k			14	16	21					
						c_p			480	525	545					
镍铬铁合金 X-750 (73%Ni,15%Cr,6.7%Fe)	1665	8510	439	11.7	3.1	k	8.7	10.3	13.5	17.0	20.5	24.0	27.6	33.0		
						c_p	—	372	473	510	546	626	—	—		
铌	2741	8570	265	53.7	23.6	k	55.2	52.6	55.2	58.2	61.3	64.4	67.5	72.1	79.1	
						c_p	188	249	274	283	292	301	310	324	347	
钯	1827	12020	244	71.8	24.5	k	76.5	71.6	73.6	79.7	86.9	94.2	102	110		
						c_p	168	227	251	261	271	281	291	307		
铂																
纯铂	2045	21450	133	71.6	25.1	k	77.5	72.6	71.8	73.2	75.6	78.7	82.6	89.5	99.4	
						c_p	100	125	136	141	146	152	157	165	179	
合金 60Pt-40Rh (60%Pt,40%Rh)	1800	16630	162	47	17.4	k			52	59	65	69	73	76	—	
						c_p										

续表

成分	熔点/K	300K 的性质 ρ /kg·m⁻³	c_p/J·kg⁻¹·K⁻¹	k/W·m⁻¹·K⁻¹	$\alpha\times10^6$/m²·s⁻¹	不同温度(K)下的性质 k[W/(m·K)]/c_p[J/(kg·K)] 100	200	400	600	800	1000	1200	1500	2000	2500
铼	3453	21100	136	47.9	16.7	58.9	51.0	46.1	44.2	44.1	44.6	45.7	47.8	51.9	
						97	127	139	145	151	156	162	171	186	
铑	2236	12450	243	150	49.6	186	154	146	136	127	121	116	110	112	
						147	220	253	274	293	311	327	349	376	
硅	1685	2330	712	148	89.2	884	264	98.9	61.9	42.2	31.2	25.7	22.7		
						259	556	790	867	913	946	967	992		
银	1235	10500	235	429	174	444	430	425	412	396	379	361			
						187	225	239	250	262	277	292			
钽	3269	16600	140	57.5	24.7	59.2	57.5	57.8	58.6	59.4	60.2	61.0	62.2	64.1	65.6
						110	133	144	146	149	152	155	160	172	189
钍	2023	11700	118	54.0	39.1	59.8	54.6	54.5	55.8	56.9	56.9	58.7			
						99	112	124	134	145	156	167			
锡	505	7310	227	66.6	40.1	85.2	73.3	62.2							
						188	215	243							
钛	1953	4500	522	21.9	9.32	30.5	24.5	20.4	19.4	19.7	20.7	22.0	24.5		
						300	465	551	591	633	675	620	686		
钨	3660	19300	132	174	68.3	208	186	159	137	125	118	113	107	100	95
						87	122	137	142	145	148	152	157	167	176
铀	1406	19070	116	27.6	12.5	21.7	25.1	29.6	34.0	38.8	43.9	49.0			
						94	108	125	146	176	180	161			
钒	2192	6100	489	30.7	10.3	35.8	31.3	31.3	33.3	35.7	38.2	40.8	44.6	50.9	
						258	430	515	540	563	597	645	714	867	
锌	693	7140	389	116	41.8	117	118	111	103						
						297	369	402	436						
锆	2125	6570	278	22.7	12.4	33.2	25.2	21.6	20.7	21.6	23.7	26.0	28.8	33.0	
						205	264	300	322	342	362	344	344	344	

注：选自文献 [1~7]。

表 A. 2　一些非金属固体的热物性

成　　分	熔点/K	300K 的性质				不同温度(K)下的性质 $k[\mathrm{W/(m \cdot K)}]/c_p[\mathrm{J/(kg \cdot K)}]$									
		ρ /kg·m⁻³	c_p/J· kg⁻¹·K⁻¹	k/W· m⁻¹·K⁻¹	$\alpha \times 10^6$ /m²·s⁻¹	100	200	400	600	800	1000	1200	1500	2000	2500
氧化铝，蓝宝石	2323	3970	765	46	15.1	450	82	32.4	18.9	13.0	10.5				
						—	—	940	1110	1180	1225				
氧化铝多晶体	2323	3970	765	36.0	11.9	133	55	26.4	15.8	10.4	7.85	6.55	5.66	6.00	
						—	—	940	1110	1180	1225	—	—	—	
氧化铍	2725	3000	1030	272	88.0			196	111	70	47	33	21.5	15	
								1350	1690	1865	1975	2055	2145	2750	
硼	2573	2500	1105	27.6	9.99	190	52.5	18.7	11.3	8.1	6.3	5.2			
						—	—	1490	1880	2135	2350	2555			
硼纤维环氧 (30%容积) 复合材料	590	2080													
k,平行纤维				2.29		2.10	2.23	2.28							
k,垂直纤维				0.59		0.37	0.49	0.60							
c_p			1122			364	757	1431							
碳															
无定形的	1500	1950	—	1.60	—	0.67	1.18	1.89	2.19	2.37	2.53	2.84	3.48		
金刚石，Ⅱ a 绝缘体	—	3500	509	2300		10000	4000	1540							
						21	194	853							
热解石墨	2273	2210													
k,平行层				1950		4970	3230	1390	892	667	534	448	357	262	
k,垂直层				5.70		16.8	9.23	4.09	2.68	2.01	1.60	1.34	1.08	0.81	
c_p			709			136	411	992	1406	1650	1793	1890	1974	2043	
石墨纤维环氧 (25%容积) 复合材料	450	1400													

续表

成 分	熔点/K	300K 的性质				不同温度(K)下的性质 $k[W/(m·K)]/c_p[J/(kg·K)]$									
		ρ /kg·m⁻³	c_p/J· kg⁻¹·K⁻¹	k/W· m⁻¹·K⁻¹	$\alpha\times10^6$ /m²·s⁻¹	100	200	400	600	800	1000	1200	1500	2000	2500
k,热流 平行纤维				11.1		5.7	8.7	13.0							
k,热流 垂直纤维				0.87		0.46	0.68	1.1							
c_p			935			337	642	1216							
耐高温陶瓷 康宁9606	1623	2600	808	3.98	1.89	5.25 —	4.78 —	3.64 908	3.28 1038	3.08 1122	2.96 1197	2.87 1264	2.79 1498		
碳化硅	3100	3160	675	490	230					—	87	58	30		
二氧化硅,晶体(石英)	1883	2650						880	1050	1135	1195	1243	1310		
k,平行晶轴				10.4		39	16.4	7.6	5.0	4.2					
k,垂直晶轴				6.21		20.8	9.5	4.70	3.4	3.1					
c_p			745					885	1075	1250					
二氧化硅, 多晶体 (熔融石英)	1883	2220	745	1.38	0.834	0.69 —	1.14 —	1.51 905	1.75 1040	2.17 1105	2.87 1155	4.00 1195			
氮化硅	2173	2400	691	16.0	9.65	— —	— 578	13.9 778	11.3 937	9.88 1063	8.76 1155	8.00 1226	7.16 1306	6.20 1377	
硫	392	2070	708	0.206	0.141	0.165 403	0.185 606								
二氧化钍	3573	9110	235	13	6.1			10.2 255	6.6 274	4.7 285	3.68 295	3.12 303	2.73 315	2.5 330	
二氧化钛, 多晶体	2133	4157	710	8.4	2.8			7.01 805	5.02 880	3.94 910	3.46 930	3.28 945			

注：选自参考文献 [1~3, 6]。

表 A.3 常用材料的热物性

结构建筑材料

说明/成分	300K 的常用物性		
	密度 ρ /kg·m^{-3}	热导率 k /W·m^{-1}·K^{-1}	比热容 c_p /J·kg^{-1}·K^{-1}
建筑板材			
石棉水泥板	1920	0.58	—
石膏或粉饰板	800	0.17	—
胶合板	545	0.12	1215
夹衬板,正常密度	290	0.055	1300
隔声砖	290	0.058	1340
硬质纤维板,壁板	640	0.094	1170
硬质纤维板,高密度	1010	0.15	1380
颗粒板,低密度	590	0.078	1300
颗粒板,高密度	1000	0.170	1300
木材			
硬木(橡木,枫木)	720	0.16	1255
软木(杉木,松木)	510	0.12	1380
砖石材料			
水泥砂浆	1860	0.72	780
普通砖	1920	0.72	835
面砖	2083	1.3	—
空心黏土砖			
1孔深,10cm 厚	—	0.52	—
3孔深,30cm 厚	—	0.69	—
混凝土块,3 个椭圆形芯			
沙/沙砾,20cm 厚	—	1.0	—
矿渣骨料,20cm 厚	—	0.67	—
混凝土块,矩形芯			
双芯,20cm 厚,16kg	—	1.1	—
双芯,20cm 厚,16kg,实芯	—	0.60	—
粉刷材料			
水泥灰泥,沙骨料	1860	0.72	—
石膏灰泥,沙骨料	1680	0.22	1085
石膏灰泥,蛭石骨料	720	0.25	—

隔热材料和系统

说明/成分	300K 的常用物性		
	密度 ρ /kg·m^{-3}	热导率 k /W·m^{-1}·K^{-1}	比热容 c_p /J·kg^{-1}·K^{-1}
毡			
玻璃纤维,有贴面纸	16	0.046	—
	28	0.038	—
	40	0.035	—
带涂敷的玻璃纤维;管道衬里	32	0.038	835
板料			
泡沫玻璃	145	0.058	1000
玻璃纤维,有机胶合	105	0.036	795
膨胀聚苯乙烯			
挤压(R-12)	55	0.027	1210
模制小珠	16	0.040	1210
矿物纤维板,屋面材料	265	0.049	—
木材,破碎/胶合	350	0.087	1590
软木	120	0.039	1800
松散填充料			
软木,粒状	160	0.045	—

隔热材料和系统

说明/成分	300K 的常用物性		
	密度 ρ /kg·m^{-3}	热导率 k /W·m^{-1}·K^{-1}	比热容 c_p /J·kg^{-1}·K^{-1}
硅藻土,粗糙的	350	0.069	—
粉末	400	0.091	—
硅藻土,细粉末	200	0.052	—
	275	0.061	—
玻璃纤维,喷射或吹制	16	0.043	835
蛭石,片状	80	0.068	835
	160	0.063	1000
成型/现场成型			
带有石棉/无机黏合剂的矿物棉颗粒,喷制的	190	0.046	—
聚醋酸乙烯软木胶;喷制或涂抹	—	0.100	—
聚氨酯,双组分混合物;硬质泡沫塑料	70	0.026	1045
反射性的			
铝箔间隔松软的玻璃纤维毡;10~12层;抽真空;用于低温(150K)	40	0.00016	—
铝箔和玻璃纸叠层;75~150层;抽真空;用于低温(150K)	120	0.000017	—
标准二氧化硅粉末,抽真空	160	0.0017	—

工业隔热材料

说明/成分	最高工作温度/K	典型密度/kg·m^{-3}	不同温度(K)下的典型热导率 k/W·m^{-1}·K^{-1}													
			200	215	230	240	255	270	285	300	310	365	420	530	645	750
毡																
毡,矿物纤维,金属增强的	920	96~192								0.038	0.046	0.056	0.078			
	815	40~96								0.035	0.045	0.058	0.088			
毡,矿物纤维,玻璃;	450	10				0.036	0.038	0.040	0.043	0.048	0.052	0.076				
细纤维,有机胶合		12				0.035	0.036	0.039	0.042	0.046	0.049	0.069				
		16				0.033	0.035	0.036	0.039	0.042	0.046	0.062				
		24				0.030	0.032	0.033	0.036	0.039	0.040	0.053				
		32				0.029	0.030	0.032	0.033	0.036	0.038	0.048				
		48				0.027	0.029	0.030	0.032	0.033	0.035	0.045				
毡,氧化铝-二氧化硅纤维	1530	48											0.071	0.105	0.150	
		64											0.059	0.087	0.125	
		96											0.052	0.076	0.100	
		128											0.049	0.068	0.091	
毡,半刚性的; 有机胶合	480	50~125						0.035	0.036	0.038	0.039	0.051	0.063			
	730	50	0.023	0.025	0.026	0.027	0.029	0.030	0.032	0.033	0.035	0.051	0.079			
毡,分层的; 无黏合剂	920	120										0.051	0.065	0.087		
块状、板状和管道隔热材料																
石棉纸,分层和波纹状的																
4 层	420	190								0.078	0.082	0.098				
6 层	420	255								0.071	0.074	0.085				
8 层	420	300								0.068	0.071	0.082				
氧化镁,85%	590	185									0.051	0.055	0.061			
硅酸钙	920	190									0.055	0.059	0.063	0.075	0.089	0.104

工业隔热材料

不同温度(K)下的典型热导率 k/W·m^{-1}·K^{-1}

说明/成分	最高工作温度/K	典型密度/kg·m^{-3}	200	215	230	240	255	270	285	300	310	365	420	530	645	750
泡沫玻璃	700	145			0.046	0.048	0.051	0.052	0.055	0.058	0.062	0.069	0.079			
硅藻土	1145	345												0.092	0.098	0.104
聚苯乙烯,硬质	1310	385												0.101	0.100	0.115
挤压(R-12)	350	56	0.023	0.023	0.022	0.023	0.023	0.025	0.026	0.027	0.029					
挤压(R-12)	350	35	0.023	0.023	0.023	0.025	0.025	0.026	0.027	0.029						
模制小珠	350	16	0.026	0.029	0.030	0.033	0.035	0.036	0.038	0.040						
橡胶,硬质发泡隔热水泥	340	70							0.029	0.030	0.032	0.033				
矿物纤维（岩石、矿渣或玻璃）																
带黏土黏合剂	1255	430										0.071	0.079	0.088	0.105	0.123
带水硬性黏合剂	922	560										0.108	0.115	0.123	0.137	
松散填料																
纤维素,木或纸浆	—	45							0.038	0.039	0.042					
膨胀珍珠岩	—	105	0.036	0.039	0.042	0.043	0.046	0.049	0.051	0.053	0.056					
膨胀蛭石	—	122				0.056	0.058	0.061	0.063	0.065	0.068	0.071				
		80				0.049	0.051	0.055	0.058	0.061	0.063	0.066				

其他材料

说明/成分	温度/K	密度 ρ/kg·m^{-3}	热导率 k/W·m^{-1}·K^{-1}	比热容 c_p/J·kg^{-1}·K^{-1}
沥青	300	2115	0.062	920
酚醛塑料	300	1300	1.4	1465
耐火砖				
金刚砂	872	—	18.5	—
	1672	—	11.0	—
铬砖	473	3010	2.3	835
	823		2.5	
	1173		2.0	
硅藻土,熔烧的	478		0.25	—
	1145	—	0.30	—
耐火黏土,1600K煅烧	773	2050	1.0	960
	1073	—	1.1	
	1373		1.1	
耐火黏土,1725K煅烧	773	2325	1.3	960
	1073		1.4	
	1373		1.4	
耐火黏土砖	478	2645	1.0	960
	922		1.5	
	1478		1.8	
镁砖	478	—	3.8	1130
	922	—	2.8	
	1478		1.9	

其他材料

说明/成分	温度 /K	密度 ρ /kg·m^{-3}	热导率 k /W·m^{-1}·K^{-1}	比热容 c_p /J·kg^{-1}·K^{-1}
黏土	300	1460	1.3	880
煤,无烟	300	1350	0.26	1260
混凝土(石块混合)	300	2300	1.4	880
棉花	300	80	0.06	1300
食品				
香蕉(含水量75.7%)	300	980	0.481	3350
红苹果(含水量75%)	300	840	0.513	3600
面糊饼	300	720	0.223	—
烤熟的蛋糕	300	280	0.121	—
白色的鸡肉	198	—	1.60	—
(含水量74.4%)	233	—	1.49	
	253		1.35	
	263		1.20	
	273		0.476	
	283		0.480	
	293		0.489	
玻璃				
平板(钠钙)玻璃	300	2500	1.4	750
派勒克斯玻璃	300	2225	1.4	835
冰	273	920	1.88	2040
	253	—	2.03	1945
皮革(鞋底皮)	300	998	0.159	—
纸	300	930	0.180	1340
石蜡	300	900	0.240	2890
岩石				
花岗岩,Barre	300	2630	2.79	775
石灰石,Salem	300	2320	2.15	810
大理石,Halston	300	2680	2.80	830
石英石,Soux	300	2640	5.38	1105
砂岩,Berea	300	2150	2.90	745
硫化橡胶				
软的	300	1100	0.13	2010
硬的	300	1190	0.16	—
沙	300	1515	0.27	800
土	300	2050	0.52	1840
雪	273	110	0.049	—
	500		0.190	—
特氟隆(聚四氟乙烯)	300	2200	0.35	—
	400		0.045	—
组织,人的				
皮肤	300	—	0.37	—
脂肪层	300	—	0.2	—
肌肉	300	—	0.5	—
木料,横纹				
西印度轻木	300	140	0.055	—
柏木	300	465	0.097	—
杉木	300	415	0.11	2720
橡木	300	545	0.17	2385
黄松木	300	640	0.15	2805
白松木	300	435	0.11	—
木料,径向				
橡木	300	545	0.19	2385
杉木	300	420	0.14	2720

注：选自参考文献 [1, 8~13]。

表 A. 4 常压气体的热物性

T /K	ρ /kg·m⁻³	c_p /kJ·kg⁻¹·K⁻¹	$\mu \times 10^7$ /N·s·m⁻²	$\nu \times 10^6$ /m²·s⁻¹	$k \times 10^3$ /W·m⁻¹·K⁻¹	$\alpha \times 10^6$ /m²·s⁻¹	Pr
空气							
100	3.5562	1.032	71.1	2.00	9.34	2.54	0.786
150	2.3364	1.012	103.4	4.426	13.8	5.84	0.758
200	1.7458	1.007	132.5	7.590	18.1	10.3	0.737
250	1.3947	1.006	159.6	11.44	22.3	15.9	0.720
300	1.1614	1.007	184.6	15.89	26.3	22.5	0.707
350	0.9950	1.009	208.2	20.92	30.0	29.9	0.700
400	0.8711	1.014	230.1	26.41	33.8	38.3	0.690
450	0.7740	1.021	250.7	32.39	37.3	47.2	0.686
500	0.6964	1.030	270.1	38.79	40.7	56.7	0.684
550	0.6329	1.040	288.4	45.57	43.9	66.7	0.683
600	0.5804	1.051	305.8	52.69	46.9	76.9	0.685
650	0.5356	1.063	322.5	60.21	49.7	87.3	0.690
700	0.4975	1.075	338.8	68.10	52.4	98.0	0.695
750	0.4643	1.087	354.6	76.37	54.9	109	0.702
800	0.4354	1.099	369.8	84.93	57.3	120	0.709
850	0.4097	1.110	384.3	93.80	59.6	131	0.716
900	0.3868	1.121	398.1	102.9	62.0	143	0.720
950	0.3666	1.131	411.3	112.2	64.3	155	0.723
1000	0.3482	1.141	424.4	121.9	66.7	168	0.726
1100	0.3166	1.159	449.0	141.8	71.5	195	0.728
1200	0.2902	1.175	473.0	162.9	76.3	224	0.728
1300	0.2679	1.189	496.0	185.1	82	238	0.719
1400	0.2488	1.207	530	213	91	303	0.703
1500	0.2322	1.230	557	240	100	350	0.685
1600	0.2177	1.248	584	268	106	390	0.688
1700	0.2049	1.267	611	298	113	435	0.685
1800	0.1935	1.286	637	329	120	482	0.683
1900	0.1833	1.307	663	362	128	534	0.677
2000	0.1741	1.337	689	396	137	589	0.672
2100	0.1658	1.372	715	431	147	646	0.667
2200	0.1582	1.417	740	468	160	714	0.655
2300	0.1513	1.478	766	506	175	783	0.647
2400	0.1448	1.558	792	547	196	869	0.630
2500	0.1389	1.665	818	589	222	960	0.613
3000	0.1135	2.726	955	841	486	1570	0.536
氨(NH₃)							
300	0.6894	2.158	101.5	14.7	24.7	16.6	0.887
320	0.6448	2.170	109	16.9	27.2	19.4	0.870
340	0.6059	2.192	116.5	19.2	29.3	22.1	0.872
360	0.5716	2.221	124	21.7	31.6	24.9	0.872
380	0.5410	2.254	131	24.2	34.0	27.9	0.869
400	0.5136	2.287	138	26.9	37.0	31.5	0.853
420	0.4888	2.322	145	29.7	40.4	35.6	0.833
440	0.4664	2.357	152.5	32.7	43.5	39.6	0.826
460	0.4460	2.393	159	35.7	46.3	43.4	0.822
480	0.4273	2.430	166.5	39.0	49.2	47.4	0.822
500	0.4101	2.467	173	42.2	52.5	51.9	0.813
520	0.3942	2.504	180	45.7	54.5	55.2	0.827
540	0.3795	2.540	186.5	49.1	57.5	59.7	0.824
560	0.3708	2.577	193	52.0	60.6	63.4	0.827
580	0.3533	2.613	199.5	56.5	63.8	69.1	0.817

T /K	ρ /kg·m^{-3}	c_p /kJ·kg^{-1}·K^{-1}	$\mu \times 10^7$ /N·s·m^{-2}	$\nu \times 10^6$ /m^2·s^{-1}	$k \times 10^3$ /W·m^{-1}·K^{-1}	$\alpha \times 10^6$ /m^2·s^{-1}	Pr
二氧化碳（CO$_2$）							
280	1.9022	0.830	140	7.36	15.20	9.63	0.765
300	1.7730	0.851	149	8.40	16.55	11.0	0.766
320	1.6609	0.872	156	9.39	18.05	12.5	0.754
340	1.5618	0.891	165	10.6	19.70	14.2	0.746
360	1.4743	0.908	173	11.7	21.2	15.8	0.741
380	1.3961	0.926	181	13.0	22.75	17.6	0.737
400	1.3257	0.942	190	14.3	24.3	19.5	0.737
450	1.1782	0.981	210	17.8	28.3	24.5	0.728
500	1.0594	1.02	231	21.8	32.5	30.1	0.725
550	0.9625	1.05	251	26.1	36.6	36.2	0.721
600	0.8826	1.08	270	30.6	40.7	42.7	0.717
650	0.8143	1.10	288	35.4	44.5	49.7	0.712
700	0.7564	1.13	305	40.3	48.1	56.3	0.717
750	0.7057	1.15	321	45.5	51.7	63.7	0.714
800	0.6614	1.17	337	51.0	55.1	71.2	0.716
一氧化碳（CO）							
200	1.6888	1.045	127	7.52	17.0	9.63	0.781
220	1.5341	1.044	137	8.93	19.0	11.9	0.753
240	1.4055	1.043	147	10.5	20.6	14.1	0.744
260	1.2967	1.043	157	12.1	22.1	16.3	0.741
280	1.2038	1.042	166	13.8	23.6	18.8	0.733
300	1.1233	1.043	175	15.6	25.0	21.3	0.730
320	1.0529	1.043	184	17.5	26.3	23.9	0.730
340	0.9909	1.044	193	19.5	27.8	26.9	0.725
360	0.9357	1.045	202	21.6	29.1	29.8	0.725
380	0.8864	1.047	210	23.7	30.5	32.9	0.729
400	0.8421	1.049	218	25.9	31.8	36.0	0.719
450	0.7483	1.055	237	31.7	35.0	44.3	0.714
500	0.67352	1.065	254	37.7	38.1	53.1	0.710
550	0.61226	1.076	271	44.3	41.1	62.4	0.710
600	0.56126	1.088	286	51.0	44.0	72.1	0.707
650	0.51806	1.101	301	58.1	47.0	82.4	0.705
700	0.48102	1.114	315	65.5	50.0	93.3	0.702
750	0.44899	1.127	329	73.3	52.8	104	0.702
800	0.42095	1.140	343	81.5	55.5	116	0.705
氦（He）							
100	0.4871	5.193	96.3	19.8	73.0	28.9	0.686
120	0.4060	5.193	107	26.4	81.9	38.8	0.679
140	0.3481	5.193	118	33.9	90.7	50.2	0.676
160	—	5.193	129	—	99.2	—	—
180	0.2708	5.193	139	51.3	107.2	76.2	0.673
200	—	5.193	150	—	115.1	—	—
220	0.2216	5.193	160	72.2	123.1	107	0.675
240	—	5.193	170	—	130	—	—
260	0.1875	5.193	180	96.0	137	141	0.682
280	—	5.193	190	—	145	—	—

T /K	ρ /kg·m^{-3}	c_p /kJ·kg^{-1}·K^{-1}	$\mu \times 10^7$ /N·s·m^{-2}	$\nu \times 10^6$ /m^2·s^{-1}	$k \times 10^3$ /W·m^{-1}·K^{-1}	$\alpha \times 10^6$ /m^2·s^{-1}	Pr
氦(He)							
300	0.1625	5.193	199	122	152	180	0.680
350	—	5.193	221	—	170	—	—
400	0.1219	5.193	243	199	187	295	0.675
450	—	5.193	263	—	204	—	—
500	0.09754	5.193	283	290	220	434	0.668
550	—	5.193	—	—	—	—	—
600	—	5.193	320	—	252	—	—
650	—	5.193	332	—	264	—	—
700	0.06969	5.193	350	502	278	768	0.654
750	—	5.193	364	—	291	—	—
800	—	5.193	382	—	304	—	—
900	—	5.193	414	—	330	—	—
1000	0.04879	5.193	446	914	354	1400	0.654
氢(H$_2$)							
100	0.24255	11.23	42.1	17.4	67.0	24.6	0.707
150	0.16156	12.60	56.0	34.7	101	49.6	0.699
200	0.12115	13.54	68.1	56.2	131	79.9	0.704
250	0.09693	14.06	78.9	81.4	157	115	0.707
300	0.08078	14.31	89.6	111	183	158	0.701
350	0.06924	14.43	98.8	143	204	204	0.700
400	0.06059	14.48	108.2	179	226	258	0.695
450	0.05386	14.50	117.2	218	247	316	0.689
500	0.04848	14.52	126.4	261	266	378	0.691
550	0.04407	14.53	134.3	305	285	445	0.685
600	0.04040	14.55	142.4	352	305	519	0.678
700	0.03463	14.61	157.8	456	342	676	0.675
800	0.03030	14.70	172.4	569	378	849	0.670
900	0.02694	14.83	186.5	692	412	1030	0.671
1000	0.02424	14.99	201.3	830	448	1230	0.673
1100	0.02204	15.17	213.0	966	488	1460	0.662
1200	0.02020	15.37	226.2	1120	528	1700	0.659
1300	0.01865	15.59	238.5	1279	568	1955	0.655
1400	0.01732	15.81	250.7	1447	610	2230	0.650
1500	0.01616	16.02	262.7	1626	655	2530	0.643
1600	0.0152	16.28	273.7	1801	697	2815	0.639
1700	0.0143	16.58	284.9	1992	742	3130	0.637
1800	0.0135	16.96	296.1	2193	786	3435	0.639
1900	0.0128	17.49	307.2	2400	835	3730	0.643
2000	0.0121	18.25	318.2	2630	878	3975	0.661
氮(N$_2$)							
100	3.4388	1.070	68.8	2.00	9.58	2.60	0.768
150	2.2594	1.050	100.6	4.45	13.9	5.86	0.759
200	1.6883	1.043	129.2	7.65	18.3	10.4	0.736
250	1.3488	1.042	154.9	11.48	22.2	15.8	0.727
300	1.1233	1.041	178.2	15.86	25.9	22.1	0.716
350	0.9625	1.042	200.0	20.78	29.3	29.2	0.711
400	0.8425	1.045	220.4	26.16	32.7	37.1	0.704
450	0.7485	1.050	239.6	32.01	35.8	45.6	0.703
500	0.6739	1.056	257.7	38.24	38.9	54.7	0.700
550	0.6124	1.065	274.7	44.86	41.7	63.9	0.702

T /K	ρ /kg·m^{-3}	c_p /kJ·kg^{-1}·K^{-1}	$\mu \times 10^7$ /N·s·m^{-2}	$\nu \times 10^6$ /m^2·s^{-1}	$k \times 10^3$ /W·m^{-1}·K^{-1}	$\alpha \times 10^6$ /m^2·s^{-1}	Pr
氮(N$_2$)							
600	0.5615	1.075	290.8	51.79	44.6	73.9	0.701
700	0.4812	1.098	321.0	66.71	49.9	94.4	0.706
800	0.4211	1.22	349.1	82.90	54.8	116	0.715
900	0.3743	1.146	375.3	100.3	59.7	139	0.721
1000	0.3368	1.167	399.9	118.7	64.7	165	0.721
1100	0.3062	1.187	423.2	138.2	70.0	193	0.718
1200	0.2807	1.204	445.3	158.6	75.8	224	0.707
1300	0.2591	1.219	466.2	179.9	81.0	256	0.701
氧(O$_2$)							
100	3.945	0.962	76.4	1.94	9.25	2.44	0.796
150	2.585	0.921	114.8	4.44	13.8	5.80	0.766
200	1.930	0.915	147.5	7.64	18.3	10.4	0.737
250	1.542	0.915	178.6	11.58	22.6	16.0	0.723
300	1.284	0.920	207.2	16.14	26.8	22.7	0.711
350	1.100	0.929	233.5	21.23	29.6	29.0	0.733
400	0.9620	0.942	258.2	26.84	33.0	36.4	0.737
450	0.8554	0.956	281.4	32.90	36.3	44.4	0.741
500	0.7698	0.972	303.3	39.40	41.2	55.1	0.716
550	0.6998	0.988	324.0	46.30	44.1	63.8	0.726
600	0.6414	1.003	343.7	53.59	47.3	73.5	0.729
700	0.5498	1.031	380.8	69.26	52.8	93.1	0.744
800	0.4810	1.054	415.2	86.32	58.9	116	0.743
900	0.4275	1.074	447.2	104.6	64.9	141	0.740
1000	0.3848	1.090	477.0	124.0	71.0	169	0.733
1100	0.3498	1.103	505.5	144.5	75.8	196	0.736
1200	0.3206	1.115	532.5	166.1	81.9	229	0.725
1300	0.2960	1.125	588.4	188.6	87.1	262	0.721
水蒸气							
380	0.5863	2.060	127.1	21.68	24.6	20.4	1.06
400	0.5542	2.014	134.4	24.25	26.1	23.4	1.04
450	0.4902	1.980	152.5	31.11	29.9	30.8	1.01
500	0.4405	1.985	170.4	38.68	33.9	38.8	0.998
550	0.4005	1.997	188.4	47.04	37.9	47.4	0.993
600	0.3652	2.026	206.7	56.60	42.2	57.0	0.993
650	0.3380	2.056	224.7	66.48	46.4	66.8	0.996
700	0.3140	2.085	242.6	77.26	50.5	77.1	1.00
750	0.2931	2.119	260.4	88.84	54.9	88.4	1.00
800	0.2739	2.152	278.6	101.7	59.2	100	1.01
850	0.2579	2.186	296.9	115.1	63.7	113	1.02

注：选自参考文献 [8, 14, 15]。

表 A.5 饱和流体的热物性

饱和液体

T/K	ρ /kg·m^{-3}	c_p/kJ· kg^{-1}·K^{-1}	$\mu \times 10^2$ /N·s·m^{-2}	$\upsilon \times 10^6$ /m^2·s^{-1}	$k \times 10^3$/W· m^{-1}·K^{-1}	$\alpha \times 10^7$ /m^2·s^{-1}	Pr	$\beta \times 10^3$ /K^{-1}
机油(没有用过)								
273	899.1	1.796	385	4280	147	0.910	47000	0.70
280	895.3	1.827	217	2430	144	0.880	27500	0.70
290	890.0	1.868	99.9	1120	145	0.872	12900	0.70
300	884.1	1.909	48.6	550	145	0.859	6400	0.70
310	877.9	1.951	25.3	288	145	0.847	3400	0.70
320	871.8	1.993	14.1	161	143	0.823	1965	0.70
330	865.8	2.035	8.36	96.6	141	0.800	1205	0.70
340	859.9	2.076	5.31	61.7	139	0.779	793	0.70
350	853.9	2.118	3.56	41.7	138	0.763	546	0.70
360	847.8	2.161	2.52	29.7	138	0.753	395	0.70
370	841.8	2.206	1.86	22.0	137	0.738	300	0.70
380	836.0	2.250	1.41	16.9	136	0.723	233	0.70
390	830.6	2.294	1.10	13.3	135	0.709	187	0.70
400	825.1	2.337	0.874	10.6	134	0.695	152	0.70
410	818.9	2.381	0.698	8.52	133	0.682	125	0.70
420	812.1	2.427	0.564	6.94	133	0.675	103	0.70
430	806.5	2.471	0.470	5.83	132	0.662	88	0.70
乙二醇[C$_2$H$_4$(OH)$_2$]								
273	1130.8	2.294	6.51	57.6	242	0.933	617	0.65
280	1125.8	2.323	4.20	37.3	244	0.933	400	0.65
290	1118.8	2.368	2.47	22.1	248	0.936	236	0.65
300	1114.4	2.415	1.57	14.1	252	0.939	151	0.65
310	1103.7	2.460	1.07	9.65	255	0.939	103	0.65
320	1096.2	2.505	0.757	6.91	258	0.940	73.5	0.65
330	1089.5	2.549	0.561	5.15	260	0.936	55.0	0.65
340	1083.8	2.592	0.431	3.98	261	0.929	42.8	0.65
350	1079.0	2.637	0.342	3.17	261	0.917	34.6	0.65
360	1074.0	2.682	0.278	2.59	261	0.906	28.6	0.65
370	1066.7	2.728	0.228	2.14	262	0.900	23.7	0.65
373	1058.5	2.742	0.215	2.03	263	0.906	22.4	0.65
甘油[C$_3$H$_5$(OH)$_3$]								
273	1276.0	2.261	1060	8310	282	0.977	85000	0.47
280	1271.9	2.298	534	4200	284	0.972	43200	0.47
290	1265.8	2.367	185	1460	286	0.955	15300	0.48
300	1259.9	2.427	79.9	634	286	0.935	6780	0.48
310	1253.9	2.490	35.2	281	286	0.916	3060	0.49
320	1247.2	2.564	21.0	168	287	0.897	1870	0.50
制冷剂-134a(C$_2$H$_2$F$_4$)								
230	1426.8	1.249	0.04912	0.3443	112.1	0.629	5.5	2.02
240	1397.7	1.267	0.04202	0.3006	107.3	0.606	5.0	2.11
250	1367.9	1.287	0.03633	0.2656	102.5	0.583	4.6	2.23
260	1337.1	1.308	0.03166	0.2368	97.9	0.560	4.2	2.36

续表

饱和液体

T/K	ρ /kg·m^{-3}	c_p/kJ· kg^{-1}·K^{-1}	$\mu\times10^2$ /N·s·m^{-2}	$\upsilon\times10^6$ /m^2·s^{-1}	$k\times10^3$/W· m^{-1}·K^{-1}	$\alpha\times10^7$ /m^2·s^{-1}	Pr	$\beta\times10^3$ /K^{-1}
制冷剂-134a($C_2H_2F_4$)								
270	1305.1	1.333	0.02775	0.2127	93.4	0.537	4.0	2.53
280	1271.8	1.361	0.02443	0.1921	89.0	0.514	3.7	2.73
290	1236.8	1.393	0.02156	0.1744	84.6	0.491	3.5	2.98
300	1199.7	1.432	0.01905	0.1588	80.3	0.468	3.4	3.30
310	1159.9	1.481	0.01680	0.1449	76.1	0.443	3.3	3.73
320	1116.8	1.543	0.01478	0.1323	71.8	0.417	3.2	4.33
330	1069.1	1.627	0.01292	0.1209	67.5	0.388	3.1	5.19
340	1015.0	1.751	0.01118	0.1102	63.1	0.355	3.1	6.57
350	951.3	1.961	0.00951	0.1000	58.6	0.314	3.2	9.10
360	870.1	2.437	0.00781	0.0898	54.1	0.255	3.5	15.39
370	740.3	5.105	0.00580	0.0783	51.8	0.137	5.7	55.24
制冷剂-22($CHClF_2$)								
230	1416.0	1.087	0.03558	0.2513	114.5	0.744	3.4	2.05
240	1386.6	1.100	0.03145	0.2268	109.8	0.720	3.2	2.16
250	1356.3	1.117	0.02796	0.2062	105.2	0.695	3.0	2.29
260	1324.9	1.137	0.02497	0.1884	100.7	0.668	2.8	2.45
270	1292.1	1.161	0.02235	0.1730	96.2	0.641	2.7	2.63
280	1257.9	1.189	0.02005	0.1594	91.7	0.613	2.6	2.86
290	1221.7	1.223	0.01798	0.1472	87.2	0.583	2.5	3.15
300	1183.4	1.265	0.01610	0.1361	82.6	0.552	2.5	3.51
310	1142.2	1.319	0.01438	0.1259	78.1	0.518	2.4	4.00
320	1097.4	1.391	0.01278	0.1165	73.4	0.481	2.4	4.69
330	1047.5	1.495	0.01127	0.1075	68.6	0.438	2.5	5.75
340	990.1	1.665	0.00980	0.0989	63.6	0.386	2.6	7.56
350	920.1	1.997	0.00831	0.0904	58.3	0.317	2.8	11.35
360	823.4	3.001	0.00668	0.0811	53.1	0.215	3.8	23.88
汞(Hg)								
273	13595	0.1404	0.1688	0.1240	8180	42.85	0.0290	0.181
300	13529	0.1393	0.1523	0.1125	8540	45.30	0.0248	0.181
350	13407	0.1377	0.1309	0.0976	9180	49.75	0.0196	0.181
400	13287	0.1365	0.1171	0.0882	9800	54.05	0.0163	0.181
450	13167	0.1357	0.1075	0.0816	10400	58.10	0.0140	0.181
500	13048	0.1353	0.1007	0.0771	10950	61.90	0.0125	0.182
550	12929	0.1352	0.0953	0.0737	11450	65.55	0.0112	0.184
600	12809	0.1355	0.0911	0.0711	11950	68.80	0.0103	0.187

饱和液体-蒸气,1atm[1]

流体	T_{sat}/K	h_{fg} /kJ·kg^{-1}	ρ_f /kg·m^{-3}	ρ_g /kg·m^{-3}	$\sigma\times10^3$ /N·m^{-1}
乙醇	351	846	757	1.44	17.7
乙二醇	470	812	1111[2]	—	32.7
甘油	563	974	1260[2]	—	63.0[2]
水银	630	301	12740	3.90	417
制冷剂 R-134a	247	217	1377	5.26	15.4
制冷剂 R-22	232	234	1409	4.70	18.1

① 选自参考文献 [8, 20, 21]。

② 该物性值对应于 300K。

注：选自参考文献 [15～19]。

表 A.6 饱和水的热物性

温度 T/K	压力 p /bars①	比容 /m³·kg⁻¹ $v_f \times 10^3$	比容 v_g	汽化热 h_{fg} /kJ·kg⁻¹	比热容 /kJ·kg⁻¹·K⁻¹ $c_{p,f}$	$c_{p,g}$	动力黏度 /N·s·m⁻² $\mu_f \times 10^6$	$\mu_g \times 10^6$	热导率 /W·m⁻¹·K⁻¹ $k_f \times 10^3$	$k_g \times 10^3$	普朗特数 Pr_f	Pr_g	表面张力 $\sigma_f \times 10^3$ /N·m⁻¹	膨胀系数 $\beta_f \times 10^6$ /K⁻¹	温度 T/K
273.15	0.00611	1.000	206.3	2502	4.217	1.854	1750	8.02	569	18.2	12.99	0.815	75.5	−68.05	273.15
275	0.00697	1.000	181.7	2497	4.211	1.855	1652	8.09	574	18.3	12.22	0.817	75.3	−32.74	275
280	0.00990	1.000	130.4	2485	4.198	1.858	1422	8.29	582	18.6	10.26	0.825	74.8	46.04	280
285	0.01387	1.000	99.4	2473	4.189	1.861	1225	8.49	590	18.9	8.81	0.833	74.3	114.1	285
290	0.01917	1.001	69.7	2461	4.184	1.864	1080	8.69	598	19.3	7.56	0.841	73.7	174.0	290
295	0.02617	1.002	51.94	2449	4.181	1.868	959	8.89	606	19.5	6.62	0.849	72.7	227.5	295
300	0.03531	1.003	39.13	2438	4.179	1.872	855	9.09	613	19.6	5.83	0.857	71.7	276.1	300
305	0.04712	1.005	29.74	2426	4.178	1.877	769	9.29	620	20.1	5.20	0.865	70.9	320.6	305
310	0.06221	1.007	22.93	2414	4.178	1.882	695	9.49	628	20.4	4.62	0.873	70.0	361.9	310
315	0.08132	1.009	17.82	2402	4.179	1.888	631	9.69	634	20.7	4.16	0.883	69.2	400.4	315
320	0.1053	1.011	13.98	2390	4.180	1.895	577	9.89	640	21.0	3.77	0.894	68.3	436.7	320
325	0.1351	1.013	11.06	2378	4.182	1.903	528	10.09	645	21.3	3.42	0.901	67.5	471.2	325
330	0.1719	1.016	8.82	2366	4.184	1.911	489	10.29	650	21.7	3.15	0.908	66.6	504.0	330
335	0.2167	1.018	7.09	2354	4.186	1.920	453	10.49	656	22.0	2.88	0.916	65.8	535.5	335
340	0.2713	1.021	5.74	2342	4.188	1.930	420	10.69	660	22.3	2.66	0.925	64.9	566.0	340
345	0.3372	1.024	4.683	2329	4.191	1.941	389	10.89	668	22.6	2.45	0.933	64.1	595.4	345
350	0.4163	1.027	3.846	2317	4.195	1.954	365	11.09	668	23.0	2.29	0.942	63.2	624.2	350
355	0.5100	1.030	3.180	2304	4.199	1.968	343	11.29	671	23.3	2.14	0.951	62.3	652.3	355
360	0.6209	1.034	2.645	2291	4.203	1.983	324	11.49	674	23.7	2.02	0.960	61.4	697.9	360
365	0.7514	1.038	2.212	2278	4.209	1.999	306	11.69	677	24.1	1.91	0.969	60.5	707.1	365
370	0.9040	1.041	1.861	2265	4.214	2.017	289	11.89	679	24.5	1.80	0.978	59.5	728.7	370
373.15	1.0133	1.044	1.679	2257	4.217	2.029	279	12.02	680	24.8	1.76	0.984	58.9	750.1	373.15
375	1.0815	1.045	1.574	2252	4.220	2.036	274	12.09	681	24.9	1.70	0.987	58.6	761	375
380	1.2869	1.049	1.337	2239	4.226	2.057	260	12.29	683	25.4	1.61	0.999	57.6	788	380
385	1.5233	1.053	1.142	2225	4.232	2.080	248	12.49	685	25.8	1.53	1.004	56.6	814	385
390	1.794	1.058	0.980	2212	4.239	2.104	237	12.69	686	26.3	1.47	1.013	55.6	841	390
400	2.455	1.067	0.731	2183	4.256	2.158	217	13.05	688	27.2	1.34	1.033	53.6	896	400
410	3.302	1.077	0.553	2153	4.278	2.221	200	13.42	688	28.2	1.24	1.054	51.5	952	410
420	4.370	1.088	0.425	2123	4.302	2.291	185	13.79	688	29.8	1.16	1.075	49.4	1010	420
430	5.699	1.099	0.331	2091	4.331	2.369	173	14.14	685	30.4	1.09	1.10	47.2		430

续表

温度 T/K	压力 p /bars[①]	比容 /m³·kg⁻¹ $v_l \times 10^3$	比容 v_g	汽化热 h_{ig} /kJ·kg⁻¹	比热容 /kJ·kg⁻¹·K⁻¹ $c_{p,f}$	比热容 $c_{p,g}$	动力黏度 /N·s·m⁻² $\mu_f \times 10^6$	动力黏度 $\mu_g \times 10^6$	热导率 /W·m⁻¹·K⁻¹ $k_f \times 10^3$	热导率 $k_g \times 10^3$	普朗特数 Pr_f	普朗特数 Pr_g	表面张力 $\sigma_f \times 10^3$ /N·m⁻¹	膨胀系数 $\beta_l \times 10^6/K^{-1}$	温度 T/K
440	7.333	1.110	0.261	2059	4.36	2.46	162	14.50	682	31.7	1.04	1.12	45.1		440
450	9.319	1.123	0.208	2024	4.40	2.56	1.52	14.85	678	33.1	0.99	1.14	42.9		450
460	11.71	1.137	0.167	1989	4.44	2.68	143	15.19	673	34.6	0.95	1.17	40.7		460
470	14.55	1.152	0.136	1951	4.48	2.79	136	15.54	667	36.3	0.92	1.20	38.5		470
480	17.90	1.167	0.111	1912	4.53	2.94	129	15.88	660	38.1	0.89	1.23	36.2		480
490	21.83	1.184	0.0922	1870	4.59	3.10	124	16.23	651	40.1	0.87	1.25	33.9	—	490
500	26.40	1.203	0.0766	1825	4.66	3.27	118	16.59	642	42.3	0.86	1.28	31.6	—	500
510	31.66	1.222	0.0631	1779	4.74	3.47	113	16.95	631	44.7	0.85	1.31	29.3	—	510
520	37.70	1.244	0.0525	1730	4.84	3.70	108	17.33	621	47.5	0.84	1.35	26.9	—	520
530	44.58	1.268	0.0445	1679	4.95	3.96	104	17.72	608	50.6	0.85	1.39	24.5	—	530
540	52.38	1.294	0.0375	1622	5.08	4.27	101	18.1	594	54.0	0.86	1.43	22.1	—	540
550	61.19	1.323	0.0317	1564	5.24	4.64	97	18.6	580	58.3	0.87	1.47	19.7	—	550
560	71.08	1.355	0.0269	1499	5.43	5.09	94	19.1	563	63.7	0.90	1.52	17.3	—	560
570	82.16	1.392	0.0228	1429	5.68	5.67	91	19.7	548	76.7	0.94	1.59	15.0	—	570
580	94.51	1.433	0.0193	1353	6.00	6.40	88	20.4	528	76.7	0.99	1.68	12.8	—	580
590	108.3	1.482	0.0163	1274	6.41	7.35	84	21.5	513	84.1	1.05	1.84	10.5	—	590
600	123.5	1.541	0.0137	1176	7.00	8.75	81	22.7	497	92.9	1.14	2.15	8.4	—	600
610	137.3	1.612	0.0115	1068	7.85	11.1	77	24.1	467	103	1.30	2.60	6.3	—	610
620	159.1	1.705	0.0094	941	9.35	15.4	72	25.9	444	114	1.52	3.46	4.5	—	620
625	169.1	1.778	0.0085	858	10.6	18.3	70	27.0	430	121	1.62	4.20	3.5	—	625
630	179.7	1.856	0.0075	781	12.6	22.1	67	28.0	412	130	2.0	4.8	2.6	—	630
635	190.9	1.935	0.0066	683	16.4	27.6	64	30.0	392	141	2.7	6.0	1.5	—	635
640	202.7	2.075	0.0057	560	26	42	59	32.0	367	155	4.2	9.6	0.8	—	640
645	215.2	2.351	0.0045	361	90	—	54	37.0	331	178	12	26	0.1	—	645
647.3[②]	221.2	3.170	0.0032	0	∞	∞	45	45.0	238	238	∞	∞	0.0	—	647.3[②]

① 1bar=10⁵N/m²。
② 临界温度。
注：选自参考文献[22]。

表 A.7 液态金属的热物性

成分	熔点/K	T/K	ρ /kg·m^{-3}	c_p /kJ·kg^{-1}·K^{-1}	$\nu \times 10^7$ /m^2·s^{-1}	k /W·m^{-1}·K^{-1}	$\alpha \times 10^5$ /m^2·s^{-1}	Pr
铋	544	589	10011	0.1444	1.617	16.4	0.138	0.0142
		811	9739	0.1545	1.133	15.6	1.035	0.0110
		1033	9467	0.1645	0.8343	15.6	1.001	0.0083
铅	600	644	10540	0.159	2.276	16.1	1.084	0.024
		755	10412	0.155	1.849	15.6	1.223	0.017
		977	10140	—	1.347	14.9		
钾	337	422	807.3	0.80	4.608	45.0	6.99	0.0066
		700	741.7	0.75	2.397	39.5	7.07	0.0034
		977	674.4	0.75	1.905	33.1	6.55	0.0029
钠	371	366	929.1	1.38	7.516	86.2	6.71	0.011
		644	860.2	1.30	3.270	72.3	6.48	0.0051
		977	778.5	1.26	2.285	59.7	6.12	0.0037
NaK, (45%/55%)	292	366	887.4	1.130	6.522	25.6	2.552	0.026
		644	821.7	1.055	2.871	27.5	3.17	0.0091
		977	740.1	1.043	2.174	28.9	3.74	0.0058
NaK, (22%/78%)	262	366	849.0	0.946	5.797	24.4	3.05	0.019
		672	775.3	0.879	2.666	26.7	3.92	0.0068
		1033	690.4	0.883	2.118	—		
PbBi, (44.5%/55.5%)	398	422	10524	0.147	—	9.05	0.586	—
		644	10236	0.147	1.496	11.86	0.790	0.189
		922	9835	—	1.171			
水银	234				见表 A.5			

注：选自参考文献 [23]。

表 A.8 一个大气压下的二元扩散系数

物质 A	物质 B	T/K	D_{AB}/m^2·s^{-1}	物质 A	物质 B	T/K	D_{AB}/m^2·s^{-1}
气体				**稀溶液**			
NH_3	空气	298	0.28×10^{-4}	咖啡因	H_2O	298	0.63×10^{-9}
H_2O	空气	298	0.26×10^{-4}	乙醇	H_2O	298	0.12×10^{-8}
CO_2	空气	298	0.16×10^{-4}	葡萄糖	H_2O	298	0.69×10^{-9}
H_2	空气	298	0.41×10^{-4}	甘油	H_2O	298	0.94×10^{-9}
O_2	空气	298	0.21×10^{-4}	丙酮	H_2O	298	0.13×10^{-8}
丙酮	空气	273	0.11×10^{-4}	CO_2	H_2O	298	0.20×10^{-8}
苯	空气	298	0.88×10^{-5}	O_2	H_2O	298	0.24×10^{-8}
萘	空气	300	0.62×10^{-5}	H_2	H_2O	298	0.63×10^{-8}
Ar	N_2	293	0.19×10^{-4}	N_2	H_2O	298	0.26×10^{-8}
H_2	O_2	273	0.70×10^{-4}	**固体**			
H_2	N_2	273	0.68×10^{-4}	O_2	橡胶	298	0.21×10^{-9}
H_2	CO_2	273	0.55×10^{-4}	N_2	橡胶	298	0.15×10^{-9}
CO_2	N_2	293	0.16×10^{-4}	CO_2	橡胶	298	0.11×10^{-9}
CO_2	O_2	273	0.14×10^{-4}	He	SiO_2	293	0.4×10^{-13}
O_2	N_2	273	0.18×10^{-4}	H_2	Fe	293	0.26×10^{-12}
				Cd	Cu	293	0.27×10^{-18}
				Al	Cu	293	0.13×10^{-33}

注：1. 经许可选自参考文献 [24~26]。

2. 做理想气体假定，气体的二元混合物的扩散系数对压力和温度的依赖性可用下式计算：

$$D_{AB} \propto p^{-1} T^{3/2}$$

表 A.9　一些气体在中等压力的水中的亨利常数

				$(H=p_{A,i}/x_{A,i})/bar$				
T/K	NH_3	Cl_2	H_2S	SO_2	CO_2	CH_4	O_2	H_2
273	21	265	260	165	710	22880	25500	58000
280	23	365	335	210	960	27800	30500	61500
290	26	480	450	315	1300	35200	37600	66500
300	30	615	570	440	1730	42800	45700	71600
310	—	755	700	600	2175	50000	52500	76000
320	—	860	835	800	2650	56300	56800	78600
323	—	890	870	850	2870	58000	58000	79000

注：经许可选自参考文献 [27]。

表 A.10　一些气体和固体的溶解度

气体	固体	T/K	$(S=C_{A,i}/p_{A,i})$ /kmol·m^{-3}·bar^{-1}	气体	固体	T/K	$(S=C_{A,i}/p_{A,i})$ /kmol·m^{-3}·bar^{-1}
O_2	橡胶	298	3.12×10^{-3}	He	SiO_2	293	0.45×10^{-3}
N_2	橡胶	298	1.56×10^{-3}	H_2	Ni	358	9.01×10^{-3}
CO_2	橡胶	298	40.15×10^{-3}				

注：经许可选自参考文献 [26]。

表 A.11　一些表面的全波长法向（n）或半球向（h）发射率

金属固体及其氧化物[1]

说明/成分		不同温度(K)下的发射率 ε_n 或 ε_h									
		100	200	300	400	600	800	1000	1200	1500	2000	2500
铝											
高度抛光的，膜	(h)	0.02	0.03	0.04	0.05	0.06					
箔，光亮的	(h)	0.06	0.06	0.07							
阳极氧化的	(h)			0.82	0.76						
铬											
抛光或电镀的	(n)	0.05	0.07	0.10	0.12	0.14					
紫铜											
高度抛光的	(h)			0.03	0.03	0.04	0.04	0.04			
有稳定氧化层的	(h)					0.50	0.58	0.80			
金											
高度抛光的，膜	(h)	0.01	0.02	0.03	0.03	0.04	0.05	0.06			
箔，光亮的	(h)	0.06	0.07	0.07							
钼											
抛光的	(h)					0.06	0.08	0.10	0.12	0.15	0.21	0.26
经喷砂的粗糙表面	(h)					0.25	0.28	0.31	0.35	0.42	
有稳定氧化层的	(h)					0.80	0.82				
镍											
抛光的	(h)					0.09	0.11	0.14	0.17		
有稳定氧化层的	(h)					0.40	0.49	0.57			
铂											
抛光的	(h)						0.10	0.13	0.15	0.18	
银											
抛光的	(h)			0.02	0.02	0.03	0.05	0.08			
不锈钢											
标准的，抛光的	(n)			0.17	0.17	0.19	0.23	0.30			
标准的，洁净的	(n)			0.22	0.22	0.24	0.28	0.35			
标准的，轻度氧化的	(n)						0.33	0.40			
标准的，严重氧化的	(n)						0.67	0.70	0.76		
AISI347，有稳定氧化层的	(n)					0.87	0.88	0.89	0.90		
钽											
抛光的	(h)								0.11	0.17	0.23	0.28
钨											
抛光的	(h)							0.10	0.13	0.18	0.25	0.29

非金属物质[②]

说明/成分		温度/K	发射率 ε	说明/成分		温度/K	发射率 ε
氧化铝	(n)	600	0.69	耐火材料(炉衬)			
		1000	0.55	矾土砖	(n)	800	0.40
		1500	0.41			1000	0.33
沥青路面	(h)	300	0.85~0.93			1400	0.28
建筑材料						1600	0.33
石棉板	(h)	300	0.93~0.96	镁砖	(n)	800	0.45
红砖	(h)	300	0.93~0.96			1000	0.36
石膏或灰泥板	(h)	300	0.90~0.92			1400	0.31
木材	(h)	300	0.82~0.92			1600	0.40
布	(h)	300	0.75~0.90	高岭土隔热砖	(n)	800	0.70
混凝土	(h)	300	0.88~0.93			1200	0.57
窗玻璃	(h)	300	0.90~0.95			1400	0.47
冰	(h)	273	0.95~0.98			1600	0.53
涂料				沙	(h)	300	0.90
黑色(帕森斯)	(h)	300	0.98	碳化硅	(n)	600	0.87
白色,丙烯酸树脂漆	(h)	300	0.90			1000	0.87
白色,氧化锌	(h)	300	0.92			1500	0.85
纸,白色	(h)	300	0.92~0.97	皮肤	(h)	300	0.95
派勒克斯玻璃	(n)	300	0.82	雪	(h)	273	0.82~0.90
		600	0.80	土	(h)	300	0.93~0.96
		1000	0.71	岩石	(h)	300	0.88~0.95
		1200	0.62	特氟隆(聚四氟乙烯)	(h)	300	0.85
耐高温陶瓷	(n)	300	0.85			400	0.87
		600	0.78			500	0.92
		1000	0.69	植物	(h)	300	0.92~0.96
		1500	0.57	水	(h)	300	0.96

① 选自参考文献 [1]。

② 选自参考文献 [1, 9, 28, 29]。

表 A.12 一些材料的太阳辐射性质

说明/成分	α_S	ε[①]	α_S/ε	τ_S	说明/成分	α_S	ε[①]	α_S/ε	τ_S
铝					黑色氧化钴	0.93	0.30	3.1	
抛光的	0.09	0.03	3.0		黑色氧化镍	0.92	0.08	11	
阳极氧化的	0.14	0.84	0.17		黑铬	0.87	0.09	9.7	
石英饰面	0.11	0.37	0.30		密拉树脂薄膜,0.13mm 厚				0.87
箔	0.15	0.05	3.0		油漆				
砖、红色(普度)	0.63	0.93	0.68		黑色(帕森斯)	0.98	0.98	1.0	
混凝土	0.60	0.88	0.68		白色,丙烯酸树脂漆	0.26	0.90	0.29	
镀锌金属板					白色,氧化锌	0.16	0.93	0.17	
洁净,新的	0.65	0.13	5.0		耐热有机玻璃,3.2mm 厚				0.90
氧化的,风化的	0.80	0.28	2.9		雪				
玻璃,3.2mm 厚					细颗粒,新鲜的	0.13	0.82	0.16	
浮法或回火的				0.79	冰粒	0.33	0.89	0.37	
低氧化铁型				0.88	聚氟乙烯薄膜,0.1mm 厚				0.92
金属,电镀的					特氟隆,0.13mm 厚				0.92
黑色硫化物	0.92	0.10	9.2						

① 表中的发射率值对应于 300K 左右的表面温度。

注:经许可选自参考文献 [29]。

参考文献

1. Touloukian, Y. S., and C. Y. Ho, Eds., *Thermophysical Properties of Matter,* Vol. 1, *Thermal Conductivity of Metallic Solids;* Vol. 2, *Thermal Conductivity of Nonmetallic Solids;* Vol. 4, *Specific Heat of Metallic Solids;* Vol. 5, *Specific Heat of Nonmetallic Solids;* Vol. 7, *Thermal Radiative Properties of Metallic Solids;* Vol. 8, *Thermal Radiative Properties of Nonmetallic Solids;* Vol. 9, *Thermal Radiative Properties of Coatings,* Plenum Press, New York, 1972.

2. Touloukian, Y. S., and C. Y. Ho, Eds., *Thermophysical Properties of Selected Aerospace Materials,* Part I: Thermal Radiative Properties; Part II: Thermophysical Properties of Seven Materials. Thermophysical and Electronic Properties Information Analysis Center, CINDAS, Purdue University, West Lafayette, IN, 1976.

3. Ho, C. Y., R. W. Powell, and P. E. Liley, *J. Phys. Chem. Ref. Data,* **3,** Supplement 1, 1974.

4. Desai, P. D., T. K. Chu, R. H. Bogaard, M. W. Ackermann, and C. Y. Ho, Part I: Thermophysical Properties of Carbon Steels; Part II: Thermophysical Properties of Low Chromium Steels; Part III: Thermophysical Properties of Nickel Steels; Part IV: Thermophysical Properties of Stainless Steels. CINDAS Special Report, Purdue University, West Lafayette, IN, September 1976.

5. American Society for Metals, *Metals Handbook,* Vol. 1, *Properties and Selection of Metals,* 8th ed., ASM, Metals Park, OH, 1961.

6. Hultgren, R., P. D. Desai, D. T. Hawkins, M. Gleiser, K. K. Kelley, and D. D. Wagman, *Selected Values of the Thermodynamic Properties of the Elements,* American Society of Metals, Metals Park, OH, 1973.

7. Hultgren, R., P. D. Desai, D. T. Hawkins, M. Gleiser, and K. K. Kelley, *Selected Values of the Thermodynamic Properties of Binary Alloys,* American Society of Metals, Metals Park, OH, 1973.

8. American Society of Heating, Refrigerating and Air Conditioning Engineers, *ASHRAE Handbook of Fundamentals,* ASHRAE, New York, 1981.

9. Mallory, J. F., *Thermal Insulation,* Van Nostrand Reinhold, New York, 1969.

10. Hanley, E. J., D. P. DeWitt, and R. E. Taylor, "The Thermal Transport Properties at Normal and Elevated Temperature of Eight Representative Rocks," *Proceedings of the Seventh Symposium on Thermophysical Properties,* American Society of Mechanical Engineers, New York, 1977.

11. Sweat, V. E., "A Miniature Thermal Conductivity Probe for Foods," American Society of Mechanical Engineers, Paper 76-HT-60, August 1976.

12. Kothandaraman, C. P., and S. Subramanyan, *Heat and Mass Transfer Data Book,* Halsted Press/Wiley New York, 1975.

13. Chapman, A. J., *Heat Transfer,* 4th ed., Macmillan, New York, 1984.

14. Vargaftik, N. B., *Tables of Thermophysical Properties of Liquids and Gases,* 2nd ed., Hemisphere Publishing, New York, 1975.

15. Eckert, E. R. G., and R. M. Drake, *Analysis of Heat and Mass Transfer,* McGraw-Hill, New York, 1972.

16. Vukalovich, M. P., A. I. Ivanov, L. R. Fokin, and A. T. Yakovelev, *Thermophysical Properties of Mercury,* State Committee on Standards, State Service for Standards and Handbook Data, Monograph Series No. 9, Izd. Standartov, Moscow, 1971.

17. Tillner-Roth, R., and H. D. Baehr, *J. Phys. Chem. Ref. Data,* **23,** 657, 1994.

18. Kamei, A., S. W. Beyerlein, and R. T. Jacobsen, *Int. J. Thermophysics,* **16,** 1155, 1995.

19. Lemmon, E. W., M. O. McLinden, and M. L. Huber, *NIST Standard Reference Database* 23: Reference Fluid Thermodynamic and Transport Properties-REFPROP, Version 7.0 National Institute of Standards and Technology, Standard Reference Data Program, Gaithersburg, 2002.

20. Bolz, R. E., and G. L. Tuve, Eds., CRC Handbook of Tables for Applied Engineering Science, 2nd ed., CRC Press, Boca Raton, FL, 1979.

21. Liley, P. E., private communication, School of Mechanical Engineering, Purdue University, West Lafayette, IN, May 1984.

22. Liley, P. E., Steam Tables in SI Units, private communication, School of Mechanical Engineering, Purdue University, West Lafayette, IN, March 1984.

23. *Liquid Materials Handbook,* 23rd ed., The Atomic Energy Commission, Department of the Navy, Washington, DC, 1952.

24. Perry, J. H., Ed., *Chemical Engineer's Handbook,* 4th ed., McGraw-Hill, New York, 1963.

25. Geankoplis, C. J., *Mass Transport Phenomena,* Holt, Rinehart & Winston, New York, 1972.

26. Barrer, R. M., *Diffusion in and Through Solids,* Macmillan, New York, 1941.

27. Spalding, D. B., *Convective Mass Transfer,* McGrawHill, New York, 1963.

28. Gubareff, G. G., J. E. Janssen, and R. H. Torborg, *Thermal Radiation Properties Survey,* Minneapolis-Honeywell Regulator Company, Minneapolis, MN, 1960.

29. Kreith, F., and J. F. Kreider, *Principles of Solar Energy,* Hemisphere Publishing, New York, 1978.

附录 B   数学关系式和函数

表 B. 1   双曲函数

x	$\sinh x$	$\cosh x$	$\tanh x$	x	$\sinh x$	$\cosh x$	$\tanh x$
0. 00	0. 0000	1. 0000	0. 00000	2. 00	3. 6269	3. 7622	0. 96403
0. 10	0. 1002	1. 0050	0. 09967	2. 10	4. 0219	4. 1443	0. 97045
0. 20	0. 2013	1. 0201	0. 19738	2. 20	4. 4571	4. 5679	0. 97574
0. 30	0. 3045	1. 0453	0. 29131	2. 30	4. 9370	5. 0372	0. 98010
0. 40	0. 4108	1. 0811	0. 37995	2. 40	5. 4662	5. 5569	0. 98367
0. 50	0. 5211	1. 1276	0. 46212	2. 50	6. 0502	6. 1323	0. 98661
0. 60	0. 6367	1. 1855	0. 53705	2. 60	6. 6947	6. 7690	0. 98903
0. 70	0. 7586	1. 2552	0. 60437	2. 70	7. 4063	7. 4735	0. 99101
0. 80	0. 8881	1. 3374	0. 66404	2. 80	8. 1919	8. 2527	0. 99263
0. 90	1. 0265	1. 4331	0. 71630	2. 90	9. 0596	9. 1146	0. 99396
1. 00	1. 1752	1. 5431	0. 76159	3. 00	10. 018	10. 068	0. 99505
1. 10	1. 3356	1. 6685	0. 80050	3. 50	16. 543	16. 573	0. 99818
1. 20	1. 5095	1. 8107	0. 83365	4. 00	27. 290	27. 308	0. 99933
1. 30	1. 6984	1. 9709	0. 86172	4. 50	45. 003	45. 014	0. 99975
1. 40	1. 9043	2. 1509	0. 88535	5. 00	74. 203	74. 210	0. 99991
1. 50	2. 1293	2. 3524	0. 90515	6. 00	201. 71	201. 72	0. 99999
1. 60	2. 3756	2. 5775	0. 92167	7. 00	548. 32	548. 32	1. 0000
1. 70	2. 6456	2. 8283	0. 93541	8. 00	1490. 5	1490. 5	1. 0000
1. 80	2. 9422	3. 1075	0. 94681	9. 00	4051. 5	4051. 5	1. 0000
1. 90	3. 2682	3. 4177	0. 95624	10. 000	11013	11013	1. 0000

注：双曲函数的定义为

$$\sinh x = \frac{1}{2}(e^x - e^{-x}) \qquad \cosh x = \frac{1}{2}(e^x + e^{-x}) \qquad \tanh x = \frac{e^x - e^{-x}}{e^x + e^{-x}} = \frac{\sinh x}{\cosh x}$$

变量 u 的双曲函数的导数为

$$\frac{d}{dx}(\sinh u) = (\cosh u)\frac{du}{dx} \qquad \frac{d}{dx}(\cosh u) = (\sinh u)\frac{du}{dx} \qquad \frac{d}{dx}(\tanh u) = \left(\frac{1}{\cosh^2 u}\right)\frac{du}{dx}$$

表 B. 2　高斯误差函数

w	erf$w$	w	erf$w$	w	erf$w$
0. 00	0. 00000	0. 36	0. 38933	1. 04	0. 85865
0. 02	0. 02256	0. 38	0. 40901	1. 08	0. 87333
0. 04	0. 04511	0. 40	0. 42839	1. 12	0. 88679
0. 06	0. 06762	0. 44	0. 46622	1. 16	0. 89910
0. 08	0. 09008	0. 48	0. 50275	1. 20	0. 91031
0. 10	0. 11246	0. 52	0. 53790	1. 30	0. 93401
0. 12	0. 13476	0. 56	0. 57162	1. 40	0. 95228
0. 14	0. 15695	0. 60	0. 60386	1. 50	0. 96611
0. 16	0. 17901	0. 64	0. 63459	1. 60	0. 97635
0. 18	0. 20094	0. 68	0. 66378	1. 70	0. 98379
0. 20	0. 22270	0. 72	0. 69143	1. 80	0. 98909
0. 22	0. 24430	0. 76	0. 71754	1. 90	0. 99279
0. 24	0. 26570	0. 80	0. 74210	2. 00	0. 99532
0. 26	0. 28690	0. 84	0. 76514	2. 20	0. 99814
0. 28	0. 30788	0. 88	0. 78669	2. 40	0. 99931
0. 30	0. 32863	0. 92	0. 80677	2. 60	0. 99976
0. 32	0. 34913	0. 96	0. 82542	2. 80	0. 99992
0. 34	0. 36936	1. 00	0. 84270	3. 00	0. 99998

注：高斯误差函数的定义为

$$\text{erf } w = \frac{2}{\sqrt{\pi}} \int_0^w e^{-v^2} \, dv$$

余误差函数的定义为

$$\text{erfc } w \equiv 1 - \text{erf } w$$

表 B. 3　平壁内瞬态热传导的超越方程 $\xi_n \tan \xi_n = Bi$ 的前四个根

$Bi = \dfrac{hL}{k}$	ξ_1	ξ_2	ξ_3	ξ_4	$Bi = \dfrac{hL}{k}$	ξ_1	ξ_2	ξ_3	ξ_4
0	0	3. 1416	6. 2832	9. 4248	1. 0	0. 8603	3. 4256	6. 4373	9. 5293
0. 001	0. 0316	3. 1419	6. 2833	9. 4249	1. 5	0. 9882	3. 5422	6. 5097	9. 5801
0. 002	0. 0447	3. 1422	6. 2835	9. 4250	2. 0	1. 0769	3. 6436	6. 5783	9. 6296
0. 004	0. 0632	3. 1429	6. 2838	9. 4252	3. 0	1. 1925	3. 8088	6. 7040	9. 7240
0. 006	0. 0774	3. 1435	6. 2841	9. 4254	4. 0	1. 2646	3. 9352	6. 8140	9. 8119
0. 008	0. 0893	3. 1441	6. 2845	9. 4256	5. 0	1. 3138	4. 0336	6. 9096	9. 8928
0. 01	0. 0998	3. 1448	6. 2848	9. 4258	6. 0	1. 3496	4. 1116	6. 9924	9. 9667
0. 02	0. 1410	3. 1479	6. 2864	9. 4269	7. 0	1. 3766	4. 1746	7. 0640	10. 0339
0. 04	0. 1987	3. 1543	6. 2895	9. 4290	8. 0	1. 3978	4. 2264	7. 1263	10. 0949
0. 06	0. 2425	3. 1606	6. 2927	9. 4311	9. 0	1. 4149	4. 2694	7. 1806	10. 1502
0. 08	0. 2791	3. 1668	6. 2959	9. 4333	10. 0	1. 4289	4. 3058	7. 2281	10. 2003
0. 1	0. 3111	3. 1731	6. 2991	9. 4354	15. 0	1. 4729	4. 4255	7. 3959	10. 3898
0. 2	0. 4328	3. 2039	6. 3148	9. 4459	20. 0	1. 4961	4. 4915	7. 4954	10. 5117
0. 3	0. 5218	3. 2341	6. 3305	9. 4565	30. 0	1. 5202	4. 5615	7. 6057	10. 6543
0. 4	0. 5932	3. 2636	6. 3461	9. 4670	40. 0	1. 5325	4. 5979	7. 6647	10. 7334
0. 5	0. 6533	3. 2923	6. 3616	9. 4775	50. 0	1. 5400	4. 6202	7. 7012	10. 7832
0. 6	0. 7051	3. 3204	6. 3770	9. 4879	60. 0	1. 5451	4. 6353	7. 7259	10. 8172
0. 7	0. 7506	3. 3477	6. 3923	9. 4983	80. 0	1. 5514	4. 6543	7. 7573	10. 8606
0. 8	0. 7910	3. 3744	6. 4074	9. 5087	100. 0	1. 5552	4. 6658	7. 7764	10. 8871
0. 9	0. 8274	3. 4003	6. 4224	9. 5190	∞	1. 5708	4. 7124	7. 8540	10. 9956

表 B.4 第一类贝塞尔函数

x	$J_0(x)$	$J_1(x)$	x	$J_0(x)$	$J_1(x)$
0.0	1.0000	0.0000	1.3	0.6201	0.5220
0.1	0.9975	0.0499	1.4	0.5669	0.5419
0.2	0.9900	0.0995			
0.3	0.9776	0.1483	1.5	0.5118	0.5579
0.4	0.9604	0.1960	1.6	0.4554	0.5699
			1.7	0.3980	0.5778
0.5	0.9385	0.2423	1.8	0.3400	0.5815
0.6	0.9120	0.2867	1.9	0.2818	0.5812
0.7	0.8812	0.3290			
0.8	0.8463	0.3688	2.0	0.2239	0.5767
0.9	0.8075	0.4059	2.1	0.1666	0.5683
			2.2	0.1104	0.5560
1.0	0.7652	0.4400	2.3	0.0555	0.5399
1.1	0.7196	0.4709	2.4	0.0025	0.5202
1.2	0.6711	0.4983			

表 B.5 第一类和第二类修正的贝塞尔函数

x	$e^{-x}I_0(x)$	$e^{-x}I_1(x)$	$e^x K_0(x)$	$e^x K_1(x)$	x	$e^{-x}I_0(x)$	$e^{-x}I_1(x)$	$e^x K_0(x)$	$e^x K_1(x)$
0.0	1.0000	0.0000	∞	∞	4.2	0.2016	0.1755	0.5953	0.6627
0.2	0.8269	0.0823	2.1407	5.8334	4.4	0.1966	0.1724	0.5823	0.6453
0.4	0.6974	0.1368	1.6627	3.2587	4.6	0.1919	0.1695	0.5701	0.6292
0.6	0.5993	0.1722	1.4167	2.3739	4.8	0.1876	0.1667	0.5586	0.6142
0.8	0.5241	0.1945	1.2582	1.9179	5.0	0.1835	0.1640	0.5478	0.6003
1.0	0.4657	0.2079	1.1445	1.6361	5.2	0.1797	0.1614	0.5376	0.5872
1.2	0.4198	0.2152	1.0575	1.4429	5.4	0.1762	0.1589	0.5279	0.5749
1.4	0.3831	0.2185	0.9881	1.3010	5.6	0.1728	0.1565	0.5188	0.5633
1.6	0.3533	0.2190	0.9309	1.1919	5.8	0.1696	0.1542	0.5101	0.5525
1.8	0.3289	0.2177	0.8828	1.1048	6.0	0.1666	0.1520	0.5019	0.5422
2.0	0.3085	0.2153	0.8416	1.0335	6.4	0.1611	0.1479	0.4865	0.5232
2.2	0.2913	0.2121	0.8056	0.9738	6.8	0.1561	0.1441	0.4724	0.5060
2.4	0.2766	0.2085	0.7740	0.9229	7.2	0.1515	0.1405	0.4595	0.4905
2.6	0.2639	0.2046	0.7459	0.8790	7.6	0.1473	0.1372	0.4476	0.4762
2.8	0.2528	0.2007	0.7206	0.8405	8.0	0.1434	0.1341	0.4366	0.4631
3.0	0.2430	0.1968	0.6978	0.8066	8.4	0.1398	0.1312	0.4264	0.4511
3.2	0.2343	0.1930	0.6770	0.7763	8.8	0.1365	0.1285	0.4168	0.4399
3.4	0.2264	0.1892	0.6579	0.7491	9.2	0.1334	0.1260	0.4079	0.4295
3.6	0.2193	0.1856	0.6404	0.7245	9.6	0.1305	0.1235	0.3995	0.4198
3.8	0.2129	0.1821	0.6243	0.7021	10.0	0.1278	0.1213	0.3916	0.4108
4.0	0.2070	0.1787	0.6093	0.6816					

注：$I_{n+1}(x) = I_{n-1}(x) - (2n/x)I_n(x)$。

附录 C　与一维稳态系统中均匀产热相关的热状态

在 3.5 节中，我们讨论了一维稳态条件下伴随热能产生的导热问题。导热方程的形式与系统是平壁、圆柱壳或球壳（图 C.1）有关。在每一种情况下，各表面上的边界条件均有数种选择，因此温度分布和传热速率（或热流密度）的具体形式具有更多的可能性。

除了直接求解各种可能的边界条件组合下的导热方程之外，另一种方法是在两个表面上均给定**第一类边界条件**［式（2.24）］来求得解，然后对温度未知的表面应用能量平衡关系。对于图 C.1 中的几何体，在为各个表面给定了均匀温度 $T_{s,1}$ 和 $T_{s,2}$ 的情况下，很容易求得适当形式的导热方程的解，并已总结于表 C.1 中。利用温度分布和傅里叶定律可以求得热流密度及传热速率的相应分布。如果在一个特定问题中 $T_{s,1}$ 和 $T_{s,2}$ 已知，表 C.1 中的表达式提供了为完全确定相关热状态所需的所有信息。如果 $T_{s,1}$ 和/或 $T_{s,2}$ 未知，这些结果仍可与表面能量平衡关系一起用于确定所需的热状态。

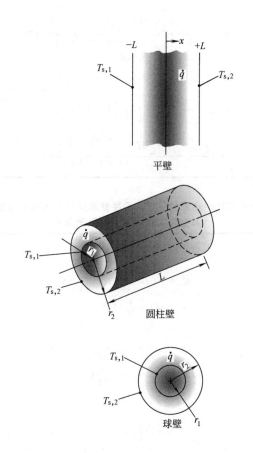

图 C.1　具有均匀热源的一维导热系统：表面条件不对称
的平壁、圆柱壁和球壁

其他的表面条件可能涉及给定的等表面热流密度［**第二类边界条件**，式（2.25）或式（2.26）］或对流条件［**第三类边界条件**，式（2.27）］。在每一种情况下，表面温度为未知，但可通过应用表面能量平衡关系来确定。这些平衡关系可能具有的形式已总结于表 C.2 中。注意，为了包括感兴趣的表面与没有热源的复合壁相邻的情形，在应用第三类边界条件时采用了总传热系数 U，而不是对流系数 h。

表 C.1 具有均匀热源和不对称表面条件的平壁、圆柱壁和球壁的导热方程的一维稳态解

温度分布		
平壁	$T(x) = \dfrac{\dot{q} L^2}{2k}\left(1 - \dfrac{x^2}{L^2}\right) + \dfrac{T_{s,2} - T_{s,1}}{2}\dfrac{x}{L} + \dfrac{T_{s,1} + T_{s,2}}{2}$	(C.1)
圆柱壁	$T(r) = T_{s,2} + \dfrac{\dot{q} r_2^2}{4k}\left(1 - \dfrac{r^2}{r_2^2}\right) - \left[\dfrac{\dot{q} r_2^2}{4k}\left(1 - \dfrac{r_1^2}{r_2^2}\right) + (T_{s,2} - T_{s,1})\right]\dfrac{\ln(r_2/r)}{\ln(r_2/r_1)}$	(C.2)
球壁	$T(r) = T_{s,2} + \dfrac{\dot{q} r_2^2}{6k}\left(1 - \dfrac{r^2}{r_2^2}\right) - \left[\dfrac{\dot{q} r_2^2}{6k}\left(1 - \dfrac{r_1^2}{r_2^2}\right) + (T_{s,2} - T_{s,1})\right]\dfrac{(1/r) - (1/r_2)}{(1/r_1) - (1/r_2)}$	(C.3)
热流密度		
平壁	$q''(x) = \dot{q} x - \dfrac{k}{2L}(T_{s,2} - T_{s,1})$	(C.4)
圆柱壁	$q''(r) = \dfrac{\dot{q} r}{2} - \dfrac{k\left[\dfrac{\dot{q} r_2^2}{4k}\left(1 - \dfrac{r_1^2}{r_2^2}\right) + (T_{s,2} - T_{s,1})\right]}{r\ln(r_2/r_1)}$	(C.5)
球壁	$q''(r) = \dfrac{\dot{q} r}{3} - \dfrac{k\left[\dfrac{\dot{q} r_2^2}{6k}\left(1 - \dfrac{r_1^2}{r_2^2}\right) + (T_{s,2} - T_{s,1})\right]}{r^2\left[(1/r_1) - (1/r_2)\right]}$	(C.6)
传热速率		
平壁	$q(x) = \left[\dot{q} x - \dfrac{k}{2L}(T_{s,2} - T_{s,1})\right]A_x$	(C.7)
圆柱壁	$q(r) = \dot{q}\pi L r^2 - \dfrac{2\pi L k}{\ln(r_2/r_1)}\left[\dfrac{\dot{q} r_2^2}{4k}\left(1 - \dfrac{r_1^2}{r_2^2}\right) + (T_{s,2} - T_{s,1})\right]$	(C.8)
球壁	$q(r) = \dfrac{\dot{q}\, 4\pi r^3}{3} - \dfrac{4\pi k\left[\dfrac{\dot{q} r_2^2}{6k}\left(1 - \dfrac{r_1^2}{r_2^2}\right) + (T_{s,2} - T_{s,1})\right]}{(1/r_1) - (1/r_2)}$	(C.9)

表 C.2 适用于具有均匀热源的平壁、圆柱壁和球壁的导热方程的一维稳态解的
其他表面条件和能量平衡关系

平壁		
等表面热流密度		
$x = -L$:	$q''_{s,1} = -\dot{q} L - \dfrac{k}{2L}(T_{s,2} - T_{s,1})$	(C.10)
$x = +L$:	$q''_{s,2} = \dot{q} L - \dfrac{k}{2L}(T_{s,2} - T_{s,1})$	(C.11)
给定的输运系数和环境温度		
$x = -L$:	$U_1(T_{\infty,1} - T_{s,1}) = -\dot{q} L - \dfrac{k}{2L}(T_{s,2} - T_{s,1})$	(C.12)
$x = +L$:	$U_2(T_{s,2} - T_{\infty,2}) = \dot{q} L - \dfrac{k}{2L}(T_{s,2} - T_{s,1})$	(C.13)
圆柱壁		
等表面热流密度		
$r = r_1$:	$q''_{s,1} = \dfrac{\dot{q} r_1}{2} - \dfrac{k\left[\dfrac{\dot{q} r_2^2}{4k}\left(1 - \dfrac{r_1^2}{r_2^2}\right) + (T_{s,2} - T_{s,1})\right]}{r_1\ln(r_2/r_1)}$	(C.14)
$r = r_2$:	$q''_{s,2} = \dfrac{\dot{q} r_2}{2} - \dfrac{k\left[\dfrac{\dot{q} r_2^2}{4k}\left(1 - \dfrac{r_1^2}{r_2^2}\right) + (T_{s,2} - T_{s,1})\right]}{r_2\ln(r_2/r_1)}$	(C.15)
给定的输运系数和环境温度		
$r = r_1$:	$U_1(T_{\infty,1} - T_{s,1}) = \dfrac{\dot{q} r_1}{2} - \dfrac{k\left[\dfrac{\dot{q} r_2^2}{4k}\left(1 - \dfrac{r_1^2}{r_2^2}\right) + (T_{s,2} - T_{s,1})\right]}{r_1\ln(r_2/r_1)}$	(C.16)
$r = r_2$:	$U_2(T_{s,2} - T_{\infty,2}) = \dfrac{\dot{q} r_2}{2} - \dfrac{k\left[\dfrac{\dot{q} r_2^2}{4k}\left(1 - \dfrac{r_1^2}{r_2^2}\right) + (T_{s,2} - T_{s,1})\right]}{r_2\ln(r_2/r_1)}$	(C.17)

球壁

等表面热流密度

$r=r_1$:
$$q''_{s,1}=\frac{\dot{q}\,r_1}{3}-\frac{k\left[\dfrac{\dot{q}\,r_2^2}{6k}\left(1-\dfrac{r_1^2}{r_2^2}\right)+(T_{s,2}-T_{s,1})\right]}{r_1^2[(1/r_1)-(1/r_2)]} \qquad (C.18)$$

$r=r_2$:
$$q''_{s,2}=\frac{\dot{q}\,r_2}{3}-\frac{k\left[\dfrac{\dot{q}\,r_2^2}{6k}\left(1-\dfrac{r_1^2}{r_2^2}\right)+(T_{s,2}-T_{s,1})\right]}{r_2^2[(1/r_1)-(1/r_2)]} \qquad (C.19)$$

给定的输运系数和环境温度

$r=r_1$:
$$U_1(T_{\infty,1}-T_{s,1})=\frac{\dot{q}\,r_1}{3}-\frac{k\left[\dfrac{\dot{q}\,r_2^2}{6k}\left(1-\dfrac{r_1^2}{r_2^2}\right)+(T_{s,2}-T_{s,1})\right]}{r_1^2[(1/r_1)-(1/r_2)]} \qquad (C.20)$$

$r=r_2$:
$$U_2(T_{s,2}-T_{\infty,2})=\frac{\dot{q}\,r_2}{3}-\frac{k\left[\dfrac{\dot{q}\,r_2^2}{6k}\left(1-\dfrac{r_1^2}{r_2^2}\right)+(T_{s,2}-T_{s,1})\right]}{r_2^2[(1/r_1)-(1/r_2)]} \qquad (C.21)$$

作为一个例子，考虑以下平壁：在 $x=-L$ 处具有给定的均匀（已知）表面温度，在 $x=+L$ 处具有给定的均匀热流密度 $q''_{s,2}$。式（C.11）可用于计算 $T_{s,2}$，然后就可分别用式（C.1）、式（C.4）和式（C.7）确定温度、热流密度和传热速率的分布。

上述情形的特例为具有一个绝热表面的平壁、实心圆柱体（圆棒）和圆球（图 C.2）。基于 $dT/dx|_{x=0}=0$ 和 $dT/dr|_{r=0}=0$ 的要求，可求解相应形式的导热方程，获得表 C.3 中的式（C.22）～式（C.24）。

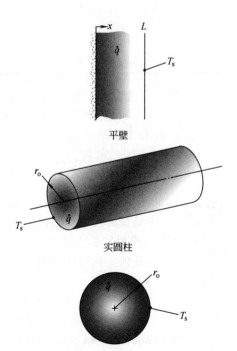

平壁

实圆柱

实心球

图 C.2　具有均匀热源的一维导热系统：表面绝热的
平壁、圆柱棒和圆球

表C.3 具有均匀热源的一维稳态导热方程的解：一个表面绝热的平壁、实心圆柱体和实心球

	温度分布	
平壁	$T(x) = \dfrac{\dot{q}L^2}{2k}\left(1 - \dfrac{x^2}{L^2}\right) + T_s$	(C.22)
圆棒	$T(r) = \dfrac{\dot{q}r_o^2}{4k}\left(1 - \dfrac{r^2}{r_o^2}\right) + T_s$	(C.23)
球	$T(r) = \dfrac{\dot{q}r_o^2}{6k}\left(1 - \dfrac{r^2}{r_o^2}\right) + T_s$	(C.24)
	热流密度	
平壁	$q''(x) = \dot{q}x$	(C.25)
圆棒	$q''(r) = \dfrac{\dot{q}r}{2}$	(C.26)
球	$q''(r) = \dfrac{\dot{q}r}{3}$	(C.27)
	传热速率	
平壁	$q(x) = \dot{q}xA_x$	(C.28)
圆棒	$q(r) = \dot{q}\pi L r^2$	(C.29)
球	$q(r) = \dfrac{\dot{q}4\pi r^3}{3}$	(C.30)

表C.4 利用其他表面条件及能量平衡关系的具有均匀热源的一维稳态导热方程的解：
一个表面绝热的平壁、实心圆柱体和实心球

给定的输运系数和环境温度

平壁

$x = L$：	$\dot{q}L = U(T_s - T_\infty)$	(C.31)

圆棒

$r = r_o$：	$\dfrac{\dot{q}r_o}{2} = U(T_s - T_\infty)$	(C.32)

球

$r = r_o$：	$\dfrac{\dot{q}r_o}{3} = U(T_s - T_\infty)$	(C.33)

这些解是基于在 $x = L$ 和 $r = r_o$ 处给定的均匀温度 T_s 求得的。利用傅里叶定律和温度分布，还可求得热流密度 [式(C.25)～式(C.27)] 和传热速率 [式(C.28)～式(C.30)]。如果 T_s 未知，可通过应用表面能量平衡关系来确定它，该平衡关系的适当形式已总结于表 C.4。

附录 D 对流传递方程

在第 2 章中讨论了静止的物质，其中热量的传递是通过导热进行的，并详细地阐述了确定该物质中温度分布的方法。为此对微元控制容积（图 2.11）应用了**能量守恒关系**并导出了称为**导热方程**的微分方程。对于给定的几何形状和边界条件，求解该方程可以确定相应的温度分布。

如果物质不是静止的，情况就较为复杂。例如，如果要把能量守恒关系应用于运动流体中的微元控制容积，流体运动（**对流**）对穿过控制容积表面的能量传递的影响要与导热的影响一同考虑。所产生的微分方程是预测温度分布的基础，但此时需要知道速度方程才能求解该方程，对微元控制容积应用**质量守恒和牛顿第二运动定律**可导出速度方程。

在这个附录中我们讨论传热和传质并存的**黏性流体**的流动。我们将注意力集中于笛卡尔坐标系中 x 和 y 方向上**常物性不可压缩流体的稳态二维流动**，并给出可用于预测流体中速

度、温度和组分浓度场的微分方程。对流体中的微元控制容积应用牛顿第二运动定律和质量、能量及组分守恒关系可推导出这些方程。

D.1 质量守恒

与黏性流体流动相关的一个守恒定律为物质既不能产生也不能被消灭。对于稳态流动，该定律要求**物质进入控制容积的净速率**（流入的－流出的）**必须等于零**。将该定律应用于流动中的微元控制容积可得

$$\frac{\partial u}{\partial x} + \frac{\partial v}{\partial y} = 0 \tag{D.1}$$

式中，u 和 v 分别为**流体平均速度**的 x 和 y 分量。

连续方程式(D.1)是**总的质量**守恒要求的通用表达式，它必须在流体中的任意点处得到满足。该方程适用于单组分流体，也适用于有组分扩散和化学反应的混合物，只要该流体可近似为**不可压缩的**，即密度为常数。

D.2 牛顿第二运动定律

与黏性流体流动相关的第二个基本定律为**牛顿第二运动定律**。在稳态条件下，对于流体中的微元控制容积，该定律指出**所有作用在控制容积上的力的总和必定等于离开控制容积的净动量流率**（流出的－流入的）。

作用在流体上的力可分为两种：与体积成比例的**物体力**和与面积成比例的**表面力**。重力、离心力、磁力和/或电力场可对总的物体力有贡献，我们把单位体积流体上物体力的 x 和 y 分量分别记为 X 和 Y。表面力是由流体静压力以及**黏性应力**引起的。

（在 x 和 y 方向上）对微元控制容积应用牛顿第二运动定律，计及物体力和表面力，可得

$$\rho \left(u \frac{\partial u}{\partial x} + v \frac{\partial u}{\partial y} \right) = -\frac{\partial p}{\partial x} + \mu \left(\frac{\partial^2 u}{\partial x^2} + \frac{\partial^2 u}{\partial y^2} \right) + X \tag{D.2}$$

$$\rho \left(u \frac{\partial v}{\partial x} + v \frac{\partial v}{\partial y} \right) = -\frac{\partial p}{\partial y} + \mu \left(\frac{\partial^2 v}{\partial x^2} + \frac{\partial^2 v}{\partial y^2} \right) + Y \tag{D.3}$$

式中，p 是压力；μ 是流体黏度。

我们不应忽视方程式(D.2)和式(D.3)所代表的物理意义。每个方程左边的两项代表的是离开控制容积的**净动量流率**。右边的项则依次代表净的压力、净的黏性力和物体力。这些方程必须在流体中任意点处得到满足，它们与方程(D.1)一起可用于求解速度场。

D.3 能量守恒

在本附录开始时已提及，我们在第 2 章中讨论的是静止的物质，其中热量的传递是通过导热进行的，在对微元控制容积（图 2.11）应用能量守恒关系之后可推出导热方程。当在稳态条件下把能量守恒关系应用于**运动流体中的**微元控制容积时，它表示的是，能量进入控制容积的净速率加上对控制容积的加热速率，在减去控制容积中流体的做功速率后等于零。在经过复杂的处理后，结果可写成**热能方程**的形式。对于常物性不可压缩流体的稳态二维流动，所得的微分方程为

$$\rho c_p \left(u \frac{\partial T}{\partial x} + v \frac{\partial T}{\partial y} \right) = k \left(\frac{\partial^2 T}{\partial x^2} + \frac{\partial^2 T}{\partial y^2} \right) + \mu \Phi + \dot{q} \tag{D.4}$$

式中，T 是温度；c_p 是定压比热容；k 是热导率；$\dot{q}$ 是热能产生的容积速率；而**黏性耗散** $\mu \Phi$ 的定义为

$$\mu\Phi = \mu\left\{\left(\frac{\partial u}{\partial y}+\frac{\partial v}{\partial x}\right)^2+2\left[\left(\frac{\partial u}{\partial x}\right)^2+\left(\frac{\partial v}{\partial y}\right)^2\right]\right\} \tag{D.5}$$

热能方程式（D.4）的相同形式也适用于压力变化可忽略的理想气体。

在方程（D.4）中，左边的项代表的是因流体的整体运动（对流）离开控制容积的热能的净速率，而右边的项则代表了因导热、黏性耗散和热产而产生的净的能量流入的速率。黏性耗散代表的是机械功因流体中的黏性效应而不可逆地转化为热能的净速率。热产项表示的是其他形式的能量（诸如化学能、电能、电磁能或核能）向热能的转化。

D.4　组分守恒

如果黏性流体为二元混合物，且其中有组分浓度梯度，就会存在组分的**相对输运**，而**组分守恒**必须在流体中的任意点处得到满足。对于稳态流动，该定律要求**组分 A 进入控制容积的净的速率**（流入的－流出的）**加上控制容积中（通过化学反应）产生组分 A 的速率必须等于零**。把这个定律应用于流动中的微元控制容积可得下列用摩尔表述的微分方程：

$$u\frac{\partial C_A}{\partial x}+v\frac{\partial C_A}{\partial y}=D_{AB}\left(\frac{\partial^2 C_A}{\partial x^2}+\frac{\partial^2 C_A}{\partial y^2}\right)+\dot{N}_A \tag{D.6}$$

式中，C_A 是组分 A 的摩尔浓度；D_{AB} 是二元扩散系数；$\dot{N}_A$ 为单位容积中产生组分 A 的摩尔速率。在进行该方程的推导时同样做了常物性不可压缩流体的假定。左边的项代表了因流体的整体运动（平流）而产生的组分 A 的净的输运，而右边的项则代表了因扩散而引起的净的流入和因化学反应而产生的组分 A 的摩尔速率。

附录 E　湍流边界层方程

我们已在 6.3 节中指出湍流在本质上是**不稳定的**。这种特性示于图 E.1 中，该图给出了湍流边界层中某个位置处一个任意的流动性质 P 随时间的变化。流动性质 P 可以是速度分量、流体温度或组分浓度，在任意时刻它都可以表示成**时均值** $\overline{P}$ 和脉动分量 P' 之和。这个平均是在比典型的脉动周期长得多的时间上取的，如果 $\overline{P}$ 与时间无关，则可说时均流动是**稳定的**。

由于工程师们通常对时均性质 $\overline{P}$ 感兴趣，常常可以通过把这些方程对时间取平均来消除求解与时间有关的控制方程的困难。对于黏性耗散可忽略的常物性不可压缩稳定（平均意义上的）流动，利用已经发展成熟的对时间平均的方法[1]，可得如下形式的 x 动量、能量和组分守恒方程

$$\frac{\partial\overline{u}}{\partial x}+\frac{\partial\overline{v}}{\partial y}=0 \tag{E.1}$$

$$\overline{u}\,\frac{\partial\overline{u}}{\partial x}+\overline{v}\,\frac{\partial\overline{u}}{\partial y}=-\frac{1}{\rho}\times\frac{\mathrm{d}\overline{p}_\infty}{\mathrm{d}x}+\frac{1}{\rho}\times\frac{\partial}{\partial y}\left(\mu\,\frac{\partial\overline{u}}{\partial y}-\rho\,\overline{u'v'}\right) \tag{E.2}$$

$$\overline{u}\,\frac{\partial\overline{T}}{\partial x}+\overline{v}\,\frac{\partial\overline{T}}{\partial y}=\frac{1}{\rho c_p}\times\frac{\partial}{\partial y}\left(k\,\frac{\partial\overline{T}}{\partial y}-\rho c_p\,\overline{v'T'}\right) \tag{E.3}$$

$$\overline{u}\,\frac{\partial\overline{C}_A}{\partial x}+\overline{v}\,\frac{\partial\overline{C}_A}{\partial y}=\frac{\partial}{\partial y}\left(D_{AB}\frac{\partial\overline{C}_A}{\partial y}-\overline{v'C'_A}\right) \tag{E.4}$$

这些方程与层流边界层的方程式（6.27）～式（6.30）相似（在略去黏性耗散后），只是出现了形如 $\overline{a'b'}$ 的附加项。这些项计及了湍流脉动对动量、能量和组分传递的影响。

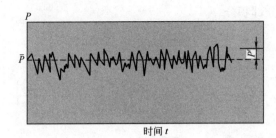

图 E.1　湍流边界层中某个位置处性质随时间的变化

基于上述结果，习惯上称为**总的**切应力和**总的**热和组分流密度的定义为

$$\tau_{\text{tot}} = \left(\mu \frac{\partial \overline{u}}{\partial y} - \rho \overline{u'v'} \right) \tag{E.5}$$

$$q''_{\text{tot}} = -\left(k \frac{\partial \overline{T}}{\partial y} - \rho c_p \overline{v'T'} \right) \tag{E.6}$$

$$N''_{\text{A,tot}} = -\left(D_{\text{AB}} \frac{\partial \overline{C_{\text{A}}}}{\partial y} - \overline{v'C'_{\text{A}}} \right) \tag{E.7}$$

它们包括分子扩散和湍流混合的贡献。从这些方程的形式可以看出湍流的存在是如何增强动量、能量和组分的传递速率的。式（E.5）中出现的项 $-\rho\overline{u'v'}$ 代表了湍流脉动引起的动量流密度，通常称为**雷诺应力**。分别出现在方程式（E.6）和式（E.7）中的项 $\rho c_p \overline{v'T'}$ 和 $\overline{v'C'_{\text{A}}}$ 代表的是湍流脉动引起的热流和组分流密度。不幸的是，这些由时均过程引入的新的项也是未知数，因此未知数的个数超过了方程的数目。解决这个难题是**湍流建模**领域的主题[2]。

参考文献

1. Hinze, J. O. *Turbulence*, 2nd ed., McGraw-Hill, New York, 1975.
2. Wilcox, D. C., *Turbulence Modeling for CFD*, 2nd ed., DCW Industries, La Cañada, 1998.

附录 F　平板上平行流动的层流边界层的积分解

求解边界层方程的另一条途径是利用近似的**积分**方法。该方法最先是由冯·卡门（von Kárman）于1921年提出的[1]，并由波尔毫森（Pohlhausen）首先应用[2]。它没有 7.2.1 节的**精确（相似）**方法中所固有的数学上的复杂性，但仍可用于获得一些关键边界层参数（δ、δ_t、δ_c、C_f、h 和 h_m）的比较精确的结果。虽然该方法已较为成功地应用于多种流动条件，但我们把注意力限于平板上的平行流动，且受到与 7.2.1 节中所列举的相同的限制，即**常物性流体的不可压缩层流和可以忽略黏性耗散**。

为使用该方法，必须将边界层方程 [式（7.4）～式（7.7）]，写成积分形式。在 y 方向上穿过边界层对方程进行积分可得到这些形式。例如，积分式（7.4）可得

$$\int_0^\delta \frac{\partial u}{\partial x}\mathrm{d}y + \int_0^\delta \frac{\partial v}{\partial y}\mathrm{d}y = 0 \tag{F.1}$$

或者由于在 $y=0$ 处有 $v=0$

$$v(y=\delta) = -\int_0^\delta \frac{\partial u}{\partial x}\mathrm{d}y \tag{F.2}$$

类似地，根据式（7.5），我们有

$$\int_0^\delta u \frac{\partial u}{\partial x}\mathrm{d}y + \int_0^\delta v \frac{\partial u}{\partial y}\mathrm{d}y = \nu \int_0^\delta \frac{\partial}{\partial y}\left(\frac{\partial u}{\partial y} \right)\mathrm{d}y$$

或对左边的第二项进行分部积分

$$\int_0^\delta u\,\frac{\partial u}{\partial x}\mathrm{d}y + uv\,\big|_0^\delta - \int_0^\delta u\,\frac{\partial v}{\partial y}\mathrm{d}y = \nu\frac{\partial u}{\partial y}\Big|_0^\delta$$

代入式(7.4) 和式(F.2)，我们有

$$\int_0^\delta u\,\frac{\partial u}{\partial x}\mathrm{d}y - u_\infty\int_0^\delta \frac{\partial u}{\partial x}\mathrm{d}y + \int_0^\delta u\,\frac{\partial u}{\partial x}\mathrm{d}y = -\nu\frac{\partial u}{\partial y}\Big|_{y=0}$$

或

$$u_\infty\int_0^\delta \frac{\partial u}{\partial x}\mathrm{d}y - \int_0^\delta 2u\,\frac{\partial u}{\partial x}\mathrm{d}y = \nu\frac{\partial u}{\partial y}\Big|_{y=0}$$

因此

$$\int_0^\delta \frac{\partial}{\partial x}(u_\infty \cdot u - u \cdot u)\mathrm{d}y = \nu\frac{\partial u}{\partial y}\Big|_{y=0}$$

重新整理可得

$$\frac{\mathrm{d}}{\mathrm{d}x}\left[\int_0^\delta (u_\infty - u)u\mathrm{d}y\right] = \nu\frac{\partial u}{\partial y}\Big|_{y=0} \tag{F.3}$$

式(F.3) 是边界层动量方程的积分形式。用类似的方法可以获得边界层能量和组分守恒方程的下列积分形式：

$$\frac{\mathrm{d}}{\mathrm{d}x}\left[\int_0^{\delta_\mathrm{t}} (T_\infty - T)u\mathrm{d}y\right] = \alpha\frac{\partial T}{\partial y}\Big|_{y=0} \tag{F.4}$$

$$\frac{\mathrm{d}}{\mathrm{d}x}\left[\int_0^{\delta_\mathrm{c}} (\rho_{\mathrm{A},\infty} - \rho_\mathrm{A})u\mathrm{d}y\right] = D_{\mathrm{AB}}\frac{\partial \rho_\mathrm{A}}{\partial y}\Big|_{y=0} \tag{F.5}$$

方程式(F.3)～式(F.5) 以在整个边界层**积分**（或**平均**）的形式满足 x 动量、能量和组分守恒的要求。与此不同的是，原来的守恒方程式(7.5)～式(7.7) 则是**局部地**，也即在边界层中的每一点处满足守恒要求。

积分方程可用于获得**近似**的边界层解。在这种方法中，首先要根据相应的（**未知的**）边界层厚度为未知量 u、T 和 ρ_A **假定**合理的函数形式。假定的形式必须满足适当的边界条件。把这些假定的函数代入积分方程，就可确定边界层厚度的表达式，这样就可完全确定假定的函数形式。虽然这是一个近似方法，但常常可以得到表面参数的精确结果。

考虑水力边界层，其适当的边界条件为

$$u(y=0) = \frac{\partial u}{\partial y}\Big|_{y=\delta} = 0 \quad \text{和} \quad u(y=\delta) = u_\infty$$

根据式(7.5)，由在 $y=0$ 处 $u=v=0$，还可得

$$\frac{\partial^2 u}{\partial y^2}\Big|_{y=0} = 0$$

根据上述条件，我们可以将速度分布近似为如下的三阶多项式

$$\frac{u}{u_\infty} = a_1 + a_2\left(\frac{y}{\delta}\right) + a_3\left(\frac{y}{\delta}\right)^2 + a_4\left(\frac{y}{\delta}\right)^3$$

并利用这些条件确定系数 $a_1\sim a_4$。很易证明 $a_1 = a_3 = 0$，$a_2 = 3/2$ 和 $a_4 = -1/2$，在这种情况下

$$\frac{u}{u_\infty} = \frac{3}{2}\left(\frac{y}{\delta}\right) - \frac{1}{2}\left(\frac{y}{\delta}\right)^3 \tag{F.6}$$

这样就可由未知的边界层厚度 δ 确定速度分布。为确定这个未知数，把式(F.6) 代入式(F.3)，并对 y 积分，可得

$$\frac{\mathrm{d}}{\mathrm{d}x}\left(\frac{39}{280}u_\infty^2\delta\right) = \frac{3}{2}\times\frac{\nu u_\infty}{\delta}$$

分离变量并对 x 积分，可得

$$\frac{\delta^2}{2} = \frac{140}{13} \times \frac{\nu x}{u_\infty} + 常数$$

但是，由于在平板前缘（$x=0$）处 $\delta=0$，积分常数必定为零，因此有

$$\delta = 4.64 \left(\frac{\nu x}{u_\infty}\right)^{1/2} = \frac{4.64x}{Re_x^{1/2}} \tag{F.7}$$

把式（F.7）代入式（F.6）并计算 $\tau_s = \mu(\partial u/\partial y)_s$，我们还可得

$$C_{f,x} = \frac{\tau_s}{\rho u_\infty^2/2} = \frac{0.646}{Re_x^{1/2}} \tag{F.8}$$

尽管上述方法具有近似的性质，但与精确解的结果式（7.19）和式（7.20）相比，式（F.7）和式（F.8）是相当好的。

　　用类似的方法我们可以假定以下形式的温度分布：

$$T^* = \frac{T - T_s}{T_\infty - T_s} = b_1 + b_2 \left(\frac{y}{\delta_t}\right) + b_3 \left(\frac{y}{\delta_t}\right)^2 + b_4 \left(\frac{y}{\delta_t}\right)^3$$

并由下列条件确定其中的系数：

$$T^*(y=0) = \frac{\partial T^*}{\partial y}\bigg|_{y=\delta_t} = 0$$

$$T^*(y=\delta_t) = 1$$

以及

$$\frac{\partial^2 T^*}{\partial y^2}\bigg|_{y=0} = 0$$

后者是由能量方程（7.6）推得的。这样我们有

$$T^* = \frac{3}{2} \times \frac{y}{\delta_t} - \frac{1}{2}\left(\frac{y}{\delta_t}\right)^3 \tag{F.9}$$

将式（F.6）和式（F.9）代入式（F.4），在经过一些处理并假定 $Pr \gtrsim 1$ 后，我们有

$$\frac{\delta_t}{\delta} = \frac{Pr^{-1/3}}{1.026} \tag{F.10}$$

这个结果与精确解的结果式（7.24）符合得很好。此外，可用下式计算换热系数

$$h = \frac{-k\,\partial T/\partial y\big|_{y=0}}{T_s - T_\infty} = \frac{3}{2} \times \frac{k}{\delta_t}$$

把式（F.7）和式（F.10）代入，我们得到

$$Nu_x = \frac{hx}{k} = 0.332 Re_x^{1/2} Pr^{1/3} \tag{F.11}$$

这个结果与用精确解得到的式（7.23）完全一致。利用相同的方法可以获得浓度边界层的类似结果。

参考文献

1. von Kármán, T., *Z. Angew. Math. Mech.*, **1,** 232, 1921.
2. Pohlhausen, K., *Z. Angew. Math. Mech.*, **1,** 252, 1921.

换算因子

加速度	$1m/s^2$	$=4.2520\times10^7 ft/h^2$
面积	$1m^2$	$=1550.0 in^2$
		$=10.764 ft^2$
密度	$1kg/m^3$	$=0.06243 lb_m/ft^3$
能量	$1J(0.2388cal)$	$=9.4782\times10^{-4} Btu$
力	$1N$	$=0.22481 lb_f$
传热速率	$1W$	$=3.4121 Btu/h$
热流密度	$1W/m^2$	$=0.3170 Btu/(h \cdot ft^2)$
热产速率	$1W/m^3$	$=0.09662 Btu/(h \cdot ft^3)$
换热系数	$1W/(m^2 \cdot K)$	$=0.17611 Btu/(h \cdot ft^2 \cdot °F)$
运动黏度和扩散系数	$1m^2/s$	$=3.875\times10^4 ft^2/h$
潜热	$1J/kg$	$=4.2992\times10^{-4} Btu/lb_m$
长度	$1m$	$=39.370 in$
		$=3.2808 ft$
	$1km$	$=0.62137 mile$
质量	$1kg$	$=2.2046 lb_m$
质量密度	$1kg/m^3$	$=0.06243 lb_m/ft^3$
质量流率	$1kg/s$	$=7936.6 lb_m/h$
传质系数	$1m/s$	$=1.1811\times10^4 ft/h$
功率	$1kW$	$=3412.1 Btu/h$
		$=1.341 hp$
压力和应力[①]	$1N/m^2(1Pa)$	$=0.020885 lb_f/ft^2$
		$=1.4504\times10^{-4} lb_f/in^2$
		$=4.015\times10^{-3} in\ H_2O$
		$=2.953\times10^{-4} in\ Hg$
	$1.0133\times10^5 N/m^2$	$=1$ 个标准大气压
	$1\times10^5 N/m^2$	$=1 bar$
比热容	$1kJ/(kg \cdot K)$	$=0.2388 Btu/(lb_m \cdot °F)$
温度	K	$=(5/9)°R$
		$=(5/9)(°F+459.67)$
		$=℃+273.15$
温差	$1K$	$=1℃$
		$=(9/5)°R=(9/5)°F$
热导率	$1W/(m \cdot K)$	$=0.57779 Btu/(h \cdot ft \cdot °F)$
热阻	$1K/W$	$=0.52753 °F/(h \cdot Btu)$
动力黏度[②]	$1N \cdot s/m^2$	$=2419.1 lb_m/(ft \cdot h)$
		$=5.8015\times10^{-6} lb_f \cdot h/ft^2$
体积	$1m^3$	$=6.1023\times10^4 in^3$
		$=35.315 ft^3$
		$=264.17 gal(U.S.)$
容积流率	$1m^3/s$	$=1.2713\times10^5 ft^3/h$
		$=2.1189\times10^3 ft^3/min$
		$=1.5850\times10^4 gal/min$

① 压力的 SI 名称为帕斯卡（Pa），单位为 N/m^2 或 $kg/(m \cdot s^2)$。

② 也用相等的单位 $kg/(s \cdot m)$ 表示。

物理常数

通用气体常数：

$$R = 8.205 \times 10^{-2} m^3 \cdot atm/(kmol \cdot K)$$
$$= 8.314 \times 10^{-2} m^3 \cdot bar/(kmol \cdot K)$$
$$= 8.315 kJ/(kmol \cdot K)$$
$$= 1545 ft \cdot lb_f/(lbmole \cdot {}^\circ R)$$
$$= 1.986 Btu/(lbmole \cdot {}^\circ R)$$

阿伏加德罗数：

$$N = 6.024 \times 10^{23} molecules/mol$$

普朗克常数：

$$h = 6.626 \times 10^{-34} J \cdot s$$

波耳兹曼常数：

$$k = 1.381 \times 10^{-23} J/K$$

真空中的光速：

$$c_o = 2.998 \times 10^8 m/s$$

斯蒂芬-波耳兹曼常数：

$$\sigma = 5.670 \times 10^{-8} W/(m^2 \cdot K^4)$$

黑体辐射常数：

$$C_1 = 3.742 \times 10^8 W \cdot \mu m^4/m^2$$
$$C_2 = 1.439 \times 10^4 \mu m \cdot K$$
$$C_3 = 2898 \mu m \cdot K$$

重力加速度（海平面）：

$$g = 9.807 m/s^2 = 32.174 ft/s^2$$

标准大气压：

$$p = 101325 N/m^2 = 101.3 kPa$$

水在常压下的熔解热：

$$h_{sf} = 333.7 kJ/kg$$

水在常压下的汽化热：

$$h_{fg} = 2257 kJ/kg$$

索　引

老师您好，若您需要与 **John Wiley** 教材配套的教辅（免费），烦请填写本表并传真给我们。也可联络 **John Wiley** 北京代表处索取本表的电子文件，填好后 **e-mail** 给我们。

原书信息

原版 ISBN：

英文书名（Title）：

版次（Edition）：

作者（Author）：

配套教辅可能包含下列一项或多项

教师用书（或指导手册）	习题解答	习题库	PPT 讲义	学生指导手册（非免费）	其他

配套软件：IHT/FEHT CD 及用户手册，总价＄38.95。可从网站上购买 http://he-cda. wiley. com/WileyCDA/HigherEdTitle/productCd-0471457280， courseCd-E40800，pageType-supplements. html，也可以联系 John Wiley 北京代表处帮助购买。

教师信息

学校名称：

院/系名称：

课程名称（Course Name）：

年级/程度（Year/Level）：□大专　□本科 Grade：1 2 3 4　□硕士　□博士　□MBA　□EMBA

课程性质（多选项）：□必修课　□选修课　□国外合作办学项目　□指定的双语课程

学年（学期）：□春季　□秋季　□整学年使用　□其他（起止月份＿＿＿＿＿＿）

使用的教材版本：□中文版　□英文影印（改编）版　□进口英文原版（购买价格为＿＿＿元）

学生：＿＿＿个班共＿＿＿人

授课教师姓名：

电话：

传真：

E-mail：

联系地址：

邮编：

约翰威立 股份有限公司 北京代表处

John Wiley & Sons〔Asia〕Pte Ltd

北京市朝阳区太阳宫中路 12A 号，太阳宫大厦 8 层 805-808 室（邮政编码 100028）

TEL：86-10-84187816　　　FAX：86-10-84187810

E-MAIL：ksong@wiley. com. sg